中文版 AutoCAD 2016 从入门到精通

麓山文化　编著

机械工业出版社

本书是一本帮助AutoCAD 2016初学者实现入门、提高到精通的学习宝典，全书采用“基础+手册+实例”的写作方法，一本书相当于三本。

本书分为3篇，第1篇为基础篇，介绍了AutoCAD 2016入门、绘图前的准备、二维图形的绘制、二维图形的编辑、图案填充与渐变填充以及创建文字表格；第2篇为提高篇，分别介绍了图块的制作与插入、几何约束与标注约束、图形尺寸标注、绘制轴测图、绘制三维网格和三维曲面、创建三维实体，以及图形的打印与输出；第3篇为精通篇，也是综合实战篇，分别介绍了建筑设计及绘图、室内设计及绘图、机械设计及绘图、园林设计及绘图和工业产品设计。

本书选用了大量的案例，叙述清晰，内容实用，每个知识点都配有专门的课堂举例，一些重点章节还安排了跟踪练习环节，共包含**6大应用领域、19个跟踪练习、72个实战演练、80个课后练习和138个课堂举例**，使读者能够在实际操作中加深对知识的理解和掌握。每个练习和实例都取材于建筑、室内、机械和园林景观中的实际图形，使广大读者在学习AutoCAD的同时，能够了解和熟悉不同领域的专业知识和绘图规范。

为了提高读者的学习兴趣和效率，本书配有多媒体教学光盘，内容包括本书近250个实例的语音视频教学文件，视频总长达900分钟。生动详细的讲解可以大大提高读者学习的兴趣和效率。并免费赠送园林、建筑、室内装潢等专业共2000个专业图块，可以即调即用，以大幅提高设计和工作的效率。

本书定位于AutoCAD初、中级用户，可作为广大AutoCAD初学者和爱好者学习AutoCAD的专业指导教材。对各专业技术人员来说也是一本不可多得的参考手册。

图书在版编目（CIP）数据

中文版AutoCAD 2016从入门到精通/麓山文化编著. —4版. —北京：机械工业出版社，2016.6
ISBN 978-7-111-54497-5

Ⅰ. ①中…　Ⅱ. ①麓…　Ⅲ. ①AutoCAD软件　Ⅳ. ①TP391.72

中国版本图书馆CIP数据核字(2016)第181355号

机械工业出版社（北京市百万庄大街22号　邮政编码100037）
责任编辑：曲彩云　　责任印制：常天培
北京中兴印刷有限公司印刷
2016年9月第4版第1次印刷
184mm×260mm・29.25印张・718千字
0001—3000册
标准书号：ISBN 978-7-111-54497-5
ISBN 978-7-89386-016-4（光盘）
定价：79.00元（含1DVD）

凡购本书，如有缺页、倒页、脱页，由本社发行部调换
电话服务　　网络服务
服务咨询热线：010-88361066　机工官网：www.cmpbook.com
读者购书热线：010-68326294　机工官博：weibo.com/cmp1952
010-88379203　金书网：www.golden-book.com
编辑热线：010-88379782　教育服务网：www.cmpedu.com
封面无防伪标均为盗版

前 言

AutoCAD 是美国 Autodesk 公司开发的专门用于计算机绘图和设计工作的软件。自 20 世纪 80 年代 AutoCAD 公司推出 AutoCAD R1.0 以来，由于其具有简便易学、精确高效等优点，一直深受广大工程设计人员的青睐。迄今为止，AutoCAD 历经了十余次的扩充与完善，最新的 AutoCAD 2016 中文版极大地提高了二维制图功能的易用性和三维建模功能。

➔本书特点

1. 零点起步 轻松入门	本书内容讲解循序渐进、通俗易懂、易于入手，每个重要的知识点都采用实例讲解，读者可以边学边练，通过实际操作理解各种功能的实际应用
2. 实战演练 逐步精通	安排了行业中大量经典的实例（共 250 个），每个章节都有实例示范来提升读者的实战经验。实例串起多个知识点，提高读者应用水平，快步迈向高手行列
3. 多媒体教学 身临其境	附赠光盘内容丰富超值，不仅有实例的素材文件和结果文件，还有由专业领域的工程师录制的全程同步语音视频教学，让您仿佛亲临课堂，工程师"手把手"带领您完成行业实例，让您的学习之旅轻松而愉快
4. 以一抵四 物超所值	学习一门知识，通常需要购买一本教程来入门，掌握相关知识和应用技巧；需要一本实例书来提高，把所学的知识应用到实际当中；需要一本手册书来参考，在学习和工作中随时查阅；还要有多媒体光盘来辅助练习。现在，您只需花一本书的价钱，就能得到所有这些，绝对物超所值

➔内容简介

本书是一本 AutoCAD 2016 入门与精通的学习宝典，全书分为 3 篇，共 18 章，主要内容介绍如下：

篇 名	内 容 纲 要
第 1 篇：基础篇	从第 1 章到第 6 章，主要讲解了 AutoCAD 2016 入门、绘图前的准备工作、二维图形的绘制、二维图形的编辑、创建文字表格、图案填充与渐变填充等。
第 2 篇：提高篇	从第 7 章到第 13 章，主要讲解了图块的制作和插入、几何约束与标注、约束图形尺寸标注、绘制轴测图、绘制三维网格和曲面、三维实体模型的创建与编辑、图形的打印与输出等。
第 3 篇：精通篇	从第 14 章~第 18 章，综合前几篇所学知识进行综合训练。主要讲解了建筑设计及绘图、室内设计及绘图、机械设计及绘图、园林设计及绘图和工业设计及绘图

➔关于光盘

本书所附光盘内容分为以下两大部分。

“.dwg” 格式图形文件	“mp4” 格式动画文件
本书所有实例和用到的或完成的“.dwg”图形文件都按章节收录在“素材”文件夹下，图形文件的编号与章节的编号是一一对应的，读者可以调用和参考这些图形文件	本书所有实例的绘制过程都收录成了“mp4”有声动画文件，并按章收录在附盘的“视频\第 01 章～第 18 章”文件夹下，编号规则与“.dwg”图形文件相同

➔本书作者

本书由麓山文化编著，具体参与编写的有陈志民、江凡、张洁、马梅桂、戴京京、骆天、胡丹、陈运炳、申玉秀、李红萍、李红艺、李红术、陈云香、陈文香、陈军云、彭斌全、林小群、刘清平、钟睦、刘里锋、朱海涛、廖博、喻文明、易盛、陈晶、张绍华、黄柯、何凯、黄华、陈文轶、杨少波、杨芳、刘有良、刘珊、赵祖欣、毛琼健等。

由于编者水平有限，书中错误、疏漏之处在所难免。在感谢您选择本书的同时，也希望您能够把对本书的意见和建议告诉我们。

联系信箱：lushanbook@qq1.com

读 者 群：327209040

编　者

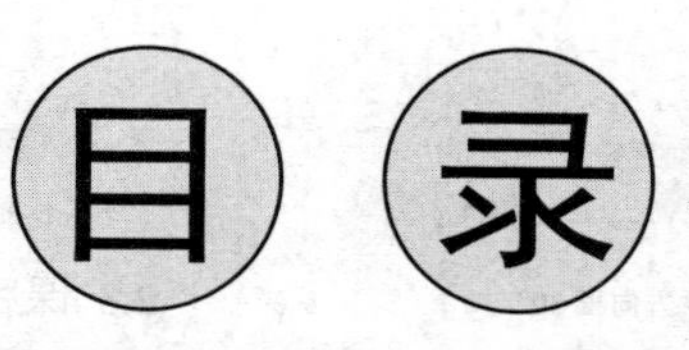

第 2 篇 提高篇

AutoCAD

第 9 章 图形尺寸标注

第 10 章 绘制轴测图

AutoCAD

第 3 篇 精通篇

第 1 章

AutoCAD 2016 入门

AutoCAD 是 Autodesk 公司开发的一款绘图软件，也是目前市场上使用率极高的辅助设计软件，被广泛应用于建筑、机械、电子、服装、化工及室内装潢等工程设计领域。它可以更轻松地帮助用户实现数据设计、图形绘制等多项功能，从而极大地提高了设计人员的工作效率，并成为广大工程技术人员必备的工具。

作为全书的开篇，本章首先介绍 AutoCAD 2016 的基本功能、启动与退出、工作空间及操作界面的组成等基本知识，为后面章节的深入学习奠定坚实的基础。

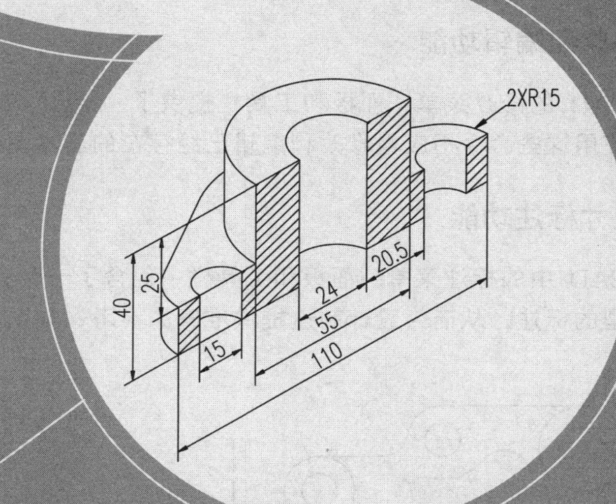

第 1 篇

基础篇

1.1 AutoCAD 的基本功能

AutoCAD 的英文全称是 Auto Computer Aided Design（计算机辅助设计）。作为一款通用的计算机辅助设计软件，它可以帮助用户在统一的环境下灵活地完成概念和细节设计，并创作、管理和分享设计作品，十分适合于广大普通用户使用。

1.1.1 绘图功能

AutoCAD 的绘图菜单、面板和工具栏中包含了丰富的绘图命令，使用这些命令可以绘制直线、圆、椭圆、圆弧、曲线、矩形、正多边形等基本的二维图形，也可以实现拉伸、旋转、放样等操作，使二维图形转换为三维实体，如图 1-1 所示。

图 1-1　绘制的二维图形和三维实体

1.1.2 修改和编辑功能

AutoCAD 的修改菜单、面板和工具栏提供了“平移”“复制”“旋转”“阵列”“修剪”等修改命令，使用这些命令相应地修改和编辑已经存在的基本图形，可以完成更复杂的图形。

1.1.3 尺寸标注功能

AutoCAD 中的标注菜单、面板和工具栏中包含了一套完整的尺寸标注和编辑命令，可以完成各种类型的标注，从而为设计制造提供准确的参考，如图 1-2 所示。

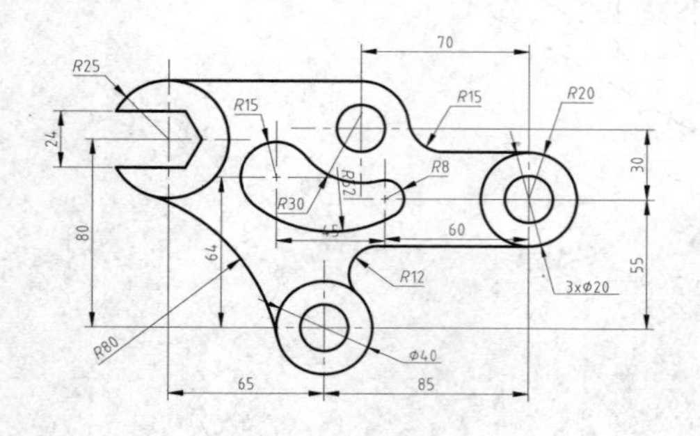

图 1-2　标注尺寸

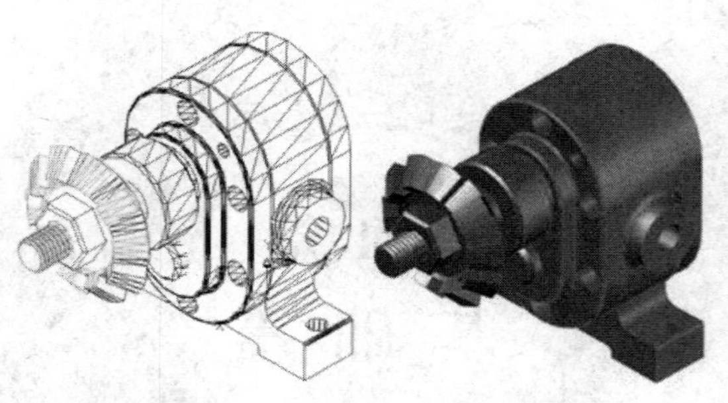

图 1-3　使用 AutoCAD 渲染图形

1.1.4　三维渲染功能

AutoCAD 拥有非常强大的三维渲染功能，可以根据不同的需要提供多种显示设置，以及完整的材质贴图和灯光设备，进而渲染出真实的产品效果，如图 1-3 所示。

1.1.5　输出与打印功能

AutoCAD 通常能够以多种格式打印出所绘制的图形，也能够把不同格式的图形导入 AutoCAD 中，以及将 CAD 文件转换成其他格式，并提供给其他应用程序使用。

1.1.6　二次开发功能

AutoCAD 自带的 AutoLISP 语言，可以让用户自行定义新命令和开发新功能。通过 DXF、IGES 等图形数据接口，可以实现 AutoCAD 和其他系统的集成。此外，AutoCAD 还提供了与其他高级编辑语言的接口，具有很强的开发性。

AutoCAD 2016

1.2　AutoCAD 2016 的启动和退出

要使用 AutoCAD 绘制和编辑图形，首先必须启动 AutoCAD 软件。下面具体介绍启动和退出 AutoCAD 2016 的方法。

1.2.1　启动 AutoCAD 2016

启动 AutoCAD 2016 有以下几种常用方法：

- 成功安装好 AutoCAD 2016 应用程序后，双击 Windows 桌面上的快捷方式图标，即可快速启动 AutoCAD 2016。
- 单击 Windows 桌面左下角的“开始”按钮，然后在“所有程序”菜单中找到 Autodesk 子菜单，逐级选择至 AutoCAD 2016，即可启动 AutoCAD 2016。
- 鼠标双击已经存在的*.dwg 格式文件也可快速启动 AutoCAD 2016。

1.2.2　退出 AutoCAD 2016

退出 AutoCAD 2016 的方法有很多种，具体如下：

- 单击 AutoCAD 2016 工作窗口右上角的“关闭”按钮。
- 在命令行输入 EXIT 或 QUIT 命令，然后按回车键。
- 单击“应用程序菜单”按钮，在下拉菜单中选择“退出 Autodesk AutoCAD 2016”选项。
- 按快捷键 Ctrl+Q 或 Alt+F4。

AutoCAD 2016

1.3　AutoCAD 2016 的新增功能

AutoCAD 2016 是 AutoCAD 的最新版本，除继承以前版本的优点以外，还增加了一些新的功能，使绘图更加方便快捷。

1.3.1 标签栏

“新建”标签栏已重命名为“开始”，并在创建和打开其他图形时保持显示，如图 1-4 所示。

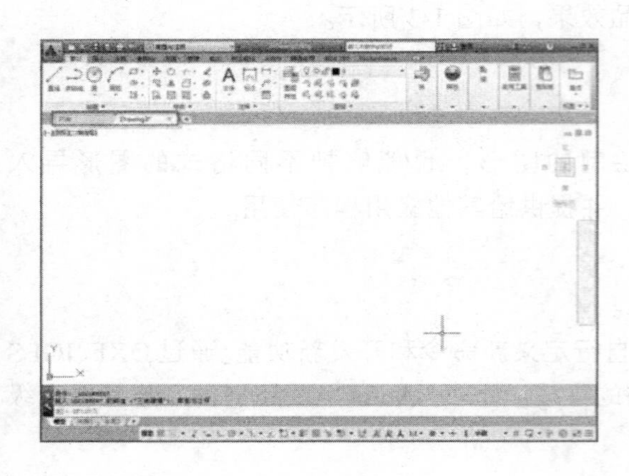

新建文件

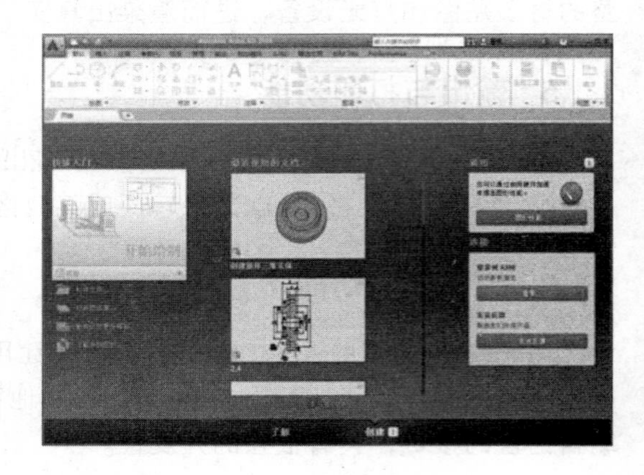

新建选项卡

图 1-4 AutoCAD 新建选项卡及文件

1.3.2 更灵活的布局及状态栏显示

布局现在支持通过拖放来将布局移动或复制到隐藏在溢出式菜单中的位置。随着将选定的布局拖动到布局选项卡的右侧或左侧边缘，选项卡将自动滚动，以便可以将布局放置到正确的位置，如图 1-5 所示。

状态栏现在可以在图标超过一行中适合显示的数目时自动换为两行，在任意给定时间，始终显示“模型”选项卡和至少一个布局选项卡，如图 1-6 所示。

模型 布局2 布局1 布局3 布局4 + 图纸

图 1-5 多个布局

图 1-6 状态栏显示

1.3.3 单点登录

用户如果登录到 A360 帐户，也将自动登录到联机帮助系统。同样，如果登录到 AutoCAD 帮助系统，也将自动登录到用户的 A360 帐户。

1.3.4 新增“智能标注”

AutoCAD 2016 新增“智能标注”命令，该命令可以从功能区中直接访问，如图 1-7 所示。“智能标注”命令可以根据选定的对象类型自动创建相应的标注，可自动创建的标注类型包括垂直标注、水平标注、对齐标注、旋转的线性标注、角度标注、半径标注、直径标注、折弯半径标注、弧长标注、基线标注和连续标注等。如果需要，可以使用命令行选项更改标注类型。

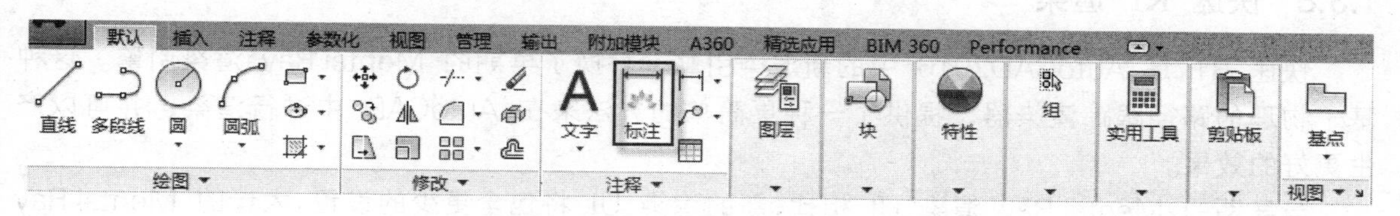

图 1-7 智能标注

1.3.5 捕捉及文本增强功能

通过允许现有中心对象捕捉来捕捉到闭合多边形/多段线的几何体中心，及为不规则体的质心（质量中心）。新增的“文本框”特性已添加到多行文字对象，使用户能够创建文字周围的边框，如图 1-8 所示。

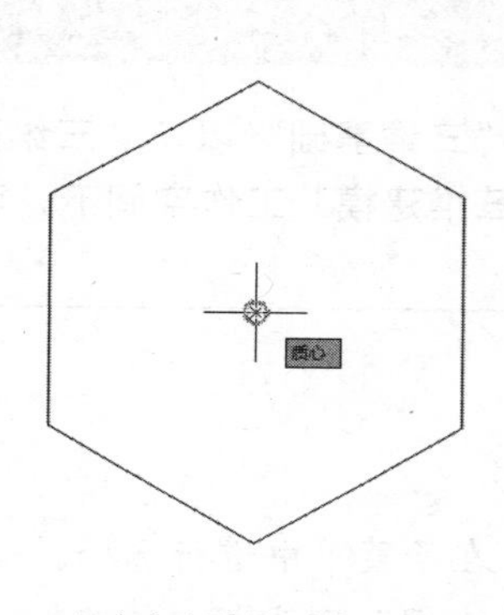

闭合多边形质心捕捉

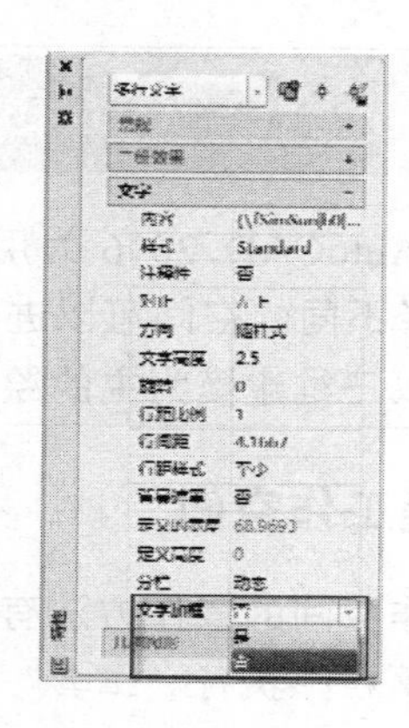

多行文字边框的添加

图 1-8 捕捉与文本增强的功能

1.3.6 移动/复制功能增强

在 AutoCAD 2016 的二维线框视觉样式中，将大量对象一起移动或复制时，会快速生成移动功能预览，使用户能够自由移动选定的对象而没有明显滞后。

1.3.7 PDF 功能增强

在 AutoCAD 2016 中，PDF 支持已得到显著增强，以提供更好的性能、灵活性和质量。对于包含大量文字、多段线和填充图案的图形，PDF 打印性能也已得到改进。输出为 DWF/PDF 选项对话框已拆分为两个单独的对话框，一个用于 DWF，一个用于 PDF，这两者都可以从“输出”功能区选项卡进行访问。例如，其中可能包括指向图纸、命名视图、外部网站和文件的链接。它还支持来自不同类型的对象（如文字、图像、块、几何图形、属性和字段）的链接。书签控件将命名视图输出为书签，以便您可以在查看 PDF 文件时轻松地在它们之间进行导航。

1.3.8 快速 RT 渲染

快速 RT 是 AutoCAD2016 中的新渲染引擎，替换了早期的 Mental Ray 渲染引擎。这种基于物理的路径跟踪渲染器，提供了一种更简单的方法来在 AutoCAD 中进行渲染，并可以产生更好的效果。

与早期的 Mental Ray 渲染 UI 相比，新的渲染 UI 将包含更少的设置。大量的 Mental Ray 设置已被删除，因为它们对新的渲染引擎不再有效。用户可以从“可视化”功能区选项卡的“渲染”面板中访问“渲染预设管理器”。

1.3.9 安全

文件密码保护功能已弃用，将不再使用密码保存 DWG 文件。现在可以使用 CAD 管理员控制实用程序锁定，现在也提供了新的“数字签名”对话框。

1.4 AutoCAD 2016 的工作空间

中文版 AutoCAD 2016 为用户提供了“草图与注释”“三维基础”以及“三维建模”3 种工作空间。选择不同的空间可以进行不同的操作，例如在“三维建模”工作空间下，可以方便地进行更复杂的以三维建模为主的绘图操作。

1.4.1 切换工作空间

切换工作空间的操作方法有如下 4 种。

- 菜单栏：执行“工具”|“工作空间”菜单命令，在子菜单中进行选择。
- 列表框：单击打开默认工作界面左上角的“工作空间”列表框，在弹出的下拉列表中选择所需工作空间，如图 1-9 所示。
- 工具栏：在“工作空间”工具栏中的“工作空间控制”列表框中进行选择。
- 状态栏：单击状态栏“切换工作空间”按钮，在弹出菜单中选择，如 1-10 所示。
-

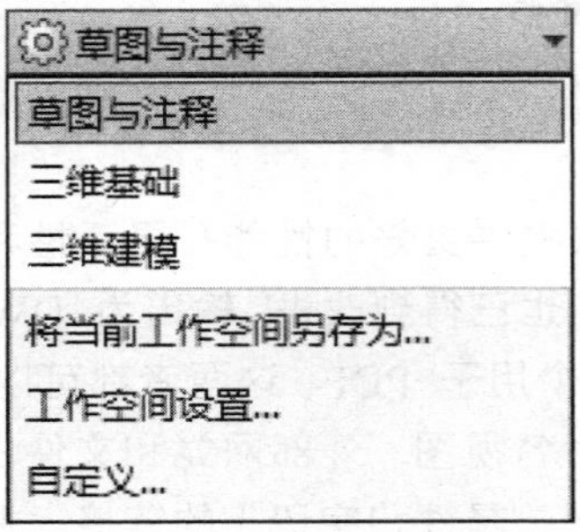

草图与注释
草图与注释
三维基础
三维建模
将当前工作空间另存为...
工作空间设置...
自定义...

图 1-9 通过列表框选择

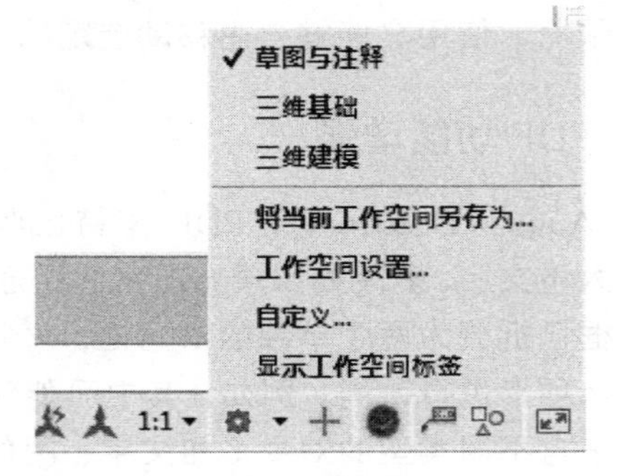

图 1-10 通过菜单选择

1.4.2 草图与注释空间

AutoCAD 2016 默认的工作空间为“草图与注释”空间。其界面主要由“应用程序”按钮、功能区选项板、快速访问工具栏、绘图区、命令行窗口和状态栏等元素组成。在该空间中，可以方便地使用“默认”选项卡中的“绘图”“修改”“图层”“注释”“块”和“特性”等面板绘制和编辑二维图形，如图 1-11 所示。

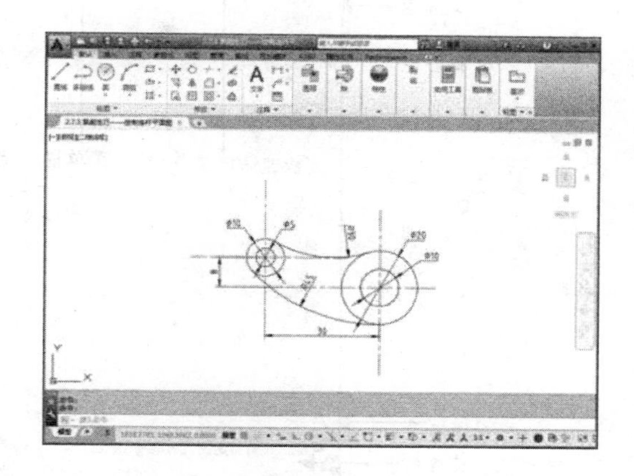

图 1-11　“草图与注释”空间

1.4.3 三维基础空间

在“三维基础”空间中，能够非常简单方便地创建基本的三维模型，其功能区提供了各种常用的三维建模、布尔运算以及三维编辑工具按钮。三维基础空间界面如图 1-12 所示。

1.4.4 三维建模空间

“三维建模”空间界面与“草图与注释”空间界面相似。其“功能区”选项板中集中了三维建模、视觉样式、光源、材质、渲染和导航等面板，为绘制和观察三维图形、附加材质、创建动画、设置光源等操作提供了非常便利的环境，如图 1-13 所示。

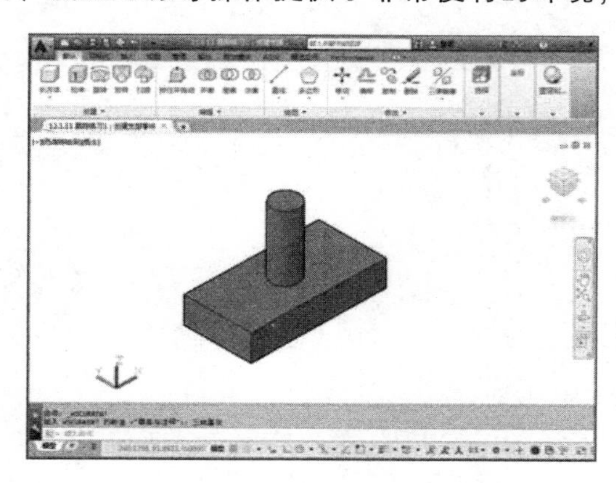

图 1-12　“三维基础”空间

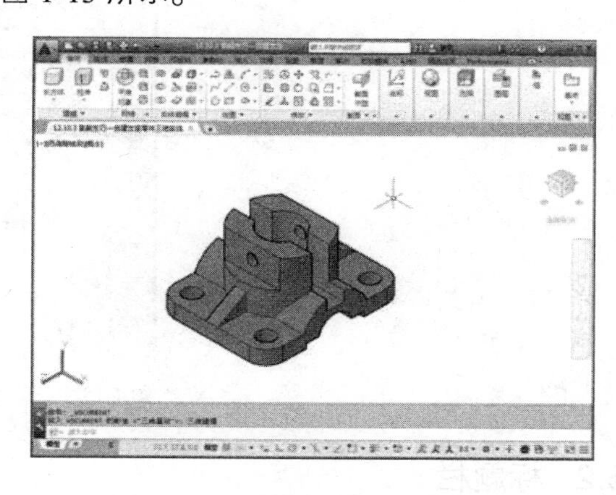

图 1-13　“三维建模”空间

1.5 AutoCAD 2016 的操作界面

AutoCAD 2016

以上介绍的各种工作空间中，以“草图与注释”的界面最为常用，因此本书主要以该空间为主，讲解 AutoCAD 的操作界面。该空间界面包括“应用程序菜单”按钮、功能区选项板、快速访问工具栏、绘图区、命令行窗口和状态栏等，如图 1-14 所示。

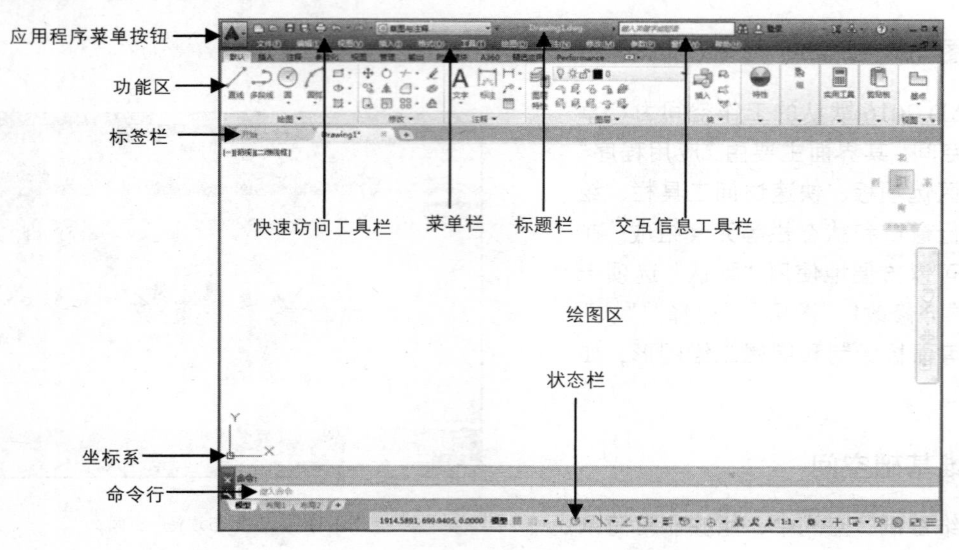

图 1-14　AutoCAD 2016“草图与注释”界面

1.5.1　“应用程序菜单”按钮

“应用程序菜单”按钮位于窗口的左上角，单击该按钮，可以展开 AutoCAD 2016 用于管理图形文件的命令，如图 1-15 所示，用于新建、打开、保存、打印、输出及浏览用过的文件等。

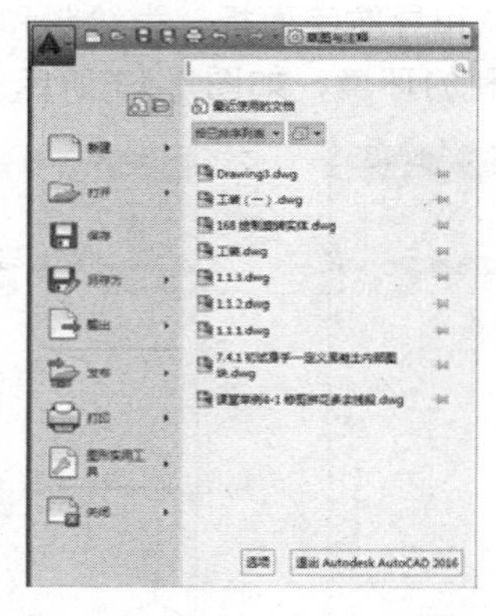

图 1-15　“应用程序菜单”按钮

1.5.2　标题栏

标题栏位于 AutoCAD 绘图窗口的最上端，它显示了系统正在运行的应用程序和用户正打开的图形文件的信息。

1.5.3　快速访问工具栏

“快速访问工具栏”位于标题栏的左上角，它提供了常用的快捷按钮，可以给用户提供更多的方便。默认状态下，它由 7 个快捷按钮组成，依次为新建、打开、保存、另存为、放弃、重做和打印等，如图 1-16 所示。

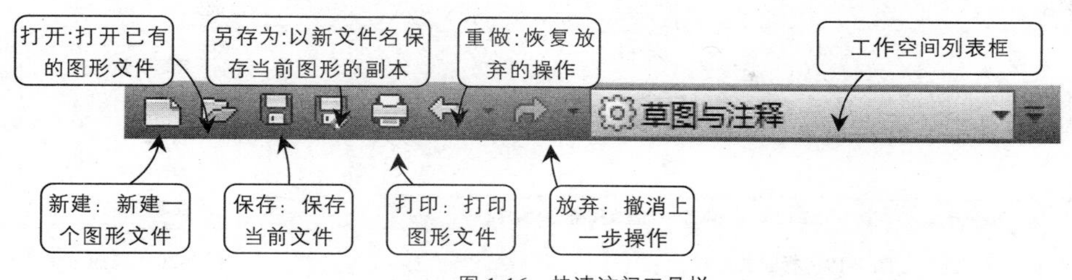

图 1-16 快速访问工具栏

AutoCAD 2016 提供了自定义“快速访问工具栏”的功能，可以通过相应的操作，可以为“快速访问工具栏”增加或删除按钮，以方便用户使用。

1.5.4 菜单栏

AutoCAD 2016 的菜单栏位于标题栏的下方，为下拉式菜单，其中包含了相应的子菜单。分别为“文件”“编辑”“视图”“插入”“格式”“工具”“绘图”“标注”“修改”“参数”“窗口”和“帮助”共 12 个菜单，涵盖了所有的绘图命令和编辑命令。

案例【1-1】 通过菜单方式执行绘图命令

视频文件：DVD\视频\第 1 章\1-1.MP4

步骤 01 执行“绘图”|“直线”菜单命令，将十字光标置于空白绘图区域。系统提示用户指定直线的第一点，单击确认直线的起点。

步骤 02 根据系统的提示，在命令行中先后输入相对直角坐标（@0,50）、（@50,0）、（@0,-50），确定第 2 点、第 3 点和第 4 点，如图 1-17 所示。

步骤 03 选择“C(闭合)”选项，闭合直线，完成绘制如图 1-18 所示。

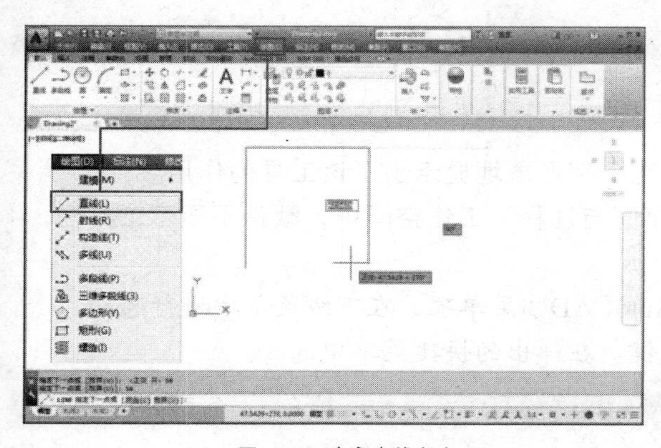

图 1-17 确定直线各点

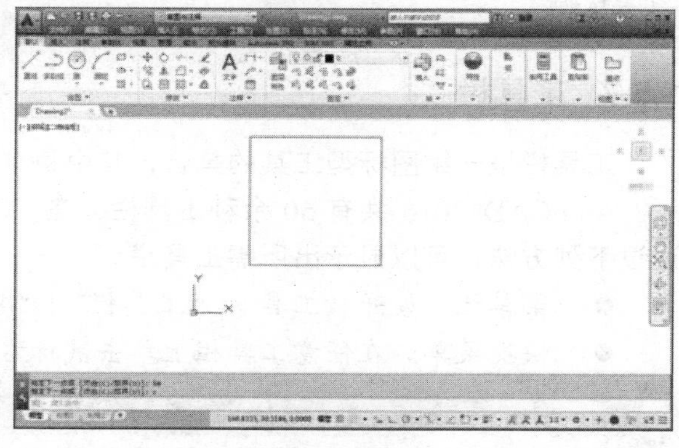

图 1-18 闭合图形

1.5.5 文件标签栏

文件标签栏位于绘图窗口上方，每个打开的图形文件都会在标签栏显示一个标签，单击文件标签即可快速切换至相应的图形文件窗口，如图 1-19 所示。

单击标签栏右侧的按钮，可以快速新建文件，右键单击标签栏空白处，系统会弹出快捷菜单如图 1-20 所示，利用该快捷菜单可以选择“新选项卡”“新建”“打开”“全部保存”以及“全部关闭”命令。

图 1-19　标签栏

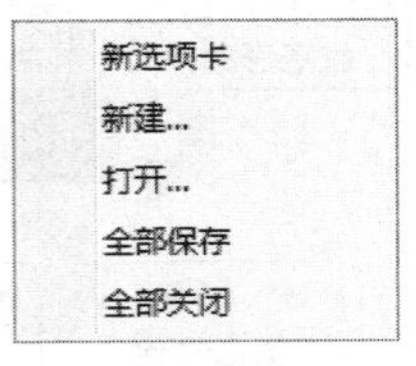

图 1-20　快捷菜单

1.5.6　功能区

功能区是一种智能的人机交互界面，它将 AutoCAD 常用的命令进行分类，并分别放置于功能区各选项卡中，每个选项卡又包含有若干个面板，面板中即放置有相应的工具按钮，如图 1-21 所示。当操作不同的对象时，功能区会显示对应的选项卡，与当前操作无关的命令被隐藏，以方便用户快速选择相应的命令，从而将用户从繁琐的操作界面中解放出来。

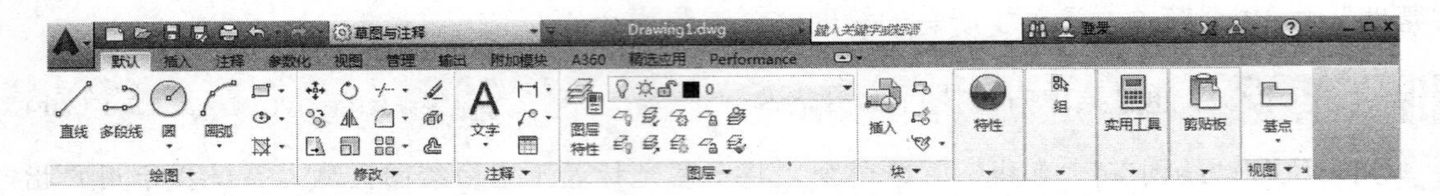

图 1-21　功能区

专家提醒

由于空间限制，有些面板的工具按钮未能全部显示，此时可以单击面板底端的下拉按钮 ▾，以显示其他工具按钮。

1.5.7　工具栏

工具栏是一组图标型工具的集合，其中每个图标都形象地显示出了该工具的作用。

AutoCAD 2016 共有 50 余种工具栏，在“草图与注释”工作空间中，默认不显示工具栏，通过下列方法，可以显示出所需工具栏。

- 菜单栏：展开“工具”|“工具栏”|“AutoCAD”菜单项，在下级菜单中进行选择。
- 快捷菜单：在任意工具栏上单击鼠标右键，在弹出的快捷菜单中选择。

专家提醒

菜单栏在“三维基础”和“三维建模”空间中也都默认为隐藏状态，但可以单击【快速访问】工具栏右端的下拉按钮，在弹出菜单中选择【显示菜单栏】命令，显示出菜单栏。

1.5.8　绘图区

图形窗口是屏幕上的一大片空白区域，是用户进行绘图的主要工作区域，如图 1-22 所示。图形窗口的绘图区域实际上是无限大的，用户可以通过“缩放”“平移”等命令来观察绘图区的图形。有时候为了增大绘图空间，可以根据需要关闭其他界面元素，例如工具栏和选项板等。

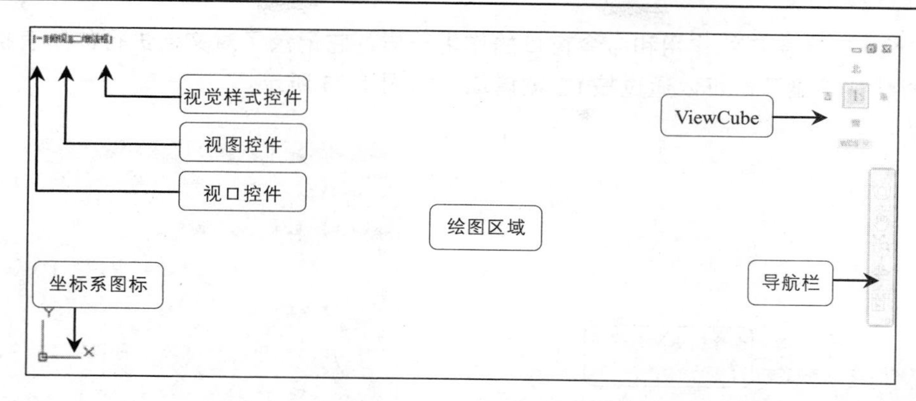

图 1-22　绘图区

图形窗口左上角有三个快捷功能控件，可以快速地修改图形的视图方向和视觉样式，如图 1-23 所示。

在图形窗口左下角显示有一个坐标系图标，以方便绘图人员了解当前的视图方向。此外，绘图区还会显示一个十字光标，其交点为光标在当前坐标系中的位置。当移动鼠标时，光标的位置也会相应的改变。

绘图区右上角同样也有“最小化”、“最大化”和“关闭”三个按钮，在 AutoCAD 中同时打开多个文件时，可通过这些按钮切换和关闭图形文件。

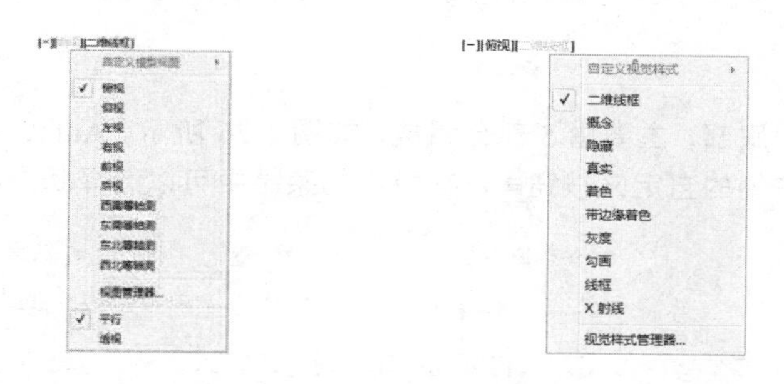

图 1-23　快捷功能控件菜单

1.5.9　命令行

命令行位于绘图窗口的底部，用于接收和输入命令，并显示 AutoCAD 的提示信息，如图 1-24 所示。命令窗口中间有一条水平分界线，它将命令窗口分成两个部分：命令行和命令历史窗口，位于水平分界线下方的为“命令行”，它用于接受用户输入的命令，并显示 AutoCAD 提示信息。

位于水平分界线下方的为“命令历史窗口”，它含有 AutoCAD 启动后所用过的全部命令及提示信息，该窗口有垂直滚动条，可以上下滚动查看以前用过的命令。

命令窗口是用户和 AutoCAD 进行对话的窗口，通过该窗口发出绘图命令，与菜单和工具栏按钮操作等效。在绘图时，应特别注意这个窗口，输入命令后的提示信息，如错误信息、命令选项及其提示信息将在该窗口中显示。

专家提醒

命令行是 AutoCAD 的工作界面区别于其他 Windows 应用程序的一个显著的特征。

AutoCAD 文本窗口的作用和命令窗口的作用一样，它记录了对文档进行的所有操作。文本窗口的界面默认不显示，可以通过按 F2 键调取，如图 1-25 所示。

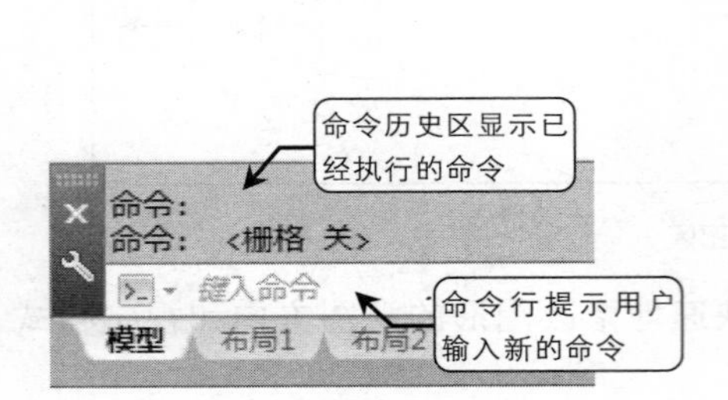

图 1-24 命令行窗口

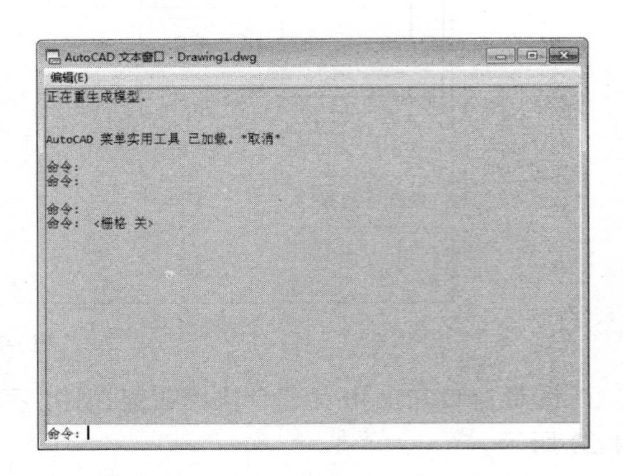

图 1-25 AutoCAD 文本窗口

专家提醒

将光标移至命令行窗口的上边缘，当光标呈÷形状时，按住鼠标左键向上拖动就可以增加显示命令窗口的行数，以显示更多的内容。

1.5.10 状态栏

状态栏位于屏幕的底部，主要由 5 部分组成，如图 1-26 所示。AutoCAD 2016 对状态栏进行了简化，单击状态栏右侧的自定义按钮≡，在弹出的菜单中可以选择状态栏显示的内容。

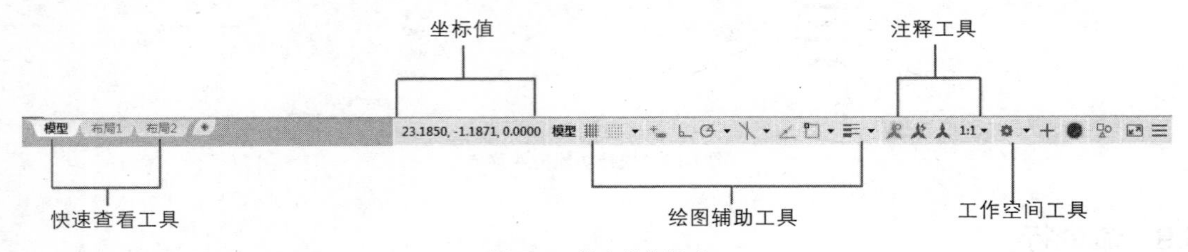

图 1-26 状态栏的组成

1. 快速查看工具

使用其中的工具可以快速地预览打开的图形，打开图形的模型空间与布局，以及在其中切换图形，使之以缩略图形式显示在应用程序窗口的底部。

2. 坐标值

光标坐标值显示了绘图区中光标的位置，移动光标，坐标值也会随之变化。

3. 绘图辅助工具

主要用于控制绘图的性能，其中包括推断约束、捕捉模式、栅格显示、正交模式、极轴追踪、对象捕捉、三维对象捕捉、对象捕捉追踪、允许/禁止动态 UCS、动态输入、显示/隐藏线宽、显示/隐藏透明度、快捷特性和选择循环等工具。

4. 注释工具

用于显示缩放注释的若干工具。针对不同的模型空间和图纸空间，将显示相应的工具。当图形状态栏打开后，将显示在绘图区域的底部；当图形状态栏关闭时，将移至应用程序状态栏。

5. 工作空间工具

用于切换 AutoCAD 2016 的工作空间，以及进行自定义设置工作空间等操作。

AutoCAD 2016

1.6 命令调用方式

命令是 AutoCAD 用户与软件交换信息的重要方式，有通过键盘输入、功能区、工具栏、下拉菜单栏、快捷菜单等几种调用命令的方法。

1.6.1 命令调用的 5 种方法

命令调用是进行 AutoCAD 绘图工作的基础，执行命令调用的方法有以下 5 种。

- 菜单栏：使用菜单栏调用命令，例如执行“修改”|“偏移”菜单命令。
- 工具栏：使用工具栏调用命令，例如单击“修改”工具栏中的“偏移”按钮。
- 功能区：在非 AutoCAD 经典工作空间，可以通过功能区的按钮执行命令，例如在“常用”功能区的“绘图”面板中单击“多段线”按钮，即可执行 Pline 命令。
- 命令行：使用键盘输入调用命令，例如在命令行输入 OFFSET 或其简写形式 O 并回车，即可调用“偏移”命令。
- 快捷菜单：使用快捷菜单调用命令，即单击鼠标右键，在弹出的菜单中选择命令。

1.6.2 命令行输入的方法

AutoCAD 的每一个命令行都存在一个命令提示符“：”。提示符前面是提示用户下一步将要进行什么操作的信息；后面则是用户根据提示输入的命令或参数。下面以启动绘制“圆”命令为例进行说明：

```
命令：C↙
```

提示符前面的“命令”表示当前计算机处在等待命令输入状态，用户可以输入任何一条 AutoCAD 命令。提示符后面是用户输入的 CIRCLE 圆命令的简写方式 C。用户输入完毕后，必须回车或者空格表示确认，本书用“↙”符号表示回车。

```
命令：C↙                                                    //调用“圆”命令
CIRCLE 指定圆的圆心或[三点(3P)/两点(2P)/切点、切点、半径(T)]:
……
```

第二行是绘制“圆”命令的一个操作步骤，提示用户选择画圆的具体方式。因为绘制同一个图形对象，有不同的操作方法。命令行最前面的 CIRCLE 表示该命令行是 CIRCLE 命令的一个步骤。“指定圆的圆心”提示用户输入圆心坐标，这是该行的首选项。而“或”字将首选项和备选项分开。备选项包含在中括号“[ ]”中，各项用斜杠符号“/”分开。本命令行中“三点(3P)”

表示以三点画圆，“两点(2P)”表示以两点画圆，“相切、相切、半径(T)”表示以确定切点、切点、半径的方式画圆。

如果选择以确定圆心和半径的方式画圆，可直接在屏幕上单击，确定圆心坐标。也可以在提示符后输入圆心坐标，如“200，200”。计算机接受用户输入的内容后，即进入下一步骤——输入半径。命令行操作如下：

```
命令：C↙                                                   //调用“圆”命令
CIRCLE 指定圆的圆心或[三点(3P)/两点(2P)/切点、切点、半径(T)]：200,200↙
                                                           //输入圆心坐标
指定圆的半径或[直径(D)]：300↙                               //输入半径值
```

如果要选择某备选项，则可以输入该备选项小括号“( )”内的内容。例如，以“相切、相切、半径”方式画圆。命令行操作如下：

```
命令：C↙                                                   //调用“圆”命令
CIRCLE 指定圆的圆心或[三点(3P)/两点(2P)/切点、切点、半径(T)]：T↙ //输入小括号内的 T，选择备选项“切点、切点、半径(T)”，大小写不限
指定对象与圆的第一个切点：                                   //确定圆的第一个切点的位置
……
```

在命令提示中，有时还会碰到尖括号“<>”。例如以圆心、半径的方式画圆，命令行操作如下：

```
命令：C↙                                                   //调用“圆”命令
CIRCLE 指定圆的圆心或[三点(3P)/两点(2P)/切点、切点、半径(T)]：200，200↙
                                                           //输入圆心坐标
指定圆的半径或[直径(D)]<300.0000>：↙                        //输入半径
```

在提示输入半径值时，提示符前出现了“<300.0000>”。尖括号内的数字是默认值，表示如果在提示符后不输入任何内容而直接回车，则系统将以数值“300.0000”作为用户输入的半径值。在 AutoCAD 2016 中，对命令行输入进行了增强。除了以上使用键盘输入命令的选项外，还可以直接单击选择命令选项，从而大大提高了画图效率。

专家提醒

默认情况下，AutoCAD 都以上一次执行该命令时输入的参数值作为本次操作的默认值。所以对于一些重复操作的命令，合理地利用默认值输入，可以大大减少输入工作量。

1.6.3 命令中止和重复使用

有些命令需要退出操作后才能输入下一个新的命令，常用的退出命令的方法有以下两种：

- 快捷菜单：单击鼠标右键，在弹出的快捷菜单中选择“确认”选项。
- 快捷键：任务完成后回车或者按 Esc 键。

在绘图过程中经常会重复使用同一个命令，如果每一次都重复输入，会大大降低绘图效率。重复调用命令的方法如下：

- 快捷键：回车或按空格键重复调用上一个命令。
- 快捷菜单：单击鼠标右键，在弹出的快捷菜单中选择“重复**”选项，可重复调用上

一个使用的命令。

- 命令行：在命令行输入 MULTIPLE / MUL 并回车。

1.6.4 撤消操作

在绘图过程中，有时需要撤消某个操作，返回到之前的某一操作，这时需要使用放弃功能。撤消前一个操作的方法如下：

- 工具栏：单击“快速访问”工具栏中的“放弃”按钮。
- 组合键：使用组合键 Ctrl + Z。

1.7 AutoCAD 2016 文件操作

AutoCAD 2016

文件管理是软件操作的基础，包括新建文件、打开文件、保存文件、查找文件和输出文件等。

1.7.1 新建文件

新建 AutoCAD 图形文件的方式有两种，一种是软件启动之后将会自动新建一个名称为“Drawing1.dwg”的默认文件；第二种是启动软件之后重新创建图形文件。

案例【1-2】 新建文件 视频文件：DVD\视频\第 1 章\1-2.MP4

步骤 01 单击“应用程序菜单”按钮，展开按钮菜单，单击“新建”命令或者按快捷键 Ctrl+N，如图 1-27 所示。

步骤 02 打开“选择样板”对话框，在“名称”列表框中选择一个合适的样板，单击“打开”按钮，即可新建一个图形文件，如图 1-28 所示。

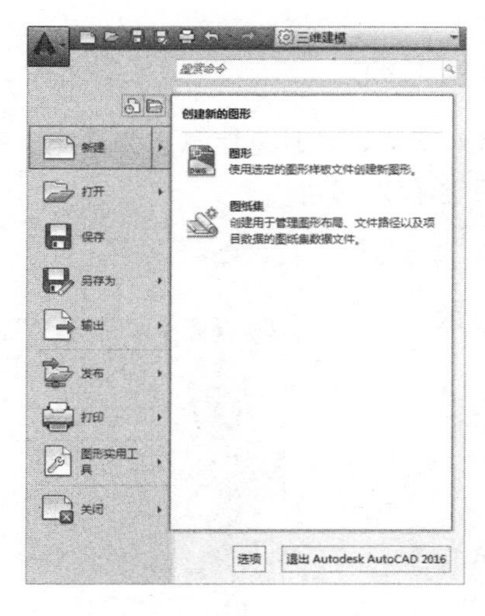

图 1-27 选择“新建”|“图形”命令

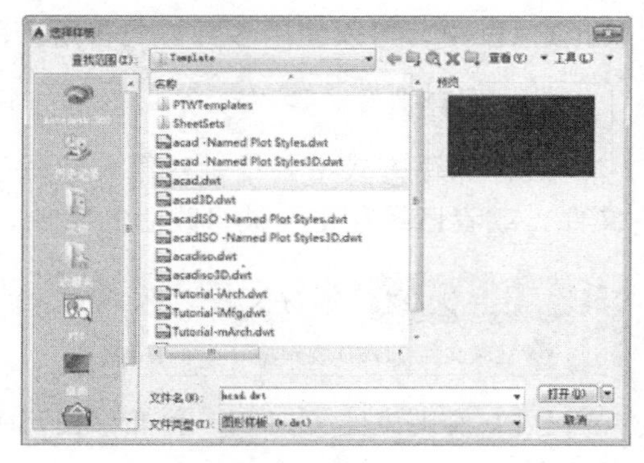

图 1-28 “选择样板”对话框

专家提醒

单击“快速访问”工具栏“新建”按钮，或单击标签栏按钮，也可以创建一个图形文件。

1.7.2 打开文件

AutoCAD 文件的打开方式主要有以下 3 种：

- 双击 dwg 文件打开：在磁盘中找到要打开的文件，双击该文件图标，即可打开文件。

- 使用鼠标右键快捷菜单打开：在磁盘中找到要打开的文件，使用鼠标右键单击文件，接着在弹出菜单中选择“打开方式”|“AutoCAD Application”命令。
- 按钮菜单：单击“应用程序菜单”按钮，展开按钮菜单，单击“打开”|“图形”命令。

案例【1-3】 调用“打开”命令打开文件 视频文件：DVD\视频\第 1 章\1-3.MP4

步骤01 启动 AutoCAD 2016，单击“应用程序菜单”按钮，展开按钮菜单，单击“打开”|“图形”命令，或者按快捷键 Ctrl+O，打开“选择文件”对话框，如图 1-29 所示。

步骤02 在对话框中的“查找范围”下拉列表中指定打开文件的路径，选中待打开的文件，单击“打开”按钮，如图 1-30 所示。

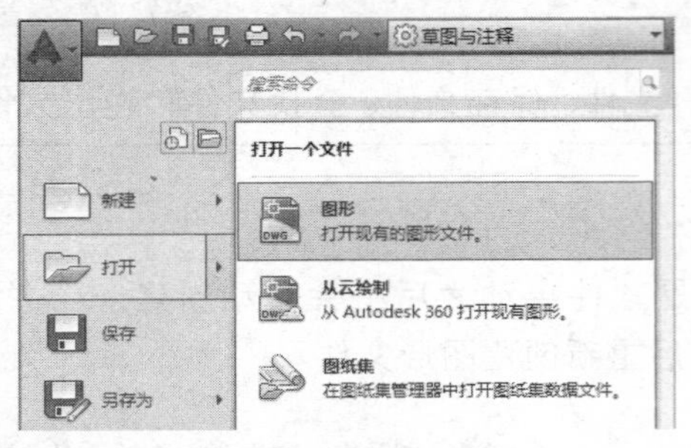

图 1-29 执行“打开”|“图形”命令

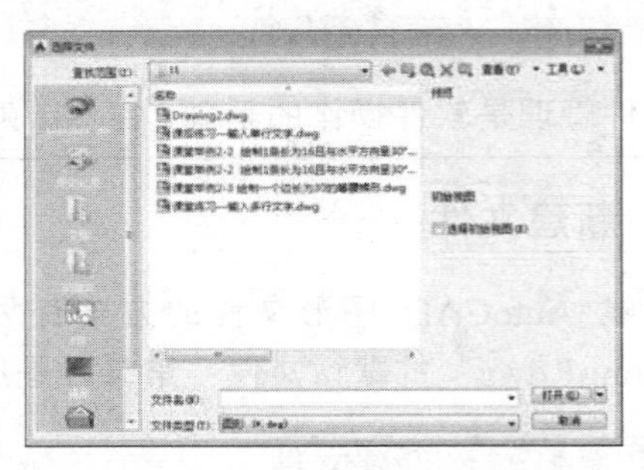

图 1-30 “选择文件”对话框

1.7.3 保存文件

保存的作用是将内存中的文件信息写入磁盘，以避免信息因为断电、关机或死机而丢失。在 AutoCAD 中，可以使用多种方式将所绘图形存入磁盘。

1. 保存

这种保存方式主要是针对第一次保存的文件，或者已经存在但被修改后的文件。

案例【1-4】 保存文件

视频文件：DVD\视频\第 1 章\1-4.MP4

步骤01 按快捷键 Ctrl+S，打开“图形另存为”对话框。

步骤02 在“保存于”列表框中设置文件的保存路径，在“文件名”文本框中输入保存文件的名称，单击“保存”按钮即可，如图 1-31 所示。

图 1-31 “图形另存为”对话框

技巧点拨

单击“快速访问”工具栏中的“保存”按钮，也可以保存相应的文件。

2. 另存为

这种保存方式可以另设路径或文件名保存文件，比如修改了原来存在的文件之后，同时想保留原文件时，就可以选择该方式把修改后的文件另存一份。

按快捷键 Ctrl+Shift+S，即可另存文件。

专家提醒

“另存为”方式相当于备份原文件，保存之后原文件仍然存在，只是两个文件的保存路径或文件名不同而已。

1.7.4 自动备份文件

为了防止文件丢失，用户可以设置自动备份文件，以免意外发生时不能及时保存文件。

案例【1-5】 自动备份文件　　视频文件：DVD\视频\第 1 章\1-5.MP4

步骤 01 在命令行输入 OP“选项”命令并回车，在弹出的“选项”对话框中选择“打开和保存”选项卡。

步骤 02 在“文件安全措施”选项区域中选中“自动保存”复选框。

步骤 03 设置多少时间间隔进行自动保存，例如设置为 10，如图 1-32 所示。这样系统就会每隔 10 分钟自动保存一次文件。

图 1-32　“选项”对话框

1.7.5 恢复备份文件

单击“应用程序菜单”按钮，展开按钮菜单，单击“图形实用工具”|“打开图形修复管理器”命令，系统将弹出“图形修复管理器”对话框，在对话框中即可找到需要恢复的备份文件。

如果在“图形修复管理器”对话框中找不到所需恢复的文件，也可通过手动方法恢复备份文件。因为 AutoCAD 自动保存的文件具有隐藏属性，所以要先将隐藏文件显示出来。

找到自动保存的文件后，因为这些文件的默认扩展名都是“.sv$”，所以不能直接用 AutoCAD 将文件打开，需要将其扩展名改为“.dwg”之后才能打开。

1.7.6 查找文件

查找文件可以按照名称、类型、位置以及创建时间等方式查找。在“选择文件”对话框中的“工具”按钮下拉菜单中调用“查找”命令，打开“查找”对话框。在默认打开的“名称和位置”选项卡中，可以通过名称、类型及查找范围搜索图形文件。单击“浏览”按钮，即可在“浏览文件夹”对话框中指定路径查找所需文件，如图 1-33 所示。

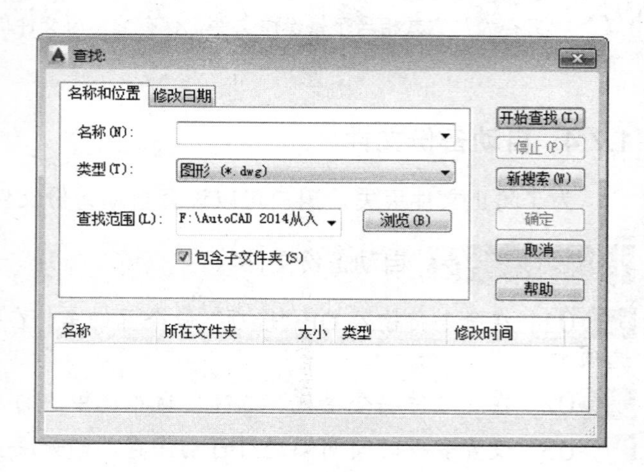

图 1-33 查找文件

1.7.7 输出文件

输出图形文件是将 AutoCAD 文件转换为其他格式进行保存，以方便在其他软件中使用。在命令行中输入“EXPORT”输出命令并回车，打开“输出数据”对话框，如图 1-34 所示。选择输出路径和输出类型，如图 1-35 所示，单击“保存”按钮即可输出完成文件。

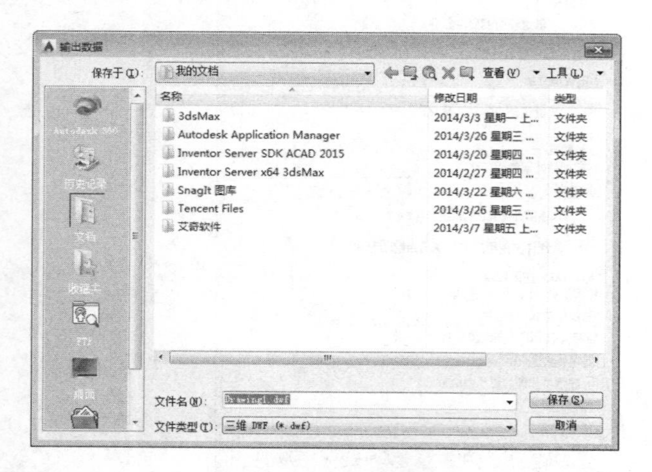

图 1-34 “输出数据”对话框

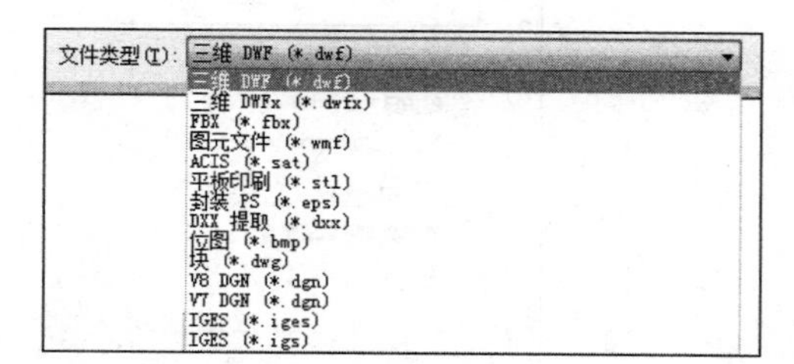

图 1-35 输出数据类型

1.8 实战演练

AutoCAD 2016

初试身手——通过帮助文件学习 CIRCLE 命令

视频文件：DVD\视频\第 1 章\初试身手.MP4

下面将以实际操作的形式介绍如何使用 AutoCAD 的帮助功能。

步骤 01 在标题栏上单击“单击此处访问帮助”按钮 或按功能键 F1 键，打开 AutoCAD 帮助系统，如图 1-36 所示。

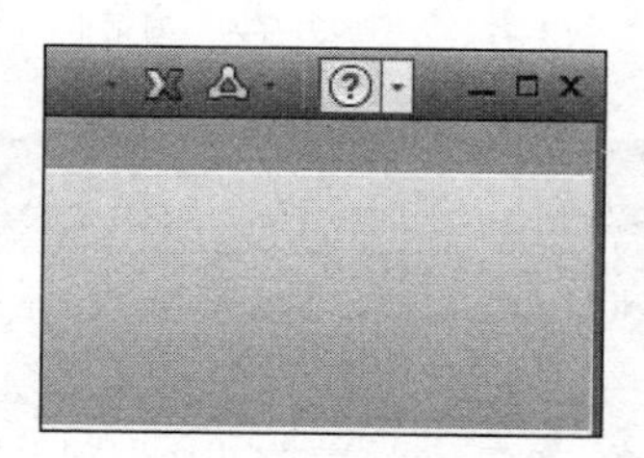

图 1-36　单击“单击此处访问帮助”按钮

步骤 02 在帮助页面的右上角搜索文本框中输入 CIRCLE 并回车。

步骤 03 在搜索结果中选择“CIRCLE(命令)”列表项，即可浏览该命令详细的帮助信息，如图 1-37 所示。

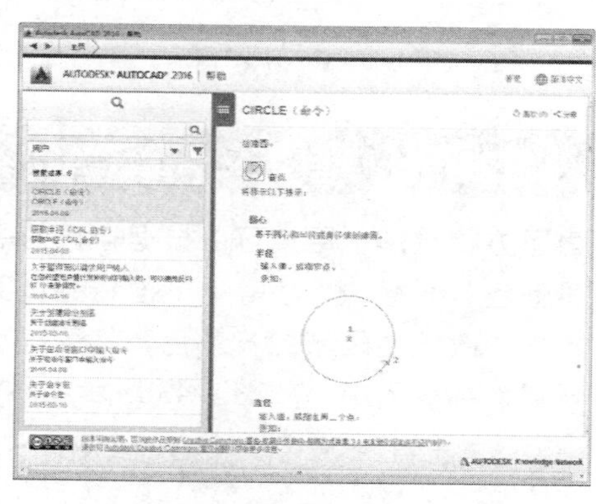

图 1-37　浏览帮助

深入训练——保存图形样板

视频文件：DVD\视频\第 1 章\深入训练.MP4

保存为图形样板，便可以在创建新文件时进行调用，样板文件中会保存有设置好的图层、标注、块等样式。

步骤 01 按快捷键 Ctrl+S，打开“图形另存为”对话框，单击对话框下方的“文件类型”下拉列表符号 ，如图 1-38 所示。

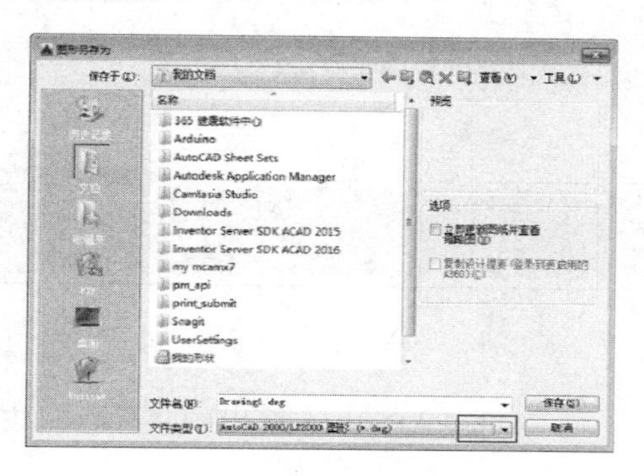

图 1-38　“图形另存为”对话框

步骤 02 展开“文件类型”下拉列表，在其中选择“AutoCAD 图形样板 (*.dwt)”选项，如图 1-39 所示。

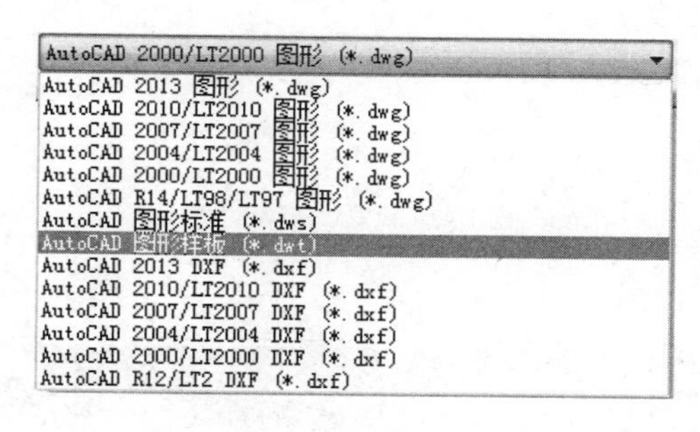

图 1-39　选择保存为图形样板

步骤 03 选择完毕后，系统自动将对话框中的文件路径跳转为图形样板文件所在的文件夹，然后输入我们要保存的文件名，如“XX 专用”，如图 1-40 所示。

步骤 04 设置完成后，系统弹出“样板选项”对话框，在其中设置好说明和测量单位，再单击“确定”按钮即可保存，如图 1-41 所示。

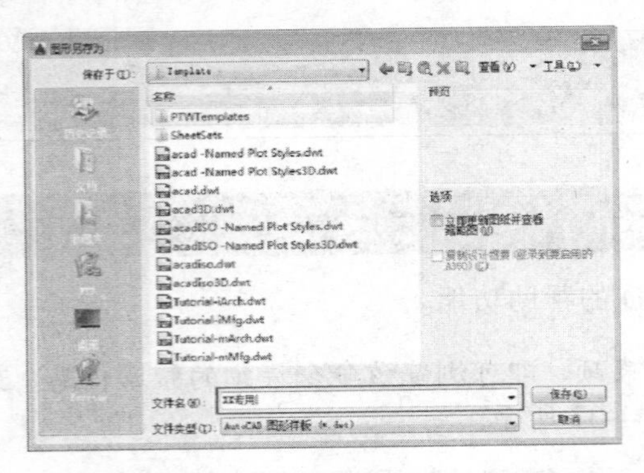

图 1-40 输入新文件名

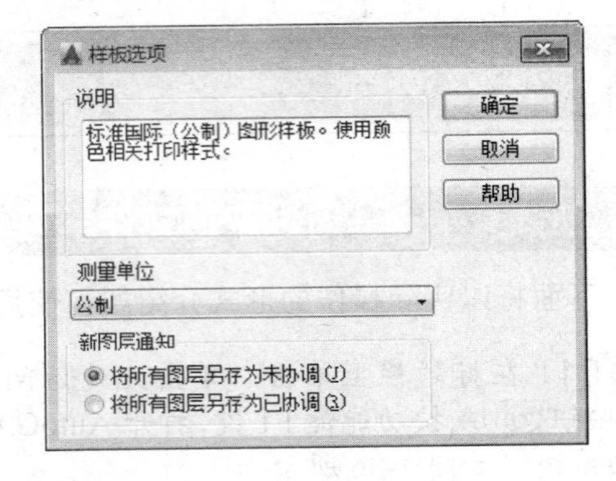

图 1-41 “图形另存为”对话框

熟能生巧——自定义 AutoCAD 2016 工作界面

视频文件：DVD\视频\第 1 章\熟能生巧.MP4

为了方便绘图，用户可以根据自己的需要来自定义 AutoCAD 工作界面，例如设置绘图区域的背景颜色、光标的大小等，下面将通过实例操作的形式介绍自定义工作界面的方法。

首先修改绘图区域的背景色，将系统默认的黑色背景修改为白色背景色如图 1-42 所示。然后再设置光标的大小，如图 1-43 所示，具体操作过程请观看本书光盘提供的视频教学。

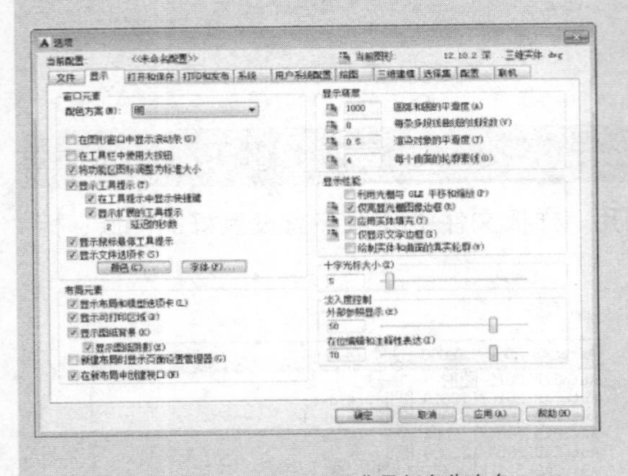

图 1-42 设置背景颜色为白色

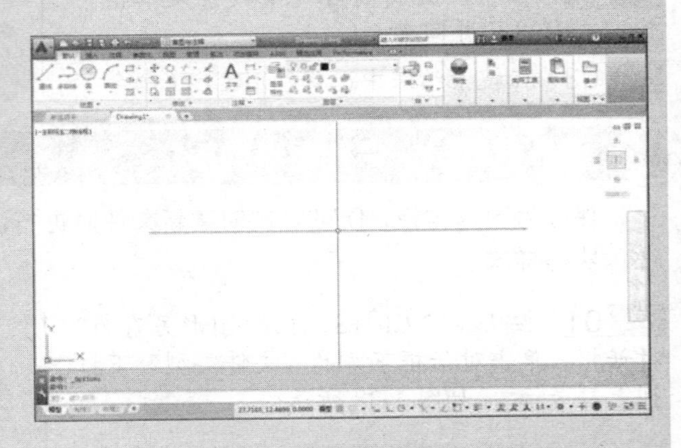

图 1-43 调整后光标的大小

AutoCAD 2016

1.9 课后练习

1. 填空题

(1) AutoCAD 图形文件的格式是________________，AutoCAD 2016 输出的文件格式主要有__________、__________、__________、__________、__________等。

(2) AutoCAD 2016 默认的工作空间为“草图与注释”空间。其界面主要由__________、__________、快速访问工具栏、绘图区、命令行窗口和状态栏等元素组成。

(3) 在命令行执行________命令可以打开 AutoCAD 文本窗口。

(4) 在执行命令的过程中，可以随时按________键终止命令。

2. 选择题

(1) 不属于 AutoCAD 2016 的工作空间是（　　）

A、草图与注释　　B、三维建模

C、AutoCAD 经典　　D、二维建模

(2) 在 AutoCAD 中，新建图形文件的快捷键是（　　）

A、Ctrl+O　　B、Ctrl+N

C、Ctrl+S　　D、Ctrl+Shift+N

3. 实例题

(1) 单击“布局”选项卡，将模型空间切换到图纸空间，如图 1-44 所示。

图 1-44　切换布局空间

(2) 通过设置“选项”对话框中的参数，改变绘图区域光标的大小为 20，如图 1-45 所示。

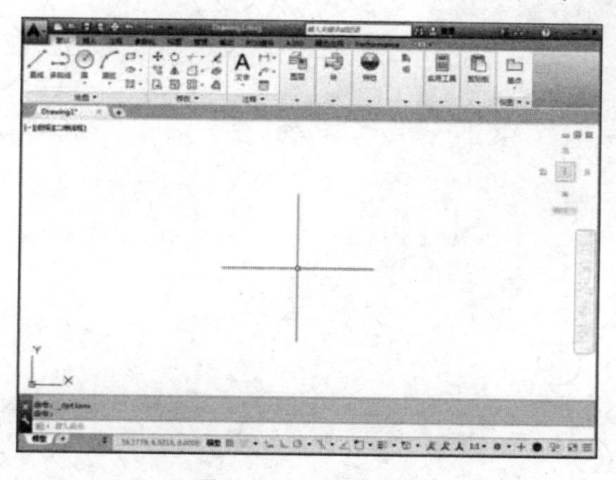

图 1-45　设置光标大小

第2章

绘图前的准备

利用 AutoCAD 进行工程设计和制图之前，需要做一些必要的准备工作，根据工作需要和使用习惯设置 AutoCAD 的绘图环境，就是其中一项非常重要的内容。良好的绘图环境，有利于形成统一的设计标准和工作流程，提高设计工作效率。

本章介绍了 AutoCAD 坐标的基本概念、辅助绘图工具的使用、视图的控制以及绘图环境的设置等内容。

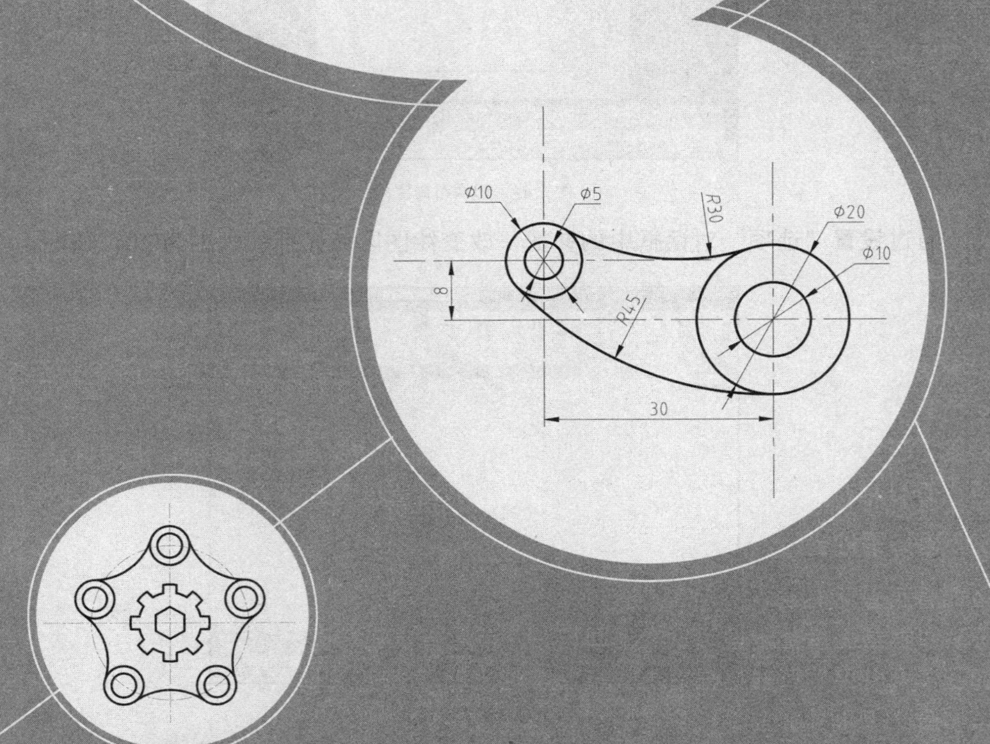

2.1 AutoCAD 坐标系

AutoCAD 的图形定位，主要是由坐标系来确定。使用 AutoCAD 的坐标系，首先要了解 AutoCAD 坐标系的概念和坐标的输入方法。

2.1.1 世界坐标系和用户坐标系

在绘图过程中，常常需要通过某个坐标系来精确地定位对象的位置。AutoCAD 的坐标系包括世界坐标系（WCS）和用户坐标系（UCS）。在 AutoCAD 2016 中，为了使用户实现快捷绘图，可以直接操作坐标系图标，以快速创建用户坐标系。

1. 世界坐标系

世界坐标系（World Coordinate System，简称 WCS）是 AutoCAD 的基本坐标系，由三个相互垂直的坐标轴——X 轴、Y 轴和 Z 轴组成。在绘制和编辑图形的过程中，它的坐标原点和坐标轴的方向是不变的。

如图 2-1 所示，在默认情况下，世界坐标系的 X 轴正方向水平向右，Y 轴正方向垂直向上，Z 轴正方向垂直于屏幕平面方向，指向用户。坐标原点在绘图区的左下角，在其上有一个方框标记，表明是世界坐标系。

2. 用户坐标系

为了更好地辅助绘图，经常需要修改坐标系的原点位置和坐标方向，这就需要使用可变的用户坐标系（User Coordinate System，简称 UCS）。在默认情况下，用户坐标系和世界坐标系重合，用户可以在绘图过程中根据具体需要来定义 UCS。

为表示用户坐标 UCS 的位置和方向，AutoCAD 在 UCS 原点或当前视窗的左下角显示了 UCS 图标，如图 2-2 所示为用户坐标系图标。

图 2-1　世界坐标系图标　　图 2-2　用户坐标系图标

2.1.2 直角坐标系

直角坐标系又称为笛卡尔坐标系，由一个原点（坐标为 0，0）和两条通过原点的、互相垂直的坐标轴构成，如图 2-3 所示。其中，水平方向的坐标轴为 x 轴，以右方向为其正方向；垂直方向的坐标轴为 y 轴，s 以上方向为其正方向。平面上任何一点 P 都可以由 x 轴和 y 轴的坐标来定义，即用一对坐标值（x，y）来定义一个点，例如，图 2-3 中 P 点的直角坐标为（5，4）。

专家提醒

AutoCAD 只能识别英文标点符号，所以在输入坐标时，中间的逗号必须是英文标点，其他的符号也必须为英文符号。

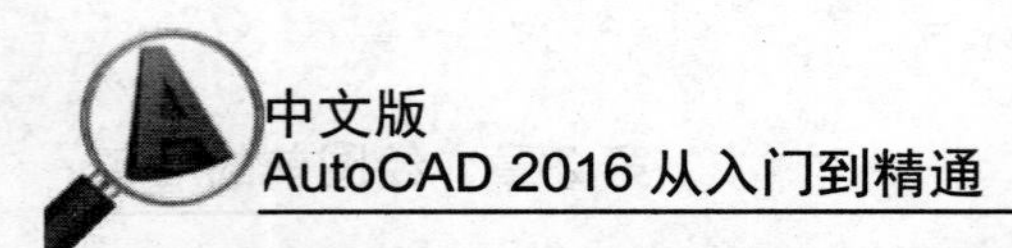

案例【2-1】 以坐标点（2，3）和（7，6）为端点绘制一条直线

视频文件：DVD\视频\第 2 章\2-1.MP4

步骤 01 单击“绘图”面板中的“直线”按钮。

步骤 02 根据命令行提示输入直线的两个端点的坐标（2,3）和（7,6），确定一条直线。

步骤 03 绘制完成的直线如图 2-4 所示。

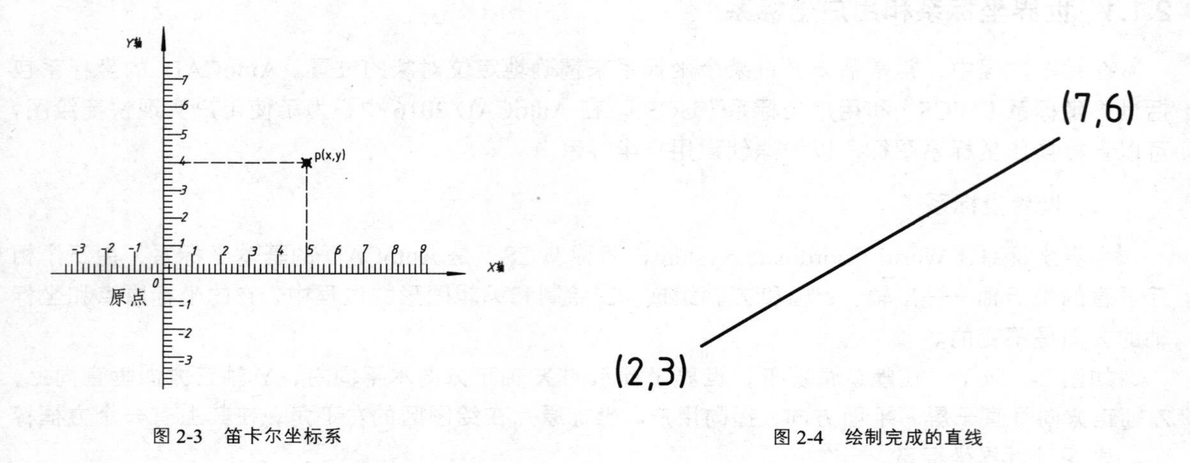

图 2-3 笛卡尔坐标系

图 2-4 绘制完成的直线

2.1.3 极坐标系

极坐标系由一个极点和一根极轴构成，极轴的方向为水平向右，如图 2-5 所示。平面上任何一点 P 都可以由该点到极点的连线长度 L（>0）和连线与极轴的夹角 α（极角，逆时针方向为正）来定义，即用一对坐标值（L<a）来定义一个点，其中“<”表示角度。

例如，某点的极坐标为（15<30），表示该点距离极点的长度为 15，与极轴的夹角为 30°。

案例【2-2】 绘制 1 条长为 16 且与水平方向呈 30° 角的直线

视频文件：DVD\视频\第 2 章\2-2.MP4

步骤 01 单击“绘图”面板中的“直线”按钮，调用“直线”命令。

步骤 02 在命令行提示“指定第一点:”时，在绘图区任意拾取一点作为直线第 1 点。

步骤 03 在命令行提示“指定下一点或 [放弃(U)]”时，在命令行输入“@16<30”并回车，完成直线绘制，如图 2-6 所示。

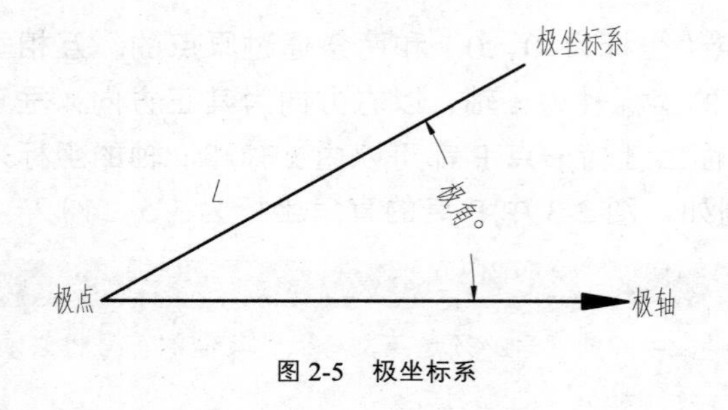

图 2-5 极坐标系

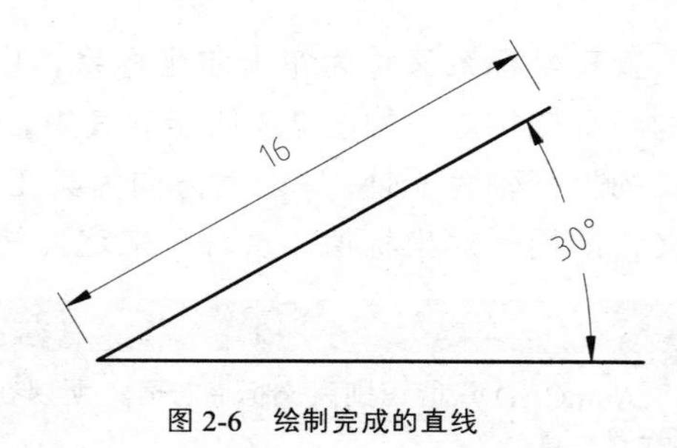

图 2-6 绘制完成的直线

2.1.4 相对坐标

很多情况下，用户需要直接通过点与点之间的相对位移来绘制图形，而不是指定每个点的绝对坐标。所谓的相对坐标，就是某点与相对点的位移值。在 AutoCAD 中，相对坐标用“@”表示。使用相对坐标时，用户可以采用直角坐标，也可以采用极坐标。前面介绍的即是绝对直角坐标和绝对极坐标，均以坐标原点为基点定位。

案例【2-3】 绘制一个边长为 30 的等腰梯形　　视频文件：DVD\视频\第 2 章\2-3.MP4

步骤 01 单击“绘图”面板中的“直线”按钮。

步骤 02 在绘图区中任意拾取一点作为直线第 1 点，然后在命令行中依次输入坐标（@30,0）、（@30<85）、（@-35，0），再选择“闭合(C)”选项。

步骤 03 绘制完成的等腰梯形如图 2-7 所示。

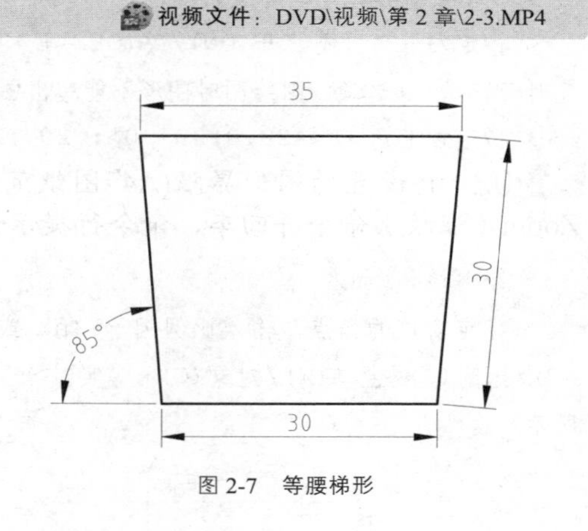

图 2-7　等腰梯形

2.1.5 坐标值的显示

在 AutoCAD 状态栏的左侧区域，会显示当前光标所处位置的坐标值，该坐标值有 3 种显示状态。

- 绝对坐标状态：显示光标所在位置的坐标（118.8822, -0.4634, 0.0000）。
- 相对极坐标状态：在相对于前一点来指定第二点时可以使用此状态（37.6469<216, 0.0000）。
- 特定状态：“冻结”关闭时所显示的坐标值。

用户可以使用多种方式来控制坐标值是否显示，以及坐标值的显示状态，具体如下：

- 单击坐标值显示区域，可以控制坐标值显示与否。
- 在坐标值显示区域单击鼠标右键，然后在快捷菜单中选择所需的显示状态，如图 2-8 所示。

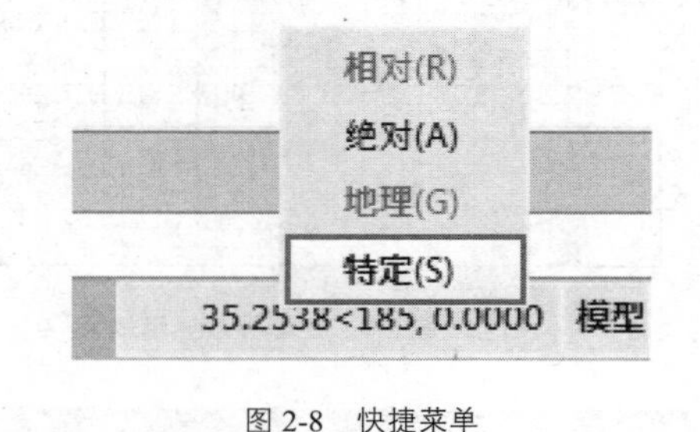

图 2-8　快捷菜单

2.2 设置绘图环境

AutoCAD 2016

工作环境是设计者与 AutoCAD 系统的交流平台，启动 AutoCAD 后，用户就可以在其默认的绘图环境中绘图。但是，为了保证图形文件的规范性、图形的准确性与绘图的效率，有时需要在绘图前对绘图环境和系统参数进行相应的设置。

2.2.1 设置图形界限

为了使绘制的图形不超过用户工作区域，需要设置图形界限以标明边界。在此之前，需要启用状态栏中的“栅格”功能，只有这样才能清楚地查看图形界限的设置效果。栅格所显示的区域即是用户设置的图形界限区域。

案例【2-4】 设置 A4 图纸大小绘图区域　　视频文件：DVD\视频\第 2 章\2-4.MP4

步骤 01 在命令行输入 Limits（图形界限）命令并回车，命令行操作如下：

```
命令：_limits                                          //调用“图形界限”命令
重新设置模型空间界限：
指定左下角点或 [开(ON)/关(OFF)] <0.0,0.0>: 0,0↙     //指定坐标原点为图形界限的左下角点，此时若选择 ON 选项，则绘图时图形不能超出图形界限；若超出系统不予绘出，选 OFF 则准予超出界限图形
指定右上角点 <420.0,297.0>: 297,210↙                  //指定右上角点
```

步骤 02 将设置的图形界限(A4 图纸范围)放大至全屏显示，以便于观察图形。在命令行输入 Zoom（缩放）命令并回车，命令行提示如下：

```
命令：zoom↙                                            //调用“缩放”命令
指定窗口的角点，输入比例因子 (nX 或 nXP)，或者[全部(A)/中心(C)/动态(D)/范围(E)/上一个(P)/比例(S)/窗口(W)/对象(O)] <实时>: A↙     //把绘图界限放大到全屏显示，如图 2-9 所示
```

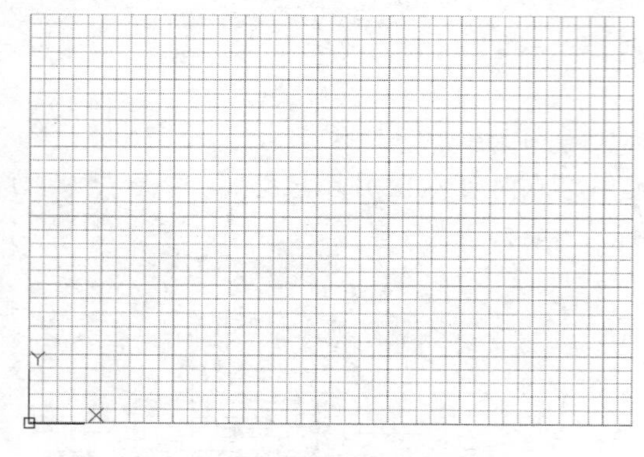

图 2-9　图形界限显示效果

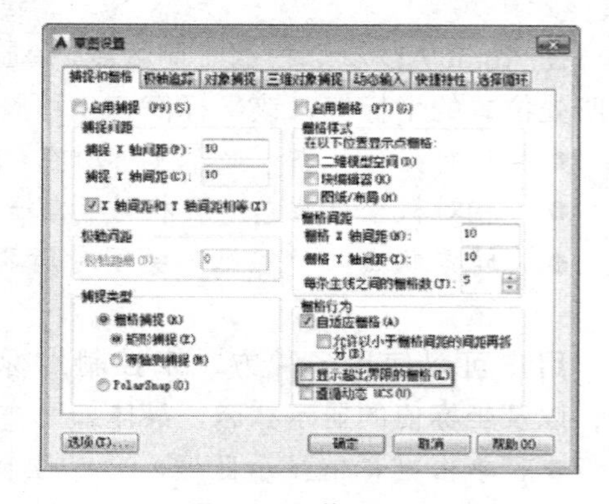

图 2-10　栅格设置

专家提醒

AutoCAD 2016 默认在绘图界限外也显示栅格，如果只需要在界限内显示栅格，在命令行输入'DSETTINGS（草图设置）命令并回车，打开“草图设置”对话框，在“捕捉和栅格”选项卡中去除对“显示超出界限的栅格”复选框的勾选，如图 2-10 所示。

2.2.2　设置绘图单位

尺寸是衡量物体大小的标准。AutoCAD 作为一款非常专业的设计软件，对工作单位的要求非常高。通过修改 AutoCAD 的工作单位，可方便不同领域的辅助设计。

调用 UNITS 命令可以修改当前文档的长度单位、角度单位、零角度方向等内容。启动该命令的方式有：

- 菜单栏：执行“格式” | “单位”菜单命令。

- 命令行：在命令行输入 UNITS / UN 并回车。

执行以上任意一种操作后，将打开“图形单位”对话框，如图 2-11 所示。在该对话框中，可为图形设置坐标、长度、精度、角度的单位值，其中各选项的含义如下：

- 长度：用于设置长度单位的类型和精度。
- 角度：用于控制角度单位类型和精度。“顺时针”复选框用于控制角度增角量的正负方向。
- 光源：用于指定光源强度的单位。
- “方向”按钮：单击该按钮，将打开“方向控制”对话框，如图 2-12 所示，以控制角度的起点和测量方向。默认的起点角度为 0°，方向为正东。如果单击“其他”按钮，则可以通过单击“拾取角度”按钮，切换到图形窗口中，拾取两个点来确定基准角度 0° 的方向。

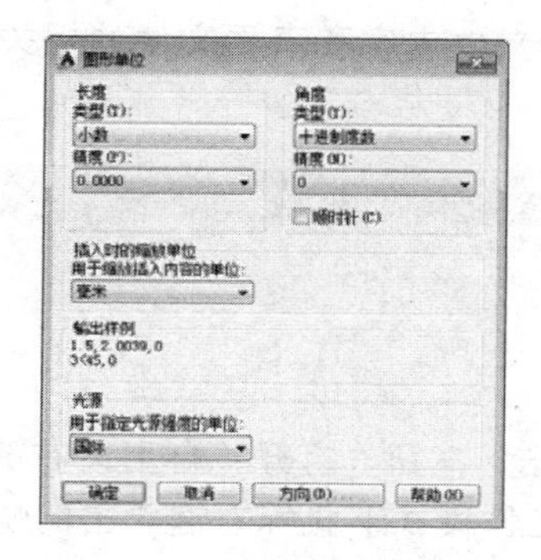

图 2-11　“图形单位”对话框

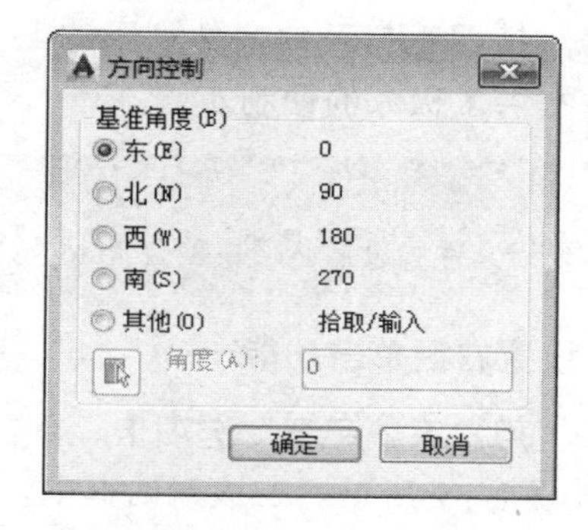

图 2-12　“方向控制”对话框

案例【2-5】 设置绘图单位为毫米

视频文件：DVD\视频\第 2 章\2-5.MP4

步骤 01 执行“格式”|“单位”菜单命令，或者在命令行输入 UNITS/UN 命令并回车，打开“图形单位”对话框。

步骤 02 在“长度”选项组“类型”下拉列表中选择“小数”，在“精度”下拉列表中选择“0.00”；在“用于缩放插入内容的单位”下拉列表中选择“毫米”，如图 2-13 所示。

步骤 03 其他参数保持默认设置即可，单击“确定”按钮即可完成单位的设置。

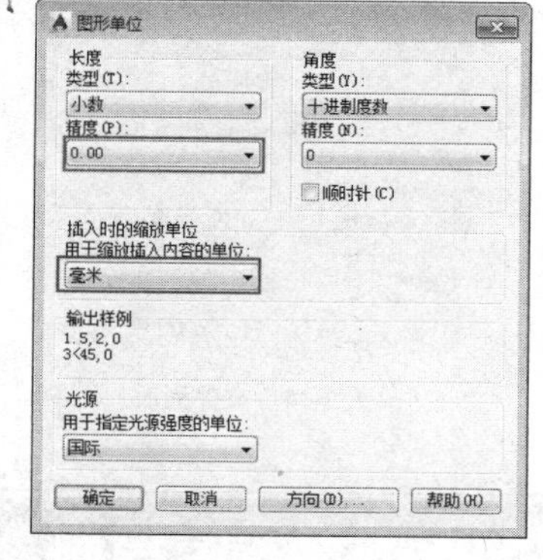

图 2-13　“图形单位”对话框

专家提醒

毫米（mm）是国内工程绘图领域中最常用的绘图单位，AutoCAD 默认的绘图单位也是毫米（mm），所以有时候可以省略绘图单位设置这一步骤。

2.2.3 设置绘图环境

通常“选项”对话框设置绘图环境，其中可设置绘图区域的背景、命令行字体、文件数量等属性。

打开“选项”对话框有以下 3 种方法。

- 菜单栏：执行“工具”|“选项”菜单命令。
- 命令行：在命令行输入 OPTIONS/OP 并回车。
- 快捷菜单：在没有执行命令，也没有选择任何对象的情况下，在绘图区域中单击鼠标右键，弹出快捷菜单，然后选择“选项”命令。

1. 设置命令行字体

在“选项”对话框中的“显示”选项卡中可以设置命令行中的字体、字形、字号。

2. 显示最近使用文件数量

单击 AutoCAD 2016 的“菜单浏览器”按钮或“文件”菜单或在工作界面的“最近使用的文档”选项组中，都可以看到最近使用的文件列表，如图 2-14 所示。当将鼠标放置在使用“菜单浏览器”按钮打开的文件列表的上方时，还可以预览文件内容和查看文件的相关信息，为选择文件提供了极大的便利。

专家提醒

显示最近文件的设置必须在重启 AutoCAD 后才能看到效果。

3. 设置右键单击功能

选择“用户系统配置”选项卡，单击“自定义右键单击”按钮，打开“自定义右键单击”对话框，如图 2-15 所示。在该对话框中，可以设置在各种工作模式下鼠标右键单击的快捷功能，设定后单击“应用并关闭”按钮即可。

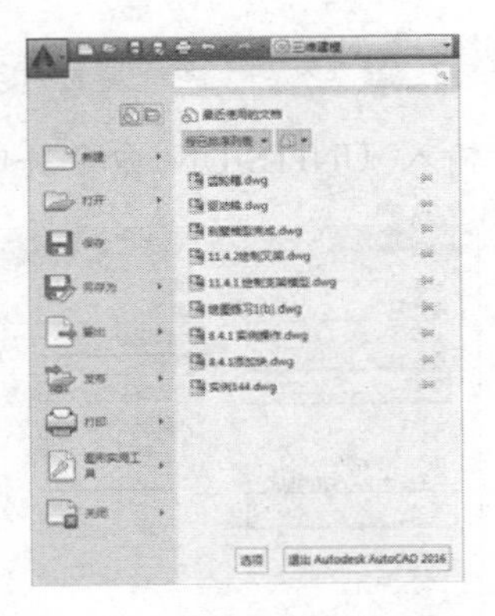

图 2-14 文件列表

图 2-15 “自定义右键单击”对话框

2.3 图层的设置与控制

图层是 AutoCAD 组织图形的工具。AutoCAD 的图形对象必须绘制在某个图层上，它可以是系统默认的图层，也可以是用户自己创建的图层。利用图层的特性，如颜色、线型、线宽等，可以非常方便地区分不同的图形对象。此外，AutoCAD 还提供了大量的图层管理功能，如打开/关闭、冻结/解冻、加锁/解锁等，这些功能有利于用户更加便捷地组织图层。

2.3.1　图层的概念

为了根据图形的相关属性对图形进行分类，AutoCAD 引入了“图层（Layer）”的概念，也就是把线型、线宽、颜色和状态等属性相同的图形对象放进同一个图层，以方便用户管理图形。

在绘图前指定每一个图层的线型、线宽、颜色和状态等属性，可使凡具有与之相同属性的图形对象都放到该图层上。而绘图时只需要指定每个图形对象的几何数据，和其所在的图层就可以了。这样既简化了绘图过程，又便于图形管理。

在 AutoCAD 2016 中，使用图层管理工具可以更加方便地管理图层。执行菜单栏中的“格式”|“图层工具”命令，系统弹出图层工具的子菜单，如图 2-16 所示。同样，在功能区“默认”选项卡中的“图层”面板中同样可以调用图层工具命令，如图 2-17 所示。

图 2-16　“图层工具”子菜单

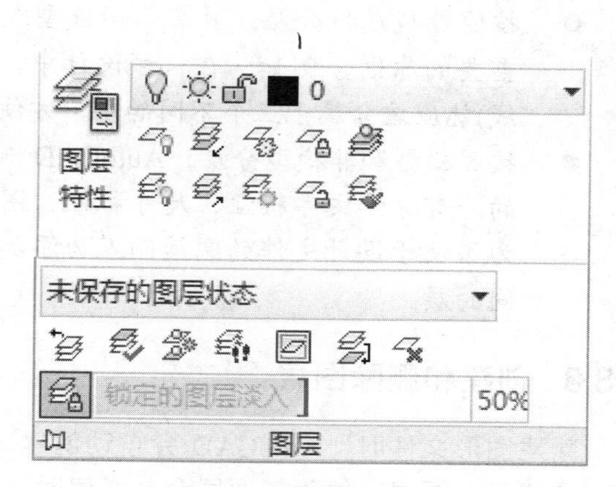

图 2-17　图层面板

“图层工具”菜单或者“图层”面板中各命令的含义如下：

- 将对象的图层置为当前：将图层设置为当前图层。
- 上一个图层：恢复上一个图层设置。
- 图层漫游：动态显示在“图层”列表中选择的图层上的对象。
- 图层匹配：将选定对象的图层更改为选定目标对象的图层。
- 更改为当前图层：将选定对象的图层更改为当前图层。
- 将对象复制到新图层：将图形对象复制到不同的图层。
- 图层隔离：将选定对象的图层隔离。
- 将图层隔离到当前视口：将选定对象的图层隔离到当前视口。
- 取消图层隔离：恢复由“隔离”命令隔离的图层。
- 图层关闭：将选定对象的图层关闭。
- 打开所有图层：打开图形中的所有图层。
- 图层冻结：将选定对象的图层冻结。
- 解冻所有图层：解冻图形中的所有图层。
- 图层锁定：锁定选定对象的图层。

- 图层解锁：解锁图形中的所有图层。
- 图层合并：合并两个图层，并从图形中删除第一个图层。
- 图层删除：从图形中永久删除图层。

2.3.2 图层分类的原则

在绘制图形之前应该明确的有哪些图形对应哪些图层的概念。合理分布图层是 AutoCAD 设计人员的一个良好习惯。多人协同设计时，更应该设计好一个统一规范的图层结构，以便数据交换和共享。切忌将所有的图形对象全部放在同一个图层中。

图层可以按照以下的原则组织。

- 按照图形对象的使用性质分层。例如：在建筑设计中，可以将墙体、门窗、家具、绿化分属于不同的层。
- 按照外观属性分层。具有不同线型或线宽的实体应当分属于不同的图层，这是一个很重要的原则。例如：在机械设计中，粗实线(外轮廓线)、虚线(隐藏线)和点划线(中心线)就应该分属于三个不同的层，方便打印控制。
- 按照模型和非模型分层。AutoCAD 制图的过程实际上是建模的过程。图形对象是模型的一部分；文字标注、尺寸标注、图框、图例符号等并不属于模型本身，是设计人员为了便于设计文件的阅读而人为添加的说明性内容。所以模型和非模型应当分属于不同的层。

2.3.3 创建和删除图层

新建图形文件时，AutoCAD 会自动创建一个名为 0 的特殊图层。此时可以根据设计需要新建一个或多个图层，并为新图层命名，同时设置线型、线宽和颜色等主要特性。

“图层特性管理器”对话框中显示了图形中的图层列表及其特性，可以添加、删除和重命名图层，更改图层特性。

调用“图层”命令的方法如下：

- 菜单栏：执行“格式”|“图层”菜单命令，如图 2-18 所示。
- 面板：单击“图层”面板中的“图层特性”按钮，如图 2-19 所示。
- 命令行：在命令行输入 LAYER（或 LA）并回车。

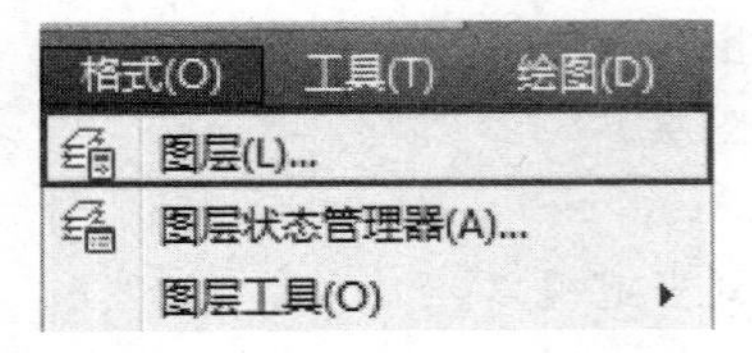

图 2-18 执行“图层”命令

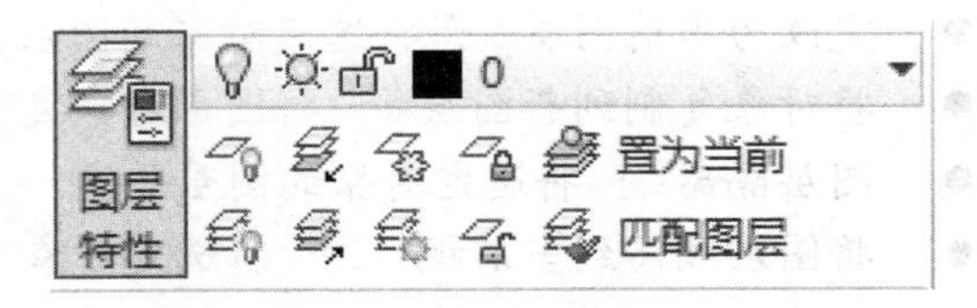

图 2-19 图层特性按钮

执行以上任意一种操作后，将弹出如图 2-20 所示的“图层特性管理器”对话框，该对话框主要分为“图层树状区”与“图层设置区”两部分。

单击“图层特性管理器”对话框上方的“新建”按钮，可以新建一个图层；单击“删除”

按钮，可以删除选定的图层。默认情况下，创建的图层会依次以“图层 1”“图层 2”……进行命名。

为了更直接地表现该图层上的图形对象，用户可以对所创建的图层重命名。在所创建的图层上单击鼠标右键，系统弹出右键快捷菜单，选择“重命名图层”选项如图 2-21 所示，或是选中要命名的图层后直接按 F2 键，此时名称文本框呈可编辑状态，输入名称即可。也可以在创建新图层时直接输入新名称。

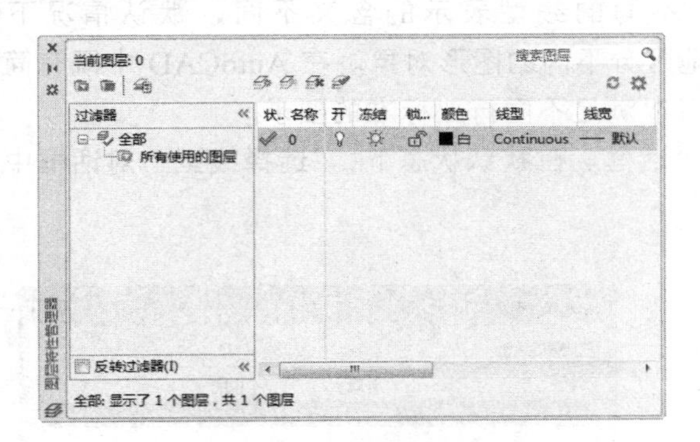

图 2-20　“图层特性管理器”选项板

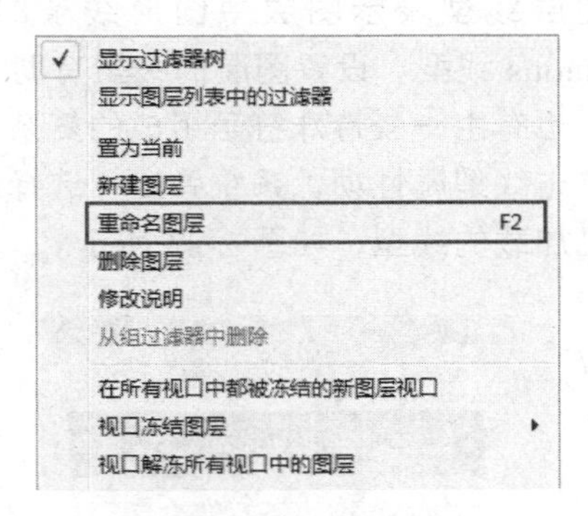

图 2-21　右键快捷菜单

AutoCAD 规定以下 4 类图层不能被删除。

- 0 层和 Defpoints 图层。
- 当前层。要删除当前层，可以先改变当前层到其他图层。
- 插入了外部参照的图层。要删除该层，必须先删除外部参照。
- 包含了可见图形对象的图层。要删除该层，必须先删除该图层中所有的图形对象。

2.3.4　设置当前层

当前层是当前工作状态下所处的图层。当设定某一图层为当前层后，接下来所绘制的全部图形对象都将位于该图层中。如果以后想在其他图层中绘图，就需要更改当前层的设置。

在某图层的“状态”属性上双击，或在选定某图层后单击上方的“置为当前”工具按钮，可以设置该层为当前层。在“状态”列上，当前层显示“√”符号。

在 AutoCAD 2016 中，还可以单击“图层”面板中的“置为当前”按钮 置为当前，将选取的图形对象所在图层置为当前图层，大大提高了绘图效率。

2.3.5　转换图形图层

转换图形图层，是指将一个图层中的图形转移到另一个图层。首先选择需要转换图层的图形，然后单击“图层”面板中的下拉列表，在其中选择要转换的图层即可。

2.3.6　设置图层特性

1．指定图层的颜色

为图形中的各个图层设置不同的颜色，可以直观地查看图形中各个部分的结构特征。同时，也可以在图形中清楚地区分每一个图层。

新建图层后，要设置图层颜色，可在“图层特性管理器”选项板中单击颜色属性项，系统弹出“选择颜色”对话框，如图 2-22 所示。用户可以根据需要选择所需的颜色，单击“确定”按钮，完成设置图层颜色。

2. 指定图层线型

图层线型表示图层中图形线条的特征，不同的线型表示的含义不同，默认情况下是 Continuous 线型。设置图层的线型有助于清除地区分不同的图形对象。在 AutoCAD 中既有简单线型，也有由一些特殊符号组成的复杂线型，可以满足不同行业标准的要求。

单击线型属性项，系统弹出“选择线型”对话框。在默认状态下，“选择线型”对话框中有一种已加载的线型，如图 2-23 所示。

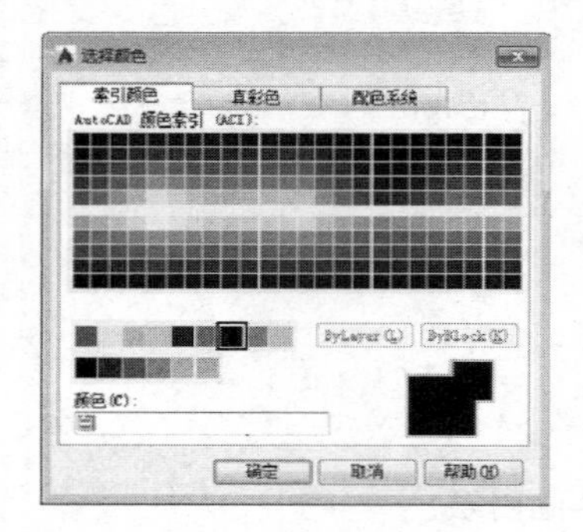

图 2-22 “选择颜色”对话框

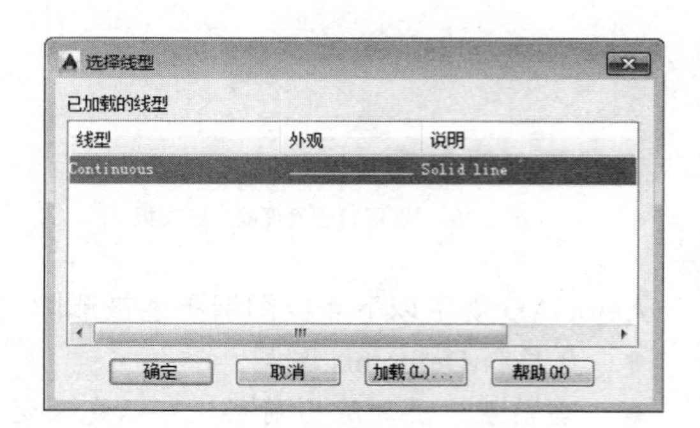

图 2-23 “选择线型”对话框

如果要使用其他线型，必须将其添加到“已加载的线型”列表框中。单击“加载”按钮，系统弹出“加载或重载线型”对话框，如图 2-24 所示，在该对话框中选择相应的线型，单击“确定”按钮，即可完成加载线型。

在菜单栏中执行“格式”|“线型”命令，系统弹出“线型管理器”对话框，如图 2-25 所示，可设置图形中的线型比例，从而改变非连续线型的外观。

在线型列表中选择需要修改的线型，单击“显示细节”按钮，在“详细信息”区域中可以设置线型的“全局比例因子”和“当前对象缩放比例”。其中，“全局比例因子”用于设置图形中所有线型的比例，“当前对象缩放比例”用于设置当前选中线型的比例。

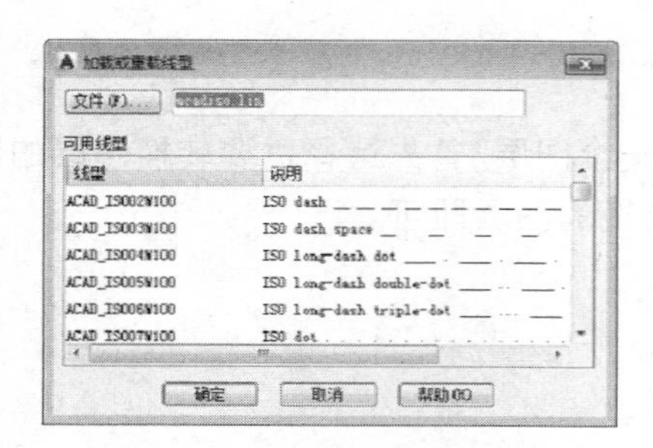

图 2-24 “加载或重载线型”对话框

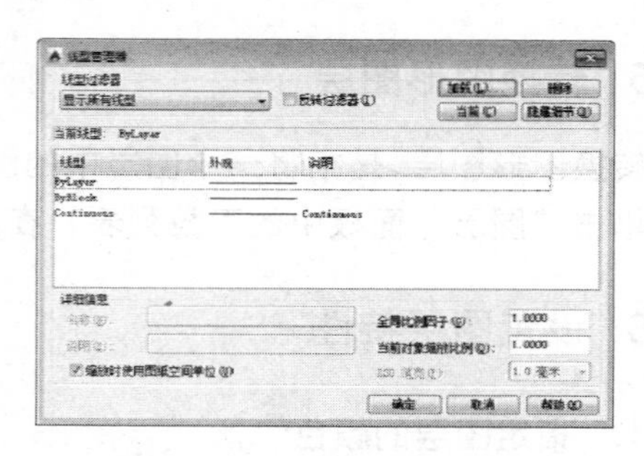

图 2-25 “线型管理器”对话框

例如，图纸的比例为 1:50，那么就需要将线型的比例因子设置为 50，这样点画线才能在绘图区域中正确显示。图 2-26 所示的是为同一直线设置不同的“全局比例因子”的显示效果。

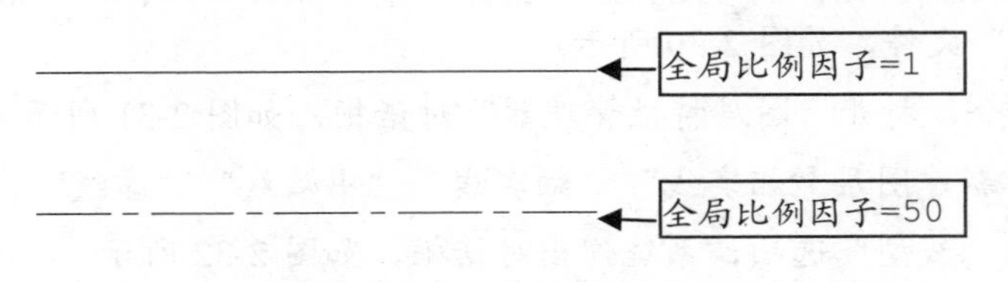

图 2-26　不同比例因子效果

3. 设置图层线宽

线宽设置就是改变图层线条的宽度，通常在设置好图层的颜色和线型后，还需设置图层的线宽，这样就省去了在打印时再设置线宽的步骤。同时，使用不同宽度的线条表现对象的大小或类型，可以提高图形的表达能力和可读性。

图 2-27 所示为不同线宽显示的效果。

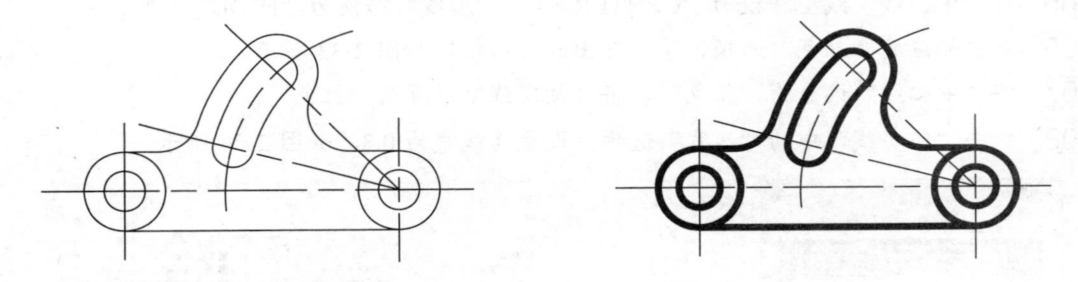

图 2-27　不同线宽显示的效果

要设置图层的线宽，可以单击“图层特性管理器”对话框中的“线宽”属性项，系统弹出“线宽”对话框，如图 2-28 所示，从中选择所需的线宽即可。

执行菜单栏中的“格式” | “线宽”命令，系统弹出“线框设置”对话框，如图 2-29 所示，通过调整线宽比例，可使图形中的线宽显示的程度。

图 2-28　“线宽”对话框

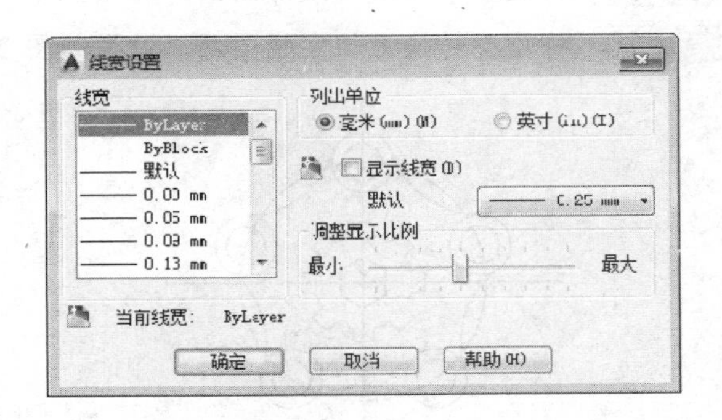

图 2-29　“线宽设置”对话框

案例【2-6】 新建并设置图层

视频文件：DVD\视频\第 2 章\2-6.MP4

步骤 01 启动 AutoCAD 2016，调用 OPEN“打开”命令并回车，打开“第 2 章\ 课堂举例 2-6 新建并设置图层.dwg”文件，如图 2-30 所示。

步骤 02 调用 LA 命令，打开“图层特性管理器”对话框，如图 2-31 所示。

步骤 03 在对话框中新建图层“粗实线”“细实线”“中心线”“虚线”。

步骤 04 双击相应的“线型”选项，系统弹出对话框，如图 2-32 所示。

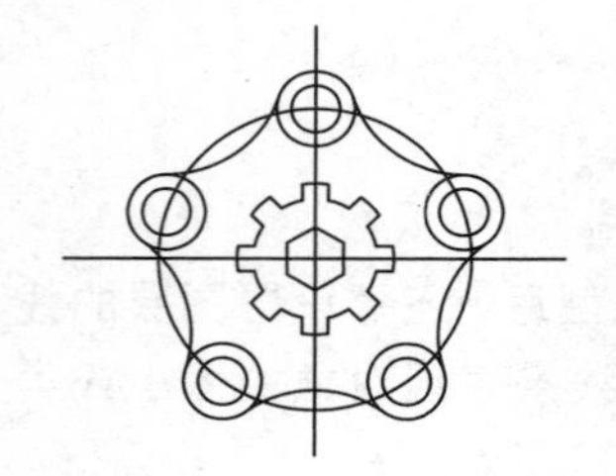

图 2-30 源文件

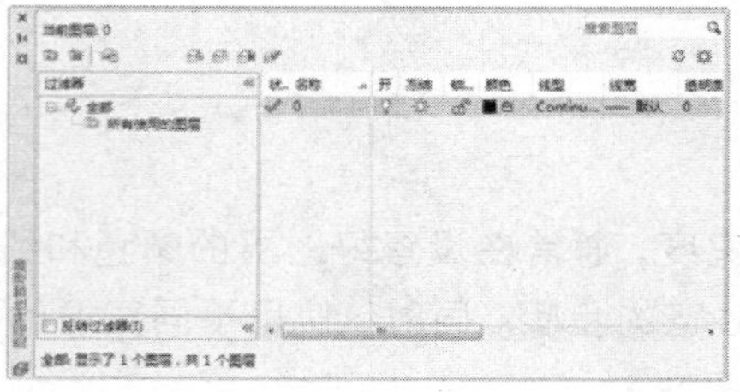

图 2-31 “图层管理器”对话框

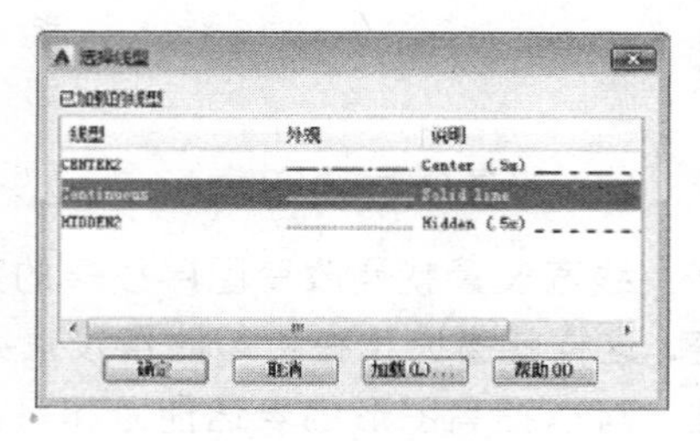

图 2-32 “选择线型”对话框

步骤 05 将“中心线”线型转换为“CENTER2”，“虚线”转换为“HIDDEN2”。

步骤 06 双击相应的“颜色”选项，系统弹出的对话框，如图 2-33 所示。

步骤 07 将“中心线”设置为“蓝色”，将“细实线”设置为“红色”。

步骤 08 双击“粗实线”中的“线宽”选项，设置其线宽为 0.3，如图 2-34 所示。

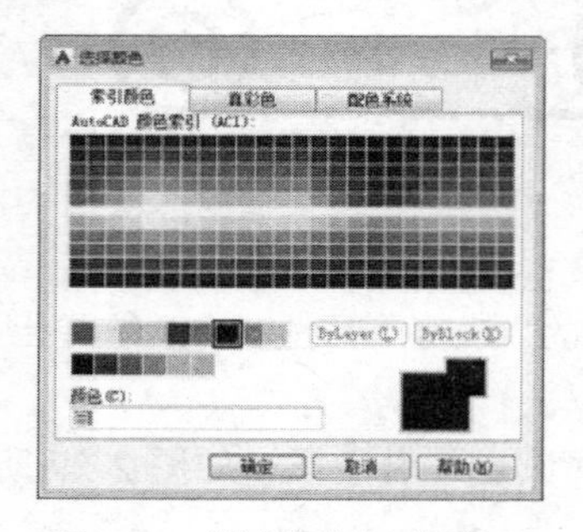

图 2-33 “选择颜色”对话框

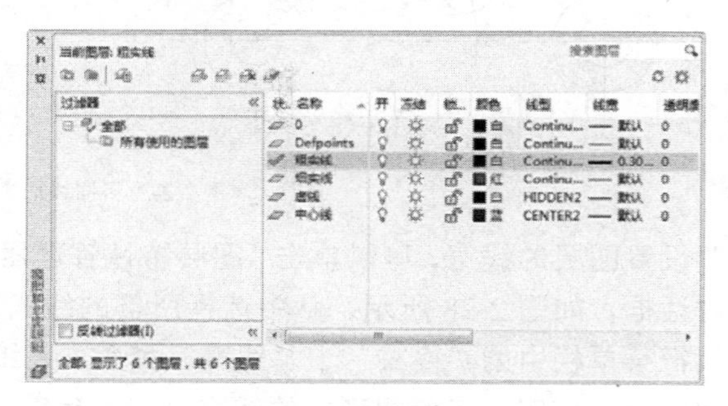

图 2-34 完成设置

步骤 09 将竖直中心线与最外围圆，转换至中心线图层，如图 2-35 所示。

步骤 10 将轮廓转换至粗实线图层，结果如图 2-36 所示。

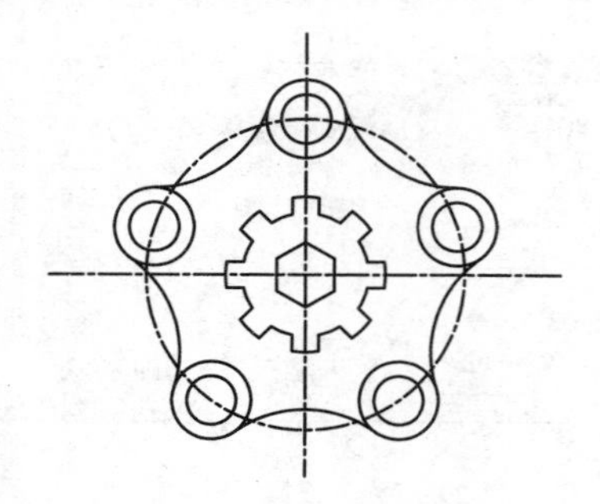

图 2-35 转换中心线图层

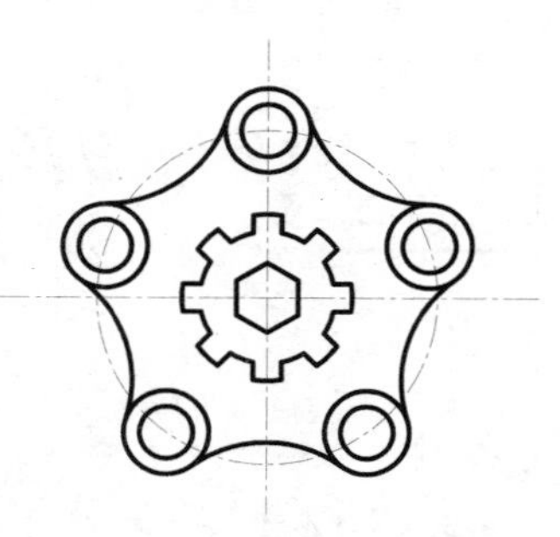

图 2-36 转换粗实线图层

2.3.7 设置图层状态

图层状态是用户对图层整体特性的开/关设置，包括隐藏或显示、冻结或解冻、锁定或解锁、打印或不打印等。有效地控制图层的状态，可以更好地管理图层上的图形对象。

- 打开与关闭图层：在“图层特性管理器”对话框，选中相应的图层，单击小灯泡图标，就可以打开/关闭图层。灯泡亮时图层显示，灯泡灭时图层隐藏。
- 冻结与解冻图层：在“图层特性管理器”对话框，单击雪花\太阳图标即可切换。冻结的图层显示雪花图标，解结的图层显示太阳图标。
- 锁定与解锁图层：在“图层特性管理器”对话框，单击小锁形状的图标可以将锁定的图层解锁。锁定的图层显示关闭的小锁图标，解锁的图层显示打开的小锁图标。
- 打印或不打印：单击相应图层的打印图标，当图标变成时，所选图层不可打印和输出。此时，如果所选图层是“打开”且是“解冻”的，则该图层能够显示但不能打印。
- 透明度：在“图层特性管理器”对话框中，单击相应图层的“透明度”数值，系统将弹出一个“图层透明度”对话框，在其中可以设置图层的透明度，如图 2-37 所示。

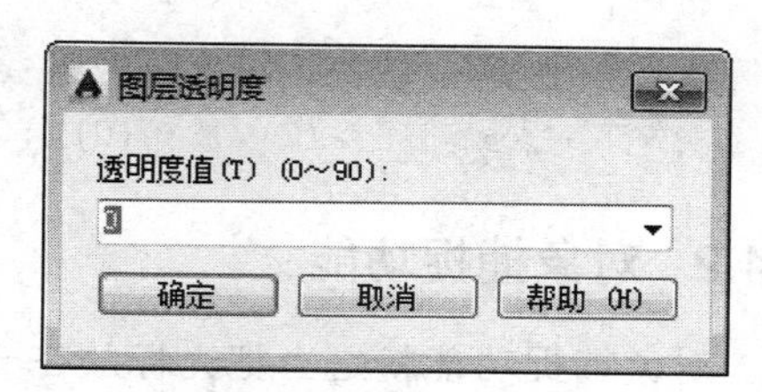

图 2-37　“图层透明度”对话框

2.4 使用辅助工具绘图

AutoCAD 2016

辅助工具有利于用户实现使用 AutoCAD 快速绘图，提高工作效率的目的。辅助工具包括了对象捕捉、正交和对象追踪等功能。

2.4.1 正交、捕捉和栅格功能

在绘制图形时，很难通过光标来精确地指定到某一点的位置。如果使用相关的辅助工具，就能很轻松的处理好这些细节的操作。执行该类命令的方法如下：

- 功能键：F7（栅格）、F8（正交）。
- 状态栏：单击状态栏上的“显示图形栅格”按钮或“正交限制光标”按钮。

1. 设置栅格和捕捉

AutoCAD 2016 的栅格是用于标定位置的网格，能更加直观地显示图形界限的大小。捕捉功能用于设定光标移动的间距。启用状态栏中的“栅格”模式，光标将准确捕捉到栅格点。在命令行输入'DSETTINGS（草图设置）命令并回车，打开“草图设置”对话框。

2. 使用正交模式

利用“正交模式”可以快速地绘制出与当前 x 轴或 y 轴平行的线段。单击状态栏上的“正交

限制光标”按钮，或按 F8 键，可以开启“正交模式”。打开正交模式后，系统就只能画出水平或垂直的直线。由于正交功能已经限制了直线的方向，所以在绘制一定长度的直线时，用户只需要输入直线的长度即可。

案例【2-7】使用正交功能绘制矩形 视频文件：DVD\视频\第 2 章\2-7.MP4

步骤01 单击状态栏上的“正交限制光标”按钮，开启“正交”模式。

步骤02 调用 L“直线”命令，绘制 200×100 的矩形，如图 2-38 所示，命令行操作如下：

```
命令：_line↙                                   //调用“直线”命令
指定第一个点：//任意在绘图区域单击一点
指定下一点或 [放弃(U)]: 200↙                   //向右移动鼠标并输入距离
指定下一点或 [放弃(U)]:100↙                    //向上移动鼠标并输入距离
指定下一点或 [闭合(C)/放弃(U)]:200↙            //向左移动鼠标并输入距离
指定下一点或 [闭合(C)/放弃(U)]:C↙              //激活“闭合(C)”选项
```

2.4.2 对象捕捉功能

对象捕捉功能就是当把光标放在一个对象上时，系统自动捕捉到对象上所有符合条件的几何特征点，并有相应的显示，如图 2-39 所示。

AutoCAD 提供了两种对象捕捉模式：自动捕捉和临时捕捉。“自动捕捉”模式要求使用者先设置好需要的对象捕捉点，以后当光标移动到这些对象捕捉点附近时，系统就会自动捕捉到这些点。

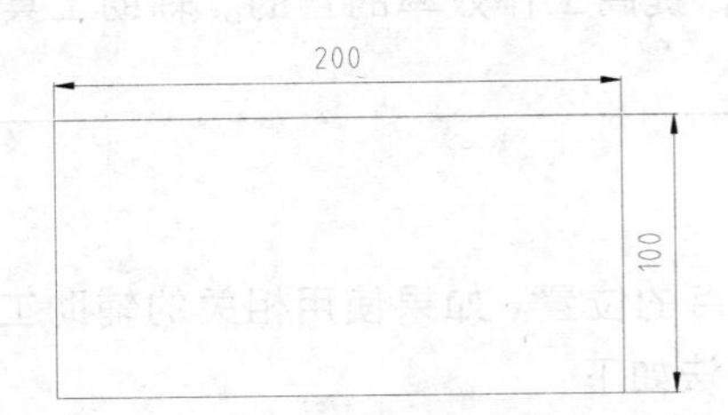

图 2-38 使用正交绘图

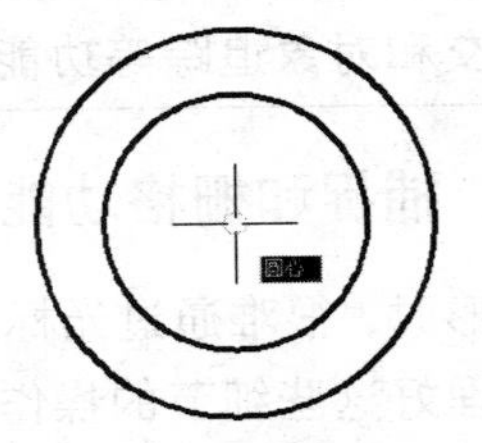

图 2-39 捕捉圆心

临时捕捉是一种一次性的捕捉模式，而且它不是自动的。当用户需要临时捕捉某个特征点时，应首先手动设置需要捕捉的特征点，然后进行对象捕捉。而且这种捕捉设置是一次性的，不能反复使用。在下一次遇到相同的对象捕捉点时，需要再次设置。

要启用自动“对象捕捉”模式，选择“草图设置”对话框中的“对象捕捉”选项卡（命令 DSETTINGS 或 SE），在该选项卡中启用“对象捕捉”复选框，然后在其选项组中启用相应的复选框，如图 2-40 所示。或者直接单击状态栏按钮，在弹出的菜单中快速选择。

在命令行提示输入点的坐标时，如果要使用临时捕捉模式，同时按 Shift 键和鼠标右键，此时系统将弹出一个如图 2-41 所示的快捷菜单，在其中可以选择需要的捕捉类型。

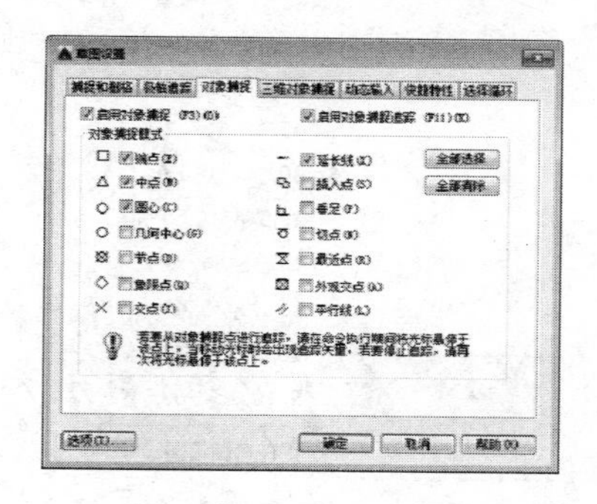

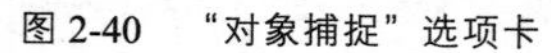

图 2-40　“对象捕捉”选项卡

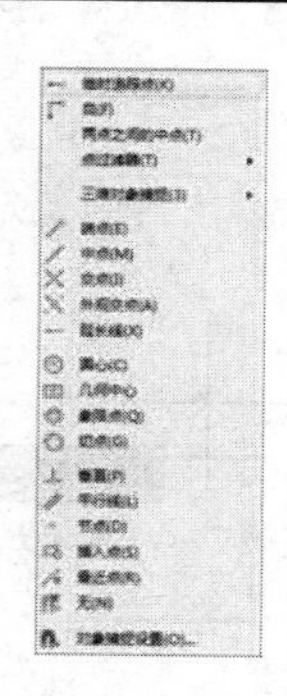

图 2-41　临时捕捉菜单

案例【2-8】设置“交点”捕捉模式

视频文件：DVD\视频\第 2 章\2-8.MP4

步骤 01 右击状态栏“对象捕捉”按钮，在弹出的快捷菜单中选择“对象捕捉设置”命令，如图 2-42 所示。

步骤 02 打开“草图设置”对话框，在“对象捕捉”选项卡中选择“交点”复选框。单击“确定”按钮，即可完成“交点”捕捉模式的设置，如图 2-43 所示。

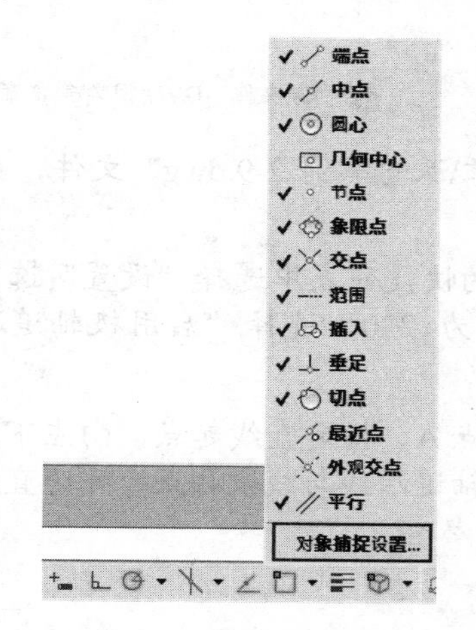

图 2-42　选择“对象捕捉设置”命令

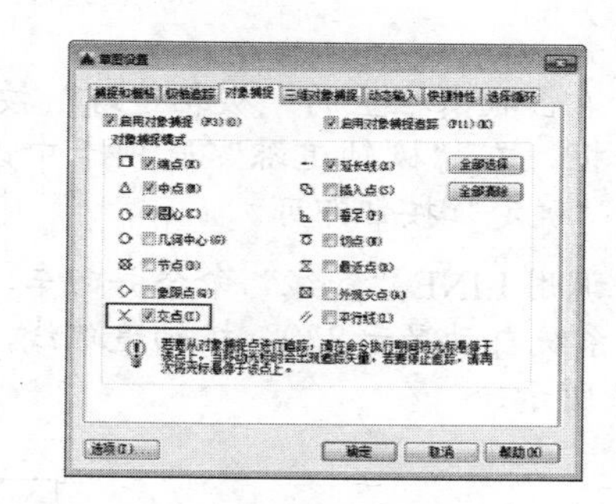

图 2-43　“草图设置”对话框

2.4.3 自动追踪功能

使用自动追踪功能可以使绘图更加精确。在绘图的过程中，结合“自动追踪”功能能够按指定的角度绘制图形，它包括极轴追踪和对象捕捉追踪两种模式。

1. 极轴追踪

单击状态栏上的“极轴追踪”按钮或按 F10 键可以打开“极轴追踪”功能。极轴追踪功能可以在系统要求指定一个点时，按预先所设置的角度增量来显示一条无限延伸的辅助线，并沿辅助线追踪到光标点，如图 2-44 所示的虚线即为极轴追踪线。在“草图设置”对话框中的“极轴追踪”选项卡中，可设置极轴追踪的参数，也可以直接在状态栏中右键单击“极轴追踪”按钮，将显示极轴角度快捷菜单，在该菜单中可以快速设置极轴追踪参数，如图 2-45 所示。

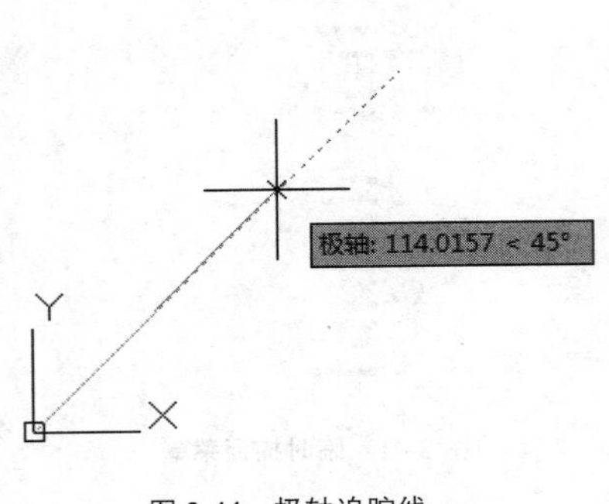

图 2-44 极轴追踪线

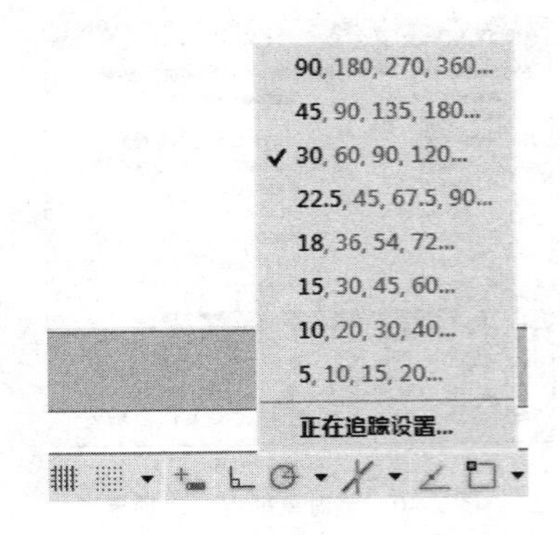

图 2-45 “极轴追踪”选项卡

2. 对象捕捉追踪

对象捕捉追踪与对象捕捉功能是配合使用的。该功能可以使光标从对象捕捉点开始，沿对齐路径进行追踪，并找到需要的精确位置。对齐路径是指和对象捕捉点水平对齐、垂直对齐，或者按设置的极轴追踪角度对齐的方向。单击状态栏上的“对象追踪”按钮∠或按 F11 键可以打开对象捕捉追踪功能。

案例【2-9】 利用自动追踪功能绘制直线 视频文件：DVD\视频\第 2 章\2-9.MP4

步骤 01 调用 OPEN“打开”命令并回车，打开“第 2 章\课堂举例 2-9.dwg”文件，如图 2-46 所示。

步骤 02 右击状态栏上的“极轴追踪”按钮，在弹出的快捷列表中选择“设置”选项，系统弹出对话框，在“极轴追踪”选项卡中设置“增量角”为 220，选择“启用极轴追踪”复选框，单击“确定”按钮即可。

步骤 03 调用 LINE“直线”命令并回车，捕捉并单击端点 A，指定直线起点，向左下角方向移动鼠标，系统自动显示220° 极轴追踪线，捕捉并单击极轴追踪线与线段B点，作为直线终点，如图 2-47 所示。

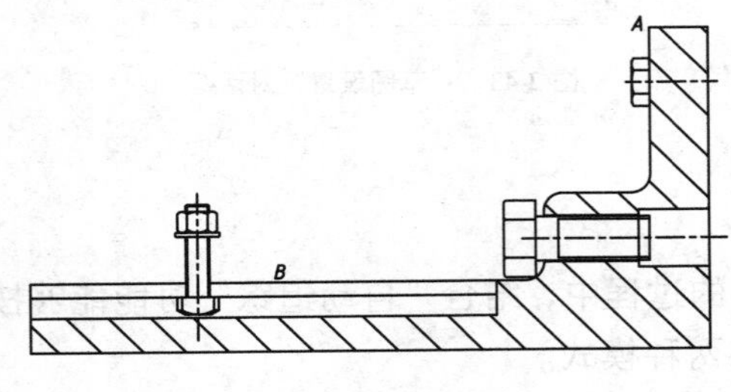

图 2-46 打开图形

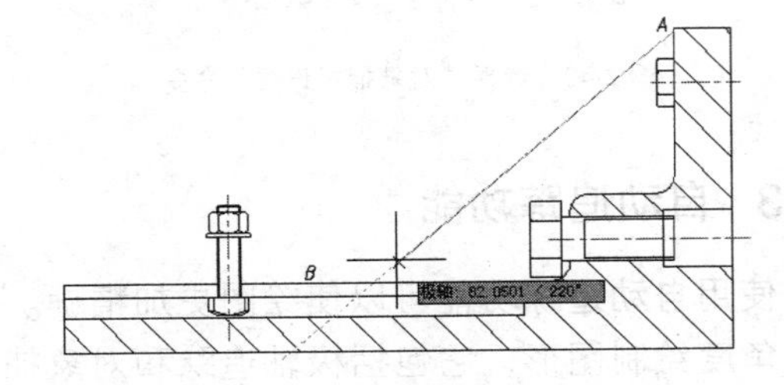

图 2-47 利用“极轴追踪”绘制直线

2.4.4 动态输入

在 AutoCAD 中，单击状态栏中的“DYN”模式（动态输入）按钮，可在指针位置处显示指针输入或标注输入的命令提示等信息，从而极大地提高了绘图的效率。

1. 启用指针输入

在“草图设置”对话框的“动态输入”选项卡中，选择“启用指针输入”复选框，如图 2-48 所示。单击“指针输入”选项区的“设置”按钮，打开“指针输入设置”对话框，如图 2-49 所示。可以在其中设置指针的格式和可见性。在工具提示中，十字光标所在位置的坐标值将显示在光标旁边。命令提示用户输入点时，可以在工具提示（而非命令窗口）中输入坐标值。

2. 启用标注输入

在“草图设置”对话框的“动态输入”选项卡中，选择“可能时启用标注输入”复选框，启用标注输入功能。单击“标注输入”选项区域的“设置”按钮，打开“标注输入的设置”对话框，如图 2-50 所示。

3. 显示动态提示

在“动态提示”选项卡中，启用“动态提示”选项组中的“在十字光标附近显示命令提示和命令输入”复选框，可在光标附近显示命令提示。

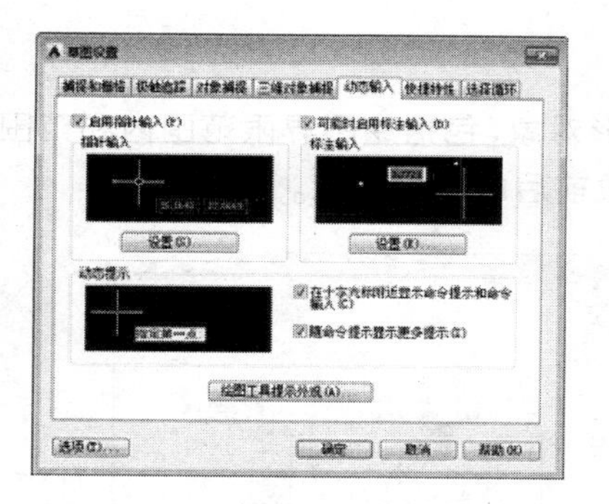

图 2-48　“动态输入”选项卡

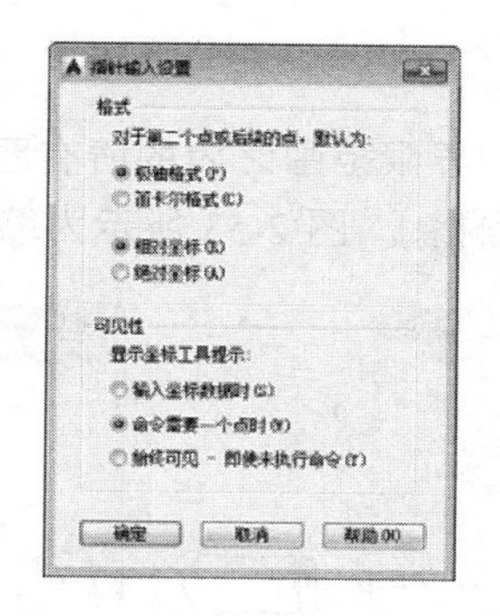

图 2-49　“指针输入设置”对话框

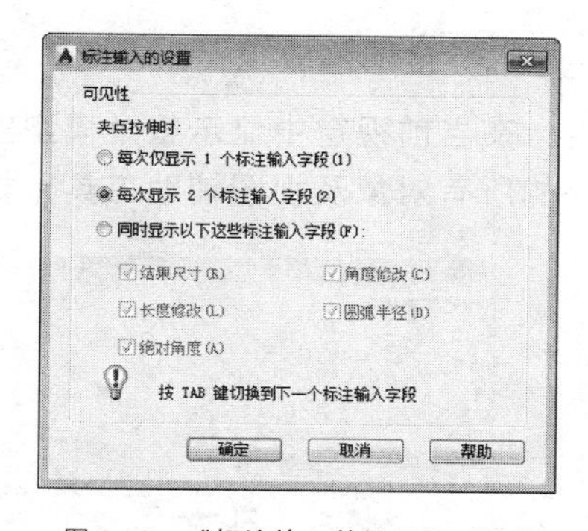

图 2-50　“标注输入的设置”对话框

AutoCAD 2016

2.5 AutoCAD 的视图操作

在绘图过程中经常需要对视图进行平移、缩放、重生成等操作，以方便观察视图与更好地绘图。

2.5.1 视图缩放

图形的显示与缩放命令类似于照相机的可变焦距镜头，使用该命令可以调整当前视图的大小，既能观察较大的图形范围，又能观察图形的细节，而不改变图形的实际大小。

技巧点拨

双击鼠标中键可以快速找到图形，使绘制的图形在绘图窗口中最大化显示。

调用“缩放”命令的方法如下：

- 菜单栏：执行“视图”|“缩放”子菜单相应命令，如图 2-51 所示。
- 面　板：单击如图 2-52 所示的“导航”面板和导航栏范围缩放按钮。
- 命令行：在命令行输入 ZOOM / Z 并回车。

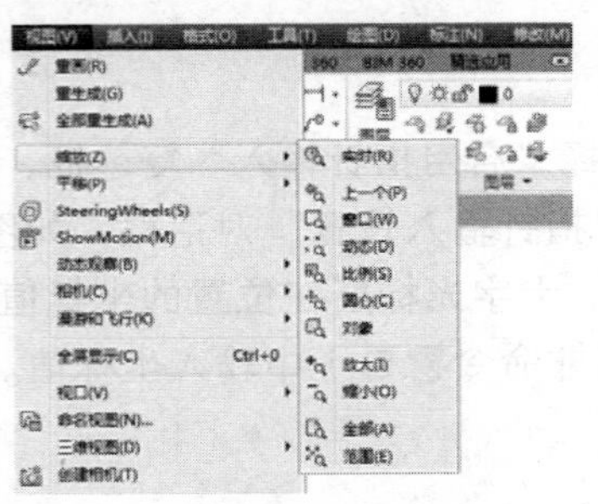

图 2-51 视图缩放命令

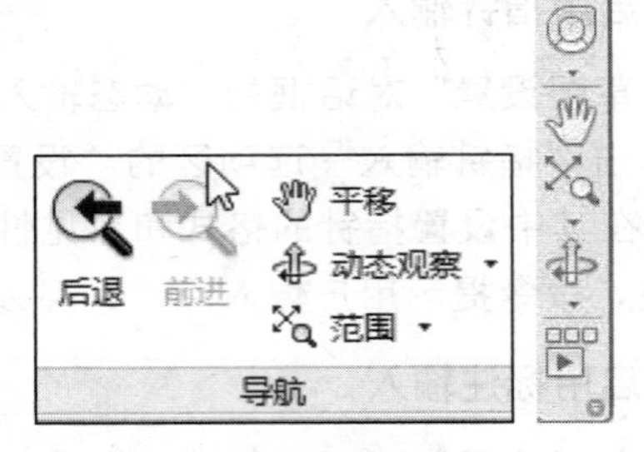

图 2-52 导航面板和导航栏

执行“缩放”命令后，命令行操作如下：

```
命令：_zoom                                        //调用“缩放”命令
指定窗口的角点，输入比例因子 (nX 或 nXP)，或者
[全部(A)/中心(C)/动态(D)/范围(E)/上一个(P)/比例(S)/窗口(W)/对象(O)] <实时>:
```

其中各选项含义如下：

1. 全部缩放

在当前视窗中显示整个模型空间界限范围之内的所有图形对象，包括绘图界限范围内和范围外的所有对象及视图辅助工具（如栅格）。图 2-53 所示为缩放前后的对比效果。

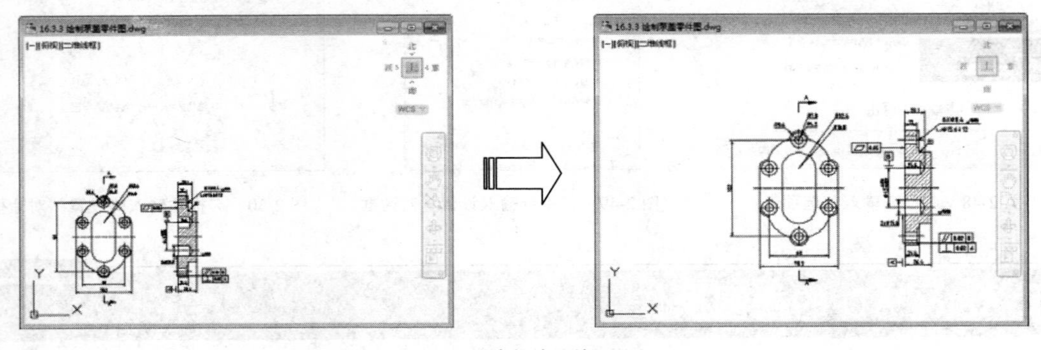

图 2-53 全部缩放前后对比

2. 中心缩放

以指定点为中心点，整个图形按照指定的比例缩放，而这个点在缩放操作完成之后将成为新视图的中心点。使用中心缩放命令行操作如下：

```
指定中心点：                                       //指定一点作为新视图的显示中心点
输入比例或高度 <当前值>:                           //输入比例或高度
```

“当前值”为当前视图的纵向高度。若输入的高度值比当前值小，则视图将放大；若输入的高度值比当前值大，则视图将缩小。其缩放系数等于当前窗口高度/输入高度的比值，也可以直接输入缩放系数，或后跟字母 X 或 XP，含义同“比例”缩放选项。

3. 动态缩放

单击该按钮可动态缩放图形。选择该选项后绘图区将显示几个颜色不同的方框，拖动鼠标移动当前视图框到所需位置，单击鼠标左键调整大小后回车即可将当前视图框内的图形最大化显示，图 2-54 所示为缩放前后的对比效果。

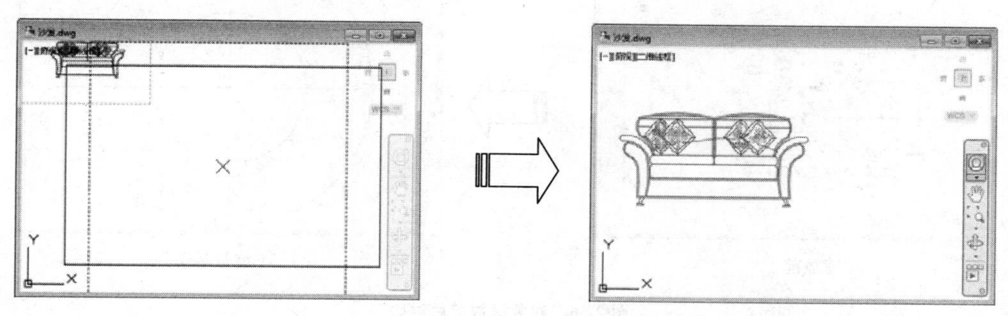

图 2-54 动态缩放前后对比

4. 范围缩放

单击该按钮使所有图形对象最大化显示，充满整个视口。视图包含已关闭图层上的对象，但冻结图层上的除外。

5. 缩放上一个

恢复到前一个视图显示的图形状态。

6. 比例缩放

根据输入的值进行比例缩放。有 3 种输入方法：直接输入数值，表示相对于图形界限进行缩放；在数值后加 X，表示相对于当前视图进行缩放；在数值后加 XP，表示相对于图纸空间单位进行缩放。如图 2-55 所示为相当于当前视图缩放 1.5 倍后对比效果。

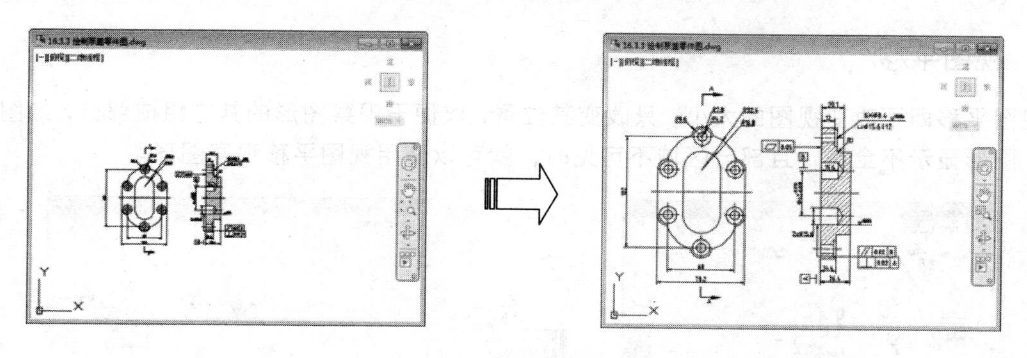

图 2-55 比例缩放前后对比

7. 窗口缩放

通过确定矩形的两个角点，拉出一个矩形窗口，窗口区域的图形将放大到整个视图范围。

8. 对象缩放

选择的图形对象尽可能大地显示在屏幕上，图 2-56 所示为选择左上方大圆进行对象缩放的前后对比效果。

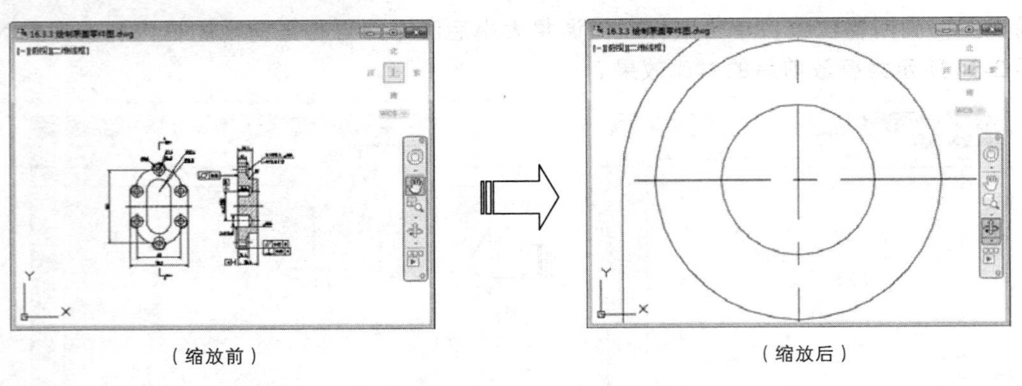

图 2-56　对象缩放前后对比

9. 实时缩放

该项为默认选项。执行“缩放”命令后直接回车即可使用该选项。在屏幕上会出现一个形状的光标，按住鼠标左键不放向上或向下移动，则可实现图形的放大或缩小。

10. 放大

单击该按钮一次，视图中的实体显示比当前视图大一倍。

11. 缩小

单击该按钮一次，视图中的实体显示比当前视图小一倍。

技巧点拨

滚动鼠标滚轮，可以快速地实现缩放视图。

2.5.2 视图平移

视图平移即不改变视图的大小，只改变其位置，以便于观察图形的其它组成部分，如图 2-57 所示。图形显示不全面，且部分区域不可见时，就可以使用视图平移观察图形。

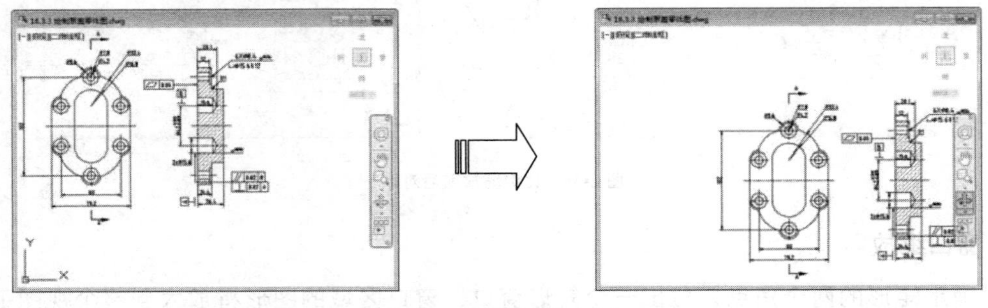

图 2-57　视图平移前后对比

调用“平移”命令的方法如下：

- 菜单栏：打开“视图”|“平移”菜单，在弹出子菜单中选择相应命令，如图 2-58 所示。
- 面　板：单击“导航”面板和导航栏上的“实时平移”按钮。

- 命令行：在命令行输入 PAN（或 P）并回车。

视图平移可以分为“实时平移”和“定点平移”两种，其含义如下：

- 实时平移：光标形状变为手型时，按住鼠标左键拖动可以使图形的显示位置随鼠标向同一方向移动。
- 定点平移：通过指定平移起始点和目标点的方式进行平移。

技巧点拨

按住鼠标滚轮拖动，可以快速进行视图平移。

2.5.3 命名视图

命名视图是将某些视图范围命名并保存下来，供以后随时调用。调用“命名视图”命令的方法如下：

- 菜单栏：执行“视图”|“命名视图”菜单命令。
- 面　板：在“视图”选项卡中，单击“模型视口”面板中的“命名”按钮。
- 命令行：在命令行输入 VIEW（或 V）并回车。

执行该命令后，将打开如图 2-59 所示的“视图管理器”对话框，可以在其中进行视图的命名和保存。

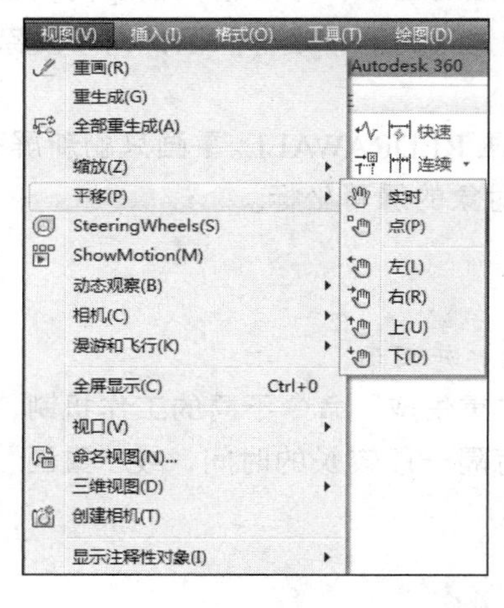

图 2-58　平移菜单

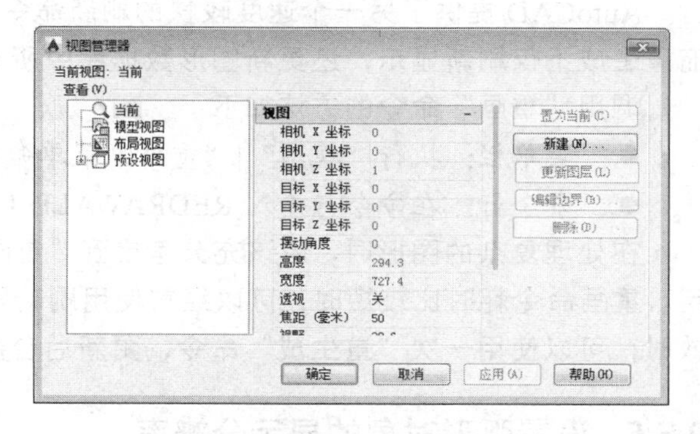

图 2-59　“视图管理器”对话框

2.5.4 刷新视图

在 AutoCAD 中，某些操作完成后，其效果往往不会立即显示出来，或者在屏幕上留下了绘图的痕迹与标记。因此，需要通过刷新视图重新生成当前图形，以观察到最新的编辑效果。

视图刷新的命令主要有两个：“重新生成”命令和“重画”命令。这两个命令都是 AutoCAD 自动完成的，不需要输入任何参数，也没有预备选项。

1. 重生成

REGEN 重生成命令重新计算当前视区中所有对象的屏幕坐标并重新生成整个图形，同时重新建立图形数据库索引，从而优化显示和对象选择的性能，如图 2-60 所示。

调用“重生成”命令的方法如下：

- 菜单栏：执行“视图”|“重生成”菜单命令。
- 命令行：在命令行输入 REGEN（或 RE）并回车。

另外使用“全部重生成”命令不仅重生成当前视图中的内容，而且重生成所有图形中的内容。执行“视图”|“全部重生成”菜单命令即可启动“全部重生成”命令。

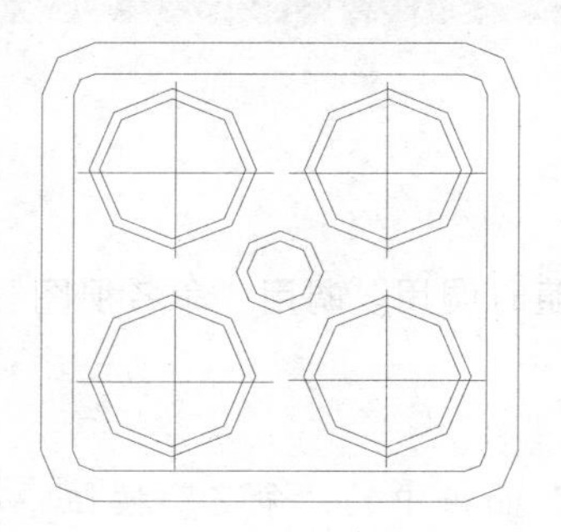

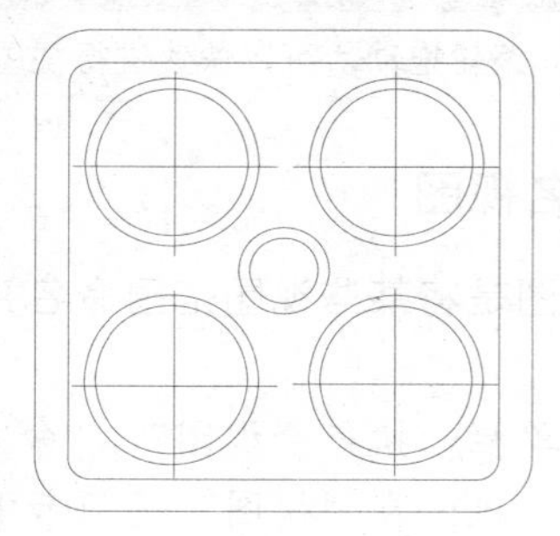

图 2-60 重生成前后对比

2. 重画

AutoCAD 常用数据库以浮点数据的形式储存图形对象的信息，浮点格式精度高，但计算时间长。AutoCAD 重生成对象时，需要把浮点数值转换为适当的屏幕坐标。因此对于复杂图形，重新生成需要花很长的时间。

AutoCAD 提供了另一个速度较快的刷新命令——重画 REDRAWALL。重画只刷新屏幕显示，而重生成不仅刷新显示，还更新图形数据库中所有图形对象的屏幕坐标。

调用“重画”命令的方法如下：

- 菜单栏：执行“视图”|“重画”菜单命令。
- 命令行：在命令行输入 REDRAWALL（或 REA）并回车。

在处理复杂的图形时，应该充分考虑到“重画”和“重生成”命令不同的工作机制，合理使用。重画命令耗时比较短时，可以经常使用刷新屏幕。每隔一段较长的时间，或“重画”命令无效时，可以使用一次“重生成”命令，更新后台数据库。

2.5.5 设置弧形对象的显示分辨率

对于弧线和曲线对象，显示分辨率会直接影响其显示效果，过低会显示锯齿状，过高会影响软件运行速度。因此，应根据计算机硬件的配置情况进行设定。

案例【2-10】 设置弧形对象分辨率 视频文件：DVD\视频\第 2 章\2-10.MP4

步骤 01 调用“圆”命令，绘制两个同心圆，半径分别为 80 和 100。

步骤 02 在命令行中输入 VIEWRES 命令，分别设置圆的缩放百分比为 50 和 5000，效果如图 2-61 所示，命令行操作如下：

```
命令: VIEWRES↙                                      //调用“弧形对象分辨率”命令
是否需要快速缩放? [是(Y)/否(N)] <Y>:↙              //激活“是(Y)”选项
```

```
输入圆的缩放百分比 (1-20000) <1000>:50↙                    //输入圆的缩放百分比
正在重生成模型。
```

步骤 03 输入的缩放百分比数值越大，生成的线条外观越平滑，如图 2-61 所示。

缩放百分比为 50

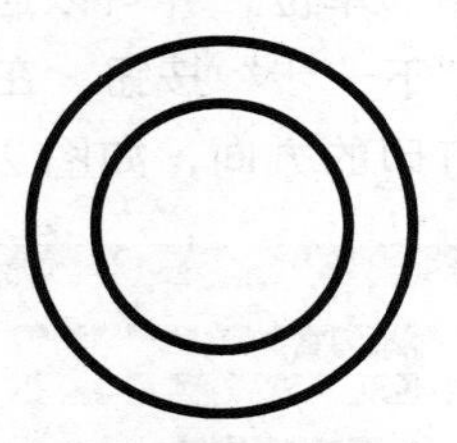

缩放百分比为 5000

图 2-61 不同的显示分辨率效果

2.6 设置视图布局

在 AutoCAD 中，每个布局都代表一张单独打印输出的图纸，在布局中可以创建浮动视口，并且能够提供预知的打印设置。根据设计的需要，可以创建多个布局以显示不同的视图，和对每个浮动视口中的视图设置不同的打印比例，并控制其图层的可见性。

使用布局向导创建布局时，可以详细设置所创建布局的名称、图纸尺寸、打印方向以及布局位置等主要选项。因此，利用该方式创建布局一般不需要再进行调整和修改即可执行打印操作。

1. 指定布局名称

在 AutoCAD 的模型空间中，创建完成该零件的实体模型，然后在命令行中输入 LAYOUTWIZARD“创建布局向导”命令并回车，系统弹出“创建布局-开始”对话框，如图 2-62 所示，即可进行新布局名称的命名。

2. 打印机配置

单击“下一步”按钮，打开“创建布局-打印机”对话框，根据需要在该对话框的绘图仪列表中选择所需要配置的打印机，如图 2-63 所示。

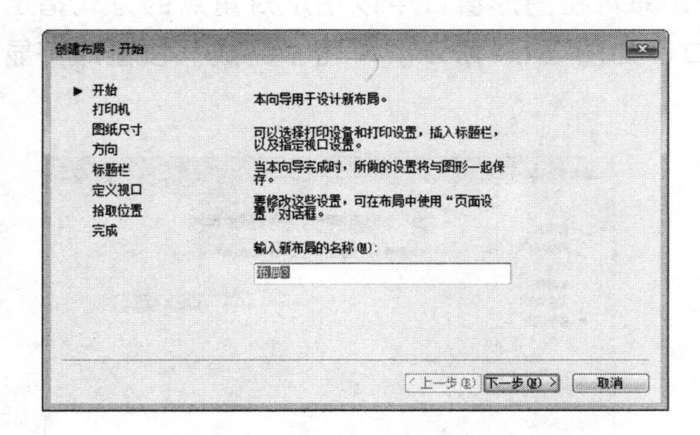

图 2-62 “创建布局-开始”对话框

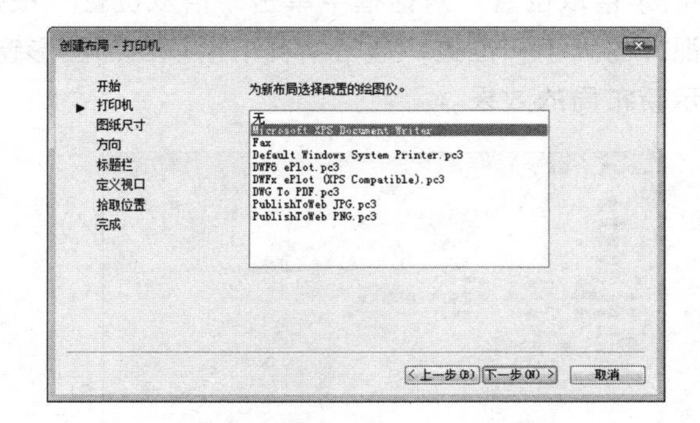

图 2-63 “创建布局-打印机”对话框

3. 指定图样尺寸和方向

单击“下一步”按钮，打开“创建布局—图纸尺寸”对话框，在其下拉列表中设置布局打印图样的大小、图形单位，并可以通过“图纸尺寸”面板预览图样的具体尺寸，如图 2-64 所示。

再次单击“下一步”按钮，在弹出的“创建布局-方向”对话框中，单击“横向”和“纵向”单选按钮设置打印的方向，如图 2-65 所示。

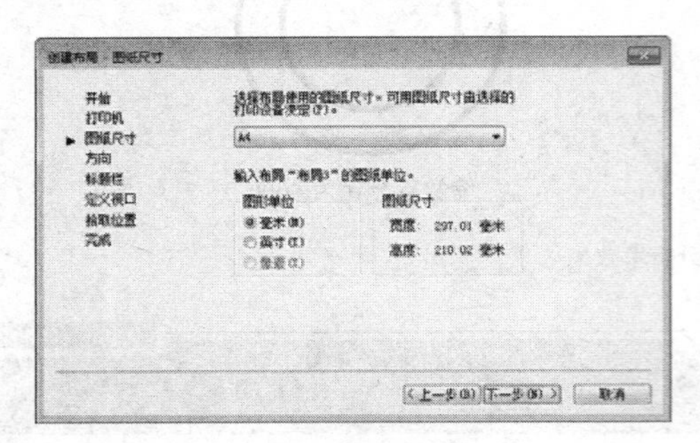

图 2-64 “创建布局-图纸尺寸”对话框

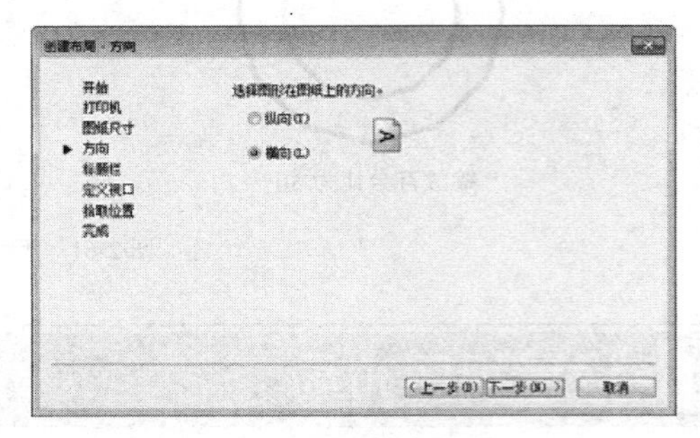

图 2-65 “创建布局-方向”对话框

4. 指定标题栏

单击“下一步”按钮，系统将弹出“创建布局-标题栏”对话框，选择图纸的边框和标题栏的样式，并可以从“预览”窗口中预览所选标题栏效果，如图 2-66 所示。

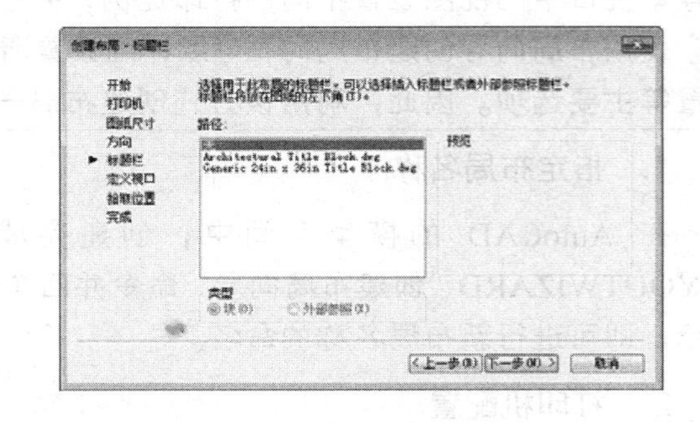

图 2-66 “创建布局-标题栏”对话框

5. 定义视口并拾取视口位置

单击“下一步”按钮，弹出的“创建布局-定义视口”对话框，可以在其中设置新创建布局的默认视口，包括视口设置、视口比例，如图 2-67 所示。

单击“下一步”按钮，在弹出的“创建布局-拾取位置”对话框中单击“拾取位置”按钮，即可在图形窗口中以指定对角点的方式指定视口的大小和位置，通常情况下拾取全部图形窗口，如图 2-68 所示。单击“完成”按钮即可显示新布局的效果。

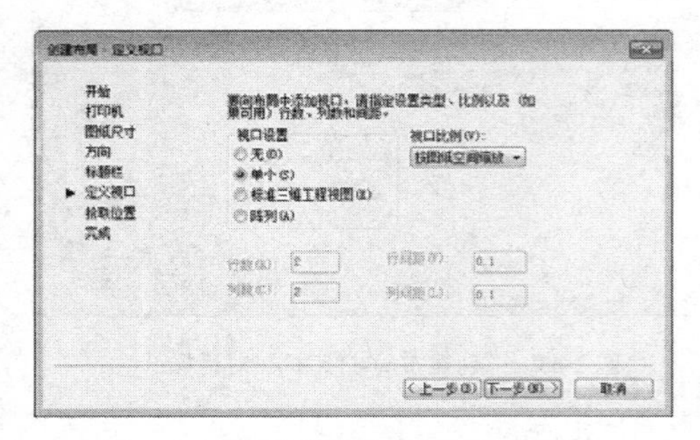

图 2-67 “创建布局-定义视口”对话框

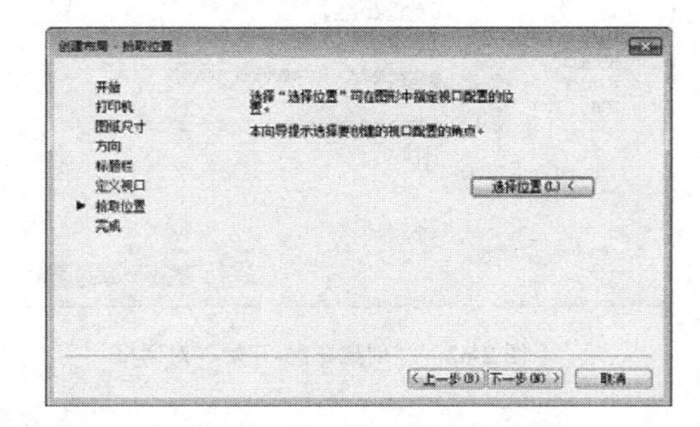

图 2-68 “创建布局-拾取位置”对话框

AutoCAD 2016

2.7 实战演练

初试身手——采用不同坐标输入法绘制图形

视频文件：DVD\视频\第 2 章\初试身手.MP4

要在 AutoCAD 中绘制一个矩形，用户可以通过输入精确的坐标点（两个对角点坐标）来绘制，也可以通过输入相对坐标来绘制。

本例绘制一个 10×5 的矩形，矩形左下角顶点的坐标值是（2，3），右上角顶点的坐标值是（12，8）。

1. 输入绝对坐标值绘制矩形

步骤01 单击“绘图”面板中的“矩形”按钮 ，如图 2-69 所示。

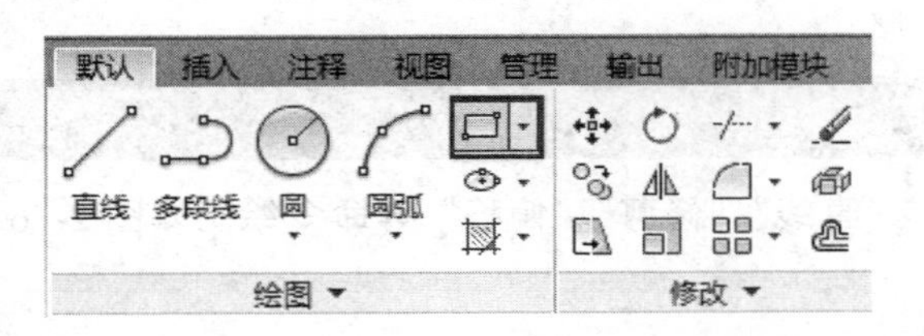

图 2-69　单击“矩形”按钮

步骤02 根据命令行提示输入两个坐标值（2,3）和（12,8），绘制一个 10×5 的矩形，如图 2-70 所示。

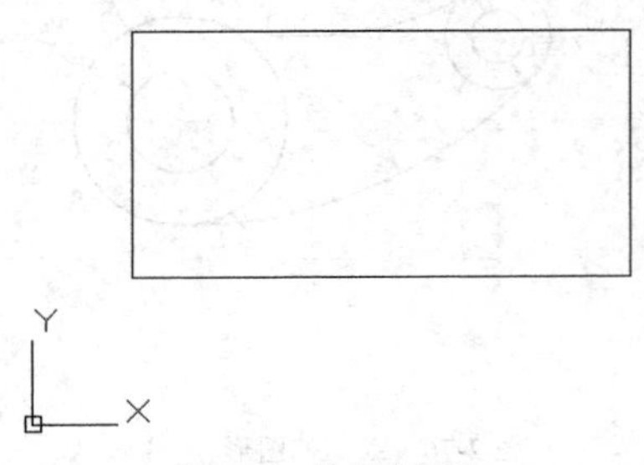

图 2-70　绘制的矩形

2. 输入相对坐标值绘制矩形

如果只知道矩形的一个顶点的位置和长度，那么采用输入相对坐标值的方式来绘制矩形比较简单。在确定第二个角点的时候输入 @10，5，表示右上角顶点与左下角顶点的水平距离为 10，垂直距离为 5，这个长度和高度刚好是矩形的长度与宽度。命令行提示如下：

```
命令：_rectang
                //调用“矩形”命令
指定第一个角点或 [倒角(C)/标高(E)/圆角(F)/厚度(T)/宽度(W)]：2,3↙
            //输入绝对直角坐标（2，3）并回车
指定另一个角点或 [面积(A)/尺寸(D)/旋转(R)]：@10,5↙
          //输入相对直角坐标（@10，5）并回车
```

专家提醒

在实际工程制图中，采用相对坐标确定点的方式更为方便，因为有很多图形的绝对坐标值都不能事先进行确定。

深入训练——利用对象捕捉功能绘制圆的切线

视频文件：DVD\视频\第 2 章\深入训练.MP4

步骤01 在绘图区域任意绘制两个大小不等的圆，如图 2-71 所示。执行“工具”|“工具栏”|“AutoCAD”|“对象捕捉”菜单命令，调出“对象捕捉”工具栏，如图 2-72 所示。

步骤02 单击“绘图”面板中的“直线”按钮，然后单击“对象捕捉”工具栏中的“捕捉到切点”按钮。

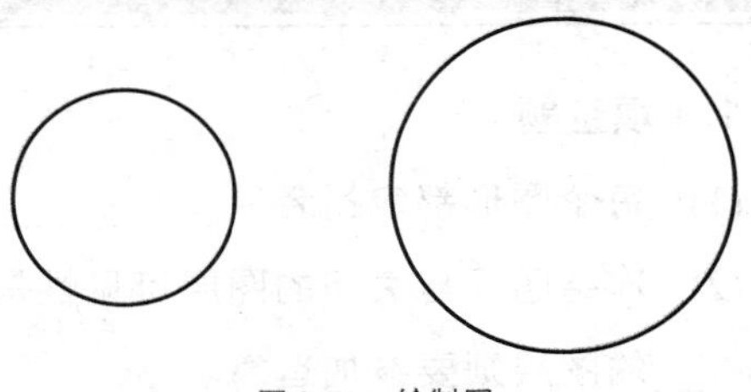

图 2-71　绘制圆

图 2-72 “对象捕捉”工具栏

步骤 03 将光标置于小圆的合适位置处，待其出现“递延切点”捕捉提示后单击鼠标左键，如图 2-73 所示。

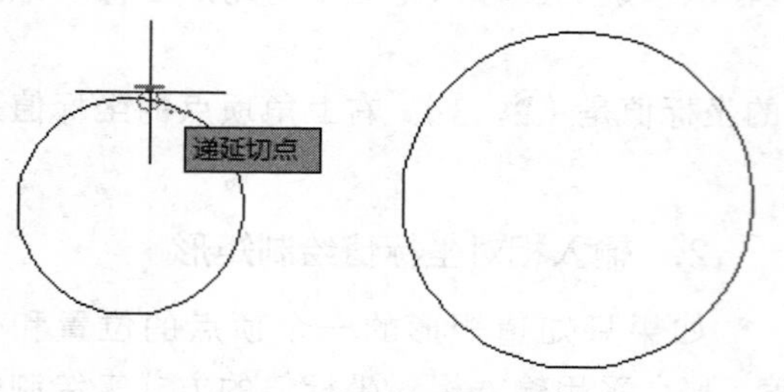

图 2-73 捕捉切线第一点

步骤 04 单击“对象捕捉”工具栏中的“捕捉到切点”按钮，将光标置于大圆的合适位置处，待其出现“递延切点”捕捉提示后单击鼠标左键，如图 2-74 所示。

步骤 05 按回车键或空格键即可完成切线的绘制。

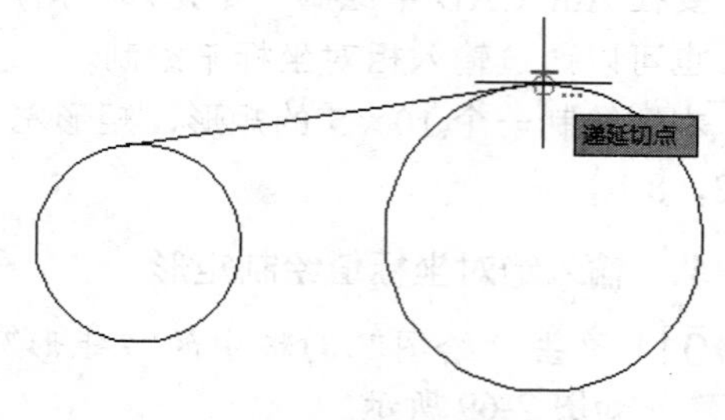

图 2-74 捕捉切线第二点

熟能生巧——绘制连杆平面图

视频文件：DVD\视频\第 2 章\熟能生巧.MP4

首先设置图层，如图 2-75 所示，再利用“圆”“直线”“修剪”“偏移”等命令绘制如图 2-76 所示图形。

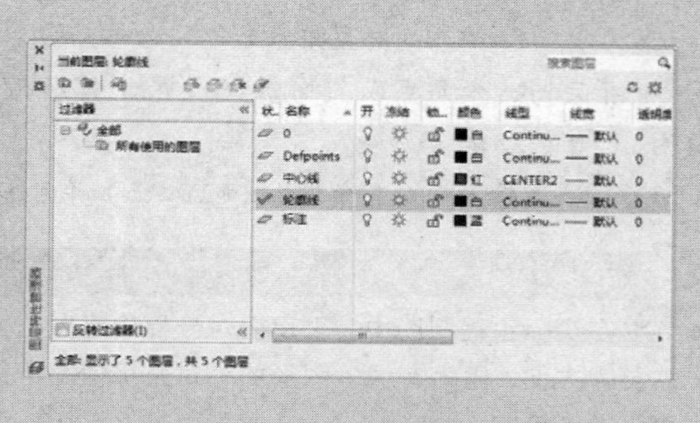

图 2-75 设置图层

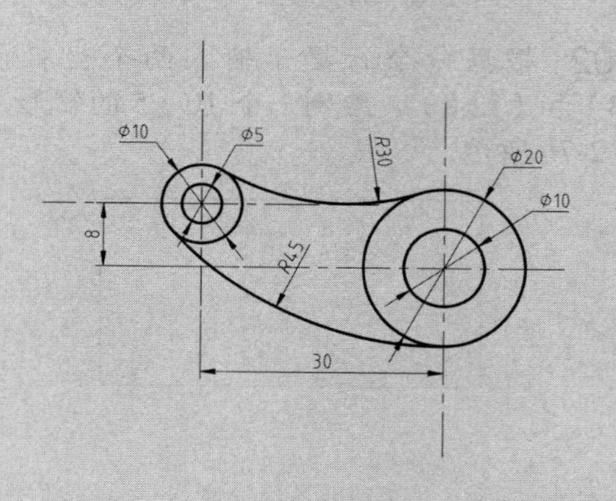

图 2-76 绘制的图形

2.8 课后练习

AutoCAD 2016

1. 填空题

(1) 每个图形都包括名为__________的图层，该图层不能删除或重新命名。

(2) 冻结图层与关闭的图层可见性是相同的，但______的对象不参加处理过程中的运算，________的图层则要参加运算。

(3) 在《机械制图》国家标准中，A3 图纸的幅面尺寸为____________。

2. 选择题

(1) 在使用某命令时，如果想了解该命令，可以按以下哪个快捷键将其相关信息调出(　　)

A、按功能键 F1 键　　　　B、按功能键 F8 键

C、按功能键 F2 键　　　　D、按功能键 F10 键

(2) 以下 4 个命令中，哪个是绘制“圆”命令(　　)

A、ZOOM　　　　B、LINE

C、CIRCLE　　　　D、RECTANG

(3) 以下 4 种坐标表示方法中，哪种是绝对直角坐标的正确表示方法(　　)

A、35 42　　　　B、35,42

C、@35,42　　　　D、@25<42

3. 操作题

参照如表 2-1 所示的要求创建各图层。

表 2-1　图层设置要求

图层名	颜色	线型	线宽
轮廓线	白色	Continuous	0.3
中心线	红色	Center	0.05
尺寸线	蓝色	Continuous	0.05
虚线	黄色	Dashed	0.05

第3章

二维图形的绘制

任何二维图形都是由点、直线、圆、圆弧和矩形等基本元素构成的，只有熟练掌握了这些基本元素的绘制方法，才能绘制出各种复杂的图形对象。通过本章的学习，读者将会对二维图形的基本绘制方法有一个全面的了解和认识，并能够熟练使用常用的绘图命令。

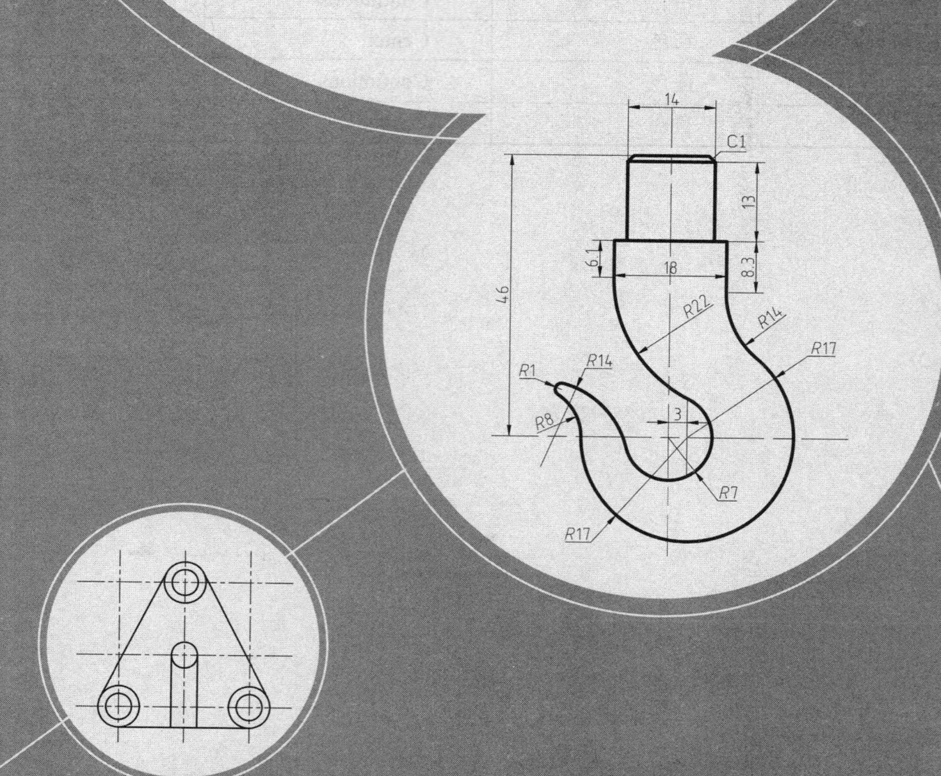

AutoCAD 2016

3.1 基本图形元素的绘制

3.1.1 点

在工程制图中，点主要用于定位，如标注孔、轴中心的位置等。还有一类为等分点，用于等分图形对象。理论上，点是没有大小的图形对象。但是为了能在图纸上准确地表示出点的位置，可以用特定的符号来表示点。在 AutoCAD 中，这种符号称为点样式。通常需要先设置好点样式，然后再用该样式画点。

1. 设置点样式

从理论上来说，点是没有长度和大小的图形对象。在 AutoCAD 中，系统默认情况下绘制的点显示为一个小圆点，很难看见，我们可以为点设置显示样式，使其可见。

调用“点样式”命令的方法如下：

- 菜单栏：调用“格式”|“点样式”菜单命令。
- 命令行：在命令行输入 DDPTYPE 并回车。
- 面　板：单击“实用工具”面板中的“点样式”按钮[点样式...]。

调用该命令后，系统将弹出“点样式”对话框，如图 3-1 所示。在该对话框中，除了可以选择点样式之外，还可以在“点大小”文本框中设置点的大小。

2. 绘制单点

绘制单点就是调用一次命令只能指定一个点。

调用“单点”命令的方法如下：

- 菜单栏：调用“绘图”|“点”|“单点”菜单命令。
- 命令行：在命令行输入 POINT（或 PO）并回车。

案例【3-1】 在 AutoCAD 中绘制一个单点　　视频文件：DVD\视频\第 3 章\3-1.MP4

步骤 01 单击“绘图”面板中的“矩形”按钮[□]，任意绘制一个矩形。

步骤 02 设置点样式。单击“实用工具”面板中的“点样式”按钮[点样式...]，在打开的“点样式”对话框中选择一种点样式，以便于观察绘制点的效果，如图 3-2 所示。

步骤 03 绘制单点。在命令行输入 POINT（单点）命令并回车，根据命令行的提示，在矩形边中点上绘制单点，结果如图 3-3 所示。

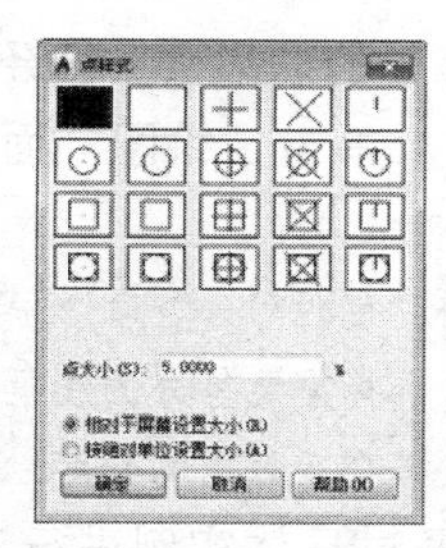

图 3-1　“点样式”对话框

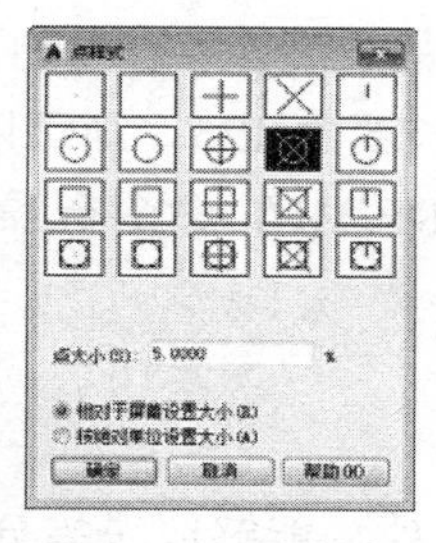

图 3-2　设置点样式

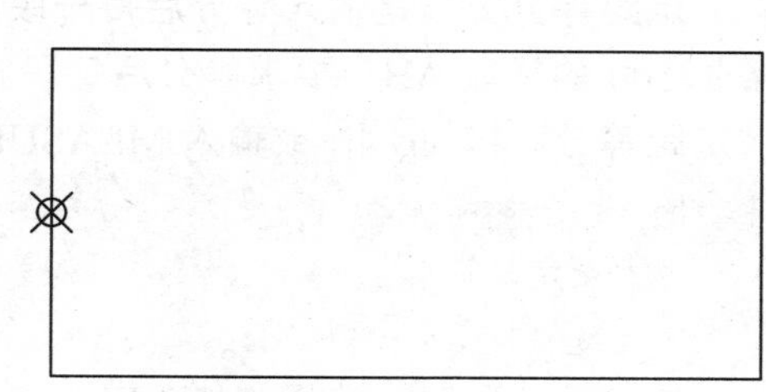
图 3-3　绘制单点效果

3. 绘制多点

绘制多点是指调用一次命令后可以连续指定多个点，直到按 Esc 键结束命令为止。

调用“多点”命令的方法如下：

- 菜单栏：调用“绘图”|“点”|“多点”菜单命令。
- 面　板：单击“绘图”面板中的“多点”按钮。

案例【3-2】 在矩形中绘制三个多点　　视频文件：DVD\视频\第 3 章\3-2.MP4

步骤01 单击“绘图”面板中的“多点”按钮。

步骤02 根据命令行的提示，在矩形其他边的中点处单击绘制点。

步骤03 按 Esc 键退出，完成多点的绘制，结果如图 3-4 所示。

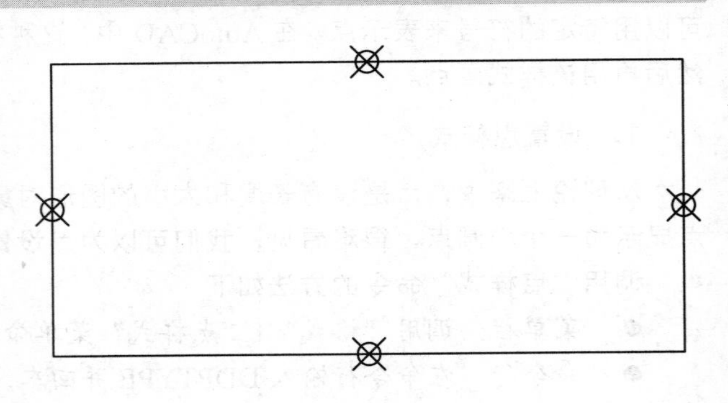

图 3-4　绘制多点效果

4. 等分点

等分点用于等分直线、圆、多边形等图形对象。绘制等分点有两种方法：定数等分和定距等分。

□ 定数等分点

定数等分方式需要输入等分的总段数，而系统自动计算每段的长度。

案例【3-3】 定数等分直线　　视频文件：DVD\视频\第 3 章\3-3.MP4

步骤01 单击“绘图”面板中的“直线”按钮，绘制一条长 500 的线段 *AB*。

步骤02 单击“绘图”面板中的“定数等分”按钮，将线段 *AB* 等分为 5 份，如图 3-5 所示，命令行操作如下：

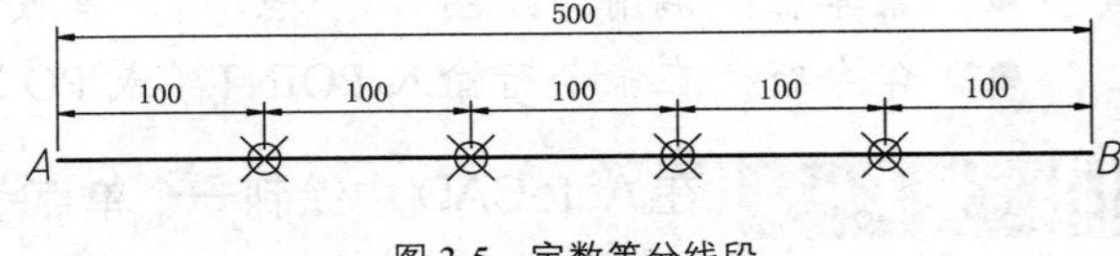

图 3-5　定数等分线段

```
命令：_divide↙                                   //调用“定数等分”命令
选择要定数等分的对象:                               //单击选取需要等分的线段 AB
输入线段数目或[块(B)]: 5↙                          //输入段数 5 并回车
```

□ 定距等分点

定距等分方式是输入等分后每一段的长度，系统自动计算出需要等分的总段数。已经存在一条长 500 的线段 AB，要求等分后每段长度为 125，则可以等分为 4 段。单击“绘图”面板中的“定距等分”按钮，或输入 MEASURE/ME，命令行操作如下：

```
命令：measure↙                                   //调用“定距等分”命令
选择要定距等分的对象:                               //单击选择需要等分的线段 AB
指定线段长度或[块(B)]: 125↙                        //输入等分后每段的长度
```

在等分线段时，选择“块（B）”选项，能够以块等分图形，下面通过具体实例进行说明。

案例【3-4】 绘制园路

视频文件：DVD\视频\第 3 章\3-4.MP4

步骤 01 调用 OPEN“打开”命令并回车，打开“第 3 章\课堂举例 3-4.dwg”文件，如图 3-6 所示。

步骤 02 单击“绘图”面板中的“定距等分”按钮，沿着样条曲线绘制园路，如图 3-7 所示，命令行操作如下：

```
命令: _measure↙                                          //调用“定距等分”命令
选择要定距等分的对象:                                      //拾取样条曲线
指定线段长度或 [块(B)]: b↙                                 //激活“块(B)”选项
输入要插入的块名:矩形块↙                                   //输入块名
是否对齐块和对象? [是(Y)/否(N)] <Y>: y↙                    //激活“是(Y)”选项
指定线段长度: 350↙                                         //输入长度
```

图 3-6　素材图形　　　　图 3-7　块等分绘制园路

> **专家提醒**
>
> 在“定距等分”插入块的时候有时会显示“找不到块”，可以先直接用“插入块”命令插入对象块，再定距等分插入块。

有时会出现总长度不能被每段长度整除的情况。如图 3-8 所示，已知总长 500 的线段 AB，要求等分后每段长 150，则该线段不能被完全等分。AutoCAD 将从线段的一端（选取对象时单击的一端）开始，每隔 150 绘制一个定距等分点，到接近 B 点的时候剩余 50，则不再继续绘制。

如果在选取 AB 线段时单击线段右侧，则会得到如图 3-9 所示的等分结果。

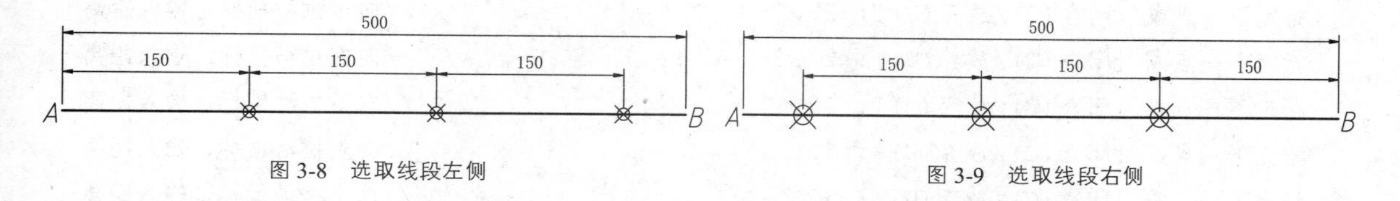

图 3-8　选取线段左侧　　　　图 3-9　选取线段右侧

> **专家提醒**
>
> 等分点不仅可以等分普通线段，还可以等分圆、矩形、多边形等复杂的封闭图形对象。

3.1.2 直线

直线对象可以是一条线段，也可以是一系列的线段，但每条线段都是独立的直线对象。如果要将一系列直线绘制成一个对象，可使用多段线。

直线的绘制是通过确定直线的起点和终点来完成的。可以连续绘制首尾相连的一系列直线，上一段直线的终点将自动成为下一段直线的起点。所有直线绘制完成后，回车结束命令。调用绘制直线命令的方式有以下 3 种：

- 菜单栏：调用“绘图”|“直线”菜单命令。
- 面　板：单击“绘图”面板中的“直线”按钮。
- 命令行：在命令行输入 LINE（或 L）并回车。

在直线绘制过程中，备选项“闭合(C)”用于闭合直线组，最后形成首尾封闭的形状，“放弃(U)”用于撤消绘制上一段直线的操作。

专家提醒

为了提高 AutoCAD 的绘图效率，我们在输入命令时可以输入它们的简写形式，比如 LINE（直线）命令可以简写为 L，也就是说在命令行输入 L 并回车就可以调用“直线”绘图命令。

案例【3-5】绘制压片

视频文件：DVD\视频\第 3 章\3-5.MP4

步骤 01 按 F8 键，打开“正交”模式。

步骤 02 单击“绘图”面板中的“直线”按钮，或在命令行输入 line“直线”命令，绘制如图 3-10 所示的压片图形，命令行操作如下：

```
命令：line↙                                          //调用“直线”命令
指定第一个点：0,0↙                                   //输入绝对直角坐标
指定下一点或 [放弃(U)]：13↙                          //向右拉动鼠标，输入距离
指定下一点或 [放弃(U)]：18,14↙                       //输入绝对直角坐标
指定下一点或 [闭合(C)/放弃(U)]：14↙                  //向右拉动鼠标，输入距离
指定下一点或 [闭合(C)/放弃(U)]：37,0↙                //输入绝对直角坐标
指定下一点或 [闭合(C)/放弃(U)]：19↙                  //向右拉动鼠标，输入距离
指定下一点或 [闭合(C)/放弃(U)]：17↙                  //向上拉动鼠标，输入距离
指定下一点或 [闭合(C)/放弃(U)]：15↙                  //向左拉动鼠标，输入距离
指定下一点或 [闭合(C)/放弃(U)]：11↙                  //向上拉动鼠标，输入距离
指定下一点或 [闭合(C)/放弃(U)]：56，41↙              //输入绝对直角坐标
指定下一点或 [闭合(C)/放弃(U)]：20↙                  //向上拉动鼠标，输入距离
指定下一点或 [闭合(C)/放弃(U)]：24↙                  //向左拉动鼠标，输入距离
指定下一点或 [闭合(C)/放弃(U)]：12↙                  //向下拉动鼠标，输入距离
指定下一点或 [闭合(C)/放弃(U)]：15↙                  //向左拉动鼠标，输入距离
指定下一点或 [闭合(C)/放弃(U)]：12↙                  //向上拉动鼠标，输入距离
指定下一点或 [闭合(C)/放弃(U)]:17↙                   //向左拉动鼠标，输入距离
指定下一点或 [闭合(C)/放弃(U)]：   C                 //输入 c，按回车键
```

技巧点拨

在绘制直线时，常常会出现直线不直的情况，只需要打开“正交”模式就能避免这种情况了，但要注意的是，“正交”模式只适合于绘制竖直与水平的线段。

3.1.3 矩形

矩形就是通常所说的长方形，是通过输入矩形的任意两个对角点位置确定的。在 AutoCAD 中绘制矩形可以为其设置倒角、圆角，以及宽度和厚度值，如图 3-11 所示为矩形的各种样式。

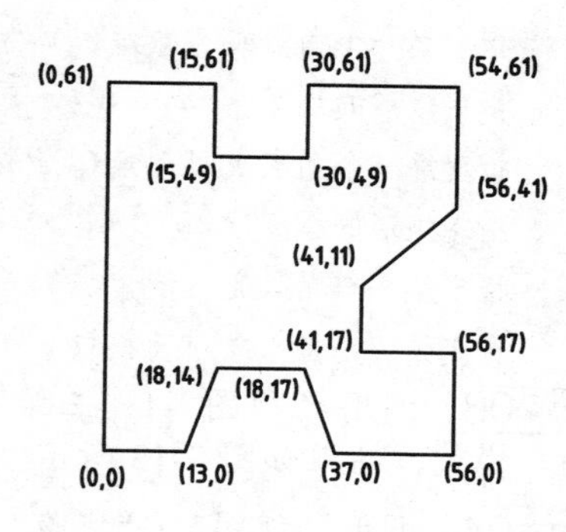

图 3-10　压片的绘制步骤

绘制矩形的方法有以下 3 种：

- 菜单栏：调用“绘图” | “矩形”菜单命令。
- 面　板：单击“绘图”面板中的“矩形”按钮 。
- 命令行：在命令行中输入 RECTANG（或 REC）并回车。

调用该命令后，命令行提示如下：

```
指定第一个角点或 [倒角(C)/标高(E)/圆角(F)/厚度(T)/宽度(W)]:
```

其各选项含义如下：

- 倒角：用来绘制倒角矩形，选择该选项后可指定矩形的倒角距离。设置该选项后，调用“矩形”命令时此值成为当前的默认值，若不需设置倒角，则要再次将其设置为 0。
- 圆角：用来绘制圆角矩形。选择该选项后可指定矩形的圆角半径。
- 宽度：用来绘制有宽度的矩形。该选项为要绘制的矩形指定线的宽度。
- 面积：该选项提供了另一种绘制矩形的方式，即通过确定矩形面积大小的方式绘制矩形。
- 尺寸：该选项通过输入矩形的长和宽确定矩形的大小。
- 旋转：选择该选项，可以指定绘制矩形的旋转角度。
-

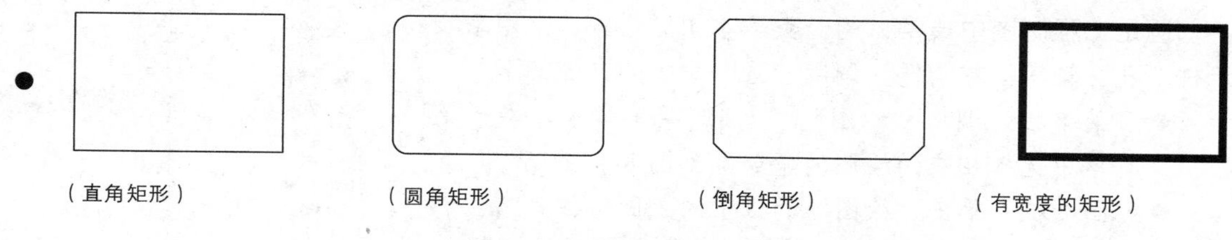

（直角矩形）　（圆角矩形）　（倒角矩形）　（有宽度的矩形）

图 3-11　各种样式的矩形

技巧点拨

在绘制圆角或倒角矩形时，如果矩形的长度和宽度太小而无法使用当前设置创建矩形，则绘制出来的矩形将不进行圆角或倒角。

案例【3-6】绘制具有一定厚度和宽度的矩形　　视频文件：DVD\视频\第 3 章\3-6.MP4

步骤 01　调用 NEW“新建”命令并回车，新建空白文件。

步骤 02　单击“绘图”面板中的“矩形”按钮 ，绘制一个 100×60 的矩形，并设置矩形线宽为 5、厚度为 20。绘制结果如图 3-12 所示，命令行提示如下：

```
命令: _rectang                                                    //调用“矩形”命令
当前矩形模式:  厚度=20.0000  宽度=5.0000
指定第一个角点或 [倒角(C)/标高(E)/圆角(F)/厚度(T)/宽度(W)]: W↙    //输入宽度选项w并回车
指定矩形的线宽 <5.0000>: 5↙                                          //输入宽度值5并回车
指定第一个角点或 [倒角(C)/标高(E)/圆角(F)/厚度(T)/宽度(W)]: T↙    //输入厚度选项T并回车
指定矩形的厚度 <20.0000>: 20↙                                     //输入矩形厚度值20并回车
指定第一个角点或 [倒角(C)/标高(E)/圆角(F)/厚度(T)/宽度(W)]: ↙     //任意拾取一点
指定另一个角点或 [面积(A)/尺寸(D)/旋转(R)]: @100,60↙               //输入相对坐标值
```

步骤03 调用“视图”|“三维视图”|“西南等轴测”菜单命令，把视图调整为“西南等轴测”模式，结果如图3-13所示。

步骤04 调用“视图”|“消隐”菜单命令，结果如图3-14所示。这样可以更加形象地表现出矩形的厚度与宽度。

图3-12 具有一定厚度的矩形

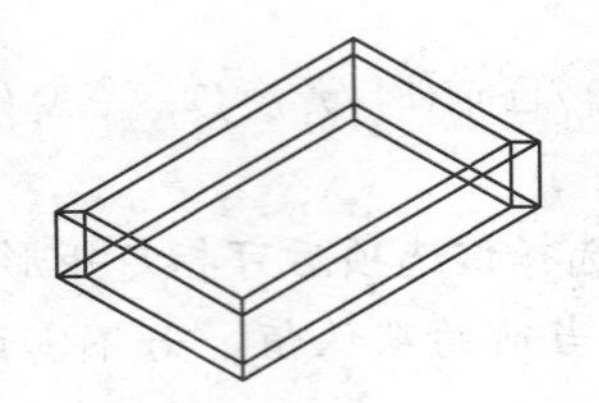

图3-13 调整视图

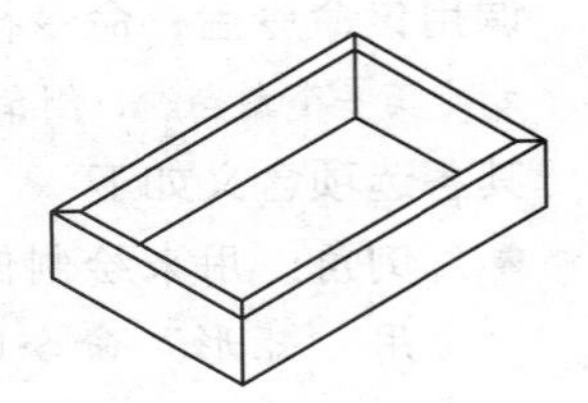

图3-14 消隐显示

专家提醒

系统默认的视图是俯视图，其不能体现矩形的厚度，所以在观察矩形厚度时，需要转换视图的角度。

3.1.4 圆

圆是工程制图中最常见的一类基本图形对象，常用来表示柱、孔、轴等基本构件。调用“圆”命令的方法如下：

- 菜单栏：调用“绘图”|“圆”菜单命令，在子菜单中选择相应的绘圆的命令，如图3-15所示。
- 面 板：单击“绘图”面板中的“圆”按钮。
- 命令行：在命令行输入CIRCLE（或C）并回车。

专家提醒

“圆”绘制子菜单中提供了6种绘制圆的方法，用户可以根据自己的需要选择不同的绘图方法。

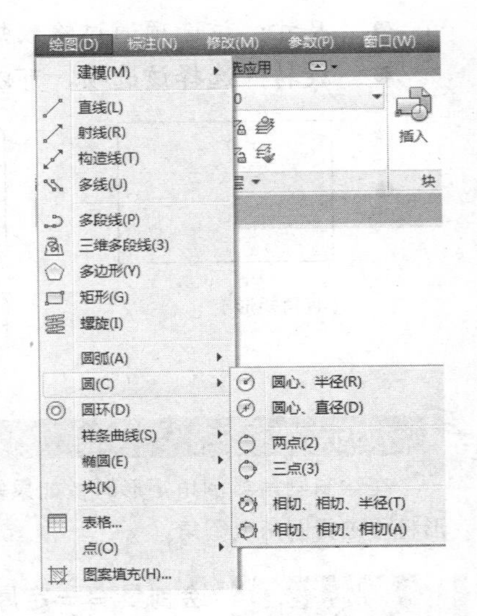

图3-15 圆子菜单

案例【3-7】 绘制三角垫片零件图

视频文件：DVD\视频\第3章\3-7.MP4

步骤01 单击“绘图”面板中的“直线”按钮，绘制如图3-16所示尺寸辅助线。

步骤02 单击“绘图”面板中的“圆心，半径”按钮，绘制如图3-17所示半径分别为10和

16 的同心圆。

步骤03 调用“圆”命令，绘制一个半径为 10 的圆，结果如图 3-18 所示。

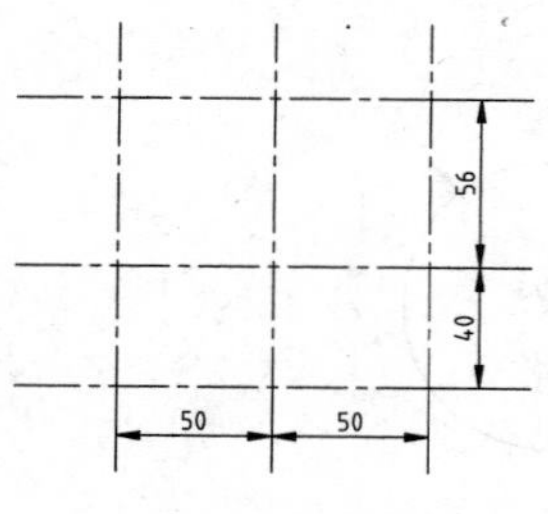

图 3-16　绘制辅助线

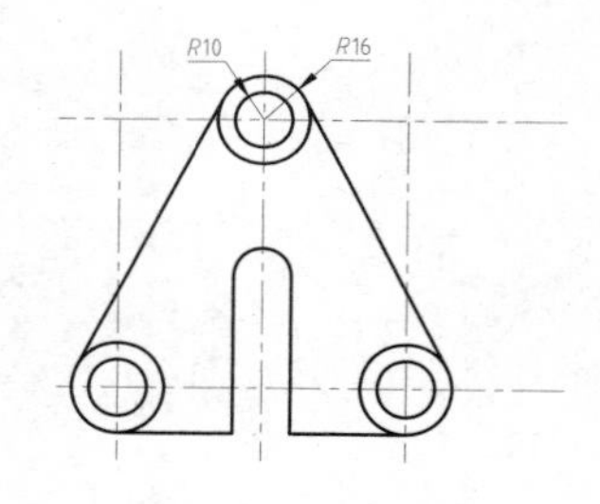

图 3-17　绘制圆

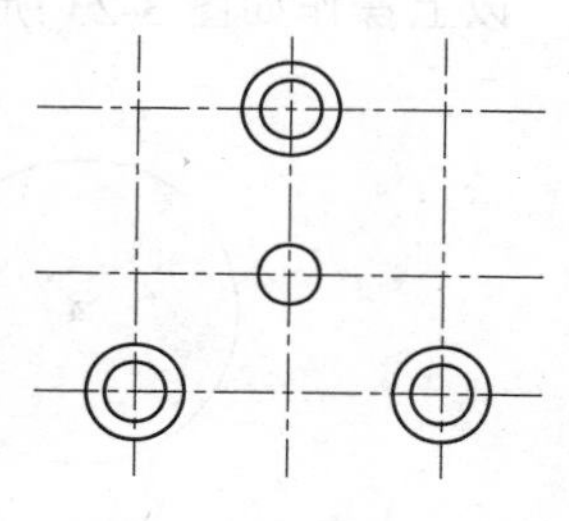
图 3-18　绘制圆

步骤04 单击“绘图”面板中的“直线”按钮，结合“对象捕捉”和“极轴追踪”功能绘制直线，结果如图 3-19 所示。

步骤05 单击“修改”面板中的“修剪”按钮，修剪掉多余的线段和圆弧，结果如图 3-20 所示。

步骤06 删除辅助线。至此整个三角垫片零件图绘制完成。结果如图 3-21 所示。

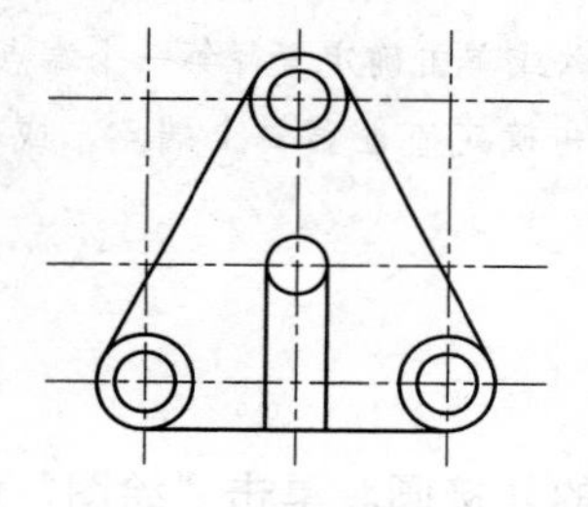
图 3-19　绘制直线

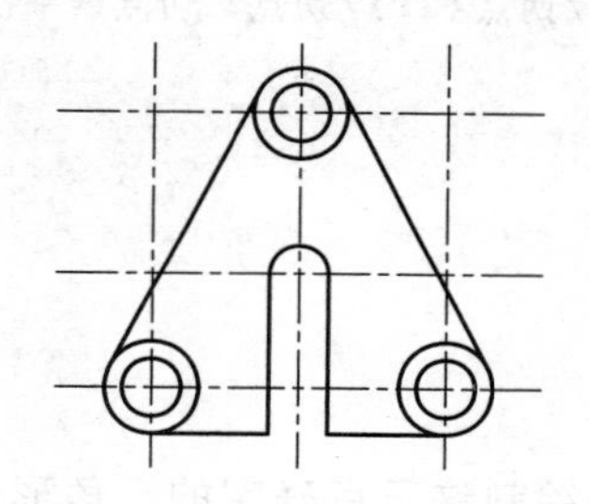
图 3-20　修剪操作

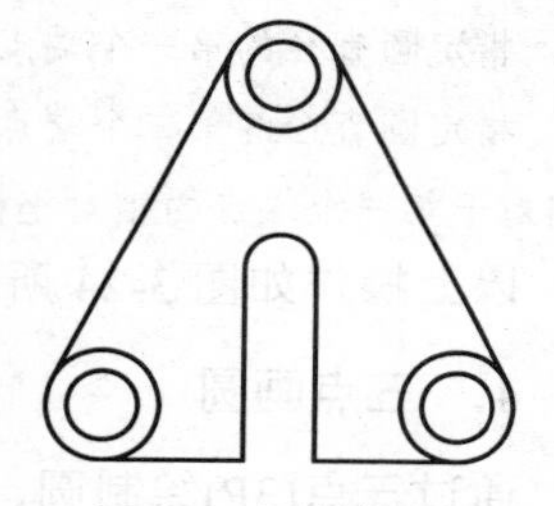
图 3-21　最终结果

圆是通过输入圆心、半径、直径、圆上的点等参数确定的。通过不同的参数组合，AutoCAD 提供了多种绘制圆的方式，如下所述。

1. 圆心、半径方式画圆

单击“绘图”面板中的“圆心，半径”按钮，或者在命令行输入简写命令 C，启动“圆”命令。

```
命令：C↙                                                    //调用“圆”命令
CIRCLE 指定圆的圆心或[三点(3P)/两点(2P)/切点、切点、半径(T)]：//输入或单击确定圆心坐标
指定圆的半径或[直径(D)]：                                   //输入半径值，也可以输入相
对于圆心的相对坐标，确定圆周上一点
```

以上操作结果如图 3-22 所示。

2. 圆心、直径方式画圆

单击“绘图”面板中的“圆心，直径”按钮，或者在命令行输入 C，启动“圆”命令。

```
命令：C↙                                                    //调用“圆”命令
CIRCLE 指定圆的圆心或[三点(3P)/两点(2P)/切点、切点、半径(T)]：//输入或单击确定圆心坐标
指定圆的半径或[直径(D)]<80.1736>：D↙                        //选择直径选项
```

```
指定圆的直径<200.00>: 20↙                                    //输入直径，也可以输入端点
相对于圆心的相对坐标
```

以上操作如图 3-23 所示。

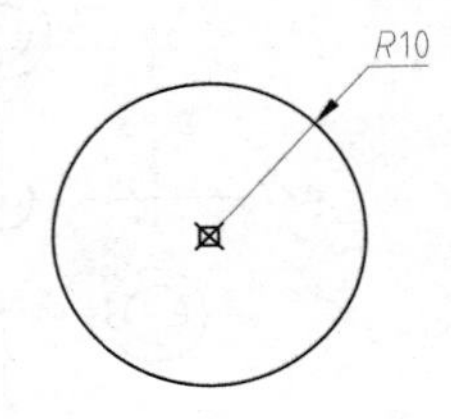

图 3-22　以圆心、半径方式画圆

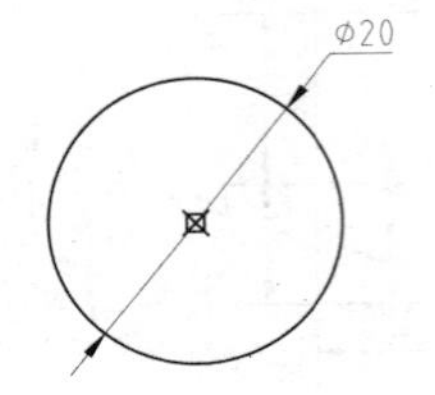

图 3-23　以圆心、直径方式画圆

3. 两点画圆

通过两点(2P)绘制圆，实际上是以这两点的连线为直径，以两点连线的中点为圆心画圆。单击“绘图”面板中的“两点”按钮，或者在命令行输入 C，启动“圆”命令。

```
命令: C↙                                                    //调用“圆”命令
CIRCLE 指定圆的圆心或[三点(3P)/两点(2P)/切点、切点、半径(T)]: 2P↙//选择“两点”备选项
指定圆直径的第一个端点:                                //输入或单击确定直径第一个端点
指定圆直径的第二个端点:                                //单击确定直径第二个端点，或输
入相对于第一个端点的相对坐标
```

以上操作如图 3-24 所示。

4. 三点画圆

通过三点(3P)绘制圆，实际上是绘制这三点确定的三角形的唯一的外接圆。单击“绘图”面板中的“三点”按钮，或者在命令行输入 C，启动“圆”命令。

```
命令: C↙                                                    //调用“圆”命令
CIRCLE 指定圆的圆心或[三点(3P)/两点(2P)/切点、切点、半径(T)]: 3P↙//选择“三点”备选项
指定圆上的第一个点:                                          //单击确定第一点
指定圆上的第二个点:                                          //单击确定第二点
指定圆上的第三个点:                                          //单击确定第三点
```

以上操作如图 3-25 所示。在确定点的位置时，可以输入相对于上一操作点的相对坐标。更简便的方法是用光标在屏幕上直接捕捉某些特征点。

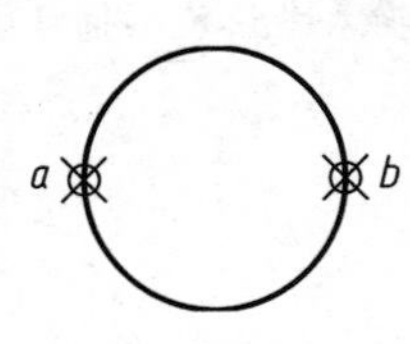

图 3-24　两点画圆

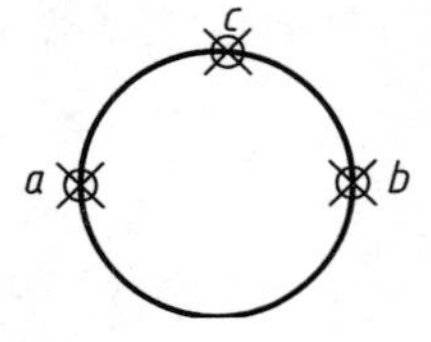

图 3-25　三点画圆

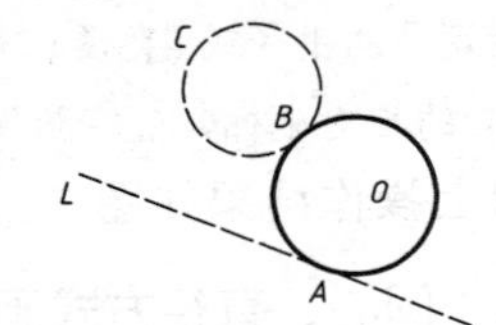

图 3-26　相切、相切、半径画圆

5. 相切、相切、半径画圆

如果已经存在两个图形对象，再确定圆的半径值，就可以绘制出与这两个对象相切的公切圆。

使用这种方法时，AutoCAD 会自动捕捉到已知图形对象的切点。如图 3-26 所示，绘制的圆与已知直线 L 和已知圆 C 相切。

专家提醒

这种方法有时可能画不出所要求的圆，这是因为所给出的条件不能确定一个圆。

6. 相切、相切、相切画圆

单击“绘图”面板中的“相切，相切，相切”按钮，可以绘制出与已知的三个图形对象相切的公切圆。命令调用过程中，AutoCAD 会自动捕捉到已知图形对象的切点。

如图 3-27 所示，绘制的圆与已知的圆 C1、C2 和 C3 相切。

需要注意的是，有时“相切、相切、相切”方式绘制的圆并不是唯一的。圆的位置取决于选择切点。如图 3-27 所示，如果单击确定的切点位置不在点 A1、A2、A3 附近，而在点 B1、B2、B3 附近，则绘制出的不是圆 M，而是圆 N。如图 3-28 所示绘制的是与两条直线和圆相切的圆。

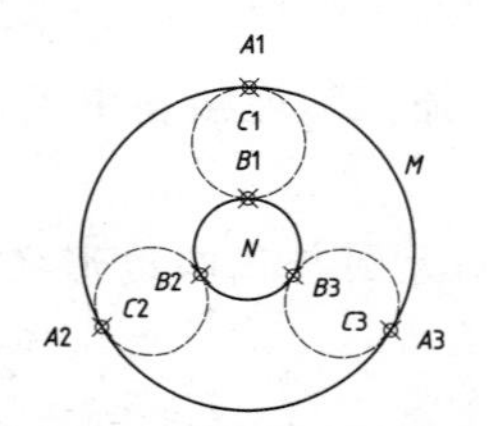

图 3-27　相切、相切、相切画圆

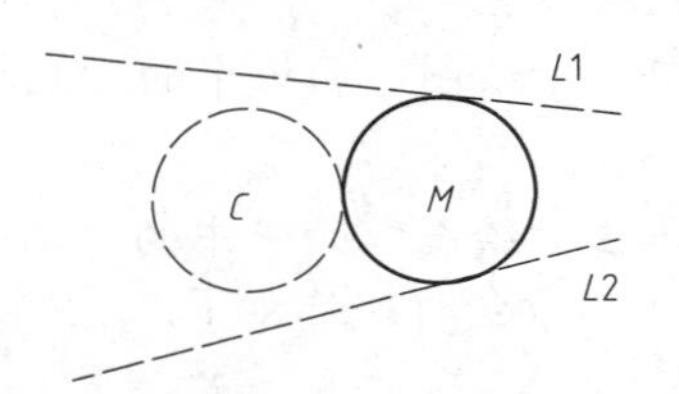

图 3-28　与直线、直线、圆相切画圆

案例【3-8】 绘制拼花图案

视频文件：DVD\视频\第 3 章\3-8.MP4

步骤 01 调用 NEW“新建”命令并回车，新建空白文件。

步骤 02 单击“绘图”面板中的“多边形”按钮，绘制半径为 25，内接于圆的正五边形，如图 3-29 所示。

步骤 03 单击“绘图”面板中的“圆心，半径”按钮，绘制内切于正五边形的圆，如图 3-30 所示，命令行操作如下：

```
命令: _circle↙                                              //调用“圆”命令
指定圆的圆心或 [三点(3P)/两点(2P)/切点、切点、半径(T)]: 3P↙ //激活“三点(3P)”选项
指定圆上的第一个点:                                         //利用“中点捕捉”拾取边长的中心
指定圆上的第二个点:                                         //利用“中点捕捉”拾取边长的中心
指定圆上的第三个点:                                         //利用“中点捕捉”拾取边长的中心
```

步骤 04 单击“绘图”面板中的“多边形”按钮，绘制正四边形，捕捉圆的圆心作为正四边形的中心，再利用“中点捕捉”捕捉到中点 A 点，将这段距离作为正四边形的半径，如图 3-31 所示。

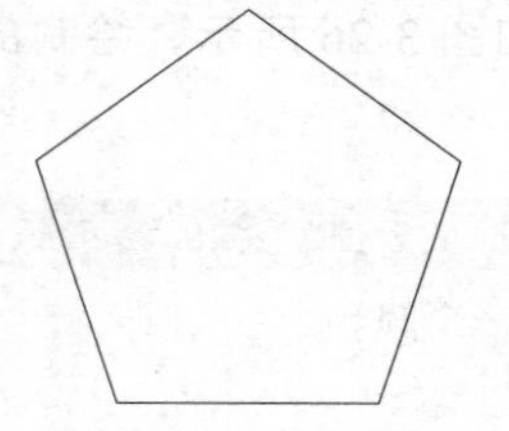

图 3-29 绘制正五边形

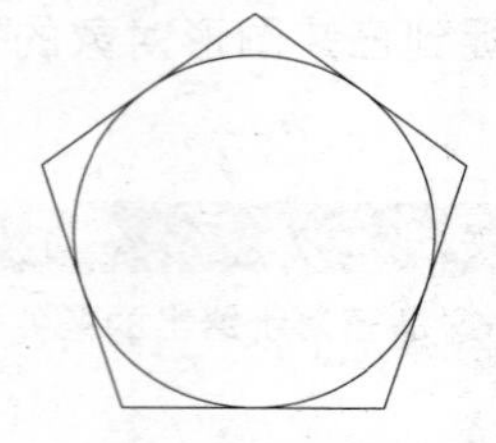

图 3-30 绘制圆

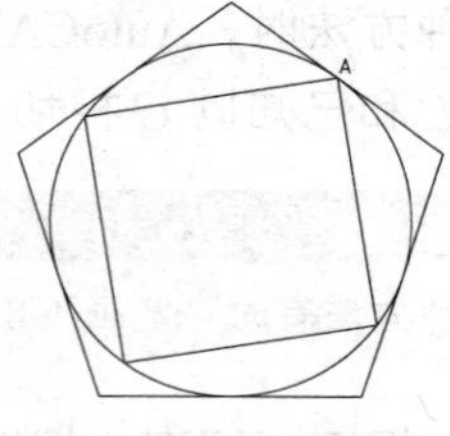

图 3-31 绘制正四边形

步骤 05 单击“绘图”面板中的“相切，相切，相切”按钮，绘制内切于正四边形的圆，如图 3-32 所示，命令行操作如下：

```
命令：_circle                                          //调用“圆”命令
指定圆的圆心或 [三点(3P)/两点(2P)/切点、切点、半径(T)]：_3p
指定圆上的第一个点：_tan 到                           //选择正四边形的其中一条边
指定圆上的第二个点：_tan 到
指定圆上的第三个点：_tan 到
```

步骤 06 单击“绘图”面板中的“直线”按钮，利用“中点捕捉”连接各中点，如图 3-33 所示。

步骤 07 单击“绘图”面板中的“圆心，半径”按钮，绘制大圆与正四边形之间的小圆，如图 3-34 所示，命令行操作如下：

```
命令：_circle↙                                        //调用“圆”命令
指定圆的圆心或 [三点(3P)/两点(2P)/切点、切点、半径(T)]：2P↙  //激活“两点(2P)”选项
指定圆直径的第一个端点：                              //利用“中点捕捉”拾取正四
边形边长的中点
指定圆直径的第二个端点：                              //利用“垂足捕捉”拾取垂足
点，按空格键重复命令继续绘制其他圆
```

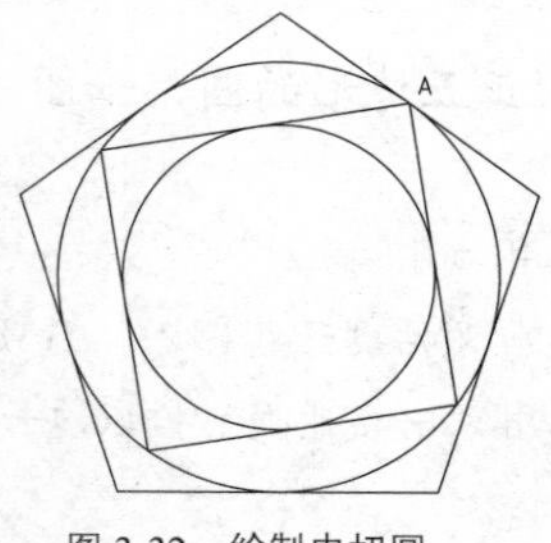

图 3-32 绘制内切圆

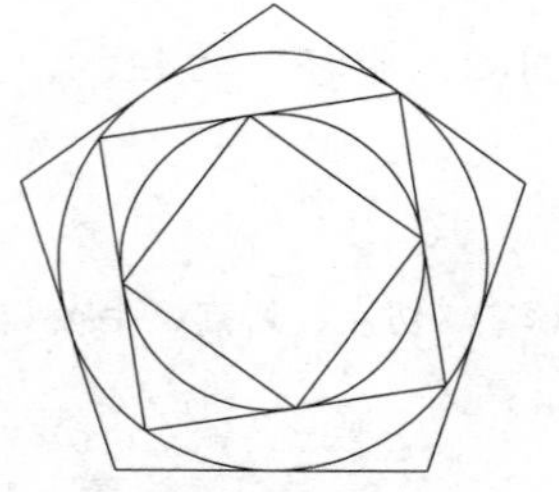

图 3-33 绘制直线

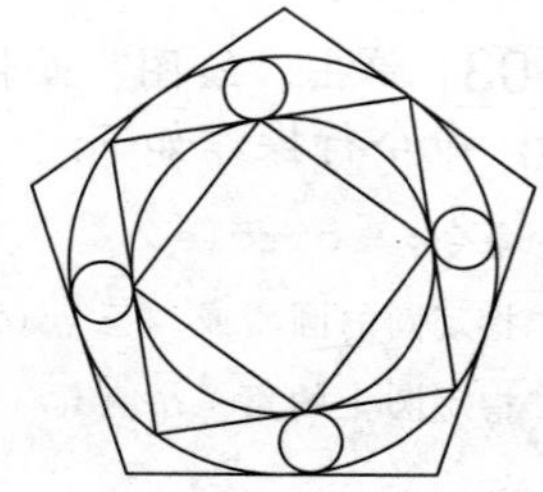

图 3-34 绘制圆

3.1.5 正多边形

由三条或三条以上长度相等的线段首尾相接形成的多边形称为正多边形，如图 3-35 所示为各种正多边形效果，多边形的边数范围在 3～1024 之间。

调用“多边形”命令的方法如下。

- 菜单栏：调用“绘图” | “正多边形”菜单命令。
- 面　板：单击“绘图”面板中的“多边形”按钮。

● 命令行：在命令行输入 POLYGON（或 POL）并回车。

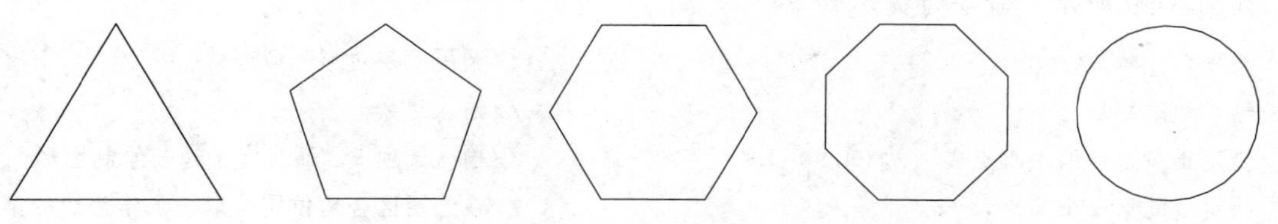

图 3-35　各种正多边形效果

根据边数、位置和大小三个参数的不同，有下列几种绘制正多边形的方法。

1. 内接于圆多边形

内接于圆的绘制方法主要是通过输入正多边形的边数、外接圆的圆心和半径来画正多边形，且正多边形的所有顶点都在此圆周上。

案例【3-9】绘制内接圆多边形

视频文件：DVD\视频\第 3 章\3-9.MP4

步骤 01 单击“绘图”面板中的“多边形”按钮⬠。

步骤 02 绘制一个外接圆半径为 200 的正六边形，如图 3-36 所示，命令行输入如下所示：

```
命令: POLYGON ↙                                  //调用“多边形”命令
输入边的数目<4>: 6↙                              //输入边数
指定正多边形的中心点或[边(E)]:                   //鼠标单击确定外接圆圆心 c
输入选项[内接于圆(I)/外切于圆(c)]<I>: I↙         //选择“内接于圆”备选项
指定圆的半径: 200↙                               //输入外接圆半径值
```

2. 外切于圆多边形

绘制外切于圆的正多边形，主要是通过输入正多边形的边数、内切圆的圆心位置和内切圆的半径来完成。其中，内切圆的半径也为正多边形中心点到各边中点的距离。绘制外切于圆多边形与绘制内接于圆多边形类似，在此命令行时选择“外切于圆”备选项即可，如图 3-37 所示。

```
输入选项[内接于圆(I)/外切于圆(c)]<I>: I↙         //选择“外切于圆”备选项
```

3. 边长法

如果知道正多边形的边长和边数，就可以使用边长法绘制正多边形。输入边数和某条边的起点和终点，AutoCAD 可以自动生成所需的多边形，如图 3-38 所示。

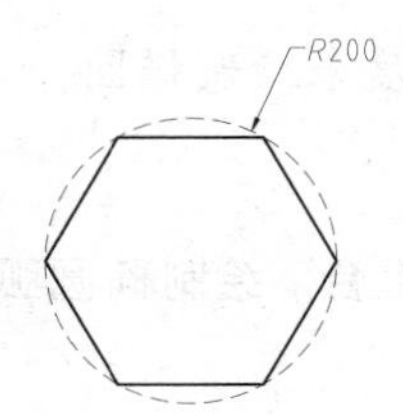

图 3-36　内接于圆法画正六边形

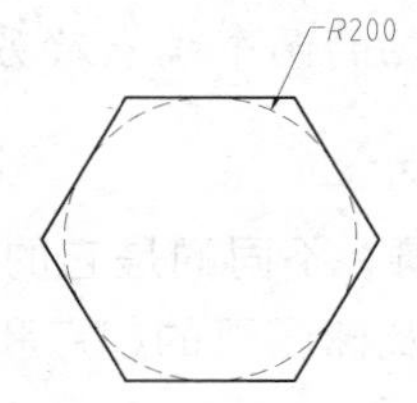

图 3-37　外切于圆法画正五边形

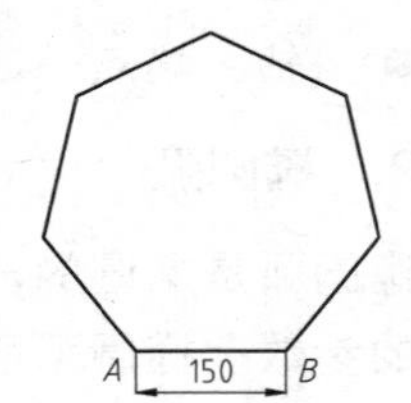

图 3-38　边长法画正七边形

案例【3-10】绘制五角星

视频文件：DVD\视频\第 3 章\3-10.MP4

步骤 01 打开“正交”模式，然后单击“绘图”面板中的“多边形”按钮，绘制一个正五边形，如图 3-39 所示，命令行提示如下：

```
命令：_polygon                          //调用“多边形”命令
输入边的数目 <4>：6↙                    //输入边数
指定正多边形的中心点或 [边(E)]：E↙      //输入选项 E，通过定义边长绘制图形
指定边的第一个端点：↙                   //在绘图区合适位置拾取一点作为边的第一点
指定边的第二个端点：↙                   //水平向左拾取一点作为边的第二点
```

步骤 02 关闭“正交”模式，然后单击“绘图”面板中的“直线”按钮，捕捉多边形的各个顶点，绘制如图 3-40 所示直线。

步骤 03 选中正五边形，按 Delete 键将其删除，即可完成五角星的绘制，结果如图 3-41 所示。

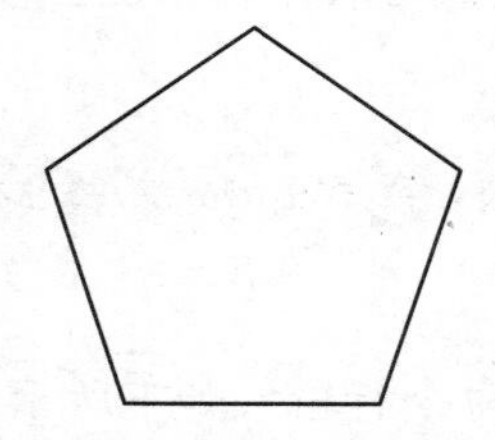
图 3-39 绘制正五边形

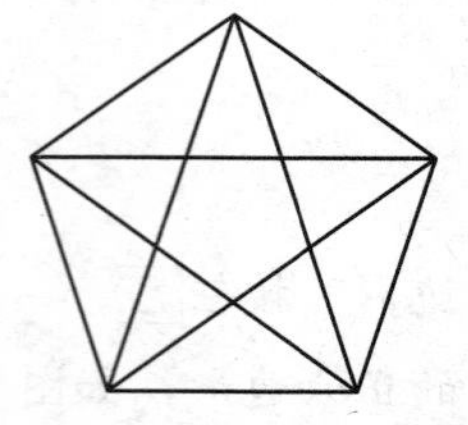
图 3-40 绘制直线

图 3-41 五角星

3.1.6 椭圆和椭圆弧

椭圆和椭圆弧是经常用到的图形对象。

1. 椭圆

椭圆是特殊样式的圆，与圆相比，椭圆的半径长度不一。其形状由定义其长度和宽度的两条轴决定，较长的轴称为长轴，较短的轴称为短轴。

调用“椭圆”命令的方法如下。

- 菜单栏：调用“绘图”|“椭圆”菜单命令。
- 面　板：单击“绘图”面板中的“圆心”按钮。
- 命令行：在命令行中输入 ELLIPSE 或 EL 并回车。

菜单栏中“绘图” | “椭圆”菜单提供了两种绘制椭圆的子命令。各子命令的含义如下：

- 圆心：通过指定椭圆的中心点、一条轴的一个端点及另一条轴的半轴长度来绘制椭圆。
- 轴、端点：通过指定椭圆一条轴的两个端点及另一条轴的半轴长度来绘制椭圆。

2. 椭圆弧

椭圆弧是椭圆的一部分，类似于椭圆，不同的是它的起点和终点没有重合。绘制椭圆弧需要确定的参数有椭圆弧所在椭圆的两条轴及椭圆弧的起点和终点的角度。

调用“椭圆弧”命令的方法如下：

- 菜单栏：调用“绘图” | “椭圆” | “圆弧”菜单命令。
- 面　板：单击“绘图”面板中的“椭圆弧”按钮。

案例【3-11】 绘制如图3-42所示的镜子

视频文件：DVD\视频\第3章\3-11.MP4

步骤01 绘制镜子外轮廓。单击“绘图”面板中的“圆心”按钮，绘制椭圆。命令行操作如下：

```
命令：_ellipse                                  //调用“椭圆”命令
指定椭圆的轴端点或 [圆弧(A)/中心点(C)]：c↙        //选择“中心点”选项
指定椭圆的中心点：0,0↙                          //输入椭圆中心点坐标
指定轴的端点：0,375↙                            //输入长轴的一个端点坐标
指定另一条半轴长度或 [旋转(R)]：250↙              //输入短轴的长度
```

步骤02 完善外轮廓。单击“绘图”面板中的“直线”按钮，绘制直线，起点坐标为(-160,-288)，终点坐标为(160,-288)，结果如图3-43所示。

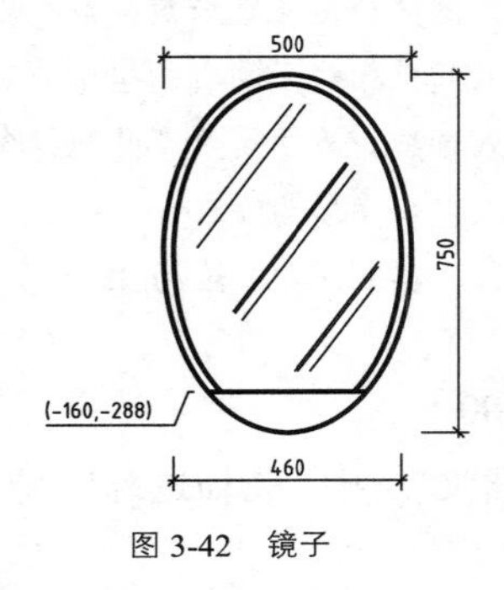

图3-42　镜子

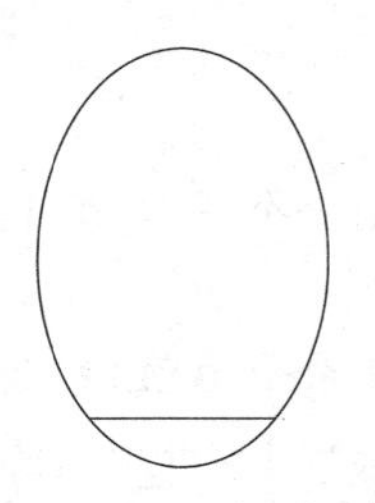

图3-43　绘制椭圆

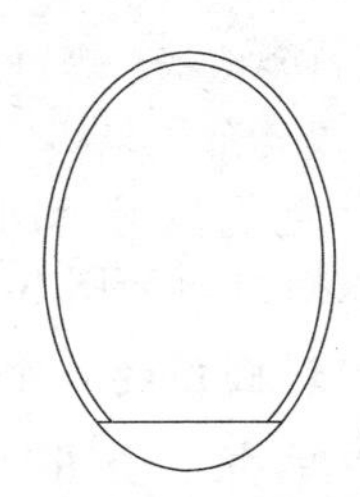

图3-44　绘制直线

步骤03 绘制镜子内轮廓。单击“绘图”面板中的“椭圆弧”按钮，绘制椭圆弧，结果如图3-44所示。命令行操作过程如下：

```
命令：_ellipse                                  //调用“椭圆”命令
指定椭圆的轴端点或 [圆弧(A)/中心点(C)]：_a↙       //选择“圆弧”备选项
指定椭圆弧的轴端点或 [中心点(C)]：c↙              //选择“中心点”备选项
指定椭圆弧的中心点：0,0↙                        //输入椭圆弧中心点坐标
指定轴的端点：-230,0↙                           //输入短轴的一个端点坐标
指定另一条半轴长度或 [旋转(R)]：0,355↙            //输入长轴的一个端点坐标
指定起始角度或 [参数(P)]：25↙                    //指定椭圆弧的起始角度
指定终止角度或 [参数(P)/包含角度(I)]：335↙        //指定椭圆弧的终止角度
```

步骤04 绘制玻璃图案。在命令行中调用LINE命令，绘制直线，模拟玻璃效果，结果如图3-42所示。

> **专家提醒**
>
> 椭圆弧和椭圆命令一样，绘制椭圆弧实际上就是绘制椭圆上的一段弧线。

3.1.7　圆弧

圆弧是与其等半径的圆的一部分，在机械或建筑工程中，许多构件的外轮廓是由平滑弧段构成的。

调用“圆弧”命令的方法如下：

- 菜单栏：调用“绘图” | “圆弧”菜单命令。
- 面　板：单击“绘图”面板中的“圆弧”按钮。
- 命令行：在命令行输入 ARC 或 A 并回车。

案例【3-12】绘制拱门图例　　视频文件：DVD\视频\第 3 章\3-12.MP4

步骤01 单击“绘图”面板中的“圆弧”按钮，采用“圆心、起点、角度”法绘制一段半径为 200 的半圆弧，命令行提示如下：

```
命令：_arc                                   //调用“圆弧”命令
圆弧创建方向：逆时针(按住 Ctrl 键可切换方向)。
指定圆弧的起点或 [圆心(C)]：C↙               //输入 c 选项表示要确定圆弧的圆心
指定圆弧的圆心：                             //在绘图区合适位置任意拾取一点
指定圆弧的起点：@200,0↙                      //输入起点相对于圆心的坐标
指定圆弧的端点或 [角度(A)/弦长(L)]:A↙        //输入选项 a 表示要确定圆弧包含的角度
指定包含角：180↙                             //输入包含角度为 180°
```

步骤02 重复调用“圆弧”命令，绘制一个半径为 170 的半圆弧，其圆心位置与上一步所绘制的半圆弧相同，如图 3-45 所示。

步骤03 过圆弧的 4 个端点分别绘制 4 条垂直直线，长度均为 200。

步骤04 单击“绘图”面板中的“直线”按钮，结合“对象捕捉”和“极轴追踪”功能，绘制如图 3-46 所示直线。

步骤05 使用“圆”工具在图形的合适位置处绘制两个半径为 15 的圆，结果如图 3-47 所示。至此，整个拱门图例绘制完成。

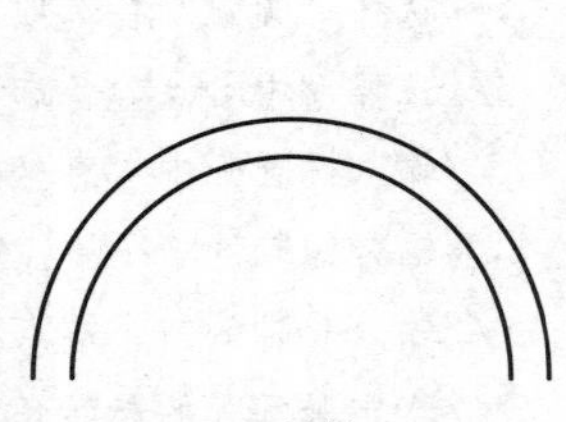
图 3-45　绘制圆弧

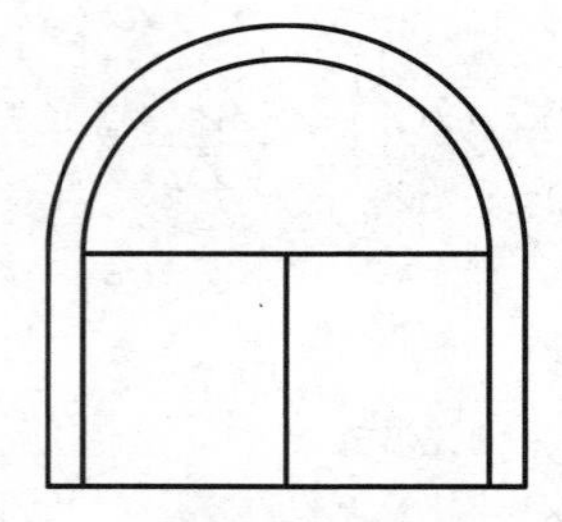
图 3-46　绘制直线

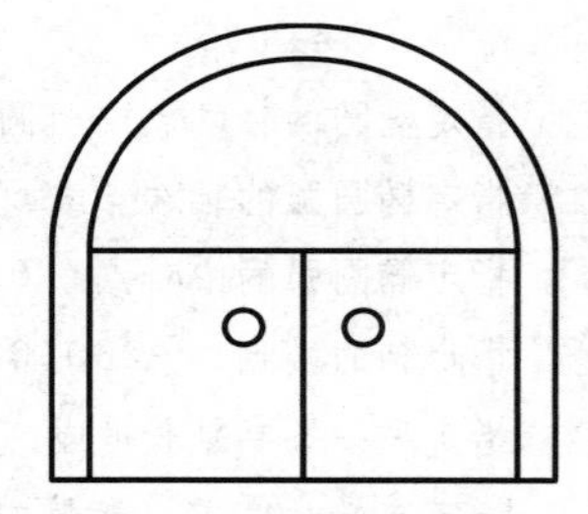
图 3-47　最终结果

绘制圆弧的方法有多种，通常是选择指定三点：起点、圆弧起点和终点。还可以指定圆弧的角度、半径和弦长。弦指的是圆弧两个端点之间的直线段。一般情况下，AutoCAD 将按逆时针方向绘制圆弧。在 AutoCAD 2016 中新增转向功能，用户可以通过按 Ctrl 键调整圆弧方向。

1. 三点画弧

如图 3-48 所示，通过输入弧段的起点 A、中间任一点 B 和终点 C 画弧。

案例【3-13】三点画弧　　视频文件：DVD\视频\第 3 章\3-13.MP4

步骤01 单击“绘图”面板中的“三点”按钮。

步骤02 或者在命令行输入 A，启动“圆弧”命令。命令行提示如下：

```
命令: ARC↙                                          //调用“圆弧”命令
圆弧创建方向: 逆时针。
指定圆弧的起点或[圆心(C)]:                          //输入坐标或单击确定起点 A
指定圆弧的第二个点或[圆心(C)/端点(E)]:              //输入坐标或单击确定中间一点 B
指定圆弧的终点:                                     //输入坐标或单击确定终点 C
```

2. 起点、圆心、终点画弧

通过输入弧的起点、圆心和终点，可以确定唯一的弧。

案例【3-14】 起点、圆心、终点画弧

视频文件：DVD\视频\第 3 章\3-14.MP4

步骤 01 单击“绘图”面板中的“起点，圆心，端点”按钮。

步骤 02 通过输入弧段起点 *A*、弧所在圆的圆心 *B* 和圆弧终点 *C* 画弧，如图 3-49 所示，命令行提示如下：

```
命令: _arc                                                             //调用“圆弧”命令
圆弧创建方向: 逆时针。
指定圆弧的起点或[圆心(C)]:                                             //输入坐标或单击确定起点 C
指定圆弧的第二个点或[圆心(C)/端点(E)]: _c 指定圆弧的圆心:              //输入坐标或单击确定圆心 B
指定圆弧的端点(按住 Ctrl 键以切换方向)或 [角度(A)/弦长(L)]:            //输入坐标或单击确定终点 A
```

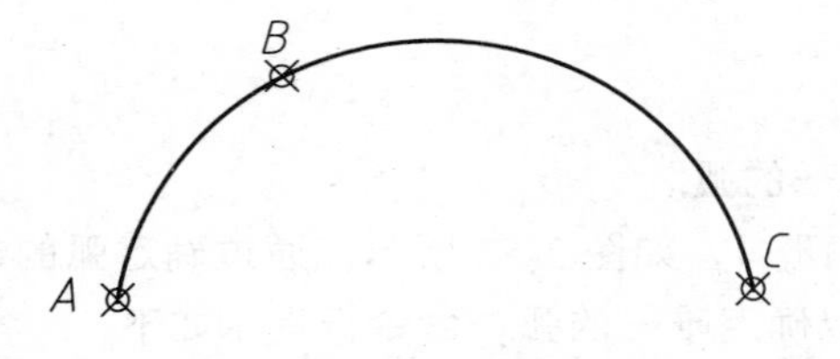

图 3-48　三点画弧

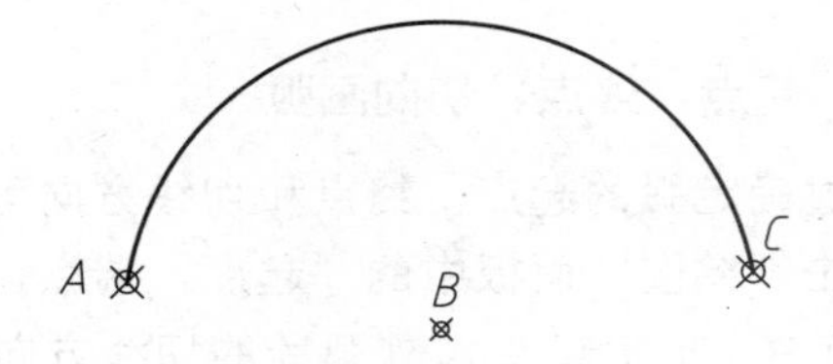

图 3-49　起点、圆心、终点画弧

3. 起点、圆心、角度画弧

通过输入弧的起点、弧所在圆的圆心和弧对应的圆心角角度，可以确定唯一的弧。

案例【3-15】 起点、圆心、角度画弧

视频文件：DVD\视频\第 3 章\3-15.MP4

步骤 01 单击“绘图”面板中的“起点，圆心，角度”按钮。

步骤 02 绘制中心角 120° 的弧。如图 3-50 所示，命令行提示如下：

```
命令: _arc                                                             //调用“圆弧”命令
圆弧创建方向: 逆时针。
指定圆弧的起点或[圆心(C)]:                                             //输入坐标或单击确定起点 A
指定圆弧的第二个点或[圆心(C)/端点(E)]: _c 指定圆弧的圆心:              //输入坐标或单击确定圆心 B
指定圆弧的端点(按住 Ctrl 键以切换方向)或 [角度(A)/弦长(L)]: _a 指定包含角: 120↙
                                                                       //输入圆心角角度值 120°
```

4. 起点、圆心、弦长画弧

通过确定弧的起点、弧所在圆的圆心点和弧所对应的弦长，可以确定唯一的弧。

案例【3-16】 起点、圆心、长度画弧 视频文件：DVD\视频\第 3 章\3-16.MP4

步骤01 单击“绘图”面板中的“起点，圆心，长度”按钮。

步骤02 绘制弦长为 200 的弧，如图 3-51 所示，命令行提示如下：

```
命令: _arc                                                    //调用“圆弧”命令
圆弧创建方向: 逆时针。
指定圆弧的起点或[圆心(C)]:                                     //输入坐标或单击确定起点 A
指定圆弧的第二个点或[圆心(C)/端点(E)]: _c 指定圆弧的圆心:        //输入坐标或单击确定圆心 B
指定圆弧的端点(按住 Ctrl 键以切换方向)或 [角度(A)/弦长(L)]: _L 指定弦长: 200↙
                                                              //输入弦长值 200
```

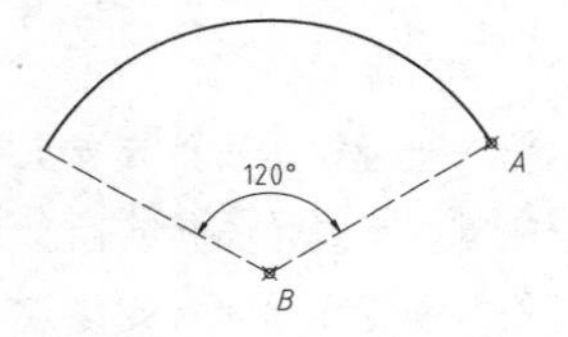

图 3-50 起点、圆心、角度画弧

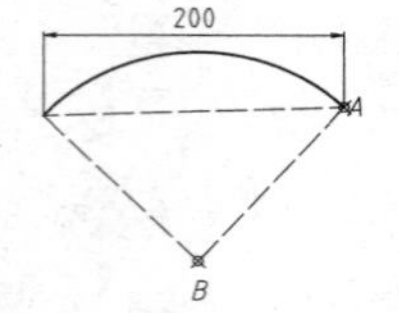

图 3-51 起点、圆心、弧长画弧

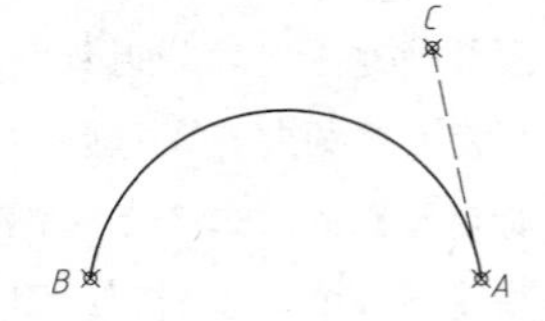

图 3-52 起点、终点、切向画弧

5. 起点、终点、切向画弧

通过确定弧的起点、终点和切线方向可以确定唯一的弧。

单击“绘图”面板中的“起点，端点，方向”按钮，如图 3-52 所示，通过确定弧的起点 A、终点 B，指定起点 A 处弧段的切线方向 AC，可以确定唯一的弧，命令行提示如下：

```
命令: _arc                                                    //调用“圆弧”命令
圆弧创建方向: 逆时针(按住 Ctrl 键可切换方向)。
指定圆弧的起点或[圆心(C)]:                                     //单击确定起点 A
指定圆弧的第二个点或[圆心(C)/端点(E)]: _e 指定圆弧的端点:       //单击确定终点 B
指定圆弧的圆心或[角度(A)/方向(D)/半径(R)]: _d 指定圆弧的起点切向:  //确定 A 点切线方向。单
击确定 C 点，则 AC 为 A 点处的切向
```

专家提醒

按照不同参数和不同次序组合的其他画弧方法可以在“绘图”|“圆弧”菜单下的子菜单中找到，用户可以在实际工作中灵活地选择这些绘制方法。

3.1.8 跟踪练习 1：绘制拨叉示意图

步骤01 单击“绘图”面板中的“直线”按钮，按照如图 3-53 所示尺寸绘制辅助线。

步骤02 单击“绘图”面板中的“圆心，半径”按钮，按照如图 3-54 所示尺寸绘制圆。

步骤03 单击“绘图”面板中的“直线”按钮，结合“对象捕捉”和“极轴追踪”功能绘制直线，结果如图 3-55 所示。

步骤04 单击“修改”面板中的“修剪”按钮，修剪掉多余的圆弧。至此，整个拨叉零件图绘制完成，结果如图 3-56 所示。

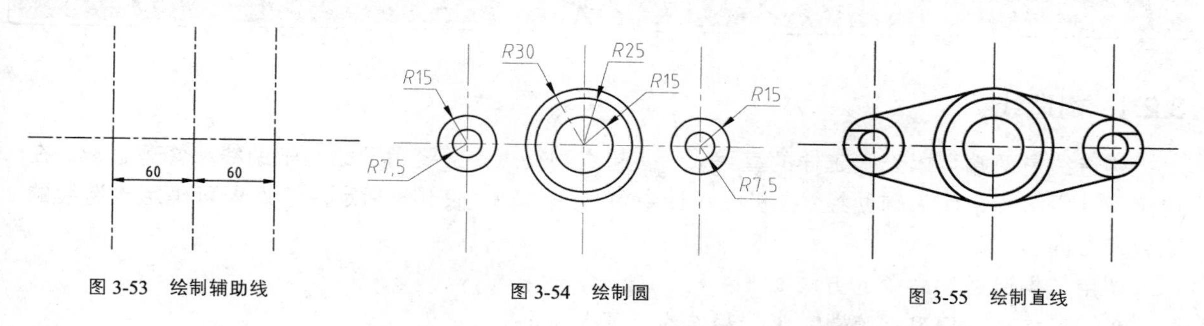

图 3-53　绘制辅助线　　图 3-54　绘制圆　　图 3-55　绘制直线

3.1.9　跟踪练习 2：绘制轴承座主视图

步骤01 单击“绘图”面板中的“直线”按钮，打开“正交”功能，以坐标原点为左下角端点，绘制如图 3-57 所示的线框。

步骤02 重复调用“直线”命令，绘制矩形，如图 3-58 所示

步骤03 单击“绘图”面板中的“圆心，半径”按钮，如图 3-59 所示绘制一个半径为 35 的圆。

步骤04 单击“绘图”面板中的“直线”按钮，关闭“正交”模式，打开“对象捕捉”功能中“切点”功能，如图 3-60 所示绘制切线，即可完成整个图形的绘制。

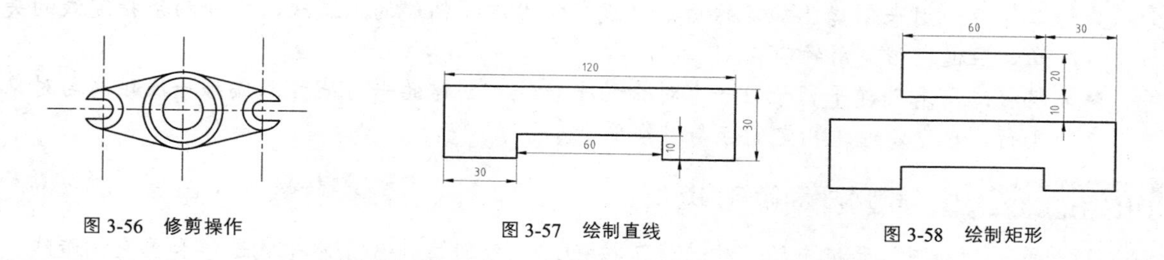

图 3-56　修剪操作　　图 3-57　绘制直线　　图 3-58　绘制矩形

技巧点拨

如果需要临时捕捉到某个点，可以按住 Shift 键然后单击鼠标右键，弹出如图 3-61 所示的“对象捕捉”快捷菜单，再根据自己的需要选择相应的捕捉类型，此操作可以提高绘图效率。

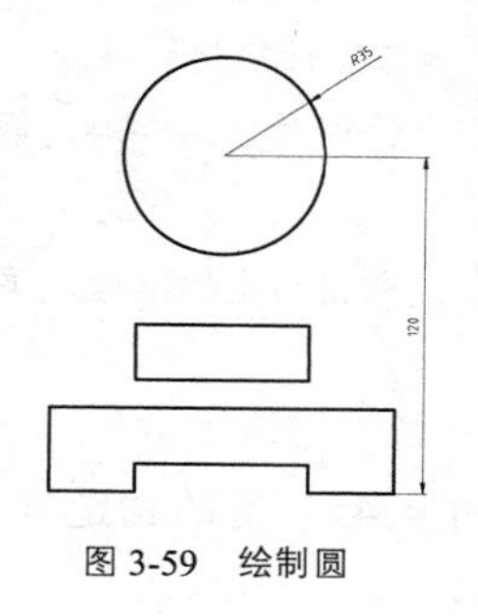

图 3-59　绘制圆

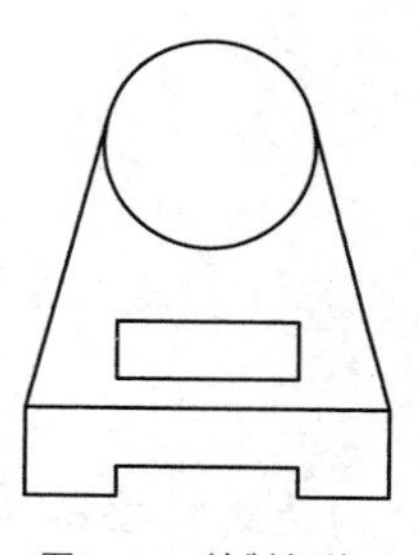

图 3-60　绘制切线

图 3-61　“对象捕捉”快捷菜单

AutoCAD 2016

3.2 复杂二维图形的绘制

3.2.1 构造线

构造线是两端可以无限延伸的直线，没有起点和终点。主要用于绘制辅助线和修剪边界，在建筑设计中常用来作为辅助线，在机械设计中也可作为轴线使用。指定两个点即可确定构造线的位置和方向。

调用“构造线”命令的方法如下：

- 菜单栏：调用“绘图”｜“构造线”菜单命令。
- 面　板：单击“绘图”面板中的“构造线”按钮。
- 命令行：在命令行输入 XLINE（或 XL）并回车。

调用该命令后，命令行提示如下：

```
命令：_xline                                                    //调用“构造线”命令
指定点或 [水平(H)/垂直(V)/角度(A)/二等分(B)/偏移(O)]：
```

各选项含义如下：

- 水平：绘制水平构造线。
- 垂直：绘制垂直构造线。
- 角度：按指定的角度创建构造线。
- 二等分：用来创建已知角的角平分线。使用该项创建的构造线，平分两条指定线的夹角，且通过该夹角的顶点。
- 偏移：用来创建平行于另一个对象的平行线。创建的平行线可以偏移一段距离与对象平行，也可以通过指定的点与对象平行。

案例【3-17】 绘制水平和倾斜构造线

视频文件：DVD\视频\第 3 章\3-17.MP4

步骤 01 单击“绘图”面板中的“构造线”按钮，分别绘制 3 条水平构造线和垂直构造线，构造线间距为 20，如图 3-62 所示，命令行提示如下：

```
命令：_xline                                                    //调用“构造线”命令
指定点或 [水平(H)/垂直(V)/角度(A)/二等分(B)/偏移(O)]：H↙     //输入选项 H，表示绘制水平构造线
指定通过点：                                  //在绘图区域合适位置任意拾取一点
指定通过点：@0,20↙                            //输入垂直方向上的相对坐标，确定第二条构造线要经过的点
指定通过点：@0,20↙                            //输入垂直方向上的相对坐标，确定第三条构造线要经过的点
指定通过点：↙                                 //回车结束命令
```

步骤 02 单击“绘图”面板中的“构造线”按钮，绘制与水平方向呈 45° 角的构造线，如图 3-63 所示，命令行提示如下：

```
命令：_xline                                                    //调用“构造线”命令
```

```
指定点或 [水平(H)/垂直(V)/角度(A)/二等分(B)/偏移(O)]: A↙    //输入选项 A，表示绘制倾斜构造线
输入构造线的角度 (0.0) 或 [参照(R)]: 45↙    //构造线与水平方向呈 45° 角
指定通过点:↙    //在绘图区合适位置任意拾取一点
指定通过点: @20,0↙    //输入第二条构造线要经过的点
指定通过点: @20,0↙    //输入第三条构造线要经过的点
指定通过点:↙    //回车结束命令
```

技巧点拨

在命令行提示"指定点或 [水平(H)/垂直(V)/角度(A)/二等分(B)/偏移(O)]:"的后面输入选项 v 表示绘制垂直构造线，如图 3-64 所示。输入 a 表示绘制与水平方向呈其他角度的构造线。

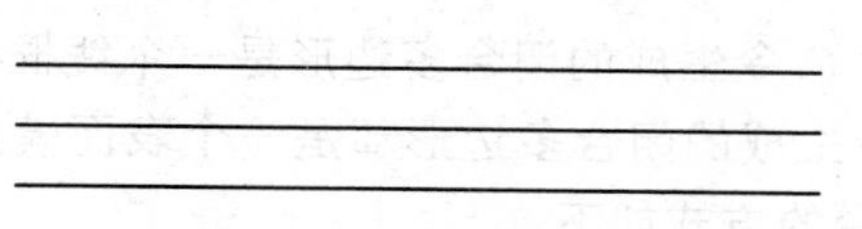

图 3-62　水平构造线

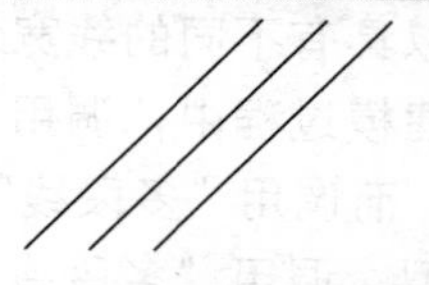

图 3-63　绘制倾斜构造线

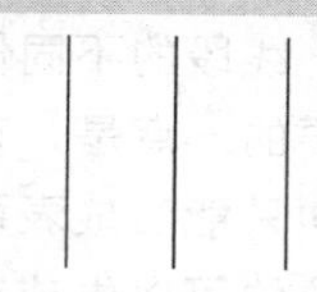

图 3-64　垂直构造线

3.2.2　射线

射线是一端固定而另一端无限延伸的直线。它只有起点和方向，没有终点，一般用来作为辅助线。

调用"射线"命令的方法如下。

- 菜单栏：调用"绘图"｜"射线"菜单命令。
- 面　板：单击"绘图"面板中的"射线"按钮。
- 命令行：在命令行输入 RAY 并回车。

调用上述命令，指定射线的起点后，可以根据"指定通过点"的提示指定多个通过点，绘制经过相同起点的多条射线，直到按 Esc 键或 Enter 键退出为止。

案例【3-18】　绘制两条与水平方向呈 30°和 75°的射线　视频文件：DVD\视频\第 3 章\3-18.MP4

步骤 01　单击"绘图"面板中的"射线"按钮。

步骤 02　绘制两条射线，如图 3-65 所示，命令行提示如下：

```
命令: _ray    //调用"射线"命令
指定起点: 0,0↙    //输入射线的起点坐标
指定通过点: 20<30↙    //输入 (20<30) 表示该点距坐标系原点距离为 20，与水平方向夹角为 30°
指定通过点: 20<75↙    //输入 (20<75) 表示该点距坐标系原点距离为 20，与水平方向夹角为 75°
指定通过点:↙    //回车结束命令
```

3.2.3　多段线

多段线又称为多义线，是 AutoCAD 中常用的一类复合图形对象。使用"多段线"命令可以生成由若干条直线和曲线首尾连接形成的复合线实体。

1. 绘制多段线

与使用“直线”绘制首尾相连的多条图形不同，使用“多段线”命令绘制的图形是一个整体，单击时会选择整个图形，不能分别选择编辑，如图 3-66 所示。而使用“直线”绘制的图形的各线段是彼此独立的不同图形对象，可以分别选择编辑各个线段，如图 3-67 所示。

图 3-65 绘制射线　　图 3-66 使用“多段线”命令绘制的图形

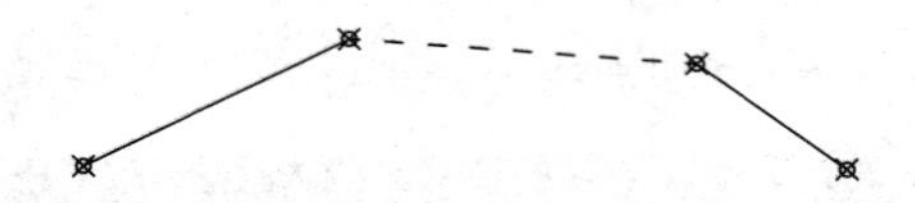

图 3-67 使用“直线”命令绘制的图形

其次，调用 LINE 命令绘制的直线只有唯一的线宽值；而多段线可以设置渐变的线宽值，也就是说同一线段的不同位置可以具有不同的线宽值。

最重要的一点是，在三维建模过程中，调用 LINE 命令生成的闭合多边形是一个线框模型，沿法线拉伸只能生成表面模型；而调用“多段线”命令生成的闭合多边形却是一个表面模型，沿法线方向拉伸可以生成实体模型。调用“多段线”命令的方式如下。

- 菜单栏：调用“绘图”|“多段线”菜单命令。
- 面　板：单击“绘图”面板中的“多段线”按钮。
- 命令行：在命令行输入 PLINE（PL）并回车。

组成多段线的线段可以是直线，也可以是圆弧，二者可以联用。需要绘制直线时，选择“直线”备选项；而绘制圆弧时，可选择“圆弧”备选项。绘制圆弧时，该圆弧自动与上一段直线(或圆弧)相切，因此只需确定圆弧的终点就可以了。

案例【3-19】使用多段线绘制跑道

视频文件：DVD\视频\第 3 章\3-19.MP4

步骤 01 调用 NEW“新建”命令并回车，新建空白文件。

步骤 02 单击“绘图”面板中的“多段线”按钮，如图 3-68 所示跑道图形。

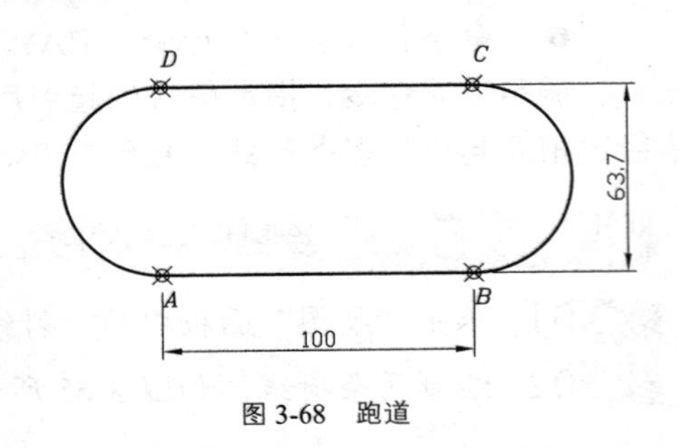

图 3-68 跑道

```
命令: _pline     //调用“多段线”命令
指定起点:          //在绘图区域合适位置单击鼠标确定 A
当前线宽为 0.0000
指定下一个点或[圆弧(A)/半宽(H)/长度(L)/放弃(U)/宽度(W)]:@100,0↙    //输入 B 点相对坐标
指定下一点或[圆弧(A)/闭合(C)/半宽(H)/长度(L)/放弃(U)/宽度(W)]:A↙ //选择“圆弧”备选项
指定圆弧的端点或[角度(A)/圆心(CE)/闭合(CL)/方向(D)/半宽(H)/直线(L)/半径(R)/第二个点(S)/放弃(U)/宽度(W)]: @0,-63.7↙                //输入圆弧的直径
指定圆弧的端点或[角度(A)/圆心(CE)/闭合(CL)/方向(D)/半宽(H)/直线(L)/半径(R)/第二个点(S)/放弃(U)/宽度(W)]: L↙                //选择“直线”备选项
指定下一点或 [圆弧(A)/闭合(C)/半宽(H)/长度(L)/放弃(U)/宽度(W)]: @-100,0↙
                //输入 D 点相对坐标
```

```
指定下一点或 [圆弧(A)/闭合(C)/半宽(H)/长度(L)/放弃(U)/宽度(W)]:A↙//选择“圆弧”选项
指定圆弧的端点或[角度(A)/圆心(CE)/闭合(CL)/方向(D)/半宽(H)/直线(L)/半径(R)/第二个点(S)/放弃(U)/宽度(W)]: CL↙                    //选择 CL 选项表示闭合图形
```

2. 设置多段线线宽

多段线的一大特点是，不仅可以给不同的线段设置不同的线宽，而且可以在同一线段的内部设置渐变的线宽。

设置多段线的线宽，需在命令行中选择“半宽”或“宽度”备选项。其中，半宽值为宽度值的一半。设置线宽时，先输入线段起点的线宽，再输入线段终点的线宽。

如果起点和终点线宽相等，那么线段的宽度是均匀的；如果起点和终点线宽不相等，那么将产生由起点线宽到终点线宽的渐变。

箭头是工程制图中的常用图件，我国的国家标准规定的箭头样式如图 3-69 所示。多段线具有在同一线段中产生宽度渐变的特点，因此可以调用“多段线”命令来绘制箭头。

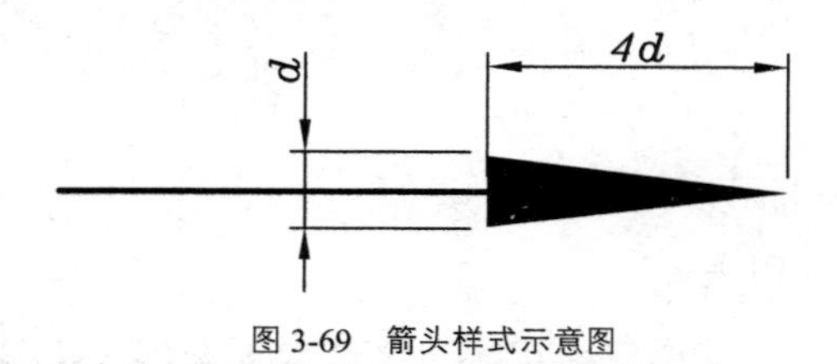

图 3-69　箭头样式示意图

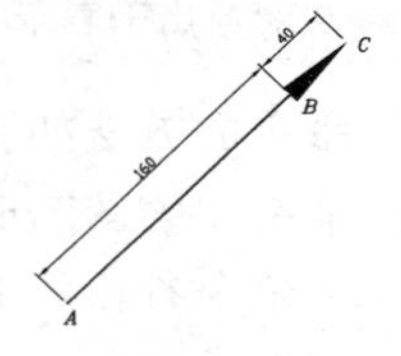

图 3-70　绘制箭头

案例【3-20】 按照国家标准绘制箭头

视频文件：DVD\视频\第 3 章\3-20.MP4

步骤 01　调用 NEW“新建”命令并回车，新建空白文件。

步骤 02　单击“绘图”面板中的“多段线”按钮，绘制长度为 200，倾斜角度为 45° 的箭头，如图 3-70 所示

```
命令: PLINE↙                                //调用“多段线”命令
指定起点: ↙                                 //在绘图区域合适位置拾取一点确定起点 A
当前线宽为 0.0000
指定下一个点或[圆弧(A)/半宽(H)/长度(L)/放弃(U)/宽度(w)]: W↙
                                            //选择“宽度”备选项，准备设置 AB 段线宽
指定起点宽度<0.0000>: 1↙                    //输入 AB 段起点宽度值 1
指定端点宽度<1.0000>: ↙                     //回车选取默认值 1 为 AB 终点宽度，AB 段宽度均匀
指定下一个点或[圆弧(A)/半宽(H)/长度(L)/放弃(U)/宽度(W)]: @160<45↙
                                            //输入 B 点相对极坐标，绘制 AB
指定下一点或[圆弧(A)/闭合(C)/半宽(H)/长度(L)/放弃(U)/宽度(W)]: W↙
                                            //选择“宽度”备选项，准备设置 BC 段线宽
指定起点宽度<1.0000>: 10↙                   //设置箭尾端 B 点宽度值为 10
指定端点宽度<10.0000>: 0↙                   //设置箭头端 C 点宽度值为 0，BC 段宽度将产生渐变
指定下一点或[圆弧(A)/闭合(C)/半宽(H)/长度(L)/放弃(U)/宽度(W)]: @40<45↙
                                            //输入 c 点相对极坐标
```

指定下一点或[圆弧(A)/闭合(C)/半宽(H)/长度(L)/放弃(U)/宽度(W)]: ↙　　//回车结束命令

3.2.4 圆环

圆环实质上也是一种多段线，可以有任意的内径与外径。如果内径与外径相等，则圆环就是一个普通的圆；如果内径为0，则圆环就是一个实心圆，如图3-71所示。

（内径=20，外径=30）

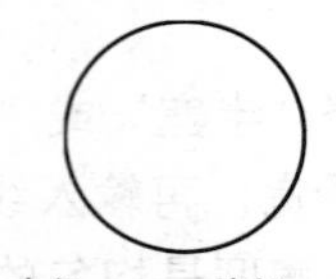
（内径=30，外径=30）

（内径=0，外径=30）

图3-71　圆环

专家提醒

圆环通常在工程制图中用于表示孔、接线片或机座等。

调用“圆环”命令的方法如下：

- 面　板：单击“绘图”面板中的“圆环”按钮◎。
- 命令行：在命令行输入DONUT（或DO）并回车。

案例【3-21】绘制圆环　　视频文件：DVD\视频\第3章\3-21.MP4

步骤01 单击“绘图”面板中的“圆环”按钮◎。

步骤02 绘制外径为200，内径为100，水平距离为250的两组圆环，如图3-72所示。

```
命令: DONUT↙                                //调用“圆环”命令
指定圆环的内径<0.5000>: 100↙                //输入内径
指定圆环的外径<1.0000>: 200↙                //输入外径
指定圆环的中心点或<退出>:                   //在绘图区域合适位置任意拾取一点作为第一组圆环圆心
指定圆环的中心点或<退出>: @250, 0↙          //输入第二组圆环圆心的相对坐标
指定圆环的中心点或<退出>: ↙                 //回车结束命令
```

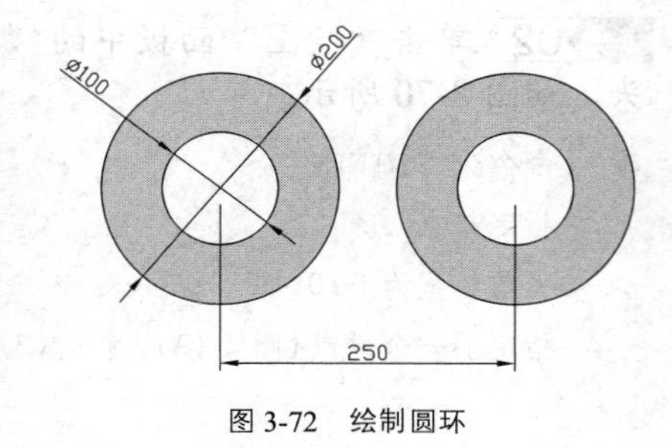

图3-72　绘制圆环

3.2.5 样条曲线

样条曲线是经过或接近一系列给定点的平滑曲线，它能够自由编辑，以及控制曲线与点的拟合程度。在景观设计中，常用来绘制水体、流线形的园路及模纹等；在建筑制图中，常用来表示剖面符号等图形；在机械产品设计领域则常用来表示某些工艺品的轮廓线或剖切线。

绘制样条曲线有以下3种方法：

- 菜单栏：调用“绘图”｜“样条曲线”菜单命令。
- 面　板：单击“绘图”面板中的“样条曲线”按钮。

- 命令行：在命令行中输入 SPLINE（或 SPL）并回车。

调用该命令，任意指定两个点后，命令行将提示如下：

```
输入下一个点或 [端点相切(T)/公差(L)/放弃(U)/闭合(C)]:
```

其各选项含义如下：

- 对象：将样条曲线拟合多段线转换为等价的样条曲线。样条曲线拟合多段线是指使用 PEDIT 命令中“样条曲线”选项，将普通多段线转换成样条曲线的对象。
- 闭合：将样条曲线的端点与起点闭合。
- 公差：定义曲线的偏差值。值越大，离控制点越远，反之则越近。
- 起点切向：定义样条曲线的起点和结束点的切线方向。

案例【3-22】 绘制如图 3-73 所示的花瓶

视频文件：DVD\视频\第 3 章\3-22.MP4

步骤 01 调用 NEW“新建”命令并回车，新建空白文件。

步骤 02 单击“绘图”面板中的“样条曲线”按钮，绘制样条曲线，如图 3-74 所示。命令行操作过程如下：

```
命令: _spline↙                                                    //调用“样条曲线”命令
当前设置: 方式=拟合    节点=弦
指定第一个点或 [方式(M)/节点(K)/对象(O)]: -130,0↙                    //输入第一个点的坐标
输入下一个点或 [起点切向(T)/公差(L)]: -215,97↙                        //输入第二个点的坐标
输入下一个点或 [端点相切(T)/公差(L)/放弃(U)]: -163,215↙               //输入第三个点的坐标
输入下一个点或 [端点相切(T)/公差(L)/放弃(U)/闭合(C)]: -39,477↙        //输入第四个点的坐标
输入下一个点或 [端点相切(T)/公差(L)/放弃(U)/闭合(C)]: -70,765↙        //输入第五个点的坐标
输入下一个点或 [端点相切(T)/公差(L)/放弃(U)/闭合(C)]: ↙               //回车完成坐标的输入
```

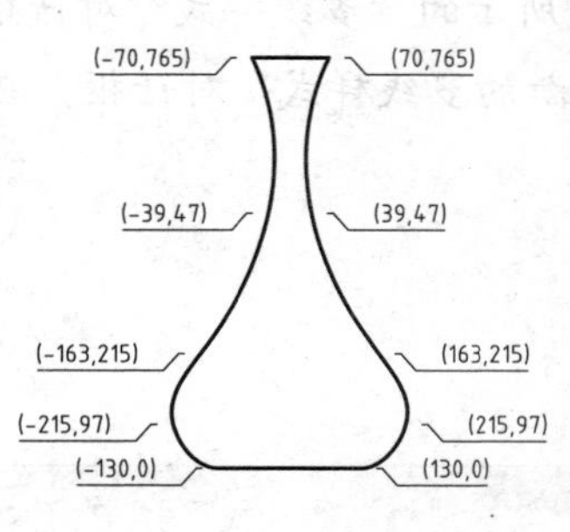

图 3-73　花瓶

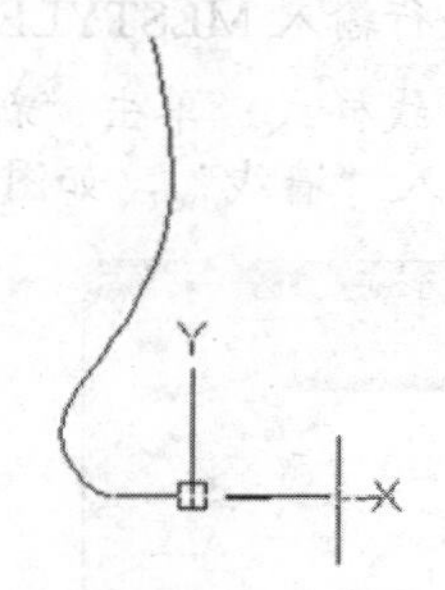

图 3-74　指定起点切向

步骤 03 重复调用“样条曲线”命令，用同样的方法绘制另一半瓶柱，各点坐标分别为（130,0）、（215,97）、（163,215）、（39,477）、（70,765），结果如图 3-75 所示。

步骤 04 单击“绘图”面板中的“直线”按钮，绘制两条直线，其坐标分别为（-130,0）、（130,0）和（-70,765）、（70,765），结果如图 3-73 所示。

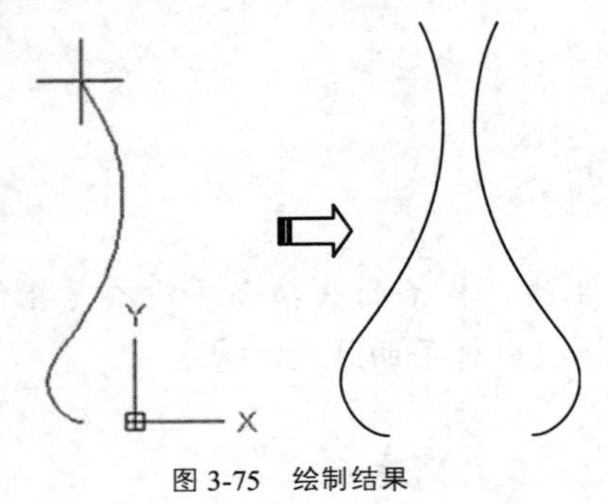

图 3-75　绘制结果

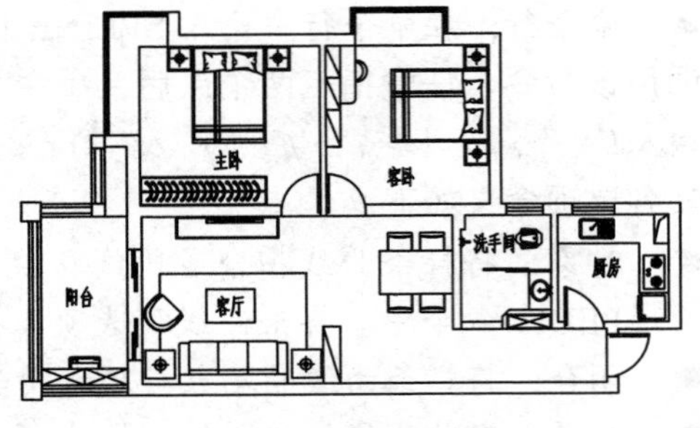

图 3-76　建筑平面图

3.2.6　多线

多线由一系列相互平行的直线组成，共组合范围为 1～16 条平行线，每一条直线都称为多线的一个元素。调用“多线”命令通过确定起点和终点位置，一次性画出一组平行直线，而不需要逐一画出每一条平行线。在实际工程设计中，多线的应用非常广泛。例如，建筑平面图中绘制墙体，如图 3-76 所示，规划设计中绘制道路，管道工程设计中绘制管道剖面等。

1．设置多线样式

系统默认的多线样式称为 STANDARD 样式，它由两条直线组成。但在绘制多线前，通常会根据不同的需要专门设置样式。

调用“多线样式”命令的方法如下。

- 菜单栏：调用“格式”|“多线样式”菜单命令。
- 命令行：在命令行输入 MLSTYLE 并回车。

案例【3-23】设置厚度为 240 且两端封闭的墙体　　视频文件：DVD\视频\第 3 章\3-23.MP4

步骤 01 在命令行输入 MLSTYLE 并回车。弹出如图 3-77 所示的“多线样式”对话框。

步骤 02 命名多线样式。单击“新建”按钮，打开“创建新的多线样式”对话框，在“新样式名”文本框中输入“墙线”，如图 3-78 所示。

图 3-77　“多线样式”对话框

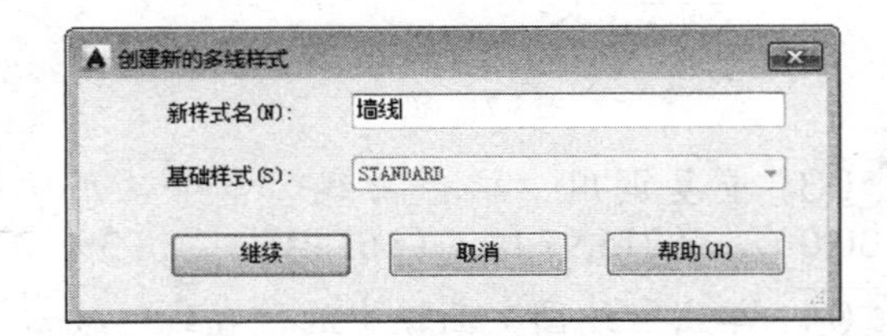

图 3-78　“创建新的多线样式”对话框

步骤 03 设置墙线样端点封口样式。单击“继续”按钮，打开“新建多线样式：墙线”对话框。在“封口”选项区勾选“直线”的“起点”和“端点”复选框，如图 3-79 所示。

步骤 04 设置墙线厚度。在“图元”选项区，单击文本框内“0.5”的线型样式，在“偏移”文本框内输入“120”；再单击“-0.5”的线型样式，修改为“-120”，结果如图 3-80 所示。

步骤05 单击“确定”按钮，返回“多线样式”对话框，单击“置为当前”按钮，将“墙线”样式置为当前。单击“确定”按钮，完成多线样式设置。

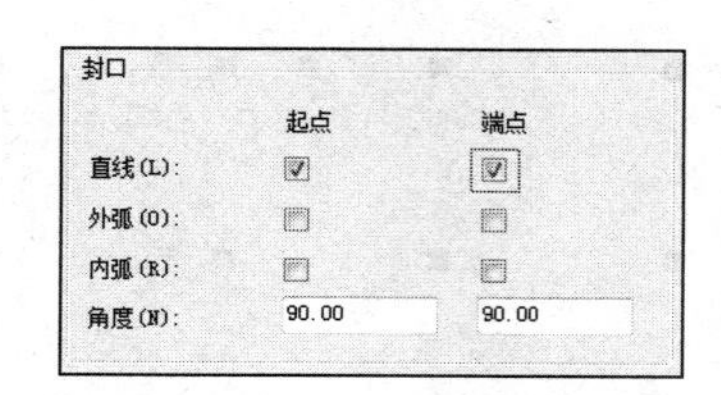

图 3-79　设置墙线端点封口样式

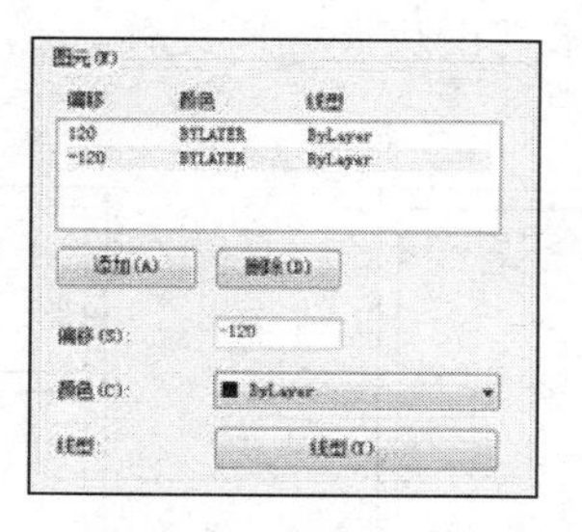

图 3-80　设置墙线厚度

实际工作中，需要反复使用同一格式的多线样式。如果每建立一个新文档都要重新设置样式，将会非常繁琐。单击对话框中的“保存”按钮，可以将设置好的多线样式输出保存为后缀名为“*.mln”的样式文件。需要使用以前定义好的样式格式时，通过单击“加载”按钮，导入保存的样式文件即可。

2. 绘制多线

设置好多线样式后，就可以使用当前样式来绘制多线了。调用“多线”命令的方法如下：

- 菜单栏：调用“绘图”|“多线”菜单命令。
- 命令行：在命令行输入 MLINE（或 ML）并回车。

ML 命令与 LINE 命令的用法完全一致，都是通过输入多线的两端点来绘制多线。

案例【3-24】 多线命令绘制简单户型图

视频文件：DVD\视频\第 3 章\3-24.MP4

步骤01 调用 NEW“新建”命令并回车，新建空白文件。

步骤02 在命令行输入 MLINE“多线”命令并回车，绘制外墙线。结果如图 3-81 所示。命令行操作如下：

```
命令: MLINE↙                                          //调用“多线”命令
当前设置: 对正 = 无, 比例 = 1.00, 样式 = 墙线           //确认当前设置
指定起点或 [对正(J)/比例(S)/样式(ST)]: 0,0↙            //输入起点绝对坐标
指定下一点:  4000,0↙                                  //输入第二点绝对坐标
指定下一点或 [放弃(U)]:  4000,-7000↙                  //输入第三点绝对坐标
指定下一点或 [闭合(C)/放弃(U)]:  0,-7000↙             //输入第四点绝对坐标
指定下一点或 [闭合(C)/放弃(U)]: C↙                    //闭合多段线
```

步骤03 绘制内墙线。在命令行输入 MLINE“多线”命令并回车，结果如图 3-82 所示。命令行操作过程如下：

```
命令: MLINE↙                                          //调用“多线”命令
当前设置: 对正 = 无, 比例 = 1.00, 样式 = 墙线           //显示当前多线设置
指定起点或 [对正(J)/比例(S)/样式(ST)]: 2500,-120↙ //输入起点坐标
指定下一点:  @0, -2100↙                               //将光标移至上一点下方，输入坐标
```

```
指定下一点或 [放弃(U)]: @-2380,0↙                //将光标移至上一点下方，输入坐标
指定下一点或 [闭合(C)/放弃(U)]:↙                 //回车结束命令
```

步骤 04 户型图墙线绘制完成。完整的户型图还要运用多种命令，绘制阳台、墙柱并打开光盘“第 3 章\家具图块.dwg”文件，插入“家具设施”图块，这里不做讲解，最终效果如图 3-83 所示。

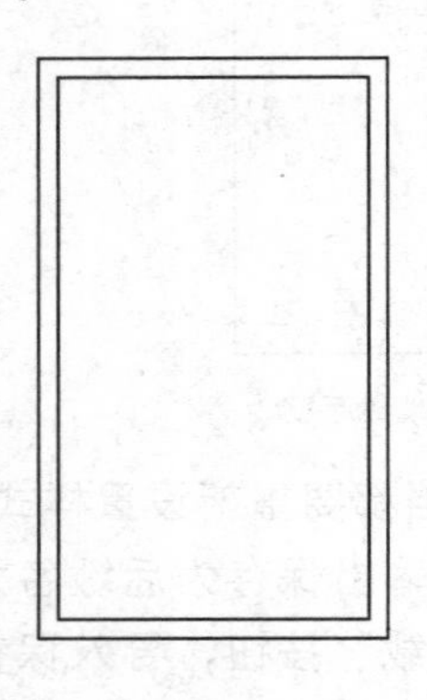

图 3-81 绘制外墙线

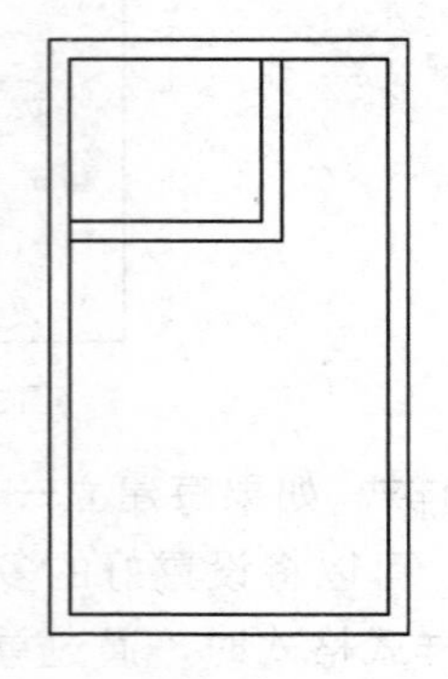

图 3-82 绘制内墙线

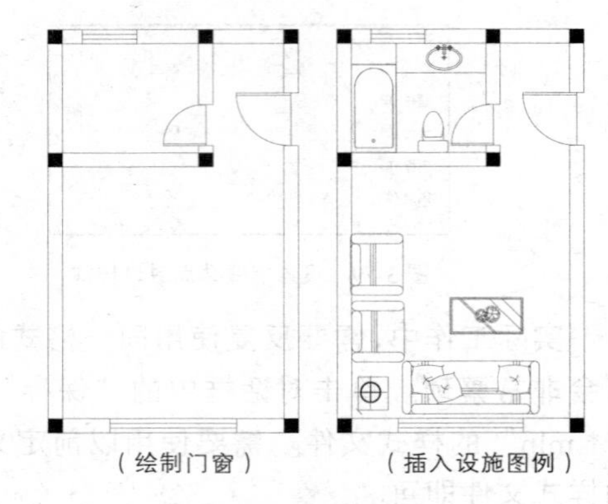
（绘制门窗） （插入设施图例）

图 3-83 最终效果

调用“多线”命令过程中各选项的含义如下：

- 对正：设置绘制多线时相对于输入点的偏移位置。该选项有上、无和下 3 个选项，上表示多线顶端的线随着光标移动；无表示多线的中心线随着光标移动；下表示多线底端的线随着光标移动，如图 3-84 所示。

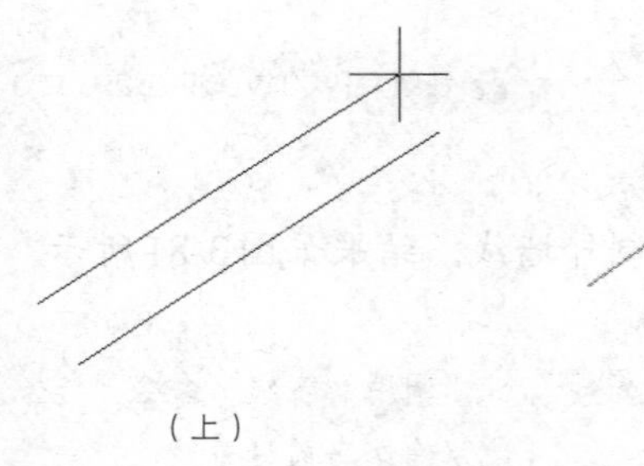
（上）

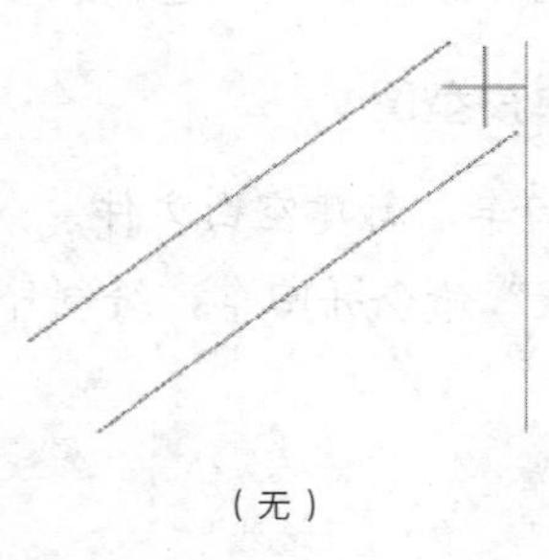
（无）

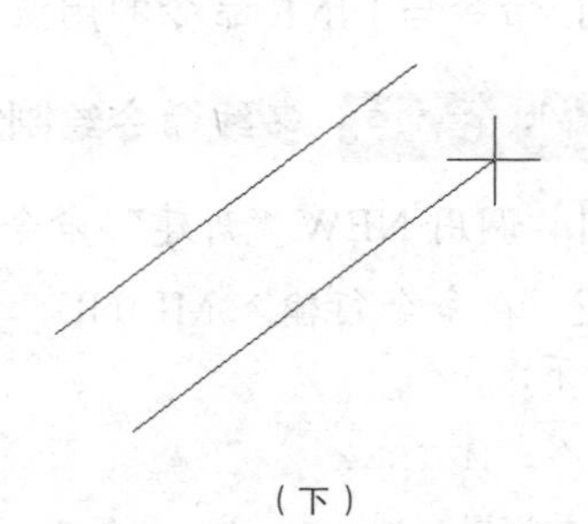
（下）

图 3-84 不同对正方式效果

- 比例：设置多线样式中平行多线的宽度比例。如绘制墙线时，在设置多线样式时，将偏移宽度（即墙线厚度）设为 240，若再设置比例为 2，则绘制出来的多线平行线间的间隔为 480。
- 样式：设置绘制多线时使用的样式，默认的多线样式为 STANDARD，选择该选项后，可以在提示信息“输入多线样式名或[?]”后面输入已定义的样式名。输入“? ”则会列出当前图形中所有的多线样式。

3.2.7 添加选定对象

使用添加选定对象命令，可以在选择图形后，根据图形的属性绘制出相同属性的图形。例如当用户选择圆后，即可绘制圆轮廓线，相当于重新调用“圆”命令，如图 3-85 所示。

调用该命令的方法有以下两种：

- 工具栏：单击“绘图”工具栏中的“添加选定对象”按钮。
- 命令行：在命令行中输入 ADDSELECTED 并回车。

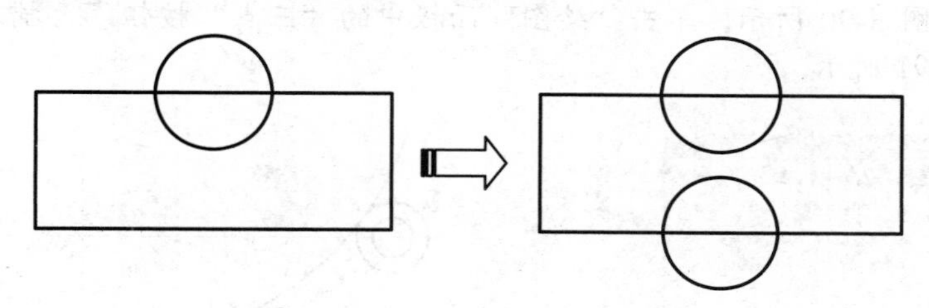

图 3-85　添加选定对象

3.2.8　跟踪练习 3：绘制连杆平面图

步骤 01 调用 NEW“新建”命令并回车，打开“选择样板”对话框，选择其中的“acadiso.dwt”样板，单击“打开”按钮，新建一个“dwg”文件，如图 3-86 所示。

步骤 02 单击“绘图”面板中的“构造线”按钮，绘制两条水平辅助线和三条垂直辅助线，如图 3-87 所示。

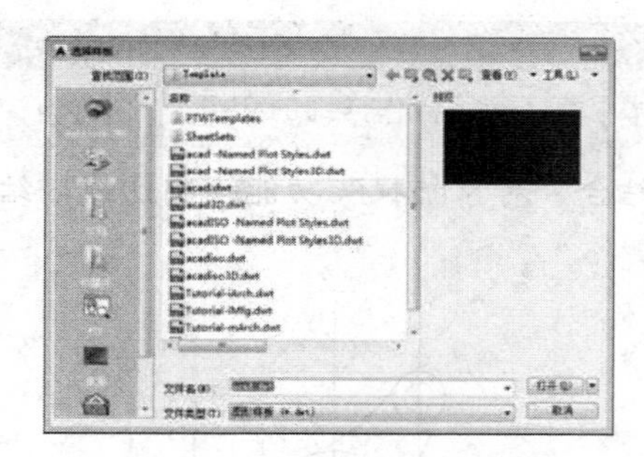

图 3-86　“选择样板”对话框

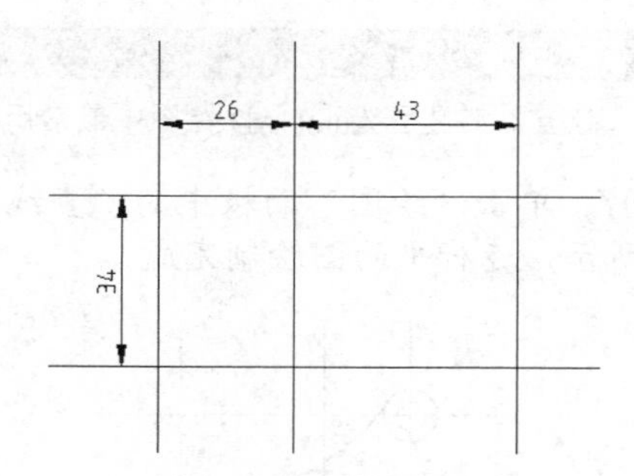

图 3-87　绘制辅助线

步骤 03 单击“绘图”面板中的“圆心，半径”按钮，以构造线的交点为圆心绘制圆，如图 3-88 所示。

步骤 04 单击“绘图”面板“正多边形”按钮，绘制一个外接圆直径为 22 的正八边形，结果如图 3-89 所示，命令行提示如下：

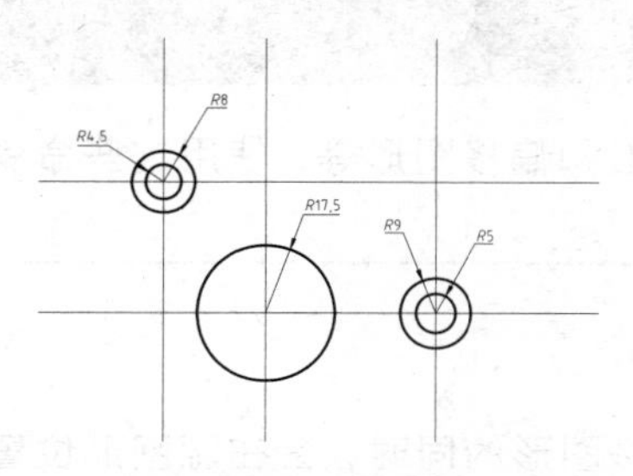

图 3-88　绘制圆

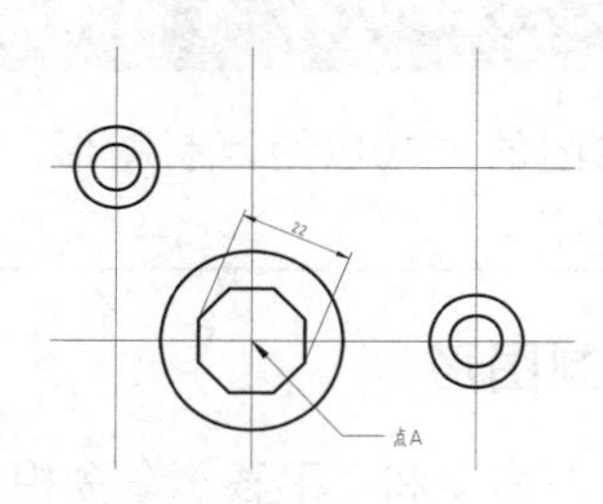

图 3-89　绘制正多边形

```
命令: _polygon ↙                        //调用“正多边形”命令
输入边的数目 <8>: 8↙                    //输入边的数目并回车
指定正多边形的中心点或 [边(E)]:          //拾取辅助线的交点 A 为正多边形的中心点
```

```
输入选项 [内接于圆(I)/外切于圆(C)] <I>:I↙        //选择"内接于圆(I)"选项
指定圆的半径: 11↙                              //输入圆的半径 11 并回车
```

步骤 05 打开"草图设置"对话框，在"对象捕捉"选项卡中勾选"切点"复选框，然后单击"确定"按钮，如图 3-90 所示。单击"绘图"面板中的"三点"按钮，捕获三个圆的切点绘制圆，结果如图 3-91 所示。

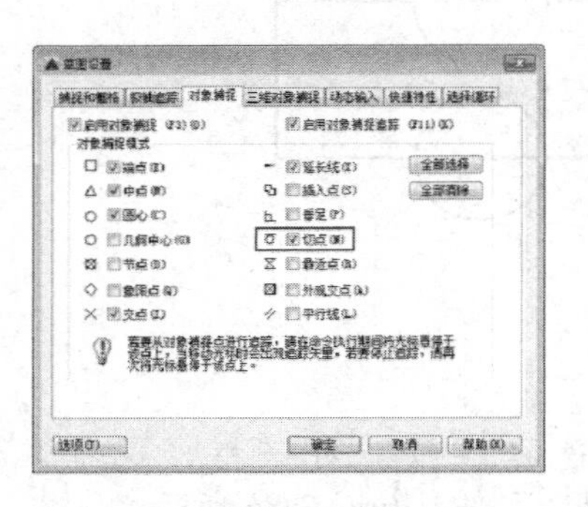
图 3-90 "草图设置"对话框

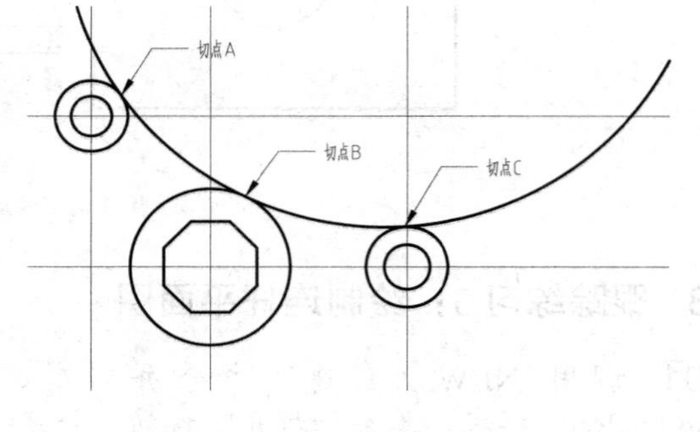

图 3-91 绘制圆

步骤 06 单击"修改"面板中的"修剪"按钮，修剪掉多余的圆弧，结果如图 3-92 所示。

专家提醒

"修剪"工具是 AutoCAD 绘图中最常用的工具之一，本书第 4 章将会作详细的介绍。

步骤 07 单击"绘图"面板中的"直线"按钮，结合"对象捕捉"功能绘制切线，结果如图 3-93 所示，连杆平面图绘制完成。

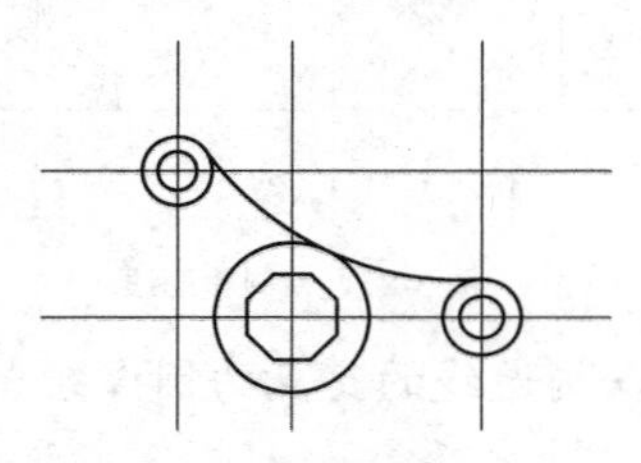
图 3-92 修剪操作

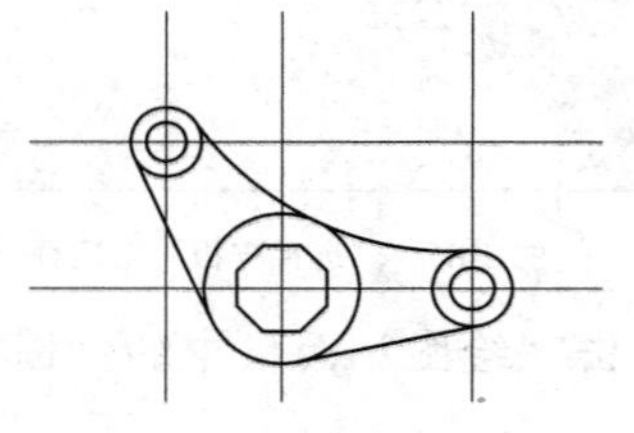
图 3-93 绘制切线

3.3 采用复制方式快速绘图

AutoCAD 2016

复制绘图的方式包括复制图形、镜像图形、阵列图形和偏移图形等，使用这些命令能够大大提高绘图效率。

3.3.1 复制图形

"复制"命令和"平移"命令相似，只不过它在平移图形的同时，会在源图形位置处创建一个副本。所以 COPY 命令需要输入的参数仍然是复制对象、基点起点和基点终点。

调用"复制"命令的方法如下：

- 菜单栏：调用"修改" | "复制"菜单命令。

- 面　板：单击“修改”面板中的“复制”按钮。
- 命令行：在命令行输入 COPY（或 CO/CP）并回车。

如图 3-94 所示，将圆 O_1 复制到 O_2 和 O_3 的位置，可进行如下操作：

```
命令：COPY ↙                                      //调用“复制”命令
选择对象：找到 1 个
        //选择圆 O1
选择对象：↙
        //选择完毕后回车，结束选择
当前设置：  复制模式 = 单个
指定基点或 [位移(D)/模式(O)/多个(M)] <位移>：M↙
        //选择“多个”备选项
指定基点或 [位移(D)/模式(O)/多个(M)] <位移>：
        //选择基点起点 O1
指定第二个点或 [阵列(A)] <使用第一个点作为位移>：
@300,200↙   //输入相对坐标，确定基点终点 O2，复制第一个圆
指定第二个点或 [阵列(A)/退出(E)/放弃(U)] <退出>：@600,400↙ //输入相对坐标，确定基点终点 O3，复制第二个圆
指定第二个点或 [阵列(A)/退出(E)/放弃(U)] <退出>:↙          //回车结束命令
```

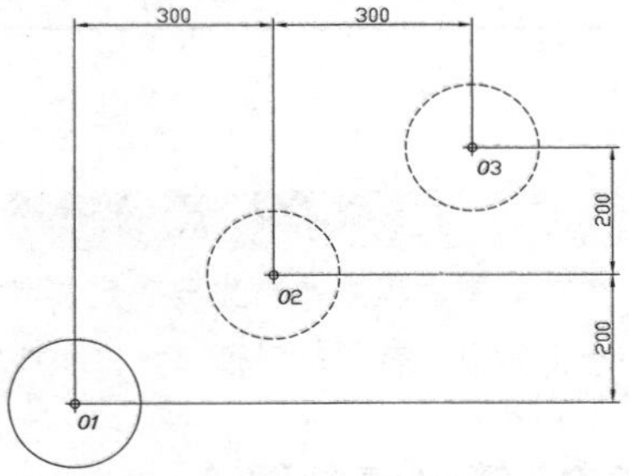

图 3-94　复制图形

案例【3-25】绘制定位板

视频文件：DVD\视频\第 3 章\2-25.MP4

步骤 01　单击“绘图”面板中的“矩形”按钮，绘制一个 30×5 的矩形，结果如图 3-95 所示。

步骤 02　单击“实用工具”面板中的“点样式”按钮，打开“点样式”对话框，设置点样式。

步骤 03　单击“绘图”面板中的“直线”按钮，过矩形两边的中点绘制辅助直线，如图 3-96 所示。

图 3-95　绘制矩形

图 3-96　绘制辅助线

步骤 04　单击“绘图”面板中的“定数等分”按钮，将辅助直线等分为四段，如图 3-97 所示。

步骤 05　单击“绘图”面板中的“圆心，半径”按钮，绘制一个直径为 3 的圆，如图 3-98 所示。

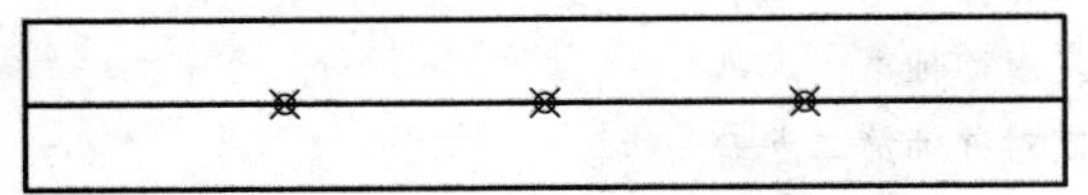

图 3-97　定数等分直线

图 3-98　绘制圆

步骤 06　单击“修改”面板中的“复制”按钮，选择圆为复制对象，圆心为基点，捕捉两个

节点复制圆，如图 3-99 所示。

步骤 07 删除辅助线和节点，即可完成定位板示意图的绘制，结果如图 3-100 所示。

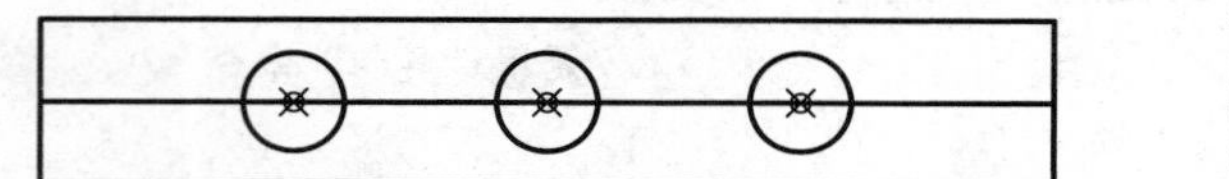

图 3-99 复制圆

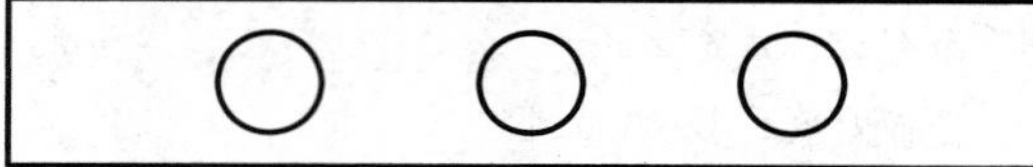

图 3-100 最终结果

专家提醒

在复制过程中，首先要确定复制的基点，然后通过指定目标点位置与基点位置的距离来复制图形。使用 copy（复制）命令可以将同一个图形连续复制多份，直到按 Esc 键终止复制操作。

3.3.2 镜像复制图形

“镜像”命令 MIRROR 是一个特殊的复制命令。通过镜像生成的图形对象与源对象相对于对称轴呈左右对称的关系，如图 3-101 所示。在实际工程中，许多物体都设计成对称形状。如果绘制了这些图例的一半，就可以利用 MIRROR 命令迅速得到另一半。调用 MIRROR（镜像）命令的方式有以下 3 种：

- 菜单栏：调用“修改” | “镜像”菜单命令。
- 面　板：单击“修改”面板中的“镜像”按钮。
- 命令行：在命令行输入 MIRROR（或 MI）并回车。

“镜像”命令需要输入的参数是源对象和对称轴。对称轴通常由轴上的任意两点确定。在命令结束前，系统还会询问用户是否保留源对象。

案例【3-26】 镜像复制篮球场　　视频文件：DVD\视频\第 3 章\2-26.MP4

步骤 01 调用 OPEN“打开”命令并回车，打开“第 3 章\课堂举例 3-26 镜像复制篮球场.dwg”文件。

步骤 02 单击“修改”面板中的“镜像”按钮，以直线 AB 为对称轴，复制左半部分 N，如图 3-101 所示，命令行操作如下：

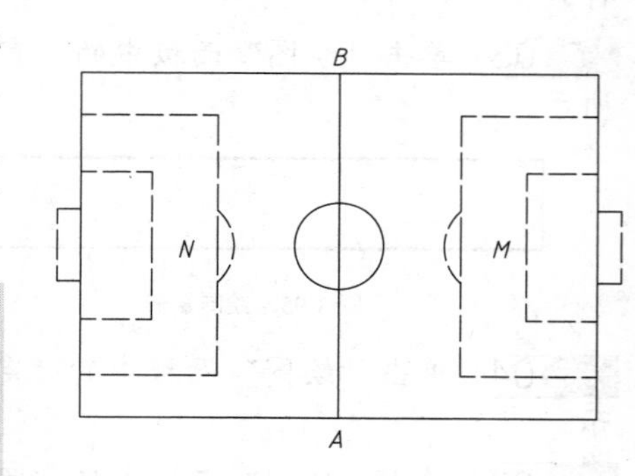

图 3-101 使用 MIRROR 命令复制

```
命令: MIRROR↙                          //调用“镜像”命令
选择对象: 指定对角点: 找到 12 个        //选择需要镜像的源对象
选择对象: 找到 1 个, 总计 5 个          //继续选择源对象
选择对象: ↙                            //回车结束选择
指定镜像线的第一点:                     //捕捉确定对称轴第一点 A
指定镜像线的第二点:                     //捕捉确定对称轴第二点 B
要删除源对象吗?[是(Y)/否(N)]<N>: ↙//系统提示是否删除源对象，直接回车选择默认值，保留源对象
```

技巧点拨

对于水平或垂直的对称轴，更简便的方法是使用“正交”功能。确定了对称轴的第一点后，打开正交开关。此时光标只能在经过第一点的水平或垂直路径上移动，此时任取一点作为对称轴上的第二点即可。

3.3.3 阵列复制图形

“阵列”命令是一个功能强大的多重复制命令，它可以一次将选择的对象复制多个并按一定规律进行排列。调用“阵列”命令的方法如下：

- 菜单栏：调用“修改” | “阵列” | “矩形阵列” / “路径阵列” / “环形阵列”菜单命令。
- 面 板：单击“修改”面板中的“阵列”按钮 / / 。
- 命令行：在命令行输入 ARRAY（或 AR）并回车。

根据阵列方式不同，可以分为矩形阵列、环形阵列和路径阵列。将光标放置于“阵列”按钮处，并按住鼠标左键不放，将打开工具按钮列表。

调用“阵列”命令都会调出“阵列创建”面板画布内特性预览。

1. 矩形阵列

“矩形阵列”就是将图形呈矩形状地进行排列，用于多重复制那些呈行列状排列的图形，如建筑物立面图的窗格、矩形摆放的桌椅等。在矩形阵列中，项目分布到任意行、列和层的组合。

案例【3-27】 阵列计算器按钮图例 视频文件：DVD\视频\第 3 章\3-27.MP4

步骤 01 调用 OPEN“打开”命令并回车，打开“第 3 章\课堂举例 3-27 阵列计算器按钮图例.dwg”文件，如图 3-102 所示。

步骤 02 单击“修改”面板中“矩形阵列”按钮，阵列计算器按钮，如图 3-103 所示，命令行操作如下：

```
命令：_arrayrect ↙                                        //调用“矩形阵列”命令
选择对象：指定对角点：找到 1 个
选择对象：↙                                               //选择需要阵列的对象
类型 = 矩形  关联 = 是
选择夹点以编辑阵列或 [关联(AS)/基点(B)/计数(COU)/间距(S)/列数(COL)/行数(R)/层数(L)/退出(X)] <退出>: COU↙   //激活“计数(COU)”选项
输入列数数或 [表达式(E)] <4>: 3↙                          //输入列数
输入行数数或 [表达式(E)] <3>: 4↙                          //输入行数
选择夹点以编辑阵列或 [关联(AS)/基点(B)/计数(COU)/间距(S)/列数(COL)/行数(R)/层数(L)/退出(X)] <退出>: S↙   //激活“间距(S)”选项
指定列之间的距离或 [单位单元(U)] <29.8444>: 33↙          //输入列之间的距离
指定行之间的距离 <20.435>:-20↙                           //输入行之间的距离
选择夹点以编辑阵列或 [关联(AS)/基点(B)/计数(COU)/间距(S)/列数(COL)/行数(R)/层数(L)/退出(X)] <退出>:↙   //按回车键结束阵列
```

图 3-102 素材文件

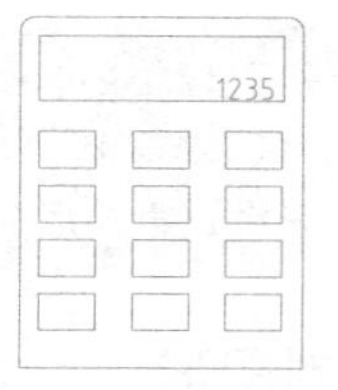

图 3-103 矩形阵列

2. 环形阵列

环形阵列可将图形以某一点为中心点进行环形复制，阵列结果是项目将围绕指定的中心点或旋转轴以循环运动均匀分布。

案例【3-28】 绘制“地板砖”图例

视频文件：DVD\视频\第 3 章\3-28.MP4

步骤 01 单击“绘图”面板中的“矩形”按钮，在绘图区域绘制一个长为 1400，宽为 1400 的矩形，结果如图 3-104 所示。

步骤 02 单击“修改”面板中的“偏移”按钮，选取上步操作绘制的矩形为偏移对象，将其向内偏移 40，结果如图 3-105 所示。

步骤 03 单击“绘图”面板中的“直线”按钮，如图 3-106 所示绘制直线。

步骤 04 单击“修改”面板中的“环形阵列”按钮，环形阵列直线，结果如图 3-107 所示，命令行提示如下：

```
命令: _arraypolar ↙                                          //调用“环形阵列”命令
选择对象: 找到 1 个                                           //选择对象
选择对象: ↙                                                   //回车结束选择
类型 = 极轴  关联 = 是
指定阵列的中心点或 [基点(B)/旋转轴(A)]:                          //指定阵列中心点
选择夹点以编辑阵列或 [关联(AS)/基点(B)/项目(I)/项目间角度(A)/填充角度(F)/行(ROW)/层(L)/旋转项目(ROT)/退出(X)] <退出>: i↙      //激活“项目(I)”选项
输入阵列中的项目数或 [表达式(E)] <6>: 3↙                        //输入项目数
选择夹点以编辑阵列或 [关联(AS)/基点(B)/项目(I)/项目间角度(A)/充角度(F)/行(ROW)/层(L)/旋转项目(ROT)/退出(X)] <退出>: f↙      //激活“填充角度(F)”选项
指定填充角度(+=逆时针、-=顺时针)或 [表达式(EX)] <360>: 45↙       //指定填充角度
按 Enter 键接受或 [关联(AS)/基点(B)/项目(I)/项目间角度(A)/填充角度(F)/行(ROW)/层(L)/旋转项目(ROT)/退出(X)] <退出>:↙      //回车退出命令
```

图 3-104 绘制矩形

图 3-105 偏移矩形

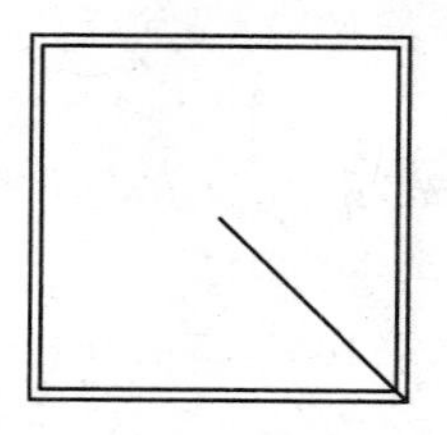

图 3-106 绘制直线

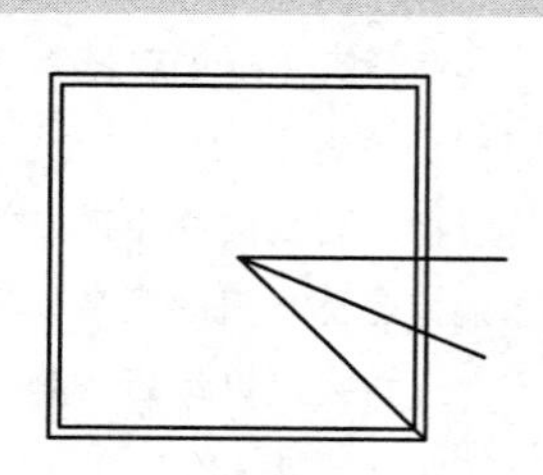

图 3-107 阵列直线

步骤05 分解阵列图形，单击“修改”面板中的“修剪”按钮，修剪多余直线，结果如图 3-108 所示。

步骤06 单击“绘图”面板中的“圆心，半径”按钮，以点 A 为圆心，分别绘制半径为 660、600、505 和 455 的圆，结果如图 3-109 所示。

步骤07 单击“绘图”面板中的“直线”按钮，捕捉圆与直线的交点绘制直线，如图 3-110 所示。

步骤08 删除辅助圆，再次调用“圆”命令，以点 A 为圆心，分别绘制半径为 420、230 和 175 的圆，如图 3-111 所示。

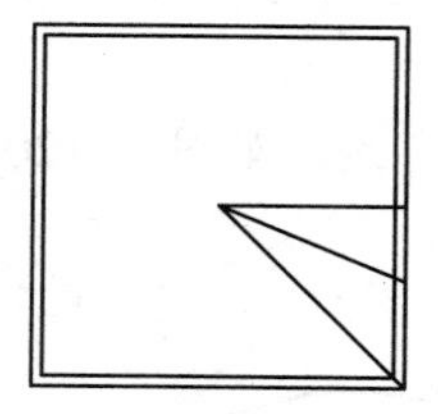
图 3-108　修剪

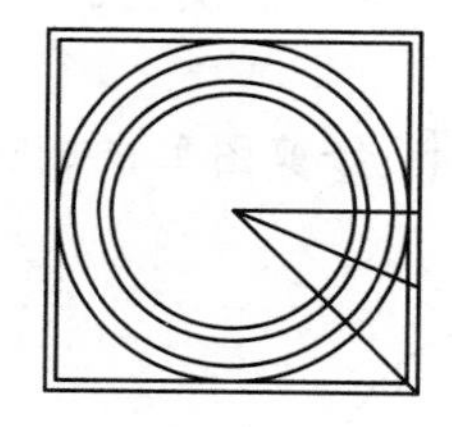
图 3-109　绘制圆

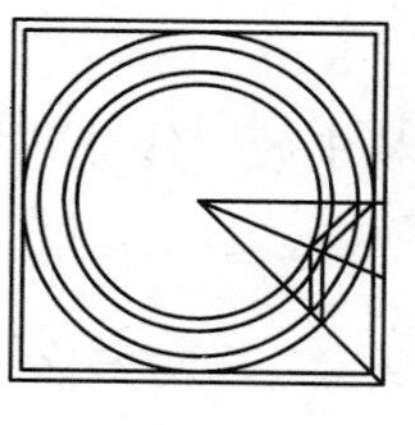
图 3-110　绘制直线

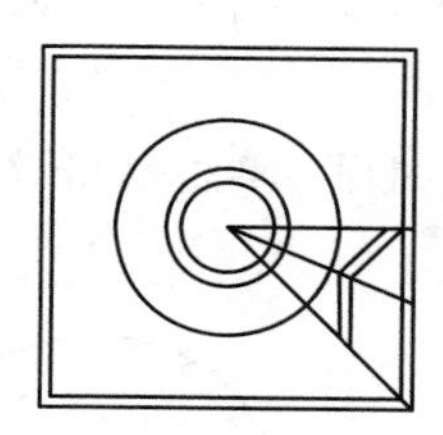
图 3-111　绘制圆

步骤09 单击“绘图”面板中的“直线”按钮，捕捉圆与直线的交点绘制直线，结果如图 3-112 所示。

步骤10 删除辅助圆，然后调用“修剪”命令，修剪绘制的图形，结果如图 3-113 所示。

步骤11 单击“修改”面板中的“环形阵列”按钮，选择刚刚绘制的直线为阵列对象，指定中心处端点为阵列中心点，项目数为 8，填充角度为 360，结果如图 3-114 所示。

步骤12 分解环形阵列图形，单击“修改”面板中的“修剪”按钮，修剪图形，结果如图 3-115 所示。

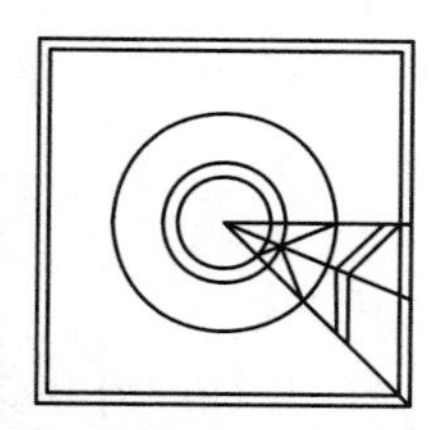
图 3-112　绘制直线

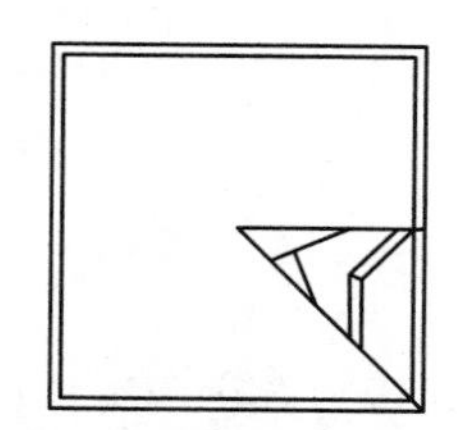
图 3-113　修剪操作

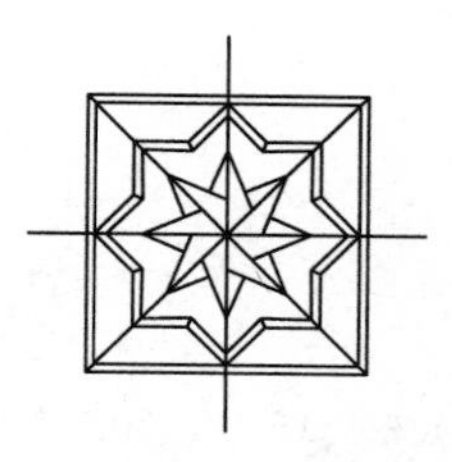
图 3-114　阵列操作

图 3-115　修剪操作

步骤13 单击“绘图”面板中的“图案填充”按钮，弹出“图案填充创建”选项卡，在该选项卡中设置填充图案为 AR—SAND，如图 3-116 所示，填充比例为 0.75。在绘制的图形中拾取图案填充区域，按回车键完成图案填充，最终结果如图 3-117 所示。

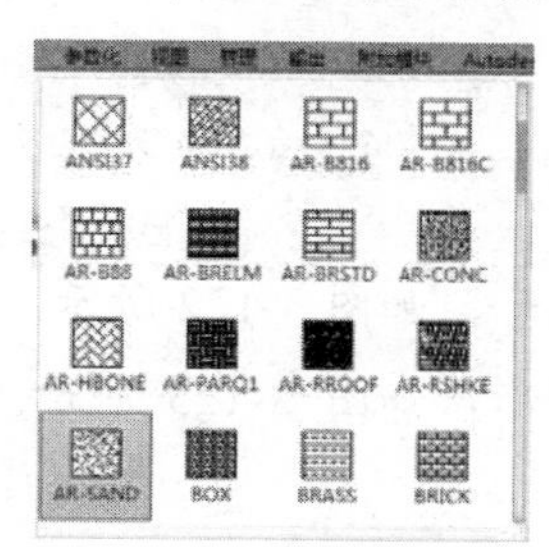

图 3-116　设置填充图案

图 3-117　地板砖图案

3. 路径阵列

在路径阵列中，项目将均匀地沿路径或部分路径分布。其中路径可以是直线、多段线、三维多段线、样条曲线、螺旋、圆弧、圆或椭圆。

案例【3-29】 绘制“垫圈”图例

视频文件：DVD\视频\第3章\3-29.MP4

步骤01 单击“绘图”面板中的“圆心，半径”按钮，绘制一个半径为100的圆，结果如图3-118所示。

步骤02 调用“直线”命令，结合“对象捕捉”功能，捕捉圆的象限点绘制直线，如图3-119所示。

步骤03 单击“修改”面板中的“修剪”按钮，修剪图形，删除辅助直线，如图3-120所示。

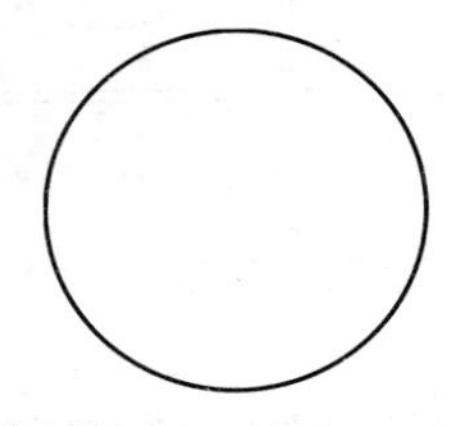

图3-118 绘制圆

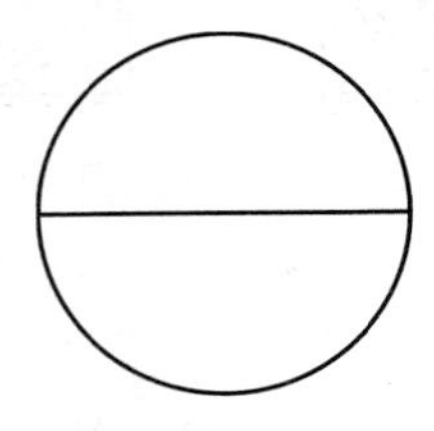

图3-119 绘制直线

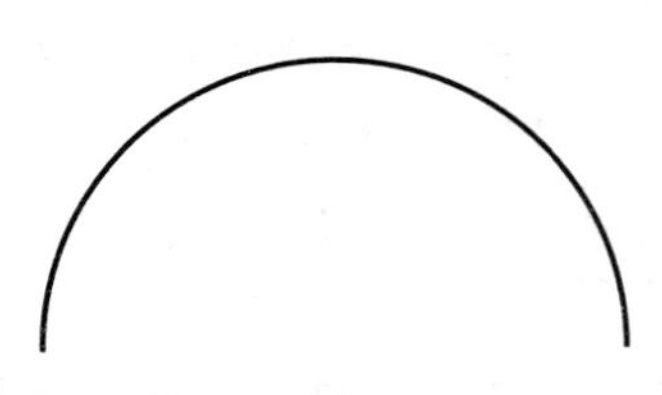

图3-120 修剪操作

步骤04 调用“圆”命令，捕捉圆弧的端点为圆心，绘制半径为20的圆，如图3-121所示。

步骤05 单击“修改”面板中的“路径阵列”按钮，对图形进行阵列操作，命令行提示如下：

```
命令: ARRAYPATH ↙                                              //调用“路径阵列”命令
选择对象: 找到 1 个                                             //选择对象
选择对象: ↙                                                    //回车确认选择
类型 = 路径  关联 = 是
选择路径曲线:                                                   //选择路径曲线
选择夹点以编辑阵列或 [关联(AS)/方法(M)/基点(B)/切向(T)/项目(I)/行(R)/层(L)/对齐项目(A)/Z 方向(Z)/退出(X)] <退出>: m     //激活“方法(M)”项目
输入路径方法 [定数等分(D)/定距等分(M)] <定距等分>: d ↙            //输入路径方法并回车
选择夹点以编辑阵列或 [关联(AS)/方法(M)/基点(B)/切向(T)/项目(I)/行(R)/层(L)/对齐项目(A)/Z 方向(Z)/退出(X)] <退出>: i↙     //激活“项目(I)”项目
输入沿路径的项目数或 [表达式(E)] <7>:  6↙                         //指定项目数
选择夹点以编辑阵列或 [关联(AS)/方法(M)/基点(B)/切向(T)/项目(I)/行(R)/层(L)/对齐项目(A)/Z 方向(Z)/退出(X)] <退出>:↙      //退出命令
```

步骤06 单击“修改”面板中的“分解”按钮，分解图形，如图3-122所示。

步骤07 单击“修改”面板中的“修剪”按钮，修剪图形，如图3-123所示。至此，整个垫圈平面图绘制完成。

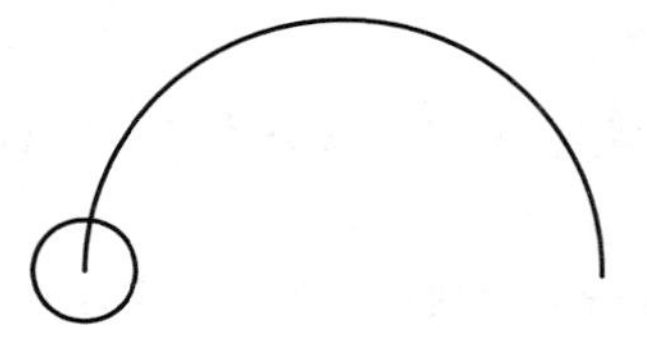
图 3-121　绘制圆

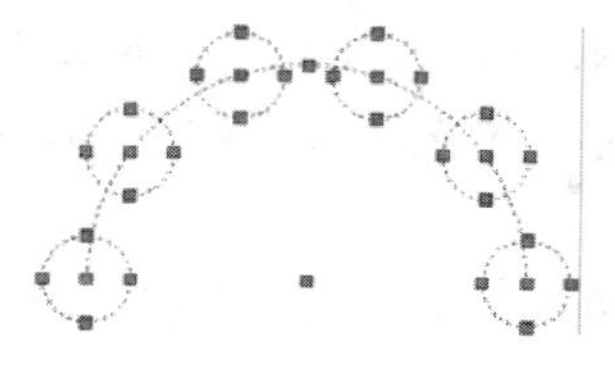
图 3-122　分解图形

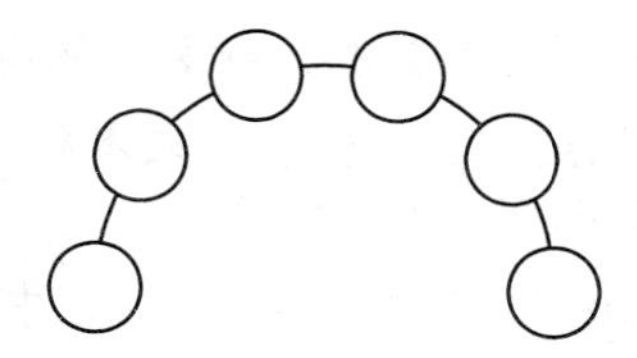
图 3-123　最终结果

专家提醒

在对图形进行阵列操作后，如果要快速编辑图形，则可双击阵列操作后的图形，然后在系统弹出来的属性面板中修改阵列参数，如图 3-124 所示。

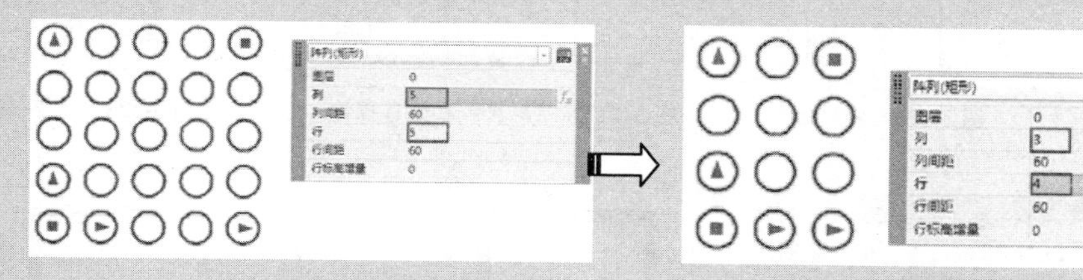

（修改前）

（修改后）

图 3-124　快速编辑图形

3.3.4　偏移复制图形

“偏移”命令 OFFSET 采用复制的方法生成等间距的平行直线、平行曲线或同心圆，可以偏移的图形对象包括直线、曲线、多边形、圆、弧等。

调用 OFFSET（偏移）命令的方式有以下 3 种。

- 菜单栏：调用“修改”｜“偏移”菜单命令。
- 面　板：单击“修改”面板中的“偏移”按钮。
- 命令行：在命令行输入 OFFSET（或 O）并回车。

“偏移”命令需要输入的参数有偏移的源对象、偏移距离和偏移方向。偏移时，可以向源对象的左侧或右侧、上方或下方、外部或内部偏移。只要在需要偏移的一侧的任意位置单击即可确定偏移方向，也可以指定偏移对象通过已知的点。

案例【3-30】　绘制“门”图例　　视频文件：DVD\视频\第 3 章\3-30.MP4

步骤 01 单击“绘图”面板中的“矩形”按钮，绘制一个长为 988，宽为 2144 的矩形，如图 3-125 所示。

步骤 02 单击“修改”面板中的“修剪”按钮，选择绘制的矩形为修剪对象，修剪矩形的下边线，结果如图 3-126 所示。

步骤 03 单击“绘图”面板中的“直线”按钮，在修剪后的矩形下边绘制一条水平直线，然后单击“修改”面板中的“偏移”按钮，偏移图形，将其向内偏移 20，结果如图 3-127 所示。

步骤 04 调用“偏移”命令，将偏移后的矩形分别向内偏移 20 和 40，结果如图 3-128 所示。

步骤 05 选取中间的两个矩形，单击“特性”面板中的“颜色”下拉列表，在该下拉列表框中选择“更多颜色”命令，弹出“选择颜色”对话框，如图 3-129 所示。

步骤06 在“颜色”文本框中输入颜色代码为“8”，单击“确定”按钮改变矩形框的颜色，结果如图 3-130 所示。

步骤07 单击“绘图”面板中的“直线”按钮，如图 3-131 所示绘制辅助线，命令行操作如下：

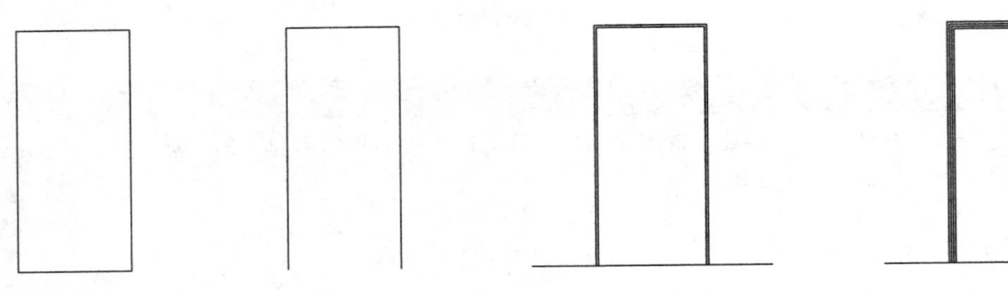

图 3-125　绘制矩形　　图 3-126　修剪操作　　图 3-127　绘制直线和偏移操作　　图 3-128　偏移操作

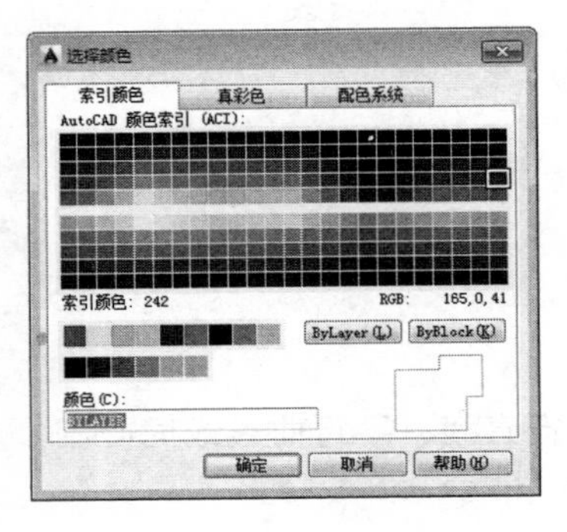

图 3-129　“选择颜色”对话框

图 3-130　改变矩形框的颜色

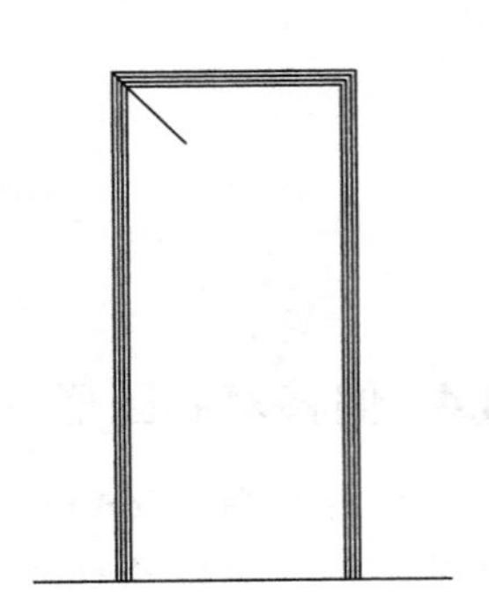

图 3-131　绘制辅助线

```
命令: _line
指定第一点:                                   //捕捉外面矩形左上角点为第一点
指定下一点或 [放弃(U)]: @214,-300↙            //输入相对坐标
指定下一点或 [放弃(U)]:↙                      //回车结束命令
```

步骤08 单击“绘图”面板中的“矩形”按钮，如图 3-132 所示绘制一个长为 560，宽为 500 的矩形。

步骤09 删除辅助线，然后调用“偏移”命令，将上步操作所绘制的矩形向内偏移 70，结果如图 3-133 所示。

步骤10 单击“绘图”面板中的“直线”按钮，连接矩形的 4 个角点。至此，整个门图例绘制完成，结果如图 3-134 所示。

3.3.5　跟踪练习 4：绘制冰箱平面图例

步骤01 单击“绘图”面板中的“矩形”按钮，绘制一个长为 615，宽为 775 的矩形。单击“修改”面板中的“分解”按钮，将绘制的矩形分解为线段，结果如图 3-135 所示。

步骤02 单击“修改”面板中的“偏移”按钮，设置偏移距离为 44，向右偏移矩形的右边线，向内偏移上边线和下边线，结果如图 3-136 所示。

步骤03 单击“修改”面板中的“延伸”按钮，以偏移后右边的垂直直线为延伸边界，延伸偏移后的两条水平直线，效果如图 3-137 所示。

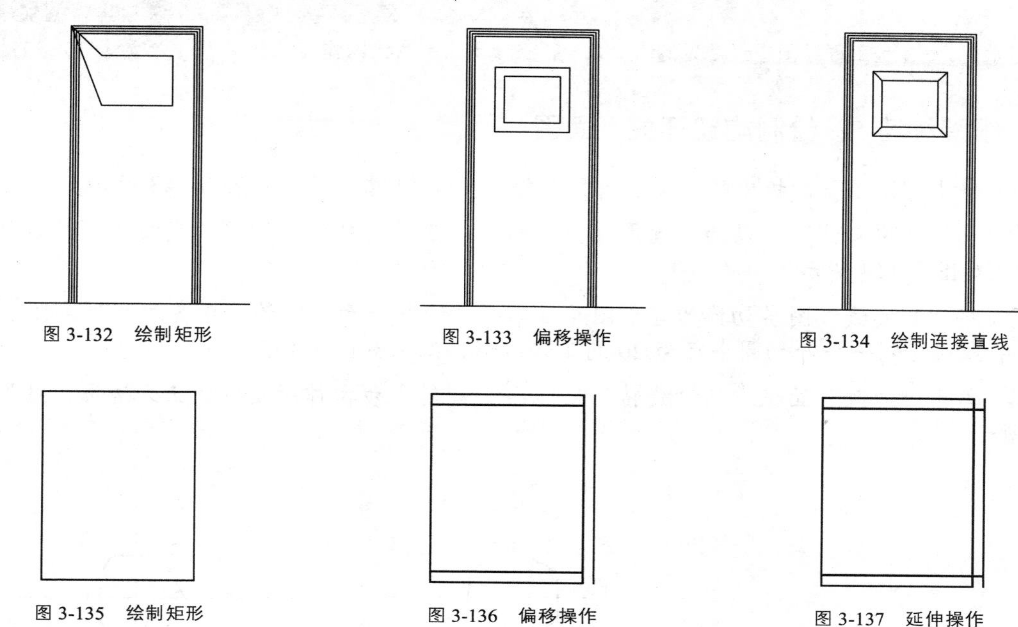

图 3-132　绘制矩形　　图 3-133　偏移操作　　图 3-134　绘制连接直线

图 3-135　绘制矩形　　图 3-136　偏移操作　　图 3-137　延伸操作

步骤 04 单击“修改”面板中的“修剪”按钮，修剪图形，结果如图 3-138 所示。

步骤 05 调用“偏移”命令，将左边的垂直直线分别向左偏移 22 和 52，将上下两条水平直线分别向内偏移 14，结果如图 3-139 所示。

步骤 06 调用“延伸”命令，以偏移后的两条垂直直线为延伸边界，向左延伸水平直线，延伸后的效果如图 3-140 所示。

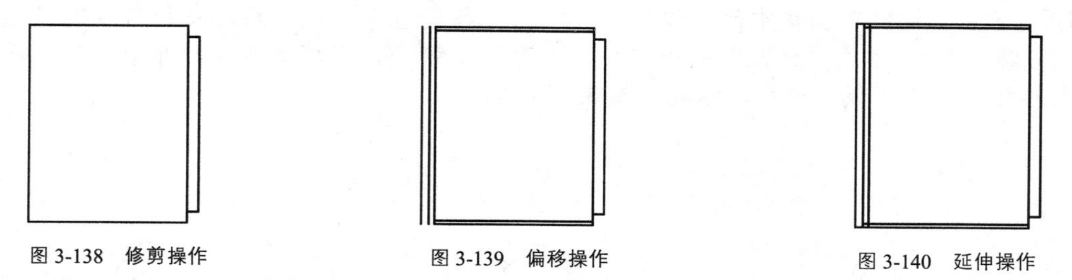

图 3-138　修剪操作　　图 3-139　偏移操作　　图 3-140　延伸操作

步骤 07 单击“修改”面板中的“修剪”按钮，修剪图形，结果如图 3-141 所示。

步骤 08 单击“修改”面板中的“圆角”按钮，为图形倒圆角，半径为 20。至此，整个冰箱图例绘制完成，结果如图 3-142 所示。

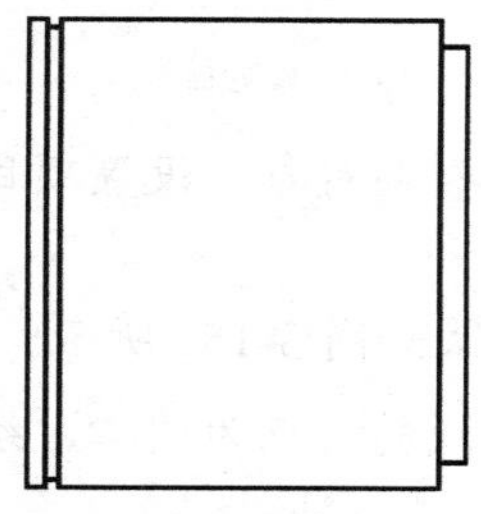

图 3-141　修剪操作

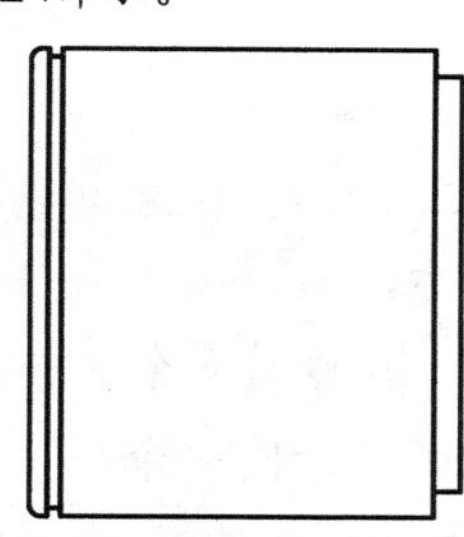

图 3-142　倒圆角操作

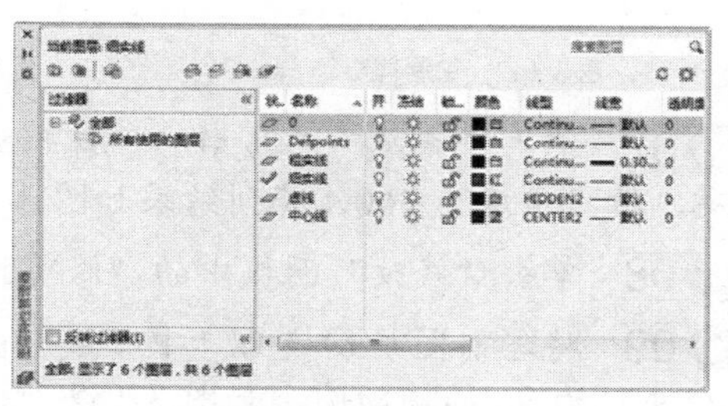

图 3-143　新建图层

专家提醒

“圆角”命令是工程绘图中最常见的命令之一，在第 4 章会为大家作详细介绍。

3.3.6 跟踪练习 5：绘制旋钮开关平面图

步骤 01 单击“图层”面板中的“图层特性”按钮，新建图层，如图 3-143 所示。

步骤 02 切换“中心线”图层为当前图层，并启用“正交”功能，利用“直线”工具绘制中心线，结果如图 3-144 所示。

步骤 03 将“粗实线”图层切换为当前图层，单击“绘图”面板中的“正多边形”按钮，以 A 点为中心点绘制一个外切圆半径为 20 的正六边形，结果如图 3-145 所示。

步骤 04 单击“修改”面板中的“旋转”按钮，旋转上步操作所绘制的正六边形，结果如图 3-146 所示。

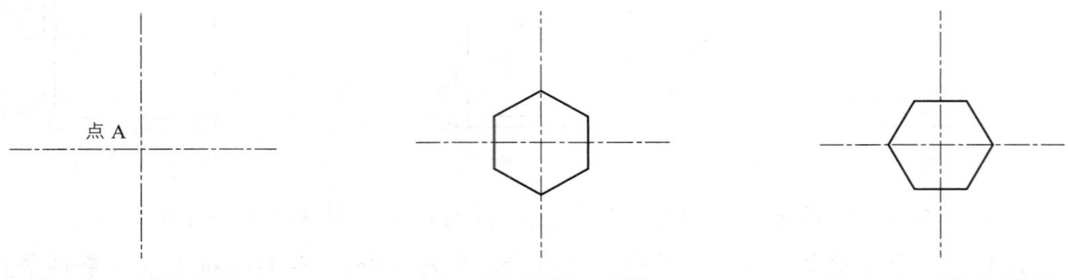

图 3-144　绘制中心线　　图 3-145　绘制正六边形　　图 3-146　旋转正六边形

步骤 05 单击“绘图”面板中的“圆心，半径”按钮，以中心线的交点为圆心，分别绘制一个半径为 38 和 48 的同心圆，结果如图 3-147 所示。

步骤 06 单击“修改”面板中的“偏移”按钮，将竖直中心线分别向左和向右偏移 8，结果如图 3-148 所示。单击“修改”面板中的“修剪”按钮，修剪不需要的部分，然后将凸出部分线型转化为“粗实线”样式，结果如图 3-149 所示。

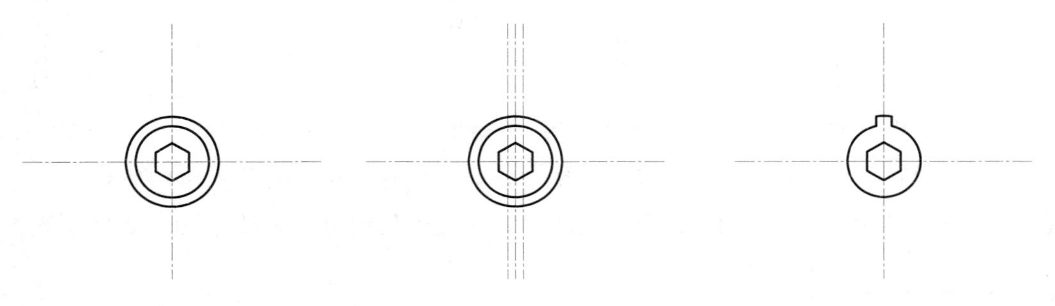

图 3-147　绘制同心圆　　图 3-148　偏移竖直中心线　　图 3-149　修剪操作

步骤 07 单击“修改”面板中的“环形阵列”按钮，选择凸出部分为整列对象，设置项目数为 8，填充角度为 360，阵列结果如图 3-150 所示。

步骤 08 单击“修改”面板中的“修剪”按钮，修剪多余的部分，结果如图 3-151 所示。

步骤 09 将当前图层切换为“中心线”图层。调用“圆”命令，以中心线的交点为圆心，绘制一个半径为 96 的辅助圆，如图 3-152 所示。

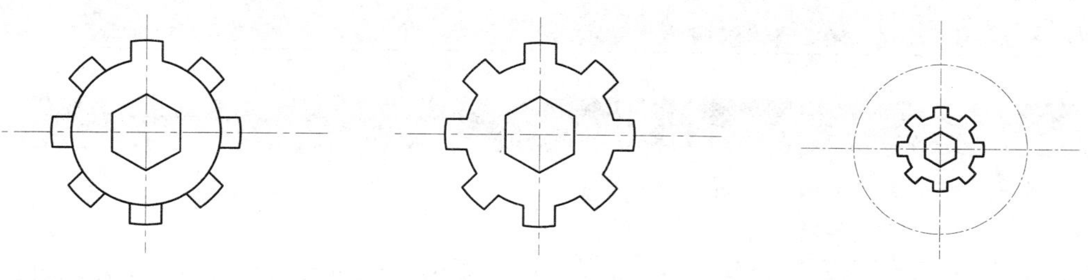

图 3-150　环形阵列　　图 3-151　修剪操作　　图 3-152　绘制辅助圆

步骤 10 将当前图层切换为“粗实线”图层。单击“绘图”面板中的“圆心，半径”按钮，以竖直中心线与辅助圆的交点为圆心，绘制一个半径分别为 15 和 24 的同心圆，结果如图 3-153 所示。

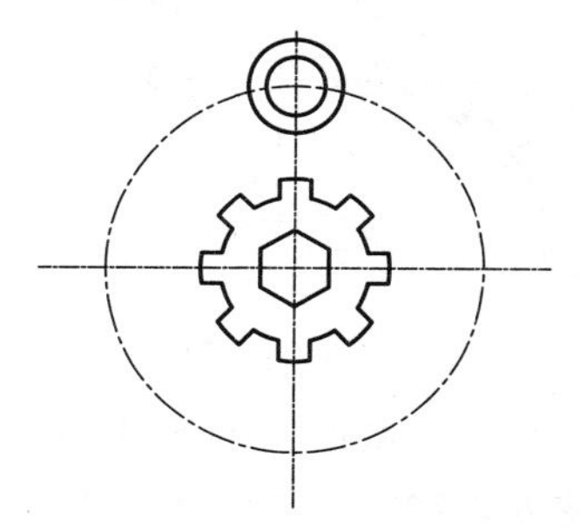

图 3-153　绘制同心圆

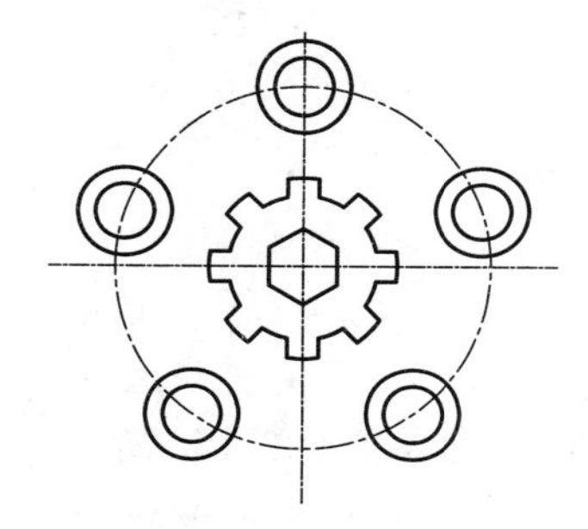

图 3-154　环形阵列

步骤 11 单击“修改”面板中的“环形阵列”按钮，选择刚刚绘制的圆为阵列对象，设置项目数为 5，填充角度为 360°，阵列结果如图 3-154 所示。

步骤 12 单击“修改”面板中的“相切，相切，半径”按钮，以两个相邻半径为 24 的圆为相切对象，依次绘制半径为 72 的相切圆，结果如图 3-155 所示。单击“修改”面板中的“修剪”按钮，以 5 个半径为 24 的圆作为修剪边界，修剪结果如图 3-156 所示。

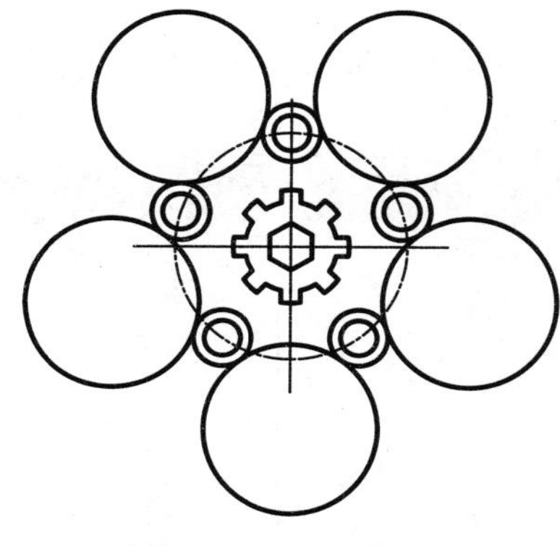

图 3-155　绘制相切圆

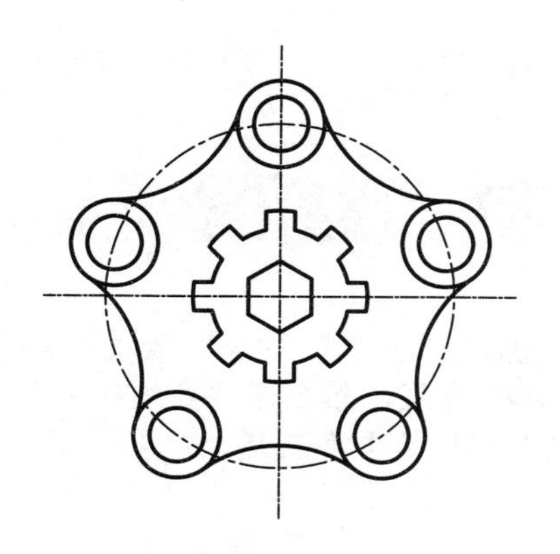

图 3-156　修剪操作

AutoCAD 2016

3.4 实战演练

初试身手——绘制配流盘零件图

视频文件：DVD\视频\第 3 章\初试身手.MP4

步骤01 单击“图层”面板中的“图层特性”按钮，打开“图层特性管理器”对话框。然后单击“新建图层”按钮，新建“粗实线”“中心线”“尺寸线”等图层，并分别设置图层的名称、线型及线宽等特性，如图 3-157 所示。

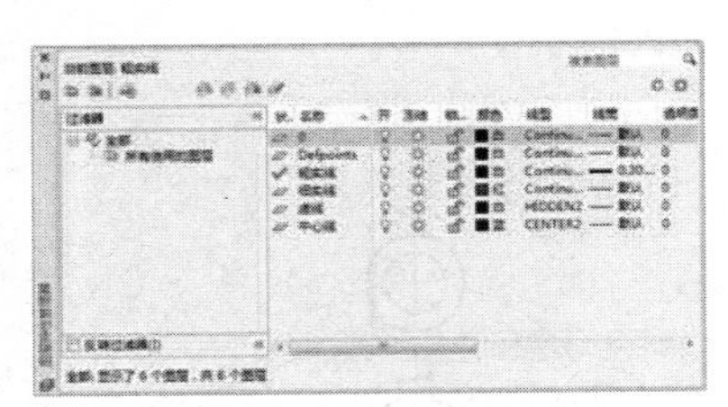

图 3-157　新建图层

步骤02 切换“中心线”图层为当前图层，并启用“正交”功能。然后利用“直线”命令绘制中心线，结果如图 3-158 所示。

步骤03 单击“绘图”面板中的“圆心，半径”按钮，绘制一个直径为 85 辅助圆，如图 3-159 所示。

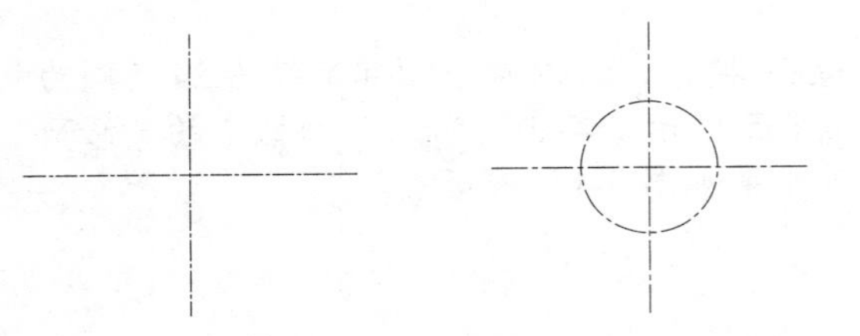

图 3-158　绘制辅助线　　图 3-159　绘制辅助圆

步骤04 将图层切换为“粗实线”图层，继续使用圆工具按照如图 3-160 所示尺寸绘制圆。

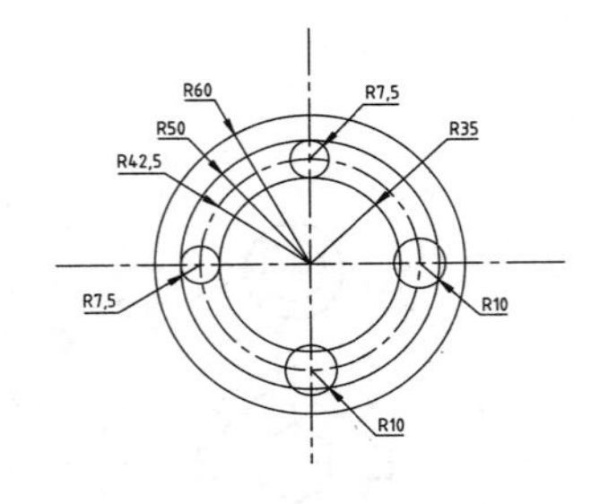

图 3-160　绘制圆

步骤05 单击“修改”面板中的“修剪”按钮，修剪多余的圆弧，结果如图 3-161 所示。整个配流盘零件图绘制完成。

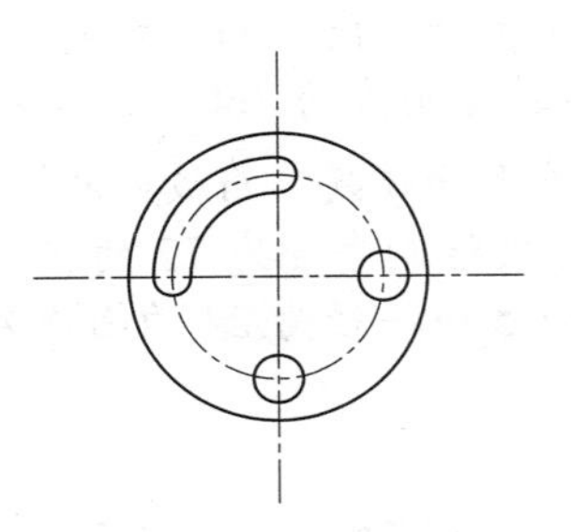

图 3-161　修剪操作

深入训练——绘制三孔连杆平面图

视频文件：DVD\视频\第 3 章\深入训练.MP4

步骤01 调用“直线”命令，绘制一条长度为 100 的水平直线，然后通过直线的中点绘制一条长度为 51 的垂直直线，结果如图 3-162 所示。

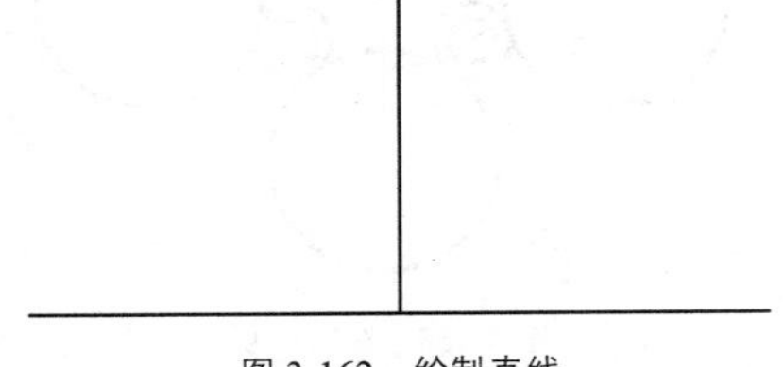

图 3-162　绘制直线

步骤 02　单击“修改”面板中的“偏移”按钮，将水平直线向上偏移 8，结果如图 3-163 所示。

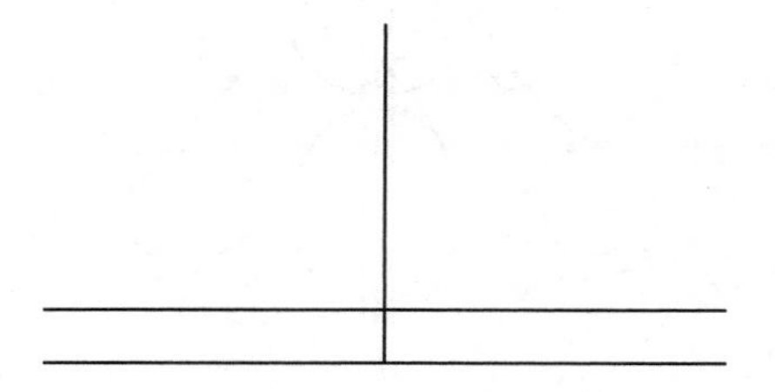

图 3-163　偏移操作

步骤 03　单击“绘图”面板中的“圆心，半径”按钮，按照如图 3-164 所示尺寸绘制圆。

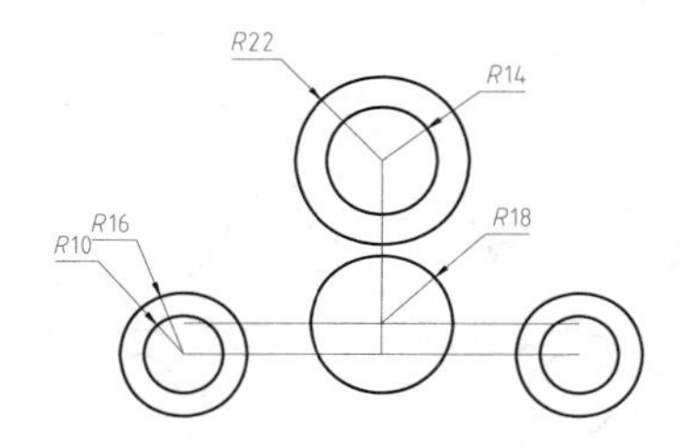

图 3-164　绘制圆

步骤 04　单击“修改”面板中的“删除”按钮，删除图中的 3 条直线，结果如图 3-165 所示。

步骤 05　单击“绘图”面板中的“相切，相切，半径”按钮，在命令行中输入 T 选择“切点、切点、半径”选项，分别选择 O_1 、O_2 两点，并输入半径为 70，如图 3-166 所示。

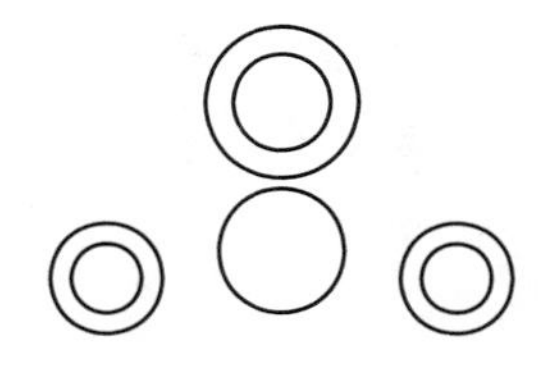

图 3-165　删除直线

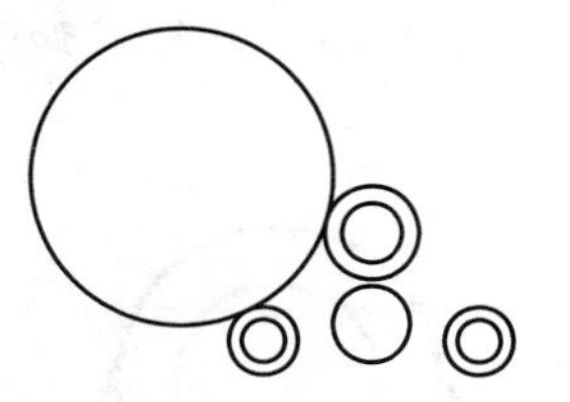

图 3-166　绘制相切圆

步骤 06　单击“绘图”面板中的“相切，相切，半径”按钮，如图 3-167 所示绘制一个半径为 70 的圆。

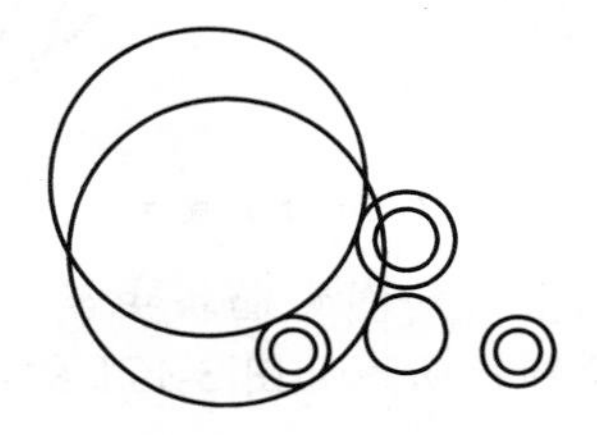

图 3-167　绘制相切圆

步骤 07　单击“修改”面板中的“修剪”按钮，修剪多余的圆弧，结果如图 3-168 所示。

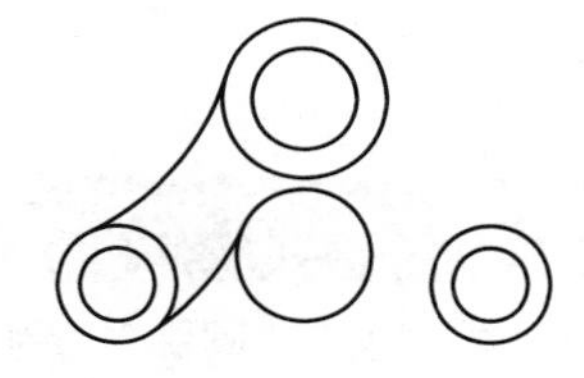

图 3-168　修剪操作

步骤 08　单击“修改”面板中的“镜像”按钮，选择刚刚修剪出的圆弧为镜像对象，指定上部圆的圆心为镜像线第一、二点，对称复制两条圆弧，结果如图 3-169 所示。

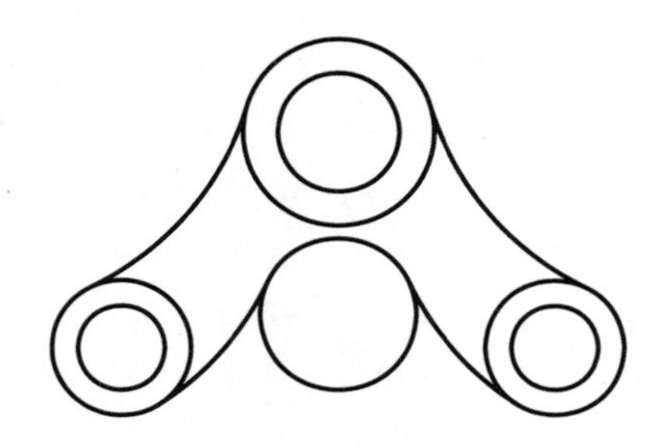

图 3-169　镜像操作

步骤 09　单击“修改”面板中的“修剪”按

钮，修剪多余的圆弧，结果如图 3-170 所示。

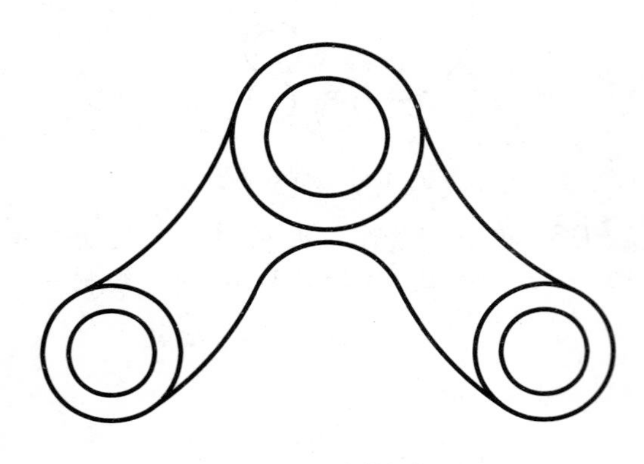

图 3-170　修剪操作

步骤 10　单击“绘图”面板中的“构造线”按钮，绘制辅助线如图 3-171 所示。

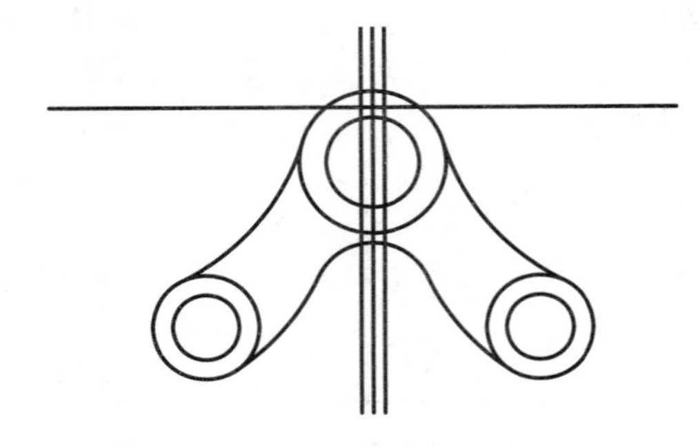

图 3-171　绘制构造线

步骤 11　单击“修改”面板中的“修剪”按钮，修剪辅助线和圆弧，生成杠杆的键槽，结果如图 3-172 所示，至此，整个三孔连杆平面图绘制完成。

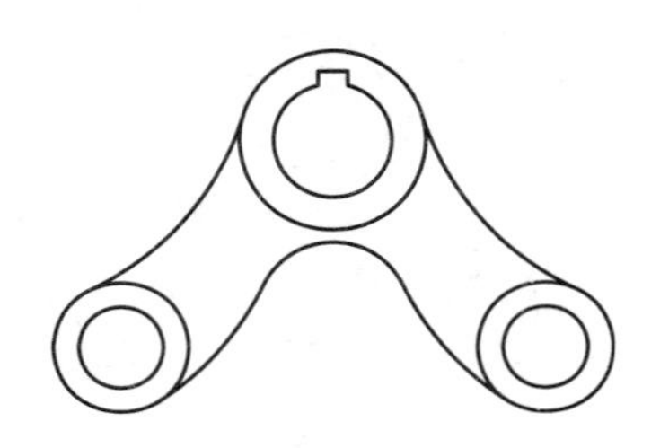

图 3-172　最终效果

熟能生巧——绘制吊钩平面图

利用“直线”“圆”“圆弧”“倒角”“偏移”“修剪”等命令绘制平面图形，如图 3-173 所示，具体绘制过程请参考配套光盘提供的视频演示。

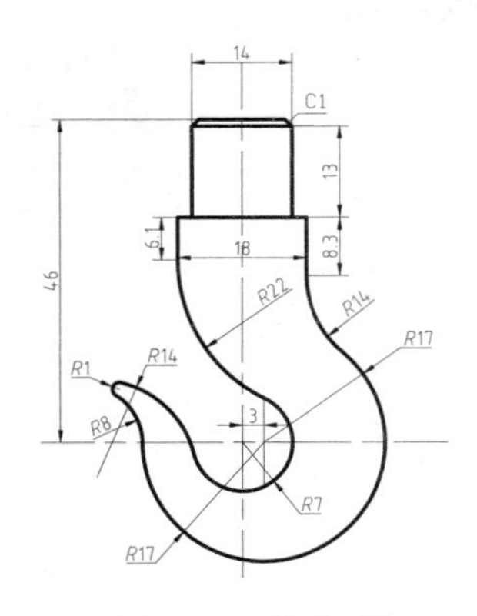

图 3-173　吊钩平面图

3.5 课后练习

1. 选择题

(1) 在 AutoCAD 中，构成图形的最小图形单元是什么（　）

A、点　　B、直线

C、圆弧　　D、椭圆弧

(2) 已知一个圆，如果要快速绘制这个圆的同心圆，采用什么方式最佳（　）

A、ELLIPSE　　B、CIRCLE

C、MIRROR　　D、OFFSET

(3) 如果要通过指定的值为半径，绘制一个与两个对象相切的圆，应选择“圆”命令中哪个子命令（　）

A、圆心、半径　　B、相切、相切、相切

C、三点　　D、相切、相切、半径

2. 实例题

(1) 绘制压片平面图，图形尺寸请参考如图 3-174 所示的尺寸标注。

(2) 绘制地板砖花纹平面图，图形尺寸请参考如图 3-175 所示的尺寸标注。

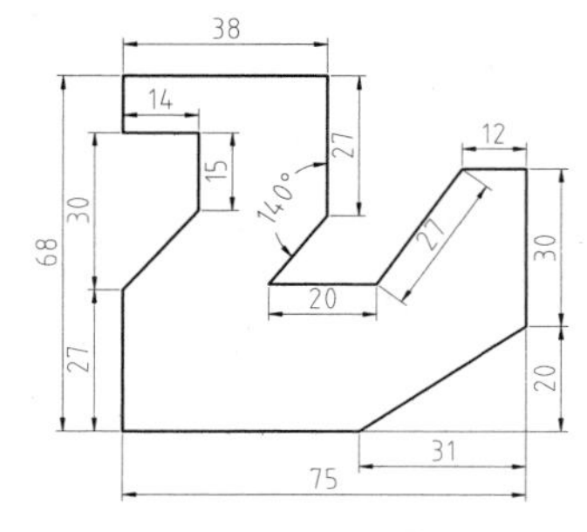

图 3-174　压片平面图

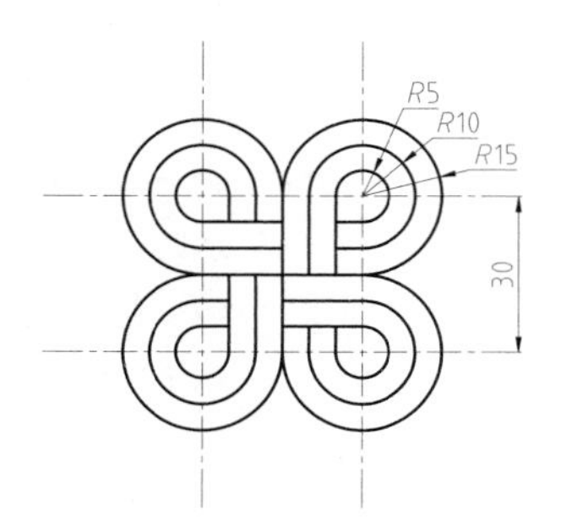

图 3-175　地板砖平面图

(3) 绘制手轮平面图，图形尺寸请参考如图 3-176 所示的尺寸标注。

(4) 绘制排水井圈详图，图形尺寸请参考如图 3-177 所示的尺寸标注。

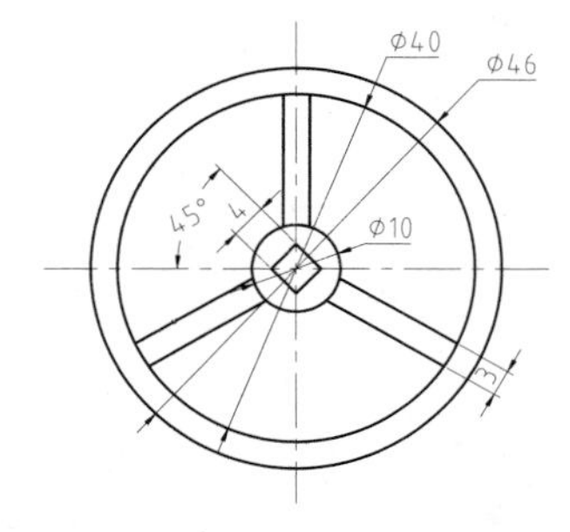

图 3-176　手轮平面图

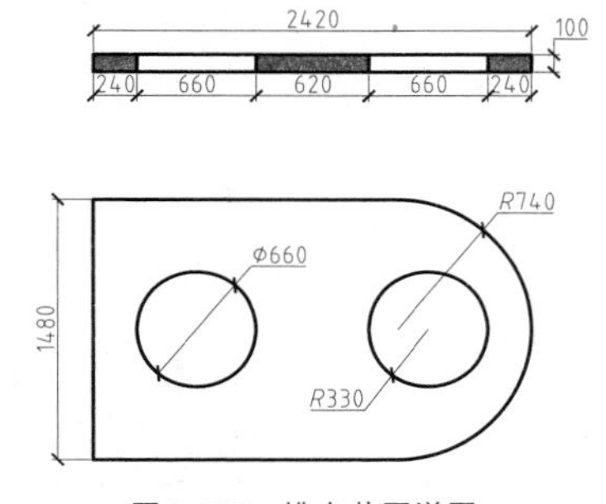

图 3-177　排水井圈详图

(5) 绘制可调连杆平面图，图形尺寸请参考如图 3-178 所示的尺寸标注。

(6) 绘制燃气灶，图形尺寸请参考如图 3-179 所示的尺寸标注。

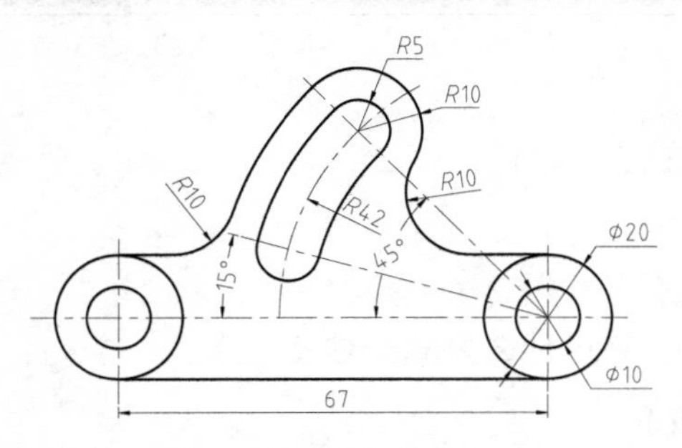

图 3-178　可调连杆平面图

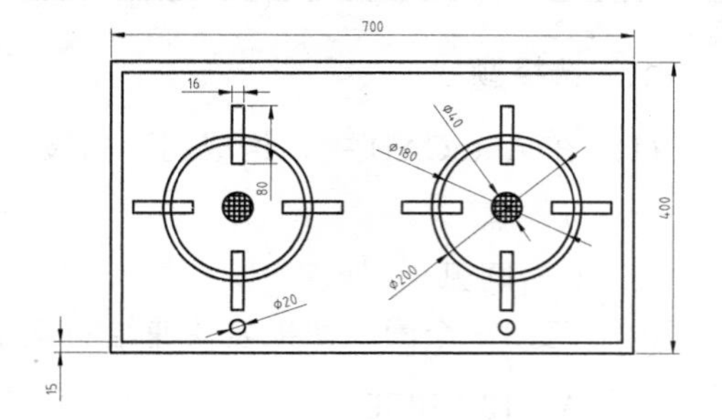

图 3-179　燃气灶

第4章

二维图形的编辑

本章主要介绍了编辑二维图形的基本方法。使用编辑命令，能够方便地改变图形的大小、位置、方向、数量及形状，从而绘制出更为复杂的图形。通过本章的学习，我们能够全面掌握二维图形的基本编辑方法。

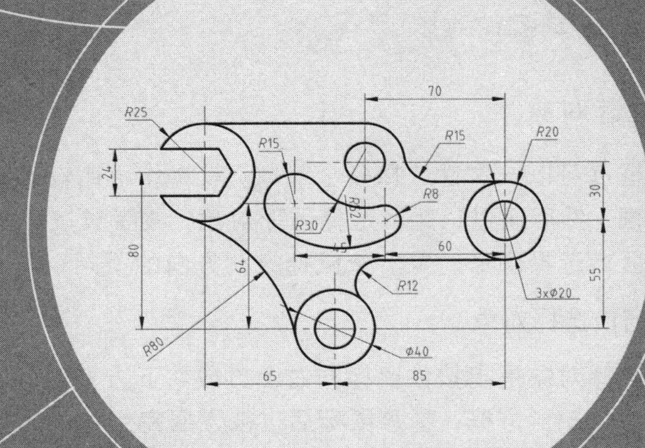

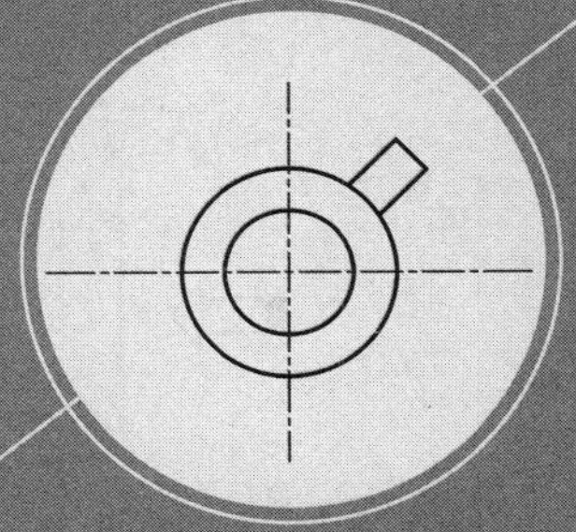

AutoCAD 2016

4.1 选择对象

在编辑图形之前，首先选择需要编辑的图形。AutoCAD 2016 提供了多种选择对象的基本方法，如点选、框选、栏选、围选等。

在命令行中输入 SELECT 命令，或在调用其他命令过程中命令行出现“选择对象:”提示时，输入“? ”，命令行将显示相关提示，输入不同的选项将使用不同的选择方法。

需要点或窗口(W)/上一个(L)/窗交(C)/框(BOX)/全部(ALL)/栏选(F)/圈围(WP)/圈交(CP)/编组(G)/添加(A)/删除(R)/多个(M)/前一个(P)/放弃(U)/自动(AU)/单个(SI)/子对象(SU)/对象(O):

专家提醒

在选择对象时，用户可以在执行命令后，按住鼠标左键不放并拖动鼠标，在命令行中将显示选择提示，按空格键将快速切换选择对象的方式。

4.1.1 点选对象

点选对象是 SELECT 命令默认情况下选择对象的方式，其方法为：直接用鼠标在绘图区中单击需要选择的对象，它分为多个选择和单个选择方式。单个选择方式一次只能选中一个对象，如图 4-1 所示即选择了图形最右侧的一条边。而连续单击需要选择的对象，可同时选择多个对象，如图 4-2 所示。

专家提醒

按下 Shift 键并再次单击已经选中的对象，可以将这些对象从当前选择集中删除。按 Esc 键，可以取消选择对当前全部选定对象的选择。

4.1.2 框选对象

使用框选可以一次性选择多个对象。其操作也比较简单，方法为：单击鼠标左键，拖动鼠标成一矩形框，然后通过该矩形选择图形对象；或者长按鼠标左键，拖动鼠标成套索工具，然后通过该套索区域选择图形对象。依鼠标拖动方向的不同，框选又分为窗口选择和窗交选择。

1. 窗口选择对象

窗口选择对象是指按住鼠标向右上方或右下方拖动，框住需要选择的对象。此时绘图区将出现一个实线的矩形方框，释放鼠标后，被方框完全包围的对象将被选中，如图 4-3 所示，虚线显示部分为被选择的部分。

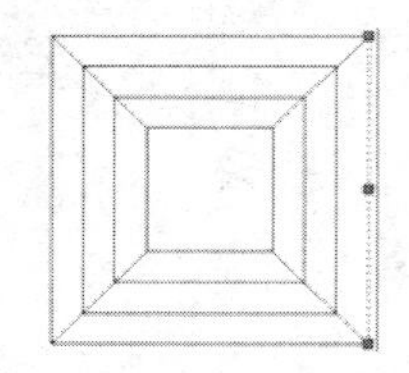

图 4-1　选择单个对象

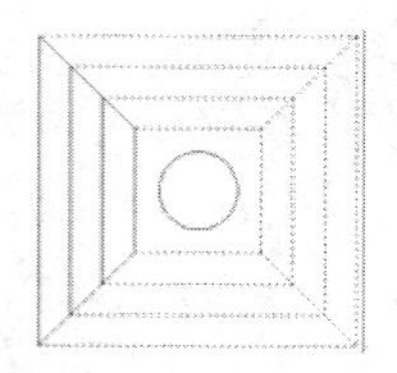

图 4-2　选择多个对象

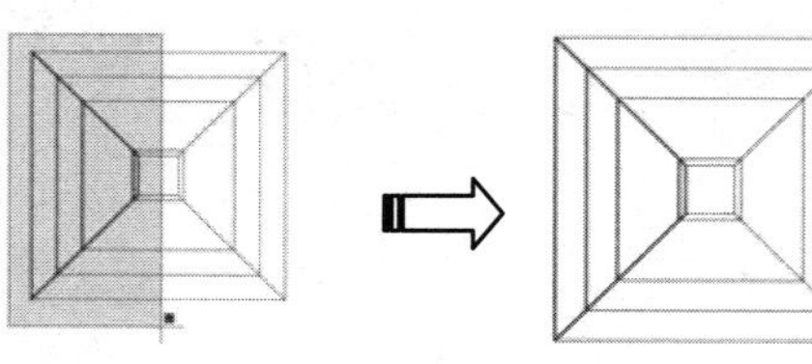

图 4-3　窗口选择对象

2. 窗交选择对象

窗交选择对象的选择方向正好与窗口选择相反，它是按住鼠标左键向左上方或左下方拖动，框住需要选择的对象。此时绘图区将出现一个虚线的矩形方框，释放鼠标后，与方框相交和被方框完全包围的对象都将被选中，如图 4-4 所示，虚线显示部分为被选择的部分。

专家提醒

在不调用 SELECT 命令的情况下也可以点选和框选对象，二者选择方式相同，不同的是：不调用命令直接选择对象后，被选中的对象不是以虚线显示，而是在其上出现一些小正方形，称之为做夹点。如图 4-5 所示。

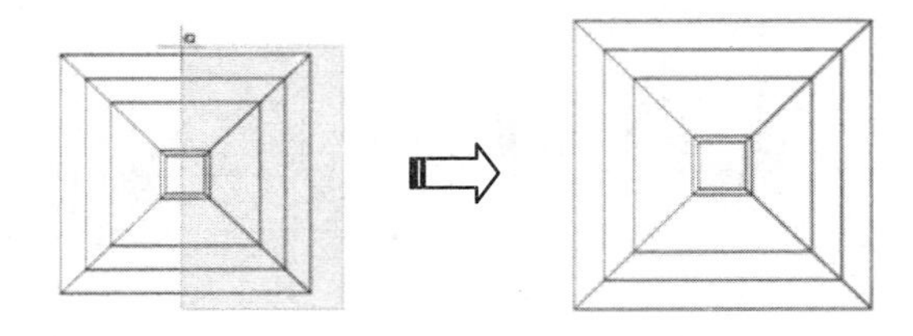

图 4-4　窗交选择对象

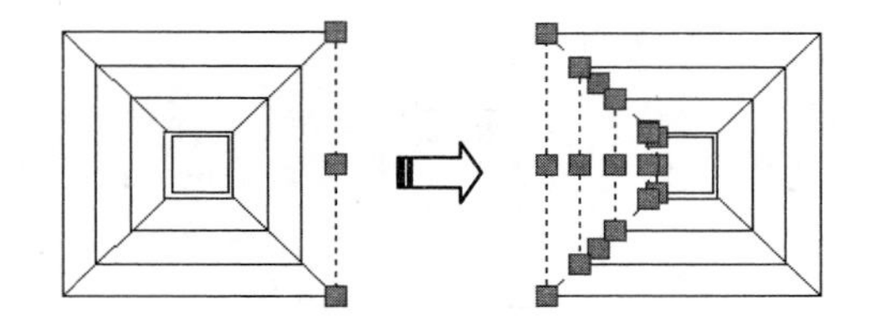

图 4-5　夹点显示选择的对象

技巧点拨

在命令行出现“选择对象：”提示时，输入 Windows 或 W，可以指定以窗口选择方式选择对象，此时与鼠标拖拽的方向无关；输入 CROSSING 或 C，则指定以窗交选择方式选择对象，与鼠标拖拽方向无关。

4.1.3 栏选对象

栏选图形即在选择图形时拖拽出任意折线，凡是与折线相交的图形对象均被选中，如图 4-6 所示，虚线显示部分为被选择的部分。使用该方式选择连续性对象非常方便，但栏选线不能封闭或相交。

技巧点拨

在命令行出现“选择对象：”提示时，输入 F，可以快速启用栏选对象方式。

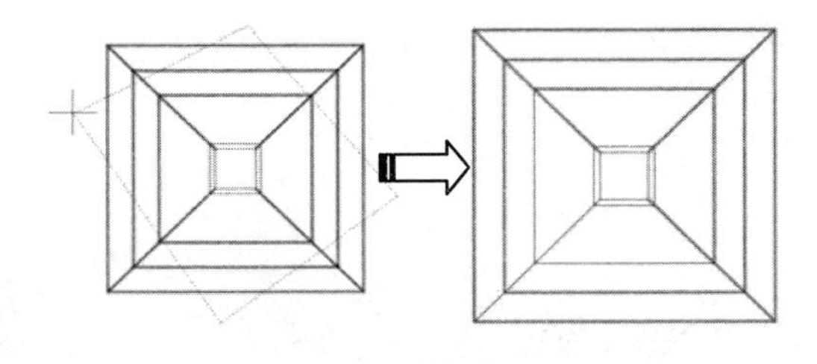

图 4-6　栏选对象

4.1.4 围选对象

围选对象是根据绘制的不规则的选择范围进行选择，它包括圈围和圈交两种方法。

1. 圈围对象

圈围对象是一种多边形窗口选择方法，与窗口选择对象的方法类似。不同的是，圈围方法可以构造任意形状的多边形，完全包含在多边形区域内的对象才能被选中，如图 4-7 所示，虚线显示部分为被选择的部分。

2. 圈交对象

圈交对象是一种多边形窗交选择方法，与窗交选择对象的方法类似。不同的是，圈交方法可以构造任意形状的多边形，以及绘制任意闭合但不能与选择框自身相交或相切的多边形，且选择多边形中与它相交的所有对象，如图 4-8 虚线的显示部分为被选择的部分。

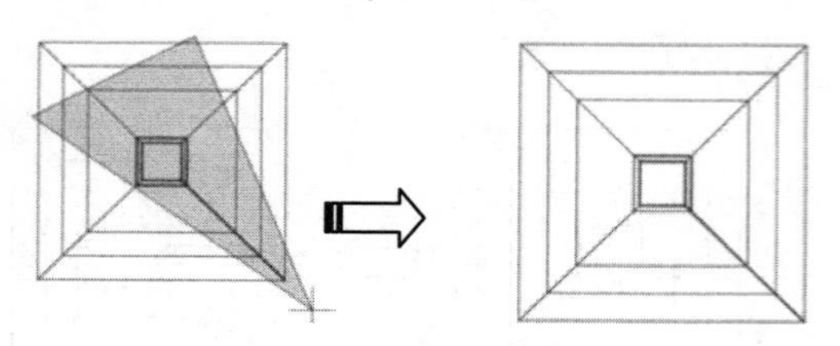

图 4-7　圈围对象

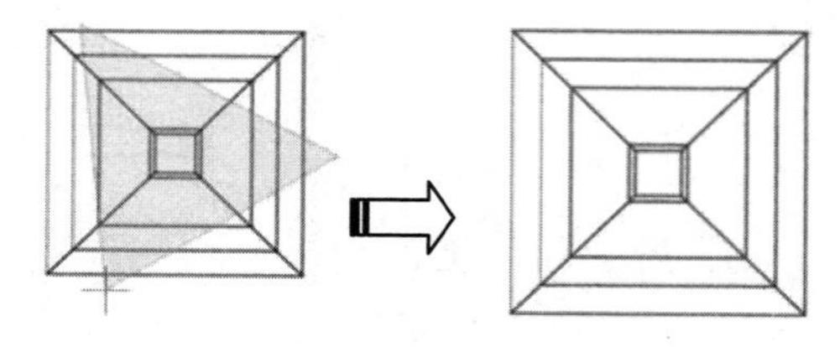

图 4-8　圈交对象

技巧点拨

在命令行出现“选择对象：”提示时，输入 WP/CP，可以快速启用圈围/圈交选择方式。

案例【4-1】 修剪拼花多余线段

视频文件：DVD\视频\第 4 章\4-1.MP4

步骤 01 调用 OPEN“打开”命令并回车，打开“第 4 章\课堂举例 4-1.dwg”文件，如图 4-9 所示。

步骤 02 单击“修改”面板中的“修剪”按钮，对拼花图形修剪，如图 4-10 所示，命令行操作如下：

```
命令: _trim↙                                              //调用“修剪”命令
当前设置:投影=UCS, 边=无
选择剪切边...
选择对象或 <全部选择>:↙                                   //直接按空格键选择整个图形
选择要修剪的对象，或按住 Shift 键选择要延伸的对象，或
[栏选(F)/窗交(C)/投影(P)/边(E)/删除(R)/放弃(U)]:  F↙    //激活“栏选(F)”选项
指定第一个栏选点:                                         //如图 4-11 所示栏选图形
指定下一个栏选点或 [放弃(U)]:
指定下一个栏选点或 [放弃(U)]: ↙                           //栏选完之后按空格键进行修剪
选择要修剪的对象，或按住 Shift 键选择要延伸的对象，或
[栏选(F)/窗交(C)/投影(P)/边(E)/删除(R)/放弃(U)]:  C↙    //激活“窗交(C)”选项
指定第一个角点: 指定对角点:                   //直接窗交需要修剪的线段，如图 4-12 所示
选择要修剪的对象，或按住 Shift 键选择要延伸的对象，或
[栏选(F)/窗交(C)/投影(P)/边(E)/删除(R)/放弃(U)]:  指定对角点: ↙   //按回车键退出修剪
```

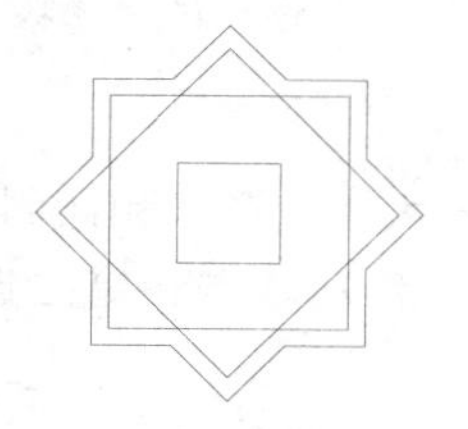

图 4-9　素材图形

图 4-10　修剪之后的图形

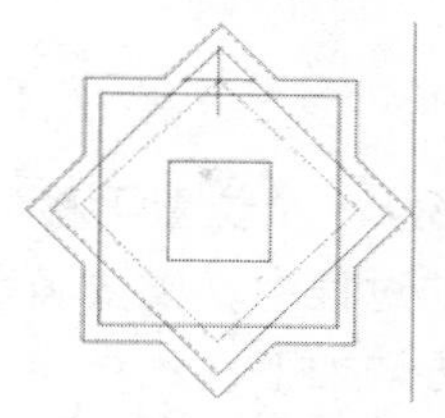

图 4-11　栏选对象

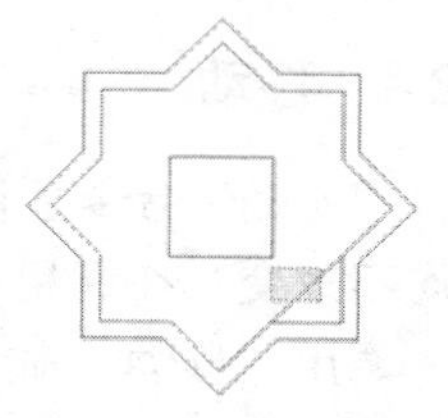

图 4-12　窗交对象

4.1.5　用“快速选择”对话框选择对象

选择集是选择所有对象的集合。使用“快速选择”可以根据制定的过滤条件快速定义选择集。它既可以一次性将指定属性的对象加入选择集，也可以将其排除在选择集之外；既可以在整个图形中使用，也可以在已有的选择集中使用，还可以指定选择集用于替换还是将其附加到当前选择集之中。

调用“快速选择”命令的方法如下：

- 菜单栏：调用“工具”|“快速选择”菜单命令。
- 面　板：单击“实用工具”面板中的“快速选择”按钮。
- 命令行：在命令行输入 QSELECT 并回车。

调用该命令后，系统将弹出一个“快速选择”对话框，如图 4-13 所示。

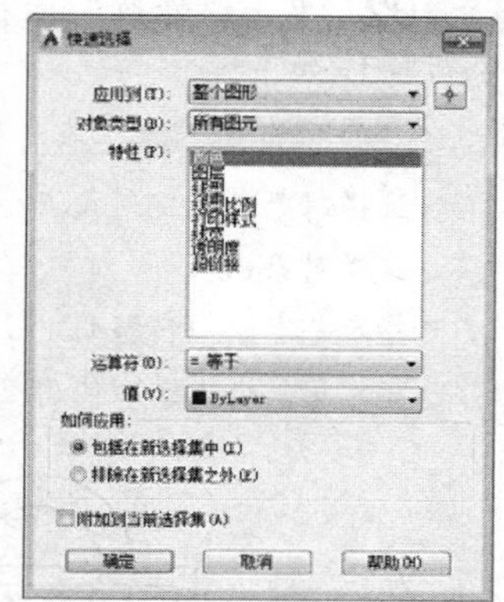

图 4-13　“快速选择”对话框

其中对话框中各选项含义如下：

- 应用到：选择所设置的过滤条件是应用到整个图形还是当前的选择集。如果当前图形中已有一个选择集，则可以选择“当前选择”。
- “选择对象”按钮：单击该按钮将临时关闭“快速选择”对话框，允许用户选择要对其应用过滤条件的对象。
- 对象类型：指定包含在过滤条件中的对象类型，如果过滤条件应用到整个图形，则该列表框中将列出整个图形中所有可用的对象类型。如果图形中已有一个选择集，则该列表框中将只列出该选择集中的对象类型。
- 特性：指定过滤器的对象特性。
- 运算符：控制过滤器中对象特性的运算范围。
- 值：指定过滤器的特性值。
- 如何应用：指定是将符合给定过滤条件的对象包括在新选择集内还是排除在外。
- “附加到当前选择集”复选框：指定创建的选择集替换还是附加到当前选择集。

AutoCAD 2016

4.2 改变图形位置

在绘制图形时，若绘制的图形位置错误，就可以使用改变图形位置的方法，将图形移动或者旋转至符合要求的位置。

4.2.1 移动

“移动”命令是将图形从一个位置平移到另一位置，移动过程中图形的大小、形状和倾斜角度均不改变。在调用命令的过程中，需要确定的参数有：需要移动的对象，移动基点和第二点。

调用“移动”命令的方法如下：

- 菜单栏：调用“修改”｜“移动”菜单命令。
- 面　板：单击“修改”面板中的“移动”按钮。
- 命令行：在命令行中输入 MOVE（或 M）并回车。

案例【4-2】 绘制洗衣机示意图

视频文件：DVD\视频\第 4 章\4-2.MP4

步骤01 调用 OPEN“打开”命令并回车，打开“第 4 章\课堂举例 4-2.dwg”文件，如图 4-14 所示。

步骤02 单击“修改”面板中的“移动”按钮，将圆向下移动 25，结果如图 4-15 所示，命令行操作如下。

```
命令: move                                              //调用“移动”命令
选择对象: 指定对角点: 找到 2 个                          //框选同心圆
选择对象:↙                                              //回车确认选择完毕
指定基点或 [位移(D)] <位移>:                             //捕捉圆心作为基点
指定第二个点或 <使用第一个点作为位移>: @0,-25↙           //输入目标位置相对坐标
```

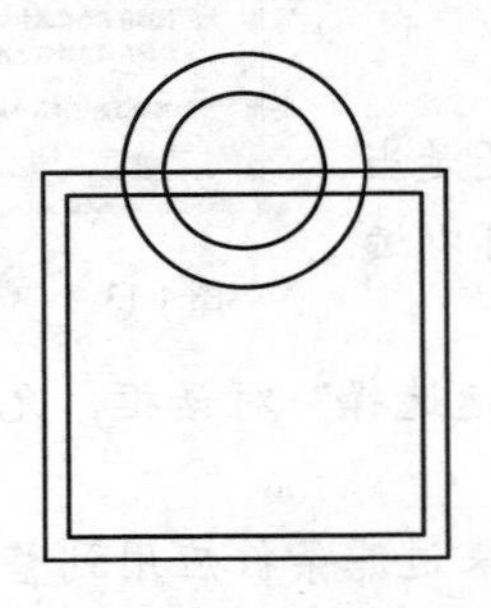
图 4-14 源文件

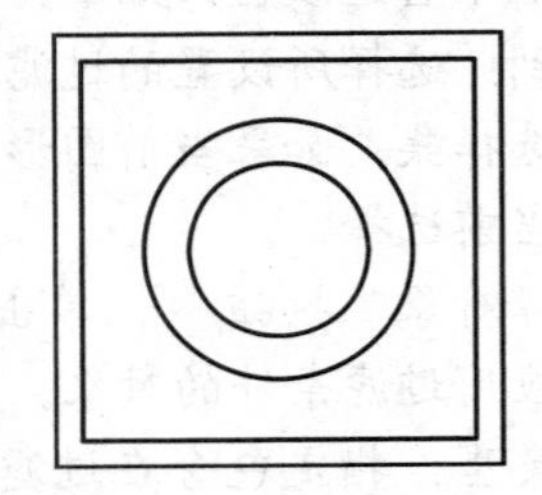
图 4-15 移动结果

专家提醒

使用 Move（移动）命令移动图形将改变图形的实际位置，从而使图形产生物理上的变化；使用 PAN（实时平移）命令移动图形只能在视觉上调整图形的显示位置，并不能使图形发生物理上的变化。

4.2.2 旋转

“旋转”命令是将图形对象绕一个固定的点(基点)旋转一定的角度。在调用命令的过程中，需要确定的参数有：旋转对象、旋转基点和旋转角度。逆时针旋转的角度为正值，顺时针旋转的角度为负值。

调用“旋转”命令的方法如下：

- 菜单栏：调用“修改”｜“旋转”菜单命令。

- 面　板：单击“修改”面板中的“旋转”按钮。
- 命令行：在命令行中输入 ROTATE（RO）并回车。

案例【4-3】绘制操作手柄　　视频文件：DVD\视频\第 4 章\4-3.MP4

步骤01 调用 OPEN“打开”命令并回车，打开“第 4 章\课堂举例 4-3.dwg”文件，如图 4-16 所示。

步骤02 单击“修改”面板中的“旋转”按钮，将手柄部分沿逆时针方向旋转 45°，结果如图 4-17 所示，命令行提示如下。

```
命令：rotate↙                                          //调用“旋转”命令
UCS 当前的正角方向： ANGDIR=逆时针  ANGBASE=0
选择对象：指定对角点：找到 2 个                          //选择对象
选择对象：指定对角点：找到 2 个 (1 个重复)，总计 3 个    //选择对象
选择对象：↙                                            //回车结束选择
指定基点：                                              //指定圆心为旋转基点
指定旋转角度，或 [复制(C)/参照(R)] <0>： 45↙            //输入旋转角度
```

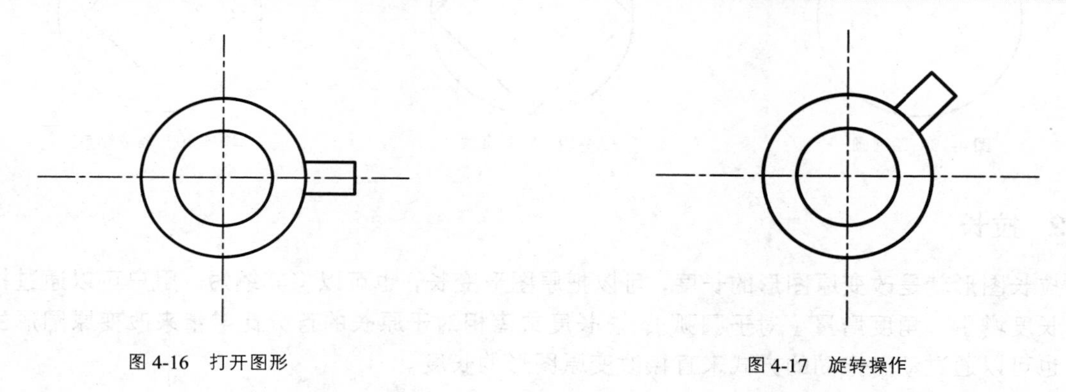

图 4-16　打开图形　　　图 4-17　旋转操作

4.3 改变图形大小

AutoCAD 2016

在 AutoCAD 中，有一类命令，可以改变图形的大小，如缩放、拉伸、拉长等，使用这些命令可以免除重画的繁琐，从而提高绘图效率。

4.3.1 缩放

“缩放”命令是将已有图形对象以基点为参照，进行等比例缩放，它可以调整对象的大小，使其在一个方向上按要求增大或缩小一定的比例。在调用命令的过程中，需要确定的参数有缩放对象、基点和比例因子。比例因子也就是缩小或放大的比例值，比例因子大于 1 时，放大图形，反之则缩小图形。调用“缩放”命令的方式以下 3 种：

- 菜单栏：调用“修改”|“缩放”菜单命令。
- 面　板：单击“修改”面板中的“缩放”按钮。
- 命令行：在命令行中输入 SCALE（或 SC）并回车。

案例【4-4】 绘制方孔垫片示意图

视频文件：DVD\视频\第 4 章\4-4.MP4

步骤01 单击“绘图”面板中的“圆心，半径”按钮，绘制一个半径为 100 的圆，结果如图 4-18 所示。

步骤02 使用“直线”工具，并结合“对象捕捉”功能，捕捉圆的 4 个象限点绘制图形，结果如图 4-19 所示。

步骤03 单击“修改”面板中的“缩放”按钮，缩放图形，结果如图 4-20 所示。命令行提示如下：

```
命令：scale↙                                          //调用“缩放”命令
选择对象：指定对角点：找到 4 个                         //选择 4 条直线
选择对象：↙                                           //回车结束对象选择
指定基点：                                            //指定圆心为基点
指定比例因子或 [复制(C)/参照(R)]：0.75↙                //输入比例因子
```

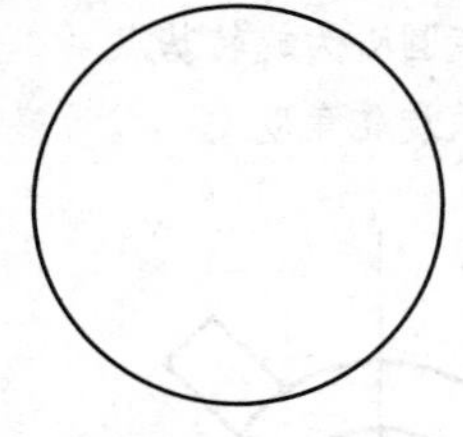
图 4-18　绘制圆

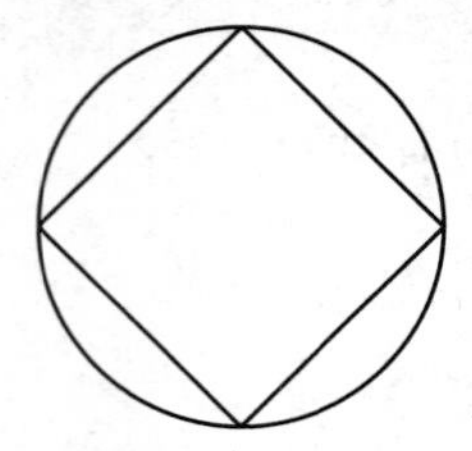
图 4-19　绘制直线

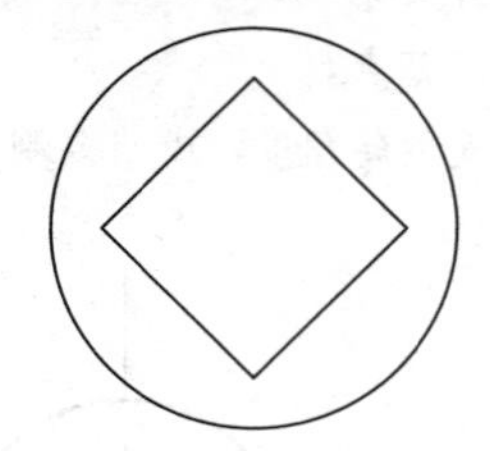
图 4-20　缩放结果

4.3.2 拉长

拉长图形就是改变原图形的长度，可以把原图形变长，也可以将其缩短。用户可以通过指定一个长度增量、角度增量（对于圆弧）、总长度或者相对于原长的百分比增量来改变原图形的长度，也可以通过动态拖动的方式来直接改变原图形的长度。

调用“拉长”命令的方法如下：

- 菜单栏：调用“修改” | “拉长”菜单命令。
- 面　板：单击“修改”面板中的“拉长”按钮。
- 命令行：在命令行输入 LENGTHEN（或 LEN）并回车。

调用该命令后，命令行操作如下：

```
选择对象或 [增量(DE)/百分数(P)/全部(T)/动态(DY)]：
```

其各选项含义如下。

- 增量：表示以增量方式修改对象的长度。可以直接输入长度增量来拉长直线或者圆弧，长度增量为正时拉长对象，为负时缩短对象。也可以输入 A，通过指定圆弧的长度和角增量来修改圆弧的长度。
- 百分数：通过输入百分比来改变对象的长度或圆心角大小。百分比的数值以原长度为参照。
- 全部：通过输入对象的总长度来改变对象的长度或角度。
- 动态：用动态模式拖动对象的一个端点来改变对象的长度或角度。

专家提醒

Lengthen（拉长）命令只能用于改变非封闭图形的长度，包括直线和圆弧，对于封闭图形（如矩形、圆和椭圆）无效。

案例【4-5】 拉长圆弧

视频文件：DVD\视频\第 4 章\4-5.MP4

步骤 01　在命令行中输入 ARC“圆弧”命令并回车，绘制一条圆弧，结果如图 4-21 所示。

步骤 02　单击“修改”面板中的“拉长”按钮，然后通过鼠标拖动的方法拉长圆弧，结果如图 4-22 所示，命令行提示如下：

```
命令: _lengthen
选择对象或 [增量(DE)/百分数(P)/全部(T)/动态(DY)]: dy↙   //选择“动态”备选项
选择要修改的对象或 [放弃(U)]:                           //鼠标左键单击圆弧的右下端
指定新端点:                                             //拖动鼠标来确定圆弧的新端点
选择要修改的对象或 [放弃(U)]:↙                          //回车结束命令
```

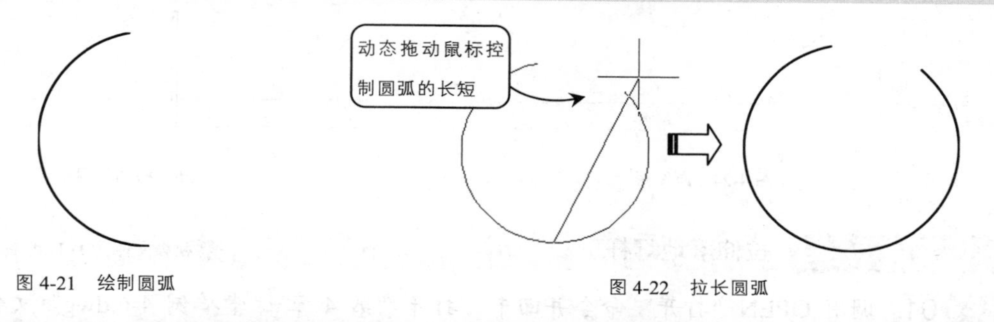

图 4-21　绘制圆弧　　　图 4-22　拉长圆弧

专家提醒

与直线一样，通过设置其他选项也可以控制圆弧的长度，比如设置百分数。

4.3.3 拉伸

“拉伸”命令是通过沿拉伸路径平移图形夹点的位置，使图形产生拉伸变形的效果。它可以对选择的对象按规定方向和角度拉伸或缩短，并且使对象的形状发生改变。在调用命令的过程中，需要确定的参数有拉伸对象、拉伸基点的起点和拉伸位移。拉伸位移决定了拉伸的方向和距离。所谓夹点指的是图形对象上的一些特征点，如端点、顶点、中点、中心点等，图形的位置和形状通常是由夹点的位置决定的。

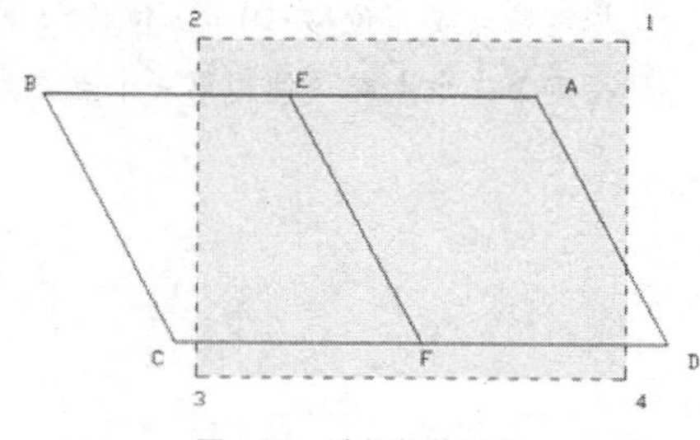

图 4-23　选择拉伸对象

调用“拉伸”命令的方法如下：

- 菜单栏：调用“修改”｜“拉伸”菜单命令。
- 面　板：单击“修改”面板中的“拉伸”按钮。
- 命令行：在命令行输入 STRETCH 或 S 并回车。

拉伸遵循以下原则。

- 通过单击选择和窗口选择获得的拉伸对象将只被平移，不被拉伸。
- 通过交叉选择获得的拉伸对象，如果所有夹点都落入选择框内，图形将发生平移；如果只有部分夹点落入选择框，图形将沿拉伸位移拉伸；如果没有夹点落入选择窗口，图形将保持不变。

如图 4-23 所示，选择拉伸对象时，先单击选择直线 BC，再使用交叉选择方式从点 1 向点 3 拉出如图 4-23 所示的选择框，选中所有直线。拉伸时，BC 和 EF 将发生平移。AB 和 AD 都只有一个夹点落入选择框，因此被拉伸。CD 虽然被选中，但它的所有夹点都在选择框外，将保持不变。

如果采用窗口选择方式从点 2 向点 4 拉出选择框，EF 线段将发生平移，其他线段保持位置不变。

要将如图 4-24 所示的门洞图形右移 1000 个单位，可以在启动“拉伸”命令后，使用交叉选择的方式选择门洞及门图形，然后输入相对坐标“@1000,0”即可，移动结果如图 4-25 所示。

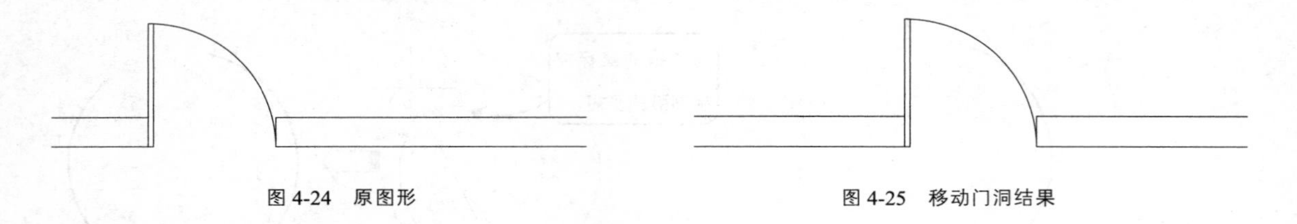

图 4-24　原图形　　　　图 4-25　移动门洞结果

案例【4-6】 拉伸落地灯杆

视频文件：DVD\视频\第 4 章\4-6.MP4

步骤01 调用 OPEN“打开”命令并回车，打开“第 4 章\课堂举例 4-6.dwg”文件，如图 4-26 所示。

步骤02 单击“修改”面板中的“拉伸”按钮，向下拉伸灯杆 1000 个绘图单位，结果如图 4-27 所示，命令行操作如下。

```
命令: stretch↙                                          //调用“拉伸”命令
选择对象: 指定对角点: 找到 7 个
选择对象: ↙                                              //选择底座和灯杆
指定基点或 [位移(D)] <位移>:        //使用“中点捕捉”功能拾取灯杆其中一条线段的中点
指定第二个点或 <使用第一个点作为位移>:@0,-1000↙          //输入相对坐标确定拉伸长度
```

图 4-26　素材图形

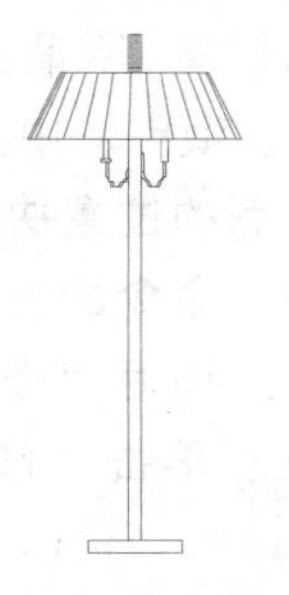

图 4-27　拉伸后的图形

AutoCAD 2016

4.4 改变图形形状

在绘制完成图形后，可能会发现其中存在一些问题，如多了一根线条，或者某条线段画短或画长了，某些直角需要变为弧形等。这时可以不用重画，而是使用 AutoCAD 中的一些修改命令，如删除、修剪、延伸、圆角、倒角等，修改图形使其符合我们的要求。

4.4.1 删除

在 AutoCAD 中，可以使用“删除”命令，删除选中的对象。

调用“删除”命令的方法如下：

- 菜单栏：调用“修改” | “删除”菜单命令。
- 面　板：单击“修改”面板中的“删除”按钮。
- 命令行：在命令行输入 ERASE（或 E）并回车。

专家提醒

选中要删除的对象后，直接按 Delete 键，也可以删除对象。

4.4.2 修剪

“修剪”命令是将超出边界的多余部分修剪删除掉。与橡皮擦的功能相似，修剪操作可以修剪直线、圆、弧、多段线、样条曲线和射线等。在调用命令的过程中，需要设置的参数有修剪边界和修剪对象两类。要注意的是，在选择修剪对象时光标所在的位置。需要删除哪一部分，则在该部分上单击。

调用“修剪”命令的方法如下：

- 菜单栏：调用“修改” | “修剪”菜单命令。
- 面　板：单击“修改”面板中的“修剪”按钮。
- 命令行：在命令行输入 TRIM（或 TR）并回车。

专家提醒

在调用“修剪”命令时，还可以使用窗口选择对象的方法，将要修剪的所有部分一次性全部选中，然后依次单击要修剪的部分。这样，就可以只调用一次“修剪”命令而完成所有的修剪任务。

案例【4-7】 绘制轴承座　　视频文件：DVD\视频\第 4 章\4-7.MP4

步骤 01 调用 OPEN“打开”命令并回车，打开“第 4 章\课堂举例 4-7.dwg”文件，如图 4-28 所示。

步骤 02 调用“修剪”命令，根据命令行提示进行修剪操作，结果如图 4-29 所示。命令行如下：

```
命令:TRIM↙                                    //调用“修剪”命令
当前设置:投影=UCS, 边=无
选择剪切边...
选择对象或 <全部选择>:↙                         //直接回车，默认选择所有对象为修剪边界
```

```
选择要修剪的对象，或按住 Shift 键选择要延伸的对象，或
[栏选(F)/窗交(C)/投影(P)/边(E)/删除(R)/放弃(U)]:              //在需要修剪的图形上方单击
```

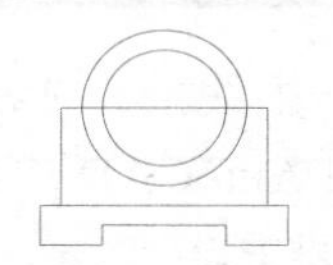

图 4-28　打开素材

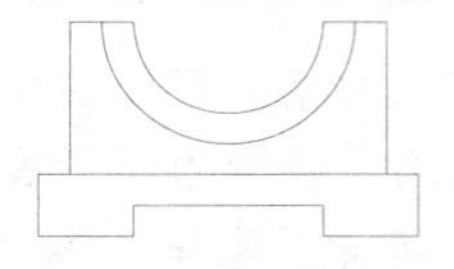

图 4-29　修剪图形

专家提醒

在修剪图形时，将鼠标移至需要修剪处，可以快速预览修剪的结果。

4.4.3　延伸

“延伸”命令是将没有和边界相交的部分延伸补齐，它和“修剪”命令是一组相对的命令。在调用命令的过程中，需要设置的参数有延伸边界和延伸对象两类。使用“延伸”命令延伸图形如图 4-30 所示。

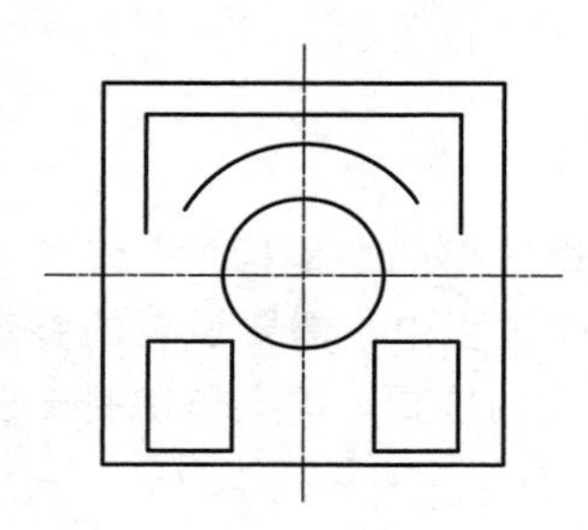

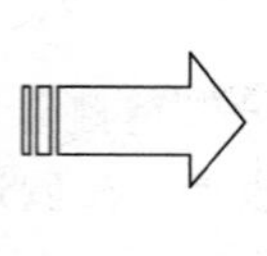

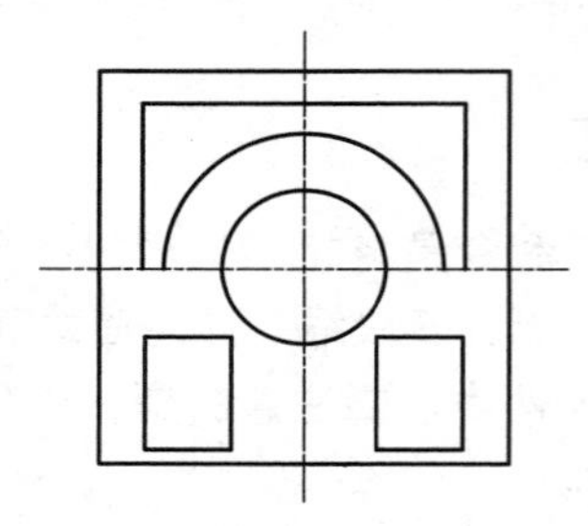

图 4-30　延伸图形

调用“延伸”命令的方法如下：

- 菜单栏：调用“修改”｜“延伸”菜单命令。
- 面　板：单击“修改”面板中的“延伸”按钮--/。
- 命令行：在命令行输入 EXTEND（或 EX）并回车。

调用“延伸”命令后，命令行操作如下：

```
当前设置:投影=UCS，边=无
选择边界的边...
选择对象或 <全部选择>:                          //鼠标选择要作为边界的对象
选择对象:                                       //可以继续选择对象或回车结束选择
选择要延伸的对象，或按住 Shift 键选择要修剪的对象，或[栏选(F)/窗交(C)/投影(P)/边(E)/放
弃(U)]:                                         //选择要延伸的对象
```

命令行中各选项含义如下：

- 栏选（F）：用栏选的方式选择要延伸的对象。
- 窗交（C）：用窗交方式选择要延伸的对象。
- 投影（P）：用以指定延伸对象时使用的投影方式，即选择进行延伸的空间。

- 边（E）：指定是将对象延伸到另一个对象的隐含边或是延伸到三维空间中与其相交的对象。
- 放弃（U）：放弃上一次的延伸操作。

技巧点拨

在修剪操作中，选择修剪对象时按住Shift键，可以将该对象向边界延伸；在“延伸”命令中，选择延伸对象时按住 Shift 键，可以将该对象超过边界的部分修剪删除。从而节省更换命令的操作，大大提高绘图效率。

4.4.4 倒角

“倒角”命令用于将两条非平行直线或多段线做出有斜度的倒角，如图 4-31 所示，在机械绘图中较为常用。

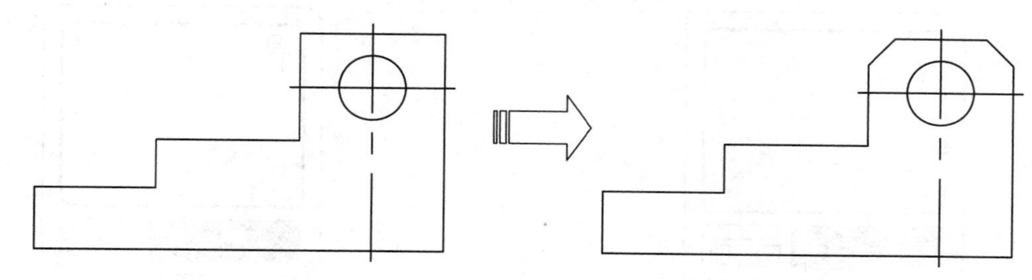

图 4-31　倒角图形

调用“倒角”命令的方法如下：

- 菜单栏：调用“修改” | “倒角”菜单命令。
- 面　板：单击“修改”面板中的“倒角”按钮。
- 命令行：在命令行输入 CHAMFER（或 CHA）并回车。

调用“倒角”命令后，命令行提示如下：

```
(“修剪”模式) 当前倒角距离 1 = 10.0000，距离 2 = 10.0000
选择第一条直线或 [放弃(U)/多段线(P)/距离(D)/角度(A)/修剪(T)/方式(E)/多个(M)]: // 选 择第一条直线或选择一个选项
```

此时有两种倒角方式可供选择。

1. 距离（D）方式

通过设置两个倒角边的倒角距离来进行倒角操作。

2. 角度（A）方式

通过设置一个角度和一个距离来进行倒角操作。

案例【4-8】 对电视机轮廓倒角　　视频文件：DVD\视频\第 4 章\4-8.MP4

步骤 01 调用 OPEN“打开”命令并回车，打开“第 4 章\课堂举例 4-8.dwg”文件，如图 4-32 所示。

步骤 02 单击“修改”面板中的“倒角”按钮，对电视机外轮廓进行倒角，如图 4-33 所示，

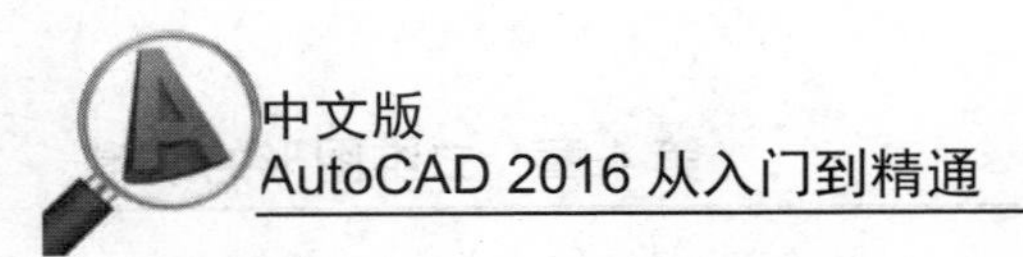

命令行操作如下：

```
命令：chamfer↙                                              //调用“倒角”命令
（“修剪”模式）当前倒角距离 1 = 0.0000，距离 2 = 0.0000
选择第一条直线或 [放弃(U)/多段线(P)/距离(D)/角度(A)/修剪(T)/方式(E)/多个(M)]:D↙
                                                            //激活“距离(D)”选项
指定 第一个 倒角距离 <0.0000>:30↙                            //输入第一个倒角距离
指定 第二个 倒角距离 <30.0000>:30↙                           //输入第二个倒角距离
选择第一条直线或 [放弃(U)/多段线(P)/距离(D)/角度(A)/修剪(T)/方式(E)/多个(M)]:
                                                            //单击需要倒角的第一条线段
选择第二条直线，或按住 Shift 键选择直线以应用角点或 [距离(D)/角度(A)/方法(M)]:
                                                            //单击需要倒角的第二条线段
```

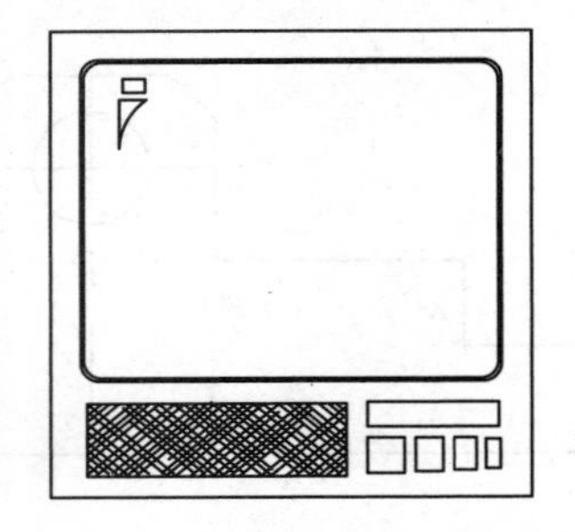

图 4-32　素材图形

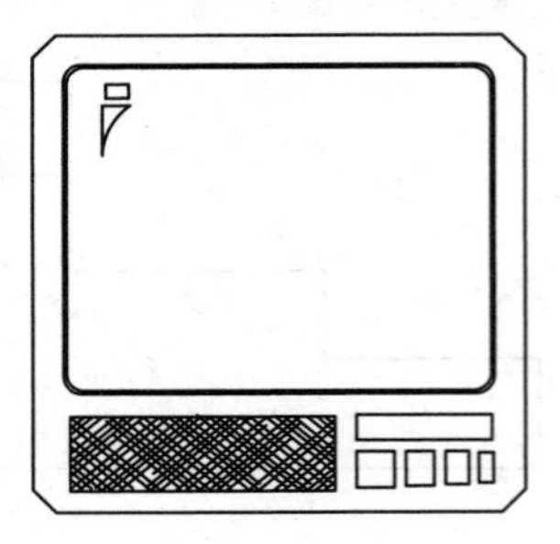

图 4-33　倒角结果

技巧点拨

在 AutoCAD 2016 中创建图形倒角时，能够快速预览操作结果，如图 4-34 所示。

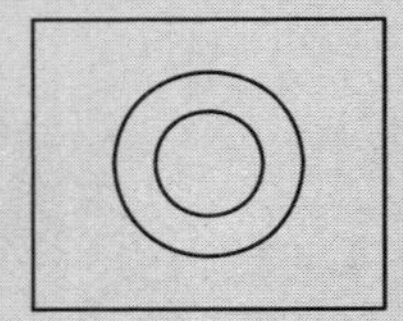

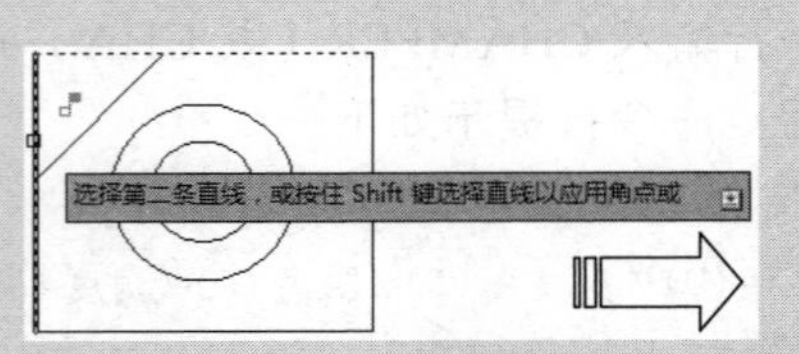

图 4-34　预览倒角效果

4.4.5 圆角

圆角与倒角类似，它是将两条相交的直线通过一个圆弧连接起来。“圆角”命令的使用也可分为两步：第一步确定圆角大小，通常用“半径”确定；第二步选定两条需要圆角的边。

调用“圆角”命令有以下 3 种方法：

- 菜单栏：调用“修改”｜“圆角”菜单命令。
- 面　板：单击“修改”面板中的“圆角”按钮。
- 命令行：在命令行输入 FILLET（或 F）并回车。

技巧点拨

调用“圆角”和“倒角”命令还可以使两条分开的不平行的线段连接起来，相当于优化的“延伸”命令。

案例【4-9】 对微波炉外轮廓进行圆角　　视频文件：DVD\视频\第 4 章\4-8.MP4

步骤 01 调用 OPEN “打开” 命令并回车，打开 “第 4 章\课堂举例 4-10.dwg” 文件，如图 4-35 所示。

步骤 02 单击 “修改” 面板中的 “圆角” 按钮，对微波炉外轮廓进行倒圆角，如图 4-36 所示，命令行操作如下：

```
命令：_fillet↙                                                    //调用“圆角”命令
当前设置：模式 = 修剪，半径 = 0.0000
选择第一个对象或 [放弃(U)/多段线(P)/半径(R)/修剪(T)/多个(M)]：M↙ //激活“多个(M)”选项
选择第一个对象或 [放弃(U)/多段线(P)/半径(R)/修剪(T)/多个(M)]：R↙ //激活“半径(R)”选项
指定圆角半径 <0.0000>:12↙                                          //输入半径 12
选择第一个对象或 [放弃(U)/多段线(P)/半径(R)/修剪(T)/多个(M)]：     //单击第一条直线
选择第二个对象，或按住 Shift 键选择对象以应用角点或 [半径(R)]：↙  //单击第二条直线
```

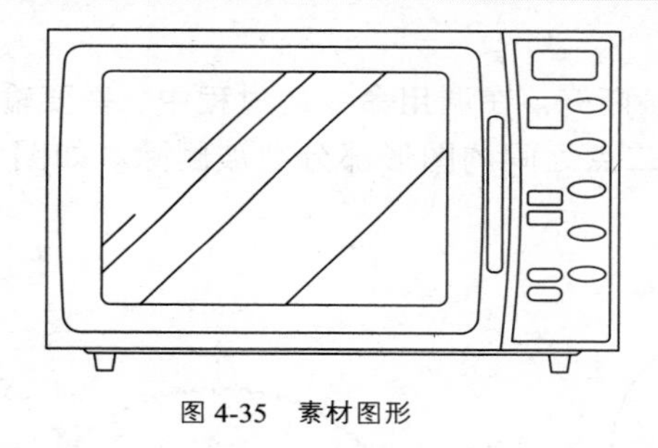

图 4-35　素材图形

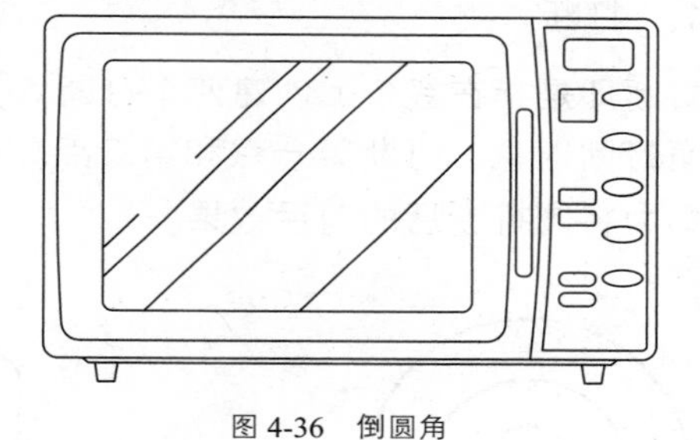

图 4-36　倒圆角

4.4.6 光顺曲线

“光顺曲线” 命令可以在两条开放曲线的端点之间创建相切或平滑的样条曲线。调用该命令的方法如下：

- 菜单栏：调用 “修改” | “光顺曲线” 菜单命令。
- 命令行：在命令行中输入 BLEND 命令并回车。

光顺曲线效果如图 4-37 所示。

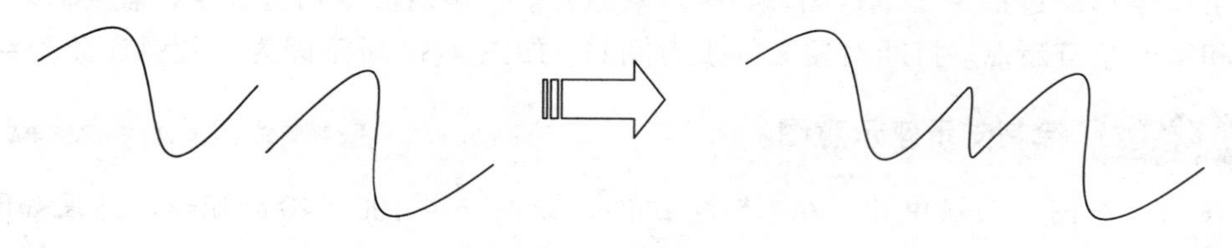

图 4-37　光顺曲线

4.5 其他修改命令

除了前面提到的一些修改图形的基本命令外，还需要学习打断、合并、分解等命令的操作方法，这样才能够更好地编辑图形，使绘制的图形更为准确。

4.5.1 打断

“打断”命令是指把原本是一个整体的线条分离成两段。该命令只能打断单独的线条，而不能打断组合形体，如图块等。

调用“打断”命令的方法如下：

- 菜单栏：调用“修改” | “打断”菜单命令。
- 面　板：单击“修改”面板中的“打断”按钮或“打断于点”按钮。
- 命令行：在命令行输入 BREAK（BR）并回车。

根据打断点数量的不同，“打断”命令可以分为打断和打断于点。

1. 打断

打断即是指在线条上创建两个打断点，从而将线条断开。在调用命令的过程中，需要输入的参数有打断对象、打断第一点和第二点。第一点和第二点之间的图形部分则被删除。如图 4-38 所示即为将圆打断后的前后效果。

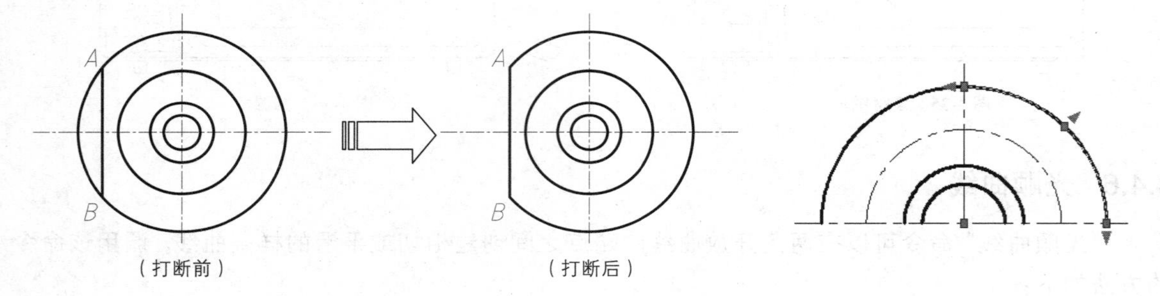

图 4-38　打断

图 4-39　打断于点

2. 打断于点

打断于点是指通过指定一个打断点，将对象断开。在调用命令的过程中，需要输入的参数有打断对象和第一个打断点。打断对象之间没有间隙。如图 4-39 所示即为将圆弧在象限点处打断。

案例【4-10】 绘制支承座示意图　　视频文件：DVD\视频\第 4 章\4-10.MP4

步骤 01 单击“绘图”面板中的“矩形”按钮，绘制一个 100×40 的矩形，结果如图 4-40 所示。

步骤 02 单击“绘图”面板中的“圆心，半径”按钮，捕捉矩形上边线中点为圆心，绘制一个半径为 25 的圆，结果如图 4-41 所示。

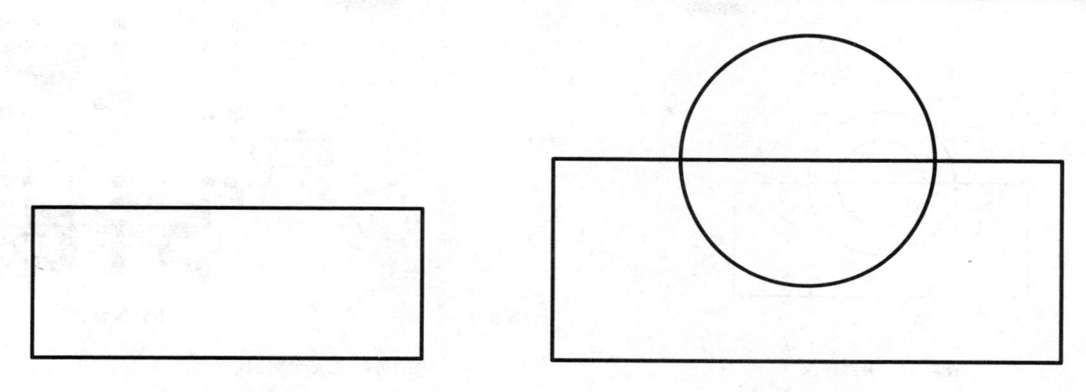

图 4-40　绘制矩形　　　　图 4-41　绘制圆

步骤 03 单击“修改”面板中的“打断”按钮，打断矩形的上边线，结果如图 4-42 所示，命令行操作如下：

```
命令: _break
选择对象:                                          //选择矩形
指定第二个打断点 或 [第一点(F)]:F↙                 //输入选项 F 表示将要指定第一个打断点
命令: BREAK 选择对象:                              //捕捉第一个打断点
指定第二个打断点 或 [第一点(F)]:                    //捕捉第二个打断点
```

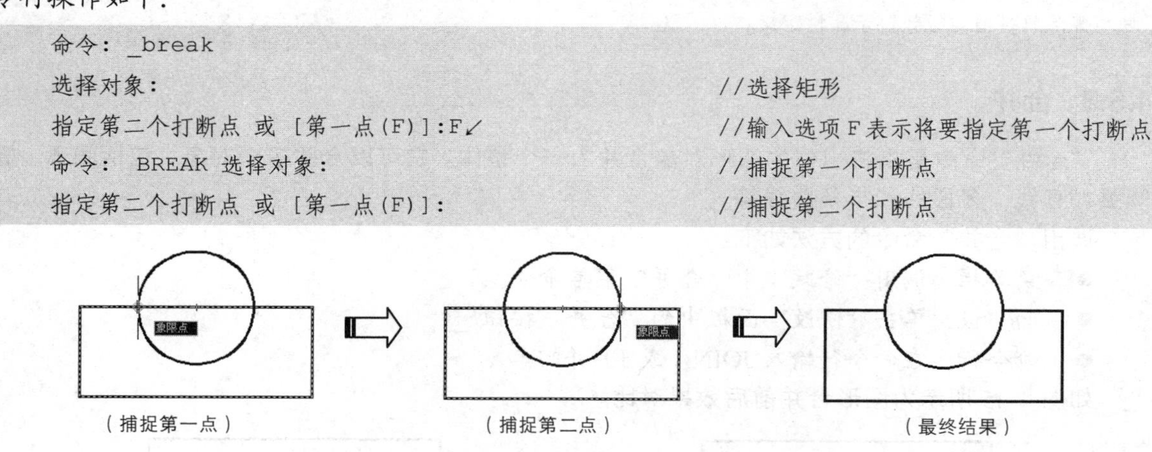

图 4-42　打断操作

步骤 04 单击“绘图”面板中的“圆心，半径”按钮，绘制一个半径为 15 的圆，结果如图 4-43 所示。整个支承座绘制完成。

4.5.2 分解

“分解”命令是将某些特殊的对象，分解成多个独立的部分，以便于更具体的编辑。主要用于将复合对象，如矩形、多段线、块等，还原为一般对象。分解后的对象，其颜色、线型和线宽都可能发生改变。如图 4-44 所示为显示器图例分解前后对比。

调用“分解”命令的方法如下：

- 菜单栏：调用“修改”|“分解”菜单命令。
- 面　板：单击“修改”面板中的“分解”按钮。
- 命令行：在命令行输入 EXPLODE（或 X）并回车。

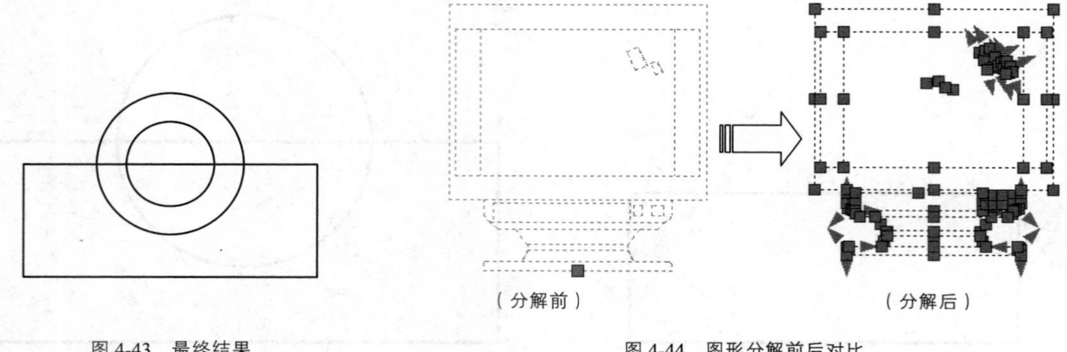

图 4-43　最终结果　　　　图 4-44　图形分解前后对比

专家提醒

“分解”命令不能分解用 MINSERT 和外部参照插入的块以及外部参照依赖的块。分解一个包含属性的块将删除属性值并重新显示属性定义。

4.5.3 合并

“合并”命令是指将相似的图形对象合并为一个整体。它可以合并多个对象，包括圆弧、椭圆弧、直线、多段线和样条曲线等。

调用“合并”命令的方法如下：

- 菜单栏：调用“修改”｜“合并”菜单命令。
- 面　板：单击“修改”面板中的“合并”按钮。
- 命令行：在命令行输入 JOIN（或 J）并回车。

如图 4-45 所示为图形合并前后效果对比。

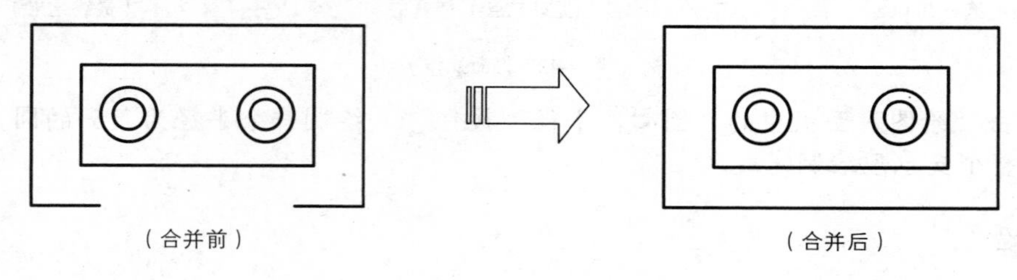

图 4-45　合并图形

4.5.4 跟踪练习 1：绘制齿轮架轮廓图

步骤 01　单击“图层”面板中的“图层特性”按钮，打开“图层特性管理器”对话框，然后单击“新建图层”按钮，新建“粗实线”“中心线”等图层，并分别设置图层的名称、线型及线宽等特性，如图 4-46 所示。

步骤 02　利用“构造线”工具绘制两条相互垂直的构造线作为定位辅助线。单击“修改”面板中的“偏移”按钮，将刚才绘制的水平构造线分别向上偏移 55、91 和 160，结果如图 4-47 所示。

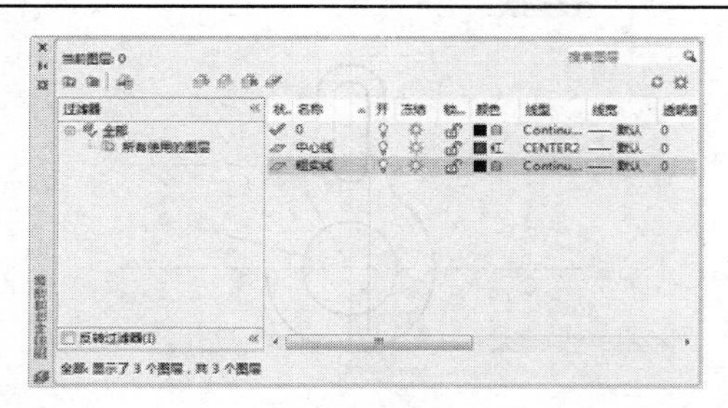

图 4-46　新建图层

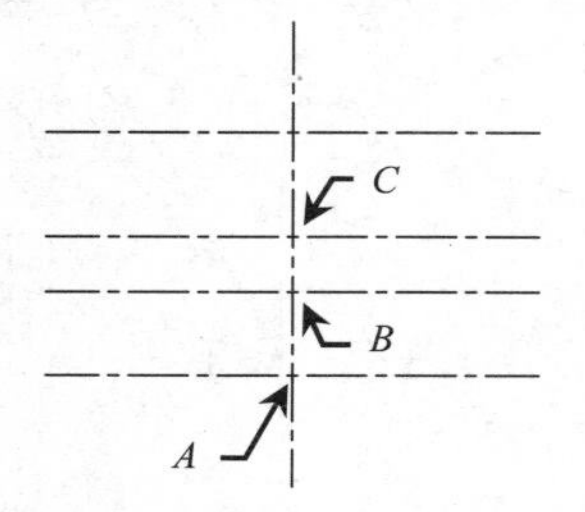

图 4-47　绘制辅助线

步骤 03　将“粗实线”图层切换为当前图层，单击“圆心，半径”按钮，以交点 A 为圆心绘制半径为 25 的圆和半径为 45 的同心圆 O_1，以交点 B 和交点 C 为圆心，绘制半径为 9 和 18 的同心圆，结果如图 4-48 所示。单击“直线”按钮，分别连接半径为 9 和 18 的圆与辅助线的交点绘制 4 条垂直线段，结果如图 4-49 所示。

步骤 04　单击“绘图”面板中的“相切，相切，半径”按钮，以半径为 45 和 18 的两个相交圆作为相切对象，绘制一个半径为 30 的相切圆，结果如图 4-50 所示。单击“修改”面板中的“修剪”按钮，修剪掉多余的直线和圆弧，结果如图 4-51 所示。

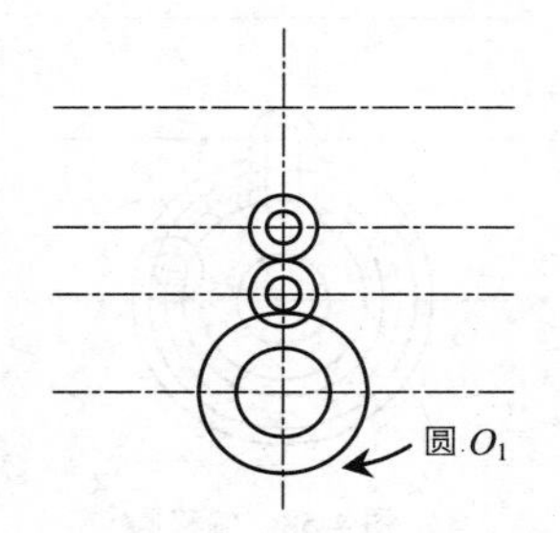

图 4-48　绘制圆

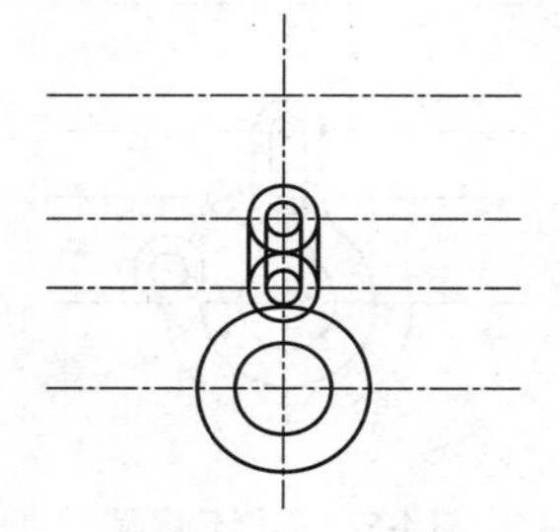

图 4-49　绘制垂直线段

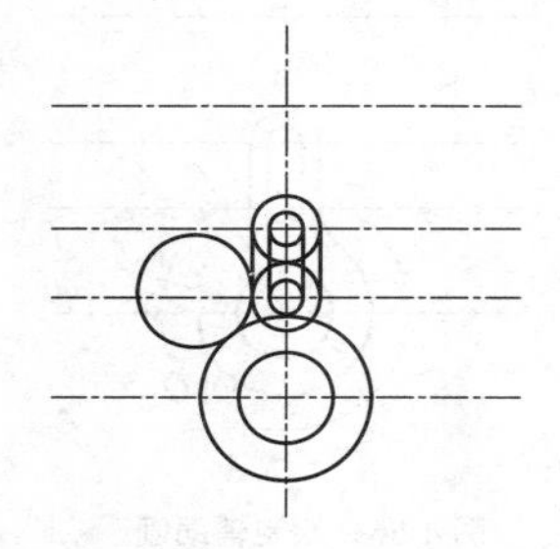

图 4-50　绘制相切圆

步骤 05　将“中心线”图层设置为当前图层，单击状态栏上的“极轴追踪”按钮，并设置“增量角”为 30°。单击“直线”按钮，以 A 点为起点，绘制角度为 60° 线段 L，如图 4-52 所示，结果如图 4-53 所示。

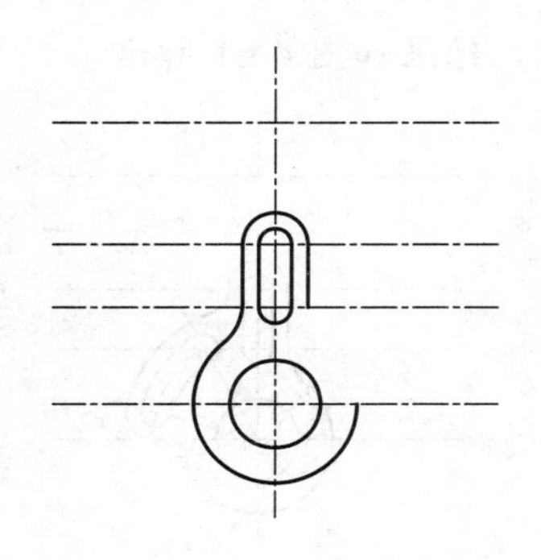

图 4-51　修剪多余的圆弧和直线

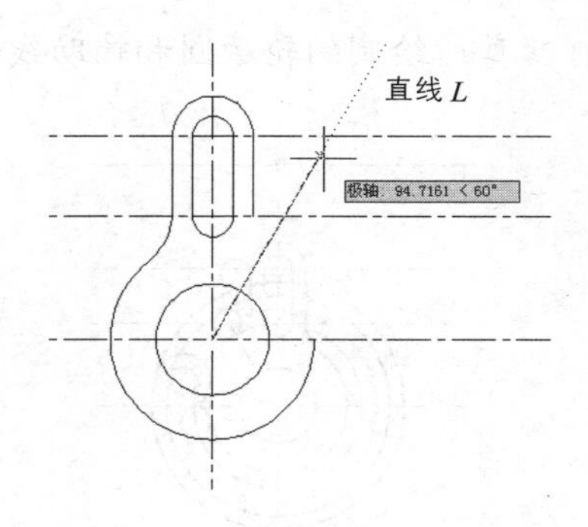

图 4-52　极轴追踪

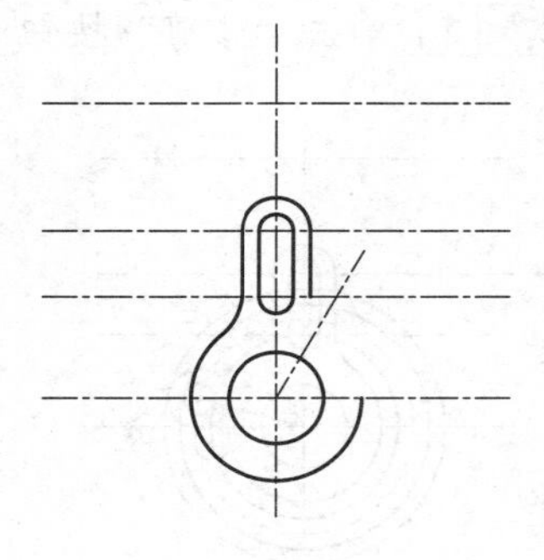

图 4-53　绘制结果

步骤 06　单击状态栏上的“极轴追踪”按钮，并设置“增量角”为 15°。单击“直线”按钮，以 A 点为起点，绘制角度为 15° 的线段 M，如图 4-54 所示，绘制结果如图 4-55 所示。

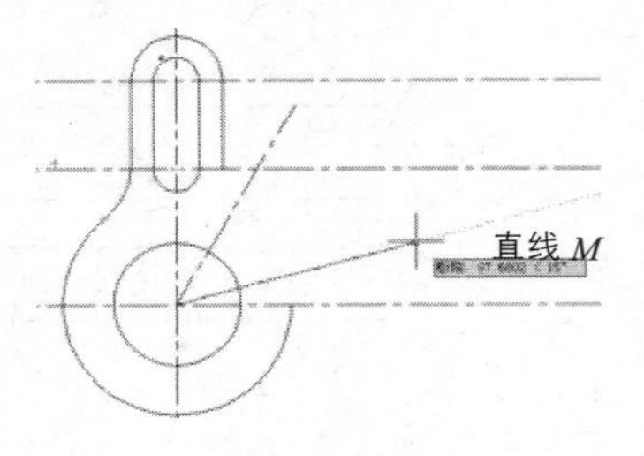

图 4-54　极轴追踪绘图

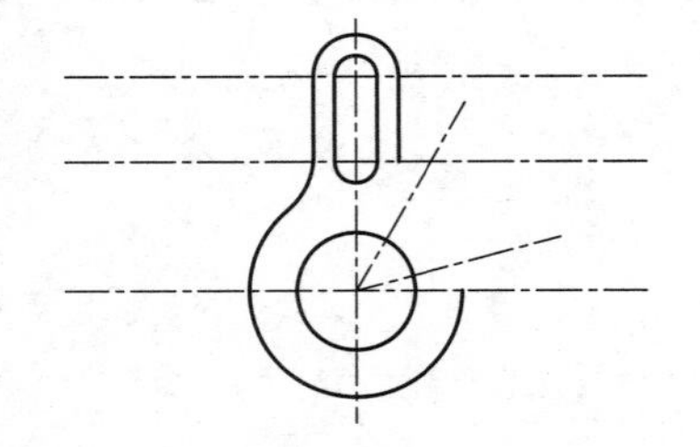
图 4-55　绘制结果

步骤 07 单击“绘图”面板中的“圆心，半径”按钮，以 A 点为圆心，绘制一个半径为 64 的圆作为辅助圆 O_2，如图 4-56 所示。重复调用“圆”命令，以辅助圆与辅助线 L 的交点为圆心绘制半径为 9 的圆；以辅助圆与辅助线 M 的交点为圆心绘制半径为 9 和 18 的同心圆，绘制结果如图 4-57 所示。

步骤 08 单击“偏移”按钮，以半径为 64 的辅助圆 O_2 为偏移对象分别向内偏移 9，向外偏移 9 和 18，然后将绘制的圆转化到“粗实线”图层，结果如图 4-58 所示。

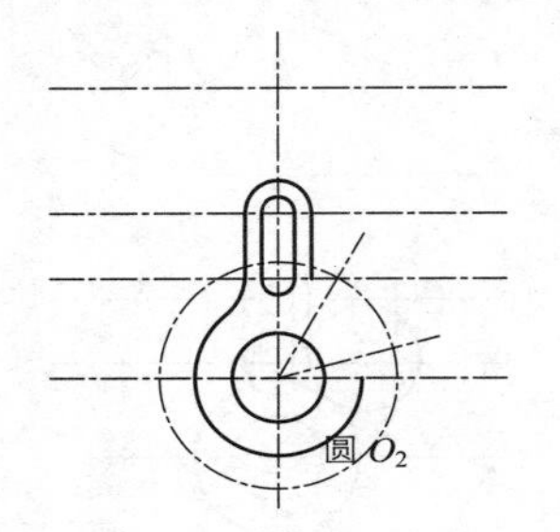

图 4-56　绘制辅助圆

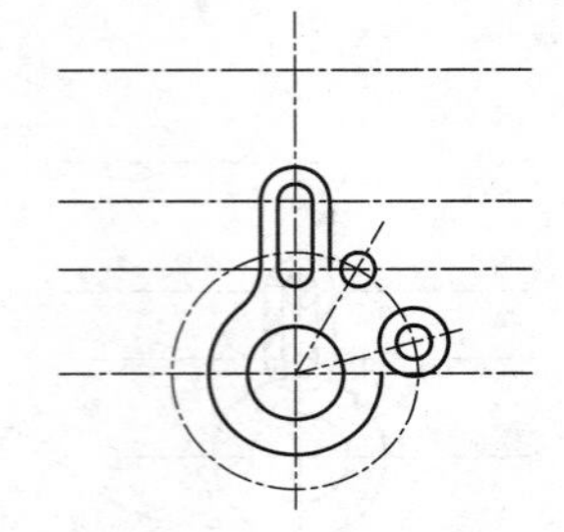
图 4-57　绘制轮廓圆

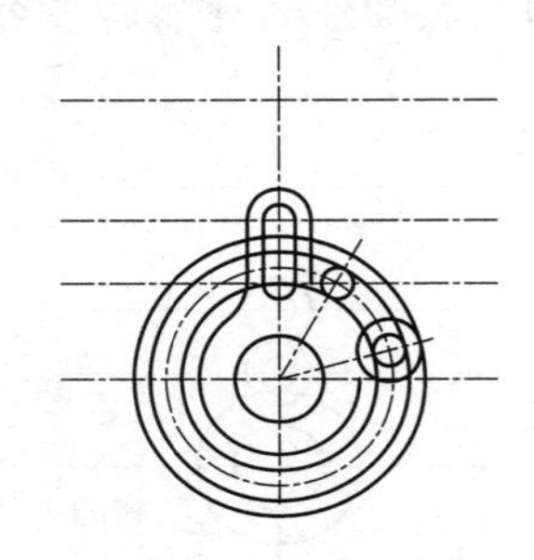
图 4-58　偏移圆

步骤 09 单击“绘图”面板中的“相切，相切，半径”按钮，以图 4-57 所示的圆 O_1 和圆 O_2 作为相切对象绘制一个半径为 10 的相切圆，如图 4-59 所示。

步骤 10 单击“绘图”面板中的“相切，相切，半径”按钮，以图 4-59 所示的线段和圆作为相切对象，绘制一个半径为 10 的相切圆，结果如图 4-60 所示。

步骤 11 单击“修剪”按钮，修剪所绘制的轮廓圆和辅助线部分，结果如图 4-61 所示。

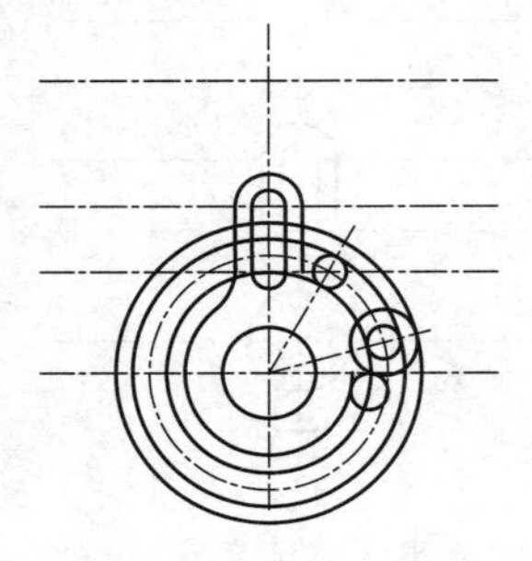
图 4-59　绘制相切圆

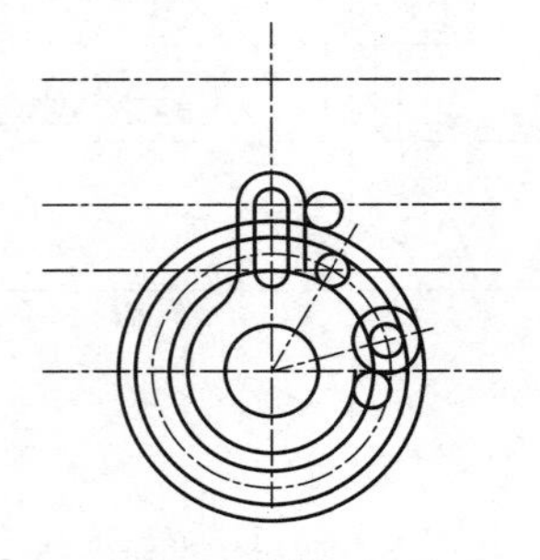
图 4-60　绘制相切圆

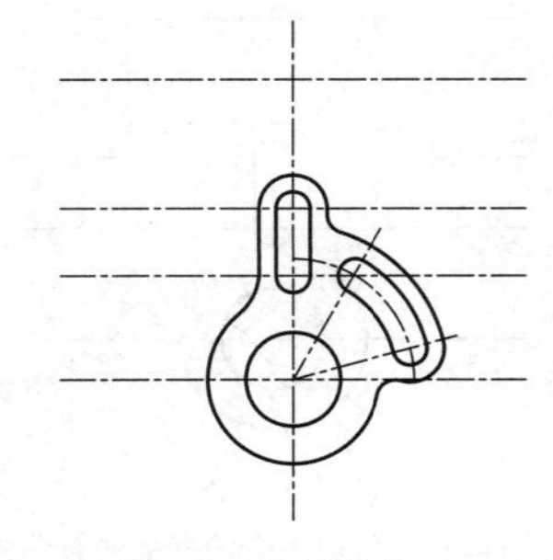
图 4-61　修剪操作

步骤 12 单击“修改”面板中的“偏移”按钮，选择最上侧的水平构造线，将其向下偏移 5；选择竖直构造线，分别向左和向右偏移 10，如图 4-62 所示。以辅助线的交点为圆心绘制一个半径为 5 的圆，如图 4-63 所示。

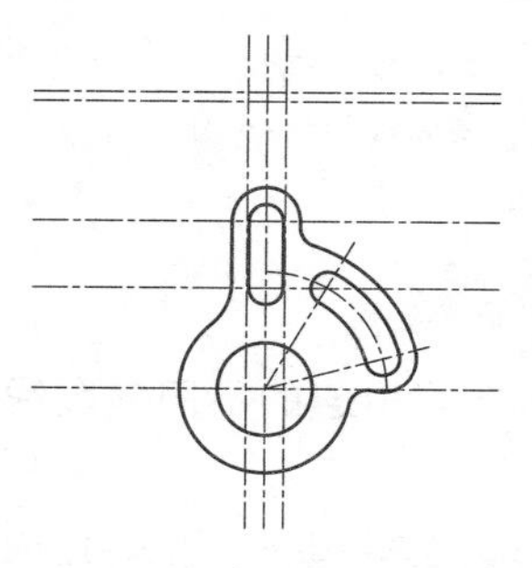

图 4-62　偏移辅助线

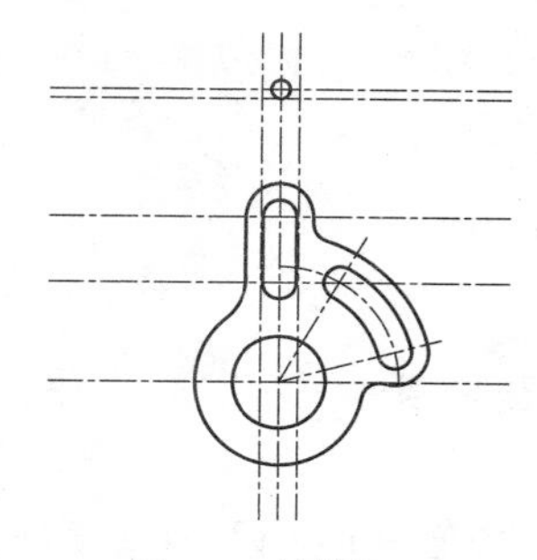

图 4-63　绘制圆

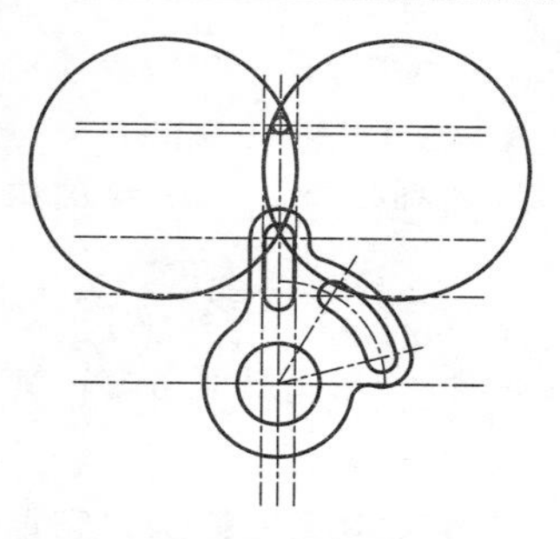

图 4-64　绘制半径为 80 的相切圆

步骤 13　单击“修改”面板中的“相切，相切，半径”按钮，分别以半径为 5 的圆和图 4-62 所示的构造线 1、半径为 5 的圆和构造线 2 为相切对象绘制两个半径为 80 的相切圆，如图 4-64 所示。然后重复以上命令，分别以半径为 80 的两个圆与圆 4 为相切对象，绘制两个半径为 8 的相切圆，如图 4-65 所示。

步骤 14　调用“修剪”和“删除”命令，修剪和删除掉多余的线段和圆弧，结果如图 4-66 所示。单击“修改”面板中的“拉长”按钮，拉长各部分中心线，结果如图 4-67 所示，至此，整个齿轮架轮廓图绘制完成。

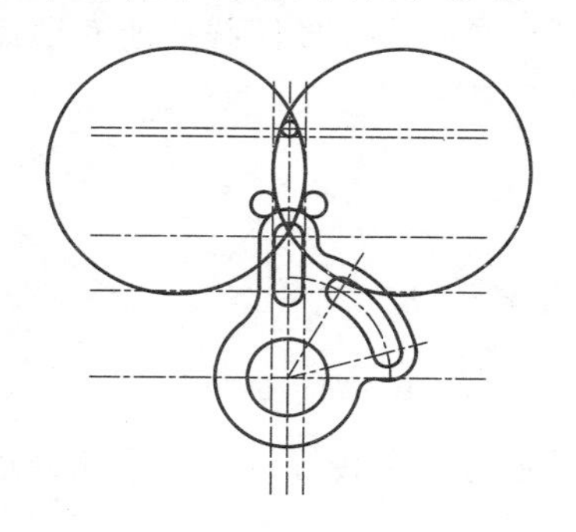

图 4-65　绘制半径为 8 的相切圆

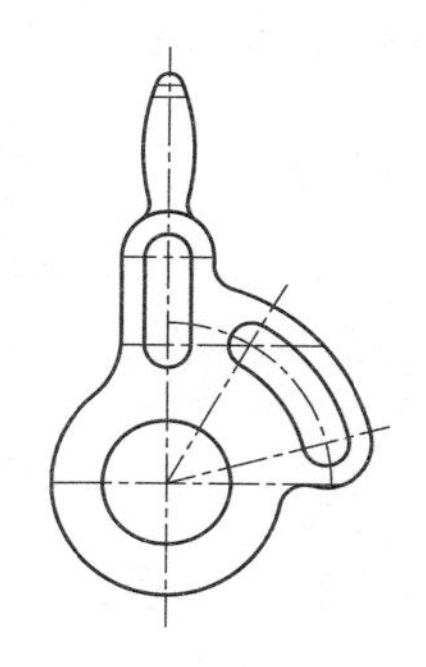

图 4-66　修剪

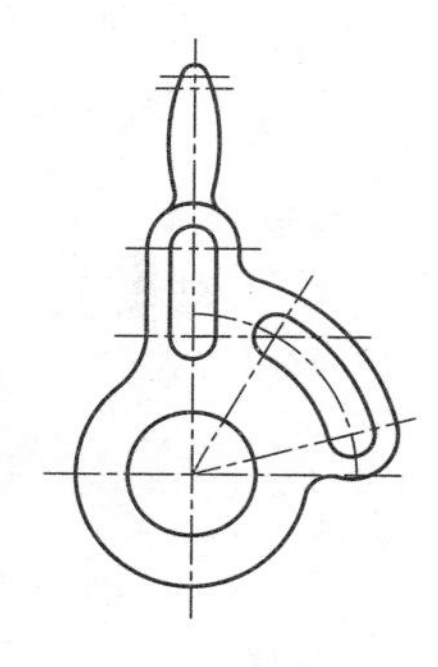

图 4-67　拉长辅助线

AutoCAD 2016

4.6 复杂图形的编辑

本小节主要讲解复杂图形的编辑方法，包括多段线、多线和样条曲线。

4.6.1 多段线编辑

“多段线”命令专用于编辑修改已存在的多段线，以及将直线或曲线转化为多段线。调用“多段线”命令的方式有以下两种：

- 菜单栏：调用“修改”｜“对象”｜“多段线”菜单命令。
- 面　板：单击“修改”面板中的“编辑多段线”按钮。
- 命令行：在命令行输入 PEDIT（或 PE）并回车。

启动命令后，选择需要编辑的多段线。然后，命令行提示选择备选项。

```
命令: PE ↙                                    //启动命令
PEDIT 选择多段线或 [多条(M)]:                  //选择一条或多条多段线
```

输入选项 [闭合(C)/合并(J)/宽度(W)/编辑顶点(E)/拟合(F)/样条曲线(S)/非曲线化(D)/线型生成(L)/反转(R)/放弃(U)]: //提示选择备选项

下面介绍常用的备选项用法。

1. 合并多段线

合并（J）备选项是 PEDIT 命令中最常用的一种编辑操作，可以将首尾相连的不同多段线合并成一个多段线。

更具实用意义的是，它能够将首尾相连的非多段线(如直线、圆弧等)连接起来，并转化成一个单独的多段线。这个功能在三维建模中经常用到。

2. 打开/闭合多段线

对于首尾相连的闭合多段线，可以选择打开（O）备选项，删除多段线的最后一段线段。对于非闭合的多段线，可以选择闭合（C）备选项，连接多段线的起点和终点，形成闭合多段线。

3. 拟和/还原多段线

多段线和平滑曲线之间可以相互转换，相关操作的备选项如下：

拟和（F）：用曲线拟和方式将已存在的多段线转化为平滑曲线。曲线经过多段线的所有顶点并成切线方向，如图 4-68 所示。

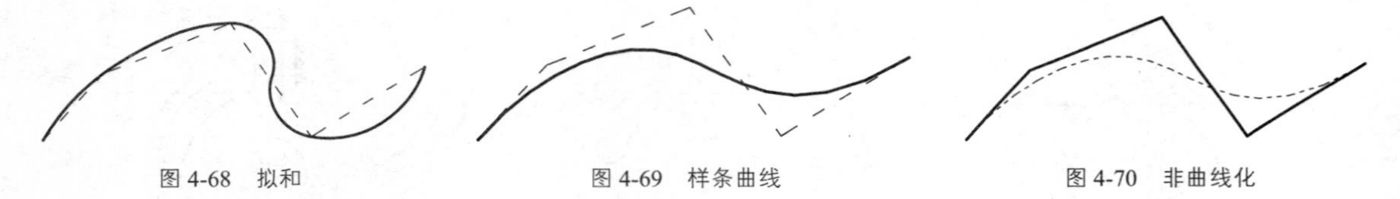

图 4-68 拟和　　图 4-69 样条曲线　　图 4-70 非曲线化

样条曲线（S）：用样条拟和方式将已存在的多段线转化为平滑曲线。曲线经过第一个和最后一个顶点，如图 4-69 所示。

非曲线化（D）：将平滑曲线还原成为多段线，并删除所有拟和曲线，如图 4-70 所示。

4. 顶点编辑

选择编辑顶点（E）备选项，可以对多段线的顶点进行增加、删除、移动等操作，从而修改整个多段线的形状。选择该备选项后，命令行进入顶点编辑模式。

输入顶点编辑选项 [下一个(N)/上一个(P)/打断(B)/插入(I)/移动(M)/重生成(R)/拉直(S)/切向(T)/宽度(W)/退出(X)] <N>:

各备选项功能的说明如下：

- 下一个/上一个：用于选择编辑顶点。选择相应的备选项后，屏幕上的“×”形光标将移到下一顶点或上一顶点，以便选择并编辑其他选项。
- 打断：使多段线在编辑顶点处断开。选择该备选项后，需要在下一命令中，选择“调用”备选项，操作才能生效。
- 移动：移动编辑顶点的位置，从而改变整个多段线形状。
- 插入：在编辑顶点处增加新顶点，从而增加多段线的线段数目。
- 拉直：删除顶点并拉直多段线。选择该备选项后，在下一备选项中移动“×”形光标，并选择“调用“备选项，移动过程中经过的顶点将被删除从而拉直多段线。

- 切向：为编辑顶点增加一个切线方向。将多段线拟和成曲线时，该切线方向将会被用到。该选项对现有的多段线形状不会有影响。
- 宽度：设置编辑顶点处的多段线宽度。
- 重生成：重画多段线，编辑多段线后，刷新屏幕，显示编辑后的效果。
- 退出：退出顶点编辑模式。

5. 其他备选项

宽度：修改多段线线宽。这个选项只能使多段线各段具有统一的线宽值。如果要设置各段不同的线宽值或渐变线宽，可到顶点编辑模式下选择“宽度”编辑选项。

线型生成：生成经过多段线顶点的连续图案线型。关闭此选项，将在每个顶点处以点划线开始和结束生成线型。“线型生成”不能用于带变宽线段的多段线。

4.6.2 多线编辑

调用“多线”命令，可以编辑修改已存在的多线。启动该命令的方法如下：

- 菜单栏：调用“修改”｜“对象”｜“多线”菜单命令。
- 命令行：在命令行输入 MLEDIT 并回车。

启动 MLEDIT 命令后，弹出图 4-71 所示的“多线编辑工具”对话框。对话框共有 4 列 12 种“多线”编辑工具。第一列控制交叉的多线，第二列控制 T 形相交的多线，第三列控制“多线”的角点结合和顶点，第四列控制多线的中断或接合。每种工具的样例图案显示了多线编辑前后的效果。操作时，单击需要的编辑工具的图标，然后选择需要编辑的多线对象即可。

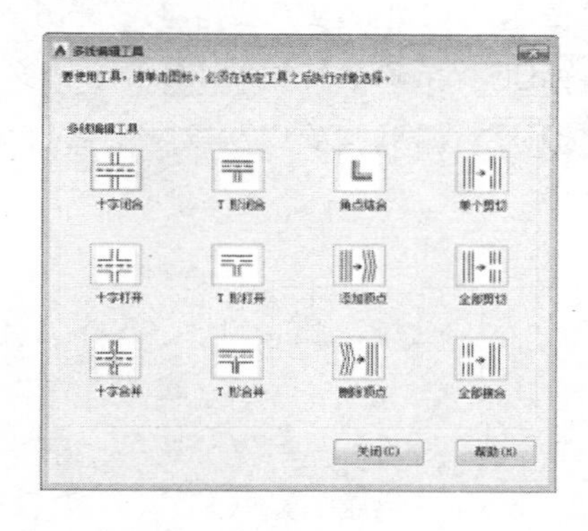

图 4-71　“多线编辑工具”对话框

案例【4-11】　绘制并编辑墙体

视频文件：DVD\视频\第 4 章\4-11.MP4

步骤 01　在命令行输入 MLSTYLE“多线样式”并回车，弹出一个如图 4-72 所示的“多线样式”对话框。

步骤 02　新建多线样式，在“多线样式”对话框中单击“新建”按钮，弹出“创建新的多线样式”对话框，在“新样式名“文本框中输入新建样式名称“24 墙体”，如图 4-73 所示。

图 4-72　“多线样式”对话框

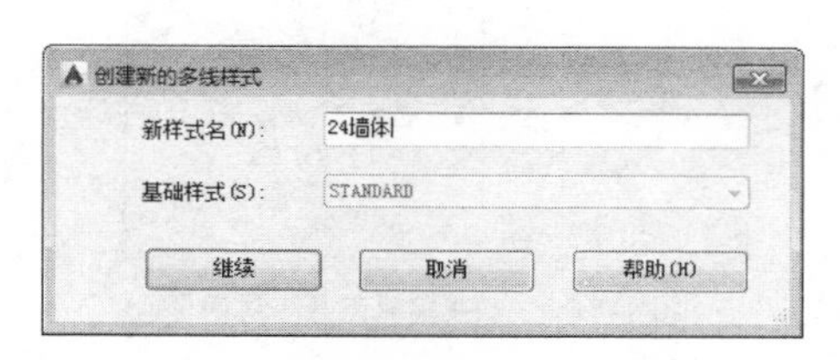

图 4-73　“创建新的多线样式”对话框

步骤03 单击“继续”按钮返回到“新建多线样式：24 墙体”对话框中，设置图元的偏移量均为“120”，颜色和线型均为“ByLayer”，结果如图 4-74 所示。

步骤04 单击“确定”按钮返回到“多线样式”对话框中，选择“24 墙体”样式选项置为当前；根据平面墙体的需要可以按照“24 墙体”的创建方法创建新的多线样式，如“12 墙体”或其他墙线。单击“确定”按钮返回绘图区域，如图 4-75 所示。

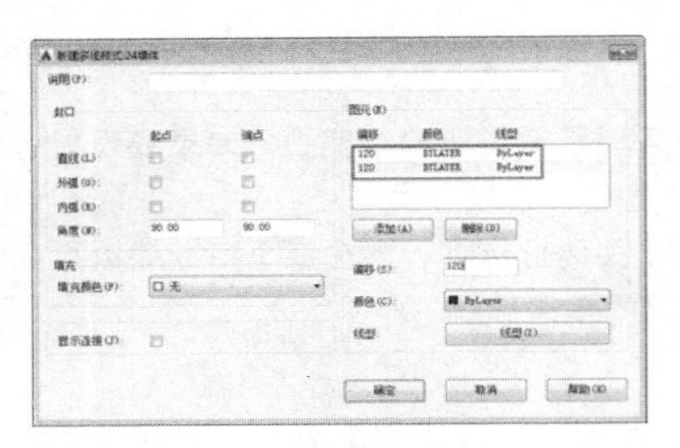

图 4-74 编辑“多线样式”

图 4-75 完成多线样式的设置

步骤05 打开配套光盘中的“第 4 章\课堂举例 4-11.dwg”文件，如图 4-76 所示。

步骤06 在命令行输入 MLINE“多线”并回车，绘制外墙线，结果如图 4-77 所示。

步骤07 调用“多线”命令绘制内墙线，结果如图 4-78 所示。

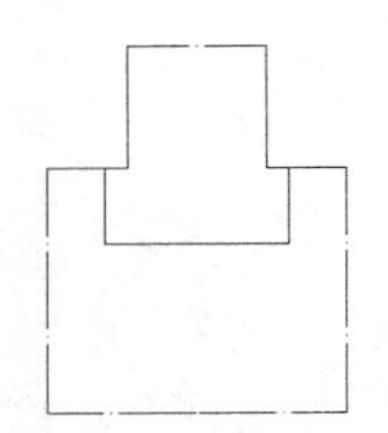

图 4-76 打开原始文件

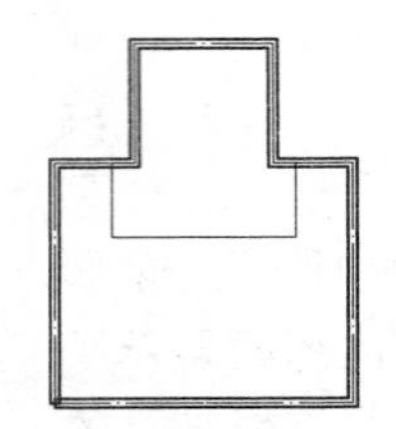

图 4-77 绘制外墙线

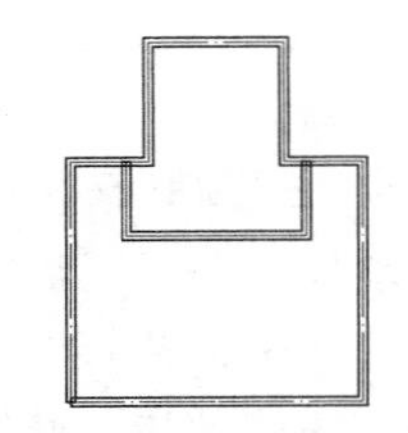

图 4-78 绘制内墙线

步骤08 在命令行输入 MLEDIT“编辑多线”并回车，打开“多线编辑工具”对话框，单击其中的“角点结合”按钮，如图 4-79 所示。

步骤09 单击“角点结合”按钮，系统立即关闭“多线编辑工具”对话框，对图形进行“角点结合”操作，选择左边竖直直线，然后选择最下边直线，结果如图 4-80 所示。

图 4-79 “多线编辑工具”对话框

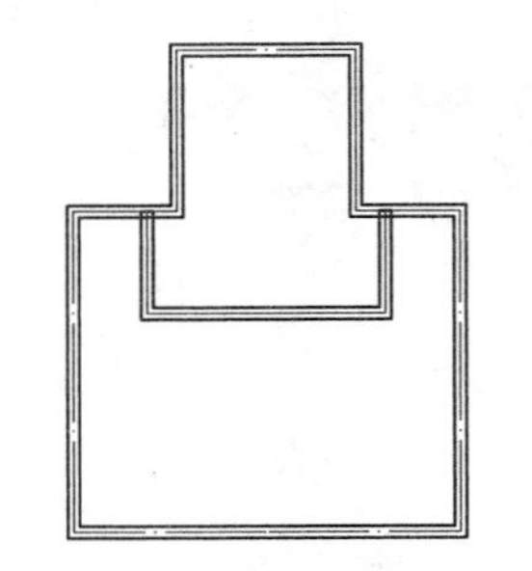

图 4-80 “角点结合”操作

步骤10 调整“T 字形相交多线”的交点模式。在命令行输入 MLEDIT“编辑多线”并回车，打开“多线编辑”对话框，单击其中的“T 形合并”按钮，如图 4-81 所示。

步骤 11　单击“T 形合并”按钮 后，系统立即关闭“多线编辑工具”对话框。最终效果如图 4-82 所示。命令行提示如下：

```
命令: _mledit
选择第一条多线:                                //选择内墙线左边的多线
选择第二条多线:                                //选择外墙线
选择第一条多线 或 [放弃(U)]:                    //选择内墙线右边的多线
选择第二条多线:                                //选择外墙线
```

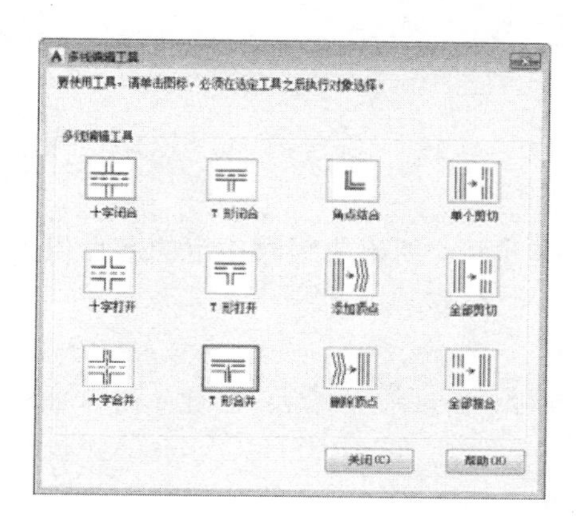

图 4-81　“多线编辑工具”对话框

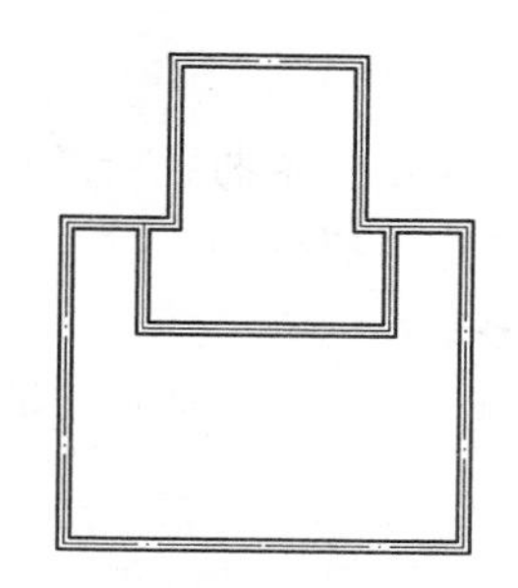

图 4-82　“T 形合并”操作

专家提醒

在选择墙线的时候，应先选择内墙线，然后选择外墙线，否则操作无效。

4.6.3　样条曲线编辑

SPLINEDIT（编辑样条曲线）命令用于编辑样条曲线，由 SPLINE（样条曲线）命令绘制的样条曲线具有许多特征，比如数据点的数量及位置、端点特征性及切线方向、样条曲线的拟合公差等，用 SPLINEDIT（编辑样条曲线）命令可以改变曲线的这些特征。

调用“编辑样条曲线”命令的方法如下：

- 菜单栏：调用“修改”|“对象”|“样条曲线”菜单命令。
- 面　板：单击“修改”面板中的“编辑样条曲线”按钮 。
- 命令行：在命令提示行输入 SPLINEDIT（或 SPE）并回车。

调用该命令后，命令行提示如下：

```
选择样条曲线:
输入选项 [闭合(C)/合并(J)/拟合数据(F)/编辑顶点(E)/转换为多段线(P)/反转(R)/放弃(U)/退出(X)] <退出>:
```

命令行中其他选项的含义如下：

1. 闭合（C）

该选项可以闭合开放的样条曲线，如图 4-83 所示。

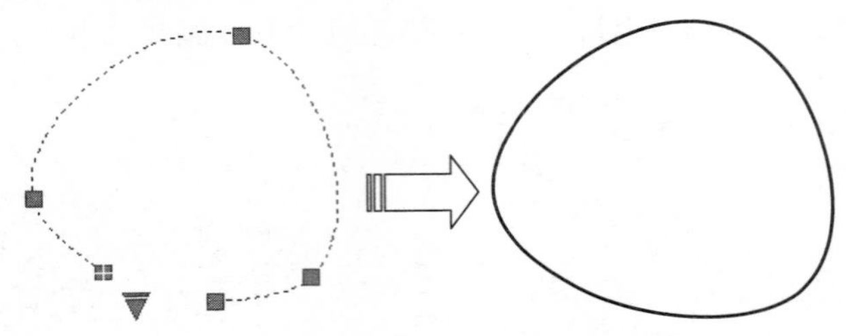

图 4-83　闭合样条曲线

2. 合并（J）

该选项可以将任何开放样条曲线合并到源。

3. 拟合数据（F）

该选项用于编辑样条曲线所通过的某些点。选择该选项后，创建曲线时指定的各点以小方格的形式显示，命令行提示如下：

```
输入拟合数据选项
[添加(A)/闭合(C)/删除(D)/扭折(K)/移动(M)/清理(P)/切线(T)/公差(L)/退出(X)] <退出>:
                                                          //输入选项或回车
```

4.6.4 跟踪练习 2：绘制双开门示意图

步骤 01 使用“矩形”和“直线”等工具绘制如图 4-84 所示的图形，其中矩形的宽度为 1400、高度为 1800，表示门洞的尺寸。

步骤 02 在命令行输入 MLSTYLE“多线样式”并回车，打开“多线样式”对话框，选择其中的 STANDARD 多线样式，单击“修改”按钮，如图 4-85 所示。

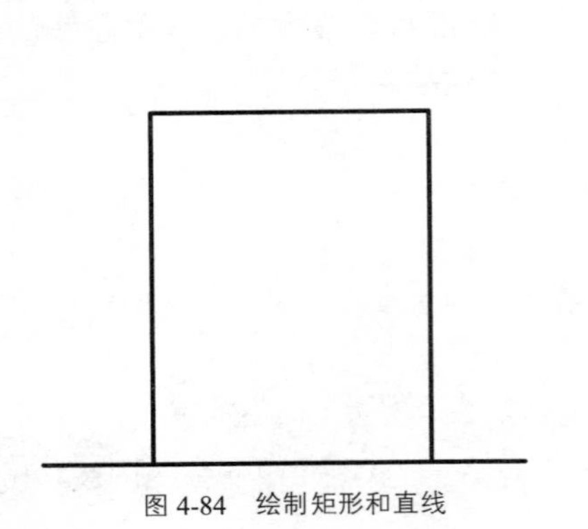

图 4-84　绘制矩形和直线

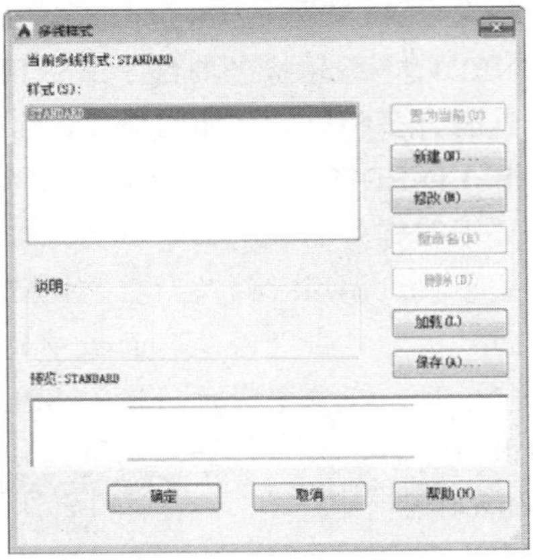

图 4-85　“多线样式”对话框

步骤 03 系统打开“修改多线样式：STANDARD”对话框，在其中设置如图 4-86 所示的参数并单击“确定”按钮。设置完成多线样式之后，单击“多线样式”对话框中的“确定”按钮。

步骤 04 在命令行输入 ML 并回车，调用“多线”绘图命令，设置比例为 3，对正类型为“上”，绘制如图 4-87 所示的多线。

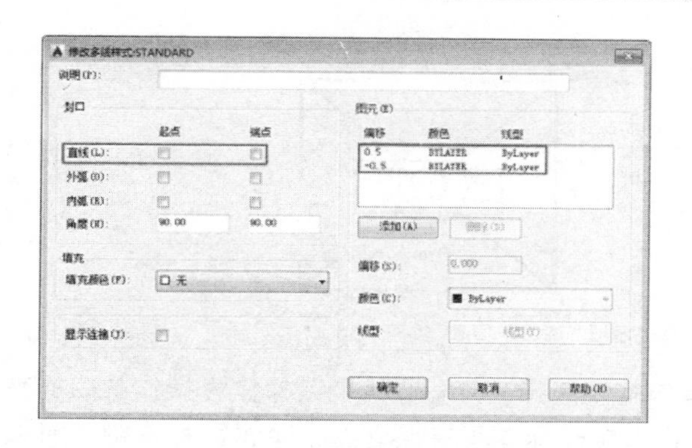

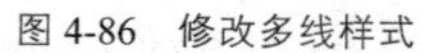
图 4-86　修改多线样式

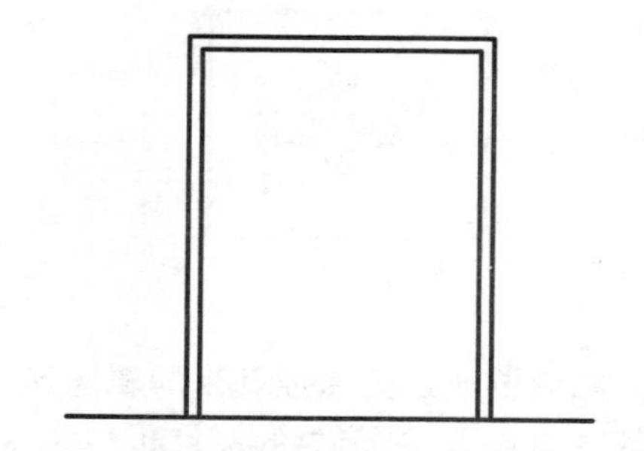

图 4-87　绘制多线

步骤 05 单击“绘图”面板中的“直线”按钮，捕捉矩形的中点如图 4-88 所示绘制一条垂直直线。

步骤 06 单击“绘图”面板中的“矩形”按钮，在图形内的合适位置绘制一个矩形。使用“镜像”工具将其进行镜像操作，结果如图 4-89 所示，至此整个双开门图例绘制完成。

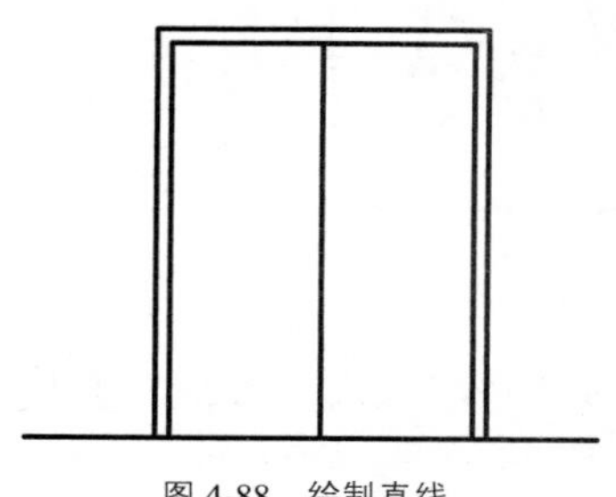

图 4-88　绘制直线

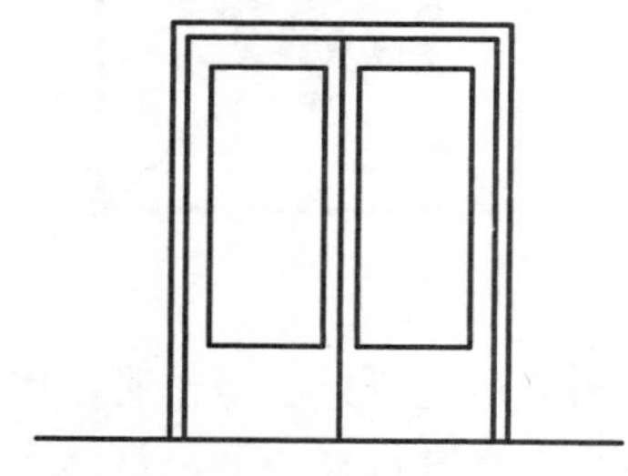

图 4-89　绘制矩形

4.7 高级编辑辅助工具

AutoCAD 2016

本节将介绍一些高级编辑功能，其中包括夹点编辑功能、对象属性的修改、查询对象等方法。

4.7.1 使用夹点编辑功能编辑图形

夹点实际上就是一些实心的小方框，当选中图形时，其关键点（比如中点、端点、圆心等）上将出现夹点，用户可以通过拖动这些夹点来快速拉伸、移动、旋转、缩放或镜像图形。

1. 夹点概述

在启用了“动态输入”模式之后，利用夹点可以很方便地知道某个图形的一些基本信息。例如将光标悬停在矩形的任意夹点上，系统将快速标注出该矩形的长度和宽度；将光标悬停在直线的任意一个夹点上，系统将快速标注出该直线的长度以及水平方向的夹角，如图 4-90 所示。

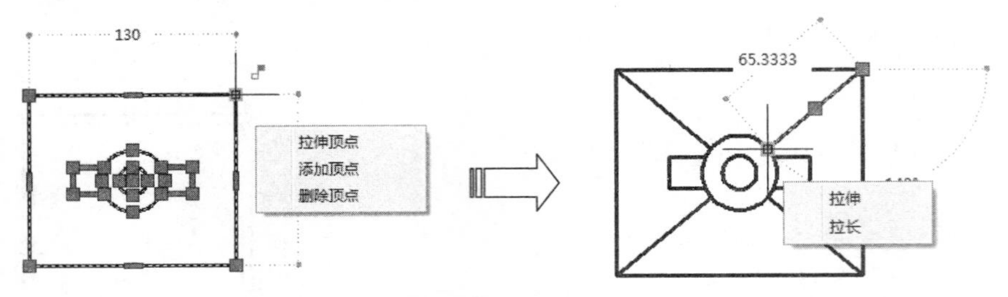

图 4-90　通过夹点显示图形的基本信息

如果要通过夹点控制来编辑图形，那么首先就要选择夹点，也就是选择作为操作基点的夹点（基准夹点），被选中的夹点也称为热夹点。将十字光标置于夹点之上，单击鼠标左键就可以选中相应的夹点，如图 4-91 所示。如果要选择多个夹点，按住 Shift 键不放，同时使用鼠标左键连续单击需要选择的夹点即可。

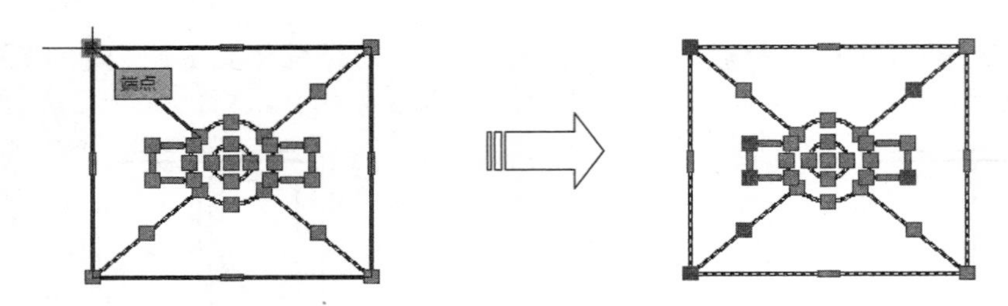

图 4-91　选择多个夹点

在使用夹点进行绘图操作时，用户可以使用一个夹点，或者多个夹点作为操作的基准夹点。当选择多个夹点进行操作时，被选定的夹点之间的图形保持不变。如图 4-92 所示，前者是选中一个夹点进行拉伸操作，后者是选中两个夹点进行拉伸操作，从拉伸的结果可以看出，被选中的夹点之间的图形没产生任何变化。

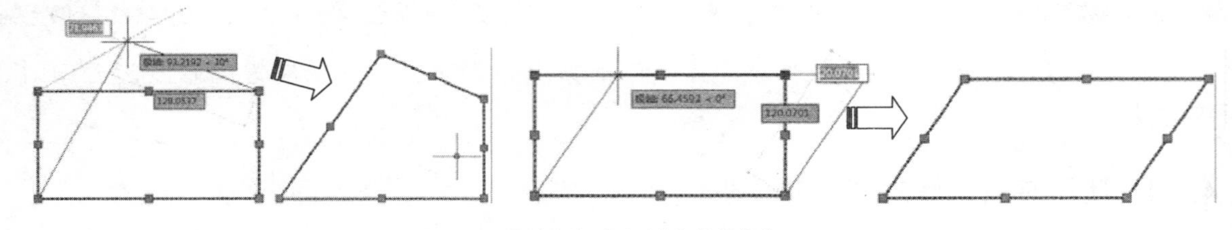

图 4-92　通过夹点对图形进行拉伸操作

将光标放置外夹点处，系统将自动显示一个如图 4-93 所示的快捷菜单。选择其中的“添加顶点”命令即可为图形添加顶点，如图 4-94 所示。

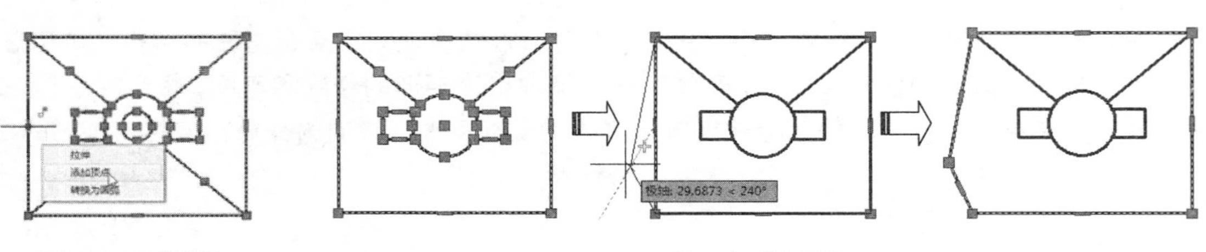

图 4-93　快捷菜单

图 4-94　添加顶点

选择其中的“删除顶点”命令即可删除所选中的顶点，如图 4-95 所示。

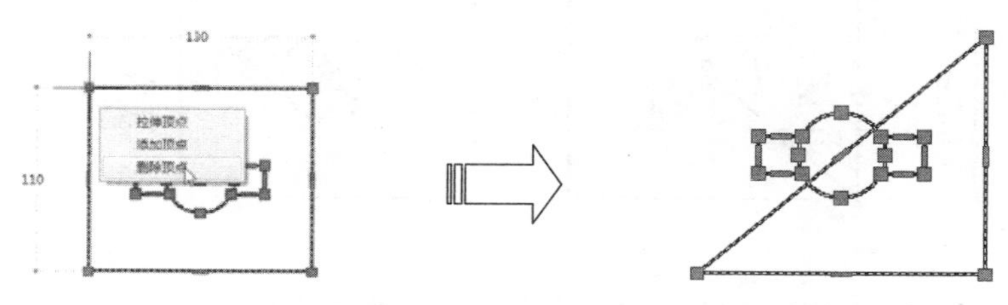

图 4-95　删除顶点

通过夹点编辑功能，用户可以对图形进行拉伸、移动、旋转、缩放和镜像操作。当选定一个夹点的时候，系统默认可以对其进行拉伸操作，此时按回车键或空格键可以循环选择夹点编辑模式。

2. 设置夹点

用户可以根据实际需要来设置夹点，如改变夹点的颜色和大小。在命令行输入 OPTIONS“选项”并回车，系统将弹出一个“选项”对话框，选择其中的“选择集”选项卡，如图 4-96 所示。选项卡中与夹点相关的选项含义如下：

- 夹点大小：控制夹点的显示尺寸。拖动滑块可以改变夹点的大小。
- 未选中/选中/悬停夹点颜色：指定相应夹点的颜色。如果从颜色列表中选择了“夹点颜色“选项，系统将弹出“夹点颜色”对话框，如图 4-97 所示。
- 启用夹点：设置在选择对象时是否显示夹点。该选项即控制是否使用夹点编辑对象。
- 在块中启用夹点：设置在选择块后是否显示夹点。
- 启用夹点提示：当光标悬停在支持夹点提示的自定义对象夹点上时，显示夹点的特定提示。该选项对标准的 AutoCAD 对象无效。
- 选择对象时限制显示的夹点数：当选择集包括多于指定数目的对象时，抑制夹点的显示。有效值范围为 1~32767。

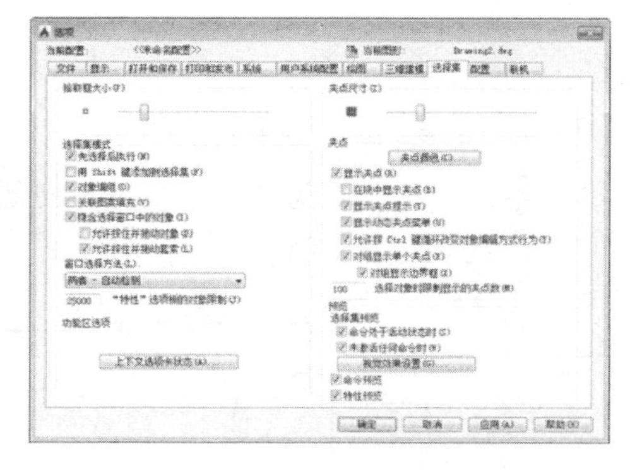

图 4-96　“选择集”选项卡

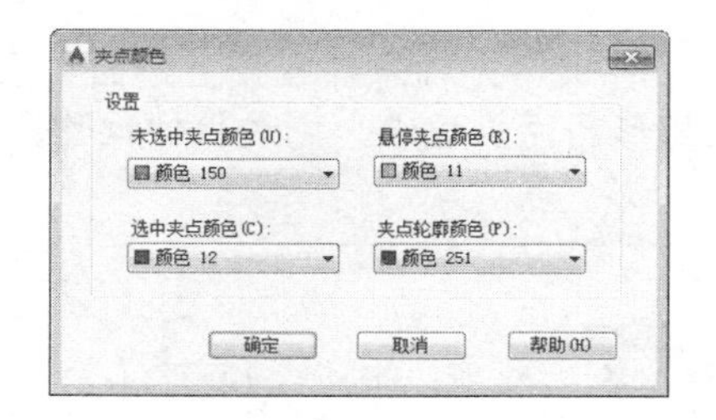

图 4-97　“夹点颜色”对话框

3. 利用夹点拉伸图形对象

进入夹点编辑模式后，可以改变选中夹点的位置，从而改变对象的形状和位置，如图 4-98 所示。

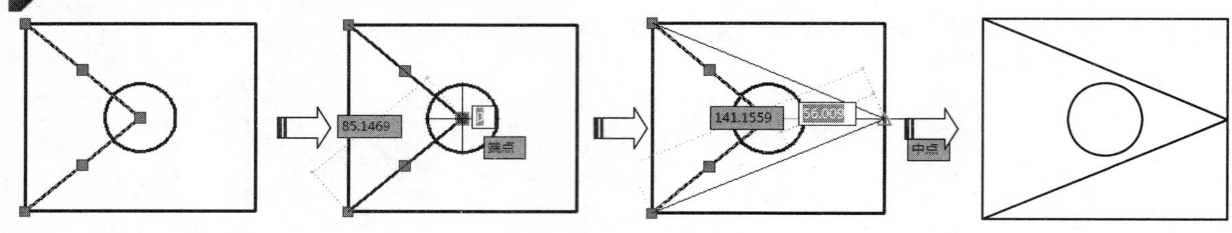

图 4-98　拉伸夹点

单击某个夹点后，进入夹点编辑模式，命令行提示如下：

```
** 拉伸 **
指定拉伸点或 [基点(B)/复制(C)/放弃(U)/退出(X)]:
```

输入坐标或用鼠标选取夹点移动后的新位置点或一个选项。

命令行中各选项含义如下：

- 基点（B）：当单击某夹点使其成为热夹点时，该夹点即成为拉伸对象时的基点。选择该项，可以重新指定基点。
- 复制（C）：将热夹点拉伸或移动到多个指定的点，可以创建多个对象副本，并且不删除源对象。
- 放弃（U）：放弃上一次的拉伸操作。
- 退出（X）：退出夹点编辑模式。

案例【4-12】 绘制轴套图例

视频文件：DVD\视频\第 4 章\4-12.MP4

步骤01 打开随书光盘“第 4 章\课堂举例 4-12.dwg”文件，如图 4-99 所示。

步骤02 单击原始文件中的圆，将其选中，此时多段线将显示 5 个夹点，如图 4-100 所示。

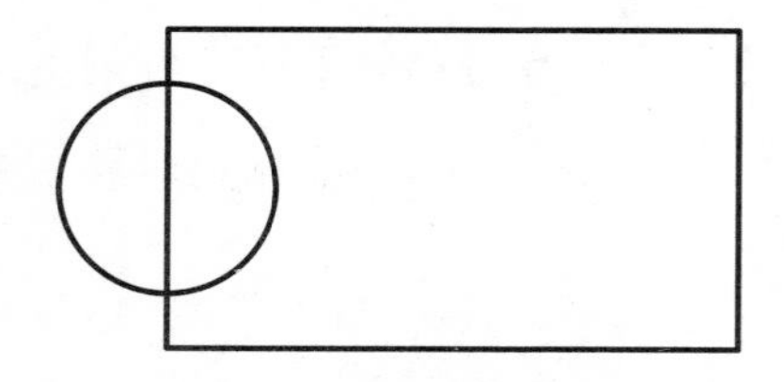

图 4-99　原始图形

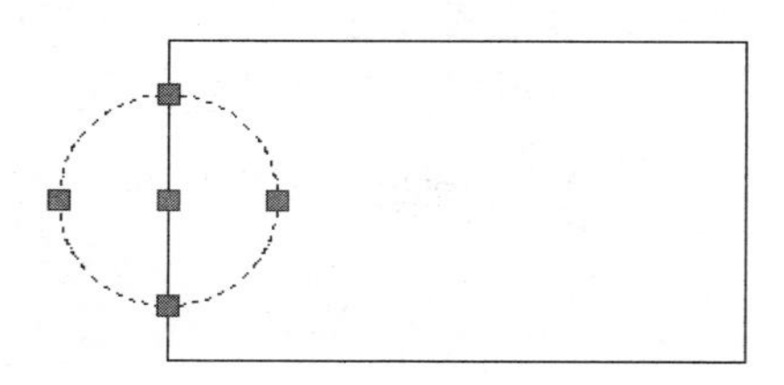

图 4-100　选中圆

步骤03 将十字光标悬停在最上边的夹点上，单击将其选中。选择“复制 C”选项，拖动鼠标并捕捉矩形的左上端点，完成拉伸操作，如图 4-101 所示。

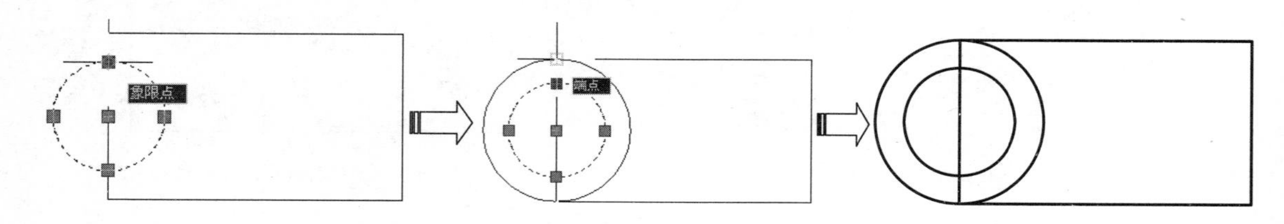

图 4-101　拉伸夹点

步骤04 使用“修剪”工具修剪多余的直线即可完成轴套的绘制，结果如图 4-102 所示。

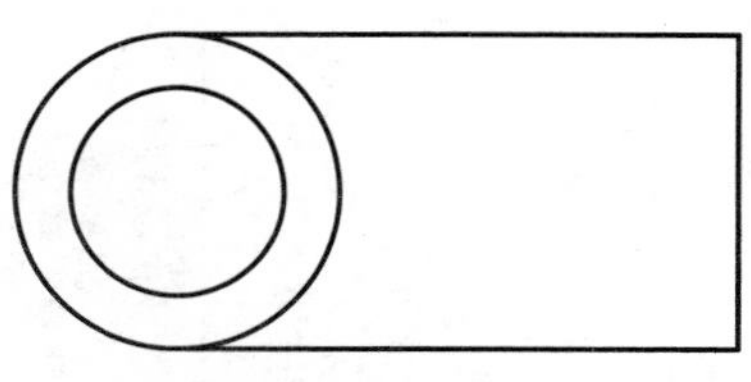

图 4-102　最终结果

4. 利用夹点移动或复制图形

通过改变选中夹点的位置，从而改变选定对象的位置或复制对象。

单击某个夹点，进入夹点编辑模式后，转换到“移动”模式，命令行提示如下：

```
** 移动 **
指定移动点或 [基点(B)/复制(C)/放弃(U)/退出(X)]:
```

输入或使用鼠标选取所选夹点移动后的新位置，完成对象的移动或复制，如图 4-103 所示。

利用夹点移动或复制对象与利用夹点拉伸对象的操作比较相似，其命令行中各选项的含义如下：

- 基点（B）：重新指定夹点移动的基点。
- 复制（C）：将热夹点移动到多个指定的点，创建多个对象副本，并且不删除源对象，如图 4-104 所示。

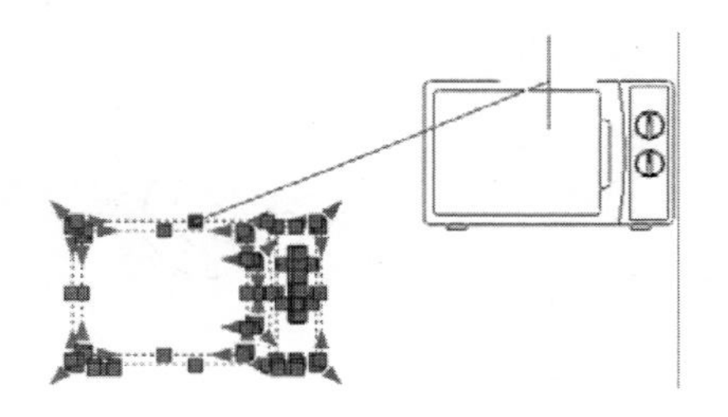

图 4-103　利用夹点移动图形

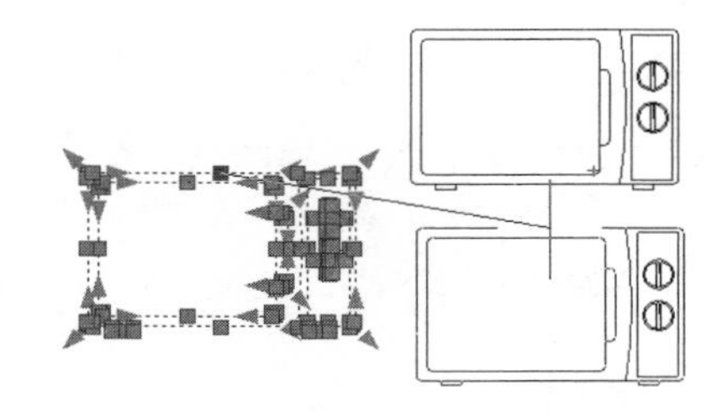

图 4-104　利用夹点复制图形

案例【4-13】 绘制防漏密封垫示意图

视频文件：DVD\视频\第 4 章\4-13.MP4

步骤01 打开随书光盘“第 4 章\课堂举例 4-13.dwg”文件，如图 4-105 所示。

步骤02 选中同心圆，以及选中圆心的夹点，如图 4-106 所示。

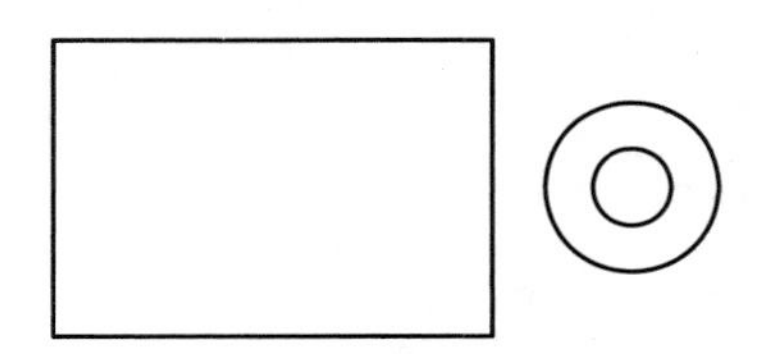

图 4-105　原始图形

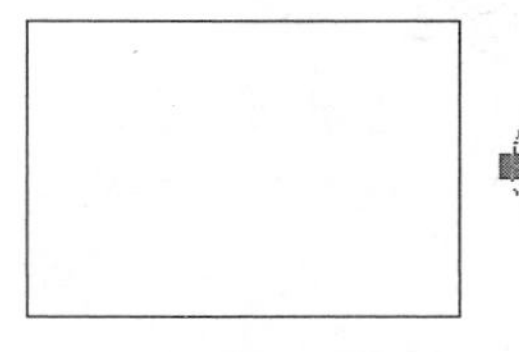

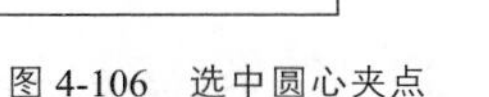

图 4-106　选中圆心夹点

步骤03 按空格键将夹点编辑模式切换到移动模式。移动光标并捕捉矩形的四个角作为基准夹点的新位置，如图 4-107 所示。

步骤04 移动复制后完成后效果如图 4-108 所示。

步骤05 使用“修剪”工具，修剪掉多余的直线和圆弧，即可完成整个防漏密封垫的绘制。结果如图 4-109 所示。

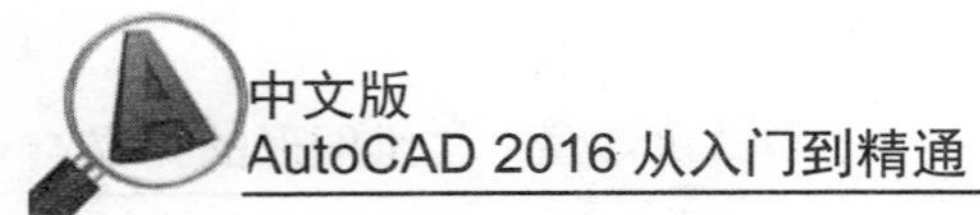

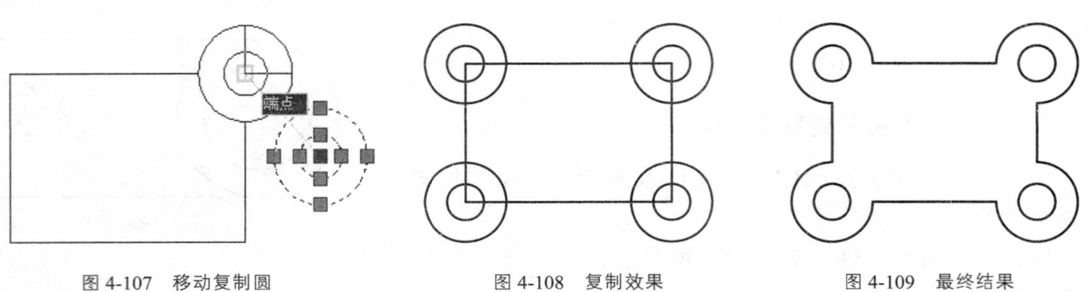

图 4-107　移动复制圆　　图 4-108　复制效果　　图 4-109　最终结果

技巧点拨

打开“动态输入”，移动时就可以直观地指示移动的距离和角度。

5. 利用夹点旋转图形

通过指定旋转角度使图形绕基准夹点进行旋转，用户可以输入角度值来进行精确旋转，如图 4-110 所示为将摇臂顺时针旋转 45°。

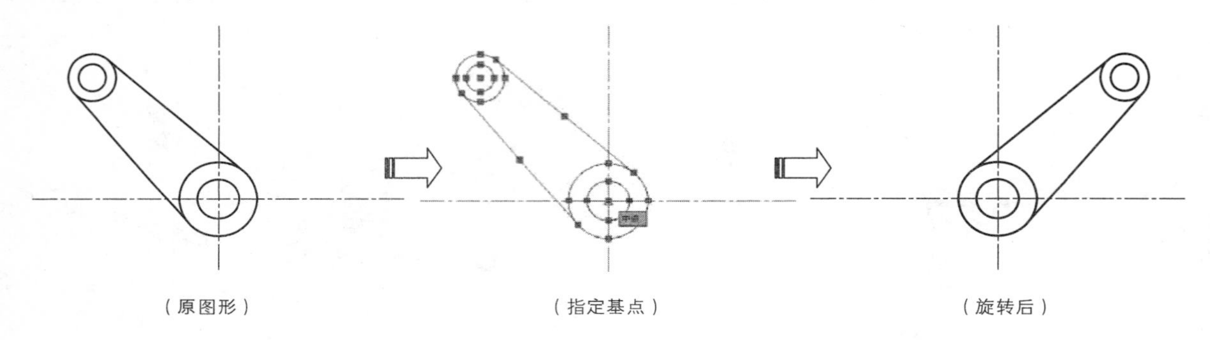

（原图形）　（指定基点）　（旋转后）

图 4-110　旋转摇臂

单击某个夹点，进入夹点编辑模式后，转换到“旋转”模式，命令行提示如下：

```
** 旋转 **
指定旋转角度或 [基点(B)/复制(C)/放弃(U)/参照(R)/退出(X)]:
```

指定旋转的角度或使用鼠标拖动来绕基点旋转选定对象。

命令行中各选项含义如下：

- 基点（B）：重新指定夹点作为对象旋转的基点。
- 复制（C）：创建多个对象副本，并且不删除源对象。
- 参照（R）：通过指定相对角度来旋转对象。

案例【4-14】绘制油压表图例

视频文件：DVD\视频\第 4 章\4-14.MP4

步骤 01 打开随书光盘“第 4 章\课堂举例 4-14.dwg”文件，如图 4-111 所示。

步骤 02 选中箭头左端的夹点，如图 4-112 所示。

步骤 03 连续按两次空格键，将夹点编辑模式切换到旋转模式，然后把箭头指针绕基准夹点按逆时针方向旋转 45°，结果如图 4-113 所示。

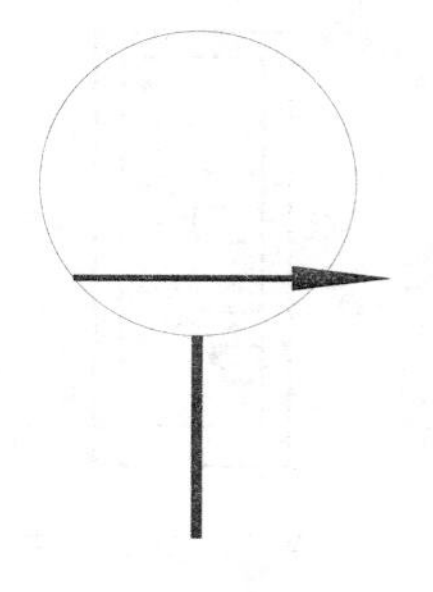

图 4-111　原始文件

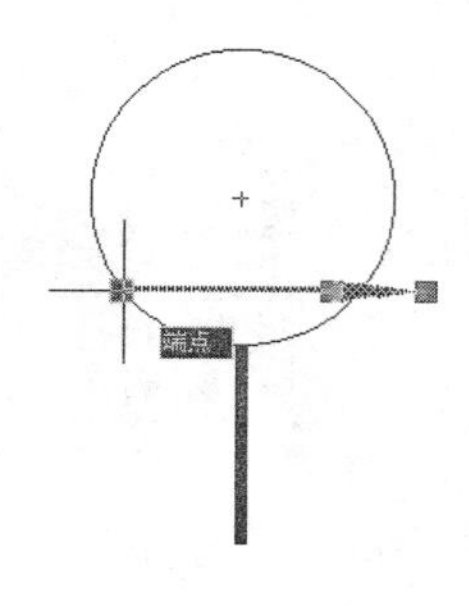

图 4-112　选中夹点

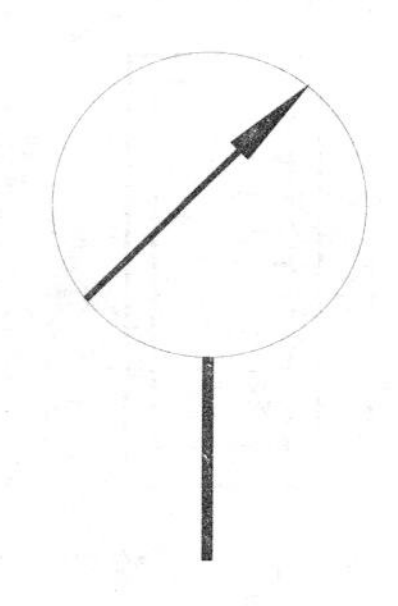
图 4-113　旋转箭头

专家提醒

在开启“夹点编辑”时，命令行也将同步显示相应的操作提示。它主要有两大作用：一是告诉用户当前是什么夹点编辑模式，比如是拉伸还是移动；二是提示用户进行精确操作。

6. 利用夹点缩放图形

利用夹点，可以将对象以指定的热夹点为基点进行比例缩放。

单击某个夹点，进入夹点编辑模式后，转换到“缩放”模式，命令行提示如下：

```
** 比例缩放 **
指定比例因子或 [基点(B)/复制(C)/放弃(U)/参照(R)/退出(X)]:
```

输入比例因子或拖动鼠标完成对象以该夹点为基点的缩放，如图 4-114 所示。

命令行中各选项的含义如下：

- 基点（B）：重新指定夹点作为对象旋转的基点。
- 复制（C）：创建多个对象副本，并且不删除源对象。
- 参照（R）：通过指定相对比例对象。

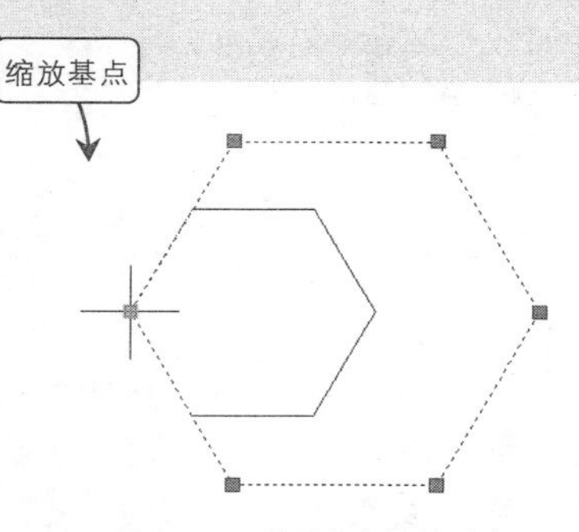

图 4-114　利用夹点缩放对象

专家提醒

如果输入的缩放比例因子小于 1，那么将缩小图形。除了通过输入比例因子进行精确缩放之外，还可以通过拖动鼠标的方式进行缩放。

案例【4-15】 将立式门图例放大 2 倍

视频文件：DVD\视频\第 4 章\4-15.MP4

步骤 01 打开随书光盘“第 4 章\课堂举例 4-15.dwg”文件，如图 4-115 所示。

步骤 02 选择图形，然后选中它的夹点，如图 4-116 所示。

步骤 03 连续按 3 次回车键，将夹点编辑模式切换到缩放模式，然后输入比例因子 2 并回车，将图形放大 2 倍，如图 4-117 所示。

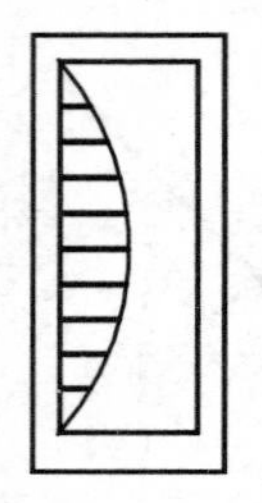

图 4-115　原始文件

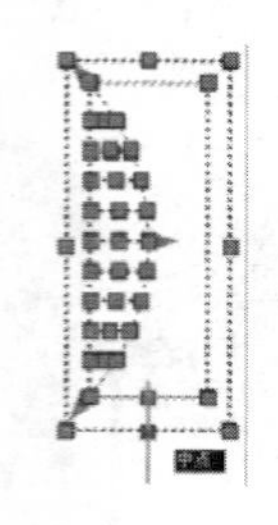

图 4-116　选中夹点

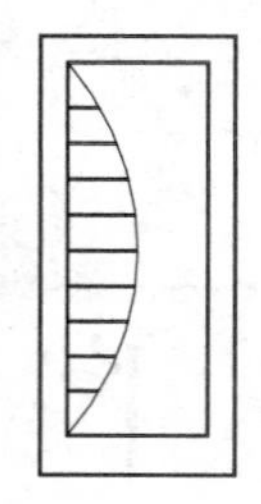

图 4-117　最终结果

7. 利用夹点镜像图形

利用夹点镜像图形，可以将对象以指定的热夹点作为镜像线上第一点，再选择另一点确定轴线来镜像对象。

单击某个夹点，进入夹点编辑模式后，转换到“镜像”模式，命令行提示如下：

```
** 镜像 **
指定第二点或 [基点(B)/复制(C)/放弃(U)/退出(X)]:
```

输入坐标或使用鼠标拾取镜像线上的第二点，以第一点即选取的热夹点和第二点的连线为对称轴镜像图形对象，如图 4-118 所示。

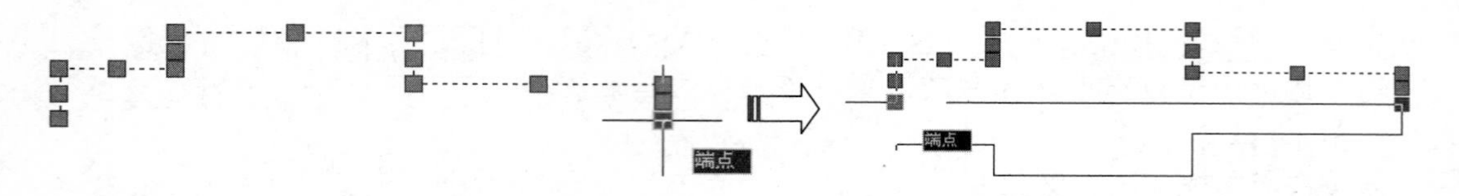

图 4-118　利用夹点镜像图形

命令行中各选项含义如下：

- 基点（B）：重新指定夹点作为镜像轴线上的第一个点。
- 复制（C）：创建多个对象副本，并且不删除源对象。

案例【4-16】 绘制双开门图例

视频文件：DVD\视频\第 4 章\4-16.MP4

步骤 01　打开随书配套光盘中的“第 4 章\课堂举例 4-16.dwg”文件，如图 4-119 所示。

步骤 02　选择左边矩形和中间直线，然后选中直线下方的夹点。连续按 4 次回车键，将夹点编辑模式切换到镜像模式。单击基准夹点上边的夹点，以确定一条垂直镜像线，完成图形的镜像，结果如图 4-120 所示。

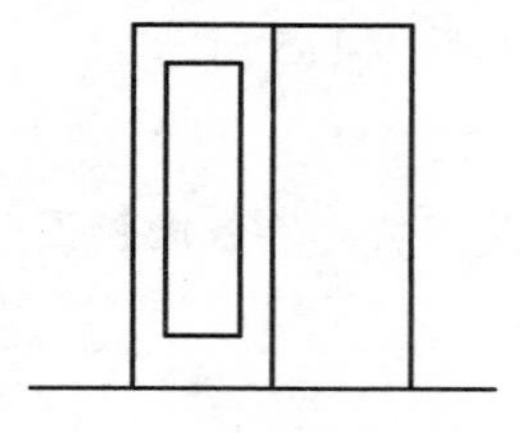

图 4-119　原始文件

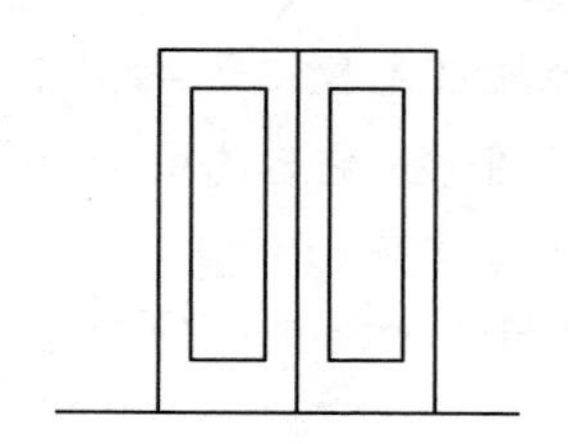

图 4-120　最终结果

4.7.2　快速改变图形对象的属性

通过“特性”面板可以快速设置图形的颜色、线型和线宽，如图 4-121 所示；通过“图层”面板可以快速修改图形所在的图层，如图 4-122 所示。

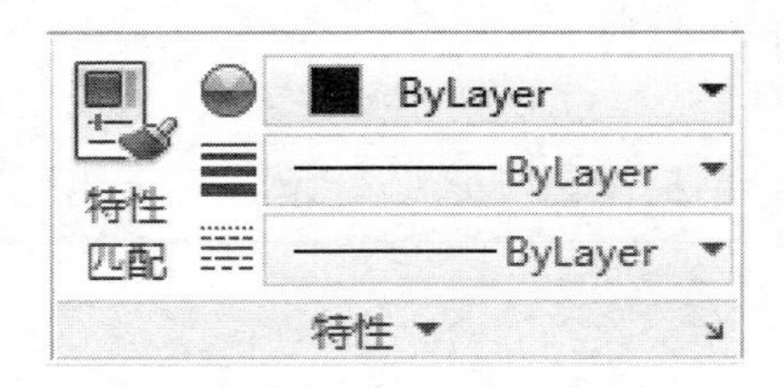

图 4-121　“特性”面板

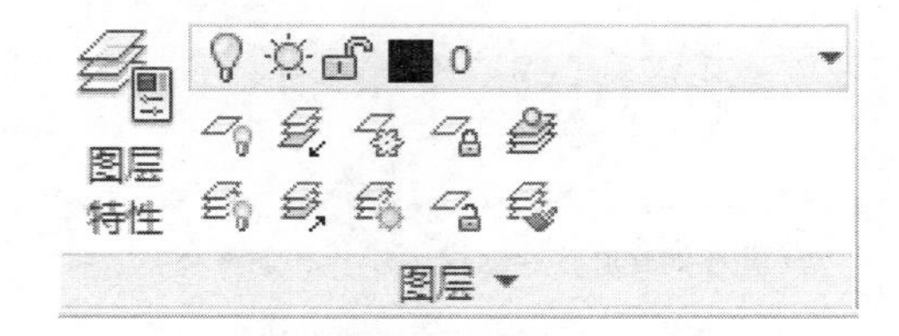

图 4-122　“图层”面板

案例【4-17】改变图形对象属性　　视频文件：DVD\视频\第 4 章\4-17.MP4

1. 快速修改图形的颜色

步骤 01　选中要改变图形的颜色。

步骤 02　单击“特性”面板中的颜色栏，在打开的“颜色”下拉列表中选择要要设置的颜色，如图 4-123 所示。

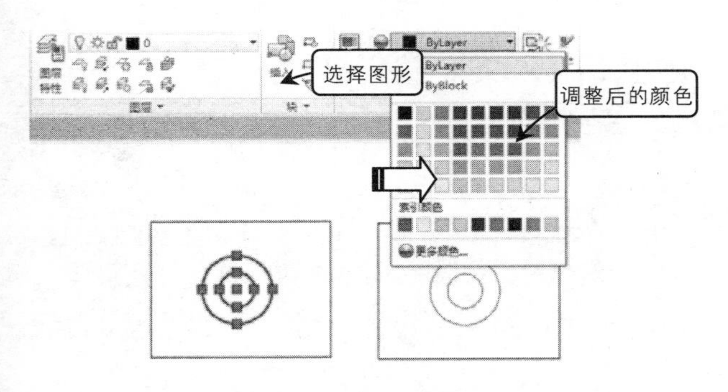

图 4-123　利用“特性”面板调整颜色

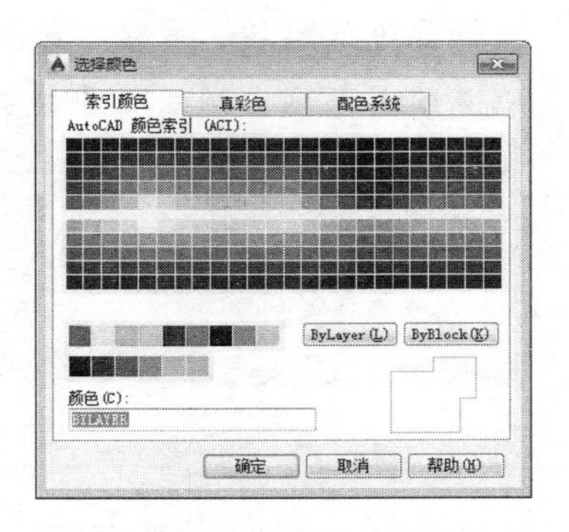

图 4-124　“选择颜色”对话框

专家提醒

如果“颜色”下拉列表中没有需要的颜色，那么可以单击其中的“更多颜色”选项，打开“选择颜色”对话框，然后在这个对话框中选择需要的颜色，如图 4-124 所示。

2. 改变图形线型

步骤 01　选择需要改变线型的图形。

步骤 02　单击“特性”面板中的线型栏，在打开下拉列表中选择相关线型，如图 4-125 所示。

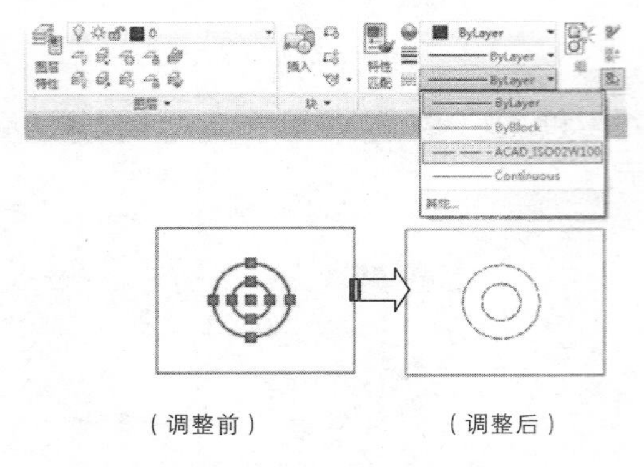

图 4-125 利用“特性”面板调整线型

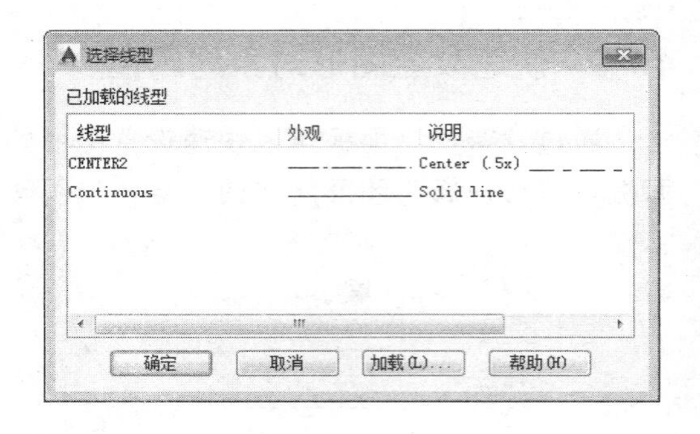

图 4-126 “选择线型”对话框

专家提醒

如果“线型”下拉列表中没有需要的线型，那么可以单击其中的“其他”项，打开“线型管理器”对话框，然后通过这个对话框来加载所需要的线型，如图 4-126 所示。

3. 改变图形线宽

步骤 01 选中需要改变线宽的图形。

步骤 02 单击“特性”面板中的线宽栏，在打开的下拉列表中选择需要的宽度值，结果如图 4-127 所示。

4. 改变图形所在图层

步骤 01 选择要更改图层的图形，如图 4-128 所示。

步骤 02 框选绘图区域中的同心圆，然后在“图层”下拉列表中选择“中心线”图层，这样就可以转移选中的同心圆到该图层上了，结果如图 4-129 所示。

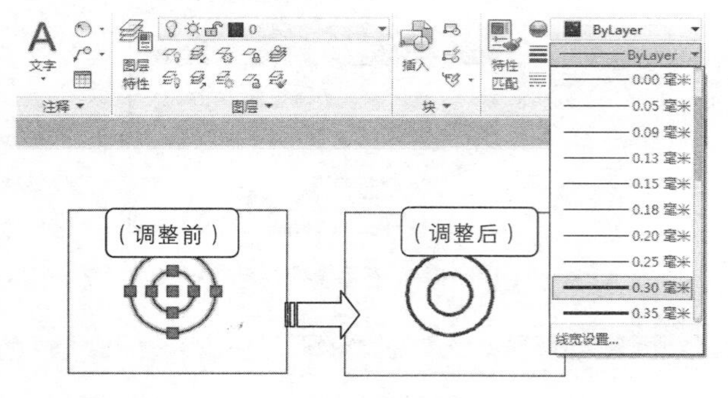

图 4-127 利用“特性”面板调整线宽

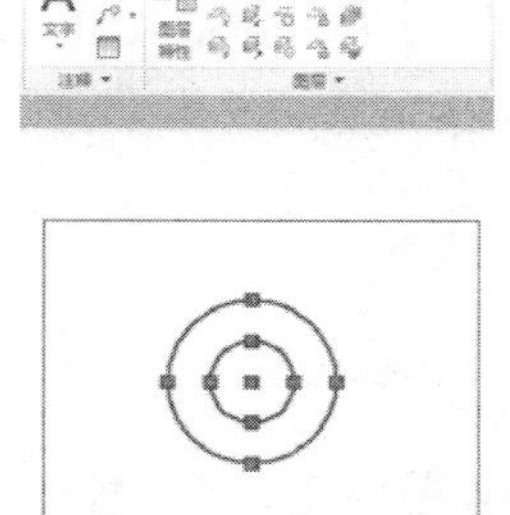

图 4-128 原始文件

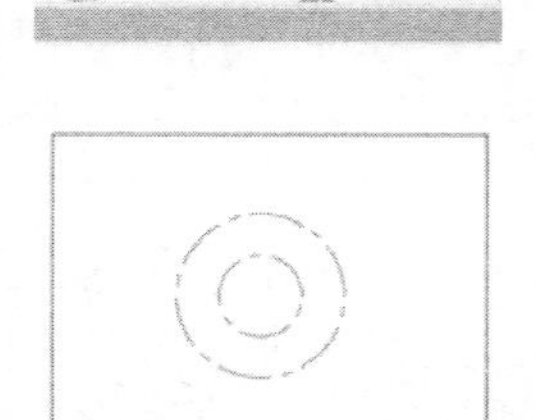

图 4-129 转换为中心线图层

4.7.3 使用“特性”面板修改图形属性

在 AutoCAD 中，不同的图形都具有自身的属性，这些属性都可以在“特性”面板中显示出来，因此用户可以通过“特性”面板中的参数来修改图形。

调用“特性”面板的方法如下：

- 菜单栏：调用“工具”|“选项板”|“特性”菜单命令。
- 菜单栏：调用“修改”|“特性”菜单命令。
- 快捷键：按快捷键 Ctrl + 1。
- 面　板：单击“特性”面板中的“特性”按钮。
- 面　板：在“视图”选项卡中，单击“选项板”中的“特性”按钮。
- 快捷菜单：选中一个图形，单击鼠标右键，在弹出的快捷菜单中选择“特性”命令。
- 命令行：在命令行输入 PROPERTIES 命令并回车。

在“特性”选项板中，用户可以修改任何能够通过指定新值进行修改的属性，以下将举例进行讲解。

案例【4-18】 修改圆的半径和图层　视频文件：DVD\视频\第 4 章\4-18.MP4

步骤 01 单击“绘图”面板中的“圆心，半径”按钮，绘制一个半径为 50 的圆，结果如图 4-130 所示。

步骤 02 选中上步操作所绘制的圆，在命令行输入 PROPERTIES 命令并回车，打开“特性”选项板，在其中更改圆的半径和图层，如图 4-131 所示。

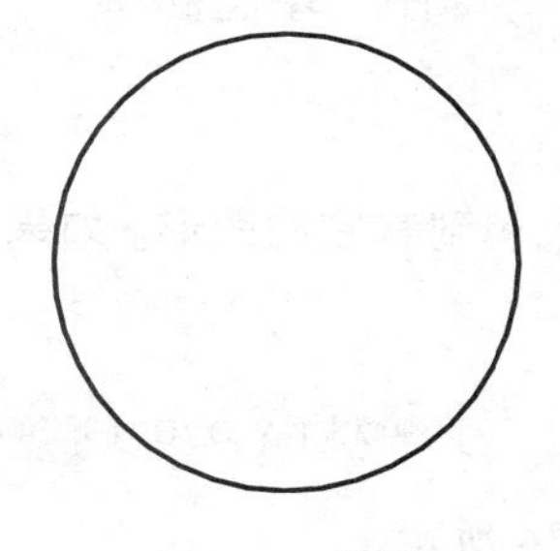

图 4-130　绘制圆

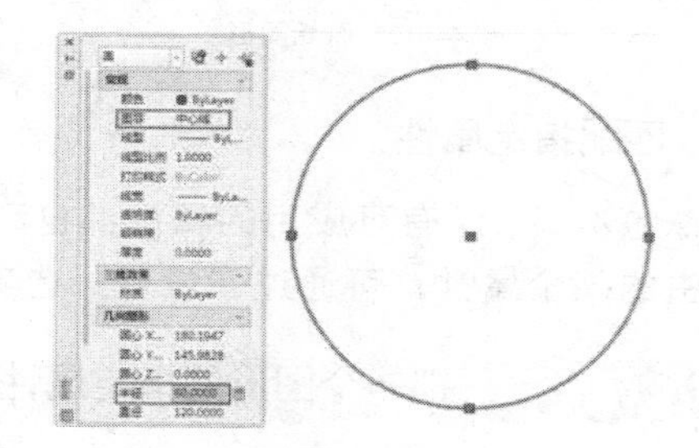

图 4-131　修改圆的特性

4.7.4 使用“特性匹配”功能修改图形属性

特性匹配功能就是将选定图形的属性应用到其它图形上，调用 MATCHPROP（特性匹配）命令就可以进行图形之间的属性匹配操作。

在 AutoCAD 中，调用 MATCHPROP（特性匹配）命令的方法如下：

- 菜单栏：调用“修改”|“特性匹配”菜单命令。
- 面　板：单击“特性”面板中的“特性匹配”按钮。
- 命令行：在命令提示行输入 MATCHPROP（或 MA）并回车。

1. 匹配所有属性

这种方法就是将一个图形的所有属性应用到其它图形，可以应用的属性包括颜色、图层、线型、线型比例、线宽、打印样式和三维厚度。

案例【4-19】 把一个图形的所有属性应用到其它图形　视频文件：DVD\视频\第 4 章\4-19.MP4

步骤 01 打开随书光盘“第 4 章\课堂举例 4-19.dwg”，如图 4-132 所示。

步骤02 在命令提示行输入 MATCHPROP“特性匹配”并回车，然后根据命令行提示进行操作，如图 4-133 所示，命令行提示如下：

```
命令: _matchprop
选择源对象:                                          //选择左边的圆
当前活动设置: 颜色 图层 线型 线型比例 线宽 厚度 打印样式 标注 文字 填充图案 多段线 表格材质 阴影显示 多重引线
选择目标对象或 [设置(S)]: 指定对角点:                    //框选右边的矩形和直线
选择目标对象或 [设置(S)]:↙                             //回车结束命令
```

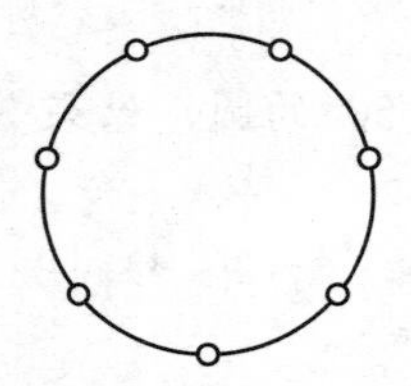
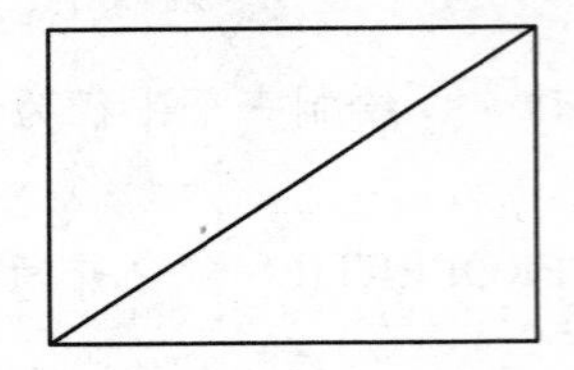

图 4-132　原始图形

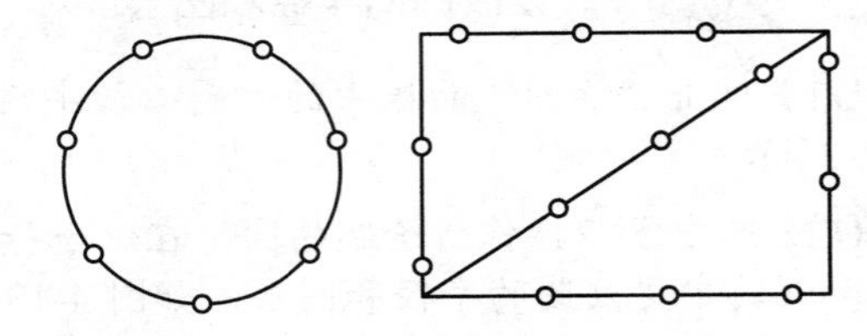

图 4-133　特性匹配结果

2. 匹配指定属性

默认情况下，所有可应用的属性都自动从选定的原图形应用到其它的图形。如果不希望应用源图形中的某个属性，可通过“设置”选项取消这个属性。

案例【4-20】把一个图形的指定属性应用到其它图形

视频文件：DVD\视频\第 4 章\4-20.MP4

步骤01 打开“第 4 章\课堂举例 4-20.dwg”文件，如图 4-134 所示。

步骤02 在命令行输入 MATCHPROP“特性匹配”并回车，然后根据命令行提示，把圆的线型属性应用到目标图形，命令行提示如下：

```
命令: _matchprop
选择源对象: 未选择对象。
选择源对象:                                   //选择左边的圆
当前活动设置: 颜色 图层 线型 线型比例 线宽 厚度 打印样式 标注 文字 填充图案 多段线 视口 表格材质 阴影显示 多重引线
选择目标对象或 [设置(S)]: s↙                   //输入选项“S”并回车，打开“特性设置”对话框，在其中取消对“线宽”的选择，如图 4-135 所示。
当前活动设置: 颜色 图层 线型 线型比例 厚度 标注 文字 填充图案 多段线 视口 表格材质 阴影显示 多重引线
选择目标对象或 [设置(S)]: 指定对角点:              //框选右边的矩形和直线
选择目标对象或 [设置(S)]: ↙                     //回车结束命令，结果如图 4-136 所示
```

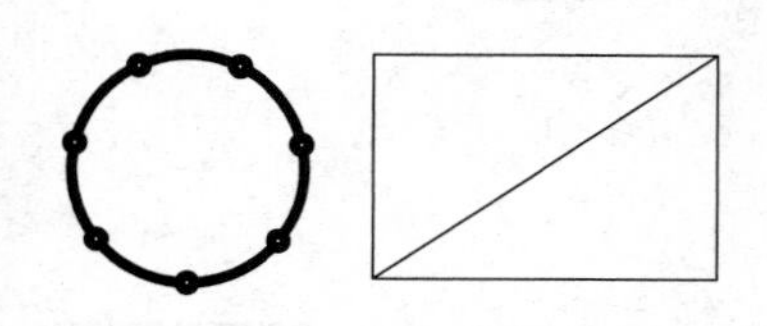

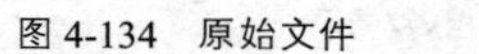

图 4-134　原始文件

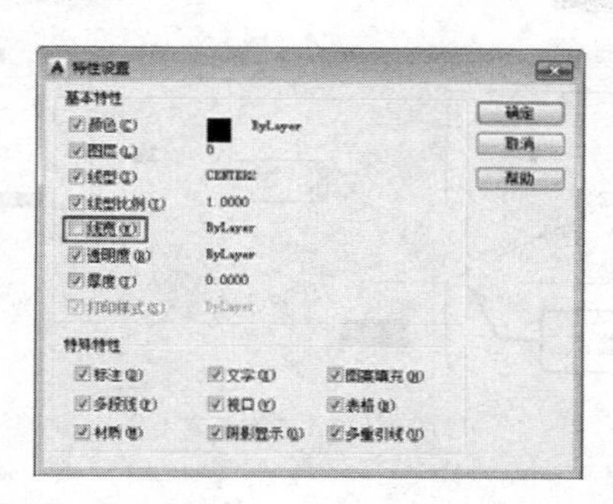

图 4-135　修改“特性设置”

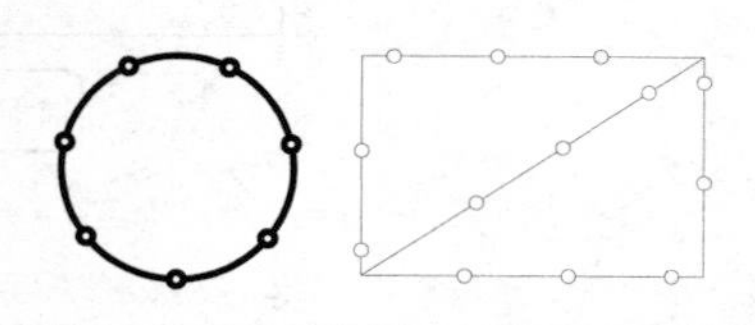

图 4-136　选择性特性匹配

4.7.5　查询对象

AutoCAD 还提供了查询对象功能，比如查询距离、周长、点的坐标、时间等，如图 4-137 所示的菜单，查询到的信息将会显示在命令历史区。

案例【4-21】查询矩形的图形信息

视频文件：DVD\视频\第 4 章\4-21.MP4

步骤 01　单击“绘图”面板中的“矩形”按钮，绘制一个 100×50 的矩形，结果如图 4-138 所示。

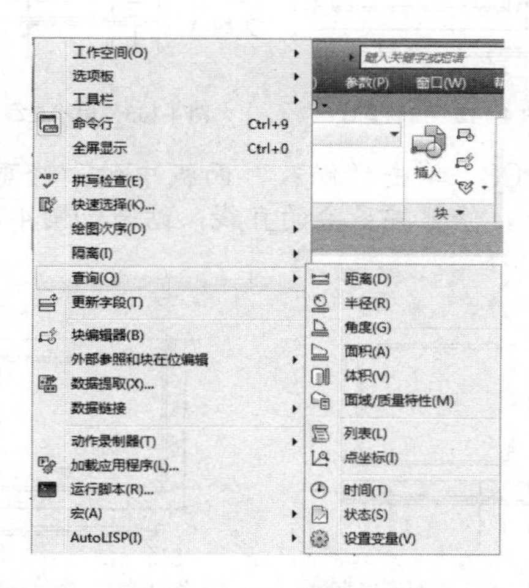

图 4-137　启用“查询”功能

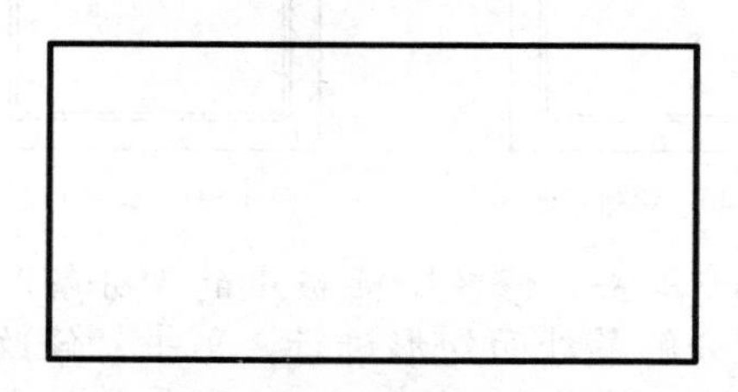

图 4-138　绘制矩形

步骤 02　单击“实用工具”面板中的“距离”按钮，查询矩形对角线的长度，如图 4-139 所示，命令行提示如下：

```
命令: _MEASUREGEOM
输入选项 [距离(D)/半径(R)/角度(A)/面积(AR)/体积(V)] <距离>: _distance
指定第一点:                                         //捕捉矩形左上角的端点
指定第二个点或 [多个点(M)]:                          //捕捉矩形右下角的端点
距离 = 111.8034, XY 平面中的倾角 = 333,   与 XY 平面的夹角 = 0
X 增量 = 100.0000,   Y 增量 = -50.0000,    Z 增量 = 0.0000
输入选项 [距离(D)/半径(R)/角度(A)/面积(AR)/体积(V)/退出(X)] <距离>:
```

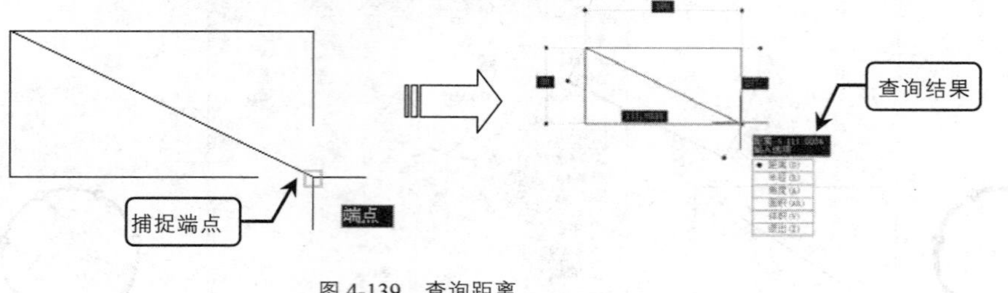

图 4-139　查询距离

4.8 实战演练

初试身手——绘制液晶显示器立面图

视频文件：DVD\视频\第 4 章\初试身手.MP4

步骤 01 单击“绘图”面板中的“矩形”按钮，绘制一个 460 × 380 的矩形。

步骤 02 单击“修改”面板中的“偏移”按钮，将上步操作所绘制的矩形向内分别偏移 40 和 50，创建屏幕内侧显示屏区轮廓线，结果如图 4-140 所示。

步骤 03 单击“绘图”面板中的“直线”按钮，连接内侧两个矩形的角点，结果如图 4-141 所示。

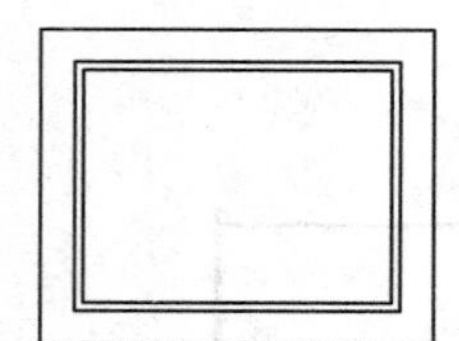

图 4-140　绘制矩形

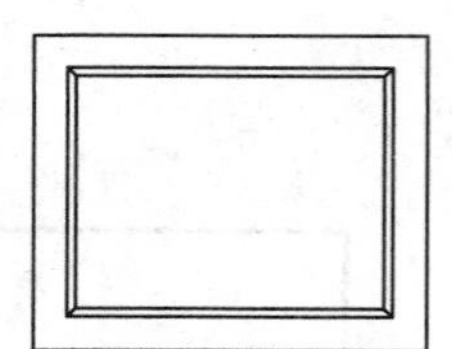

图 4-141　偏移矩形

步骤 04 单击“修改”面板中的“分解”按钮，分解最外面矩形进行。单击“修改”面板中的“偏移”按钮，选取最外面矩形的下边线为偏移对象，将其分别向下偏移 40、50 和 60，结果如图 4-142 所示。

步骤 05 单击“绘图”面板中的“直线”按钮，以左下角端点为起点，向下绘制一条直线 A。

步骤 06 单击“修改”面板中的“偏移”按钮，选取直线 A 为偏移对象，将其分别向右偏移 60、120、340、400 和 460，结果如图 4-143 所示。

步骤 07 单击“绘图”面板中的“直线”按钮，如图 4-144 所示绘制连接直线。

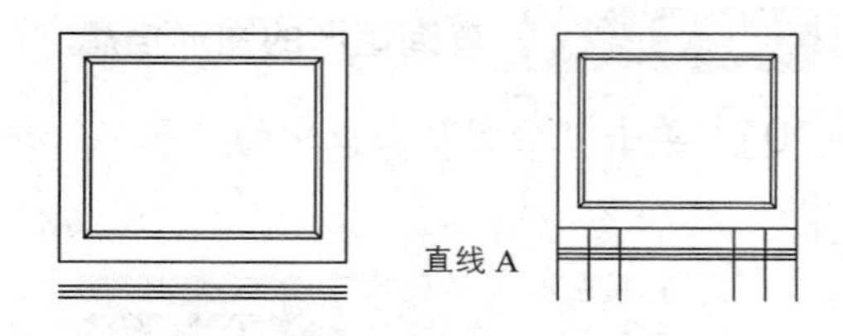

图 4-142　绘制直线　　图 4-143　偏移直线

步骤 08 单击“修改”面板中的“修剪”按钮，修剪掉多余的直线，结果如图 4-145 所示。

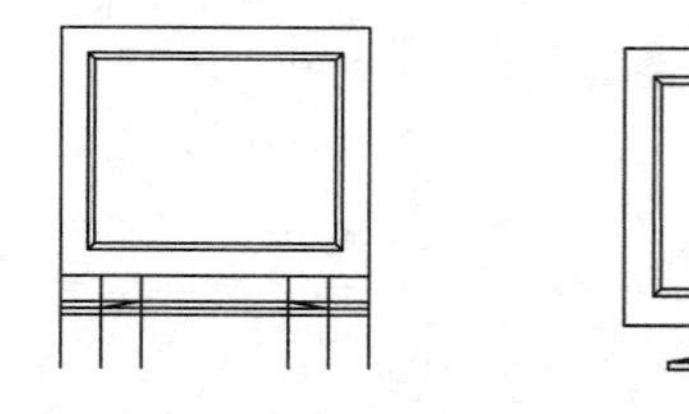

图 4-144　绘制连接直线　　图 4-145　修剪操作

步骤 09 单击“绘图”面板中的“圆心，半径”按钮，在矩形内合适位置绘制显示屏的调节按钮，结果如图 4-146 所示。至此，整个液晶显示器的立面图绘制完成。

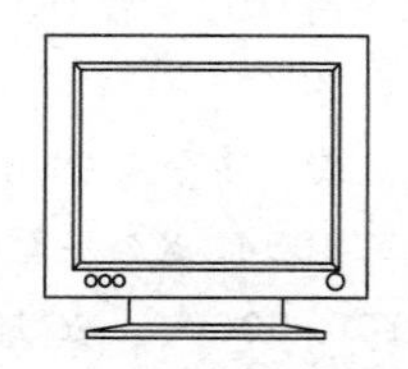

图 4-146　最终效果

深入训练——绘制垫片平面图

视频文件：DVD\视频\第 4 章\深入训练.MP4

步骤 01　单击“图层”面板中的“图层特性”按钮，打开“图层特性管理器”对话框，单击“新建图层”按钮，新建“轮廓线”“点画线”“尺寸层”等图层，并分别设置图层的名称、线型及线宽等特性，如图 4-147 所示。

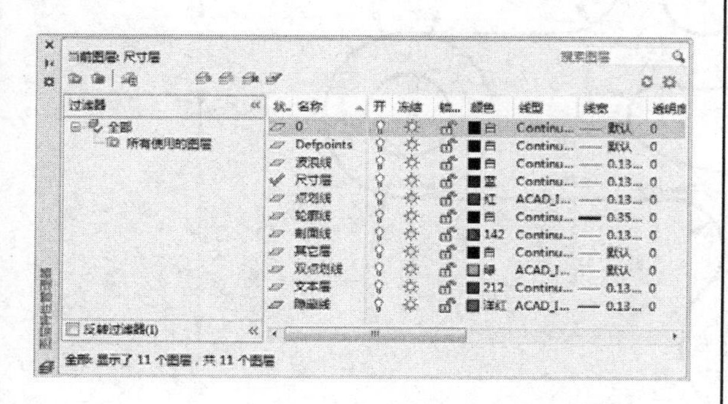

图 4-147　新建图层

步骤 02　切换“点画线”图层为当前图层，单击“绘图”面板中的“直线”按钮，按照图 4-148 所示尺寸绘制中心线。

步骤 03　单击“绘图”面板中的“圆心，半径”按钮，选取中心线的交点为圆心，绘制一个半径为 30 的圆。单击“偏移”按钮，选取半径为 30 的圆向外偏移 20，再选取中心圆向外偏移 30。选取最外面的圆与中心线的交点为圆心绘制一个半径为 5 的圆；单击“偏移”按钮，选取绘制的圆向外偏移 3，效果如图 4-149 所示。

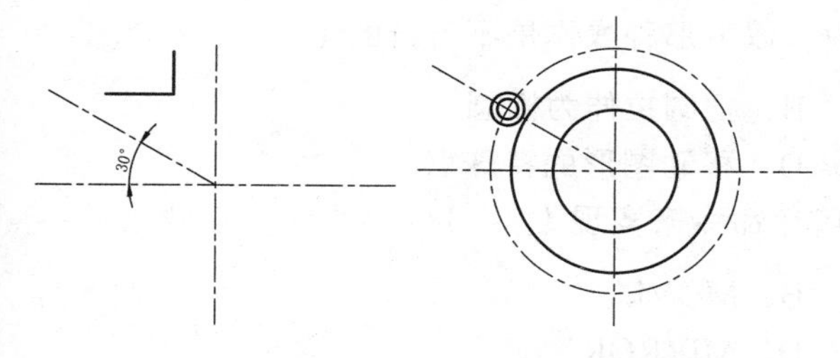

图 4-148　绘制中心线图　　图 4-149　绘制并偏移圆

步骤 04　单击“绘图”面板中的“相切，相切，半径”按钮，以半径为 50 和 8 的两个圆作为相切对象，绘制两个半径为 8 的相切圆，如图 4-150 所示。

步骤 05　单击“修改”面板中的“修剪”按钮，分别以半径为 50 和 8 的两个圆作为修剪边界，修剪掉多余的圆弧，如图 4-151 所示。

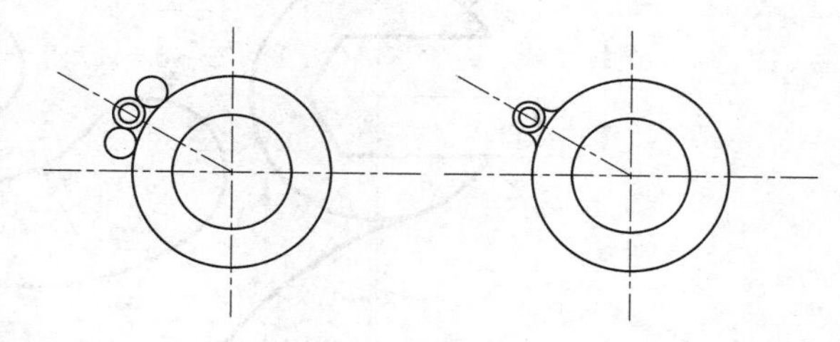

图 4-150　绘制相切圆　　图 4-151　修剪圆弧

步骤 06　单击“修改”面板中的“镜像”按钮，选取要镜像的图形部分，分别指定镜像线的 A 点和 B 点，按回车键即可得到镜像后的图形，效果如图 4-152 所示。

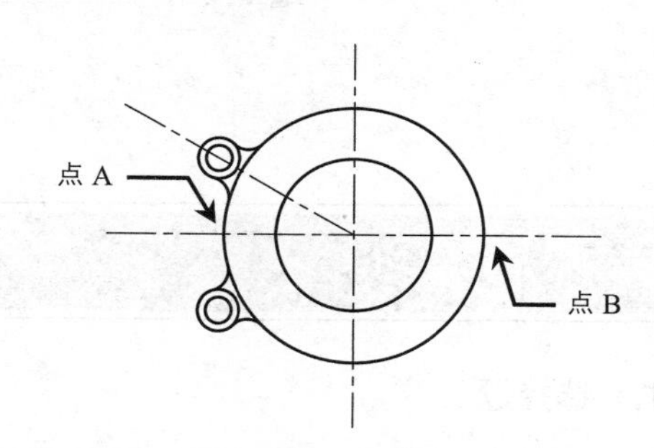

图 4-152　垂直镜像图形

步骤 07　重复以上操作，效果如图 4-153 所示。

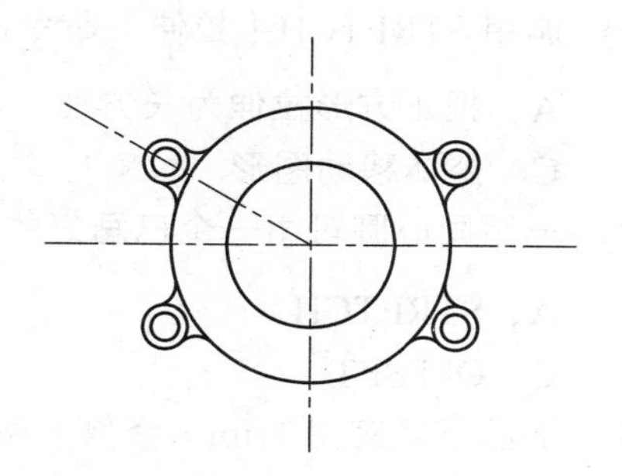

图 4-153　水平镜像

熟能生巧——绘制锁钩轮平面图

视频文件：DVD\视频\第 4 章\熟能生巧.MP4

调用“直线”“圆”“修剪”“偏移”“多边形”等命令绘制如图 4-154 所示锁钩轮平面图。

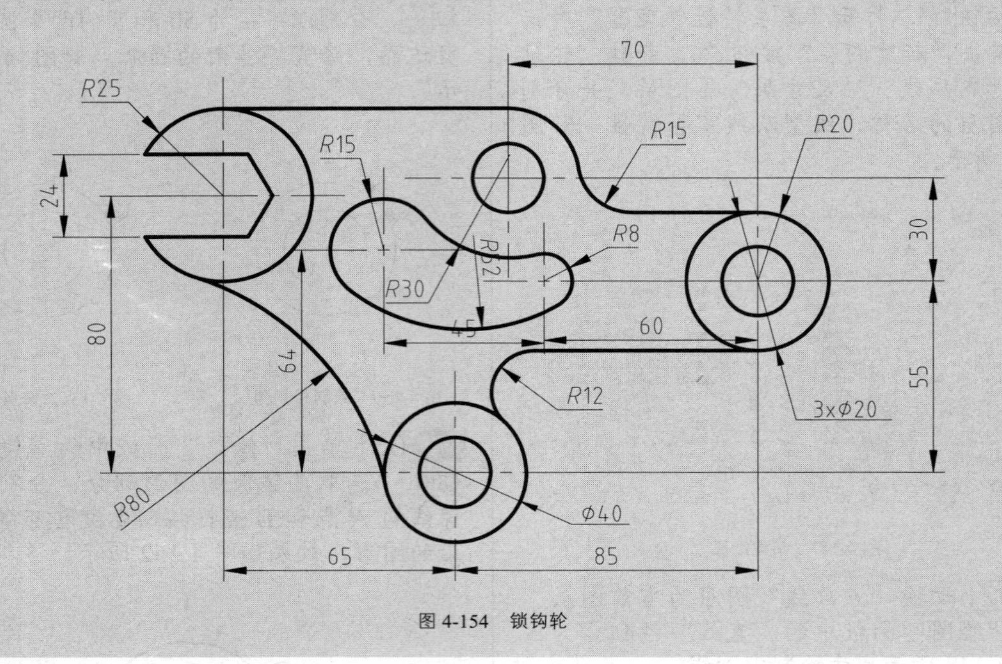

图 4-154 锁钩轮

4.9 课后练习

AutoCAD 2016

1. 选择题

(1) 如果要对一个图形进行倒圆角操作时，应该在命令行输入以下哪个命令（　　）

A、TRIM　　B、CHAMFER
C、FILLET　　D、OFFSET

(2) 调用 STRETCH（拉伸）命令拉伸图形时，以下那种操作是不可行的（　　）

A、把正方形拉伸为长方形　　B、把圆拉伸为椭圆
C、整体移动图形　　D、移动图形的特殊点

(3) 一组同心圆可由一个已画好的圆用以下哪个命令来实现（　　）

A、STRETCH　　B、MOVE
C、OFFSET　　D、MIRROR

(4) 下面不能应用 Trim（修剪）命令进行修剪的对象是什么（　　）

A、圆弧　　B、直线
C、文字　　D、圆

2. 实例题

(1) 绘制如图 4-155 所示的溢流阀平面图。

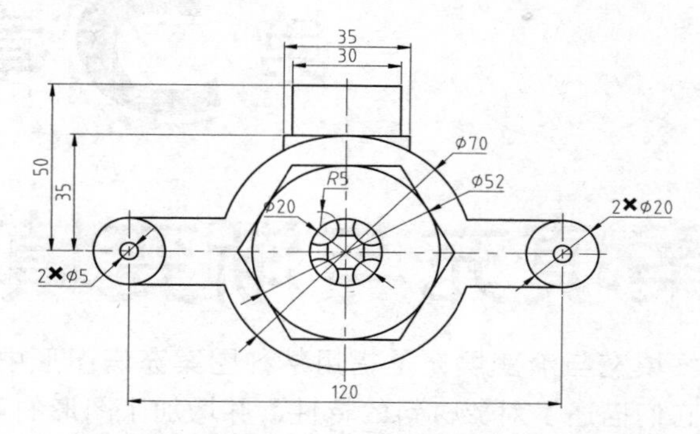

图 4-155　溢流阀平面图

(2) 绘制如图 4-156 所示的地板砖花纹。

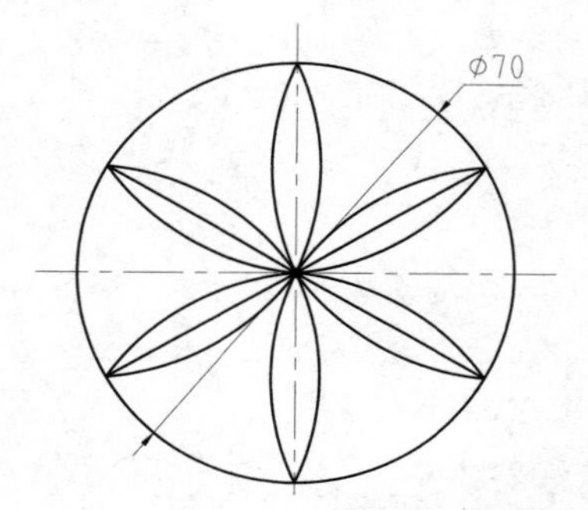

图 4-156　地板砖花纹

(3) 绘制如图 4-157 所示的连杆轮廓图。

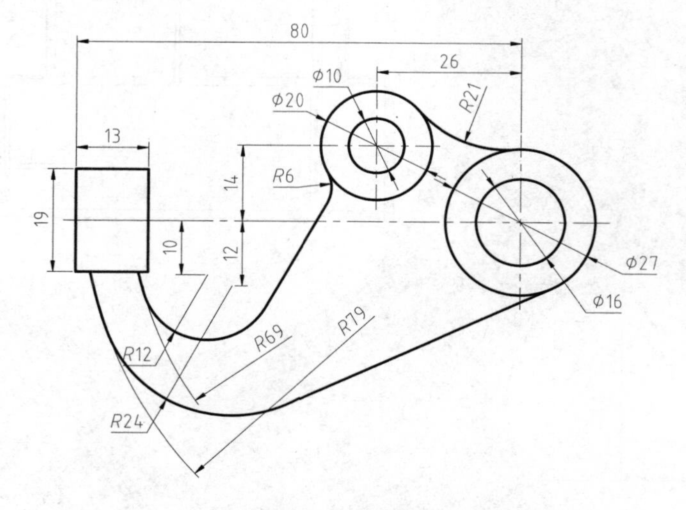

图 4-157　连杆轮廓图

第5章

图案填充与渐变填充

图案填充与渐变填充是指用某种图案充满图形中指定的区域。它们描述了对象材料的特性，并增加了图形的可读性。本章将对图案填充与渐变填充的相关内容进行讲解。

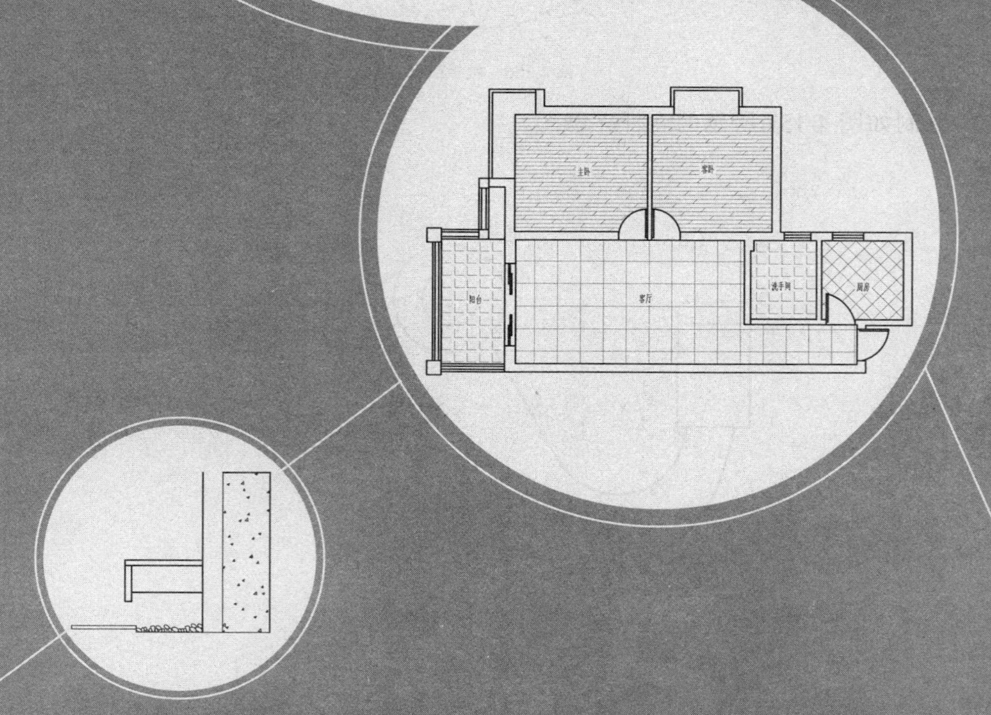

5.1 图案填充

在建筑制图和机械制图中，经常要使用“图案填充”命令创建特定的图案，对其剖面或某个区域进行填充标识。AutoCAD 中提供了多种标准的填充图案和渐变样式，还可根据需要自定义图案和渐变样式。此外，也可以通过填充工具控制图案的疏密、剖面线条及倾斜角度。如图 5-1 所示为一个滚动轴承零件图，其剖面填充图案表示“金属材料”。

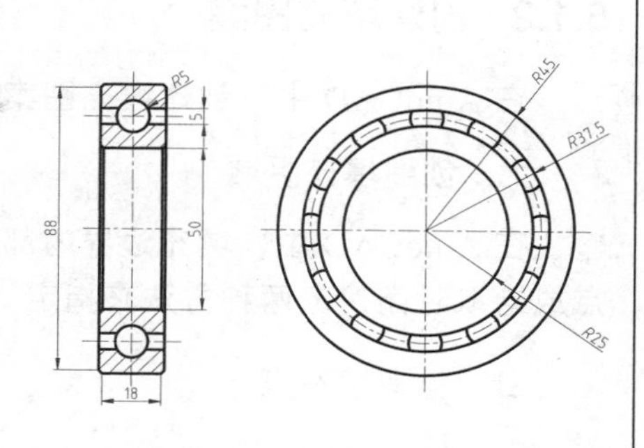

图 5-1　滚动轴承零件图

图案填充的各操作都在“图案填充创建”面板中进行，打开该对话框有以下 3 种方法：

- 菜单栏：调用“绘图” | “图案填充”菜单命令。
- 面　板：单击“绘图”面板的“图案填充”按钮。
- 命令行：在命令行输入 HATCH（或 H）并回车。

5.1.1 创建填充边界

创建填充边界可以避免填充到不需要填充的图形区域。图案的填充边界可以是圆、矩形等封闭对象，也可以是由直线、多段线、圆弧等对象首尾相连而形成的封闭区域。

调用“图案填充”命令后，将打开如图 5-2 所示的“图案填充创建”选项板，单击该面板左侧的“边界”按钮 边界 ▾ ，展开“边界”面板。如图 5-3 所示，展开的区域即为创建填充边界的选项。

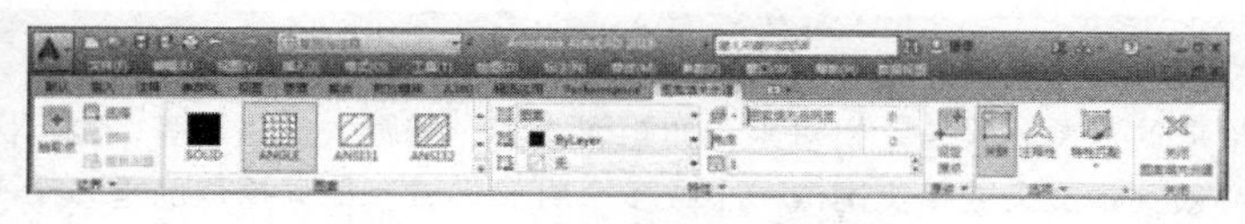

图 5-2　“图案填充创建”选项板

图 5-3　展开“边界”面板

创建填充边界的各选项一般保持默认值即可。如果对填充方式有特殊的要求，可对相应选项进行设置。下面将介绍“图案填充”选项板中的“边界”面板中各选项的含义如下：

- “拾取点”按钮：单击该按钮，可以根据围绕指定点构成封闭区域的现有对象来确定边界。指定内部点时，可以随时在绘图区域中单击鼠标右键，以显示包含多个选项的快捷菜单。
- “选择边界对象”按钮：单击该按钮，可以根据构成封闭区域的选定对象确定边界。
- “删除边界对象”按钮：可以从边界定义中删除之前添加的任何对象。

- “重新创建边界”按钮：可以围绕选定的图案填充或填充对象创建多段线或面域，并使其与图案填充对象相关联。

5.1.2 创建填充图案

在 AutoCAD 中，创建填充图案需要首先指定填充区域，然后才能为图形填充图案。

1. 创建填充区域

在 AutoCAD 中，填充边界内部区域即为填充区域。填充区域可以通过拾取封闭区域中的一点或拾取封闭对象两种方法来指定。

❑ 拾取填充点

单击图 5-2 所示的“边界”面板内的“拾取点”按钮，可以在绘图区域中用拾取点的方式创建填充区域。调用该命令后，AutoCAD 将返回绘图区域，鼠标变为十字交叉形，如图 5-4 所示。同时命令行出现“拾取内部点或 [选择对象(S)/删除边界(B)]:”的提示信息。此时使用鼠标单击填充边界内部区域即可，选中的区域将以虚线显示，如图 5-5 所示。值得注意的是，拾取的填充点必须是在一个或多个封闭图形内部，同时 AutoCAD 会自动通过计算找到填充边界。

❑ 拾取填充对象

单击图 5-2 所示的“边界”面板内的“拾取点”按钮，可以通过拾取选择对象的方式创建填充区域。调用该命令后，同样，AutoCAD 将返回绘图区域，鼠标变“口”形，如图 5-6 所示。此时，单击需要填充的对象，其内部区域即为填充区域，选中的对象呈虚线显示，如图 5-7 所示。

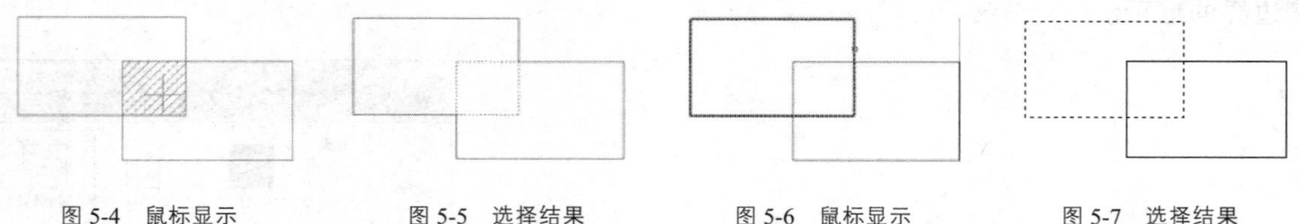

图 5-4　鼠标显示　　图 5-5　选择结果　　图 5-6　鼠标显示　　图 5-7　选择结果

使用拾取填充对象创建填充区域时，拾取的对象一般是封闭对象，如矩形、圆、椭圆、多边形等，也可以是多个非封闭对象，但这些非封闭对象必须互相交叉或相交围成一个或多个封闭区域。如果拾取的是多个封闭区域嵌套状，则系统默认填充外围图形与内部图形之间布尔相减后的区域。例如先后选择如图 5-8 所示的两个矩形后，其填充结果为两矩形不相交的区域，如图 5-9 所示。

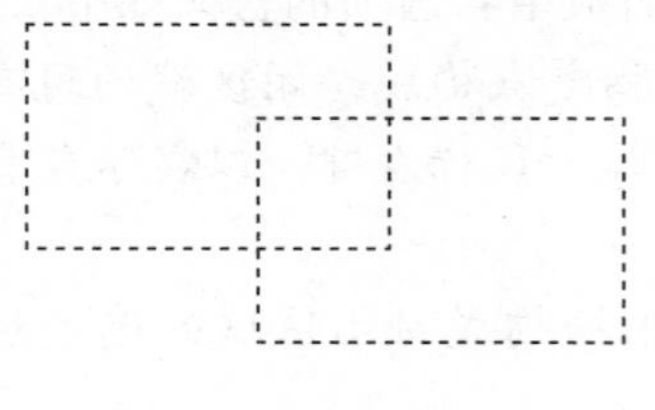

图 5-8　选择对象

图 5-9　填充结果

案例【5-1】 填充拼花

视频文件：DVD\视频\第 5 章\5-1.MP4

步骤01 调用 OPEN“打开”命令并回车，打开“第 5 章\课堂举例 5-1.dwg”文件，结果如图 5-10 所示。

步骤02 单击“绘图”面板中的“图案填充”按钮，打开“图案填充创建”选项板；单击“图案”面板按钮，展开列表框，选择其中的 AR—SAND 图案，如图 5-11 所示。

图 5-10 素材图形

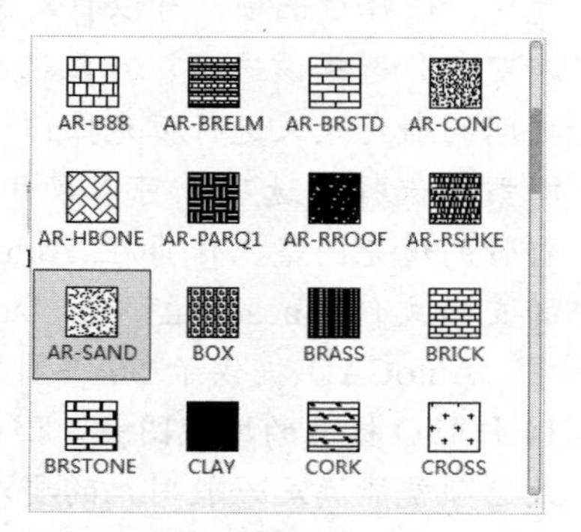

图 5-11 选择 AR—SAND 图案

专家提醒

可以直接在命令行中输入 AR-SAND，以快速调出该图案进行填充。

步骤03 在绘图区域，在所填充的区域内单击（表示图形将要填充到区域内），然后按回车键确认，绘制完成的结果如图 5-12 所示。

步骤04 单击“绘图”面板中的“图案填充”按钮，打开“图案填充创建”选项板；单击“图案”面板按钮，展开列表框，选择其中的 IS003W100 图案，填充拼花如图 5-13 所示。

图 5-12 填充图案

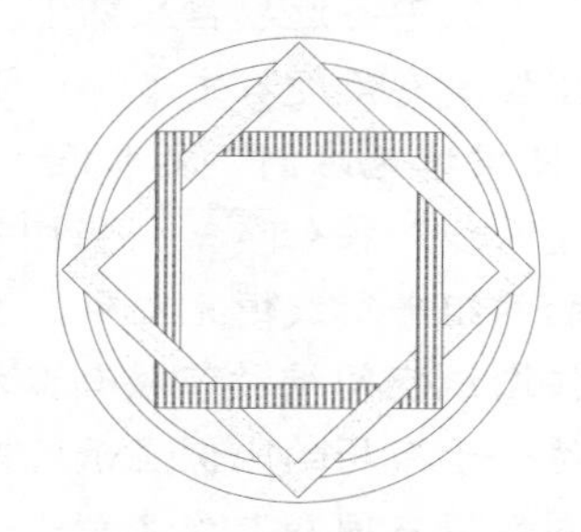

图 5-13 填充图案

2. 为对象创建填充图案

AutoCAD 为了满足各行业的需要设置了许多填充图案，默认情况下填充的图案是 ANSI31 图案。如图 5-2 所示的“图案填充”选项卡的左边选项区域，用于选择填充图案，以及设置填充图案的倾斜角度、疏密程度等参数。

❑ 选择图案填充类型

在选项板的“图案”面板中，可以选择填充图案的类型。“图案”下拉列表框用于设置填充的图案。单击“图案”下拉列表框右边的按钮，将展开如图 5-14 所示的“图案”下拉列表框。可以在其中选择需要的填充图案，比较常用的有用于单色填充的 SOLID 样式和用于绘制剖面线的 ANSI31 样式。

“特性”面板的“图案填充类型”下拉列表框用于设置填充图案类型，其中提供了 4 种填充图案类型，其含义如下：

- 纯色：选择该选项，可以自动选择“SOLID”纯色图案进行填充操作。
- 渐变色：选择该选项，可以选择两种颜色之间的渐变效果进行填充操作。
- 图案：选择该选项，可以使用 AutoCAD 自带的填充图案，保存在 AutoCAD 自带的支持文件“acad.pat”和“acadiso.pat”中。AutoCAD 提供了 50 多种行业标准和 14 种 ISO 标准的填充图案，因此通常选择此选项就能满足一般用户的要求。
- 用户定义：基于图形的当前线型创建直线图案。可以控制用户定义图案中直线的角度和间距。下拉列表框用于设置填充图案类型，其中提供多种填充图案类型。

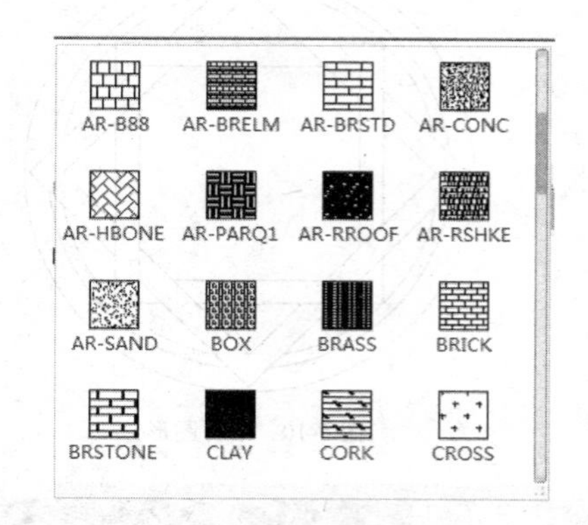

图 5-14 “图案”下拉列表框

❑ 设置图案填充属性

在选项板的“特性”面板中，可以设置填充图案的倾斜角度、疏密程度以及图案填充原点等属性。

“特性”面板中各选项含义如下。

- “图案填充角度”文本框：设置填充图案的倾斜角度。
- “图案填充比例”文本框：设置填充图案的疏密程度。
- “交叉线”按钮 双：当图案类型为“用户定义”时，单击该按钮，可以使用相互垂直的两组平行线填充图形，否则为一组平行线。
- “按图纸空间缩放”按钮：相对图纸空间单位缩放填充图案。单击该按钮，可以做到以适合于布局的比例显示填充图案。该选项仅适用于图纸布局。
- “图案填充间距”文本框：使用“用户定义”图案类型，也就是使用当前线型进行区域填充时，设置填充图案中的直线间距。
- “ISO 笔宽”下拉列表框：使用 ISO 标准的填充图案时，基于选定笔宽缩放 ISO 填充图案。
- “图案填充透明度”文本框：用于设置填充图案的透明度。

在“原点”选项区域内，可以设置图案填充原点的位置，因为许多图案填充需要对齐填充边界上某一个点。其主要选项的功能如下：

- “指定新原点”按钮：单击该按钮，可以直接指定新的图案填充原点。
- “使用当前原点”按钮：使用当前 UCS 的原点（0,0）作为团填充原点。

专家提醒

在进行图案填充时，若命令提示行出现“图案填充间距太密，或短划尺寸太小”或“无法对边界进行图案填充”等类似的提示信息，表示比例不正确，需要根据绘图区的图形界限调整比例。比例值越小，填充图案越密，越大则越疏。

案例【5-2】 编辑填充图案 视频文件：DVD\视频\第 5 章\5-2.MP4

步骤01 在命令行中输入 OPEN“打开”命令并回车，打开如图 5-10 所示的图形。

步骤02 双击 AR—SAND 填充对象，在弹出的“快捷特性”对话框中，更改比例为 0.5，如图 5-15 所示。

步骤03 修改完成的结果如图 5-16 所示。

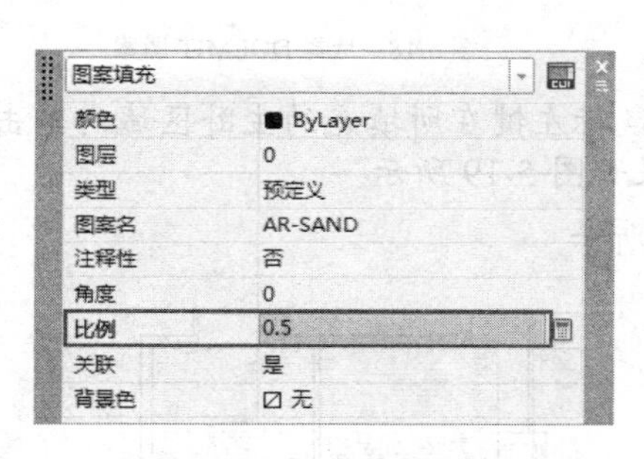

图 5-15 “快捷特性”对话框

图 5-16 修改后图形

5.1.3 继承特性

继承特性是把一个已存在的填充对象（源填充对象）的属性完全“继承”给另外一个填充区域(目标填充区域)，使这些区域的填充图案和源填充对象相同。

5.1.4 其他选项

“图案填充创建”选项板中其他各选项含义如下：

- “注释性”按钮：单击该按钮，可以指定图案填充为注释性。此特性会自动完成缩放注释过程，从而使注释能够以正确的大小在图纸上打印或显示。
- “关联”按钮：指定图案填充或填充为关联图案填充。
- “允许的间隙”文本框：设定将对象用作图案填充边界时可以忽略的最大间隙。默认值为 0，此值指定对象必须封闭区域而没有间隙。

5.1.5 跟踪练习：填充室内平面图

步骤01 在命令行中输入 OPEN“打开”命令并回车，打开“第 5 章\ 5.1.5 跟踪练习.dwg”文件，如图 5-17 所示。

步骤02 单击“绘图”面板中的“图案填充”按钮，打开“图案填充创建”选项板；单击

“图案”面板按钮▼，展开列表框，选择其中的DOLMIT图案，如图5-18所示。

步骤03 在“特性”面板中将“图案填充比例”改为18，将“原点”改为“指定的原点”。单击“单击以设置新原点”按钮，填充区域的左端顶点为新原点。

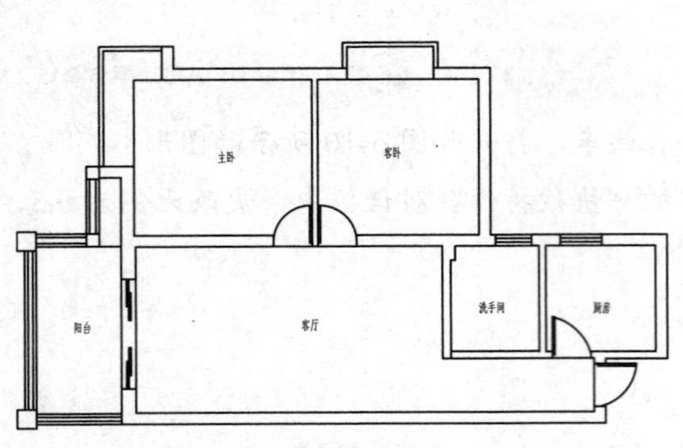

图5-17 素材图形

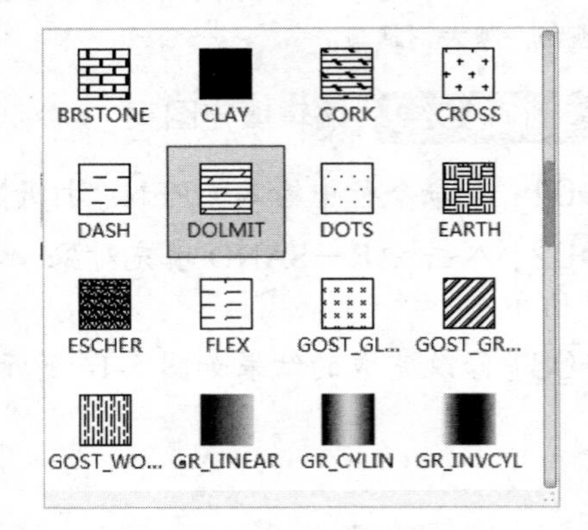

图5-18 选择DOLMIT图案

步骤04 单击“拾取点”按钮，回到绘图区域，使用鼠标左键在所填充的主卧区域内单击（表示图形将要填充到区域内），然后按回车键确认，结果如图5-19所示。

步骤05 以同样的方法填充客卧地砖图案，如图5-20所示。

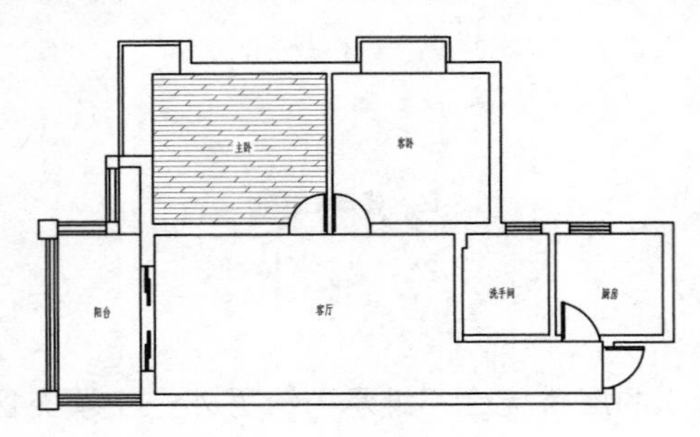
图5-19 填充主卧

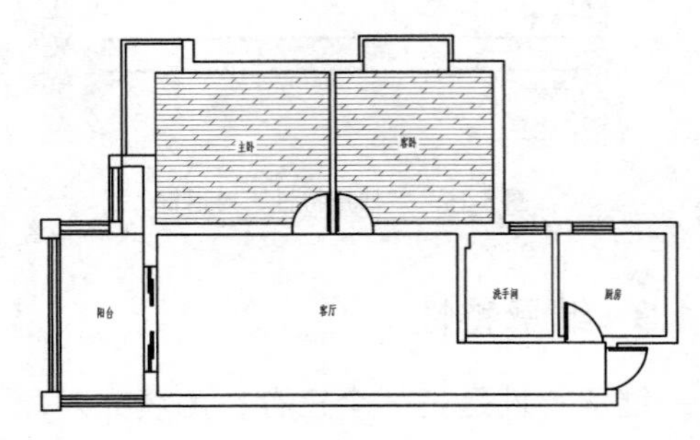
图5-20 填充客卧

步骤06 使用“图案填充”功能，打开“图案填充创建”选项板；单击“图案”面板按钮▼，展开列表框，选择其中的“NET”图案，修改“图案填充比例”为200，填充客厅，结果如图5-21所示。

步骤07 使用“图案填充”功能，打开“图案填充创建”选项板；单击“图案”面板按钮▼，展开列表框，选择其中的“ANGLE”图案，修改“图案填充比例”为50，填充阳台，结果如图5-22所示。

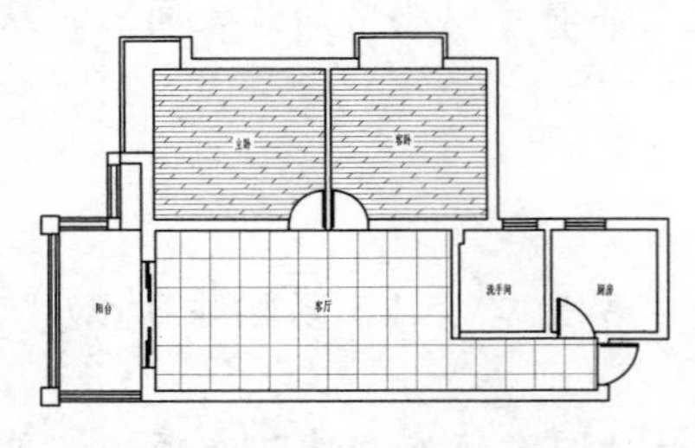
图5-21 填充客厅

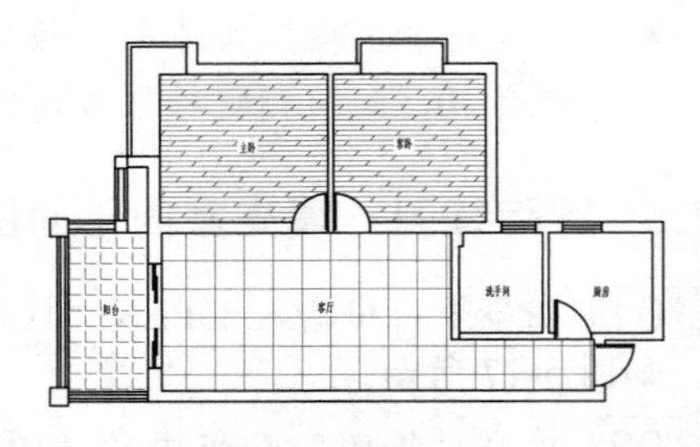
图5-22 填充阳台

步骤 08 以同样的方式填充洗手间的地砖图案，如图 5-23 所示。

步骤 09 使用“图案填充”功能，打开“图案填充创建”选项板；单击“图案”面板按钮，展开列表框，选择其中的“ANSI37”图案，修改“图案填充比例”为 100，填充厨房，结果如图 5-24 所示。室内平面图填充完成。

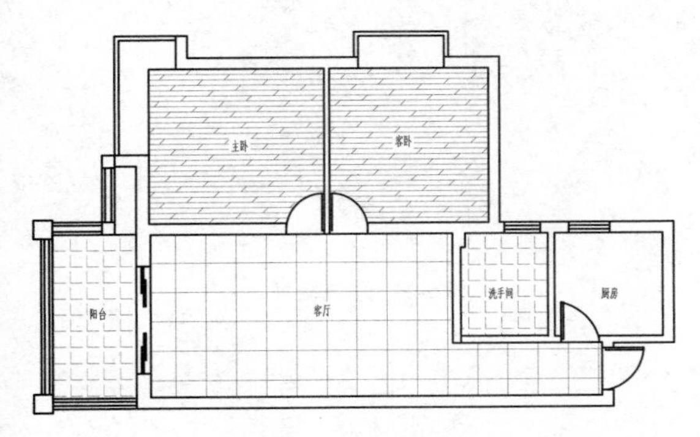

图 5-23　填充洗手间

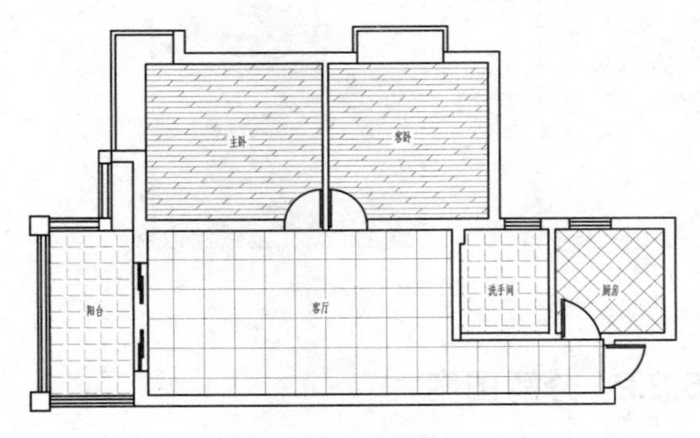

图 5-24　填充厨房

5.2 编辑填充图案

AutoCAD 2016

在为图形填充了图案后，如果对填充效果不满意，还可以通过“图案填充”编辑命令对其进行编辑。编辑内容包括填充比例、旋转角度和填充图案等方面。

AutoCAD 2016 增强了图案填充的编辑功能，可以编辑多个图案填充对象。即使选择多个图案填充对象时，也会自动显示上下文“图案填充编辑器”功能区选项卡。

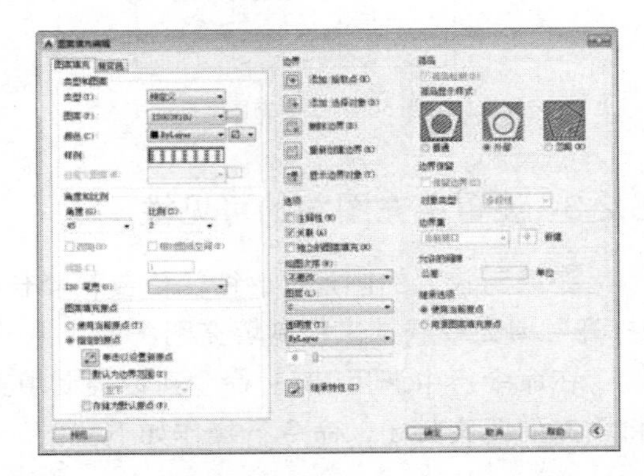

图 5-25　“图案填充编辑”对话框

5.2.1 快速编辑填充图案

调用“图案填充”命令主要有以下两种方法：

- 菜单栏：调用“修改”|“对象”|“图案填充”菜单命令。
- 命令行：在命令行输入 HATCHEDIT 并回车。

调用该命令后，命令行提示选择图案填充对象，之后将打开如图 5-25 所示的“图案填充编辑”对话框。按照创建填充图案的方法可以重新设置满足要求的填充参数。

案例【5-3】 修改填充图案比例和角度　视频文件：DVD\视频\第 5 章\5-3.MP4

步骤 01 在命令行中输入“打开”命令并回车，打开如图 5-16 所示图形。

步骤 02 在命令行输入 HATCHEDIT “图案填充”命令并回车，单击填充图案，系统打开“图案填充编辑”对话框，在其中的“图案填充”选项卡下修改相关参数，如图 5-26 所示。

步骤 03 修改完毕后单击“确定”按钮，最终效果如图 5-27 所示。

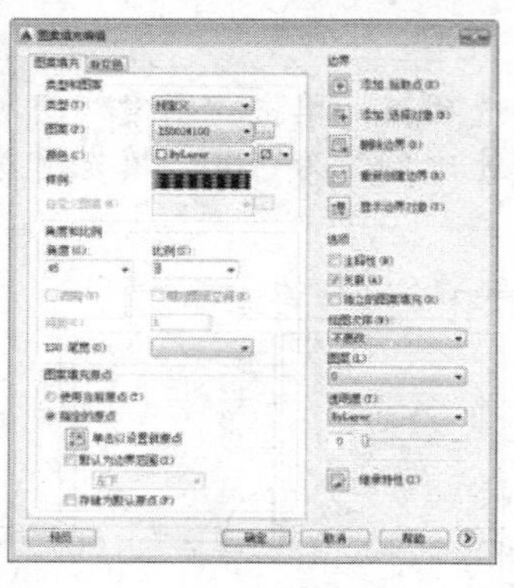

图 5-26 修改参数

图 5-27 填充结果

5.2.2 分解图案

填充的图案是一个特殊的图块，无论填充的形状多么复杂，它都是一个整体，如图 5-28 所示。因此，不能直接修改编辑其中的某个元素。但是当调用“分解”命令将其分解后，就可以进行单独的编辑了。分解后的图案不再是一个单一的对象，而是一组图案，如图 5-29 所示。

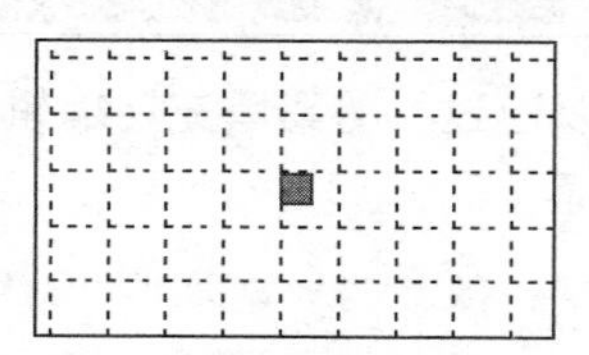

图 5-28 分解前图案显示

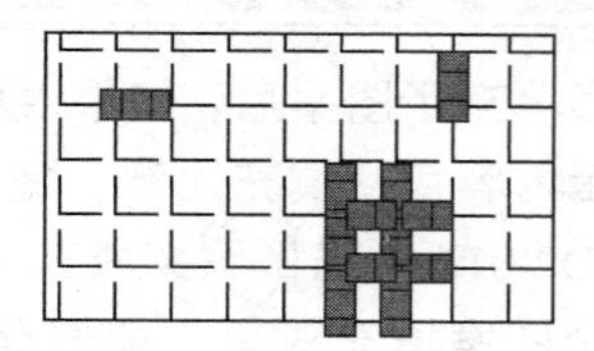

图 5-29 分解后图案显示

5.2.3 设置填充图案的可见性

在绘制较大的图形时，往往需要花较长的时间来等待填充图形的生成。此时可以通过“关闭/打开”填充模式，来控制填充图案的可见性，从而提高显示速度。

在命令行中调用 FILL 命令可以控制填充图案的可见性。调用该命令后需要重生成视图才可将填充的图案关闭，命令行操作如下：

```
命令: FILL
输入模式 [开(ON)/关(OFF)] <开>:                    //输入选项
```

5.2.4 修剪填充图案

图案与图案填充的对象，可以在不调用“分解”命令的前提下，通过“修剪”命令可像修剪其它对象一样进行修剪。

案例【5-4】 修剪填充图案 视频文件：DVD\视频\第 5 章\5-4.MP4

步骤 01 使用“矩形”、“圆”和“图案填充”工具绘制如图 5-30 所示图形。

步骤 02 单击“修改”面板中的“修剪”按钮，裁剪掉包含在圆形区域内的填充图案，结果如图 5-31 所示，命令行提示如下：

```
命令: _trim
当前设置:投影=UCS, 边=无
选择剪切边...
选择对象或 <全部选择>: 找到 1 个                    //选择圆
选择对象:                                          //回车结束选择
选择要修剪的对象，或按住 Shift 键选择要延伸的对象，或[栏选(F)/窗交(C)/投影(P)/边(E)/删
除(R)/放弃(U)]:                                    //鼠标左键单击包含在圆形区域内的填充图案
选择要修剪的对象，或按住 Shift 键选择要延伸的对象，或[栏选(F)/窗交(C)/投影(P)/边(E)/删
除(R)/放弃(U)]:                                        //回车结束命令
```

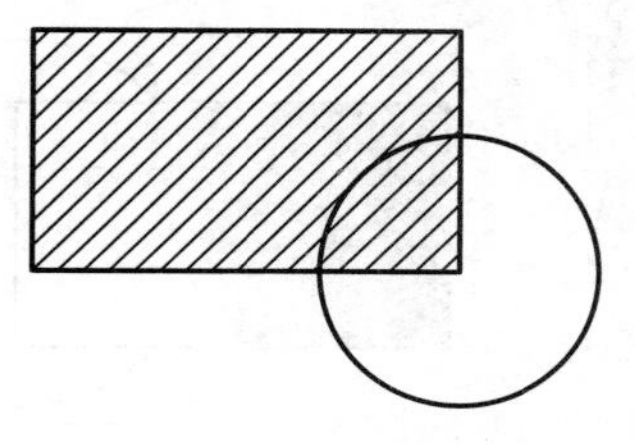

图 5-30 绘制图形

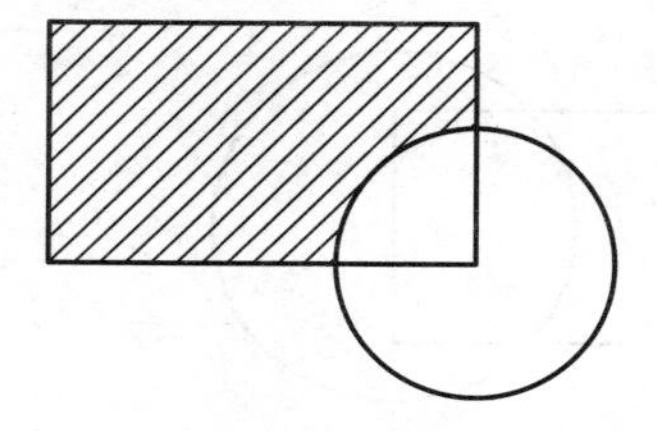

图 5-31 修剪结果

AutoCAD 2016

5.3 填充渐变色

渐变色填充可以创建前景色或双色渐变色来填充图案。

案例【5-5】 填充电视机

视频文件：DVD\视频\第 5 章\5-5.MP4

步骤 01 在命令行中输入 OPEN“打开”命令并回车，打开“第 5 章\课堂举例 5-5.dwg”文件。

步骤 02 单击“绘图”面板中的“渐变色”按钮，打开“图案填充创建”选项板，如图 5-32 所示。通过该选项板可以在指定对象上创建具有渐变色彩的填充图案。渐变填充在两种颜色之间，或者一种颜色的不同灰度之间过渡，图 5-33 所示为使用渐变填充模拟电视机屏幕效果。

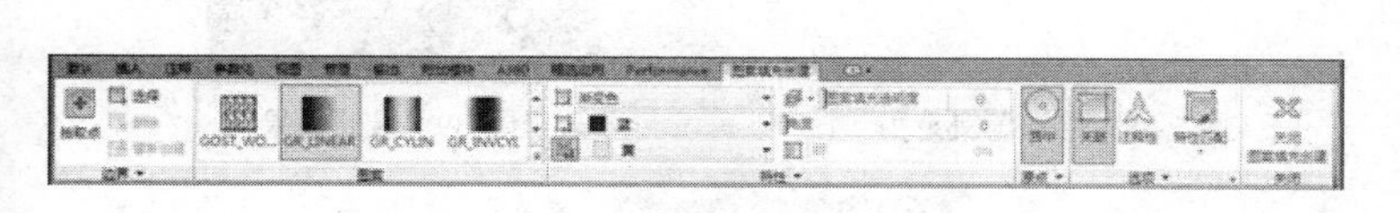

图 5-32 “图案填充创建”选项板

图 5-33 渐变填充效果

创建渐变色填充图案的方法与前面介绍的创建普通填充图案的基本相同，这里不再详细介绍。“图案填充创建”选项板中相应选项的含义如下：

- “渐变色 1”下拉列表框：用户设置渐变图案中的第一种颜色。
- “渐变色 2”下拉列表框：用户设置渐变图案中的第二种颜色。
- “渐变色角度”文本框：用于设置相对于 WCS 的 X 轴指定渐变色角度。
- “渐变明暗”按钮：单击该按钮，可以启用或禁用单色渐变明暗的选项。

5.3.1 创建单色渐变填充

这种填充方法就是使用一种颜色不同灰度之间的过渡进行填充。

案例【5-6】 绘制蓝色渐变填充 视频文件：DVD\视频\第 5 章\5-6.MP4

步骤01 利用"矩形"和"圆"等工具绘制如图 5-34 所示图形。

步骤02 单击"绘图"面板中的"渐变色"按钮，打开"图案填充创建"选项板，单击"渐变明暗"按钮，使用鼠标左键在矩形内拾取填充区域，如图 5-35 所示。

步骤03 然后按回车键，结果如图 5-36 所示。

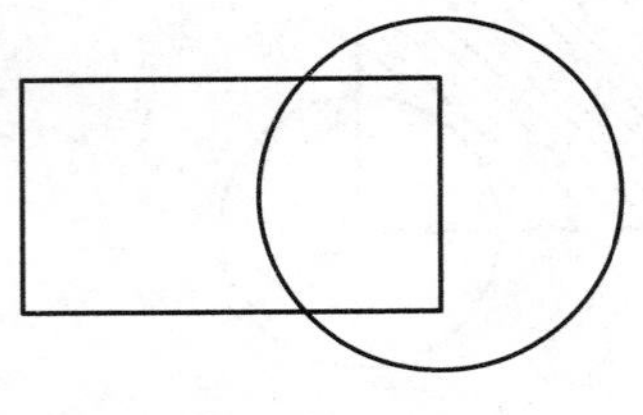

图 5-34 绘制图形

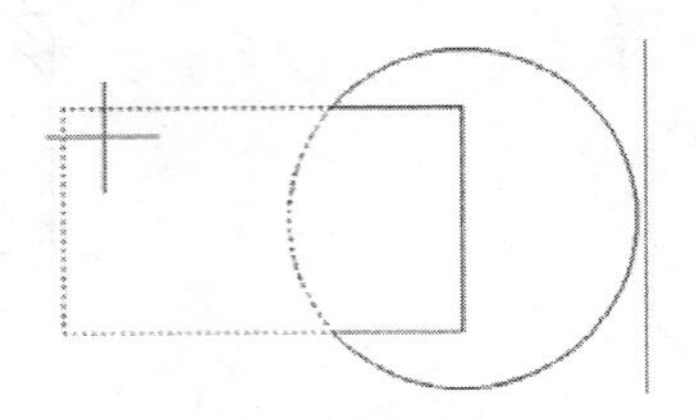

图 5-35 选择填充区域

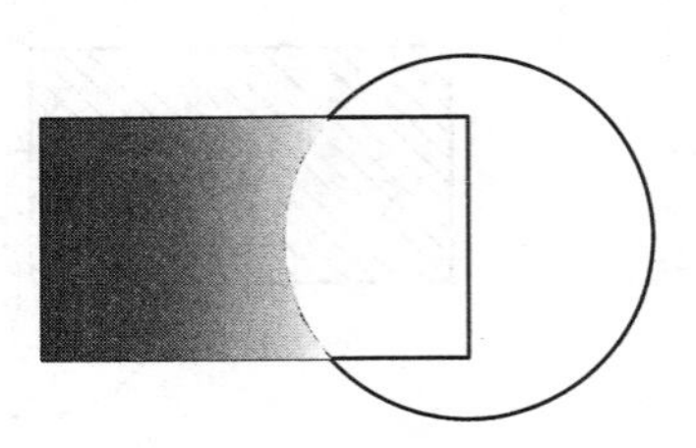

图 5-36 最终效果

5.3.2 创建双色渐变填充

这种填充方式就是从一种颜色过渡到另一种颜色。

案例【5-7】 绘制蓝色到红色渐变填充 视频文件：DVD\视频\第 5 章\5-7.MP4

步骤01 单击"绘图"面板中的"矩形"按钮，绘制一个 100×50 的矩形，如图 5-37 所示。

步骤02 单击"绘图"面板中的"渐变色"按钮，打开"图案填充创建"选项板，单击"渐变明暗"按钮，禁用单色选项，设置相关参数。

步骤03 在图形内部拾取一点，如图 5-38 所示。

步骤04 按回车键，结果如图 5-39 所示。

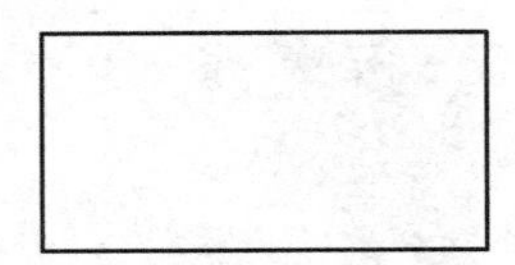

图 5-37 绘制矩形

图 5-38 拾取渐变范围

图 5-39 最终结果

5.3.3 修改渐变填充的属性

与填充图案一样，填充的渐变色的属性也可以被修改。

案例【5-8】 把渐变填充方式由"从左到右"改为"由外到内" 视频文件：DVD\视频\第 5 章\5-8.MP4

步骤01 打开课堂举例 5-5 所绘制的图形文件，如图 5-40 所示。

步骤02 在命令行输入 HATCHEDIT"图案填充"命令并回车，打开"图案填充编辑"对话框，在其中选择合适的渐变方式，单击“确定”按钮，结果如图 5-41 所示。

步骤 03 修改后渐变填充的效果如图 5-42 所示。

图 5-40 原始文件

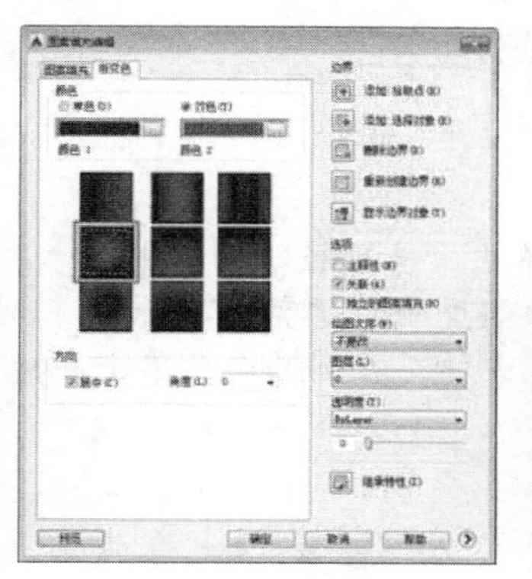

图 5-41 编辑图案填充

图 5-42 最终结果

AutoCAD 2016

5.4 工具选项板

“工具”选项板命令是组织、共享和放置块及填充图案的有效方法，如果要向图形中添加块或填充图案，只需将其从“工具”选项板中拖至图形中即可。使用 TOOLPALETTES（工具选项板）命令可以调出“工具”选项板。

打开“工具”选项板的方法如下：

- 菜单栏：调用“工具”|“选项板”|“工具选项板”菜单命令。
- 面　板：在“视图”选项卡中，单击“选项板”面板中的“工具选项板”按钮。
- 命令行：在命令行输入 TOOLPALETTES（或 TP）命令并回车。
- 组合键：按 Ctrl+3 组合键。

调用 TOOLPALETTES（工具选项板）命令后，系统将打开“工具”选项板，如图 5-43 所示。其中有很多选项卡，每个选项卡中都放置了不同的块或填充图案。

图 5-43 工具选项板

5.4.1 工具选项板简介

工具选项板中主要包含了“命令工具”选项卡和“图案填充”选项卡。除此之外，“工具”选项板上还有“结构”选项卡，“土木工程”选项卡和“机械”选项卡等，这些选项卡上集成了相关专业的一些图块。

1. “命令工具”选项卡

“命令工具”选项卡中集成了很多命令和工具，比如绘图命令、标注命令和表格功能等，用户可以直接从中调用这些命令和功能。

2. “图案填充”选项卡

“图案填充”选项卡中集成了很多填充图案，包括砖块、地面、铁丝和沙砾等。

5.4.2 通过工具选项板填充图案

案例【5-9】 绘制“阀门”图例 视频文件：DVD\视频\第 5 章\5-9.MP4

步骤 01 在命令行中输入 OPEN“打开”命令并回车，打开“第 5 章\课堂举例 5-9.dwg”文件，如图 5-44 所示。

步骤 02 在“视图”选项卡中，单击“选项板”面板中的“工具选项板”按钮，打开工具选项板。单击“ISO 图案填充”选项组里面的“实体”图案，如图 5-45 所示。移动鼠标至绘图区域，此时光标上面将附着一个黑色方块。在圆的内侧单击鼠标左键，即可完成图案填充。

步骤 03 填充效果如图 5-46 所示。

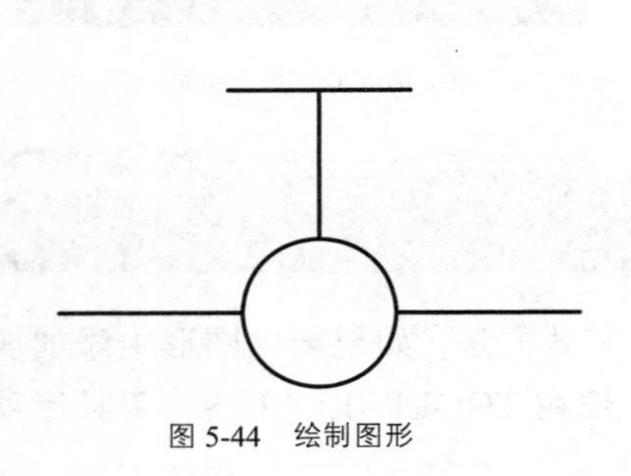

图 5-44　绘制图形

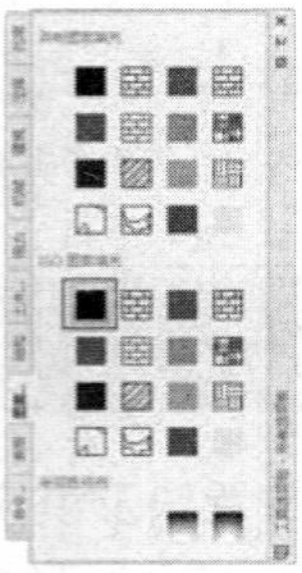

图 5-45　填充图案

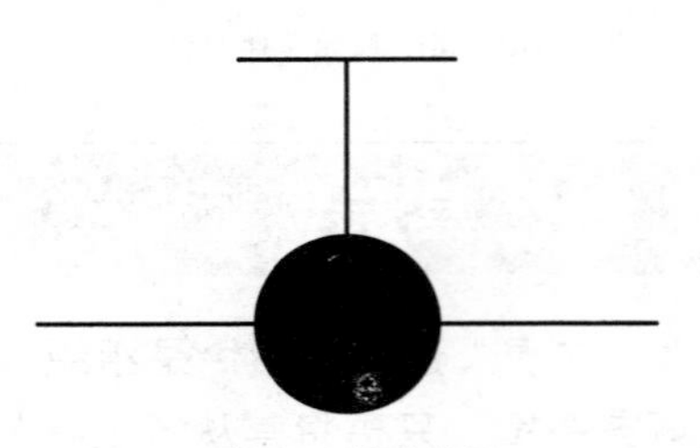

图 5-46　填充效果

5.4.3 修改填充图案属性

用户可以根据实际需要修改工具选项板中的图案填充属性，比如修改填充角度、比例、图层、颜色以及线型等。以下将以“地面”图案为例，讲解修改填充图案属性的方法。

案例【5-10】 修改填充图案属性 视频文件：DVD\视频\第 5 章\5-10.MP4

步骤 01 在“地面”图案上单击鼠标右键，在弹出的菜单中选择“特性”命令，如图 5-47 所示。

步骤 02 系统将弹出一个“工具特性”对话框，在其中修改图案名称、填充角度、比例、间距和颜色等属性，修改完毕之后单击“确定”按钮即可，如图 5-48 所示。

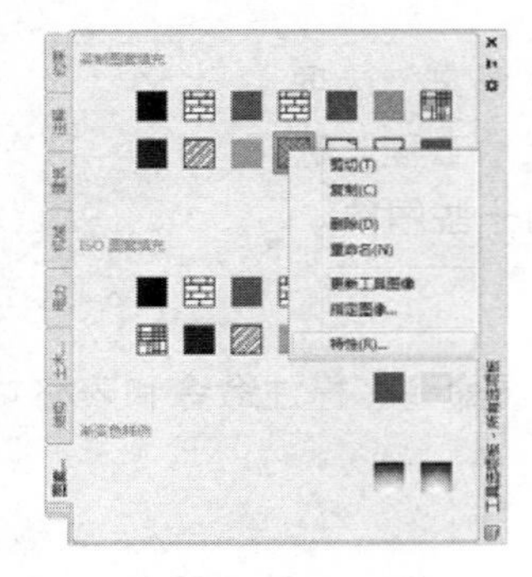

图 5-47　选择“特性”命令

图 5-48　“工具特性”对话框

5.4.4 自定义工具选项板

用户可以根据自己的实际需要自定义工具选项板，比如在其中添加自己常用的图案或者图块，以下将介绍几种自定义工具选项板的方法。

- 按快捷键 Ctrl+2 打开设计中心，把其中的图形从设计中心拖到工具选项板上，如图 5-49 所示。使用“复制”“剪切”和“粘贴”等功能把一个选项卡中的图案转移到另一个选项卡中，比如将“图案填充”选项卡中的图案转移到“电力”选项卡中，如图 5-50 所示。
- 使用鼠标拖动工具选项板中的图案可以重新排列其位置。

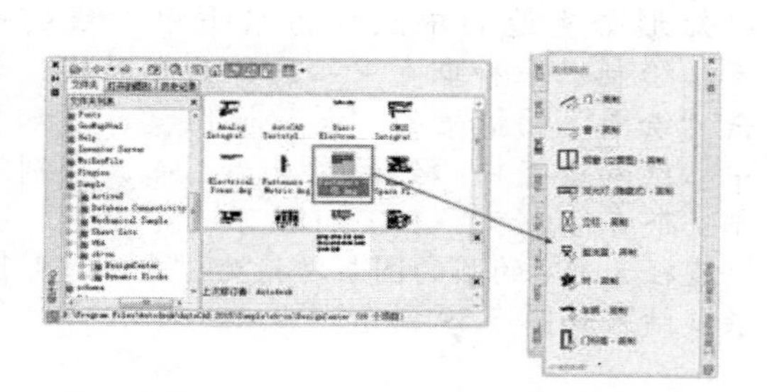

图 5-49　自定义工具栏选项板

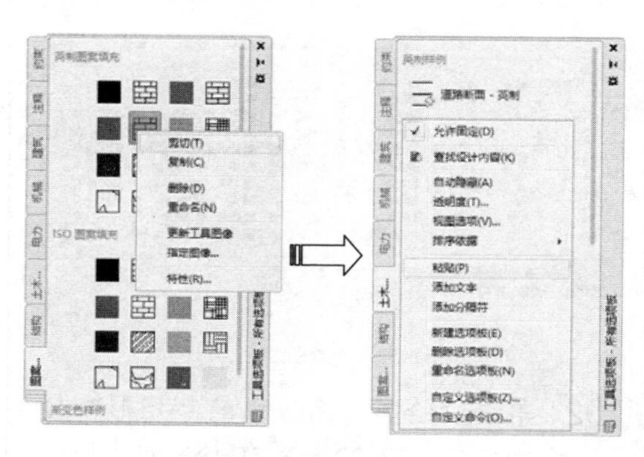

图 5-50　转移选项卡中的图案

专家提醒

在拖动图形的过程中，要一直按住鼠标不放，待进入工具选项板之后，选择一个合适的位置，然后松开鼠标左键即可。把已经添加到工具选项板中的图形插入到另一个图形时，其将作为图块插入。

5.5 实战演练

AutoCAD 2016

初试身手——绘制绿化草地图例

视频文件：DVD\视频\第 5 章\初试身手.MP4

步骤 01 单击“绘图”面板中的“矩形”按钮，绘制一个 100×50 的矩形，结果如图 5-51 所示。

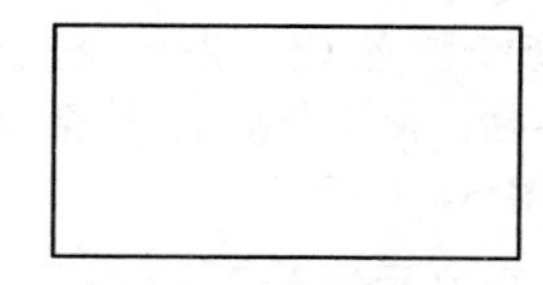

图 5-51　绘制矩形

步骤 02 单击“绘图”面板中的“图案填充”按钮，打开“图案填充创建”选项板，选择 GRASS 图案，其相关参数设置如图 5-52 所示。

步骤 03 完成后的效果如图 5-53 所示。

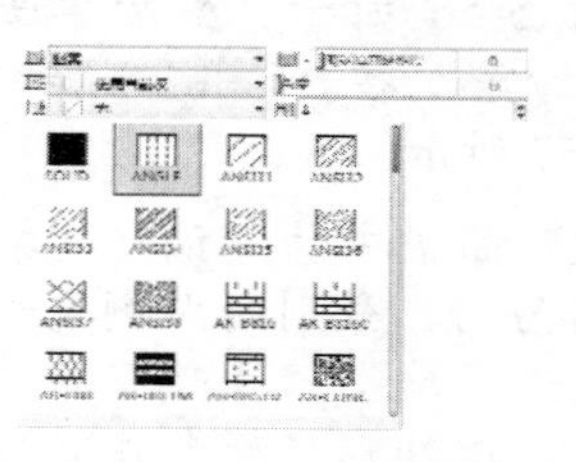

图 5-52　“图案填充创建”选项板

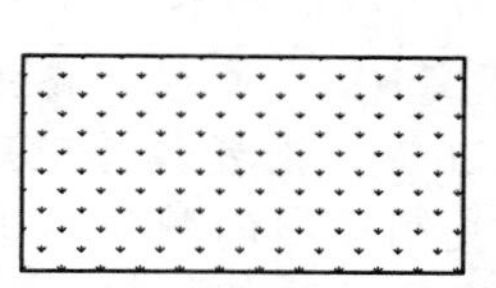

图 5-53　最终效果

深入训练——绘制齿轮零件图

视频文件：DVD\视频\第 5 章\深入训练.MP4

步骤01 单击“图层”选项板中的“图层特性”按钮，打开“图层特性管理器”对话框，然后单击“新建图层”按钮，新建“粗实线”、“中心线”、“尺寸线”等图层，并分别设置图层的名称、线型及线宽等特性，如图 5-54 所示。

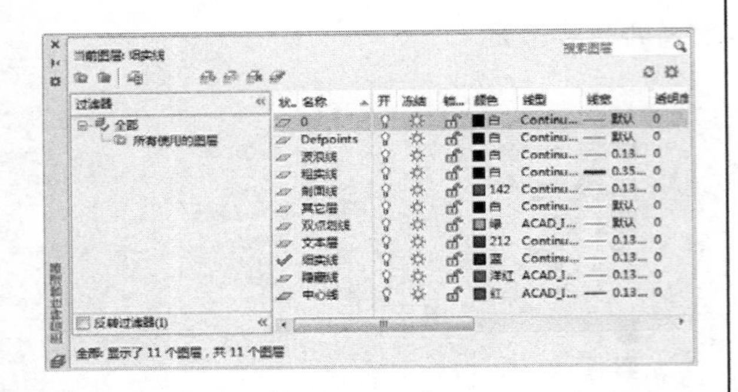

图 5-54　设置图层

步骤02 单击“绘图”面板中的“矩形”按钮，绘制一个长为 55、宽为 188 的矩形，结果如图 5-55 所示。

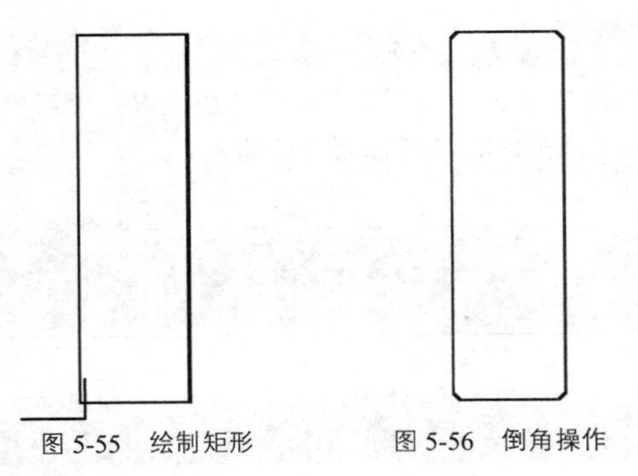

图 5-55　绘制矩形　　图 5-56　倒角操作

步骤03 单击“修改”面板中的“倒角”按钮，创建 4 个倒角长为 4、倒角角度为 45 度的倒角，结果如图 5-56 所示。然后单击“修改”面板中的“分解”按钮，分解倒角矩形，结果如图 5-57 所示。

步骤04 单击“修改”面板中的“偏移”按钮，设置偏移距离为 9，分别向内侧偏移复制矩形的两条水平边，单击“修改”面板中的“延伸”按钮，以矩形的两条垂直边作为边界，延伸偏移出的轮廓线，结果如图 5-58 所示。

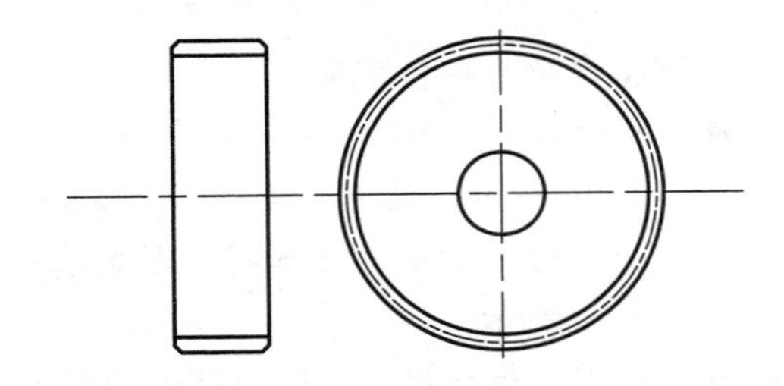

图 5-57　分解操作

步骤05 将“中心线”图层切换为当前图层，单击“绘图”面板中“直线”按钮，以矩形垂直边的中点作为水平中心线的一点，绘制水平和垂直中心线作为辅助线。单击“绘图”面板中的“圆”按钮，以水平中心线和垂直中心线的交点为圆心，分别绘制一个直径为 50、170、180 和 188 的圆，并将直径为 180 的圆的图层转换为“中心线”图层，结果如图 5-59 所示。

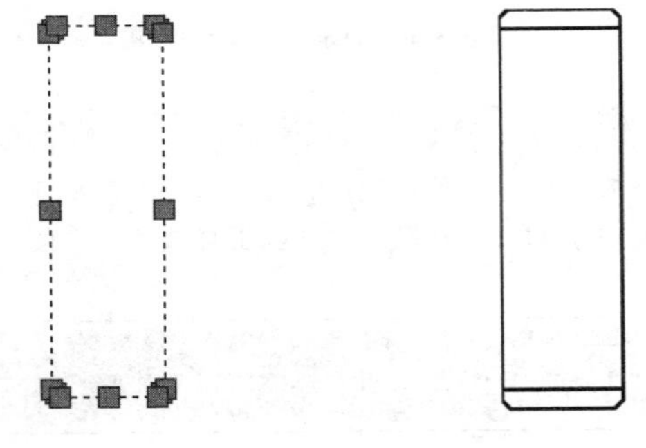

图 5-58　延伸　　图 5-59　绘制圆

步骤06 单击“修改”面板中的“偏移”按钮，选取水平中心线为偏移对象，向上偏移 29.3；重复调用“偏移”命令，选取垂直中心线为偏移对象，向左右分别偏移 8，并将所偏移的直线转换为“粗实线”图层，结果如图 5-60 所示。然后单击“修改”面板中的“修剪”按钮，修剪掉多余的直线和圆弧，结果如图 5-61 所示。

步骤07 调用“构造线”命令绘制构造线，结果如图 5-62 所示。

步骤08 单击“修改”面板中的“倒角”按钮，对如图 5-63 所示的线 A、B、K 进行倒角操作，结果如图 5-64 所示。

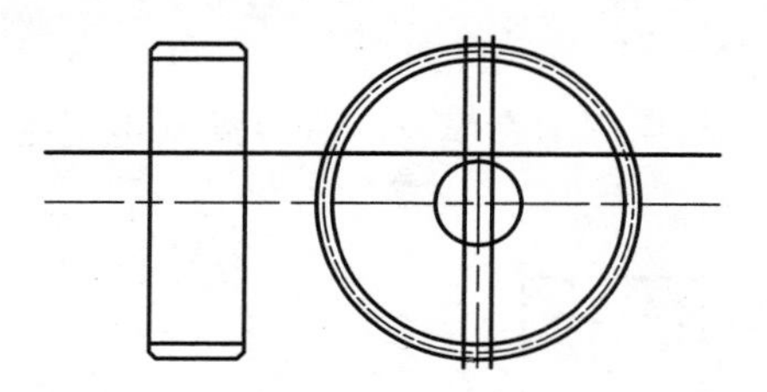

图 5-60 偏移直线

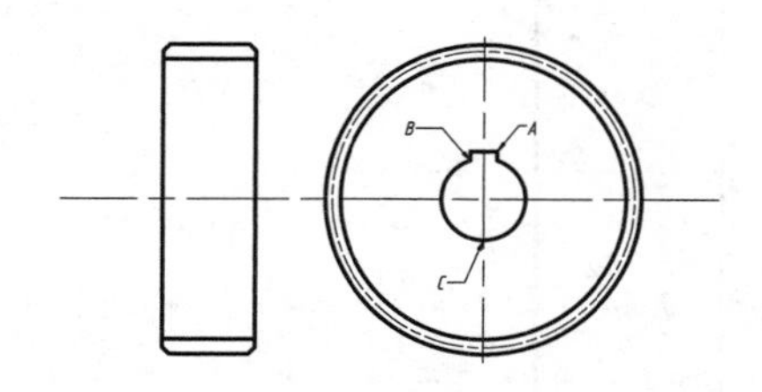

图 5-61 修剪操作

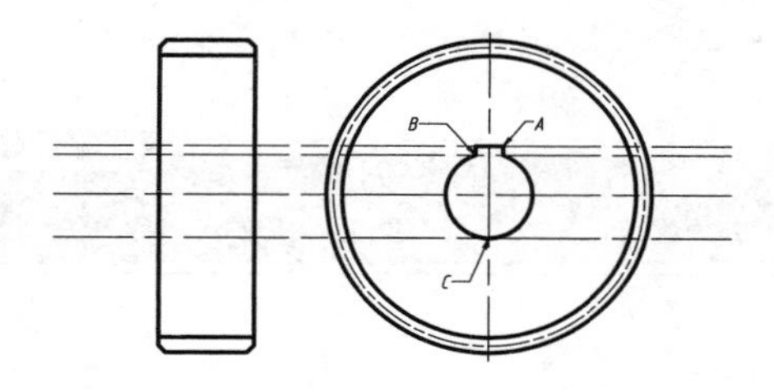

图 5-62 偏移直线

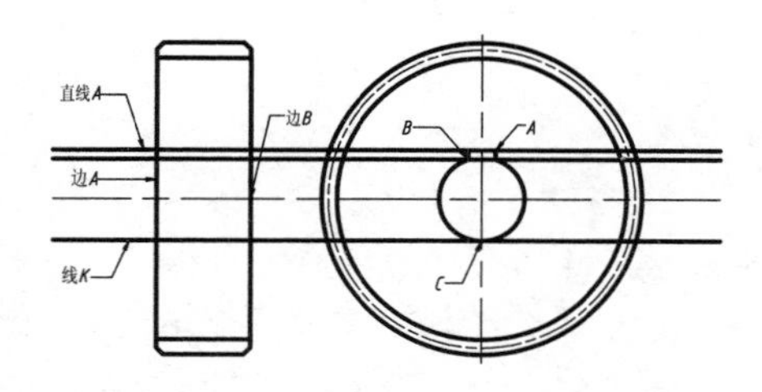

图 5-63 转换图层

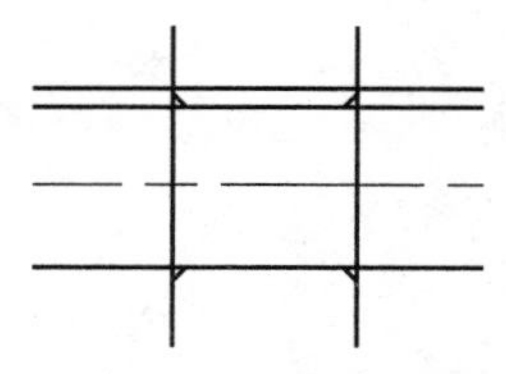

图 5-64 倒角操作

步骤 09 单击“修改”面板中的“修剪”按钮，修剪掉多余的直线，结果如图 5-65 所示。

步骤 10 单击“绘图”面板中的“直线”按钮，打开“对象捕捉”功能，捕捉到倒角后所产生的线段的端点，绘制两条垂直线段作为倒角位置的轮廓线，结果如图 5-66 所示。

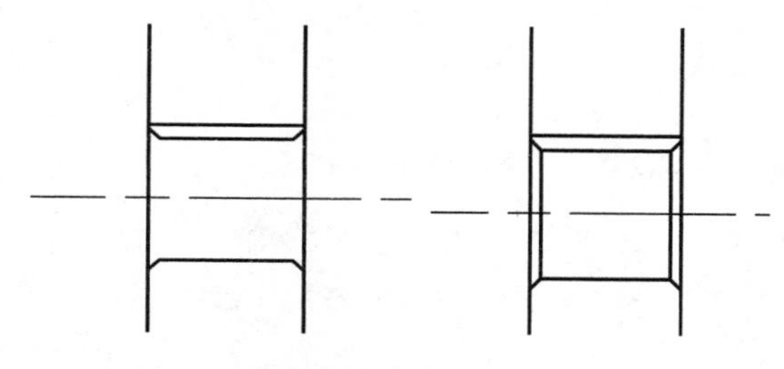

图 5-65 修剪操作　　图 5-66 绘制直线

步骤 11 切换“剖面线”图层为当前图层，调用“图案填充”命令，打开“图案填充创建”选项板，选择 ANSI31 图案。设置如图 5-67 所示填充参数，为齿轮主视图填充图案，填充结果如图 5-68 所示。齿轮零件图绘制完成。

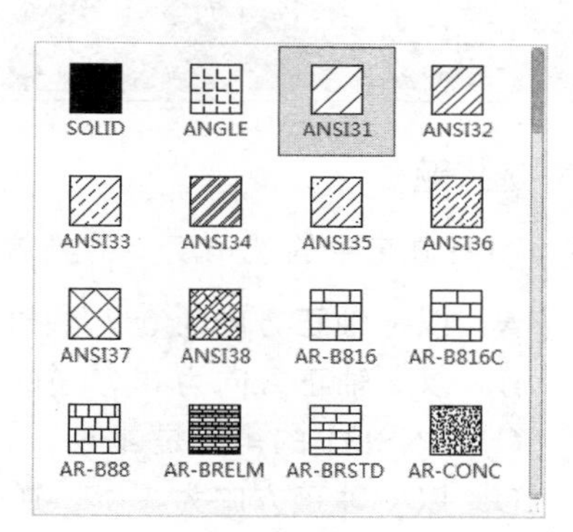

图 5-67 选择图案

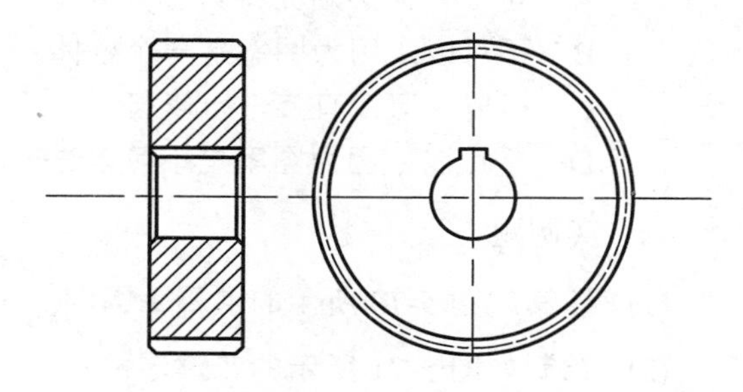

图 5-68 图案填充

熟能生巧——填充电视柜墙 C 剖面图

视频文件：DVD\视频\第 5 章\熟能生巧.MP4

打开随书光盘“第 5 章\ 5.5.3 熟能生巧.dwg”文件，利用“图案填充”命令绘制电视柜 C 剖面图，如图 5-69 所示。

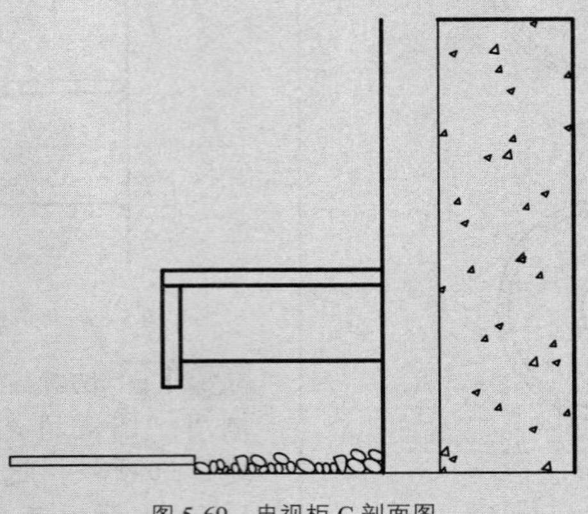

图 5-69　电视柜 C 剖面图

AutoCAD 2016

5.6 课后练习

1. 选择题

(1) 图案填充中的“角度”的具体含义是指什么（　　）。

A、以 x 轴正方向为 0°，顺时针方向为正
B、以 x 轴正方向为 0°，逆时针方向为正
C、ANSI31 的角度是 45°
D、以 y 轴正方向为零度，逆时针方向为正

(2) 填充图案是否可以进行修剪（　　）。

A、可以，但必须先将其进行分解
B、不可以，因为图案是一个整体
C、可以，可以直接进行修剪
D、不可以，因为图案是不可以进行编辑的

2. 实例题

(1) 绘制如图 5-70 所示的混凝土图例。

(2) 绘制如图 5-71 所示的花键零件图。

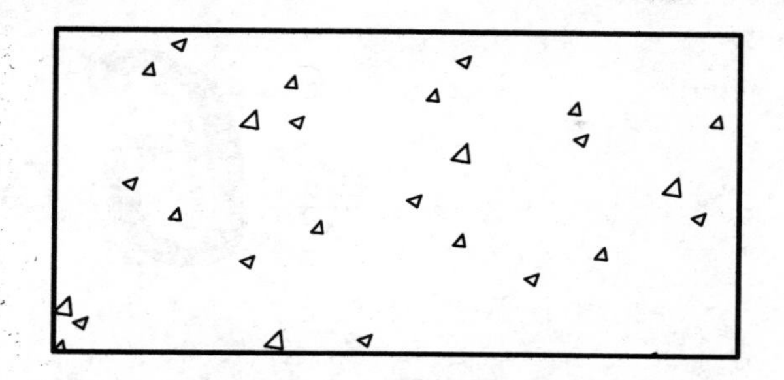

图 5-70 混凝土图例

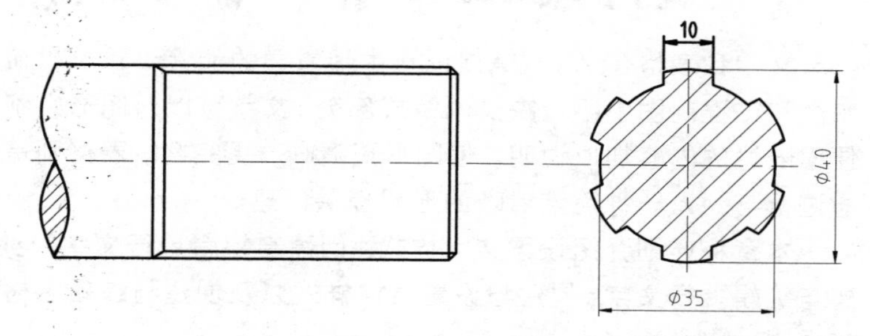

图 5-71 花键零件图

第 6 章

创建文字与表格

文字和表格是 AutoCAD 图形中很重要的元素，也是机械制图和工程制图中不可缺少的组成部分。文字可以对图形中不便于表达的内容加以说明，使图形更清晰、更完整。表格则是通过行与列以一种简洁清晰的形式提供信息。

本章将详细介绍设置文字样式、创建与编辑单行文字、创建与编辑多行文字、创建与设置表格样式以及创建与编辑表格等内容，以供读者掌握。

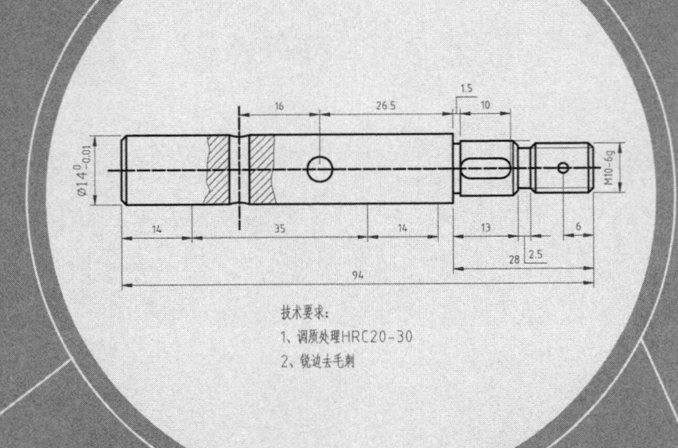

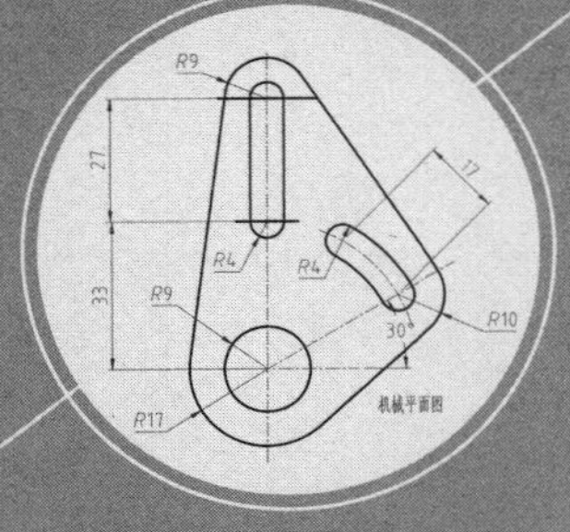

6.1 设置文字样式

AutoCAD 为用户提供了一个标准 STANDARD 的文字样式，用户可采用这个标注样式输入文字。此外用户也可以根据实际需要利用“文字样式”功能创建一个新的样式或修改已有的样式。通过“文字样式”功能可以设置文字的字体、字号、倾斜角度、方向以及其它一些属性。

6.1.1 新建文字样式

文字样式是同一类文字的格式设置的集合，包括字体、字高、显示效果等。在 AutoCAD 中输入文字时，默认使用的是 STANDARD 文字样式。如果此样式不能满足注释的需要，我们可以根据需要设置新的文字样式或修改已有文字样式。

设置文字样式需要在“文字样式”对话框中进行，打开该对话框的方法如下：

- 菜单栏：调用“格式” | “文字样式”菜单命令。
- 面　板：单击“注释”面板中的“文字样式”按钮。
- 命令行：在命令行输入 STYLE（ST）并回车。

调用以上任意一种操作后，将打开如图 6-1 所示的“文字样式”对话框，可以在其中新建或修改当前文字样式，以指定字体、高度等参数，然后用定义好的文字样式进行标注。

“文字样式”对话框中各参数的含义如下：

- 字体名：在该下拉列表中可以选择不同的字体，比如宋体、黑体和楷体等，如图 6-2 所示。

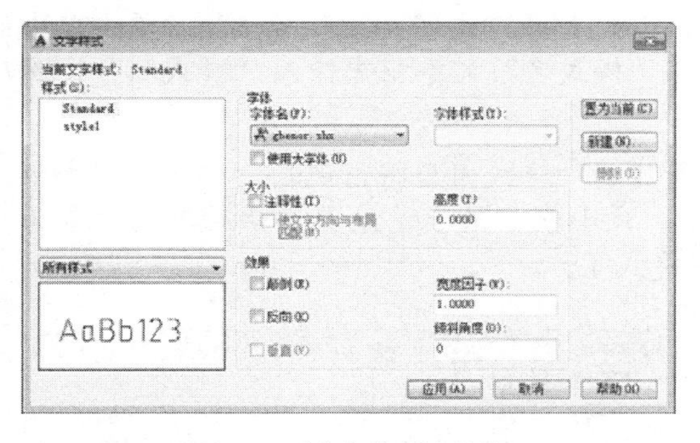

图 6-1　“文字样式”对话框

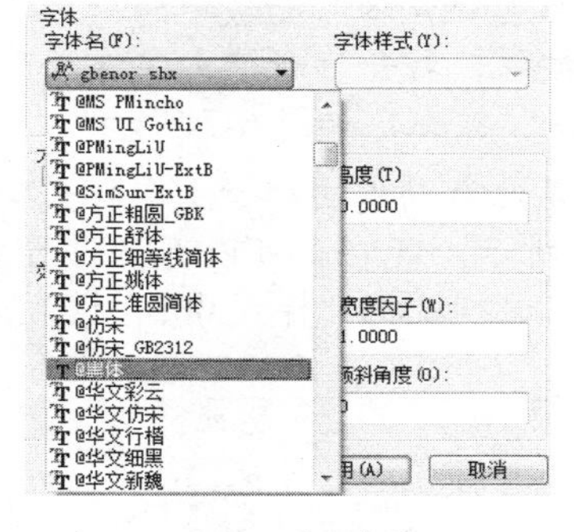

图 6-2　选择字体

专家提醒

如果将字高设置为 0，那么每次标注单行文字时都会提示用户输入字高。如果设置的字高不为 0，则在标注单行文字时命令行将不提示输入字高。因此，0 字高用于使用相同的文字样式来标注不同字高的文字对象。

- 高度：该参数可以控制文字的高度，即控制文字的大小。
- 使用大字体：用于指定亚洲语言的大字体文件，只有 SHX 文件可以创建大字体。
- 字体样式：在该下拉列表中可以选择其他字体样式。
- 颠倒：勾选“颠倒”复选框之后，文字方向将翻转，如图 6-3 所示。
- 反向：勾选“反向”复选框，文字的阅读顺序将与开始时相反，如图 6-4 所示。

- 宽度因子：该参数控制文字的宽度，正常情况下宽度比例为 1。如果增大比例，那么文字将会变宽，如图 6-5 所示为宽度因子变为 3 时的效果。
- 倾斜角度：调整文字的倾斜角度，如图 6-6 所示为文字倾斜 45° 后的效果。

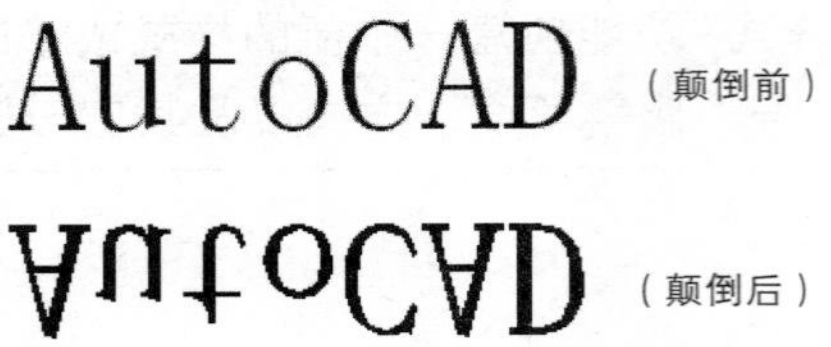

AutoCAD （颠倒前）

AutoCAD （颠倒后）

图 6-3　颠倒

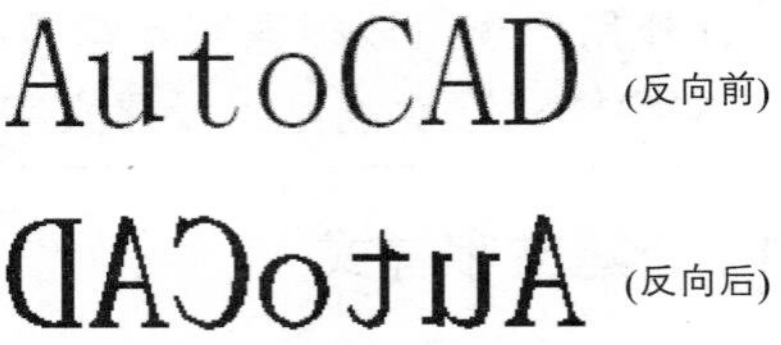

AutoCAD (反向前)

AutoCAD (反向后)

图 6-4　反向

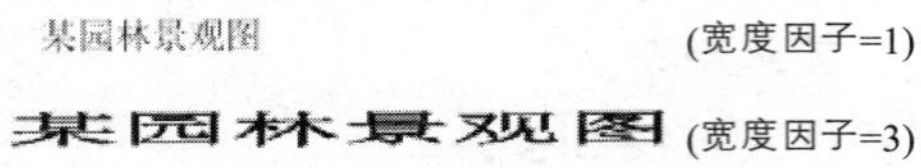

某园林景观图 (宽度因子=1)

某园林景观图 (宽度因子=3)

图 6-5　调整宽度因子

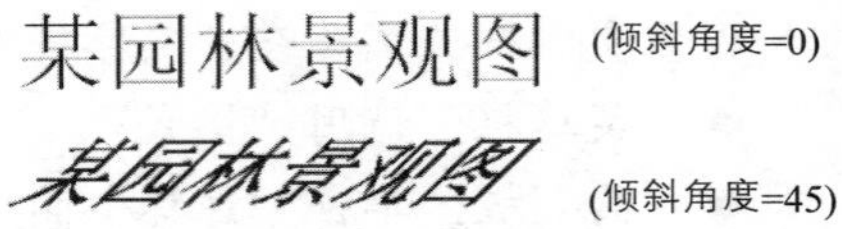

某园林景观图 (倾斜角度=0)

某园林景观图 (倾斜角度=45)

图 6-6　调整倾斜角度

专家提醒

在调整文字的倾斜角度时，用户只能输入-85° ～85° 之间的角度值，超过这个区间角度值将无效。

案例【6-1】 新建文字样式“样式 1”

视频文件：DVD\视频\第 6 章\6-1.MP4

步骤 01 单击“注释”面板中的“文字样式”按钮，打开“文字样式”对话框。单击其中的“新建”按钮，打开“新建文字样式”对话框，在“样式名”文本框中输入“样式 1”，然后单击“确认”按钮，如图 6-7 所示。

步骤 02 系统自动返回到“文字样式”对话框，新建的“样式 1”将出现在“样式”列表中，如图 6-8 所示。现在就可以开始设置文字的字体、大小和效果了，设置完毕后单击“置为当前”按钮，这样就把“样式 005”设置为当前文字样式了。

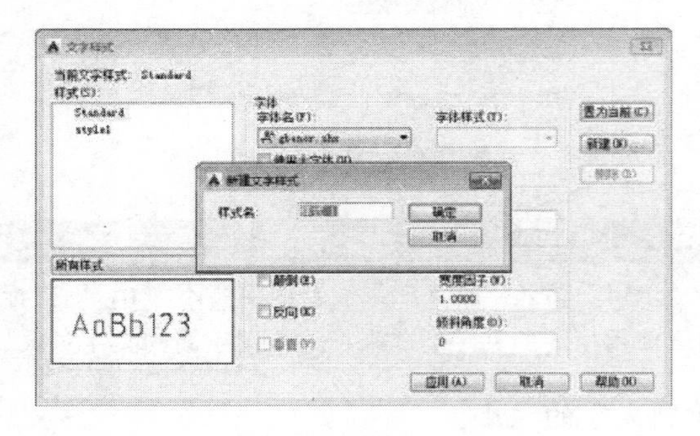

图 6-7　新建文字样式

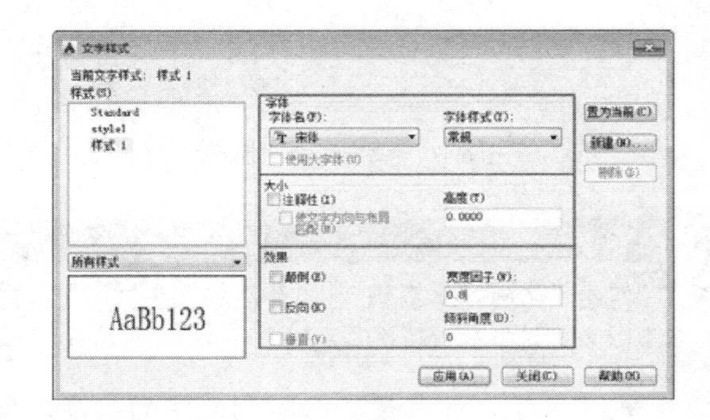

图 6-8　设置文字样式

6.1.2 应用文字样式

要应用文字样式，首先应将其设置为当前文字样式。设置当前文字样式的方法有以下两种：

- 在“文字样式”对话框的“样式名”列表框中选择要置为当前的文字样式，单击“置为当前”按钮，如图 6-9 所示，单击“关闭”按钮即可。
- 在“注释”面板的“文字样式控制”下拉列表框中选择要置为当前的文字样式，如图 6-10 所示。

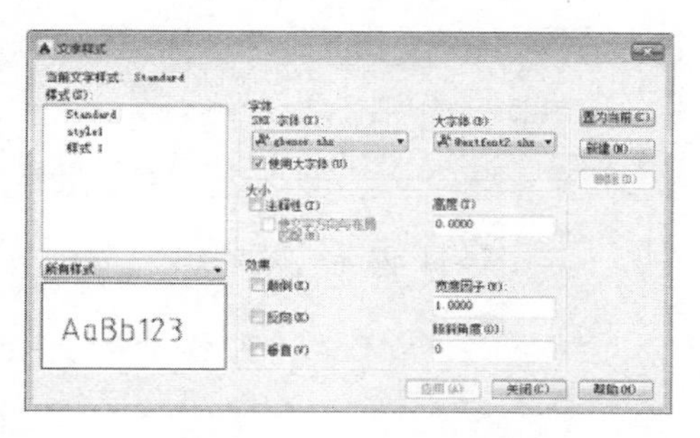

图 6-9　单击“置为当前”按钮

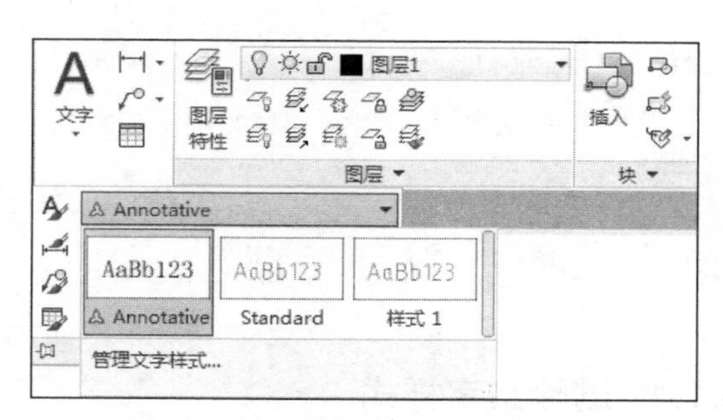

图 6-10　通过“注释”面板设置当前文字样式

6.1.3　重命名文字样式

案例【6-2】　重命名文字样式　　视频文件：DVD\视频\第 6 章\6-2.MP4

将“课堂举例 6-1”中新建的“样式 1”文字样式重命名为“某园林景观图”，具体操作如下：

步骤 01 在命令行输入 RENAME（或 REN）并回车，打开“重命名”对话框。在“命名对象”列表框中选择“文字样式”，然后在“项目”列表框中选中“样式 1”，如图 6-11 所示。

步骤 02 在“重命名为”文本框中输入新的名称“某园林景观图”，然后单击“重命名为”按钮，最后单击“确定”按钮关闭该对话框，如图 6-12 所示。

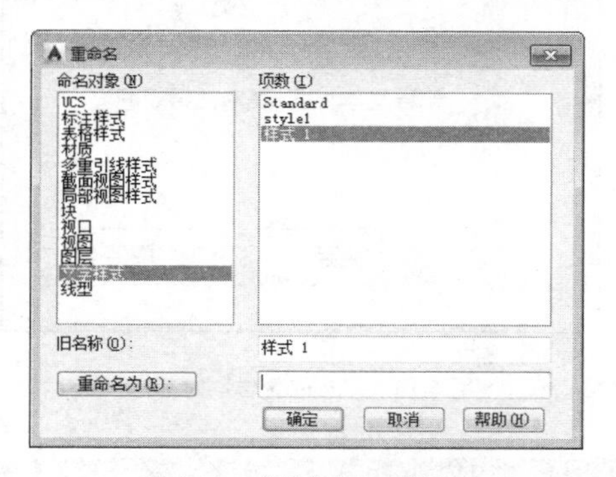

图 6-11　“重命名”对话框

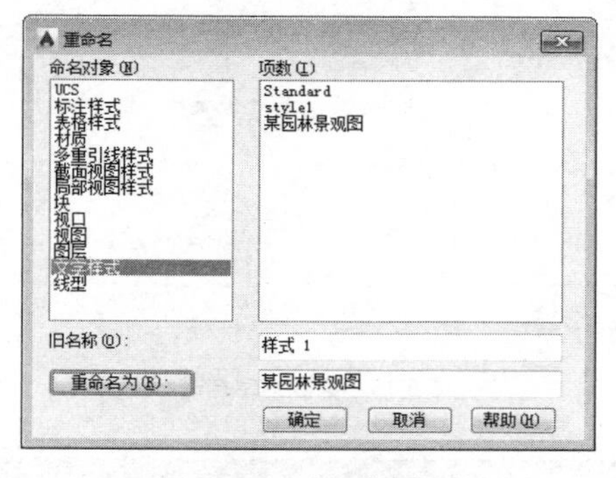

图 6-12　重命名文字样式

步骤 03 单击“注释”面板中的“文字样式”按钮，打开“文字样式”对话框，在其中可以看到重命名之后的文字样式“某园林景观图”，如图 6-13 所示。

专家提醒

还有另一种方重命名文字样式法，即在“文字样式”对话框中，使用鼠标右键单击需要重命名的文字样式，在弹出的菜单中选择“重命名”命令，这样就可以给文字样式重命名了，如图 6-14 所示。但采用这种方式不能重命名 STANDARD 文字样式。

图 6-13　“文字样式”对话框

图 6-14　重命名“文字样式”

6.1.4 删除文字样式

案例【6-3】删除文字样式　　视频文件：DVD\视频\第 6 章\6-3.MP4

文字样式会占用一定系统存储空间，我们可以删除一些不需要的文字样式，以节约存储空间。其步骤如下：

步骤 01 在命令行中调用 STYLE 命令，打开“文字样式”对话框，选择要删除的文字样式名，单击“删除”按钮，如图 6-15 所示。

步骤 02 在打开的“acad 警告”对话框中单击“确定”按钮，如图 6-16 所示。返回“文字样式”对话框，单击“关闭”按钮即可。

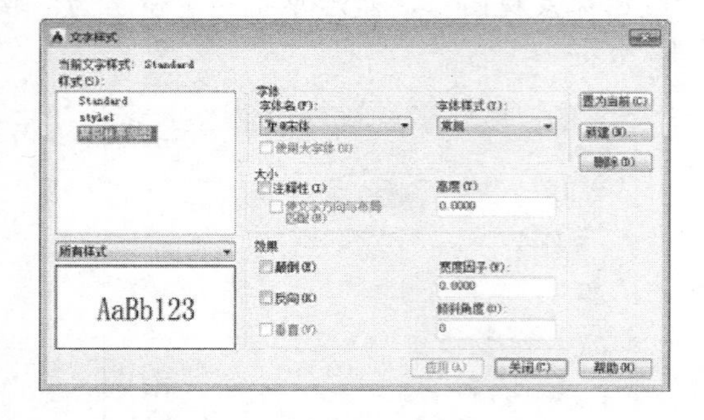

图 6-15　删除文字样式

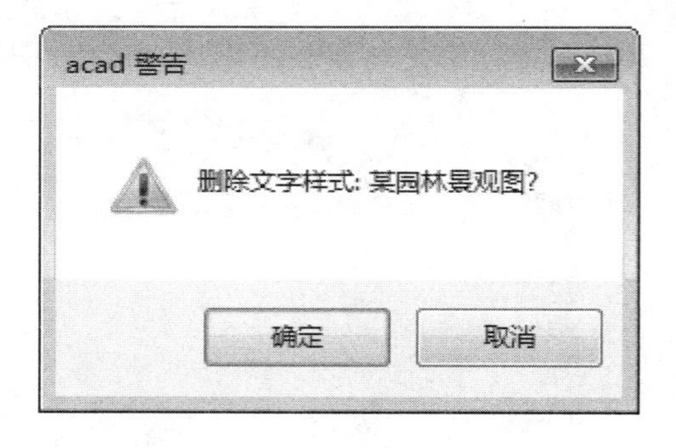

图 6-16　“acad 警告”对话框

专家提醒

当前文字样式不能被删除。如果要删除当前文字样式，可以先将别的文字样式置为当前，然后再调用“删除”命令。

6.2 创建与编辑单行文字

建立文字样式后，就可以调用相关命令输入文字。根据输入形式的不同，可以分为单行文字输入和多行文字的输入两种，下面我们先进行单行文字的创建与编辑。

6.2.1 创建单行文字

单行文字的每一行都是一个文字对象，因此，可以用来创建内容比较简短的文字对象（如标签等），并且单独进行编辑。

创建“单行文字”的方法如下：

- 菜单栏：调用“绘图”|“文字”|“单行文字”菜单命令。
- 面　板：单击“注释”面板中的“单行文字”按钮A。
- 命令行：在命令行输入 DT / TEXT / DTEXT 并回车。

调用该命令后，就可以根据命令行的提示输入单行文字。在调用命令的过程中，需要输入的参数有文字起点、文字高度(此提示只有在当前文字样式中的字高为 0 时才显示)、文字旋转角度和文字内容。文字起点用于指定文字的插入位置，是文字对象的左下角点。文字旋转角度指文字相对于水平位置的倾斜角度。

案例【6-4】输入单行文字　　视频文件：DVD\视频\第 6 章\6-4.MP4

步骤01 调用 OPEN“打开”命令并回车，打开“第 6 章\课堂举例 6-3”文件，如图 6-17 所示。

步骤02 单击“注释”面板中的“单行文字”按钮A，然后根据命令行提示输入文字，命令行提示如下：

```
命令：_dtext
当前文字样式： “Standard”  文字高度： 2.5000  注释性： 否
指定文字的起点或 [对正(J)/样式(S)]:                    //在绘图区域合适位置任意拾取一点
指定高度 <2.5000>: 3.5↙                              //指定文字高度
指定文字的旋转角度 <0>:↙                              //指定文字旋转角度
```

步骤03 根据命令行提示设置文字样式后，绘图区域将出现一个带光标的矩形框，在其中输入相关文字即可，如图 6-17 所示。

专家提醒

文字输入完成后，可以不退出命令，而直接在另一个要输入文字的地方单击鼠标，同样会出现文字输入框。在需要进行多次单行文字标注的图形中使用此方法，可以大大节省时间。

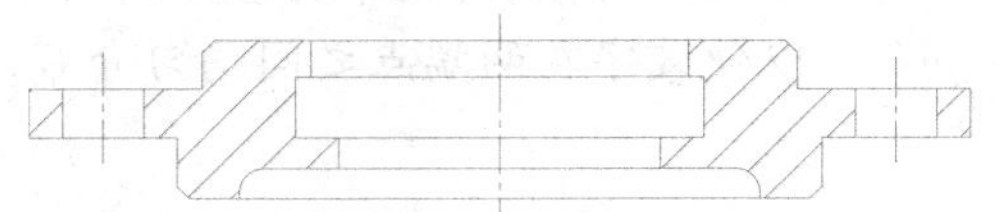

棱边倒钝0.5x45，未注明倒角1x45

图 6-17　输入单行文字

步骤04 按快捷键 Ctrl+Enter 或 Esc 键结束文字的输入。

技巧点拨

在输入单行文字时，按回车键不会结束文字的输入，而是表示换行。

6.2.2 在单行文字中加入特殊符号

在创建单行文字时，有些特殊符号是不能直接输入的，如直径符号（Φ）、正负号（±）等，要输入这类特殊符号需要使用其他的方法。

案例【6-5】 输入角度符号

视频文件：DVD\视频\第 6 章\6-5.MP4

步骤 01 调用 OPEN“打开”命令并回车，打开如图 6-17 所示图形。

步骤 02 选择要修改的文字。

步骤 03 输入文字“%%D”“%%D”将会自动转换为“°”，如图 6-18 所示。

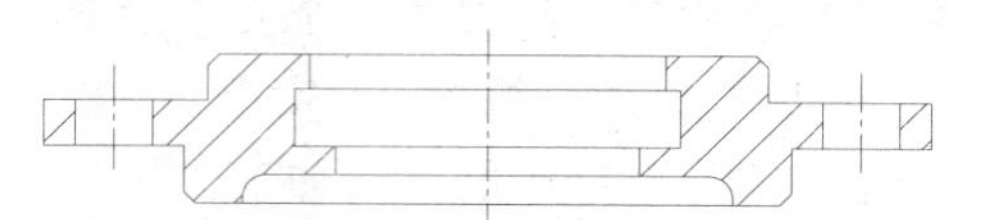

棱边倒钝0.5x45°，未注明倒角1x45°

图 6-18 输入角度符号

6.2.3 文字对正方式

调用“单行文字”命令后，命令行操作如下：

```
指定文字的起点或[对正(J)/样式(S)]:
```

“对正”备选项用于设置文字的缩排和对齐方式。选择该备选项，可以设置文字的对正点，命令行提示如下：

```
[左(L)/居中(C)/右(R)/对齐(A)/中间(M)/布满(F)/左上(TL)/中上(TC)/右上(TR)/左中(ML)/正中(MC)/右中(MR)/左下(BL)/中下(BC)/右下(BR)]:
```

AutoCAD 为单行文字的水平文本行规定了 4 条定位线：顶线（Top Line）、中线（Middle Line）、基线（Base Line）、底线（Bottom Line），如图 6-19 所示。顶线为大写字母顶部所对齐的线，基线为大写字母底部所对齐的线，中线处于顶线与基线的正中间，底线为长尾小字字母底部所在的线，汉字在顶线和基线之间。系统提供了的如图 6-19 所示的 13 个对齐点以及 15 种对齐方式。其中，各对齐点即为文本行的插入点。

另外还有以下两种对齐方式：

- 对齐（A）：指定文本行基线的两个端点确定文字的高度和方向。系统将自动调整字符高度使文字在两端点之间均匀分布，而字符的宽高比例不变，如图 6-20 所示。
- 布满（F）：指定文本行基线的两个端点确定文字的方向。系统将调整字符的宽高比例，以使文字在两端点之间均匀分布，而文字高度不变，如图 6-21 所示。

TL
TC
TR 顶线
ML
MC
MR 中线
M
L
C
R 基线
BL
BC
BR 底线
XxYy

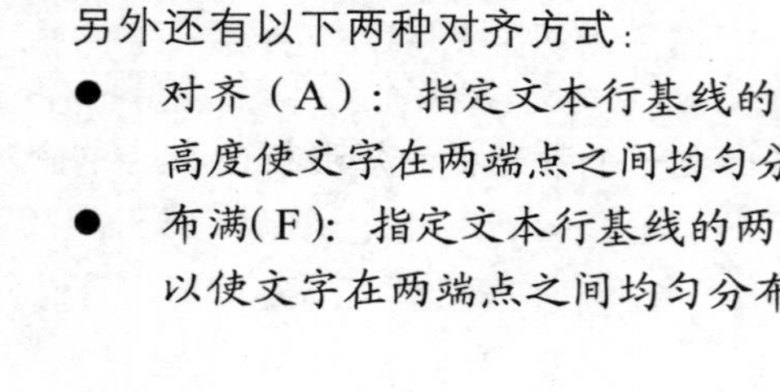

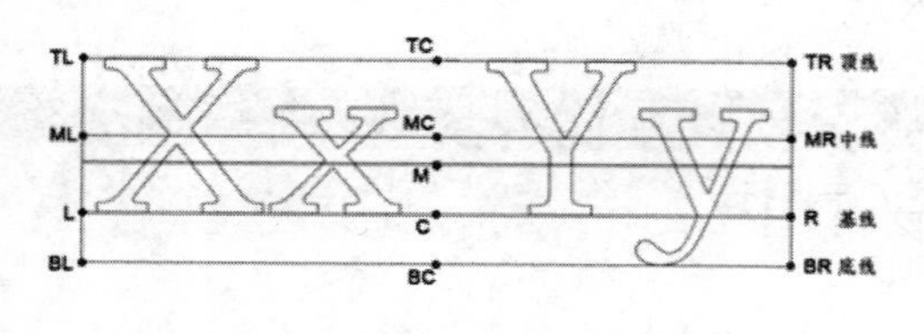

图 6-19 对齐方位示意图

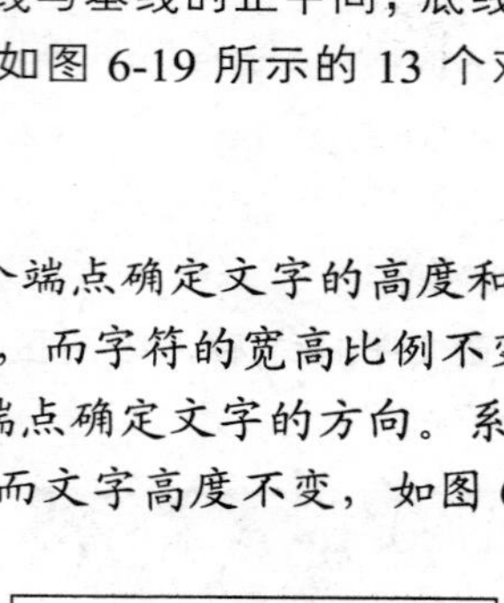

对齐方式
其宽高比例不变
指定不在水平线的两点

图 6-20 文字“对齐”方式效果

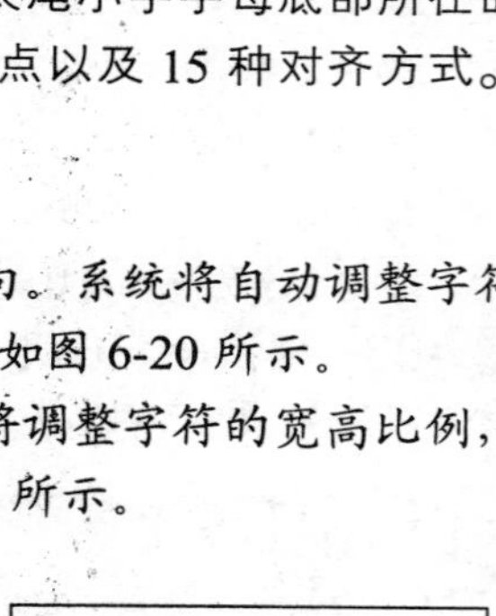

文字布满
其文字高度不变
指定不在水平上的两点

图 6-21 “布满”对齐方式效果

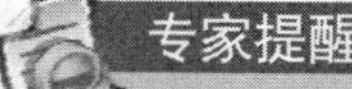

专家提醒

可以使用 JUSTIFYTEXT 命令来修改已有文字对象的对正点位置。

6.2.4　编辑单行文字

在 AutoCAD 中，可以对单行文字的文字特性和内容进行编辑。

1．修改文字内容

修改文字内容的方法如下：

- 菜单栏：调用“修改”|“对象”|“文字”|“编辑”菜单命令。
- 命令行：在命令行输入 DDEDIT（或 ED）并回车。
- 快捷方式：直接在要修改的文字上双击鼠标。

调用以上任意一种操作后，文字将变成可输入状态，如图 6-22 所示。此时可以重新输入需要的文字内容，然后按 Enter 键退出即可，如图 6-23 所示。

某小区景观设计总平面图

图 6-22　可输入状态

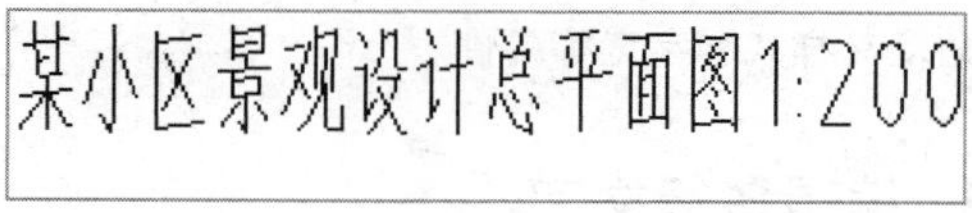

某小区景观设计总平面图1:200

图 6-23　编辑文字内容

2．修改文字特性

在标注的文字出现错输、漏输及多输入的状态下，可以运用上面的方法修改文字的内容。但是它仅仅只能够修改文字的内容，而很多时候我们还需要修改文字的高度、大小、旋转角度、对正样式等特性。

修改单行文字特性的方法有以下 3 种：

- 菜单栏：调用“修改”|“对象”|“文字”|“比例”/“对正”菜单命令。
- 面　板：在“注释”选项卡中，单击“文字”面板中的“缩放”按钮 缩放。
- 对话框：在“文字样式”对话框中修改文字的颠倒、反向和垂直效果。

专家提醒

输入一行文字后，按下 Enter 键，可以继续输入其他文字。看上去是输入了多行文字，但实际上行与行之间是相互独立的，可以进行独立的编辑。

AutoCAD 2016

6.3　创建与编辑多行文字

多行文字常用于创建字数较多、字体变化较为复杂，甚至字号不一的文字标注。它可以对文字进行更为复杂的编辑，如为文字添加下划线，设置文字段落对齐方式，为段落添加编号和项目符号等。

6.3.1　创建多行文字

多行文字常用于标注图形的技术要求和说明等，与单行文字不同的是，多行文字整体是一个文字对象，每一单行不再是单独的文字对象，也不能单独编辑。

创建“多行文字”的方法如下：

- 菜单栏：单击“绘图”｜“文字”｜“多行文字”菜单命令。
- 面　板：单击“注释”面板中的“多行文字”按钮A。
- 命令行：在命令行输入 MTEXT（或 T）并回车。

调用该命令后，命令行操作如下：

```
命令：MTEXT
当前文字样式： "景观设计文字样式"  文字高度： 600  注释性： 否
指定第一角点：                                          //指定多行文字框的第一个角点
指定对角点或 [高度(H)/对正(J)/行距(L)/旋转(R)/样式(S)/宽度(W)/栏(C)]：
                                                        //指定多行文字框的对角点
```

专家提醒

在指定对角点时，也可以选择命令行中的其他备选项来确定将要标注的文字的字高、对正方式、行距、旋转角度、样式和字宽等属性。

6.3.2 编辑多行文字

若要在创建完毕后再次编辑文字，只要双击已经存在的多行文字对象，就可以重新打开在位文字编辑器，并编辑文字对象。其编辑方式与单行文字的相同，在这里不再重复介绍。

6.3.3 通过“特性”选项板修改文字

利用“特性”选项版不仅可以修改很多图形的属性，而且它也能修改文字的属性。以下将介绍如何使用“特性”选项板修改文字的属性。

案例【6-6】修改文字属性　　视频文件：DVD\视频\第 6 章\6-6.MP4

步骤01 调用 OPEN“打开”命令并回车，打开“第 6 章\课堂举例 6-5.dwg”文件，如图 6-24 所示。

步骤02 用鼠标拾取所有文字。按快捷键 Ctrl+1，打开“特性”选项板，在其中修改文字高度为 250，如图 6-25 所示。

步骤03 修改之后的最终效果如图 6-26 所示。

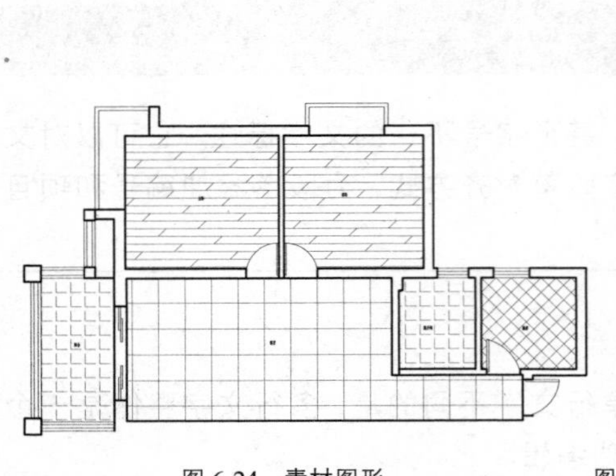

图 6-24　素材图形

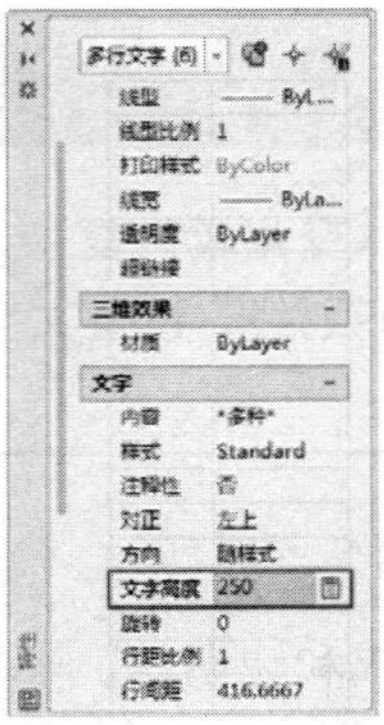

图 6-25　“特性”选项板

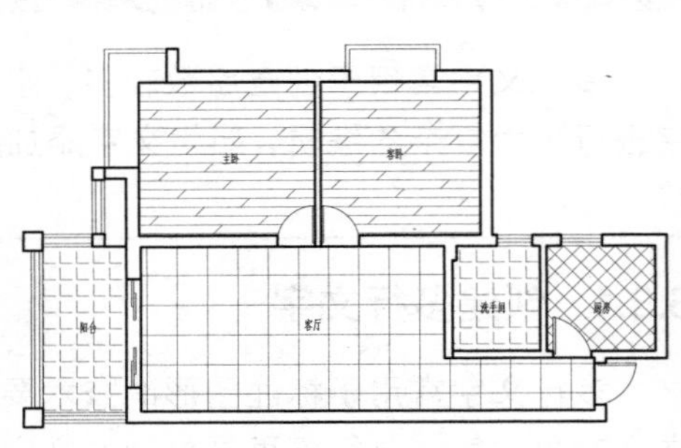

图 6-26　最终效果

6.3.4　输入特殊符号

在实际绘图中，往往需要标注一些特殊的字符，如指数、在文字上方或下方添加划线、标注度（°）、正负公差（±）等。这些特殊字符不能从键盘上直接输入，因此 AutoCAD 提供了相应的命令操作，以实现这些标注要求。

1.　使用文字控制符

AutoCAD 的控制符由“两个百分号（%%）+一个字符”构成，常用的控制符见表 6-1。

表 6-1　AutoCAD 文字控制符

控制符	功　能
%%O	打开或关闭文字上划线
%%U	打开或关闭文字下划线
%%D	标注（°）符号
%%P	标注正负公差（±）符号
%%C	标注直径（Φ）符号

在 AutoCAD 的控制符中，“%%O”和“%%U”分别是上划线与下划线的开关。第一次出现此符号时，可打开上划线或下划线；第二次出现此符号时，则会关掉上划线或下划线。

在提示下输入控制符时，这些控制符也临时显示在屏幕上。当结束创建文本的操作时，这些控制符将从屏幕上消失，转换成相应的特殊符号。

2.　使用快捷菜单

在创建多行文字时，可以使用鼠标右键快捷菜单来输入特殊字符。其方法为：在“文字格式”编辑器下面的文本框中右击鼠标，在弹出的快捷菜单中选择“符号”命令，如图 6-27 所示。其下的子命令中包括了常用的各种特殊符号。

图 6-27　使用快捷菜单输入特殊符号

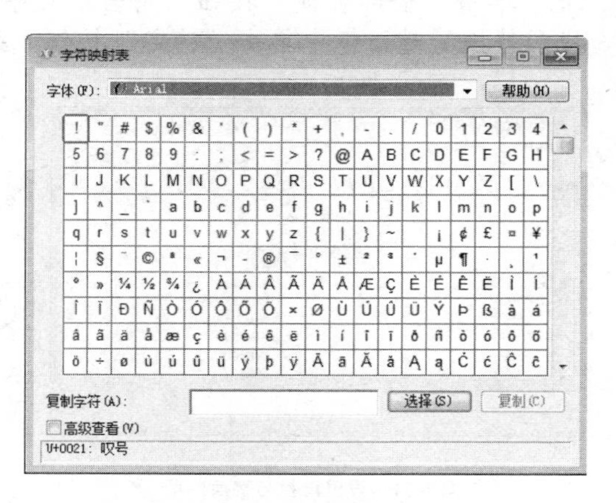

图 6-28　“字符映射表”对话框

专家提醒

在图 6-27 所示的快捷菜单中，选择“符号”|“其他”命令，将打开如图 6-28 所示的“字符映射表”对话框，在“字体”下拉列表中选择“仿宋 GB2312”，在对应的列表框中还有许多常用的符号可供选择。

6.3.5 查找与替换

当文字标注完成后，如果发现某个字或词输入有误，而它在标注中出现的次数较多，一个一个地修改比较麻烦，此时，就可以用“查找”与“替换”命令进行修改。

调用“查找”与“替换”标注文字命令的方法如下：

- 菜单栏：调用“编辑”|“查找”菜单命令。
- 命令行：在命令行输入 FIND 并回车。

下面通过将原文件中的“实施”替换为“施工”，来练习文字的查找与替换功能

案例【6-7】 替换“实施”为“施工” 视频文件：DVD\视频\第 6 章\6-7.MP4

步骤01 调用 OPEN“打开”命令并回车，打开“第 6 章\课堂举例 6-6.dwg”文件，如图 6-29 所示。

步骤02 在命令行输入 FIND 并回车，打开“查找和替换”对话框。在“查找内容”文本框中输入“实施”，在“替换为”文本框中输入“施工”。

步骤03 在“查找位置”下拉列表框中选择“整个图形”选项，也可以单击该下拉列表框右侧的“选择对象”按钮，选择一个图形区域作为查找范围，如图 6-30 所示。

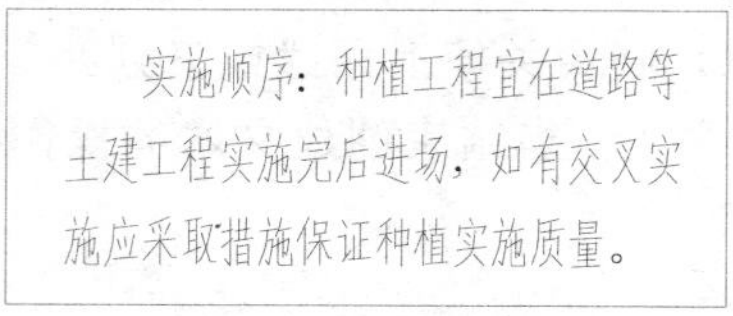

实施顺序：种植工程宜在道路等土建工程实施完后进场，如有交叉实施应采取措施保证种植实施质量。

图 6-29 输入文字

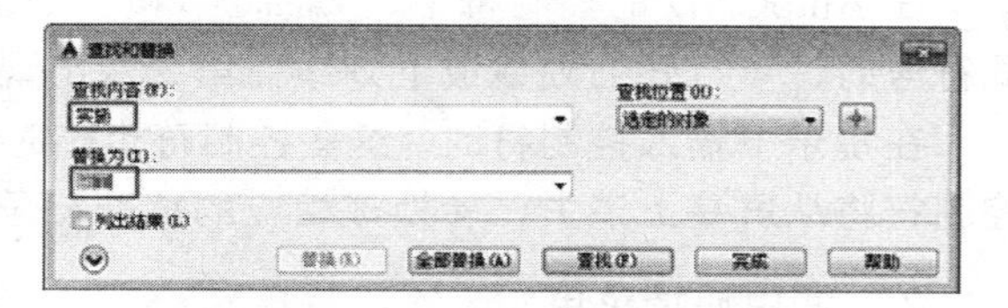

图 6-30 “查找和替换”对话框

步骤04 单击对话框左下角的“更多选项”按钮，展开折叠的对话框。在“搜索选项”区域取消“区分大小写”复选框，在“文字类型”区域取消“块属性值”复选框，如图 6-31 所示。

步骤05 单击“全部替换”按钮，将当前文字中所有符合查找条件的字符全部替换。在弹出的“查找和替换”对话框中单击“确定”按钮，关闭对话框，结果如图 6-32 所示。

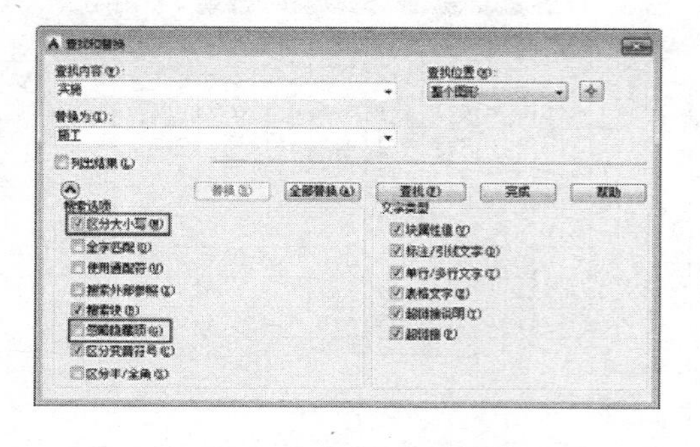

图 6-31 设置查找与替换选项

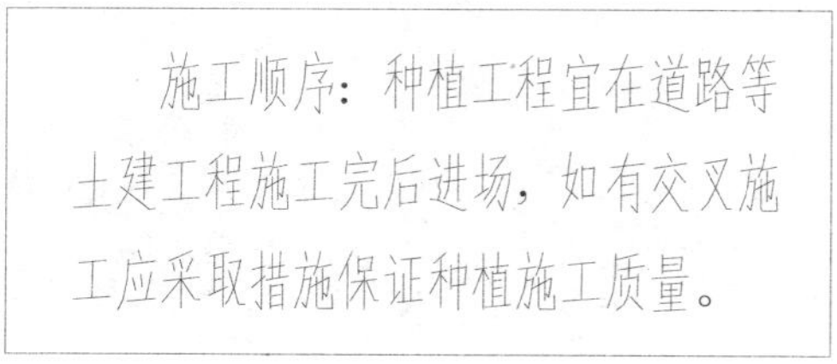

施工顺序：种植工程宜在道路等土建工程施工完后进场，如有交叉施工应采取措施保证种植施工质量。

图 6-32 替换结果

6.3.6 拼写检查

利用“拼写检查”功能可以检查当前图形文件中的文本内容是否存在拼写错误，从而提高输入文本的正确性。调用文字“拼写检查”命令的方法如下：

- 菜单栏：调用“工具”|“拼写检查”菜单命令。
- 命令行：在命令行输入 SPELL 并回车。

调用该命令后，将打开如图 6-33 所示的“拼写检查”对话框，单击“开始”按钮就开始自动进行检查。检查完毕后，可能会出现如下两种情况：

- 所选的文字对象拼写都正确。系统将打开“AutoCAD 信息”提示对话框，提示拼写检查已完成，单击“确定”按钮即可。
- 所选文字有拼写错误的地方。此时系统将打开如图 6-34 所示的“拼写检查”对话框，该对话框显示了当前错误以及系统建议修改成的内容和该词语的上下文。可以单击“修改”“忽略”等按钮进行相应的修改。

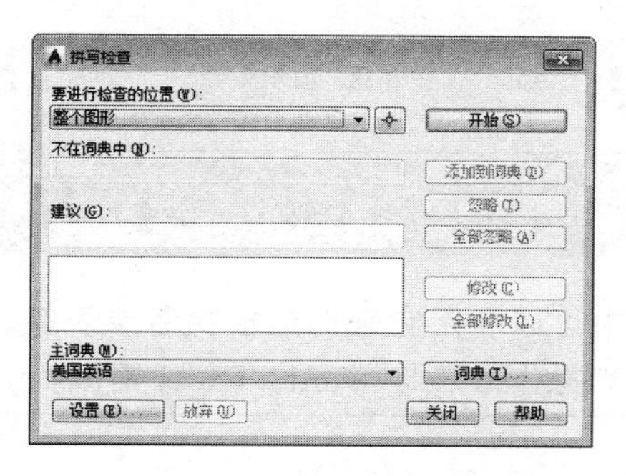

图 6-33　“拼写检查”对话框

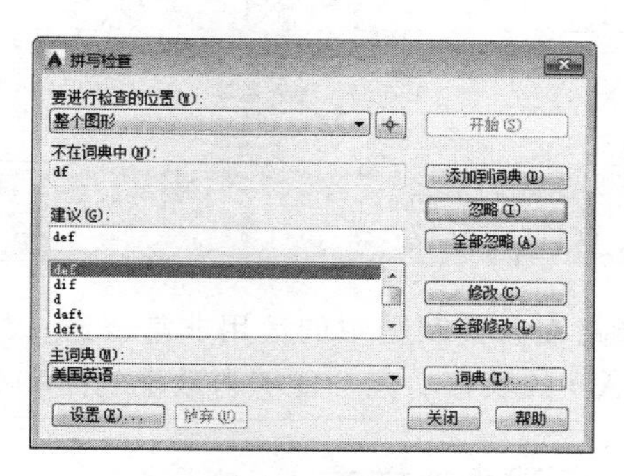

图 6-34　“拼写检查”对话框

6.3.7　跟踪练习 1：为机械三视图添加技术要求

在 AutoCAD 中，输入各种符号不像 Word 等文字处理软件那样方便，用户需要通过一些特殊的方法才能输入相关符号，以下将以输入文本为例进行讲解。

步骤 01 调用 OPEN“打开”命令并回车，打开“第 6 章\6.3.7 跟踪练习 1.dwg”文件，如图 6-35 所示。

步骤 02 单击“注释”面板中的“多行文字”按钮 A，打开“文字编辑器”选项板，在其中选择字体为“gbenor”，设置文字的大小为 6，如图 6-36 所示。

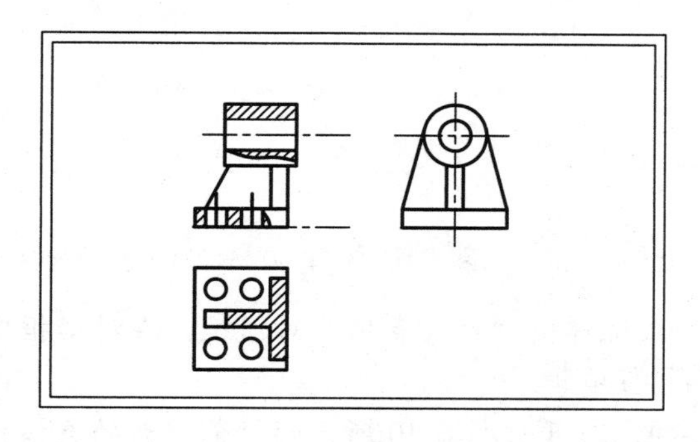

图 6-35　最终结果

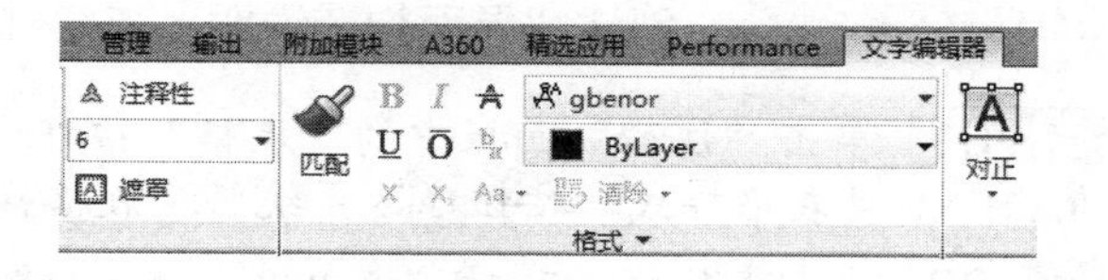

图 6-36　设置文字格式

步骤 03 在文本框中输入文字之后单击鼠标，在弹出的菜单中选择“符号”，在“符号”的子菜单中选择“直径（I）%%c”，即可插入符号“⌀”。

步骤04 输入数字“20”，结果如图 6-37 所示。

步骤05 然后输入其他文字，最终结果如图 6-38 所示。

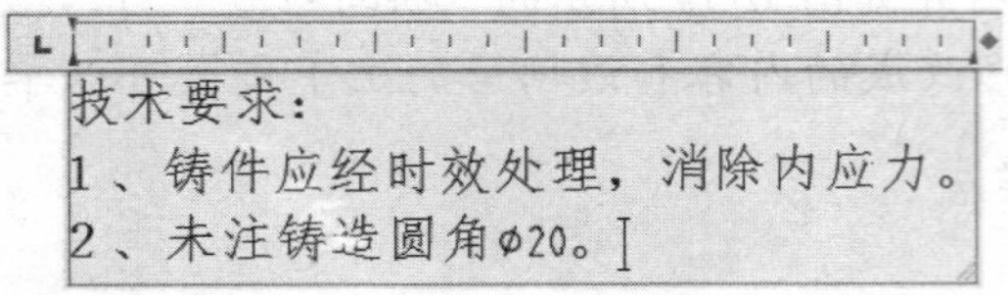

技术要求：
1、铸件应经时效处理，消除内应力。
2、未注铸造圆角ø20。

图 6-37 输入数字

技术要求：
1、铸件应经时效处理，消除内应力。
2、未注铸造圆角ø20。

图 6-38 输入文字

AutoCAD 2016

6.4 创建与设置表格样式

表格在各类制图中的运用非常普遍，如园林制图中可以利用它来创建植物名录表等。使用 AutoCAD 的表格功能，能够自动地创建和编辑表格，其操作方法与 Word、Excel 相似。

6.4.1 新建表格样式

在 AutoCAD 2016 中，可以使用“表格样式”命令创建表格，在创建表格前，先要设置表格的样式，包括表格内文字的字体、颜色、高度以及表格的行高、行距等。

表格样式有以下 3 种创建方式：

- 菜单栏：调用“格式” | “表格样式”菜单命令。
- 面　板：单击“注释”面板中的“表格样式”按钮。
- 命令行：在命令行输入 TABLESTYLE（TS）并回车。

调用该命令后，将打开如图 6-39 所示的“表格样式”对话框，其中显示了已创建的表格样式列表，可以通过右边的按钮新建、修改、删除和设置表格样式。

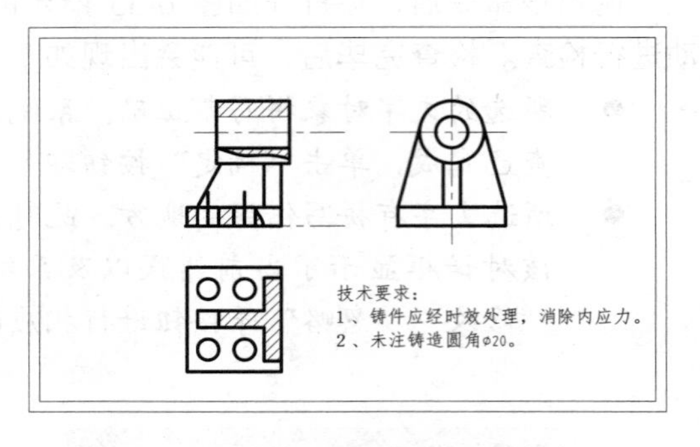

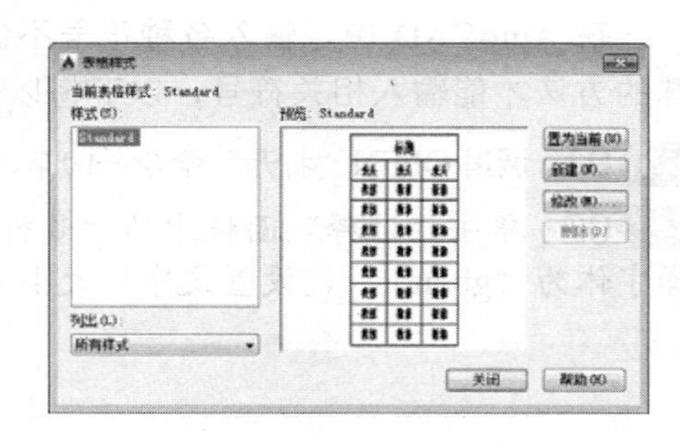

图 6-39 “表格样式”对话框

案例【6-8】 创建“屋面构造说明”表格样式 视频文件：DVD\视频\第 6 章\6-8.MP4

步骤01 单击“注释”面板中的“表格”按钮，系统弹出“插入表格”对话框，在对话框中单击“启动表格样式”按钮，系统将“表格样式”对话框。

步骤02 在“表格样式”对话框中单击“新建”按钮，打开如图 6-40 所示的“创建新的表格样式”对话框。

步骤03 在“新样式名”文本框中输入新样式名“屋面结构说明”。在“基础样式”下拉列表中选择作为新表格样式的基础样式，系统默认选择 STANDARD 样式。

步骤04 单击“继续”按钮，打开如图 6-41 所示的“新建表格样式：屋面结构说明”对话框。在“常规”选项区域的下拉列表中选择表格标题的显示方式为“向下”。

步骤05 在“单元样式”区域的下拉列表中选择“数据”选项。

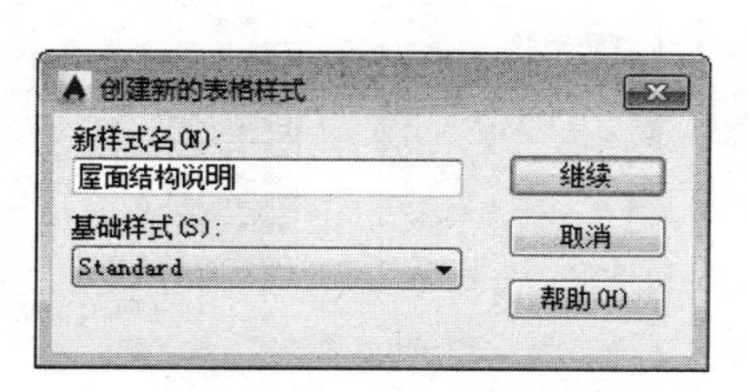

图 6-40　“创建新的表格样式”对话框

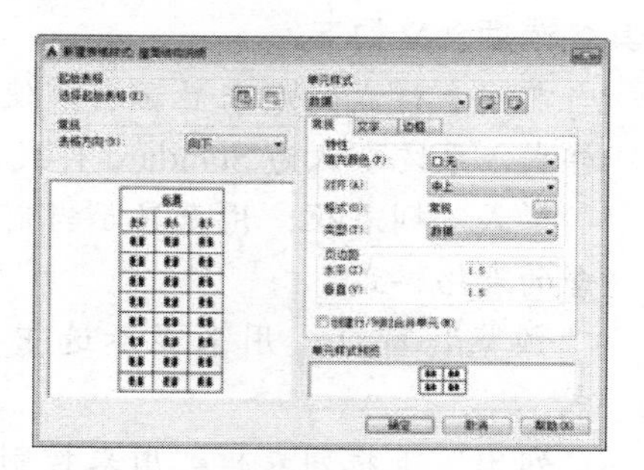

图 6-41　“新建表格样式：屋面结构说明”对话框

步骤06 在“单元样式”区域“常规”选项卡中设置对齐方式为“正中”，如图 6-42 所示，在“文字”选项卡中设置文字高度为“100”。单击“文字样式”右侧的按钮...，在弹出的“文字样式”对话框中修改文字样式为：“宋体”，如图 6-43 所示；“边框”选项卡保持默认设置。

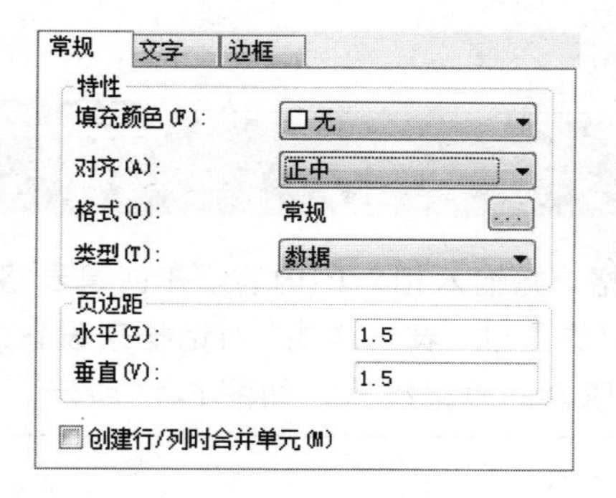

图 6-42　“常规”选项卡设置

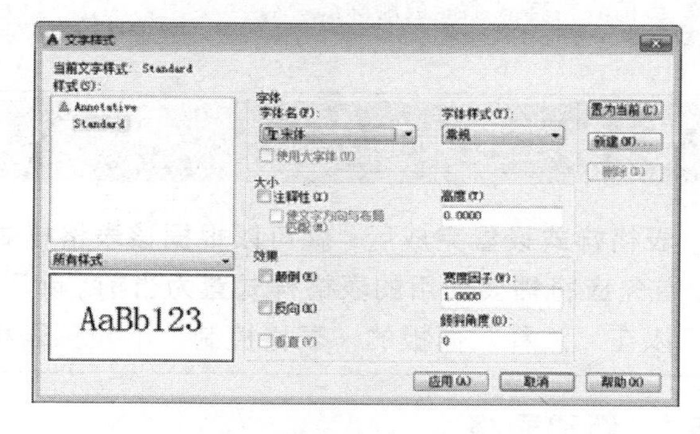

图 6-43　“文字样式”对话框

步骤07 单击“确定”按钮返回“表格样式”对话框，选择“屋面结构说明”样式，单击“置为当前”按钮，将此样式设为当前样式。单击“关闭”按钮完成操作。

6.4.2 设置表格的数据、标题与表头样式

在上面的练习中，我们简单接触到了设置表格数据样式的知识，其实，标题与表头样式的设置与前者类似。

在“新建表格样式”对话框中，可以在“单元样式”选项区域的下拉列表框中选择“数据”“标题”和“表头”选项，来分别设置表格的数据、标题和表头对应的样式。每个选项下面都对应着 3 个相同的选项卡：“常规”“文字”“边框”，其含义如下：

- “常规”选项卡：用来设置表格的填充颜色、对齐方向、格式、类型及页边距等特性。
- “文字”选项卡：用来设置表格单元中的文字样式、高度、颜色和角度等特性。
- “边框”选项卡：用来设置表格的线宽、线型、颜色和间距等特性。

6.4.3 管理表格样式

在 AutoCAD 2016 中，可以使用“表格样式”对话框来管理图形中的表格样式，如图 6-44 所示。其各选项含义如下：

- 当前列表样式：用来显示当前使用的表格样式，系统默认为 Standard 样式。
- “样式”列表框：用来显示当前图形所包含的表格样式。
- “预览”窗口：用来显示选中表格的样式。
- “列出”下拉列表框：用来控制“样式”列表框中样式的显示。有两种显示情况：一是显示该文件的所有样式；二是显示当前正在使用的样式。在“列出”下拉列表中可以进行相应的选择。

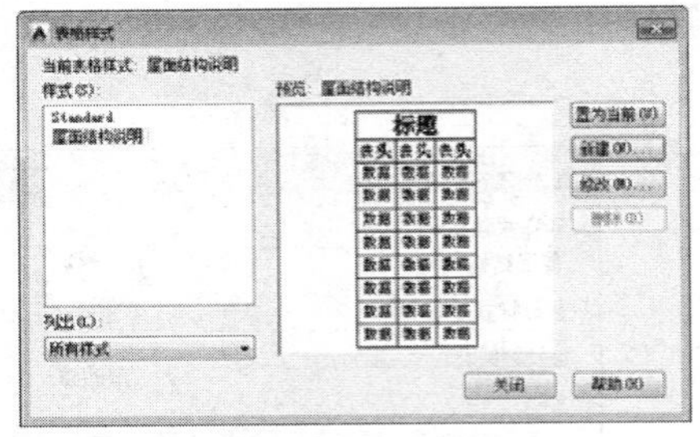

图 6-44 “表格样式”对话框

专家提醒

当前表格样式不能被删除。

AutoCAD 2016

6.5 创建与编辑表格

表格样式设置完成后，就可以根据该表格样式创建表格，并输入相应的内容。在创建表格之前，首先应将需要使用的表格样式置为当前。除了上面介绍的通过“表格样式”对话框来设置外，还可以在“注释”面板的“表格控制”下拉列表框中选择所需的表格样式，如图 6-45 所示。

6.5.1 新建表格

创建表格的方法主要有以下 3 种：

- 菜单栏：调用“绘图”|“表格”菜单命令。
- 工具栏：单击“注释”面板中的“表格”按钮▦。
- 命令行：在命令行输入 TABLE（TB）并回车。

调用该命令后，将打开如图 6-46 所示的“插入表格”对话框，创建表格的操作主要在该对话框中完成。

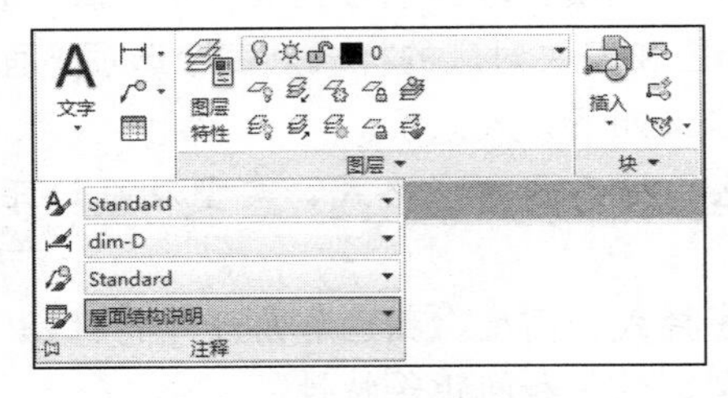

图 6-45 “表格控制”下拉列表框

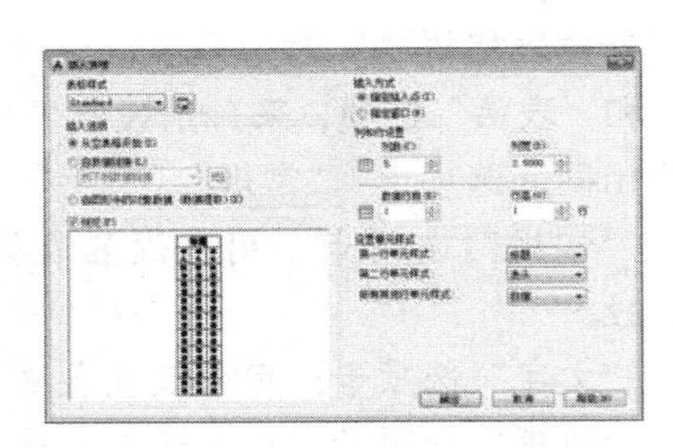

图 6-46 “插入表格”对话框

案例【6-9】　绘制一个 7 行 4 列的表格

视频文件：DVD\视频\第 6 章\6-9.MP4

步骤 01　单击“注释”面板中的“表格”按钮，打开“插入表格”对话框，在“表格样式”下拉列表中选择“屋面构造说明”。设置表格的列数为 4、行数为 7，单击“确定”按钮，结果如图 6-46 所示。

步骤 02　使用鼠标在绘图区域拾取一点作为表格的插入点，然后单击“文字格式”编辑器中的“关闭文字编辑器”按钮，结果如图 6-47 所示。

步骤 03　绘制的表格如图 6-48 所示。

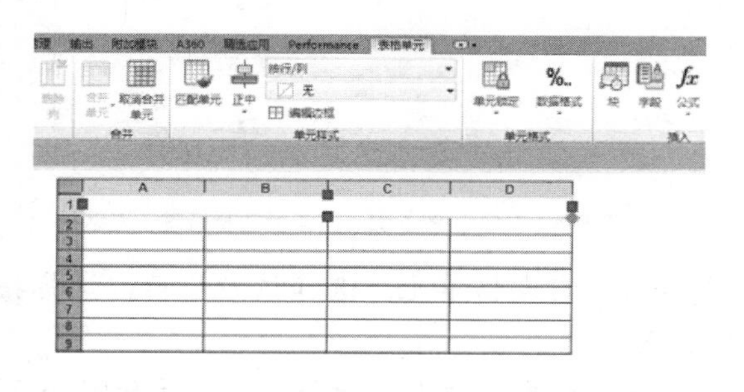

图 6-47　插入表格

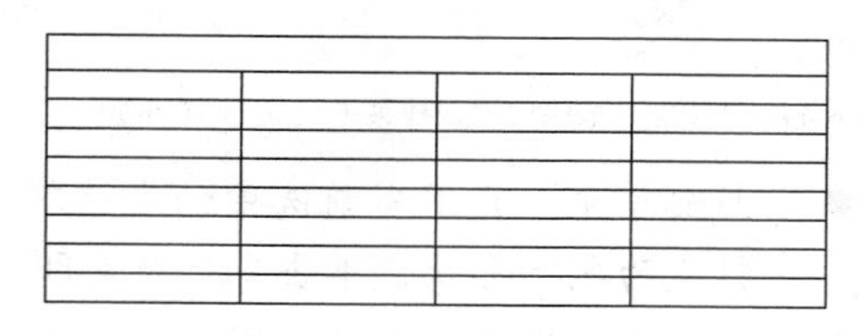

图 6-48　最终效果

技巧点拨

AutoCAD 还可以从 Microsoft 的 Excel 中直接复制表格，并将其作为 AutoCAD 表格对象粘贴到图形中，也可以从外部直接导入表格对象。此外，还可以输出来自 AutoCAD 的表格数据，以供在 Word 和 Excel 或其它应用程序中使用。

6.5.2　编辑表格和单元格

使用“插入表格”命令直接创建的表格一般都不能满足实际绘图的要求，尤其是当绘制的表格比较复杂时。这时就需要通过编辑命令编辑表格，使其符合绘图的要求。

1．编辑表格

选择整个表格，单击鼠标右键，系统将弹出如图 6-49 所示的快捷菜单，可以在其中对表格进行剪切、复制、删除、移动、缩放和旋转等简单操作，也可以均匀调整表格的行、列大小，删除所有特性替代。当选择“输出”命令时，还可以打开“输出数据”对话框，以 csv 格式输出表格中的数据。

2．编辑单元格

选择表格中的某个单元格后，在其上右击鼠标，将弹出如图 6-50 所示的快捷菜单，可以在其中编辑单元格。其主要命令选项的功能如下：

- 对齐：用于设置单元格中内容的对齐方式。其下级菜单中包含了各种对齐命令，如左上、左中、左下等。
- 边框：用于设置单元格边框的线宽、颜色等特性。选择该命令，将打开如图 6-51 所示的“单元边框特性”对话框。

图 6-49 选中整个表格时的快捷菜单

图 6-50 选中单元格时的快捷菜单

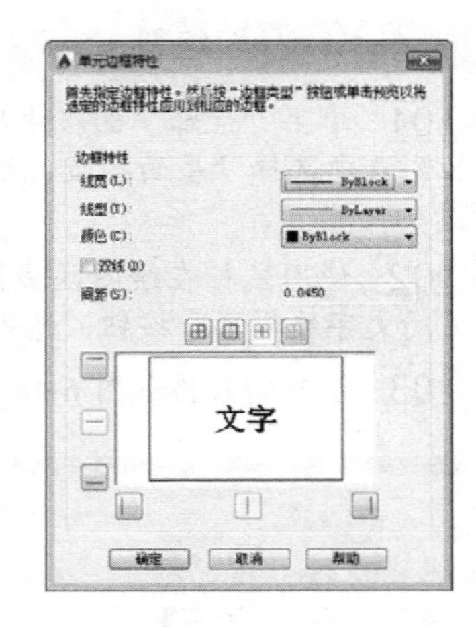

图 6-51 “单元边框特性”对话框

- 匹配单元：指用当前选中的表格单元格式匹配其它表格单元。选择该命令后，鼠标指针变为刷子形状，单击目标对象即可进行匹配。
- 插入点：用于插入块、字段或公式等外部参数。如选择“块”命令，将打开如图 6-52 所示的“在表格单元中插入块”对话框，在其中可以设置插入块在表格单元中的对齐方式、比例和旋转角度等特性。

技巧点拨

单击单元格时，按住 Shift 键，可以选择多个连续的单元格。

6.5.3 在表格中填写文字

表格创建完成之后，用户可以在标题行、表头行和数据行中输入文字，以下将举例进行说明。

案例【6-10】在表格中输入文字 视频文件：DVD\视频\第 6 章\6-10.MP4

步骤 01 打开“课堂举例 6-8”中所创建的表格，如图 6-53 所示。

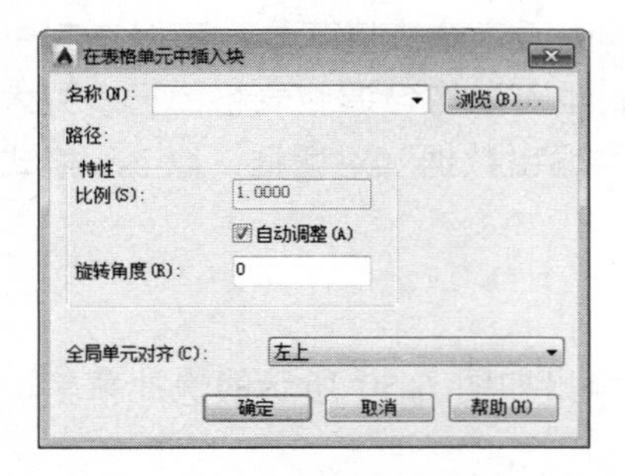

图 6-52 “在表格单元中插入块”对话框

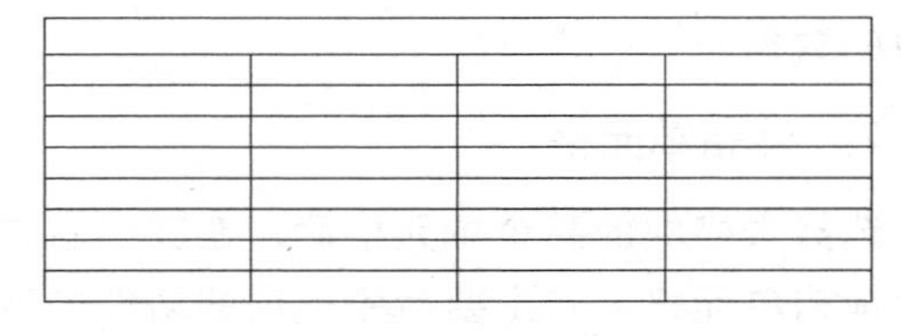

图 6-53 原始文件

步骤 02 双击表格的标题行，打开“文字格式”编辑器。在其中设置文字的相关属性，在标题行输入文字“机电工程系学生名单”，如图 6-54 所示。

步骤 03 按方向键“↓”，移动光标到表头行的第一个单元格，然后输入文字。使用方向键“→”，移动光标至下一个单元格，然后输入文字，如图 6-55 所示。

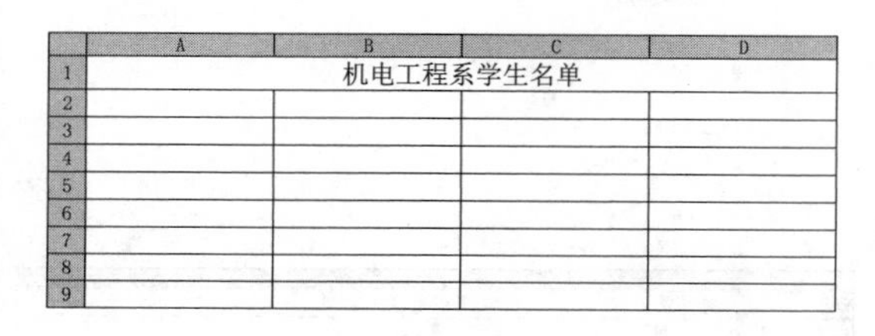

	A	B	C	D
1	机电工程系学生名单			
2				
3				
4				
5				
6				
7				
8				
9				

图 6-54　输入文字

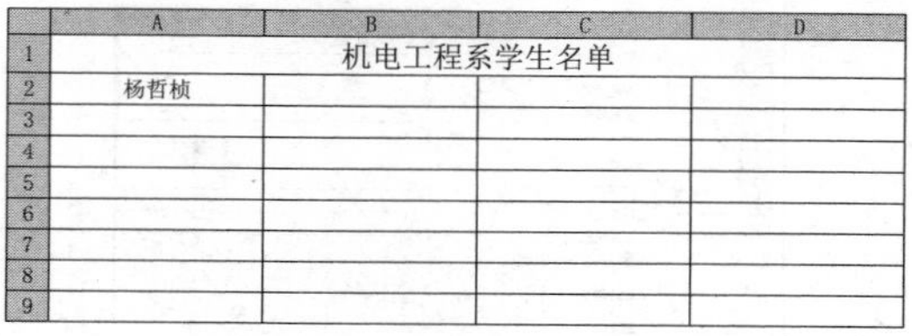

	A	B	C	D
1	机电工程系学生名单			
2	杨哲桢			
3				
4				
5				
6				
7				
8				
9				

图 6-55　输入文字

6.5.4　通过“特性”选项板修改单元格属性

通过“特性”管理器也可以修改单元格的属性，以下将举例进行讲解。

案例【6-11】　修改表格的标题行的属性

视频文件：DVD\视频\第 6 章\6-11.MP4

步骤 01　调用 OPEN“打开”命令并回车，打开“第 6 章\课堂举例 6-11.dwg”文件，如图 6-56 所示。

步骤 02　按 Shift 选中所有单元格，打开“特性”选项板，将“单元对齐”修改为正中，“文字高度”修改为 600，如图 6-57 所示。

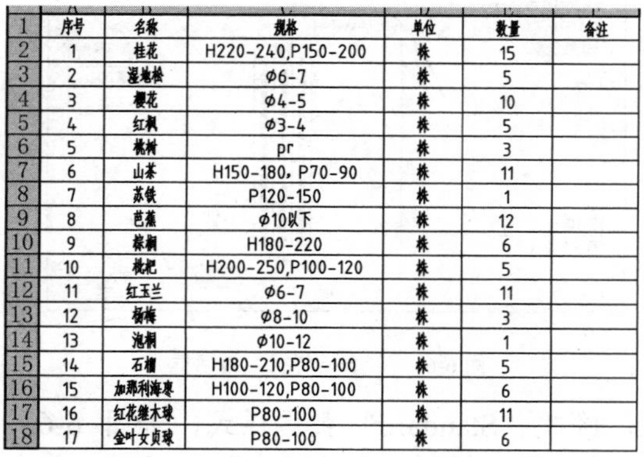

1	序号	名称	规格	单位	数量	备注
2	1	桂花	H220-240,P150-200	株	15	
3	2	湿地松	φ6-7	株	5	
4	3	樱花	φ4-5	株	10	
5	4	红枫	φ3-4	株	5	
6	5	桃树	pr	株	3	
7	6	山茶	H150-180，P70-90	株	11	
8	7	苏铁	P120-150	株	1	
9	8	芭蕉	φ10以下	株	12	
10	9	棕榈	H180-220	株	6	
11	10	枇杷	H200-250,P100-120	株	5	
12	11	红玉兰	φ6-7	株	11	
13	12	杨梅	φ8-10	株	3	
14	13	泡桐	φ10-12	株	1	
15	14	石榴	H180-210,P80-100	株	5	
16	15	加那利海枣	H100-120,P80-100	株	6	
17	16	红花继木球	P80-100	株	11	
18	17	金叶女贞球	P80-100	株	6	

图 6-56　原始文件

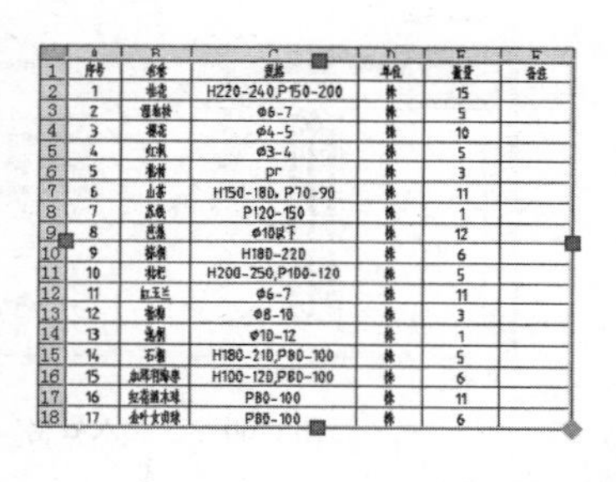

1	序号	名称	规格	单位	数量	备注
2	1	桂花	H220-240,P150-200	株	15	
3	2	湿地松	φ6-7	株	5	
4	3	樱花	φ4-5	株	10	
5	4	红枫	φ3-4	株	5	
6	5	桃树	pr	株	3	
7	6	山茶	H150-180，P70-90	株	11	
8	7	苏铁	P120-150	株	1	
9	8	芭蕉	φ10以下	株	12	
10	9	棕榈	H180-220	株	6	
11	10	枇杷	H200-250,P100-120	株	5	
12	11	红玉兰	φ6-7	株	11	
13	12	杨梅	φ8-10	株	3	
14	13	泡桐	φ10-12	株	1	
15	14	石榴	H180-210,P80-100	株	5	
16	15	加那利海枣	H100-120,P80-100	株	6	
17	16	红花继木球	P80-100	株	11	
18	17	金叶女贞球	P80-100	株	6	

图 6-57　最终效果

技巧点拨

如果要修改表格中所有的文字，那么就需要把所有的单元格都选中。选中标题行之后，按住 Shift 键并依次单击表头行和数据行，即可选中表格中所有的文字。

6.5.5　添加表格行/列

在使用表格时，可能会发现原来的表格不够用了，需要添加行或列，以下将就其进行讲解。

在表格的某单元内单击选中它，然后单击鼠标右键，在弹出的快捷菜单中选择“列”，在“列”的子菜单中选择“在右侧插入”选项，如图 6-58 所示。这样即可在选中单元的右侧插入一列，效果如图 6-59 所示。

专家提醒

如果要在表格中添加行，其方法与上述是一致的。

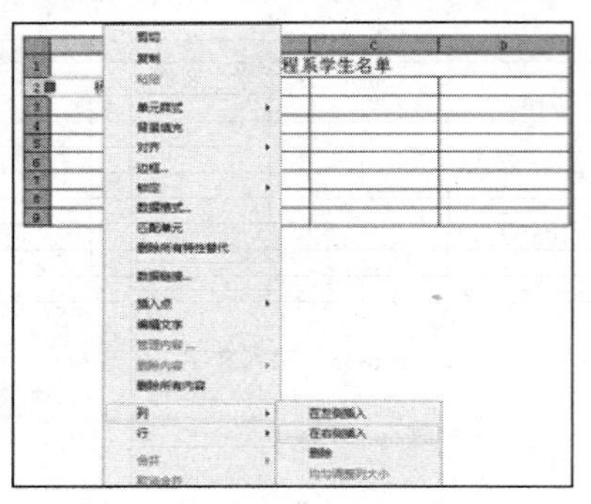

图 6-58　选择在右侧插入

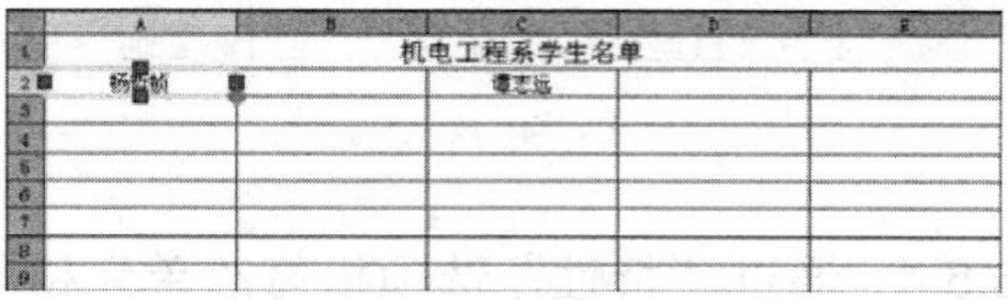

图 6-59　插入效果

6.5.6　跟踪练习 2：绘制建筑图纸的标题栏

步骤 01　单击“注释”面板中的“表格”按钮，打开“插入表格”对话框，在对话框中单击“启动表格样式”按钮，如图 6-60 所示。

步骤 02　打开“表格样式”对话框，单击其中的“修改”按钮，如图 6-61 所示。

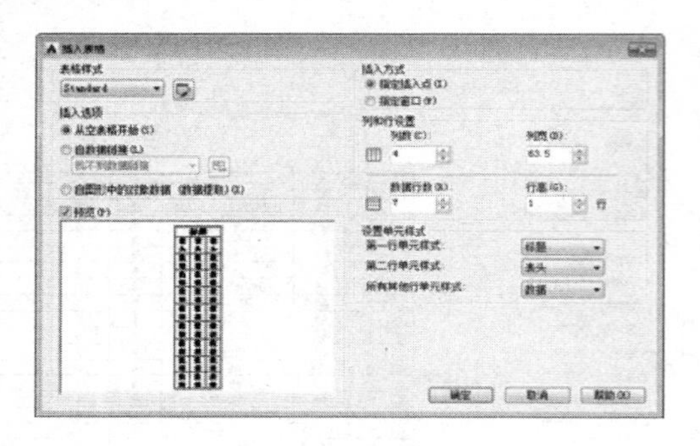

图 6-60　“插入表格”对话框

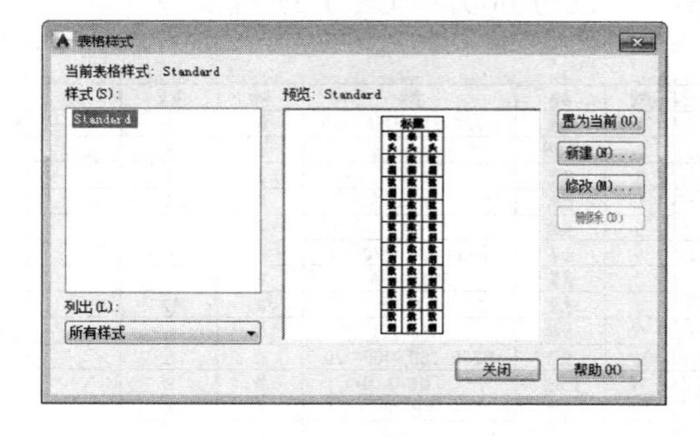

图 6-61　“表格样式”对话框

步骤 03　打开“修改表格样式：Standard”对话框，修改“Standard”表格样式，如图 6-62 所示。修改完成后，关闭“修改表格样式：Standard”对话框，回到“表格样式”对话框，单击其中的“关闭”按钮。

步骤 04　系统返回“插入表格”对话框，在其中设置表格“列数”为 6、“列宽”100，设置数据“行数”3、“行高”6。单击“确定”按钮，关闭对话框，如图 6-63 所示。

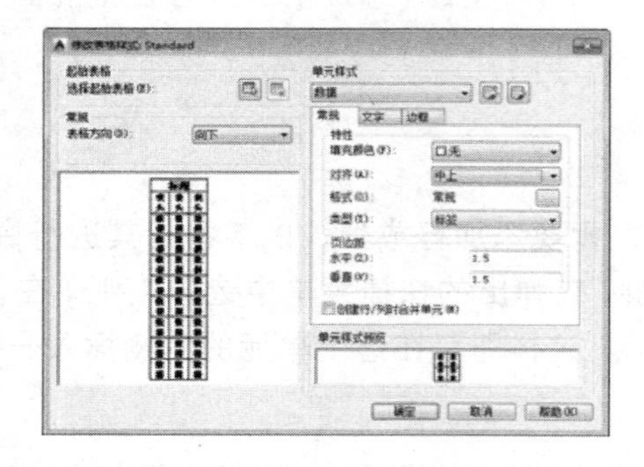

图 6-62　修改表格样式

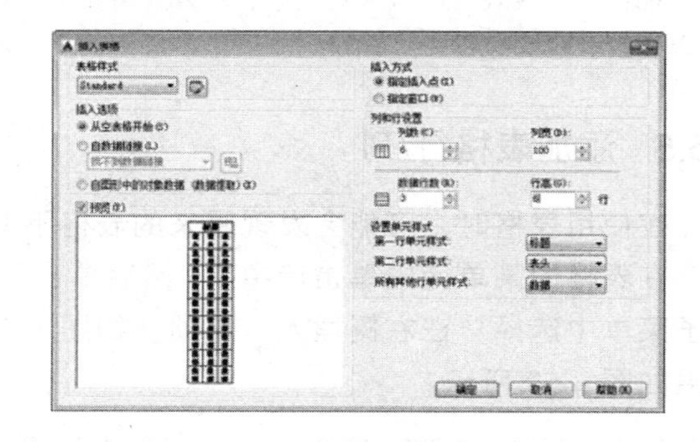

图 6-63　设置表格

步骤 05 回到绘图区域，此时要插入的表格将随十字光标出现在绘图区域。在适当位置拾取一点，将表格插入到该位置，系统随即弹出“文字格式”编辑器，单击“确定”按钮，完成表格的插入工作，如图 6-64 所示。

步骤 06 首先按住鼠标左键拖动鼠标，选中要合并的单元格。单击鼠标右键，在弹出的菜单栏中选择“合并”|“按行”命令，如图 6-65 所示。

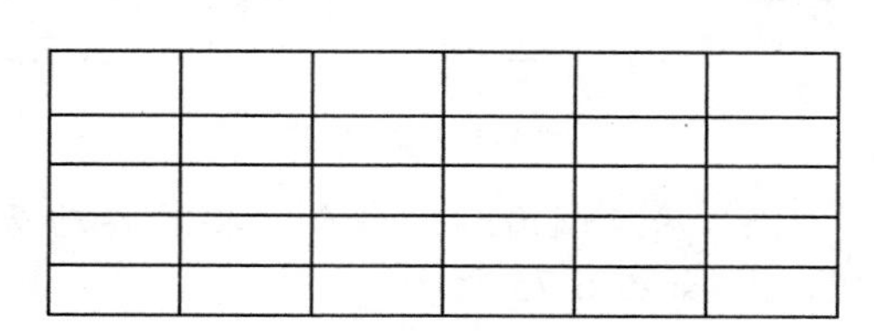

图 6-64　插入表格

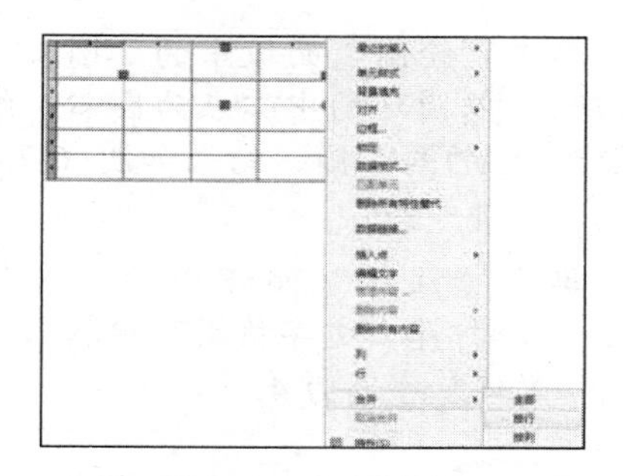

图 6-65　合并单元格

步骤 07 合并之后的效果如图 6-66 所示。

步骤 08 双击任意单元格，进入文字输入状态，然后如图 6-67 所示输入文字。

步骤 09 单击“文字格式”对话框中的“确定”按钮，完成文字的输入，结果如图 6-68 所示。

图 6-66　合并效果

图 6-67　输入文字

工程名称			图号	
子项名称			比例	
设计单位		监理单位	设计	
建设单位		制图	负责人	
施工单位		审核	日期	

图 6-68　最终效果

6.6 实战演练

AutoCAD 2016

初试身手——绘制电动机图例

视频文件：DVD\视频\第 6 章\初试身手.MP4

步骤 01 使用“圆”和“直线”等工具，绘制如图 6-69 所示图形。

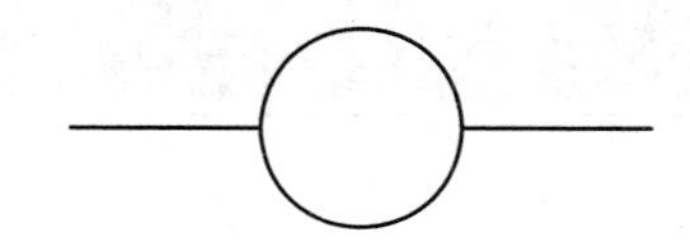

图 6-69　绘制图形

步骤 02 单击“注释”面板中的“多行文字”按钮A，打开“文字格式”编辑器，设置文字的字体为“宋体”，字高为 450，输入字母“M”，单击“确定”按钮，如图 6-70 所示。

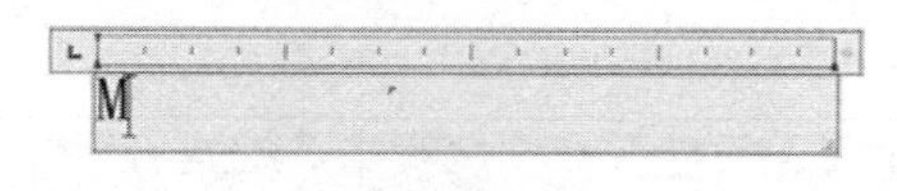

图 6-70 输入字母

步骤 03 单击“修改”面板中的“移动”按钮，把字母“M”移到圆的正中间位置，即可完成电动机图例的绘制，结果如图 6-71 所示。

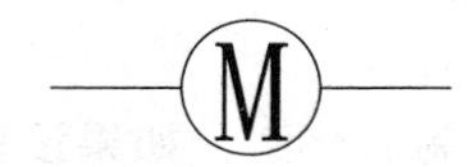

图 6-71　最终效果

深入训练——绘制总配电盘图例

视频文件：DVD\视频\第 6 章\深入训练.MP4

步骤 01 调用“圆环”菜单命令，绘制一个内径为 8、外径为 8.5 的圆环，结果如图 6-72 所示。

步骤 02 单击“绘图”面板中的“圆心，半径”按钮，以圆环的中心点为圆心，绘制一个半径为 5 的同心圆，结果如图 6-73 所示。

步骤 03 单击“注释”面板中的“多行文字”按钮A，打开“文字格式”编辑器，设置字体为“黑体”字高为 4。

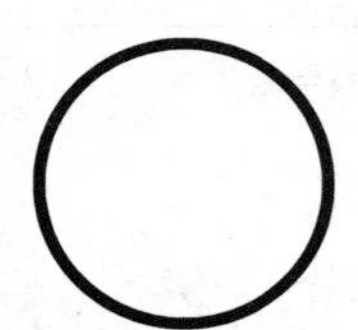

图 6-72　绘制圆环

图 6-73　绘制同心圆

步骤 04 在文本输入框中输入“一”，如图 6-74 所示。

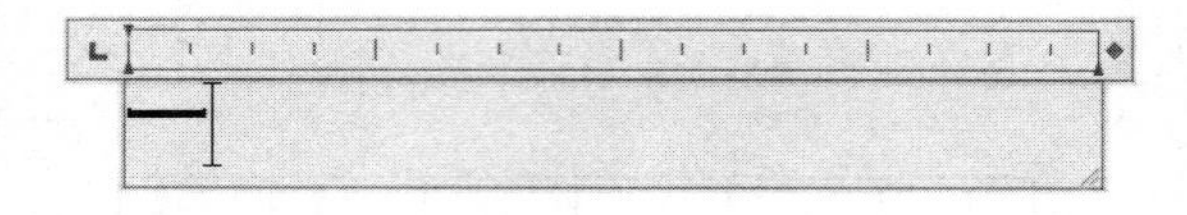

图 6-74　输入字符

步骤 05 然后调用移动命令，将其移动至中心位置，如图 6-75 所示。

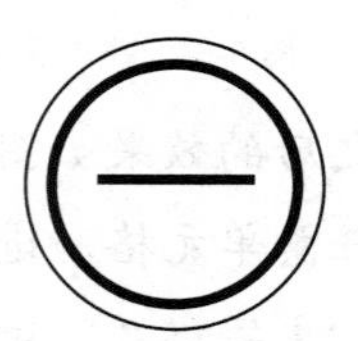

图 6-75　最终效果

熟能生巧——绘制机械图纸标题栏

视频文件：DVD\视频\第 6 章\熟能生巧.MP4

利用“表格”“合并单元格”“拆分单元格”和“文字”等命令，绘制如图 6-76 所示的机械图纸标题栏。

轴承座			比例	材料	数量	2006-2-1
			1:100	HT150	12	
制图		(日期)	江西交通职业技术学院			
审核		(日期)				

图 6-76　机械图纸标题栏

6.7 课后练习

AutoCAD 2016

1. 选择题

(1) TEXT（单行文字）命令的简写形式是什么？（　　）

A、D　　　　B、T

C、DT　　　　D、TE

(2) 在绘制表格时，如果设置行数为 7 行，那么所绘制的表格实际行数是多少行？（　　）

A、5　　　　B、7

C、9　　　　　　　　　　　　　　　D、11

(3) 在输入单行文字时，如果要输入标注正负公差“±”符号，那么需要输入的代替符是什么？(　　)

A、%%C　　　　　　　　　　　　　B、%%

D、%%O　　　　　　　　　　　　　D、%%P

2. 实例题

(1) 使用“单行文字”功能，打开素材文件，并输入如图 6-77 所示的文字。

(2) 使用“多行文字”功能，打开素材文件，并输入如图 6-78 所示的文字。

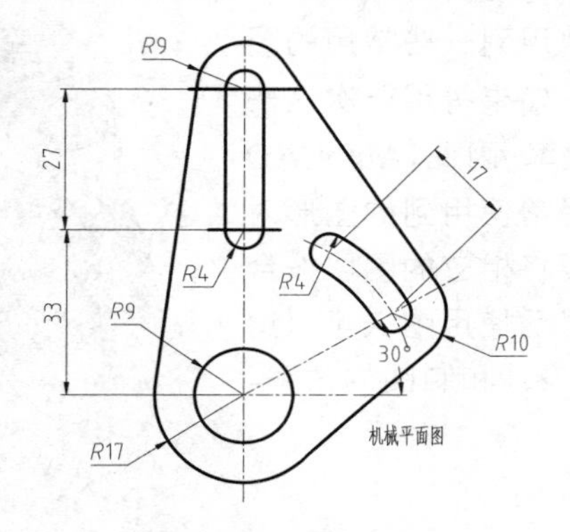

图 6-77　输入单行文字

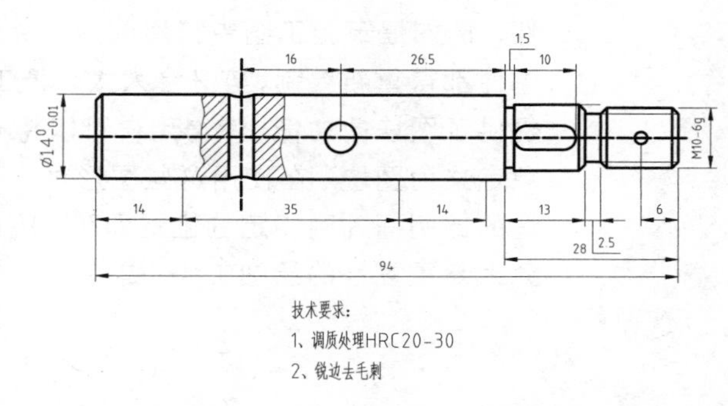

图 6-78　输入多行文字

(3) 使用“表格”功能绘制如图 6-79 所示的门窗一览表。

门　窗　一　览　表						
设计编号	洞口尺寸（mm）		樘数	采用标准图集及类型编号		备　注
	宽　度	高　度		标准图集号	类型编号	
M3024	3000	2400	60	92SJ606(二)	参TL90-33	阳台全玻推拉门
M3021	3000	2100	10	92SJ606(二)	参TL90-33	阳台全玻推拉门
TC2121	2100	2050	120	专业厂家提供图纸	形式见放大图	凸窗
TC2118	2100	1750	20	专业厂家提供图纸	形式见放大图	凸窗
C1815	1800	1500	120	92SJ713(四)	参TLC90-15	推拉窗
C1812	1800	1200	20	92SJ713(四)	参TLC90-15	推拉窗
C1515	1500	1500	25	92SJ713(四)	TLC90-07	推拉窗
C1512	1500	1200	5	92SJ713(四)	TLC90-07	推拉窗
C0915	900	1500	120	92SJ712(三)	参PLC70-15	平开窗
C0912	900	1200	20	92SJ712(三)	参PLC70-15	平开窗

图 6-79　门窗一览表

第7章

图块的制作和插入

在实际工程制图过程中，经常会反复地用到一些常用的图件，例如建筑施工图中常用的门、窗图块。如果每用一次这些图件都得重新绘制，势必会大大降低工作效率。因此，AutoCAD提供了图块的功能，使得用户可以将一些经常使用到的图形对象定义为图块。在使用这些图形时，只需要将相应的图块按合适的比例插入到指定的位置即可。因此，灵活使用图块可以避免大量重复性的绘图工作，提高 AutoCAD 设计和制图的效率。

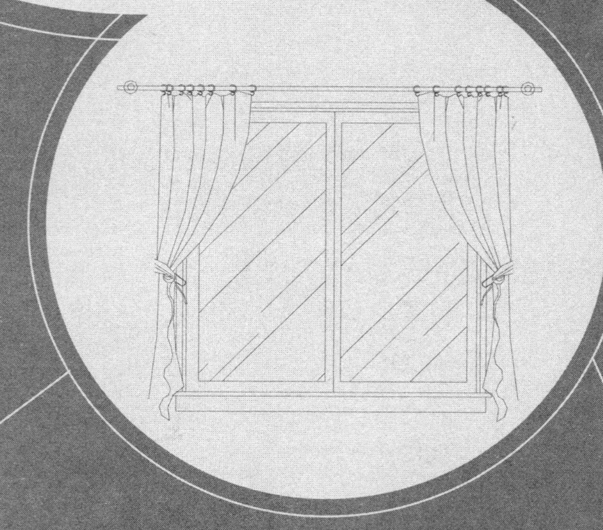

第2篇

提高篇

AutoCAD 2016

7.1 创建和插入图块

要定义一个新的图块，首先要用“绘图”和“修改”功能绘制出组成图块的所有图形对象，然后再使用“块定义”命令定义块。

7.1.1 定义块

定义内部块需要使用“块定义”命令，调用该命令的方法如下:

- 菜单栏：调用“绘图”｜“块”｜“创建”菜单命令。
- 面　板：单击“块”面板中的“创建”按钮。
- 命令行：在命令行输入 BLOCK（或 B）并回车。

调用 BLOCK 命令后，弹出如图 7-1 所示的“块定义”对话框。在该对话框中，需要设置以下内容：给块定义名称，选择组成图块的对象，选择插入基点。

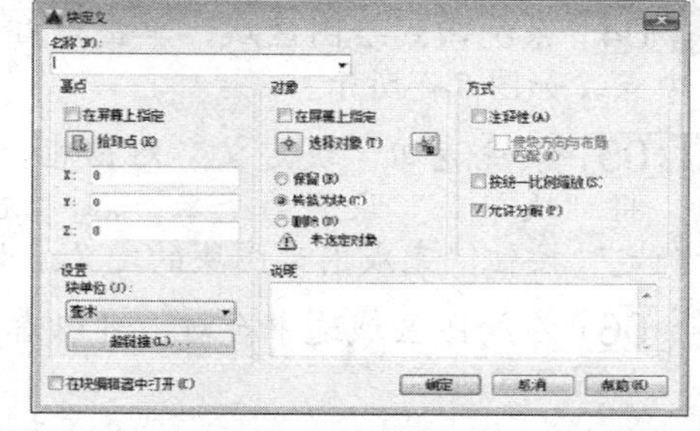

图 7-1　“块定义”对话框

1. 命名

在“名称”文本框中输入新图块的名称。单击右边的下拉列表框按钮，可以显示当前文档中所有已存在的块定义名称列表。

2. 选择对象

“对象”选项组用于选择组成图块的图形对象。单击“选择对象”按钮，“块定义”对话框暂时消失。此时，可以在工作区中连续选择需要组成该图块的图形对象。选择结束后回车，“块定义”对话框重新出现，并显示已选中的对象数目。至此，选择对象操作结束。

该选项组中的一组单选按钮用于设置块定义完成后被选择对象的处理方式，说明如下：

- “保留”：被选中组成块的对象仍然保留在原位置，不转化为块实例。
- “转换为块”：被选中组成块的对象转化为一个块实例。
- “删除”：被选中组成块的对象在原位置被删除。

3. 确定插入基点

插入基点是插入图块实例时的参照点。插入块时，可通过确定插入基点的位置将整个块实例放置到指定的位置上。理论上，插入基点可以是图块的任意点。但为了方便定位，经常选取端点、中点、圆心等特征点作为插入基点。

专家提醒

图块可以嵌套，即在一个块定义的内部还可以包含其他块定义。但不允许循环嵌套，也就是说在图块嵌套过程中不能包含图块自身，而只能嵌套其他图块。

案例【7-1】创建名为“台灯”的内部图块　　视频文件：DVD\视频\第 7 章\7-1.MP4

步骤 01　打开随书光盘“第 7 章\课堂举例 7-1.dwg”文件，如图 7-2 所示。

步骤02 选中所有的图形，然后单击“块”面板中的“创建”按钮，打开“块定义”对话框。

步骤03 在“块定义”对话框中的“名称”文本框中输入图块名称“台灯”，如图 7-3 所示，然后单击“基点”参数栏中的“拾取点”按钮。

图 7-2 原始文件

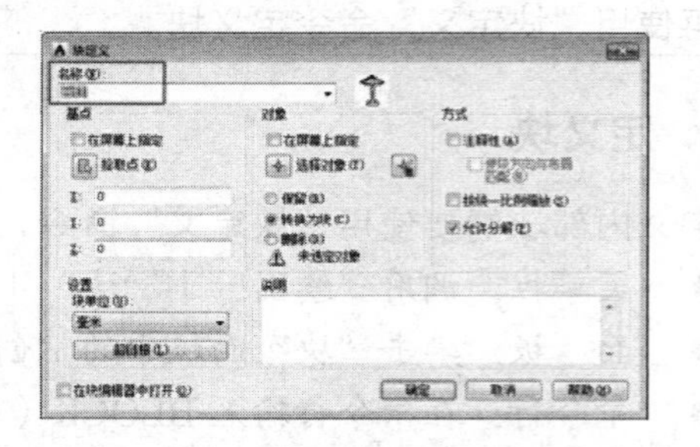

图 7-3 “块定义”对话框

步骤04 系统回到绘图区域，单击台灯底座中点位置。这表示定义图块的插入基点为台灯底座的中点，如图 7-4 所示。

步骤05 系统返回“块定义”对话框，“基点”参数栏将会显示刚才捕捉的插入基点的坐标值。将“块单位”设置为毫米，在“说明”文本框中输入文字说明“室内设计图库”。单击“确定”按钮，完成内部图块的定义，如图 7-5 所示。

步骤06 在绘图区域选中台灯，可以看出台灯已经被定义为图块，并且在插入基点位置显示夹点，如图 7-6 所示。

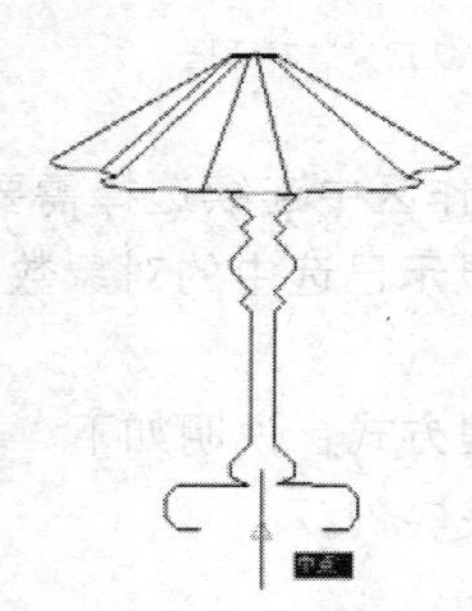

图 7-4 拾取点

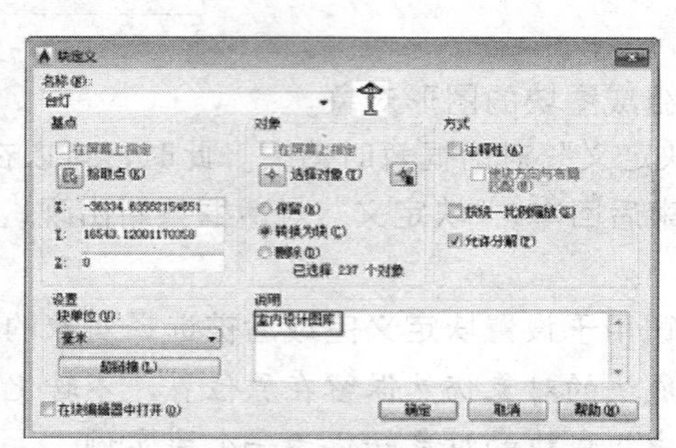

图 7-5 定义内部图块

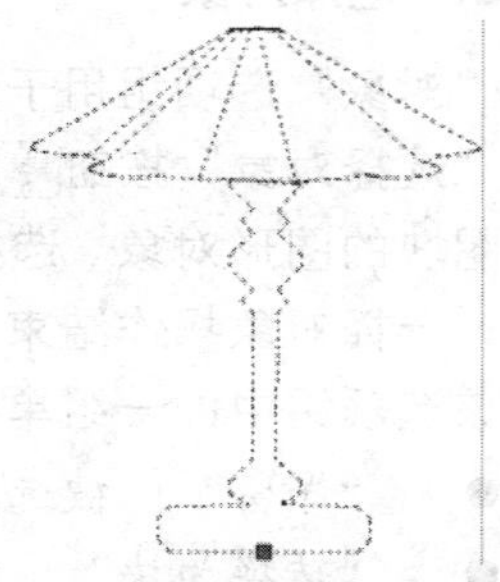

图 7-6 选中台灯

7.1.2 创建外部图块

外部图块是以外部文件的形式存在的，它可以被任何文件引用。使用“写块”命令可以将选定的对象输出为外部图块，并保存到单独的图形文件中。以下将举例说明创建外部图块的方法。

案例【7-2】 创建名为“餐桌”的外部图块

视频文件：DVD\视频\第 7 章\7-2.MP4

步骤01 打开随书光盘“第 7 章\课堂举例 7-2.dwg”文件，如图 7-7 所示。

步骤02 在命令行输入 WBLOCK 并回车，打开“写块”对话框，如图 7-8 所示。

步骤03 单击“写块”对话框中的“选择对象”按钮，在绘图区域框选所有图形并按回车键确认。单击“写块”对话框中的“拾取点”按钮，在绘图区域捕捉圆心作为图块的插入基点，如图 7-9 所示。

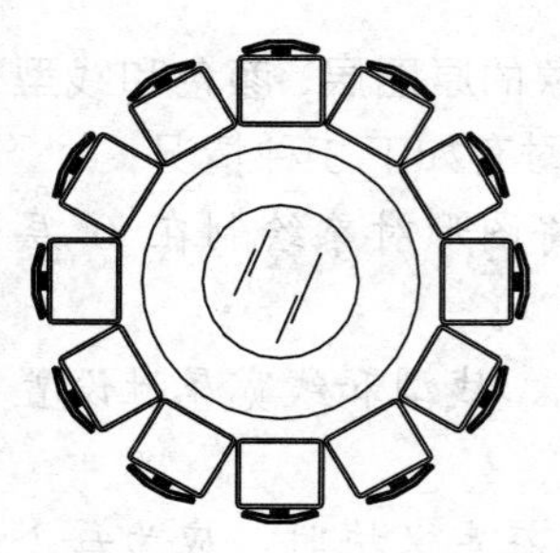

图 7-7　原始文件

图 7-8　“写块”对话框

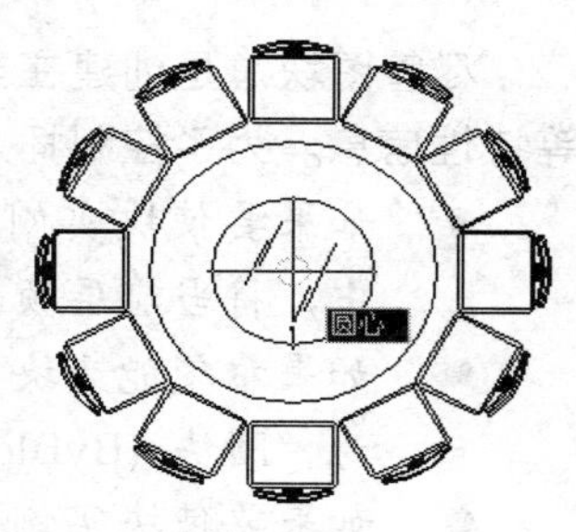

图 7-9　拾取圆心

步骤 04 系统将返回“写块”对话框，单击“文件名和路径”文本框后面的按钮[...]，打开“浏览图形文件”对话框，在其中设置图块的保存路径和图块名称，最后单击“保存”按钮，如图 7-10 所示。

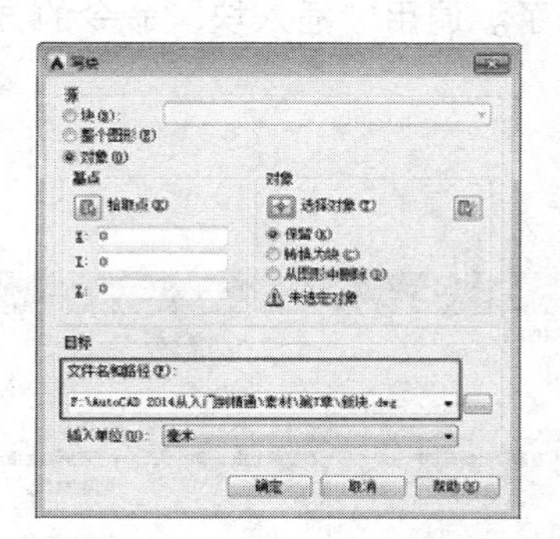

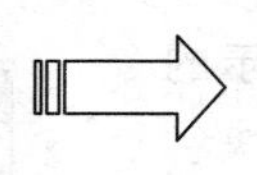

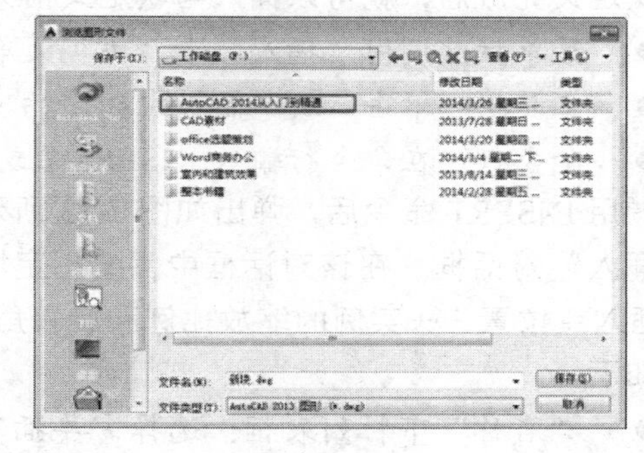

图 7-10　保存块

步骤 05 在“对象”参数栏中选择“转换为块”单选项，设置插入单位为“毫米”，单击“确定”按钮，如图 7-11 所示。至此，整个“餐桌”外部图块创建完成。

步骤 06 在绘图区域选中餐桌，可以看出餐桌已经被定义为图块，并且在插入基点位置显示夹点，如图 7-12 所示。

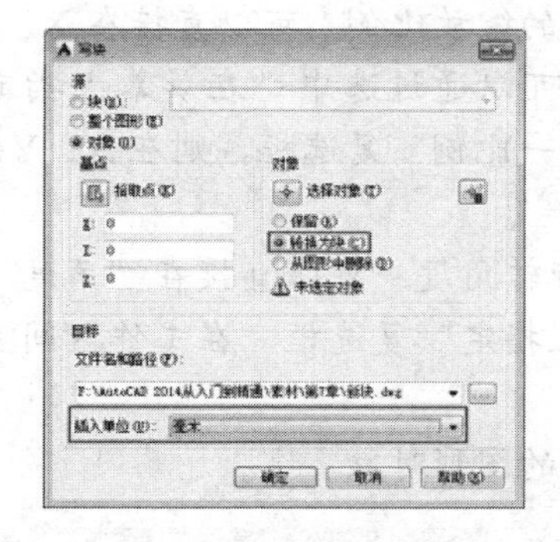

图 7-11　设置块参数

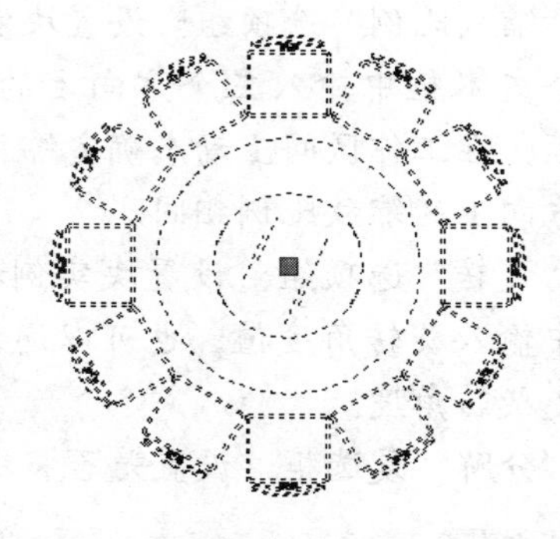

图 7-12　选择块

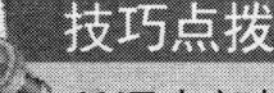

技巧点拨

所谓内部块和外部块，其实通俗来说就是临时块与永久块。

7.1.3 图块颜色和线型

尽管图块总是创建在当前图层上，但块定义中保存了图块中各个对象的原图层、颜色和线型等特性信息。为了控制插入块实例的颜色、线型和线宽特性，在定义块时有如下 3 种情况：

- 如果要使块实例完全继承当前层的属性，那么在定义块时应将图形对象绘制在 0 层中，将当前层颜色、线型和线宽属性设置为“随层（ByLayer）”。
- 如果希望能为块实例单独设置属性，那么在块定义时应将颜色、线型和线宽属性设置为“随块（ByBlock）”。
- 如果要使块实例中的对象保留属性，而不从当前层继承；那么在定义块时，应为每个对象分别设置颜色、线型和线宽属性，而不应当设置为“随块”或“随层”。

7.1.4 插入块

块定义完成后，就可以插入与块定义相关联的块实例了。调用“插入块”命令的方法如下：

- 菜单栏：调用“插入”｜“块”菜单命令。
- 工具栏：单击“块”面板中的“插入”按钮。
- 命令行：在命令行输入 INSERT（或 I）并回车。

调用 INSERT 命令后，弹出如图 7-13 所示的块“插入”对话框。在该对话框中需要指定块名称、插入点位置、块实例的缩放比例和旋转角度。说明如下：

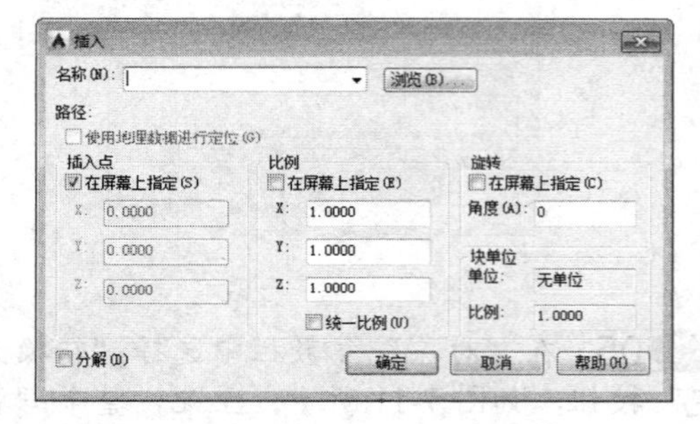

图 7-13 “插入”对话框

- “名称”下拉列表框：选择需要插入的块的名称。
- “插入点”选项组：输入插入基点坐标。可以直接在 X、Y、Z 三个文本框中输入插入点的绝对坐标；更简单的方式是通过选中“在屏幕上指定”复选框，用对象捕捉的方法在工作区间上直接捕捉。
- “缩放比例”选项组：设置块实例相对于块定义的缩放比例。可以直接在 X、Y、Z 三个文本框中输入三个方向上的缩放比例值；也可以通过选中“在屏幕上指定”复选框，在工作区间上动态确定缩放比例。选中“统一比例”复选框，则在 X、Y、Z 三个方向上的缩放比例相同。
- “旋转”选项组：设置块实例相对于块定义的旋转角度。可以直接在“角度”文本框中输入旋转角度值；也可以通过选中“在屏幕上指定”复选框，在工作区间上动态确定旋转角度。
- “分解”复选框：设置是否将块实例分解成普通的图形对象。

案例【7-3】 在传动轴零件中插入标注符号 视频文件：DVD\视频\第 7 章\7-3.MP4

步骤 01 打开随书光盘“第 7 章\课堂举例 7-3.dwg”文件，如图 7-14 所示。

步骤 02 单击“块”面板中的“插入”按钮，在展开的下拉列表中选择“粗糙度符号”图块，单击“确定”按钮。

步骤 03 回到绘图区域，使用鼠标左键捕捉直线的中点作为图块的插入点，如图 7-15 所示。

步骤 04 在命令行中输入 LE，调用“快速引线”命令，绘制粗糙度符号放置的引出线。

步骤 05 重复执行“插入”命令，继续选择“粗糙度符号”图块。

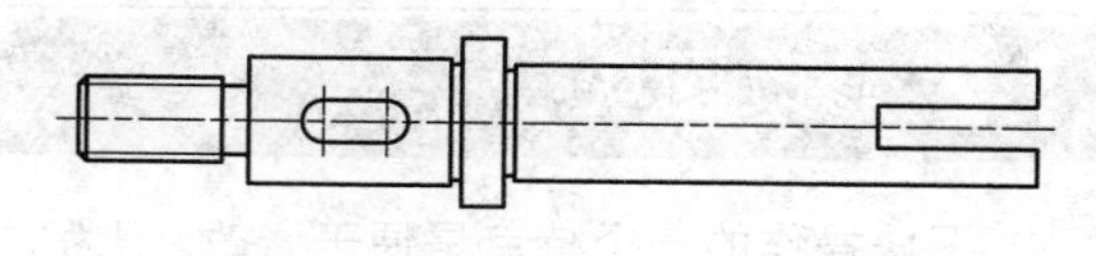

图 7-14 原始文件

步骤 06 回到绘图区域，使用鼠标左键捕捉直线的中点作为图块的插入点，如图 7-16 所示。

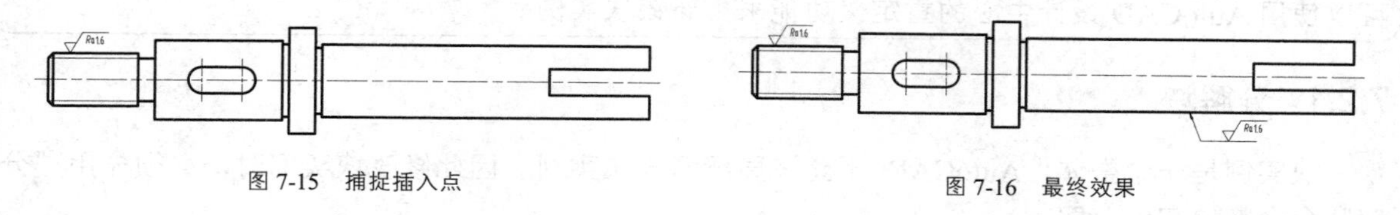

图 7-15　捕捉插入点　　　　图 7-16　最终效果

7.1.5 跟踪练习 1：插入家具图块

步骤 01 打开“第 7 章\7.1.5 跟踪训练 1.dwg”文件，如图 7-17 所示。

步骤 02 单击“块”面板中的“插入”按钮，展开下拉列表，选择“跟踪训练.dwg”图形文件，如图 7-18 所示。

步骤 03 在如图 7-19 所示的位置插入图块，比例为 1。

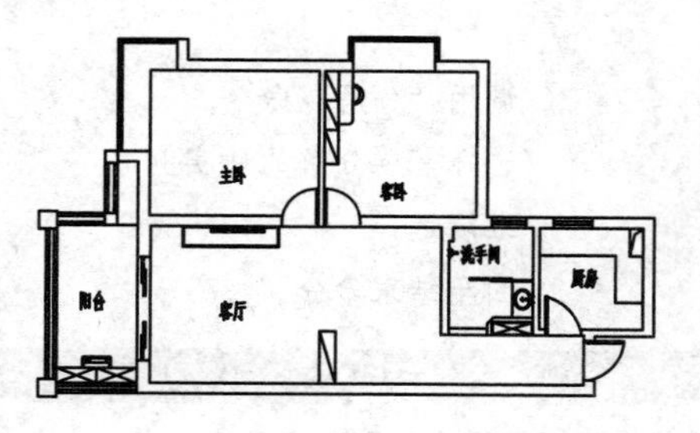

图 7-17　素材图形

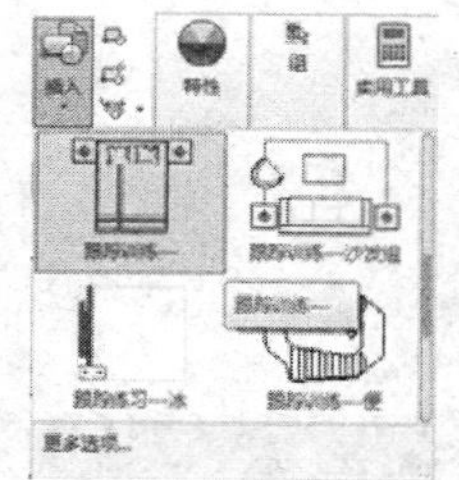

图 7-18　选择图形文件

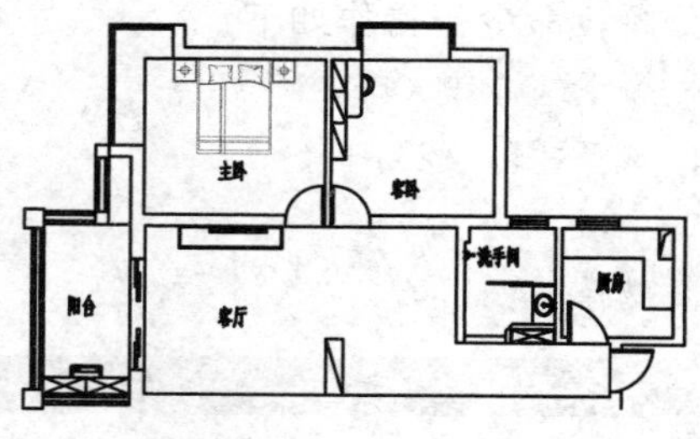

图 7-19　插入“床”图块

步骤 04 调用“插入”命令，展开下拉列表，选择“跟踪训练.dwg”图形文件，设置旋转“角度”为-90，比例为 1，如图 7-20 所示。

步骤 05 用同样的方法依次插入“沙发组合”“冰箱”“便池”“餐桌”“煤气灶”“洗菜盆”“衣柜”图块，最终效果图如图 7-21 所示。

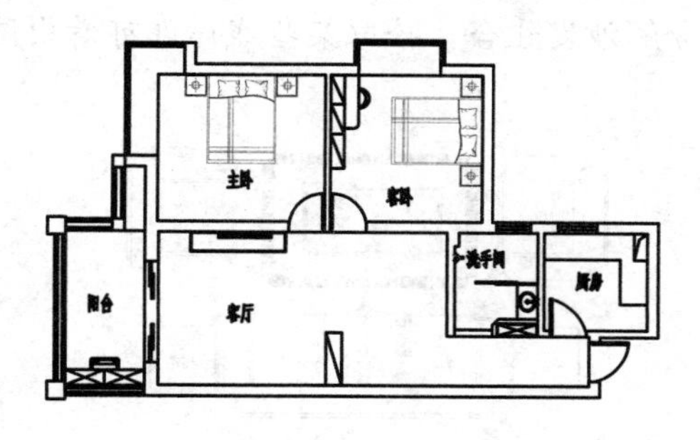

图 7-20　插入“床”图块

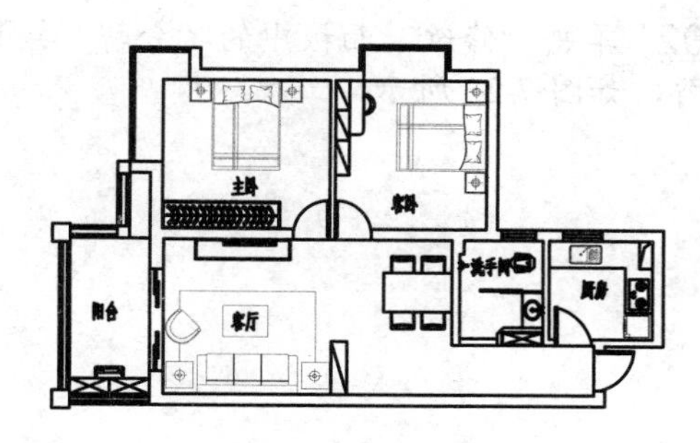

图 7-21　最终效果图

AutoCAD 2016

7.2 修改图块

图块操作的一个特点是便于修改。因为文档中插入的所有块实例都是根据相应的块定义建立起来的，所以通过重新定义块，可以自动更新所有与之关联的内部块实例。在重定义块前，需要先分解一个块实例以进行修改。

对于保存为图形文件的块，如果修改块源文件，其他文件中对该块的引用并不能自动更新。可以使用 AutoCAD 设计中心的重定义功能来更新该块实例。

7.2.1 分解块

块实例是一个整体，AutoCAD 不允许局部修改块实例。因此修改块实例时，必须先用“分解”命令将块实例分解。

块实例被分解为彼此独立的普通图形对象后，每一个对象都可以单独被选中，而且可以分别对其进行修改操作。调用 EXPLODE 命令的方法有以下 3 种：

- 菜单栏：调用“修改”|“分解”菜单命令。
- 面　板：单击“修改”面板中的“分解”按钮。
- 命令行：在命令行输入 EXPLODE（或 X）并回车。

调用 EXPLODE 命令后，连续选择需要分解的块实例。选择结束后回车，选中的块实例将会被分解，命令行操作如下：

```
命令： EXPLODE↙                    //调用“分解”命令
选择对象：找到 1 个                  //选择需要分解的块实例
……                                 //继续选择
选择对象： ↙                        //回车结束命令
```

专家提醒

EXPLODE 命令不仅可以分解块实例，还可以分解尺寸标注、填充区域等复合图形对象。

7.2.2 跟踪训练 2：修改图块

步骤01 在命令行中输入 OPEN“打开”命令并回车，打开“第 7 章\7.2.3 跟踪训练 2—修改图块原文件.dwg”文件，如图 7-22 所示。

步骤02 单击“修改”面板中的“分解”按钮，分解沙发组合，拾取某些线段即可看出图形被分解，如图 7-23 所示。

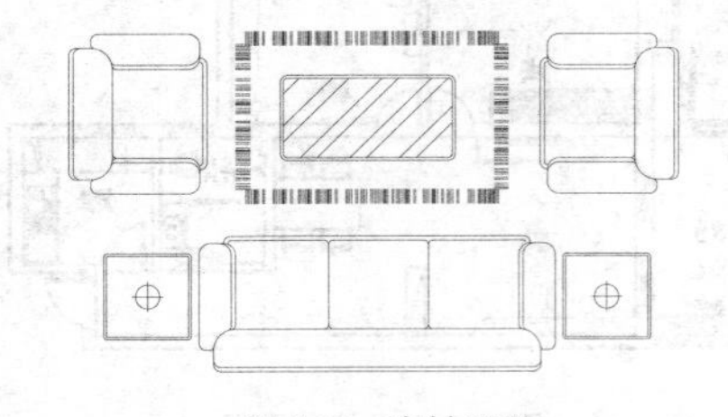

图 7-22　素材图形

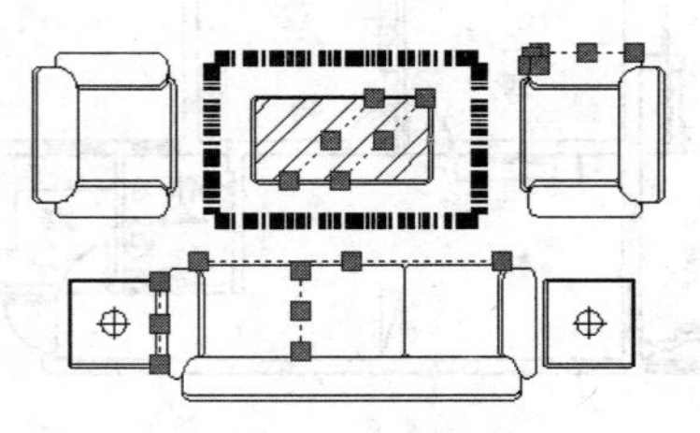

图 7-23　分解效果

步骤 03 单击“修改”面板中的“删除”按钮，配合夹点编辑，修改茶几，如图 7-24 所示。

步骤 04 调用 WBLOCK 命令，系统弹出“写块”对话框，单击“拾取点”按钮，拾取起始点。单击“选择对象”按钮，选择修改后的沙发组合，单击“更多”按钮，确定路径，如图 7-25 所示。

步骤 05 单击“确定”按钮，即重新创建好了“沙发组合”图块。

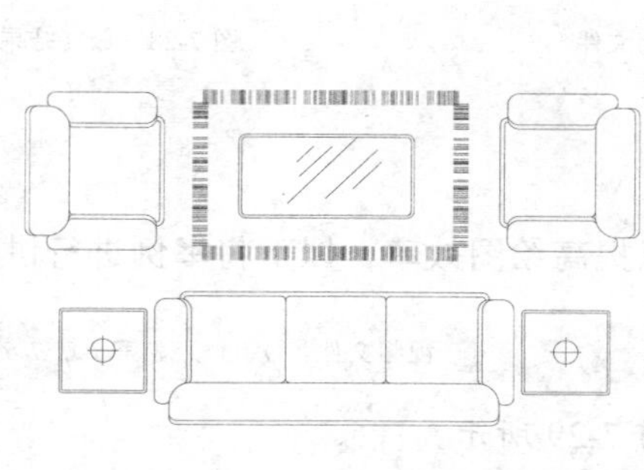

图 7-24　修改茶几

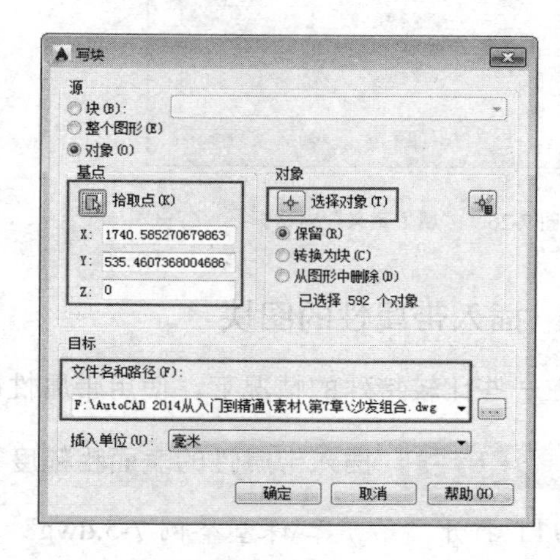

图 7-25　“写块”对话框

AutoCAD 2016

7.3 图块属性

图块包含的信息可以分为两类：图形信息和非图形信息。块属性指的是图块的非图形信息，例如办公室工程中定义办公桌图块，每个办公桌的编号、使用者等属性。块属性必须和图块结合在一起使用，在图纸上显示为块实例的标签或说明。单独的属性是没有意义的。

7.3.1 定义块属性

定义块属性必须在定义块之前进行。调用“定义属性”命令的方法如下：

- 菜单栏：调用“绘图”|“块”|“定义属性”菜单命令。
- 面　板：单击“块”面板中的“定义属性”按钮。
- 命令行：在命令行输入 ATTDEF（或 ATT）并回车。

调用 ATTDEF 命令后，弹出如图 7-26 所示“属性定义”对话框。在该对话框中，需要设置属性项的名称、属性提示和默认值以及属性的插入位置等内容。

案例【7-4】 定义“粗糙度”图块的属性　　视频文件：DVD\视频\第 7 章\7-4.MP4

步骤 01 打开随书光盘“第 7 章\课堂举例 7-4.dwg”文件，如图 7-27 所示。

步骤 02 单击“块”面板中的“定义属性”按钮，打开“属性定义”对话框，在“标记”文本框中输入“粗糙度”，设置“文字高度”为 2。

步骤 03 系统返回绘图区域后，定义的图块属性标记随光标出现，使用光标在适当位置拾取一点即可，如图 7-28 所示。

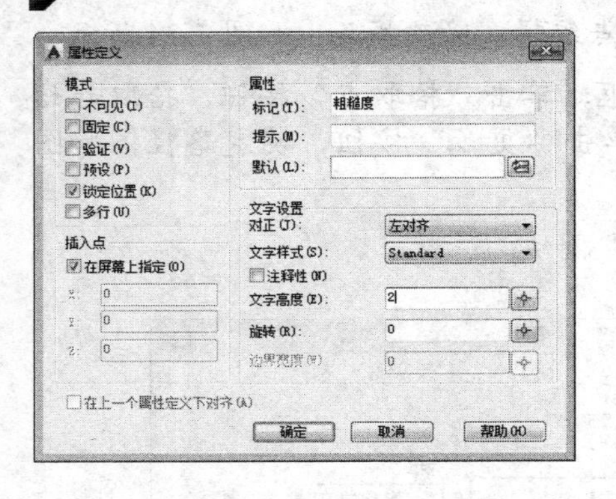

图 7-26 “属性定义”对话框

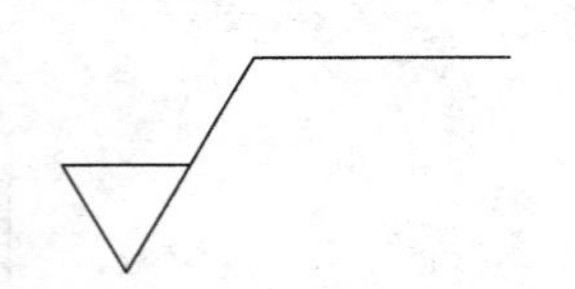

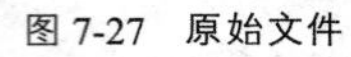

图 7-27 原始文件

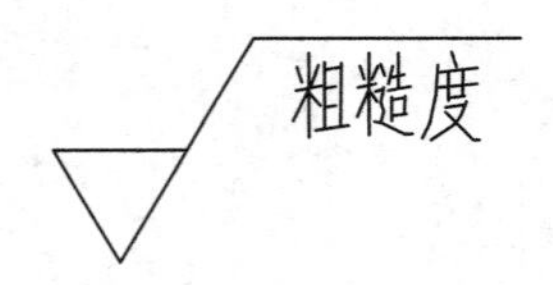

图 7-28 最终结果

7.3.2 插入带属性的图块

在一些比较特殊的情况下，使用带属性的图块可以提高绘图效率，以下将举例进行讲解。

案例【7-5】 插入带属性的表面粗糙度符号 视频文件：DVD\视频\第 7 章\7-5.MP4

步骤 01 打开“第 7 章\课堂举例 7-5.dwg”文件，如图 7-29 所示。

步骤 02 在命令行中输入 I 并按回车键，系统弹出“插入”对话框，在对话框中选择“粗糙度符号”图块，如图 7-30 所示。

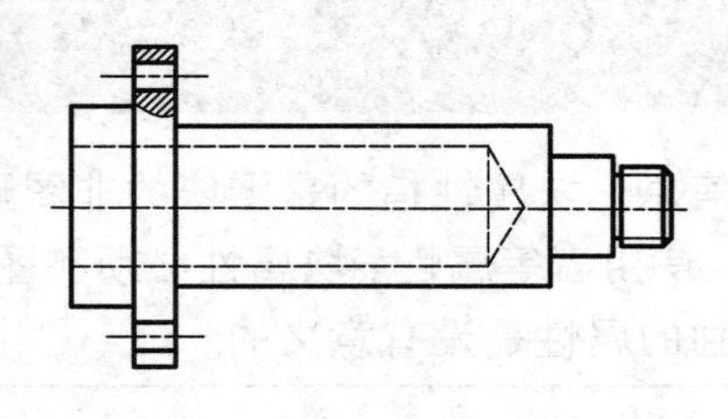

图 7-29 原始文件

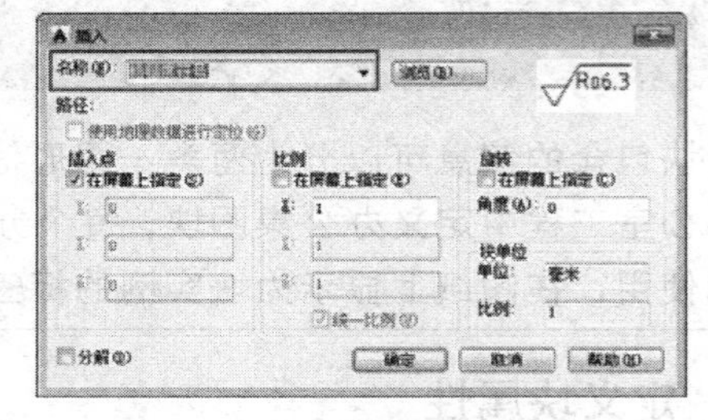

图 7-30 选择插入图块

步骤 03 单击“确定”按钮，根据命令行提示拾取插入点，系统弹出“编辑属性”对话框，如图 7-31 所示。

步骤 04 单击“确定”按钮，，即可插入粗糙度符号，如图 7-32 所示。

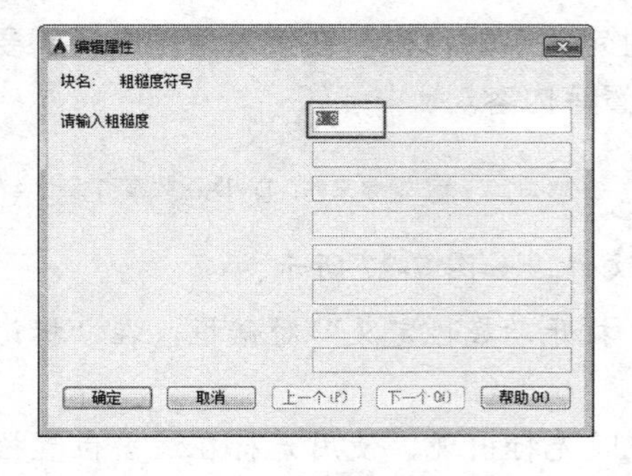

图 7-31 “编辑属性”对话框

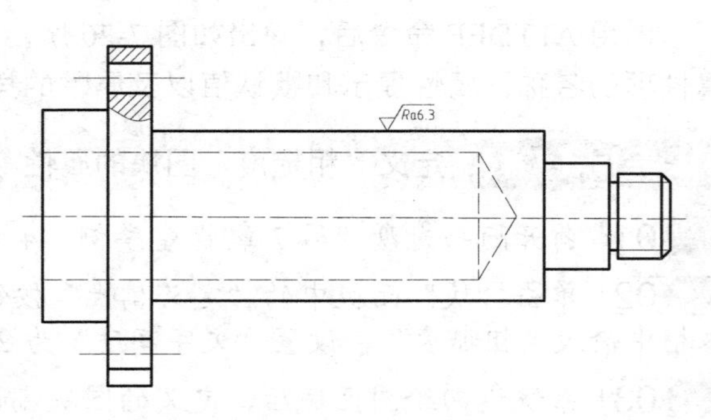

图 7-32 最终效果

7.3.3　修改块属性

修改块属性主要包括修改块属性定义和属性值。

1.　修改属性值

使用“增强属性编辑器”对话框可以方便地修改属性值和属性文字的格式。打开“增强型属性编辑器”对话框的方法如下：

- 菜单栏：调用“修改”｜“对象”｜“属性”｜“单个”菜单命令。
- 命令行：在命令行输入 EATTEDIT 并回车。
- 快捷方式：直接双击块实例中的属性文字。

启动 EATTEDIT 命令后，选择需要修改的属性文字，打开如图 7-33 所示的“增强属性编辑器”对话框。在该对话框的“属性”选项卡中选中某个属性值后，可以在“值”文本框中输入修改后的新值。在“文字选项”选项卡中，可以设置属性文字的格式。在“特性”选项卡中，可以设置属性文字所在的图层、线型、颜色、线宽等显示控制属性。

2.　修改块属性定义

使用“块属性管理器”对话框，可以修改所有图块的块属性定义。打开“块属性管理器”对话框的方法如下：

- 菜单栏：调用“修改”｜“对象”｜“属性”｜“块属性管理器”菜单命令。
- 命令行：在命令行输入 BATTMAN 并回车。

启动 BATTMAN 命令，弹出如图 7-34 所示的“块属性管理器”对话框。对话框中显示了已附加到图块的所有块属性列表。双击需要修改的属性项，可以在随之出现的“编辑属性”对话框中编辑属性项。选中某属性项，单击右边的“删除”按钮，可以从块属性定义中删除该属性项。

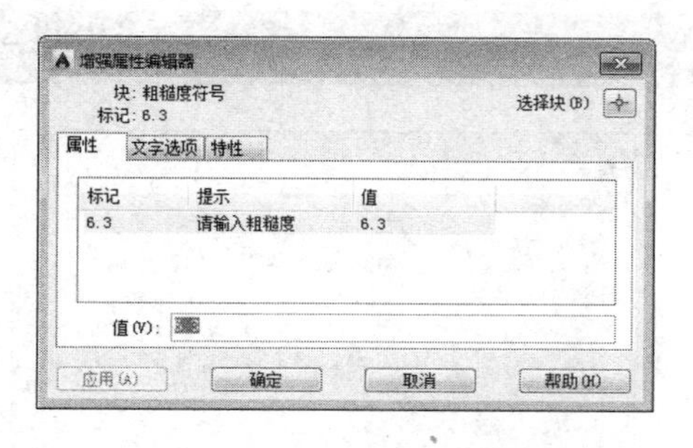

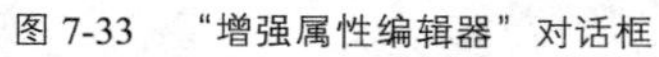
图 7-33　“增强属性编辑器”对话框

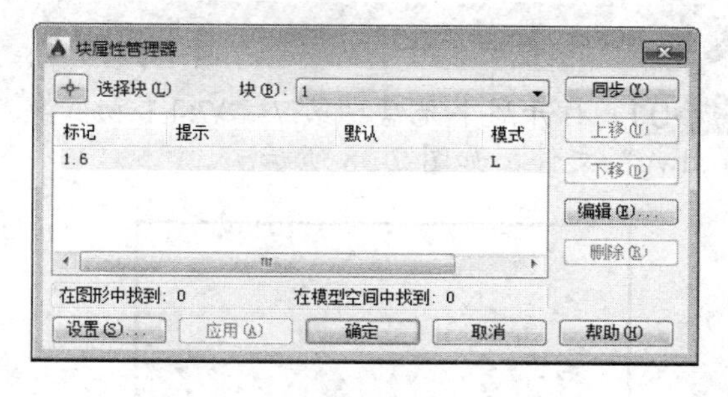

图 7-34　“块属性管理器”对话框

修改完成块属性定义后，单击右边“同步”按钮，可以更新相应的所有的块实例。但同步操作仅能更新块属性定义，不能修改属性值。

案例【7-6】修改图块的属性　　视频文件：DVD\视频\第 7 章\7-6.MP4

这里将以上一步插入的表面粗糙度符号为例进行介绍。旋转图块 180°，如图 7-35 所示，以方便查看数据。

步骤 01　双击图块，打开“增强属性编辑器”对话框，单击其中的“文字选项”选项卡，设置宽度比例因子为 0.8、角度为 10°，单击“确定”按钮，如图 7-36 所示。

步骤 02 修改之后的效果如图 7-37 所示。

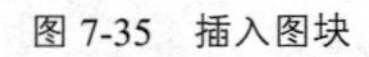

图 7-35　插入图块

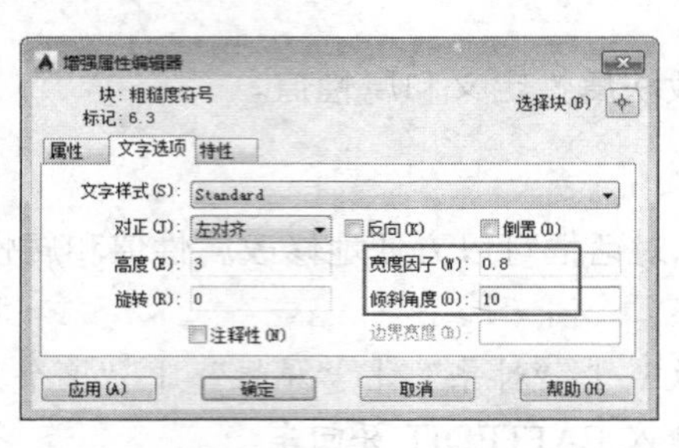

图 7-36　设置参数

图 7-37　最终效果

7.3.4 提取块属性

附加在块实例上的块属性数据是重要的工程数据。在实际工作中，通常需要将块属性数据提取出来，以供其他程序或外部数据库分析使用。“属性提取”功能可以将图块属性数据输出到表格或外部文件中，供分析使用。

利用 AutoCAD 提供的属性提取向导，只需根据向导提示按步骤操作，即可方便地提取块属性数据。打开“属性提取”命令的方法如下：

- 菜单栏：调用“工具” | “属性提取”菜单命令。
- 命令行：在命令行输入 EATTEXT 并回车。

7.4 实战演练

AutoCAD 2016

初试身手——定义混凝土内部图块

视频文件：DVD\视频\第 7 章\初试身手.MP4

步骤 01 打开随书光盘“第 7 章\7.4.1 初试身手.dwg”文件，如图 7-38 所示。

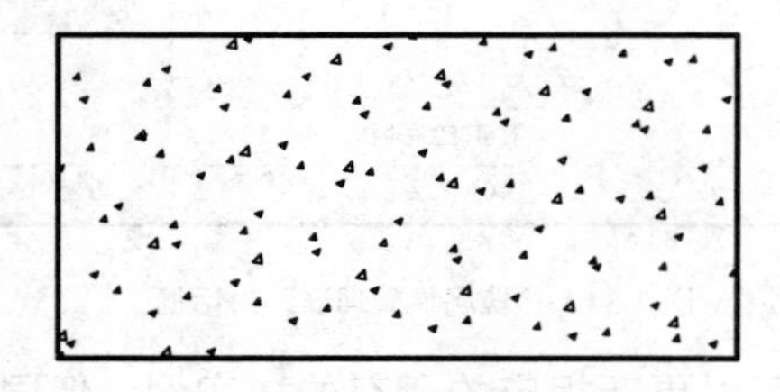

图 7-38　原始文件

步骤 02 框选所有图形，单击“块”面板中的“创建”按钮打开“块定义”对话框，设置图块为“混凝土”。选择“转换为块”单选项，设置图块的单位为毫米，单击“拾取点”按钮，如图 7-39 所示。

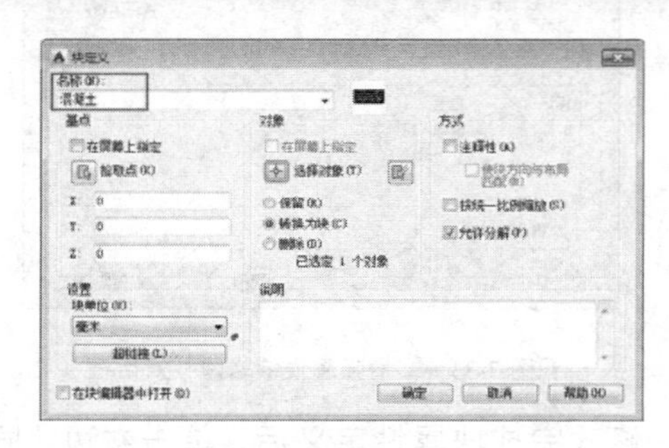

图 7-39　设置参数

步骤 03 系统回到绘图区域，使用光标拾取矩形的下边线中点作为插入点，如图 7-40 所示。

步骤 04 在绘图区域选中“混凝土”图形。此时图形已经定义为图块，并且在插入基点位置显示夹点，如图 7-41 所示。

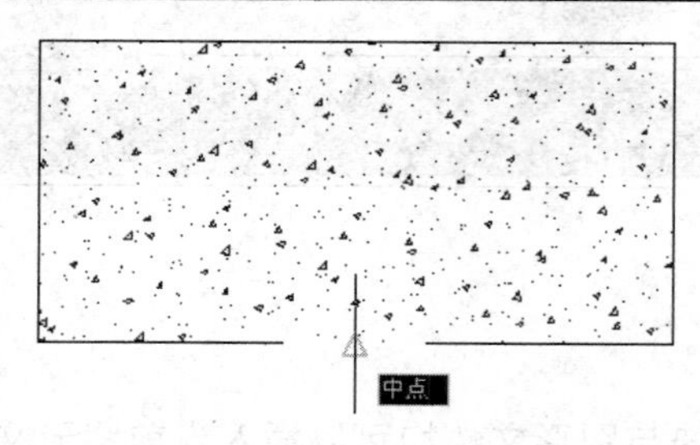

图 7-40　拾取点

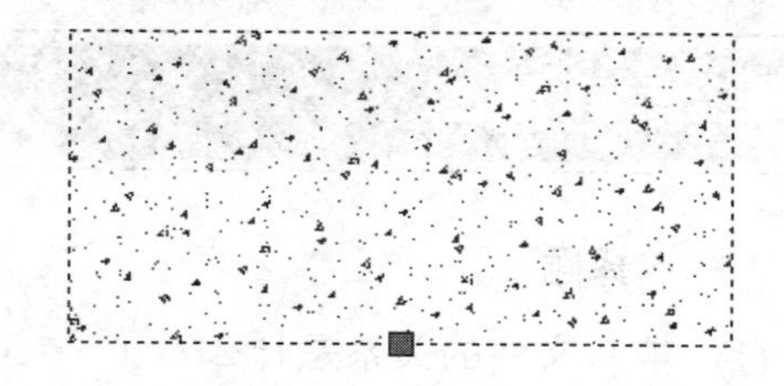

图 7-41　最终效果

深入训练——插入电话机图块

视频文件：DVD\视频\第 7 章\深入训练.MP4

步骤 01　在命令中输入 I“插入”命令并回车，打开“插入”对话框，在“名称”下拉列表中，选择“电话机”图块，设置旋转角度为 45°，单击“确定”按钮，如图 7-42 所示。

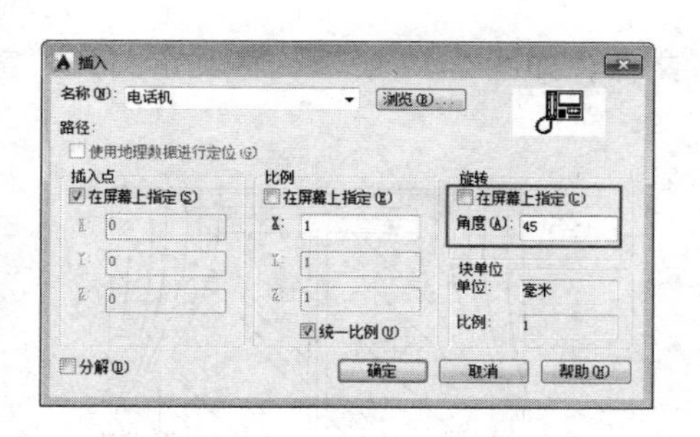

图 7-42　“插入”对话框

步骤 02　在绘图区域合适位置拾取一点作为插入点，即可将“电话机”图块插入到当前图形中，如图 7-43 所示。

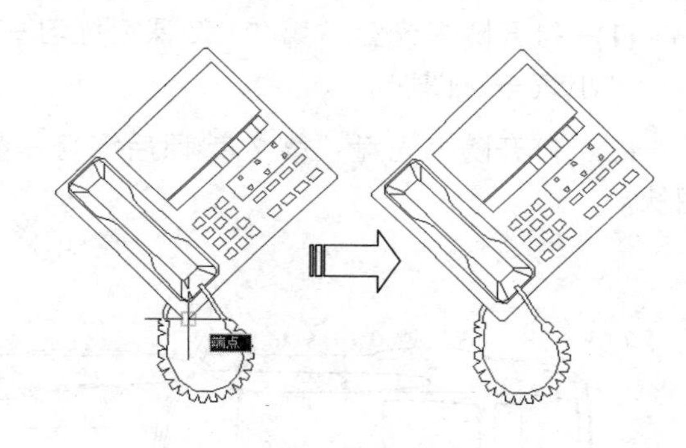

图 7-43　最终效果

熟能生巧——定义标高符号外部图块

视频文件：DVD\视频\第 7 章\熟能生巧.MP4

打开随书光盘“第 7 章\ 7.4.3 熟能生巧.dwg”文件，如图 7-44 所示，绘制标高符号，并创建块放置至指定位置，如图 7-45 所示。

图 7-44　原始文件

图 7-45　最终文件

7.5 课后练习

1. 选择题

(1) 块与文件的关系是什么？（　　）

A、图形文件一定是块　　　　　B、块与图形文件均可以插入当前图形文件
C、块一定是以文件的形式存在　　D、块与图形文件没有区别

(2) 外部图块可以通过以下哪个命令创建？（　　）

A、REGION　　　　B、BLOCK
C、WBLOCK　　　　D、INSERT

2. 实例题

(1) 打开随书光盘“第 7 章\课后练习—小汽车.dwg”文件，如图 7-46 所示，将其定义为“小汽车”图块。

(2) 打开随书光盘“第 7 章\课后练习—窗.dwg”文件，如图 7-47 所示，将其定义为“窗”图块。

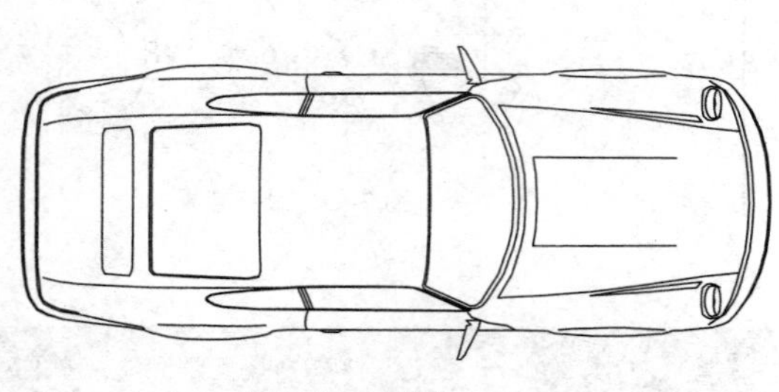

图 7-46　小汽车

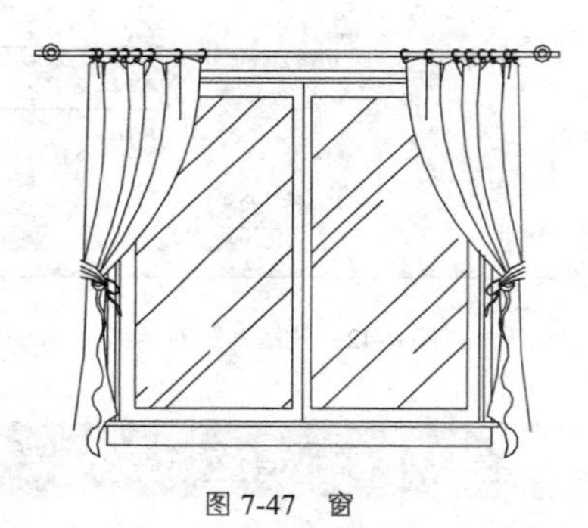

图 7-47　窗

(3) 打开随书光盘“第 7 章\课后练习—沙发.dwg”文件，如图 7-48 所示，将其创建名为“沙发”的外部图块。

(4) 打开随书光盘“第 7 章\课后练习—微波炉.dwg”文件，如图 7-49 所示，将其创建名为“微波炉”的外部图块。

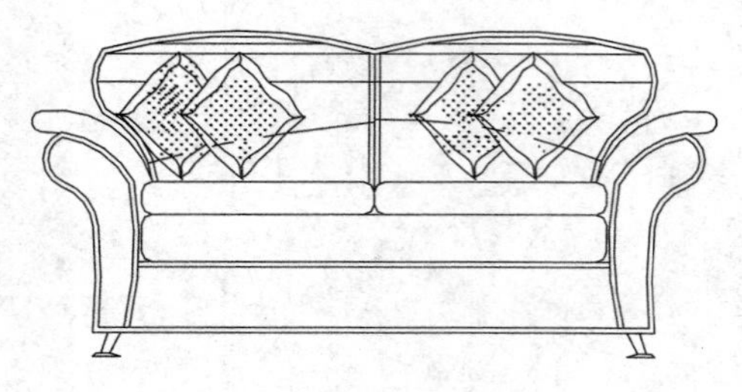

图 7-48　沙发

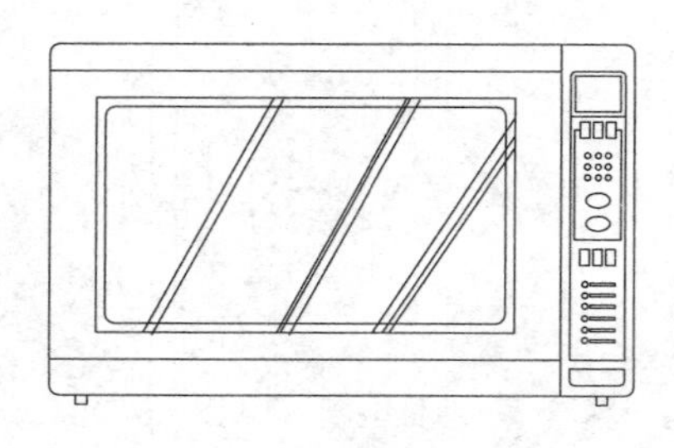

图 7-49　微波炉

第8章

几何约束与标注约束

几何约束用来定义图形元素和确定图形元素之间的关系。标注约束用于控制二维对象的大小、角度以及两点之间的距离。

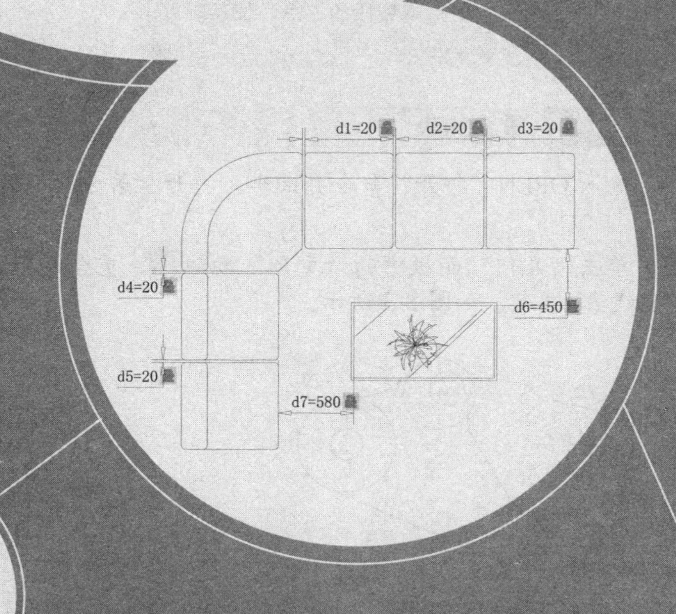

AutoCAD 2016

8.1 几何约束

几何约束用来定义图形元素和确定图形元素之间的关系，其类型包括重合、共线、平行、垂直、同心、相切、相等、对称、水平和竖直等。

技巧点拨

在进行“几何约束”的命令时，先选择基准约束对象，再选择需要被约束的对象。

8.1.1 重合约束

“重合”约束用于强制使两个点或一个点和一条直线重合。

调用“重合”约束的方法如下：

- 菜单栏：调用“参数”|“几何约束”|“重合”菜单命令。
- 面 板：在“参数化”选项卡中，单击“几何”面板中的“重合”按钮。
- 命令行：在命令行输入 GEOMCONSTRAINT 并回车。

调用该命令后，选择不同的两个对象上的第一个和第二个点，系统将使第二个点置为与第一个点重合，如图 8-1 所示。

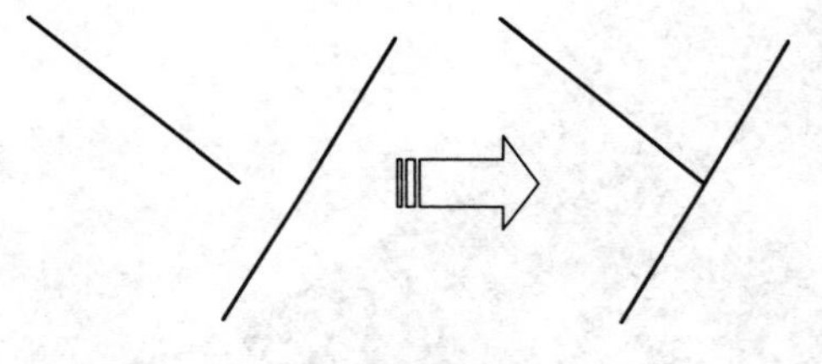

图 8-1 重合约束

技巧点拨

在调用“重合”命令时拾取线段的端点，使其端点重合。

案例【8-1】 重合约束　　视频文件：DVD\视频\第 8 章\8-1.MP4

步骤01 输入 OPEN“打开”命令并回车，打开“第 8 章\课堂举例 8-1.dwg”文件，如图 8-2 所示。

步骤02 单击“几何”面板中的“重合”按钮，重合两条线段的端点，先选择直线 *L*1 端点再选择直线 *L*2 端点，如图 8-3 所示。

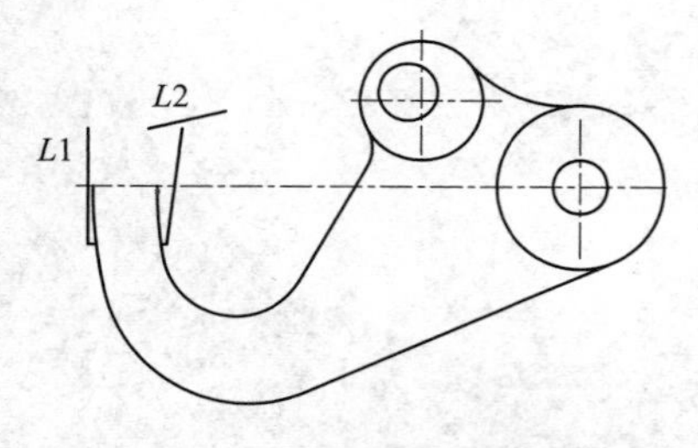

图 8-2 素材图形

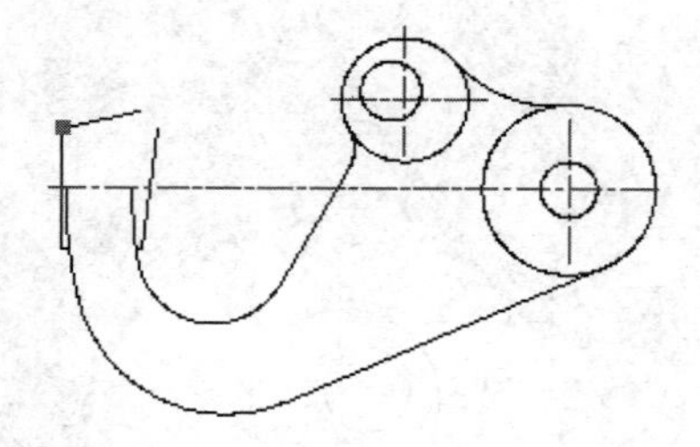

图 8-3 重合两线段端点

8.1.2 共线约束

“共线”约束命令用于约束两条直线，使其位于同一无限长的线上。

调用“共线”约束命令的方法如下：

- 菜单栏：调用“参数”|“几何约束”|“共线”菜单命令。
- 面　板：在“参数化”选项卡中，单击“几何”面板中的“共线”按钮。
- 命令行：在命令行输入 GEOMCONSTRAINT 并回车。

调用该命令后，选择第一个和第二个对象，将第二个对象与第一个对象共线，如图 8-4 所示。

8.1.3 同心约束

“同心”约束用于约束选定的圆、圆弧或者椭圆，使其具有相同的圆心点。

调用“同心”命令的方法如下：

- 菜单栏：调用“参数”|“几何约束”|“同心”菜单命令。
- 面　板：在“参数化”选项卡中，单击“几何”面板中的“同心”按钮。
- 命令行：在命令行输入 GEOMCONSTRAINT 并回车。

调用该命令后，选择第一个和第二个圆弧或圆对象，第二个圆弧或圆对象将会移动，与第一个对象具有同一个圆心，如图 8-5 所示。

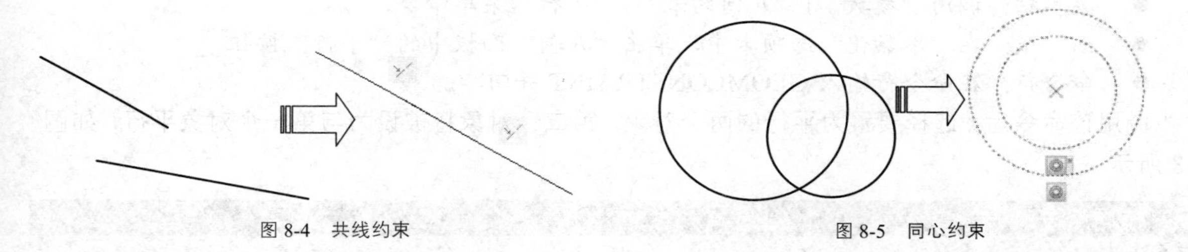

图 8-4　共线约束　　　　图 8-5　同心约束

案例【8-2】 同心约束　　视频文件：DVD\视频\第 8 章\8-2.MP4

步骤 01 输入 OPEN“打开”命令并回车，打开如图 8-2 所示图形。

步骤 02 在“参数化”选项卡中，单击“几何”面板中的“同心”按钮，约束 2 圆为同心圆，如图 8-6 所示，命令行操作如下：

```
命令：_GcConcentric↙        //调用“同心”命令
选择第一个对象：            //选择基准圆
选择第二个对象：            //选择第二个圆
```

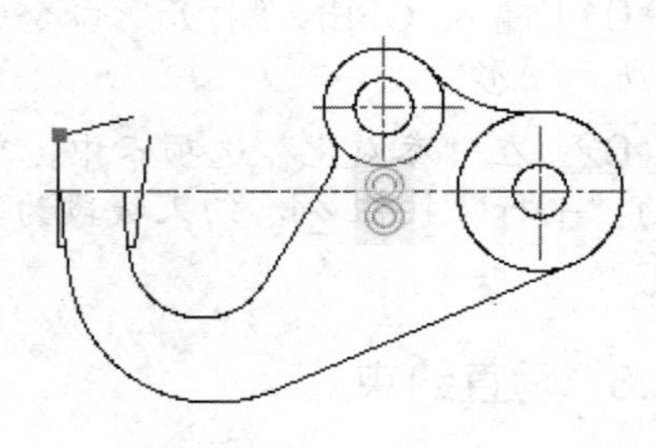

图 8-6　同心约束

8.1.4 固定约束

“固定”约束用于约束一个点或一条曲线，使其固定在相对于世界坐标系（WCS）的特定位置和方向上。

调用“固定”命令的方法如下：

- 菜单栏：调用“参数”|“几何约束”|“固定”菜单命令。
- 面　板：在“参数化”选项卡中，单击“几何”面板中的“固定”按钮。
- 命令行：在命令行输入 GEOMCONSTRAINT 并回车。

调用该命令后，选择对象上的点，对其应用固定约束将锁定节点，如图 8-7 所示。

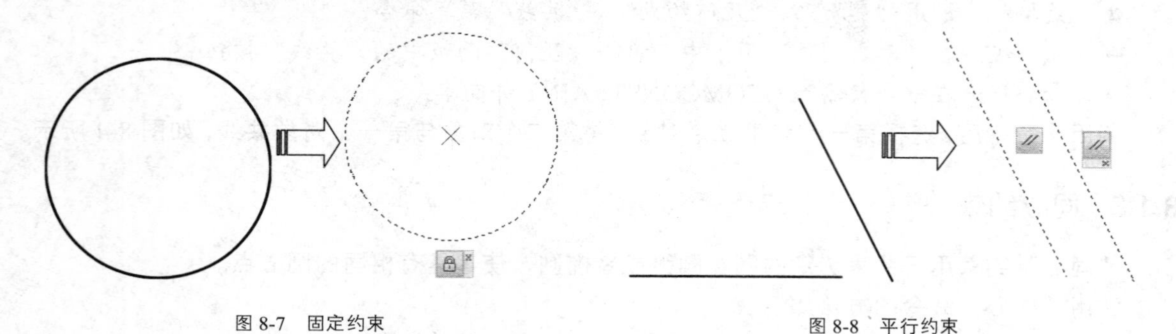

图 8-7　固定约束　　　　图 8-8　平行约束

8.1.5　平行约束

“平行”约束用于约束两条直线，使其保持相互平行。

调用“平行”命令的方法如下：

- 菜单栏：调用“参数”|“几何约束”|“平行”菜单命令。
- 面　板：在“参数化”选项卡中，单击“几何”面板中的“平行”按钮。
- 命令行：在命令行输入 GEOMCONSTRAINT 并回车。

调用该命令后，选择要置为平行的两个对象，第二个对象将被设为与第一个对象平行，如图 8-8 所示。

技巧点拨

想要线段以哪个点为基准平行就拾取哪个点。

案例【8-3】平行约束　　视频文件：DVD\视频\第 8 章\8-3.MP4

步骤 01　输入 OPEN“打开”命令并回车，打开如图 8-6 所示图形。

步骤 02　在“参数化”选项卡中，单击“几何”面板中的“平行”按钮，约束线段为平行线，如图 8-9 所示。

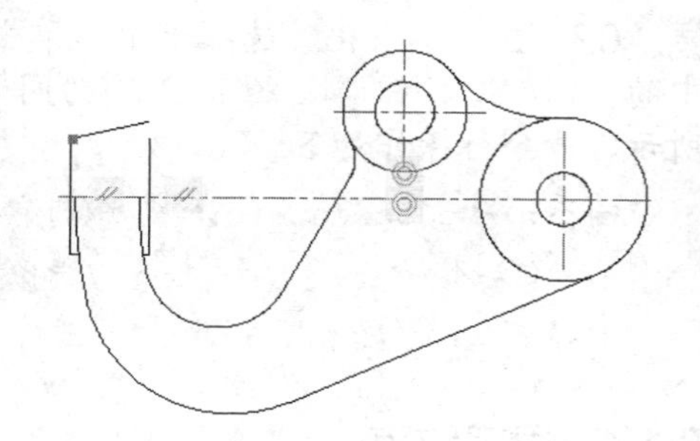

图 8-9　平行约束

8.1.6　垂直约束

“垂直”约束用于约束两条直线，使其夹角始终保持 90°。

调用“垂直”约束命令的方法如下：

- 菜单栏：调用“参数”|“几何约束”|“垂直”菜单命令。
- 面　板：在“参数化”选项卡中，单击“几何”面板中的“垂直”按钮。
- 在命令行输入 GEOMCONSTRAINT 并回车。

调用该命令后，选择要置为垂直的两个对象，第二个对象将被设为与第一个对象垂直，如图 8-10 所示。

案例【8-4】　垂直约束　　视频文件：DVD\视频\第 8 章\8-4.MP4

步骤01 输入 OPEN“打开”命令并回车，打开如图 8-9 所示文件。

步骤02 在“参数化”选项卡中，单击“几何”面板中的“垂直”按钮，约束线段为垂直线段，先选择直线 *L*3 再选择直线 *L*4，如图 8-11 所示。

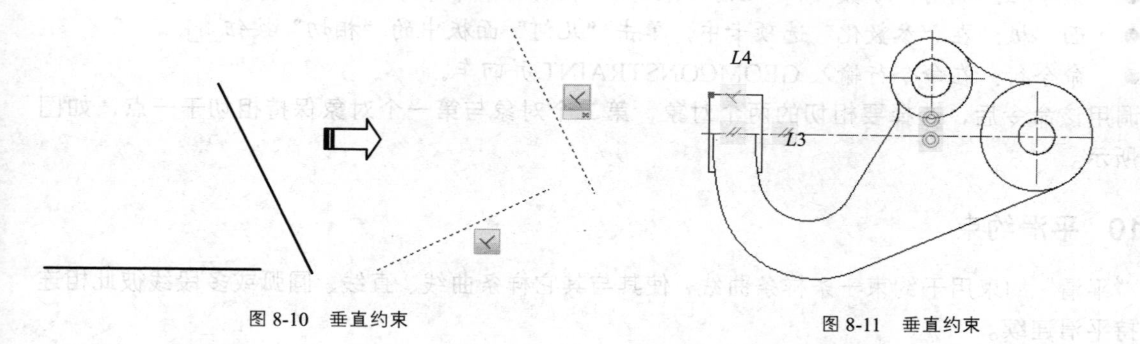

图 8-10　垂直约束　　图 8-11　垂直约束

8.1.7　水平约束

“水平”约束用于约束一条直线或一对点，使其与当前 UCS 的 x 轴保持平行。

调用“水平”命令的方法如下：

- 菜单栏：调用“参数”|“几何约束”|“水平”菜单命令。
- 面　板：在“参数化”选项卡中，单击“几何”面板中的“水平”按钮。
- 命令行：在命令行输入 GEOMCONSTRAINT 并回车。

调用该命令后，选择要置为水平的直线，直线将会水平放置，如图 8-12 所示。

8.1.8　竖直约束

“竖直”约束用于约束一条直线或者一对点使其与当前 UCS 的 y 轴保持平行。

调用“竖直”约束命令的方法如下：

- 菜单栏：调用“参数”|“几何约束”|“竖直”菜单命令。
- 面　板：在“参数化”选项卡中，单击“几何”面板中的“竖直”按钮。
- 命令行：在命令行输入 GEOMCONSTRAINT 并回车。

调用该命令后，选择要置为竖直的直线，直线将会竖直放置，如图 8-13 所示。

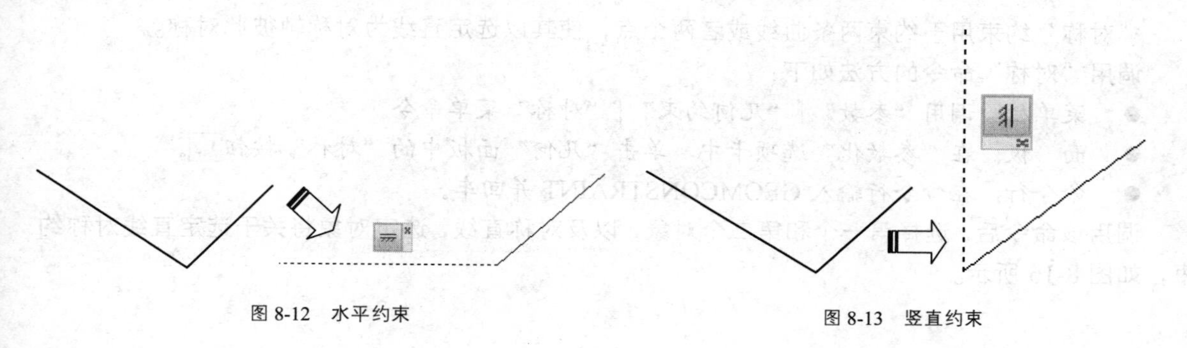

图 8-12　水平约束　　图 8-13　竖直约束

8.1.9 相切约束

“相切”约束用于约束两条曲线，使其彼此相切或其延长线彼此相切。

调用“相切”命令的方法如下：

- 菜单栏：调用“参数”｜“几何约束”｜“相切”菜单命令。
- 面　板：在“参数化”选项卡中，单击“几何”面板中的“相切”按钮。
- 命令行：在命令行输入 GEOMCONSTRAINT 并回车。

调用该命令后，选择要相切的两个对象，第二个对象与第一个对象保持相切于一点，如图 8-14 所示。

8.1.10 平滑约束

“平滑”约束用于约束一条样条曲线，使其与其它样条曲线、直线、圆弧或多段线彼此相连并保持平滑连续。

调用“平滑”命令的方法如下：

- 菜单栏：调用“参数”｜“几何约束”｜“平滑”菜单命令。
- 面　板：在“参数化”选项卡中，单击“几何”面板中的“平滑”按钮。
- 命令行：在命令行输入 GEOMCONSTRAINT 并回车。

调用该命令后，选择第一条样条曲线，然后选择第二条样条曲线、直线、多段线或圆弧对象，两个对象将自动更新并相互连续，如图 8-15 所示。

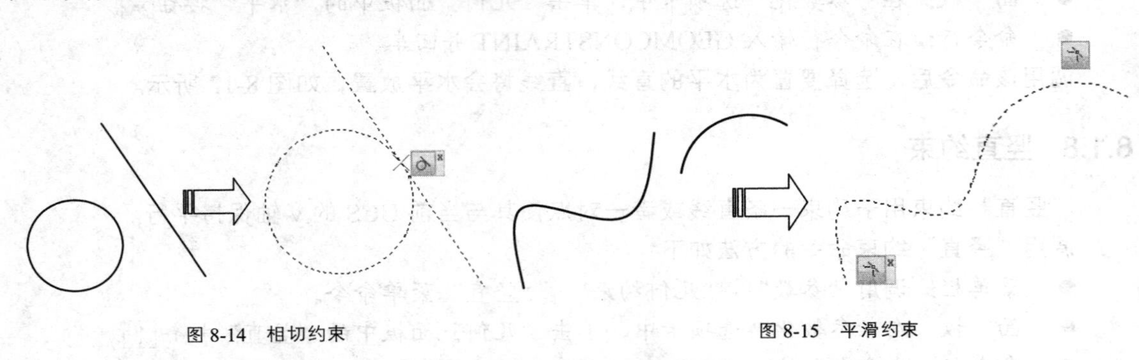

图 8-14　相切约束　　　图 8-15　平滑约束

8.1.11 对称约束

“对称”约束用于约束两条曲线或者两个点，使其以选定直线为对称轴彼此对称。

调用“对称”命令的方法如下：

- 菜单栏：调用“参数”｜“几何约束”｜“对称”菜单命令。
- 面　板：在“参数化”选项卡中，单击“几何”面板中的“对称”按钮。
- 命令行：在命令行输入 GEOMCONSTRAINT 并回车。

调用该命令后，选择第一个和第二个对象，以及对称直线，选定对象将关于选定直线对称约束，如图 8-16 所示。

8.1.12 相等约束

“相等”约束用于约束两条直线或多段线，使其具有相同的长度，或约束圆弧和圆使其具有相同的半径值。

调用“相等”命令的方法如下：

- 菜单栏：调用“参数”|“几何约束”|“相等”菜单命令。
- 面　板：在“参数化”选项卡中，单击“几何”面板中的“相等”按钮。
- 命令行：在命令行输入 GEOMCONSTRAINT 并回车。

调用该命令后，选择第一个和第二个对象，第二个对象将置为与第一个对象相等，如图 8-17 所示。

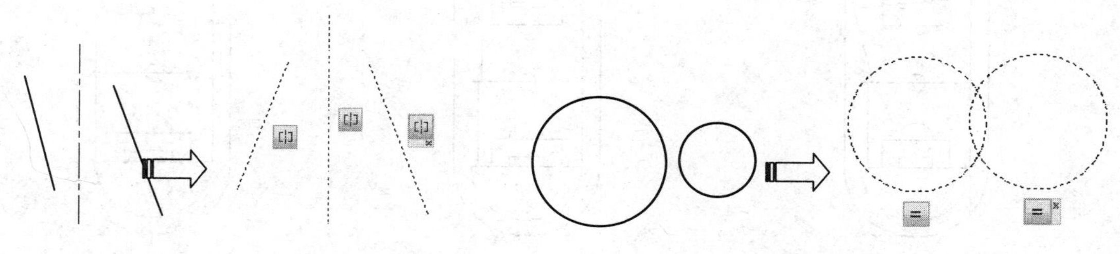

图 8-16　对称约束　　图 8-17　相等约束

案例【8-5】相等约束　　视频文件：DVD\视频\第 8 章\8-5.MP4

步骤 01　输入 OPEN“打开”命令并回车，打开如图 8-11 所示文件。

步骤 02　在“参数化”选项卡中，单击“几何”面板中的“相等”按钮，约束圆相等，如图 8-18 所示。

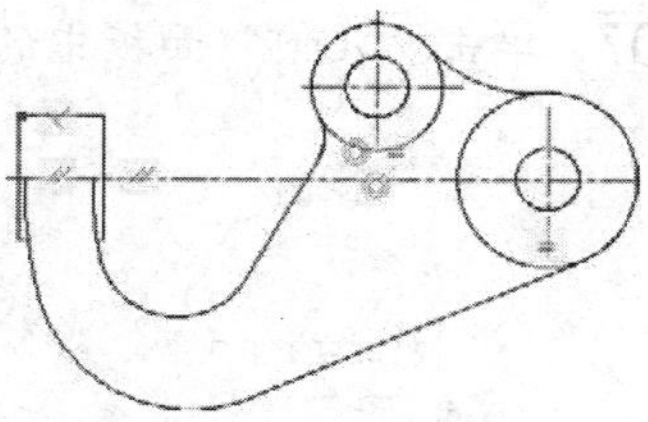

图 8-18　相等约束

8.1.13 跟踪练习 1：添加几何约束——绘制足球场

对如图 8-19 所示图形进行几何约束。

步骤 01　输入 OPEN“打开”命令并回车，打开“第 8 章\8.1.13 跟踪训练 1.dwg”文件。

步骤 02　单击“几何”面板中的“同心”按钮，约束跑道半圆为同心圆，先拾取外围半圆后再选择内圈半圆，如图 8-20 所示。

步骤 03　单击“几何”面板中的“平行”按钮，约束线段 *A* 与线段 *B* 平行，如图 8-21 所示。

步骤 04　单击“几何”面板中的“重合”按钮，重合 *B*、*C*、*D* 线段的点，如图 8-22 所示，命令行操作如下：

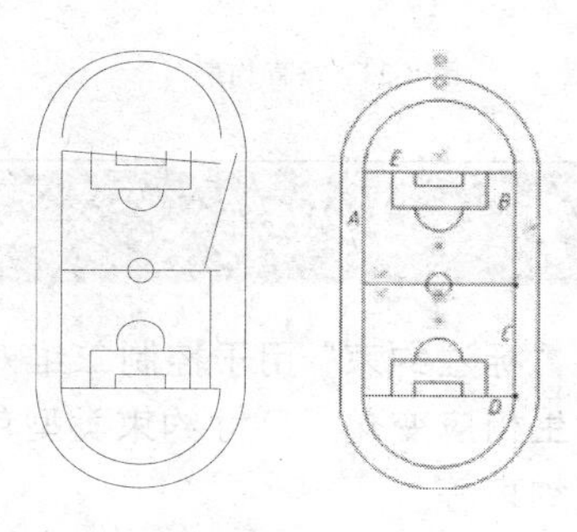

图 8-19　约束图形

```
命令: _GcCoincident↙          //调用"重合"命令
选择第一个点或 [对象(O)/自动约束(A)] <对象>:
                              //拾取线段 D 的端点
选择第二个点或 [对象(O)] <对象>:              //拾取线段 C 的端点
命令: GCCOINCIDENT                           //按空格键重复命令
选择第一个点或 [对象(O)/自动约束(A)] <对象>:  //选择线段 C 的另一个端点
选择第二个点或 [对象(O)] <对象>:              //选择线段 B 的端点
```

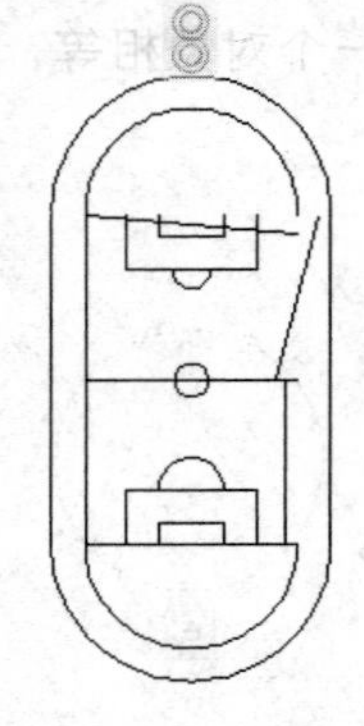

图 8-20 同心约束

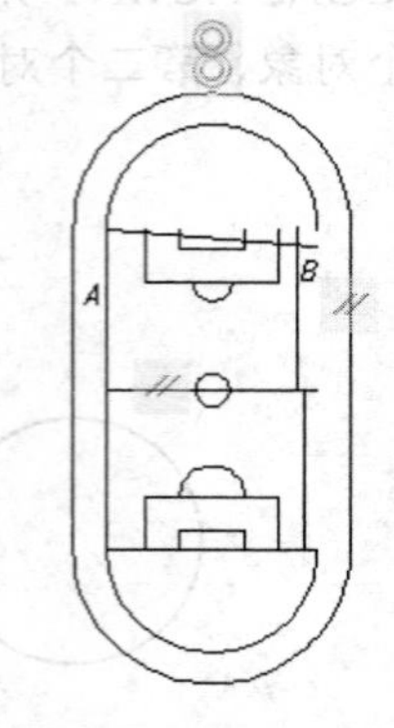

图 8-21 平行约束

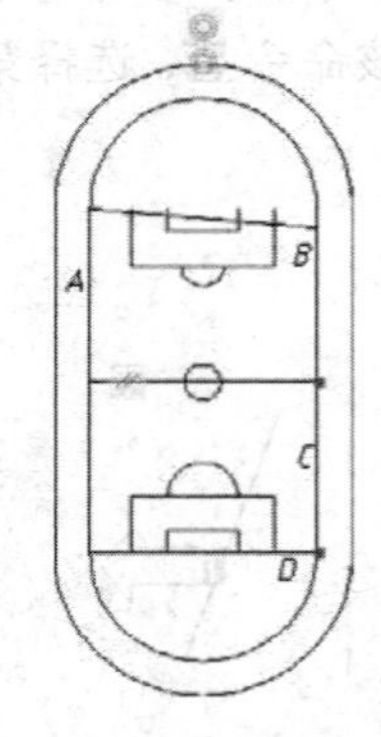

图 8-22 重合约束

步骤05 单击"几何"面板中的"垂直"按钮，约束 D、C 两条直线垂直，如图 8-23 所示。

步骤06 单击"几何"面板中的"相等"按钮，约束两个圆弧半径相等，如图 8-24 所示。

步骤07 单击"几何"面板中的"固定"按钮，固定中心圆的位置，如图 8-25 所示。

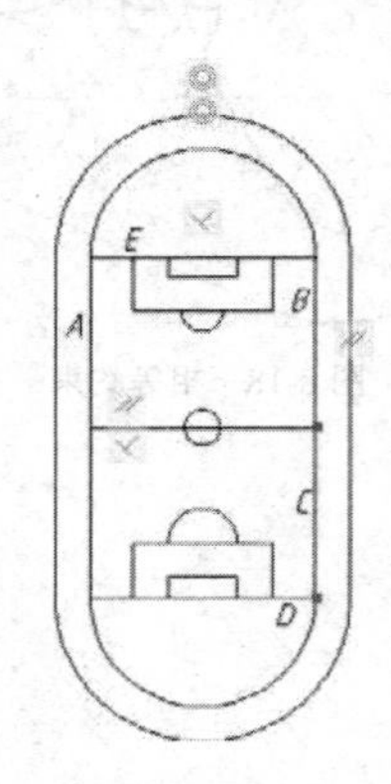

图 8-23 垂直约束

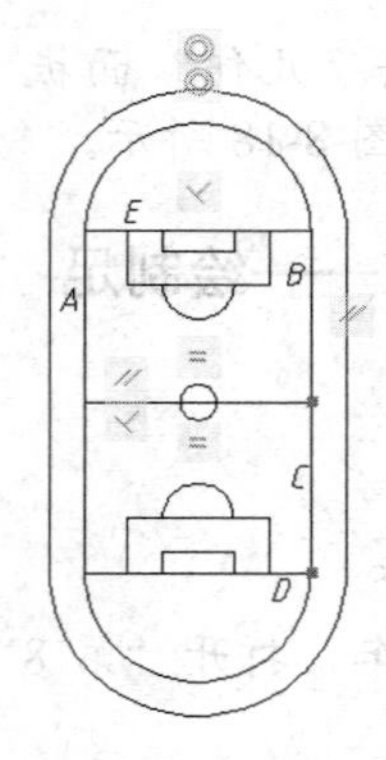

图 8-24 相等约束

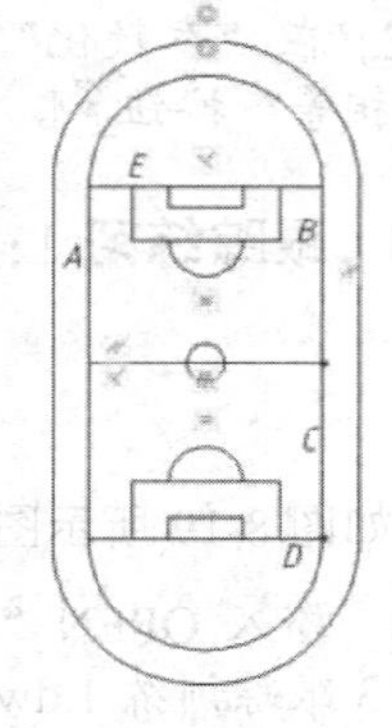

图 8-25 固定约束

AutoCAD 2016

8.2 标注约束

"标注约束"用于控制二维对象的大小、角度以及两点之间的距离，改变尺寸约束将驱动对象发生相应变化。尺寸约束类型包括对齐约束、水平约束、竖直约束、半径约束、直径约束以及角度约束等。

技巧点拨

标注约束与尺寸约束相似，在约束图形时需先选择约束对象再选择被约束对象。

8.2.1 水平约束

“水平”约束用于约束两点之间的水平距离。

调用该命令的方法如下：

- 菜单栏：调用“参数”|“标注约束”|“水平”菜单命令。
- 面　板：在“参数化”选项卡中，单击“标注”面板中的“水平”按钮。
- 命令行：在命令行中输入 DCHORIZONTAL 并回车。

技巧点拨

调用“水平”标注约束的时候，先拾取的点为基准点。

调用该命令后，分别指定第一个约束点和第二个约束点，然后修改尺寸值，如图 8-26 所示。

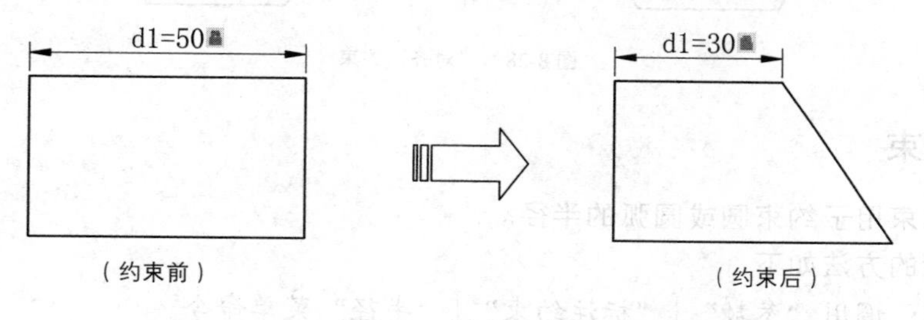

图 8-26 “水平”约束

8.2.2 竖直约束

“竖直”约束用于约束两点之间的竖直距离。

调用该命令的方法如下：

- 菜单栏：调用“参数”|“标注约束”|“竖直”菜单命令。
- 面　板：在“参数化”选项卡中，单击“标注”面板中的“竖直”按钮。
- 命令行：在命令行中输入 DCVERTICAL 并回车。

调用该命令后，分别指定第一个约束点和第二个约束点，然后修改尺寸值，如图 8-27 所示。

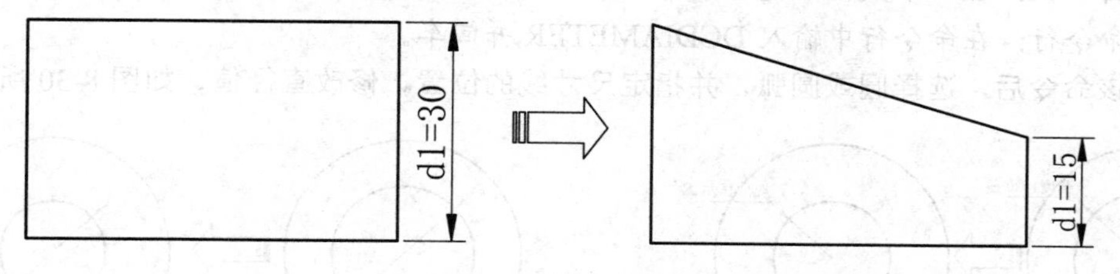

图 8-27 “竖直”约束

8.2.3 对齐约束

“对齐”约束用于约束两点之间的距离。

调用该命令的方法如下：

- 菜单栏：调用“参数”|“标注约束”|“对齐”菜单命令。
- 面 板：在“参数化”选项卡中，单击“标注”面板中的“对齐”按钮。
- 命令行：在命令行中输入 DCALIGNED 并回车。

调用该命令后，分别指定第一个约束点和第二个约束点，然后修改尺寸值，如图 8-28 所示。

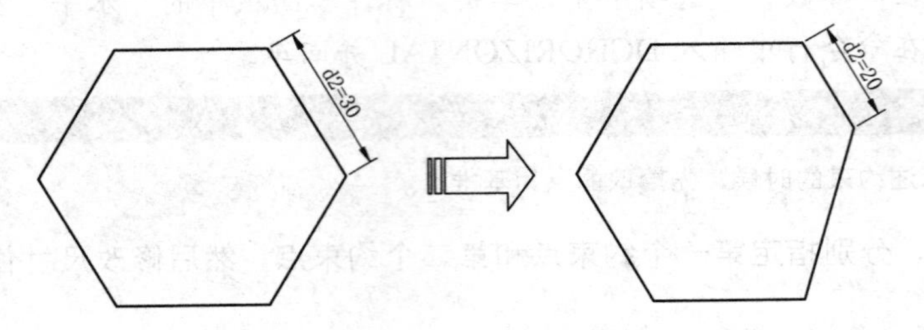

图 8-28 “对齐”约束

8.2.4 半径约束

“半径”约束用于约束圆或圆弧的半径。

调用该命令的方法如下：

- 菜单栏：调用“参数”|“标注约束”|“半径”菜单命令。
- 面 板：在“参数化”选项卡中，单击“标注”面板中的“半径”按钮。
- 命令行：在命令行中输入 DCRADIUS 并回车。

调用该命令后，选择圆或圆弧，并指定尺寸线的位置，修改半径值，如图 8-29 所示。

8.2.5 直径约束

“直径”约束用于约束圆或圆弧的直径。

调用该命令的方法如下：

- 菜单栏：调用“参数”|“标注约束”|“直径”菜单命令。
- 面 板：在“参数化”选项卡中，单击“标注”面板中的“直径”按钮。
- 命令行：在命令行中输入 DCDIAMETER 并回车。

调用该命令后，选择圆或圆弧，并指定尺寸线的位置，修改直径值，如图 8-30 所示。

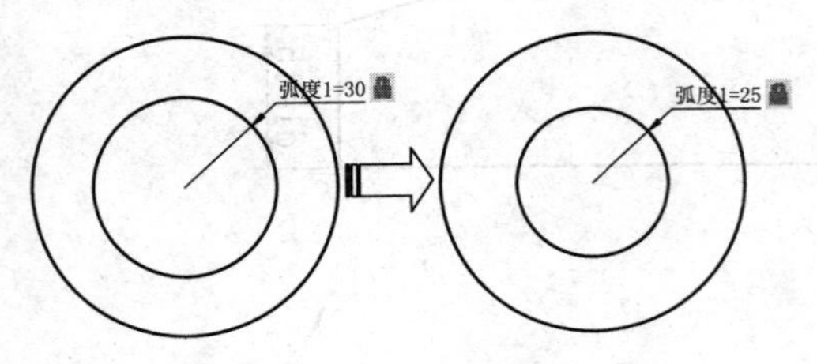

图 8-29 “半径”约束

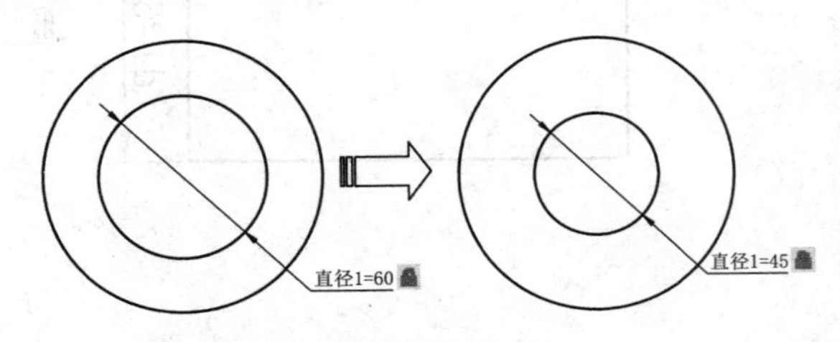

图 8-30 “直径”约束

8.2.6　角度约束

“角度”约束用于约束直线之间的角度或圆弧的包含角。

调用该命令的方法如下：

- 菜单栏：调用“参数”|“标注约束”|“角度”菜单命令。
- 面　板：在“参数化”选项卡中，单击“标注”面板中的“角度”按钮。
- 命令行：在命令行中输入 DCANGULAR 并回车。

调用该命令后，指定第一条直线和第二条直线，并指定尺寸线的位置，修改角度值，如图 8-31 所示。

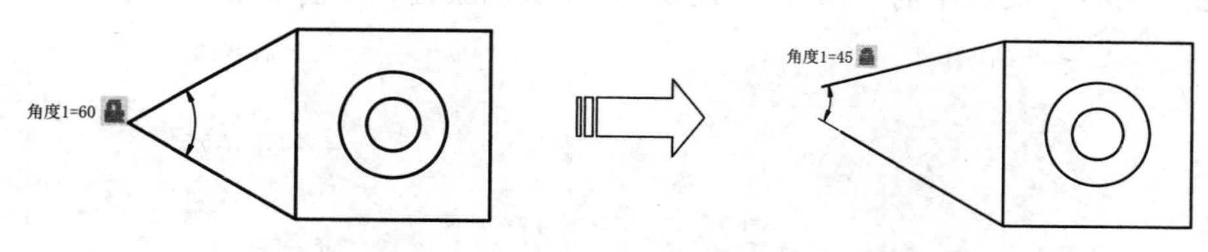

图 8-31　“角度”约束

8.2.7　跟踪练习 2：添加标注约束

对如图 8-32 所示图形进行标注约束。

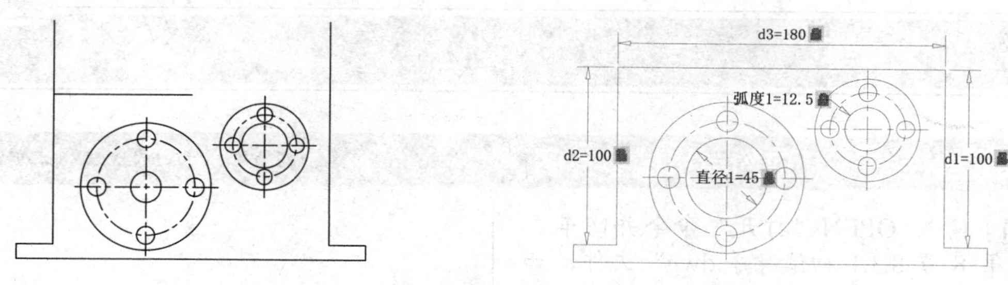

图 8-32　标注约束练习

步骤 01 输入 OPEN“打开”命令并回车，打开“第 8 章\8.2.7 跟踪训练 2.dwg”文件。

步骤 02 单击“标注”面板中的“竖直”按钮，竖直约束零件图，如图 8-33 所示，命令行操作如下：

```
命令: _DcVertical↙                                  //调用“竖直”约束命令
指定第一个约束点或 [对象(O)] <对象>:                 //拾取线段下侧的端点
指定第二个约束点:                                    //拾取线段上侧的端点
指定尺寸线位置:                                      //指定尺寸线位置
标注文字 = 150                                       //在文本框中输入 100
```

步骤 03 单击“标注”面板中的“水平”按钮，水平约束零件图，如图 8-34 所示。

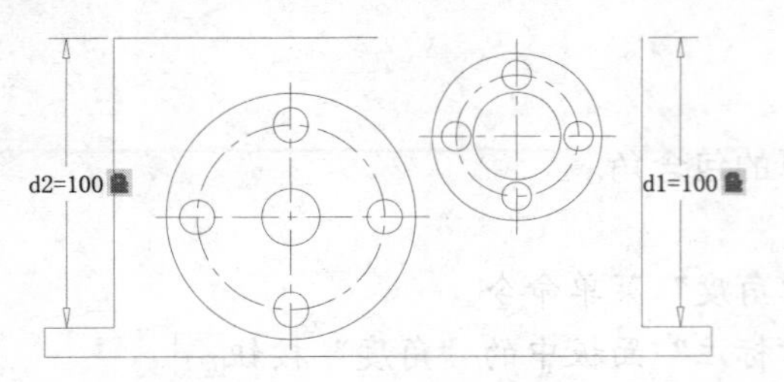

图 8-33 “竖直”约束

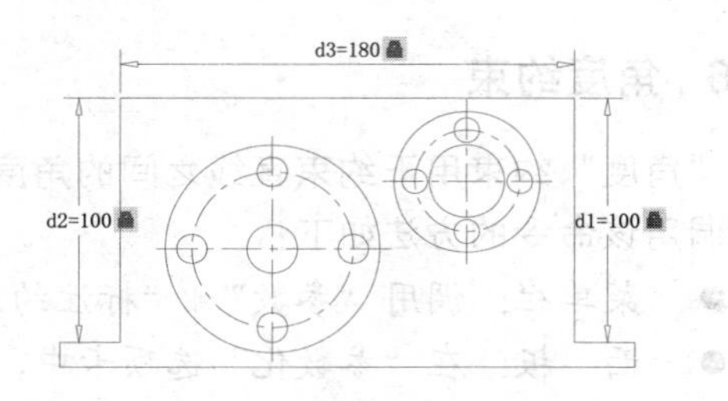

图 8-34 “水平”约束

步骤 04 单击“标注”面板中的“直径”按钮，直径约束圆，如图 8-35 所示。

步骤 05 击“标注”面板中的“半径”按钮，半径约束圆，如图 8-36 所示。

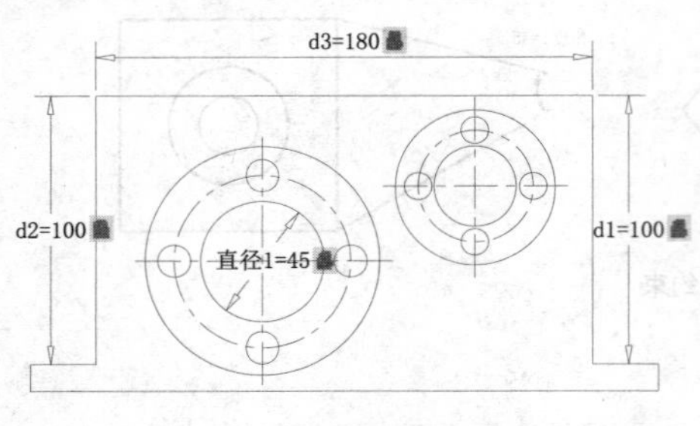

图 8-35 “直径”约束

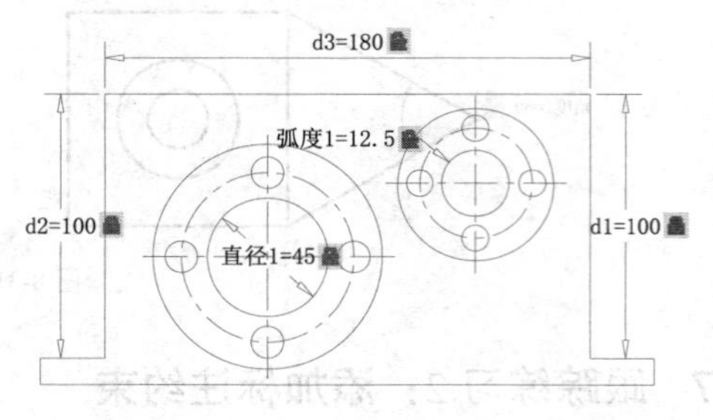

图 8-36 “半径”约束

8.3 实战演练

AutoCAD 2016

初试身手——几何约束机械零件图

视频文件：DVD\视频\第 8 章\初试身手.MP4

步骤 01 输入 OPEN“打开”命令并回车，打开“第 8 章\8.3.1 初试身手.dwg”文件，如图 8-37 所示。

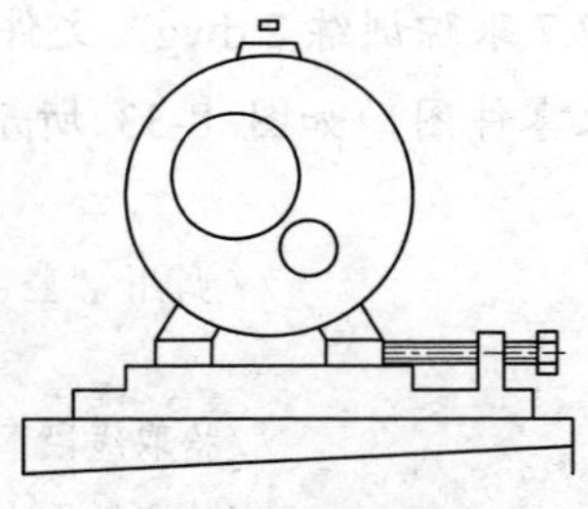

图 8-37 素材图形

步骤 02 单击“几何”面板中的“重合”按钮，利用中点捕捉功能先拾取线段 L1 的中点，再拾取线段 L2 的中点，创建重合约束，如图 8-38 所示。

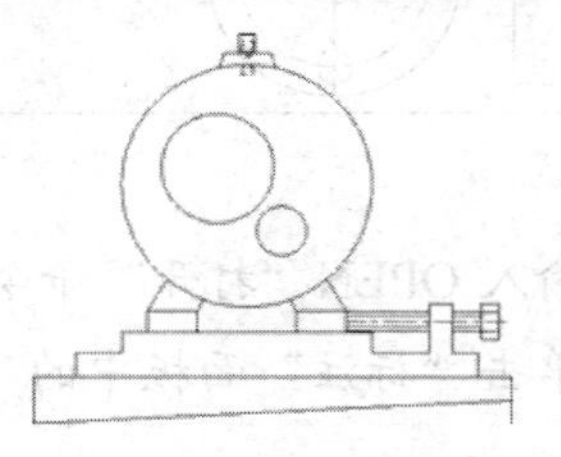

图 8-38 “重合”约束

步骤 03 单击“几何”面板中的“同心”按钮，约束圆为同心圆，选取最外侧的圆作为基准约束同心，如图 8-39 所示。

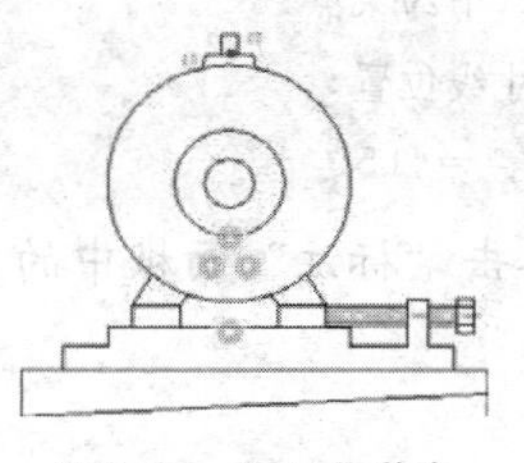

图 8-39 “同心”约束

步骤 04　单击“几何”面板中的“垂直”按钮，为图形添加垂直约束，先选择 *L*3 再选择 *L*4 如图 8-40 所示。

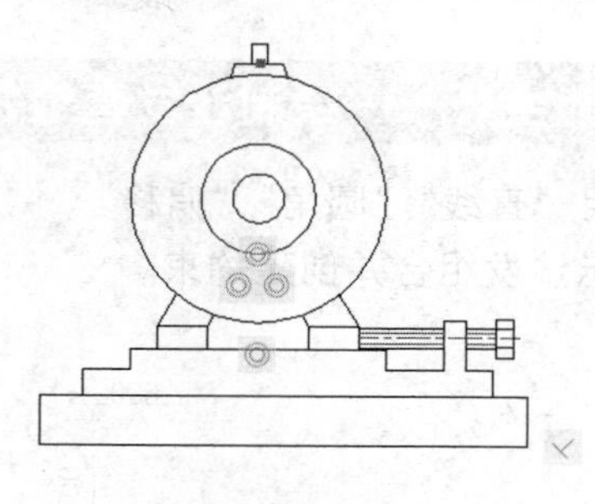

图 8-40　“垂直”约束

技巧点拨

在调用“垂直”约束命令的时候，先拾取基准线上的点再拾取需要被约束线段左侧的点。

深入训练——尺寸约束机械图形

视频文件：DVD\视频\第 8 章\深入训练.MP4

步骤 01　输入 OPEN“打开”命令并回车，打开“第 8 章\ 8.3.2 深入训练.dwg”文件，如图 8-41 所示。

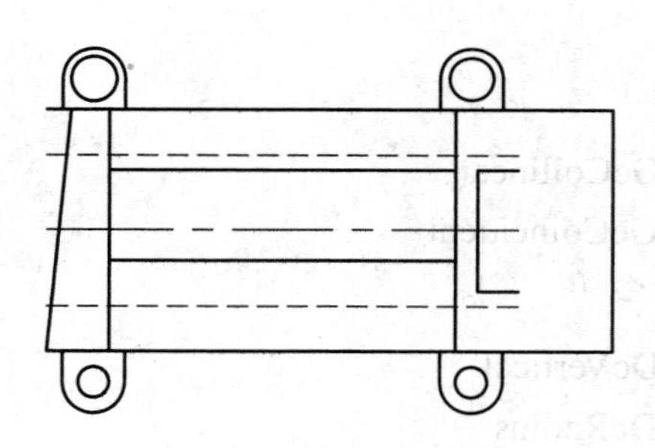

图 8-41　素材图形

步骤 02　单击“标注”面板中的“水平”按钮，水平约束图形，先单击 *A* 点再单击 *B* 点，如图 8-42 所示。

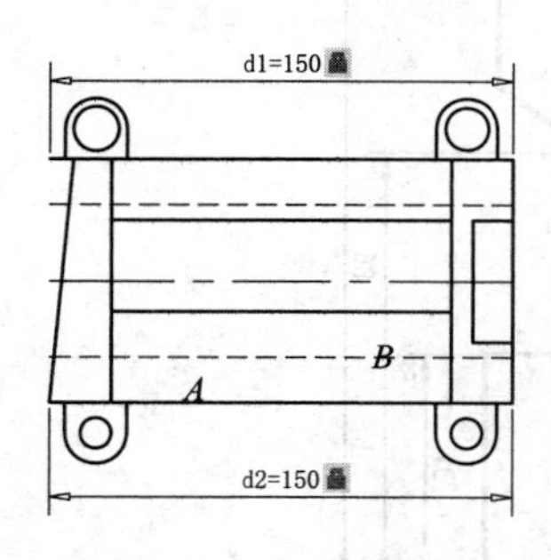

图 8-42　“水平”约束

步骤 03　单击“标注”面板中的“竖直”按钮，竖直约束图形，先选择直线 *L*1 再选择 *L*2，如图 8-43 所示。

步骤 04　单击“标注”面板中的“半径”按钮，半径约束圆孔，如图 8-44 所示。

步骤 05　单击“标注”面板中的“角度”按钮，为图形添加角度约束，先选择直线 *L*3 再选择 *L*4，如图 8-45 所示。

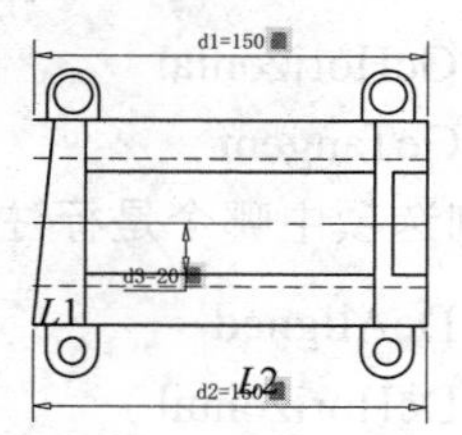

图 8-43　“竖直”约束

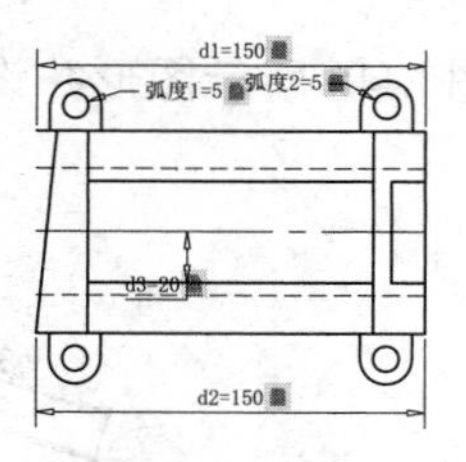

图 8-44　“半径”约束

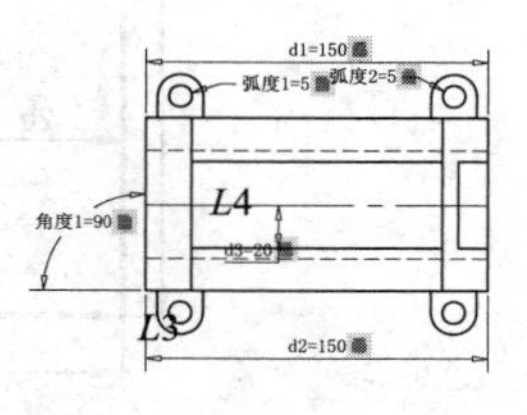

图 8-45　“角度”约束

熟能生巧——绘制沙发套组并进行约束

视频文件：DVD\视频\第 8 章\熟能生巧.MP4

利用“直线”“圆角”“偏移”“倒角”“竖直约束”“水平约束”等命令，绘制如图 8-46、图 8-47 所示沙发组合并创建约束。

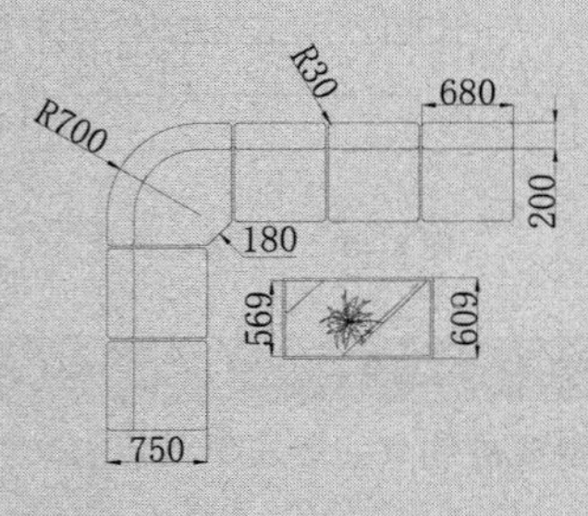

图 8-46 “竖直”标注约束

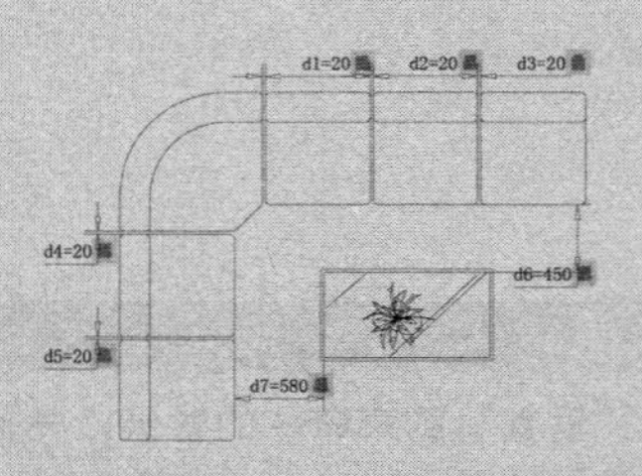

图 8-47 约束茶几与沙发之间的尺寸

8.4 课后练习

AutoCAD 2016

1. 选择题

(1) 下列选项中哪个是几何约束中水平约束的命令（　　）。

A、GcHorizontal　　B、GcCollinear

C、GcTangent　　D、GcCoincident

(2) 下列选项中哪个是标注约束中水平标注约束命令（　　）。

A、DcAligned　　B、DcVertical

C、DcHorizontal　　D、DcRadius

2. 实例题

绘制如图 8-48 所示图形并设置尺寸约束及几何约束。

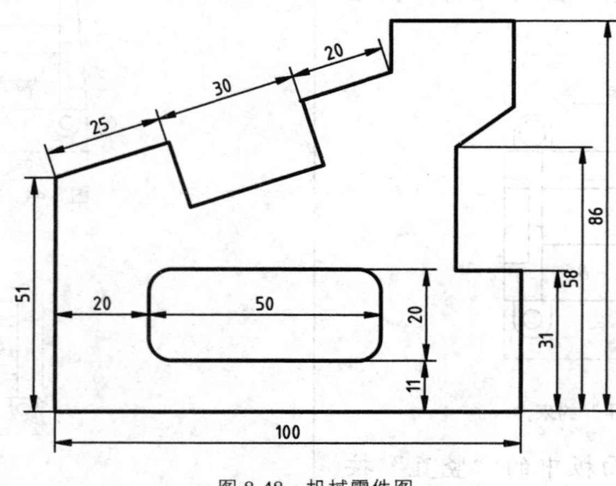

图 8-48 机械零件图

第9章

图形尺寸标注

本章主要介绍尺寸标注的知识。尺寸标注是对图形对象形状和位置的定量化说明，也是工件加工或工程施工的重要依据，因而标注图形尺寸是一般绘图不可缺少的步骤。

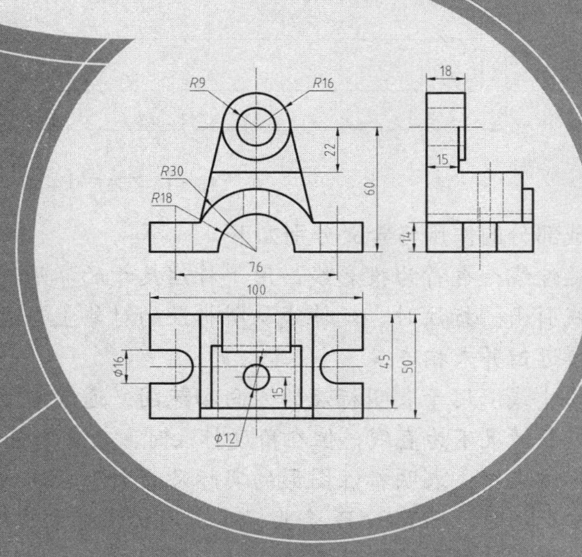

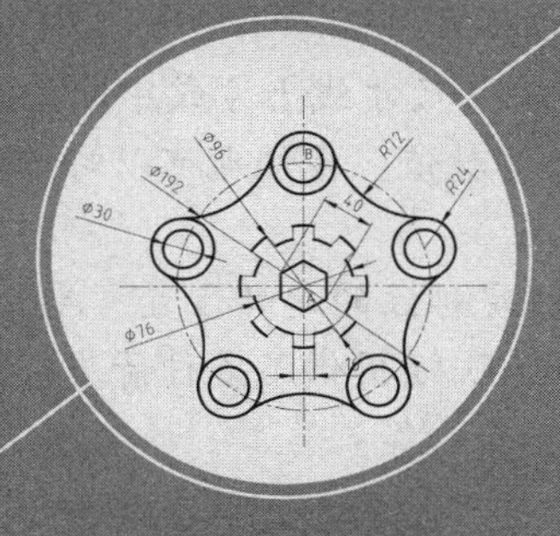

9.1 尺寸标注的组成与规定

在图形设计中，尺寸标注是一项重要的内容。它可以准确、清楚地反映对象的大小及对象间的关系，提供给施工和加工人员进行施工的精确依据。在对图形进行标注前，应先了解尺寸标注的组成、类型、规则及步骤等。

一个完整的尺寸标注由标注文字、尺寸线、延伸线及标注符号等组成，如图 9-1 所示。

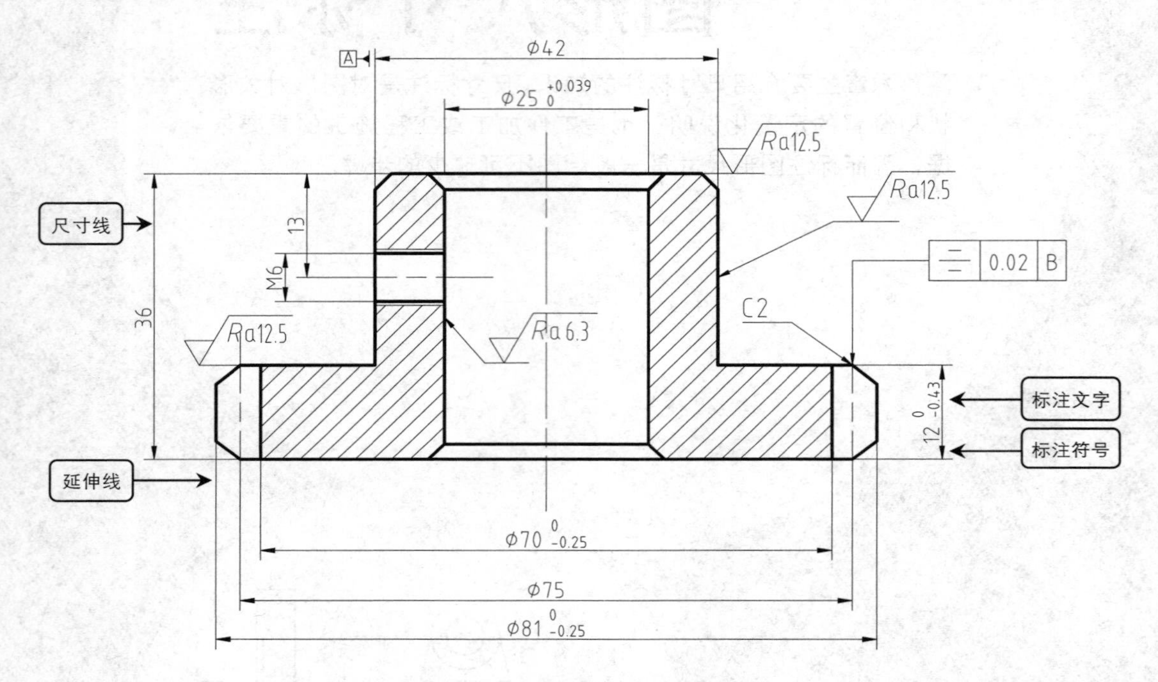

图 9-1　标注尺寸组成

各组成部分的作用与含义分别如下：

- 延伸线：也称为投影线，用于标注尺寸的界限，由图样中的轮廓线、轴线或对称中心线引出。标注时，延伸线从所标注的对象上自动延伸出来，它的端点与所标注的对象接近但并未相连。
- 尺寸线：用于表明标注的方向和范围。通常与所标注对象平行，放在两延伸线之间，一般情况下为直线，但在角度标注时，尺寸线呈圆弧形。
- 标注文字：表明标注图形的实际尺寸大小，通常位于尺寸线上方或中断处。在进行尺寸标注时，AutoCAD 会生动生成所标注对象的尺寸数值，我们也可以对标注的文字进行修改、添加等编辑操作。
- 标注符号：标注符号显示在尺寸线的两端，用于指定标注的起始位置。AutoCAD 默认使用闭合的填充箭头作为标注符号。此外，AutoCAD 还提供了多种箭头符号，以满足不同行业的需要，如建筑标记、小斜线箭头、点和斜杠等。

AutoCAD 2016

9.2 创建与设置标注样式

在 AutoCAD 中，使用标注样式可以控制标注的格式和外观。因此，在进行尺寸标注前，应先根据制图及尺寸标注的相关规定设置标注样式。以创建一个新的标注样式并设置相应的参数，或者修改已有的标注样式中的相应参数。

在进行标注之前，首先要选择一种尺寸标注样式，被选中的标注样式即为当前尺寸标注样式。如果没有选择标注样式，则使用系统默认标注样式进行尺寸标注。

打开“标注样式管理器”对话框的方法如下：

- 菜单栏：调用“格式”|“标注样式”菜单命令。
- 面　板：单击“注释”面板中的“标注样式”按钮。
- 命令行：在命令行输入 DIMSTYLE 或 D 并回车。

案例【9-1】 创建一个名为“建筑标注”的标注样式

视频文件：DVD\视频\第 9 章\9-1.MP4

步骤 01 单击“注释”面板中的“标注样式”按钮，打开“标注样式管理器”对话框，如图 9-2 所示。

步骤 02 单击“标注样式管理器”对话框中的“新建”按钮，打开“创建新标注样式”对话框，在其中输入“建筑标注”样式名，如图 9-3 所示。

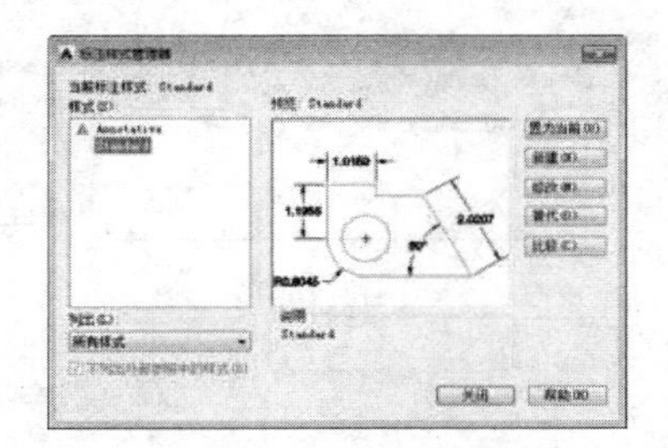

图 9-2　“标注样式管理器”对话框

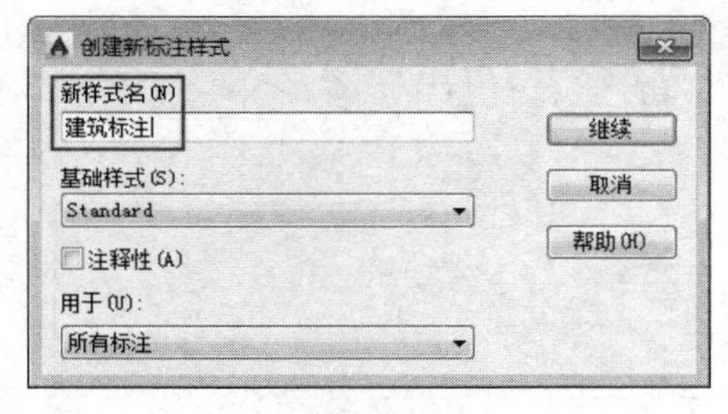

图 9-3　“创建新标注样式”对话框

步骤 03 单击“创建新标注样式”对话框中的“继续”按钮，打开“新建标注样式：建筑标注”对话框，选择“线”选项卡，如图 9-4 所示设置尺寸线和尺寸界线的相关参数。

步骤 04 选择“符号和箭头”选项卡，在“箭头”参数栏的“第一个”下拉列表中选择“建筑标记”。在“引线”下拉列表中选择“建筑标记”，最后设置箭头大小为 3.5，如图 9-5 所示。

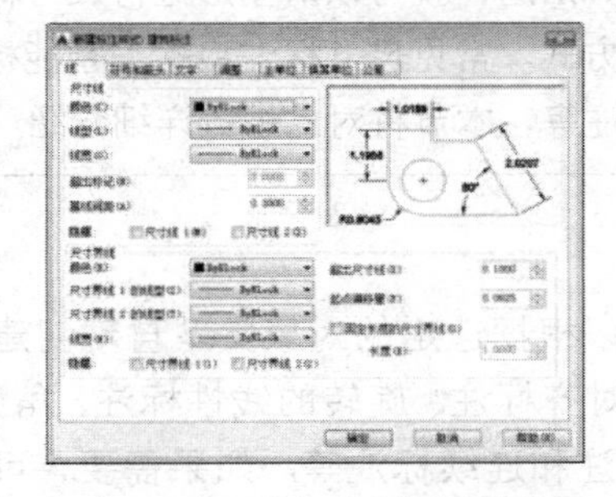

图 9-4　设置“线”选项卡中的参数

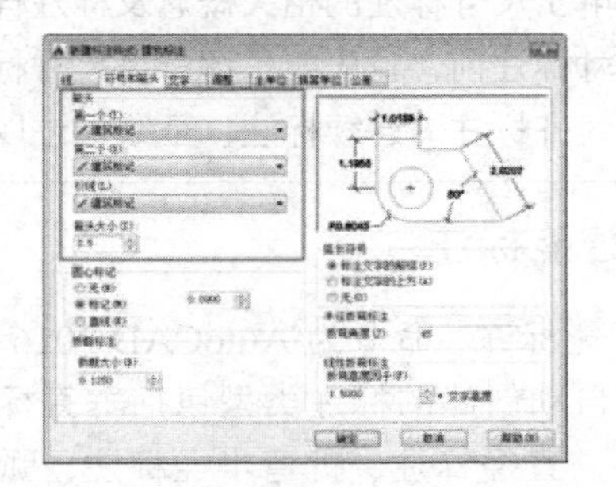

图 9-5　设置“箭头和文字”选项卡中的参数

AutoCAD 2016

9.3 修改标注样式

标注样式设置完成后，如果对所设置的标注样式有部分不满意，还可以通过“标注样式管理器”对话框对其进行修改，或者删除重设。

案例【9-2】 删除标注样式

视频文件：DVD\视频\第 9 章\9-2.MP4

步骤 01 打开随书光盘“第 9 章\课堂举例 9-2.dwg”文件，单击“注释”面板中的“标注样式”按钮，打开“标注样式管理器”对话框，如图 9-6 所示。

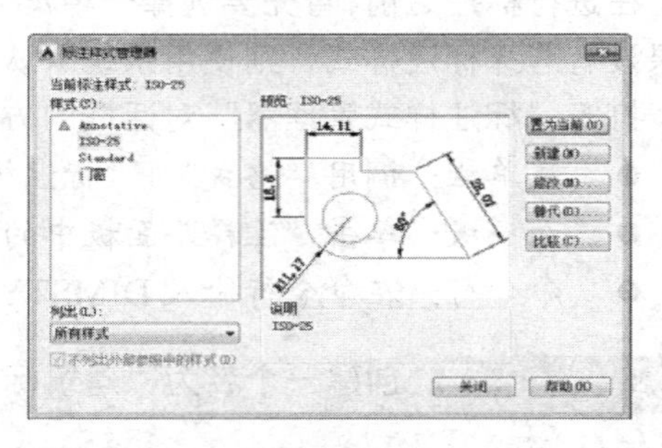

图 9-6 “标注样式管理器”对话框

步骤 02 选择“门窗”标注样式，在该样式名称上单击鼠标右键，在弹出的菜单中选择“删除”命令，在提示对话框中单击“是”按钮，如图 9-7 所示，即可删除该标注样式。

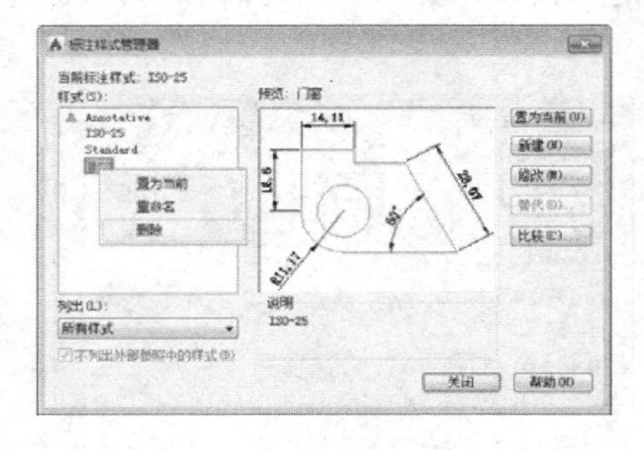

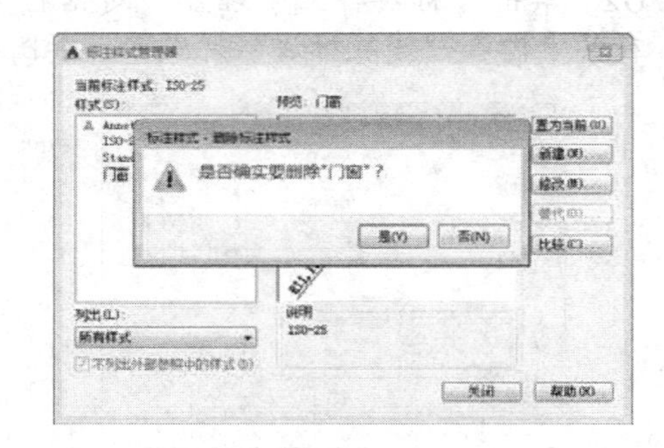

图 9-7 删除标注样式

AutoCAD 2016

9.4 创建基本尺寸标注

在了解了尺寸标注的相关概念及标注样式的创建和设置方法后，就可以对图形进行尺寸标注了。在进行尺寸标注前，首先要了解常见尺寸标注的类型及标注方式。常见尺寸标注包括：智能标注、线性标注、对齐标注、连续标注、基线标注以及半径和直径标注等，本节将对此进行详细介绍。

9.4.1 智能标注

“智能标注”命令为 AutoCAD 2016 的新增功能，可以根据选定的对象类型自动创建相应的标注。可自动创建的标注类型包括垂直标注、水平标注、对齐标注、旋转的线性标注、角度标注、半径标注、直径标注、折弯半径标注、弧长标注、基线标注和连续标注等。如果需要，可以使用命令行选项更改标注类型。

执行“智能标注”命令有以下几种方式。

- 面　板：在“默认”选项卡中，单击“注释”面板中的“标注”按钮。
- 命令行：在命令行中输入 DIM 并回车。

使用上面任一种方式启动“智能标注”命令，具体操作命令行提示如下：

```
选择对象或指定第一个尺寸界线原点或 [角度(A)/基线(B)/连续(C)/坐标(O)/对齐(G)/分发(D)/图层(L)/放弃(U)]:                                //选择图形或标注对象
```

其各选项含义如下：

- 角度(A)：创建一个角度标注来显示三个点或两条直线之间的角度，操作方法基本同“角度标注”。
- 基线(B)：从上一个或选定标准的第一条界线创建线性、角度或坐标标注，操作方法基本同“基线标注”。
- 连续(C)：从选定标注的第二条尺寸界线创建线性、角度或坐标标注，操作方法基本同“连续标注”。
- 坐标(O)：创建坐标标注，提示选取部件上的点，如端点、交点或对象中心点。
- 对齐(G)：将多个平行、同心或同基准的标注对齐到选定的基准标注。
- 分发(D)：指定可用于分发一组选定的孤立线性标注或坐标标注的方法。
- 图层(L)：为指定的图层指定新标注，以替代当前图层。输入 Use Current 或“.” 以使用当前图层。

将鼠标置于对应的图形对象上，就会自动创建出相应的标注，如图 9-8 所示。

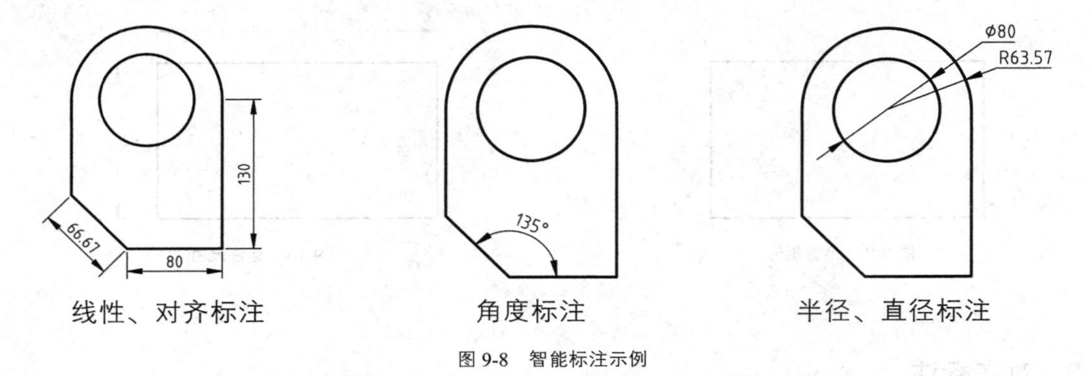

图 9-8　智能标注示例

9.4.2　线性标注

线性标注包括水平标注和垂直标注两种类型，用于标注任意两点之间的距离。

调用该命令的方法如下：

- 菜单栏：调用“标注”|“线性”菜单命令。
- 面　板：单击“注释”面板中的“线性”按钮。
- 命令行：在命令行输入 DIMLINEAR（或 DLI）并回车。

在调用命令的过程中，指定完标注点后，命令行操作如下：

```
指定尺寸线位置或
[多行文字(M)/文字(T)/角度(A)/水平(H)/垂直(V)/旋转(R)]:
```

其各选项含义如下：

- 多行文字：可以通过输入多行文字的方式输入多行标注文字。
- 文字：可以通过输入单行文字的方式输入单行标注文字。
- 角度：可以输入设置标注文字方向与标注端点连线之间的夹角，默认为 0。
- 水平：表示标注两点之间的水平距离。
- 垂直：表示标注两点之间的垂直距离。
- 旋转：用于在标注过程中设置尺寸线的旋转角度。

案例【9-3】 标注矩形的长与宽 视频文件：DVD\视频\第 9 章\9-3.MP4

步骤 01 单击“绘图”面板中的“矩形”按钮，在绘图区域任意绘制一个矩形，结果如图 9-9 所示。

步骤 02 单击“注释”面板中的“线性”按钮，然后根据命令行提示进行标注，结果如图 9-10 所示，命令行提示如下：

```
命令: _dimlinear
指定第一条延伸线原点或 <选择对象>:                    //捕捉矩形左上角的顶点
指定第二条延伸线原点:
指定尺寸线位置或
[多行文字(M)/文字(T)/角度(A)/水平(H)/垂直(V)/旋转(R)]:      //确定尺寸线的位置
标注文字 = 27
```

图 9-9 绘制矩形

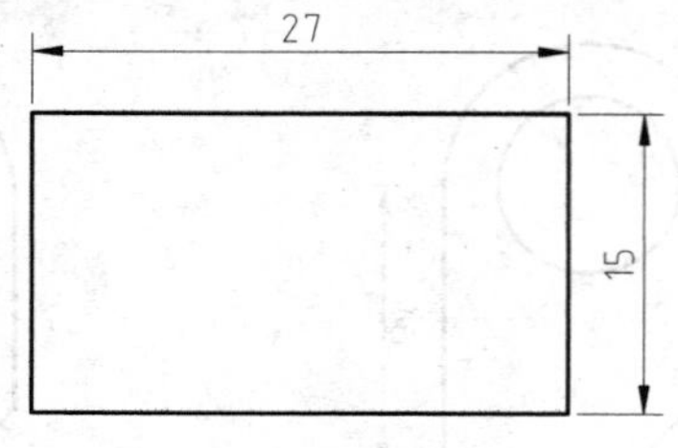

图 9-10 标注尺寸

9.4.3 对齐标注

对齐标注用来标注尺寸线倾斜的尺寸对象，它可以使尺寸线始终与标注对象平行，是线性标注的一种特殊形式。

调用该命令的方法如下：

- 菜单栏：调用“标注”|“对齐”菜单命令。
- 面 板：单击“注释”面板中的“对齐”按钮。
- 命令行：在命令行输入 DIMALIGNED（或 DAL）并回车。

案例【9-4】 标注正六边形的边长 视频文件：DVD\视频\第 9 章\9-4.MP4

步骤 01 单击“绘图”面板中的“正多边形”按钮，在绘图区域任意绘制一个正六边形，结果如图 9-11 所示。

步骤 02　单击“注释”面板中的“对齐”按钮，然后根据命令行提示进行标注，结果如图 9-12 所示，命令行提示如下：

```
命令：_dimaligned
指定第一条延伸线原点或 <选择对象>:                      //捕捉正六边形右上角顶点
指定第二条延伸线原点:                                   //捕捉正六边形右顶点
指定尺寸线位置或[多行文字(M)/文字(T)/角度(A)]:           //确定尺寸线位置
标注文字 = 55.37
```

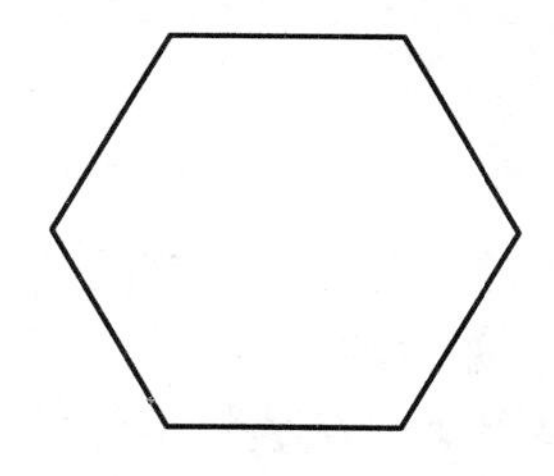
图 9-11　绘制正六边形

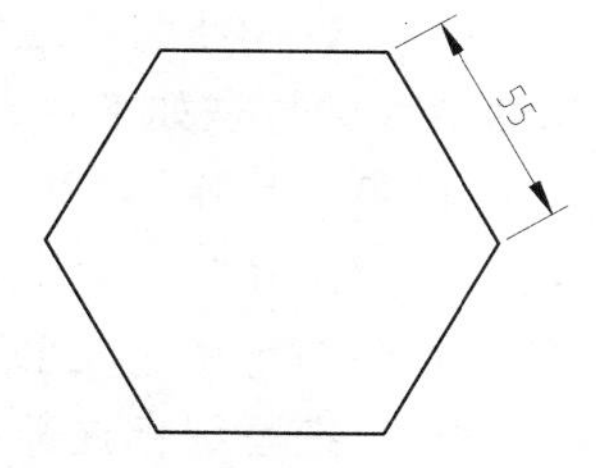

图 9-12　标注边长

9.4.4　连续标注

连续标注是首尾相连的多个标注，又称为链式标注或尺寸链，是多个线性尺寸的组合。在创建连续标注之前，必须已有线性、对齐或角度标注，只有在它们的基础上才能进行此标注。

调用该命令有以下 3 种方法：

- 菜单栏：调用“标注”｜“连续”菜单命令。
- 面　板：在“注释”选项卡中，单击“标注”面板中的“连续”按钮。
- 命令行：在命令行中输入 DIMCONTINUE（或 DCO）并回车。

案例【9-5】　连续标注传动轴零件图　　视频文件：DVD\视频\第 9 章\9-5.MP4

步骤 01　打开随书光盘“第 9 章\课堂举例 9-5.dwg”文件，如图 9-13 所示。

步骤 02　单击“标注”面板中的“连续”按钮，然后根据命令行提示进行连续标注，结果如图 9-14 所示，命令行提示如下：

```
命令：_dimcontinue
选择连续标注：
指定第二条延伸线原点或 [放弃(U)/选择(S)] <选择>:        //选择连续标注的起始基线
标注文字 = 83
指定第二条延伸线原点或 [放弃(U)/选择(S)] <选择>:        //捕捉第一个端点
标注文字 = 120
……
指定第二条延伸线原点或 [放弃(U)/选择(S)] <选择>:        //捕捉第六个端点
选择连续标注：*取消*                                   //按 Esc 键结束命令
```

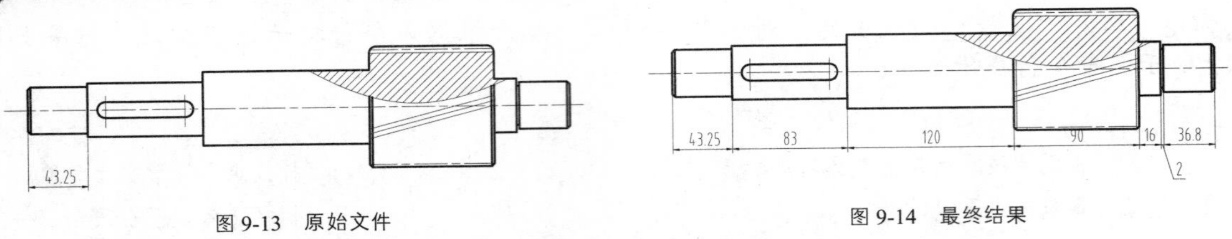

图 9-13　原始文件　　　　图 9-14　最终结果

9.4.5 基线标注

基线标注是以某一延伸线为基准位置，按一定方向标注一系列尺寸，所有尺寸共用一条延伸线(基线)。调用该命令的方法如下：

- 菜单栏：调用“标注”｜“基线”菜单命令。
- 面　板：在“注释”选项卡中，单击“标注”面板中的“基线”按钮![基线]。
- 命令行：在命令行中输入 DIMBASELINE（或 DBA）并回车。

和连续标注一样，在基线标注前，必须存在一个基线或者是上一条线性标注的一条延伸线，或者在已经存在的延伸线中选择。确定基线后，系统自动将基线作为延伸线起点，并提示选择尺寸界线的终点。

案例【9-6】基线标注机械零件图　　视频文件：DVD\视频\第 9 章\9-6.MP4

步骤 01 打开随书光盘“第 9 章\课堂举例 9-6.dwg”文件，如图 9-15 所示。

步骤 02 单击“标注”面板中的“基线”按钮![基线]，然后根据命令行提示进行基线标注，结果如图 9-16 所示，命令行提示如下：

```
命令：_dimbaseline↙                                    //调用“基线”命令
选择基准标注：                                          //选择基线标注的基线
指定第二条延伸线原点或 [放弃(U)/选择(S)] <选择>:         //捕捉第一个端点
标注文字 = 14
……
指定第二条延伸线原点或 [放弃(U)/选择(S)] <选择>:         //捕捉第四个端点
标注文字 = 37
指定第二条延伸线原点或 [放弃(U)/选择(S)] <选择>:↙        //回车
选择基准标注：*取消*                                     //按 Esc 键结束命令
```

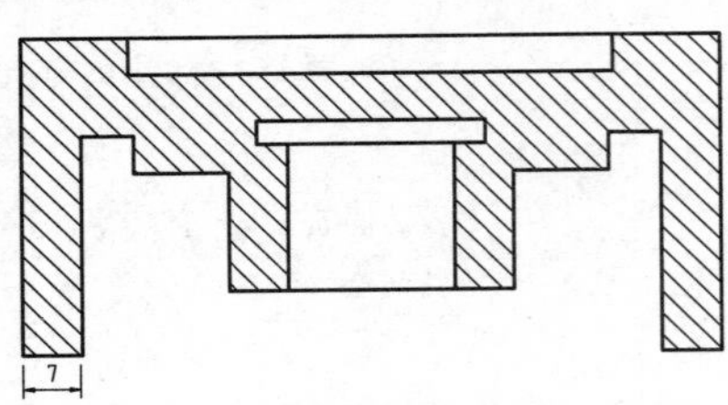

图 9-15　原始文件

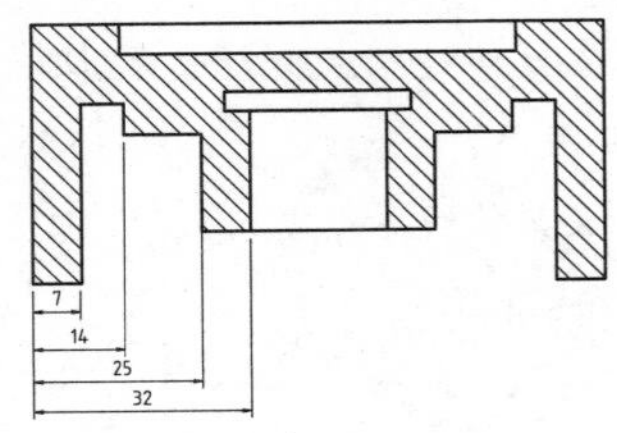

图 9-16　最终结果

9.4.6 直径和半径标注

直径和半径标注用于标注圆或弧的直径或半径。标注时，要选择需要标注的圆或弧，以及确定尺寸线的位置。拖动尺寸线，即可以创建直径或半径标注。

调用该命令的方法如下：

- 菜单栏：调用“标注” | “直径” / “半径”菜单命令。
- 面　板：在“注释”选项卡中，单击“标注”面板中的“直径” / “半径”按钮。
- 命令行：在命令行输入 DIMDIAMETER / DIMRADIUS（或 DDI / DRA）并回车。

案例【9-7】标注垫片的直径与半径　视频文件：DVD\视频\第 9 章\9-7.MP4

步骤 01 打开随书光盘“第 9 章\课堂举例 9-7.dwg”文件，如图 9-17 所示。

步骤 02 单击“标注”面板中的“直径”按钮，如图 9-18 所示标注圆的直径。

步骤 03 单击“标注”面板中的“半径”按钮，如图 9-19 所示标注圆的半径。

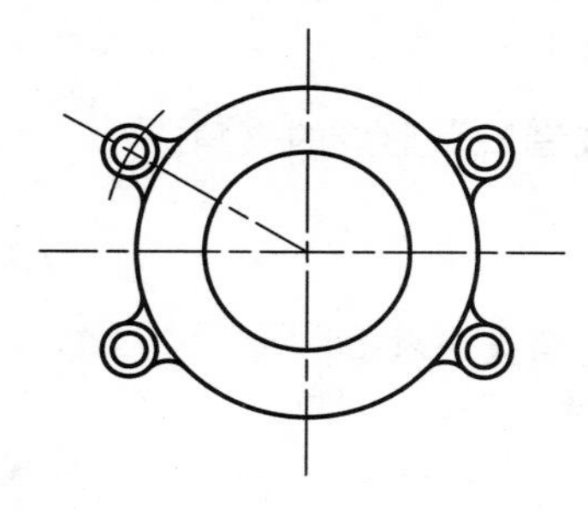

图 9-17　原始文件

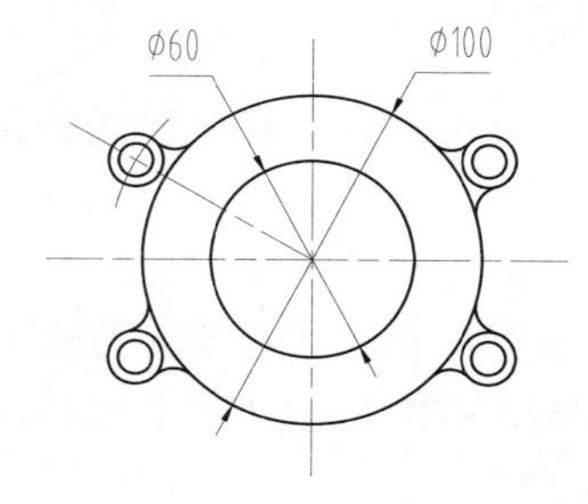

图 9-18　“直径”标注

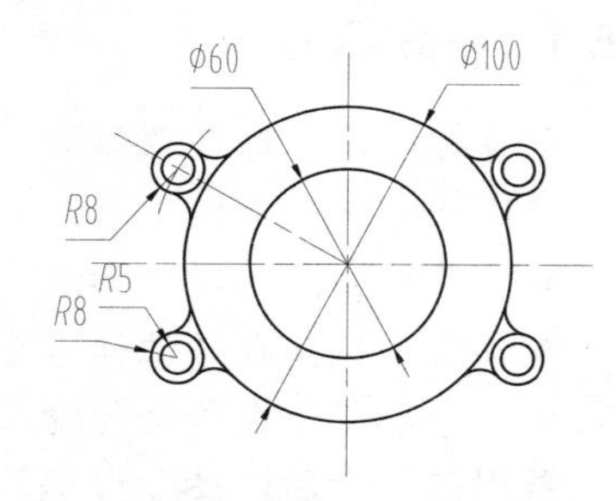

图 9-19　“半径”标注

技巧点拨

标注好直径或半径后，可以通过夹点控制功能重新定位直径或半径标注的位置，其他尺寸标注也一样。

9.4.7 跟踪练习 1：标注可调连杆平面图

步骤 01 打开随书光盘“第 9 章\ 9.4.6 跟踪练习 1.dwg”文件，如图 9-20 所示。

步骤 02 单击“注释”面板中的“线性”按钮，如图 9-21 所示标注线性尺寸。

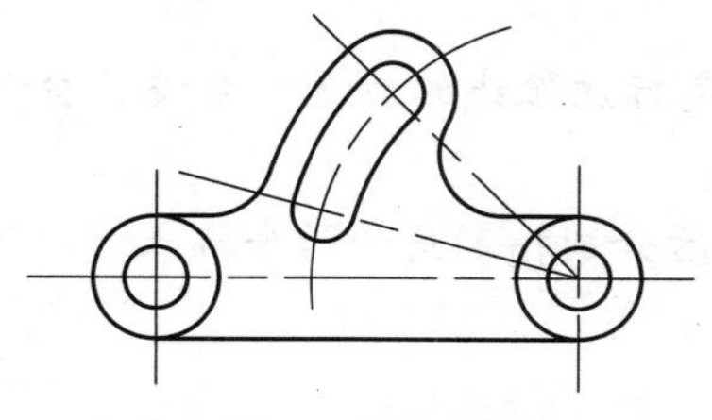

图 9-20　原始文件

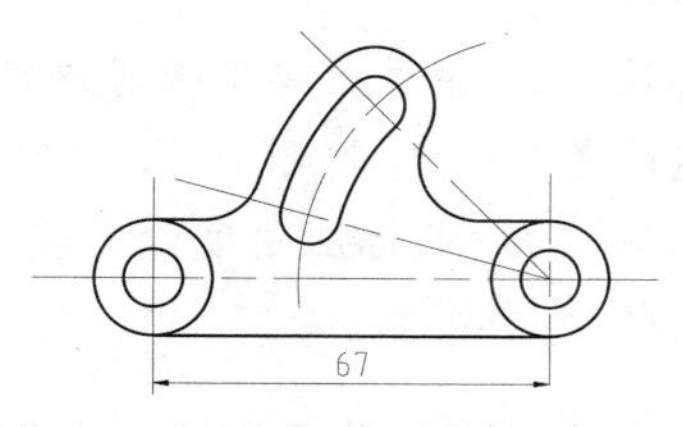

图 9-21　“线性”标注

步骤 03 单击“标注”面板中的“角度”按钮，如图 9-22 所示标注角度。

步骤 04 分别使用“直径标注”和“半径标注”工具创建直径和半径标注，即可完成整个可调连杆平面图的标注，最终结果如图 9-23 所示。

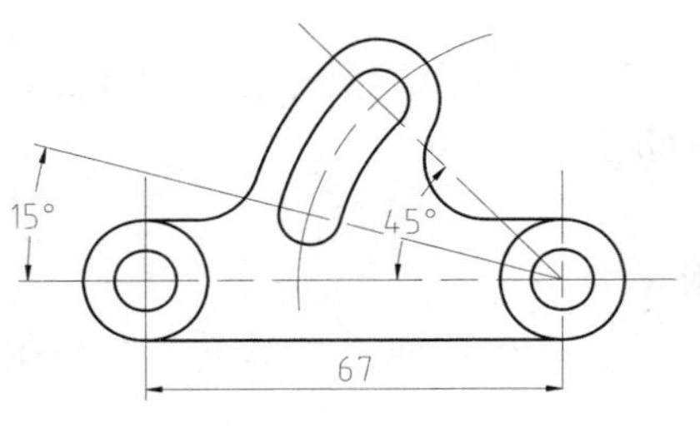

图 9-22 “角度”标注

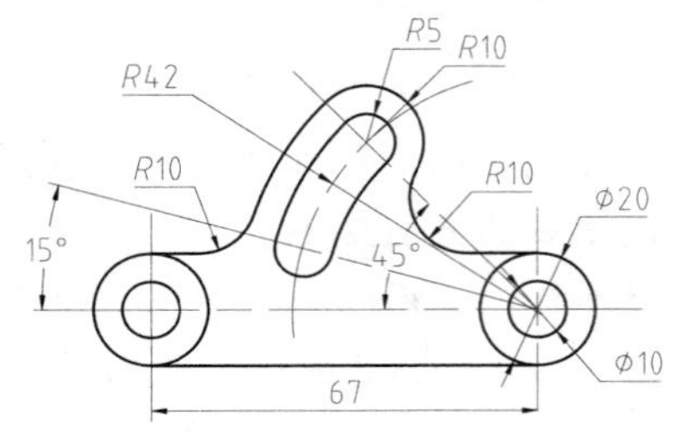

图 9-23 “半径”和“直径”标注

AutoCAD 2016

9.5 创建其他尺寸标注

其他尺寸标注包括角度标注、弧长标注、快速标注、折弯标注、引线标注与多重引线标注和形位公差标注等。

9.5.1 角度标注

角度标注用于标注圆弧对应的中心角、相交直线形成的夹角或者三点形成的夹角。

调用该命令的方法如下：

- 菜单栏：调用“标注”｜“角度”菜单命令。
- 面　板：在“注释”选项卡中，单击“标注”面板中的“角度”按钮。
- 命令行：在命令行输入 DIMANGULAR（或 DAN）并回车。

调用该命令后，命令行提示如下：

```
选择圆弧、圆、直线或 <指定顶点>:
```

可以在该提示下选择需要标注的对象，其功能及选择方式如下：

- 标注圆弧角度：选择圆弧后，命令行显示提示信息：“指定标注弧线位置或[多行文字(M)/文字(T)/角度(A)]：”。此时，如果直接确定标注弧线的位置，AutoCAD 会按实际测量值标注出角度。也可以使用备选项设置尺寸文字及其旋转角度。
- 标注圆角度：选择圆后，命令行显示提示信息：“指定角的第二个端点：”。要求指定另一个点作为角的第二个端点，该点可以在圆上，也可以不在圆上。然后确定标注弧线的位置。这时，标注的角度将以圆心为角度的顶点，以通过所选择的两个点为延伸线。
- 标注直线角度：需要选择这两条直线，然后确定标注弧线的位置。系统将自动标注出这两条直线的夹角。
- 根据 3 个点标注角度：需要确定角的顶点，然后分别指定角的两个端点，以及标注弧线的位置。

案例【9-8】 标注两条直线之间的角度 　视频文件：DVD\视频\第 9 章\9-8.MP4

步骤 01 打开随书光盘“第 9 章\课堂举例 9-8.dwg”文件，如图 9-24 所示。

步骤 02 单击“标注”面板中的“角度”按钮，然后根据命令行提示标注两条直线之间的角度，结果如图 9-25 所示，命令行提示如下：

```
命令: _dimangular
选择圆弧、圆、直线或 <指定顶点>:                                   //选择第直线 a
选择第二条直线:                                                    //选择第直线 b
指定标注弧线位置或 [多行文字(M)/文字(T)/角度(A)/象限点(Q)]:          //确定尺寸线的位置
标注文字 = 45
```

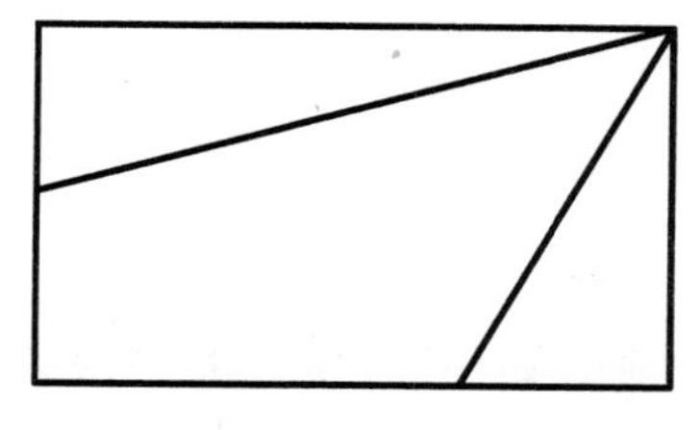
图 9-24　原始文件

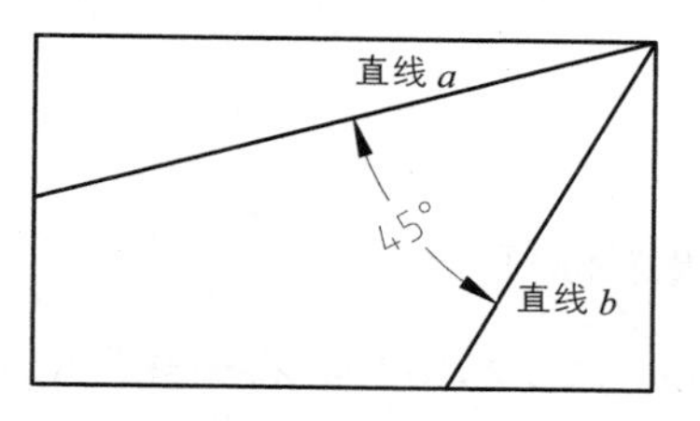

图 9-25　“角度”标注

9.5.2　弧长标注

弧长标注是用来标注圆弧或多段线圆弧段部分的弧长。当指定了尺寸线的位置后，系统将按实际测量值标注出圆弧的长度。此外，也可以根据命令行的提示先确定尺寸文字或尺寸文字的旋转角度。

调用该命令有以下 3 种方法：

- 菜单栏：调用“标注” | “弧长”菜单命令。
- 面　板：在“注释”选项卡中，单击“标注”面板中的“弧长”按钮。
- 命令行：在命令行输入 DIMARC 并回车。

案例【9-9】　标注连杆平面图的弧长

视频文件：DVD\视频\第 9 章\9-9.MP4

步骤 01　打开随书光盘“第 9 章\课堂举例 9-9.dwg”文件，如图 9-26 所示。

步骤 02　单击“标注”面板中的“弧长”按钮，根据命令行提示进行弧长标注，结果如图 9-27 所示，命令行提示如下：

```
命令: _dimarc
选择弧线段或多段线圆弧段:                                          //选择圆弧 L
指定弧长标注位置或 [多行文字(M)/文字(T)/角度(A)/部分(P)/]:          //指定标注位置
标注文字 = 25.3
命令: DIMARC↙                                                      //回车继续调用命令
选择弧线段或多段线圆弧段:                                          //选择圆弧 M
指定弧长标注位置或 [多行文字(M)/文字(T)/角度(A)/部分(P)/]:          //指定标注位置
标注文字 = 38
```

技巧点拨

在调用命令的过程中，会出现如下提示信息：“指定弧长标注位置或 [多行文字(M)/文字(T)/角度(A)/部分(P)/]:”。如果选择“部分（P）”选项，则可以标注选定圆弧某一部分的弧长。

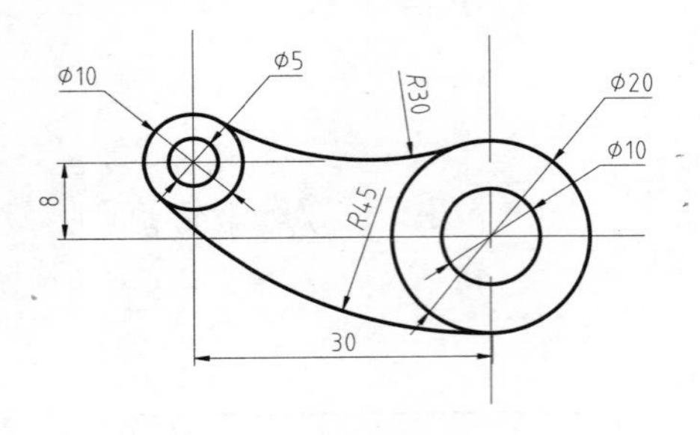

图 9-26 原始文件

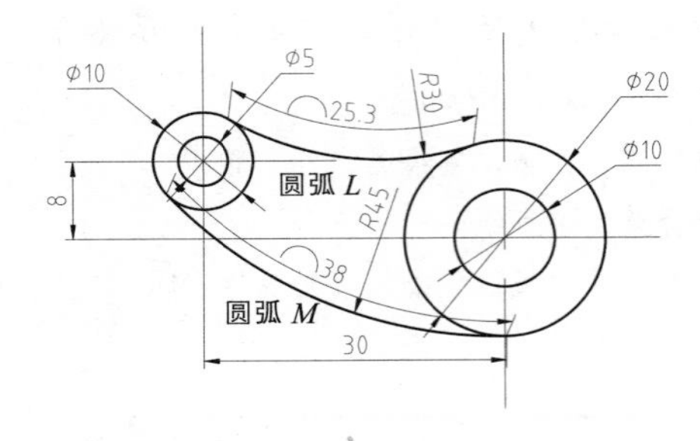

图 9-27 “弧长”标注

9.5.3 快速标注

在 AutoCAD 2016 中，将一些常用标注综合成了一个方便快速的标注命令即“快速标注”命令。调用该命令时，只需选择需要标注的图形对象，AutoCAD 就针对不同的标注对象自动选择合适的标注类型，并快速标注尺寸。

调用该命令的方法如下：

- 菜单栏：调用“标注”｜“快速标注”菜单命令。
- 面 板：在“注释”选项卡中，单击“标注”面板中的“快速标注”按钮[快速]。
- 命令行：在命令行输入 QDIM 并回车。

案例【9-10】 快速创建长度型尺寸标注 视频文件：DVD\视频\第 9 章\9-10.MP4

步骤01 打开随书光盘“第 9 章\课堂举例 9-10.dwg”文件，如图 9-28 所示。

步骤02 单击“标注”面板中的“快速标注”按钮[快速]，根据命令行提示对原始文件进行快速标注，结果如图 9-29 所示，命令行提示如下：

```
命令：_qdim
关联标注优先级 = 端点
选择要标注的几何图形：指定对角点：找到 8 个                    //框选所有图形
选择要标注的几何图形：↙                                      //回车确认选中的图形
指定尺寸线位置或 [连续(C)/并列(S)/基线(B)/坐标(O)/半径(R)/直径(D)/基准点(P)/编辑(E)/
设置(T)] <连续>:                                            //确定尺寸线的位置
```

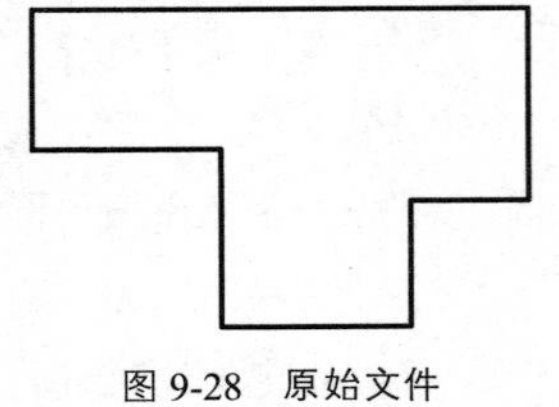
图 9-28 原始文件

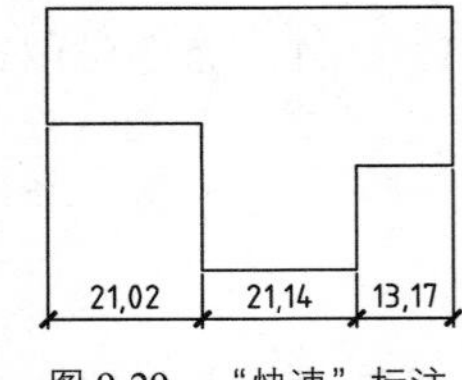

图 9-29 “快速”标注

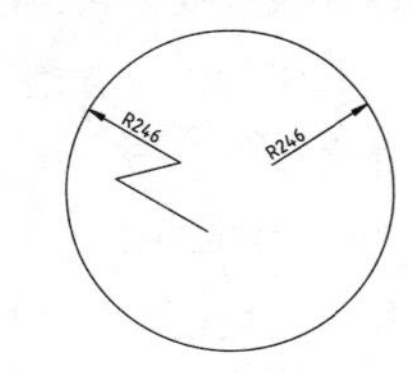

图 9-30 “折弯”标注

9.5.4 折弯标注

折弯标注可以标注圆和圆弧的半径，该标注方式与半径标注方式基本相同，但需要指定一个位置代替圆或圆弧的圆心，图 9-30 所示为圆的半径标注和折弯标注。

调用“折弯”标注命令的方法如下：

- 菜单栏：调用“标注”｜“折弯”菜单命令。
- 面　板：在“注释”选项卡中，单击“标注”面板中的“折弯”按钮。
- 命令行：在命令行输入 DIMJOGGED 并回车。

9.5.5　引线标注与多重引线标注

在 AutoCAD 中，使用 QLEADER（引线）命令就可以创建引线标注。用户可以从图形中的任意点或部件创建引线，以下将举例进行讲解。

案例【9-11】　创建引线标注　　视频文件：DVD\视频\第 9 章\9-11.MP4

步骤 01　打开随书光盘“第 9 章\课堂举例 9-11.dwg”文件，如图 9-31 所示。

步骤 02　在命令行输入 QLEADER 命令并回车，然后根据命令行提示创建引线标注，结果如图 9-32 所示，命令行提示如下：

```
命令: Qleader
指定第一个引线点或 [设置(S)] <设置>:                //在剖切面拾取一点
指定下一点:                                          //拾取第二点
指定下一点:                                          //拾取第三点
指定文字宽度 <0>: 30↙                                //指定文字高度
输入注释文字的第一行 <多行文字(M)>: 法兰剖面↙        //输入标注内容
输入注释文字的下一行:↙                               //回车结束命令
```

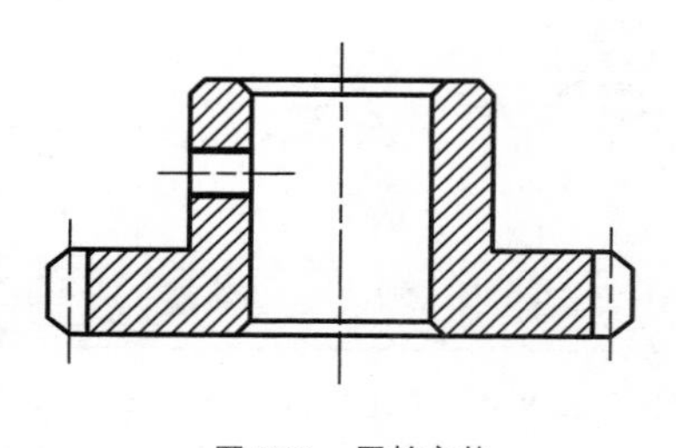

图 9-31　原始文件

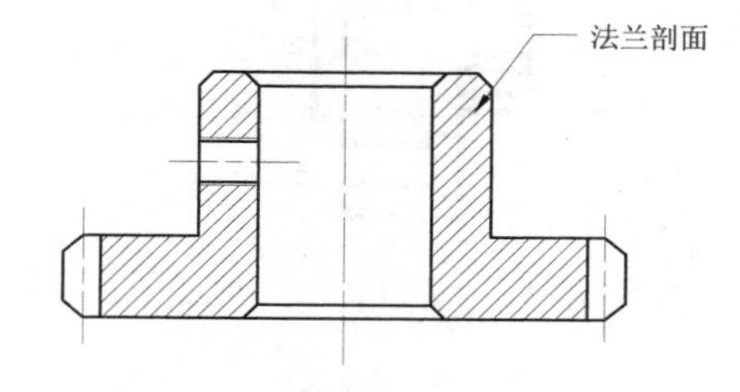

图 9-32　“引线”标注

除了 QLEADER（引线）命令之外，AutoCAD 还提供了 MLEADER（多重引线）命令，使用该命令也可以进行引线标注，以下将举例进行讲解。

案例【9-12】　多重引线标注图形　　视频文件：DVD\视频\第 9 章\9-12.MP4

步骤 01　打开随书光盘“第 9 章\课堂举例 9-12.dwg”文件，如图 9-33 所示。

步骤 02　在命令行输入 MLEADER 命令并回车，然后根据命令行提示创建引线标注，结果如图 9-34 所示，命令行提示如下：

```
命令: _mleader
指定引线箭头的位置或 [引线基线优先(L)/内容优先(C)/选项(O)] <选项>:    //确定箭头位置
指定引线基线的位置:                                                   //确定基线位置
```

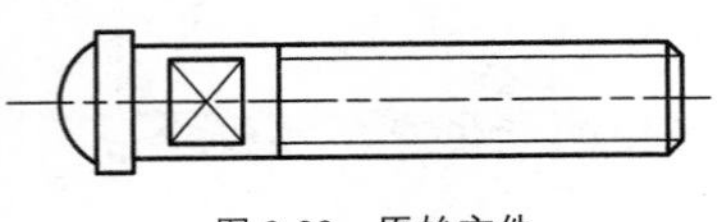

图 9-33　原始文件

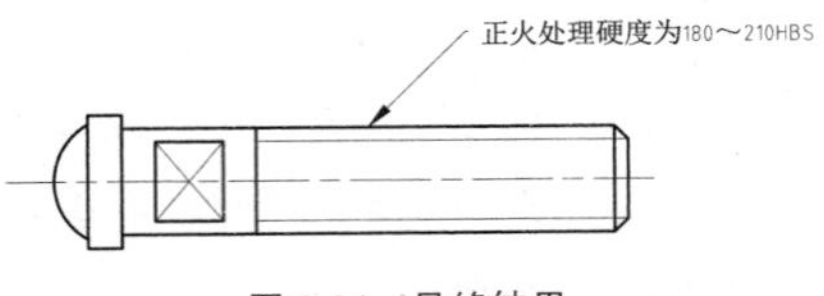

图 9-34　最终结果

9.5.6　形位公差标注

如果零件在加工时产生了比较大的形状和位置上的误差，那么将会严重影响整台机器的质量。所以，为了提高零件的质量，必须根据实际需要，在图纸上标注出相应表面的形状误差和相应表面之间的位置误差的允许范围，即标出形位公差，以下将通过实例进行讲解。

案例【9-13】　标注端盖零件图的形位公差　　视频文件：DVD\视频\第 9 章\9-13.MP4

步骤 01　打开随书光盘“第 9 章\课堂举例 9-13.dwg”文件，如图 9-35 所示。

步骤 02　在命令行输入 QLEADER 命令并回车。然后直接按回车键，系统将弹出一个“引线设置”对话框，勾选其中的“公差”单选项，单击“确定”按钮，如图 9-36 所示。

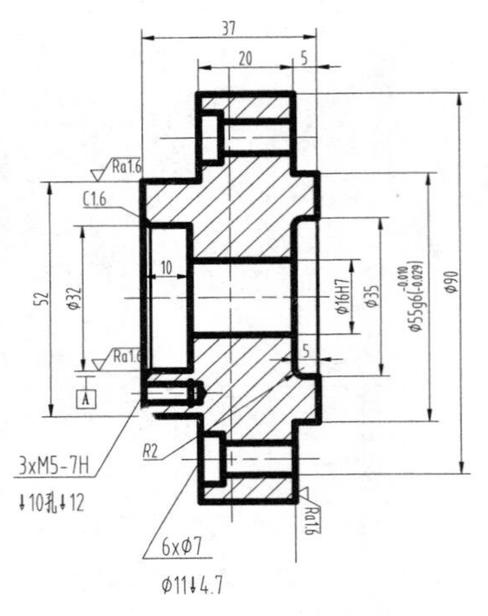

图 9-35　原始文件

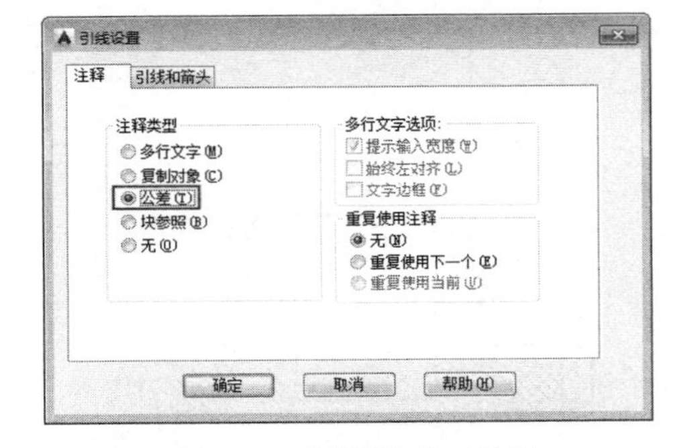

图 9-36　“引线设置”对话框

步骤 03　根据命令行提示绘制引线并打开“形位公差”对话框，如图 9-37 所示。

步骤 04　单击“形位公差”对话框中“符号”参数栏下的黑框，打开“特征符号”对话框，然后在其中选择“垂直度”符号⊥。

步骤 05　在“公差 1”参数栏中输入公差值 0.040。

步骤 06　在“公差 2”参数栏中输入字母 A，如图 9-38 所示。

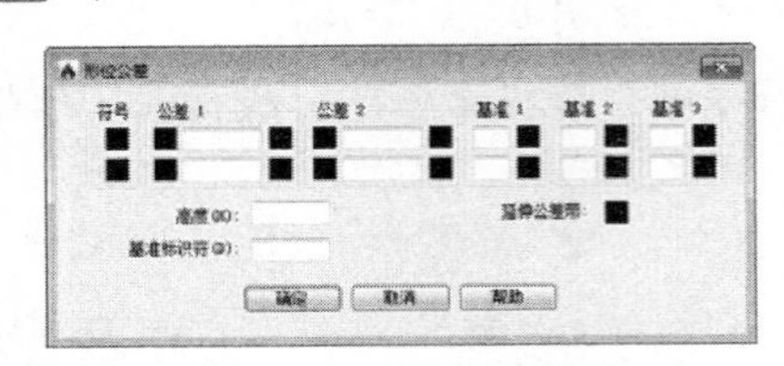

图 9-37　“形位公差”对话框

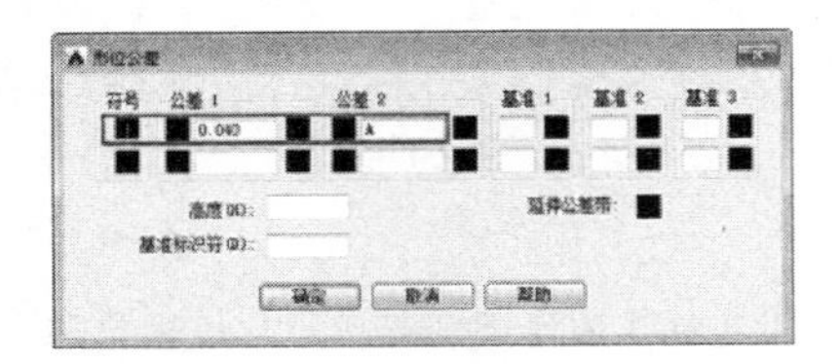

图 9-38　设置公差

步骤 07 单击“确定”按钮，系统返回到绘图区域，即可完成形位公差的标注，结果如图 9-39 所示。

步骤 08 用上述方法标注另一处形位公差，即可完成整个端盖零件图形位公差的标注，结果如图 9-40 所示。

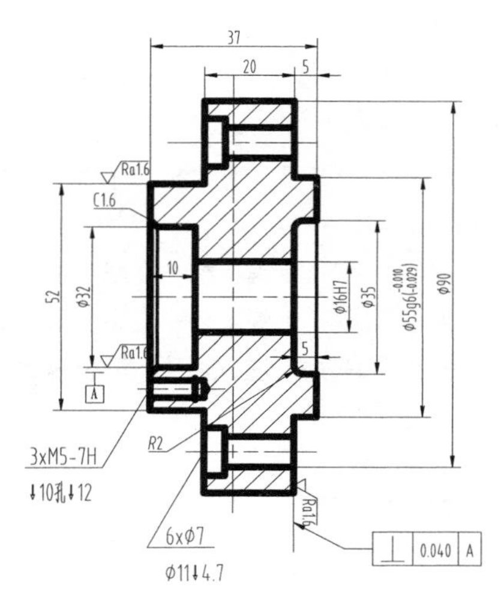

图 9-39　标注形位公差

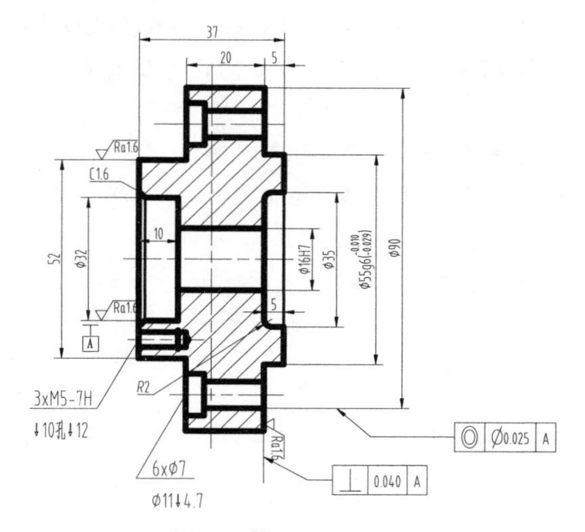

图 9-40　最终结果

9.5.7　跟踪练习 2：标注旋钮开关平面图

步骤 01 打开随书光盘“第 9 章\9.5.7 跟踪练习 2.dwg”文件，结果如图 9-41 所示。

步骤 02 单击“注释”面板中的“线性”按钮，标注图形的线性尺寸，结果如图 9-42 所示。

步骤 03 单击“注释”面板中的“对齐”按钮，如图 9-43 所示标注图形的尺寸。

步骤 04 分别使用“直径标注”和“半径标注”工具创建直径和半径标注，即可完成整个旋钮开关平面图的标注，最终结果如图 9-44 所示。

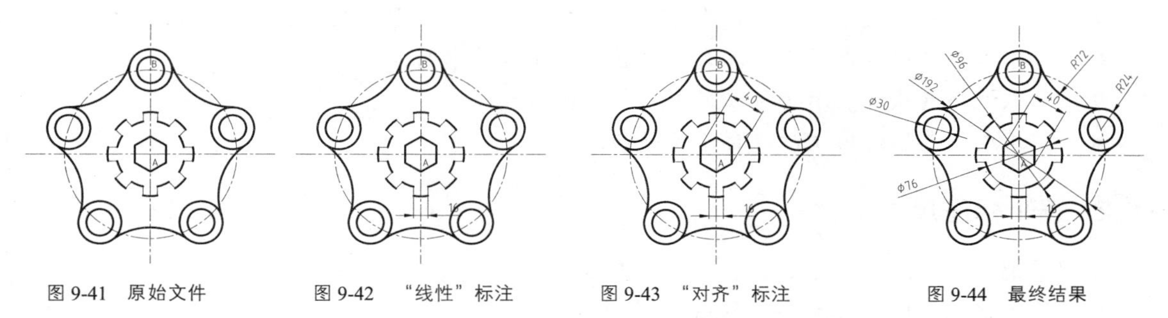

图 9-41　原始文件　　图 9-42　“线性”标注　　图 9-43　“对齐”标注　　图 9-44　最终结果

9.6 尺寸标注编辑

AutoCAD 2016

在 AutoCAD 中，用户可以为各种图形对象沿各个方向添加尺寸标注，也可以编辑已有的尺寸标注。其中包括编辑标注文字、编辑标注尺寸等。

9.6.1 编辑标注文字

调用“编辑标注文字”命令的方法如下：

- 菜单栏：调用“标注”|“对齐文字”菜单命令。
- 命令行：在命令行输入 DIMTEDIT 并回车。

调用编辑标注文字命令后，命令行提示如下：

```
命令：_dimtedit
选择标注：                                              //选择已有的标注作为编辑对象
为标注文字指定新位置或 [左对齐(L)/右对齐(R)/居中(C)/默认(H)/角度(A)]：
                                                        //指定编辑标注文字选项
标注已解除关联。                                        //显示编辑标注文字结果信息
```

“编辑标注文字”命令用来指定标注文字的新位置，使用“编辑标注文字”命令编辑标注文字如图 9-45 所示。

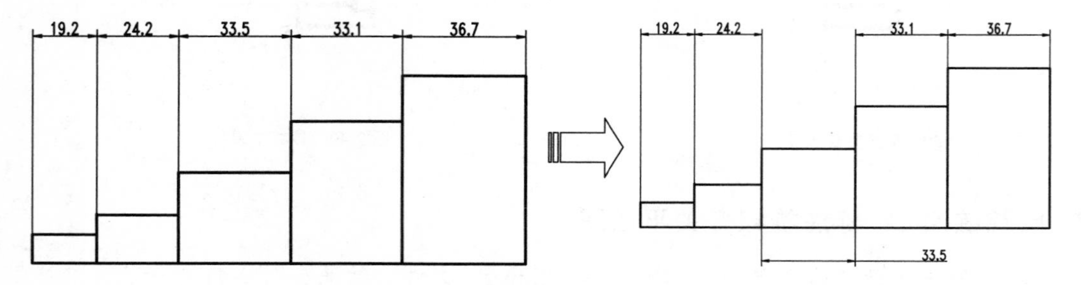

图 9-45 编辑标注文字

调用“编辑标注文字”命令编辑标注文字时，各选项含义如下。

- “标注文字的位置”选项：用于拖动时动态更新标注文字的位置；
- “左”选项：表示沿尺寸线左对正标注文字，只适用于线型、直径和半径标注；
- “右”选项：表示沿尺寸线右对正标注文字，只适用于线型、直径和半径标注；
- “中心”选项：表示将标注文字放置在尺寸线的中间；
- “默认”选项：表示将标注文字移回默认位置。
- “角度”选项：用于修改标注文字的角度。

9.6.2 编辑标注尺寸

调用“编辑标注尺寸”命令有以下 3 种方法：

- 菜单栏：调用“标注”|“倾斜”菜单命令。
- 面　板：在“注释”选项卡中，单击“标注”面板中的“倾斜”按钮。
- 命令行：在命令行输入 DIMEDIT 或 DED 并回车。

调用该命令后，命令行提示如下：

```
命令：_dimedit
输入标注编辑类型 [默认(H)/新建(N)/旋转(R)/倾斜(O)] <默认>:r↙      //输入标注编辑类型
指定标注文字的角度:45↙                                          //输入标注文字角度
```

选择对象：找到 1 个　　//选择标注编辑对象

选择对象：　　//结束标注对象选取，效果如图 9-46 所示

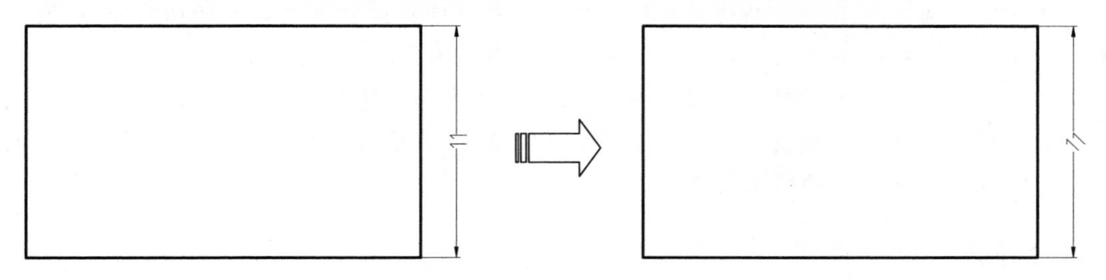

图 9-46　"编辑标注尺寸"命令

编辑标注尺寸时，根据命令行提示输入标注编辑类型，其中各选项含义如下：

- "默认"选项：表示将旋转标注文字移回默认位置；
- "新建"选项：表示使用在位文字编辑器更改标注文字；
- "旋转"选项：表示旋转标注文字。
- "倾斜"选项：表示调整线性标注尺寸界线的倾斜角度。

9.6.3　使用"特性"选项板编辑标注

"特性"选项板也可以编辑标注尺寸。打开标注尺寸的"特性"选项板，如图 9-47 所示。使用"特性"选项板编辑对象属性时，如果选择多个对象时，其将显示所有对象的公共特性。

在"特性"选项板中单击"选择对象"按钮，用户可以在 AutoCAD 编辑区域选择要编辑的标注对象，并回车结束标注对象的选择。此时用户可以在"特性"选项板对标注文字、箭头等特性进行编辑修改。

图 9-47　"特性"选项板

9.6.4　打断尺寸标注

调用"标注打断"命令的方法如下：

- 菜单栏：调用"标注"|"标注打断"菜单命令。
- 面　板：在"注释"选项卡中，单击"标注"面板中的"折断"按钮。
- 命令行：在命令行输入 DIMBREAK 并回车。

调用该命令后，命令行操作如下：

命令：_DIMBREAK

选择要添加/删除折断的标注或 [多个(M)]：　　//选择要折断的尺寸标注

选择要折断标注的对象或 [自动(A)/手动(M)/删除(R)] <自动>：　　//选择与标注相交或选定标注的尺寸界限相交的对象，输入选项，或回车

选择要折断标注的对象：　　//继续指定打断标注对象或回车结束折断标注。

打断尺寸标注可以使标注、尺寸延伸线或引线不显示，可以自动或手动将折断线标注添加到标注或引线对象，如线性标注、角度标注、半径标注、弧长标注、坐标标注、多重引线等。

其中命令行各选项的含义如下：

- “自动”选项：用于自动将折断标注放置在与选定标注相交的对象的所有交点处；
- “恢复”选项：用于从选定的标注中删除所有折断标注；
- “手动”选项：用于手动放置折断标注。当“手动”选项处于选中状态时，命令行提示选择“打断”“恢复”选项。其中，“打断”选项用于自动将折断标注放置在与选定标注相交的对象的所有交点处。

9.6.5 标注间距

在 AutoCAD 中利用“标注间距”功能，可根据指定的间距数值调整尺寸线互相平行的线性尺寸或角度尺寸之间的距离，使其处于平行等距或对齐状态。

调用“标注间距”命令的方法如下：

- 菜单栏：调用“标注”|“标注间距”菜单命令。
- 面　板：在“注释”选项卡中，单击“标注”面板中的“调整间距”按钮。
- 命令行：在命令行输入 DIMSPACE 并回车。

调用该命令后，命令行提示如下：

```
命令: _DIMSPACE
选择基准标注:                                    //选择基准标准
选择要产生间距的标注:找到 1 个                    //选择要产生间距的标注
选择要产生间距的标注:找到 1 个, 总计 2 个          //选择要产生间距的标注
选择要产生间距的标注:                            //选择要产生间距的标注
输入值或 [自动(A)] <自动>:                        //输入值或回车结束命令
```

标注间距示例如图 9-48 所示。

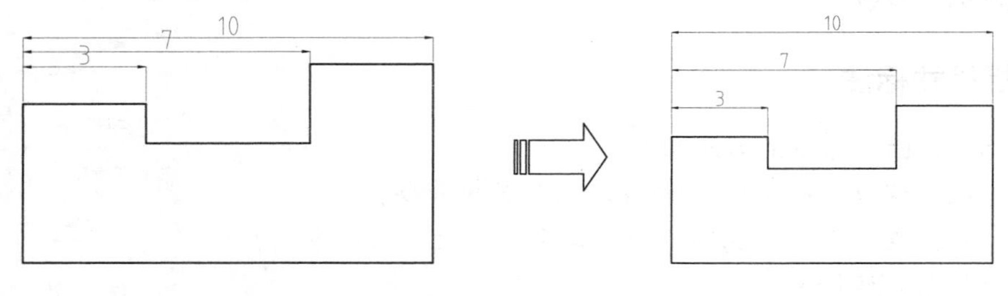

图 9-48　调整间距

9.6.6 更新标注

更新标注可以用当前标注样式更新标注对象，也可以将标注系统变量保存或恢复到选定的标注样式。 调用该命令的方法如下：

- 菜单栏：调用“标注”|“更新”菜单命令。
- 面　板：在“注释”选项卡中，单击“标注”面板中的“更新”按钮。
- 命令行：在命令行中输入-DIMSTYLE 并回车。

调用该命令后，命令行操作如下：

```
命令： -DIMSTYLE
当前标注样式： ISO-25    注释性： 否
输入标注样式选项[注释性(AN)/保存(S)/恢复(R)/状态(ST)/变量(V)/应用(A)/?] <恢复>:
输入标注样式名、[?] 或 <选择标注>:
```

图 9-49 所示为更新标注后前后效果对比。

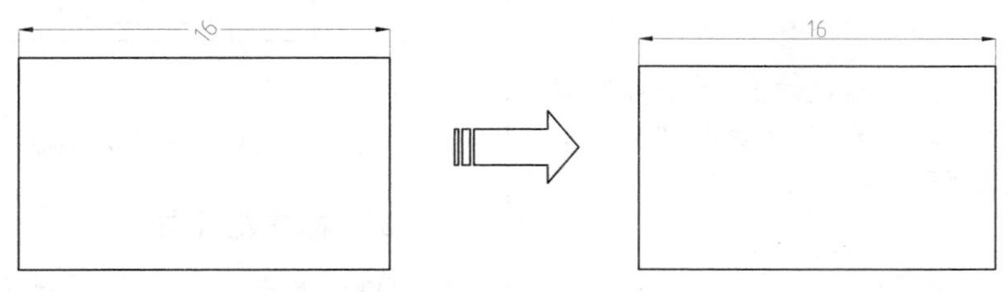

图 9-49　更新标注前后效果对比

AutoCAD 2016

9.7 实战演练

初试身手——标注书桌的尺寸

视频文件：DVD\视频\第 9 章\初试身手.MP4

步骤01 打开随书光盘“第 9 章\9.7.1 初试身手.dwg”文件，如图 9-50 所示。

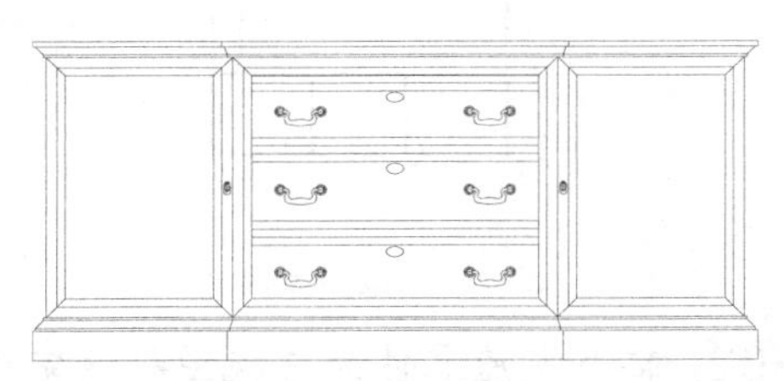

图 9-50　原始文件

步骤02 单击“注释”面板中的“线性”按钮，然后标注 A、B 点如图 9-51 所示进行线性标注。

步骤03 单击“标注”面板中的“连续”按钮 连续，然后标注 C、D 点如图 9-52 所示对图形进行标注。

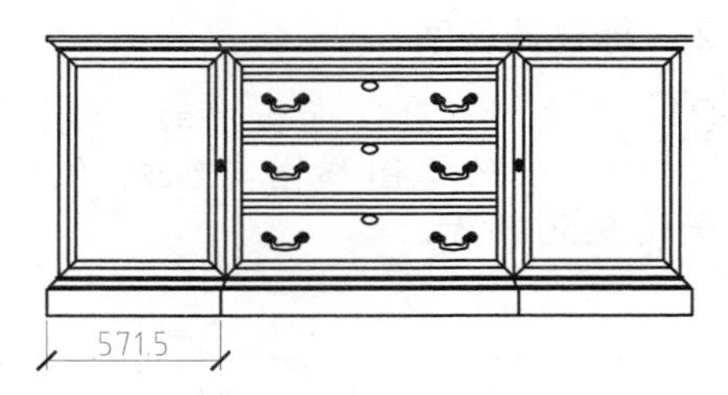

图 9-51　“线性”标注

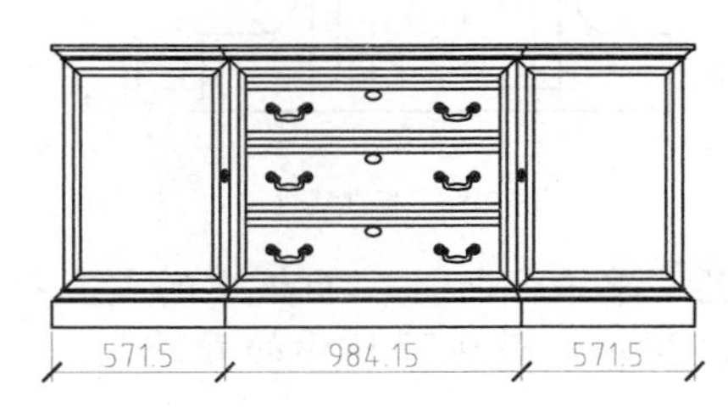

图 9-52　最终结果

深入训练——标注支座零件三视图

视频文件：DVD\视频\第 9 章\深入训练.MP4

1. 标注主视图

步骤01 打开随书光盘“第 9 章\9.7.2 深入训练.dwg”文件，如图 9-53 所示。

步骤02 单击“注释”面板中的“线性”按钮，标注出主视图横向与纵向的线性尺寸，如图 9-54 所示。

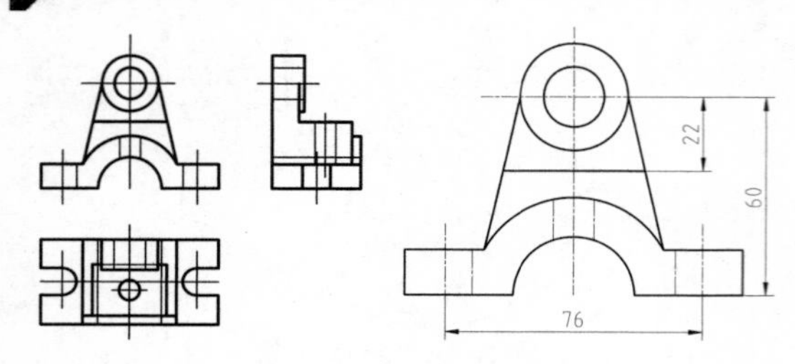

图 9-53　源文件　　图 9-54　标注线性尺寸

步骤03 单击“标注”面板中的“半径”按钮，标注主视图轴孔和底座拱形部分圆的半径，结果如图 9-55 所示。

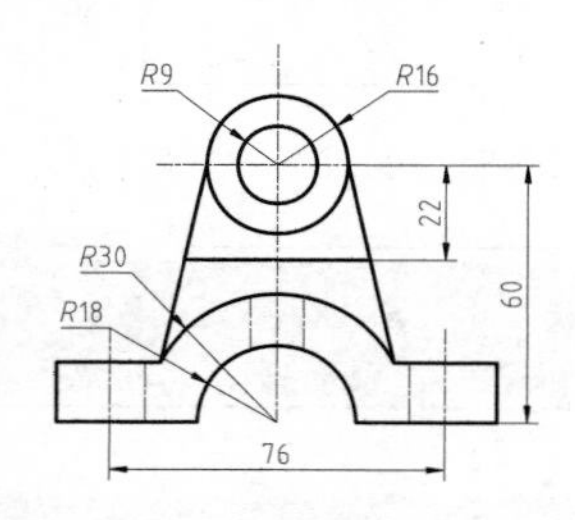

图 9-55　标注半径

2. 标注俯视图

步骤01 单击“注释”面板中的“线性”按钮，标注出俯视图横向与纵向的线性尺寸，如图 9-56 所示。

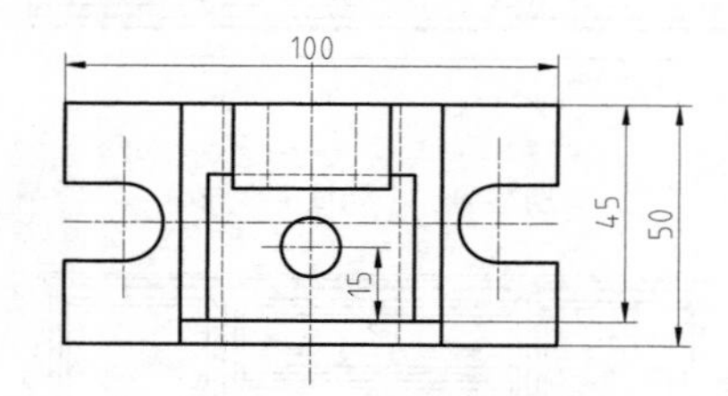

图 9-56　标注线性尺寸

步骤02 单击“标注”面板中的“直径”按钮，标注如图 9-57 所示的直径。

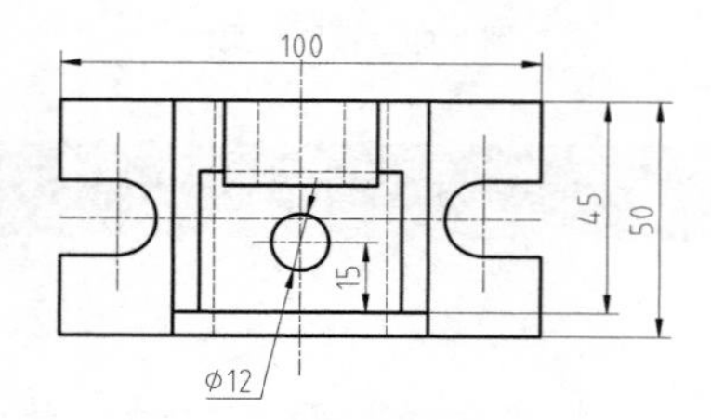

图 9-57　“直径”标注

步骤03 单击“注释”面板中的“线性”按钮，标注出俯视图的其他尺寸，如图 9-58 所示。

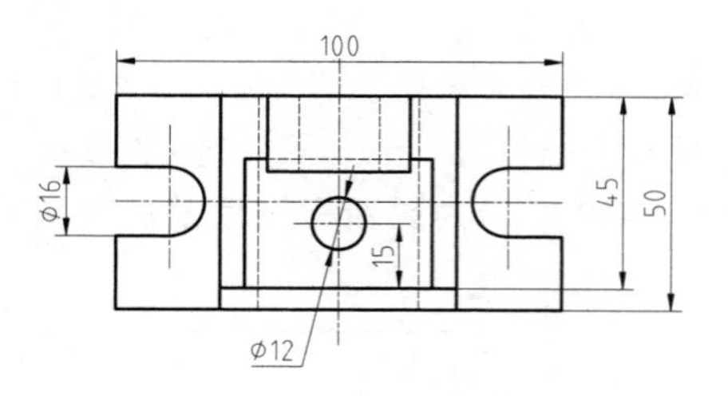

图 9-58　标注其他尺寸

3. 标注左视图

步骤01 单击“注释”面板中的“线性”按钮，标注左视图横向和纵向的尺寸，如图 9-59 所示。

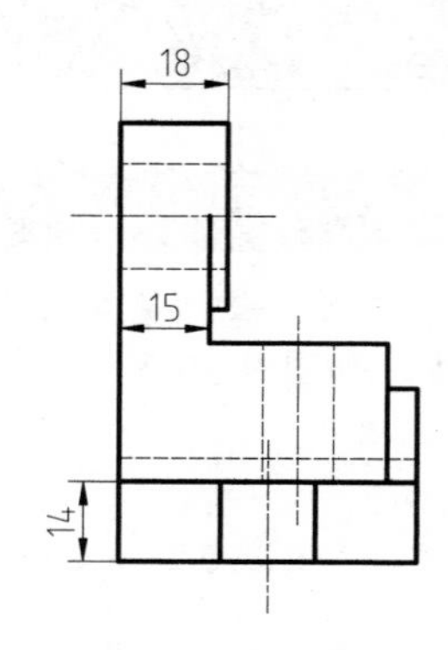

图 9-59　标注左视图

步骤02 整个支座零件的三视图标注完成，最终效果如图 9-60 所示。

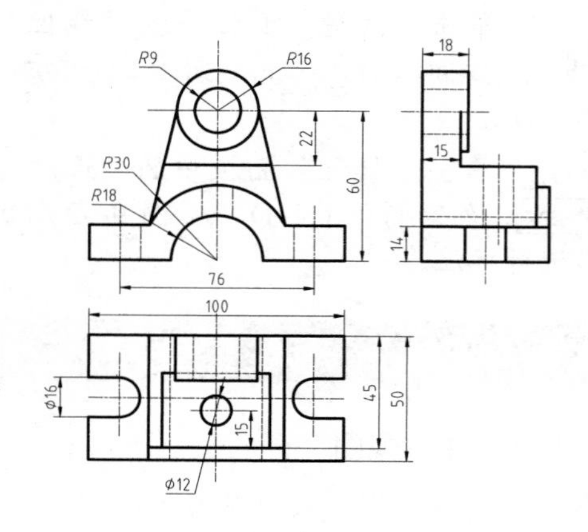

图 9-60　最终效果

熟能生巧——标注滚动轴承零件图

视频文件：DVD\视频\第 9 章\熟能生巧.MP4

打开随书光盘“第 9 章\9.7.3 熟能生巧.dwg”文件，如图 9-61 所示，利用“线性”“直径”“引线”等标注命令，对其进行标注没效果如图 9-62 所示。

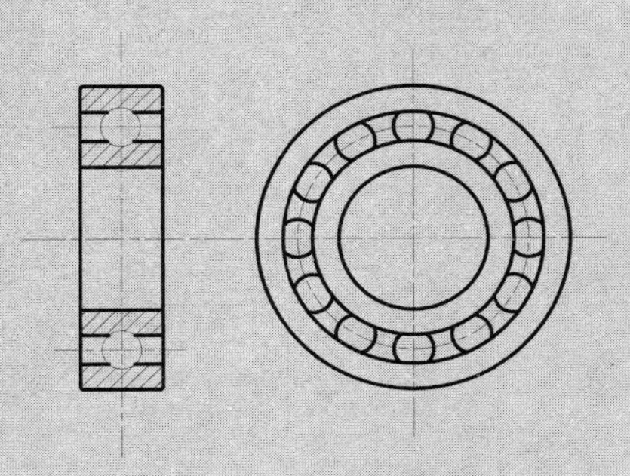

图 9-61　素材文件

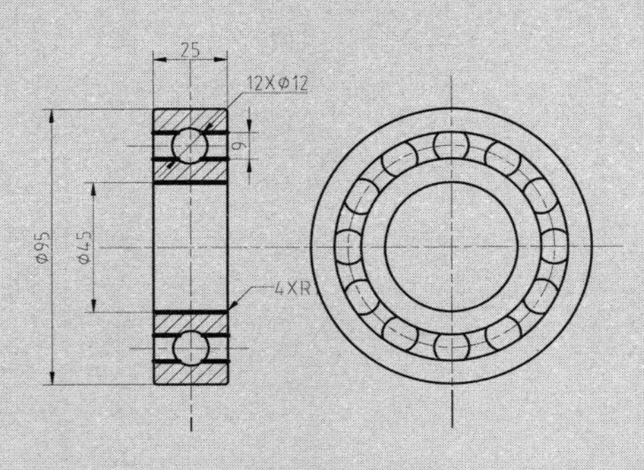

图 9-62　最终结果

AutoCAD 2016

9.8 课后练习

1. 选择题

(1) 以下哪个命令为引线标注（　　）。

A、DIMLINEAR　　B、DIMRADIUS

C、DIMANGULAR　　D、QLEADER

(2) 以下哪个选项卡可以修改标注精度（　　）。

A、符号和箭头　　B、文字

C、主单位　　D、调整

2. 实例题

(1) 打开随书光盘“课后练习—摇柄原始文件.dwg”文件，标注手柄平面图的尺寸，效果如图 9-63 所示。

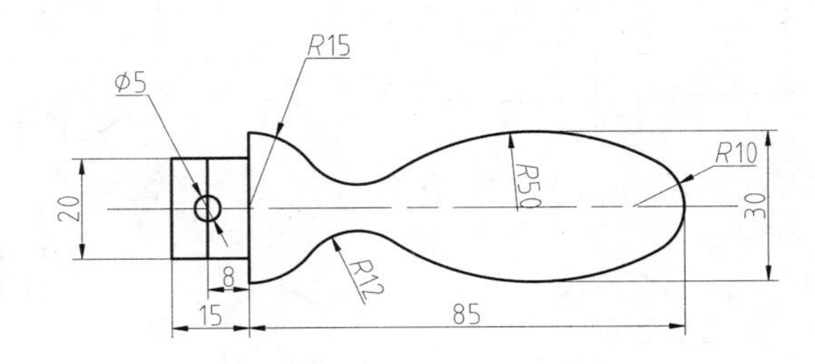

图 9-63　原始文件

(2) 打开随书光盘“课后练习—立面门原始文件.dwg”文件，标注主卧室门立面图的尺寸，效果如图 9-64 所示。

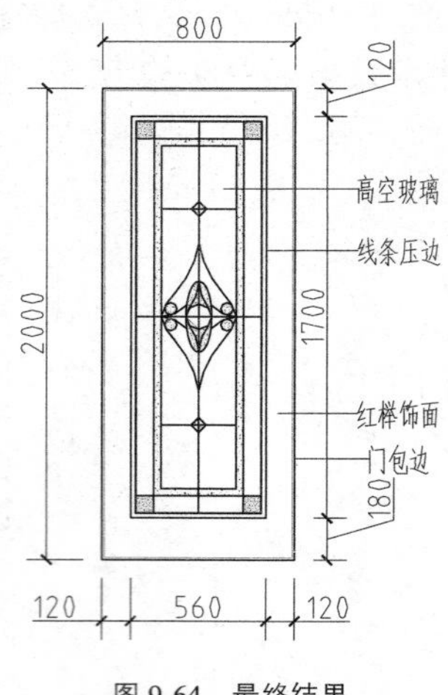

图 9-64　最终结果

(3) 打开随书光盘“课后练习—盘铣刀零件图原始文件.dwg”文件，如图 9-65 所示，标注盘铣刀零件图的尺寸，标注效果如图 9-66 所示。

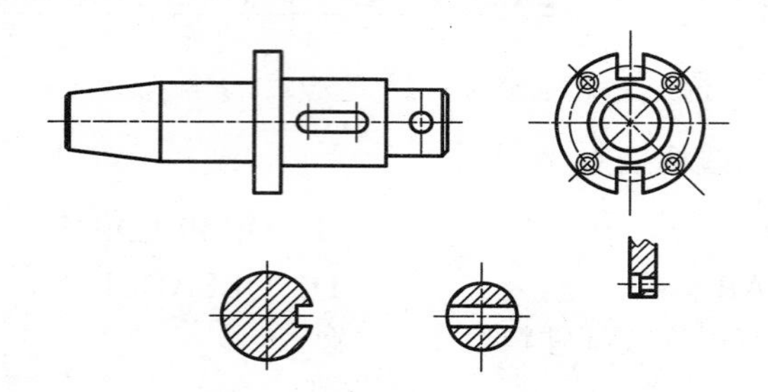

图 9-65　原始文件

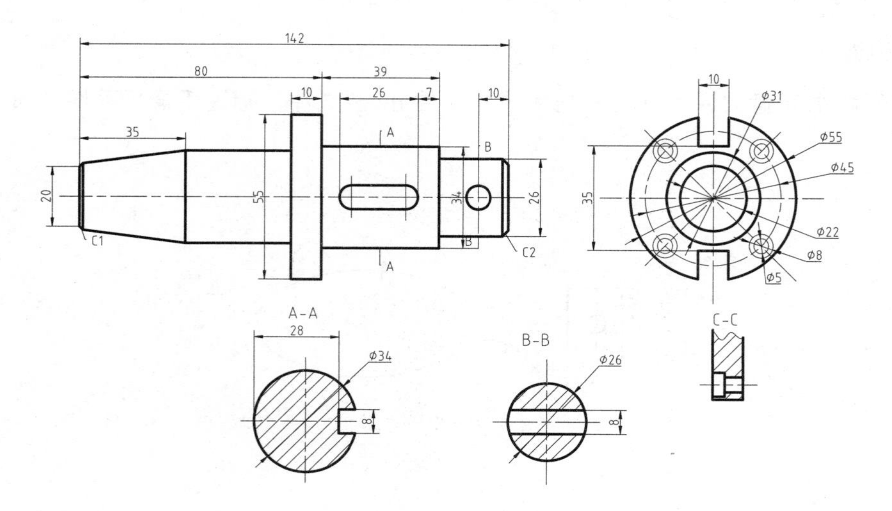

图 9-66　最终结果

第10章

绘制轴测图

轴测图实际上是一种二维绘图技术。它属于单面平行投影，同时能反映立体的正面、侧面和水平面的形状，立体感较强，接近人们的视觉习惯。因此，在工程设计和工业生产中，轴测图经常被用来作为辅助图样。

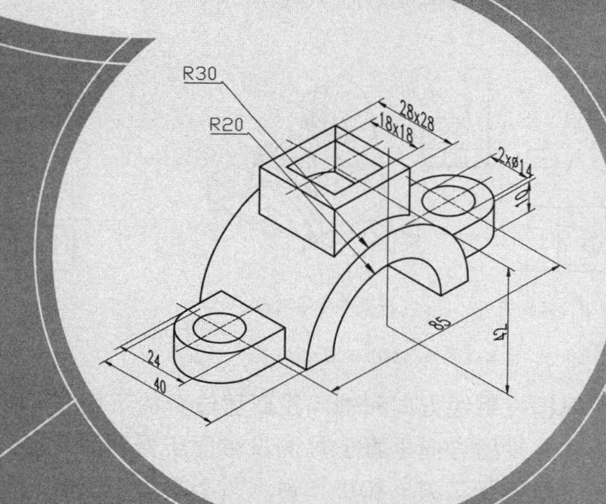

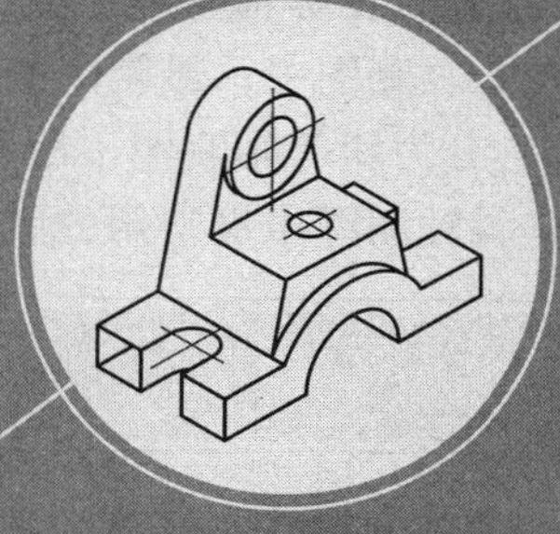

10.1 轴测图的概念

轴测图能同时反映出物体长、宽、高三个方向的尺寸，直观性好，立体感强。但度量性差，不能确切地表达物体的原形。所以，它在工程上只作为辅助图样使用。图 10-1 所示为支座零件的组合体视图与轴测图的对比。

轴测图是采用特定的投影方向，将空间立体按平行投影的方法在投影面上得到的投影图，它具有以下两个特点：

- 平行性：物体上相互平行的直线的轴测投影仍然平行；空间上平行于某坐标轴的线段，在轴测图上仍然平行于相应的轴测轴。
- 定比性：空间上平行于某坐标轴的线段，其轴测投影与原线段的长度之比，等于相应的轴向伸缩系数。

由轴测图以上性质可知，若已知轴测各轴向伸缩系数，即可确定平行于轴测轴的各线段的长度，这就是轴测图中“轴测”两字的含义。

在轴测投影中，坐标轴的轴测投影称为“轴测轴”，它们之间的夹角称为“轴间角”。在等轴测图中，3 个轴向的缩放比例相等，并且 3 个轴测轴与水平方向所成的角度分别为 30°、90° 和 150°。在 3 个轴测轴中，每两个轴测轴定义一个“轴测面”，它们分别为：

- 右视平面：由 x 轴和 z 轴定义
- 左视平面：由 y 轴和 z 轴定义
- 俯视平面：由 x 轴和 y 轴定义

轴测轴和轴测面的构成如图 10-2 所示。

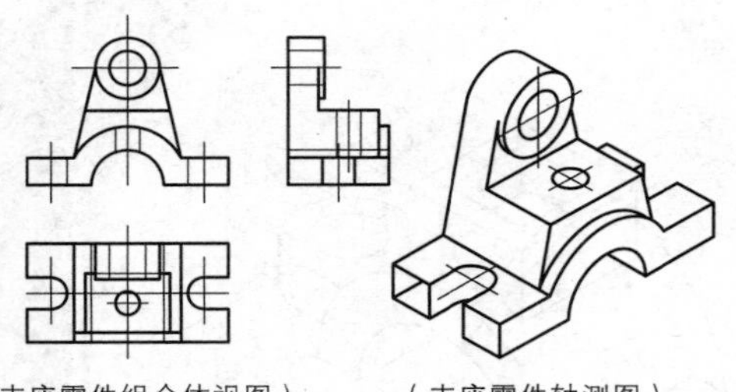

图 10-1　组合体视图与轴测图的对比

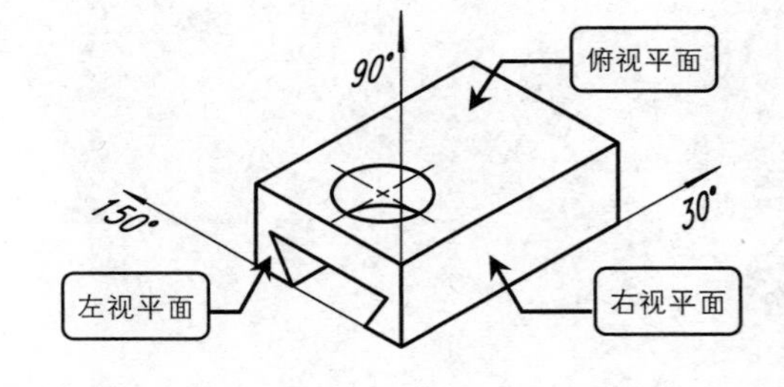

图 10-2　轴测轴和轴测面的构成

轴测图根据投射线方向和轴测投影面位置的不同，可以分为正轴测图和斜轴测图两大类。所谓正轴测图就是投射方向垂直于轴测投影面所得到的图形，它分为正等轴测图（简称正轴测）、正二轴测图（简称正二测）和正三轴测图（简称正三测）。在正轴测图中，最常用的是正等测。

斜轴测图是投射方向倾斜与轴测投影面所得到的图形，它分为斜等轴测图（简称斜等测）、斜二轴测图（简称斜二测）和斜三轴测图（简称斜三测）。在斜轴测图中最常用的就是斜二测。

10.2 设置等轴测绘图环境

AutoCAD 为绘制轴测图创造了一个特定的环境，即等轴测绘图模式。在这个环境中，用户可以更加方便地构建轴测图。使用 DSETTINGS 命令或 SNAP 命令可设置等轴测环境。

设置等轴测环境的方法如下：

- 菜单栏：调用“工具”|“绘图设置”菜单命令。
- 状态栏：使用鼠标右键单击状态栏中的“捕捉模式”按钮，然后在弹出的菜单栏中选择“捕捉设置”命令，如图 10-3 所示。
- 命令行：在命令行输入 DSETTINGS（或 DS）并回车。

系统弹出“草图设置”对话框，在其中的“捕捉与栅格”选项卡中选择“等轴测捕捉”单选项，如图 10-4 所示。

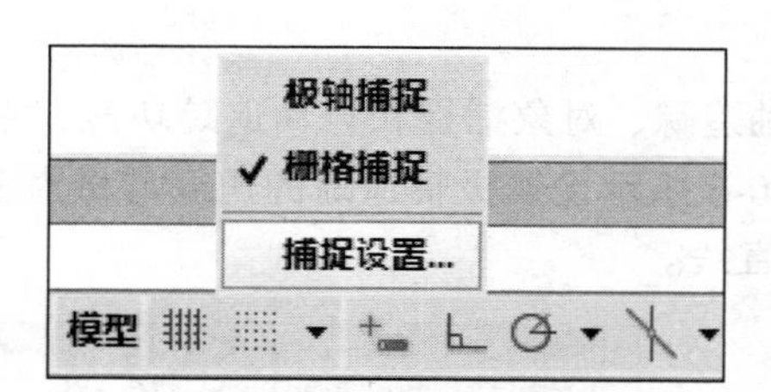

图 10-3　选择“设置”命令

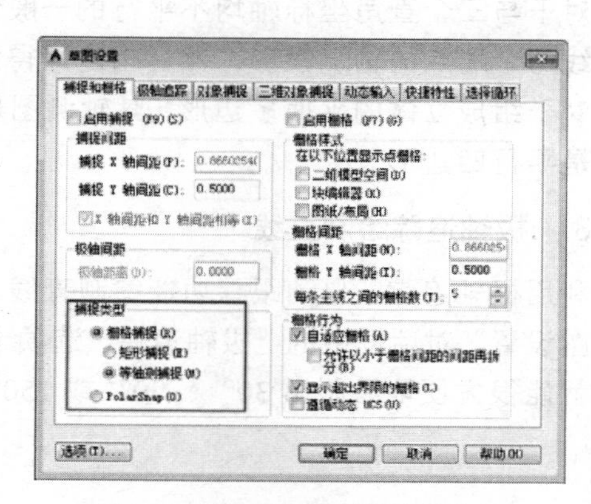

图 10-4　选择“等轴测捕捉”单选项

专家提醒

如果需要关闭“等轴测模式”，选择“矩形捕捉”单选项即可。

AutoCAD 2016

10.3 轴测投影模式绘图

将绘图模式设置为等轴测模式后，用户可以方便地绘制出直线、圆、圆弧和文本的轴测图。运用这些基本的图形对象可以组成复杂形体（组合体）的轴测投影图。

在绘制等轴测图时，切换绘图平面的方法有以下 3 种：

- 功能键：按 F5 键
- 组合键：按组合键 Ctrl+E
- 命令行：在命令行输入 ISOPLANE 命令，输入首字母 L、T、R 来转换相应的轴测面，也可以直接按回车键。

三种平面状态下显示的光标如图 10-5 所示。

10.3.1 绘制轴测直线

在轴测模式下绘制直线的常用方法有以下 3 种：

1. 极坐标绘制直线

当所绘制直线与不同轴测轴平行时，输入的极坐标值的极坐标角度将不同。

- 当所绘制的直线与 x 轴平行时，极坐标角度应输入 30° 或 - 150° 。
- 当所绘制的直线与 y 轴平行时，极坐标角度应输入 150° 或 - 30° 。
- 当所绘制的直线与 z 轴平行时，极坐标角度应输入 90° 或 - 90° 。
- 当所绘制的直线与任何轴都不平行时，必须找出直线两点，然后连线。

2. 正交模式绘制直线

根据投影特性，对于与直角坐标轴平行的直线，切换至当前轴测面后，打开“正交”模式，可将它们绘制与相应轴测轴平行。

对于与三个直角坐标轴均不平行的一般位置直线，则可关闭“正交”模式，沿轴向测量获得该直线两个端点的轴测投影，然后相连即得到一般位置直线轴测图。

对于组成立体的平面多边形，其轴测图是由边直线的轴测投影连接而成的。其中，矩形的轴测图是平行四边形。

3. 极轴追踪绘制直线

利用极轴追踪、自动跟踪功能绘制直线。打开极轴追踪、对象捕捉和自动追踪功能，并打开“草图设置”对话框中的“极轴追踪”选项卡，如图 10-6 所示设置极轴追踪的角度增量为 30° ，这样就能很方便地绘制出 30° 、90° 或 150° 方向的直线。

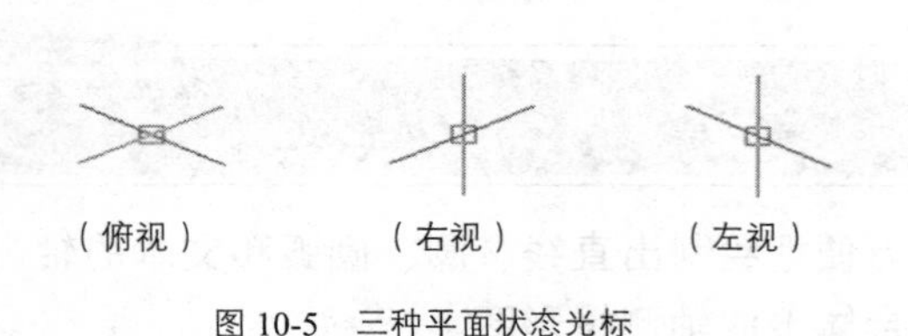

图 10-5　三种平面状态光标

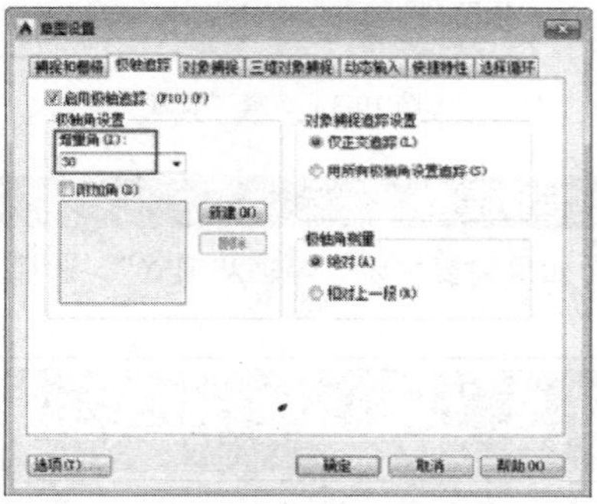

图 10-6　设置极轴追踪的角度增量

案例【10-1】绘制长方体轴测图

视频文件：DVD\视频\第 10 章\10-1.MP4

步骤 01 在命令行输入 DSETTINGS“草图设置”命令并回车，打开“草图设置”对话框，切换置“捕捉和栅格”选项卡，并在“捕捉类型”选项组中选择“等轴测捕捉”单选项，如图 10-7 所示。选择“极轴追踪”选项卡，设置“增量角”为 30° ，如图 10-8 所示，单击“确定”按钮即可完成等轴测图模式的设置。

步骤 02 按 F5 键将视图切换为右视平面，然后单击“绘图”面板中的“直线”按钮，绘制长方体的右视平面，结果如图 10-9 所示，命令行操作如下：

```
命令: _line
指定第一点:                      //在绘图区域合适位置拾取一点
指定下一点或 [放弃(U)]: 100↙     //先将光标置于直线走向的正前向，然后输入 100 并回车
指定下一点或 [放弃(U)]: 50↙      //先将光标置于直线走向的上方，然后输入 50 并回车
```

```
指定下一点或 [闭合(C)/放弃(U)]: 100↙   //先将光标置于直线走向的左方，然后输入 100 并回车
指定下一点或 [闭合(C)/放弃(U)]: c↙     //输入 c 结束命令
```

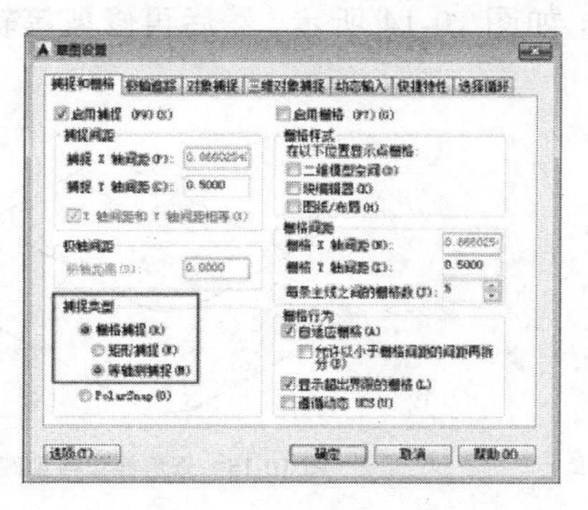

图 10-7　设置“等轴测捕捉”模式

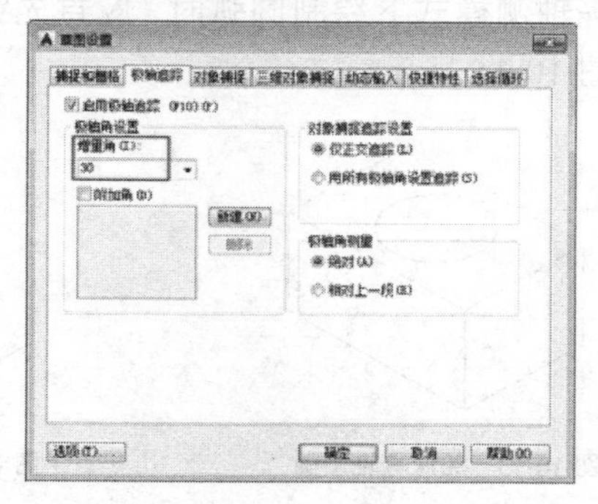

图 10-8　设置“增量角”

步骤 03　调用“直线”命令，按 F5 键将其切换为左视绘制长 100、宽 50 的左视平面，结果如图 10-10 所示。

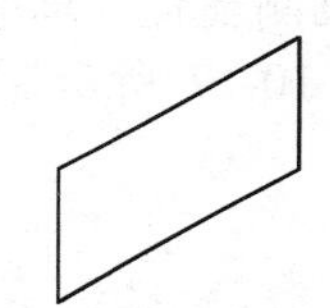

图 10-9　绘制右视平面

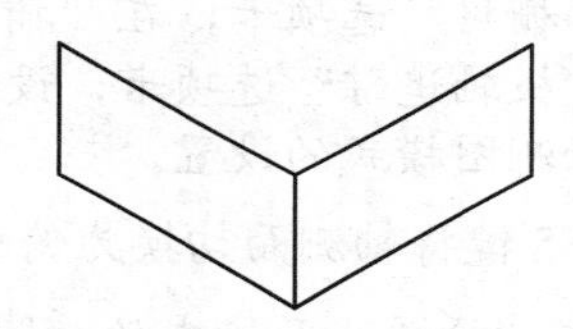

图 10-10　绘制左视平面

步骤 04　单击“修改”面板中的“复制”按钮，将左视平面复制一份到目标位置，结果如图 10-11 所示。

步骤 05　捕捉顶点，绘制出俯视平面上的直线，并删除被遮挡住的直线，最终效果如图 10-12 所示。

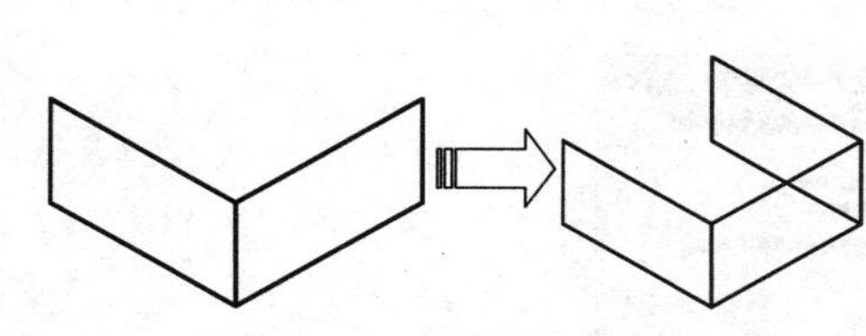

图 10-11　复制左视平面

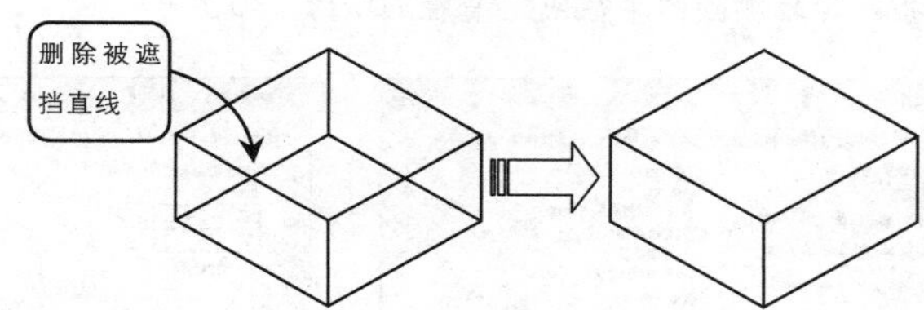

图 10-12　最终结果

10.3.2　绘制轴测圆和圆弧

圆的轴测投影是椭圆，当圆位于不同的轴测面时，椭圆长、短轴的位置将是不同的。手工绘制圆轴测投影比较麻烦，但在 AutoCAD 中可以直接选择“椭圆”工具中的“等轴测圆”选项来绘制。激活等轴测绘图模式后，在命令行输入 ELLIPSE 命令并回车，命令行操作如下：

```
命令: _ellipse ↙                                    //调用“椭圆”命令
指定椭圆轴的端点或 [圆弧(A)/中心点(C)/等轴测圆(I)]: I↙  //激活“等轴测圆”备选项
指定等轴测圆的圆心:                                   //在绘图区捕捉等轴测圆圆心
指定等轴测圆的半径或 [直径(D)]: 4↙                     //输入等轴测圆的半径，回车结束命令
```

绘制等轴测圆，以原点为圆心，单击“绘图”面板中的“圆心”按钮，按 F5 键将当前轴测面切换到上等轴测平面，绘制一个等轴测圆，如图 10-13 所示。

在等轴测模式下绘制圆弧时，应首先绘制等轴测圆，如图 10-14 所示。然后再修剪等轴测圆，结果如图 10-15 所示。

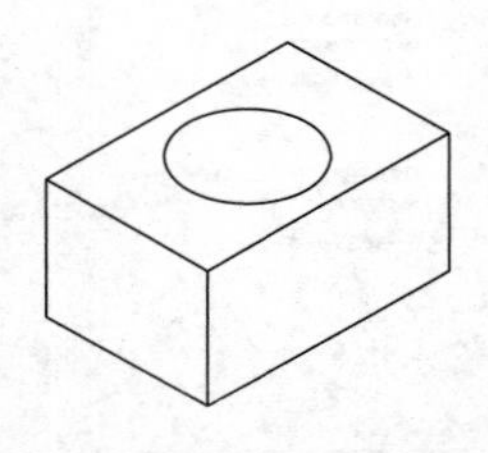

图 10-13　绘制等轴测圆

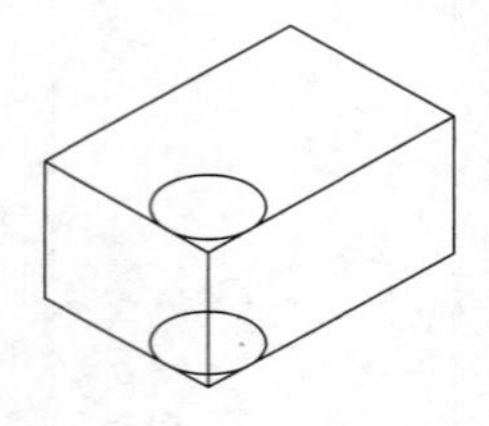

图 10-14　绘制等轴测圆

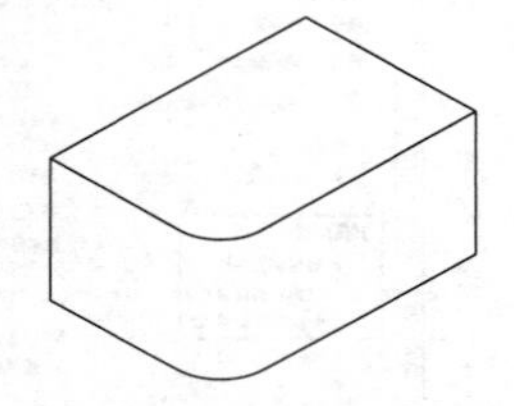

图 10-15　修剪操作得到圆弧

案例【10-2】 绘制轴测圆

视频文件：DVD\视频\第 10 章\10-2.MP4

步骤 01 在命令行输入 DSETTINGS“草图设置”命令并回车，打开“草图设置”对话框。切换至“捕捉和栅格”选项卡，在“捕捉类型”选项组中选择“等轴测捕捉”单选项，如图 10-16 所示。选择“极轴追踪”选项卡，设置“增量角”为 30°，如图 10-17 所示，单击“确定”按钮即可完成轴测图模式的设置。

步骤 02 按 F5 键将轴测面切换为俯视平面。

步骤 03 单击“绘图”面板中的“圆心”按钮，根据命令行提示绘制一个半径为 30 的轴测圆，结果如图 10-18 所示，命令行操作如下：

```
命令: _ellipse
指定椭圆轴的端点或 [圆弧(A)/中心点(C)/等轴测圆(I)]: i↙  //激活“等轴测圆”备选项
指定等轴测圆的圆心:                                   //在绘图区域合适位置拾取一点作为圆心
指定等轴测圆的半径或 [直径(D)]: 30↙                   //输入轴测圆的半径并回车
```

图 10-16　设置“等轴测捕捉”模式

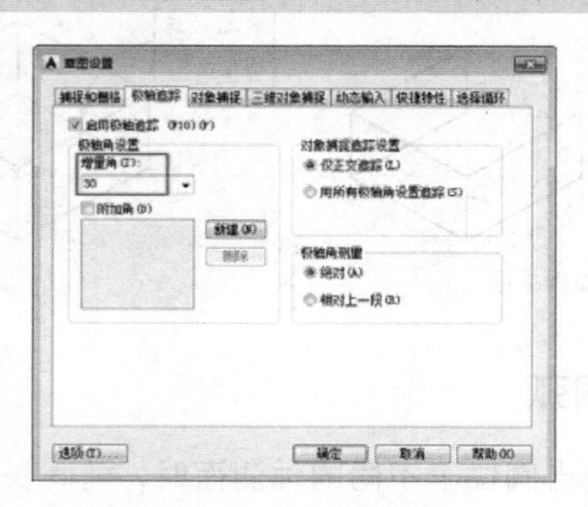

图 10-17　设置“增量角”

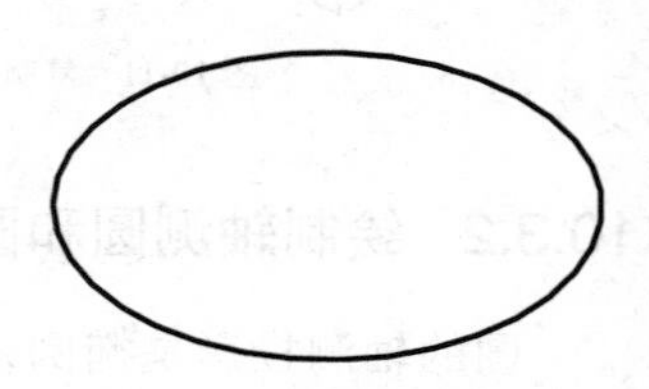

图 10-18　轴测圆

10.3.3　跟踪练习 1：利用直线绘制垫块铁零件轴测图

1. 草图设置

步骤 01 输入 DSETTINGS“草图设置”命令并回车，打开“草图设置”对话框。切换置“捕捉和栅格”选项卡，在“捕捉类型”选项组中选择“等轴测捕捉”单选项，如图 10-19 所示。

步骤 02 选择“极轴追踪”选项卡，设置“增量角”为 30°，如图 10-20 所示，单击“确定”按钮即可完成等轴测图模式的设置。

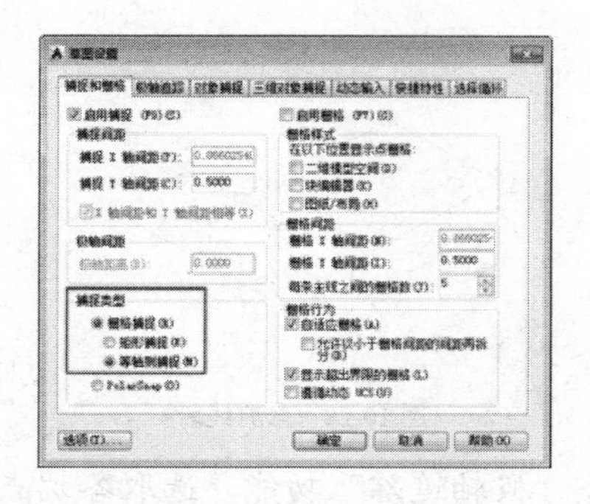

图 10-19　设置“等轴测捕捉”模式

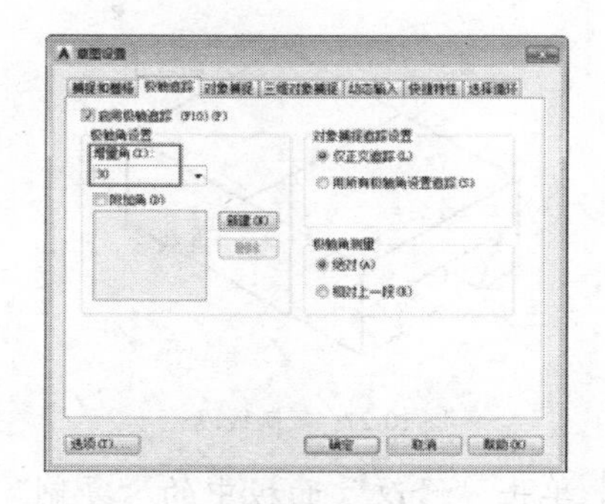

图 10-20　设置“增量角”

2. 绘制底座

步骤 01 单击“绘图”面板中的“直线”按钮，绘制底面轮廓线，如图 10-21 所示。单击“修改”面板中的“复制”按钮，选取底面为对象，以任意点为基点，按照如图 10-22 所示尺寸向上复制底面。

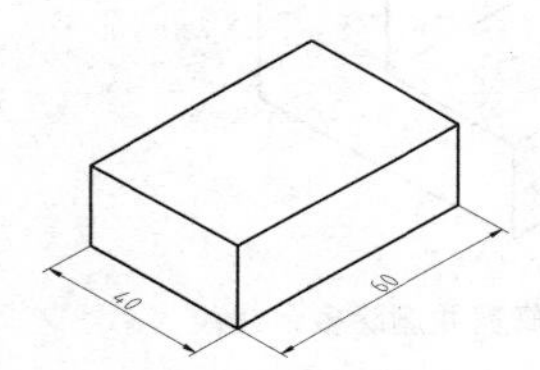

图 10-21　绘制底面轮廓线

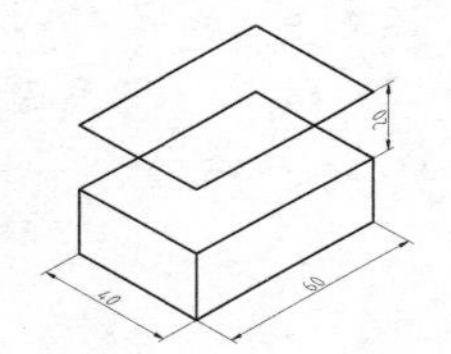

图 10-22　“复制”操作

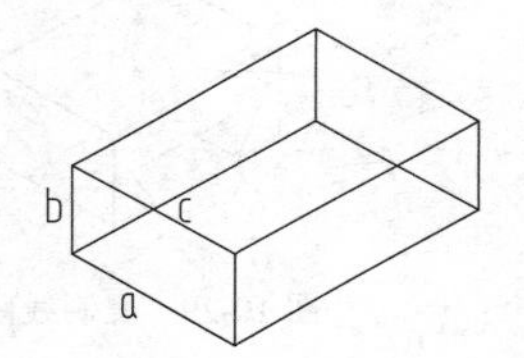

图 10-23　绘制棱线

步骤 02 单击“绘图”面板中的“直线”按钮，结合“对象捕捉”和“极轴追踪”功能在两平面之间绘制连接直线作为底座轮廓的棱线，效果如图 10-23 所示。单击“复制”按钮，选取底面轮廓 a 向上移动 10。重复调用“复制”命令，选取底面棱线向右分别移动 4、10、30 和 36。继续使用“复制”工具，选取底面轮廓 c 向下移动 10，结果如图 10-24 所示。

步骤 03 单击“绘图”面板中的“直线”按钮，依次连接点 M 和 N、点 O 和点 P，结果如图 10-25 所示。单击“修改”面板中的“修剪”按钮，修剪并删除多余的线段，效果如图 10-26 所示。底座绘制完成。

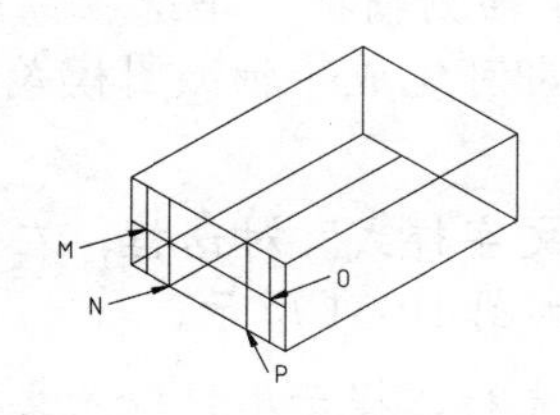

图 10-24　复制线段

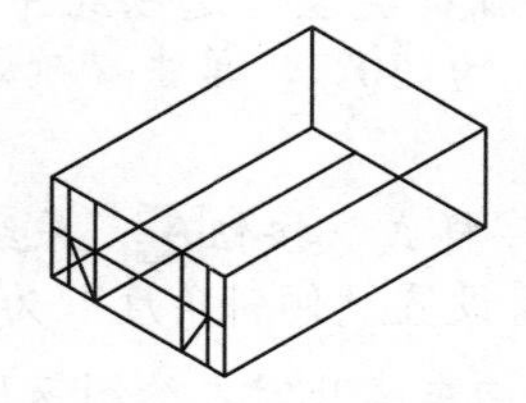

图 10-25　连接直线

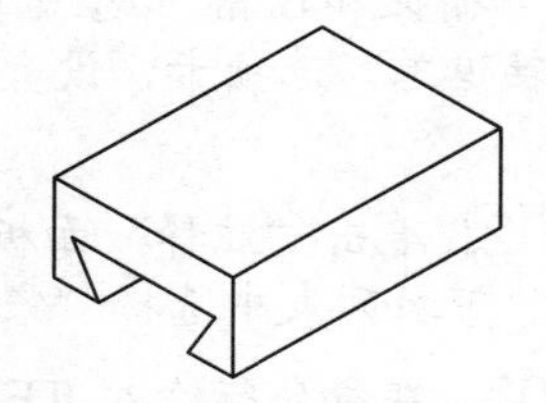

图 10-26　“修剪”操作

3. 绘制支撑部分

步骤 01 单击“修改”面板中的“复制”按钮，选取要复制的线段，结合“极轴追踪”功能，将直线 1 向左移动 30，结果如图 10-27 所示。单击“修改”面板中的“修剪”按钮，修剪掉多余的线段，单击“直线”按钮，连接修剪后的直线，结果如图 10-28 所示。

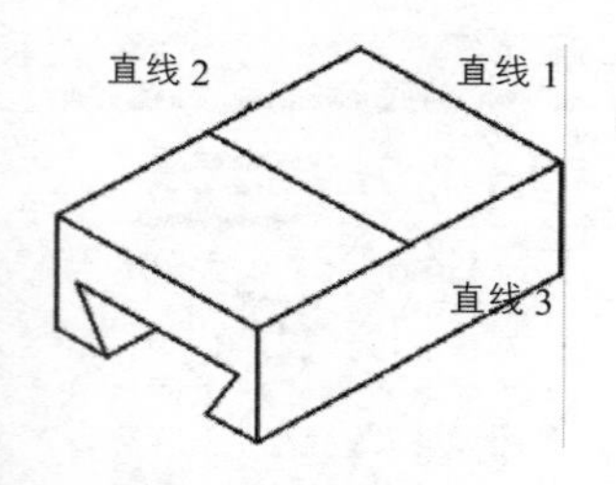

图 10-27 复制线段

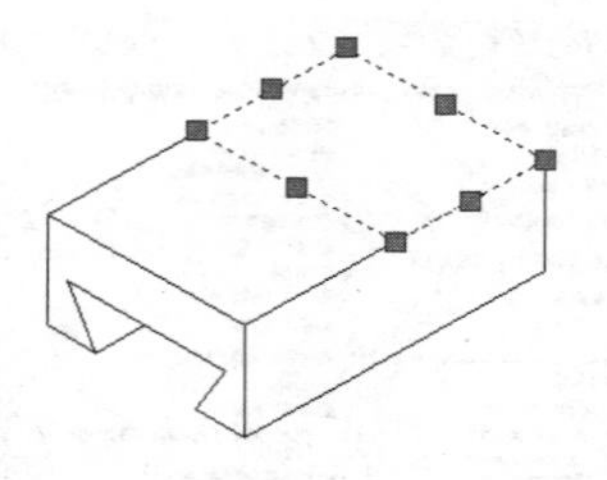
图 10-28 修剪线段

步骤 02 单击“修改”面板中的“复制”按钮，结合“极轴追踪”功能，选取各端点向上复制 20。单击“绘图”面板中的“直线”按钮，连接棱线，结果如图 10-29 所示。单击“修改”面板中的“修剪”按钮，修剪并删除掉多余的线段，结果如图 10-30 所示。整个垫块铁零件轴测图绘制完成。

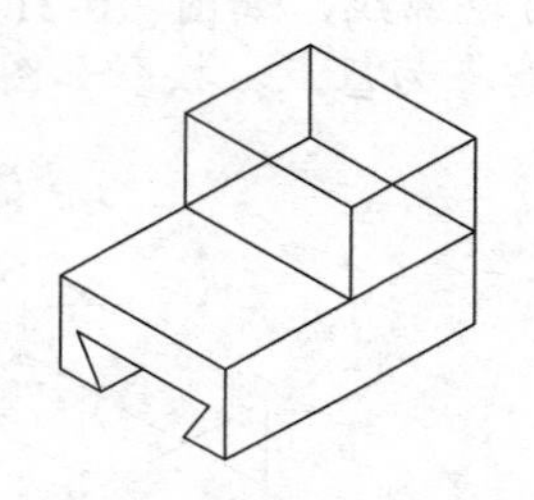
图 10-29 复制线段并连接棱线

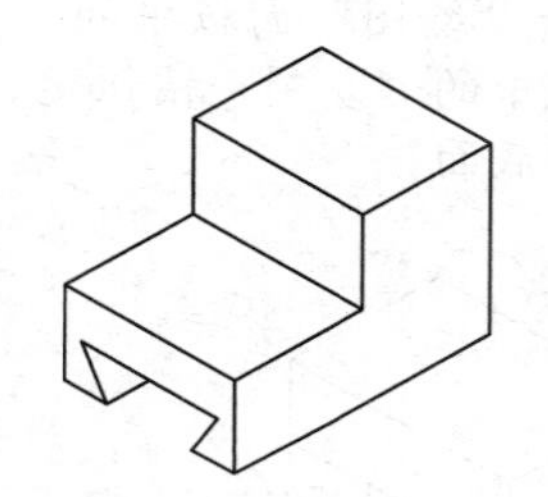
图 10-30 修剪并删除多余线段

10.3.4 在轴测图中输入文字

如果用户要在要在轴测图中输入文本，并且使该文本与相应的轴测面保持协调一致，则必须将文本和所在的平面一起变换为轴测图。将文本变换为轴测图的方法比较简单，只需要改变文本倾斜角与旋转角成 30° 的倍数。以下将举例对齐进行讲解。

案例【10-3】 输入轴测文字 视频文件：DVD\视频\第 10 章\10-3.MP4

步骤 01 在命令行输入 DSETTINGS“草图设置”命令并回车，打开“草图设置”对话框，切换至“捕捉和栅格”选项卡，并在“捕捉类型”选项组中选择“等轴测捕捉”单选项。选择“极轴追踪”选项卡，设置“增量角”为 30°，单击“确定”按钮即可完成等轴测图模式的设置。

步骤 02 单击“注释”面板中的“文字样式”按钮，系统弹出“文字样式”对话框，在“字体名”下拉列表中选择“宋体”，接着设置“倾斜角度”为-30°，如图 10-31 所示。

步骤 03 在命令行输入 TEXT 命令并回车，此时在绘图区域将出现光标，提示用户输入文字。输入文字“工程机械运用与维护”，按回车键结束，如图 10-32 所示，命令行提示如下：

```
命令： TEXT ↙                                        //调用“多行文字”命令
当前文字样式： “Standard” 文字高度： 2.5000 注释性： 否
指定文字的起点或 [对正(J)/样式(S)]：                  //在绘图区域合适位置拾取一点
```

```
指定高度 <2.5000>: 10↙                    //指定文字高度
指定文字的旋转角度 <0>: 30↙               //输入文字的旋转角度并回车
```

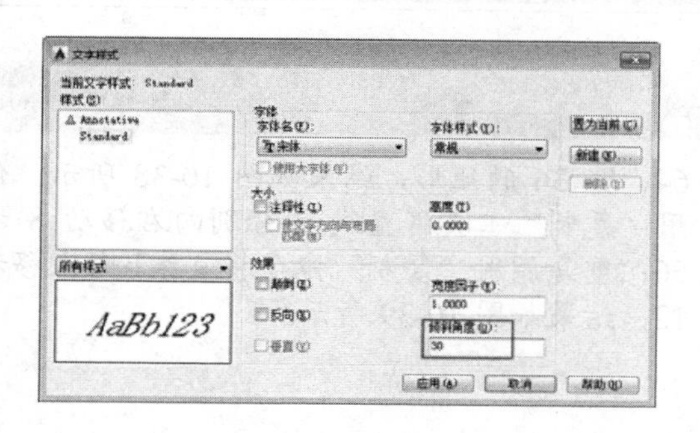

图 10-31　设置文字样式

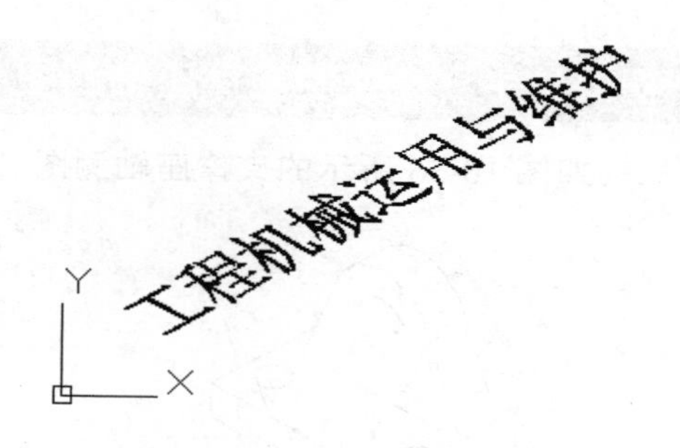

图 10-32　最终结果

10.3.5　标注轴测图尺寸

在 AutoCAD 中，轴测图的标注不同于平面图，标注该视图主要是使用“对齐标注”工具，并结合“编辑标注”和“多行文字”工具完成尺寸的标注和编辑。

1．轴测图的线性标注

轴测图的线性尺寸，一般沿轴测方向标注。尺寸数值为零件的基本尺寸。尺寸数字应该按相应的轴测图形标注在尺寸线的上方，尺寸线必须和所标注的线段平行，尺寸界线一般应平行于某一轴测轴。当图形中出现数字字头向下的情况时，应用引出线引出标注，并将数字按水平位置注写，标注效果如图 10-33 所示。

2．标注轴测图圆的直径

标注圆的直径时，尺寸线和尺寸界线应分别平行于圆所在平面内的轴测轴。标注圆弧半径和较小圆的直径时，尺寸线应从（或通过）圆心引出标注，但注写尺寸数值的横线必须平行于轴测轴，效果如图 10-34 所示。

3．标注轴测图角度的尺寸

标注角度的尺寸线，应画成与该坐标平面相应的椭圆弧，角度数字一般写在尺寸线的中断处，字头朝上，效果如图 10-35 所示。

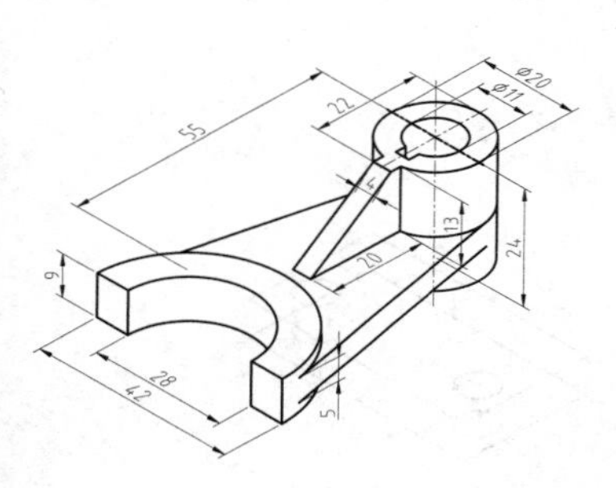

图 10-33　轴测图“线性”尺寸标注

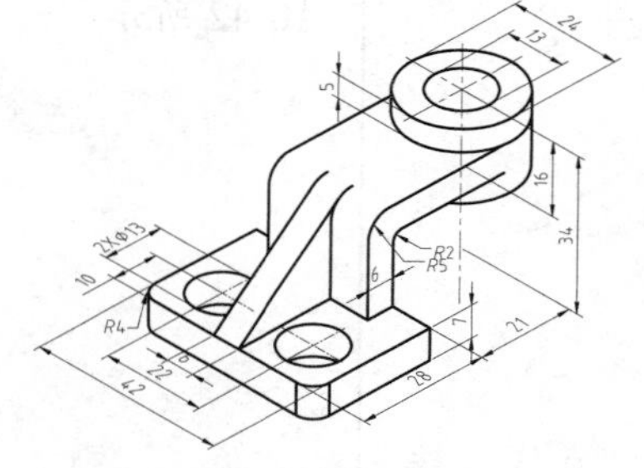

图 10-34　轴测图圆的“直径”标注

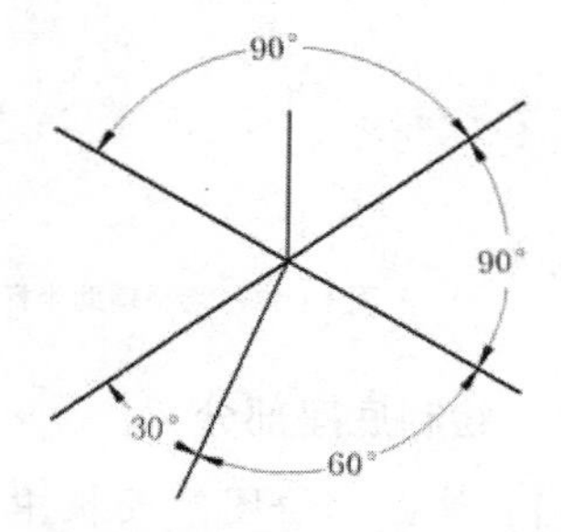

图 10-35　轴测图“角度”尺寸的标注

10.4 实战演练

初试身手——绘制支撑座轴测图

视频文件：DVD\视频\第 10 章\初试身手.MP4

绘制如图 10-36 所示的支撑座轴测图。

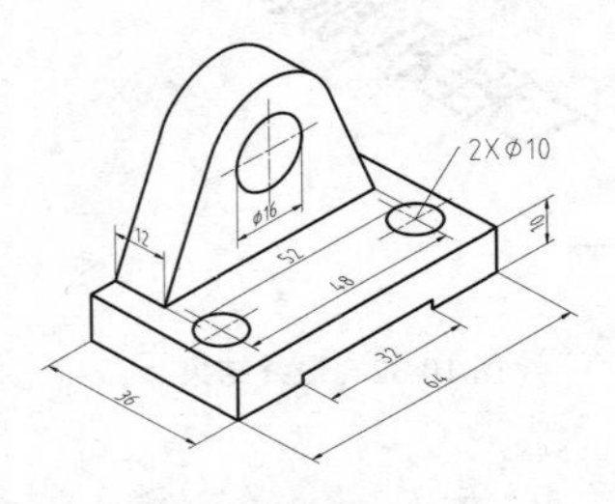

图 10-36 支撑座轴测图

1. 设置轴测图模式和绘制辅助坐标

步骤 01 在命令行输入 DSETTINGS“草图设置”命令并回车，打开“草图设置”对话框，切换至“捕捉和栅格”选项卡，并在“捕捉类型”选项组中选择“等轴测捕捉”单选项。选择“极轴追踪”选项卡，设置“增量角”为 30°，单击“确定”按钮即可完成等轴测图模式的设置。

步骤 02 打开“极轴追踪”和“对象捕捉”功能，并单击“绘图”面板中的“直线”按钮，绘制如图 10-37 所示的辅助坐标。然后使用“多行文字”工具，标出各坐标系和视图名称。

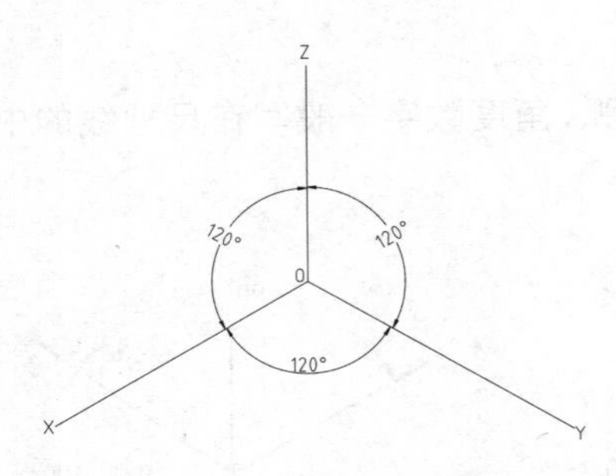

图 10-37 绘制辅助坐标

2. 绘制底座部分

步骤 01 单击“绘图”面板中的“直线”按钮，以辅助坐标原点为起点绘制一个长 64、宽 36 的矩形，结果如图 10-38 所示。使用“复制”工具将直线 a 分别向右移动 8 和 56。重复调用“复制”命令将直线b向上移动 12，结果如图 10-39 所示。

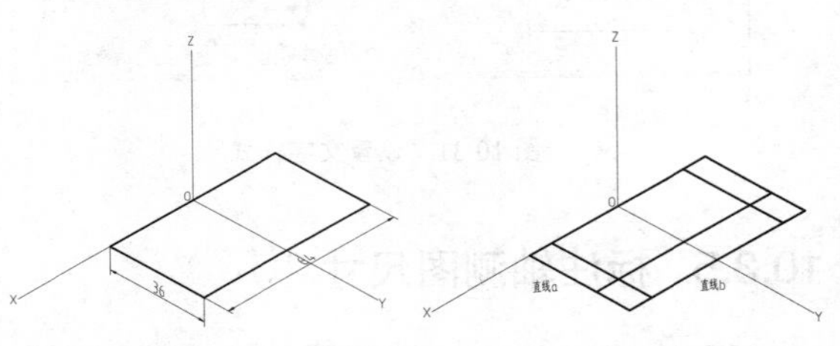

图 10-38 绘制底面轮廓线　　图 10-39 复制直线

步骤 02 单击“修改”面板中的“圆心”按钮，按 F5 键将视图切换为俯视，如图 10-40 所示绘制两个半径为 5 的等轴测圆。单击“修改”面板中的“修剪”按钮，修剪并删除掉多余的线段和圆弧，结果如图 10-41 所示。

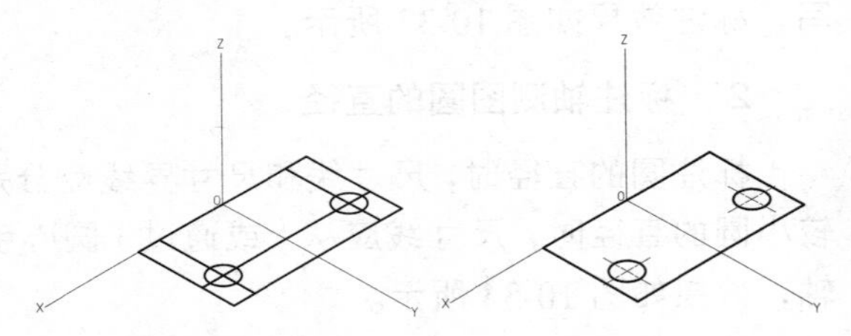

图 10-40 绘制等轴测圆　　图 10-41 修剪多余线段

步骤 03 单击“修改”面板中的“复制”按钮，选取底平面上所有的线段和圆为复制对象，将其沿 z 轴正方向移动 10，结果如图 10-42 所示。

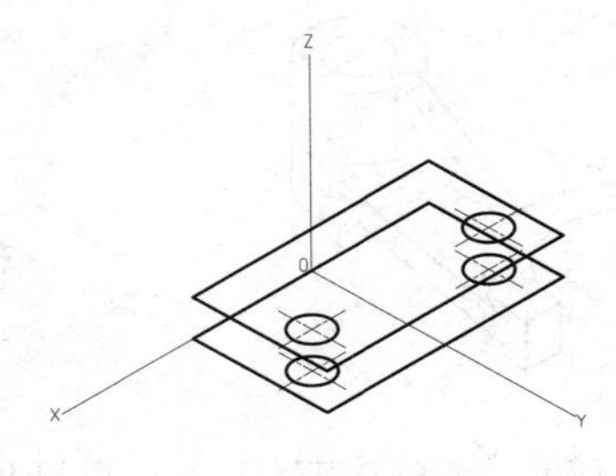

图 10-42 复制图形

步骤 04　单击“绘图”面板中的“直线”按钮，绘制底板上各棱线。结果如图 10-43 所示。单击“修改”面板中的“复制”按钮，选取直线 c 为复制对象向右移动 16 和 48。重复调用“复制”命令，选取直线 b 为复制对象向上移动 2，结果如图 10-44 所示。

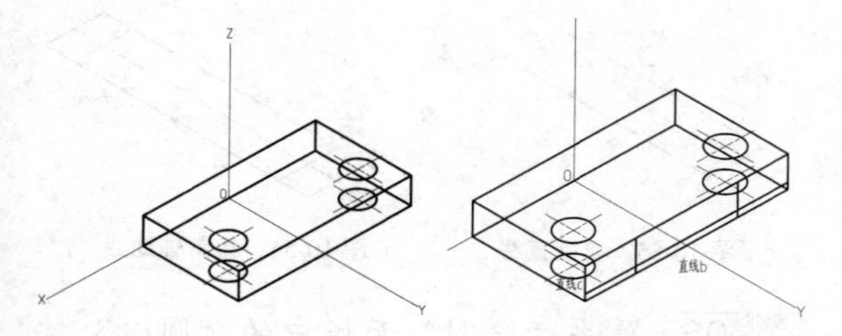

图 10-43　绘制棱线　　图 10-44　复制直线

步骤 05　单击“修改”面板中的“修剪”按钮，修剪并删除多余的线段和圆，即可完成底座部分的绘制，结果如图 10-45 所示。

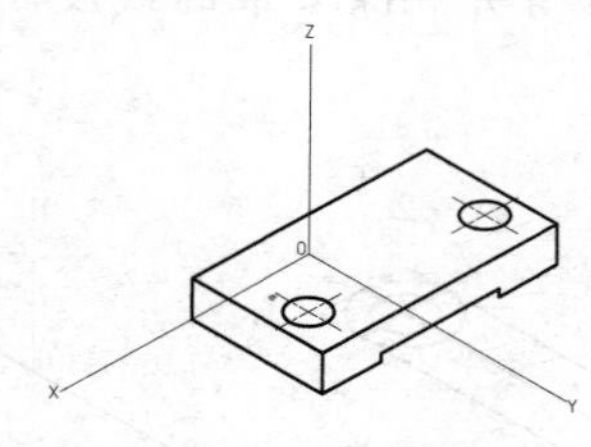

图 10-45　“修剪”操作

3. 绘制支撑部分

步骤 01　单击“修改”面板中的“复制”按钮，选取直线 e 为复制对象向上移动 22，重复“复制”命令，选取直线 f 为复制对象向右分别移动 6 和 58，结果如图 10-46 所示。然后单击“绘图”面板中的“圆心”按钮，按 F5 键将视图切换为右视，如图 10-47 所示绘制半径分别为 8 和 16 的等轴测圆。

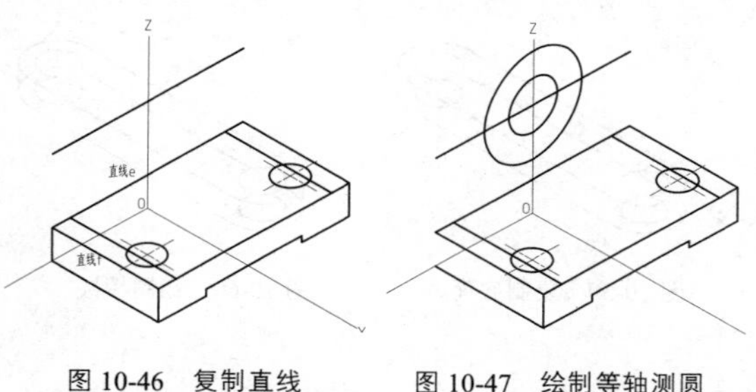

图 10-46　复制直线　　图 10-47　绘制等轴测圆

步骤 02　单击“绘图”面板中的“直线”按钮，结合“对象捕捉”功能，如图 10-48 所示绘制直线。

步骤 03　单击“修剪”按钮，修剪并删除掉多余的线段和圆弧，结果如图 10-49 所示。

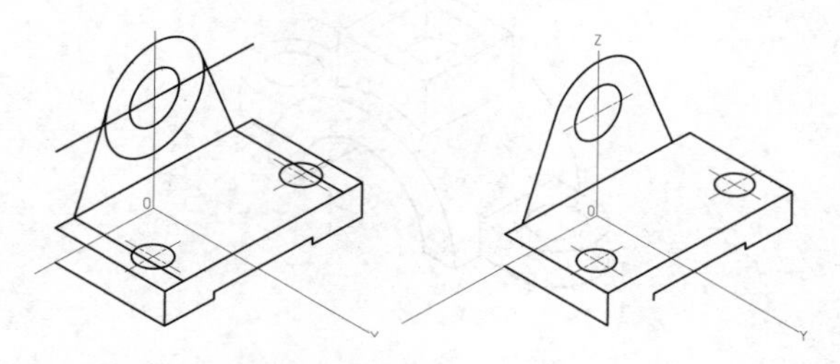

图 10-48　绘制直线　　图 10-49　“修剪”操作

步骤 04　单击“修改”面板中的“复制”按钮，选取以上操作所绘制的平面上所有的线段和圆为复制对象，将其沿 y 轴正方向移动 12，结果如图 10-50 所示。

步骤 05　单击“绘图”面板中的“直线”按钮，结合“对象捕捉”功能，如图 10-51 所示绘制直线。

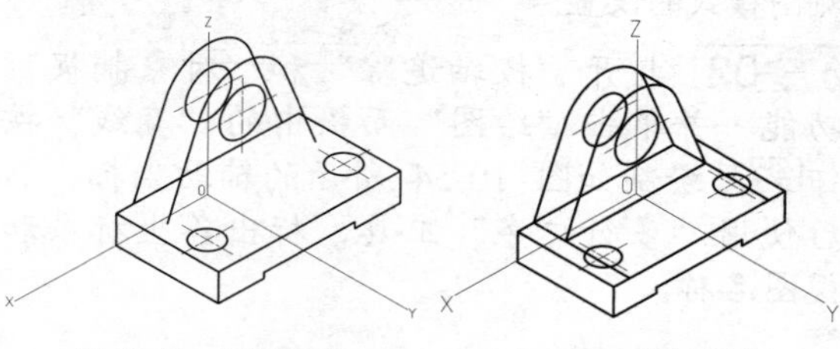

图 10-50　复制图形　　图 10-51　绘制直线

步骤 06　单击“修改”面板中的“修剪”按钮，修剪并删除掉多余的线段和圆弧，结果如图 10-52 所示。该轴测图绘制完成。

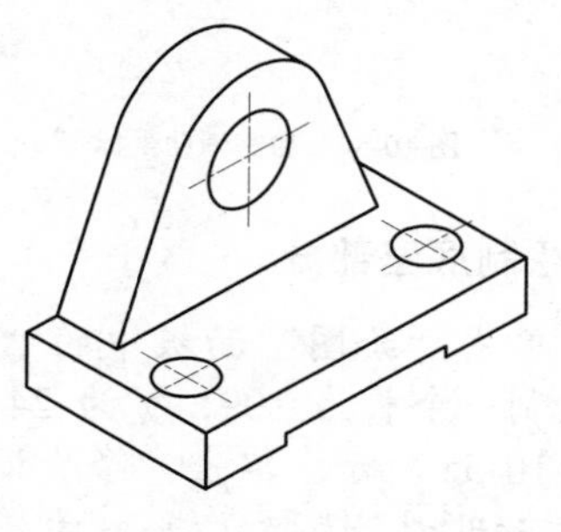

图 10-52　最终结果

深入训练—绘制固定座轴测图

视频文件：DVD\视频\第10章\深入训练.MP4

绘制如图10-53所示的固定座轴测图。

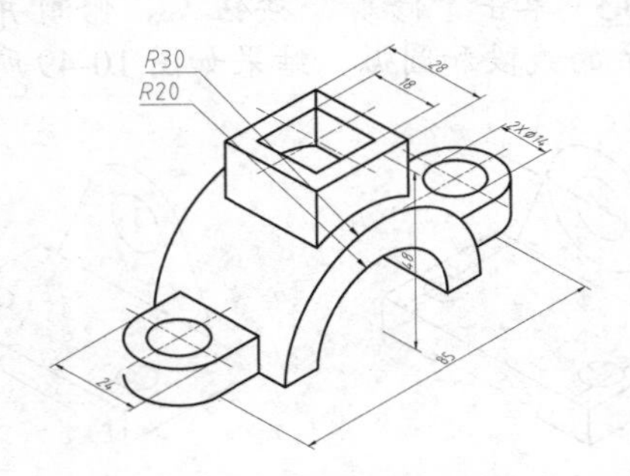

图10-53　固定座轴测图

1. 设置轴测图模式与绘制辅助坐标

步骤01 在命令行输入DSETTINGS“草图设置”命令并回车，打开“草图设置”对话框，。切换至“捕捉和栅格”选项卡，并在“捕捉类型”选项组中选择“等轴测捕捉”单选项。选择“极轴追踪”选项卡，设置“增量角”为30°，单击“确定”按钮即可完成等轴测图模式的设置。

步骤02 打开“极轴追踪”和“对象捕捉”功能，并单击“绘图”面板中的“直线”按钮，绘制如图10-54所示的辅助坐标。然后使用“多行文字”工具，标出各坐标系和视图名称。

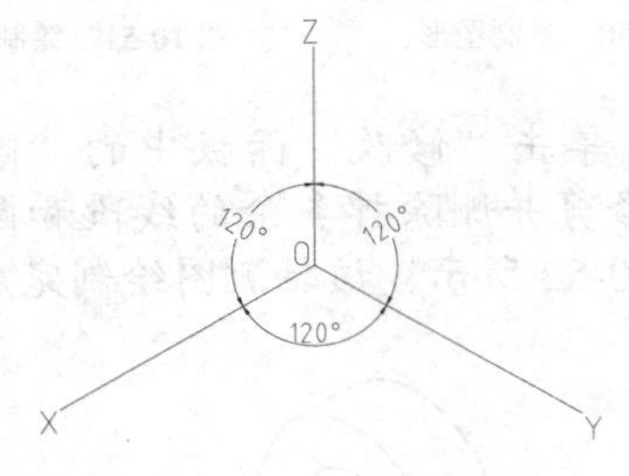

图10-54　绘制辅助坐标

2. 绘制底座部分

步骤01 单击“绘图”面板中的“直线”按钮，绘制一个长为109、宽为24的矩形，结果如图10-55所示。单击“修改”面板中的“复制”按钮，选取直线a为复制对象，将其沿y轴负方向移动12。重复调用“复制”命令，选取直线b为复制对象，将其沿x轴负方向分别移动12和97，结果如图10-56所示。

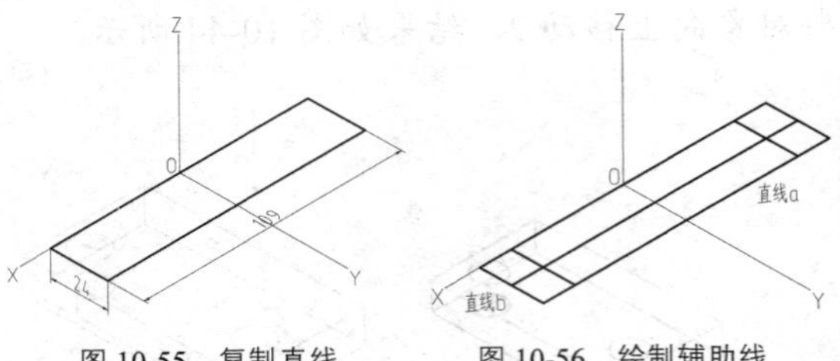

图10-55　复制直线　　图10-56　绘制辅助线

步骤02 单击“绘图”面板中的“圆心”按钮，按F5键将视图切换为俯视，然后根据命令行提示以辅助线的交点为圆心，绘制半径为7和以矩形相切的2个等轴测圆，如图10-57所示。单击“修改”面板中的“修剪”按钮，修剪并删除多余的线段，结果如图10-58所示。

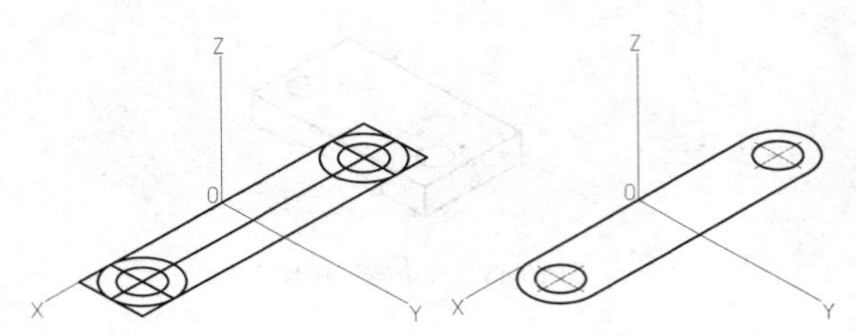

图10-57　绘制等轴测圆　　图10-58　“修剪”操作

步骤03 单击“修改”面板中的“复制”按钮，选取以上操作所绘制的平面上所有的线段和圆为复制对象，沿z轴正方向移动10，结果如图10-59所示。单击“直线”按钮，结合“对象捕捉”功能，绘制如图10-60所示棱线。底座绘制完成。

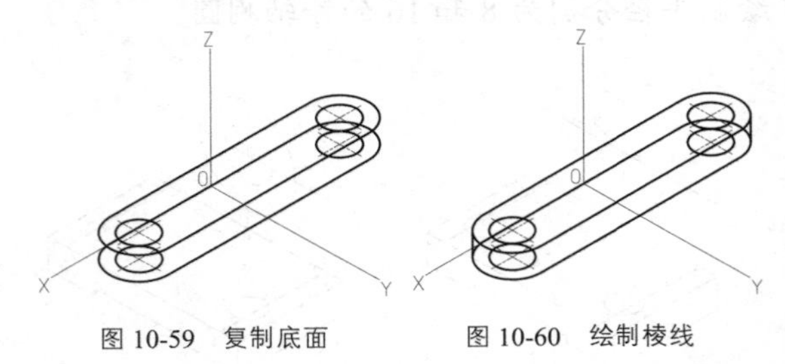

图10-59　复制底面　　图10-60　绘制棱线

3. 绘制拱形部分

步骤 01 单击“修改”面板中的“复制”按钮，选取直线 a 为复制对象，沿 y 轴方向移动 8，结果如图 10-61 所示。

步骤 02 单击“绘图”面板中的“圆心”按钮，按 F5 键将视图切换为右视，以复制的直线与 y 轴的交点为圆心，绘制半径分别为 20 和 30 的等轴测圆，如图 10-62 所示。

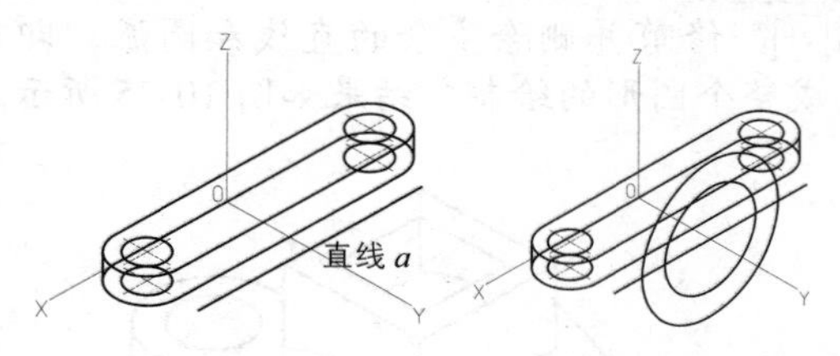

图 10-61　绘制辅助线　　图 10-62　绘制等轴测圆

步骤 03 单击“修改”面板中的“修剪”按钮，修剪并删除掉多余的线段和圆弧，结果如图 10-63 所示。

步骤 04 单击“修改”面板中的“复制”按钮，选取上部操作后的圆弧和直线为复制对象，沿 y 轴负方向移动 40，结果如图 10-64 所示。

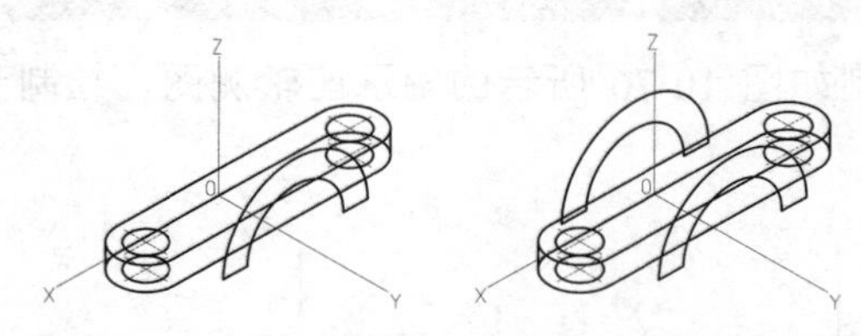

图 10-63　“修剪”操作　　图 10-64　“复制”操作

步骤 05 单击“绘图”面板中的“直线”按钮，结合“对象捕捉”功能，绘制直线如图 10-65 所示。

步骤 06 单击“修剪”按钮，修剪并删除掉多余的线段和圆弧，结果如图 10-66 所示。

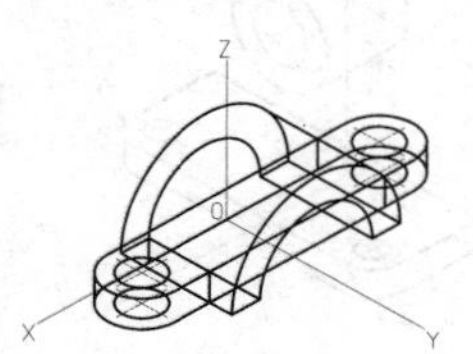

图 10-65　绘制直线

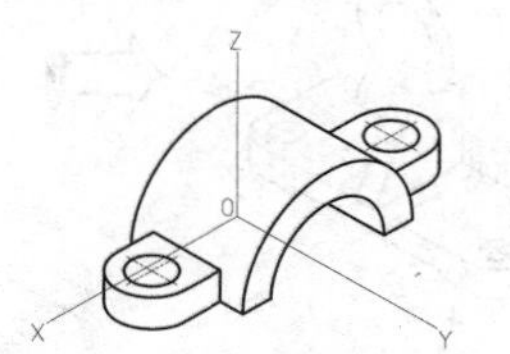

图 10-66　“修剪”操作

4. 绘制方形孔部分

步骤 01 单击“修改”面板中的“复制”按钮，选取 x 轴直线为复制对象，沿 y 轴正方向移动 12，结果如图 10-67 所示。重复调用“复制”命令，选取上步操作所复制的 x 轴直线和 y 轴直线为复制对象，沿 z 轴方向移动 42，并拉长直线，结果如图 10-68 所示。

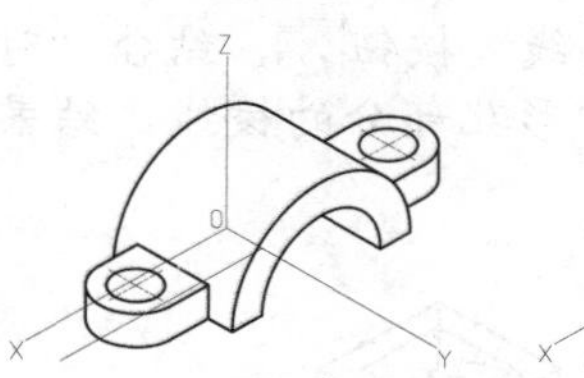

图 10-67　复制 x 轴直线

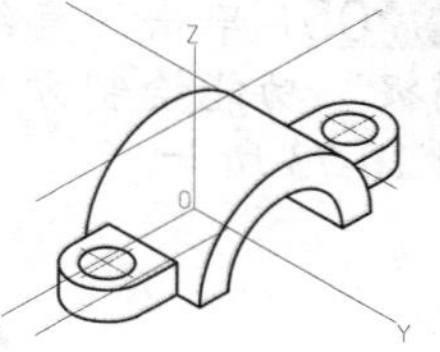

图 10-68　拉长直线

步骤 02 单击“修改”面板中的“复制”按钮，选取直线 x1 为复制对象，将其沿 y 轴两个方向分别移动 9 和 14，结果如图 10-69 所示。重复调用“复制”命令，选取直线 y1 为复制对象，将其沿 x 轴两个方向分别移动 9 和 14，结果如图 10-70 所示。

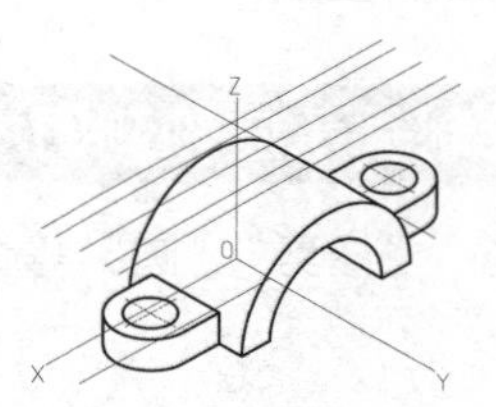

图 10-69　复制直线 x1

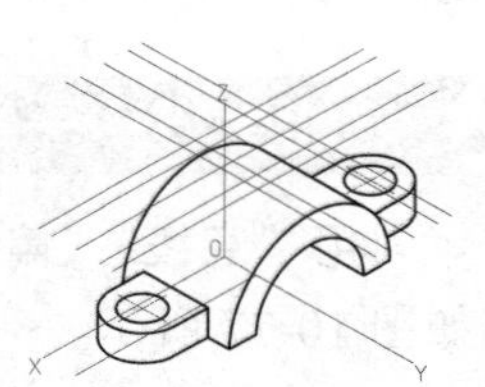

图 10-70　复制直线 y1

步骤 03 单击“修改”面板中的“修剪”按钮，修剪并删除掉多余的线段，结果如图 10-71 所示。

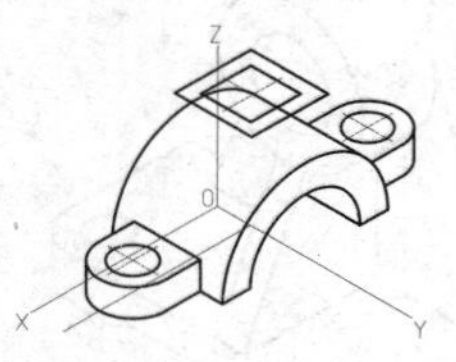

图 10-71　“修剪”操作

步骤 04 单击“修改”面板中的“复制”按钮，选取圆弧 1 为复制对象，将其沿 y 轴负方向分别移动 6 和 34，进行复制操作，结果如图 10-72 所示。

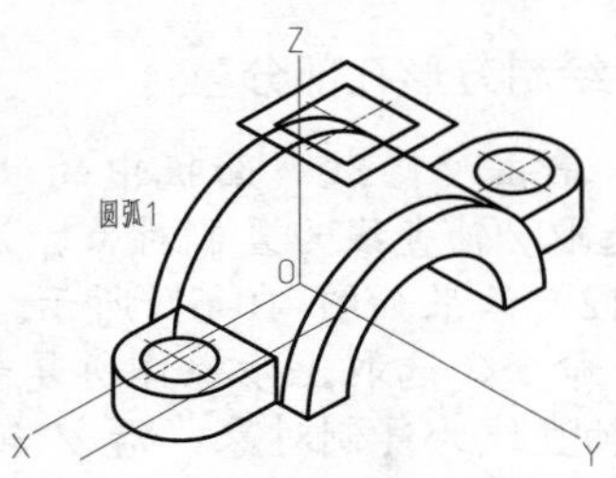

图 10-72　复制圆弧

步骤05 单击“直线”按钮，结合“对象捕捉”功能绘制方形孔部分的棱线，结果如图 10-73 所示。

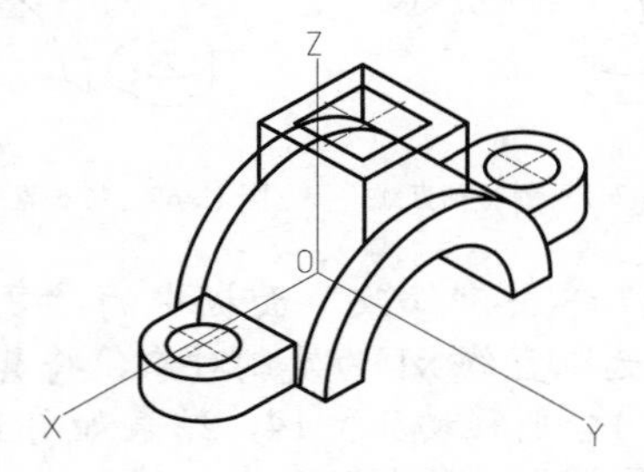

图 10-73　绘制方形孔棱线

步骤06 单击“绘图”面板中的“直线”按钮，如图 10-74 所示绘制直线。

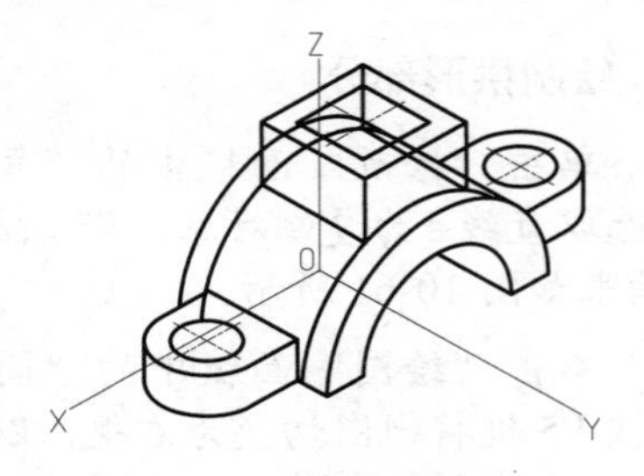

图 10-74　绘制直线

步骤07 单击“修改”面板中的“修剪”按钮，修剪并删除多余的直线和圆弧，即可完成整个图形的绘制，结果如图 10-75 所示。

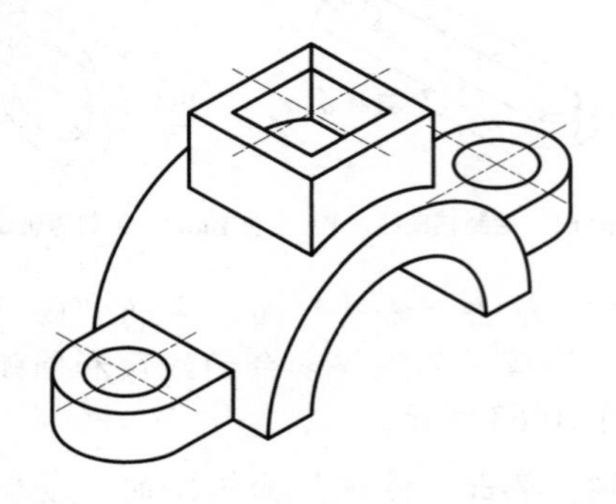

图 10-75　“修剪”操作

熟能生巧——绘制轴承座轴测图

视频文件：DVD\视频\第 10 章\熟能生巧.MP4

利用“直线”“偏移”“修剪”“圆”等命令，绘制如图 10-76 所示的轴承座轴测图，绘制步骤如图 10-77 所示。

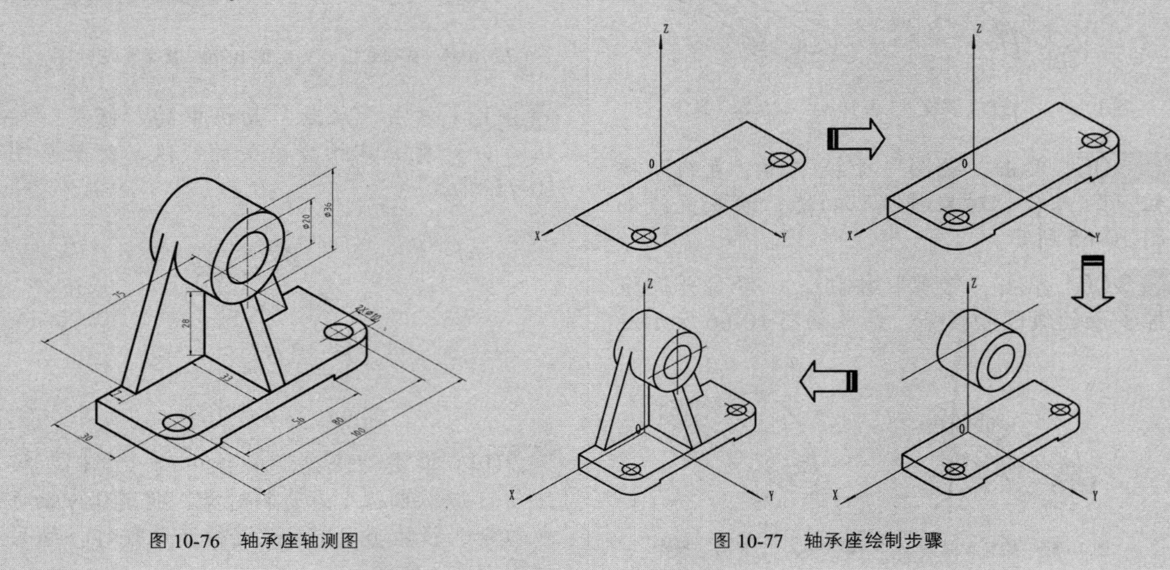

图 10-76　轴承座轴测图

图 10-77　轴承座绘制步骤

10.5 课后练习

AutoCAD 2016

1. 选择题

(1) 在绘制等轴测图时必须设置以下哪个选项（　　）。

A、对象捕捉　　B、极轴追踪

C、正交模式　　D、等轴测捕捉

(2) 以下哪个工具可以绘制等轴测圆（　　）。

A、圆　　B、椭圆

C、圆弧　　D、样条曲线

(3) 以下哪个快捷键可以用来切换等轴测视图（　　）。

A、Shift+E　　B、Alt+E

C、Ctrl+C　　D、Ctrl+E

2. 实例题

(1) 绘制如图 10-78 所示的轴承座轴测图。

(2) 绘制如图 10-79 所示的支撑座零件轴测图。

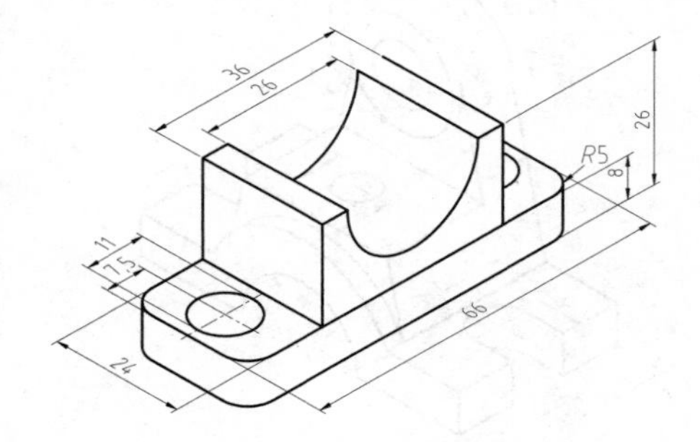

图 10-78　轴承座轴测图

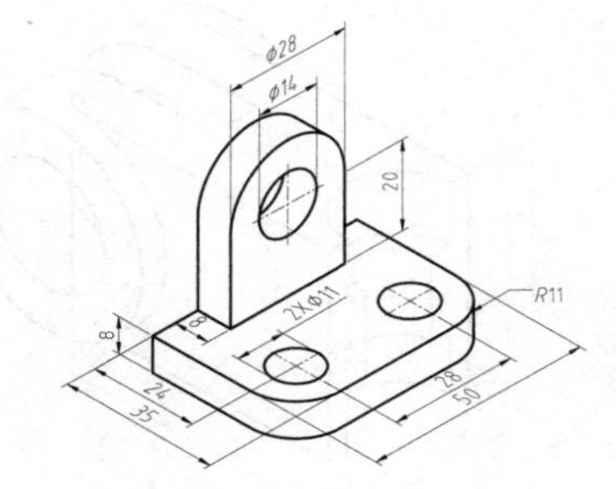

图 10-79　支撑座零件轴测图

(3) 绘制如图 10-80 所示的底座轴测图。

(4) 绘制如图 10-81 所示的轴架轴测图。

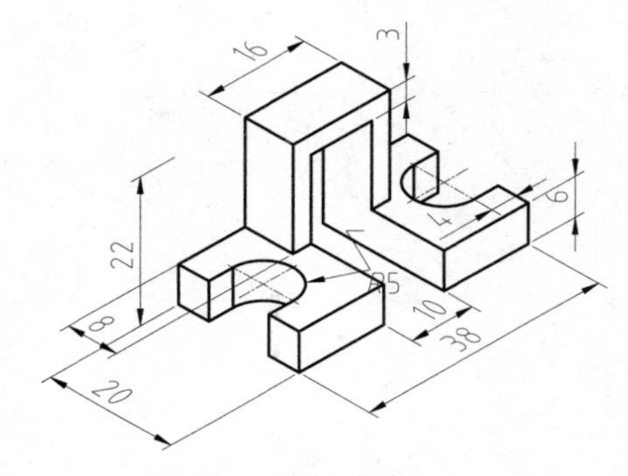

图 10-80　底座轴测图

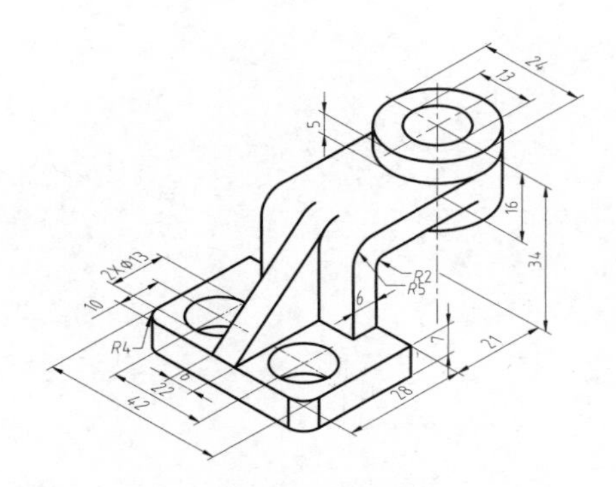

图 10-81　轴架轴测图

(5) 绘制如图 10-82 所示的支耳零件轴测图。

(6) 绘制如图 10-83 所示的定位支架轴测图。

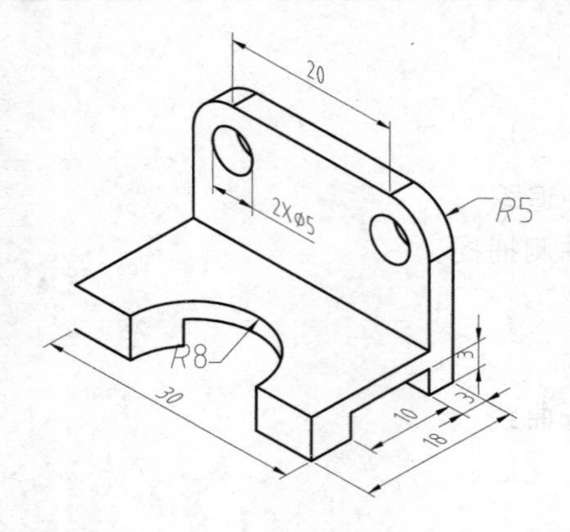

图 10-82 支耳零件轴测图

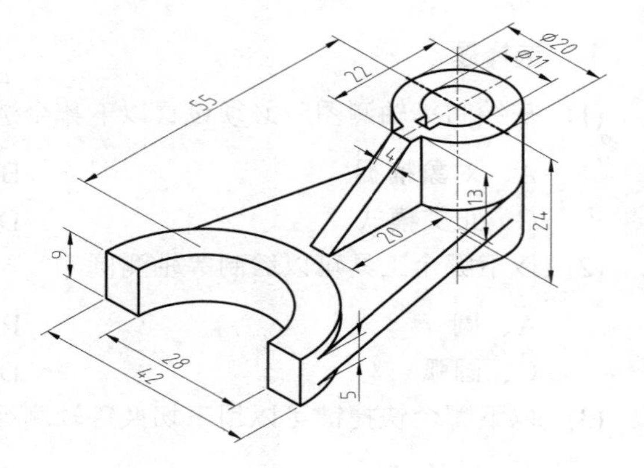

图 10-83 定位支架轴测图

(7) 绘制如图 10-84 所示的接头零件轴测图。

(8) 绘制如图 10-85 所示的支撑座轴测图。

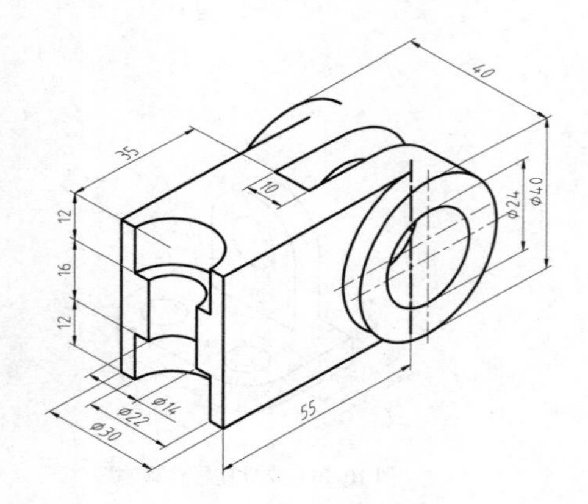

图 10-84 接头零件轴测图

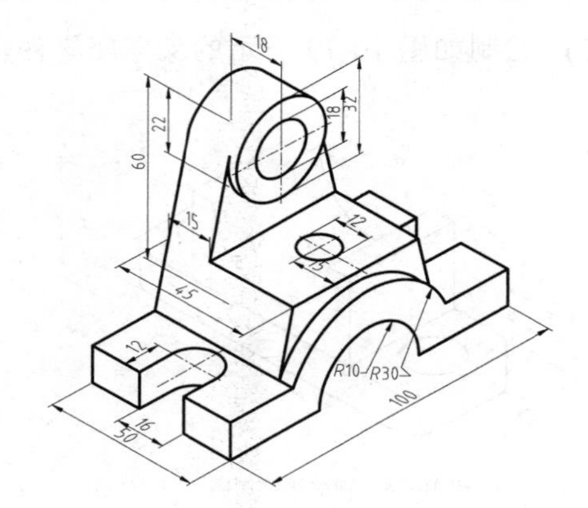

图 10-85 支撑座轴测图

第11章 绘制三维网格和三维曲面

在实际过程中，一些工程和工艺造型用曲面建模会更加适合与便捷。除了用曲面建模以外，用户也可以使用网格对象进行三维建模。当然用网格对象进行建模与用三维实体和曲面进行建模在某些重要的方式上有着一定的差异。本章所介绍的曲面建模和网格建模区别于实体建模，但是在一些造型塑造方面却更加适合。

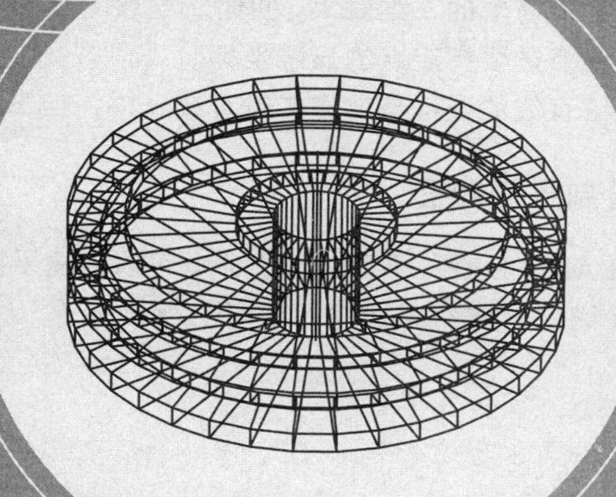

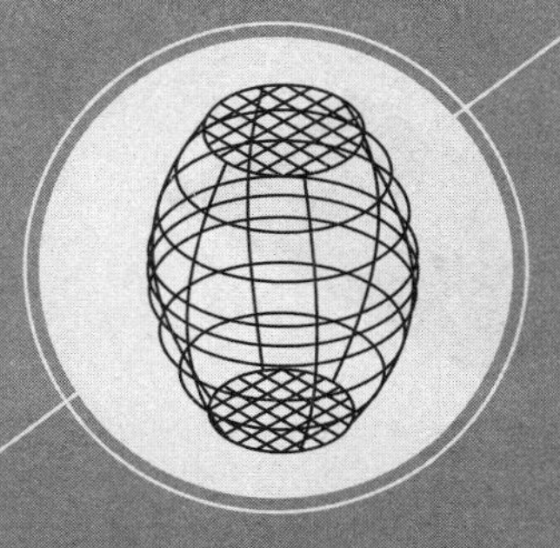

三维模型主要分为线框模型、曲面模型、网格模型和实体模型。线框模型是由直线和曲线来表示真实三维图形边缘或框架，如图 11-1 所示。它没有关于表面和体的信息，因此不能对其进行消隐和渲染操作。曲面模型除了边界以外还有表面，如图 11-2 所示，可以对它进行消隐和渲染操作，但不包括实体部分，因此不能对其进行布尔运算。

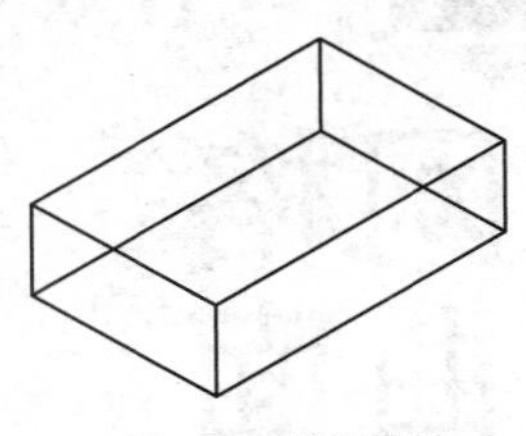

图 11-1　线框模型

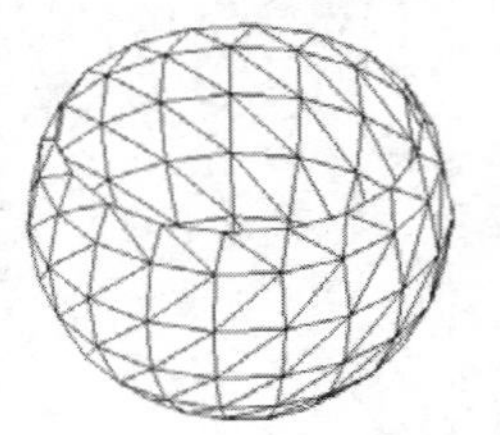

图 11-2　曲面模型

技巧点拨

通过系统变量 Surftab1 和 Surftab2 可以设置曲面网格的显示。

AutoCAD 2016

11.1 绘制基本三维曲面

11.1.1 绘制三维线框

三维线框对象包括三维点、三维直线和三维多段线等三维对象，也包括置于三维空间中的各种线框对象。

三维点是最简单的三维对象。创建三维点的过程与创建二维点一样，都是使用 POINT 命令，但是创建三维点需要指定点的三维坐标。

创建三维直线的过程与创建二维直线一样，但三维直线的端点是三维点，如图 11-3 所示。

11.1.2 绘制平面曲面

调用 PLANESURF（平面曲面）命令可以创建平面曲面。平面曲面可以通过“特性”选项板中设置 U 素线和 V 素线来控制，如图 11-4 所示。

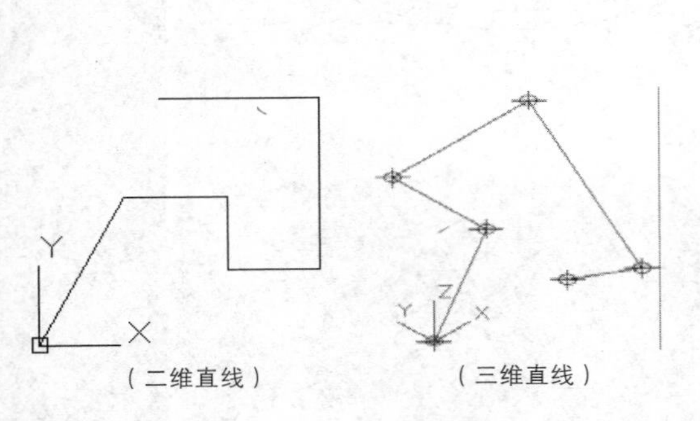

图 11-3　二维直线与三维直线

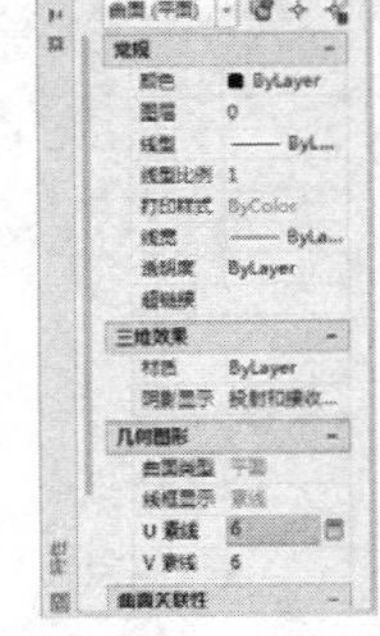

图 11-4　通过“特性”选项板中控制平面曲面

在 AutoCAD 中，调用 PLANESURF（平面曲面）命令的方法有以下两种：

- 菜单栏：调用“绘图”|“建模”|“曲面”|“平面”菜单命令。
- 命令行：在命令行输入 PLANESURF 并回车。

案例【11-1】绘制正六边形面　　视频文件：DVD\视频\第 11 章\11-1.MP4

步骤 01 单击“绘图”面板中的“正多边形”按钮，在绘图区域合适位置绘制如图 11-5 所示一个正六边形。

步骤 02 在命令行输入 PLANESURF“平面曲面”命令并回车，将正六边形转换为平面曲面，命令行提示如下：

```
命令：_Planesurf↙                              //激活“曲面”命令
指定第一个角点或 [对象(O)] <对象>：o↙            //激活“对象”备选项
选择对象：找到 1 个                              //选择上步操作所绘制的正六边形
选择对象：↙                                      //回车结束命令
```

步骤 03 然后按 Ctrl + 1 键打开“特性”管理器，在其中将曲面的 U 素线设置为 8，V 素线设置为 10，如图 11-6 所示。

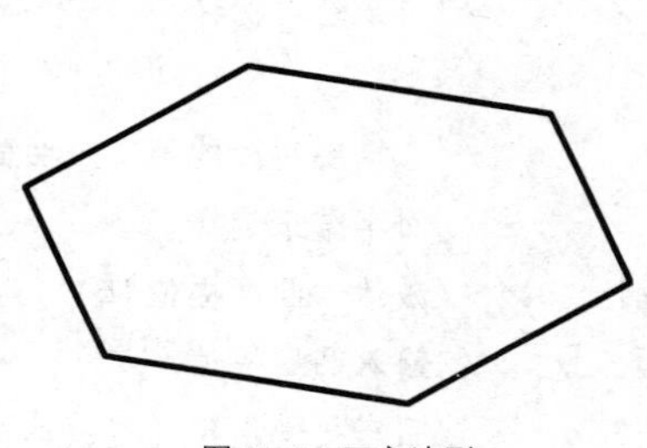

图 11-5　正六边形

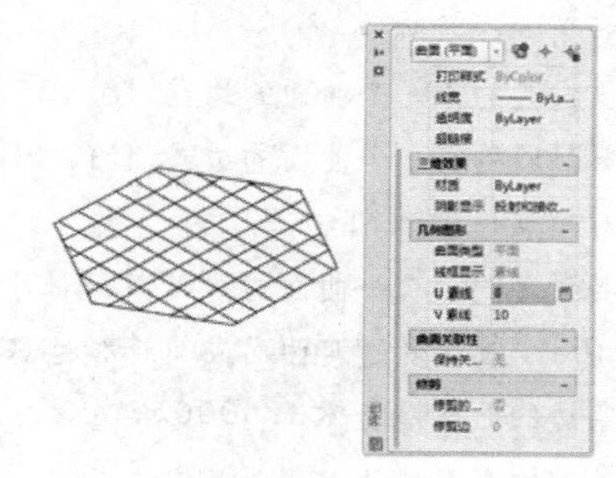

图 11-6　最终效果

11.1.3　绘制面域

面域实际上就是厚度为 0 的实体，是用闭合的形状或环创建的二维区域。面域的边界由端点相连的曲线组成，曲线上每个端点仅连接两条边。使用 REGION（面域）命令可以绘制面域，如图 11-7 所示。

在 AutoCAD 中，调用 REGION（面域）命令的方法如下：

- 菜单栏：调用“绘图”|“面域”菜单命令。
- 面板：单击“绘图”面板中的“面域”按钮。
- 命令行：在命令行输入 REGION（或 REG）并回车。

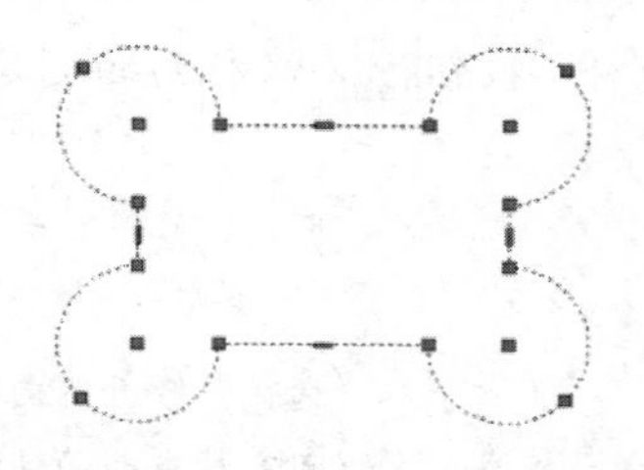

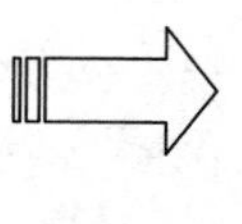

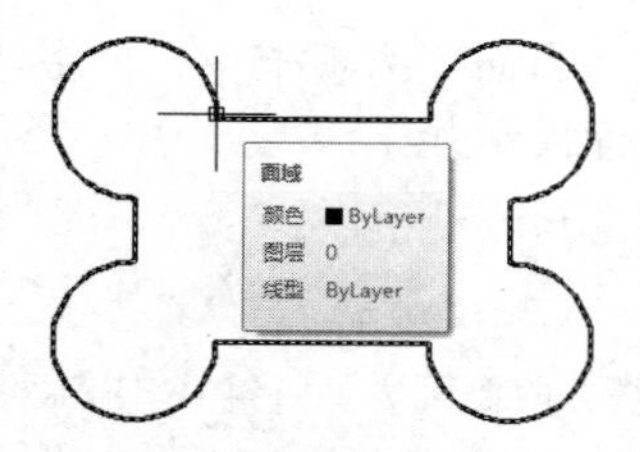

图 11-7　创建面域

11.1.4 创建过渡曲面

在两个现有曲面之间创建连续的曲面称为过渡曲面。将两个曲面融合在一起时，需要指定曲面连续性和凸度幅值，创建“曲面过渡”的方法如下：

- 菜单栏：调用“绘图”|“建模”|“曲面”|“过渡”菜单命令。
- 面板：在“曲面”选项卡中，单击“创建”面板中的“过渡”按钮。
- 命令行：在命令行输入 SURFBLEND 并回车。

案例【11-2】 创建过渡曲面 视频文件：DVD\视频\第 11 章\11-2.MP4

步骤01 在命令行中输入 OPEN“打开”命令并回车，打开“第 11 章\课堂举例 11-2.dwg”文件。

步骤02 在“曲面”选项卡中，单击“创建”面板中的“过渡”按钮，过渡曲面创建如图 11-8 所示，命令行提示如下：

```
命令: _SURFBLEND↙                                    //调用“过渡”命令
连续性 = G1 - 相切，凸度幅值 = 0.5
选择要过渡的第一个曲面的边或 [链(CH)]:
指定对角点: 找到 4 个                                 //选择要过渡的第一个曲面的边
选择要过渡的第一个曲面的边或 [链(CH)]: ↙              //回车结束选择
选择要过渡的第二个曲面的边或 [链(CH)]:
指定对角点: 找到 4 个                                 //选择要过渡的第二个曲面的边
选择要过渡的第二个曲面的边或 [链(CH)]: ↙              //回车结束选择
按 Enter 键接受过渡曲面或 [连续性(CON)/凸度幅值(B)]: B↙ //激活“凸度幅值(B)”选项
第一条边的凸度幅值 <0.5000>: 0↙                       //输入凸度幅值
第二条边的凸度幅值 <0.5000>: 0↙                       //回车接受创建的过渡曲面
```

11.1.5 创建修补曲面

曲面“修补”即在创建新的曲面或封口时，闭合现有曲面的开放边，也可以通过闭环添加其他曲线，以约束和引导修补曲面。创建“修补”曲面的方法如下：

- 菜单栏：调用“绘图”|“建模”|“曲面”|“修补”菜单命令。
- 面板：在“曲面”选项卡中，单击“创建”面板中的“修补”按钮。
- 命令行：在命令行输入 SURFPATCH 并回车。

案例【11-3】 修补曲面 视频文件：DVD\视频\第 11 章\11-3.MP4

步骤01 在命令行中输入 OPEN“打开”命令并回车，打开“第 11 章\课堂举例 11-3.dwg”文件。

步骤02 在“曲面”选项卡中，单击“创建”面板中的“修补”按钮，修补曲面创建如图 11-9 所示，命令行提示如下：

```
命令: _SURFPATCH↙                                    //调用“修补”命令
连续性 = G0 - 位置，凸度幅值 = 0.5
选择要修补的曲面边或 [链(CH)/曲线(CU)] <曲线>:         //选择要修补的曲面边
指定对角点: 找到 2 个↙                                //回车结束曲面边选择
```

```
选择要修补的曲面边或 [链(CH)/曲线(CU)] <曲线>:                //选择要修补的曲面边
按 Enter 键接受修补曲面或 [连续性(CON)/凸度幅值(B)/导向(G)]: //回车完成修补曲面操作
```

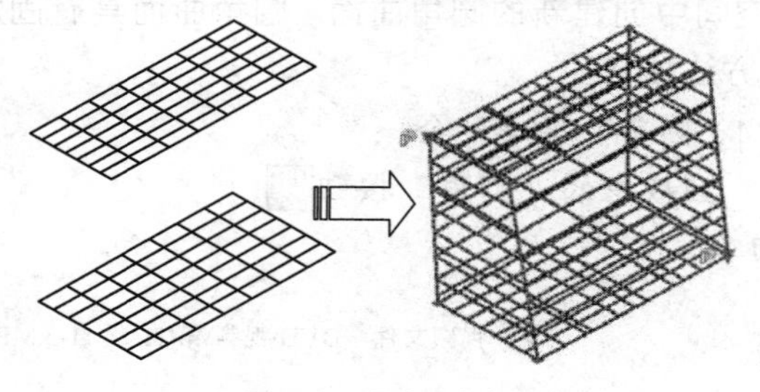

图 11-8　创建过渡曲面

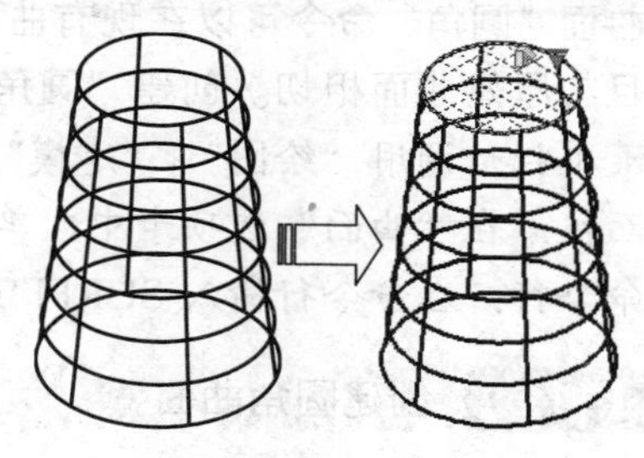

图 11-9　创建修补曲面

11.1.6　创建偏移曲面

"偏移"曲面可以创建与原始曲面平行的曲面，在创建过程中需要指定距离。创建"偏移"曲面的方法如下：

- 菜单栏：调用"绘图"|"建模"|"曲面"|"偏移"菜单命令。
- 面板：在"曲面"选项卡中，单击"创建"面板中的"偏移"按钮。
- 命令行：在命令行输入 SURFOFFSET 并回车。

案例【11-4】 创建偏移曲面　　视频文件：DVD\视频\第 11 章\11-4.MP4

步骤 01　在命令行中输入 OPEN"打开"命令并回车，打开"第 11 章\课堂举例 11-4.dwg"文件。

步骤 02　在"曲面"选项卡中，单击"创建"面板中的"偏移"按钮，偏移曲面创建如图 11-10 所示，命令行提示如下：

```
命令: _SURFOFFSET↙                                          //调用"偏移"命令
连接相邻边 = 否
选择要偏移的曲面或面域: 找到 1 个                           //选择要偏移的曲面
选择要偏移的曲面或面域: 找到 1 个, 总计 2 个                //选择要偏移的曲面
选择要偏移的曲面或面域: ↙                                   //回车结束选择
指定偏移距离或 [翻转方向(F)/两侧(B)/实体(S)/连接(C)/表达式(E)] <20.0000>: 20
                                                            //指定偏移距离
2 个对象将偏移。
2 个偏移操作成功完成。
```

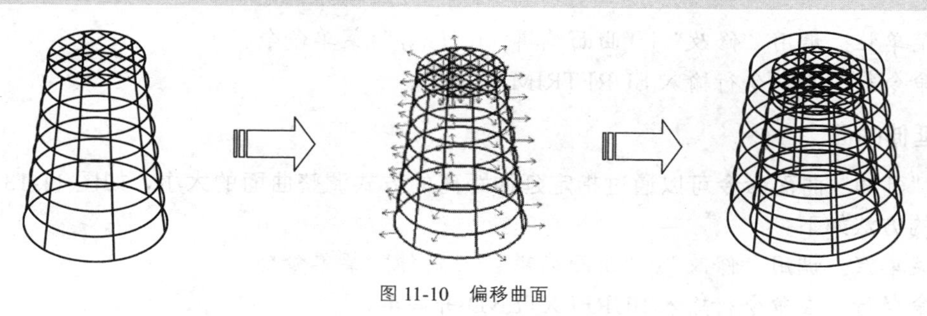

图 11-10　偏移曲面

11.1.7 创建圆角曲面

使用曲面“圆角”命令可以在现有曲面之间的空间中创建新的圆角曲面。圆角曲面具有固定半径轮廓且与原始曲面相切。创建“圆角”曲面的方法如下：

- 菜单栏：调用“绘图”|“建模”|“曲面”|“圆角”菜单命令。
- 面板：在“曲面”选项卡中，单击“创建”面板中的“圆角”按钮。
- 命令行：在命令行输入 SURFFILLET 并回车。

案例【11-5】 创建圆角曲面 视频文件：DVD\视频\第 11 章\11-5.MP4

步骤01 在命令行中输入 OPEN“打开”命令并回车，打开“第 11 章\课堂举例 11-5.dwg”文件。

步骤02 在“曲面”选项卡中，单击“创建”面板中的“圆角”按钮，圆角曲面创建如图 11-11 所示，命令行提示如下：

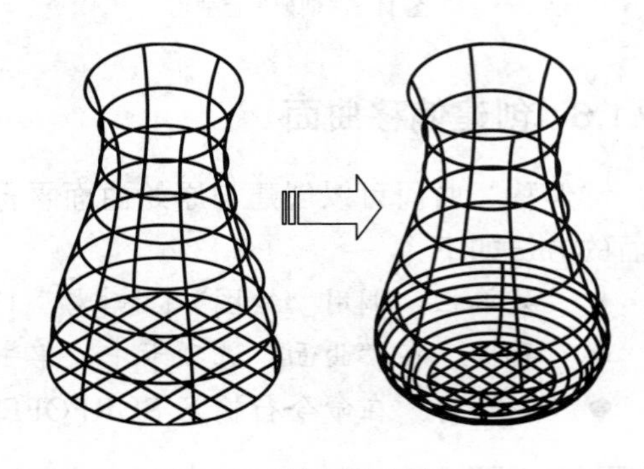

图 11-11 创建圆角曲面

```
命令：_SURFFILLET✓ //调用“圆角”命令
半径 = 5.0000，修剪曲面 = 是
选择要圆角化的第一个曲面或面域或者 [半径(R)/修剪曲面(T)]：R✓ //选择“半径”备选项
指定半径或 [表达式(E)] <5.0000>：40✓
                               //指定圆角半径
选择要圆角化的第一个曲面或面域或者 [半径(R)/修剪曲面(T)]：    //选择要圆角的第一个曲面
选择要圆角化的第二个曲面或面域或者 [半径(R)/修剪曲面(T)]：    //选择要圆角的第二个曲面
按 Enter 键接受圆角曲面或 [半径(R)/修剪曲面(T)]：✓           //回车结束圆角操作
```

11.1.8 编辑三维曲面

在 AutoCAD 2016 中，可以对三维曲面进行编辑。

1. 修剪曲面

使用“修剪”曲面命令可以修剪掉曲面中不需要的部分，如图 11-12 所示。调用该命令的方法如下：

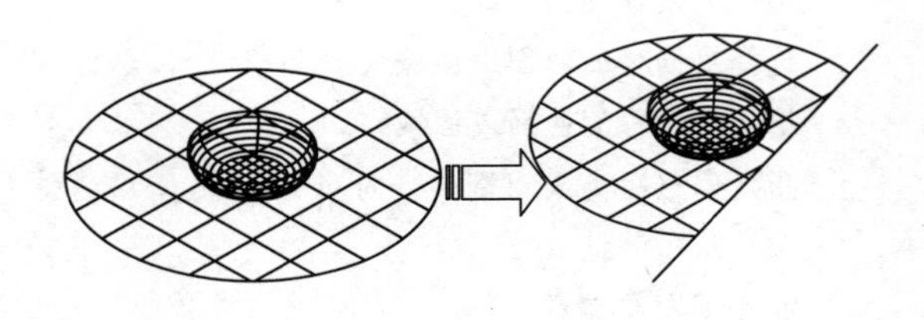

图 11-12 修剪曲面

- 菜单栏：调用“修改”|“曲面编辑”|“修剪”菜单命令。
- 命令行：在命令行输入 SURFTRIM 并回车。

2. 延伸曲面

使用“延伸”曲面命令可以通过指定延伸距离的方式调整曲面的大小，如图 11-13 所示。调用该命令的方法如下：

- 菜单栏：调用“修改”|“曲面编辑”|“延伸”菜单命令。
- 命令行：在命令行输入 SURFEXTEND 并回车。

3. 造型

使用“造型”命令可以使无间隙的三维网格创建成一个实体，如图 11-14 所示。调用该命令的方法如下：

- 菜单栏：调用“修改”|“曲面编辑”|“造型”菜单命令。
- 命令行：在命令行输入 SURFSCULPT 并回车。

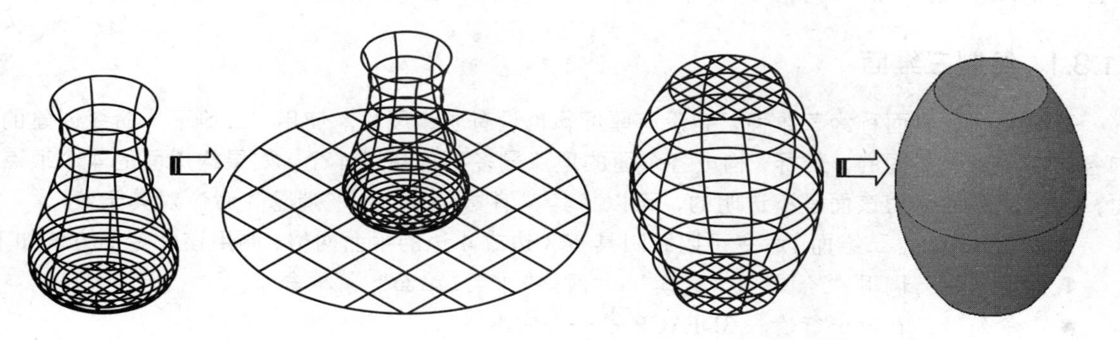

图 11-13　延伸曲面　　　　图 11-14　使用“造型”命令

11.2 绘制图元网格

AutoCAD 2016

AutoCAD 2016 提供了 7 种三维网格，例如长方体、圆锥体、球体以及圆环体等。绘制三维网格的方法如下：

- 菜单栏：调用“绘图”|“建模”|“网格”|“图元”子菜单命令。

调用该命令后，命令行操作如下：

```
命令：_MESH↙
当前平滑度设置为：0
输入选项 [长方体(B)/圆锥体(C)/圆柱体(CY)/棱锥体(P)/球体(S)/楔体(W)/圆环体(T)/设置(SE)]:
                                                                    //选择相应的选项
```

图 11-15 所示为绘制的各种三维网格图元。

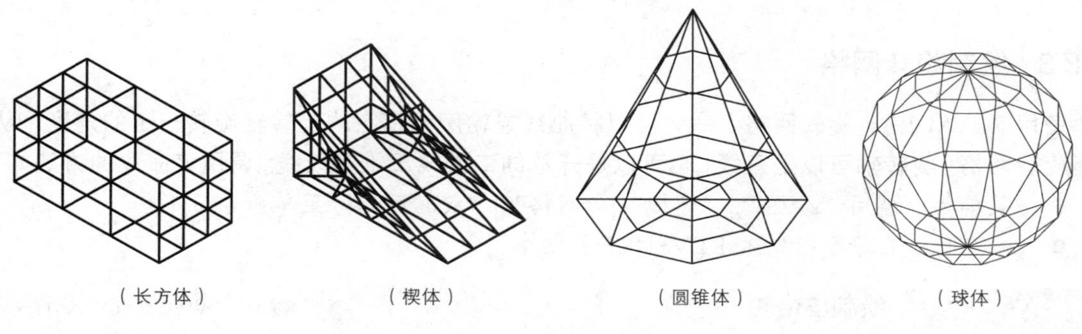

图 11-15　三维图元网格

AutoCAD 2016

11.3 绘制三维网格

三维模型除了规则的几何体之外，还有许多不规则的形体，如曲面等，使用“三维网格”命令可以绘制这些非规则的曲面。三维网格模型包括对象的边界和表面，可以创建的网格模型有“三维面”“三维网格”“旋转网格”“平移网格”和“直纹网格”等类型。

11.3.1 绘制三维面

三维空间的表面称为三维面，它没有厚度，也没有质量属性。使用“三维面”命令创建的面的各顶点可以有不同的 z 坐标，构成各个面的顶点最多不能超过 4 个。如果构成面的 4 个顶点共面，则消隐命令认为该面是不透明的，可以将其“消隐”。反之，“消隐”命令对其无效。

调用 3DFACE（三维面）命令可以绘制具有 3 边或 4 边的平面网格，调用该命令的方法如下：

- 菜单栏：调用“绘图”|“建模”|“网格”|“三维面”菜单命令。
- 命令行：在命令行输入 3DFACE 命令并回车。

专家提醒

使用“三维面”命令只能生成 3 条或 4 条边的三维面，若要生成多边曲面，则可使用 PFACE 命令，在该命令提示下可以输入多个点。

11.3.2 绘制三维网格

三维网格是由若干个按行(M 方向)、列(N 方向)排列的微小四边形拟合而成的网格状曲面。在绘制时可以根据指定的 M 行 N 列个顶点和每一顶点的位置生成三维空间多边形网格。M 和 N 的最小值为 2，最大值为 256。

调用 3DMESH（三维网格）命令可以创建三维网格，调用该命令的方法如下：

- 命令行：在命令行输入 3DMESH 命令并回车。

专家提醒

使用“三维网格”命令依次输入各个三维网格顶点的坐标，就可以创建任意形状的不规则三维曲面。但在创建复杂曲面时，需要输入大量的坐标数据。

11.3.3 绘制旋转网格

使用 REVSURF（旋转网格）命令可以将曲线或轮廓绕指定的旋转轴旋转一定的角度，从而创建旋转网格。旋转轴可以是直线，也可以是开放的二维或三维多段线。调用该命令的方法如下：

- 菜单栏：调用“绘图”|“建模”|“网格”|“旋转网格”菜单命令。
- 命令行：在命令行输入 REVSURF 并回车。

案例【11-6】绘制皮带轮 视频文件：DVD\视频\第 11 章\11-6.MP4

步骤 01 打开随书光盘“第 11 章\课堂举例 11-6.dwg”文件，如图 11-16 所示。

步骤 02 调用“调整网格密度”命令，调整网格密度为 36。

步骤 03 在命令行输入 REVSURF“旋转网格”命令并回车，绘制如图 11-17 所示图形，命令行提示如下：

```
命令：_revsurf↙                                      //调用“旋转网格”命令
当前线框密度：SURFTAB1=36  SURFTAB2=36
选择要旋转的对象：                                    //选择皮带轮轮廓线
选择定义旋转轴的对象：                                //选择直线
指定起点角度 <0>：↙                                  //指定起点角度并回车
指定包含角 (+=逆时针，-=顺时针) <360>：↙            //回车
```

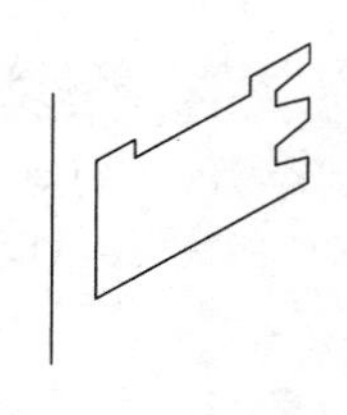

图 11-16　原始文件

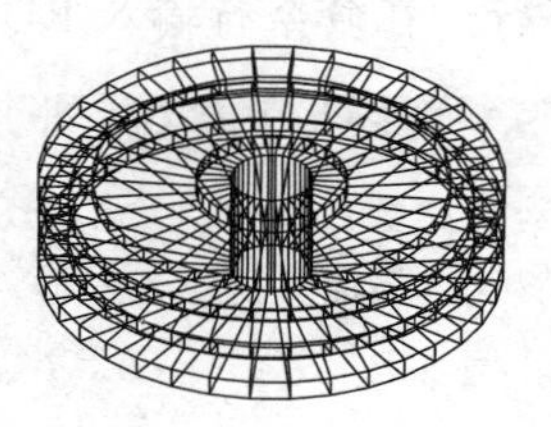

图 11-17　最终结果

11.3.4　绘制平移网格

使用 TABSURF（平移网格）命令可以将路径曲线沿指定方向进行平移，从而绘制出平移网格。其中，路径曲线可以是直线、圆、圆弧、椭圆、椭圆弧、二维多段线、三维多段线和样条曲线等。调用该命令的方法如下：

- 菜单栏：调用“绘图”|“建模”|“网格”|“平移网格”菜单命令。
- 命令行：在命令行输入 TABSURF 并回车。

案例【11-7】 绘制楼梯　　视频文件：DVD\视频\第 11 章\11-7.MP4

步骤 01 打开随书光盘中的“第 11 章\课堂举例 11-7.dwg”文件，如图 11-18 所示。

步骤 02 在命令行输入 TABSURF“平移”命令并回车，绘制如图 11-19 所示图形，命令行提示如下：

```
命令：_tabsurf↙                                      //调用“平移网格”命令
当前线框密度：SURFTAB1=36
选择用作轮廓曲线的对象：                              //选择要移动的线
选择用作方向矢量的对象：                              //选择方向矢量
```

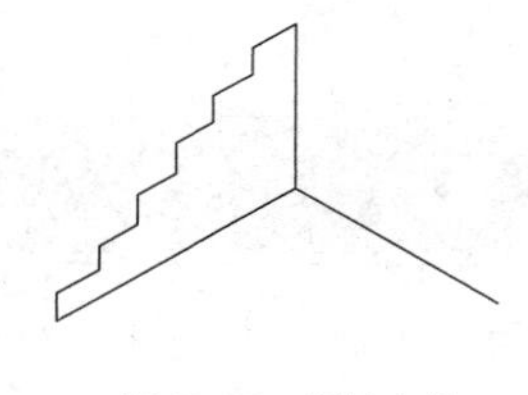

图 11-18　原始文件

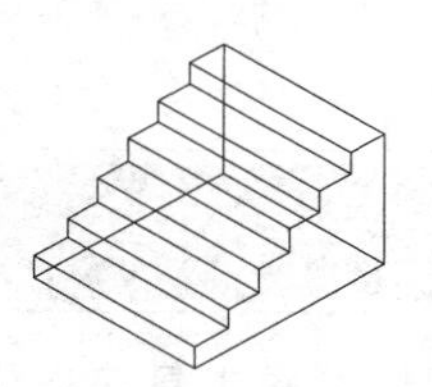

图 11-19　最终结果

11.3.5 绘制直纹网格

如果在三维空间中存在两条曲线，则可以以这两条曲线做为边界，创建由多边形网格构成的曲面。直纹网格的边界可以是直线、圆、圆弧、椭圆、椭圆弧、二维多段线、三维多段线和样条曲线中的任意两条曲线。

RULESURF（直纹网格）命令用于两条曲线之间创建一个三维网格，调用该命令的方法有以下两种：

- 菜单栏：调用“绘图”|“建模”|“网格”|“直纹网格”菜单命令。
- 命令行：在命令行输入 RULESURF 并回车。

专家提醒

在绘制直纹网格的过程中，除了点及其它对象，作为直纹网格轨迹的两个对象必须同时开放或关闭。且在调用命令时，因选择曲线的点不一样，绘制的直线会出现交叉和平行两种情况，如图 11-20 所示。

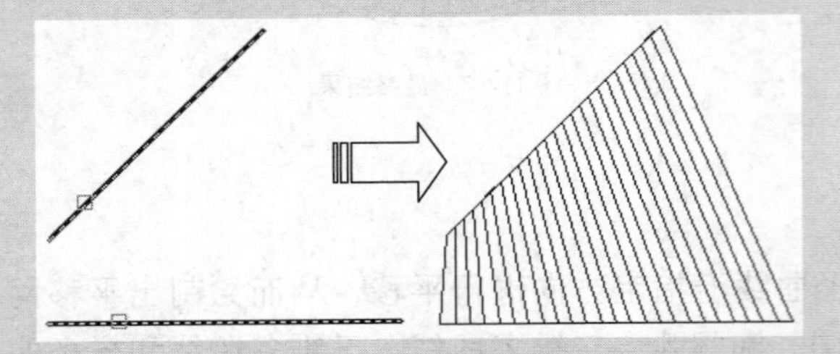
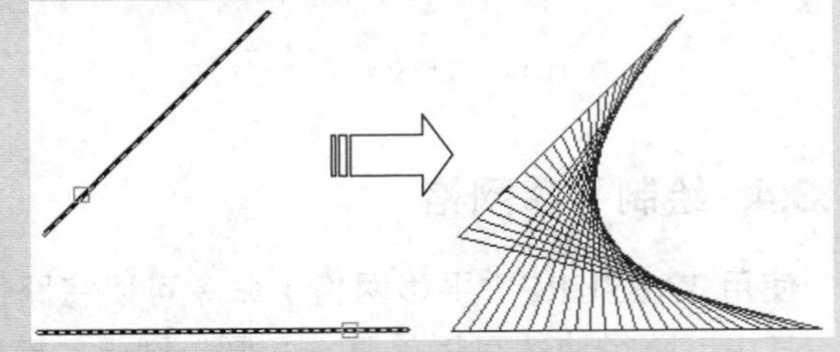

图 11-20　拾取点位置不同所形成的直纹网格

11.3.6 绘制边界网格

使用 EDGESURF(边界网格)命令可以由一个 4 条首尾相连的边创建一个三维多边形网格。创建边界曲面时，需要依次选择 4 条边界。边界可以是圆弧、直线、多段线、样条曲线和椭圆弧，并且必须形成闭合环和共享端点，边界网格的效果如图 11-21 所示。

调用“边界网格”命令的方法如下：

- 菜单栏：调用“绘图”|“建模”|“网格”|“边界网格”菜单命令。
- 命令行：在命令行输入 EDGESURF 并回车。

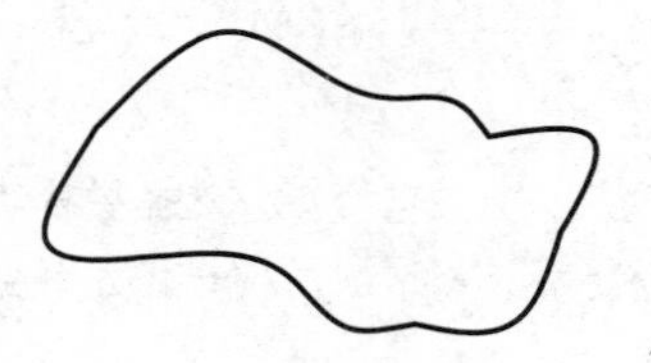
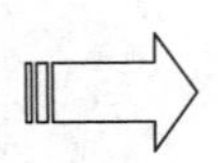
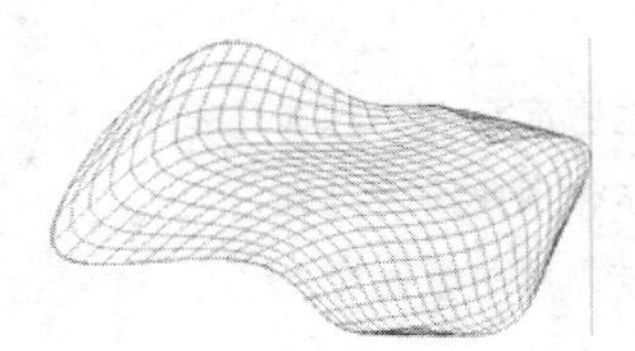

图 11-21　绘制边界网格

11.4 编辑三维网格

使用三维网格编辑工具可以优化三维网格，调整网格平滑度、编辑网格面和进行实体与网格之间的转换。图 11-22 所示为使用三维网格编辑命令优化三维网格。

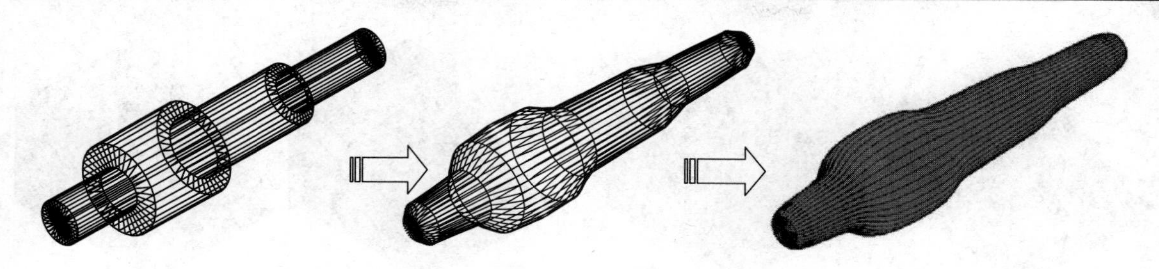

图 11-22　优化三维网格

1．提高/降低网格平滑度

可以通过平滑度来调整网格对象的圆度。网格对象由多个细分或镶嵌网格面组成，用于定义可编辑的面。每个面均包括底层镶嵌面。如果平滑度增加，面数也会增加，从而提供更加平滑、圆度更大的外观。“提高/降低网格平滑度”的方法如下：

- 菜单栏：调用“修改”|“网格编辑”|“提高网格平滑度”/“降低网格平滑度”菜单命令。
- 命令行：在命令行中输入 MESHSMOOTHMORE/ MESHSMOOTHLESS 并回车。

如图 11-23 所示为调整网格平滑度的效果。

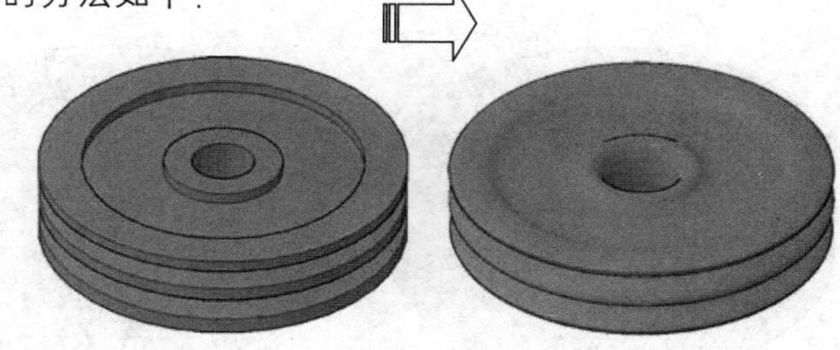

图 11-23　调整网格平滑度

2．拉伸面

通过拉伸网格面，可以调整三维对象的造型。拉伸其他类型的对象，会创建独立的三维实体对象。但是，拉伸网格面会展开现有对象或使现有对象发生变形，并分割拉伸的面。调用拉伸三维网格面命令的方法如下：

- 菜单栏：调用“修改”|“网格编辑”|“拉伸面”菜单命令。
- 命令行：在命令行中输入 MESHEXTRUDE 并回车。

如图 11-24 所示为拉伸三维网格面的效果。

3．合并面

使用“合并面”命令可以合并相邻面以形成单个面，该命令适用于合并在同一平面上的面。调用合并三维网格面的方法如下：

- 菜单栏：调用“修改”|“网格编辑”|“合并面”菜单命令。
- 命令行：在命令行中输入 MESHMERGE 并回车。

如图 11-23　调整网格平滑度所示为合并三维网格面的效果。

4．转换为具有镶嵌面的实体和曲面

网格建模与实体建模可以实现的操作并不完全相同。如果需要通过交集、差集或并集操作来编辑网格对象，则可以将网格转换为三维实体或曲面对象。同样，如果需要将锐化或平滑应用于三维实体或曲面对象，则可以将这些对象转换为网格，调用该命令的方法如下：

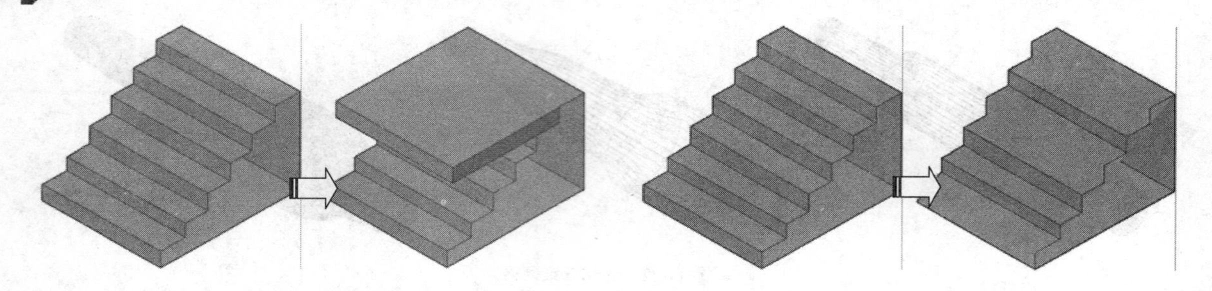

图 11-24　拉伸三维网格面　　　　图 11-25　合并三维网格面

- 菜单栏：调用“修改”|“网格编辑”|“转换为具有镶嵌面的实体”/“转换为具有镶嵌面的曲面”菜单命令。

图 11-26 所示为将三维网格转换为具有镶嵌面的实体和曲面的效果。

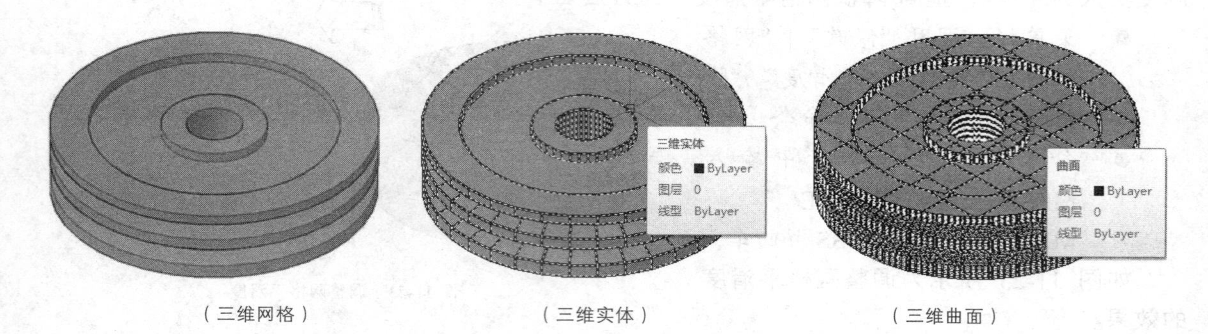

图 11-26　转换为具有镶嵌面的实体和曲面

5. 转换为平滑实体和平滑曲面

使用三维网格编辑命令可以将三维网格转换为平滑实体和平滑曲面，调用该命令的方法如下：

- 菜单栏：调用“修改”|“网格编辑”|“转换为平滑实体”/“转换为平滑曲面”菜单命令。

图 11-27 所示为将三维网格转换为平滑实体和平滑曲面的效果。

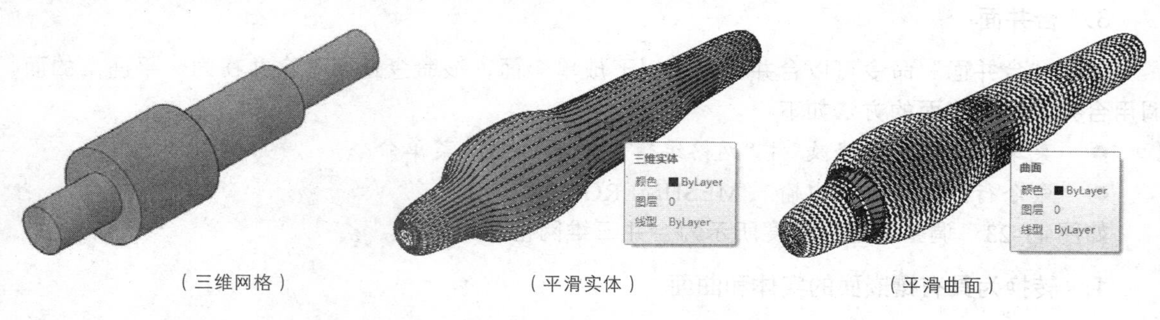

图 11-27　转换为平滑实体和平滑曲面

AutoCAD 2016

11.5 实战演练

初试身手——绘制传动轴

视频文件：DVD\视频\第 11 章\初试身手.MP4

步骤 01 打开随书光盘“第 11 章\11.5.1.dwg”文件，结果如图 11-28 所示。

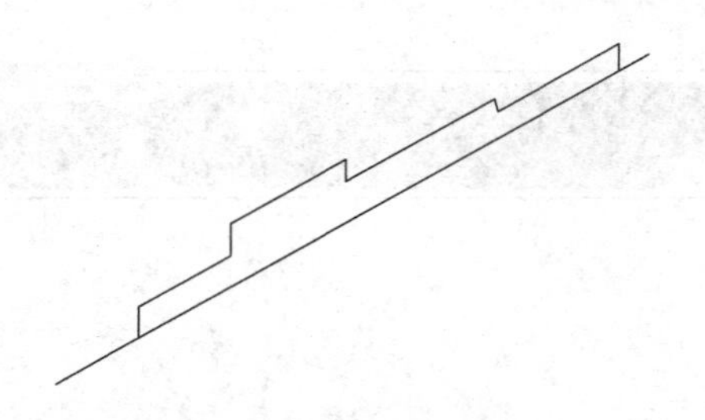

图 11-28　原始文件

步骤 02 调用“调整网格密度命令”，设置“SURFTAB1”与“SURFTAB2”新值为 36。

步骤 03 在命令行输入 REVSURF “旋转网格”命令并回车，选择轮廓线为旋转对象，选项直线为旋转轴，起始角度为 0，终止角度为 360°，绘制如图 11-29 所示图形。

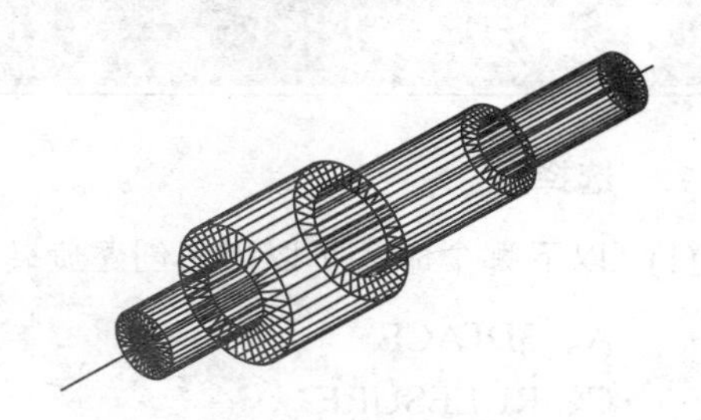

图 11-29　最终结果

深入训练——绘制窗帘

视频文件：DVD\视频\第 11 章\深入训练.MP4

步骤 04 打开随书光盘中的“第 11 章\11.5.2.dwg”文件，如图 11-30 所示。

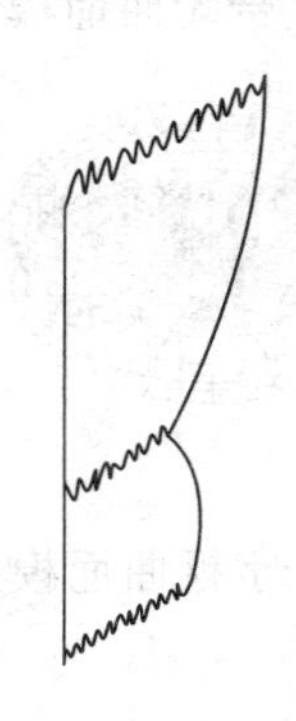

图 11-30　原始文件

步骤 05 调用“调整网格密度命令”，设置“SURFTAB1”与“SURFTAB2”新值为 36。

步骤 06 在命令行输入 EDGESURF “边界网格”命令并回车，绘制如图 11-31 所示曲面。

步骤 07 重复在命令行输入 EDGESURF “边界网格”命令并回车，绘制如图 11-32 所示的曲面。

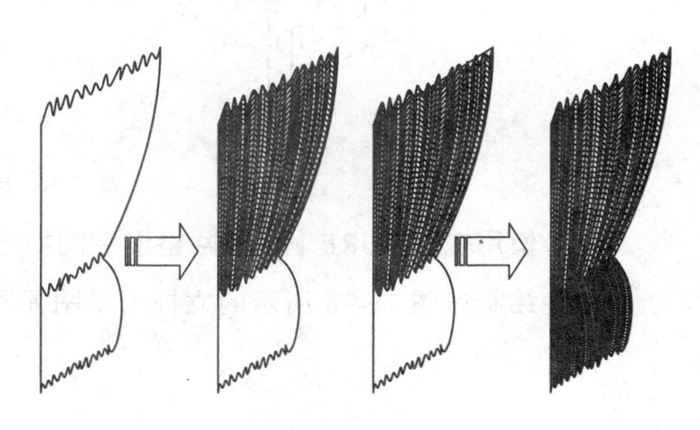

图 11-31　绘制边界网格　　图 11-32　最终结果

熟能生巧——绘制支撑底座

视频文件：DVD\视频\第 11 章\熟能生巧.MP4

利用“长方体”“圆柱体”命令绘制支撑底座，如图 11-33 所示。绘制步骤如图 11-34、图 11-35 所示。

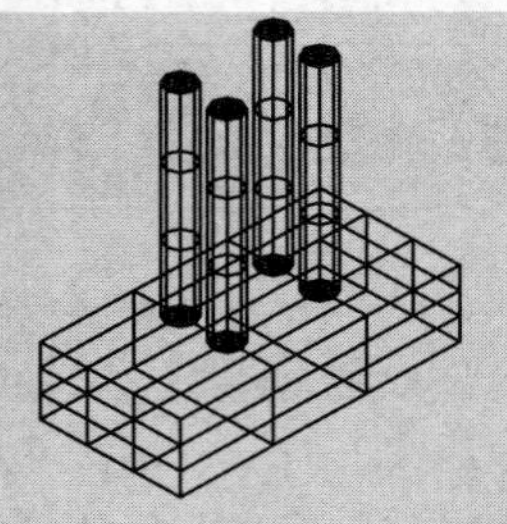
图 11-33　支撑底座最终效果

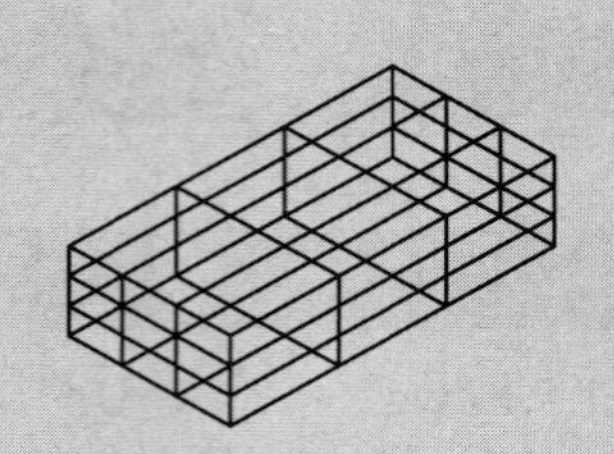
图 11-34　创建长方体三维图元网格

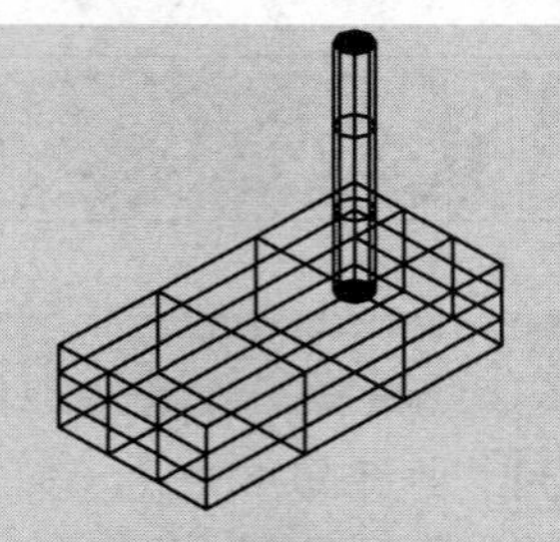
图 11-35　创建圆柱体三维图元网格

AutoCAD 2016

11.6 课后练习

1. 选择题

(1) 以下哪个命令可以用来创建旋转网格（　　）。

A、3DFACE　　B、TABSURF
C、RULESURF　　D、REVSURF

(2) Surftab1 和 Surftab2 是设置以下哪个系统变量的（　　）。

A、三维实体的形状　　B、曲面模型的形状
C、三维实体的网格密度　　D、曲面模型的网格密度

2. 实例题

(1) 使用 REVSURF（旋转网格）命令绘制如图 11-36 所示的皮带轮曲面模型。

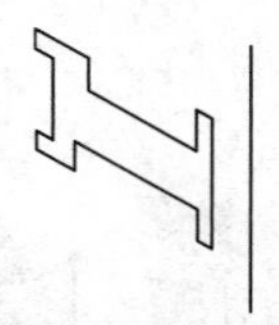

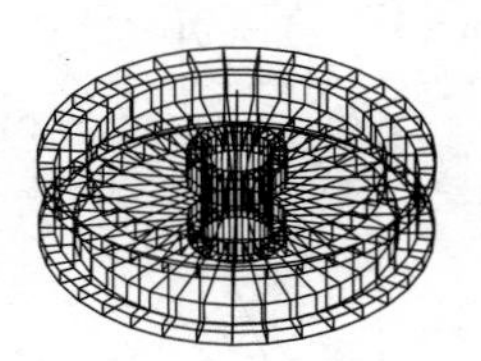

图 11-36　皮带轮曲面模型

(2) 使用 TABSURF（平移网格）绘制如图 11-37 所示的“工”字钢曲面模型。

(3) 绘制如图 11-38 所示的立杆三维图元网格模型。

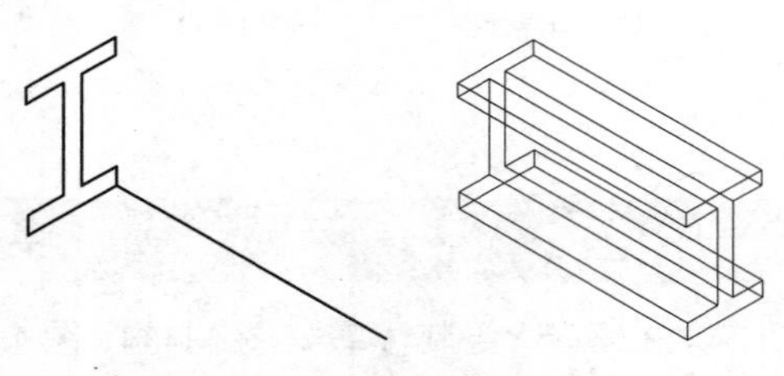
图 11-37　“工”字钢

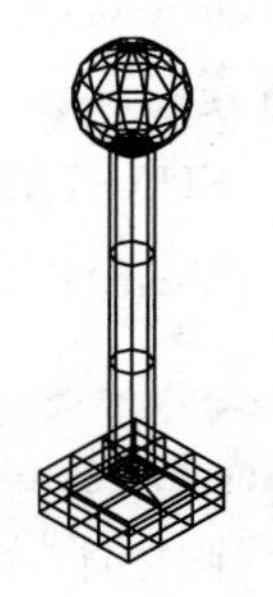
图 11-38　立杆三维图

第12章

创建三维实体

实体模型是常用的三维模型，AutoCAD 2016 提供了绘制多段体、长方体、楔体、球体、圆柱体和圆锥体和圆环体等基本几何实体的命令。此外，还可以对三维实体进行实体编辑、布尔运算，以及体、面、边的编辑，创建出更多复杂的模型。

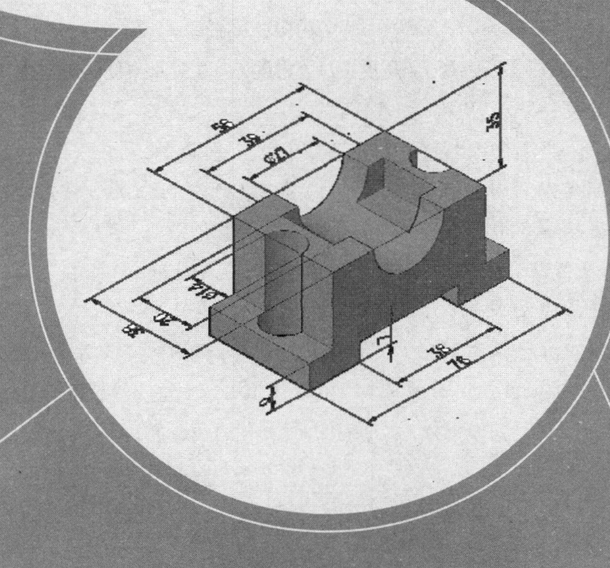

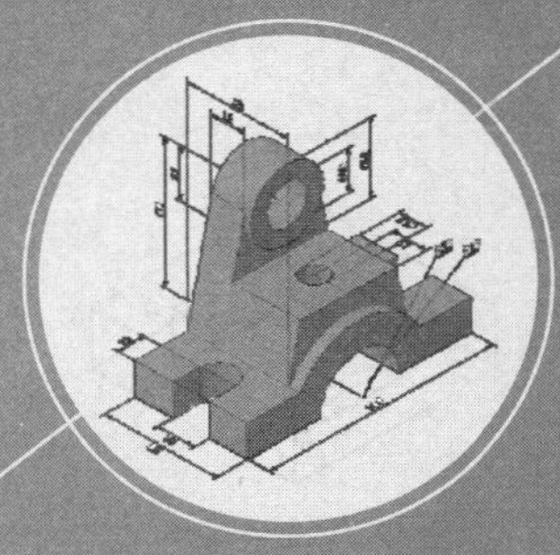

AutoCAD 2016

12.1 绘制简单实体模型

实体模型是常用的三维模型，AutoCAD 2016 中提供了绘制长方体、球体、圆柱体和圆锥体等几何实体的命令，通过这些命令可绘制出简单的三维实体模型。

12.1.1 绘制多段体

与二维图形相对应的是三维图形中的多段体，它能快速完成一个实体的创建，其绘制方法与绘制多段线一样。

在 AutoCAD 中，使用 POLYSOLID（多段体）命令可以创建多段体，调用该命令的方法如下：

- 菜单栏：调用“绘图”|“建模”|“多段体”菜单命令。
- 面板：单击“建模”面板中的“多段体”按钮。
- 命令行：在命令行输入 POLYSOLID 命令并回车。

案例【12-1】创建一个“坐凳”模型 视频文件：DVD\视频\第 12 章\12-1.MP4

步骤 01 单击“绘图”面板中的“矩形”按钮，绘制一个 1200 × 1200 的矩形，结果如图 12-1 所示。

步骤 02 单击绘图区左上角的“视图控件”，在弹出的快捷功能控件菜单中，选择“西南等轴测”命令，将视图切换为“西南等轴测”模式。单击“建模”面板中的“多段体”按钮，将所绘制的矩形转换为多段体，结果如图 12-2 所示，命令行提示如下：

```
命令: _Polysolid↙                                                //调用“多段体”命令
高度 = 80.0000, 宽度 = 5.0000, 对正 = 居中
指定起点或 [对象(O)/高度(H)/宽度(W)/对正(J)] <对象>: h↙          //激活“高度”备选项
指定高度 <80.0000>: 400↙                                         //指定高度
高度 = 400.0000, 宽度 = 5.0000, 对正 = 居中
指定起点或 [对象(O)/高度(H)/宽度(W)/对正(J)] <对象>: w↙          //激活“宽度”备选项
指定宽度 <5.0000>: 300↙                                          //指定宽度
高度 = 400.0000, 宽度 = 300.0000, 对正 = 居中
指定起点或 [对象(O)/高度(H)/宽度(W)/对正(J)] <对象>: j↙          //激活“对正”备选项
输入对正方式 [左对正(L)/居中(C)/右对正(R)] <居中>: c↙            //激活“居中”备选项
高度 = 400.0000, 宽度 = 300.0000, 对正 = 居中
指定起点或 [对象(O)/高度(H)/宽度(W)/对正(J)] <对象>: o           //对象
选择对象:                                                        //选择上步操作所绘制的矩形
```

图 12-1 绘制矩形

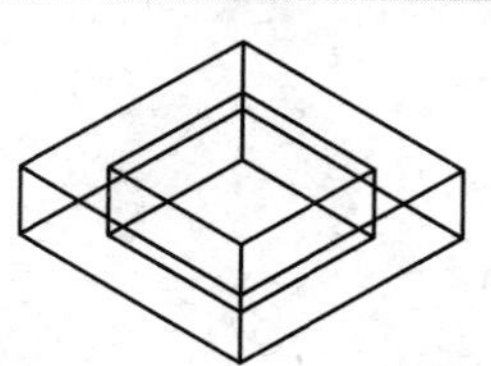

图 12-2 最终结果

12.1.2　绘制长方体

“长方体”命令可以创建具有规则实体模型形状的长方体或正方体等实体，如零件的底座、支撑板、家具以及建筑墙体等。

调用“长方体”命令的方法如下：

- 菜单栏：调用“绘图”|“建模”|“长方体”菜单命令。
- 面板：单击“建模”面板中的“长方体”按钮。
- 命令行：在命令行输入 BOX 并回车。

案例【12-2】在“西南等轴测”模式中绘制长方体　视频文件：DVD\视频\第 12 章\12-2.MP4

步骤 01　单击绘图区左上角的“视图控件”，在弹出的快捷功能控件菜单中，选择“西南等轴测”命令，将视图切换为“西南等轴测”模式，坐标系显示如图 12-3 所示。

步骤 02　单击“建模”面板中的“长方体”按钮，绘制长方体，结果如图 12-4 所示，命令行操作如下：

```
命令: _box↙                                        //调用“长方体”命令
指定第一个角点或 [中心(C)]:                          //指定第一个角点
指定其他角点或 [立方体(C)/长度(L)]: l↙               //选择“长度”备选项
指定长度: 20↙                                       //指定第二个角点
指定宽度: 15↙                                       //指定第三个角点
指定高度或 [两点(2P)] <15.0000>: 10↙                //指定长方体高度
```

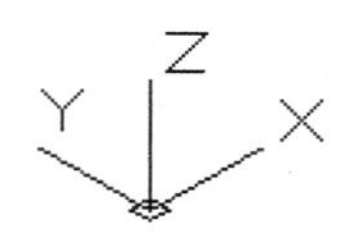

图 12-3　坐标显示

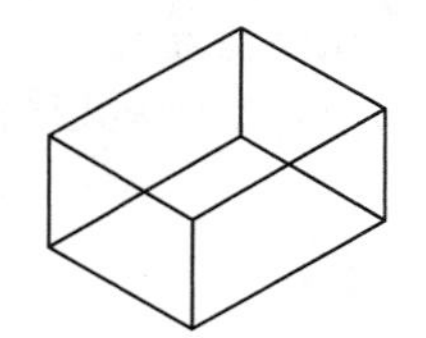

图 12-4　最终结果

12.1.3　绘制楔体

楔体是长方体沿对角线切成两半后的结果，因此创建楔体和创建长方体的方法是相同的。只要确定底面的长、宽和高，以及底面围绕 z 轴的旋转角度即创建需要的楔体。

调用“楔体”命令可以绘制楔体，调用该命令的方法如下：

- 菜单栏：调用“绘图”|“建模”|“楔体”菜单命令。
- 面板：单击“建模”面板中的“楔体”按钮。
- 命令行：在命令行输入 WEDGE 并回车。

调用该命令后，命令行操作如下：

```
命令: _wedge↙                                      //调用“楔体”命令
指定第一个角点或 [中心(C)]:                          //指定楔体底面第一个角点
指定其他角点或 [立方体(C)/长度(L)]:                  //指定楔体底面另一个角点
指定高度或 [两点(2P)]:                               //指定楔体高度并完成绘制
```

12.1.4 绘制球体

球体是三维空间中，到一个点（即球心）距离相等的所有点集合形成的实体，它广泛应用于机械、建筑等制图中，如创建档位控制杆，建筑物的球形屋顶等。球体是最简单的三维实体，使用 SPHERE（球体）命令可以按指定的球心、半径或直径绘制实心球体，其纬线与当前的 UCS 的 *xy* 平面平行，其轴向与 *z* 轴平行。调用该命令的方法如下：

- 菜单栏：调用“绘图”|“建模”|“球体”菜单命令。
- 面板：单击“建模”面板中的“球体”按钮。
- 命令行：在命令行输入 SPHERE 并回车。

调用该命令后，绘制出来的实体看起来并不是球体，如图 12-5 所示。可通过调节系统变量 ISOLINES 值控制当前密度，值越大密度越大，如图 12-6 所示为 ISOLINES 值为 20 时的效果。

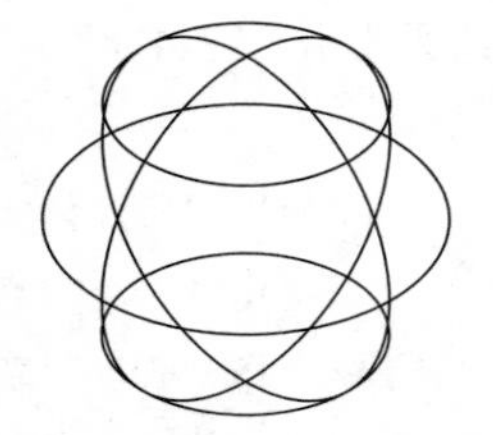
图 12-5　默认情况下绘制的球体

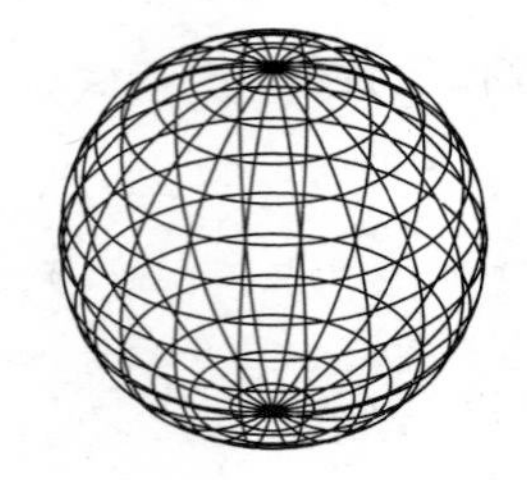
图 12-6　更改变量后绘制的球体

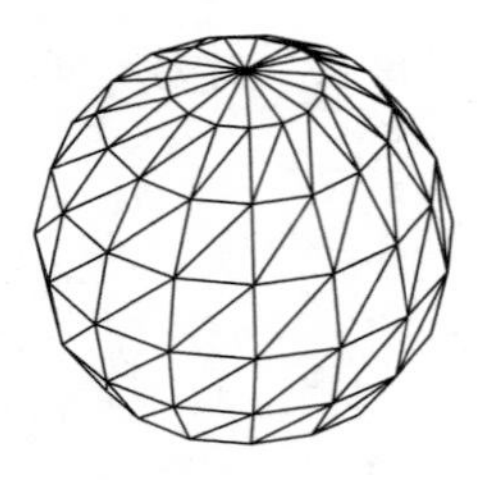
图 12-7　球体消隐效果

技巧点拨

系统默认 ISOLINES 值为 4，更改变量后绘制球体的速度会大大降低。我们可以通过在命令行中输入 HIDE“消隐”命令并回车来观察球体效果。如图 12-7 所示为 ISOLINES 值为 4 时的消隐效果。

12.1.5 绘制圆柱体

在 AutoCAD 中创建的圆柱体是以面或椭圆为截面形状，沿该截面法线方向拉伸所形成的实体。圆柱体在绘图时经常会用到，例如各类轴类零件、建筑图形中的的各类立柱等特征。绘制圆柱体需要输入的参数有底面圆的圆心和半径以及圆柱体的高度。

调用“圆柱体”命令可以绘制圆柱体、椭圆柱体，所生成的圆柱体、椭圆柱体的底面平行于 *xy* 平面，轴线与 *z* 轴平行，如图 12-8 所示。调用该命令的方法如下：

- 菜单栏：调用“绘图”|“建模”|“圆柱体”菜单命令。
- 面板：单击“建模”面板中的“圆柱体”按钮。
- 命令行：在命令行输入 CYLINDER 并回车。

调用该命令后，命令行操作如下：

```
命令: _cylinder                                                  //调用“圆柱体”命令
指定底面的中心点或 [三点(3P)/两点(2P)/切点、切点、半径(T)/椭圆(E)]:
                                                                 //指定圆柱体底面圆的圆心
指定底面半径或 [直径(D)] <239.4171>:                              //指定圆柱体底面圆半径
指定高度或 [两点(2P)/轴端点(A)] <104.5677>:                        //指定圆柱体高度
```

专家提醒

调用“圆柱体”命令后，若选择“椭圆”选项，然后根据命令行提示进行操作，可以绘制底面为椭圆的圆柱体，如图 12-9 所示。

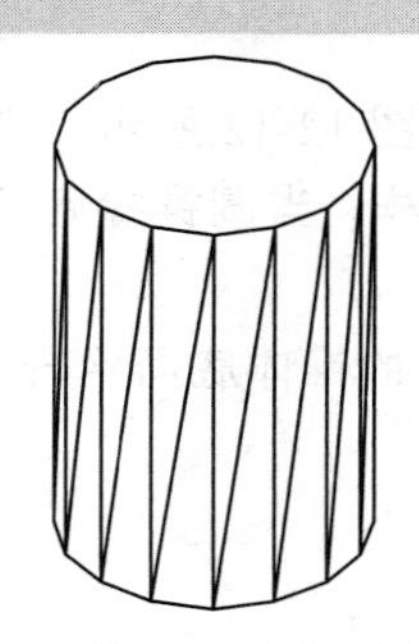

图 12-8　使用“圆柱体”命令

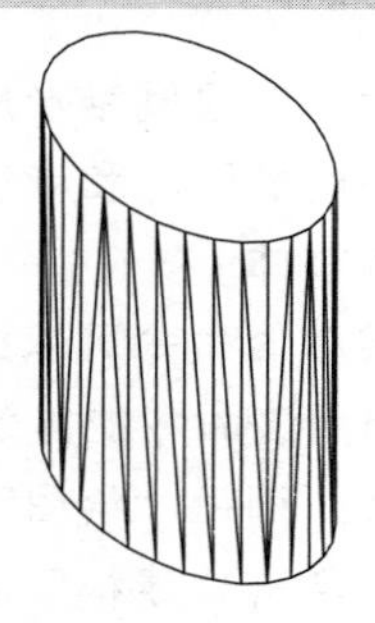

图 12-9　椭圆圆柱体

案例【12-3】绘制圆柱体　　视频文件：DVD\视频\第 12 章\12-3.MP4

步骤 01　在命令行中输入 NEW“新建”命令并回车，新建空白文件。

步骤 02　单击绘图区左上角的“视图控件”，在弹出的快捷功能控件菜单中，选择“西南等轴测”命令，将视图切换为“西南等轴测”模式。

步骤 03　单击“建模”面板中的“圆柱体”按钮，绘制半径为 50 高度为 100 的圆柱体，命令行操作如下：

```
命令：_cylinder↙      //调用“圆柱体”命令
指定底面的中心点或 [三点(3P)/两点(2P)/切点、切点、半径(T)/椭圆(E)]：  //指定圆心点
指定底面半径或 [直径(D)]：50↙
                      //输入半径
指定高度或 [两点(2P)/轴端点(A)] <1033.8210>：
@0，100               //输入高度值
```

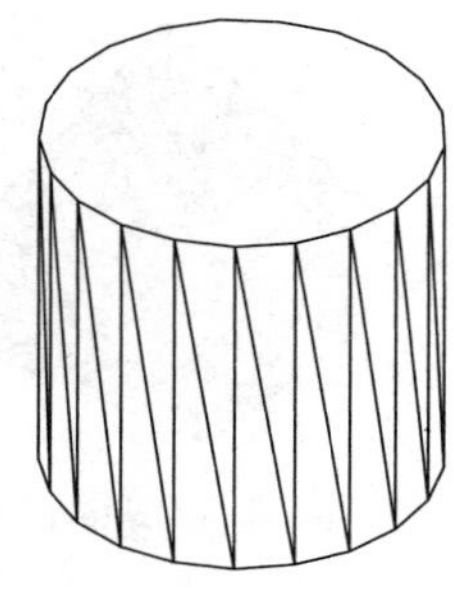

图 12-10　绘制圆柱体

步骤 04　在命令行输入 HIDE 命令，消隐图形，最终结果如图 12-10 所示。

12.1.6　绘制棱锥体

棱锥体常用于创建建筑屋顶，其底面平行于 *xy* 平面，轴线平行与 *z* 轴如图 12-11 所示。绘制圆锥体需要输入的参数有底面大小和棱锥高度。调用该命令的方法如下：

- 菜单栏：调用“绘图”|“建模”|“棱锥体”菜单命令。
- 面板：单击“建模”面板中的“棱锥体”按钮。
- 命令行：在命令行输入 PYRAMID 并回车。

调用该命令后，命令行提示如下：

```
命令：_pyramid↙                              //调用【棱锥体”命令
4 个侧面　外切
指定底面的中心点或 [边(E)/侧面(S)]：          //指定底面中心点
```

```
指定底面半径或 [内接(I)] <135.6958>:                          //指定底面半径
指定高度或 [两点(2P)/轴端点(A)/顶面半径(T)] <-254.5365>:        //指定高度
```

12.1.7 绘制圆锥体

圆锥体常用于创建圆锥形屋顶、锥形零件和装饰品等，如图 12-12 所示。绘制圆锥体需要输入的参数有底面圆的圆心和半径、顶面圆半径和圆锥高度。同样，当圆锥提底面为椭圆时，绘制出的锥体为椭圆锥体。

调用“圆锥体”命令可以绘制圆锥体、椭圆锥体，所生成的锥体底面平行于 *xy* 平面，轴线平行与 *z* 轴。调用该命令的方法如下：

- 菜单栏：调用“绘图”|“建模”|“圆锥体”菜单命令。
- 面板：单击“建模”面板中的“圆锥体”按钮。
- 命令行：在命令行输入 CONE 并回车。

调用该命令后，命令行出现如下提示及操作：

```
命令: _cone↙                                              //调用“圆锥体”命令
指定底面的中心点或 [三点(3P)/两点(2P)/切点、切点、半径(T)/椭圆(E)]:
                                                          //指定圆锥体底面的圆心
指定底面半径或 [直径(D)] <121.6937>:                       //指定圆锥体底面圆的半径
指定高度或 [两点(2P)/轴端点(A)/顶面半径(T)] <322.3590>:     //指定圆锥体的高度
```

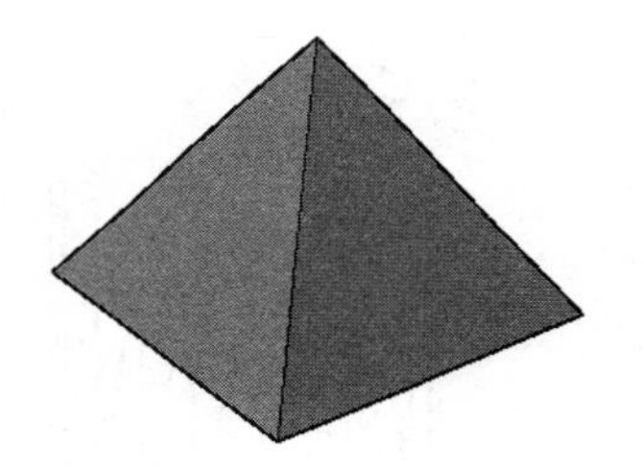

图 12-11 棱锥体

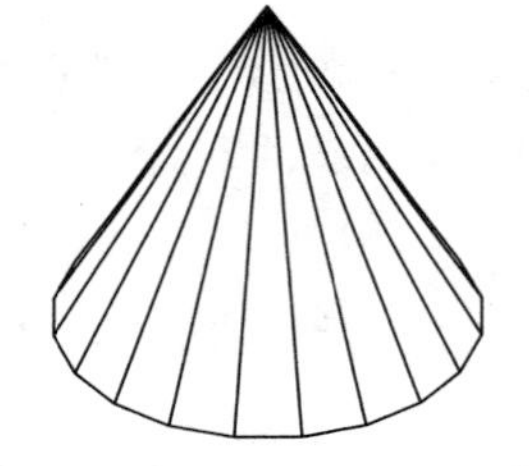

图 12-12 使用“圆锥体”命令

专家提醒

当顶面圆半径为 0 时，绘制出的图形为圆锥体。反之，当顶面圆半径大于 0 时，绘制出图形则为圆台，如图 12-13 所示。

案例【12-4】 绘制圆锥体　　视频文件：DVD\视频\第 12 章\12-4.MP4

步骤 01 在命令行中输入 OPEN“打开”命令并回车，打开如图 12-10 所示图形文件。

步骤 02 单击“建模”面板中的“圆锥体”按钮，在圆柱体的顶部绘制半径为 50，高度为 50 的圆锥体，命令行操作如下：

```
命令: _cone↙                                     //调用“圆锥体”命令
指定底面的中心点或 [三点(3P)/两点(2P)/切点、切点、半径(T)/椭圆(E)]:
                                                 //利用“中点捕捉”拾取圆柱体顶部圆
心
```

```
指定底面半径或 [直径(D)] <50.0000>: 50                                    //输入半径
指定高度或 [两点(2P)/轴端点(A)/顶面半径(T)] <-25.0000>: @0, 50            //输入高度值
```

步骤 03 在命令行输入 HIDE“消隐”命令，消隐图形，最终结果如图 12-14 所示。

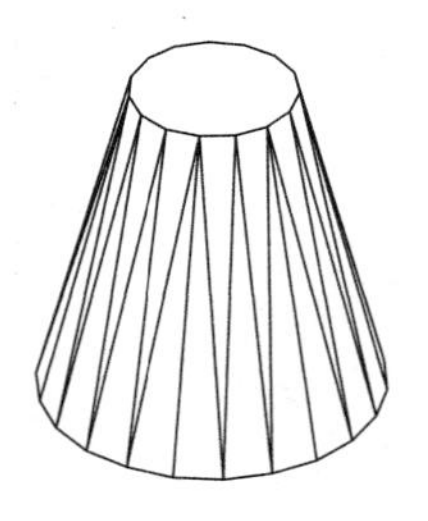

图 12-13　圆台

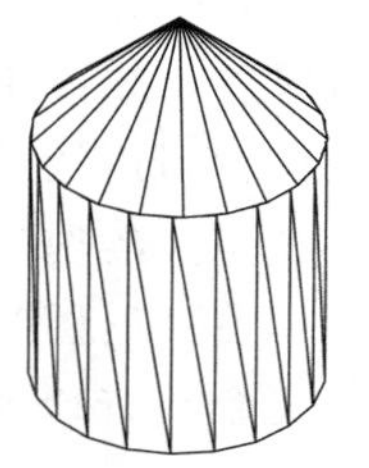

图 12-14　绘制圆锥体

12.1.8 绘制圆环体

“圆环”命令常用于创建铁环、环形饰品等实体。圆环有两个半径定义，一个是圆环体中心到管道中心的圆环体半径；另一个是管道半径。随着管道半径和圆环体半径之间相对大小的变化，圆环体的形状是不同的。

调用“圆环”命令可以绘制圆环，调用该命令的方法如下：

- 菜单栏：调用“绘图”｜“建模”｜“圆环”菜单命令。
- 面板：单击“建模”面板中的“圆环”按钮◎。
- 命令行：在命令行输入 TORUS 并回车。

案例【12-5】 创建一个半径为 150、横截面半径为 50 的圆环

视频文件：DVD\视频\第 12 章\12-5.MP4

步骤 01 单击绘图区左上角的“视图控件”，在弹出的快捷功能控件菜单中，选择“西南等轴测”命令，将视图切换为“西南等轴测模式”，坐标显示如图 12-15 所示。

步骤 02 单击“建模”面板中的“圆环”按钮◎，命令行提示如下：

```
命令: _torus↙                                              //调用“圆环”命令
指定中心点或 [三点(3P)/两点(2P)/切点、切点、半径(T)]:      //在绘图区域合适位置拾取一点
指定半径或 [直径(D)] <50.0000>: 150↙                       //输入圆环半径
指定圆管半径或 [两点(2P)/直径(D)]: 50↙                     //输入圆环截面半径
```

步骤 03 在命令行输入 HIDE 命令，消隐结果如图 12-16 所示。

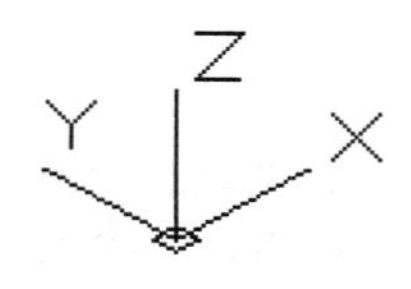

图 12-15　切换视图

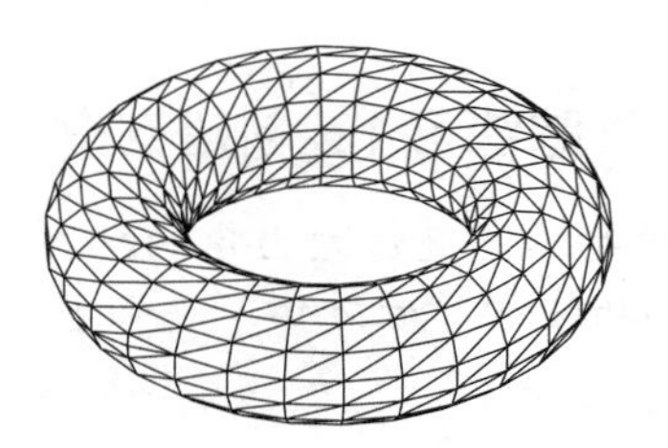

图 12-16　最终结果

12.1.9 绘制螺旋

螺旋就是开口的二维或三维螺旋线。如果指定同一个值来作为底面半径或顶面半径，将创建圆柱形螺旋；如果指定不同值作为顶面半径和底面半径，将创建圆锥形螺旋；如果指定高度为 0，将创建扁平的二维螺旋。如图 12-17 所示为不同的螺旋线。

调用“螺旋”命令可以绘制螺旋线，调用该命令的方法如下：

- 菜单栏：调用“绘图”|“建模”|“螺旋”菜单命令。
- 工具栏：单击“绘图”面板中的“螺旋”按钮。
- 命令行：在命令行输入 HELIX 并回车。

12.1.10 绘制三维多段线

三维多段线是作为单个对象创建的直线段相互连接而成的序列。三维多段线可以不共面，但是不能包括圆弧段。

调用该命令后，命令行提示如下：

```
命令：_3dpoly↙                                    //调用“三维多段线”命令
指定多段线的起点：                                //指定多段线的起点
指定直线的端点或 [放弃(U)]：                      //指定直线的端点
指定直线的端点或 [放弃(U)]：                      //指定直线的端点
指定直线的端点或 [闭合(C)/放弃(U)]：              //指定直线的端点
指定直线的端点或 [闭合(C)/放弃(U)]：              //指定直线的端点
指定直线的端点或 [闭合(C)/放弃(U)]：              //按 Esc 键退出命令
```

绘制的三维多段线如图 12-18 所示。

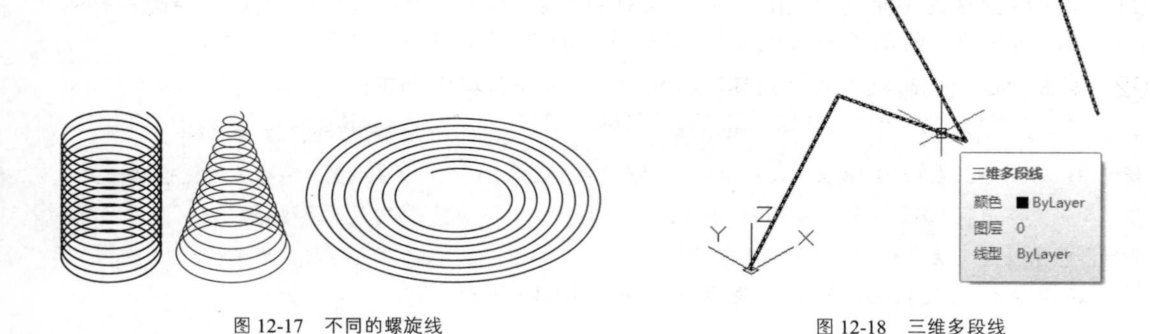

图 12-17 不同的螺旋线

图 12-18 三维多段线

12.1.11 跟踪练习 1：创建支撑零件

步骤 01 单击绘图区域左上角的切换视图快捷控件，将视图切换为“西南等轴测”模式。单击“建模”面板中的“长方体”按钮，绘制如图 12-19 所示的长方体，命令行提示如下：

```
命令：_box                                        //调用“长方体”命令
指定第一个角点或 [中心(C)]：                      //指定第一个角点
指定其他角点或 [立方体(C)/长度(L)]：l↙            //选择“长度”备选项
```

```
指定长度：100↙                                              //指定长度
指定宽度：50↙                                               //指定宽度
指定高度或 [两点(2P)] <104.9293>: 20↙                        //指定高度
```

步骤02 单击“绘图”面板中的“直线”按钮，如图 12-20 所示绘制辅助线。

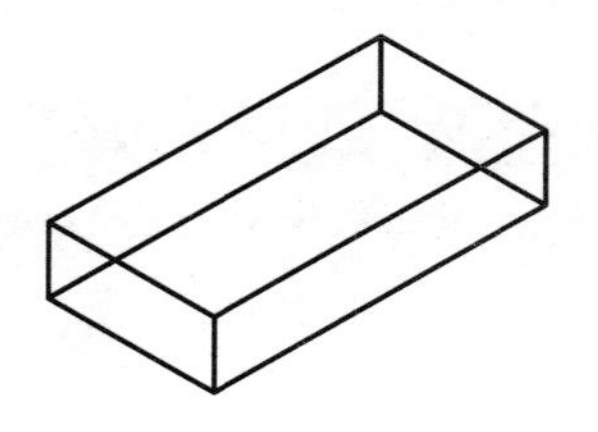

图 12-19　创建长方体

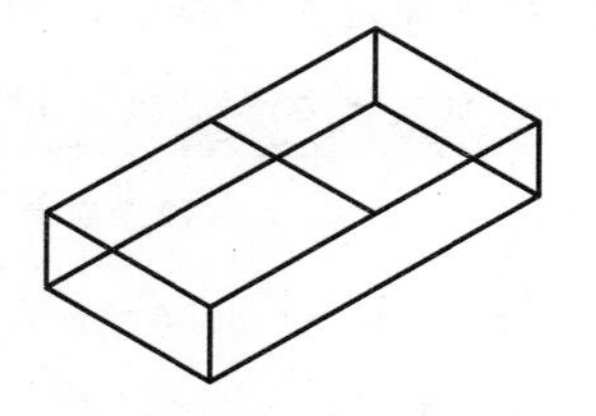

图 12-20　绘制辅助线

步骤03 单击“建模”面板中的“圆柱体”按钮，根据命令行提示绘制圆柱体，结果如图 12-21 所示，命令行提示如下：

```
命令：_cylinder                                            //调用“圆柱体”命令
指定底面的中心点或 [三点(3P)/两点(2P)/切点、切点、半径(T)/椭圆(E)]：//捕捉辅助线的中点
指定底面半径或 [直径(D)] <150.0000>: 10↙                     //指定底面半径
指定高度或 [两点(2P)/轴端点(A)] <20.0000>: 50↙                //指定高度
```

步骤04 删除辅助线，然后在命令行中输入 HIDE“消隐”命令并回车，效果如图 12-22 所示。

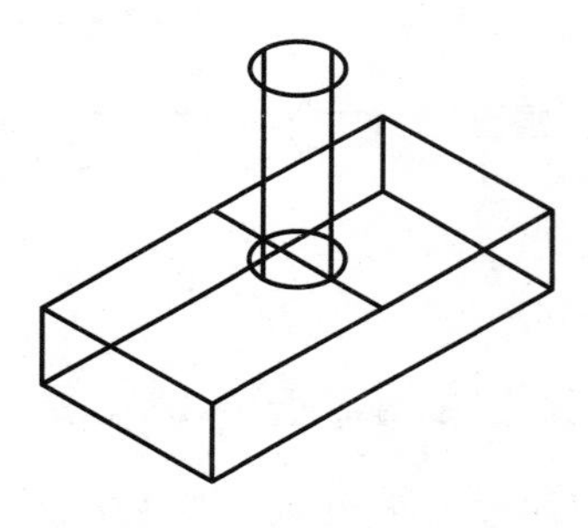

图 12-21　创建圆柱体

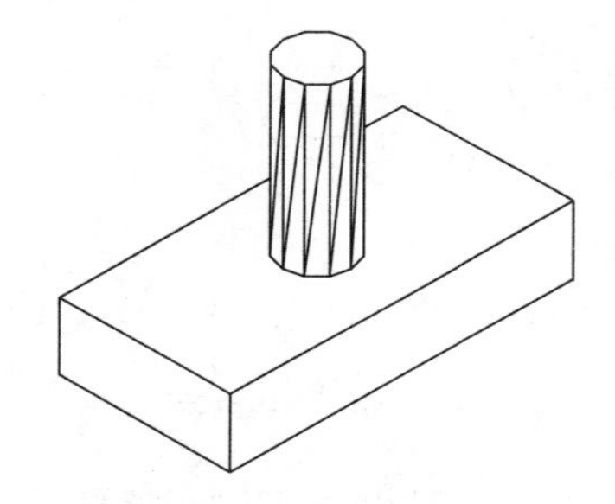

图 12-22　最终结果

12.2 编辑三维实体

AutoCAD 2016

AutoCAD2016 提供了专业的三维对象编辑工具，如三维移动、三维旋转、三维对齐、三维镜像和三维阵列等，从而为创建出更加复杂的实体模型提供了条件。

12.2.1 三维旋转

使用 3DROTATE（三维旋转）命令可将选取的三维对象和子对象，沿指定旋转轴（x 轴、y 轴、z 轴）自由旋转。调用该命令的方法有以下 3 种：

- 菜单栏：调用“修改” | “三维操作” | “三维旋转”菜单命令。
- 面板：单击“修改”面板中的“三维旋转”按钮。

● 命令行：在命令行输入 3DROTATE 并回车。

调用该命令后，在绘图区选取需要旋转的对象，此时绘图区出现 3 个圆环（红色代表 x 轴、绿色代表 y 轴、蓝色代表 z 轴），然后在绘图区指定一点为旋转基点，如图 12-23 所示。指定完旋转基点后，选择夹点工具上的圆环用以确定旋转轴，接着直接输入角度旋转实体，或选择屏幕上的任意位置用以确定旋转基点，再输入角度值即可获得实体三维旋转效果。

专家提醒

在旋转三维模型时，当三维模型旋转到需要的角度后，按 Enter 键即可将三维模型确定在角度上且系统将重生成模型。

12.2.2 三维移动

调用"三维移动"命令可以使指定模型沿 x、y、z 轴或其他任意方向，以及直线、面或任意两点间移动，从而获得模型在视图中的准确位置。调用该命令的方法如下：

● 菜单栏：调用"修改" | "三维操作" | "三维移动"菜单命令。
● 面板：单击"修改"面板中的"三维移动"按钮。
● 命令行：在命令行输入 3DMOVE 并回车。

调用该命令后，在绘图区选取要移动的对象，绘图区将显示坐标系图标，如图 12-24 所示。

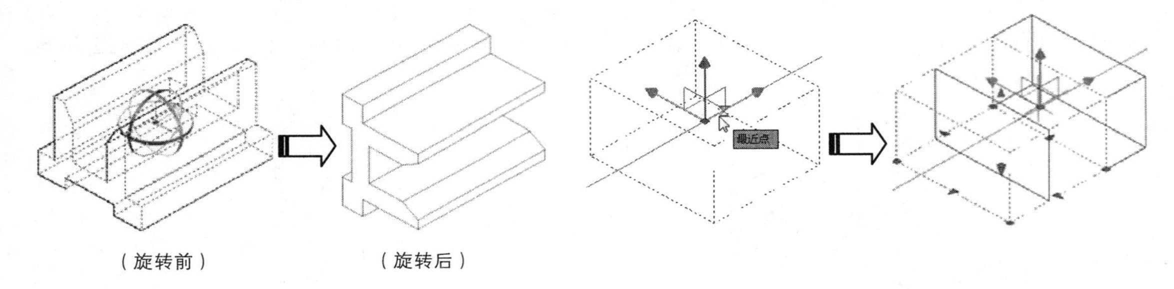

（旋转前）（旋转后）

图 12-23 使用"三维旋转"命令

图 12-24 使用"三维移动"命令

单击选择坐标轴的某一轴，拖动鼠标，所选定的实体对象将沿所约束的轴移动。若是将光标停留在两条轴柄之间的直线汇合处的平面上（用以确定一定平面），直至其变为黄色，然后选择该平面，拖动鼠标将移动约束到该平面上。

12.2.3 三维阵列

使用"三维阵列"命令可以在三维空间中按矩形阵列或环形阵列的方式，创建指定对象的多个副本。

调用"三维阵列"命令的方法如下：

● 菜单栏：调用"修改" | "三维操作" | "三维阵列"菜单命令。
● 命令行：在命令行输入 3DARRAY（或 3A）并回车。

调用该命令后，命令行操作如下：

```
命令: 3darray↙                                    //调用"三维阵列"命令
正在初始化... 已加载 3DARRAY。
```

```
选择对象:                                                //选择阵列对象
选择对象:                                                //继续选择对象或回车结束选择
输入阵列类型 [矩形(R)/环形(P)] <矩形>:                   //输入阵列类型
```

其中命令行中各选项含义如：

1. 矩形阵列

在调用三维矩形阵列时，需要指定行数、列数、层数、行间距和层间距，其中一个矩形阵列可设置多行、多列和多层。

在指定间距值时，可以分别输入间距值或在绘图区域选取两个点，AutoCAD 将自动测量两点之间的距离值，并以此作为间距值。如果间距值为正，将沿 x 轴、y 轴、z 轴的正方向生成阵列；间距值为负，将沿 x 轴、y 轴、z 轴的负方向生成阵列。

案例【12-6】阵列圆柱体

视频文件：DVD\视频\第 12 章\12-6.MP4

步骤 01 输入 OPEN “打开” 命令并回车，打开 “第 12 章\课堂举例 12-6.dwg” 文件，如图 12-25 所示。

步骤 02 在命令行输入 3DARRAY “三维阵列” 命令并回车，阵列底板上的圆柱体，命令行操作如下：

```
命令: _3darray↙                                          //调用 “三维阵列” 命
令
选择对象: 找到 1 个
选择对象: ↙                                              //选择需要阵列的对象
输入阵列类型 [矩形(R)/环形(P)] <矩形>:R↙                 //激活 “矩形(R)” 选项
输入行数 (---) <1>: 2↙                                   //输入行数
输入列数 (|||) <1>: 2↙                                   //输入列数
输入层数 (...) <1>:↙                                     //输入层数
指定行间距 (---): 70↙                                    //指定间距
指定列间距 (|||): 70↙                                    //指定行距
```

步骤 03 在命令行中输入 HIDE 命令，最终效果如图 12-26 所示。

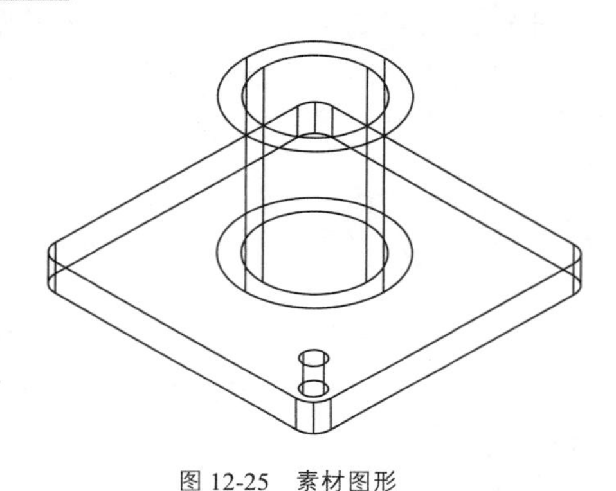

图 12-25　素材图形

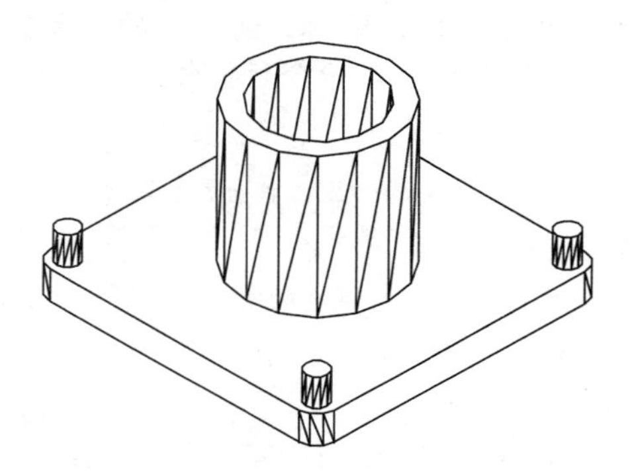

图 12-26　阵列、消隐之后的图形

2. 环形阵列

在调用三维环形阵列时，需要指定阵列的数目、阵列填充的角度、旋转轴的起点和终点及对象在阵列后是否绕着阵列中心旋转。

案例【12-7】 环形阵列端盖　　视频文件：DVD\视频\第 12 章\12-7.MP4

步骤01 输入 OPEN“打开”命令并回车，打开“第 12 章\课堂举例 12-7.dwg”文件，如图 12-27 所示。

步骤02 在命令行输入 3DARRAY“三维阵列”命令并回车，阵列端盖上的圆柱体，如图 12-28 所示，命令行操作如下：

```
命令： _3DARRAY↙                                          //调用“三维阵列”命令
选择对象：找到 1 个
选择对象：↙                                               //选择需要阵列的圆柱体
输入阵列类型 [矩形(R)/环形(P)] <矩形>:P↙                  //激活“环形(P)”选项
输入阵列中的项目数目： 4↙                                 //输入项目数
指定要填充的角度 (+=逆时针， -=顺时针) <360>:↙            //选择需要填充的角度，默认 360 度
旋转阵列对象？ [是(Y)/否(N)] <Y>: Y↙                      //激活“是(Y)”选项
指定阵列的中心点：                                        //在 Z 轴上选择一点
指定旋转轴上的第二点：                                    //在 Z 轴上选择另一点
```

步骤03 单击“修改”面板中的“分解”按钮，分解阵列的圆柱体。

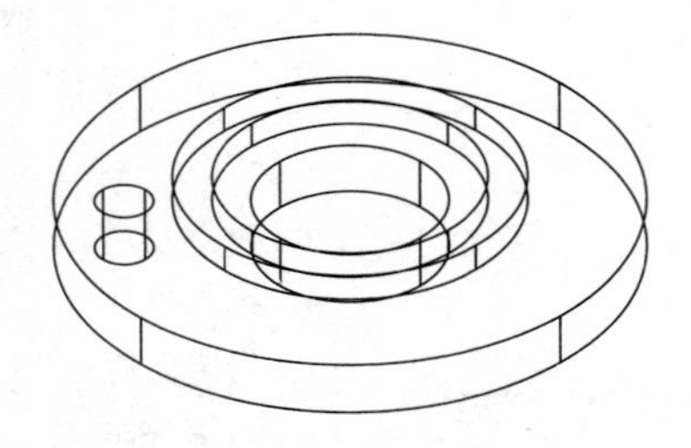

图 12-27 素材图形

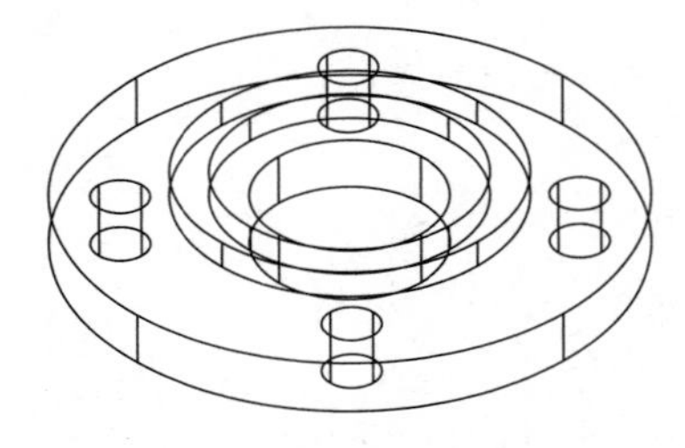

图 12-28 “三维阵列”圆柱体

步骤04 单击“实体编辑”面板中的“差集”按钮，对端盖以及端盖上阵列的圆柱体差集运算，如图 12-29 所示，命令行操作如下：

```
命令： SUBTRACT↙                                          //调用“差集”命令
选择要从中减去的实体、曲面和面域...
选择对象：找到 1 个↙                                      //选择减去面域的端盖
选择对象： 选择要减去的实体、曲面和面域...
选择对象：找到 1 个，总计 4 个↙                           //选择被减去的圆柱体
选择对象：↙                                               //按回车键进行运算
```

步骤05 命令行中输入 HIDE 命令，最终效果如图 12-30 所示。

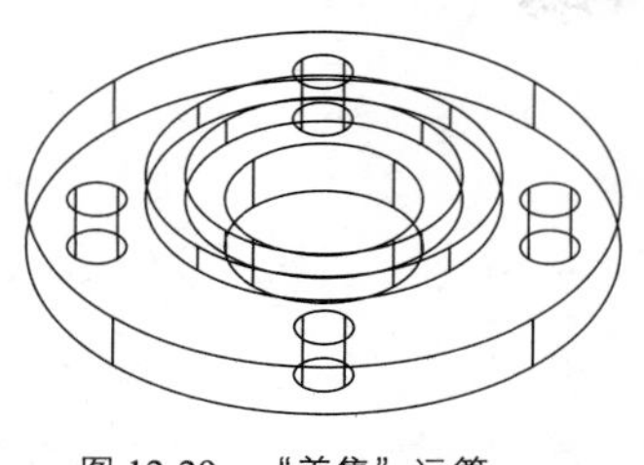

图 12-29　“差集”运算

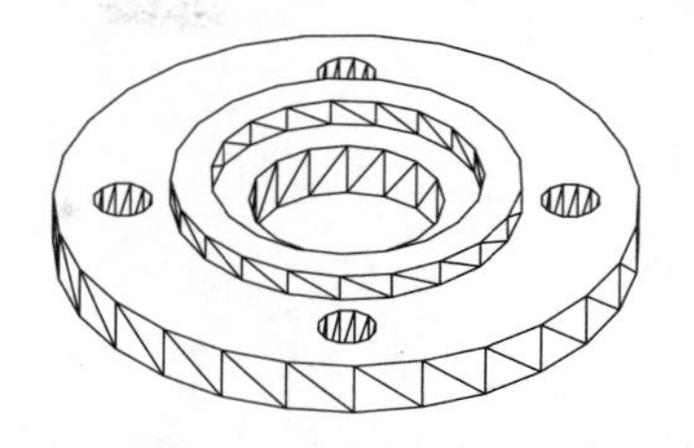

图 12-30　消隐图形

专家提醒

在阵列三维模型后，得到的对象仍然是三维模型。若在阵列时指定层数，则还需要指定相应的层间距。

12.2.4　三维镜像

调用“三维镜像”命令可以将三维对象通过镜像平面获取与之完全相同的对象，其中镜像平面可以是与 UCS 坐标系平面平行的平面或由三点确定的平面。调用该命令的方法如下：

- 菜单栏：调用“修改”｜“三维操作”｜“三维镜像”菜单命令。
- 命令行：在命令行输入 MIRROR3D 并回车。

调用该命令后，即可进入“三维镜像”模式，在绘图区选取要镜像的实体后，按 Enter 键或单击鼠标右击，按照命令行提示选取镜像平面。用户可根据设计需要指定 3 个点作为镜像平面，并确定是否删除源对象。单击鼠标右击或按 Enter 键即可获得三维镜像效果，图 12-31 所示为创建的三维镜像特征。

专家提醒

在镜像三维模型时，可作为镜像平面的有：平面对象所在的平面，通过指定点且与当前 UCS 的 xy、yz、或 xz 平面平行的平面。

12.2.5　对齐和三维对齐

在三维建模环境中，使用“对齐”和“三维对齐”工具可对齐三维对象，从而获得准确的定位效果。这两种对齐工具都可实现对齐两模型的目的，但选取顺序却不同，以下分别对其进行介绍。

1．对齐对象

调用“对齐”命令可以指定一对、两对或三对原点和定义点，从而使对象通过移动、旋转、倾斜或缩放对齐选定对象。调用该命令的方法如下：

- 菜单栏：调用“修改”｜“三维操作”｜“对齐”菜单命令。
- 命令行：在命令行输入 ALIGN 并回车。

调用该命令后，即可进入“对齐”模式。下面分别介绍 3 种指定点对齐对象的方法。

❑ 一对点对齐对象

该对齐方式是指定一对源点和目标点进行实体对齐。当只选择一对源点和目标点时，所选取的实体对象将在二维或三维空间中从源点 a 沿直线路径移动到目标点 b，如图 12-32 所示。

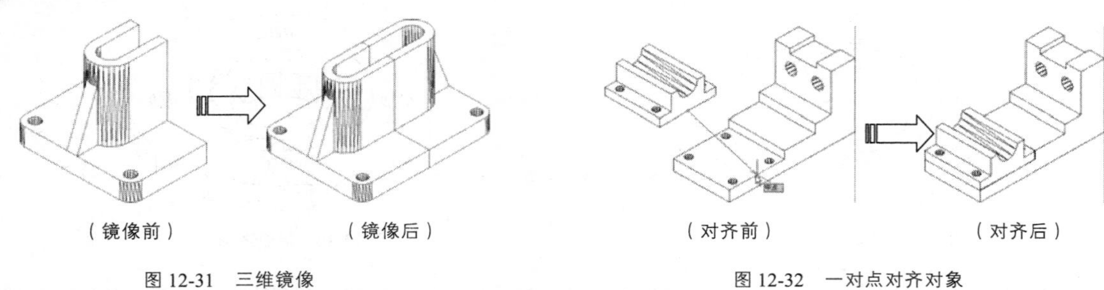

（镜像前）　（镜像后）

图 12-31　三维镜像

（对齐前）　（对齐后）

图 12-32　一对点对齐对象

❑ 两对点对齐对象

该对齐方式是指定两对源点和目标点进行实体对齐。当选择两对点时，可以在二维或三维空间移动、旋转和缩放选定对象，以便与其他对象对齐，如图 12-33 所示。

❑ 三对点对齐对象

该对齐方式是指定三对源点和目标点进行实体对齐。当选择三对源点和目标点时，可直接在绘图区连续捕捉三对对应点即可获得对齐对象操作，其效果如图 12-34 所示。

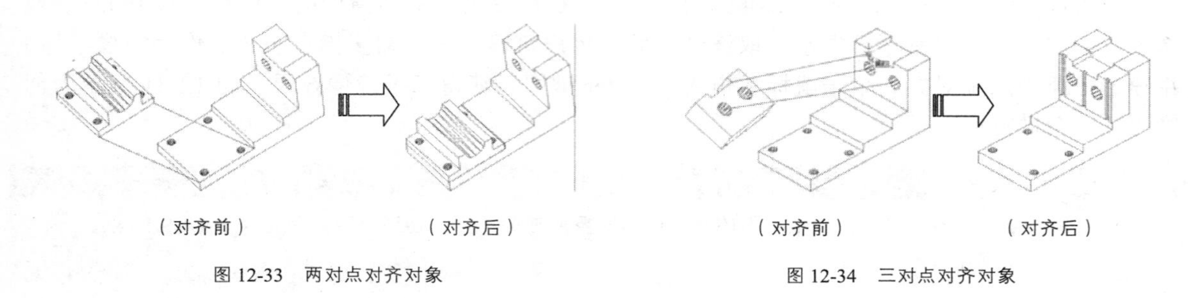

（对齐前）　（对齐后）

图 12-33　两对点对齐对象

（对齐前）　（对齐后）

图 12-34　三对点对齐对象

2. 三维对齐

在 AutoCAD 2016 中，三维对齐操作是指最多指定 3 个点用以定义源平面，以及最多指定 3 个点用以定义目标平面，从而获得三维对齐效果。调用 3DALIGN（三维对齐）命令的方法如下：

- 菜单栏：调用“修改”｜“三维操作”｜“三维对齐”菜单命令。
- 面板：单击“修改”面板中的“三维对齐”按钮。
- 命令行：在命令行输入 3DALIGN 并回车

调用该命令后，即可进入“三维对齐”模式。调用三维对齐操作与对齐操作的不同之处在于：调用三维对齐操作时，可首先为源对象指定 1 个、2 个或 3 个点用以确定圆平面，然后为目标对象指定 1 个、2 个或 3 个点用以确定目标平面，从而使模型与模型之间的对齐。图 12-35 所示为三维对齐效果。

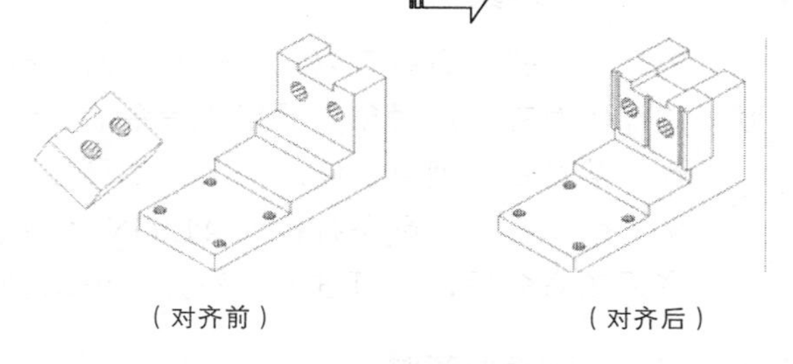

（对齐前）　（对齐后）

图 12-35　三维对齐效果

AutoCAD 2016

12.3 布尔运算

布尔运算在绘制三维模型时运用得非常频繁。布尔运算可用来确定多个实体或面域之间的组合关系，通过它可以将多个实体组合为一个实体，从而实现一些特殊的造型。

12.3.1 并集运算

UNION（并集运算）是将两个或两个以上的实体（或面域）对象组合成一个新的组合对象。调用并集操作后，原来各实体互相重合的部分变为一体，使其成为无重合的实体。调用 UNION（并集运算）命令的方法如下：

- 菜单栏：调用“修改”|“实体编辑”|“并集”菜单命令。
- 面板：单击“实体编辑”面板中的“并集”按钮。
- 命令行：在命令行输入 UNION 并回车。

调用该命令后，在绘图区中选取所有要合并的对象，按回车键或单击鼠标右键，即可调用合并操作，效果如图 12-36 所示。

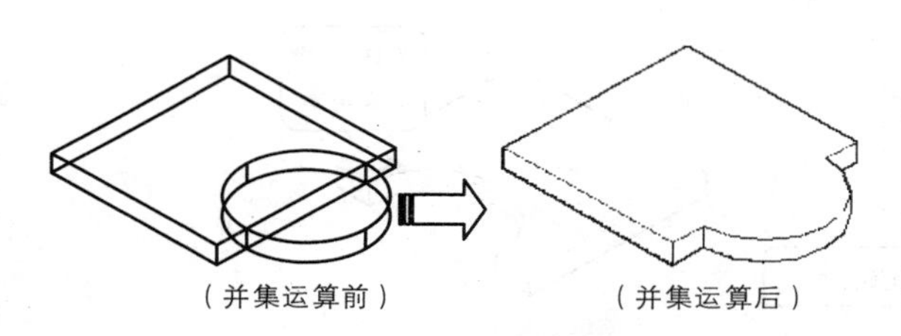

图 12-36　“并集”运算

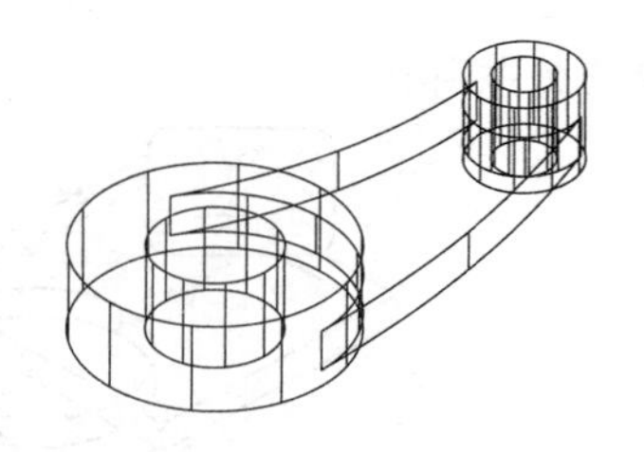
图 12-37　素材图形

案例【12-8】 面域求和

视频文件：DVD\视频\第 12 章\12-8.MP4

步骤 01　输入 OPEN“打开”命令并回车，打开“第 12 章\课堂举例 12-8.dwg”文件，如图 12-37 所示。

步骤 02　单击“实体编辑”面板中的“并集”按钮，对连接体与圆柱体之间进行并集运算，如图 12-38 所示，命令行操作如下：

```
命令：_union↙                        //调用“并集”命令
选择对象：找到 1 个，总计 3 个↙      //选择连接体以及 A、B 两个外侧圆柱体
```

步骤 03　在命令行中输入 HIDE“消隐”命令，最终如图 12-39 所示。

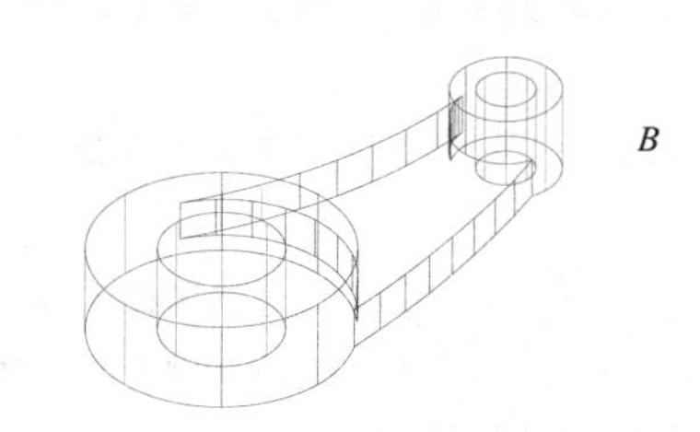

图 12-38　“并集”运算

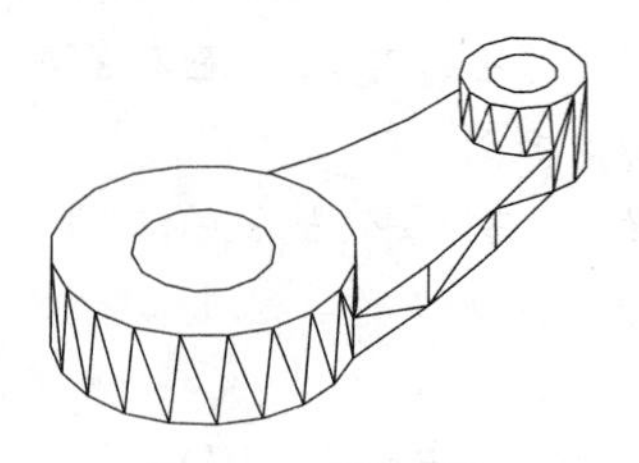
图 12-39　消隐图形

专家提醒

在对两个或两个以上的三维对象进行并集运算时，即使它们之间没有相交的部分，也可以对其进行并集运算。

12.3.2 差集运算

“差集”运算就是将一个对象减去另一个对象从而形成新的组合对象。与并集操作不同的是，首先选取的对象为被剪切对象，之后选取的对象则为剪切对象。调用 SUBTRACT（差集运算）命令的方法如下：

- 菜单栏：调用“修改”|“实体编辑”|“差集”菜单命令。
- 面板：单击“实体编辑”面板中的“差集”按钮。
- 命令行：在命令行输入 SUBTRACT 并回车。

调用该命令后，在绘图区域选取被剪切的对象，按回车键或单击鼠标右键结束；选取要剪切的对象，按回车键或单击鼠标右键即可调用差集操作，其差集运算效果如图 12-40 所示。在调用差集运算时，如果第二个对象包含在第一个对象之内，则差集操作的结果是第一个对象减去第二个对象；如果第二个对象只有一部分包含在第一个对象之内，则差集操作的结果是第一个对象减去两个对象的公共部分。

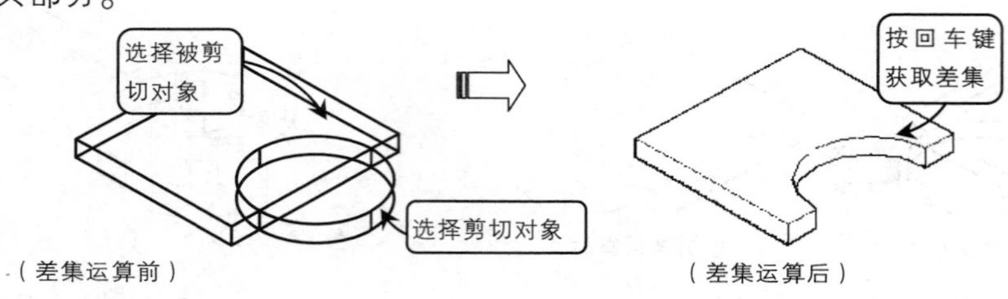

图 12-40　“差集”运算

专家提醒

在进行差集运算时，两个相同的实体由于选择的顺序不同，差集运算后生成的实体对象也会有所不同。

案例【12-9】 面域求差

视频文件：DVD\视频\第 12 章\12-9.MP4

步骤 01　在命令行中输入 OPEN“打开”命令并回车，打开如图 12-38 所示图形。

步骤 02　单击“实体编辑”面板中的“差集”按钮，对圆柱体进行差集运算，如图 12-41 所示，命令行操作如下：

```
命令：_subtract↙                                   //调用“差集”命令
选择要从中减去的实体、曲面和面域...
选择对象：找到 1 个↙                               //选择上一节合并的图形
选择对象： 选择要减去的实体、曲面和面域...
选择对象：找到 1 个，总计 2 个↙                    //选择内侧圆柱体
选择对象：↙                                        //按回车键进行差集运算
```

步骤 03　在命令行中输入 HIDE“消隐”命令，最终效果如图 12-42 所示。

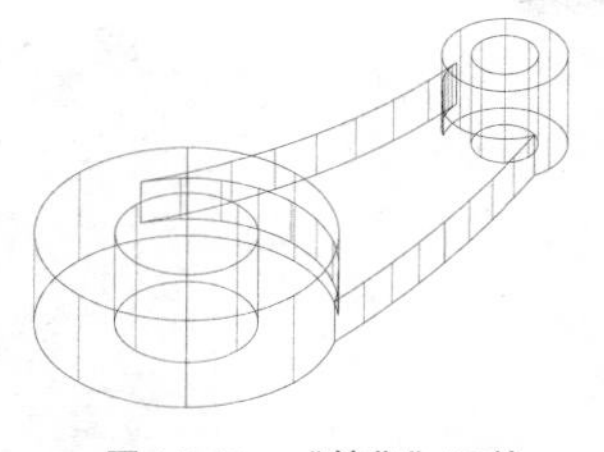

图 12-41　“差集”运算

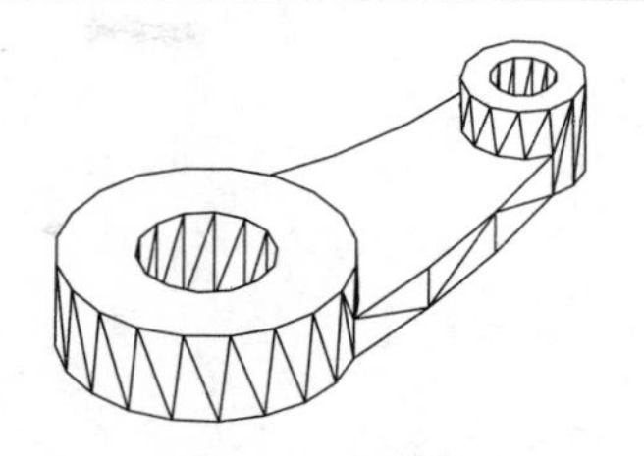

图 12-42　消隐图形

12.3.3 交集运算

在三维建模过程中调用交集运算可获取相交实体的公共部分，从而获得新的实体，该运算是 INTERSECT（交集运算）的逆运算。调用“交集”运算命令的方法如下：

- 菜单栏：调用“修改”|“实体编辑”|“交集”菜单命令。
- 面板：单击“实体编辑”面板中的“交集”按钮。
- 命令行：在命令行输入 INTERSECT 并回车。

调用该命令后，在绘图区选取具有公共部分的两个对象，按回车键或单击鼠标右键即可调用交集操作，其运算效果如图 12-43 所示。

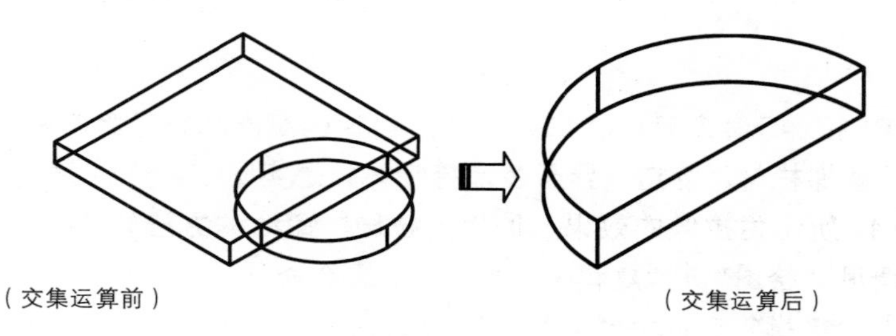

（交集运算前）　（交集运算后）

图 12-43　“交集”运算

案例【12-10】面域求交　视频文件：DVD\视频\第 12 章\12-10.MP4

步骤 01 输入 OPEN“打开”命令并回车，打开“第 12 章\课堂举例 12-10.dwg”文件，如图 12-44 所示。

步骤 02 单击“实体编辑”面板中的“交集”按钮，对图形进行交集运算，如图 12-45 所示，命令行操作如下：

```
命令：_intersect↙                              //调用“交集”命令
选择对象：指定对角点：找到 2 个↙                //选择需要交集运算的两个面域
选择对象：↙                                    //按回车键进行交集运算
```

步骤 03 单击绘图区左上角的“视觉样式控件”，在弹出的快捷功能控件菜单中，选择“概念”命令，最终效果如图 12-46 所示。

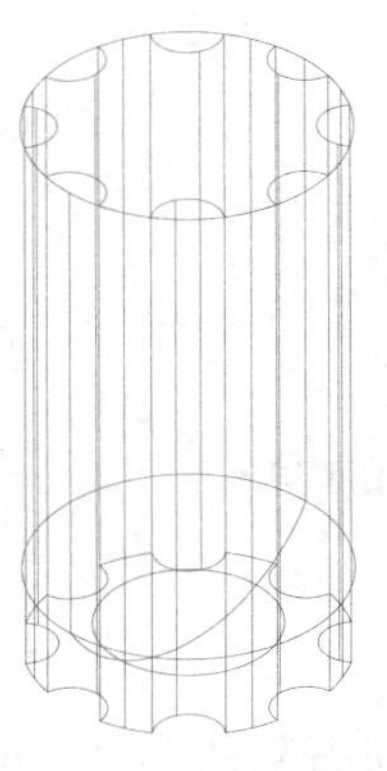
图 12-44　素材图形

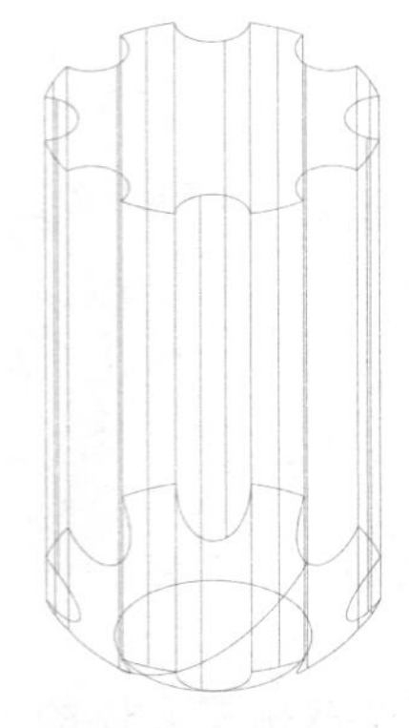
图 12-45　“交集”运算

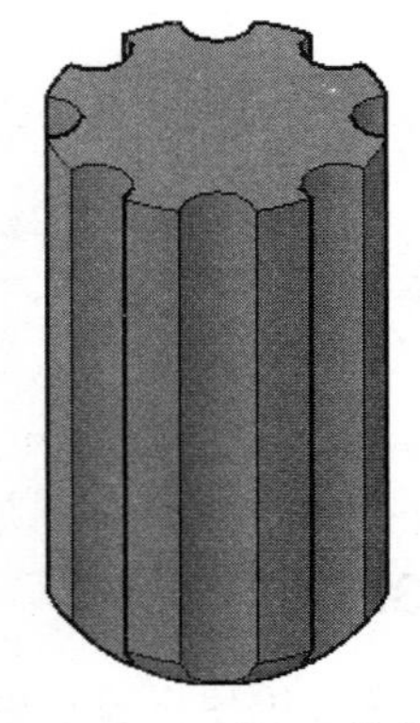
图 12-46　更换视图样式

AutoCAD 2016

12.4 利用二维图形创建三维实体

在 AutoCAD 中，不仅可以使利用“建模”工具创建实体模型，还可以利用二维图形生成三维实体。

12.4.1 拉伸

使用 EXTRUDE（拉伸）命令可以将二维图形沿指定的高度和路径将其拉伸为三维实体。“拉伸”命令常用于创建楼梯栏杆、管道、异形装饰等物体，是实际工程中创建复杂三维面最常用的一种方法，如图 12-47 所示为拉伸的效果。调用“拉伸”命令的方法如下：

- 菜单栏：调用“绘图”｜“建模”｜“拉伸”菜单命令。
- 面板：单击“建模”面板中的“拉伸”按钮。
- 命令行：在命令行输入 EXTRUDE（或 EX）并回车。

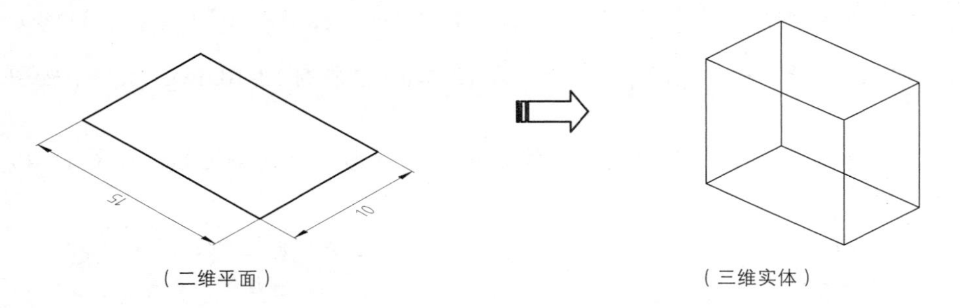

图 12-47　拉伸二维图形

使用该工具有两种将二维对象拉伸成实体的方法：一种是指定生成实体的倾斜角度和高度；另外一种的指定拉伸路径，路径可以闭合，也可以不闭合。

调用“拉伸”命令后，命令行将出现提示：“指定拉伸的高度或[方向(D)/路径(P)/倾斜角(T)]<41.9>:”其中命令行各选项含义如下：

- 方向(D)：在默认情况下，对象可以沿 z 轴拉伸，拉伸高度可以为正值也可以为负值，它们表示了拉伸的方向。

- 路径（P）：通过指定拉伸路径将对象拉伸为三维实体。拉伸路径可以是开放的，也可以是闭合的。
- 倾斜角（T）：通过指定角度拉伸对象。拉伸的角度可以是正值也可以是负值，其绝对值不大于 90°.若倾斜角为正，将产生内锥度，创建的侧面向里靠；若倾斜角为负，将产生外锥度，创建的侧面向外靠。

专家提醒

当沿路径进行拉伸时，拉伸实体起始于拉伸对象所在的平面，终止于路径的终点所在的平面。

12.4.2 旋转

在创建实体时，用于旋转的二维对象可以是封闭的多段线、多边形、圆、椭圆、封闭的样条曲线、圆环及封闭区域，而且每一次只能旋转一个对象。三维对象、包含在块中的对象、有交叉或自干涉的多段线不能被旋转，如图 12-48 所示为旋转的效果。调用“旋转”命令的方法如下：

- 菜单栏：调用“绘图”｜“建模”｜“旋转”菜单命令。
- 面板：单击“建模”面板中的“旋转”按钮。
- 命令行：在命令行输入 REVOLVE 并回车。

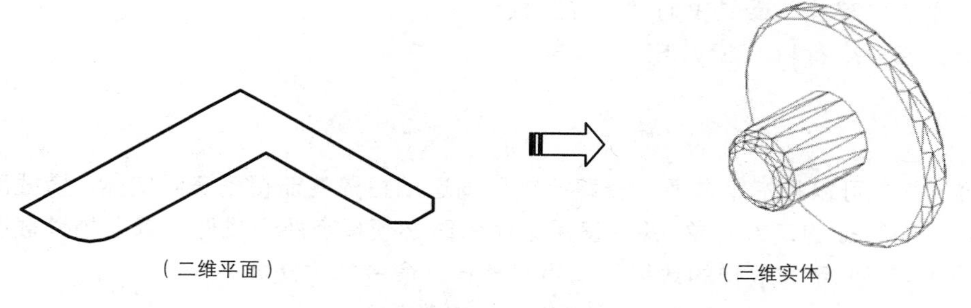

图 12-48　“旋转”

专家提醒

AutoCAD 中，输入正值表示按逆时针方向旋转，输入负值表示按顺时针方向旋转。

案例【12-11】利用“旋转”工具创建皮带轮三维实体　视频文件：DVD\视频\第 12 章\12-11.MP4

步骤 01　打开随书光盘“第 12 章\课堂举例 12-11.dwg”文件，结果如图 12-49 所示。

步骤 02　单击“建模”面板中的“旋转”按钮，选取皮带轮轮廓线为旋转对象，将其旋转 360°，结果如图 12-50 所示，命令行提示如下：

```
命令: REVOLVE                                              //调用“旋转”命令
当前线框密度:  ISOLINES=4
选择要旋转的对象: 找到 1 个                                //选取皮带轮轮廓线为旋转对象
选择要旋转的对象:↙                                         //回车
指定轴起点或根据以下选项之一定义轴 [对象(O)/X/Y/Z] <对象>://选择直线上端点为轴起点
指定轴端点:                                                //选择直线下端点为轴端点
```

指定旋转角度或 [起点角度(ST)] <360>:↙ //回车

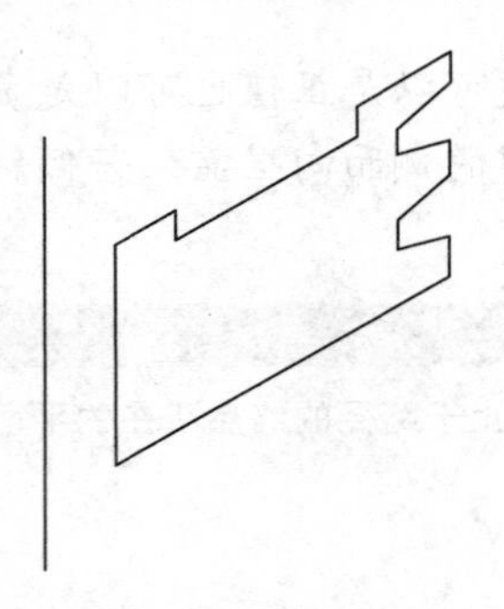
图 12-49 原始文件

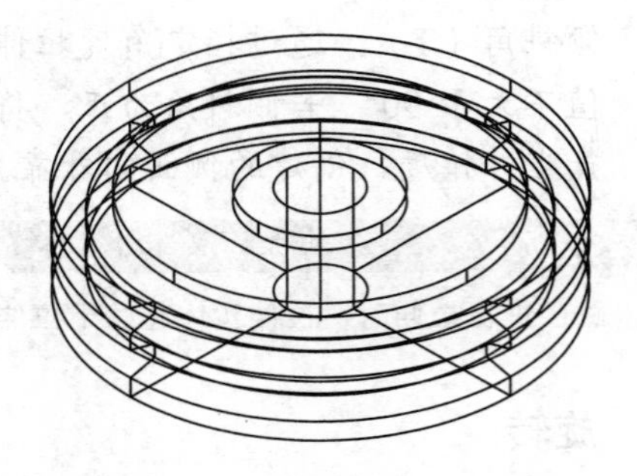
图 12-50 最终结果

12.4.3 扫掠

使用 SWEEP（扫掠）命令可以将扫掠对象沿着开放或闭合的二维或三维路径运动扫描，来创建实体或曲面，如图 12-51 所示为扫掠的效果。调用 SWEEP（扫掠）命令的方式有以下 3 种：

- 菜单栏：调用“绘图”|“建模”|“扫掠”菜单命令。
- 面板：单击“建模”面板中的“扫掠”按钮。
- 命令行：在命令行输入 SWEEP 并回车。

12.4.4 放样

调用“放样”命令可以将指定截面沿着路径或导向运动扫描从而得到三维实体。横截面指的是具有放样实体截面特征的二维对象，并且使用该命令时必须指定两个或两个以上的横截面来创建放样实体，图 12-52 所示为放样的效果。调用“放样”命令的方法如下：

- 菜单栏：调用“绘图”|【建模”|“放样”菜单命令。
- 面板：单击“建模”面板中的“放样”按钮。
- 命令行：在命令行输入 LOFT 并回车。

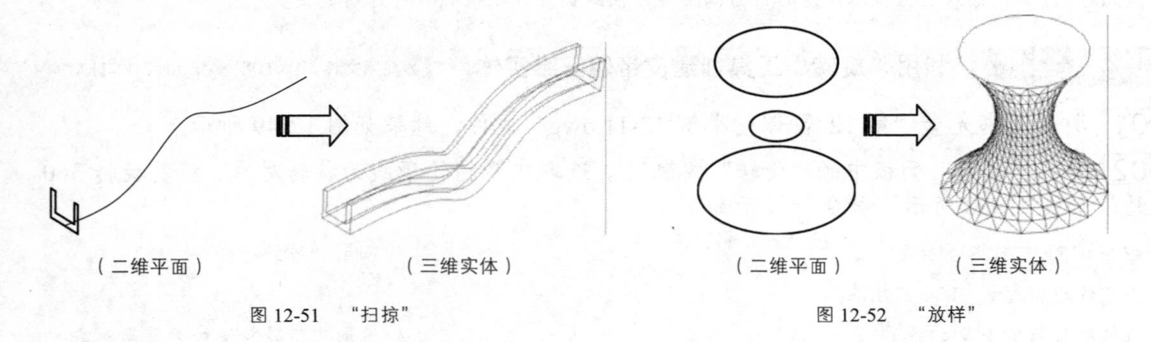

图 12-51 “扫掠”　　图 12-52 “放样”

12.4.5 按住并拖动

调用“按住并拖动”功能可以拖动边界区域拉伸实体，如图 12-53 所示。调用该命令的方法如下：

- 面板：单击“建模”面板中的“按住并拖动”按钮。
- 命令行：在命令行输入 PRESSPULL 并回车。

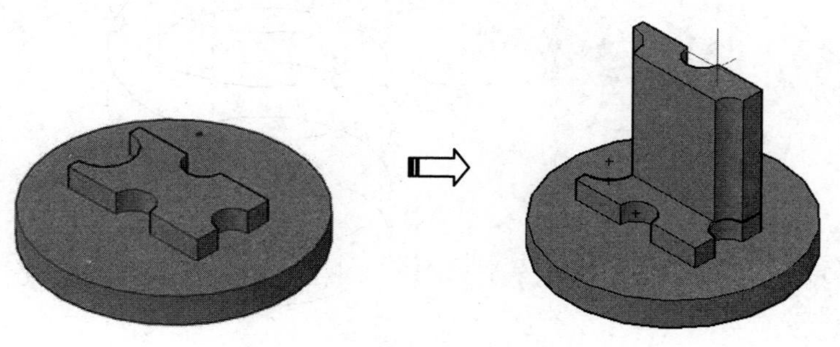

图 12-53 按住并拖动实体

12.4.6 跟踪练习 2：绘制弹簧

步骤01 单击绘图区域左上角的切换视图快捷控件，将视图切换为“西南等轴测”模式。单击“绘图”面板中的“螺旋”按钮，根据命令行提示绘制一段螺旋线，结果如图 12-54 所示，命令行提示如下：

```
命令: _Helix
圈数 = 3.0000      扭曲=CCW
指定底面的中心点: 0,0,0↙                                    //指定底面的中心点
指定底面半径或 [直径(D)] <1.0000>: 25↙                      //指定底面半径
指定顶面半径或 [直径(D)] <25.0000>:↙                        //回车
指定螺旋高度或 [轴端点(A)/圈数(T)/圈高(H)/扭曲(W)] <1.0000>: h↙//选择“圈高”备选项
<0.2500>: 12↙                                               //指定圈间距
指定螺旋高度或 [轴端点(A)/圈数(T)/圈高(H)/扭曲(W)] <1.0000>: t↙//选择“圈数”备选项
输入圈数 <3.0000>: 10↙                                      //输入圈数
```

步骤02 将 UCS 坐标绕 x 轴旋转 90°，命令行提示如下。结果如图 12-55 所示。

```
命令: ucs ↙                                                 //调用“UCS”命令
当前 UCS 名称: *世界*
指定 UCS 的原点或 [面(F)/命名(NA)/对象(OB)/上一个(P)/视图(V)/世界(W)/X/Y/Z/Z 轴(ZA)]
<世界>: x↙                                                  //指定旋转 x 轴
指定绕 X 轴的旋转角度 <90>: 90↙                              //将 x 轴旋转 90°
```

步骤03 单击“绘图”面板中的“圆心，半径”按钮，绘制一个半径为 3 的圆，结果如图 12-56 所示。

步骤04 单击“建模”面板中的“扫掠”按钮，将圆沿着螺旋线进行扫掠，生成弹簧实体，结果如图 12-57 所示，命令行提示如下：

```
命令: _sweep
当前线框密度: ISOLINES=24
选择要扫掠的对象: 找到 1 个
```

```
选择要扫掠的对象:                                          //选择圆为扫掠对象
选择扫掠路径或 [对齐(A)/基点(B)/比例(S)/扭曲(T)]:           //选择螺旋线为扫掠路径
```

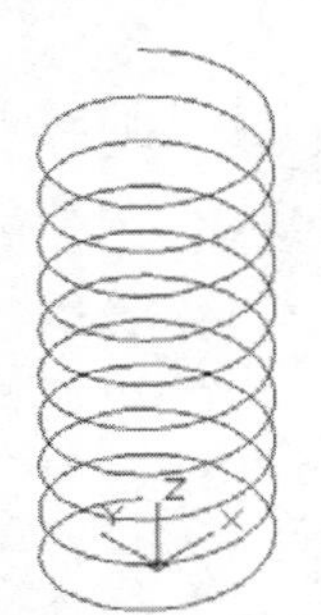

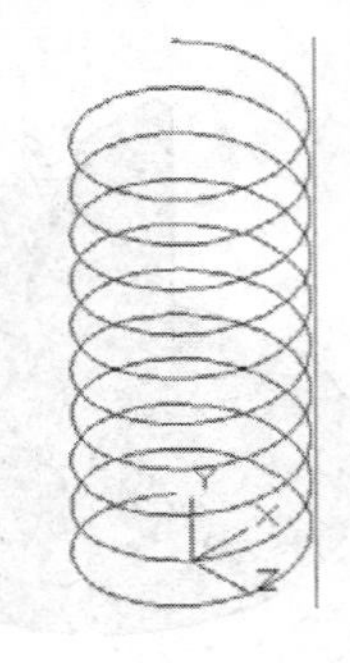

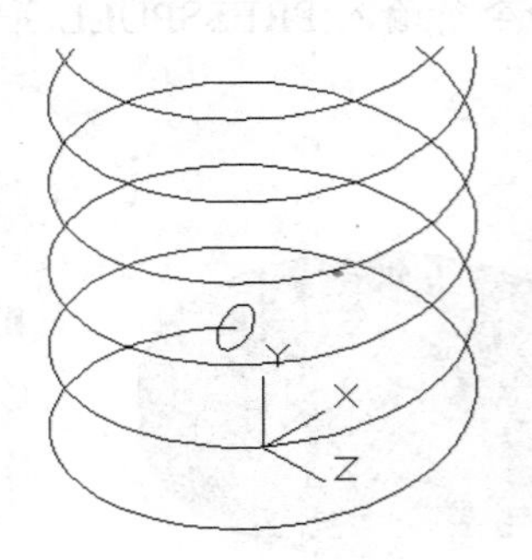

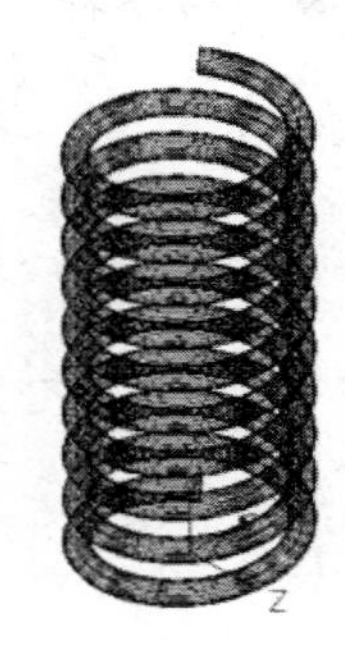

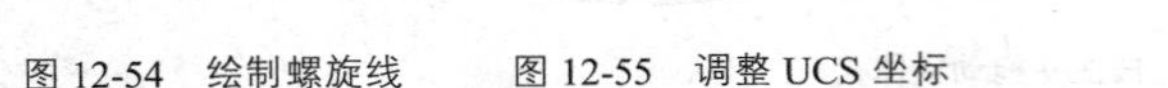

图 12-54 绘制螺旋线　图 12-55 调整 UCS 坐标　图 12-56 绘制圆　图 12-57 最终结果

12.5 编辑三维实体边

AutoCAD 2016

实体都是由最基本的面和边所组成的，AutoCAD 不仅提供了多种编辑实体的工具，同时可根据设计者需要提取多个边的特征，对其调用偏移、着色、压印或复制边等操作，便于查看或创建更为复杂的模型。

12.5.1 复制边

调用复制边操作可将现有实体模型上的单个或多个边偏移到其他位置，从而利用这些边边创建出新的图形对象。调用“复制边”命令的方法如下：

- 菜单栏：调用“修改”|“实体编辑”|“复制边”菜单命令。
- 面板：单击“实体编辑”面板中“复制边”按钮。

调用该命令后，在绘图区选择需要复制的边线，单击鼠标右键，系统弹出快捷菜单，如图 12-58 所示。选择“确认”命令，并指定复制边的基点或位移，移动鼠标到合适的位置单击以放置复制边。完成复制边的操作，其效果如图 12-59 所示。

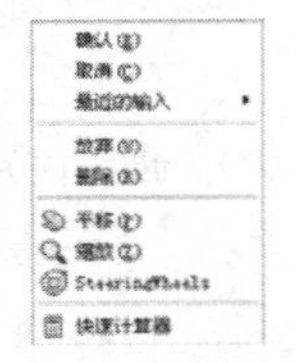

图 12-58 快捷菜单

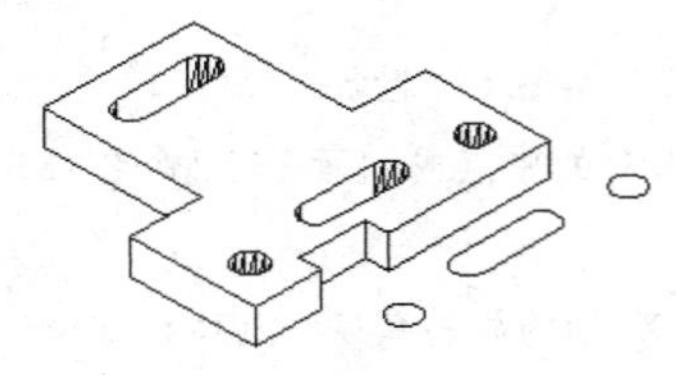

图 12-59 “复制边”

12.5.2 压印边

在创建三维模型后，往往会在模型的表面加入公司标记或产品标记等图形对象，AutoCAD 软件专为该操作提供了压印工具，即通过与模型表面单个或多个表面相交部分对象压印到该表面。调用“压印边”命令的方法如下：

- 菜单栏：调用“修改”|“实体编辑”|“压印边”菜单命令。

- 面板：单击“实体编辑”面板中的“压印”按钮。

调用该命令后，在绘图区选取三维实体，以及压印对象，命令行将显示“是否删除源对象[是(Y)/(否)]<N>;”的提示信息，根据设计需要确定是否保留压印对象，调用压印操作，其效果如图 12-60 所示。

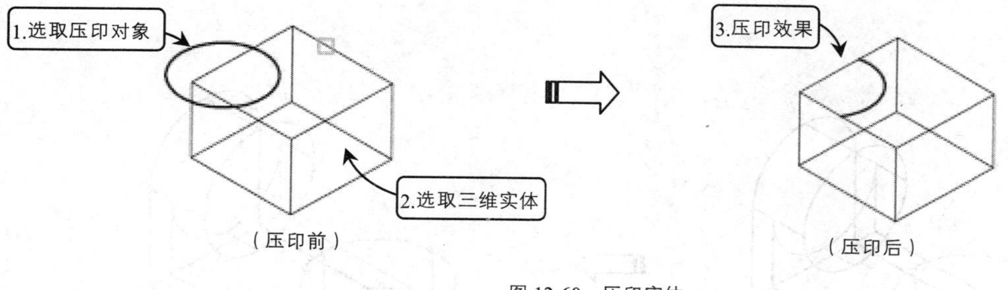

图 12-60 压印实体

12.5.3 着色边

调用“着色边”命令可以改变边的颜色。调用“着色边”命令的种方法如下：

- 菜单栏：调用“修改”|“实体编辑”|“着色边”菜单命令。
- 面板：单击“实体编辑”面板中的“着色边”按钮。
- 命令行：在命令行输入 SOLIDEDIT 并回车。

调用该命令后，命令行提示如下：

```
命令：_solidedit↙                                    //调用“着色边”命令
实体编辑自动检查： SOLIDCHECK=1
输入实体编辑选项 [面(F)/边(E)/体(B)/放弃(U)/退出(X)] <退出>: _face
输入面编辑选项[拉伸(E)/移动(M)/旋转(R)/偏移(O)/倾斜(T)/删除(D)/复制(C)/颜色(L)/材质(A)/放弃(U)/退出(X)] <退出>: _color
选择面或 [放弃(U)/删除(R)]:                          //选择一条或多条边并回车确认
```

此时系统会弹出一个“选择颜色”对话框，如图 12-61 所示。这里设置着色边颜色为红色，单击“确定”按钮即可完成操作，结果如图 12-62 所示。

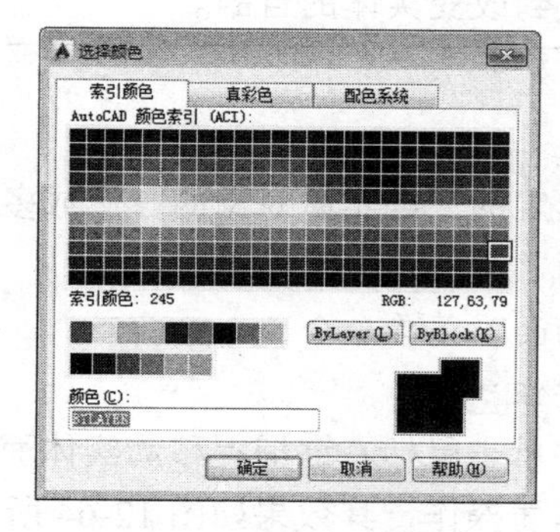

图 12-61 “选择颜色”对话框

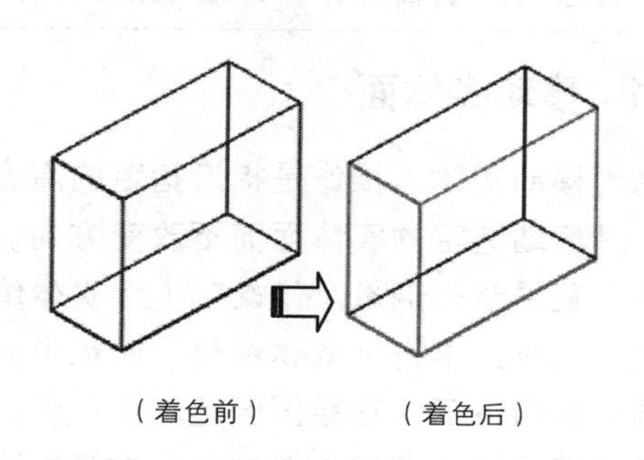

图 12-62 “着色边”效果

12.5.4 提取边

使用“提取边”命令，可以通过从三维实体或曲面中提取边来创建线框几何体，也可以通过提取单个边和面来创建，如图 12-63 所示。调用“提取边”命令的方法如下：

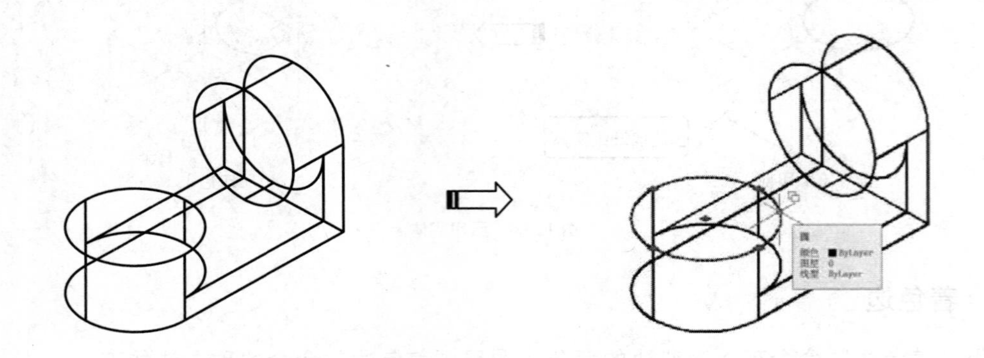

图 12-63 “提取边”

- 菜单栏：调用“修改” | “三维操作” | “提取边”菜单命令。
- 命令行：在命令行输入 XEDGES 并回车。

调用该命令后，命令行操作如下：

```
命令：_xedges                                    //调用“提取边”命令
选择对象：找到 1 个                               //选择实体
选择对象：↙                                      //回车
```

AutoCAD 2016

12.6 编辑实体面

在编辑三维实体时，不仅可以对实体上的单个或多个边线调用编辑操作，还可以对整个实体的任意表面调用编辑操作，即通过改变实体表面，从而达到改变实体的目的。

12.6.1 移动实体面

调用移动实体面操作是指沿指定的高度或距离移动选定的三维实体对象的一个或多个面。移动时，只移动选定的实体面而不改变方向。调用“移动面”命令的方法如下：

- 菜单栏：调用“修改” | “实体编辑” | “移动面”菜单命令。
- 面板：单击“实体编辑”面板中的“移动面”按钮。

调用该命令后，在绘图区选取实体表面，按回车键并单击鼠标右键捕捉移动实体面的基点，指定移动路径或距离值。单击鼠标右键即可调用移动实体面操作，其效果如图 12-64 所示。

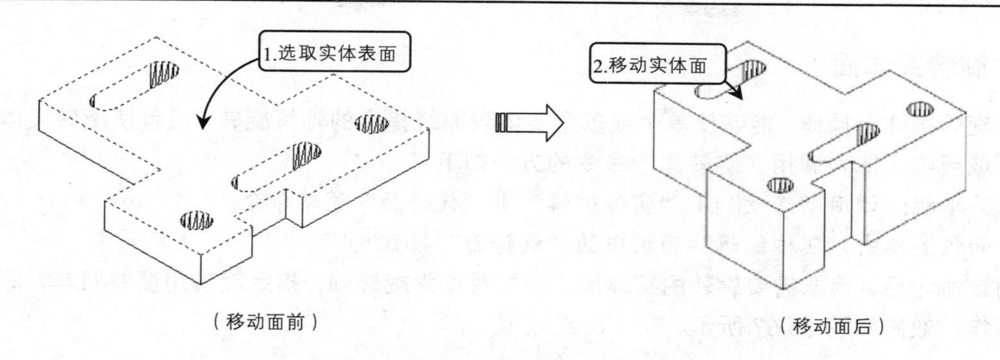

（移动面前） （移动面后）

图 12-64 移动实体面

12.6.2 偏移实体面

调用偏移实体面操作是指在一个三维实体上按指定的距离均匀地偏移实体面。可根据设计需要将现有的面从原始位置向内或向外偏移指定的距离，从而获取新的实体面。调用“偏移面”命令的方法如下：

- 菜单栏：调用“修改”｜“实体编辑”｜“偏移面”菜单命令。
- 面板：单击“实体编辑”面板中的“偏移面”按钮。

调用该命令后，在绘图区选取要偏移的面，输入偏移距离并回车，即可获得如图 12-65 所示的偏移面特征。

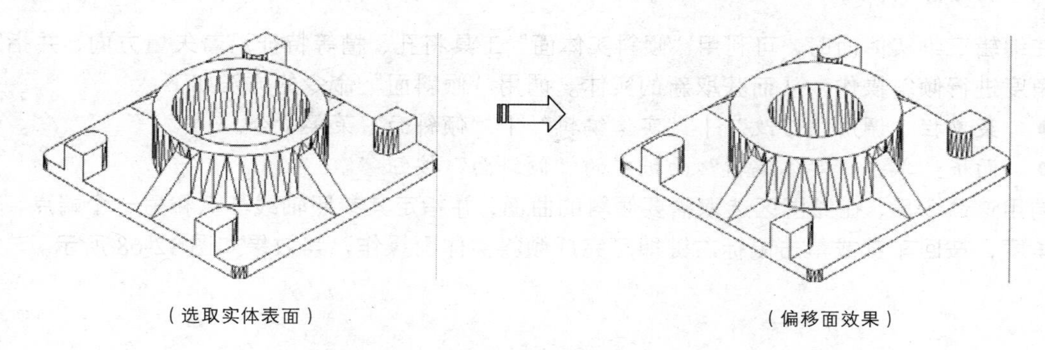
（选取实体表面） （偏移面效果）

图 12-65 偏移实体面

12.6.3 删除实体面

在三维建模环境中，调用删除实体面操作是指从三维实体对象上删除实体表面、圆角等实体特征。调用“删除面”命令的方法如下：

- 菜单栏：调用“修改”｜“实体编辑”｜“删除面”菜单命令。
- 面板：单击“实体编辑”面板中的“删除面”按钮。

调用该命令，在绘图区选择要删除的面，按回车键或单击右键即可调用实体面删除操作，如图 12-66 所示。

12.6.4 旋转实体面

调用旋转实体面操作，能够使单个或多个实体表面绕指定的轴线旋转，或者使旋转实体的某些部分形成新的实体。调用“旋转面”命令的方法如下：

- 菜单栏：调用“修改”|“实体编辑”|“旋转面”菜单命令。
- 面板：单击“实体编辑”面板中的“旋转面”按钮。

调用该命令后，选取需要旋转的实体面，捕捉两点为旋转轴，指定旋转角度并回车，即可完成旋转操作，效果如图 12-67 所示。

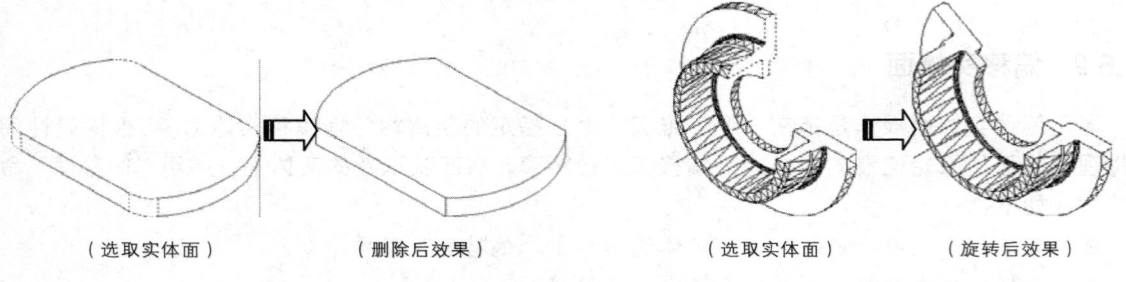

图 12-66 删除实体面 图 12-67 旋转实体面

12.6.5 倾斜实体面

在编辑三维实体面时，可利用“倾斜实体面”工具将孔、槽等特征沿着矢量方向，并指定特定的角度进行倾斜操作，从而获取新的实体。调用“倾斜面”命令的方法如下：

- 菜单栏：调用“修改”|“实体编辑”|“倾斜面”菜单命令。
- 面板：单击“实体编辑”面板中的“倾斜面”按钮。

调用该命令后，在绘图区选取需要倾斜的曲面，并指定其参照轴线基点和另一个端点，输入倾斜角度，按回车键或单击鼠标右键即可完成倾斜实体面操作，其效果如图 12-68 所示。

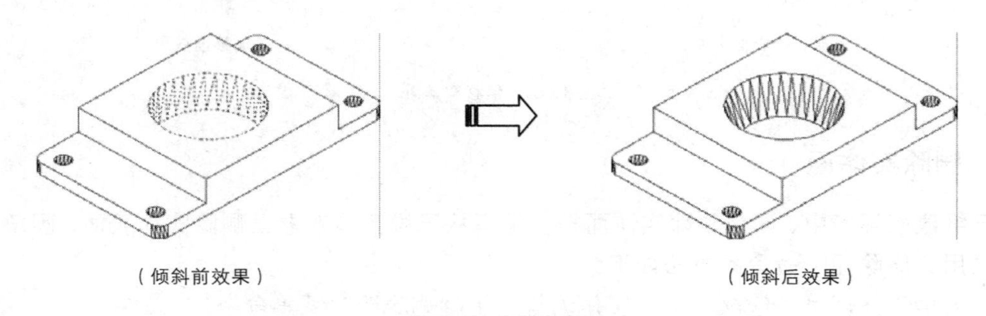

图 12-68 倾斜实体面

12.6.6 实体面着色

调用实体面着色操作可修改单个或多个实体面的颜色，以取代该实体对象所在图层的颜色，以更方便地查看这些表面。调用“着色面”命令的方法如下：

- 菜单栏：调用“修改”|“实体编辑”|“着色面”菜单命令。

● 面板：单击“实体编辑”面板中的“着色面”按钮。

调用该命令后，在绘图区指定需要着色的实体表面并回车，系统弹出“选择颜色”对话框。在该对话框中指定填充颜色，单击“确定”按钮，即可完成面着色操作。

专家提醒

给指定的面设置着色后，可以调用“视图”|“视觉样式”|“真实”菜单命令，观察着色后的效果。

12.6.7 拉伸实体面

在编辑三维实体面时，可使用“拉伸实体面”工具直接选取实体表面调用拉伸操作，从而获取新的实体。调用“拉伸面”命令的方法如下：

● 菜单栏：调用“修改”|“实体编辑”|“拉伸面”菜单命令。
● 面板：单击“实体编辑”面板中的“拉伸面”按钮。

调用该命令后，在绘图区选取需要拉伸的曲面，并指定拉伸路径或输入拉伸距离，按回车键即可完成拉伸实体面的操作，其效果如图12-69所示。

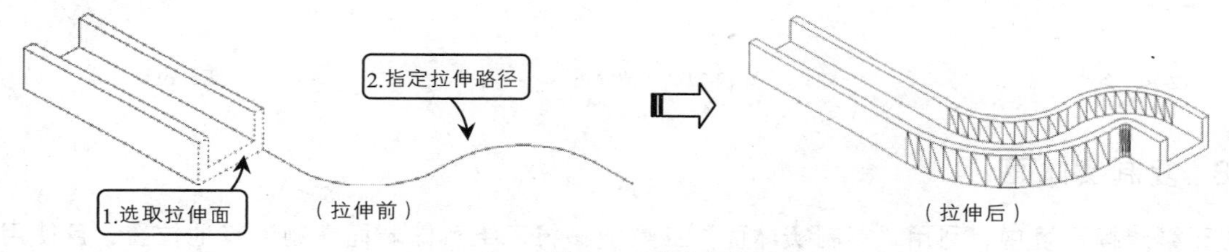

图12-69 拉伸实体面

案例【12-12】 拉伸实体面 视频文件：DVD\视频\第12章\12-12.MP4

步骤01 输入OPEN“打开”命令并回车，打开“第12章\课堂举例12-12.dwg”文件，如图12-70所示。

步骤02 单击“实体编辑”面板中的“拉伸面”按钮，拉伸剩余管道，如图12-71所示，命令行操作如下：

```
命令：_solidedit↙                                        //调用“拉伸面”命令
实体编辑自动检查： SOLIDCHECK=1
输入实体编辑选项 [面(F)/边(E)/体(B)/放弃(U)/退出(X)] <退出>: _face
输入面编辑选项
[拉伸(E)/移动(M)/旋转(R)/偏移(O)/倾斜(T)/删除(D)/复制(C)/颜色(L)/材质(A)/放弃(U)/退出(X)] <退出>: _extrude
选择面或 [放弃(U)/删除(R)]: 找到一个面                     //选择拉伸面
选择面或 [放弃(U)/删除(R)/全部(ALL)]: ↙
指定拉伸高度或 [路径(P)]: P↙                              //激活“路径(P)”选项
选择拉伸路径:                                              //选择拉伸路径
已开始实体校验。
已完成实体校验。
```

输入面编辑选项
[拉伸(E)/移动(M)/旋转(R)/偏移(O)/倾斜(T)/删除(D)/复制(C)/颜色(L)/材质(A)/放弃(U)/退出(X)] <退出>:↙
实体编辑自动检查: SOLIDCHECK=1
输入实体编辑选项 [面(F)/边(E)/体(B)/放弃(U)/退出(X)] <退出>:↙ //双击回车键退出

步骤 03 单击绘图区左上角的“视觉样式控件”，在弹出的快捷功能控件菜单中，选择“概念”命令，最终效果如图 12-72 所示。

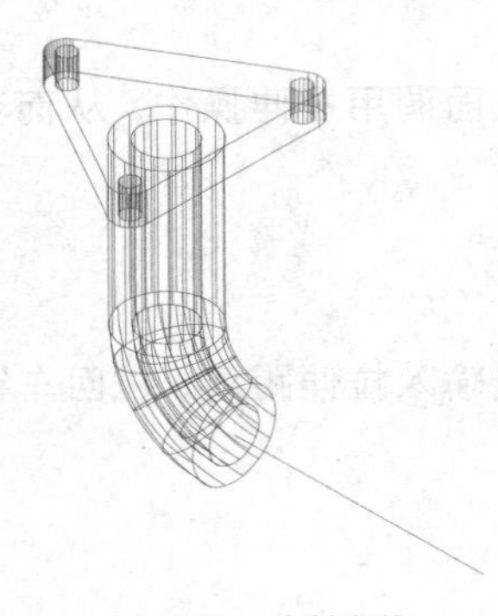
图 12-70 素材文件

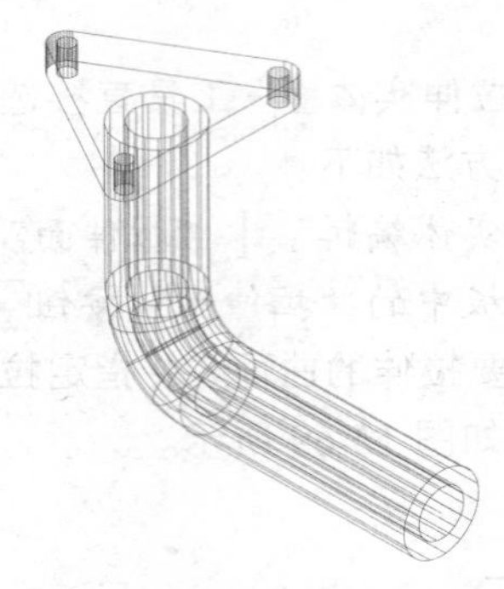
图 12-71 拉伸管道

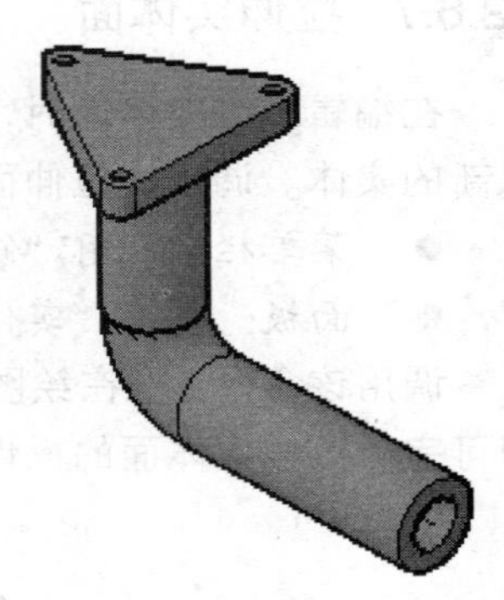
图 12-72 更换视觉样式

12.6.8 复制实体面

在三维建模环境中，利用“复制实体面”工具能够将三维实体表面复制到其他位置，且使用这些表面可创建新的实体。调用“复制面”命令的方法如下：

- 菜单栏：调用“修改”|“实体编辑”|“复制面”菜单命令。
- 面板：单击“实体编辑”面板中的“复制面”按钮。

调用该命令后，在绘图区选取需要复制的实体表面。如果指定了两个点，AutoCAD 将第一个点作为基点，并相对于基点放置一个副本；如果只指定一个点，AutoCAD 将把原始选择点作为基点，下一点作为位移点。

12.7 视觉样式

AutoCAD 2016

在 AutoCAD 中，为了观察三维模型的最佳效果，往往需要通过“视觉样式”功能来切换视觉样式。视觉样式是一组用来设置控制视口中边和着色的显示的工具。

12.7.1 应用视觉样式

一旦应用了视觉样式或更改了其设置，就可以在视口中查看效果。在 AutoCAD 中，有以下 4 种默认的视觉样式：

- 二维线框：显示用直线和曲线表示边界的对象。光栅和 OLE 对象、线型和线宽均可见，如图 12-73 所示。
- 三维线框：显示用直线和曲线表示边界的对象。
- 三维隐藏：显示用三维线框表示的对象并隐藏表示后向面的直线，如图 12-74 所示。

- 真实：着色多变形平面间的对象，并使对象的边平滑化。将显示已附着到对象的材质，如图 12-75 所示。

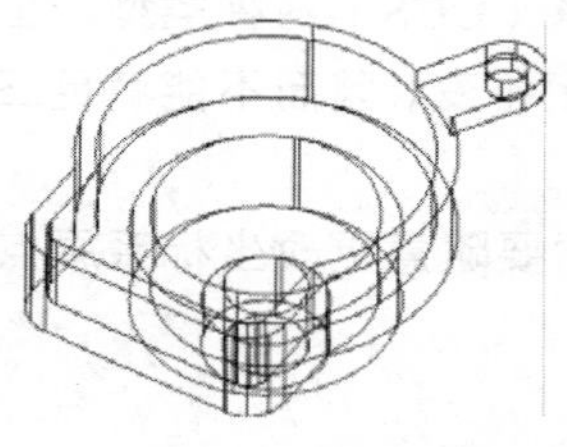

图 12-73　二维线框视觉样式

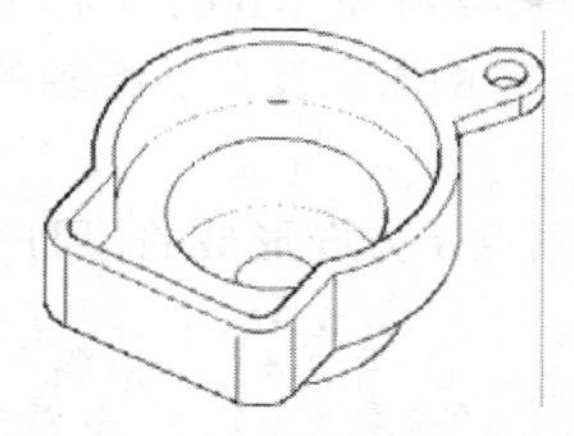

图 12-74　三维隐藏视觉样式

图 12-75　真实视觉样式

12.7.2 管理视觉样式

视觉样式管理器用于创建和修改视觉样式，并将视觉样式应用到视口。

打开“视觉样式管理器”选项板的方法如下：

- 菜单栏：调用“视图”|“视觉样式”|“视觉样式管理器”菜单命令。
- 面板：单击“视图”面板中的“视觉样式管理器”按钮。
- 命令行：在命令行输入 VISUALSTYLES 并回车。

调用该命令后，系统将弹出“视觉样式管理器”选项板，如图 12-76 所示。

“视觉样式管理器”选项板中包含了“图形中的可用视觉样式”图样选项和“面设置选项”“环境设置选项”“边设置选项”“边修改器选项”“快速轮廓边”等选项面板，分别用来设置当前视觉样式的显示状态和修改视觉样式的各项参数。

图 12-77 所示为真实视觉样式进行参数修改前后的效果对比。

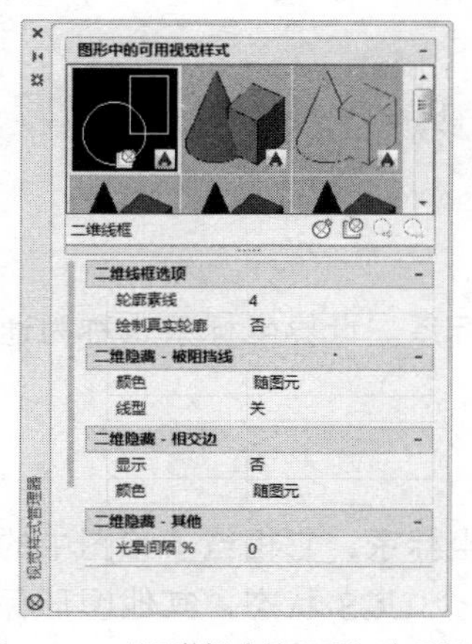

图 12-76　“视觉样式管理器”选项板

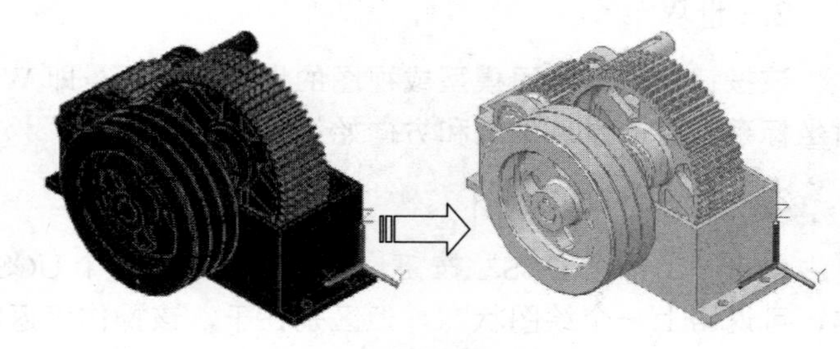

图 12-77　调整视觉样式

12.8 三维坐标系统

坐标系及其切换是 CAD 绘图中不可缺少的元素，在该界面上创建三维模型，其实就是在平面上创建三维图形，而视图方向的切换则是通过调整坐标位置和方向获得。因此三维坐标系是确定三维对象位置的基本手段，是研究三维空间的基础。

12.8.1 UCS 概念及特点

在 AutoCAD 中，坐标系包括世界坐标系（WCS）和用户坐标系（UCS）两种类型。世界坐标系是系统默认的二维图形坐标系，它的原点及各坐标轴的方向固定不变，因而不能满足三维建模的需要。

用户坐标系是通过变换坐标系原点及方向形成的，用户可根据需要随意更改坐标系原点及方向。其主要应用于三维模型的创建。

12.8.2 UCS 的建立

UCS 坐标系表示了当前坐标系的坐标轴方向和坐标原点的位置，也表示了相对于当前 UCS 的 xy 平面的视图方向。在三维建模环境中，它可以根据用户指定的不同的方位来创建模型特征。

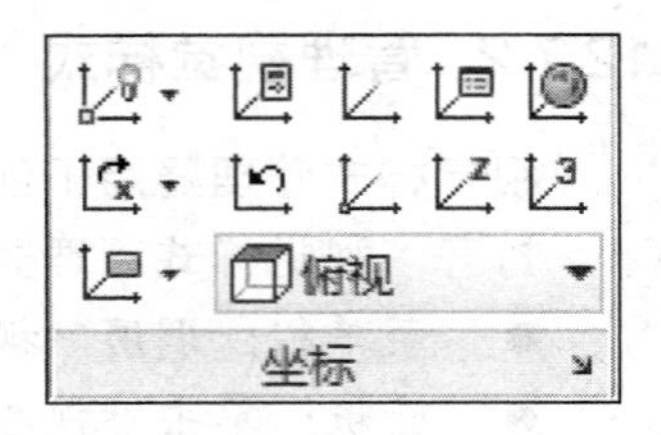

图 12-78 “坐标”面板

调用建立用户坐标系命令的方法如下：

- 菜单栏：调用“工具”|“新建 UCS”菜单命令。
- 面板：单击“坐标”面板中的“UCS”按钮。
- 夹点方式：选中 UCS 坐标并拾取其夹点对其进行移动或旋转操作。
- 命令行：在命令行输入 UCS 并回车。

如图 12-78 所示为 AutoCAD 中的“坐标”面板。

“坐标”面板中常用的按钮的含义如下：

1. UCS

单击该按钮，命令行操作如下：

```
指定 UCS 的原点或 [面(F)/命名(NA)/对象(OB)/上一个(P)/视图(V)/世界(W)/X/Y/Z/Z 轴(ZA)]
<世界>:
```

2. 世界

该按钮用来切换回模型或视图的世界坐标系，即 WCS 坐标系。世界坐标系也称为通用或绝对坐标系，它的原点位置和方向始终是保持不变的。

3. 上一个 UCS

单击“上一个 UCS”按钮，可通过使用上一个 UCS 确定坐标系，它相当于绘图中的撤销操作，可返回上一个绘图状态。但区别在于，该操作仅返回上一个 UCS 状态，其他图形保持更改后的效果。

4. 面 UCS

该按钮主要用于重合新用户坐标系的 xy 平面与所选实体的一个面。在模型中选取实体面或选取面的一个边界，此面被加亮显示，按 Enter 键即可重合该面与新建 UCS 的 xy 平面，效果如图 12-79 所示。

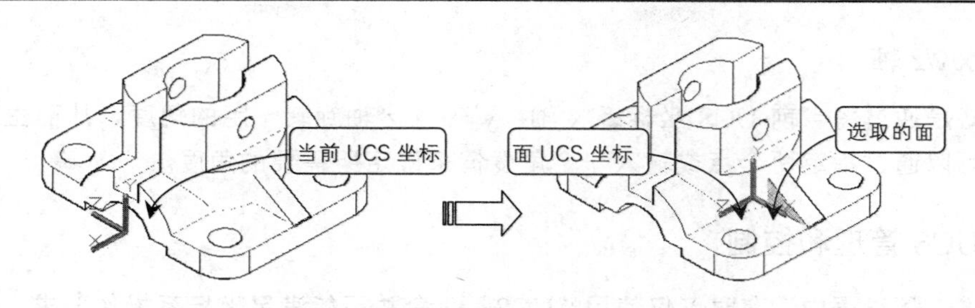

图 12-79　创建面 UCS 坐标

5. 对象

该按钮通过选择一个对象，定义一个新的坐标系，坐标轴的方向取决于所选对象的类型。当选择一个对象时，新坐标系的原点将放置在创建该对象时定义的第一点上，x 轴的方向为从原点指向创建该对象时定义的第二点，z 轴方向自动保持与 xy 平面垂直，如图 12-80 所示。

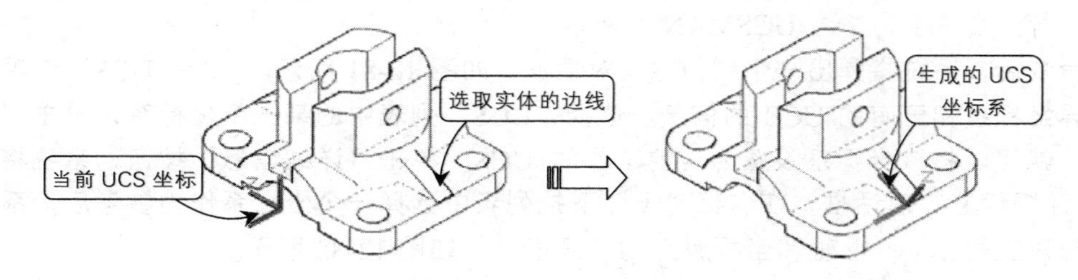

图 12-80　由选取对象生成 UCS 坐标

6. 视图

该按钮可使新坐标系的 xy 平面与当前视图方向垂直，z 轴与 xy 面垂直，而原点保持不变。通常情况下，该工具主要用于标注文字，当文字需要与当前屏幕而非与对象平行时用此方式比较简单。

7. 原点

该按钮是系统默认的 UCS 坐标的创建方法，主要用于修改当前用户坐标系的原点位置。其坐标轴方向与上一个坐标相同，而由它定义的坐标系将以新坐标存在。

在“坐标”面板中单击“UCS”按钮，然后利用状态栏中的“对象捕捉”功能，捕捉模型上的一点，按 Enter 键结束操作。

8. Z 轴矢量

该工具是通过指定一点作为坐标原点，指定一个方向作为 z 轴的正方向，从而定义新的用户坐标系。此时，系统将根据 z 轴方向自动设置 x 轴、y 轴的方向。

9. 三点

该方式是创建 UCS 坐标系的最简单、最常用的一种方法，只需选取 3 个点就可确定新坐标系的原点、x 轴与 y 轴的正向。指定的原点是坐标旋转时的基准点，再选取一点作为 x 轴的正方向即可，而 y 轴的正方向实际上已经确定。当确定 x 轴与 y 轴的方向后，z 轴的方向将自动设置为与 xy 平面垂直。

10. x/y/z 轴

该方式是通过将当前 UCS 坐标绕 x 轴、y 轴或 z 轴旋转一定的角度，从而生成新的用户坐标系。它可以通过指定两个点或输入一个角度值来确定所需要的角度。

12.8.3 UCS 管理和控制

在三维造型过程中，有时仅仅使用“UCS”命令并不能满足坐标系操作要求，因此需要有效的管理和控制坐标系。

1. UCS 管理 UCSMAN

调用 UCS 管理命令的方法如下：

- 菜单栏：调用“工具”｜“命名 UCS”菜单命令。
- 面板：单击“坐标”面板中的“命名 UCS”按钮。
- 命令行：在命令行输入 UCSMAN 并回车。

调用该命令后，系统将弹出一个“UCS”对话框，如图 12-81 所示。“命令 UCS”选项卡：用于显示世界坐标系和已有的 UCS 的信息。选择“UCS”列表中的某一个坐标系，单击“置为当前”按钮，就可以将该坐标系设置为当前工作的 UCS。单击“详细信息”按钮，系统将弹出一个“UCS 详细信息”对话框，在“相对于”下拉列表中选择一个坐标系作为参考后，系统就显示出与之相对应的 x、y、z 轴和坐标原点的详细信息，如图 12-82 所示。

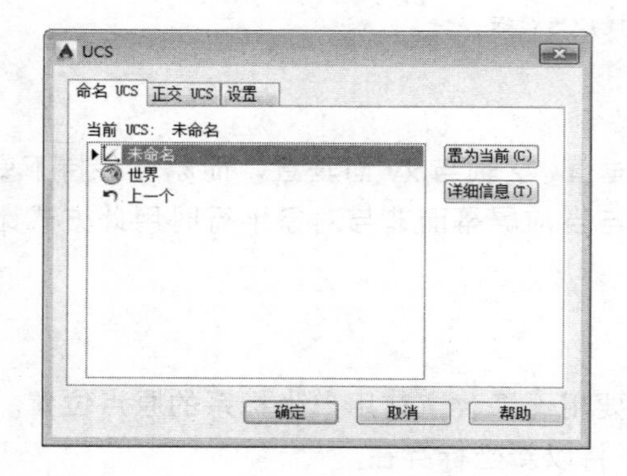

图 12-81 “UCS”对话框

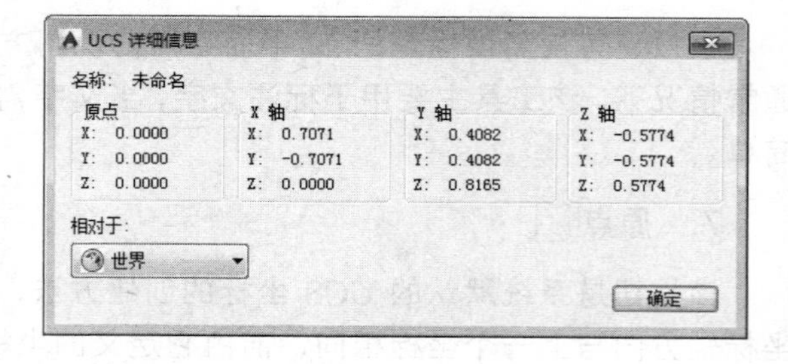

图 12-82 “UCS 详细信息”对话框

“正交 UCS”选项卡：用于将 UCS 设置成某一“正交”模式。用户可以在“相对于”下拉列表中选择用于定义正交模式 UCS 的参考坐标系，以及选择“底端深度”下拉列表中的数值并将其修改为定义 UCS 所投影平面到参考坐标系的平行平面之间的距离，如图 12-83 所示。

“设置”选项卡：主要用于设置 UCS 图标的显示方式和应用范围等，如图 12-84 所示。

“UCS 图标设置”选项区域用于设置 UCS 图标的显示方式；“开”复选框设置 UCS 图标是否在绘图区域内显示；“显示于 UCS 原点”复选框确定设置的 UCS 图标是否在 UCS 原点显示，如果不是，UCS 图标只显示在当前视图的左下角；“应用到所有活动窗口”复选框确定是否将 UCS 图标的设置应用到当前图形中的所有活动视口。

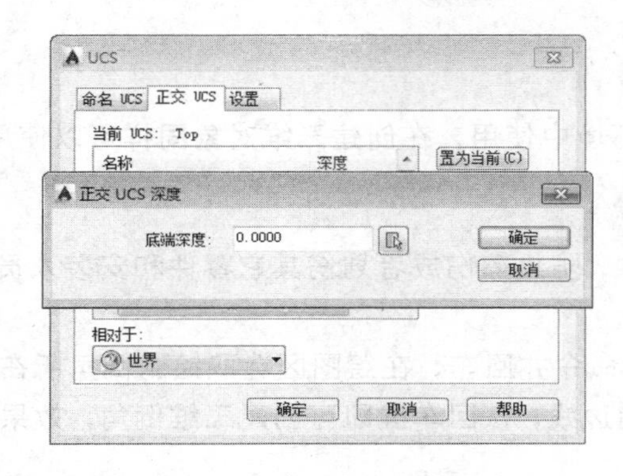

图 12-83　“正交 UCS”选项卡

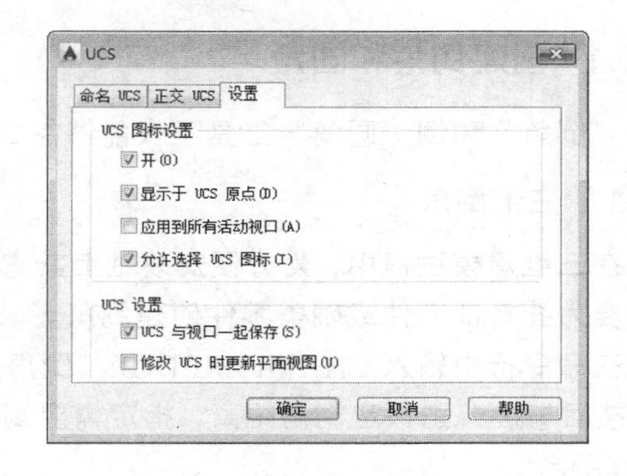

图 12-84　“设置”选项卡

“UCS 设置”选项区域用于在当前视口中设置 UCS；“UCS 与视口一起保存”复选框用于确定 UCS 设置是否与当前视口一起保存；“修改 UCS 时更新平面视图”复选框用于确定当前 UCS 改变时，是否将图形和坐标系转换到 xoy 平面视图。

2. UCS 图标控制 UCSICON

在命令行输入 UCSICON 并回车，命令行提示如下：

```
命令: UCSICON
输入选项 [开(ON)/关(OFF)/全部(A)/非原点(N)/原点(OR)/可选(S)/特性(P)] <开>:
```

- “开(ON)/关(OFF)”选项：确定 UCS 图标是否在绘图区域内显示。
- “全部(A)”选项：如果当前绘图屏幕上有多个视口，通过该选项可确定是否将 UCS 图标的设置应用到当前图形中的所有活动视口。
- “非原点(N)/原点(OR)”选项：确定设置的 UCS 图标是否在 UCS 原点显示。
- “可选(S)”选项：用于选中是否允许选择 UCS 图标。
- “特性(P)”选项：调用该命令后，系统将弹出“UCS 图标”对话框，如图 12-85 所示。通过该对话框，用户可以设置 UCS 的图标样式、大小、颜色等特性。

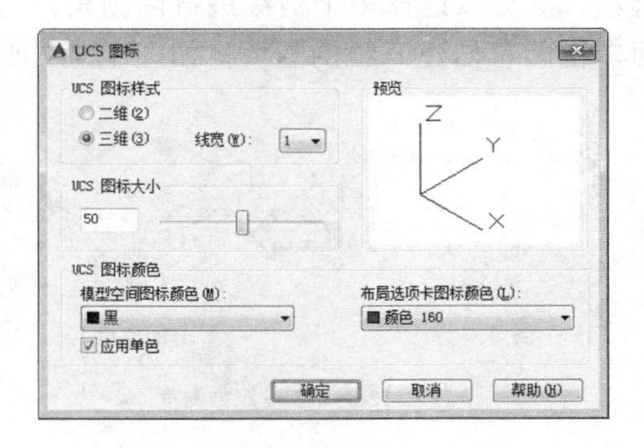

图 12-85　“UCS 图标”对话框

AutoCAD 2016

12.9 三维实体的高级编辑

在编辑三维实体时，不仅可以对实体上单个表面和边线调用编辑操作，还可以对整个实体调用编辑操作。

12.9.1 创建倒角和圆角

“倒角”和倒“圆角”工具不仅能够在二维环境中使用，在创建三维对象同样可以使用。

1. 三维倒角

在三维建模过程中，为方便安装轴上其它零件，防止擦伤或者划伤其它零件和安装人员，通常需要为孔特征零件或轴类零件创建倒角。

在命令行中输入 CHAMFEREDGE “倒角边”命令并回车，在绘图区选取绘制倒角所在的基面，按回车键分别指定倒角距离，指定需要倒角的边线，按回车键即可创建三维倒角，效果如图 12-86 所示。

技巧点拨

在调用“倒角”命令时，当出现“选择一条边或 [环(L)/距离(D)]:”提示信息时，选择“距离”备选项可以设置倒角距离。

2. 三维圆角

在三维建模过程中，主要是在回转零件的轴肩处创建圆角特征，以防止轴肩应力集中，在长时间的运转中断裂。

在命令行中输入 FILLETEDGE “圆角边”命令并回车，在绘图区选取需要绘制圆角的边线，输入圆角半径，按回车键。其命令行出现“选择边或 [链(C)/环(L)/半径(R)]:”提示，选择“链(C)”选项，则可以选择多个边线进行倒圆角；选择“半径”选项，则可以创建不同半径值的圆角，按回车键即可创建三维倒圆角，如图 12-87 所示。

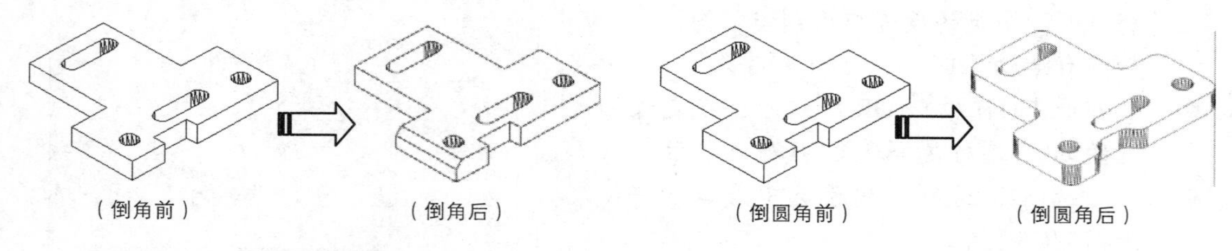

图 12-86 创建三维倒角

图 12-87 创建三维圆角

案例【12-13】 创建圆角与倒角 视频文件：DVD\视频\第 12 章\12-13.MP4

步骤 01 输入 OPEN “打开”命令并回车，打开“第 12 章\课堂举例 12-13.dwg”文件，如图 12-88 所示。

步骤 02 在命令行中输入 CHAMFEREDGE “倒角边”命令并回车，对图形进行倒角，如图 12-89 所示，命令行操作如下：

```
命令: _CHAMFEREDGE ↙                              //调用“倒角边”命令
距离 1 = 10.0000, 距离 2 = 10.0000
选择一条边或 [环(L)/距离(D)]: D↙                   //激活“距离(D)”选项
指定距离 1 或 [表达式(E)] <10.0000>: 5↙            //输入距离 1
指定距离 2 或 [表达式(E)] <10.0000>: 5↙            //输入距离 2
```

```
选择一条边或 [环(L)/距离(D)]:                        //选择底座上的“高”
选择同一个面上的其他边或 [环(L)/距离(D)]: ↙
按 Enter 键接受倒角或 [距离(D)]: ↙           //按回车键完成倒角，按空格键重复命令继续倒角
```

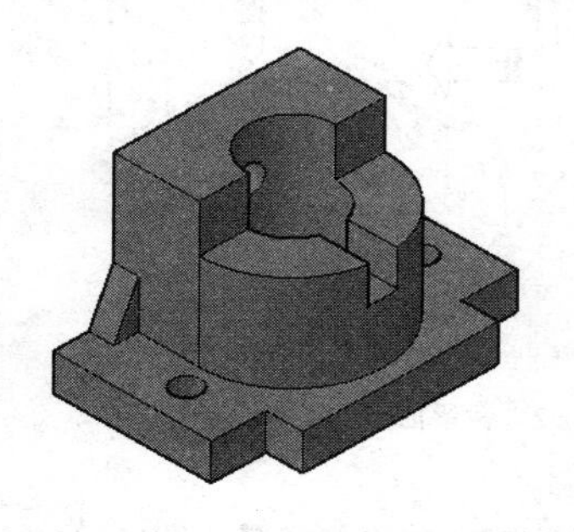

图 12-88　素材图形

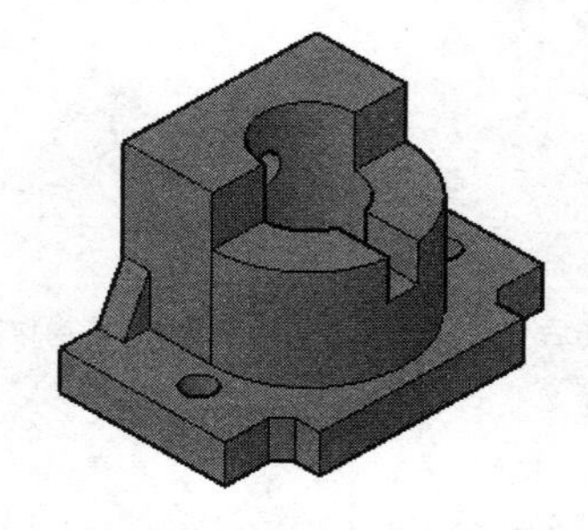

图 12-89　“倒角”操作

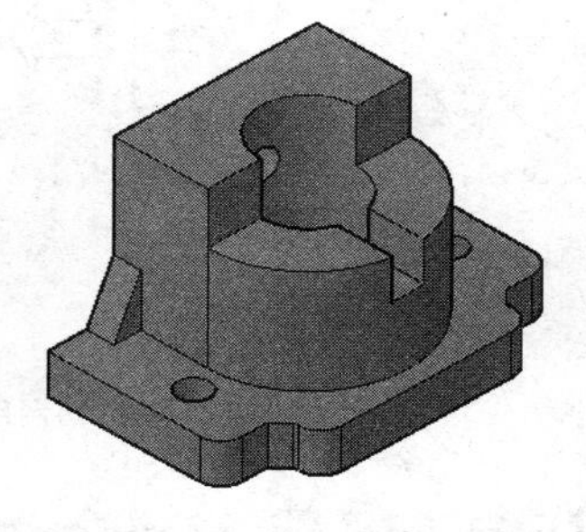

图 12-90　“倒圆角”操作

步骤 03　在命令行中输入 FILLETEDGE“圆角边”命令并回车，对图形进行倒圆角，如图 12-90 所示，命令行操作如下：

```
命令: _FILLETEDGE↙                           //调用“圆角边”命令
半径 = 1.0000
选择边或 [链(C)/环(L)/半径(R)]: R↙            //激活“半径(R)”选项
输入圆角半径或 [表达式(E)] <1.0000>: 8↙       //输入圆角半径
选择边或 [链(C)/环(L)/半径(R)]:               //选择需要圆角的边，也就是底座上的“高”
选择边或 [链(C)/环(L)/半径(R)]: ↙
已选定 4 个边用于圆角。
按 Enter 键接受圆角或 [半径(R)]:              //按回车键完成倒圆角
```

12.9.2 抽壳

SOLIDEDIT（抽壳）命令可使实体以指定的厚度，形成一个空的薄层，同时还允许将某些指定面排除在壳外。指定正值从圆周外开始抽壳，指定负值从圆周内开始抽壳。调用“抽壳”命令的方法如下：

- 菜单栏：调用“修改”｜“实体编辑”｜“抽壳”菜单命令。
- 面板：单击“实体编辑”面板中的“抽壳”按钮。
- 命令行：在命令行输入 SOLIDEDIT 并回车。

在调用实体抽壳操作时，可根据设计需要保留所有面（即中空实体）或删除单个面调用抽壳操作，以下分别对其进行介绍。

1. 删除抽壳面

该抽壳方式是通过移除面形成内孔实体。调用“抽壳”命令，在绘图区选取待抽壳的实体，以及要删除的单个或多个表面并单击右键，输入抽壳偏移距离，按回车键，即可完成抽壳操作，其效果如图 12-91 所示。

2. 保留抽壳面

该抽壳方法与删除面抽壳操作的不同之处在于无需选取删除面，即在选取抽壳对象后，直接

按回车键或单击鼠标右键，输入抽壳距离，从而形成中空的抽壳效果，如图 12-92 所示。

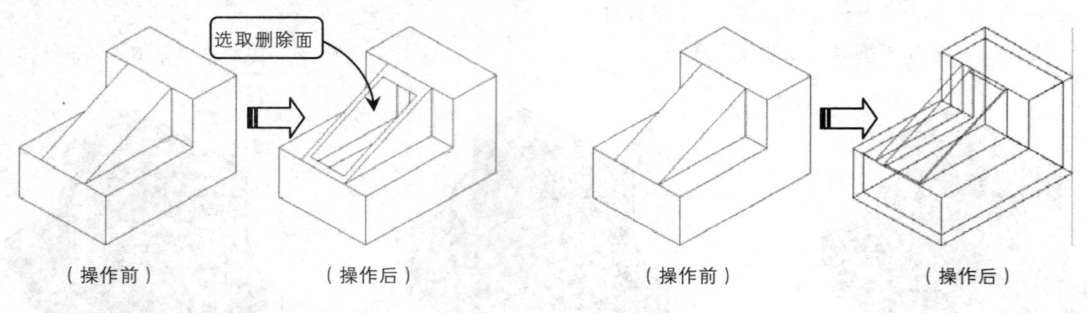

图 12-91 删除面调用抽壳操作

图 12-92 保留抽壳面

案例【12-14】 对 S 管进行抽壳操作

视频文件：DVD\视频\第 12 章\12-14.MP4

步骤01 打开随书光盘“第 12 章\课堂举例 12-14.dwg”文件，结果如图 12-93 所示。

步骤02 单击“实体编辑”面板中的“抽壳”按钮，对图形进行抽壳操作。在命令行中输入 HIDE“消隐”命令并回车，结果如图 12-94 所示。命令行操作如下：

```
命令：_solidedit↙                                                    //调用“抽壳”命令
实体编辑自动检查： SOLIDCHECK=1
输入实体编辑选项 [面(F)/边(E)/体(B)/放弃(U)/退出(X)] <退出>: _body
输入体编辑选项
[压印(I)/分割实体(P)/抽壳(S)/清除(L)/检查(C)/放弃(U)/退出(X)] <退出>: _shell
选择三维实体:                                                        //选择 S 管
删除面或 [放弃(U)/添加(A)/全部(ALL)]:                                //选择 S 管左边管口
找到一个面，已删除 1 个。
删除面或 [放弃(U)/添加(A)/全部(ALL)]:                                //选择 S 管右边边管口
找到一个面，已删除 1 个。
删除面或 [放弃(U)/添加(A)/全部(ALL)]:↙                               //回车结束选择
输入抽壳偏移距离： 30↙                                               //输入抽壳距离
```

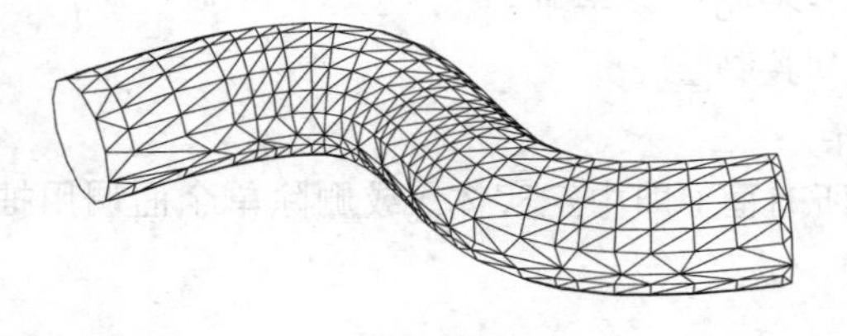

图 12-93 原始文件

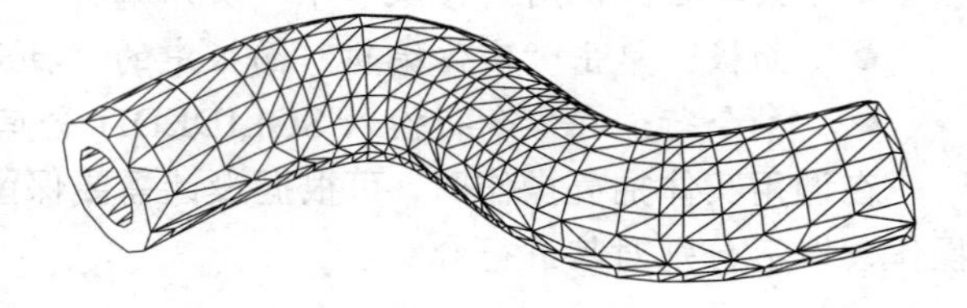

图 12-94 最终结果

专家提醒

如果输入的抽壳厚度为正值，表示从三维实体表面处向实体内部抽壳；如果为负值，表示从实体中心向外抽壳。

12.9.3 剖切实体

在绘图过程中，为了表现实体内部的结构特征，可假想一个与指定对象相交的平面或曲面，剖切该实体从而创建新的对象。而剖切平面可根据设计需要通过指定点、选择曲面或平面对象来定义。调用“剖切”命令的方法如下：

- 菜单栏：调用“修改”｜“三维操作”｜“剖切”菜单命令。
- 命令行：在命令行输入 SLICE 并回车。

调用该命令后，就可以通过剖切现有实体来创建新实体。作为剖切平面的对象可以是曲面、圆、椭圆、圆弧或椭圆弧、二维样条曲线和二维多段线。在剖切实体时，可以保留剖切实体的一半或全部。剖切实体不保留创建它们的原始形式的记录，只保留原实体的图层和颜色特性，如图 12-95 所示。

专家提醒

一个实体只能剖切成位于切平面两侧的两部分，被切成的两部分，可全部保留，也可以只保留其中一部分。

12.9.4 加厚曲面

在三维建模环境中，可以将网格曲面、平面曲面或截面曲面等多种类型的曲面通过加厚处理形成具有一定厚度的三维实体。调用“加厚”命令的方法如下：

- 菜单栏：调用“修改”｜“三维操作”｜“加厚”菜单命令。
- 命令行：在命令行输入 THICKEN 并回车。

调用该命令后，即可进入“加厚”模式，直接在绘图区选择要加厚的曲面，单击右键或按回车键后，在命令行中输入厚度值并按回车键，即可完成加厚操作，如图 12-96 所示。

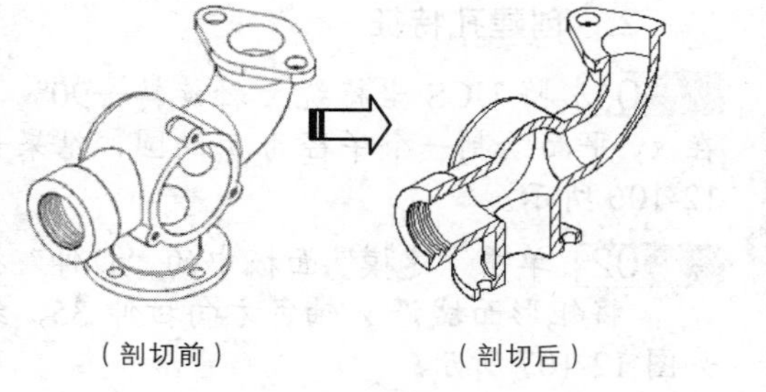

（剖切前）　（剖切后）

图 12-95　实体【剖切”效果

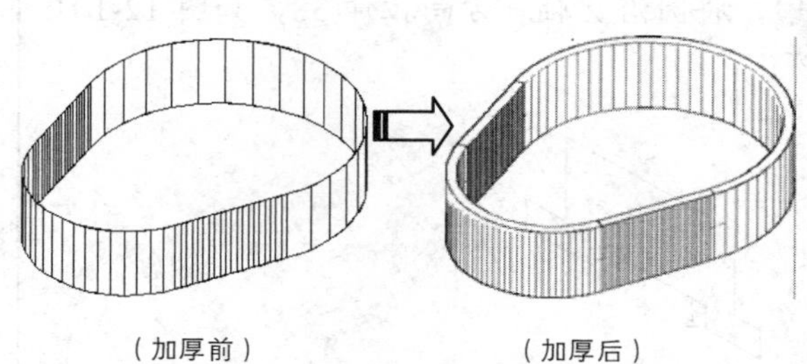

（加厚前）　（加厚后）

图 12-96　曲面“加厚”

12.10 实战演练

AutoCAD 2016

初试身手——创建轴承座三维模型

视频文件：DVD\视频\第 12 章\初试身手.MP4

绘制如图 12-97 所示的轴承座三维实体模型。

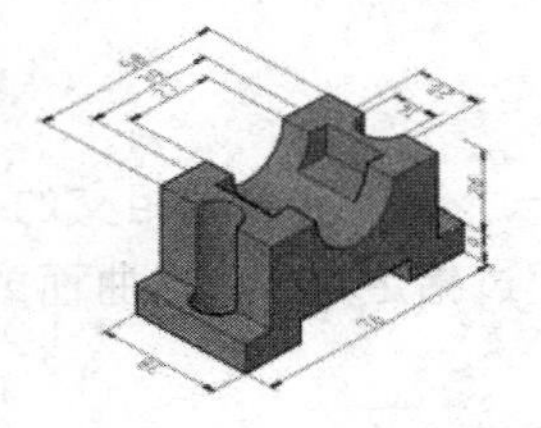

图 12-97　轴承座三维实体模型

1. 创建主体部分

步骤01 新建一个文件。单击绘图区左上角的“视图控件”，在弹出的快捷功能控件菜单中，选择“西南等轴测”命令，将视图切换至西南等轴测视图，将 UCS 坐标绕 x 轴旋转 90° 。

步骤02 使用“直线”工具绘制轮廓线。单击“绘图”面板中的“面域”按钮，将其创建成面域，如图 12-98 所示。

步骤03 单击“建模”面板中的“拉伸”按钮，将面域沿 z 轴拉伸 38，形成主体部分的实体模型，如图 12-99 所示。

步骤04 在命令行输入 UCS 并回车，捕捉主体上部中点移动 UCS 坐标原点，然后在 xy 平面绘制一个直径为 27 的圆，结果如图 12-100 所示。

步骤05 单击“建模”面板中的“拉伸”按钮，将圆沿 z 轴负方向拉伸 38，如图 12-101 所示。

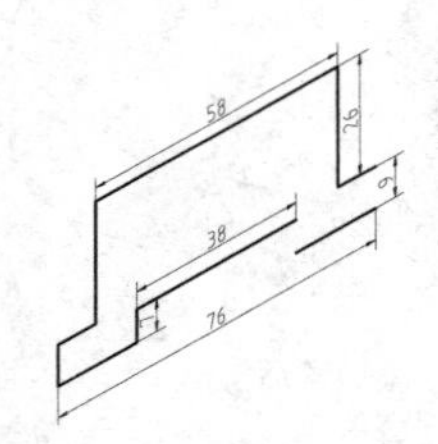

图 12-98　绘制主体轮廓线

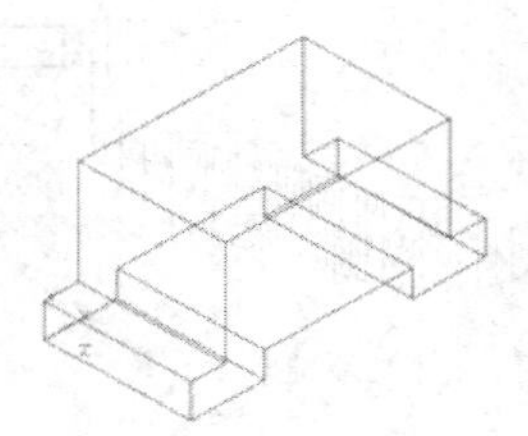

图 12-99　“拉伸”操作

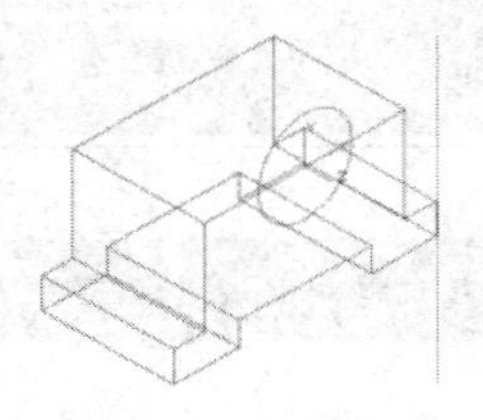

图 12-100　绘制圆并创建面域　图 12-101　拉伸圆图形

步骤06 单击“实体编辑”面板中的“差集”按钮，创建圆槽特征，结果如图 12-102 所示。

步骤07 单击“绘图”面板中的“直线”按钮，在 xy 平面绘制一个长 39、宽 7 的矩形。然后将其创建成面域，结果如图 12-103 所示。

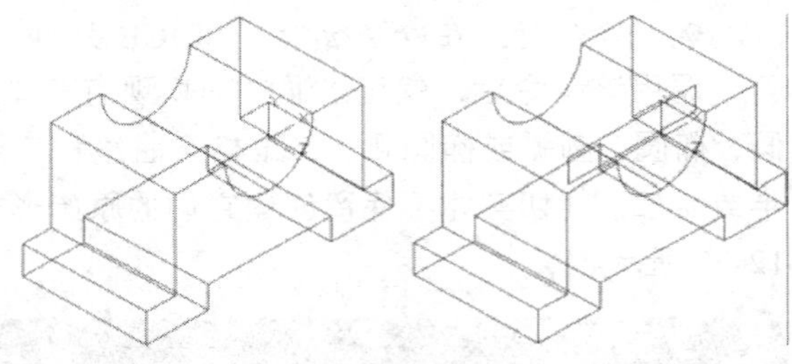

图 12-102　“差集”运算　图 12-103　创建矩形面域

步骤08 拉伸矩形得到长方体如图 12-104 所示，进行差集运算，结果如图 12-105 所示。

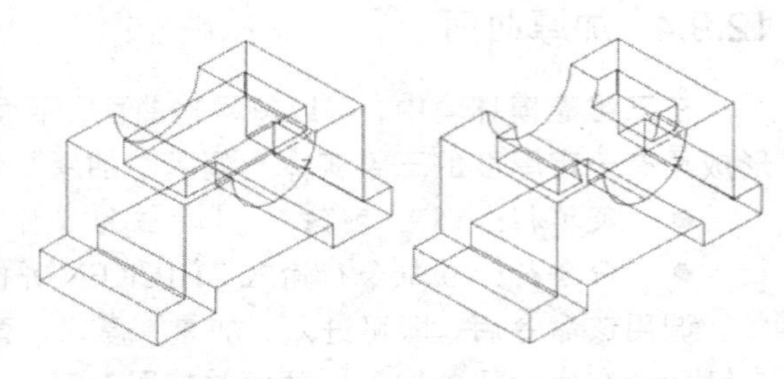

图 12-104　创建实体　图 12-105　“差集”操作

2. 创建孔特征

步骤01 将 UCS 坐标绕 x 轴旋转—90° ，并在 xy 平面绘制一个半径为 7 的圆，结果如图 12-106 所示。

步骤02 单击“建模”面板中的“拉伸”按钮，将矩形面域沿 z 轴负方向拉伸 35，结果如图 12-107 所示。

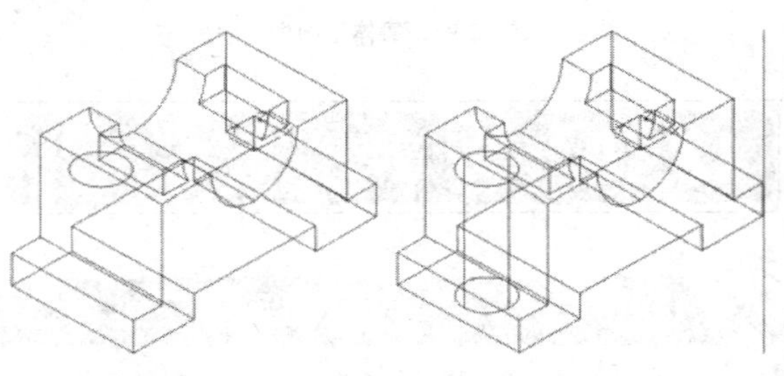

图 12-106　绘制圆　图 12-107　拉伸矩形

步骤03 单击“实体编辑”面板中的“三维镜

像”按钮[镜像图标]，镜像复制上步操作创建的圆柱体，结果如图 12-108 所示。

步骤 04 单击“实体编辑”面板中的“差集”按钮[差集图标]，对图形进行差集操作。单击绘图区域左上角的视觉样式快捷控件，将视图切换为“概念”模式，结果如图 12-109 所示。至此，整个轴承座三维模型创建完成。

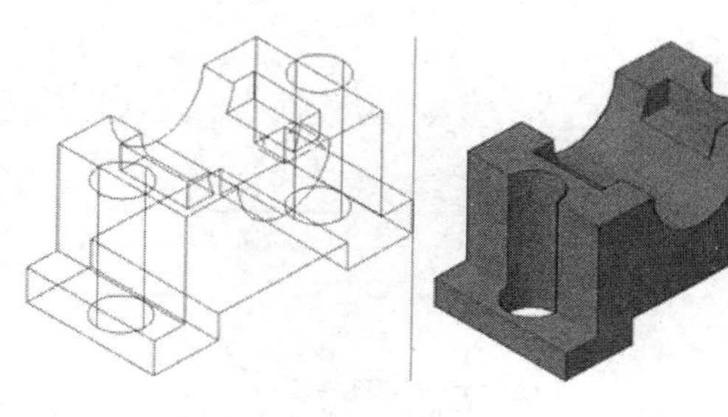

图 12-108　镜像圆柱体　　图 12-109　最终效果

深入训练——创建支撑座三维实体

视频文件：DVD\视频\第 12 章\深入训练.MP4

绘制如图 12-110 所示的支撑座三维实体。

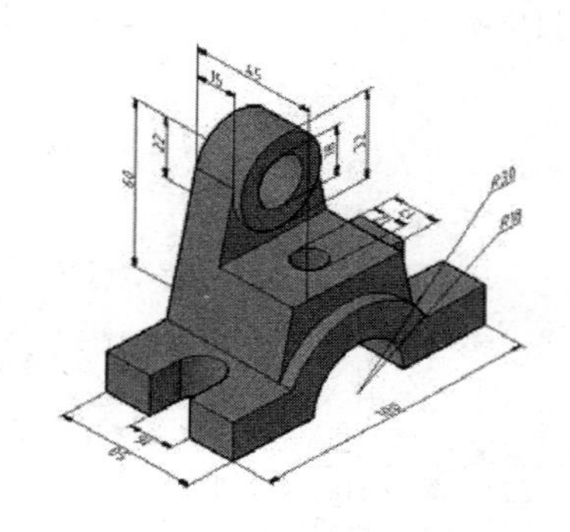

图 12-110　支撑座三维实体

1. 创建底座

步骤 01 单击绘图区左上角的视图控件，将切换视图为主视图，分别使用“圆”“直线”和“修剪”工具，绘制底座投影线。使用“面域”工具将投影线创建为面域，结果如图 12-111 所示。

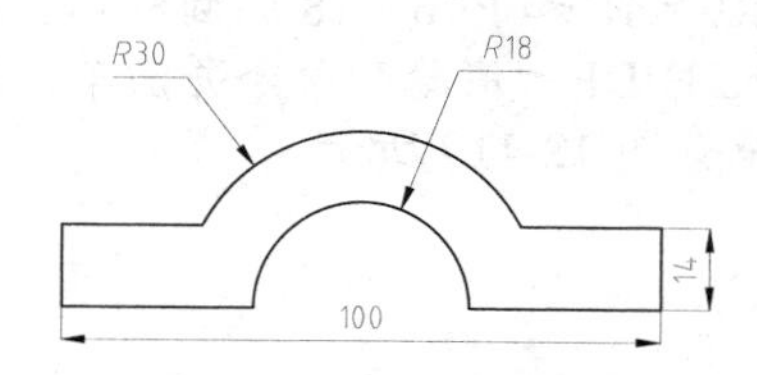

图 12-111　绘制底座投影线

步骤 02 单击绘图区域左上角的切换视图快捷控件，将视图切换为西南等轴测视图。单击“建模”面板中的“拉伸”按钮[拉伸图标]，选取该面域沿 z 轴方向拉伸 50。在命令行中输入 HIDE“消隐”命令并回车，消隐图形，结果如图 12-112 所示。

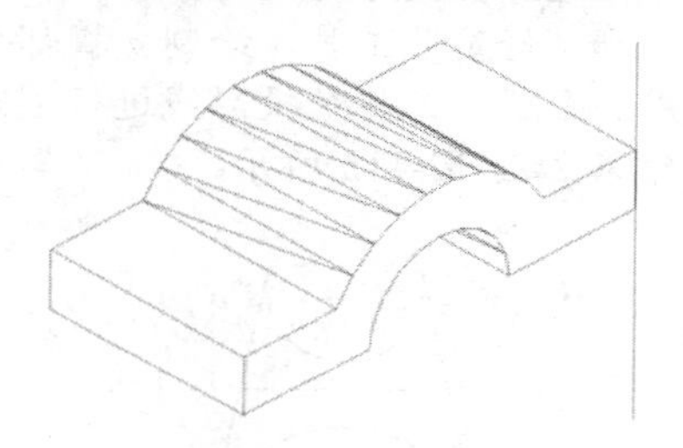

图 12-112　创建底座实体

步骤 03 单击绘图区左上角的“视图控件”，在弹出的快捷功能控件菜单中，选择“俯视”命令，切换俯视图，使用“圆”、“直线”和“修剪”等工具绘制螺栓孔投影线。单击“边界”按钮[边界图标]，依次选取所绘制的轮廓线调用面域操作，结果如图 12-113 所示。

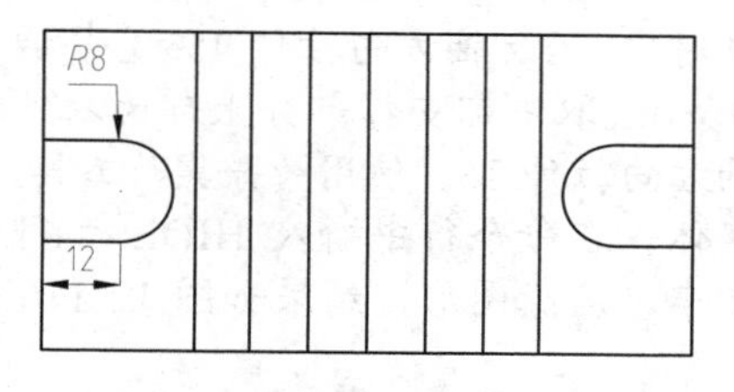

图 12-113　绘制螺栓孔投影线

步骤 04 绘图区域左上角的切换视图快捷控件，将视图切换为西南等轴测视图。单击“拉伸”按钮[拉伸图标]，选取螺栓孔投影线为拉伸对象，沿 z 轴方向拉伸 14。单击“差集”按钮[差集图标]，将创建的 4 个实体从底座实体中去除。在命令行中输入 HIDE“消隐”命令并回车，消隐图形，结果如图 12-114 所示。

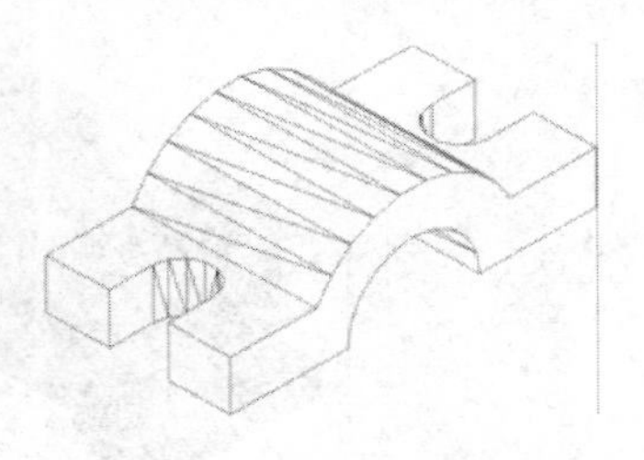

图 12-114　创建孔特征

2. 创建中部的支撑部分

步骤 01 单击绘图区域左上角的切换视图快捷控件，将视图切换为前视图，分别使用“圆”“直线”和“修剪”工具，绘制支撑部分投影线。使用“面域”工具对投影线进行创建面域操作，结果如图 12-115 所示。

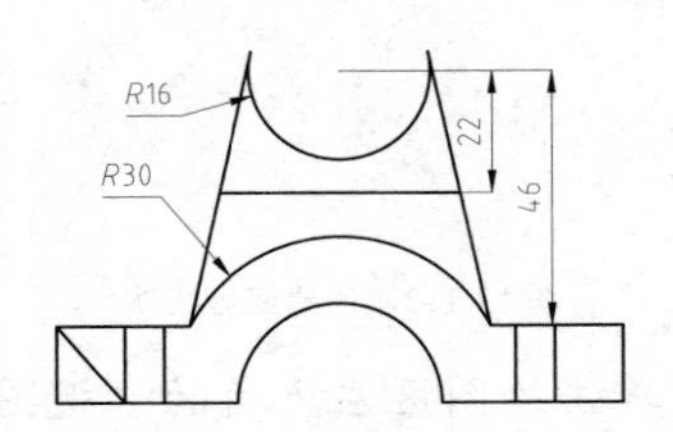

图 12-115　绘制支撑部分投影线

步骤 02 单击绘图区左上角的“视图控件”，在弹出的快捷功能控件菜单中，选择“西南等轴测”命令，切换视图为西南等轴测视图。单击“拉伸”按钮，选取中部支撑部分下部为拉伸对象，沿 z 轴方向拉伸 45。重复调用“拉伸”命令，选取中部支撑部分上部为拉伸对象，沿 z 轴方向拉伸 15。使用“并集”工具，并集所有实体，在命令行中输入 HIDE“消隐”命令并回车，消隐图形，结果如图 12-116 所示。

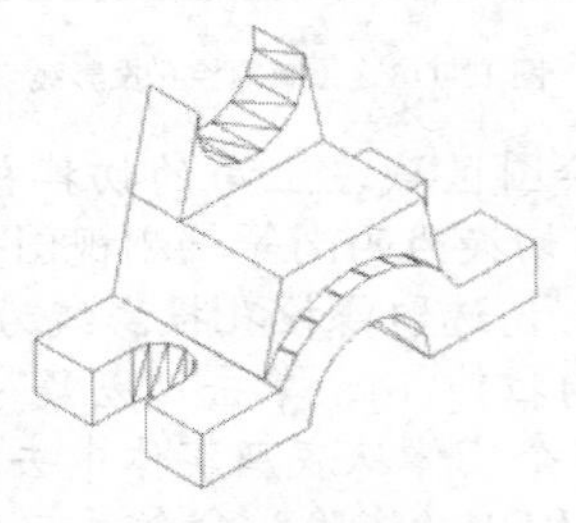

图 12-116　创建支撑部分

步骤 03 单击绘图区域左上角的切换视图快捷控件，切换俯视图，使用“圆”工具绘制圆轮廓线。如图 12-117 所示。

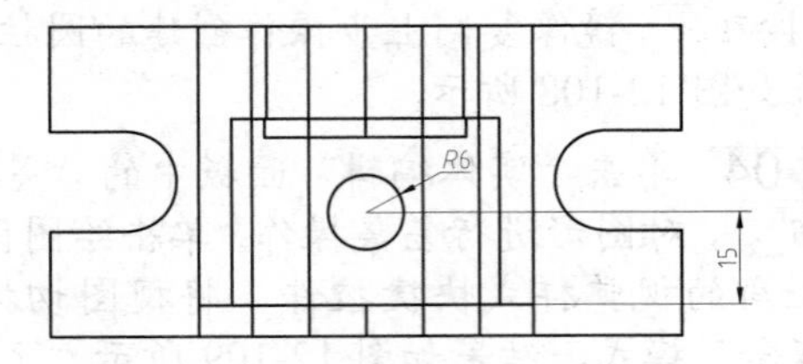

图 12-117　绘制轮廓线

步骤 04 单击绘图区左上角的“视图控件”，将切换视图至西南等轴测视图。单击“拉伸”按钮，选取圆轮廓线为拉伸对象，沿 z 轴负方向拉伸 38。单击“差集”按钮，将创建的圆柱从实体中去除。在命令行中输入 HIDE“消隐”命令并回车，消隐图形，结果如图 12-118 所示。

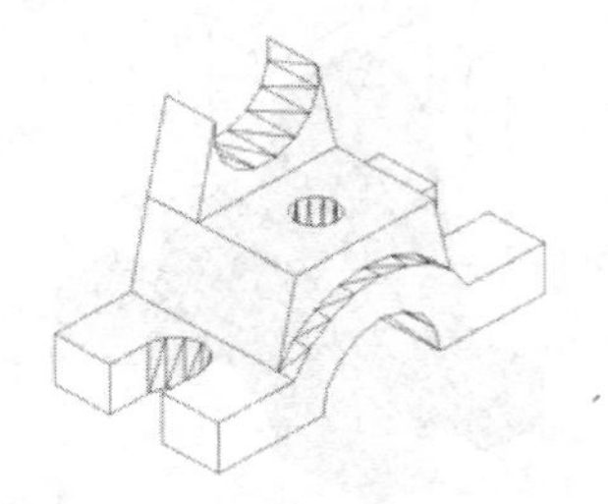

图 12-118　创建孔特征

3. 创建支撑部分空心圆柱体

步骤 01 单击绘图区左上角的“视图控件”，在弹出的快捷功能控件菜单中，选择“前视”命令，切换主视图为前视图。单击绘图区域左上角的视图切换快捷控件，将视图切换为西南等轴测视图。单击“圆柱体”按钮，捕捉支撑部分圆槽的圆心为圆柱体的底面圆心，分别创建 R9 × 18 和 R16 × 18 的圆柱体。在命令行中输入 HIDE“消隐”命令并回车，消隐图形，结果如图 12-119 所示。

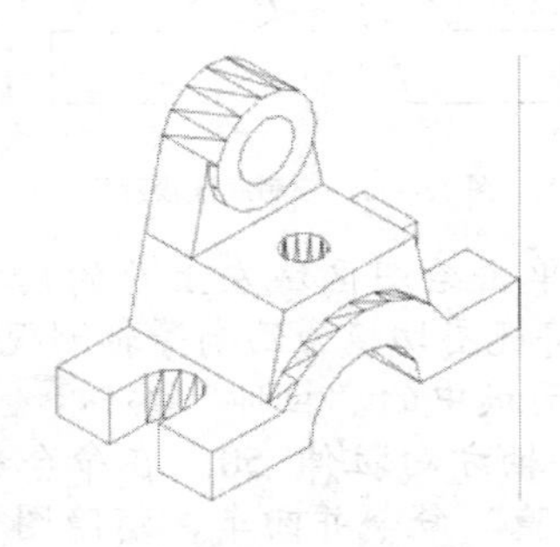

图 12-119　创建圆柱体

步骤 02 单击“实体编辑”面板中的“差集”按钮，将创建的圆柱从实体中去除。单击“并集”按钮，对各个部分进行并集操作。单击绘图区域左上角的切换视觉样式快捷控件，设置“概念”当前视觉样式，结果如图 12-120 所示。整个支撑座三维实体创建完成。

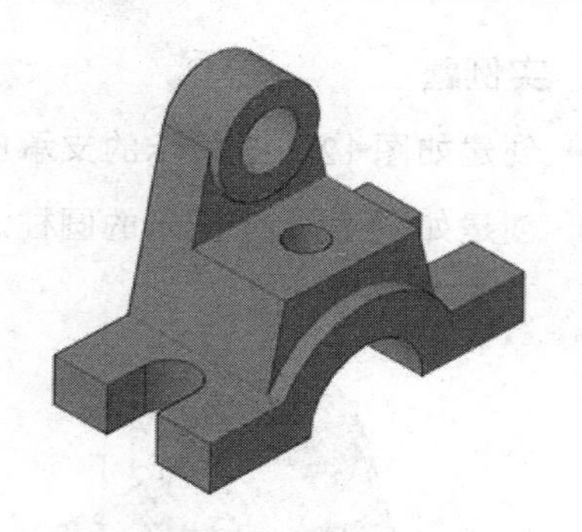

图 12-120 创建孔特征

熟能生巧—创建支座零件三维实体

视频文件：DVD\视频\第 12 章\熟能生巧.MP4

利用“直线”“圆”“面域”“拉伸”“圆柱体”“消隐”“长方体”等命令，绘制如图 12-121 所示的支座零件三维实体。

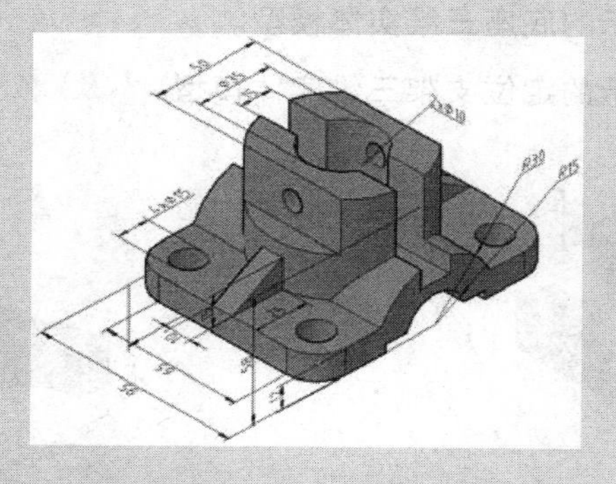

图 12-121 支座零件三维实体

AutoCAD 2016

12.11 课后练习

1. 选择题

(1) 以下哪个命令可以创建圆柱体（ ）。

A、CYLINDER　　B、BOX
C、SPHERE　　D、HELIX

(2) 以下哪个命令可以将一个矩形生成一个长方体（ ）。

A、SWEEP　　B、EXTRUDE
C、REVOLVE　　D、LOFT

(3) 以下哪个命令不属于布尔运算命令（ ）。

A、IN　　B、UN
C、UNI　　D、SU

2. 实例题

(1) 创建如图 12-122 所示的支承座三维实体模型。

(2) 创建如图 12-123 所示的圆柱滚轴支座三维实体模型。

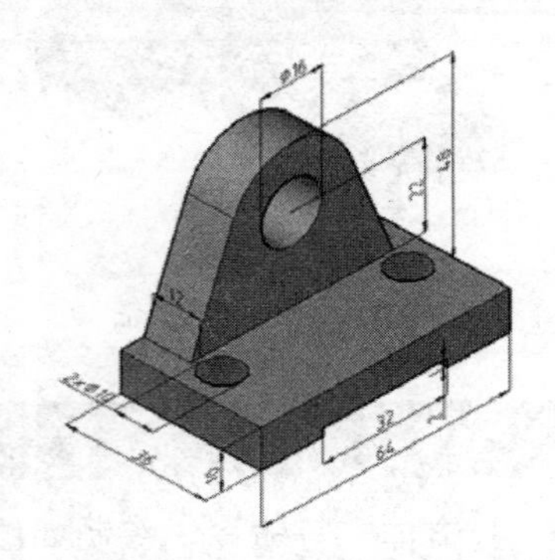

图 12-122 支承座三维实体模型

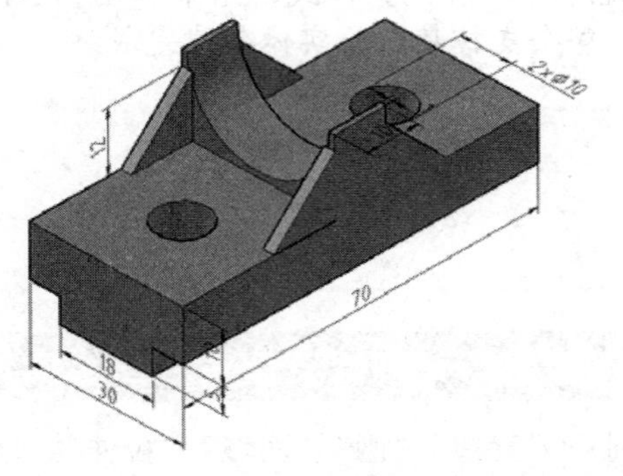

图 12-123 圆柱滚轴支座三维实体模型

(3) 创建如图 12-124 所示的底座三维实体模型。

(4) 创建如图 12-125 所示的定位支架三维实体模型。

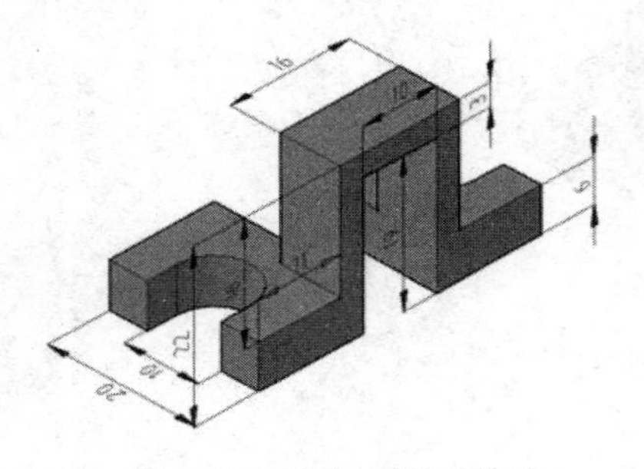

图 12-124 底座三维实体模型

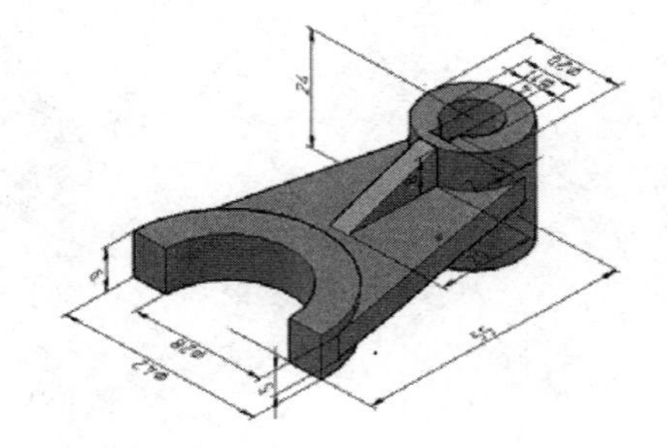

图 12-125 定位支架三维实体模型

(5) 创建如图 12-126 所示的垫块三维实体模型。

(6) 创建如图 12-127 所示的缸体三维实体模型。

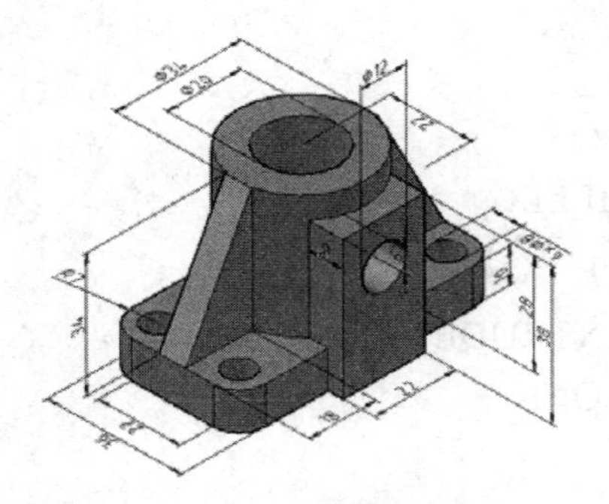

图 12-126 垫块三维实体模型

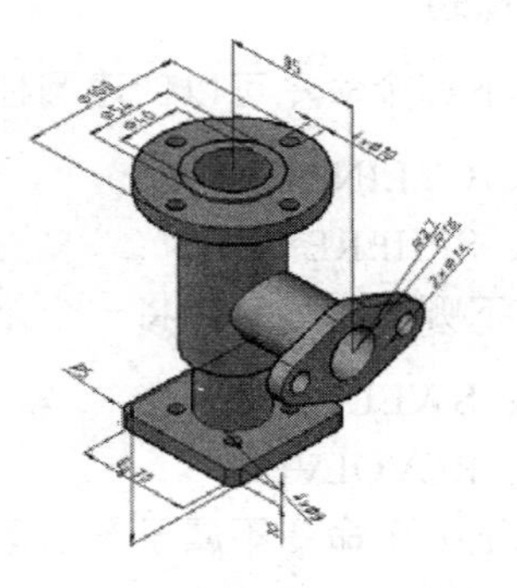

图 12-127 缸体三维实体模型

第13章

图形的输出与打印

在逐步完成所有的设计和制图的工作之后，就需要将图形文件通过绘图仪或打印机输出为图样。本章主要讲述 AutoCAD 出图过程中所涉及的一些问题，其中包括模型空间与图样空间的转换、打印样式、打印比例尺设置等。

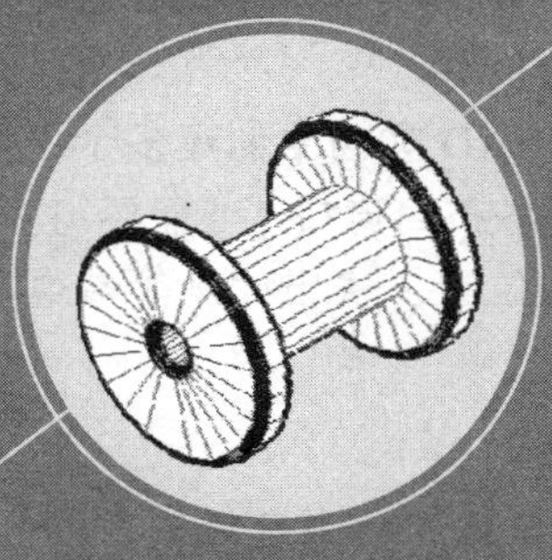

13.1 模型空间与布局空间

模型空间与布局空间是 AutoCAD 中两个不同的工作空间，在 AutoCAD 中绘制好的图形，可以使用打印机或绘图仪输出，可以在模型空间输出，也可以在布局空间输出。

13.1.1 模型空间

模型空间主要用于建模，是 AutoCAD 默认的显示方式。当打开一幅新图时，系统将自动进入模型空间，如图 13-1 所示。一般而言，绘图工作都在模型空间中进行。模型空间是一个无限大的绘图区域，可以直接在其中创建二维或三维图形，以及进行必要的尺寸标注和文字说明。

模型空间对应的窗口称为模型窗口。在模型窗口中，十字光标在整个绘图区域都处于激活状态，并且可以创建多个不重叠的平铺视口，以展示图形的不同视图，如绘制机械三维图形时，可以创建多个视口，以从不同的角度观测图形。修改一个视口中的图形后，其它视口中的图形也会随之更新，如图 13-2 所示。当在绘图过程中只涉及一个视图时，在模型空间即可完成图形的绘制、打印等操作。

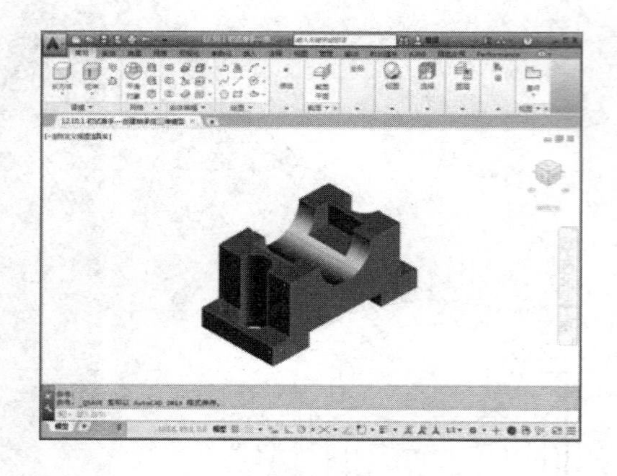

图 13-1 模型空间

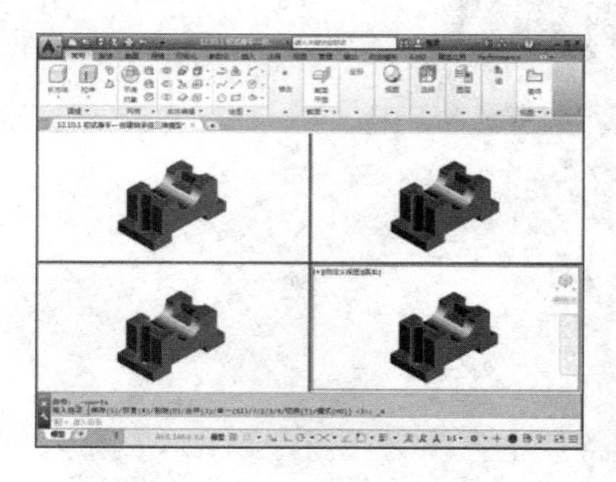

图 13-2 模型空间的视口

13.1.2 布局空间

布局空间又称为图样空间，主要用于出图。模型建立后，需要将模型打印到纸面上形成图样。使用布局空间可以方便地设置打印设备、纸张、比例尺、图样布局，并预览实际出图效果，如图 13-3 所示。

布局空间对应的窗口称为布局窗口，可以在同一个 AutoCAD 文档中创建多个不同的布局图。单击工作区左下角的各个布局按钮，可以从模型窗口切换到各布局窗口。当需要将多个视图放在同一张图样上输出时，使用布局就可以很方便地控制图形的位置、输出比例等参数。

13.1.3 空间管理

右击绘图窗口下“模型”或“布局”选项卡，在弹出的快捷菜单中选择相应的命令，可以对布局进行删除、新建、重命名、移动、复制、页面设置等操作，如图 13-4 所示。

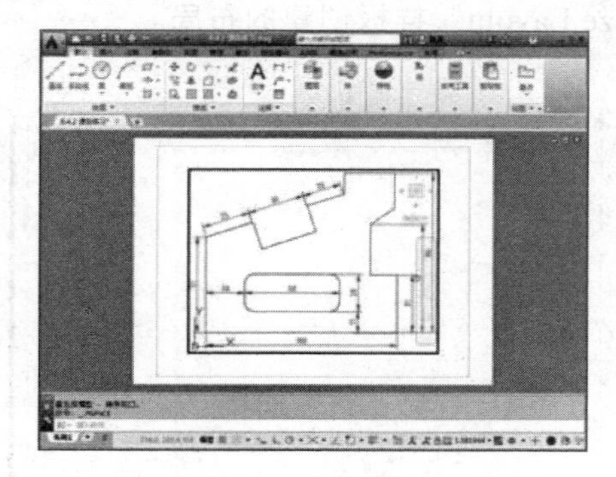

图 13-3　布局空间

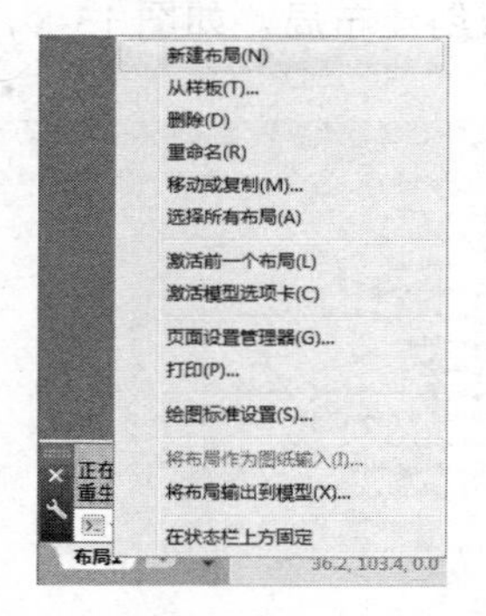

图 13-4　通过“布局”选项卡新建布局

1. 空间的切换

在模型空间中绘制完图样后，如果需要进行布局打印，可以单击绘图区左下角的“布局空间”选项卡，即“布局 1”或“布局 2”进入布局空间，设置图样打印输出的布局效果，如图 13-5 所示。设置完成后，单击“模型”选项卡即可返回到模型空间。

2. 创建新布局

当默认的布局选项不能满足绘图需要时，可以创建新的布局空间，其创建方法如下：

- 菜单栏：调用“工具”|“向导”|“创建布局”菜单命令。
- 快捷菜单：右击绘图窗口下的“模型”或“布局”选项卡，在弹出的快捷菜单中，选择“新建布局”命令。

调用该命令后，系统将弹出一个如图 13-6 所示的“创建布局—开始”对话框。通过以上两种方法都可以创建新的布局，不同的是：第一种方法创建的布局，其页面大小是系统默认的（系统默认的为 A4），而通过布局向导创建的布局，在其创建过程中就可以进行页面大小的设置。

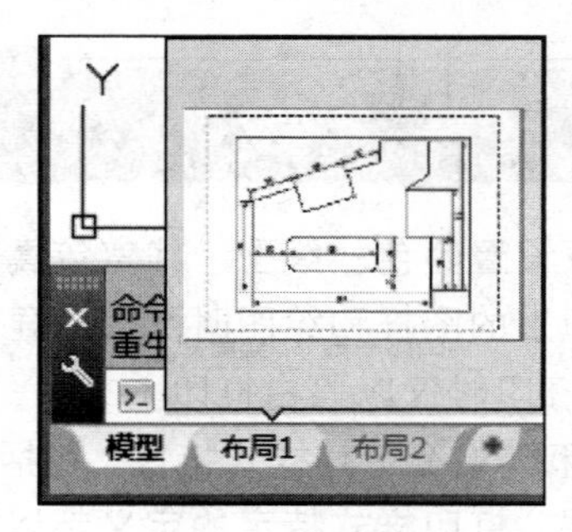

图 13-5　空间切换

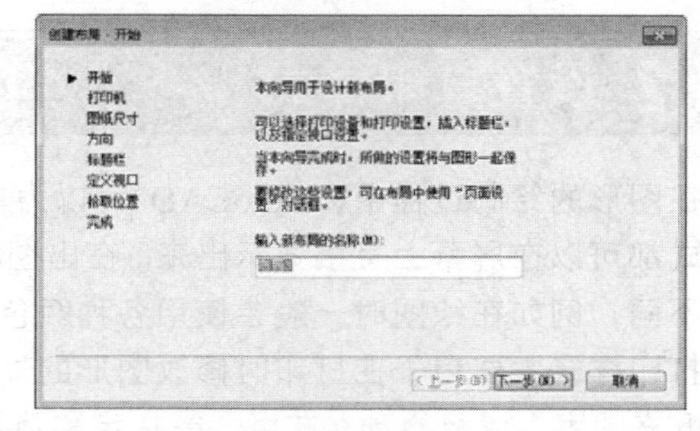

图 13-6　“创建布局—开始”对话框

3. 插入样板布局

在 AutoCAD 中，提供了多种样板布局供用户使用，其创建方法如下：

- 菜单栏：调用“插入”|“布局”|“来自样板的布局”菜单命令。
- 快捷菜单：右击绘图窗口左下方的布局选项卡，在弹出的快捷菜单中选择“来自样板”命令。

调用上述操作后，系统将打开如图 13-7 所示的“从文件选择样板”对话框，可以在其中选择需要的样板创建布局，如图 13-8 所示为选择“D-Size Layout”样板创建的布局。

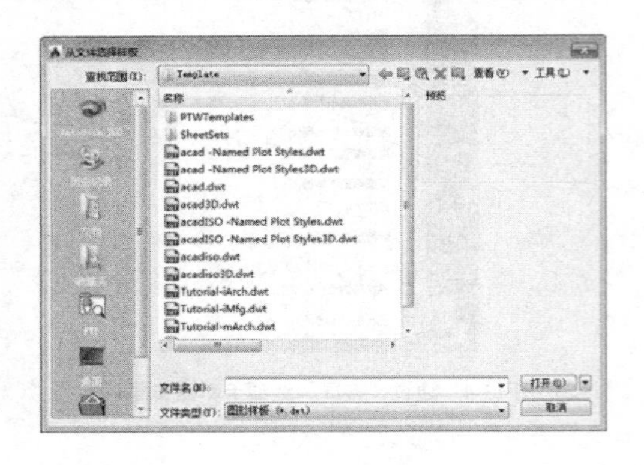

图 13-7 “从文件选择样板”对话框

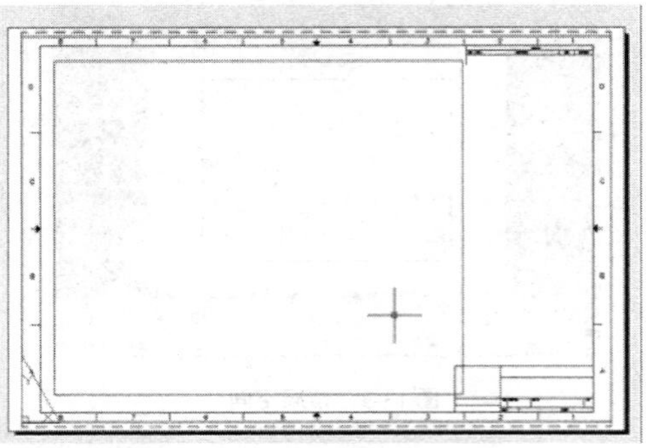

图 13-8 插入样板布局效果

4. 布局的组成

如图 13-9 所示，布局图中存在着 3 个边界。最外层的是纸张边界，它是由“纸张设置”中的纸张类型和打印方向确定的。靠内的一个虚线框是打印边界，其作用就如 Word 文档中的页边距一样，只有位于打印边界内部的图形才会被打印出来。位于图形对象四周的实线线框为视口边界，边界内部的图形就是模型空间中的模型。同时，视口边界的大小和位置是可调的。

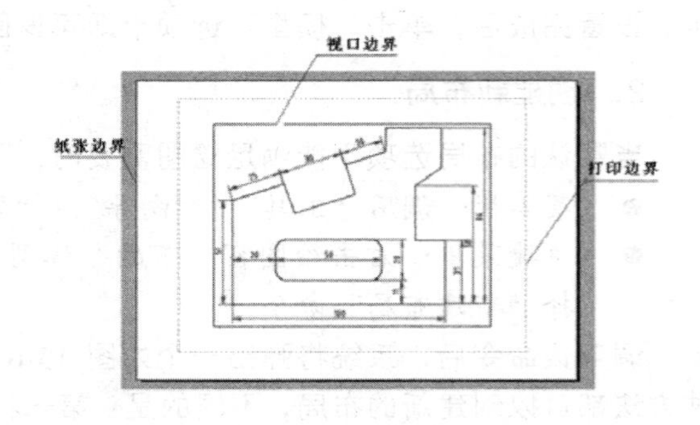

图 13-9 布局图的组成

AutoCAD 2016

13.2 设置打印样式

在图形的绘制过程中，AutoCAD 可以为单个图形对象设置颜色、线型、线宽等属性，且这些样式都可以在屏幕上直接显示出来。在出图时，可能打印出的图样和绘图时图形所显示的属性有所不同，例如在绘图时一般会使用各种颜色的线型，但打印时仅以黑白打印。

打印样式主要用于在打印时修改图形的外观。每种打印样式都有其样式特性，包括泵点、连接、填充图案、以及抖动、灰度、笔指定和淡显等打印效果。打印样式特定的定义都以打印样式表文件的形式保存在 AutoCAD 的支持文件搜索路径下。

13.2.1 打印样式的类型

AutoCAD 中有两种类型的打印样式：“颜色相关样式（CTB）”和“命名样式（STB）”。

颜色相关样式（CTB）以 255 种颜色为基础，通过设置与图形对象颜色对应的打印样式，使得所具有该颜色的图形对象都具有相同的打印效果。例如，可以为所有用以红色绘制的图形设置相同的打印笔宽、打印线型和填充样式等特性。CTB 打印样式列表文件的后缀名为“*.ctb”。

命名样式（STB）和线型、颜色、线宽一样，是图形对象的一个普通属性。可以在“图层特性管理器”中为某个图层指定打印样式，也可以在“特性”选项板中为单独的图形对象设置打印样式属性。STB 打印样式表文件的后缀名是“*.stb”。

13.2.2　打印样式的设置

在同一个 AutoCAD 图形文件中，不允许同时使用两种不同打印样式类型，但允许使用同一个类型的多个打印样式。例如，若当前文档使用 CTB 打印样式时，“图层特性管理器”中的“打印样式”属性项是不可用的，因为该属性只能用于设置 STB 打印样式。

在“打印样式管理器”界面下，可以创建或修改打印样式。单击“菜单浏览器”按钮，在打开的按钮菜单中，单击“打印”|“管理打印样式”命令，系统将打开如图 13-10 所示的窗口，该界面是所有 CTB 和 STB 打印样式表文件的存放路径。

1.　添加颜色打印样式

使用“颜色打印样式”可以通过图形的颜色设置不同的打印宽度

案例【13-1】　添加颜色打印样式　　视频文件：DVD\视频\第 13 章\13-1.MP4

步骤 01　双击“打印样式管理器”中的“添加打印样式表向导”图标，在“添加打印样式表—开始”对话框中，勾选“使用现有打印样式表”复选框。新建一个名为“以线宽打印.ctb”的颜色打印样式表文件。

步骤 02　在“添加打印样式表—开始”对话框中单击“打印样式表编辑器”按钮，打开如图 13-11 所示的“打印样式表编辑器”对话框。

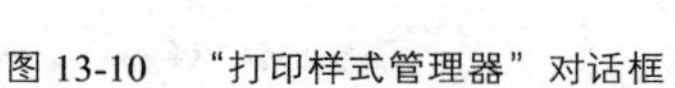

图 13-10　“打印样式管理器”对话框　　　　图 13-11　“打印样式表编辑器”对话框（CTB 类型）

步骤 03　单击“表格视图”选项卡中的“编辑线宽”按钮，可以设置线宽值和线宽值的单位。

步骤 04　在“打印样式”列表框中选中某种颜色；在右边的“线宽”下拉列表中选择需要的笔宽。这样，所有使用这种颜色的图形在打印时都将以相应的笔宽值来出图，而不管这些图形对象原来设置的线宽值。设置完毕后，单击“保存并关闭”按钮退出对话框。

步骤 05　如果当前使用的是命令打印样式，使用 CONVERTPSTYLES 命令，设置打印样式类型为 CTB 类型。

步骤06 出图时，在“输出”选项卡中，单击“打印”面板中的“打印”按钮，在“打印”对话框中的“打印样式表（笔指定）”下拉列表框中选择“以笔宽打印.ctb”文件。这样，不同的颜色将被赋予不同的笔宽，在图样上体现出相应的粗细效果。

技巧点拨

黑白打印机常用灰度区分不同的颜色，使得图样比较模糊。可以在“打印样式表编辑器”对话框中的“颜色”下拉列表中将所有颜色的打印样式设置为“黑色”，以得到清晰的出图效果。

2. 添加命名打印样式

如图 13-12 所示的泵盖零件图。该图形有 5 个图层，即轮廓线、点划线、尺寸层、隐藏线和文本层。其中泵盖剖视图在“轮廓”图层中，辅助线在“点划线”图层中，标注在“尺寸层”图层中，文字在“文本层”图层中，图幅框在“隐藏线”图层中。出图时未突出泵盖零件图，需要将零件图以黑色粗线打印，其它对象采用黑色淡显方式打印。

为此，可以采用 STB 打印样式类型，创建“粗黑实线”和“淡黑实线”两种命名打印样式，并在相应的图层中设置不同的命名打印样式。

案例【13-2】 添加命名打印样式

视频文件：DVD\视频\第 13 章\13-2.MP4

步骤01 调用 CONVERTPSTYLES 命令，设置打印样式类型为 STB 类型。

步骤02 双击“打印样式管理器”中的“添加打印样式表向导”图标，在“添加打印样式表—开始”对话框中，勾选“创建新打印样式表”复选框。新建一个名为“泵盖零件图命名样式.stb”的命名打印样式表文件。

步骤03 在“添加打印样式表—开始”对话框中单击“打印样式表编辑器”按钮，打开如图 13-13 所示的“打印样式表编辑器”对话框。

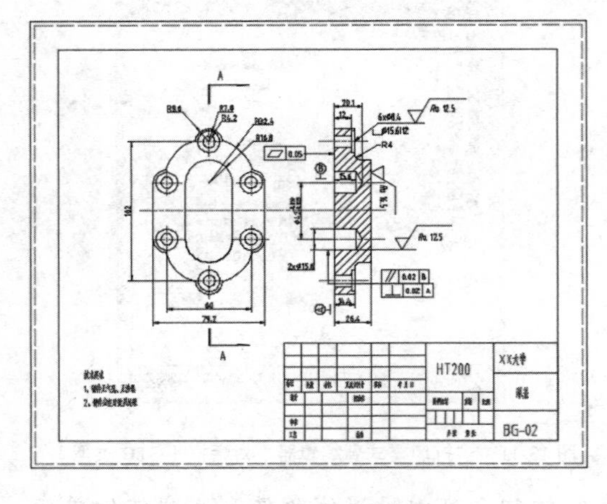

图 13-12 泵盖零件图

图 13-13 “打印样式表编辑器”对话框（STB 类型）

步骤04 在“表格视图”选项卡中，单击“添加样式”按钮，添加一个名为“粗黑实线”的打印样式。设置“颜色”为“黑色”、“线宽”为“0.35mm”。用同样的方法添加一个“淡黑实线”打印样式，设置“颜色”为“黑色”、“线宽”为“0.1mm”、“淡显”为“35”，设置完毕后，单击“保存并关闭”按钮退出对话框。

步骤 05 切换至“布局”空间，在命令行输入 LAYER 并回车，系统将弹出如图 13-14 所示的“图层特性管理器”选项板，为图层设置相应的命名打印样式。

步骤 06 选中“轮廓线”图层，单击“打印样式”属性项，系统将弹出如图 13-15 所示的“选择打印样式”对话框。在“打印样式表”下拉列表中选择创建的“泵盖零件图命令样式.stb”打印样式表文件，并设置打印样式为“粗黑实线”。单击“确定”按钮退出对话框，此时“轮廓线”图层的打印样式即为“粗黑实线”。用同样的方法，将点划线、尺寸层和文本层的打印样式设置为“淡黑细线”。

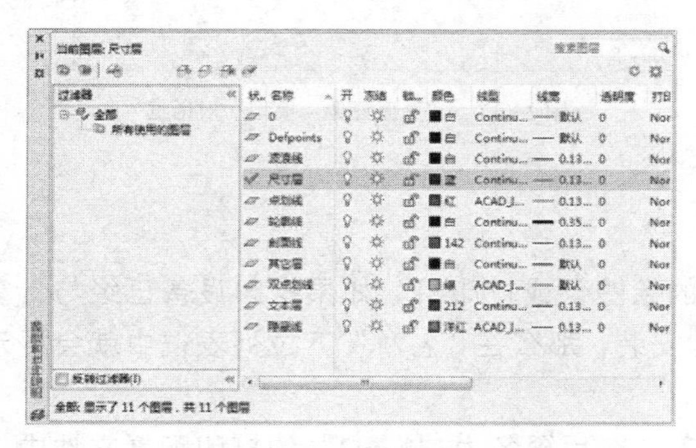

图 13-14　“图层特性管理器”选项板

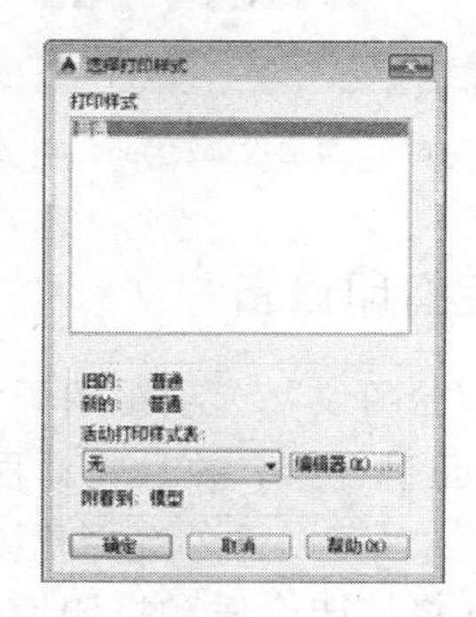

图 13-15　“选择打印样式”对话框

AutoCAD 2016

13.3 布局的页面设置

在布局打印的图形之前，先要设置布局的页面，以确定出图的纸张大小等参数。页面设置包括设置打印设备、纸张、打印区域、打印反向等参数。页面设置可以命名保存，可以将同一个命名页面设置应用到多个布局图中。

13.3.1 创建与管理页面设置

页面设置在“页面设置管理器”对话框中进行，调用该命令的方法如下：

- 菜单栏：调用“文件”|“页面设置管理器”菜单命令。
- 快捷菜单：右击绘图窗口下的“模型”或“布局”选项卡，在弹出的快捷菜单中，选择“页面设置管理器”选项。
- 命令行：在命令行中输入 PAGESETUP 并回车。

调用该命令后，系统将弹出如图 13-16 所示的“页面设置管理器”对话框，其中显示了已存在的所有页面设置列表。通过右击选项设置，或单击右边的工具按钮，可以对页面设置进行新建、修改、删除、重命名和当前页面设置等操作。

单击对话框右边的“新建”按钮，新建一个页面，或选中某个页面设置后单击“修改”按钮，都将打开如图 13-17 所示的对话框，该对话框为“页面设置—模型”但是当修改选项为其它名称时，如“设置 1”那么，对话框为“页面设置—”对话框。在该对话框中，可以设置打印设备、图样、打印区域、比例等选项。

要打印图形时，可在“打印”对话框上方的“页面设置”下拉菜单中，选择现有的页面设置，如图 13-18 所示。选择页面设置后，则按照设置好的区域、大小、打印机等参数进行打印。

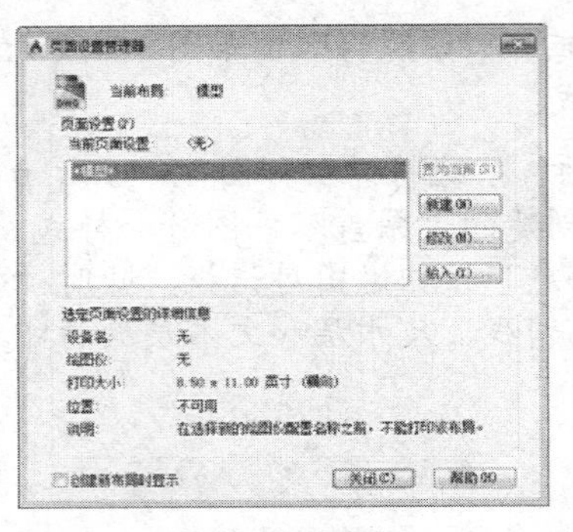
图 13-16 “页面设置管理器”对话框

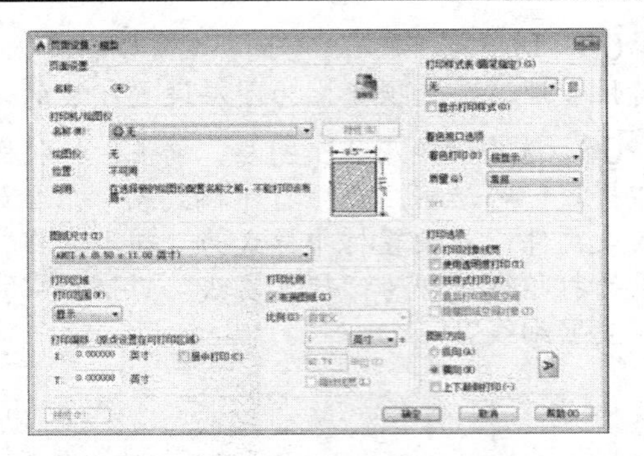
图 13-17 “页面设置－模型”对话框

13.3.2 指定打印设备

“打印机/绘图仪”选项组用于设置用于出图的绘图仪或打印机。如果打印设备已经与计算机或网络系统正确连接，并且驱动程序也已经正常安装，那么在“名称”下拉列表框中就会显示其名称。此外，也可以另外选择需要的打印设备。

AutoCAD 将打印介质和打印设备的相关信息存储在后缀名为“*.pc3”的打印配置文件中，这些信息包括绘图仪配置设置指定泵口信息、光删图形和矢量图形的质量、图样尺寸以及取决于绘图仪类型的自定义特性。这样，就使得打印配置可以应用于其它 AutoCAD 文档，实现共享，避免了反复设置。选中某打印设备，单击右边的“特性”按钮，可以打开如图 13-19 所示的“绘图仪配置编辑器”对话框。在该对话框中，可以对“*.pc3”文件进行修改、输入和输出等操作。

图 13-18 应用页面设置

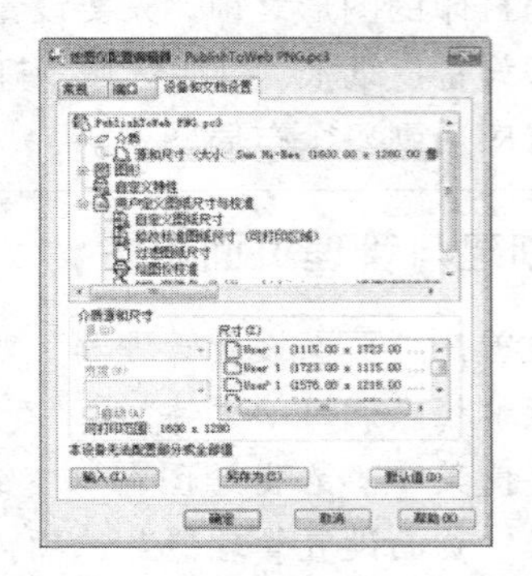
图 13-19 “绘图仪编辑器”对话框

案例【13-3】单击“特性”按钮修改页面的打印范围

视频文件：DVD\视频\第 13 章\13-3.MP4

步骤 01 选中某打印设备，单击右边的“特性”按钮，打开“绘图仪编辑器”对话框。

步骤 02 单击列表框中的“修改标准图样尺寸”，在其区域的列表框中选择与打印设备对应的图样型号。单击右边的“修改”按钮，打开如图 13-20 所示的“自定义图样尺寸－可打印区域”对话框。

步骤 03 在“可打印区域”选项卡中修改上、左、右的距离，单击“下一步”按钮，修改完成图样页面的可打印范围。

单击“打印”面板中的“绘图仪管理器”按钮[绘图仪管理器]，激活“Plotters”窗口，如图 13-21 所示。显示了当前 AutoCAD 管理的绘图仪设备。可以看到“HP Designjit 500ps plus 42.pc3”是否与 HP500ps 打印机设置相关的一个 pc3 设置文件，其它文件都不是直接与绘图仪相关的。

这里看到的绘图仪并不是计算机上已经安装的全部绘图仪，而是 AutoCAD 中绘图仪的对应配置文件。调用“资源管理器”｜“设备和打印机”菜单命令，可以看到当前计算机上安装的全部打印设备，如图 13-22 所示。

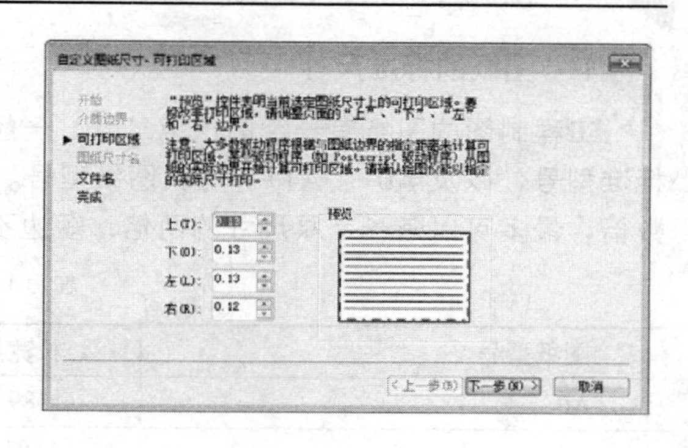

图 13-20 “自定义图样尺寸 – 可打印区域”对话框

图 13-21 激活“Plotters”窗口

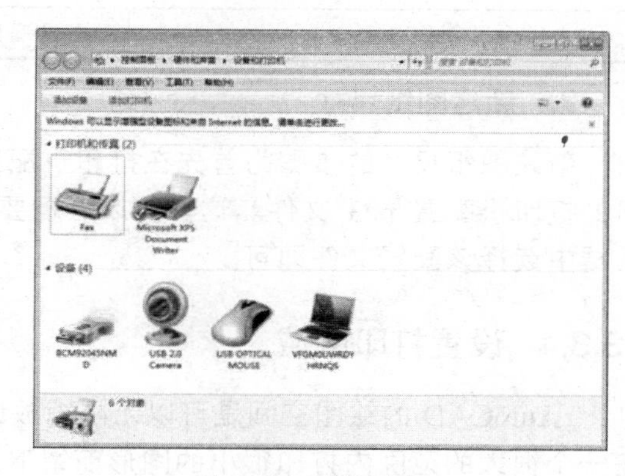

图 13-22 系统打印机

13.3.3 设置图纸尺寸

打印机在打印图纸时，会默认保留一定的页边距，而不会完全布满整张图纸，纸张上除了页边距之外的部分叫做“可打印区域”，如图 13-23 所示。图纸边框是按照标准图纸尺寸绘制的，所以在打印时必须将页边距设置为 0，将可打印区域放大到布满整张纸面，这样打印出来的图纸才不会出边，如图 13-24 所示。

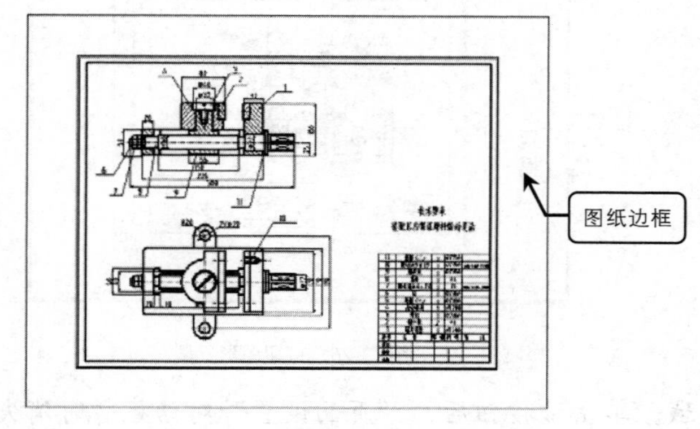

图 13-23 有页边距打印

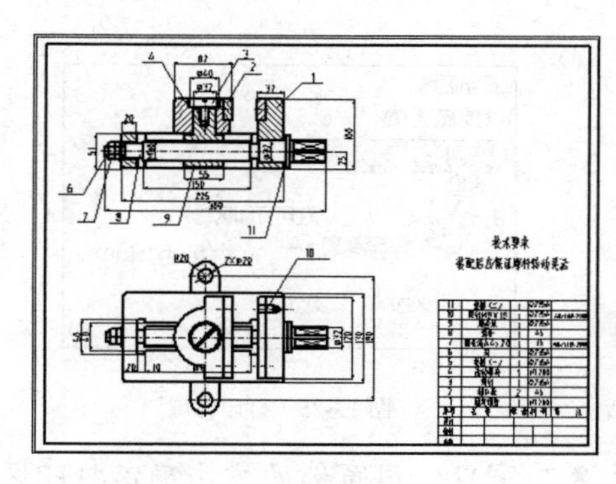

图 13-24 无页边距打印

1. 图纸的标准尺寸

工程制图的图纸有一定的规范尺寸，一般采用英制 A 系列图纸尺寸，包括 A0、A1、A2 等标准型号，以及 A0+、A1+等加长图纸型号。图纸加长的规定是：可以将边延长 1/4 或 1/4 的整数倍，最多可以延长至原尺寸的两倍，短边不可延长。各型号图纸的尺寸如表 13-1 所示。

表 13-1　标准图纸尺寸

图纸型号	长宽尺寸
A0	1189 mm×841mm
A1	841 mm×594mm
A2	594 mm×420mm
A3	420 mm×297mm
A4	297 mm×210mm

2. 新建图纸尺寸

新建图纸尺寸的步骤为首先在打印机配置文件中新建一个或若干个自定义尺寸，然后保存为新的打印机配置 pc3 文件。这样，以后需要使用自定义尺寸时，只需要在“打印机/绘图仪”对话框中选择该配置文件即可。

13.3.4 设置打印区域

AutoCAD 的绘图空间是可以无限缩放的空间，打印出图时，只需要打印指定的部分，不必在一个很大的范围内打印很小的图形而留下过多的空白空间，或将很多图形内容混乱的打印在一起，这就需要设置打印区域。在“页面设置”对话框中，可以使用“打印区域”部分的“窗口”按钮。在 AutoCAD 中有四种打印区域的方式，如图 13-25 所示。

其中各选项含义如下：

- 布局：打印当前布局图中的所有内容。该选项是默认选项。选择该选项，可以精确地确认打印范围、打印比例和比例尺，如图 13-26 所示。

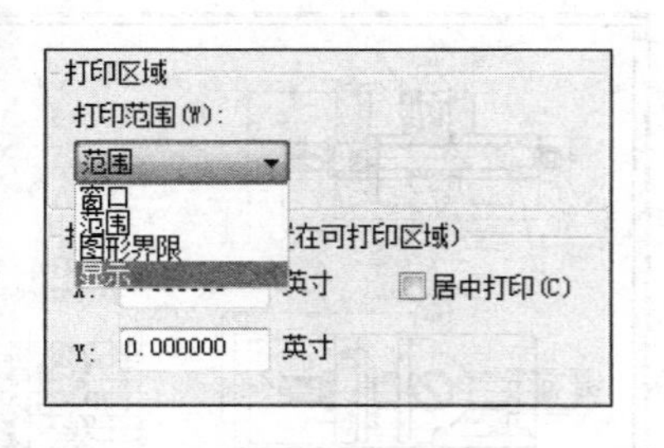

图 13-25　打印区域

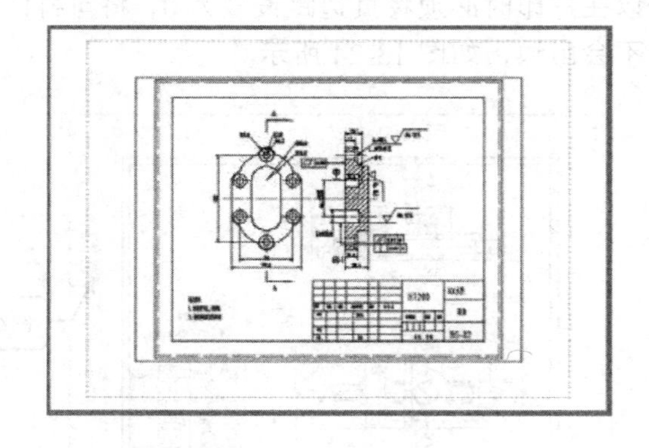
图 13-26　打印图形界限

- 窗口：用窗选的方法确定打印区域。单击该按钮后，“页面设置”对话框暂时消失，可以用鼠标在模型窗口中的工作空间拉出一个矩形窗口，该窗口内的区域就是打印范围。使用该选项确定打印范围简单方便，但是不能精确地确定比例尺和出图尺寸，如图 13-27 所示。

● 范围：打印模型空间中包含所有图形对象的范围。这里的“范围”与 ZOOM 命令中“范围显示”的含义相同，范围打印如图 13-28 所示。

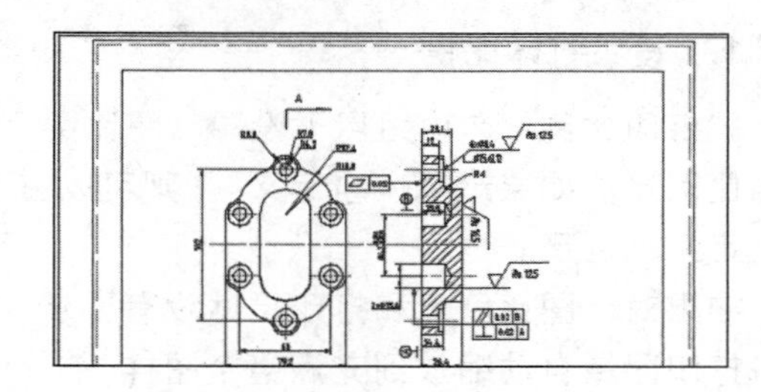

图 13-27　窗口选择打印区域

● 显示：打印模型窗口在当前视图状态下显示的所有图形对象，可以通过 ZOOM 命令调整视图状态，从而调整打印范围，如图 13-29 所示。

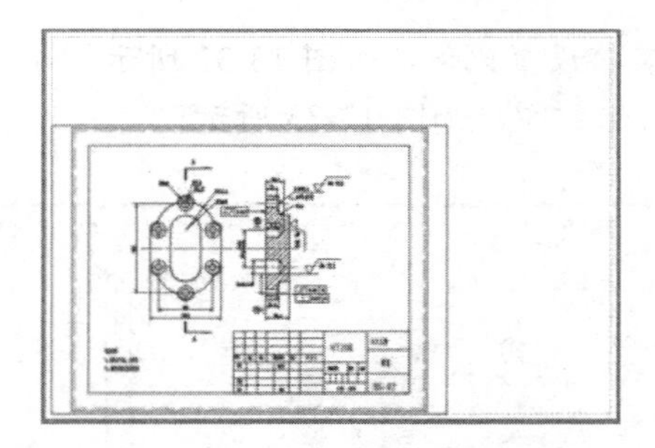

图 13-28　范围打印

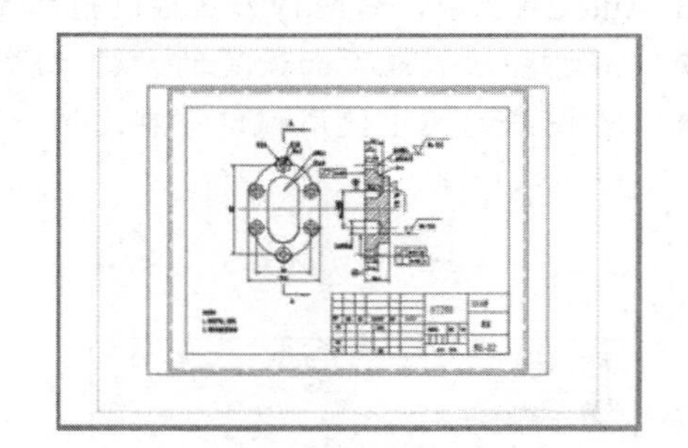

图 13-29　打印显示

13.3.5 设置打印位置

打印位置是指选择打印区域打印在纸张上的位置。在 AutoCAD 中，“打印”对话框和“页面设置”对话框的“打印偏移”区域，如图 13-30 所示，其作用主要是指定打印区域偏移图样左下角的 X 方向和 Y 方向的偏移值，默认情况下，都要求出图填充整个图样。所以 X 和 Y 的偏移值均为 0，通过设置偏移量可以精确地确定打印位置。

通常情况下打印的图形和纸张的大小一致，不需要修改设置。选中“居中打印”复选框，则图形居中打印。这个“居中”是指在所选纸张大小 A1、A2 等尺寸的基础上居中，也就是四个方向上各留空白，如图 13-31 所示，而不只是卷筒纸的横向居中。

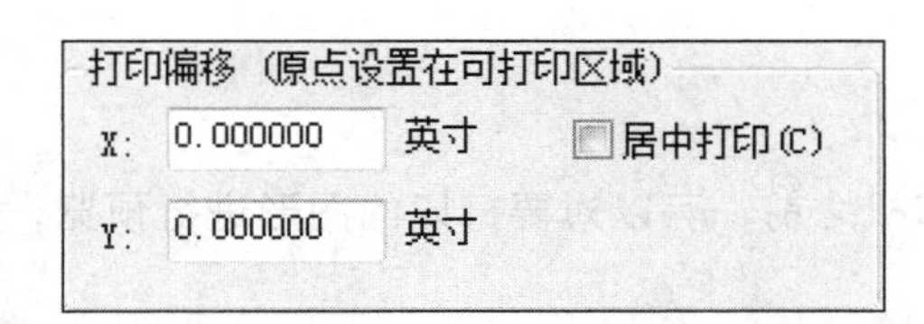

图 13-30　“打印偏移”区域

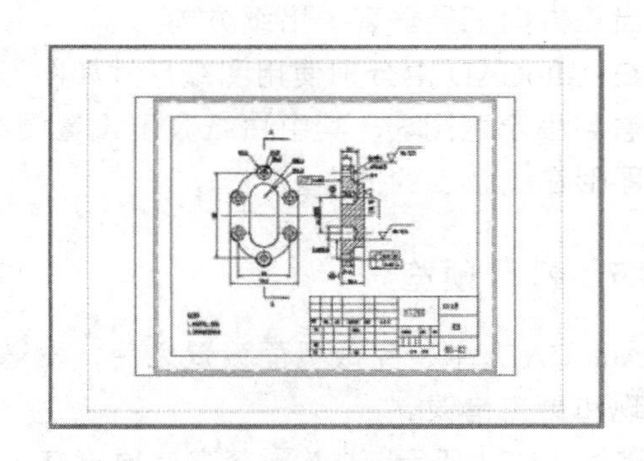

图 13-31　居中打印

13.3.6 设置打印比例和方向

1. 设置打印比例

“打印比例”选项组用于设置出图比例尺。单击“比例”下拉列表框，可以精确设置需要出图的比例尺。如果选择“自定义”，则可以在下方的文本框中设置与图形单位等价的英寸数来创建自定义比例尺。

如果对出图比例尺和打印尺寸没有要求，可以直接选中“布满图样”复选框，这样 AutoCAD 会将打印区域自动缩放到充满整个图样。

“缩放线框”复选框用于设置线宽值是否按打印比例缩放。通常要求直接按照线宽值打印，而不按打印比例缩放。

在 AutoCAD 中，有两种方法控制打印出图比例。

- 在打印设置或页面设置的“打印比例”区域直接设置比例，如图 13-32 所示。
- 在图纸空间中使用视口控制比例，然后按照 1:1 打印，如图 13-33 所示。

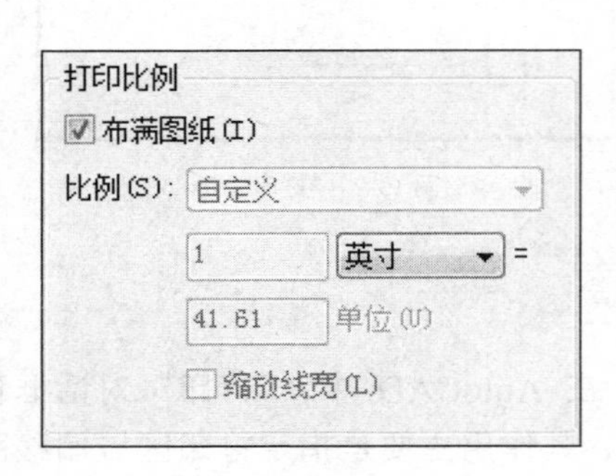

图 13-32 “打印比例”区域

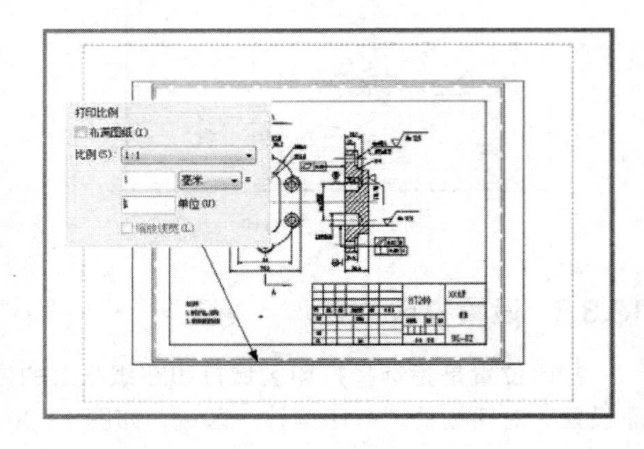

图 13-33 使用视口控制比例

2. 设置打印方向

工程制图多需要使用大幅的卷筒纸打印，在使用卷筒纸打印时，打印方向包括两个方面的问题：第一，图纸阅读时所说的图纸方向，是横宽还是竖长；第二，图形与卷筒纸的方向关系，是顺着出纸方向还是垂直于出纸方向。

在 AutoCAD 中分别使用图纸尺寸和图形方向来控制最后出图的方向。在“图形方向”区域可以看到小示意图，其中白纸表示设置图纸尺寸时选择的图纸尺寸是横宽还是竖长，字母 A 表示图形在纸张上的方向。

13.3.7 打印预览

AutoCAD 中，完成页面设置之后，发送到打印机之前，可以对要打印的图形进行预览，以便发现和更正错误。

如图 13-34 所示，进入预览窗口预览打印图样。在预览状态下不能编辑图形或修改页面设置，但可以缩放、平移和使用搜索、通信中心、收藏夹。

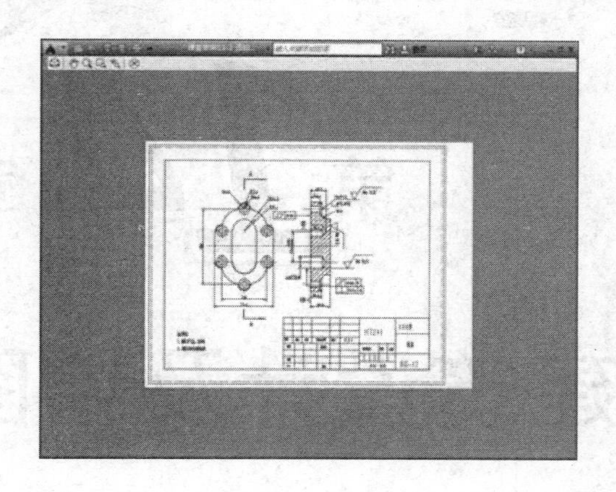

图 13-34　打印预览窗口

AutoCAD 2016

13.4 打印出图

在完成了上述所有设置工作后，就可以开始打印图纸了。

调用出图命令的方法有以下 4 种：

- 菜单栏：调用“文件”|“打印”菜单命令。
- 面板：在“输出”选项卡中，单击“打印”面板中的“打印”按钮。
- 命令行：在命令行输入 PLOT 并回车。
- 组合键：按 Ctrl+P 组合键。

调用该命令后，系统将弹出如图 13-35 所示的“打印”对话框，该对话框与“页面设置”对话框相似，可以进行出图前的最后设置。但最简单的方法是在“页面设置”选项组中的“名称”下拉列表中直接选择已经定义好的页面格式，这样就不必反复设置对话框中的其它选项了。

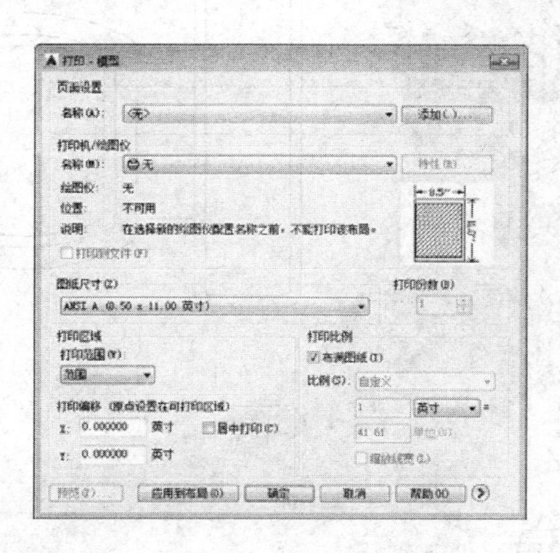

图 13-35　“打印”对话框

正式打印之前，可以单击“预览”按钮，观看实际的出图效果。如果效果合适，单击“确定”按钮，即可开始打印。

第14章

建筑设计及绘图

本章主要讲解建筑设计的概念及建筑制图的内容和流程，并通过具体的实例来对各种建筑图形进行实战演练。通过本章的学习，我们能够了解建筑设计的相关理论知识，并掌握建筑制图的流程和实际操作。

第3篇

精通篇

14.1 建筑设计与绘图

建筑图形所涉及的内容较多，绘制起来比较复杂。使用 AutoCAD 进行绘制，不仅可使建筑制图更加专业，还能保证制图质量，提高制图效率，做到图面清晰、简明。

14.1.1 建筑设计的概念

建筑设计是指建筑物在建造之前，设计者按照建设任务，把施工和建造过程中可能存在或发生的问题，事先作好通盘的设想，拟定好解决这些问题的办法和方案，并用图纸和文件表达出来。它也是备料、施工组织工作和各工种在制作和建造过程中互相配合、相互协作的依据。

14.1.2 施工图及分类

建筑工程施工图是工程技术的“语言”，是能够十分准确地表达出建筑物的外形轮廓和尺寸大小、结构造型、装修做法、材料做法以及设备管线的图样。

建筑工程图根据其内容和各工种的不同可分为以下几种类型：

1. 建筑施工图

建筑施工图（简称建施图）主要用来表示建筑物的规划位置、外部造型、内部各房间的布置、内外装修、构造及施工要求等。

建筑施工图包括施工图首页、总平面图、各层平面图、立面图、剖面图及详图。

2. 结构施工图

结构施工图（简称结施）主要表示建筑物承重结构的结构类型、结构布置、构件种类、数量、大小及做法。

结构施工图的内容包括结构设计说明、结构平面布置图及构件详图。

3. 设备施工图

设备施工图（简称设施）主要表达建筑物的给水排水、暖气通风、供电照明、燃气等设备的布置和施工要求等。

设备施工图主要包括各种设备的平面布置图、系统图和详图等内容。

14.1.3 建筑施工图的组成

一套完整的建筑施工图，应当包括以下主要图纸内容：

1. 建筑施工图首页

建筑施工图首页内含工程名称、实际说明、图纸目录、经济技术指标、门窗统计表以及本套建施图所选用标准图集的名称列表等。

图纸目录一般包括整套图纸的目录，应有建筑施工图目录、结构施工图目录、给水排水施工图目录、采暖通风施工图目录和建筑电气施工图目录。

2. 建筑总平面图

将新建工程四周一定范围内的新建、拟建、原有和拆除的建筑物、构筑物连同其周围的地形、地物状况用水平投影方法和相应的图例所画出的图样，即为总平面图。

建筑总平面图主要表示新建房屋的位置、朝向、与原有建筑物的关系，以及周围道路、绿化和给水、排水、供电条件等方面的情况，作为新建房屋施工定位、土方施工、设备管网平面布置，安排在施工时进入现场的材料和构件、配件堆放场地、构件预制的场地以及运输道路的依据。

图 14-1 所示为某宿舍区建筑总平面图。

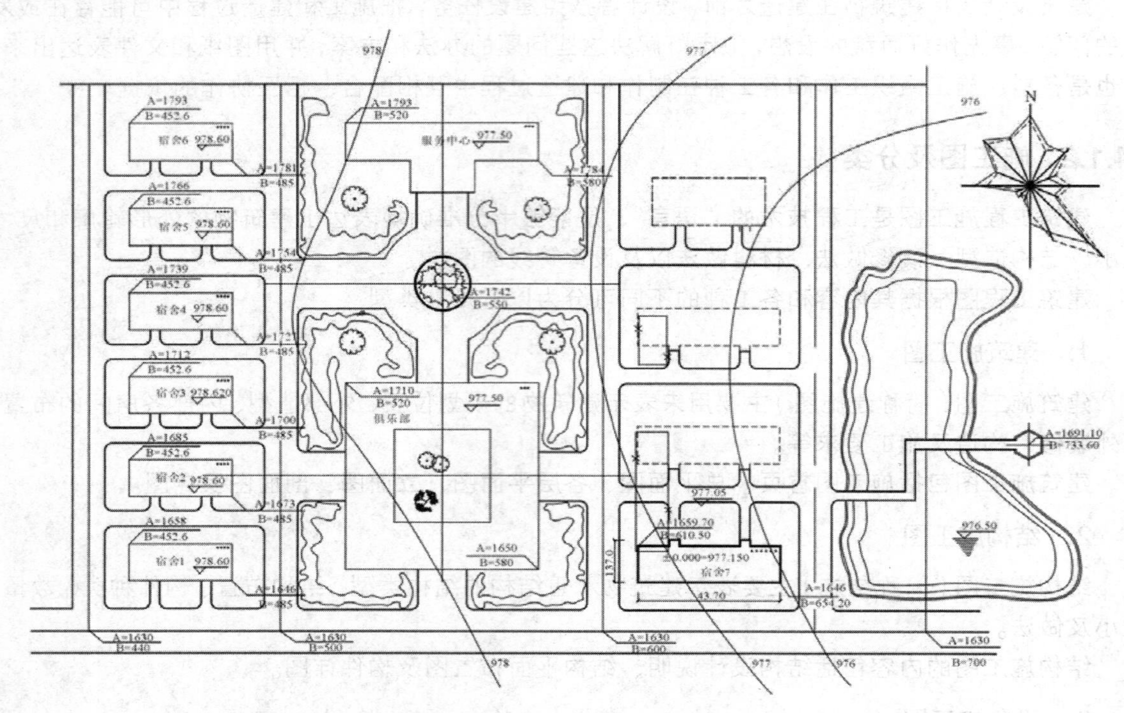

图 14-1　某宿舍区建筑总平面图

3. 建筑各层平面图

建筑平面图是假想用一水平剖切平面从建筑窗台上一点剖切建筑，移去上面的部分，向下所作的正投影图，简称平面图。

建筑平面图反映建筑物的平面形状和大小、内部布置、墙的位置、厚度和材料、门窗的位置和类型以及交通等情况，可作为建筑施工定位、放线、砌墙、安装门窗、室内装修、编制预算的依据。

一般房屋有几层，就应有几个平面图。通常有底层平面图、标准层平面图、顶层平面图等，在平面图下方应注明相应的图名及采用的比例。

因平面图是剖面图，因此应按剖面图的图示方法绘制，即被剖切平面剖切到的墙、柱等轮廓用粗实线表示，未被剖切到的部分如室外台阶、散水、楼梯以及尺寸线等用细实线表示，门的开启线用中粗实线表示。

图 14-2 所示为某商住楼标准层平面图。

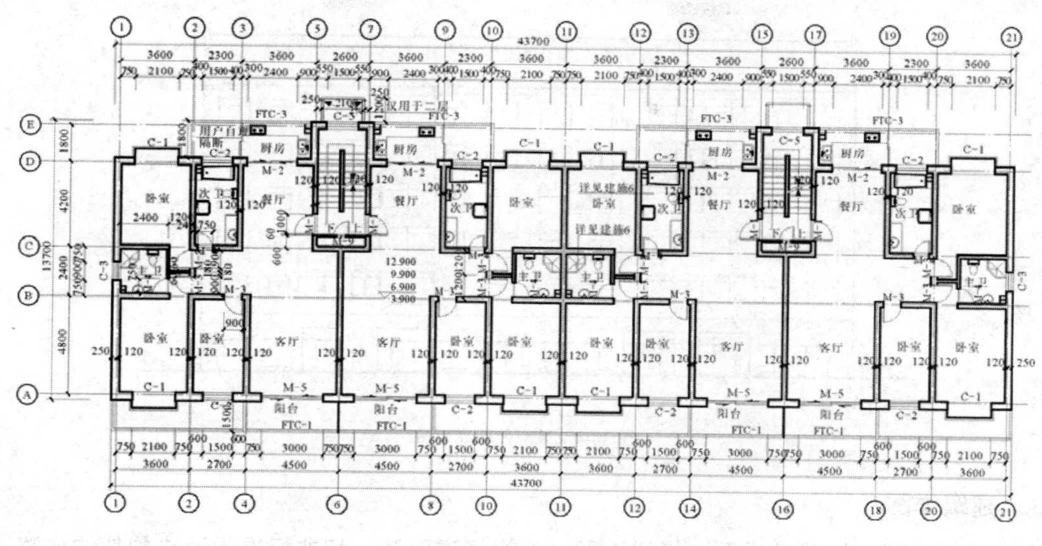

图 14-2　某商住楼标准层平面图

图 14-3 所示为某商住楼屋顶平面图。

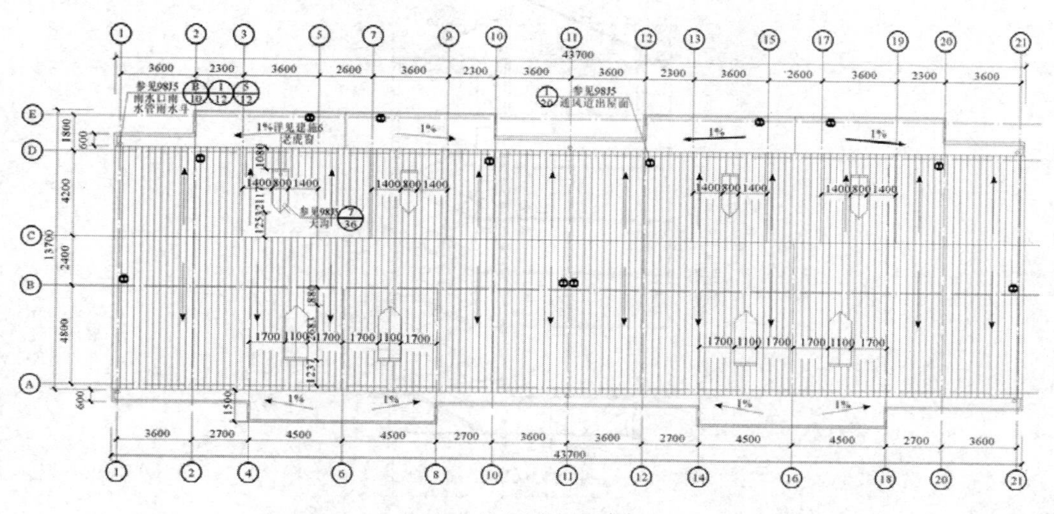

图 14-3　某商住楼屋顶平面图

4. 建筑立面图

在与建筑立面平行的铅直投影面上所作的正投影图称为建筑立面图，简称立面图。建筑立面图是反映建筑物的体型、门窗位置、墙面的装修材料和色调等的图样。

图 14-4 所示为某商住楼立面图。

5. 建筑剖面图

建筑剖面图是假想用一个或一个以上垂直于外墙轴线的铅垂剖切平面剖切建筑而得到的图形，简称剖面图。

图 14-5 所示为某商住楼剖面图。

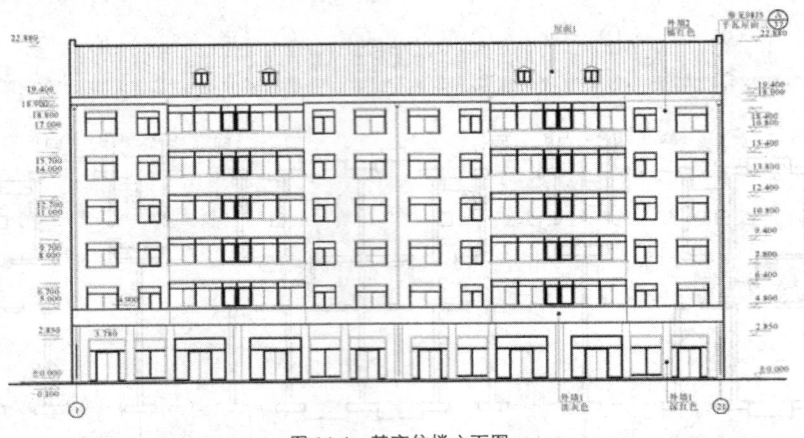

图 14-4　某商住楼立面图

6. 建筑详图

建筑详图主要包括屋顶详图、楼梯详图、卫生间详图及一切非标准设计或构件的详略图。

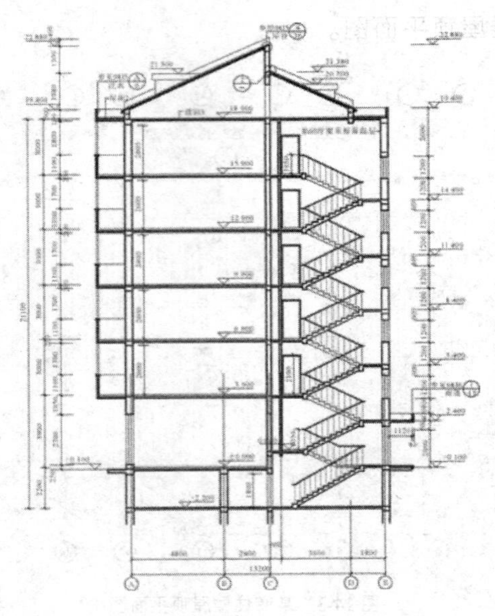

图 14-5　某商住楼剖面图

14.2 绘制常见建筑设施图

建筑设施图在 AutoCAD 的建筑绘图中非常常见，如门窗、马桶、浴缸、楼梯、地板砖和栏杆等图形。本章我们主要介绍常见建筑设施图的绘制方法、技巧及相关的理论知识，包括平面、立面及剖面图的绘制。对于一个完整的建筑图形而言，建筑设施是必不可少的，因此在绘制这些图形后，可将他们定义为块，保存于图库中，在需要时插入即可，以减少绘图时间，提高绘图效率。

14.2.1　绘制洗衣机

洗衣机是一种常用的家用电器，通常放置于卫生间或者阳台等处，从功能上可分为普通洗衣机、半自动洗衣机及全自动洗衣机，箱体材料有钢制、铁制及塑胶制等种类。从外形上一般可分为：箱体、机盖、排水管及开关等几大部分组成，如图 14-6 所示。由矩形、圆、椭圆等基本绘图元素构成。其一般绘制步骤是先绘制箱体，再绘制机盖，然后绘制开关和排水管。

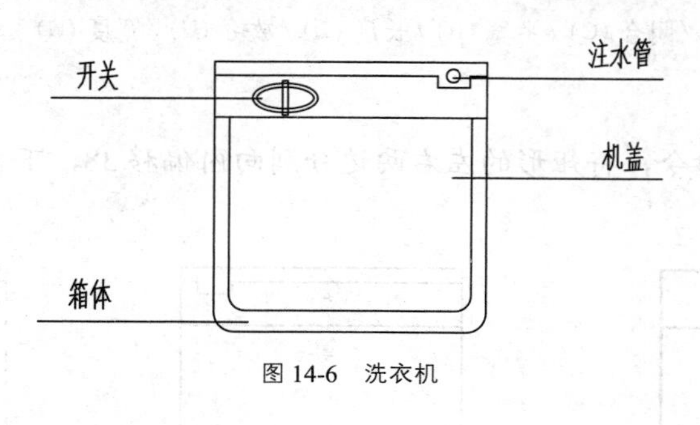

图 14-6　洗衣机

1．绘制箱体

步骤01 绘制矩形。单击“绘图”面板中的“矩形”按钮，绘制一个尺寸为 690×706 的矩形，结果如图 14-7 所示。

步骤02 分解矩形。调用“分解”命令，分解矩形，结果如图 14-8 所示。

步骤03 圆角矩形。单击“修改”面板中的“圆角”按钮，在矩形下方创建两个半径为 50 的圆角，结果如图 14-9 所示。

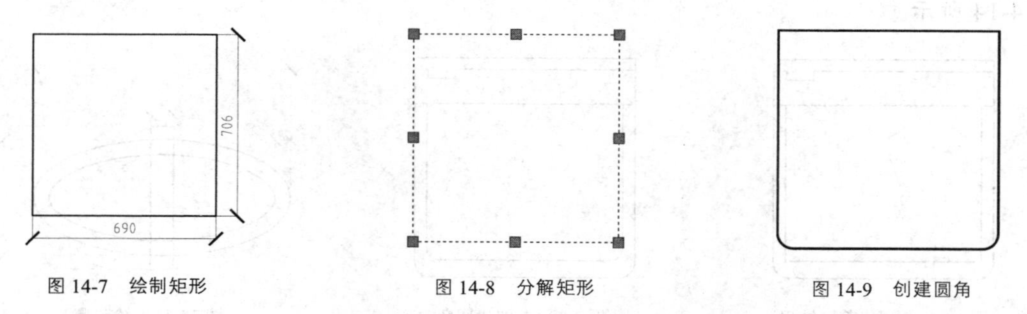

图 14-7　绘制矩形　　图 14-8　分解矩形　　图 14-9　创建圆角

步骤04 调用“偏移”命令，将矩形的上侧边向下偏移 145，结果如图 14-10 所示。

步骤05 单击“绘图”面板中的“多段线”按钮，绘制一条多段线，结果如图 14-11 所示。命令行操作如下：

```
命令:PLINE↙ //调用“多段线”命令
指定起点:36↙ //捕捉矩形左上角端点，光标引导 y 轴负方向输入数值
当前线宽为 0.0000
指定下一个点或[圆弧(A)/半宽(H)/长度(L)/放弃(U)/宽度(W)]:565↙ //光标引导 x 轴正方向输入数值
指定下一点或[圆弧(A)/闭合(C)/半宽(H)/长度(L)/放弃(U)/宽度(W)]:30↙ //光标引导 y 轴负方向输入数值
```

指定下一点或[圆弧(A)/闭合(C)/半宽(H)/长度(L)/放弃(U)/宽度(W)]:85↙ //光标引导x轴正方向输入数值

指定下一点或[圆弧(A)/闭合(C)/半宽(H)/长度(L)/放弃(U)/宽度(W)]:30↙ //光标引导y轴正方向输入数值

指定下一点或[圆弧(A)/闭合(C)/半宽(H)/长度(L)/放弃(U)/宽度(W)]:40↙ //光标引导x轴正方向输入数值

指定下一点或[圆弧(A)/闭合(C)/半宽(H)/长度(L)/放弃(U)/宽度(W)]:↙ //回车结束命令

2. 绘制机盖

步骤01 调用“偏移”命令，将矩形的左右两边分别向内偏移38，下方边向上偏移55，结果如图14-12所示。

图14-10 偏移线段

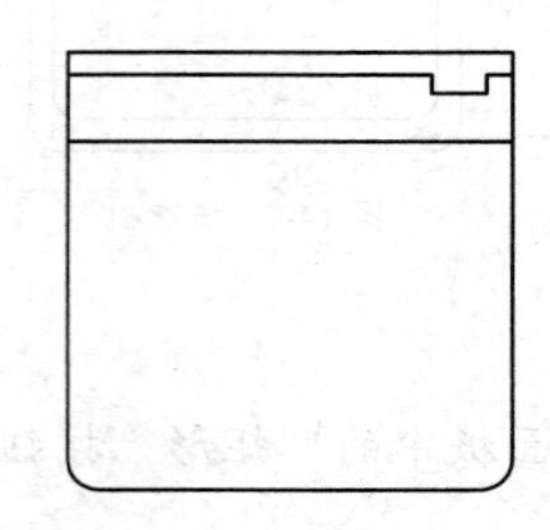
图14-11 绘制多段线

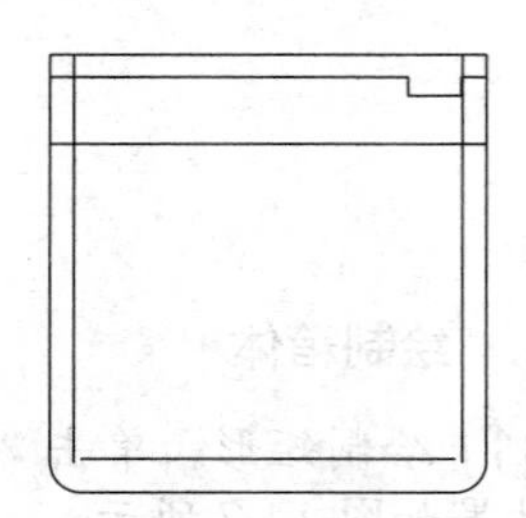
图14-12 偏移线段

步骤02 修剪线条。调用“修剪”命令，修剪图形，结果如图14-13所示。

步骤03 调用“圆角”命令，在偏移线段的左下角和右下角创建两个半径为40的圆角，结果如图14-14所示。

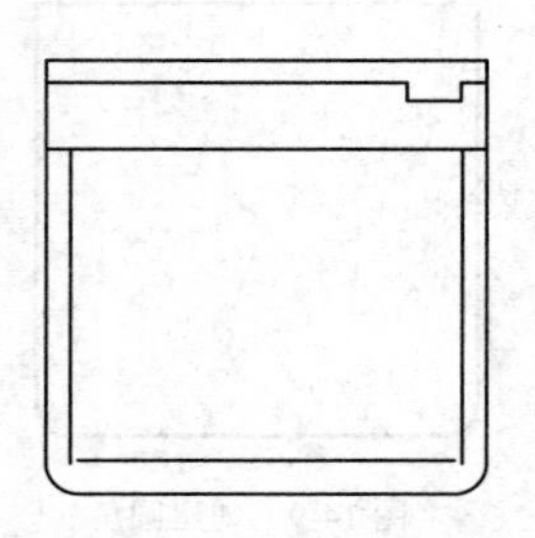
图14-13 “修剪”结果

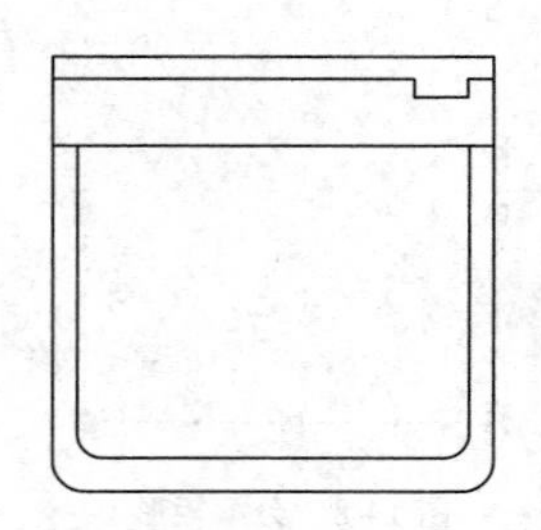
图14-14 创建圆角

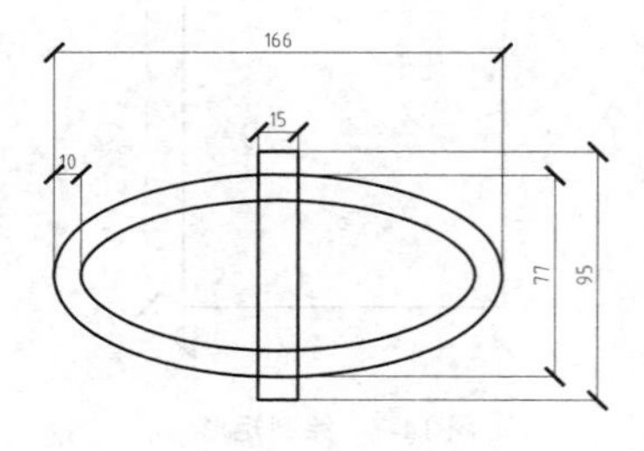

图14-15 绘制椭圆

3. 绘制开关

步骤01 使用“椭圆”“偏移”和“矩形”等工具，绘制如图14-15所示洗衣机的开关。

步骤02 单击“修改”面板中的“移动”按钮，将上步操作绘制的开关移至如图14-16所示的位置。

4. 绘制排水管

步骤01 单击“绘图”面板中的“圆心，半径”按钮，绘制一个半径为17的圆。

步骤02 单击“修改”面板中的“移动”按钮，以圆心为基点，以如图14-17所示的交点为第二点，移动圆，结果如图14-18所示。洗衣机绘制完成。

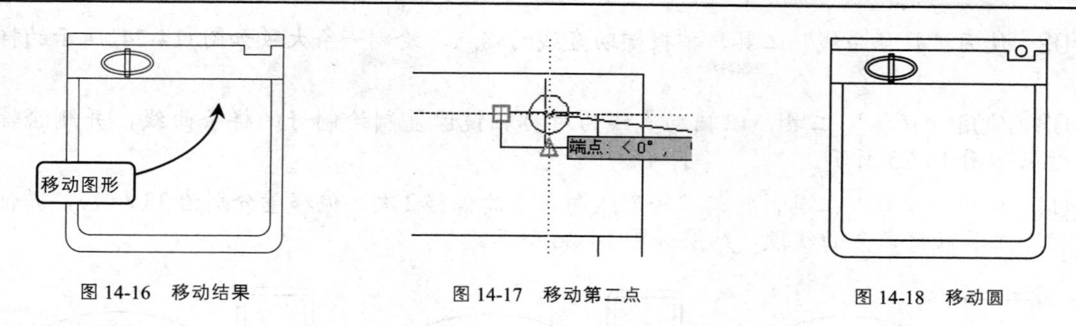

图 14-16　移动结果　　图 14-17　移动第二点　　图 14-18　移动圆

14.2.2　绘制马桶

马桶又称坐便器，它也是一种厨卫设备，其样式有连体式和分体式两种，多以陶瓷为主。从结构上分，马桶可由水箱、马桶前端、冲水手柄等部分组成，如图 14-19 所示。从图形的外观上看，多以矩形和椭圆组成，因此，在绘制时使用相应的命令即可完成。在绘制过程中可先绘制出马桶水箱部分，然后绘制马桶前端部分，最后绘制冲水手柄部分，且图形多以俯视图进行绘制。

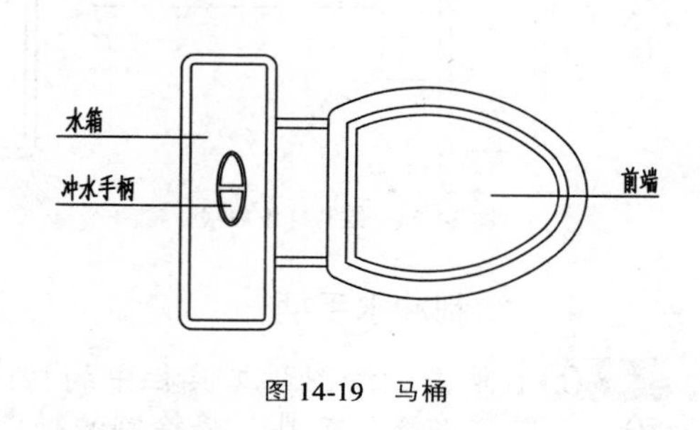

图 14-19　马桶

1. 绘制水箱

步骤 01 调用“矩形”命令，绘制一个尺寸为 165 × 495、圆角半径为 22 的圆角矩形，结果如图 14-20 所示。

步骤 02 调用“偏移”命令，将绘制的矩形向内偏移 17，结果如图 14-21 所示。

2. 绘制连接部分

步骤 01 使用“矩形”工具，绘制一个尺寸为 90 × 265 的矩形，然后使用“分解”工具将其分解。

步骤 02 单击“修改”面板中的“偏移”按钮，将矩形的上下两边分别向内偏移 17。

步骤 03 单击“修改”面板中的“移动”按钮，选择绘制的矩形及其偏移线条，以矩形左侧边的中点为基点，如图 14-22 所示外矩形的右侧边中点为第二点，移动图形

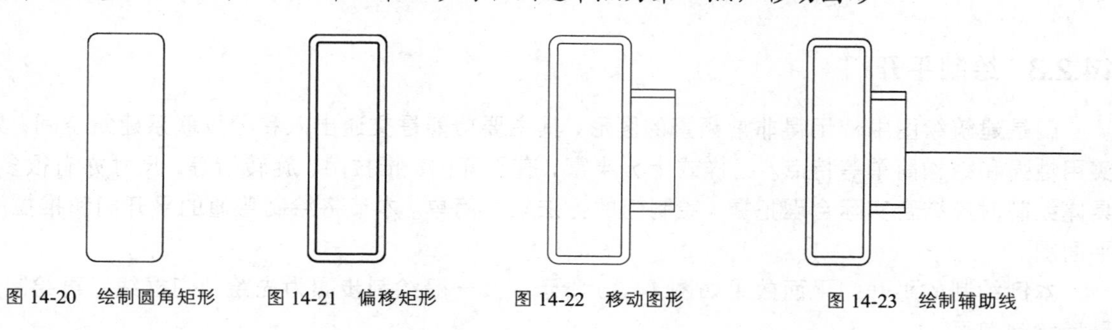

图 14-20　绘制圆角矩形　　图 14-21　偏移矩形　　图 14-22　移动图形　　图 14-23　绘制辅助线

3. 绘制前端

步骤 01 使用“直线”工具，捕捉图形左侧边的中点绘制一条长度为 500 的水平辅助线，如图 14-23 所示。

步骤02 使用“样条曲线”工具，捕捉辅助直线的端点，绘制一条大致如图 14-24 所示的样条曲线。

步骤03 使用“镜像”工具，以辅助直线为对称轴镜像复制绘制好的样条曲线，并删除辅助线，结果如图 14-25 所示。

步骤04 使用“偏移”工具，将前端轮廓线向内连续偏移 2 次，偏移量分别为 33 和 17，并使用“修剪”工具修剪多余的线段，结果如图 14-26 所示。

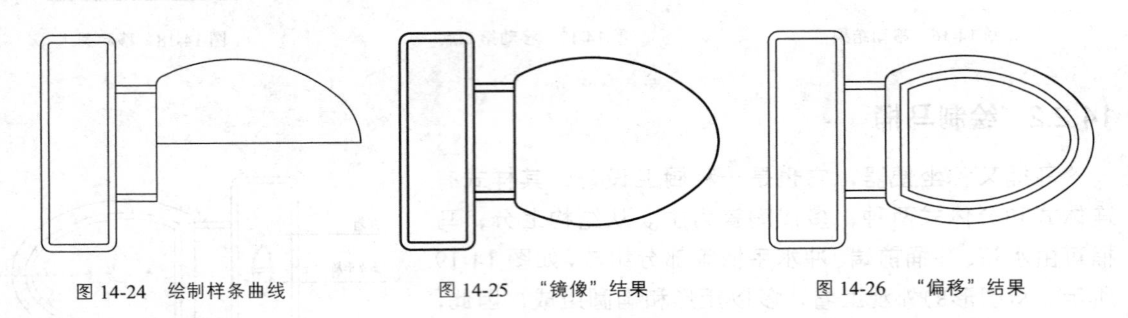

图 14-24 绘制样条曲线　　图 14-25 “镜像”结果　　图 14-26 “偏移”结果

4. 绘制冲水手柄

步骤01 单击“绘图”工具栏中的“圆心”按钮，绘制一个椭圆，椭圆长轴为 133，短轴为 50。使用“偏移”工具，将绘制的椭圆向内偏移 5，结果如图 14-27 所示。

步骤02 使用“直线”工具，捕捉外椭圆的左右两象限点，绘制一条水平辅助直线。使用“偏移”工具，将辅助直线分别向两侧偏移 5，结果如图 14-28 所示。

步骤03 删除辅助线，修剪图形，并将其移动至如图 14-29 所示的位置。

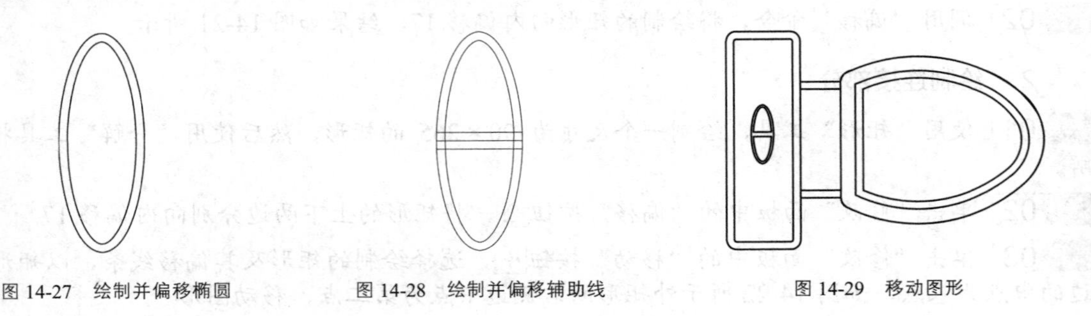

图 14-27 绘制并偏移椭圆　　图 14-28 绘制并偏移辅助线　　图 14-29 移动图形

14.2.3 绘制平开门

门是建筑绘图中使用得非常频繁的图形，其主要功能是交通出入和分隔联系建筑空间，具有实用性强和结构简单等特点。门样式十分丰富，有平开门、推拉门、旋转门等，尺寸亦有很多种，具体绘制时应结合实际合理把握。绘制门的方法较为简单。本节将绘制普通的平开门和推拉门的平面图。

本例绘制的平开门平面效果如图 14-30 所示。其一般绘制步骤为先绘制门框线，再绘制门，最后绘制门页。

步骤01 绘制门框线。使用“直线”工具，绘制一条长度为 940 的水平直线。

步骤02 绘制门。使用“矩形”工具，绘制一个尺寸为 40 × 940 的矩形。

步骤 03 移动门。使用“移动”工具，以矩形左下角点为基点，直线右端点为第二点，移动门，结果如图 14-31 所示。

步骤 04 绘制门页。使用“圆弧”工具，绘制圆弧，结果如图 14-32 所示。平开门绘制完成。

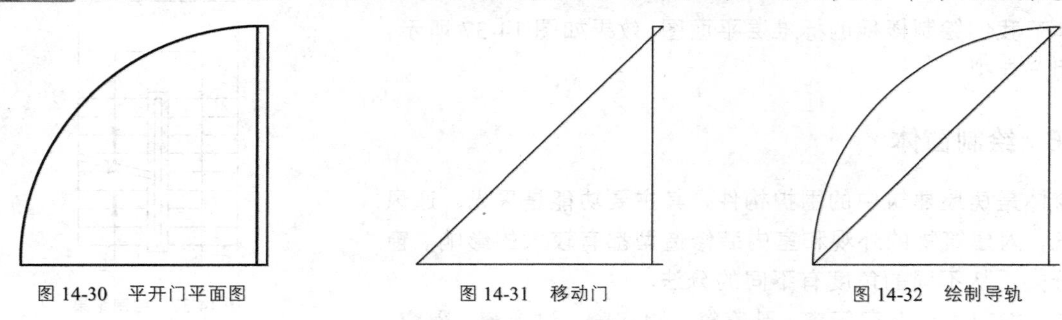

图 14-30　平开门平面图　　图 14-31　移动门　　图 14-32　绘制导轨

14.2.4 绘制推拉门

本例绘制的推拉门平面效果如图 14-33 所示。其绘制方法与普通门相似，一般步骤为先绘制门框线，再绘制门。

步骤 01 绘制门框线。单击“绘图”面板中的“直线”按钮，绘制一条长度为 3000 的水平直线。

步骤 02 绘制第一扇门页。单击“绘图”面板中的“矩形”按钮，在绘图区任意位置，绘制一个尺寸为 750 × 63 的矩形。

步骤 03 复制第二扇门页。使用“复制”工具，选择绘制的矩形，以其左下角端点为基点。按 Shift 键，右击鼠标，选择“自”选项。单击矩形右上角端点，输入偏移坐标（@-313,15），结果如图 14-34 所示。

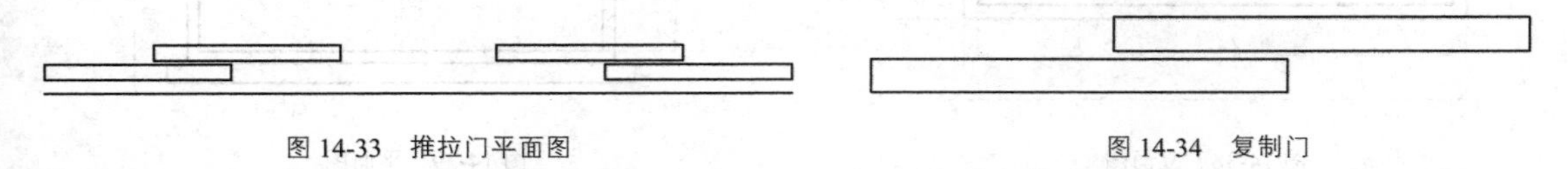

图 14-33　推拉门平面图　　图 14-34　复制门

步骤 04 移动门。使用“移动”工具，配合“对象捕捉”和“对象追踪”功能，选择绘制的两扇门，以图形的左下角点为基点，捕捉门框线的左端点，光标引导 y 轴正方向输入 57，结果如图 14-35 所示。

步骤 05 复制门。单击“修改”面板中的“镜像”按钮，选择绘制的两扇门，将其以直线中点所在的垂直线段为对称轴进行镜像复制，结果如图 14-36 所示。至此，推拉门绘制完成。

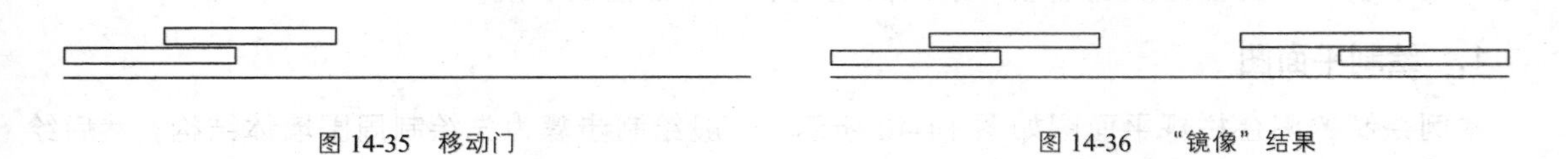

图 14-35　移动门　　图 14-36　“镜像”结果

14.2.5 绘制楼梯平面图

楼梯是楼层间的垂直交通枢纽，是楼房的重要构件。在高层建筑中虽然以电梯和自动扶梯作垂直交通的重要手段，但楼梯仍是必不可少的。不同的建筑类型，对楼梯性能的要求不同，楼梯的形式也不一样。民用建筑的楼梯多采用钢混结构，对美观的要求高。从外形上来看，楼梯主要分为栏杆、踏步、平台等几个部分。楼梯平面图一般分为底层平面图、标准层平面图和顶层平面图。

本节我们绘制楼梯的标准层平面图，效果如图 14-37 所示，尺寸用户自拟。

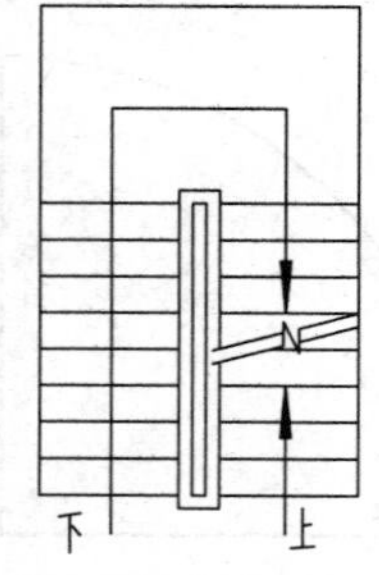

图 14-37　绘制结果

14.2.6　绘制窗体

窗体是房屋建筑中的围护构件，其主要功能是采光、通风和透气，对建筑物的外观和室内装修造型都有较大的影响。窗体的分类，从不同的角度有不同的分法。

如：按功能分有客厅窗、卧室窗、厨房窗、过道窗、隔窗、封闭窗、开放窗等；按材料分有合金窗、木窗、玻璃窗等；按形式分有百叶窗、飘窗等。本节以绘制飘窗的平面图和立面图为例，来了解窗体的构造及绘制方法。尺寸如图 14-38、图 14-39 所示。

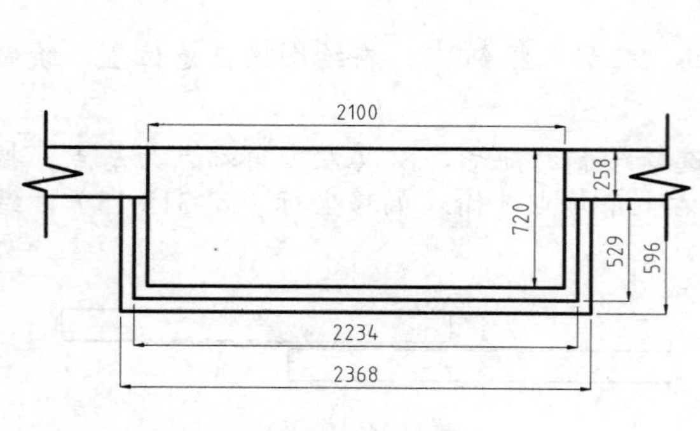

图 14-38　立面图

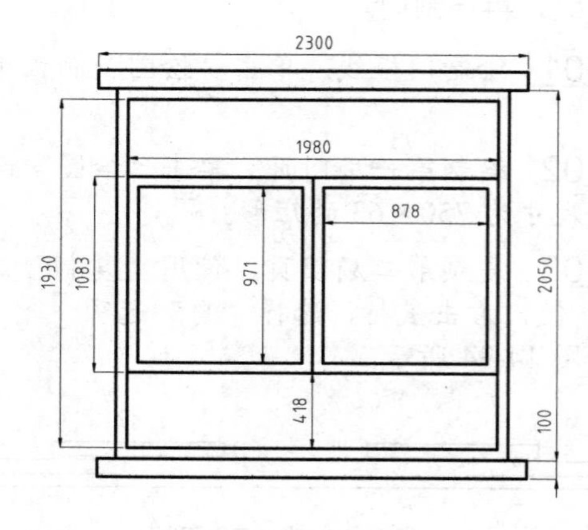

图 14-39　平面图

14.2.7　绘制阳台及栏杆

阳台栏杆位于阳台外围，起到抵抗水平推力的作用，同时也是一种室内外装饰物品。栏杆样式繁多，从立面上来看，大多由立柱、扶手、底座及装饰等部分组成。本小节我们绘制同一个阳台栏杆的平面图、立面图及剖面图，以对其结构有一个全面的了解。

1.　绘制平面图

本例绘制的阳台栏杆平面图如图 14-40 所示。一般绘制步骤为先绘制周围墙体结构，然后绘制立柱，最后绘制扶手。

步骤 01　设置多线样式。调用“多线样式”命令，新建“墙体”多线样式，设置偏移量为 120 和-120，封口方式为直线，并将此样式置为当前，如图 14-41 所示。

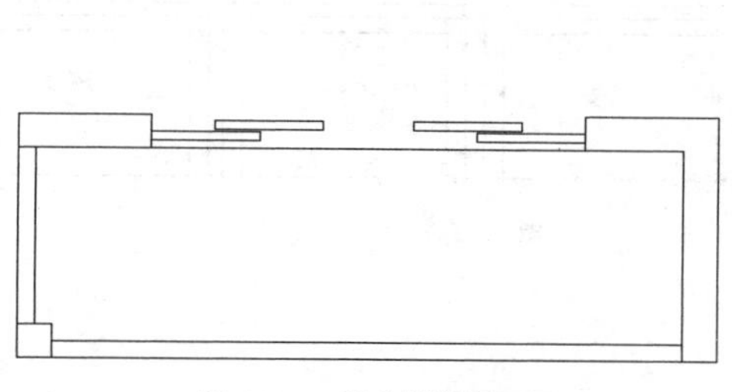

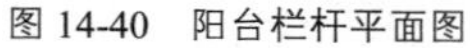

图 14-40　阳台栏杆平面图

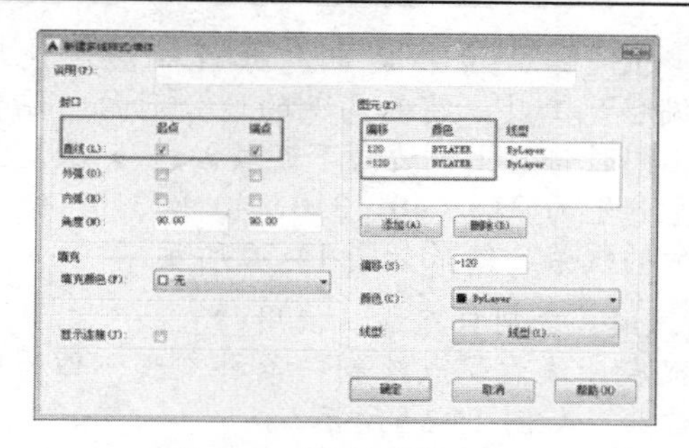

图 14-41　设置多线样式

步骤 02　绘制墙体。调用“多线”命令，绘制多线，结果如图 14-42 所示。

步骤 03　打开“推拉门”文件，在命令行中调用 WBLOCK 命令，将其定义为外部块，拾取其左下角点为基点。

步骤 04　插入门。单击“块”面板中的“插入”按钮，插入随书光盘中的“推拉门.dwg”文件（图库/第 14 章/原始文件），如图 14-43 所示的位置。

步骤 05　分解墙体，并对其进行修剪及完善，结果如图 14-44 所示。

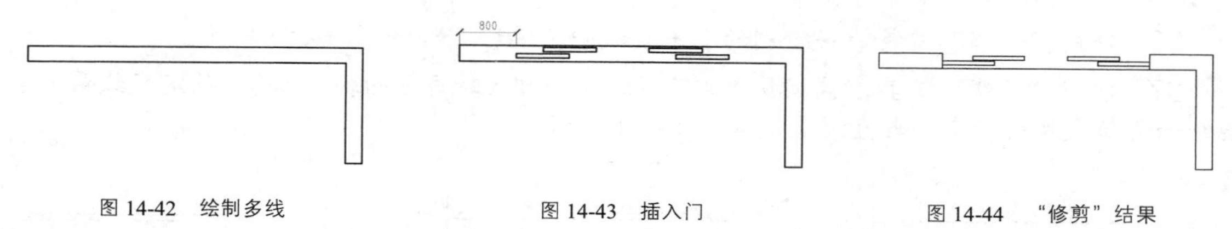

图 14-42　绘制多线　　图 14-43　插入门　　图 14-44　“修剪”结果

步骤 06　绘制立柱。使用“矩形”工具，绘制一个尺寸为 240×240 的矩形。

步骤 07　移动立柱。单击“修改”面板上的“移动”按钮，以立柱左上角点为基点，捕捉墙体左下角点，沿 y 轴负方向输入 1260，结果如图 14-45 所示。

步骤 08　绘制扶手。使用“直线”工具，过墙体和立柱的相应端点绘制如图 14-46 所示的两段直线。

步骤 09　重复调用“直线”命令，分别过立柱上侧边和右侧边的中点，绘制一条与墙体相交的垂直直线和水平直线，结果如图 14-47 所示。至此，栏杆平面图绘制完成。

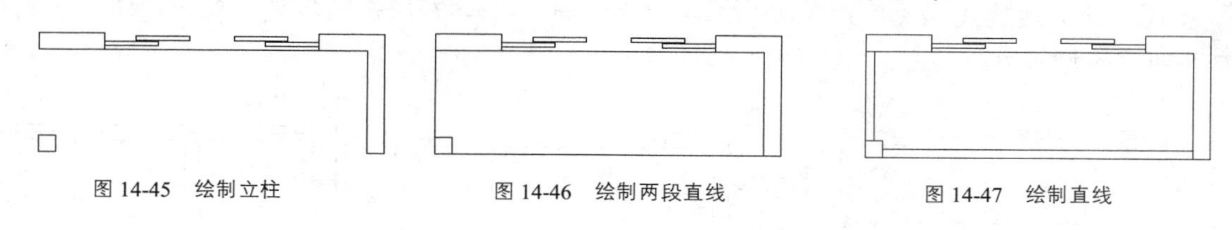

图 14-45　绘制立柱　　图 14-46　绘制两段直线　　图 14-47　绘制直线

2. 绘制栏杆立面图

本例将根据平面图的部分尺寸来绘制阳台栏杆立面图，如图 14-48 所示。一般绘制步骤为：先绘制出栏杆底座和立柱，然后绘制扶手，最后绘制装饰部分。

步骤 01　绘制底座。使用“直线”工具，绘制一条长为 4840 的水平直线。

步骤 02　绘制立柱轮廓。使用“矩形”工具，过底座线的左端点绘制一个尺寸为 240×1050 的矩形，如图 14-49 所示。

步骤03 绘制立柱内部。分解矩形，使用“偏移”工具，将其两侧的边分别向内偏移15；同时将其上侧边向下连续偏移 5 次，偏移量分别为 310、40、310、40 和 310。修剪多余的线条，结果如图 14-50 所示。

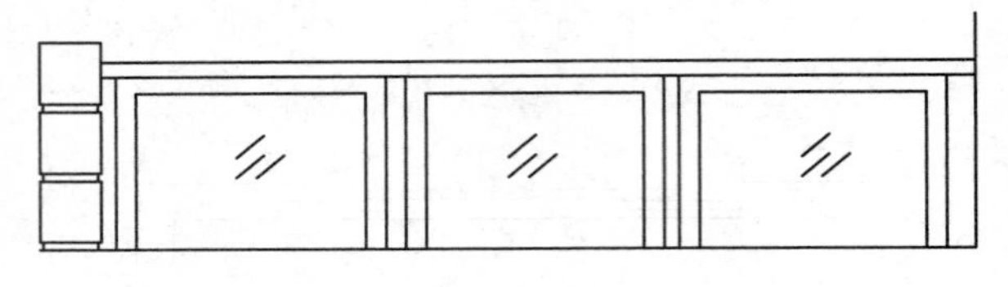

图 14-48　栏杆立面效果图

步骤04 绘制补充线。使用“直线”工具，捕捉底座线右端点绘制一条补充线，作为墙体边线，如图 14-51 所示。

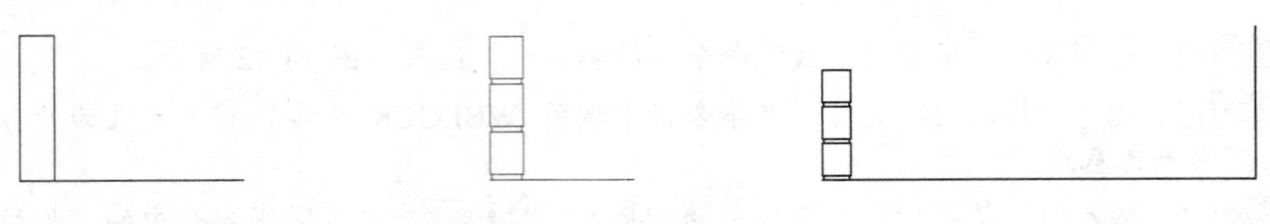

图 14-49　绘制矩形　　图 14-50　修剪多余线条　　图 14-51　绘制直线

步骤05 绘制扶手。使用“直线”工具，捕捉立柱右上角端点，光标引导y轴负方向输入100，确定直线第一点，绘制一条与补充线相交的水平直线，如图 14-52 所示。

步骤06 使用“偏移”工具，将绘制的水平直线向下偏移 78，如图 14-53 所示。

步骤07 使用“直线”工具，捕捉扶手右下角端点，沿x轴负方向输入140，确定直线第一点，绘制一条与底座线相交的垂直线段，如图 14-54 所示。

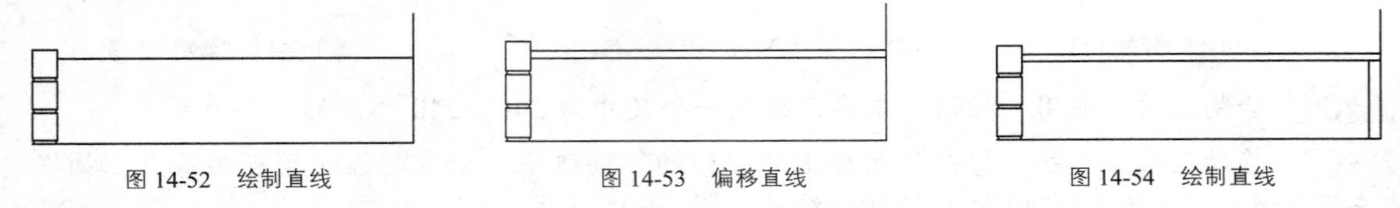

图 14-52　绘制直线　　图 14-53　偏移直线　　图 14-54　绘制直线

步骤08 绘制玻璃装饰。使用“偏移”工具，将绘制的直线向左连续偏移 3 次，偏移量分别为100、1200 和 100；将扶手下侧边向下偏移 80，并修剪多余的线条，结果如图 14-55 所示。

步骤09 阵列玻璃装饰。使用“矩形阵列”工具，选择绘制的玻璃装饰，对其进行 1 行 3 列的矩形阵列，行偏移量为 0，列偏移量为-1480，阵列结果如图 14-56 所示。

步骤10 绘制玻璃线。使用“直线”工具，绘制如图 14-57 所示的线段，表示玻璃。至此，栏杆立面图绘制完成。

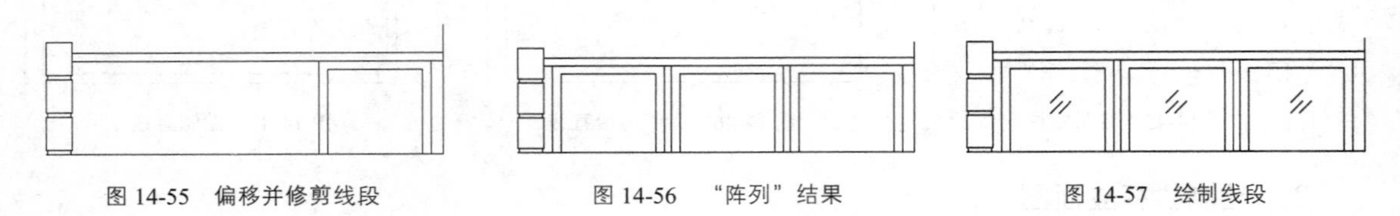

图 14-55　偏移并修剪线段　　图 14-56　“阵列”结果　　图 14-57　绘制线段

3. 绘制栏杆剖面图

本例将根据平面图和立面图的尺寸，来绘制阳台栏杆剖面图，如图 14-58 所示。一般绘制步骤为先绘制楼板剖面结构，再绘制墙体，接着绘制立柱及扶手，最后绘制玻璃装饰。

步骤01 绘制楼板轮廓。使用“多段线”工具，绘制如图 14-59 所示的多段线。

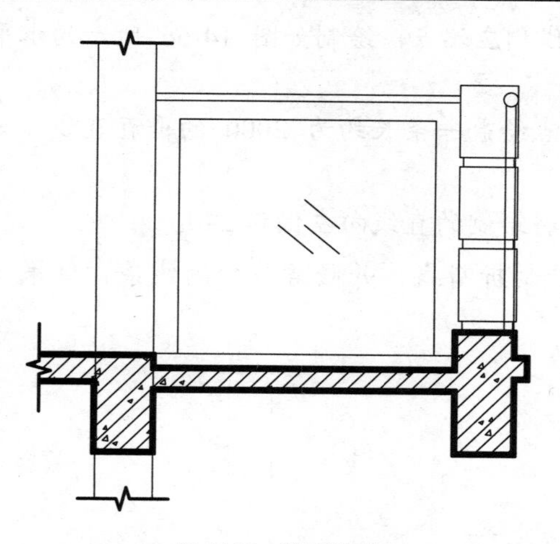

图 14-58　栏杆剖面图

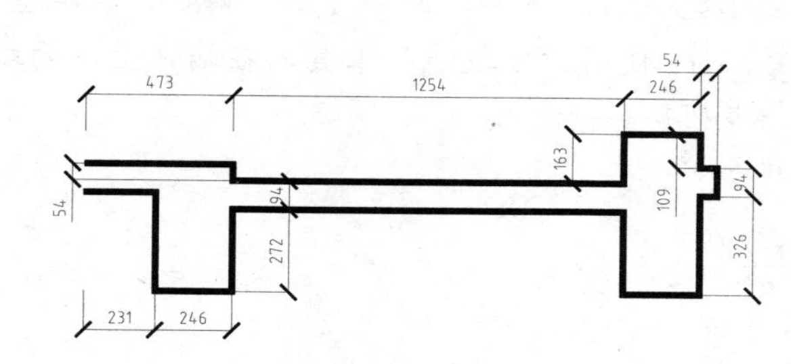

图 14-59　绘制多段线

步骤02 偏移轮廓线。使用“偏移”工具，将绘制的多段线向内偏移 7.5。

步骤03 加粗轮廓线。在命令行中调用 PEDIT／PE 命令，加粗偏移的轮廓线，如图 14-60 所示。

步骤04 绘制折断线。使用“多段线”工具，在图形左侧绘制折断线，如图 14-61 所示。

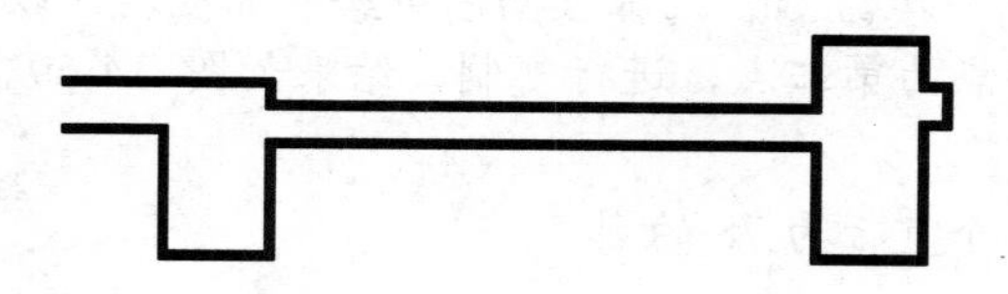

图 14-60　加粗多段线

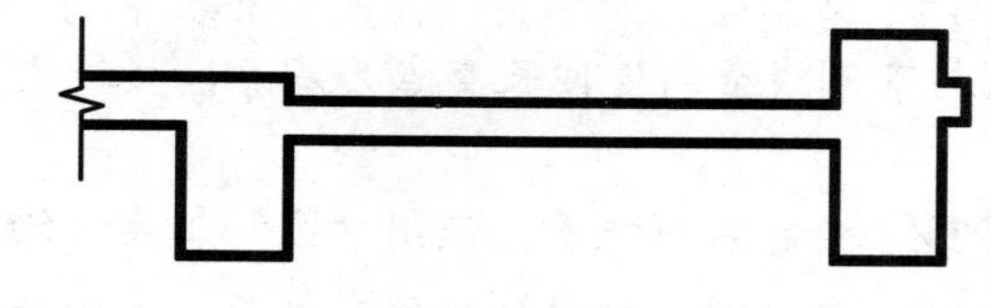

图 14-61　绘制折断线

步骤05 填充楼板。单击“绘图”面板中的“图案填充”按钮，设置填充图案、填充角度及比例如图 14-62 所示，单击对话框中的“拾取点”按钮，在楼板中间空白处单击，填充楼板，填充结果如图 14-63 所示。

图 14-62　设置填充参数

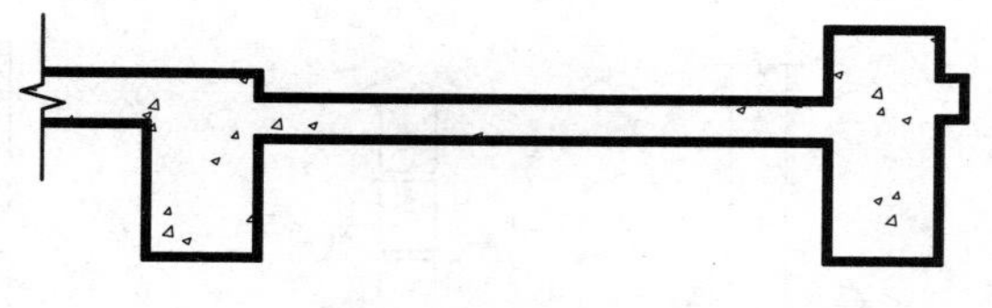

图 14-63　填充结果

步骤06 用同样的方法对此区域进行第二次填充，参数设置如图 14-64 所示，填充结果如图 14-65 所示。

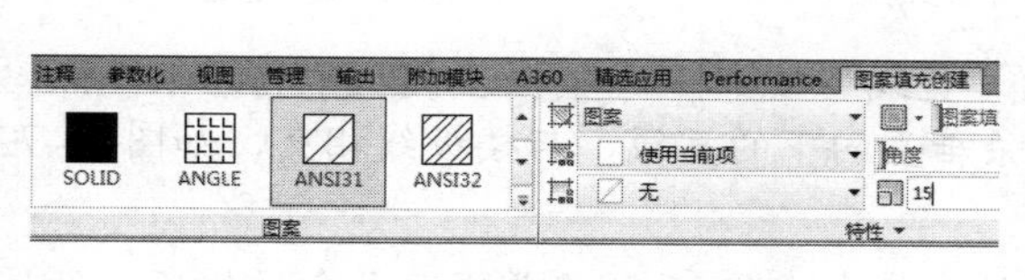

图 14-64　设置填充参数

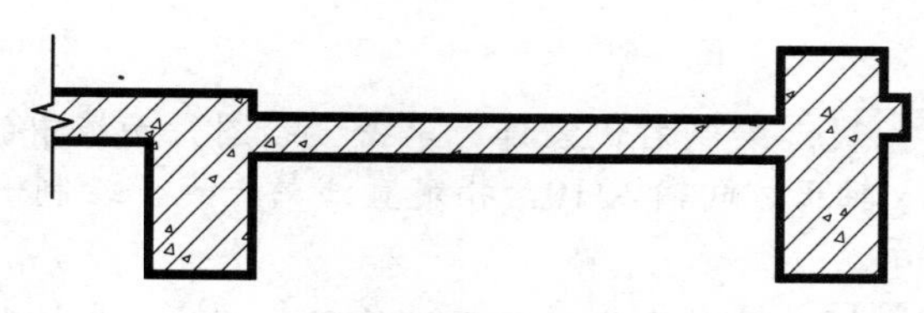

图 14-65　填充结果

步骤07 绘制楼面。使用“直线”工具，捕捉多段线相应端点，绘制如图 14-66 所示的水平直线。

步骤08 使用“直线”工具，捕捉多段线的相应端点绘制一条长约为 2000 的垂直直线，如图 14-67 所示。

步骤09 单击“修改”面板中的“偏移”按钮，将绘制的直线向左偏移 240。

步骤10 使用“多段线”工具，在墙体上下两端绘制折断线，并修剪多余的线条，结果如图 14-68 所示。

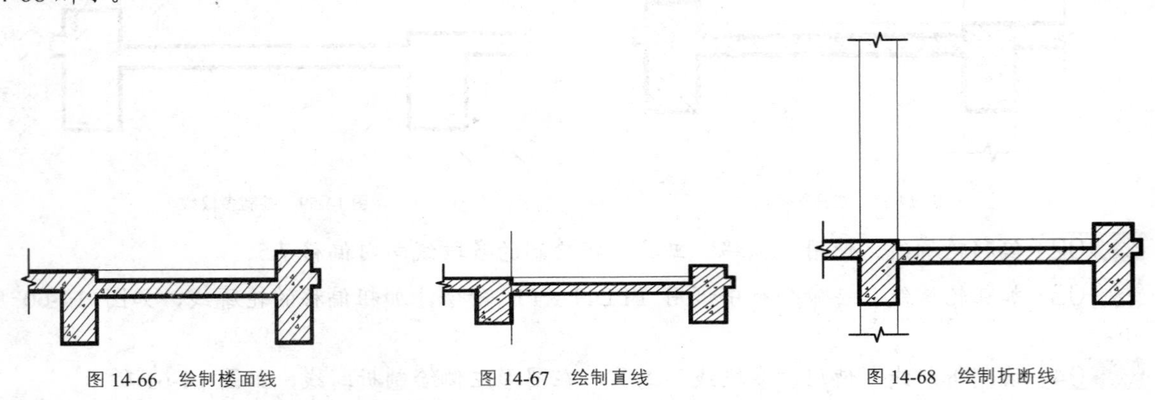

图 14-66 绘制楼面线　　图 14-67 绘制直线　　图 14-68 绘制折断线

步骤11 复制立柱。单击“修改”面板中的“复制”按钮，选择立面图中绘制的立柱，以其右侧与下侧线条的延伸长交点为基点，楼板右上角点为第二点，进行复制，结果如图 14-69 所示。

步骤12 绘制右侧扶手。使用“圆”工具，绘制一个直径为 78 的圆。

步骤13 移动圆。使用“镜像”工具，以圆的右象限点为基点，捕捉立柱右上角端点，沿 y 轴负方向输入 139.5，结果如图 14-70 所示。

步骤14 绘制中间扶手。使用“直线”工具，捕捉立柱左上角端点，沿 y 轴负方向输入 100，指定直线第一点，绘制一条水平直线，与墙体线相交，并将绘制的直线向下偏移 78，结果如图 14-71 所示。

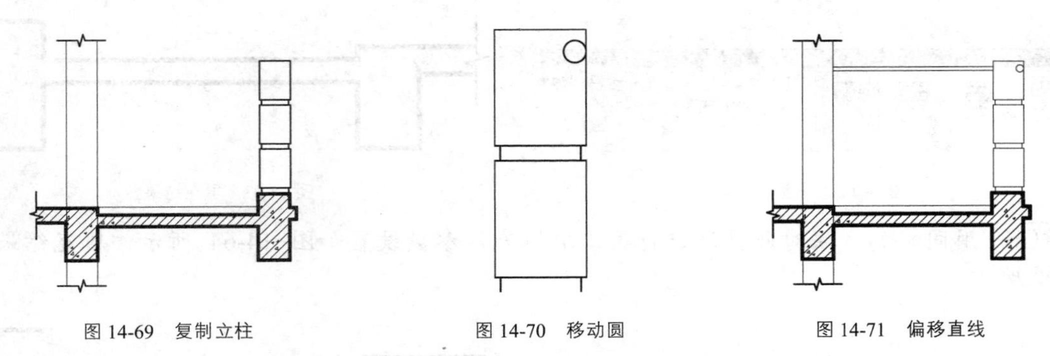

图 14-69 复制立柱　　图 14-70 移动圆　　图 14-71 偏移直线

步骤15 绘制右侧装饰。单击“绘图”面板中的“直线”按钮，捕捉左侧扶手的左象限点，沿 x 轴正方向输入 10，指定直线第一点，绘制一条垂直向下的直线，与楼板线相交，如图 14-72 所示。

步骤16 偏移直线。使用“偏移”工具，将绘制的直线向右偏移 58，并修剪多余的线条，结果如图 14-73 所示。

步骤 17 绘制中间装饰。使用“偏移”工具，将右墙体线向右偏移 100，并对其进行修剪，结果如图 14-74 所示。

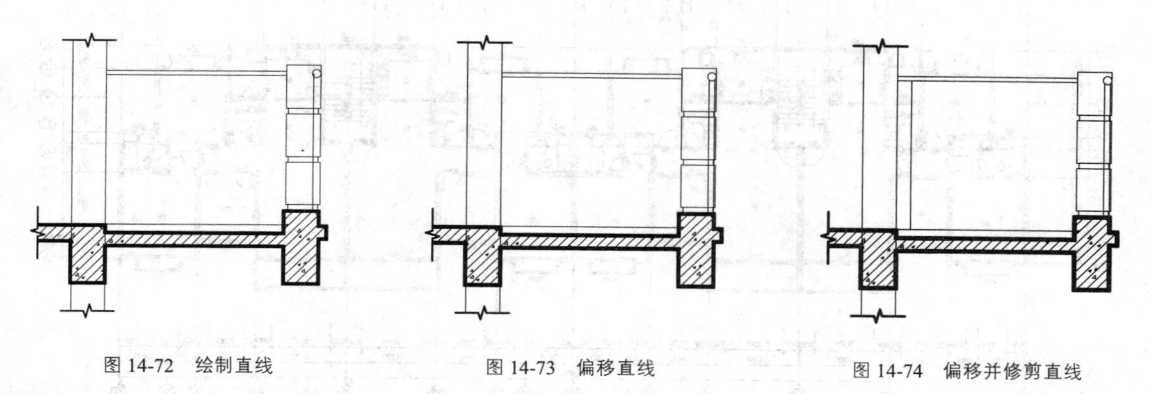

图 14-72 绘制直线　　图 14-73 偏移直线　　图 14-74 偏移并修剪直线

步骤 18 单击“修改”面板中的“镜像”按钮，以中间扶手中点所在垂直直线为对称轴镜像复制绘制的直线，结果如图 14-75 所示。

步骤 19 使用“镜像”工具，将中间扶手的下侧边向下偏移 80，并修剪多余的线条，结果如图 14-76 所示。

步骤 20 绘制玻璃线。使用“直线”工具，绘制如图 14-77 所示的线段，表示玻璃。栏杆剖面图绘制完成。

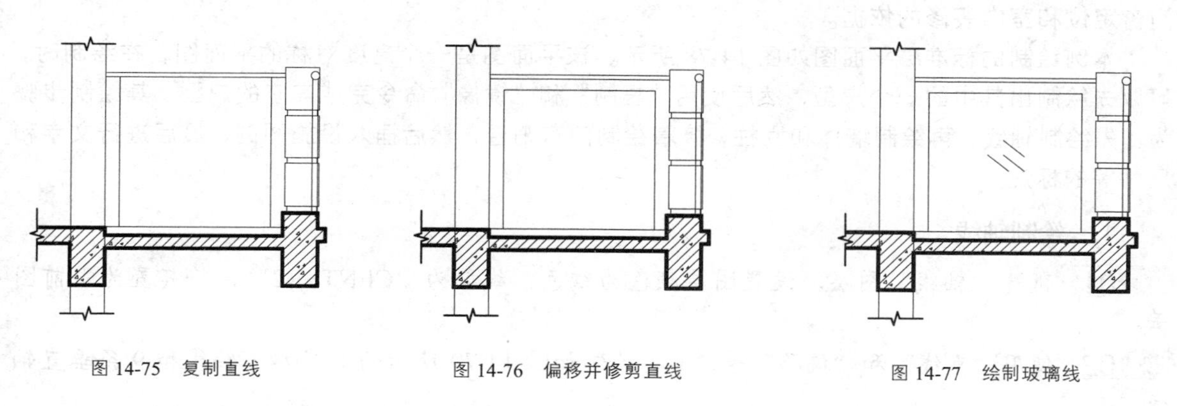

图 14-75 复制直线　　图 14-76 偏移并修剪直线　　图 14-77 绘制玻璃线

AutoCAD 2016

14.3 绘制住宅楼设计图

供家庭居住使用的建筑称为住宅。住宅的设计，不仅要注重套型内部平面空间关系的组合和硬件设施的改善，还要全面考虑住宅的光环境、声环境、热环境和空气质量环境的综合条件及其设备的配置，这样才能获得一个高舒适度的居住环境。住宅楼按楼层高度分为：低层住宅（1～3 层）、多层住宅（4～6 层）、中高层住宅（7～9 层）和高层住宅（10 层以上）。

本实例为长沙某小区的一栋小户型多层建筑，总层数为六层，每层有四户，其标准层平面图如图 14-78 所示。从总体上看，该建筑是一个结构高度对称的图形，因此可采用镜像复制的方法绘制对称的对象，包括门窗、立柱、楼梯等设施。这样，其余的图形对象绘制起来也就方便多了，同时还能提高绘图效率。

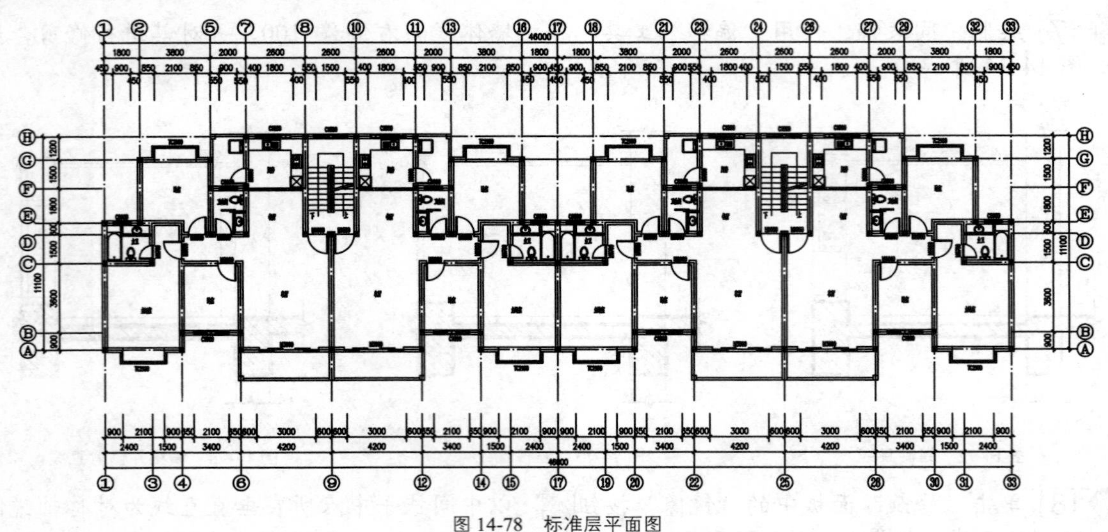

图 14-78 标准层平面图

14.3.1 绘制标准层平面图

建筑平面图用来表明建筑物的平面形状，各种房间的布置及相互关系，门、窗、入口、走道、楼梯的位置，建筑物的尺寸、标高，房间的功能或编号，是该建筑施工放线、砌砖、混凝土浇注、门窗定位和室内装修的依据。

本例绘制的标准层平面图如图 14-78 所示。该平面图是一个高度对称的平面图，在绘制时，可以先绘制出其中的一个户型，然后使用“复制”和“镜像”命令完成其它的户型。其绘制步骤为：先绘制轴线，再绘制墙体和立柱，接着绘制门窗阳台，然后插入设施图例，最后进行文字和尺寸等的标注。

1. 绘制轴线

步骤 01 新建“轴线”图层，设置图层颜色为红色，线型为“CENTER2”，将其置为当前图层。

步骤 02 使用“直线”和“偏移”等工具，绘制如图 14-79 所示的 8 条水平轴线和 9 条垂直轴线。

步骤 03 编辑轴线。综合使用“修剪”命令和夹点编辑功能，编辑绘制的轴线，如图 14-80 所示。

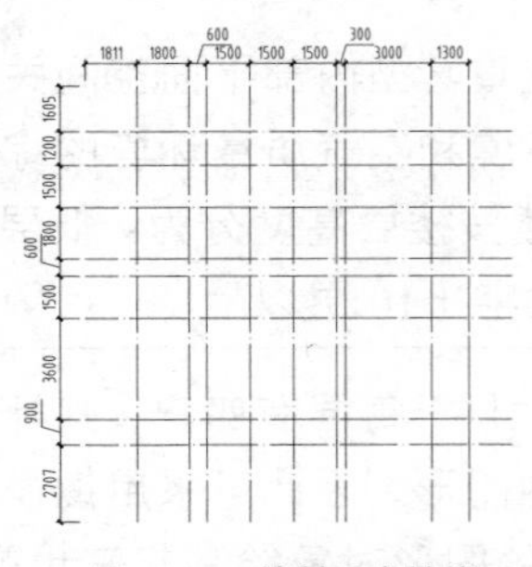

图 14-79 绘制垂直轴线

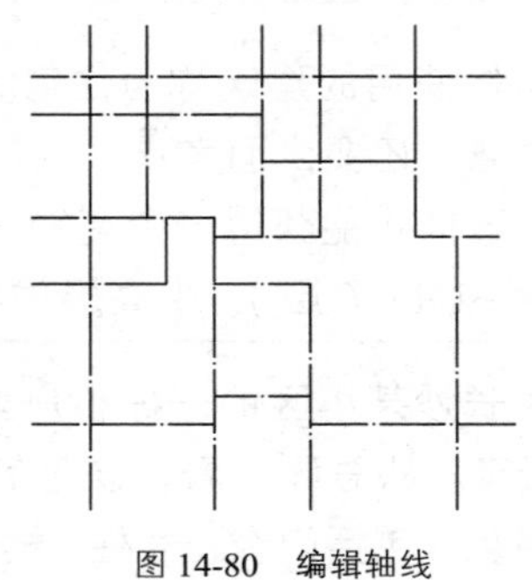

图 14-80 编辑轴线

2. 绘制墙体和立柱

步骤01 新建“墙体”图层，设置颜色为白色，并将其置为当前图层。

步骤02 设置多线样式。调用“多线样式”命令，新建“墙线”样式，并置为当前，其设置如图 14-81 所示。

步骤03 绘制墙体。使用“多线”工具，设置“对正 = 无，比例 = 1.00，样式 = 墙线”，绘制墙体，结果如图 14-82 所示。

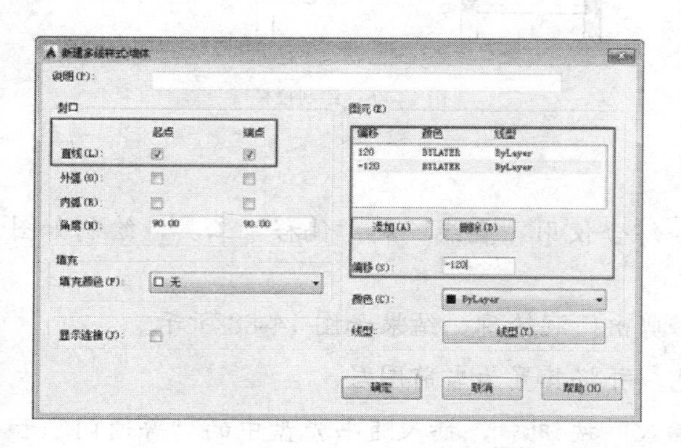

图 14-81　设置墙线样式

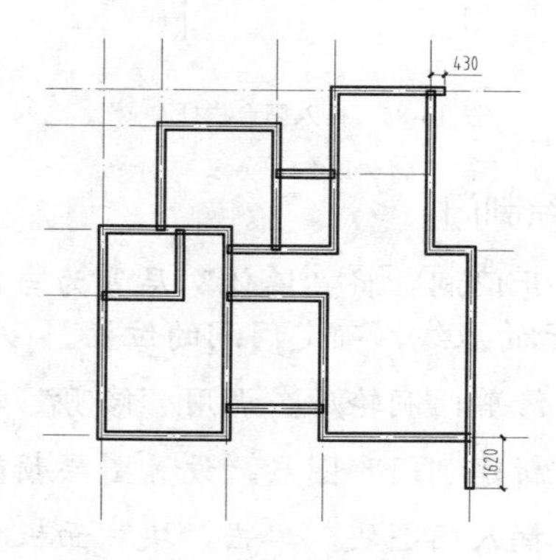

图 14-82　绘制墙体

步骤04 新建“立柱”图层，设置图层颜色为黄色，并将其置为当前图层。

步骤05 绘制立柱。使用“矩形”工具，绘制一个尺寸为 240×240 的矩形，对其填充 SOLID 图案样式，并以其中心为基点，相应轴线交点为第二点，将其复制到墙体的相应部位，结果如图 14-83 所示。

步骤06 编辑墙线。综合使用“分解”和“修剪”等工具，编辑没有立柱的墙体转角处线条，结果如图 14-84 所示。

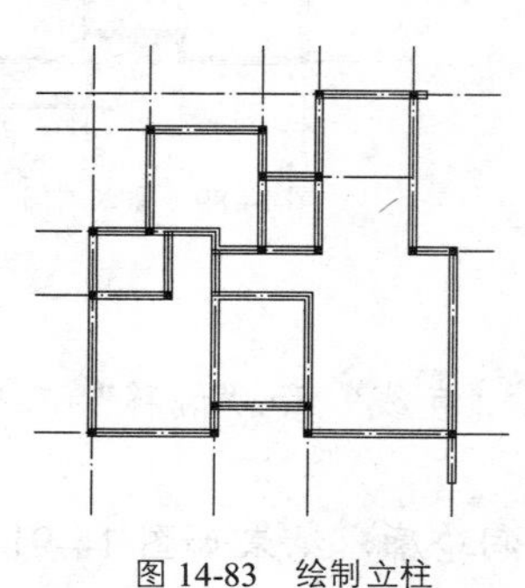

图 14-83　绘制立柱

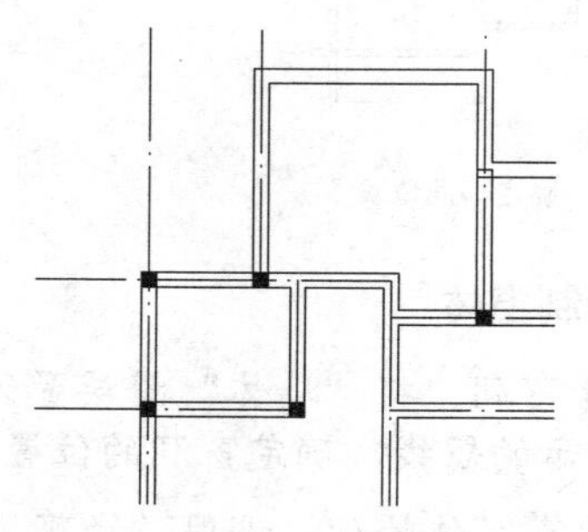

图 14-84　编辑墙线

3. 绘制阳台

步骤01 新建“阳台”图层，设置图层颜色为洋红色，并将其置为当前图层。

步骤02 调用 INSERT / I 命令，打开随书光盘“栏杆平面.dwg”文件（图库/第 14 章/原始文件），将其插入图形左下方如图 14-85 所示的位置。

步骤03 综合使用“矩形”和“直线”工具，绘制图形上方中间位置的另一处阳台栏杆，如图 14-86 所示。

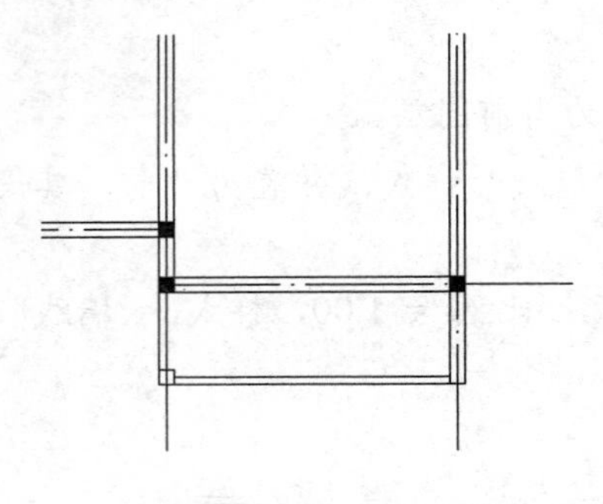

图 14-85　插入阳台栏杆

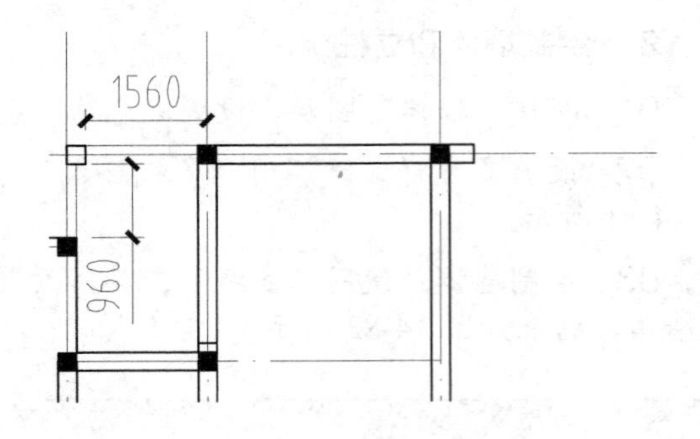

图 14-86　绘制栏杆

4. 绘制门

步骤01 开门洞。将“墙体”层置为当前图层，综合使用“直线”和“偏移”工具，绘制如图14-87所示的短线，确定门洞的位置。

步骤02 修剪门洞轮廓。调用“修剪”命令，修剪出门洞轮廓，结果如图14-88所示。

步骤03 新建“门”图层，设置图层颜色为黄色，并将其置为当前图层。

步骤04 插入门图块。单击“块”面板中的“插入”按钮，插入随书光盘中的“普通门”和“推拉门”图块及厨房位置的“隔断门”图块（图库/第 14 章/原始文件）。并调整其方向和大小，最终结果如图14-89所示。

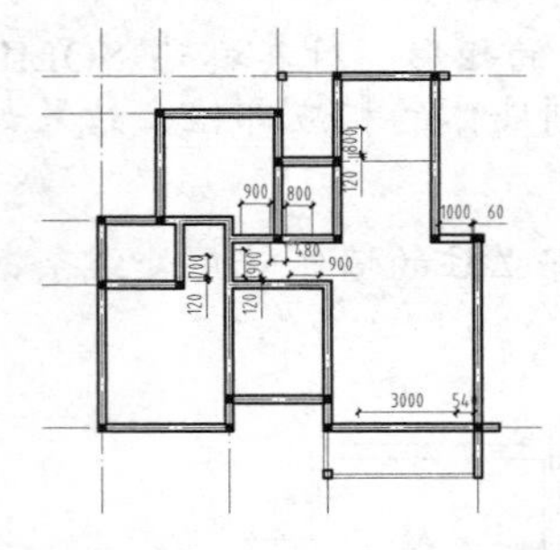

图 14-87　确定门洞位置

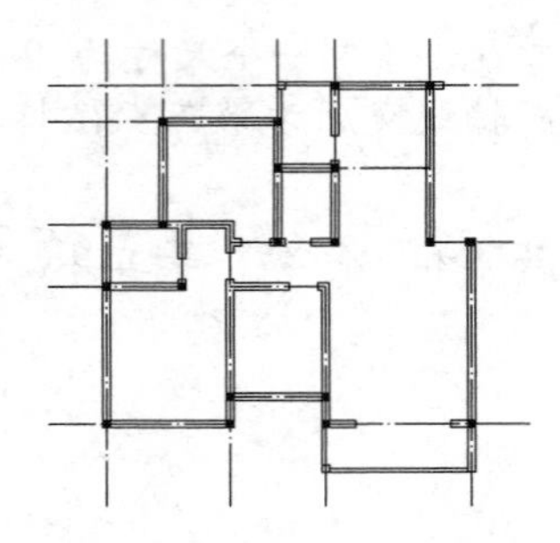

图 14-88　修剪门洞轮廓

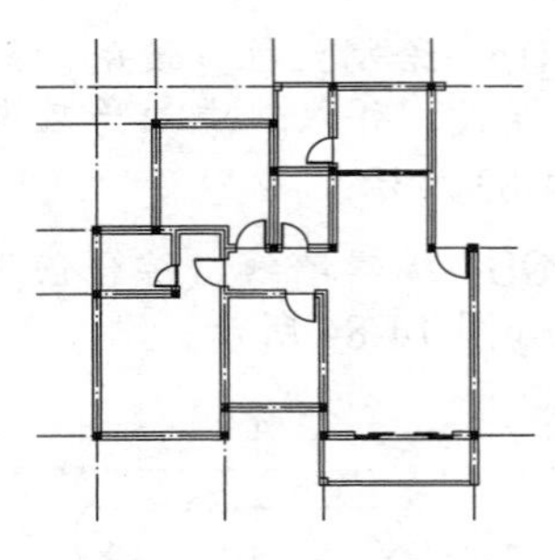

图 14-89　插入“门”图块

5. 绘制窗体

步骤01 开窗洞。将“墙体”图层置为当前图层，综合使用“直线”和“偏移”工具，绘制如图14-90所示的短线，确定窗洞的位置。

步骤02 修剪窗体轮廓。调用“修剪”菜单命令，修剪出门洞轮廓，结果如图14-91所示。

步骤03 新建“窗体”图层，设置图层颜色为黄色，并将其置为当前图层。

步骤04 插入“窗体”图块。单击“块”面板中的“插入”按钮，插入随书光盘中的“飘窗”图块（图库/第 14 章/原始文件），并调整其方向和大小，最终结果如图14-92所示。

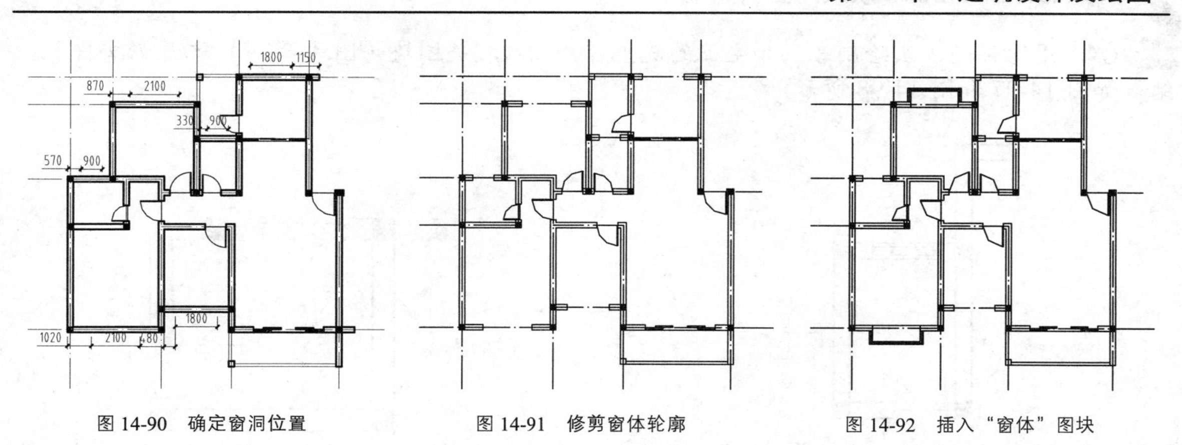

图 14-90　确定窗洞位置　　图 14-91　修剪窗体轮廓　　图 14-92　插入“窗体”图块

步骤 05 设置多线样式。调用“多线样式”命令，新建“窗线”样式，并置为当前，其设置如图 14-93 所示。

步骤 06 绘制窗体。调用“多线”命令，设置“对正=无，比例=1.00，样式=窗线”，绘制其余窗体，结果如图 14-94 所示。

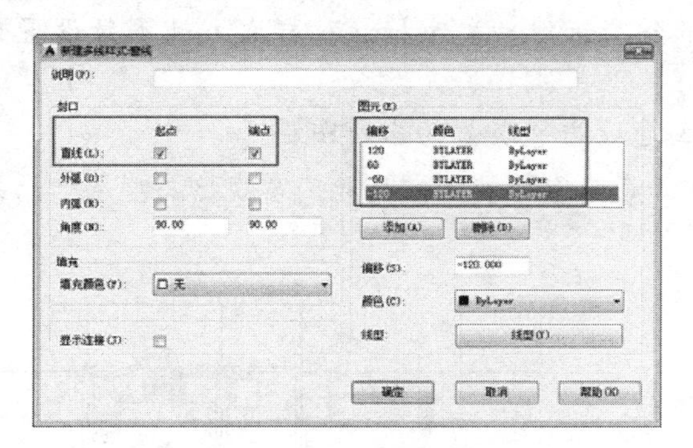

图 14-93　设置窗线样式

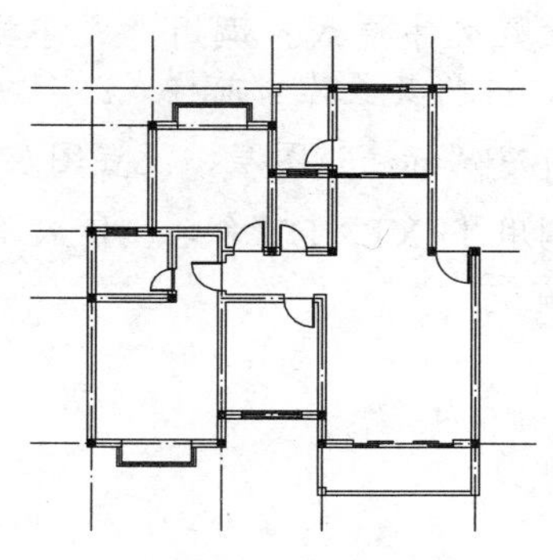

图 14-94　绘制窗体

6. 绘制厨卫设施

步骤 01 新建“设施”图层，设置图层颜色为黄色，并将其置为当前图层。

步骤 02 绘制料理台。调用“绘图”|“多段线”菜单命令，在图形上方的中间位置的厨房空间绘制如图 14-95 所示的料理台。

步骤 03 插入“厨房”图块。调用“绘图”|“插入块”菜单命令，插入随书光盘中的“厨房图块”（图库/第 14 章/原始文件），如图 14-96 所示。

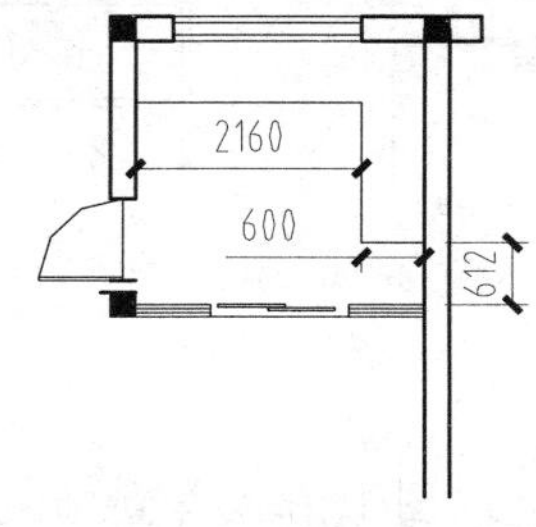

图 14-95　绘制料理台

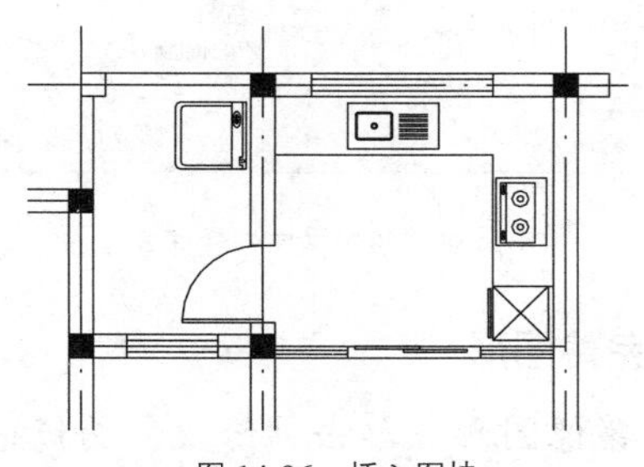

图 14-96　插入图块

步骤04 用同样的方法绘制客卫和主卫的洗手台并插入相关图块（图库/第 14 章/原始文件），结果如图 14-97 和图 14-98 所示。

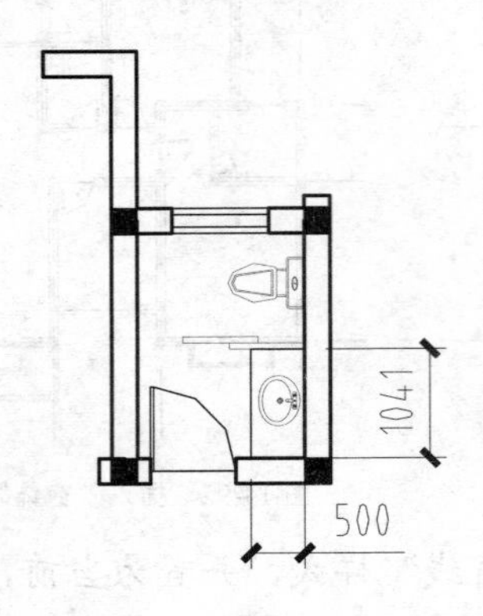

图 14-97 插入“客卫”图块

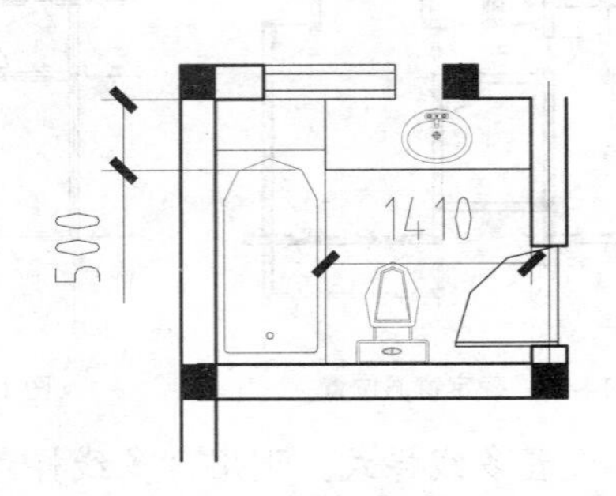

图 14-98 插入“主卫”图块

7. 文字标注

步骤01 设置文字样式。调用“文字样式”命令，新建“文字标注”样式，其参数设置如图 14-99 所示，并将其置为当前样式。

步骤02 新建“标注”图层，设置图层颜色为绿色，并将其置为当前图层。

步骤03 调用 TEXT / DT 命令，输入单行文字，表示室内空间布局和门窗规格与型号，结果如图 14-100 所示。

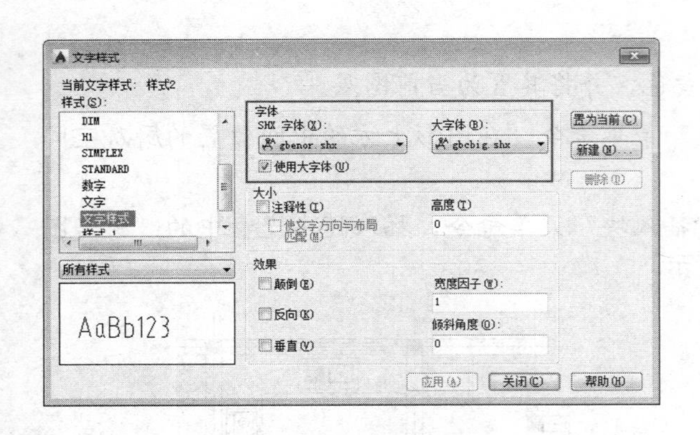

图 14-99 设置文字标注样式

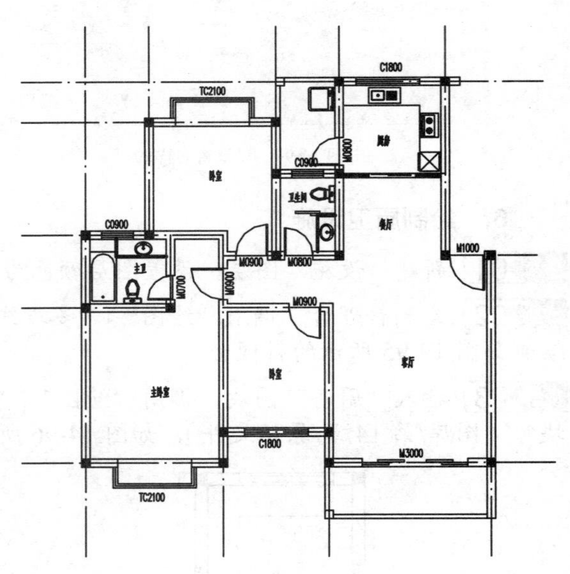

图 14-100 标注文字

8. 完善图形

步骤01 镜像图形。单击“修改”面板中的“镜像”按钮，以图形右侧垂直轴线为对称轴进行镜像复制，结果如图 14-101 所示。

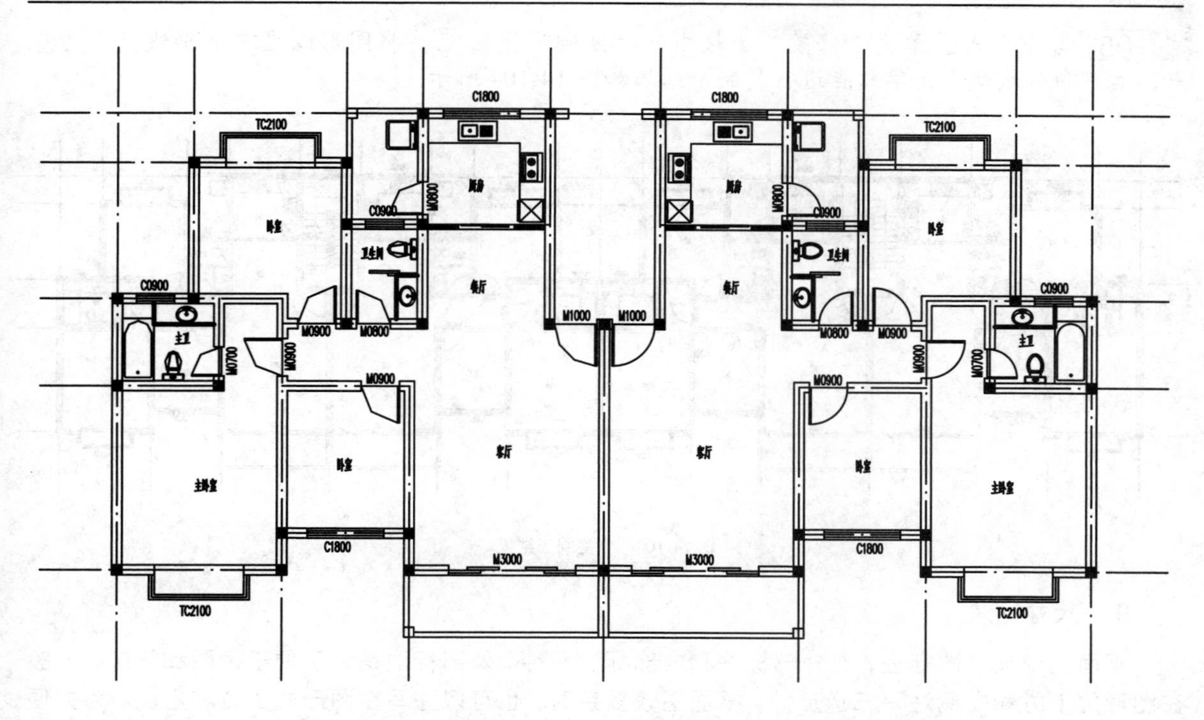

图 14-101　“镜像”结果

步骤 02　新建“楼梯”图层，设置图层颜色为黄色，并将其置为当前图层。

步骤 03　插入楼梯。单击“块”面板中的“插入”按钮，插入随书光盘“楼梯平面图.dwg”图块（图库/第 14 章/原始文件），结果如图 14-102 所示。

步骤 04　绘制窗体。将“窗体”层置为当前图层，综合使用“多线”和“单行文字”工具，绘制楼梯处的窗体，并进行文字标注，结果如图 14-103 所示。

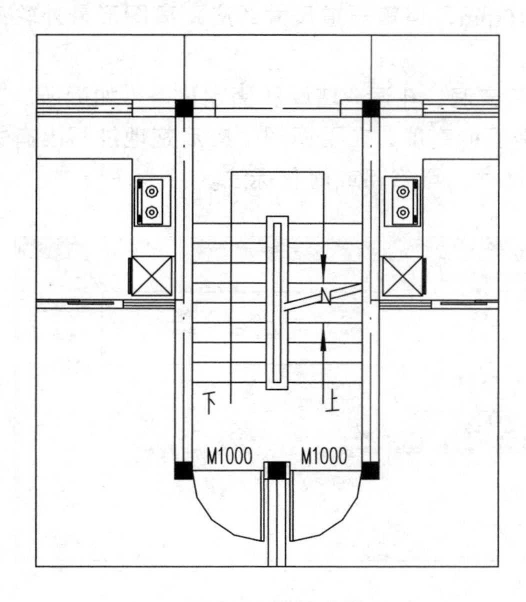

图 14-102　插入楼梯

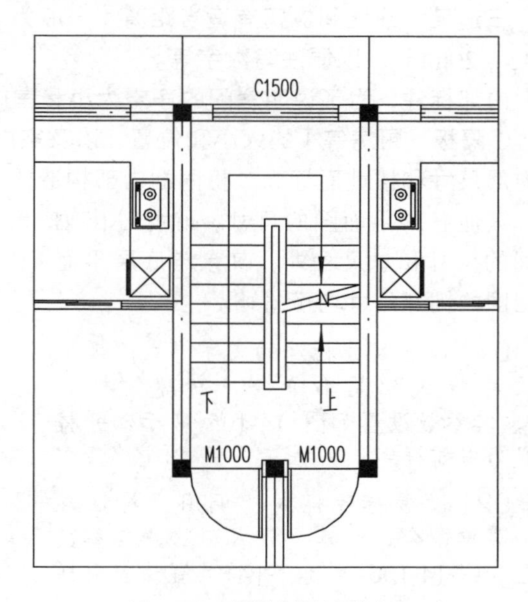

图 14-103　绘制窗体并标注文字

步骤 05 复制图形。单击“修改”面板中的“复制”按钮，将图形以左下角轴线交点为基点，右下角轴线交点为第二点进行复制，结果如图 14-104 所示。

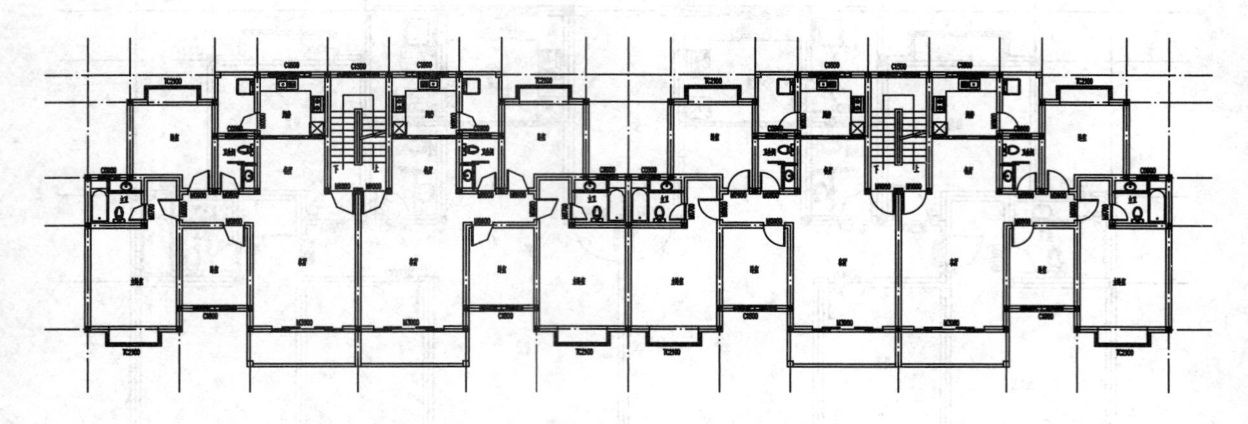

图 14-104 “复制”结果

9. 尺寸标注

平面图中尺寸的标注，有外部标注和内部标注两种。外部标注是为了便于读图和施工，一般在图形的下方和左侧注写三道尺寸，平面图较复杂时，也可以注写在图形的上方和右侧。为方便理解，按尺寸由内到外的关系说明这三道尺寸。

- 第一道尺寸，是表示外墙门窗洞的尺寸。
- 第二道尺寸，是表示轴线间距离的尺寸，用以说明房间的开间和进深。
- 第三道尺寸，是建筑的外包总尺寸，指从一端外墙边到另一端外墙边的总长和总宽的尺寸。底层平面图中标注了外包总尺寸，在其他各层平面中，就可省略外包总尺寸，或者仅标注出轴线间的总尺寸。

三道尺寸线之间应留有适当距离（一般为 7～10mm，但第一道尺寸线应距离图形最外轮廓线 15～20mm），以便注写数字等。

内部标注，为了说明房间的净空大小和室内的门窗洞、孔洞、墙厚和固定设备（如厕所、工作台、隔板、厨房等）的大小和位置，以及室内楼地面的高度，在平面图上应清楚地注写出有关的内部尺寸和楼地面标高。相同的内部构造或设备尺寸，可省略或简化标注。

其他各层平面图的尺寸，除标注出轴线间的尺寸和总尺寸外，其余与底层平面图相同的细部尺寸均可省略。

步骤 01 设置尺寸标注的文字样式。调用“文字样式”菜单命令，新建“样式 2”，其参数设置如图 14-105 所示，并将其置为当前样式。

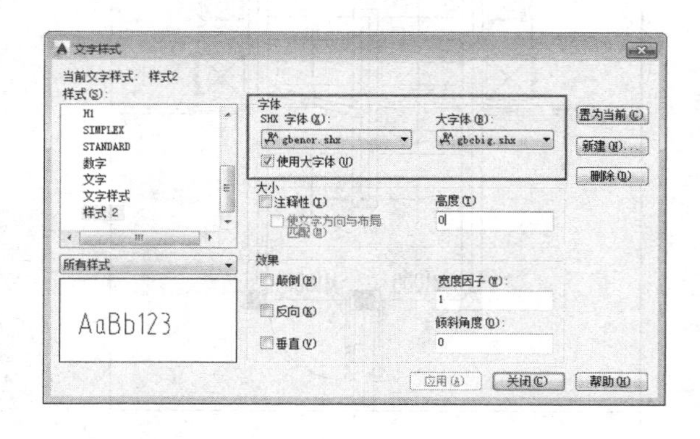

图 14-105 设置文字标注样式

步骤 02 设置标注样式。调用“标注样式”菜单命令，新建“样式 1”，其参数设置如图 14-106 所示，并将其置为当前样式。

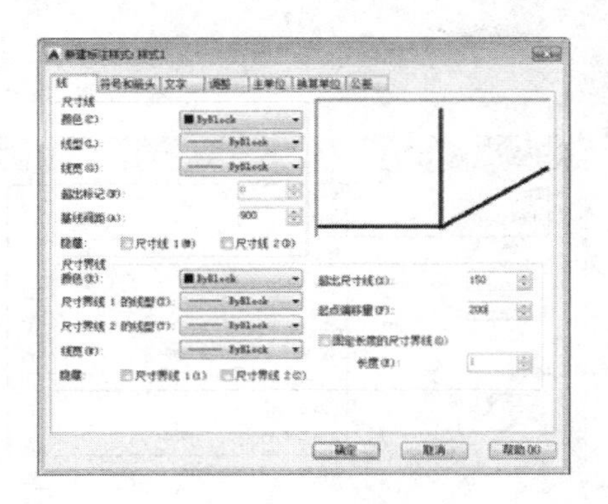

（“线”选项卡设置）

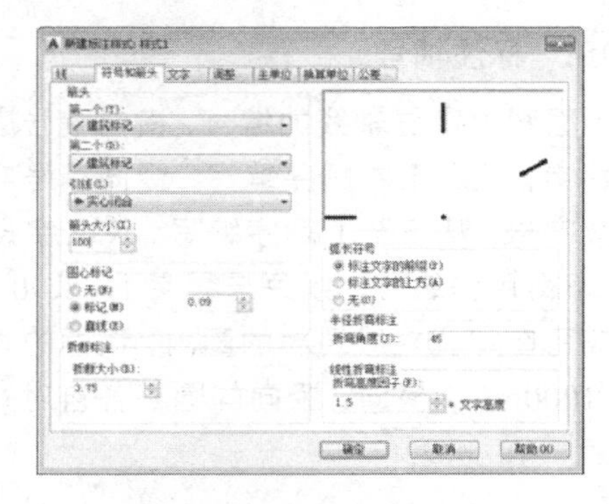

（“符号和箭头”选项卡设置）

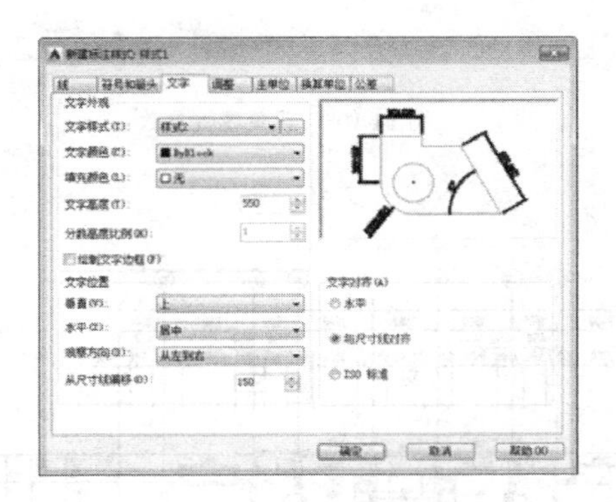

（“文字”选项卡设置）

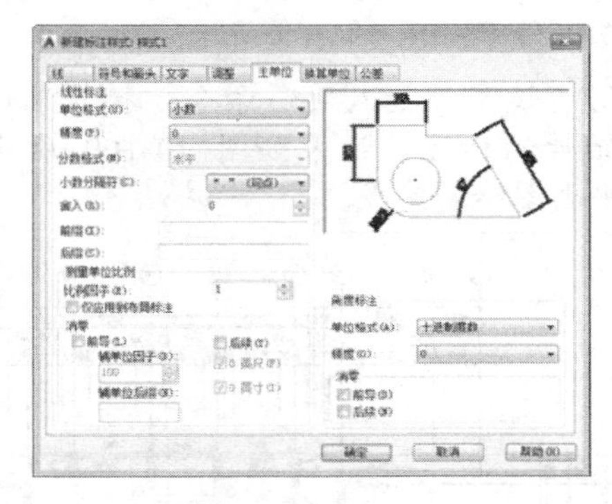

（“主单位”选项卡设置）

图 14-106　设置尺寸标注参数

步骤 03　尺寸标注。将“标注”图层置为当前图层，综合使用“线性”“连续”和“基线”标注命令，对图形进行尺寸标注，结果如图 14-107 所示。

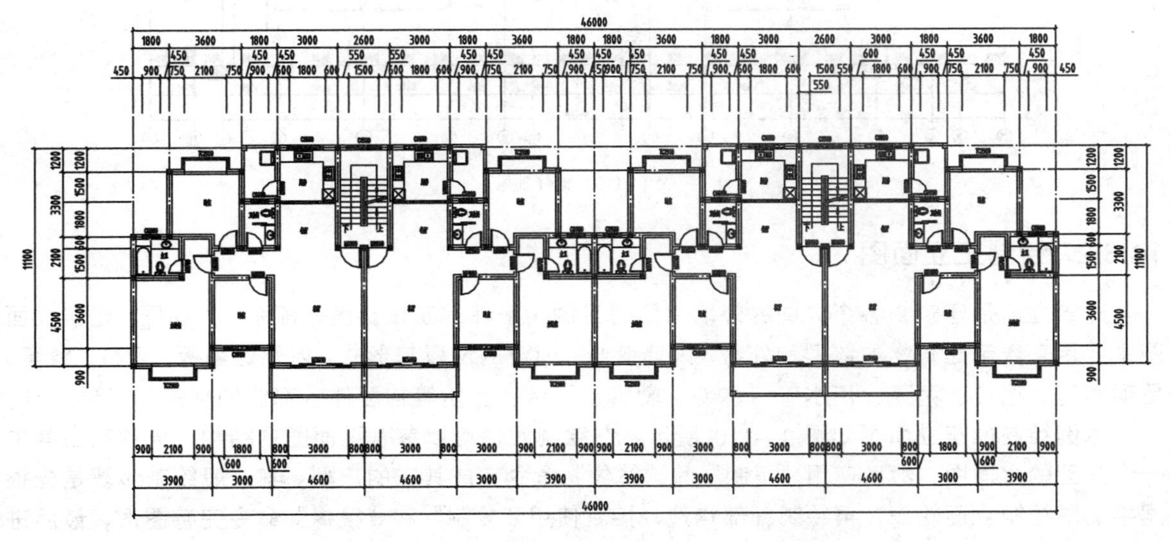

图 14-107　尺寸标注结果

10. 标注轴号

平面图上定位轴线的编号，横向编号应用阿拉伯数字，从左至右顺序编写；竖向编号应用大写英文字母，从下至上顺序编写。英文字母的 I、Z、O 不得用作编号，以免与数字 1、2、0 混淆。编号应写在定位轴线端部的圆内，该圆的直径为 800～1000mm，横向、竖向的圆心各自对齐在一条线上。

步骤 01 设置属性块。调用“圆”命令，绘制一个直径为 800 的圆，并将其定义为属性块，属性参数设置如图 14-108 所示。

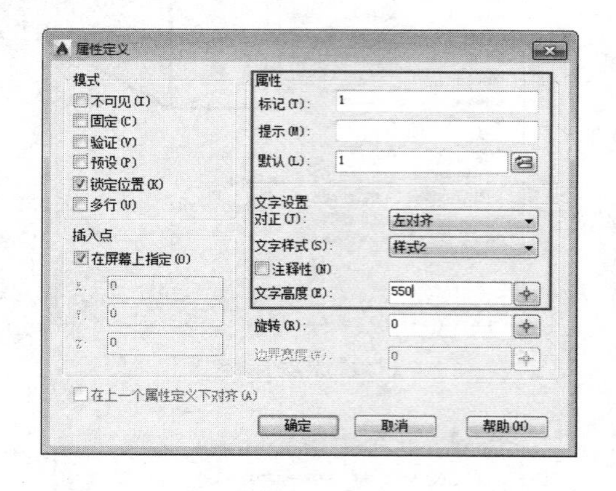

图 14-108 设置属性参数

步骤 02 调用“插入块”命令，插入属性块，完成轴号的标注，结果如图 14-109 所示。至此，平面图绘制完成。

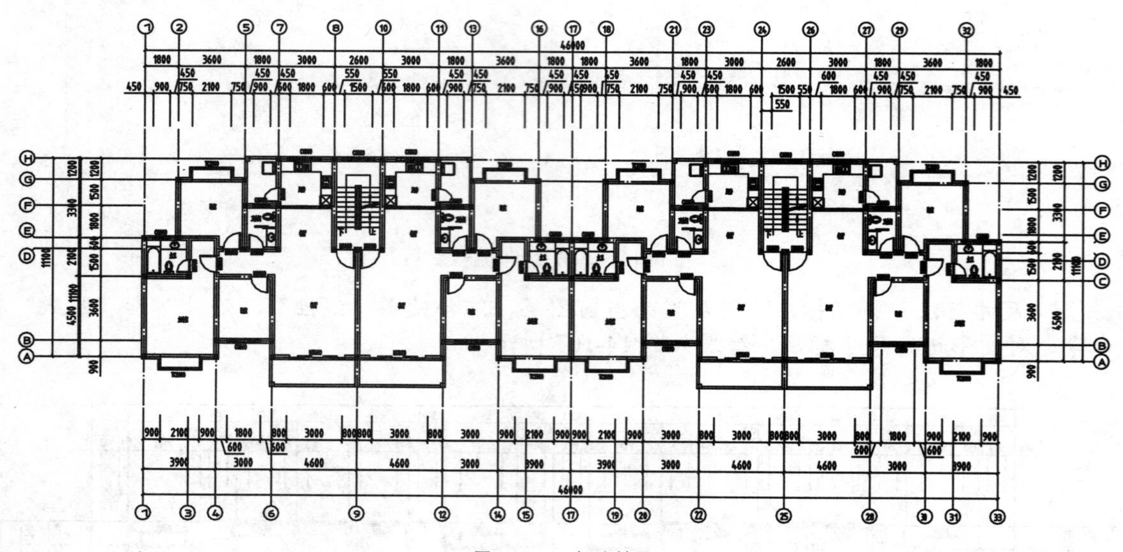

图 14-109 标注轴号

14.3.2 绘制正立面图

建筑立面是建筑物各个方向的外墙以及可见的构配件的正投影图，简称为立面图。建筑立面图主要用来表示建筑物的体型和外貌、外墙装修、门窗的位置与形式，以及遮阳板、窗台、窗套、屋顶水箱、檐口、雨蓬、雨水管、水斗、勒脚、平台、台阶等构配件各部位的标高和必要尺寸。

本例绘制的正立面图如图 14-110 所示。在绘制时，可以参考平面图的结构，先绘制出其中一个户型的立面图，然后使用“复制”和“镜像”命令完成其它的户型。其一般绘制步骤是先根据平面图绘制立面轮廓，再绘制细部构造，接着使用“复制”和“镜像”命令完善图形，最后进行文字和尺寸等的标注。

图 14-110　正立面图

1. 绘制外部轮廓

步骤 01 复制平面图，并对其进行删除和修剪等操作，整理出一个户型图，结果如图 14-111 所示。

步骤 02 绘制轮廓线。将“墙体”层置为当前图层。单击“绘图”面板中的“构造线”按钮 ，过墙体及门窗边缘绘制如图 14-112 所示 11 条构造线，定位墙体和窗体。

步骤 03 绘制地面线。使用“直线”工具，绘制一条垂直于构造线的水平直线，并将其向上偏移 3200，修剪多余的线条，完成轮廓线的绘制，结果如图 14-113 所示。

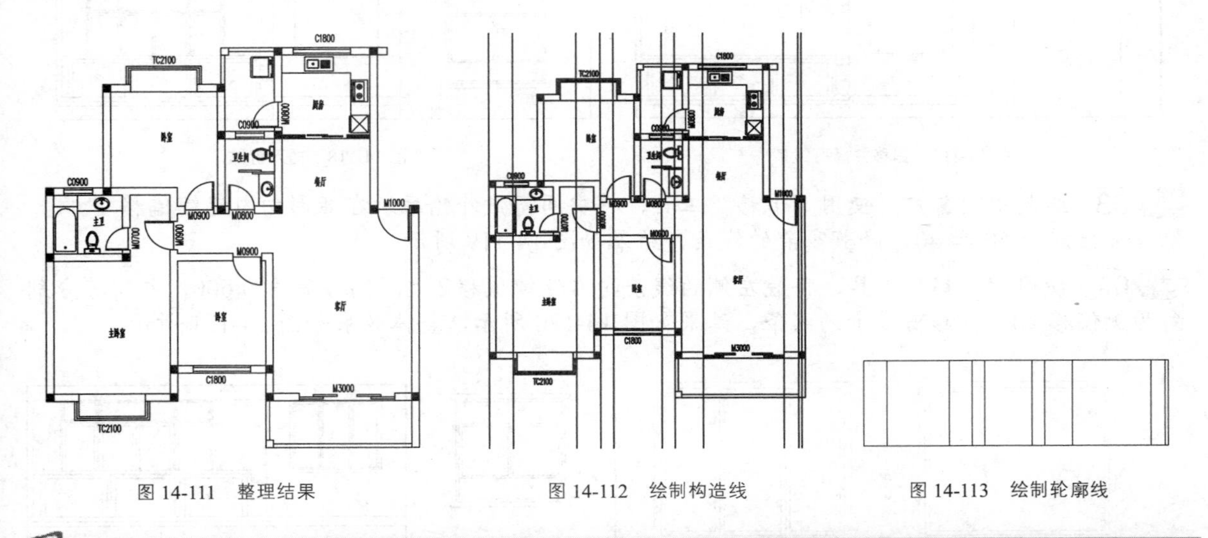

图 14-111　整理结果　　图 14-112　绘制构造线　　图 14-113　绘制轮廓线

专家提醒

最右侧的构造线位于该处墙体的中线位置。

2. 绘制线脚

步骤 01 使用“偏移”工具，将地面线连续向上偏移 2 次，偏移量分别为 300 和 200，并修剪多余的线条，结果如图 14-114 所示。

步骤02 单击“绘图”面板中的“矩形”按钮，绘制一个尺寸为 4820×100 的矩形，并以其右下角点为基点，偏移量为 300 的直线右端点为第二点进行移动，修剪多余的线条，结果如图 14-115 所示。

3. 绘制栏杆

步骤01 将“阳台”层置为当前图层。

步骤02 使用“插入块”工具，打开随书光盘“栏杆剖面”图块（图库/第 13 章/原始文件），并修剪多余的线条，结果如图 14-116 所示。

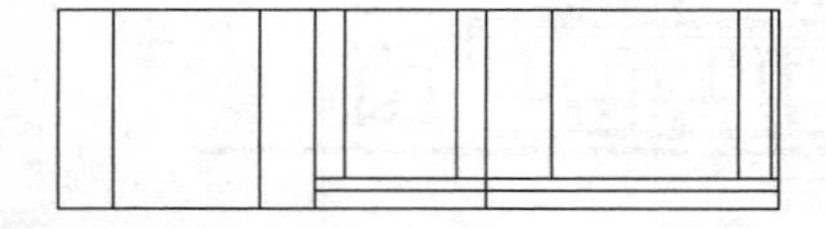

图 14-114 偏移并修剪线条

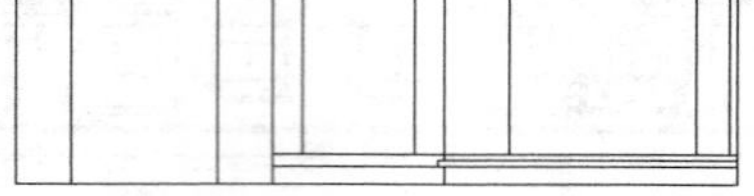

图 14-115 绘制并移动矩形

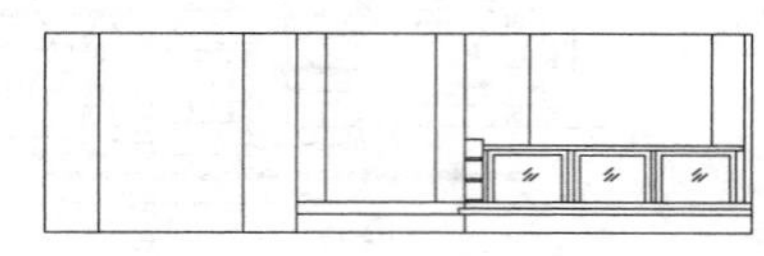

图 14-116 插入立面栏杆

4. 绘制窗体

步骤01 窗体定位。将“窗体”层置为当前图层，单击 “修改”面板中的“偏移”按钮，将上方水平直线向下连续偏移 2 次，偏移量分别为 300 和 1500，并修剪多余的线条，结果如图 14-117 所示。

步骤02 使用“插入块”工具，插入随书光盘中的“立面窗”图块及“立面窗 2”图块（图库/第 14 章/原始文件），并删除多余的线条，结果如图 14-118 所示。

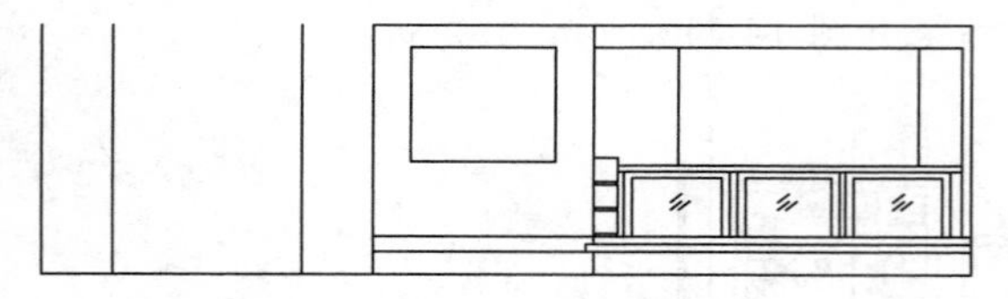

图 14-117 偏移并修剪线条

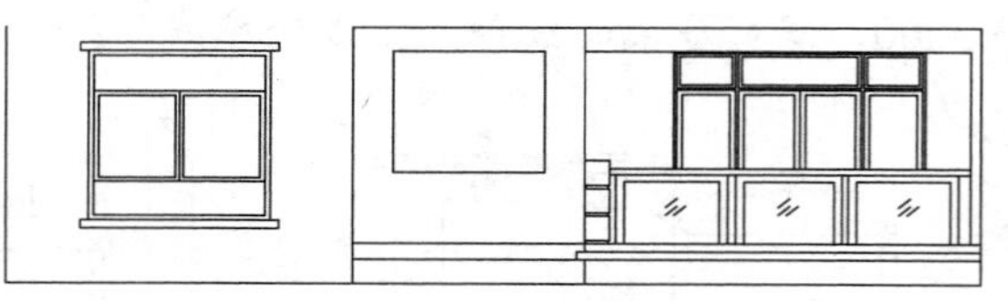

图 14-118 插入窗体

步骤03 绘制中间窗户。使用“偏移”工具，将中间窗户外轮廓所在矩形向内连续偏移 2 次，偏移量分别为 60 和 40，修剪多余的线条，结果如图 14-119 所示。

步骤04 使用“偏移”工具，将最左侧的线条向右连续偏移2次，偏移量均为600，并将其分别向两侧偏移 40，并修剪多余的线条，结果如图 14-120 所示，整体效果如图 14-121 所示。

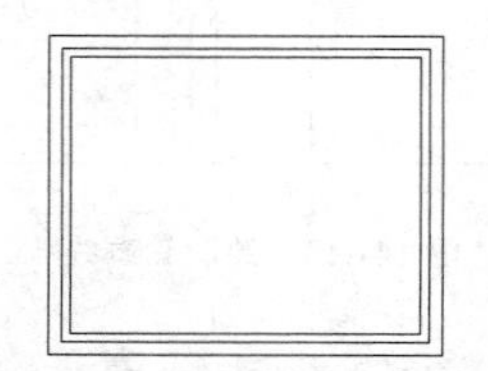

图 14-119 偏移并修剪线条

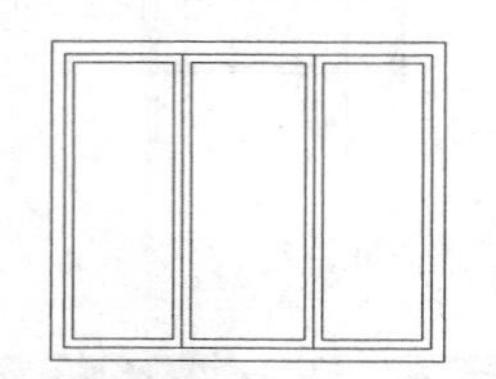

图 14-120 偏移并修剪线条

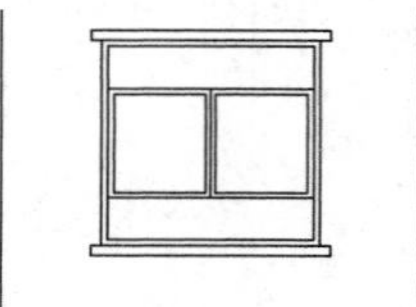

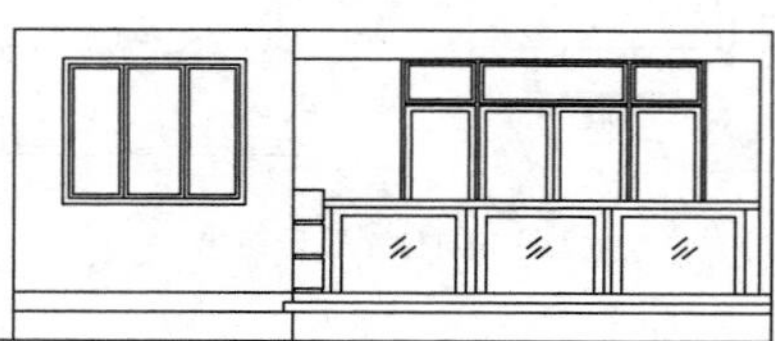

图 14-121 整体效果

5. 完善图形

步骤01 阵列图形。使用“矩形阵列”工具，选择除了地面线以外的所有图形，对其进行6行1列的矩形阵列，设置行偏移量为 3200，阵列结果如图 14-122 所示。

步骤02 镜像图形。单击“修改”面板中的“镜像”按钮，以图形右侧垂直线条为对称轴镜像复制图形，并删除多余的线条，结果如图 14-123 所示。

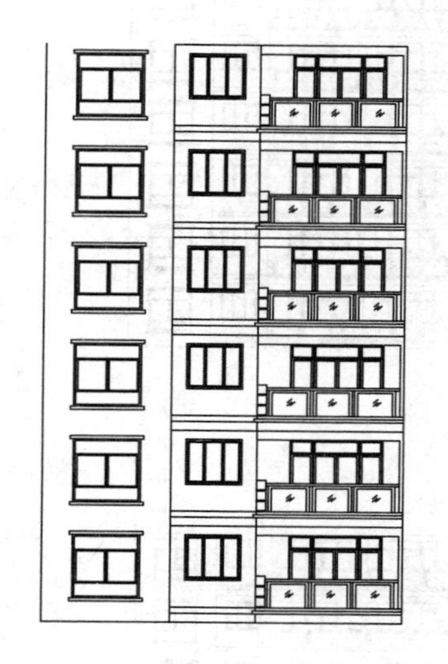

图 14-122 “阵列”结果

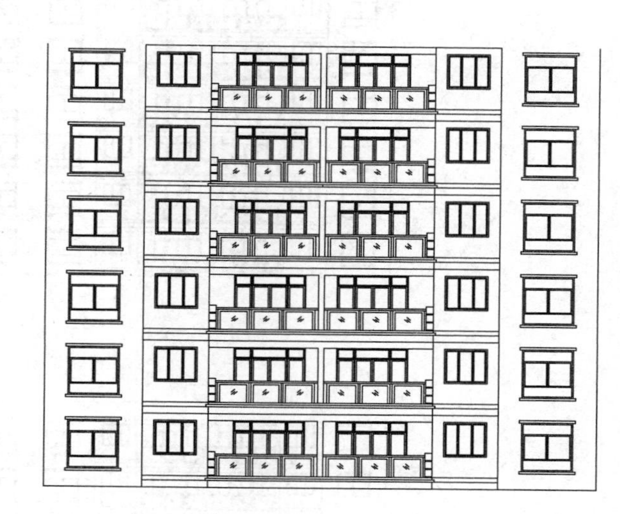

图 14-123 “镜像”结果

步骤03 新建“屋顶”图层，设置图层颜色为青色，并将其置为当前图层。

步骤04 绘制屋顶。使用“矩形”工具，捕捉图形左上角点，绘制一个尺寸为 23240 × 1200 的矩形，结果如图 14-124 所示。

步骤05 重复使用“矩形”工具，绘制一个尺寸为 3000 × 1200 的矩形，并以其左下角点为基点，捕捉图 14-124 左上角点，沿 x 轴正方向输入 10139，结果如图 14-125 所示。

图 14-124 绘制矩形

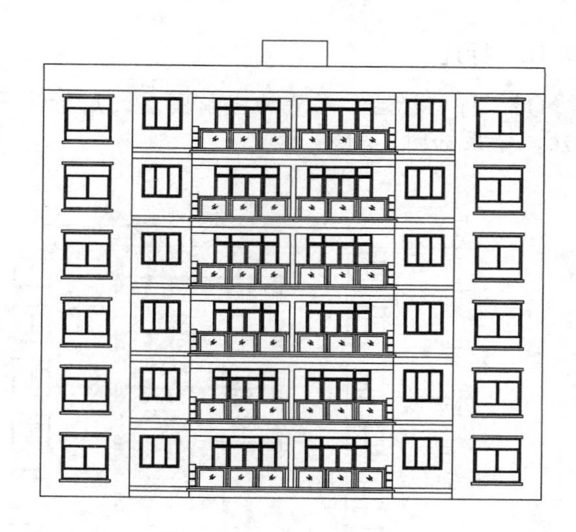

图 14-125 绘制并移动矩形

步骤06 复制图形。使用“复制”工具，选择绘制的所有图形，以其左下角点为基点，右下角点为第二点进行复制，并修剪多余的线条，结果如图 14-126 所示。

步骤07 修改地面线。使用夹点编辑功能，将地面线向两边拉伸。调用 PEDIT / PE 命令，将其合并，并加宽至 200，结果如图 14-127 所示。

图 14-126 “复制”结果

图 14-127 修改地面线结果

6. 标注

步骤 01 将“标注”层置为当前图层。用标注平面图的方法对立面图进行文字、尺寸、轴号的标注，结果如图 14-128 所示。

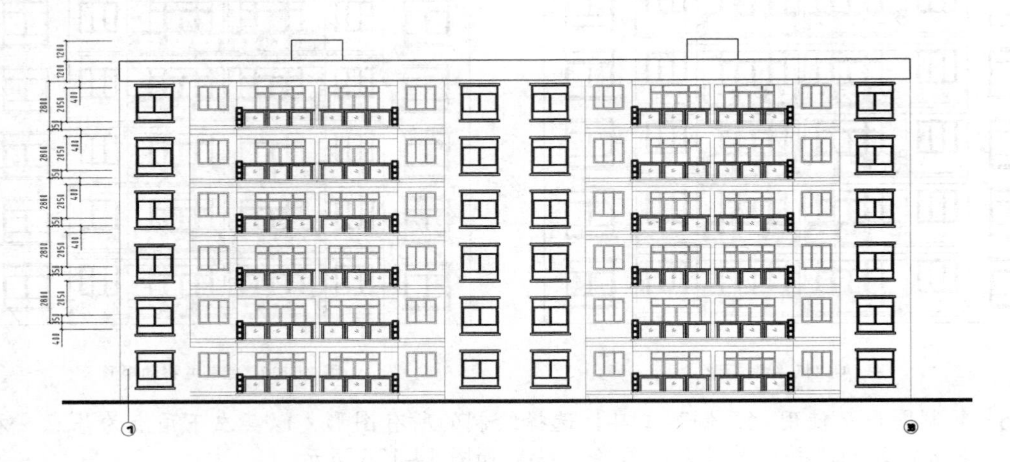

图 14-128 “标注”结果

步骤 02 标高标注。使用“插入块”工具，插入随书光盘中的“标高符号.dwg”（图库/第 14 章/原始文件），进行标高标注，结果如图 14-129 所示。立面图绘制完成。

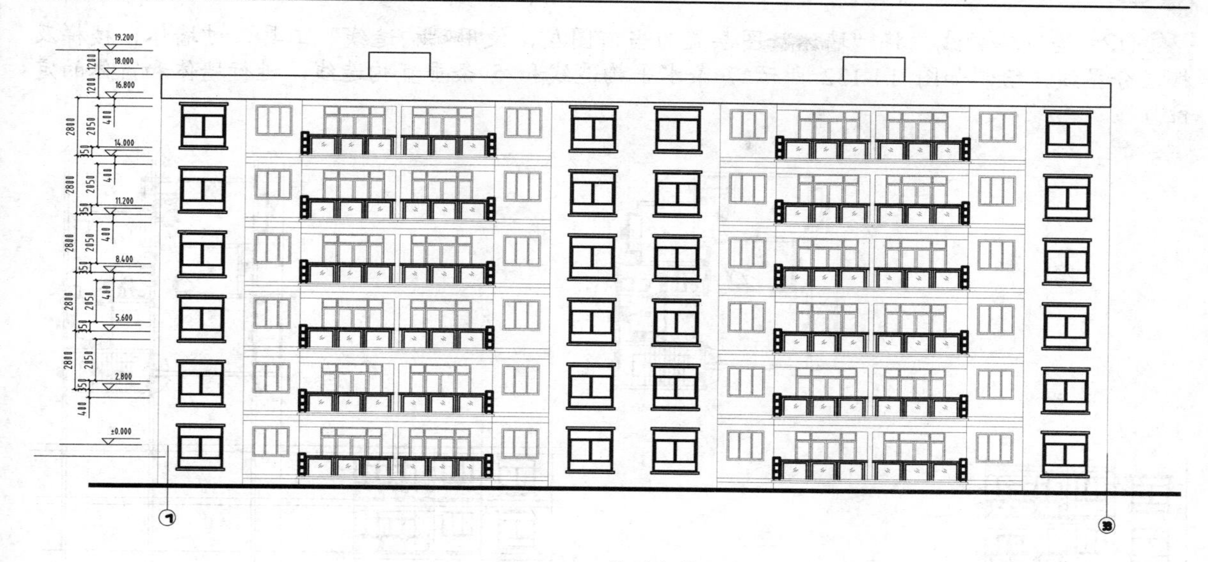

图 14-129　“标注”结果

14.3.3　绘制剖面图

假想用一个铅垂切平面，选择能反映全貌、构造特征及有代表性的部位剖切，按正投影法绘制的图形称为剖面图。建筑剖面图用于表示建筑内部的结构构造、垂直方向的分层情况、各层楼地面、屋顶的构造及相关尺寸、标高等。

剖面图的剖切位置和数量应根据建筑物自身的复杂情况而定，一般剖切位置选择在建筑物的主要部位或是构造较为典型的部位，如楼梯间等处。习惯上，剖面图不画基础，断开面上材料图例与图线的表示均与平面图相同，即被剖到的墙、梁、板等用粗实线表示，没有剖到的但是可见的部分用中粗实线表示，被剖切断开的钢筋混凝土梁、板涂黑表示。

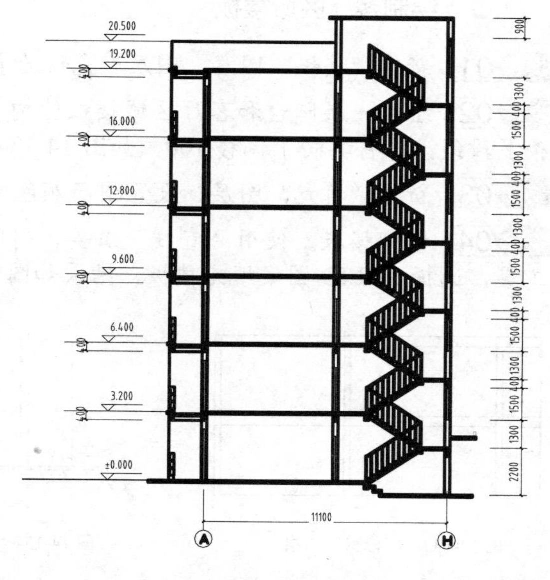

图 14-130　楼梯位置剖面图

本例绘制的为剖切位置位于楼梯处的剖面图，如图 14-130 所示。在绘制时，可以先绘制出一层和二层的剖面结构，再复制出 3～6 层的剖面结构，最后绘制屋顶结构。其一般绘制步骤是：先根据平面图和立面图，绘制出一个户型的剖面轮廓，再绘制细部构造，使用“复制”和“镜像”命令完善图形，然后绘制屋顶剖面结构，最后进行文字和尺寸等的标注。

1.　绘制外部轮廓

步骤 01　复制平面图和立面图于绘图区空白处，并清理图形，保留主体轮廓，将平面图旋转 -90°，使其呈如图 14-131 所示分布。

步骤 02 绘制轮廓线。将“墙体”图层置为当前图层，使用“构造线”工具，过墙体、楼梯及楼层分界线，绘制如图 14-132 所示 7 条水平构造线和 5 条垂直构造线，进行墙体和窗体的定位。

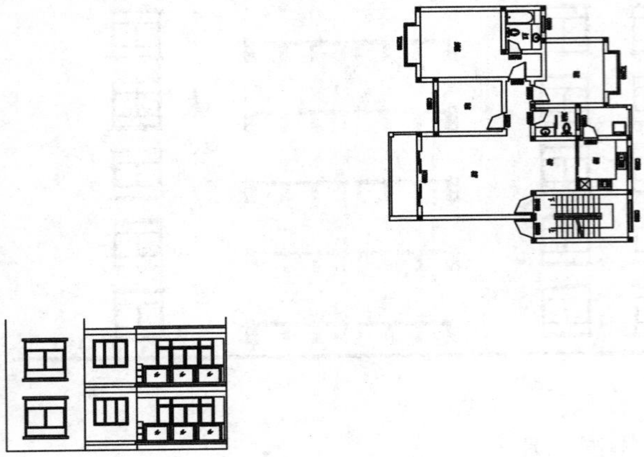

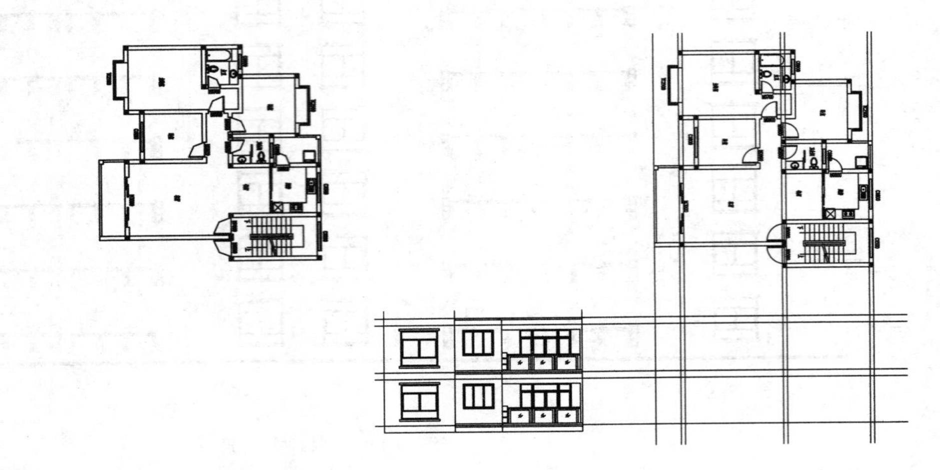

图 14-131 清理结果

图 14-132 绘制垂直构造线

步骤 03 使用“修剪”工具，修剪轮廓线，结果如图 14-133 所示。

2. 绘制楼板结构

❑ 绘制客厅区域楼板

步骤 01 新建“楼板”图层，图层颜色设为青色，并将其置为当前图层。

步骤 02 绘制一层阳台和客厅区域楼板结构。使用“多段线”工具，在轮廓线左下方，绘制一条多段线，并将其向下偏移 100，如图 14-134 所示。

步骤 03 新建“填充”图层，设置图层颜色为 8 号灰色，并将其置为当前图层。

步骤 04 填充楼板。使用“直线”工具，封闭上面绘制的一层楼板的线段。使用“图案填充”工具，选择 SOLID 图案填充楼板，结果如图 14-135 所示。

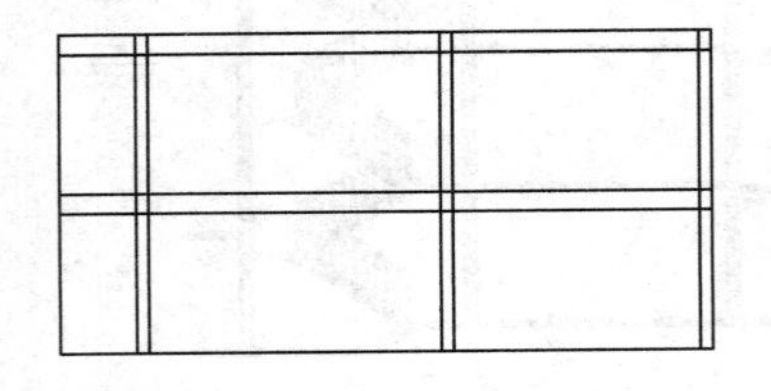

图 14-133 “修剪”结果

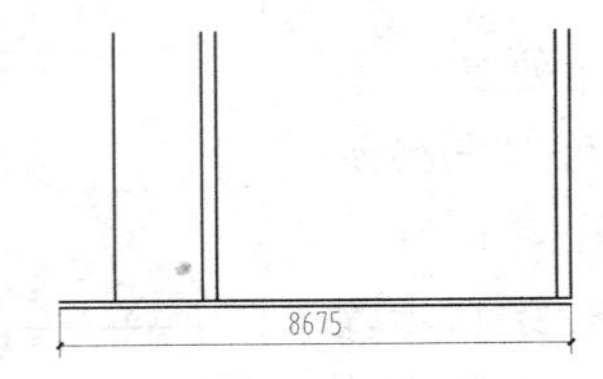

图 14-134 绘制并偏移多段线

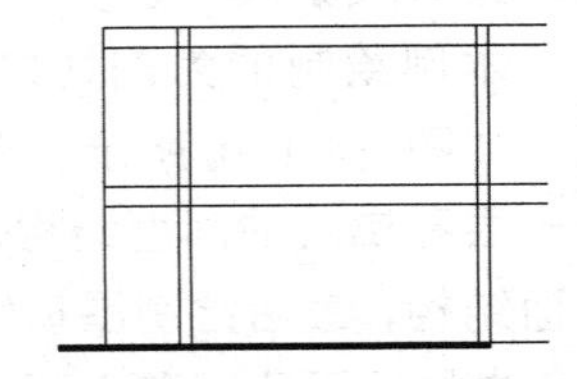

图 14-135 填充楼板

步骤 05 绘制二层阳台和客厅区域楼板结构。将 “楼板”图层置为当前图层。使用“多段线”工具，在二层楼板相应位置绘制一条多段线，并将其向下偏移 100，如图 14-136 所示。

步骤 06 填充楼板。将“填充”图层置为当前图层。使用“直线”工具，封闭线段。使用“图案填充”工具，选择 SOLID 图案填充楼板，并删除多余的线条，结果如图 14-137 所示。

步骤 07 绘制单元入口处楼板结构。将“楼板”图层置为当前图层。使用“多段线”工具，在单元入口位置绘制一条多段线，并将其向下偏移 100，结果如图 14-138 所示。

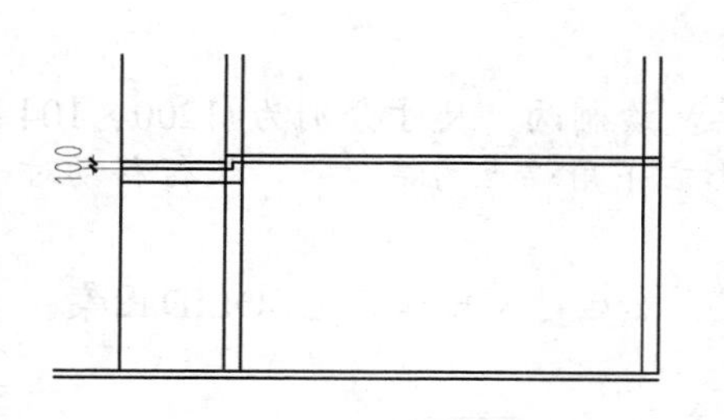

图 14-136 绘制并偏移多段线

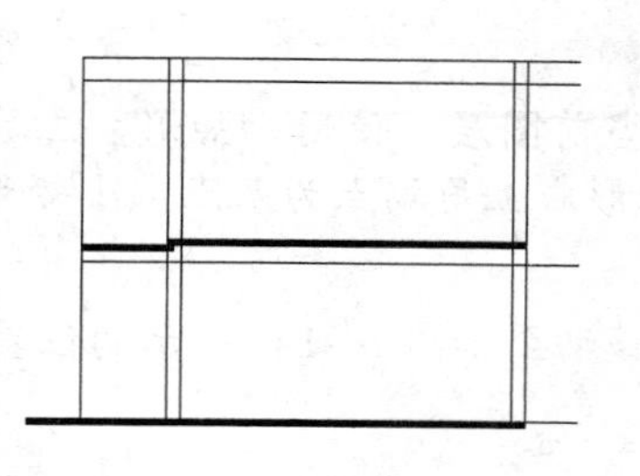
图 14-137 填充楼板

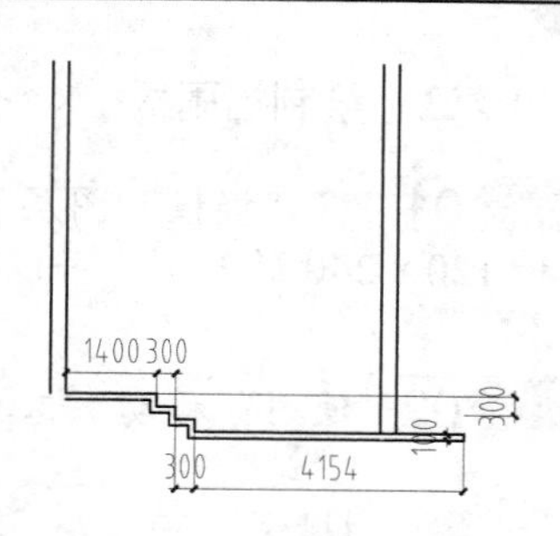

图 14-138 绘制并偏移直线

步骤08 填充楼板。将“填充”图层置为当前图层。使用“直线”工具封闭线段。使用“图案填充”工具，选择 SOLID 图案填充楼板，并删除多余的线条，结果如图 14-139 所示。

❑ 绘制楼梯区域楼板

步骤01 绘制楼梯第一跑及平台。将“楼板”图层置为当前图层。使用“多段线”工具，绘制 10 级台阶及平台，台阶踢步高 160，踏步宽 250，结果如图 14-140 所示。

步骤02 完善楼梯。重复使用“多段线”工具，绘制一段如图 14-141 所示的多段线。

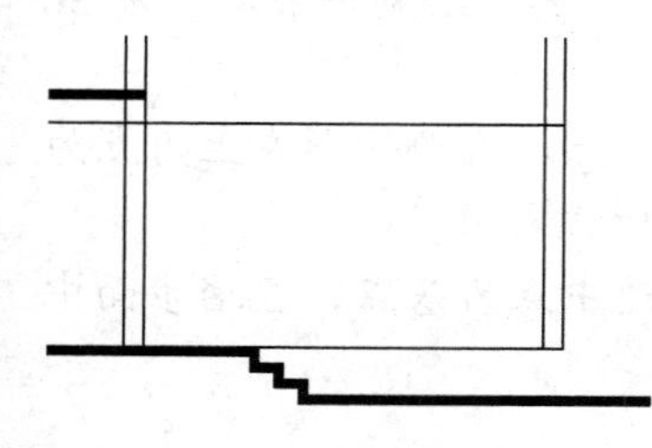
图 14-139 填充结果

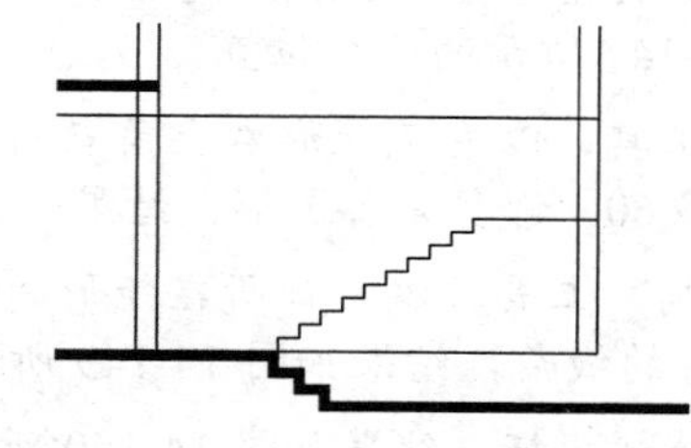
图 14-140 绘制楼梯及平台

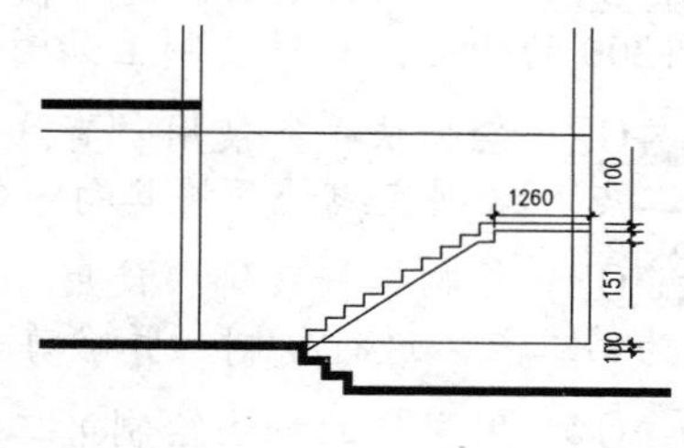

图 14-141 绘制多段线

步骤03 填充楼板。将“填充”图层置为当前图层。使用“图案填充”工具，选择 SOLID 图案填充楼板，并删除多余的线条，结果如图 14-142 所示。

步骤04 绘制楼梯第二跑及平台。将“楼板”图层置为当前图层。使用“多段线”工具，用同样的方法绘制 10 级相同尺寸的台阶及平台，结果如图 14-143 所示。

步骤05 完善楼梯。重复使用“多段线”工具，绘制一段如图 14-144 所示的多段线。

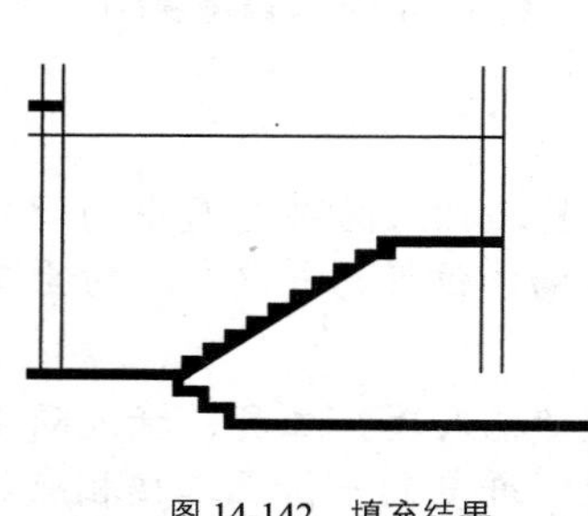
图 14-142 填充结果

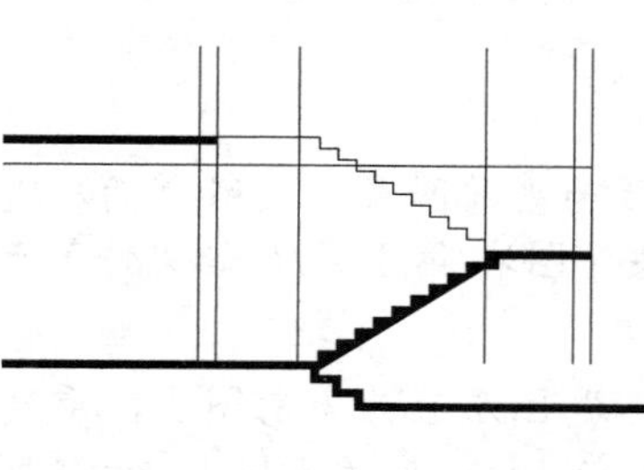
图 14-143 绘制楼梯及平台

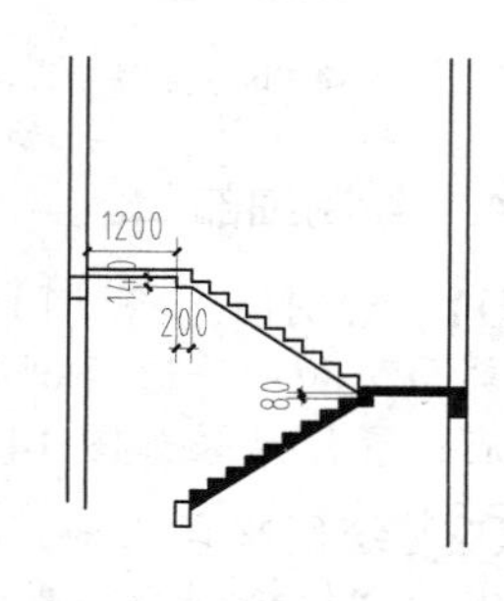

图 14-144 绘制多段线

步骤06 填充楼板。将“填充”图层置为当前图层。使用“直线”工具，封闭线段。单击“绘图”面板中的“图案填充”按钮，选择 SOLID 图案填充楼板，结果如图 14-145 所示。

❑ 绘制挡雨板

步骤01 将“楼板”图层置为当前图层。使用“矩形”工具，绘制两个尺寸分别为 1200 × 104 和 120 × 240 的矩形，并以大矩形右上角端点为基点，小矩形右下角端点为第二点，进行移动对齐。

步骤02 使用“移动”工具，移动至如图 14-146 所示的位置，然后对大矩形填充 SOLID 图案。

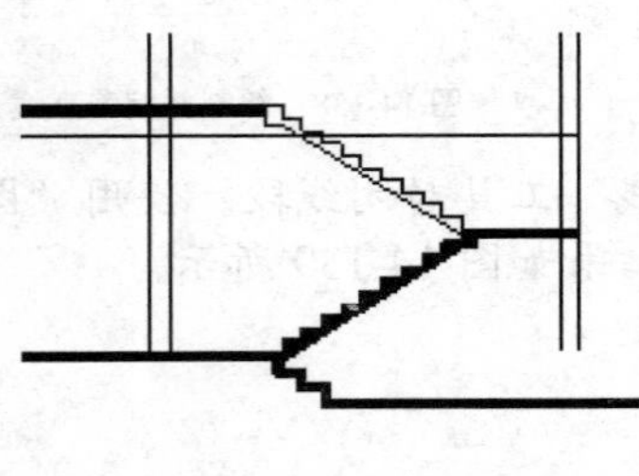

图 14-145 填充结果

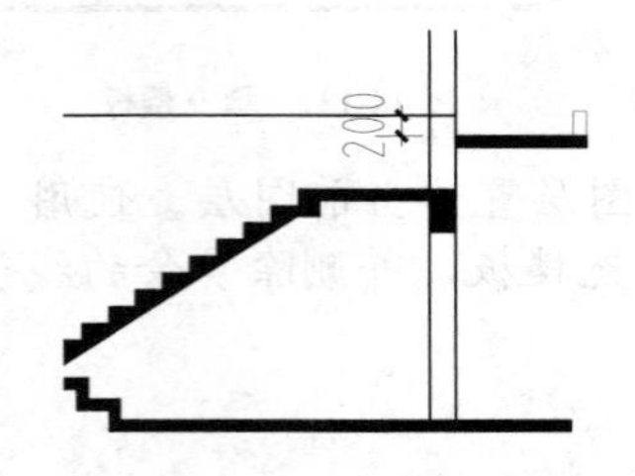

图 14-146 绘制挡雨板

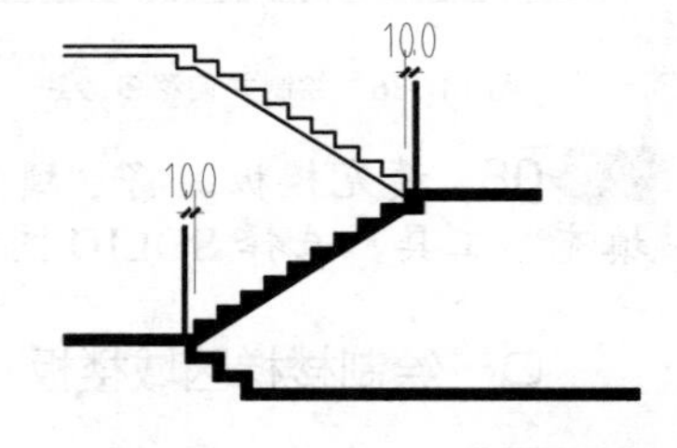

图 14-147 绘制并移动矩形

3. 绘制楼梯栏杆

步骤01 绘制栏杆装饰。将“楼梯”层置为当前图层，使用“矩形”工具，绘制一个尺寸为 30 × 1200 的矩形，移动复制至如图 14-147 所示的两个位置。

步骤02 绘制扶手。使用“直线”工具，以左侧矩形右上角点为第一点，右侧矩形左上角点为第二点，绘制直线；并将其向下偏移 60，修剪完善图形，结果如图 14-148 所示。

步骤03 复制栏杆装饰。使用“复制”工具，以装饰所在矩形的底边中点为基点，各踏步面中点为第二点，进行复制，并修剪多余的线条，结果如图 14-149 所示。

步骤04 用同样的方法绘制第二跑楼梯栏杆，结果如图 14-150 所示。

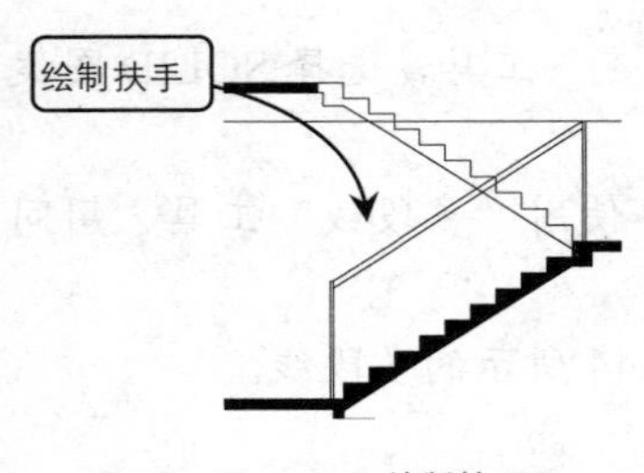

图 14-148 绘制扶手

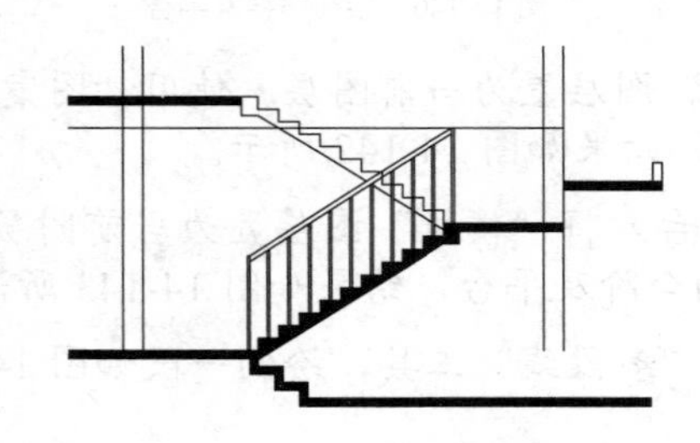

图 14-149 完善楼梯装饰

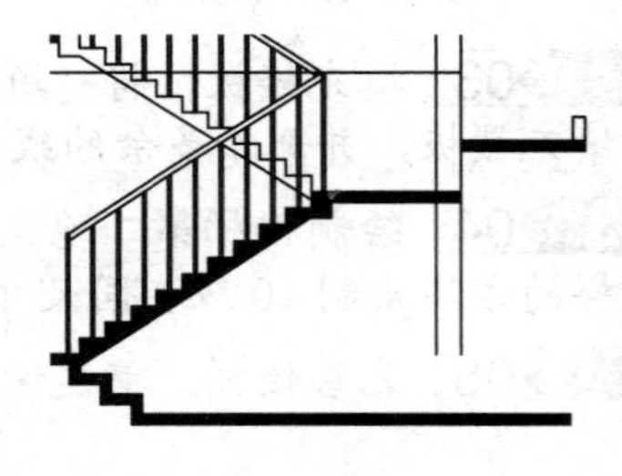

图 14-150 绘制楼梯栏杆

4. 绘制细部

步骤01 绘制门。将“门”图层置为当前图层，使用“插入块”工具，插入随书光盘中的“推拉门剖面”和“普通门剖面”图块（图块/第 1 章/原始文件）于一楼墙体位置，并复制一份至二楼相应位置，结果如图 14-151 所示。

步骤02 绘制阳台栏杆。将“阳台”图层置为当前图层，重复使用“插入块”工具，插入随书光盘中的“栏杆剖面”图块（图块/第 14 章/原始文件）于一楼阳台处，并复制一份至二楼相应位置，结果如图 14-152 所示。

步骤03 绘制阳台处装饰。将“楼板”层置为当前图层，使用“矩形”工具，绘制两个尺寸分别为 200 × 500 和 100 × 100 的矩形，对其填充 SOLID 图案，并移动至二楼如图 14-153 所示的位置。

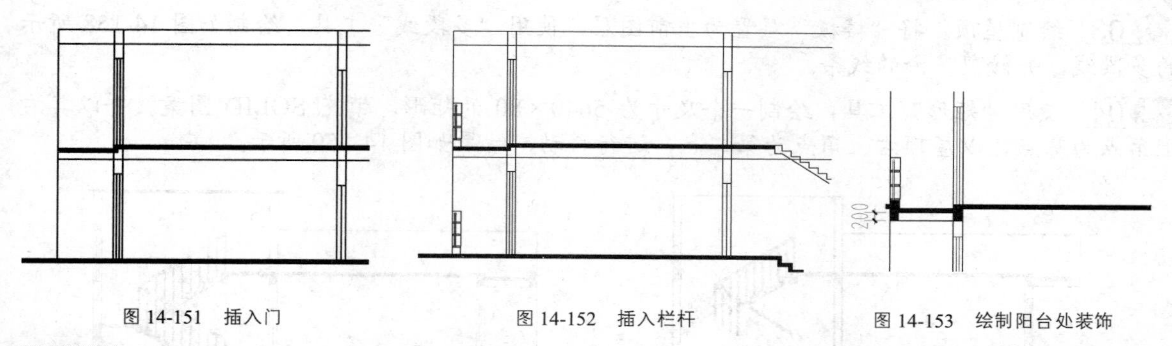

图 14-151 插入门　　图 14-152 插入栏杆　　图 14-153 绘制阳台处装饰

步骤04 绘制墙体结构。使用“矩形”工具，绘制一个尺寸为 240×300 的矩形，对其填充 SOLID 图案，并移动复制至两扇门所在墙体和单元入口处墙体的上部，修剪完善图形，结果如图 14-154 所示。

步骤05 绘制楼梯结构。使用“矩形”工具，绘制一个尺寸为 240×300 的矩形，对其填充 SOLID 图案，移动复制至楼梯所在位置，结果如图 14-155 所示。

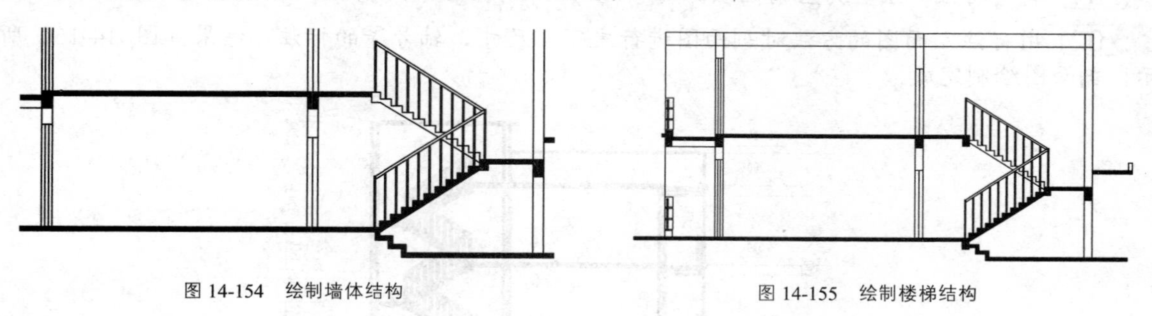

图 14-154 绘制墙体结构　　图 14-155 绘制楼梯结构

5. 完善图形

步骤01 复制图形。使用“复制”工具，选择二层楼板、墙体、门、阳台栏杆及整个楼梯及其中间平台，将其以一层推拉门左上角点为基点，上一层推拉门左上角点为第二点，向上复制 5 次，并修剪多余的线条，结果如图 14-156 所示。

步骤02 插入楼梯中间平台处窗户。使用“插入块”工具，插入随书光盘中的“剖面窗”图块（图库/第 14 章/原始文件）于二楼相应位置，并复制到其它楼梯平台处，结果如图 14-157 所示。

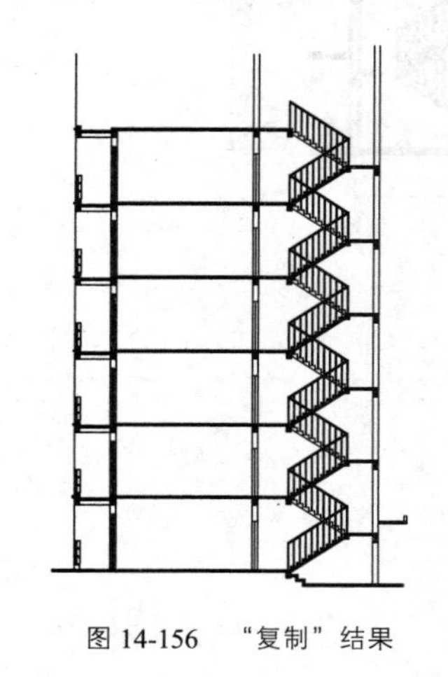

图 14-156 “复制”结果

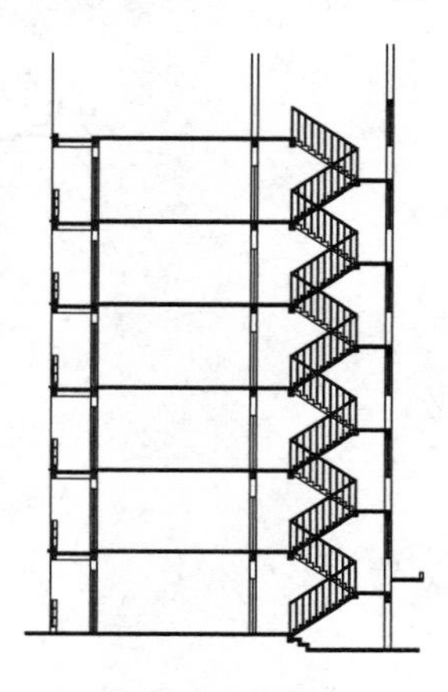

图 14-157 插入窗体

步骤03 绘制屋顶。将“楼板”层置为当前图层，使用“多段线”工具，绘制如图 14-158 所示的多段线，并修剪多余的线条。

步骤04 使用“矩形”工具，绘制一个尺寸为 5640×80 的矩形，填充 SOLID 图案，并以其右上角点为基点，以屋顶右上角点为第二点，进行移动，结果如图 14-159 所示。

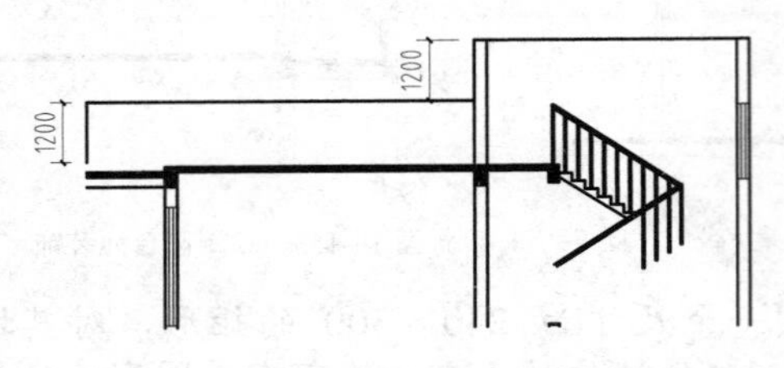

图 14-158 绘制多段线并修剪多余线条

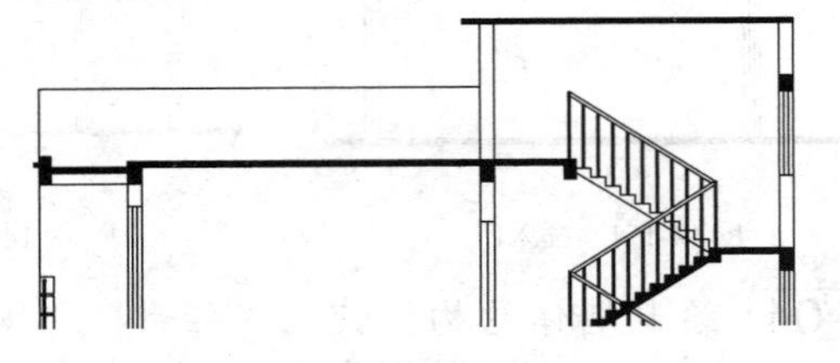

图 14-159 绘制并移动矩形

6. 标注

步骤01 将“标注”层置为当前图层。

步骤02 用标注立面图的方法对剖面图进行文字、尺寸、轴号等的标注，结果如图 14-160 所示。剖面图绘制完成。

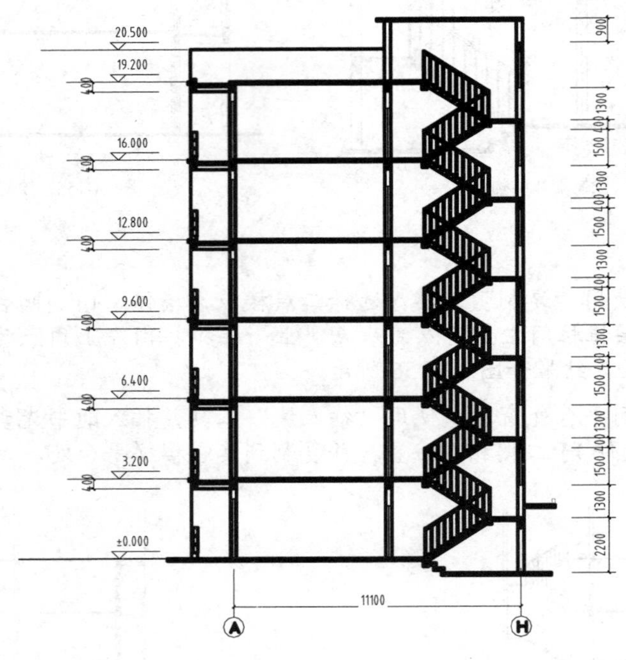

图 14-160 标注结果

第15章

室内设计及绘图

本章主要讲解室内设计的概念及室内设计制图的内容和流程，并通过具体的实例来进行实战演练。通过本章的学习，我们能够了解室内设计的相关理论知识，并掌握室内设计及制图的方法。

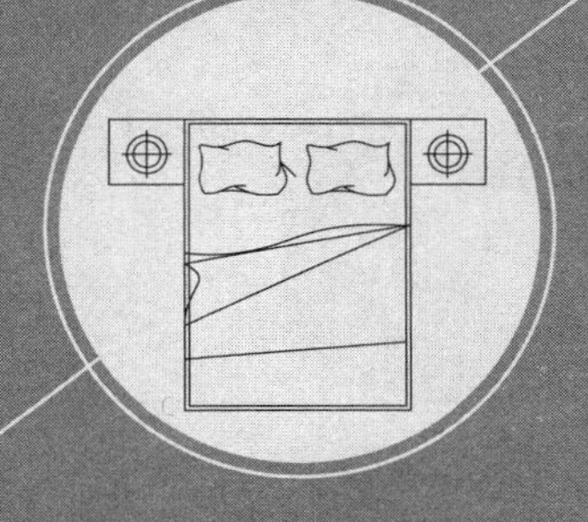

15.1 室内设计与绘图

室内设计一般分为方案设计阶段和施工图设计阶段。方案设计阶段形成方案图，多用手工绘制方式表现，而施工图阶段则形成施工图。施工图是施工的主要依据，它需要详细、准确地表示出室内布置、各部分的形状、大小、材料做法及相互关系等各项内容，故一般用计算机来绘制。使用 AutoCAD 绘制室内设计图，可以保证制图的准确性，提高制图效率，且能适应工程建设的需要。

15.1.1 室内设计的概念

室内设计也称为室内环境设计。随着社会的不断发展，建筑功能逐渐多样化，室内设计也逐渐从建筑设计中分离出来，成为一个相对独立的行业。它既包括视觉环境和工程技术方面的内容，也包括声、光、热等物理环境及气氛、意境等心理环境和文化内涵等内容。同时，它又与建筑设计相联系相区别，是建筑设计的延伸，旨在创造合理、舒适、优美的室内环境，以满足使用和审美要求。

室内设计的主要内容包括建筑平面设计和空间组织，围护结构内表面的处理，自然光和照明的运用以及室内家具、灯具、陈设的造型和布置。此外，还有植物、摆设和用具等的配置。

15.1.2 室内设计绘图的内容

一套完整的室内设计图纸包括施工图和效果图。

1. 施工图和效果图

室内装潢施工图完整、详细的表达了装饰的结构、材料构成及施工的工艺技术要求等，它是木工、油漆工、水电工等相关施工人员进行施工的依据，具体指导每个工种、工序的施工。装饰施工图要求准确、详细，一般使用 AutoCAD 进行绘制。图 15-1 所示为施工图中的平面布置图。

设计效果图是在施工图的基础上，把装修后的效果用彩色透视图的形式表现出来，以便对装修进行评估，如图 15-2 所示。

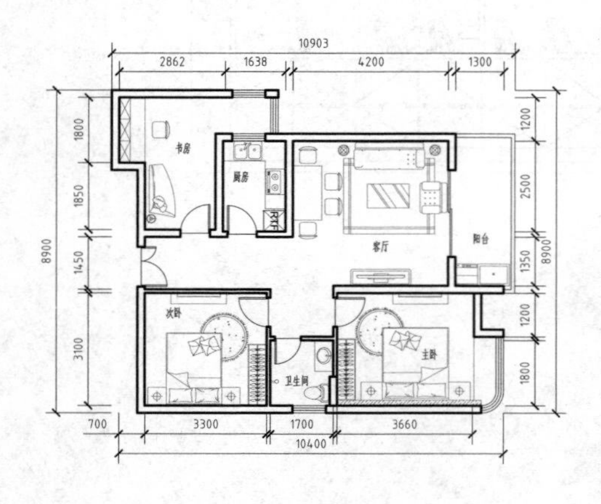

图 15-1 施工图

图 15-2 效果图

效果图一般用 3ds max 绘制，它根据施工图的设计进行建模、编辑材质、设置灯光和渲染，最终得到一张彩色图像。效果图反映的是装修的用材、家具布置和灯光设计的综合效果，由于是三维透视彩色图像，没有任何装修专业知识的普通业主也可轻易地看懂设计方案，了解最终的装修效果。

2. 施工图的分类

施工图可以分为立面图、剖面图和节点图三种类型。

施工图立面是室内墙面与装饰物的正投影图，它表明了室内的标高，吊顶装修的尺寸及梯次造型的相互关系尺寸，墙面装饰时的样式及材料、位置尺寸，墙面与门、窗、隔断的高度尺寸，墙面与顶、地的衔接方式等。

剖面图是将装饰面剖切，以表达结构构成的方式、材料的形式和主要支承构件的相互关系等。剖面图标注有详细尺寸，工艺做法及施工要求。

节点图是两个以上装饰面的汇交点，按垂直或水平方向切开，以标明装饰面之间的对接方式和固定方法。节点图应该详细表现出装饰面连接处的构造，注有详细的尺寸和收口、封边的施工方法。

3. 施工图的组成

一套完整的室内设计施工图包括建筑平面图、平面布置图、顶棚图、地材图、电气图和给水排水图等。

❑ 建筑平面图

在经过实地量房之后，设计师需要将测量结果用图样表现出来，包括房型结果、空间关系、尺寸等，这是室内设计绘制的第一张图，即建筑平面图，如图 15-3 所示建筑平面图。

其他的施工图都是在建筑平面图的基础上绘制的，包括平面布置图、顶棚图、地材图和电气图等。

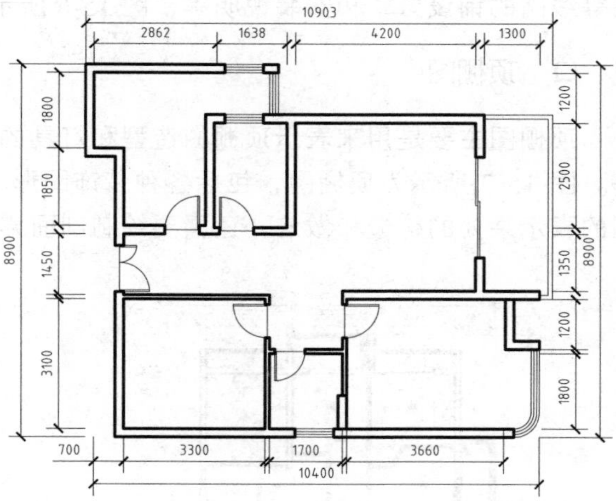

图 15-3　建筑平面图

❑ 平面布置图

平面布置图是在原建筑结构的基础上，根据业主的要求和设计师的设计意图，对室内空间进行详细的功能划分和室内设施定位。

平面布置图的主要内容有空间大小、布局、家具、门窗、人活动路线、空间层次和绿化等，图 15-4 所示为平面图。

❑ 地材图

地材图是用来表示地面做法的图样，包括地面用材和形式，其形成方法与平面布置图大致相同，其区别在于地面布置图不需要绘制室内家具，只需要绘制地面所使用的材料和固定于地面的设备与设施图形，图 15-5 所示为客房地材图。

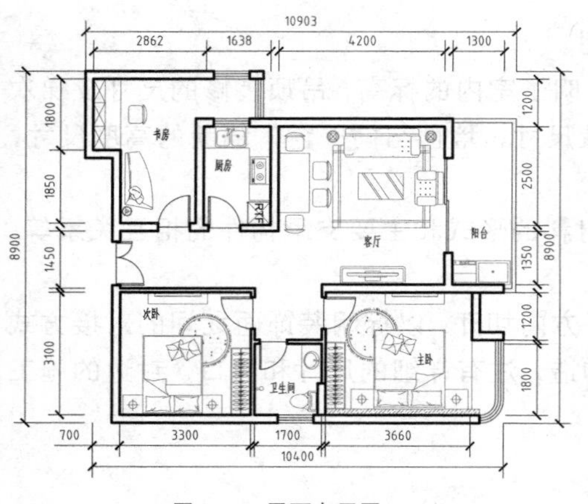

图 15-4　平面布置图

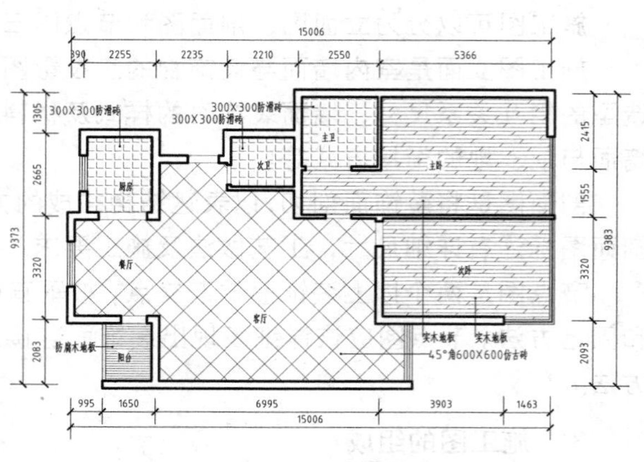

图 15-5　地材图

❑ 电气图

电气图主要用来反映室内的配电情况，包括配电箱的规格、型号、配置以及照明、插座、开关等线路的铺设方式和安装说明等，图 15-6 所示为电气图。

❑ 顶棚图

顶棚图主要是用来表示顶棚的造型和灯具的布置，同时也反映了空间组合的标高关系和尺寸等。图 15-7 所示为顶棚图，包括各种装饰图形、灯具、文字说明、尺寸和标高。有时为了更详细的表示某处的构造和做法，还需要绘制剖面详图。

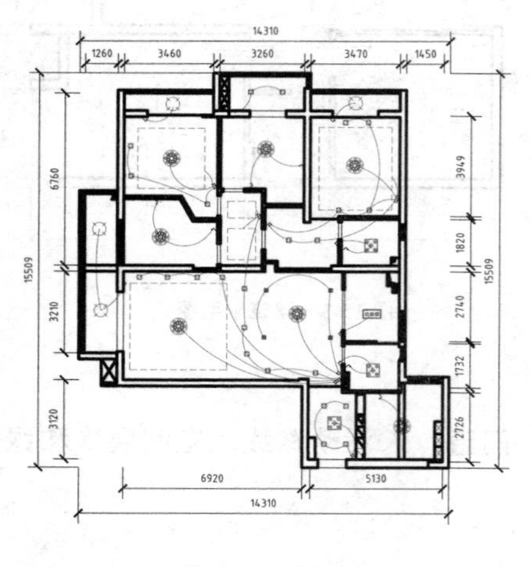

图 15-6　电气图

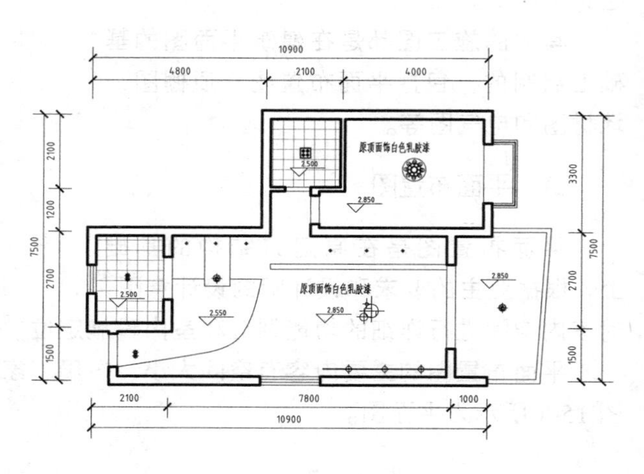

图 15-7　顶棚图

❑ 立面图

立面图是一种与垂直界面平行的正投影图，它能够反映垂直界面的形状、装修做法和其上的陈设，如图 15-8 所示。

立面图所要表达的内容为四个面所围合成的垂直界面的轮廓和轮廓里面的内容，包括正投影原理能够投影到地面上的所有构配件。

❑ 给水排水图

家庭装潢中，管道有给水和排水两个部分。给水施工图就是用于描述室内给水和排水管道、开关等设施的布置和安装情况，图 15-9 所示为给排水图。

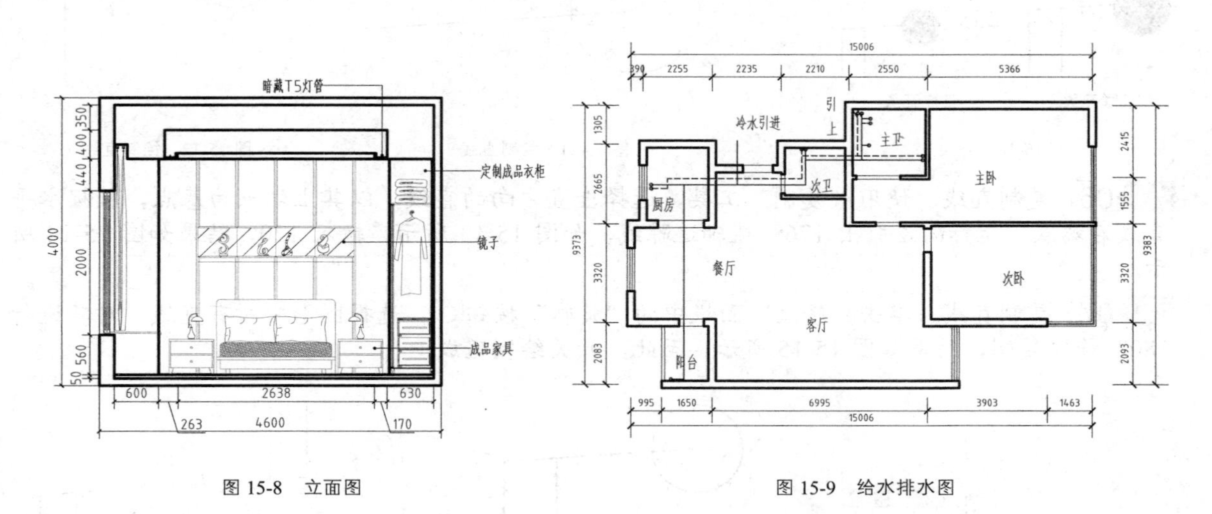

图 15-8　立面图　　　　图 15-9　给水排水图

15.2 绘制室内装潢常见图例

AutoCAD 2016

室内制图的常用图例有灯具、开关、各种桌、椅、柜等，其尺寸应根据空间的尺度来把握与安排。下面分别对其绘制方法进行讲解。

15.2.1 绘制开关

开关布置图也是室内设计图的一部分，开关一般分为单联开关、双联开关、三联形状、双控开关等，其图例的绘制都非常简单，如图 15-10 所示。本节我们以绘制双控开关图为例，来介绍开关图例的绘制方法。

步骤 01 单击“绘图”面板中的“圆心，半径”按钮，绘制一个半径为 104 的圆。

步骤 02 单击“绘图”面板中的“直线”按钮，以圆心为起点，在命令行中输入（@441，-4），结果如图 15-11 所示。

步骤 03 使用“直线”工具，捕捉直线右端点，垂直向下绘制一条长度为 250 的直线，如图 15-12 所示。

步骤04 设置追踪角度。在命令行中调用 DSETTINGS / SE 命令，在打开的“草图设置”对话框中选择“极轴追踪”选项卡。

步骤05 新建追踪角度。在“极轴角设置”选项区域，单击“新建”按钮，在左侧的文本框中输入 176，勾选“附加角”选项，表示启用新建的角度追踪。

> **专家提醒**
>
> 双控开关是在两个不同的地方，可以控制同一盏灯的开、关的开关，需成对使用。双联开关指的是开关上的按钮个数，一个按钮的为单联开关，两个的为双联，三个的为三联。

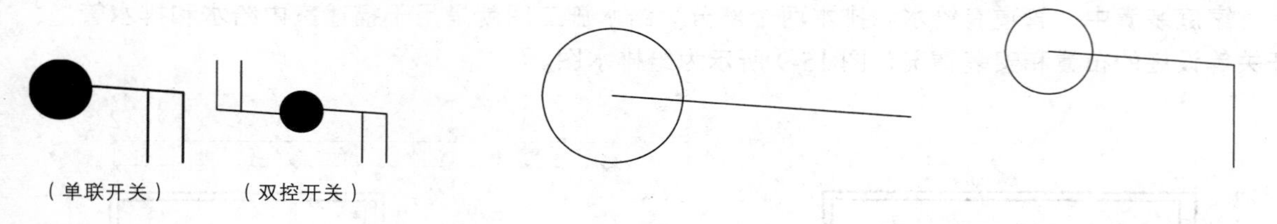

图 15-10　开关　　图 15-11　绘制直线　　图 15-12　绘制直线

步骤06 复制直线。使用“复制”工具，选择垂直方向的直线，以其上端点为基点，捕捉水平直线右端点，光标向左引出 176° 极轴追踪线，如图 15-13 所示。输入 120，结果如图 15-14 所示。

步骤07 复制直线。单击“修改”面板中的“旋转”按钮，选择图形中所有直线，对其进行 180° 旋转复制，结果如图 15-15 所示。至此，开关绘制完成。

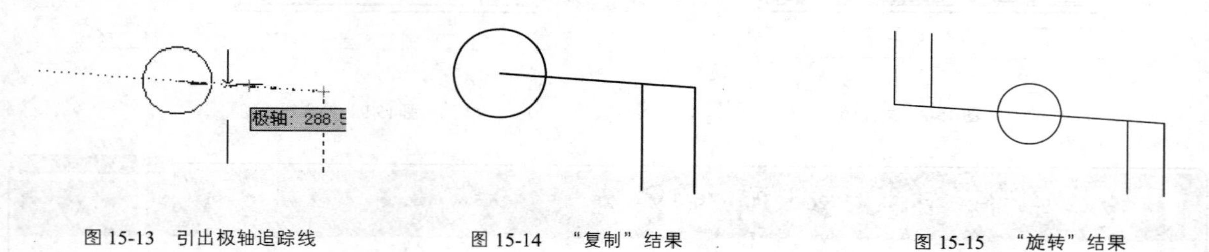

图 15-13　引出极轴追踪线　　图 15-14　“复制”结果　　图 15-15　“旋转”结果

15.2.2 绘制床和床头柜

床是放置于卧室内的一种室内设施，其尺寸规格可以根据室内空间的大小和摆设来合理调整。本例绘制的床柜组合如图 15-16 所示。其一般绘制步骤为选择绘制床和床上用品，再绘制床头柜及床头灯。

1. 绘制床

使用“矩形”工具，绘制一个尺寸为 1500 × 2000 的矩形。

2. 绘制床上用品

步骤01 绘制床单。利用“偏移”工具，将绘制的矩形向内偏移 30，结果如图 15-17 所示。

步骤02 绘制枕头外部轮廓。使用“样条曲线”工具，绘制如图 15-18 所示的枕头轮廓于床相应的位置。

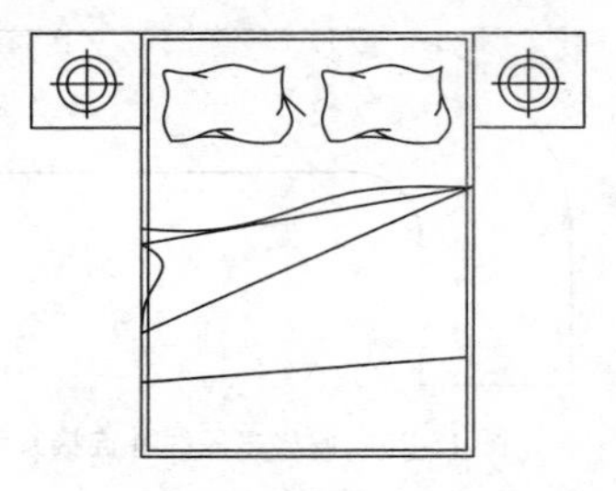
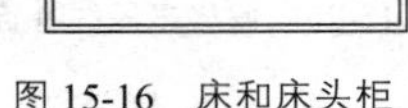

图 15-16 床和床头柜

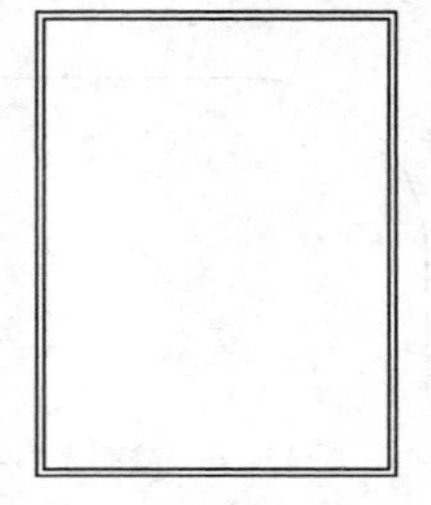

图 15-17 绘制并偏移矩形

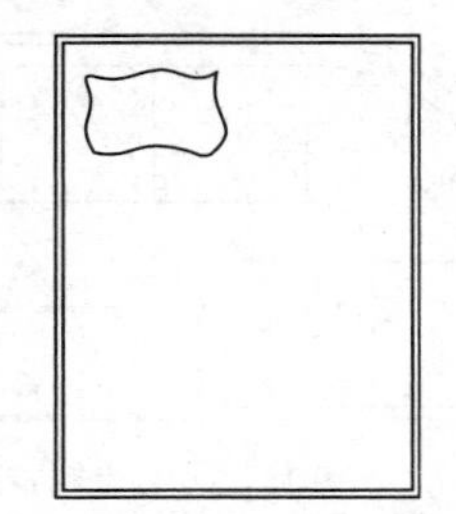

图 15-18 绘制枕头轮廓

步骤 03 绘制枕头纹理。使用“多段线”工具，绘制枕头纹理。

步骤 04 复制枕头。使用“复制”工具，复制一个枕头至如图 15-19 所示的位置。

步骤 05 绘制被套。使用“样条曲线”和“多段线”工具，绘制如图 15-20 所示线条，表示被套。

3. 绘制床头柜

步骤 01 使用“矩形”工具，过床的左上角端点，绘制一个尺寸为 500×450 的矩形。

步骤 02 单击“修改”面板中的“复制”按钮，选择绘制的床头柜，以其左上角点为基点，床的右上角点为第二点进行复制，结果如图 15-21 所示。

4. 绘制床头灯

步骤 01 绘制同心圆。使用“圆”工具，以床头规中心点为圆心，绘制两个半径分别为 133 和 91 的同心圆。

步骤 02 使用“直线”工具，过同心圆圆心绘制两条相互垂直的直线，如图 15-22 所示。

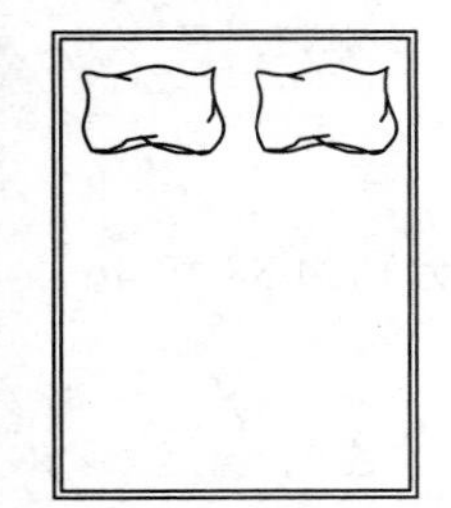

图 15-19 绘制枕头

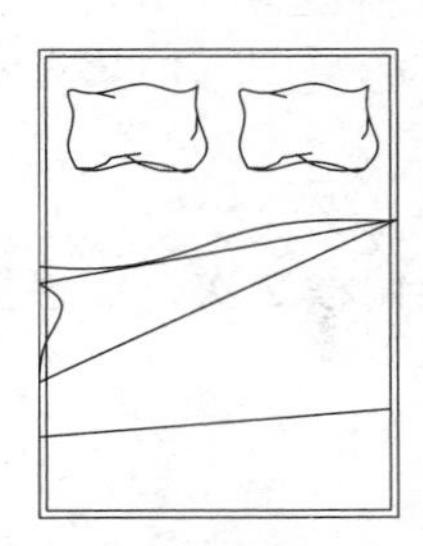

图 15-20 绘制被套

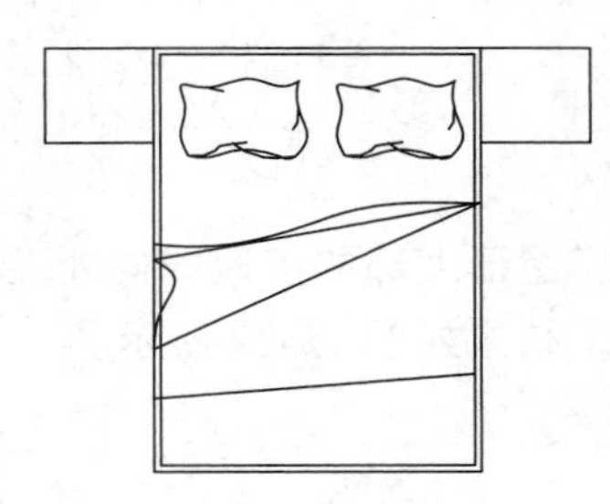

图 15-21 绘制床头柜

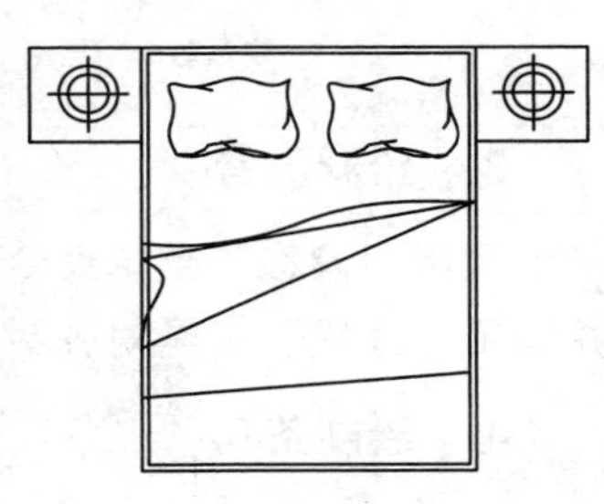

图 15-22 复制床头灯

15.2.3 绘制沙发和茶几

沙发和茶几是放置于客厅的一种室内设施，一般位于进门最显眼的位置。因此，其造型、尺寸及与室内空间的尺寸都显得尤其重要。本例绘制的沙发和茶几组合如图 15-23 所示。其一般绘制步骤为先绘制沙发坐凳部分，再绘制沙发扶手和靠背，然后绘制茶几。

1. 绘制沙发座凳部分

步骤 01 绘制座凳轮廓。使用“多段线”工具，绘制一段如图 15-24 所示的多段线。

步骤 02 使用“偏移”工具，将绘制的多段线向下偏移 570，并连接直线结果如图 15-25 所示。

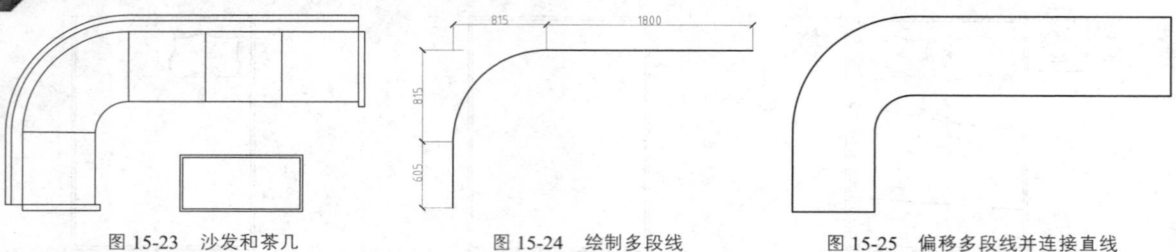

图 15-23 沙发和茶几　　图 15-24 绘制多段线　　图 15-25 偏移多段线并连接直线

步骤03 更改点样式。调用“点样式”命令，更改点样式，选择第一排第 4 个样式。

步骤04 在命令行中调用 DIVIDE / DIV 命令，将线段等分为 3 分，如图 15-26 所示。

步骤05 使用“直线”工具，过各等分点绘制垂直线段，并修改点样式为默认样式。

步骤06 重复调用“直线”命令，过倒角的端点绘制一条水平直线，结果如图 15-27 所示。

2. 绘制扶手

步骤01 使用“矩形”工具，过图形右上角端点绘制一个尺寸为 50×610 的矩形。

步骤02 重复调用“矩形”命令，过图形左下角端点绘制一个相同尺寸的矩形，结果如图 15-28 所示。

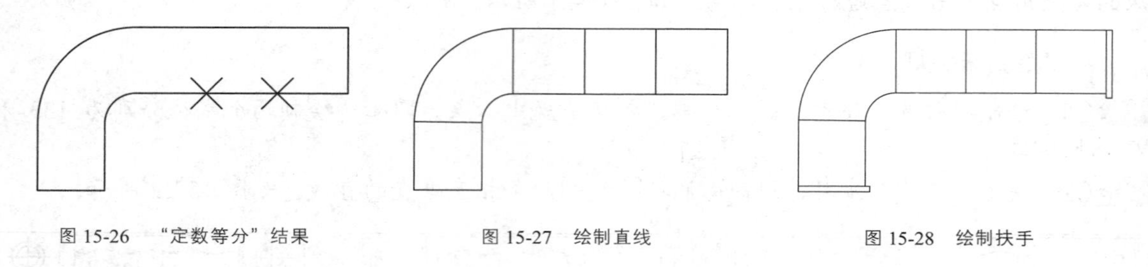

图 15-26 “定数等分”结果　　图 15-27 绘制直线　　图 15-28 绘制扶手

3. 绘制靠背

调用“偏移”菜单命令，将图形上部的多段线向外连续偏移 2 次，偏移量分别为 88 和 46，并调用“直线”工具对齐封口，结果如图 15-29 所示。

4. 绘制茶几

单击“绘图”面板中的“矩形”按钮，绘制一个尺寸为 960×470 的矩形。使用“偏移”工具将其向内偏移 20，并移动至大致如图 15-30 所示的位置。沙发和茶几绘制完成。

图 15-29 绘制靠背　　图 15-30 绘制直线

15.2.4 绘制视听柜组合

视听柜组合是一种比较重要的室内设施，它可以放置于客厅，也可以放置在卧室内。放置于客厅的视听柜组合一般情况下与沙发和茶几组合相对，以保证人坐在沙发上观看电视节目时有一个好的观看角度，因此，视听柜上电器的大小应与沙发的远近位置相协调。视听柜组合背景一般为经过精心装饰的墙体。本例绘制的是某处客厅的视听柜组合，在这里，通过绘制其平面与立面图，来熟悉了解其平面与立面结构。

1. 绘制组合视听柜平面图

本例绘制的视听柜组合平面效果图如图 15-31 所示。其一般绘制步骤为先绘制视听柜，再绘制电器。

步骤01 绘制视听柜。单击“绘图”面板中的“矩形”按钮，绘制一个尺寸为 2800×550 的矩形。

步骤02 绘制电视机机框。重复调用“矩形”命令，绘制一个尺寸为 928×82 的矩形。

步骤03 使用“圆角”工具，对绘制机框的上面两个角点进行圆角操作，圆角半径为 20。

步骤04 绘制后箱。单击“绘图”面板中的“多段线”按钮，以机框上侧边左端点向左 98 为端点，绘制一段如图 15-32 所示的多段线。

步骤05 绘制屏幕。单击“绘图”面板中的“三点”按钮，以机框下侧边的两个角点为端点，绘制一段角度为 15° 的圆弧，结果如图 15-33 所示。

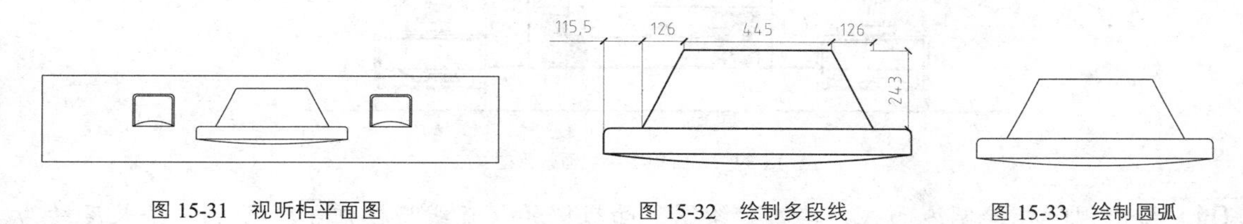

图 15-31　视听柜平面图　　图 15-32　绘制多段线　　图 15-33　绘制圆弧

步骤06 移动电视机。使用“移动”工具，移动绘制的电视机至视听柜的中间位置，如图 15-34 所示。

步骤07 绘制音响。使用“矩形”工具，绘制一个尺寸为 253×205 的矩形，并将其向内偏移 10。

步骤08 调用“偏移”命令，分解偏移的矩形，并删除其下侧边。

步骤09 调用“延伸”命令，将图形内部的两垂直线段进行延伸，结果如图 15-35 所示。

步骤10 调用“圆角”工具，对绘制图形的上面四个角点进行圆角操作，圆角半径均为 20。

步骤11 调用“圆弧”命令，以刚刚绘制的外围矩形左下角点和右下角点为起点和端点，绘制圆弧，角度为-61°，结果如图 15-36 所示。

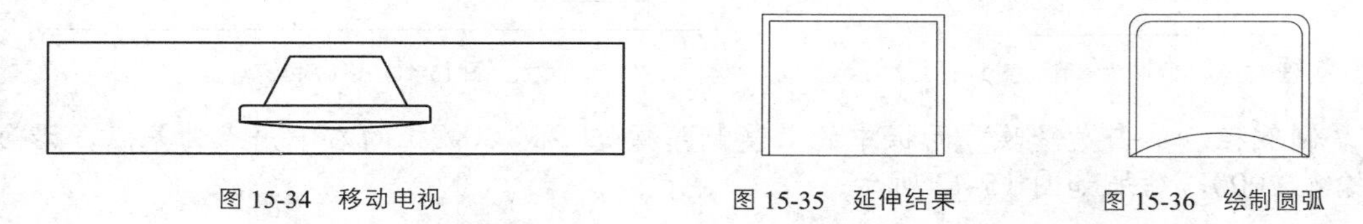

图 15-34　移动电视　　图 15-35　延伸结果　　图 15-36　绘制圆弧

步骤12 移动音响。调用“移动”命令，移动绘制的音响至视听柜的相应位置，如图 15-37 所示。

步骤13 复制音响。单击“修改”面板中的“镜像”按钮，选择音响，以视听柜上下两边的中点为对称点，进行镜像复制，结果如图 15-38 所示。至此，视听柜组合平面效果图绘制完成。

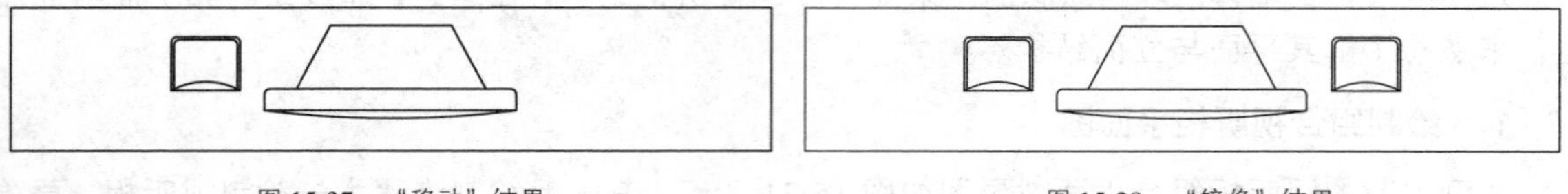

图 15-37 “移动”结果　　图 15-38 “镜像”结果

2. 绘制组合视听柜立面图

本例绘制的视听柜组合立面效果图如图 15-39 所示。其一般绘制步骤与平面图相似：先绘制视听柜，再绘制电器。

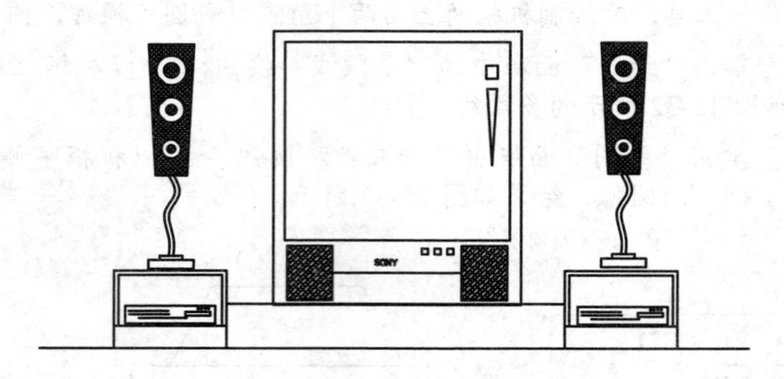

图 15-39 视听柜组合立面效果图

步骤 01 绘制视听柜绘制地面线。单击“绘图”面板中的“直线”按钮，绘制一条长度约为 3145 的水平直线。

步骤 02 绘制侧柜。使用“矩形”工具，绘制一个尺寸为 500 × 350 的矩形。

步骤 03 分解矩形。调用“偏移”命令，将矩形的下侧边向上偏移 100，其余三条边分别向内偏移 20，并修剪多余的线条，结果如图 15-40 所示。

步骤 04 移动侧柜。单击“修改”面板中的“移动”按钮，选择绘制的侧柜图形，以其左下角点为基点，捕捉地面线左端点，沿 x 轴正方向输入 330，结果如图 15-41 所示。

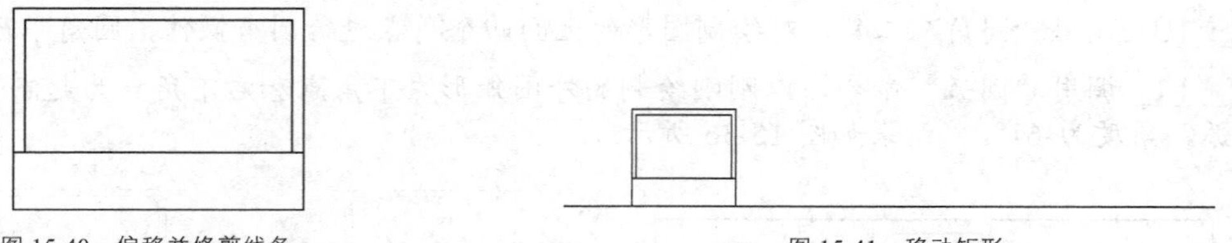

图 15-40 偏移并修剪线条　　图 15-41 移动矩形

步骤 05 复制侧柜。单击“修改”面板中的“复制”按钮，以侧柜的右下角点为基点，沿 x 轴正方向输入 2000，结果如图 15-42 所示。

步骤 06 绘制主柜。调用“直线”命令，捕捉左边侧柜的右下角点，沿 y 轴正方向输入 200，确定直线第一点，沿 x 轴正方向绘制一条水平直线，与右边侧柜相交，结果如图 15-43 所示。

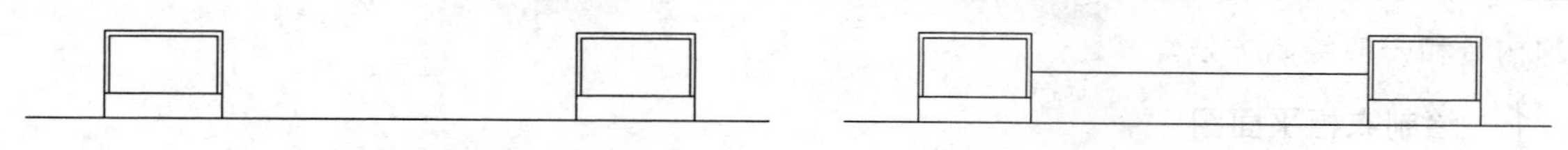

图 15-42　复制侧柜　　　　图 15-43　绘制直线

步骤 07　插入电视图例。使用“插入块”工具，打开“插入”对话框。单击“名称”文本框后面的“浏览”按钮，打开随书光盘中的“电视.dwg”文件(素材/第 15 章/原始文件)，如图 15-44 所示。

步骤 08　在“插入点”和“旋转”选项区域，勾选“在屏幕上指定”插入点复选框，如图 15-45 所示。

图 15-44　选择要插入的文件　　　　图 15-45　设置参数

步骤 09　单击“确定”按钮，返回绘图区，在命令行“指定插入点”的提示下，移动鼠标至大致如图 15-46 所示的位置，将图块插入图形中相应的位置。

步骤 10　插入其它图例。重复调用“插入块”命令，用同样的方法插入随书光盘中的“音响”和“DVD”图块（图库/第 15 章/原始文件），结果如图 15-47 所示。

步骤 11　使用“镜像”工具，将插入的音响和 DVD 图块复制一份至右边的侧柜，结果如图 15-48 所示。视听柜立面效果图绘制完成。

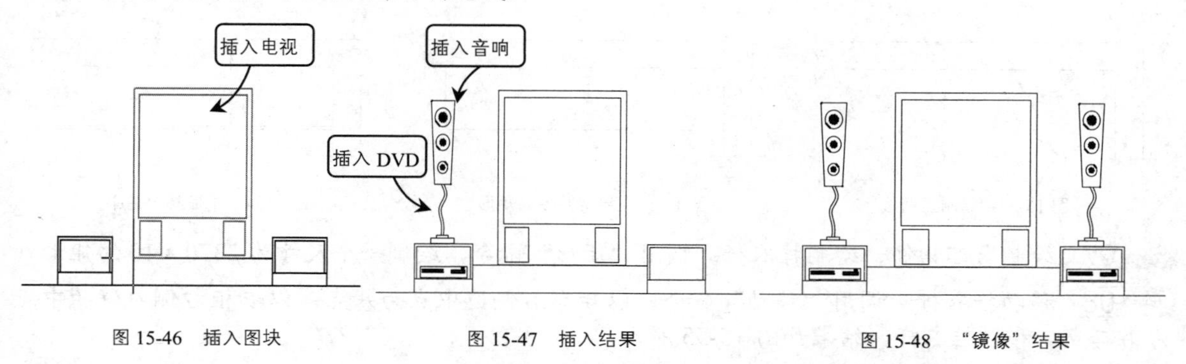

图 15-46　插入图块　　　　图 15-47　插入结果　　　　图 15-48　“镜像”结果

15.2.5　绘制衣柜

衣柜是放置于卧室或者试衣间的一种室内设施，用于存放衣物等物品。其风格和样式一般根据室内的整体风格来把握，可以复杂而精致，也可以简洁而大方。现在的衣柜一般布置于墙角位置，并结合墙体进行设计，以节约材料和成本。本例通过绘制衣柜的平面图与立面图，来了解衣

柜的构造和一般绘制方法。

1. 绘制衣柜平面图

本例绘制的衣柜平面图如图 15-49 所示。其一般绘制步骤为先绘制墙体，再绘制衣柜轮廓，最后绘制内部的挂衣杆和衣架。

步骤01 绘制墙体。设置多线样式。调用“多线样式”命令，新建“墙体”多线样式，设置偏移量为 140 和-140，不设置封口，并将此样式置为当前，如图 15-50 所示。

步骤02 绘制墙体。调用“多线”命令，修改当前设置为“对正 = 上，比例 = 1.00，样式 = 墙体”，从下往上绘制一条如图 15-51 所示的多线。

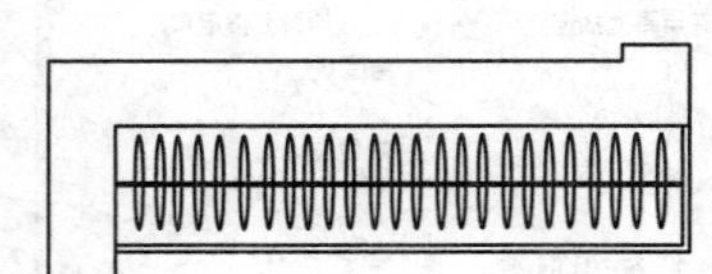

图 15-49 衣柜平面图

图 15-50 设置多线样式

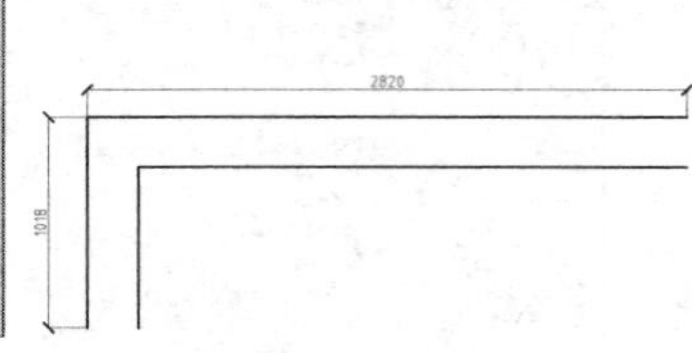

图 15-51 绘制多线

步骤03 绘制折断线。调用“多线”命令，绘制如图 15-52 所示的墙体折断线。

步骤04 绘制衣柜。绘制衣柜轮廓。单击“绘图”面板中的“矩形”按钮，绘制一个尺寸为 2400 × 550 的矩形。

步骤05 调用“移动”命令，以矩形左上角点为基点，墙体内角为第二点，移动矩形，结果如图 15-53 所示。

步骤06 绘制衣柜内壁。调用“分解”命令，分解矩形，删除左侧和上方的边。调用“偏移”命令，将其余的两条边分别向内偏移 30，修剪多余的线条，结果如图 15-54 所示。

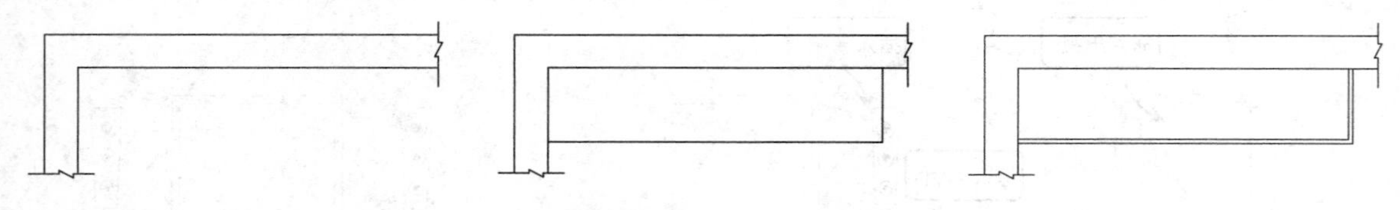

图 15-52 绘制折断线　　图 15-53 绘制并移动矩形　　图 15-54 “偏移”结果

步骤07 绘制内部物件。绘制挂衣杆。调用“矩形”命令，绘制一个尺寸为 2370 × 10 的矩形。

步骤08 移动挂衣杆。调用“移动”命令，以矩形右侧边中点为基点，以衣柜右侧内壁的中点为第二点，移动挂衣杆，结果如图 15-55 所示。

步骤09 绘制衣架。单击“绘图”面板中的“圆心”按钮，绘制一个椭圆，椭圆长轴为 408，短轴为 34。并将其移动至桂衣杆位置，结果如图 15-56 所示。

步骤10 复制衣架。单击“修改”面板中的“矩形阵列”按钮，对绘制的衣架进行 1 行 25 列的矩形阵列，设置列偏移量为-90，结果如图 15-57 所示。衣柜平面图绘制完成。

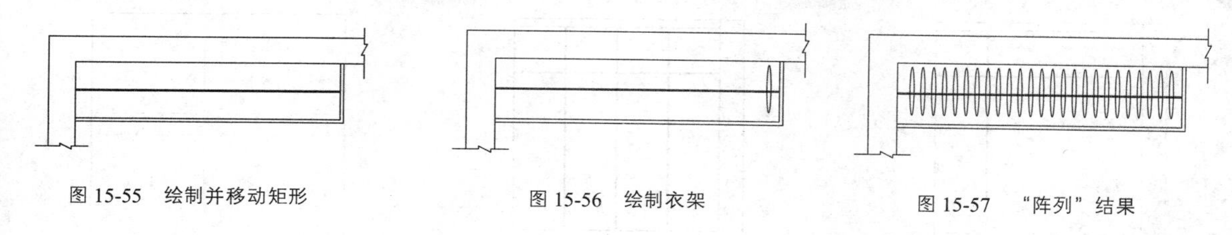

图 15-55 绘制并移动矩形　　图 15-56 绘制衣架　　图 15-57 “阵列”结果

2. 绘制衣柜立面图

本例绘制的衣柜立面效果图如图 15-58 所示。其一般绘制步骤为先绘制地面线和顶棚线等附属结构，再绘制墙体，然后确定衣柜外轮廓，最后绘制衣柜内部构造及配件等。

步骤 01 绘制附属结构。绘制地面线。单击“绘图”面板中的“直线”按钮，绘制一条长度约为 2680 的水平直线。

步骤 02 绘制顶棚线。单击“修改”面板中的“偏移”按钮，将绘制的直线向上偏移 2785。

步骤 03 绘制墙体。单击“绘图”面板中的“矩形”按钮，绘制一个尺寸为 280×2785 的矩形，并以其左下角点为基点，以地面线左端点为第二点，进行移动，结果如图 15-59 所示。

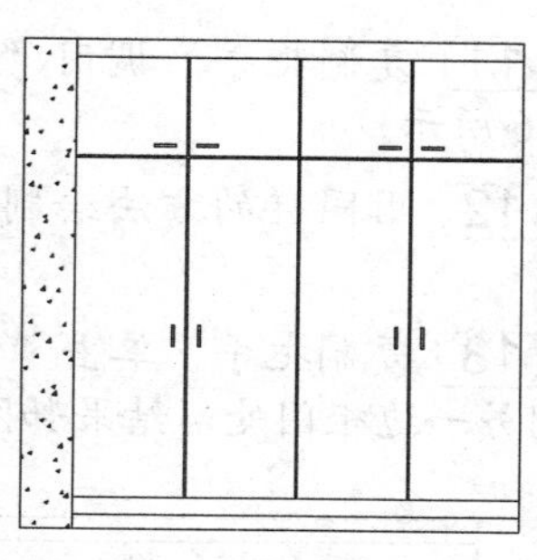

图 15-58 衣柜平面效果图

步骤 04 填充墙体，单击“绘图”面板中的“图案填充”按钮，填充墙体，“图案”选择为“AR-COMC”，“图案填充层比例”设置为“1”。

步骤 05 确定衣柜外轮廓。单击“绘图”面板中的“直线”按钮，捕捉墙体右下角点，沿 x 轴正方向输入 2400，确定直线第一点，向上绘制一条垂直线段，与顶棚线相交，结果如图 15-60 所示。

步骤 06 调用“偏移”命令，将顶棚线向下偏移 100；将地面线向上偏移 2 次，偏移量分别为 80 和 100，并修剪多余的线条，结果如图 15-61 所示。

图 15-59 绘制矩形

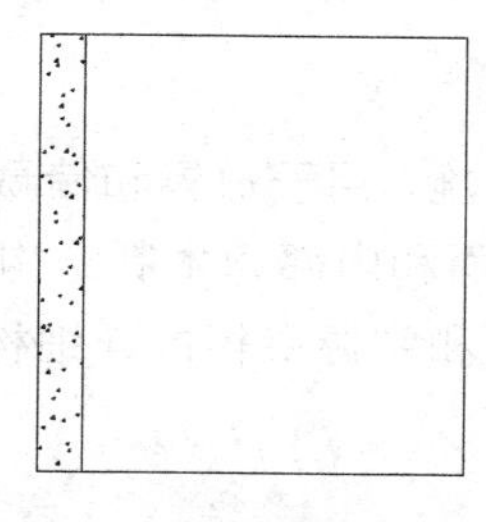

图 15-60 填充与绘制直线

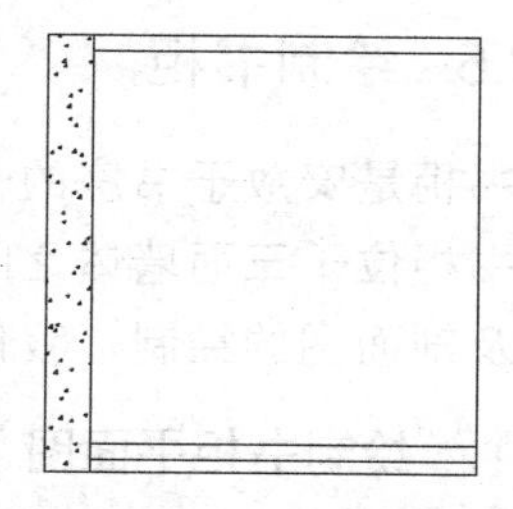

图 15-61 偏移并修剪直线

步骤 07 绘制衣柜柜门。单击“修改”面板中的“偏移”按钮，选择最上部的衣柜轮廓线，将其向下偏移两次，偏移量分别为 550 和 10。选择最右侧的衣柜轮廓线，将其向左连续偏移两次，偏移量分别为 590 和 10，并修剪多余的线条，结果如图 15-62 所示。

步骤 08 单击“修改”面板中的“矩形阵列”按钮，对偏移得到的两条垂直线条进行 1 行 3 列的矩形阵列，设置列偏移量为-600，结果如图 15-63 所示。

步骤 09 单击“修改”面板中的“修剪”按钮，修剪柜门相交处的线条，如图 15-64 所示。

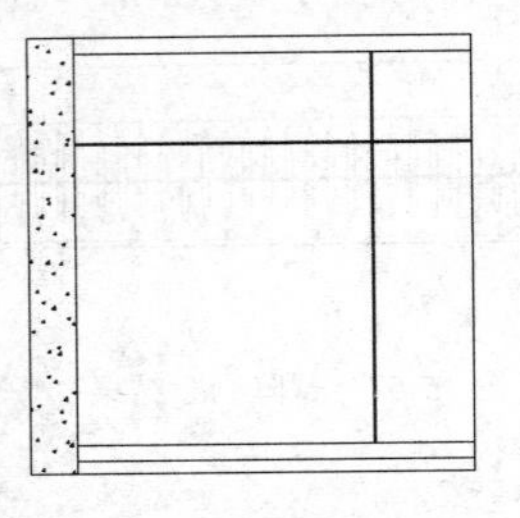
图 15-62　绘制并偏移直线

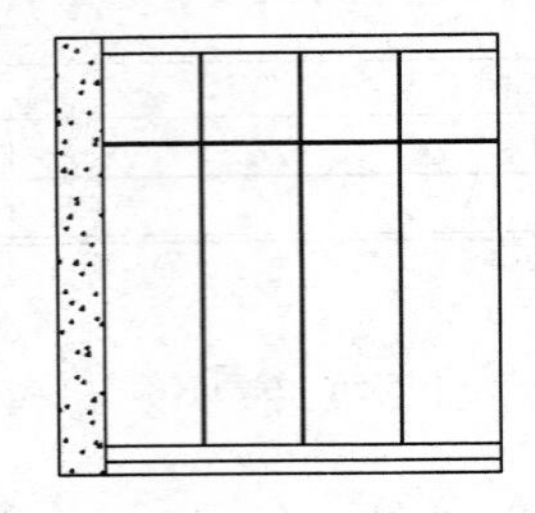
图 15-63　“阵列”结果

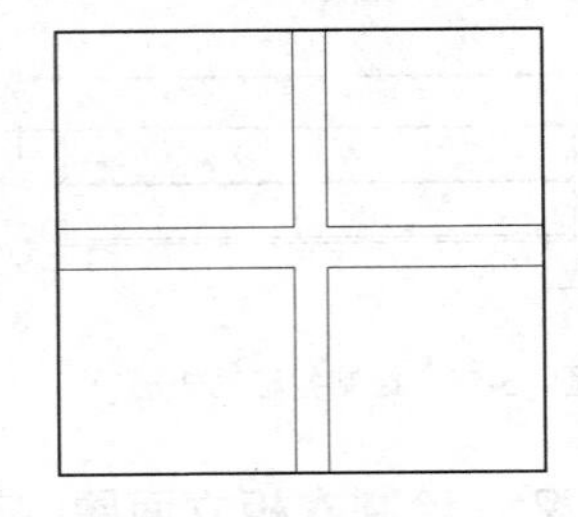
图 15-64　“修剪”结果

步骤 10　绘制把手。绘制上方柜门把手。单击“绘图”面板中的“矩形”按钮，绘制一个尺寸为 116×13 的矩形，并将其移动至大致如图 15-65 所示的位置。

步骤 11　复制把手。调用“复制”命令，复制一个把手至右侧柜门与之大致对称位置，如图 15-66 所示。

步骤 12　用同样的方法绘制下方柜门的把手，把手尺寸与上方柜门把手相同，如图 15-67 所示。

步骤 13　复制把手。单击“修改”面板中的“复制”按钮，捕捉相应的点，将绘制的把手复制到另一边柜门处，结果如图 15-58 所示。至此，衣柜立面图绘制完成。

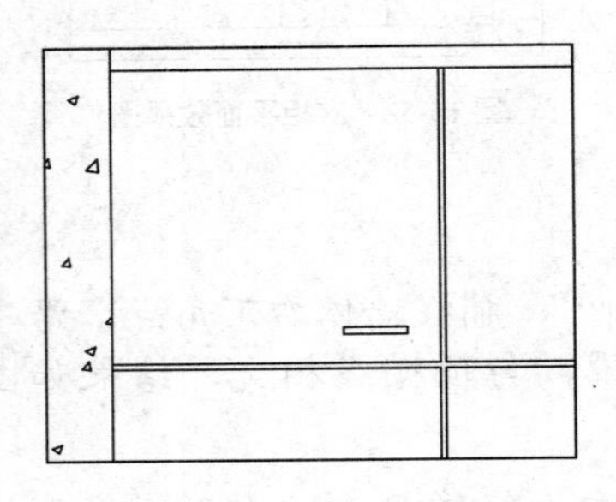
图 15-65　绘制并移动矩形

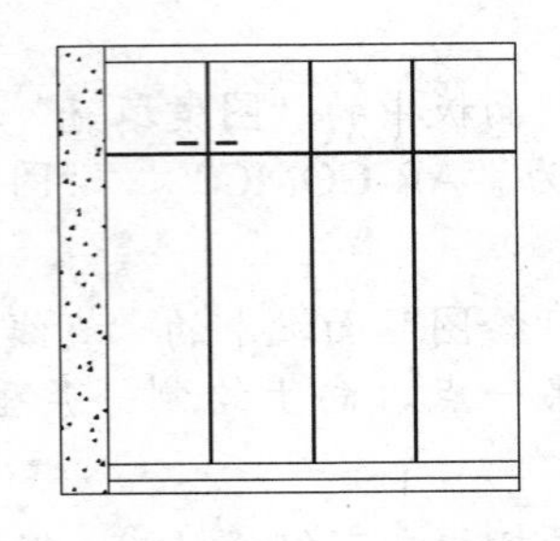
图 15-66　复制矩形

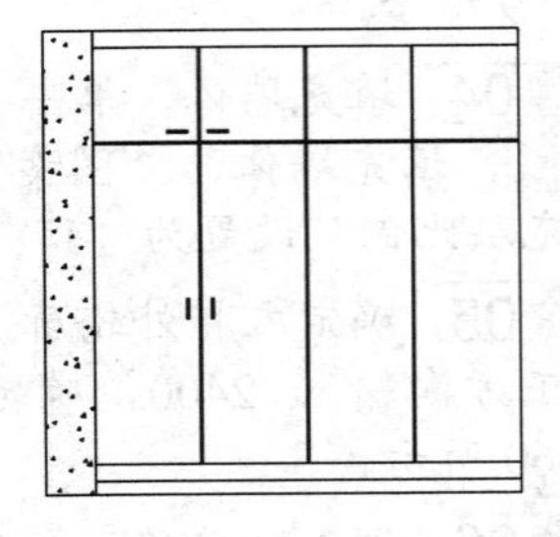
图 15-67　“阵列”结果

15.2.6　绘制书柜

书柜是安放于书房的一种室内设施，用于放置和储藏书籍，其布置位置与衣柜相似。本例绘制的书柜位于三面墙体之间，只有正面和内部为木制结构，其余三面均为墙体。通过对书柜平面、立面及剖面图的绘制，我们可以了解和掌握书柜的详细构造及绘制方法。

1.　绘制书柜平面图

本例绘制的书柜平面效果图如图 15-68 所示。其绘制方法比较简单，一般步骤为先绘制墙体，再绘制书柜。

步骤 01　绘制墙体。设置多线样式。调用“多线样式”命令，新建“墙体”多线样式，设置偏移量为 140 和-140，不设置封口，并将此样式置为当前。

步骤 02　绘制墙体。调用“多线”命令，修改当前设置为“对正 = 上，比例 = 1.00，样式 = 墙体”，从下往上绘制一条如图 15-69 所示的多线。

步骤 03　绘制折断线。使用“多段线”工具，绘制如图 15-70 所示的墙体折断线。

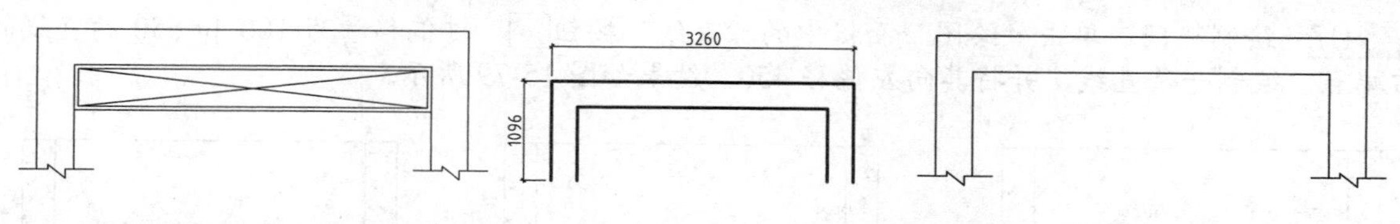

图 15-68　书柜平面图　　图 15-69　绘制多线　　图 15-70　绘制折断线

步骤 04　绘制书柜。单击“绘图”面板中的“矩形”按钮，以墙体左上方的内角点为矩形第一角点，绘制一个宽为 350 的矩形，结果如图 15-71 所示。

步骤 05　调用“偏移”命令，将绘制的矩形向内偏移 30，如图 15-72 所示。

步骤 06　单击“绘图”面板中的“直线”按钮，过偏移矩形的两对角点绘制直线，结果如图 15-73 所示。书柜平面效果图绘制完成。

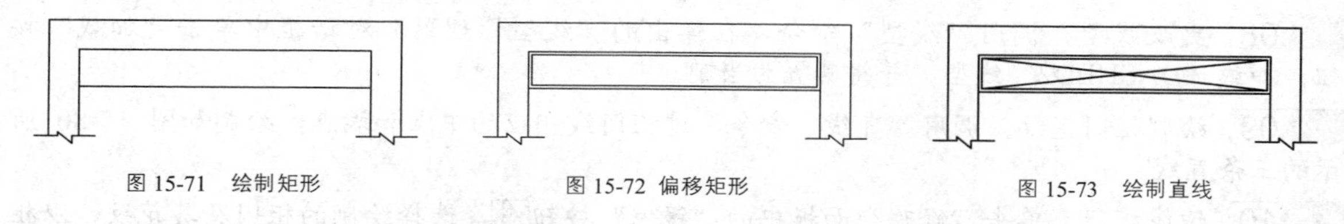

图 15-71　绘制矩形　　图 15-72 偏移矩形　　图 15-73　绘制直线

2. 绘制书柜立面图

本例绘制的书柜立面效果图如图 15-74 所示。其绘制方法和步骤与衣柜相似，一般为先绘制地面线及顶棚线，再绘制墙体，然后绘制书柜下部的柜子，以及上部的书架，最后插入图块。

步骤 01　绘制附属结构。绘制地面线。单击“绘图”面板中的“直线”按钮，绘制一条长度约为 3260 的水平直线。

步骤 02　绘制顶棚线。使用“偏移”工具，将绘制的直线向上偏移 2735。

步骤 03　绘制墙体。单击“绘图”面板中的“矩形”按钮，绘制一个尺寸为 280×2735 的矩形，并以其左下角点为基点，以地面线左端点为第二点，进行移动，结果如图 15-75 所示。

步骤 04　复制墙体。单击“修改”面板中的“复制”按钮，以矩形左下角点为基点，沿 x 轴正方向输入 2980，结果如图 15-76 所示。

图 15-74　书柜立面图

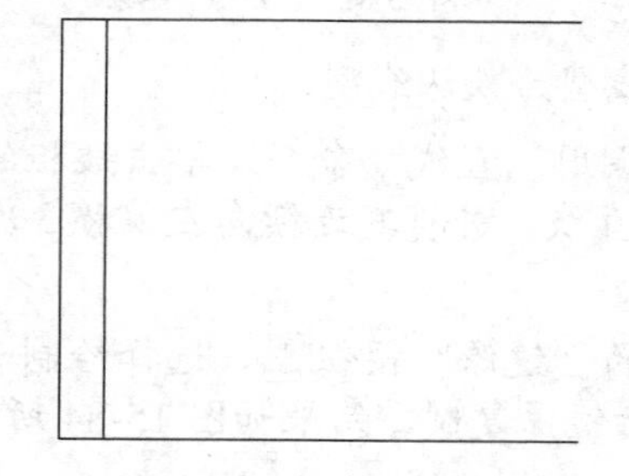

图 15-75　绘制并移动矩形

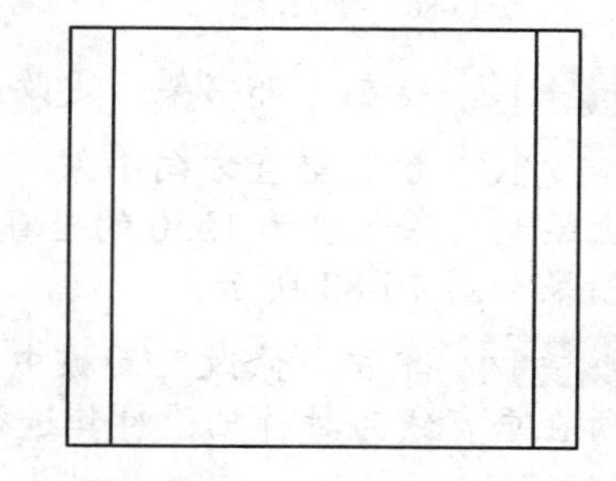

图 15-76　复制矩形

步骤 05　填充墙体。使用“图案填充”工具，填充墙体，设置图案为“AR-COMC”，比例为“1”，填充结果如图 15-77 所示。

步骤 06　绘制书柜的下部矮柜。单击“修改”面板中的“偏移”按钮，将地面线向上连续偏移 3 次，偏移量分别为 80、100 和 650，并修剪多余的线条，结果如图 15-78 所示。

步骤 07 绘制柜门。单击“绘图”面板中的“直线”按钮，过偏移量为 100 和 650 的直线的右端点，绘制一条直线，并将其向左偏移 450，结果如图 15-79 所示。

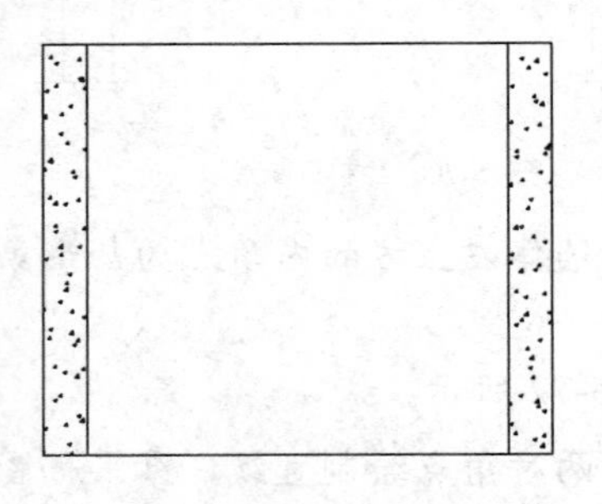
图 15-77　图案填充

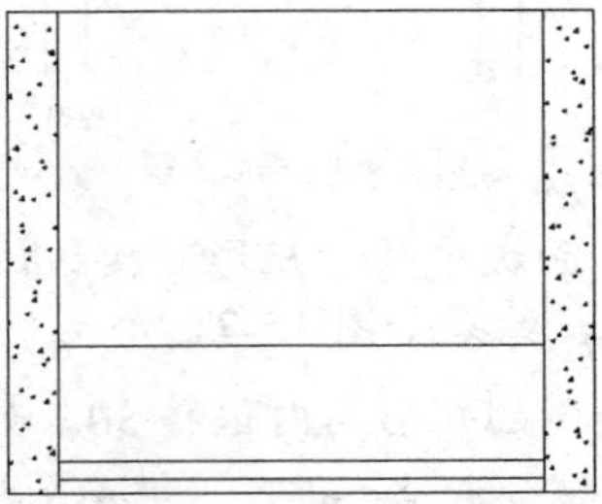

图 15-78　绘制矮柜

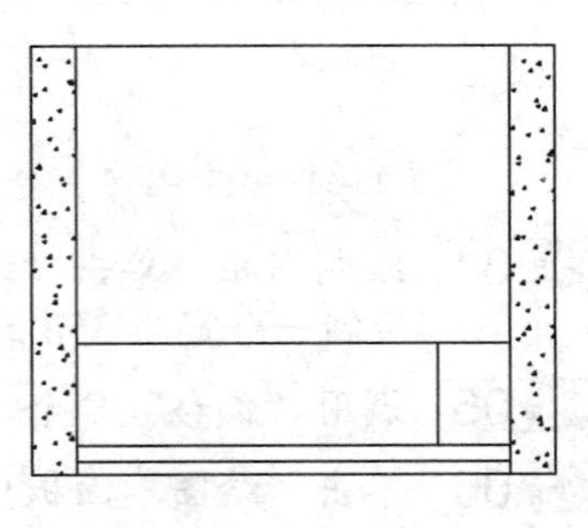
图 15-79　绘制柜门

步骤 08 更改线型。调用“线型”命令，在弹出的“线型管理器”对话框中单击“加载”按钮，加载“DASHED2”线型，并将其置为当前。

步骤 09 绘制柜门花纹。调用“直线”命令，过柜门线相应的中点和端点，绘制如图 15-80 所示的三条直线。

步骤 10 镜像柜门。单击“修改”面板中的“镜像”按钮，选择绘制的柜门及其花纹，以柜门所在的垂直线段为对称轴进行镜像复制，结果如图 15-81 所示。

步骤 11 复制柜门。调用“矩形阵列”命令，选择绘制的柜门及其花纹，对其进行 1 行 3 列的矩形阵列，设置列偏移量为-900，结果如图 15-82 所示。

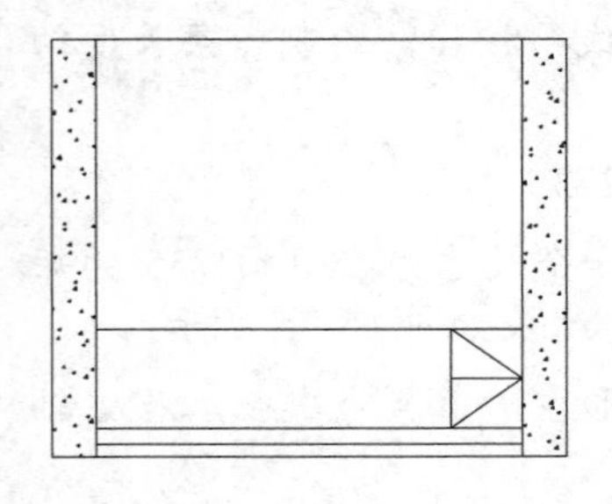
图 15-80　绘制直线

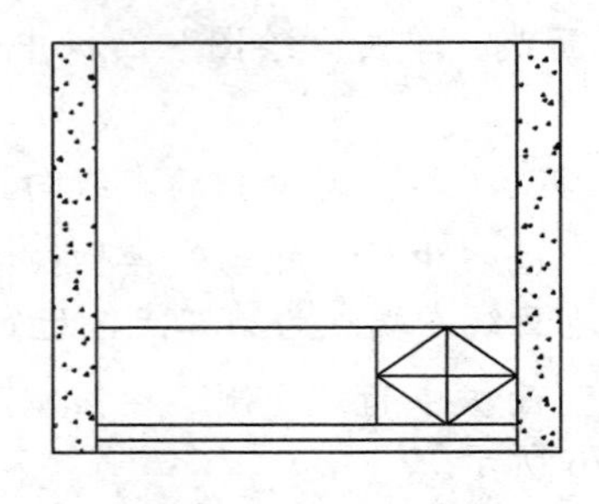
图 15-81　“镜像”结果

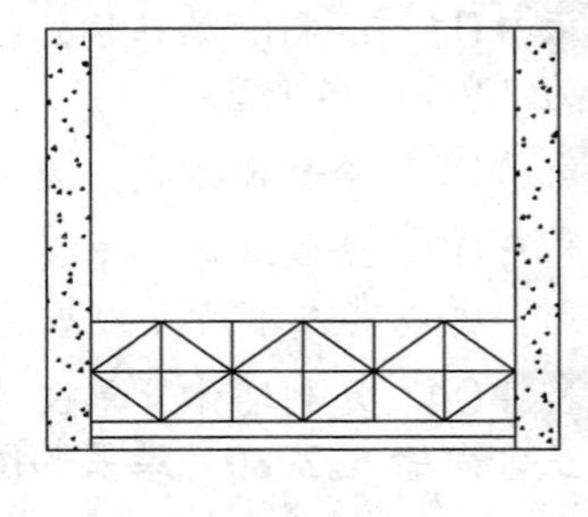
图 15-82　“阵列”结果

步骤 12 绘制上部书架。更改线型为默认线型。

步骤 13 绘制垂直方向书架。调用“直线”命令，单击矮柜的右上角点，指定直线第一点，向上绘制一条长度为 1550 的垂直直线，并将其连续向左偏移 3 次，偏移量分别为 40、840 和 40，结果如图 15-83 所示。

步骤 14 单击“修改”面板中的“镜像”按钮，选择绘制和偏移的垂直直线，以地面线中点所在垂直线为对称轴，对其进行镜像复制，结果如图 15-84 所示。

步骤 15 绘制水平方向书架。单击“修改”面板中的“偏移”按钮，选择矮柜最上方的水平直线，将其连续向上偏移 3 次，偏移量分别为 40、450 和 40，结果如图 15-85 所示。

步骤 16 调用“矩形阵列”命令，选择偏移后的上面两条水平直线，对其进行 1 列 3 行的矩形阵列，设置行偏移量为 340，结果如图 15-86 所示。

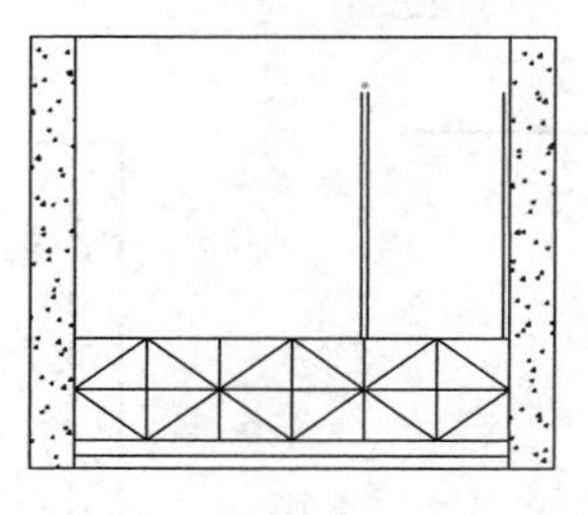

图 15-83　绘制并偏移直线

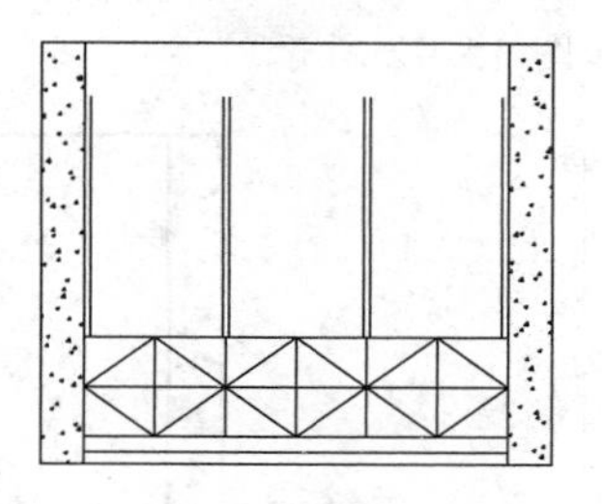

图 15-84　“镜像”结果

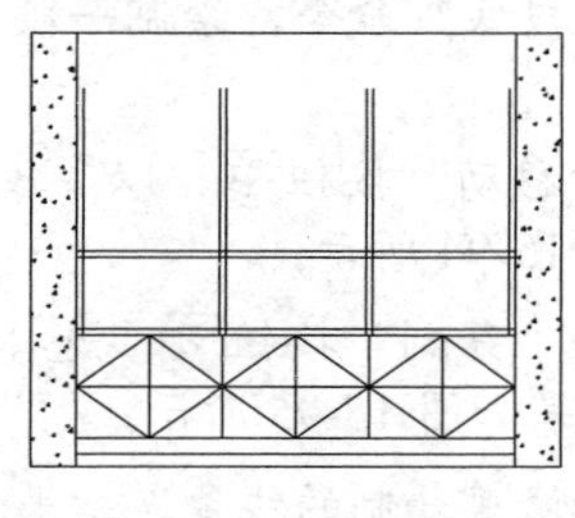

图 15-85　绘制并偏移直线

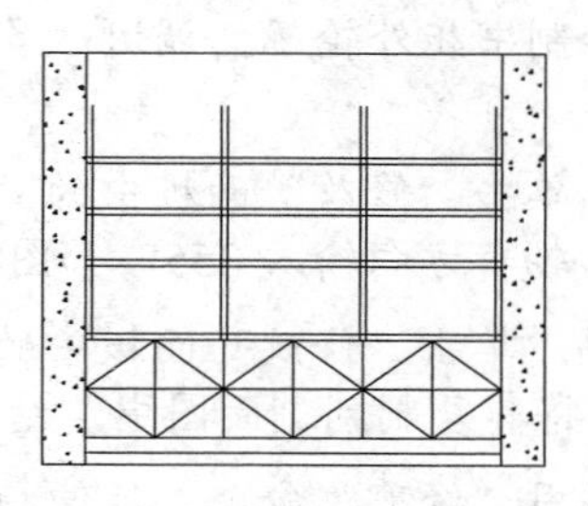

图 15-86　“阵列”结果

步骤 17　单击“修改”面板中的“修剪”按钮，修剪书架中间线条的交叉部分，并补充完善图形，结果如图 15-87 所示。

步骤 18　插入图块。单击“块”面板中的“插入”按钮，打开“插入”对话框，单击“名称”后面的“浏览”按钮，插入随书光盘中的“马”图块（图库/第 15 章/原始文件），将其插入书架相应的位置，如图 15-88 所示。

步骤 19　重复调用“插入块”命令，用同样的方法插入其他图块（图库/第 15 章/原始文件），结果如图 15-89 所示。书柜立面图绘制完成。

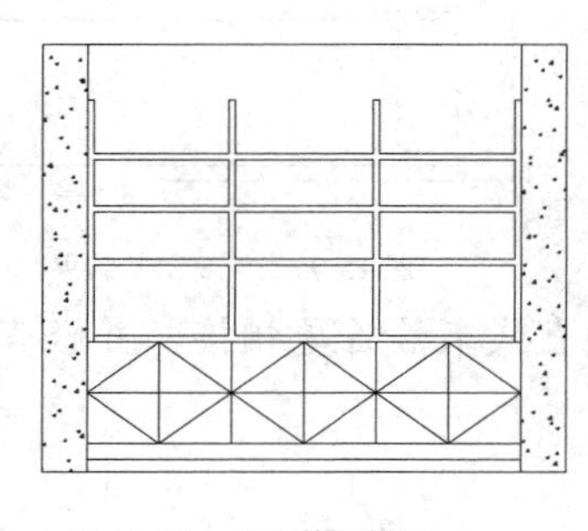

图 15-87　“修剪”结果

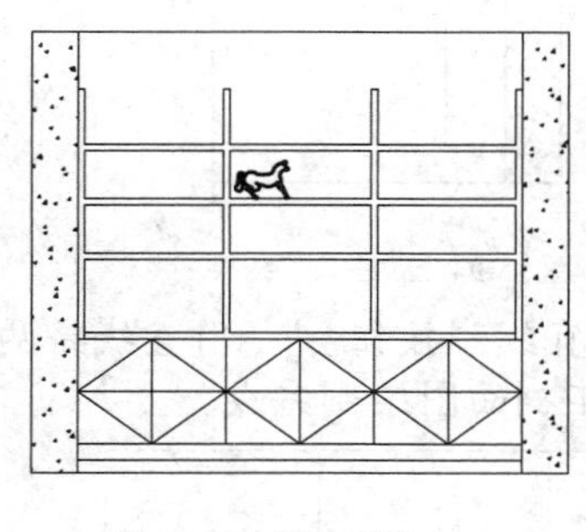

图 15-88　插入图块

图 15-89　插入结果

3. 绘制书柜剖面图

本例绘制的书柜剖面效果图如图 15-90 所示。其绘制步骤为先绘制地面线及顶棚线，再绘制墙体，最后绘制书柜。

步骤 01　绘制附属结构。单击“修改”面板中的“复制”按钮，选择立面图中的地面线、顶棚线及一侧的墙体，复制一份至绘图区空白处，如图 15-91 所示。

步骤 02　绘制折断线。单击“绘图”面板中的“多段线”按钮，绘制地面及顶棚折断线，并修剪线条，结果如图 15-92 所示。

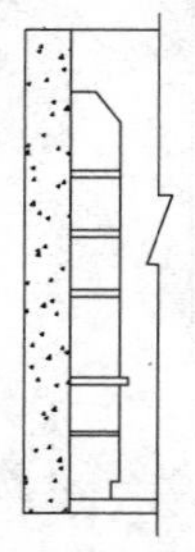
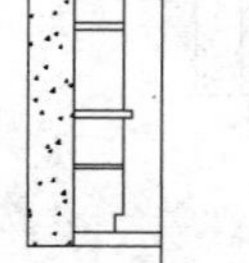

图 15-90　书柜剖面图

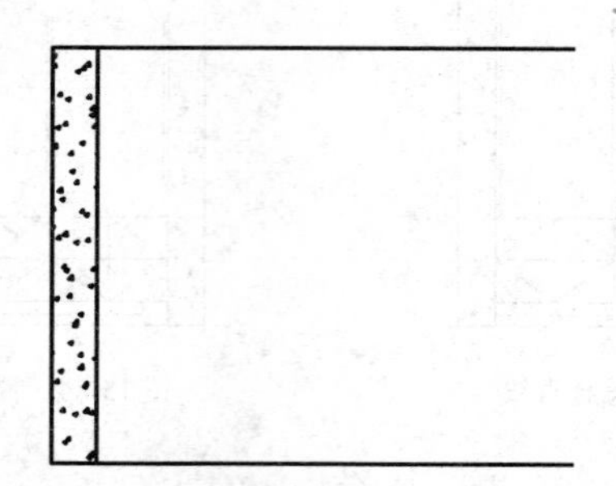

图 15-91　复制图形

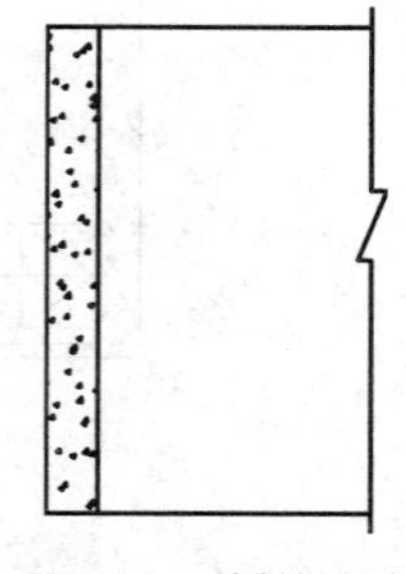

图 15-92　绘制折断线

步骤 03 绘制书柜。绘制书柜外轮廓。调用“多段线”命令，绘制一段如图 15-93 所示的多段线。

步骤 04 移动多段线。单击“修改”面板中的“移动”按钮，以多段线左上角点为基点，捕捉墙体右上角点，沿 Y 轴负方向输入 355，如图 15-94 所示。

步骤 05 绘制书架分隔。单击“修改”面板中的“复制”按钮，选择立面图中的书架板，以墙体左上角点为参照，将其复制到剖面图中，结果如图 15-95 所示。

步骤 06 修剪图形。调用“修剪”命令，延伸和修剪复制的线条，结果如图 15-96 所示。

步骤 07 夹点拉伸线条。选择图 15-96 中箭头所示的两条水平直线，使其呈夹点编辑状态。按住 Shift 键，依次单击最右侧的两个夹点，光标引导沿 x 轴正方向输入 50，如图 15-97 所示。

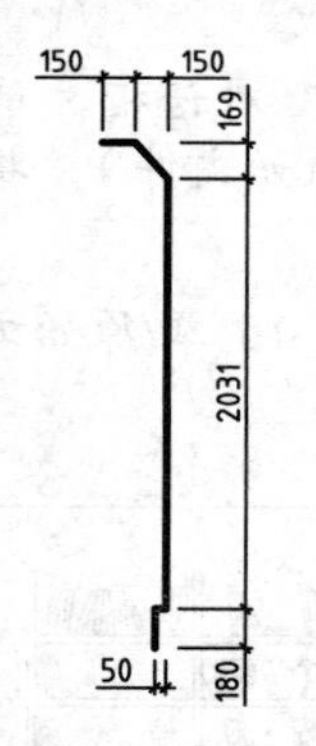

图 15-93　绘制多段线

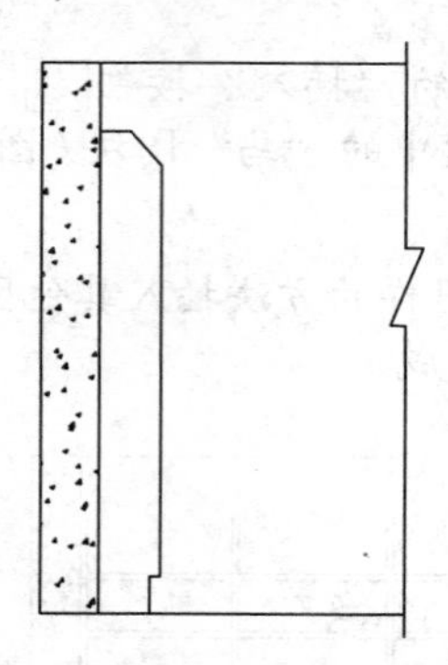

图 15-94　“移动”结果

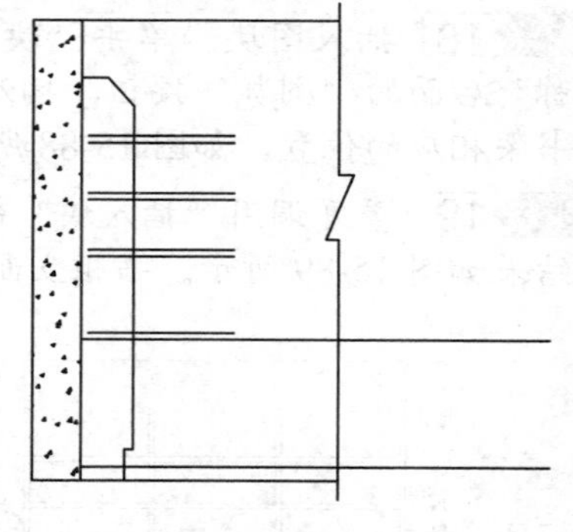

图 15-95　“复制”结果

步骤 08 单击“绘图”面板中的“直线”按钮，用直线将两直线末端首尾相接，并修剪多余的线条，结果如图 15-98 所示。书柜剖面图绘制完成。

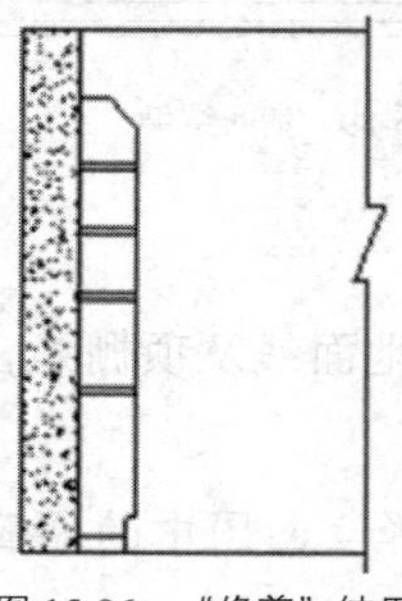

图 15-96　“修剪”结果

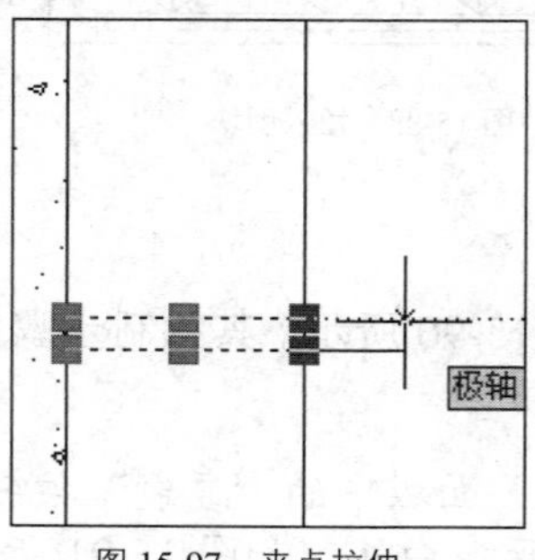

图 15-97　夹点拉伸

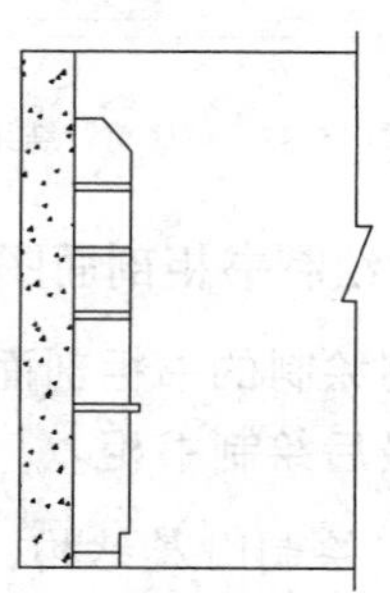

图 15-98　绘制直线

15.3 绘制家居室内设计图

日常生活起居的环境称为家居环境，它为人们提供工作之外的休息、学习空间，是人们生活的重要场所。根据居住建筑的不同功能可以将居室分为卧室、客厅、书房、卫生间等空间。不同空间的使用功能不同，材料和色彩等也应“因地制宜”地合理运用。总体来讲，应在满足主人要求的前提下，再充分考虑使用功能及光线与通风等客观条件。

本实例为三室二厅的户型，包括主人房、小孩房、书房、客厅、餐厅、厨房及卫生间。在前面的章节中我们已经详细的讲解和绘制墙体、门窗等图形，这里就不再重复讲解。本节将在原始平面图（如图 15-99 所示）的基础上介绍平面布置图、地面布置图、顶棚平面图、开关布置图及主要立面图的绘制，使大家在绘图的过程中，对室内设计制图有一个全面、总体的了解。

15.3.1 绘制平面布置图

平面布置图是室内装饰施工图纸中的关键性图纸。它是在原建筑结构的基础上，根据业主的要求和设计师的设计意图，对室内空间进行详细的功能划分和室内设施定位。

本例绘制的平面布置图如图 15-100 所示。其一般绘制步骤为先对原始平面图进行整理和修改，然后分区插入室内家具图块，最后进行文字和尺寸等标注。

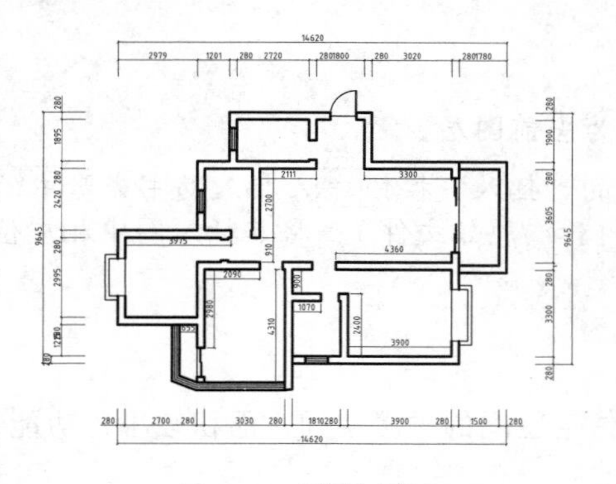

图 15-99　平面布置图

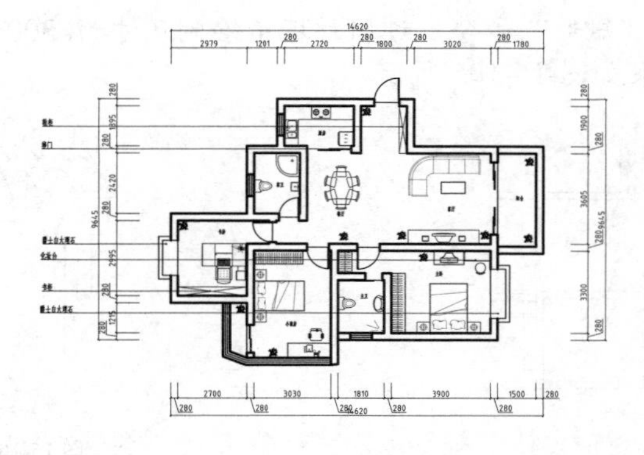

图 15-100　平面布置图

技巧点拨

因为图形的外部尺寸标注是一样的，因此，在清理原始平面图时，可以只删除内部的尺寸标注，而保留外部的尺寸标注，以提高绘图效率。在绘制后面的图形时也一样。

1. 墙体改造

步骤01 清理图形。调用“复制”命令，将原始平面图复制一份至绘图区空白处，删除室内标注，并对其进行清理，如图 15-101 所示。

步骤02 修改图形。将“墙体”层置为当前图层，调用“合并”命令，合并线条。使用“直线”工具绘制一条如图 15-102 所示的短线，并删除多余的线条。

步骤03 使用“延伸”和“修剪”工具，延伸线条，并修剪图形，调整门洞方向和位置结果如图 15-103 所示。

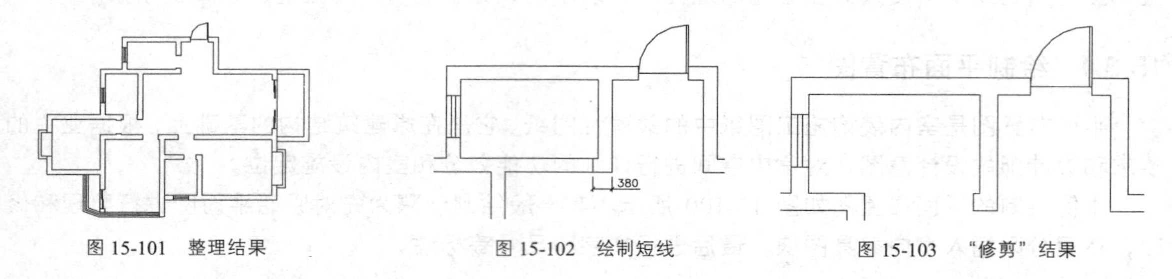

图 15-101　整理结果　　图 15-102　绘制短线　　图 15-103　“修剪”结果

2. 插入门图块

步骤01 将“门窗”图层置为当前图层。

步骤02 单击“块”面板中的“插入”按钮，插入随书光盘中的“普通门”“卧室移门”和“厨房移门”图块（图库/第 15 章/原始文件），将其插入图中相应位置，并根据需要调节大小和方向，结果如图 15-104 所示。

3. 绘制门厅装饰

门厅又称玄关，是进入住宅空间的过渡空间，面积较小，功能也很单纯，一般用来存放鞋、雨具、外衣等物件。

步骤01 新建“家具”图层，图层颜色设为绿色，并将其置为当前图层。

步骤02 绘制鞋柜。调用“矩形”命令，过门厅墙角绘制尺寸为 300×1900 的矩形，并用直线连接矩形的两对角点，结果如图 15-105 所示。

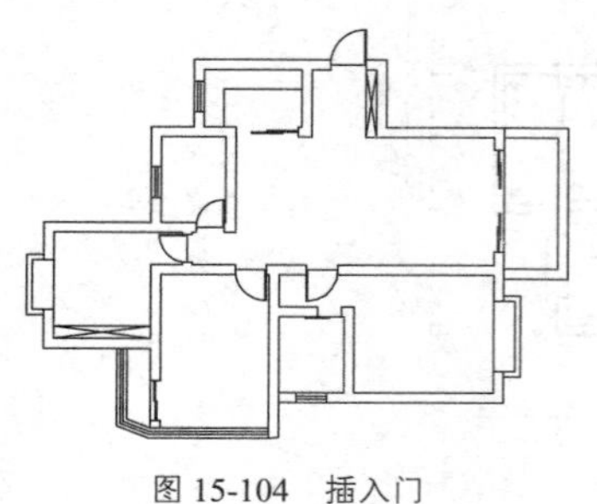

图 15-104　插入门

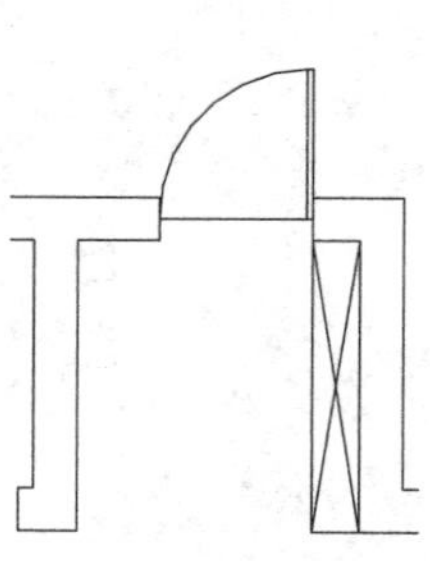

图 15-105　绘制鞋柜

4．绘制厨房布置

一间完善而实用的现代化厨房，通常包含储藏、配餐、烹调和备餐四个区域。厨房的平面布置就是以调整这四个工作区的位置为主要内容，其格局通常由空间大小决定。厨房用具摆放时，应注意清洗池、灶台的位置安排和空间处理。由于清洗池是使用最频繁的家务活动区，所以其位置最好设计在冰箱与炉灶之间，且两侧留出足够的活动空间。灶台的摆放应考虑到以后可能使用较大体积炒锅，所以在其两侧应留出 300mm 左右的活动空间。

步骤 01 绘制料理台。调用“多段线”命令，绘制如图 15-106 所示的一段多段线。

步骤 02 插入厨房设施图块。调用“块”命令，插入随书光盘中的“灶具”“冰箱”和“清洗池”图块（图库/第 15 章/原始文件），结果如图 15-107 所示。

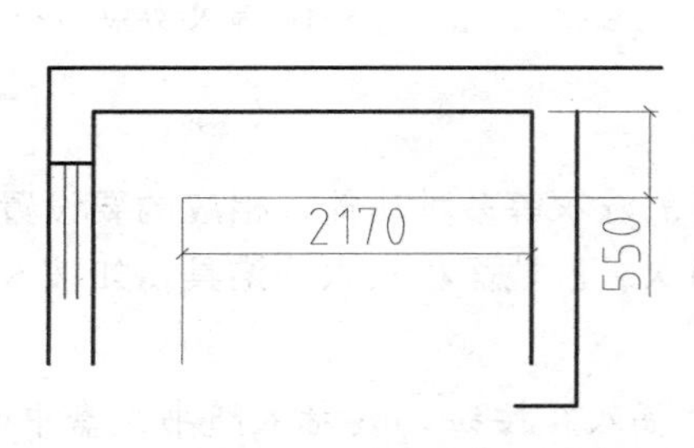

图 15-106　绘制料理台

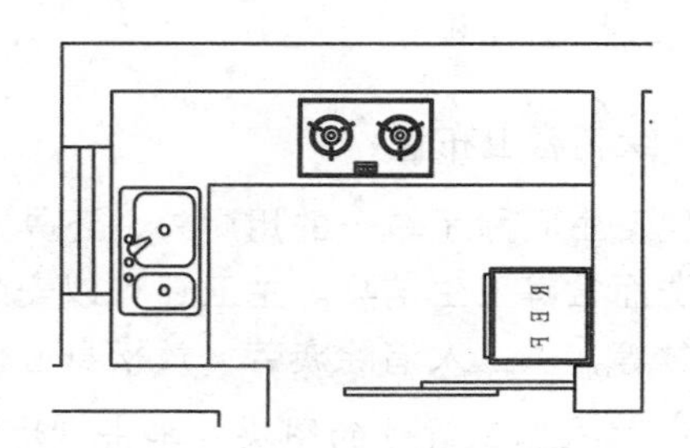

图 15-107　插入厨房设施图块

5．绘制客厅和餐厅布置

客厅是家庭群体活动的主要空间，具有多功能的特点。其家具包括沙发、茶几、电视柜等，一般以茶几为中心布置沙发群，作为会客、聚谈的中心。

餐厅是全家日常进餐和宴请亲朋好友的地方，使用频率非常高，家具的摆放应满足方便、舒适的功能，营造出一种亲切、洁净、令人愉快的用餐气氛。常见的餐厅形式有三种：独立的空间、与客厅相连的空间及与厨房同处一体的空间。本例属于第二种，餐厅与客厅连在一起。

插入客厅和餐厅设施图块。调用“插入块”命令，插入随书光盘中的“沙发和茶几”“视听柜平面组合”和“餐桌椅”图形（图库/第 15 章/原始文件），并调节其角度和方向，结果如图 15-108 所示。

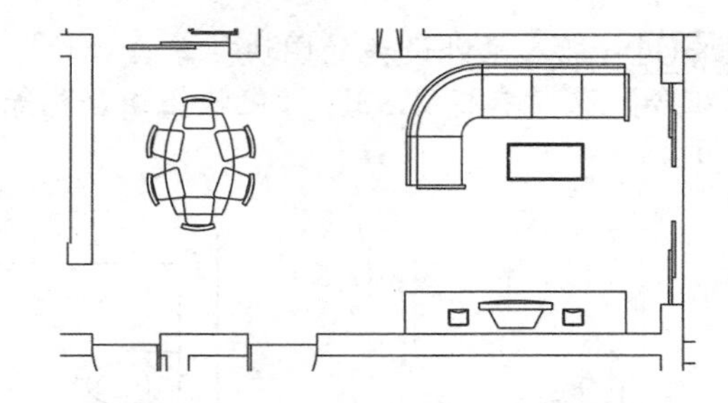

图 15-108　插入客厅和餐厅设施图块

6．绘制书房布置

书房是阅读、书写和从事研究的空间，因此必须保证环境的安静，故其位置应尽量选择在整个住宅较僻静的部位，要先用隔音、吸音效果佳的装饰材料作为墙体的隔断。书房常用的家具有书柜、书桌和椅子等。

步骤 01 绘制书房书柜。使用“直线”工具，在图形左侧书房位置处，绘制如图 15-109 所示的直线。

步骤 02 完善书柜。单击“绘图”面板中的“直线”按钮，过书房下方小矩形的两对角点，绘制如图 15-110 所示的两条交叉直线，表示这是一个到顶的高柜。

步骤 03 插入书房设施图块。单击“块”面板中的“插入”按钮，插入随书光盘中的“书桌椅”图块（图库/第 15 章/原始文件），结果如图 15-111 所示。

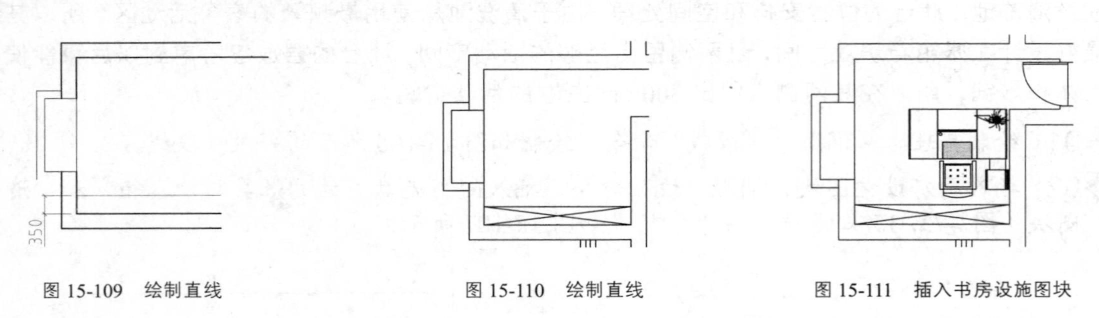

图 15-109 绘制直线　　图 15-110 绘制直线　　图 15-111 插入书房设施图块

7. 绘制客卫布置

现代卫生间除了单一的用厕外，还具有盥洗、洗浴、洗衣等多种功能，相应的要设置浴缸、马桶、洗面盆等卫生洁具。主卫还可以安装一些较高档次、占地面积较大的洁具，如按摩浴盆、蒸气浴盆等，供主人消除疲劳、放松身心使用。

步骤 01 插入客卫设施的图块。单击“块”面板中的“插入”按钮，插入随书光盘中的“浴罩”“马桶”和“洗手池”图块（图库/第 15 章/原始文件），结果如图 15-112 所示。

步骤 02 用同样的方法插入“主卫设施”图块（图库/第 15 章/原始文件），结果如图 15-113 所示。

8. 绘制主卧布置

卧室是人们主要的休息场所，除了用于睡眠休息外，有时也兼做学习、梳妆等活动场所。根据家庭成员的不同，卧室可分为主卧室、小孩房、家庭其它成员的次卧室、工人房等。卧室常用的家具有床、衣柜、梳妆台、休息椅、衣架、电视柜等。

步骤 01 插入主卧设施的图块。单击“块”面板中的“插入”按钮，插入随书光盘中的“床柜组合”及“衣柜 2、3”“化妆柜组合”等图块（图库/第 15 章/原始文件），结果如图 15-114 所示。

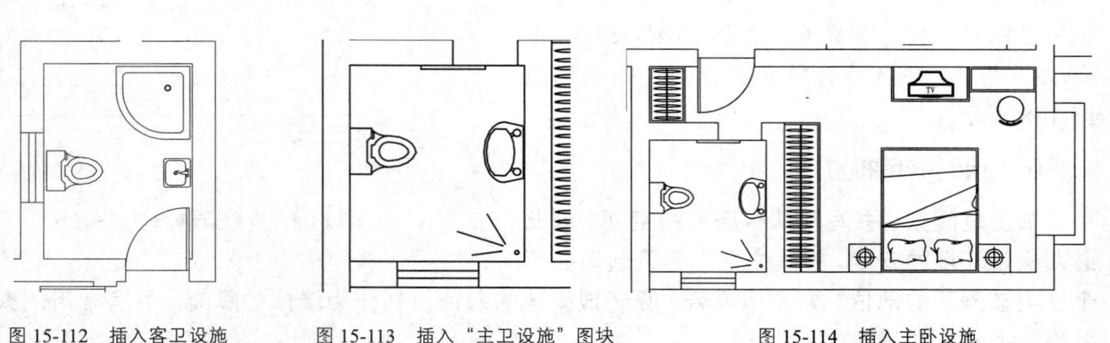

图 15-112 插入客卫设施　　图 15-113 插入“主卫设施”图块　　图 15-114 插入主卧设施

步骤 02 用同样的方法插入“小孩房设施”图块，并调节其大小比例和方向，结果如图 15-115 所示。

9. 插入植物图块

单击“块”面板中的“插入”按钮，插入随书光盘中的“植物”图块（图库/第 15 章/原始文件），结果如图 15-116 所示。

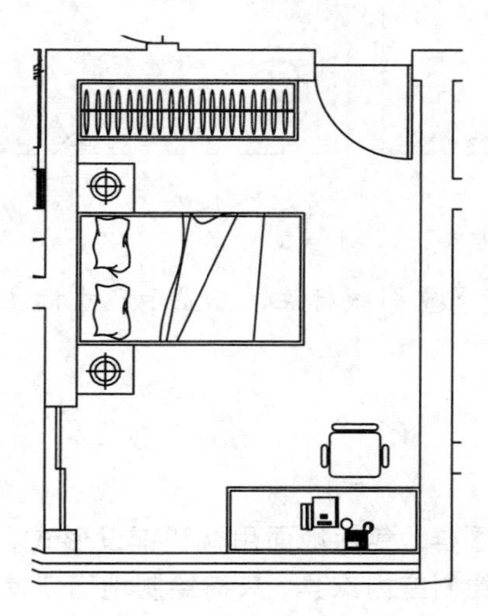

图 15-115　插入“小孩房设施”图块

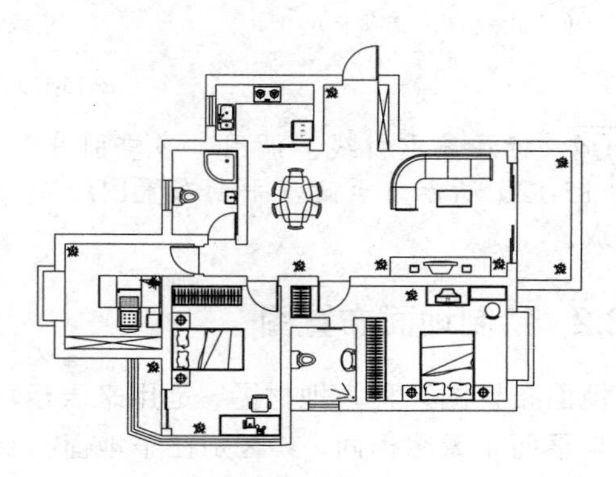

图 15-116　插入“植物”图块

10. 标注

步骤 01 设置文字标注样式。调用“文字样式”命令，新建“样式 1”文字样式，其设置如图 15-117 所示，并将其置为当前样式。

步骤 02 文字标注。将“标注”层置为当前图层，调用 TEXT / DT 命令，进行文字标注，以增加各空间的识别性，在命令行中设置文字高度为 200，结果如图 15-118 所示。

图 15-117　设置文字样式

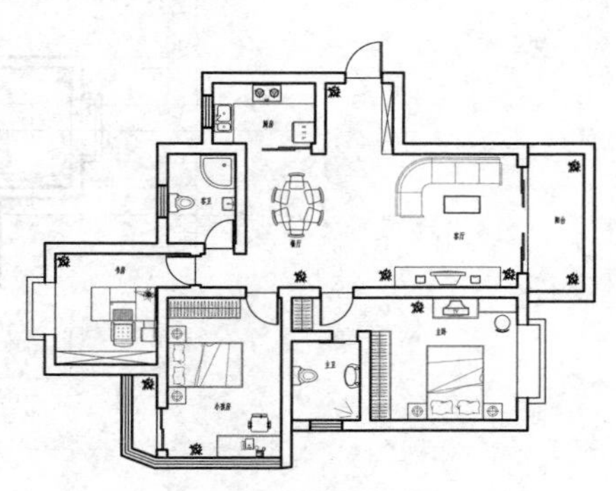

图 15-118　标注文字

步骤 03 设置多重引线样式。调用“多重引线样式”命令，新建“样式 1”，其设置如图 15-119 所示。

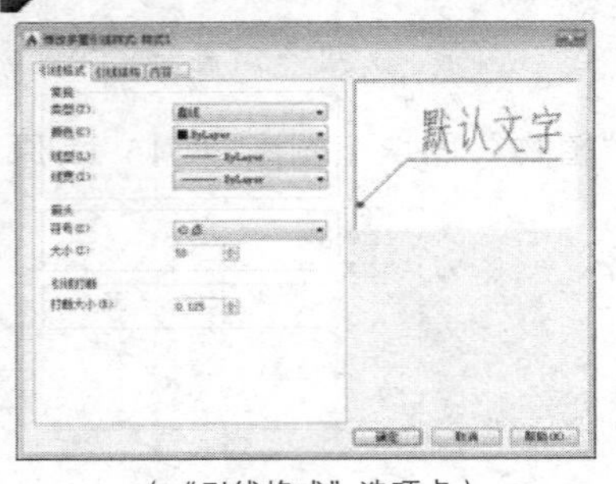

（“引线格式”选项卡）

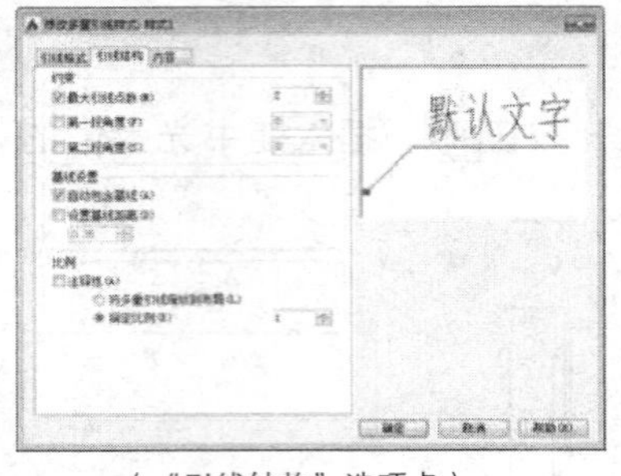

（“引线结构”选项卡）

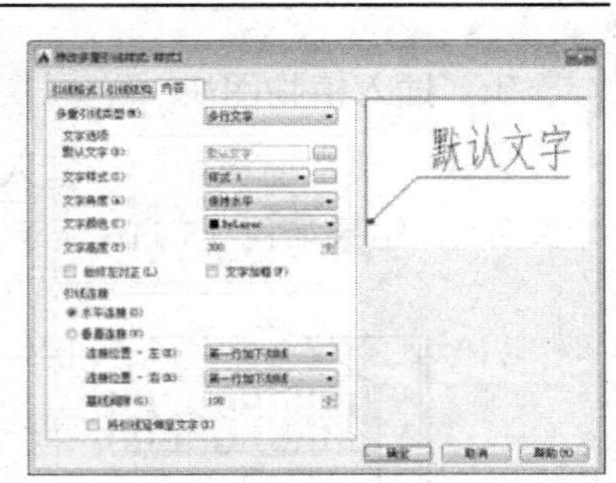

（“内容”选项卡）

图 15-119　设置多重引线样式

步骤 04 标注多重引线。调用“多重引线”命令，进行多重引线标注，并显示尺寸标注，结果如图 15-120 所示。至此，平面布置图绘制完成。

15.3.2　绘制地面布置图

地面布置图又称为地材图，是用来表示地面做法的图样，包括地面用材和铺设形式。其形成方法与平面布置图相同，其区别在于地面布置图不需要绘制室内家具，只需绘制地面所使用的材料和固定于地面的设备与设施图形。

本例绘制的地面布置图如图 15-121 所示，共用到了三种地面材质：仿古地砖（用于阳台）、防滑地砖（用于厨房和卫生间）和实木地板（用于其它区域）。其一般绘制步骤为先清理平面布置图，再对需要填充的区域描边以方便填充，然后填充图案以表示地面材质，最后进行引线标注，说明地面材料和规格。

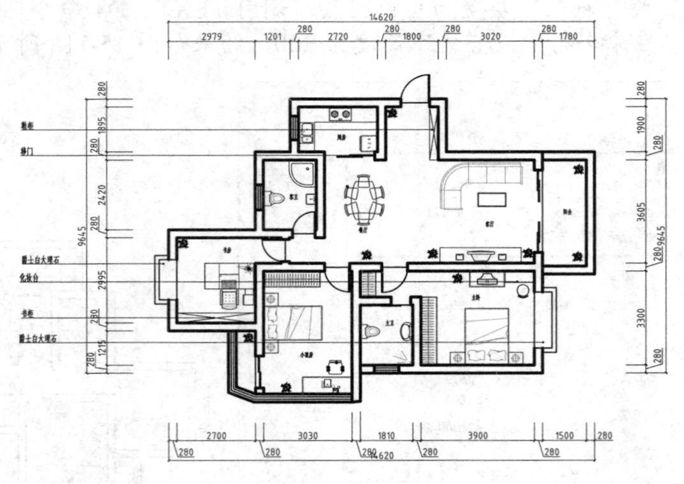

图 15-120　标注结果

1. 整理平面布置图

清理图形。单击“修改”面板中的“复制”按钮，将平面布置图复制一份至绘图区空白处，并对其进行清理。保留书柜、衣柜、鞋柜图块和文字标注，删除其它图块和多重引线标注，如图 15-122 所示。

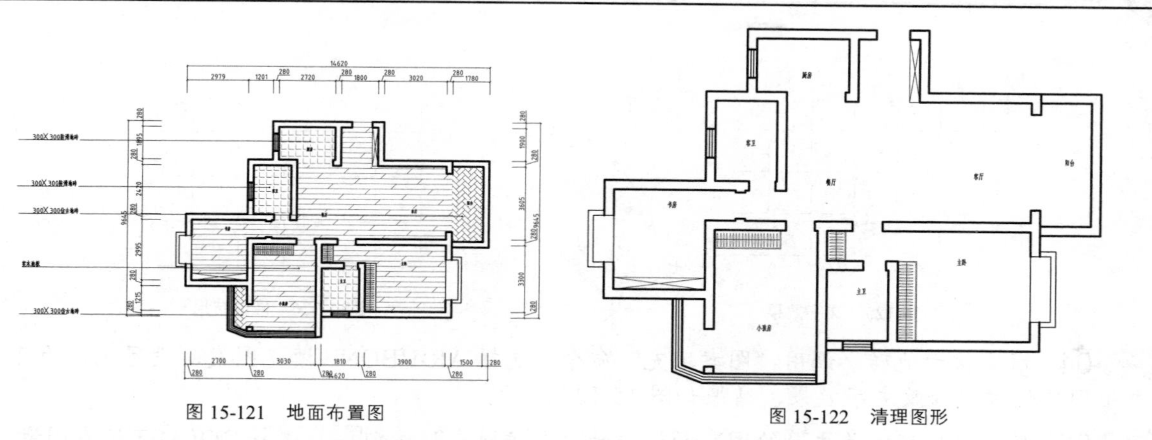

图 15-121　地面布置图　　　图 15-122　清理图形

专家提醒

将整理完成的平面布置图复制一份备份，后面备用。

2. 描边填充区域

步骤 01　新建“描边”图层，设置图层颜色为 8 号灰色，并将其置为当前图层。

步骤 02　描边。使用“多段线”工具，根据地材类型，对需要填充的区域进行描边，结果如图 15-123 所示。

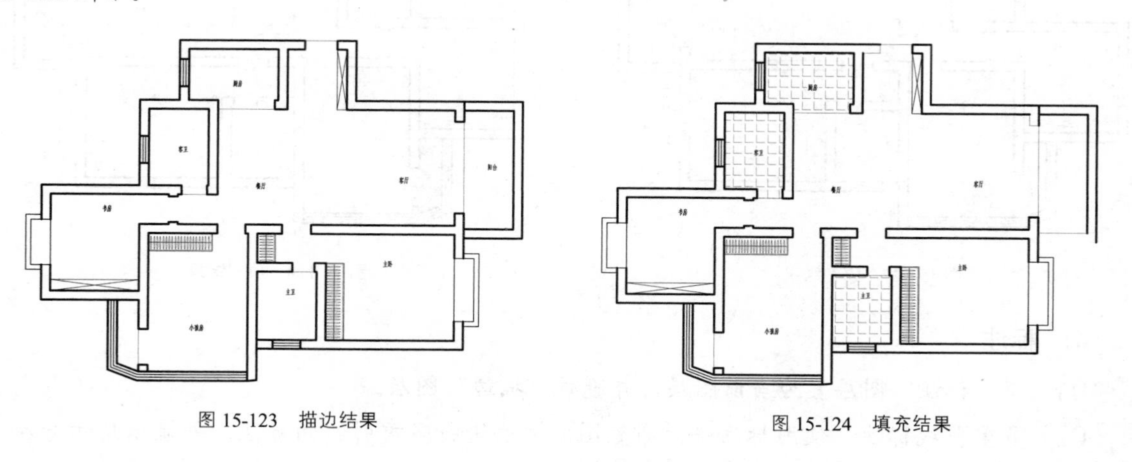

图 15-123　描边结果　　　图 15-124　填充结果

3. 填充图案

步骤 01　新建“填充”图层，设置颜色为 8 号灰色，并将其置为当前图层。

步骤 02　填充防滑地砖。调用“图案填充”命令，选择 ANGLE 填充图案，设置比例为 50，填充结果如图 15-124 所示。

专家提醒

此时，我们发现文字标注被填充的图案遮盖住了，如图 15-125 所示，下面我们就对其进行调整。

步骤 03　修改文字效果。双击填充的图案，在打开的对话框中单击“添加：选择对象”按钮，在绘图区单击相应位置的文字。按空格键返回对话框，单击“确定”按钮，结果如图 15-126 所示。

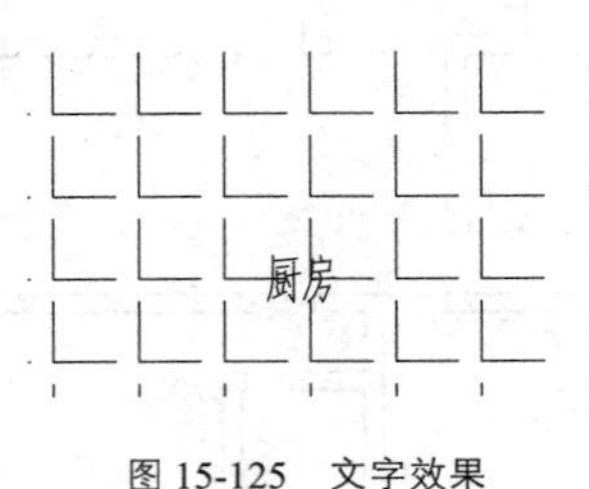

图 15-125　文字效果

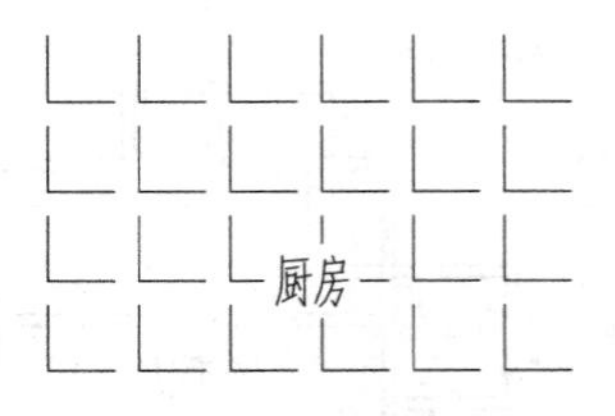

图 15-126　修改结果

步骤 04　填充仿古地砖。调用“图案填充”命令，选择 AR-HBONE 填充图案，设置比例为 2，并用同样的方法修改文字效果，结果如图 15-127 所示。

步骤 05　填充木地板。单击“绘图”面板中的“图案填充”按钮，选择 DOLMIT 填充图案，设置比例为 40，并修改文字效果，结果如图 15-128 所示。

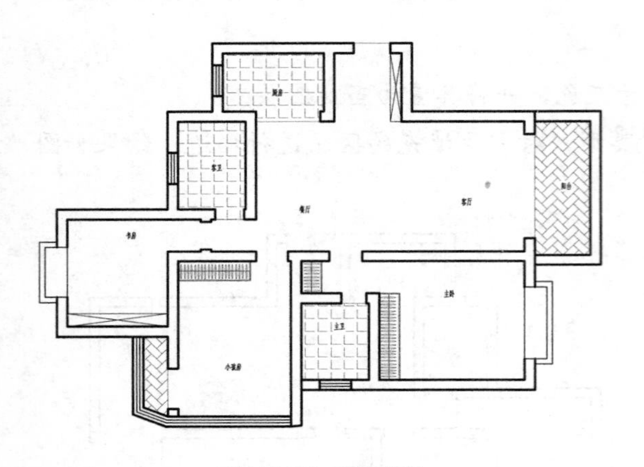

图 15-127　填充结果

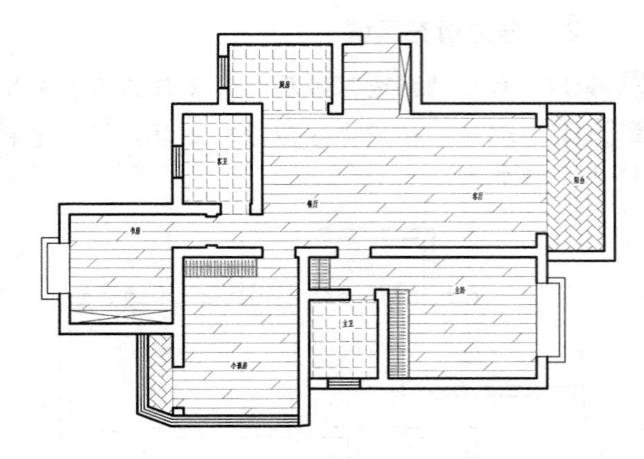

图 15-128　填充结果

4. 标注

步骤 01　将“标注”图层置为当前图层，并隐藏“描边”图层。

步骤 02　多重引线标注。使用标注平面布置图的方法进行多重引线的标注，并显示尺寸标注，结果如图 15-129 所示。至此，地面布置图绘制完成。

15.3.3 绘制顶棚平面图

顶棚平面图主要用来表示顶棚的造型和灯具的布置，同时也反映了室内空间组合的标高关系和尺寸等。其内容主要包括各种装饰图形、灯具、说明文字、尺寸和标高。有时为了更详细地表示某处的构造和做法，还需要绘制该处的剖面详图。与平面布置图一样，顶棚平面图也是室内装饰设计图中不可缺少的图样。

本例绘制的顶棚平面图如图 15-130 所示，其造型设计得较为简单，客厅和餐厅区域进行了造型处理以区分空间，厨房和卫生间采用了扣板吊顶，其它区域都实行原顶刷白。其一般绘制步骤为首先修改备份的平面布置整理图以完善图形，再绘制吊顶，然后插入“灯具”图块，最后进行各种标注。

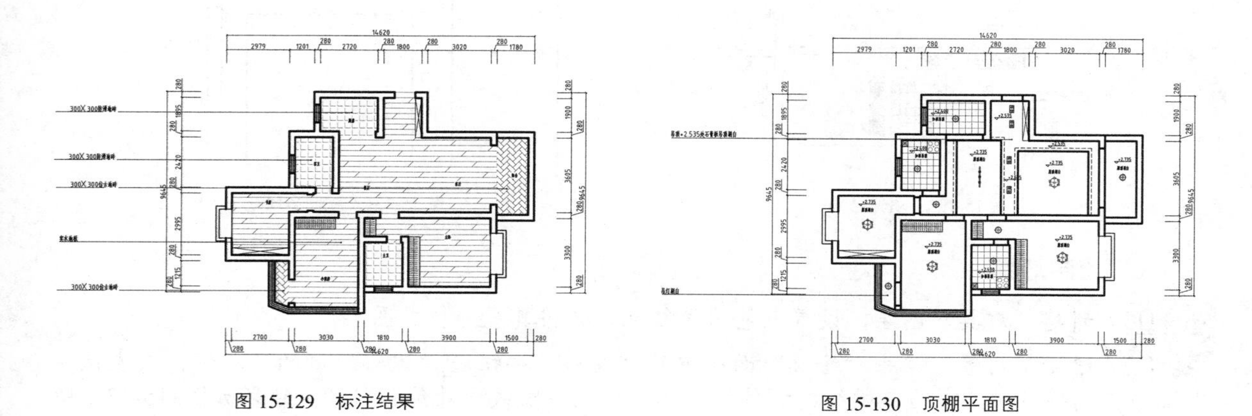

图 15-129　标注结果　　　　图 15-130　顶棚平面图

1. 修改图形

将“墙体”层置为当前图层，单击“绘图”面板中的“直线”按钮，对备份的平面布置整理图的门洞位置进行封口处理，并删除文字标注，结果如图 15-131 所示。

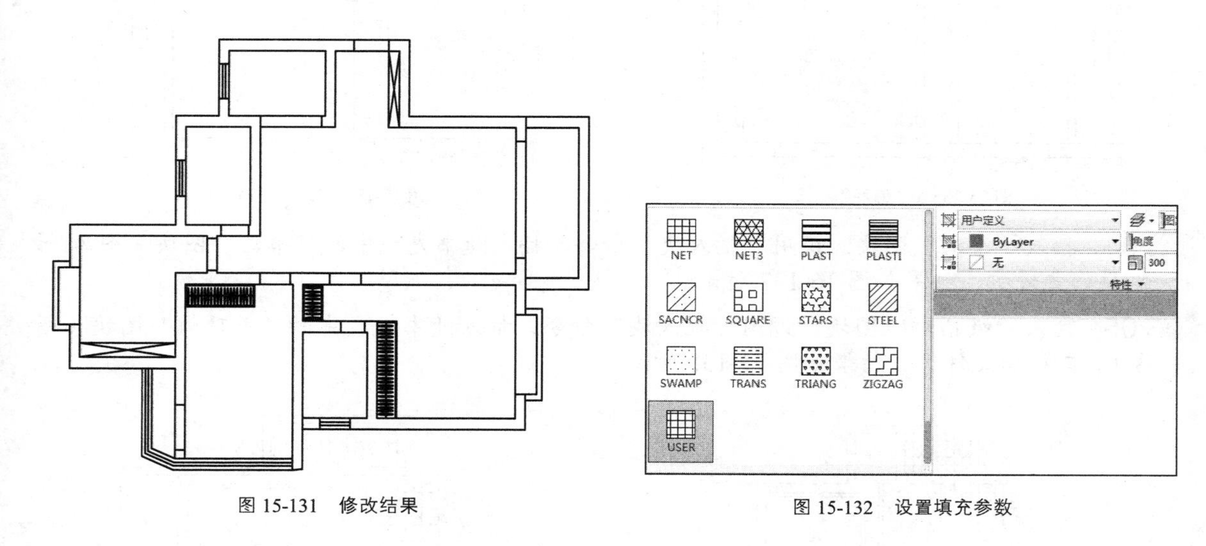

图 15-131　修改结果　　　　图 15-132　设置填充参数

2. 绘制顶棚造型

步骤 01 新建“顶棚”图层，设置图层颜色为白色，并将其置为当前图层。

步骤 02 绘制扣板吊顶。将“填充”图层置为当前图层，执行“图案填充”命令，参数设置如图 15-132 所示。选择厨房和卫生间，对其进行填充，结果如图 15-133 所示。

步骤 03 绘制客厅顶棚造型。将“墙体”图层置为当前图层，执行“多段线”命令，绘制如图 15-134 所示的顶棚线条。

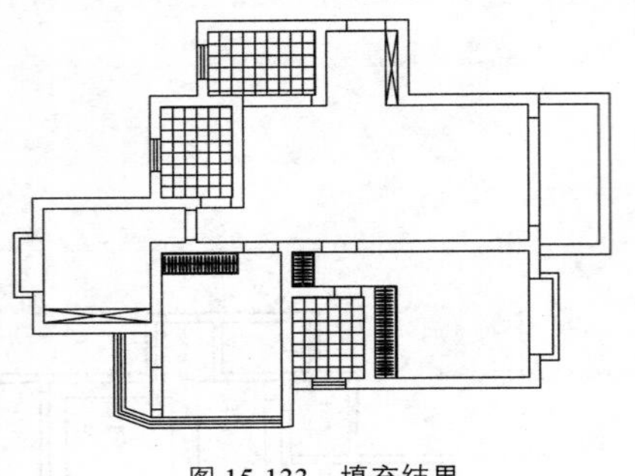

图 15-133 填充结果

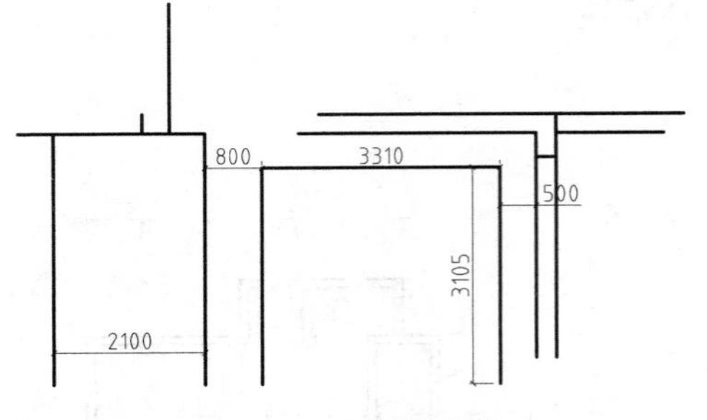

图 15-134 绘制多段线

3. 绘制灯具

步骤01 新建“灯具”图层，设置颜色为洋红色，并将其置为当前图层。

步骤02 绘制软灯管。单击“修改”面板中的“偏移”按钮，偏移绘制的多段线，最左侧多段线向左偏移 150，中间多段线向右偏移 150，右侧多段线向外偏移 150，结果如图 15-135 所示。

步骤03 更改线条特性。选择偏移的多段线，将其放置于“灯具”图层，并将其线型改为“DASHED2”，结果如图 15-136 所示。

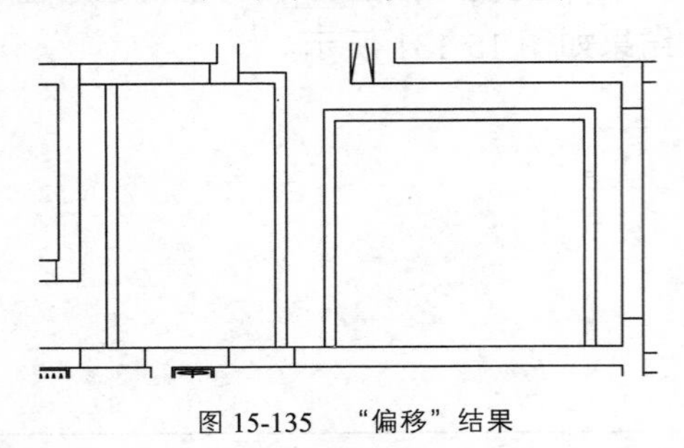

图 15-135 “偏移”结果

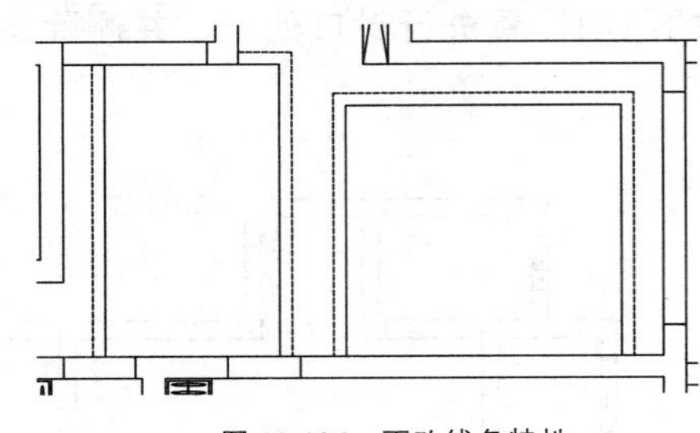

图 15-136 更改线条特性

步骤04 插入“吊灯”图块。调用“插入块”命令，插入随书光盘中的“吊灯”图块（图库/第 15 章/原始文件），结果如图 15-137 所示。

步骤05 插入“吸顶灯”图块。调用“插入块”命令，插入随书光盘中的“吸顶灯”图块（图库/第 15 章/原始文件），结果如图 15-138 所示。

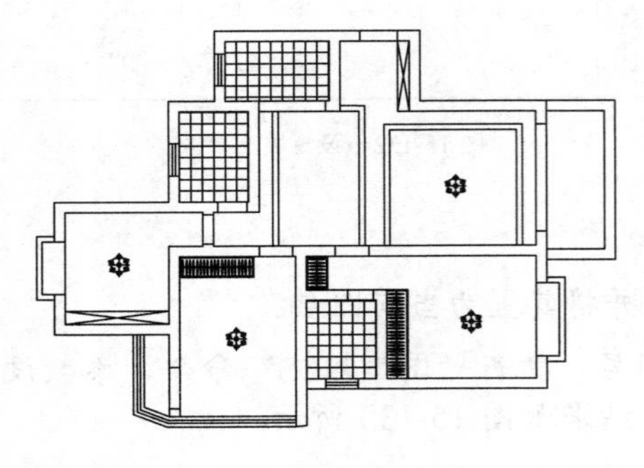

图 15-137 插入“吊灯”图块

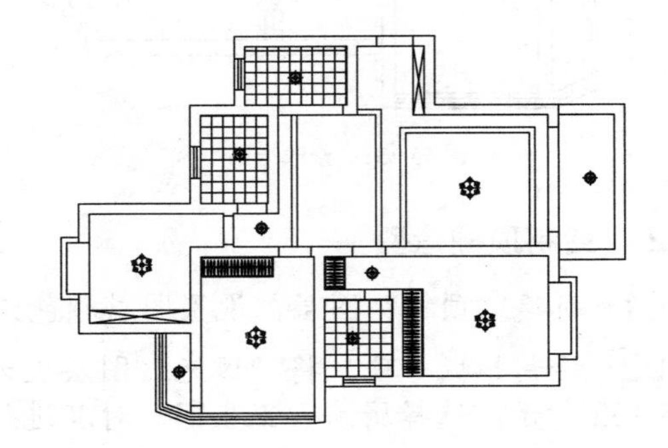

图 15-138 插入“吸顶灯”图块

步骤06 插入其他灯具图块。用同样的方法插入本书配套光盘中的其他灯具图块（图库/第 15 章/原始文件），结果如图 15-139 所示。

4. 标注

步骤 01 文字标注。用标注平面布置图文字的方法标注文字，结果如图 15-140 所示。

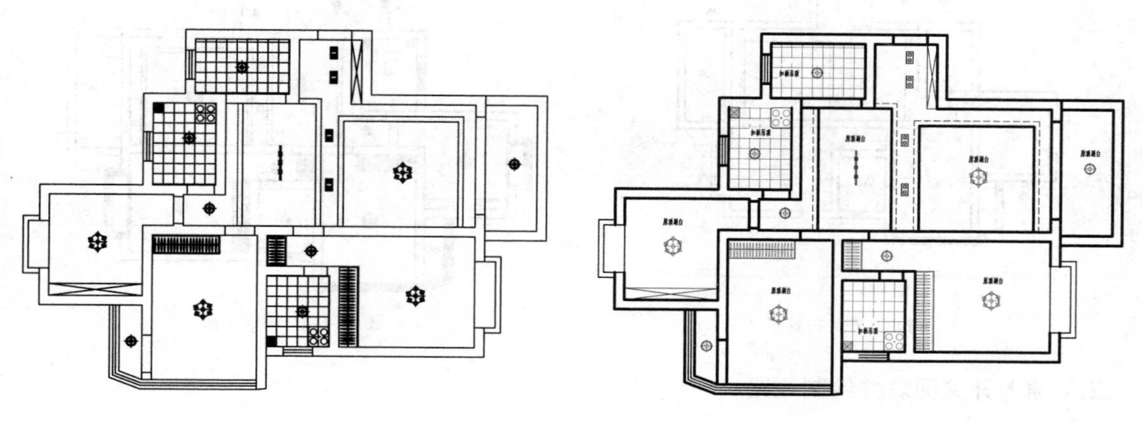

图 15-139 插入结果　　图 15-140 文字标注

步骤 02 插入标高标注。由于在前面的章节中已经详细讲解了“标高”属性块的创建及插入方法，这里我们就不再重复，直接将其以属性块插入到图形中。单击“块”面板中的“插入”按钮，插入“标高”属性块，并在命令行中输入相应的高度值，结果如图 15-141 所示。

步骤 03 多重引线标注。用标注地面布置图多重引线的方法标注顶棚平面图，并显示尺寸标注，结果如图 15-142 所示。顶棚平面图绘制完成。

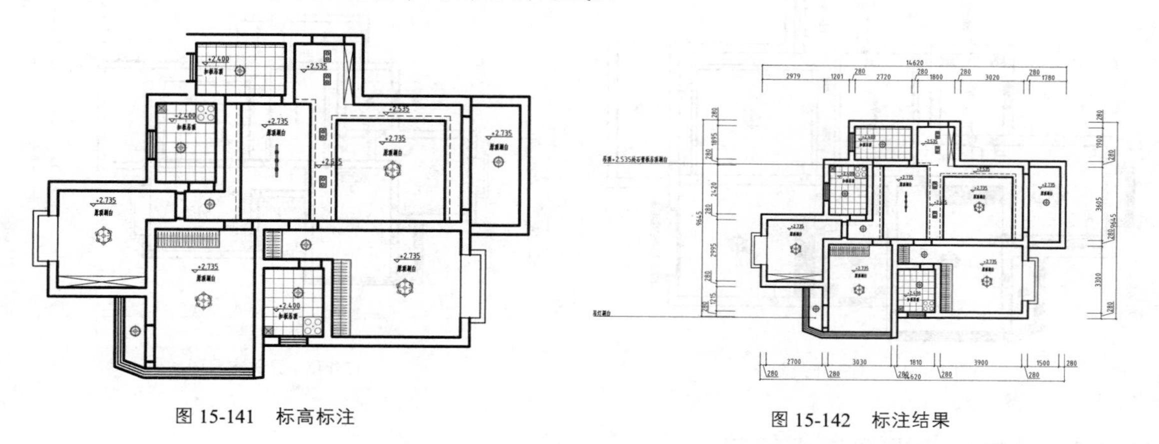

图 15-141 标高标注　　图 15-142 标注结果

15.3.4 绘制开关布置图

开关布置图主要用来表示室内开关线路的铺设方式和安装说明等。本例绘制的开关布置图如图 15-143 所示，开关全部为单联开关。其绘制步骤一般为先清理顶棚布置图，再插入“开关”图块，然后连接开关与灯具用线路，最后进行各种标注。

1. 清理图形

单击“修改”面板中的“复制”按钮，复制一份顶棚平面图至绘图区空白处。并删除文字标注和标高，保留“灯具”图块，结果如图 15-144 所示。

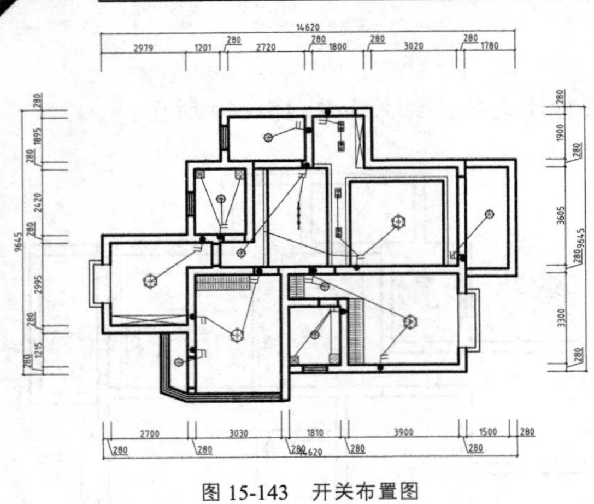

图 15-143　开关布置图

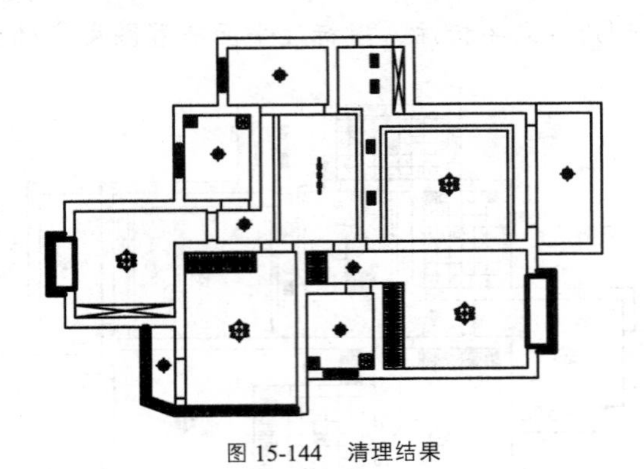

图 15-144　清理结果

2. 插入开关图块并绘制线路

步骤 01 单击“块”面板中的“插入”按钮，插入“开关”图块至图中相应位置（图库/第 15 章/原始文件），并调整其方向和角度，结果如图 15-145 所示。

步骤 02 绘制线路。确定“灯具”图层为当前图层。使用“多段线”工具，绘制线路，连接开关和灯具，并显示尺寸标注，结果如图 15-146 所示。开关布置图绘制完成。

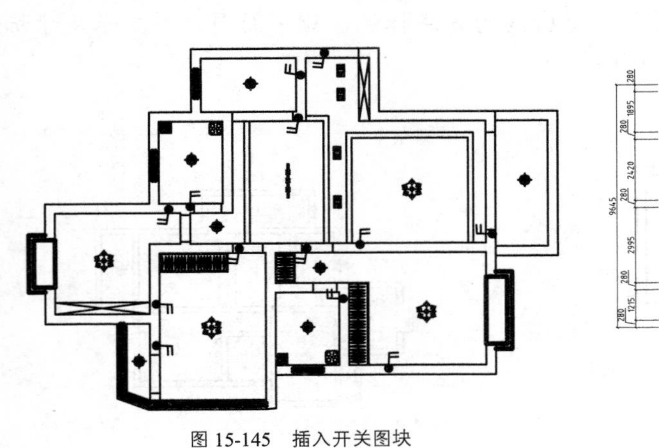

图 15-145　插入开关图块

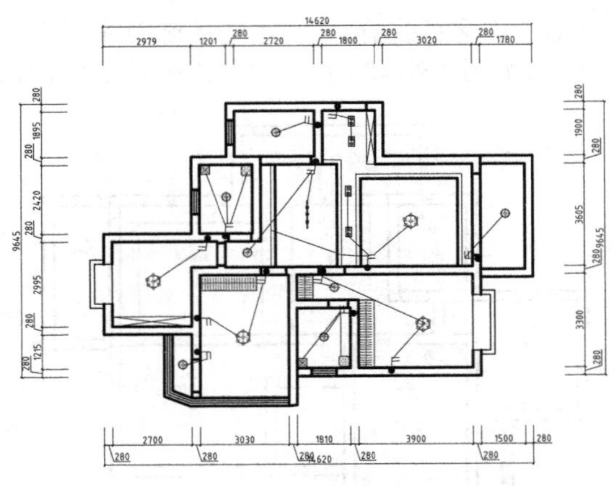

图 15-146　开关布置图

15.3.5　绘制电视背景墙立面图

立面图是一种与垂直界面平行的正投影图，它能够反映垂直界面的形状、装修做法和其上的陈设，是一种很重要的图样。立面图所要表达的内容为四个面（左右墙、地面和顶棚）所围合成的垂直界面的轮廓和轮廓里面的内容，包括按正投影原理能够投影到画面上的所有构配件，如门、窗、隔断和窗帘、壁饰、灯具、家具、设备与陈设等。

本例绘制的客厅电视背景墙立面图如图 15-147 所示，其一般绘制步骤为：先绘制总体轮廓，再绘制墙体和吊顶，接下来绘制墙体装饰，以及插入图块，最后进行标注。

1. 绘制总体轮廓和墙体

步骤01 绘制总体轮廓。将“墙体”图层置为当前图层，利用“矩形”工具，绘制一个尺寸为5050×2735 的矩形。

步骤02 绘制墙体。分解矩形，然后使用“偏移”工具，将矩形右侧线条向左边偏移 280，结果如图 15-148 所示。

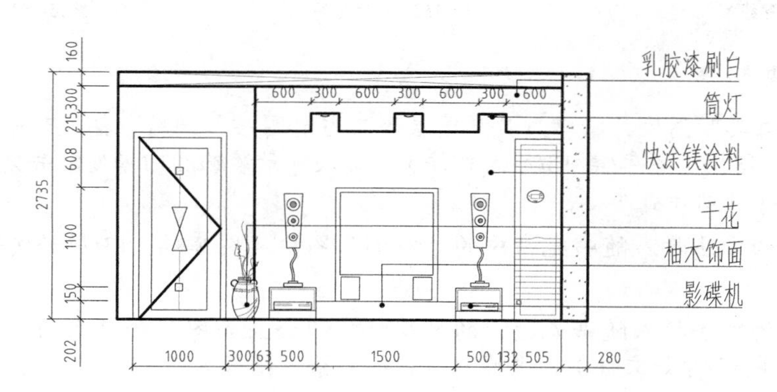

图 15-147　电视背景墙立面图

步骤03 填充墙体。将“填充”图层置为当前图层，单击“绘图”面板中的“图案填充”按钮，为图中的小矩形填充 AR-CONC 图案，设置填充比例为 1，结果如图 15-149 所示。

2. 绘制吊顶

步骤01 将“墙体”层置为当前图层，调用“偏移”命令，将图形最上端的水平线条向下偏移160，并修剪多余的线条。

步骤02 将“填充”层置为当前图层，单击“绘图”面板中的“直线”按钮，过图形上部小矩形对角点绘制两条交叉的直线，结果如图 15-150 所示。

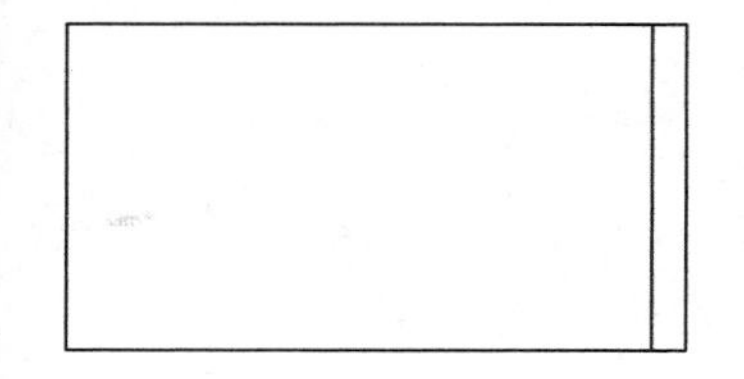

图 15-148　偏移线条

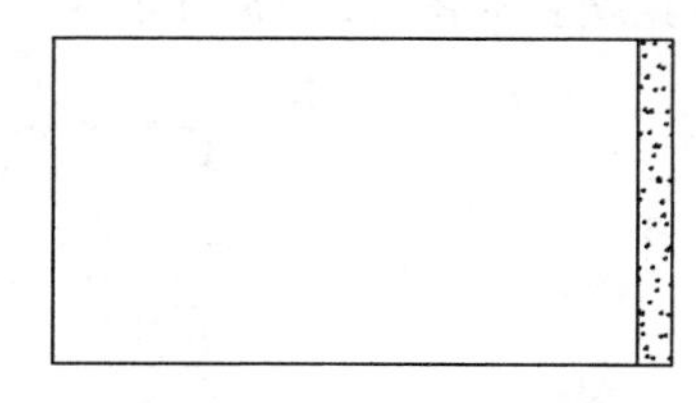

图 15-149　填充结果

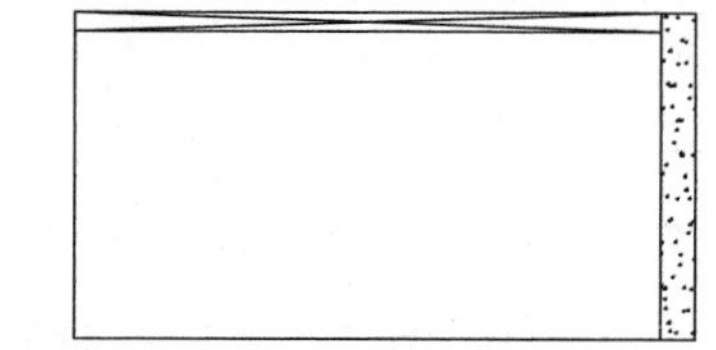

图 15-150　绘制吊顶

3. 绘制墙体装饰

步骤01 单击“修改”面板中的“偏移”按钮，将图形最右侧垂直线条向左偏移 3580，指定出背景墙的范围，并修剪多余的线条，如图 15-151 所示。

步骤02 将“墙体”层置为当前图层，执行“多段线”命令，绘制如图 15-152 所示的多段线。

步骤03 填充背景墙。将“填充”图层置为当前图层，执行“图案填充”命令，选择AR-SAND 图案类型，设置比例为 10，填充背景墙，表示墙面装饰材料，结果如图 15-153 所示。

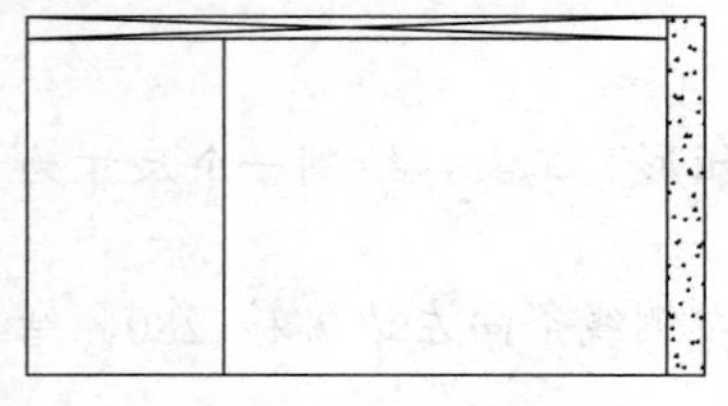

图 15-151　偏移线条

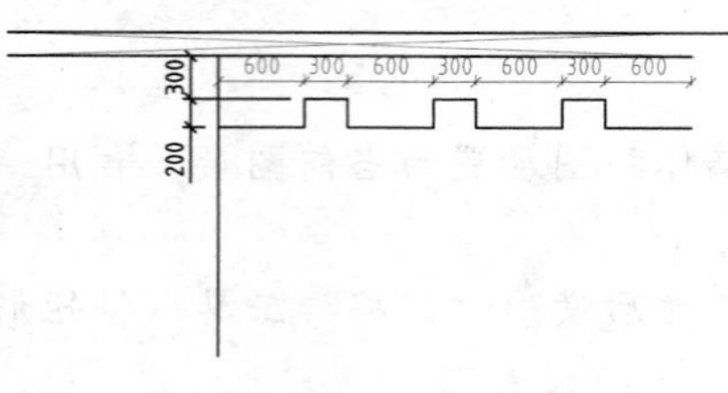

图 15-152　绘制多段线

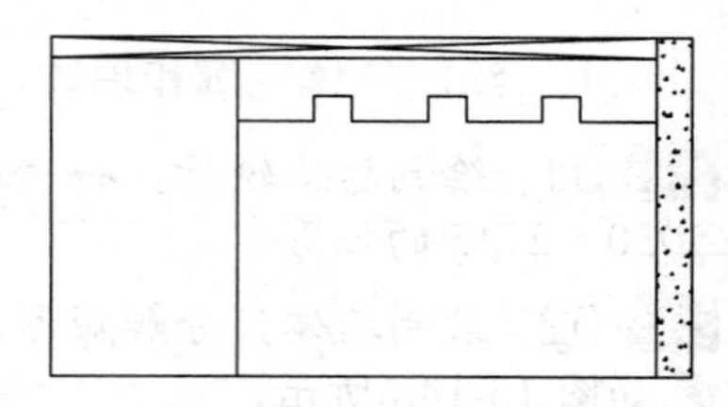

图 15-153　填充结果

4. 插入图块

步骤 01 插入“灯具”图块。将“灯具”图层置为当前图层，调用“插入”命令，插入随书光盘中的“立面灯”图块（图库/第 13/原始文件），插入背景装饰的凹槽处，并复制两个至另外两处，结果如图 15-154 所示。

步骤 02 用同样的方法插入随书光盘中的“空调”图块（图库/第 13/原始文件），结果如图 15-155 所示。

步骤 03 用同样的方法插入随书光盘中的“视听柜组合立面图”和“立面门”图形以及“花瓶”图块（图库/第 13/原始文件），并修剪多余的线条，结果如图 15-156 所示。

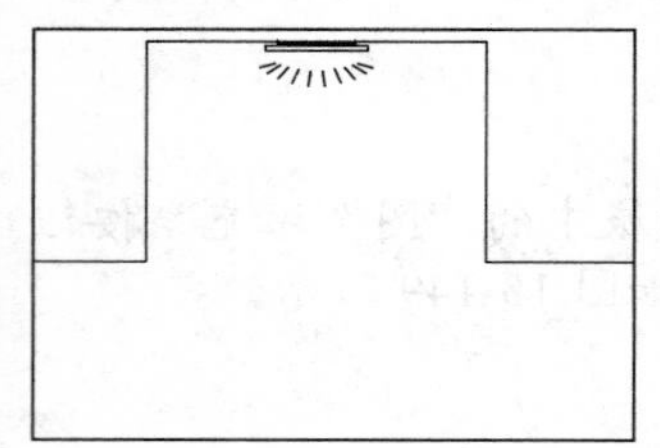

图 15-154　插入立面灯

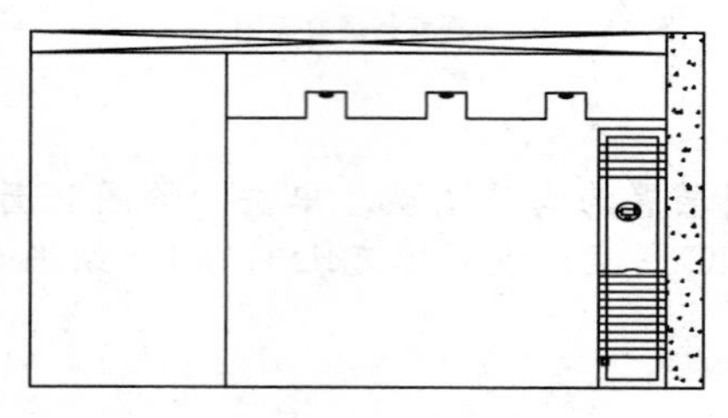

图 15-155　插入空调

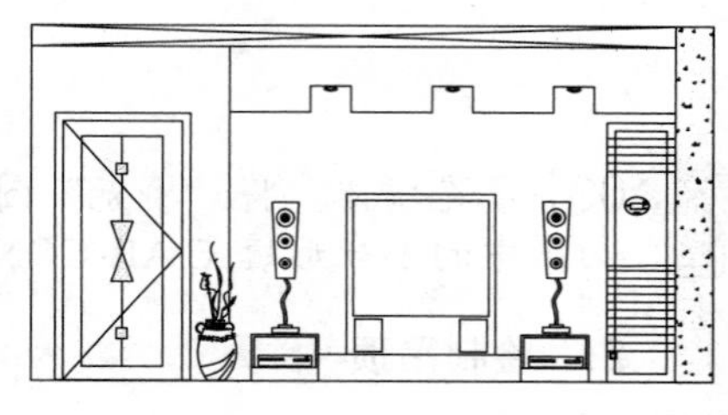

图 15-156　插入结果

5. 标注

步骤 01 设置尺寸标注样式。我们可以在“原始平面图”尺寸标注样式的基础上新建“样式 2”标注样式，如图 15-157 所示，其设置如图 15-158 所示。

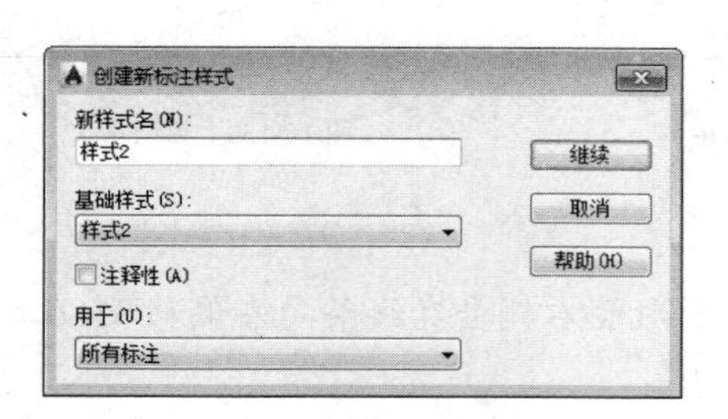

图 15-157　新建标注样式

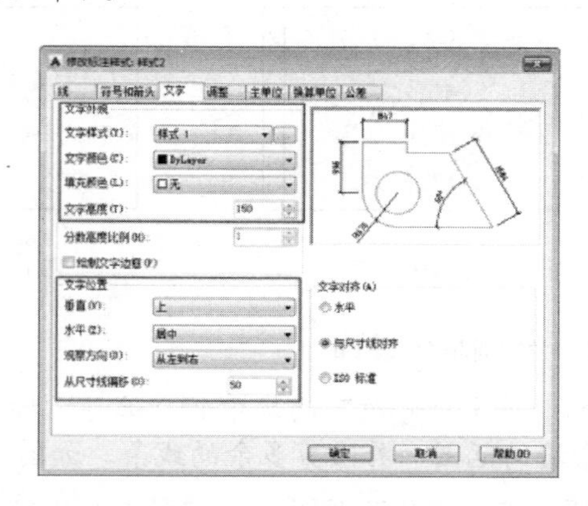

图 15-158　参数设置

步骤 02 将“标注”层置为当前图层，综合使用“线性”“连续”和“基线”标注命令，对立面图进行尺寸标注，结果如图 15-159 所示。

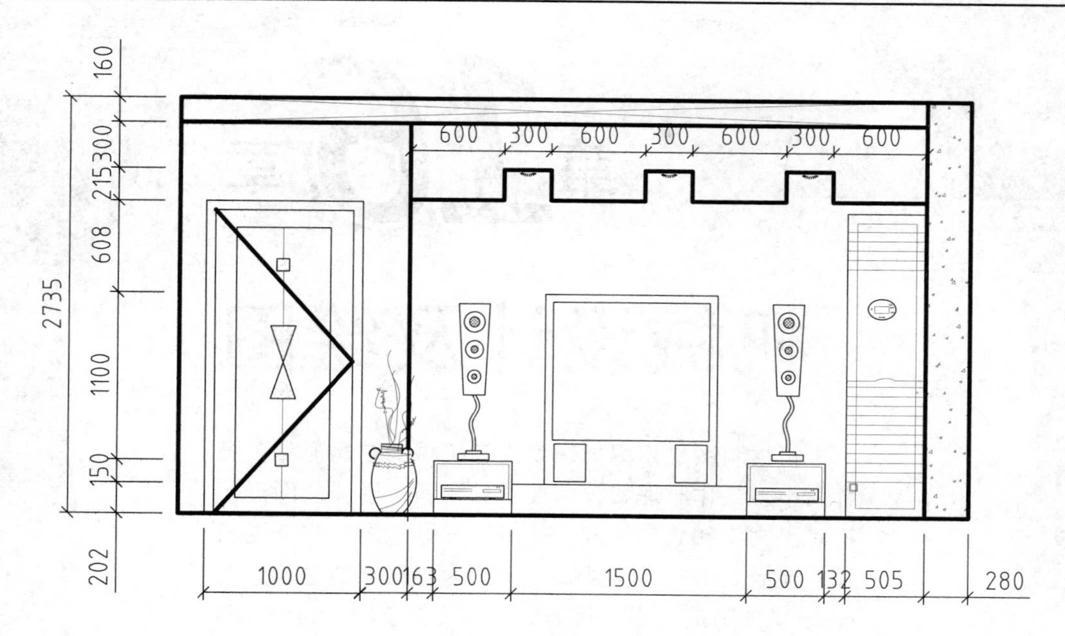

图 15-159　尺寸标注结果

步骤 03　多重引线标注。用与前面相同的方法进行多重引线的标注，结果如图 15-160 所示。客厅电视背景墙立面图绘制完成。

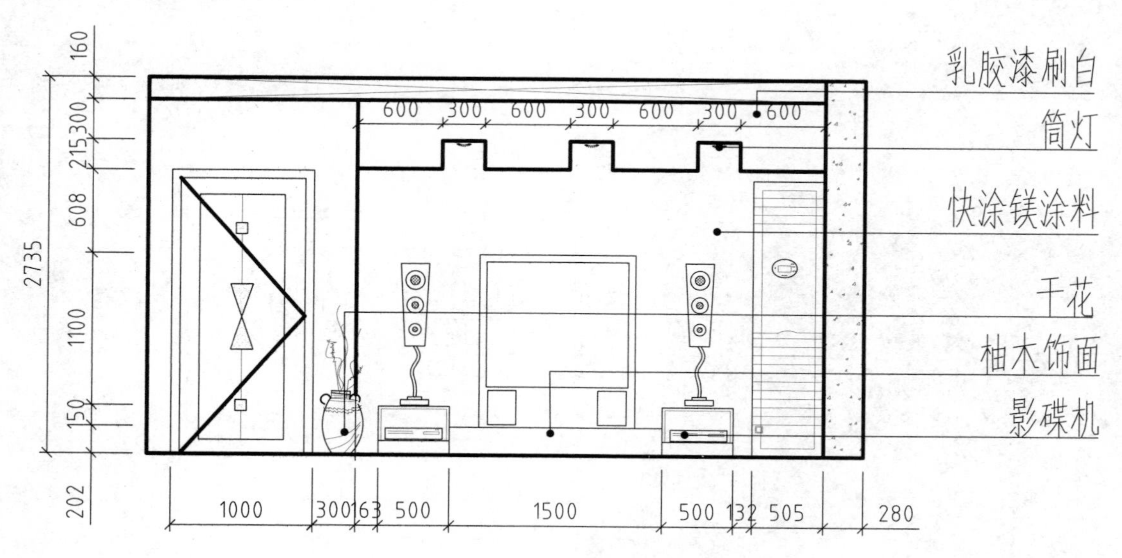

图 15-160　多重引线标注结果

第16章

机械设计及绘图

机械制图是用图样确切表示机械的结构形状、尺寸大小、工作原理和技术要求的学科。图样由图形、符号、文字和数字组成，是表达设计意图和制造要求及交流经验的技术文件，常被称为工程界的语言。而AutoCAD则是实现该目的的一种工具。使用AutoCAD绘制出可以更加方便、快捷和精确的机械图形。

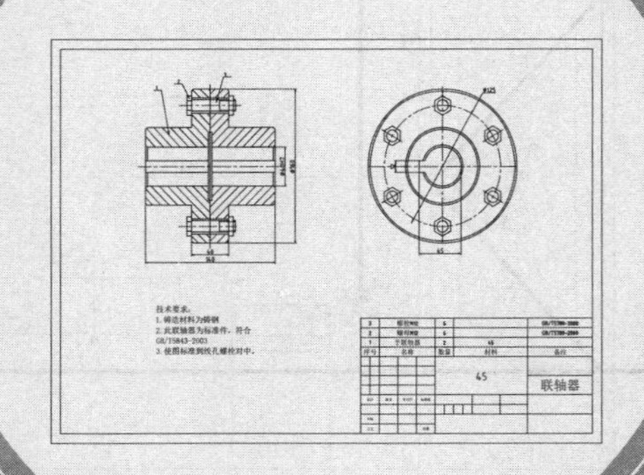

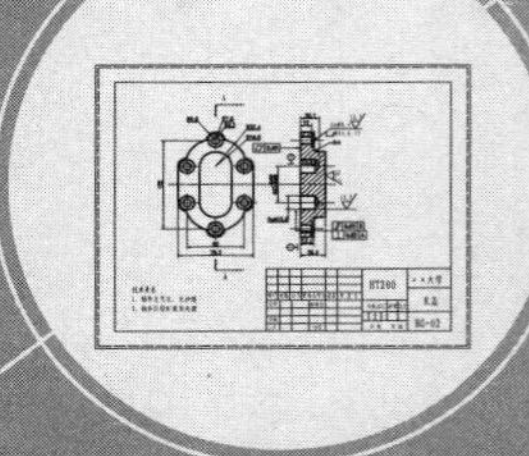

AutoCAD 2016

16.1 机械设计制图的内容

对于机械制造行业来说，机械制图在行业中起着举足轻重的作用。因此，每个工程技术人员都需要熟练地掌握机械制图的内容和流程。

机械制图主要包括零件图和装配图，其中零件图主要包括以下几部分内容：

- 机械图形：采用一组视图，如主视图、剖视图、断面图和局部放大图等，用以正确、完整、清晰并且简便地表达零件的结构。
- 尺寸标注：用一组正确、完整、清晰及合理的尺寸标注零件的结构形状和其相互位置。
- 技术要求：用文字或符号表明零件在制造、检验和装配时应达到的具体要求。如表面粗糙度、尺寸公差、形状和位置公差、表面热处理和材料热处理等一些技术要求。
- 标题栏：由名称、签字区、更改区组成的栏目。

装配图主要包括以下几个部分：

- 机械图形：用基本视图完整、清晰表达机器或部件的工作原理、各零件间的装配关系和主要零件的基本结构。
- 几何尺寸：包括机器或部件规格、性能以及装配、安装的相关尺寸。
- 技术要求：用文字或符号表明机器或部件的性能、装配和调整要求、试验和验收条件及使用要求等。
- 明细栏：标明图形中序号所指定的具体内容。
- 标题栏：由名称、签字区和其他区组成。

AutoCAD 2016

16.2 机械设计制图的流程

AutoCAD 中，机械零件图的绘制流程主要包括以下几个步骤：

- 了解所绘制零件的名称、材料、用途以及各部分的结构形状及加工方法。
- 根据上述分析，确定绘制物体的主视图，再根据其结构特征确定顶视图及剖视图等其它视图。
- 标注尺寸及添加文字说明，最后绘制标题栏并填写内容。
- 图形绘制完成后，可对其进行打印输出。

AutoCAD 中，机械装配图的绘制流程主要包括以下步骤：

- 了解所绘制部件的工作原理、零件之间的装配关系、用途以及主要零件的基本结构和部件的安装情况等内容。
- 根据对所绘制部件的了解，合理运用各种表达方法，按照装配图的要求选择视图，确定视图表达方案。

AutoCAD 2016

16.3 绘制机械零件图

16.3.1 零件图的内容

任何一台机器或部件都是由多个零件装配而成的。表达单个零件结构形状、尺寸、大小及加工和检验等方面技术要求的图样称为零件图。零件图是工厂制造和检验零件的依据，是设计部门和生产部门的重要技术资料之一。

为了满足生产部门制造零件的要求，一张零件图必须包括以下几方面内容。

1. 一组视图

用一组视图完整、清晰地表达零件各个部分的结构以及形状。这组视图包括机件的各种表达方法中的视图、剖视图、断面图、局部放大图和简化画法。

2. 完整的尺寸

零件图中应正确、完整、清晰、合理地标注零件在制造和检验时所需要的全部尺寸。

3. 技术要求

用规定的符号、代号、标记和简要的文字表达出对零件制造和检验时所应达到的各项技术指标和要求。

4. 标题栏

在标题栏中一般应填写单位名称、图名（零件的名称）、材料、质量、比例、图号，以及设计、审核、批准人员的签名和日期等。

16.3.2 零件的类型

零件是部件中的组成部分。一个零件的机构与其在部件中的作用密不可分。零件按其在部件中所起的作用，以及结构是否标准化，大致可以分为以下 3 类。

1. 标准件

常用的有螺纹连接件，如螺栓、螺钉、螺母，还有滚动轴承等。这一类零件的结构已经标准化，国家制图标准已指定了标准件的规定画法和标注方法。

2. 传动件

常用的有齿轮、蜗轮、蜗杆、胶带轮、丝杆等，这类零件的主要结构已经标准化，并且有规定画法。

3. 一般零件

除了上述两类零件以外的零件都可以归纳到一般零件中。例如轴、盘盖、支架、壳体、箱体等。它们的结构形状、尺寸大小和技术要求由相关部件的设计要求和制造工艺要求而定。

16.3.3 绘制泵盖零件图

1. 绘制主视图

步骤 01 将“中心线”图层切换为当前图层，单击“绘图”面板中的“直线”按钮，绘制竖直中心线和水平中心线，如图 16-1 所示。

步骤 02 单击“修改”面板中的“偏移”按钮，选取水平中心线为偏移对象，将其向上偏移 42，结果如图 16-2 所示。

步骤 03 将“粗实线”切换为当前图层，单击“绘图”面板中的“圆心，半径”按钮，分别以中心线的两个交点为圆心，绘制两个半径为 16.8 的圆。

步骤 04 单击“绘图”面板中的“直线”按钮，结合“对象捕捉”功能绘制圆轮廓线的切线，如图 16-3 所示。

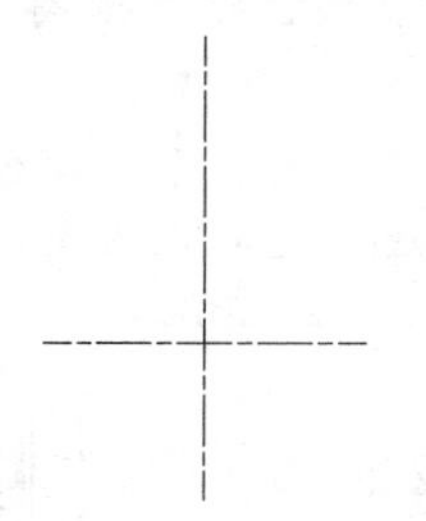

图 16-1　绘制中心线

图 16-2　“偏移”操作

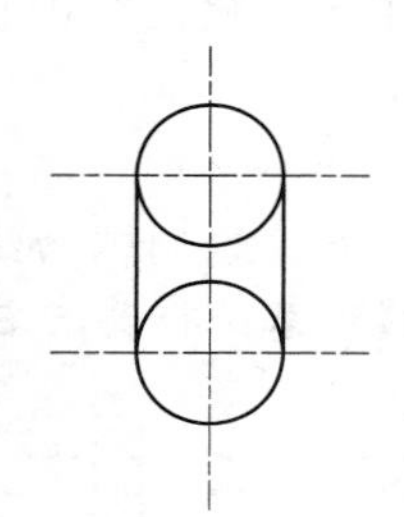

图 16-3　绘制“圆”轮廓线及切线

步骤 05 单击“修改”面板中的“修剪”按钮，修剪多余直线，如图 16-4 所示。

步骤 06 单击“修改”面板中的“偏移”按钮，选取竖直中心线为偏移对象，将其分别向左和向右偏移 30。重复调用“偏移”命令，选取上部水平中心线为偏移对象，将其向上偏移 30 和向下偏移 72，结果如图 16-5 所示。

步骤 07 单击“绘图”面板中的“圆心，半径”按钮，如图 16-6 所示绘制半径分别为 4.2、7.8 和 9.6 的同心圆。

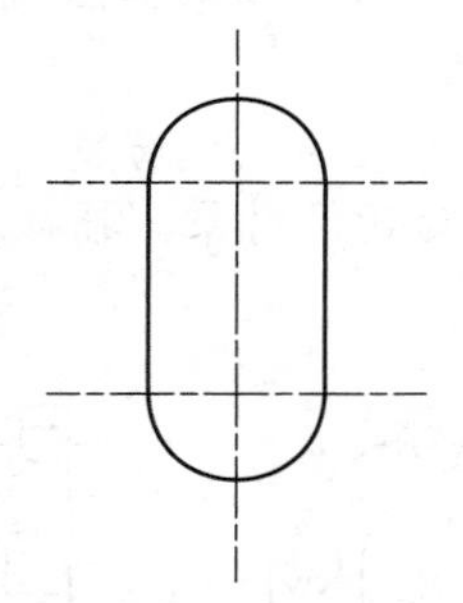

图 16-4　“修剪”操作

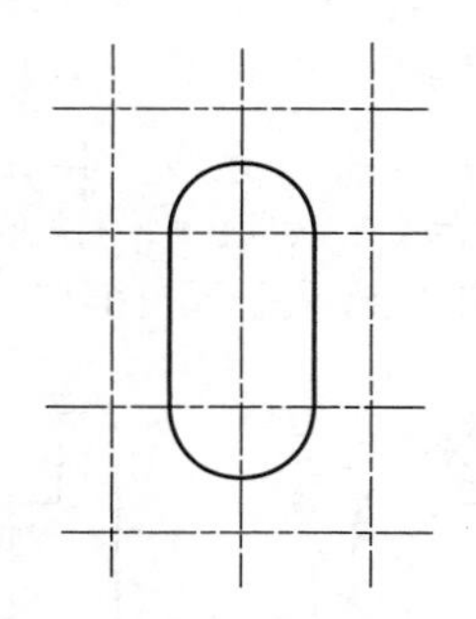

图 16-5　偏移辅助线

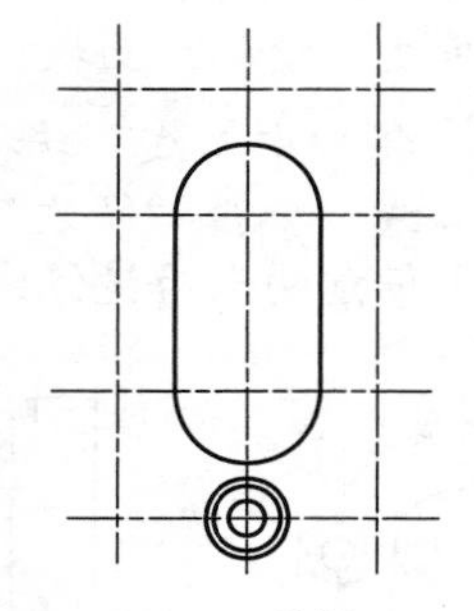

图 16-6　绘制圆

步骤 08 单击“修改”面板中的“复制”按钮，选取上步操作所绘制的同心圆为复制对象，如图 16-7 所示复制图形。

步骤 09 单击“修改”面板中的“偏移”按钮，选取主视图内侧闭合轮廓线为偏移对象，将其向外偏移 15.6 和 22.8，结果如图 16-8 所示。单击“修改”面板中的“修剪”按钮，修剪和删除掉多余的直线和圆弧，结果如图 16-9 所示。至主视图绘制完成。

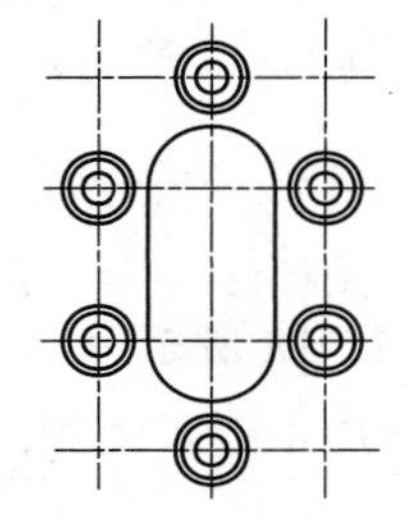

图 16-7　“复制”操作

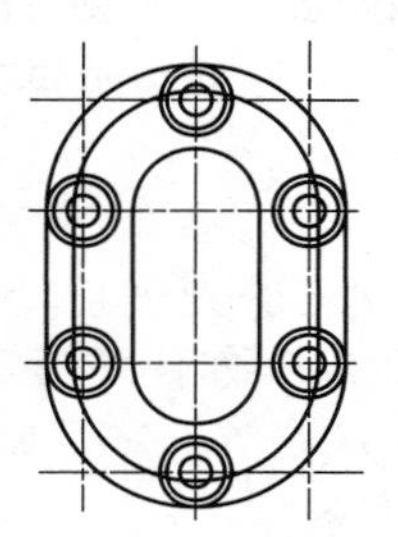

图 16-8　“偏移”操作

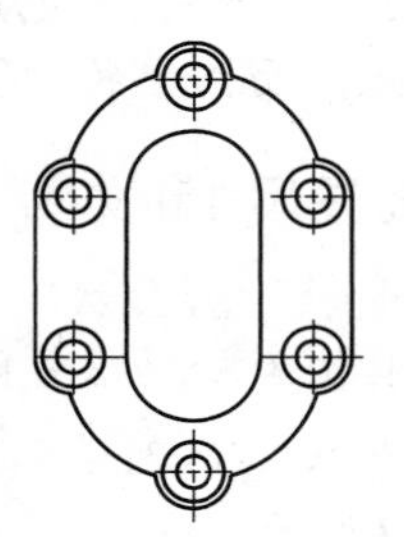

图 16-9　修剪多余曲线

2. 绘制剖视图

步骤01 单击“绘图”面板中的“直线”按钮，根据主视图与左视图的投影关系，配合“对象捕捉”功能，如图 16-10 所示绘制定位辅助线。

步骤02 单击“修改”面板中的“修剪”按钮，修剪和删除掉多余的直线，结果如图 16-11 所示。

步骤03 单击“绘图”面板中的“直线”按钮，根据主视图与左视图的投影关系，配合“对象捕捉”功能，绘制辅助线。然后单击“修改”面板中的“偏移”按钮，选取左视图左侧轮廓线为偏移对象，将其向右偏移和向左偏移 12、15.6 和 20.1，结果如图 16-12 所示。

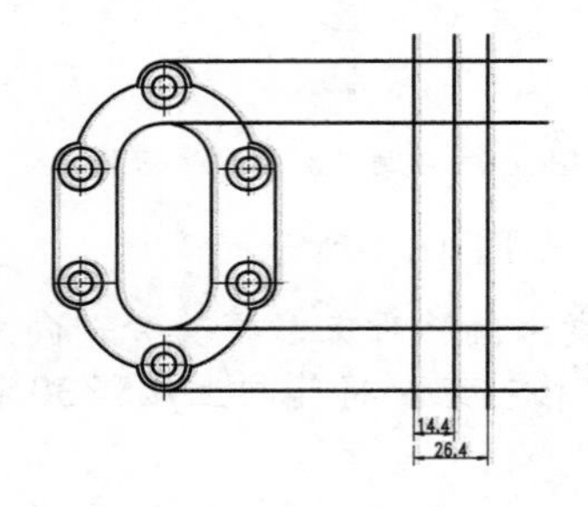

图 16-10 绘制定位辅助线

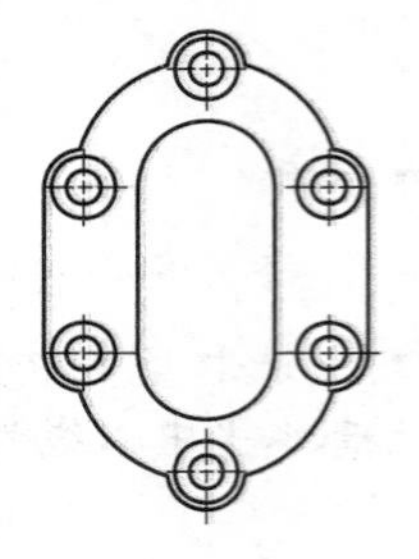

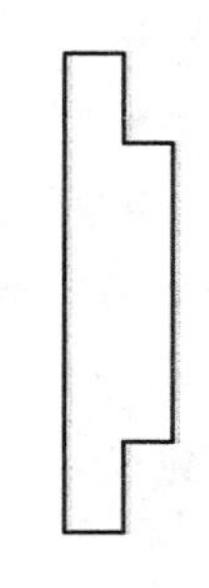

图 16-11 “修剪”操作

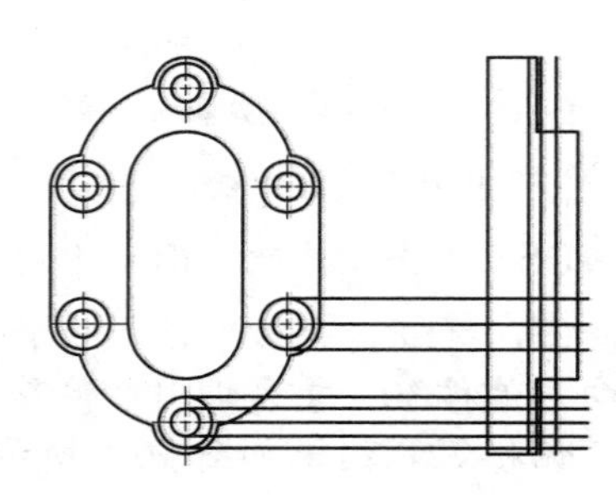

图 16-12 绘制辅助线

步骤04 单击“修改”面板中的“修剪”按钮，修剪和删除掉多余的直线，结果如图 16-13 所示。单击“绘图”面板中的“直线”按钮，如图 16-14 所示绘制锥角。

步骤05 将“中心线”转换为当前图层并单击“直线”按钮，结合“对象捕捉”功能，绘制水平中心线。单击“修改”面板中的“镜像”按钮，选取孔特征部分为镜像对象，捕捉水平中心线上任意两点为镜像线的点镜像图形，结果如图 16-15 所示。

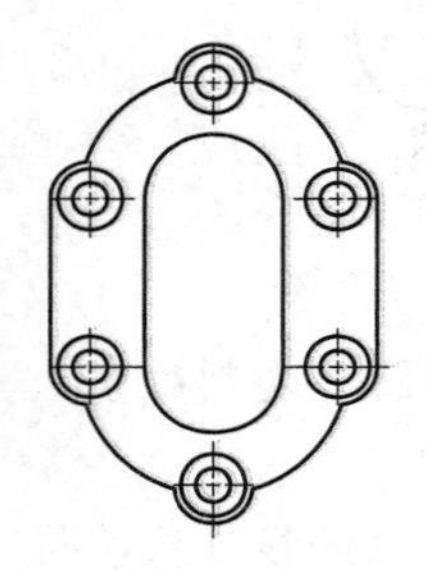

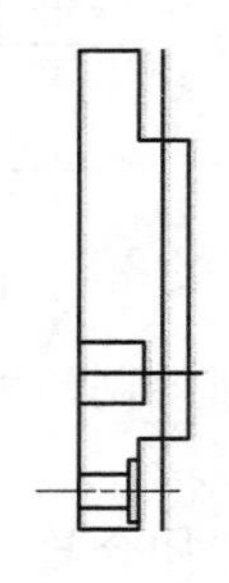

图 16-13 “修剪”操作

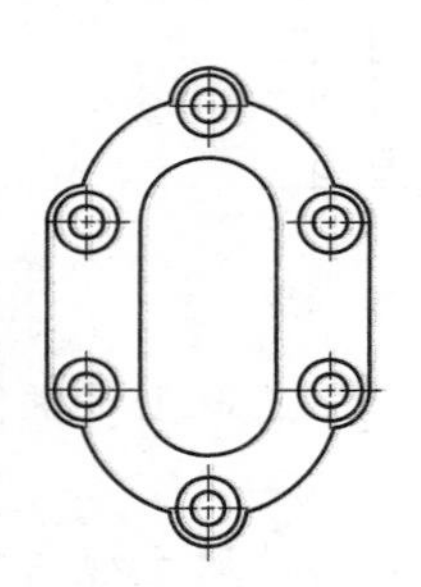

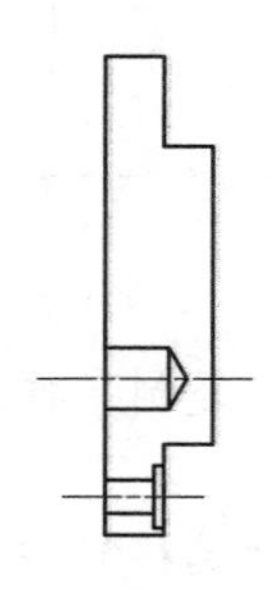

图 16-14 绘制顶锥角

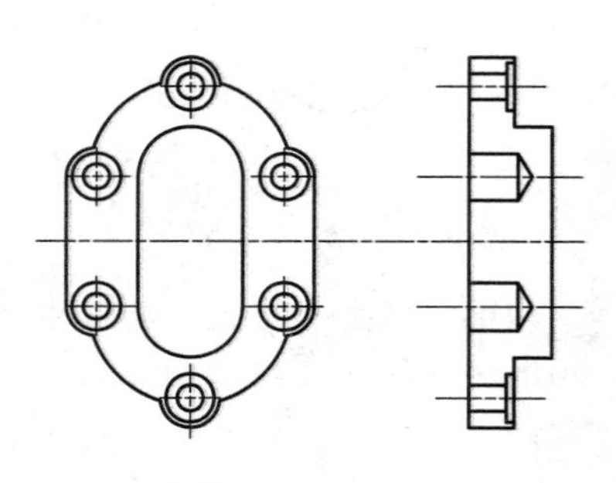

图 16-15 镜像图形

步骤06 单击“修改”面板中的“圆角”按钮，如图 16-16 所示创建两个半径为 1 的圆角。单击“绘图”面板中的“图案填充”按钮，为剖切面填充图案，结果如图 16-17 所示。

3. 标注尺寸和文本

步骤01 切换“标注线”层为当前图层，然后分别调用“线性标注”“半径标注”和“角度标注”等工具依次标注出各圆弧半径、圆心距离和零件外形尺寸，结果如图 16-18 所示。

步骤02 依次选取图中各圆孔需要编辑的尺寸，并调用“编辑”工具进行尺寸文本编辑，结果如图 16-19 所示。

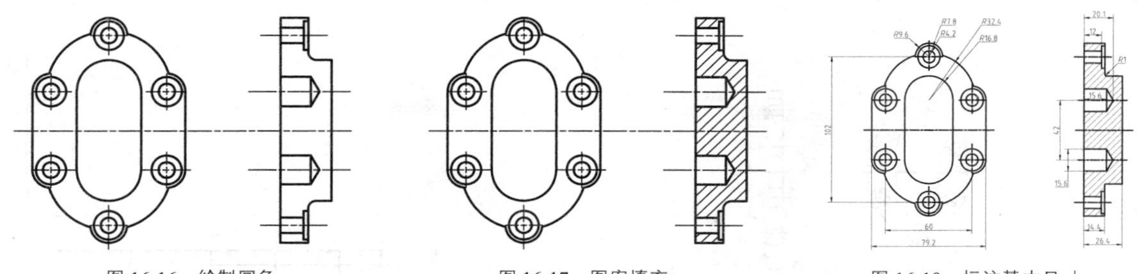

图 16-16　绘制圆角　　图 16-17　图案填充　　图 16-18　标注基本尺寸

步骤 03 首先分别使用“直线”“圆”工具绘制基准符号进行标注，然后调用“多行文字”工具在符号标注处添加相应文本，结果如图 16-20 所示。

步骤 04 调用“公差”命令，在“形位公差”对话框中编辑相应参数，在适当的位置进行公差标注，效果如图 16-21 所示。

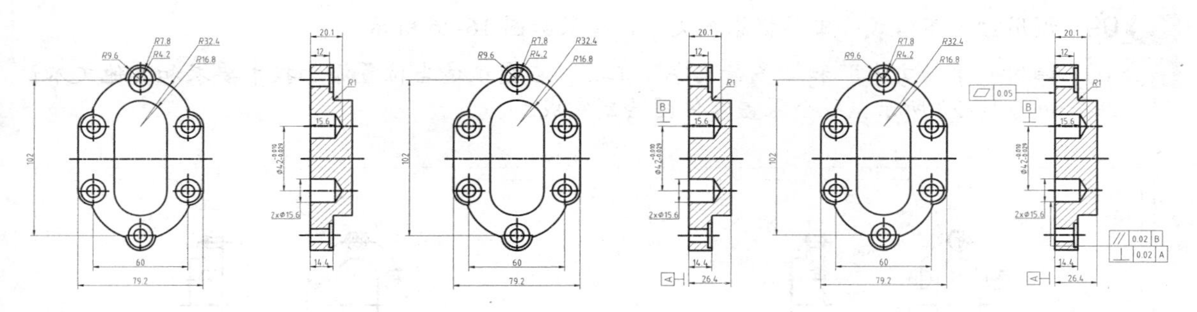

图 16-19　编辑尺寸文本　　图 16-20　标注基准符号　　图 16-21　标注形位公差

步骤 05 分别调用“半径标注”和“多重引线”工具，在图中各圆角、沉头孔处添加相应的尺寸标注，结果如图 16-22 所示。

步骤 06 调用“直线”工具，绘制粗糙度符号；调用“多段线”工具绘制剖切符号；调用“单行文字”工具，在符号标注处添加文本，结果如图 16-23 所示。

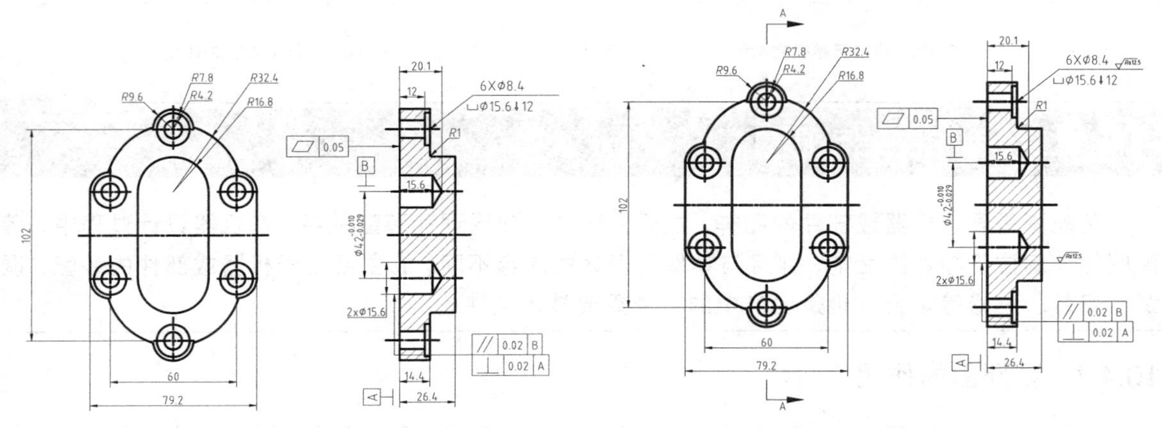

图 16-22　标注圆角和沉头孔尺寸　　图 16-23　标注粗糙度和剖切符号

步骤 07 使用“矩形”工具，绘制一个 394×277 的矩形，使用“偏移”工具，将新绘制的矩形向外偏移 10，如图 16-24 所示。

步骤 08 使用“直线”工具、“偏移”工具和“修剪”工具，在图框的右下角绘制出相应的图形，如图 16-25 所示。

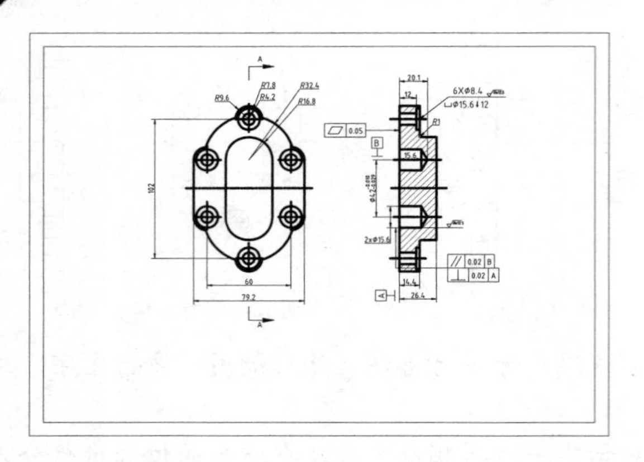

图 16-24　创建图幅

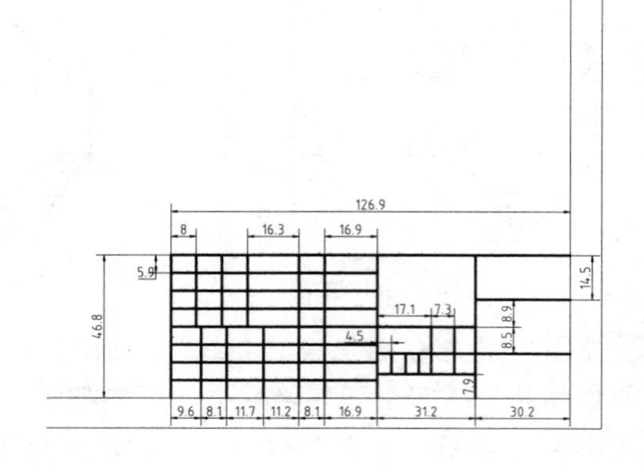

图 16-25　绘制标题栏

步骤 09 调用“文字格式”工具栏添加文字，结果如图 16-26 所示。

步骤 10 调用“单行文本”和“多行文字”工具，在图纸适当位置添加技术要求和其他文本说明，结果如图 16-27 所示。整个泵盖零件图绘制完成。

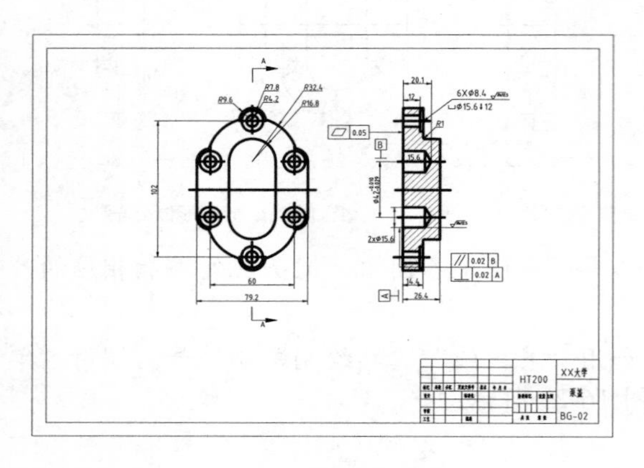

图 16-26　添加标题栏文本

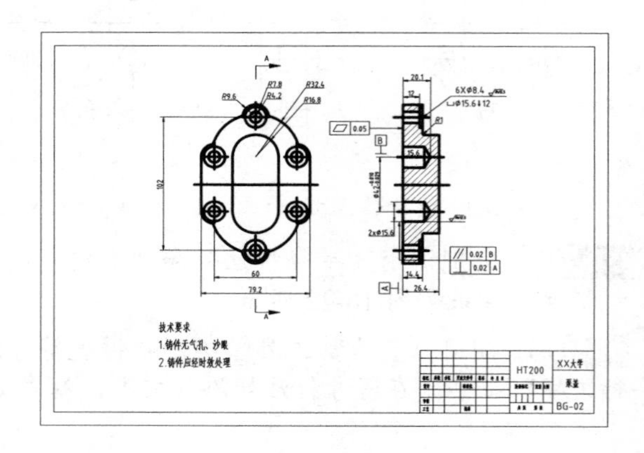

图 16-27　添加文本说明

16.4 绘制机械装配图

装配图是表达机器或部件的图样，主要表达其工作原理和装配关系。在机器设计过程中，装配图的绘制位于零件图之前，并且与零件图表达的内容不同。它主要用于机器或部件的装配、调试、安装、维修等场合，也是生产中的一种重要技术文件。

16.4.1 装配图的作用

在设计产品的过程中，一般要根据设计要求绘制装配图，用以表达机器或部件的主要结构和工作原理，以及根据装配图设计零件并绘制各个零件图。在制造产品时，装配图是制定装配工艺规程、进行装配和检验的技术依据，即根据装配图把制成的零件装配成合格的部件或机器。在使用或维修机器设备时，也需要通过装配图来了解机器的性能、结构、传动路线、工作原理以及维修和使用方法。

16.4.2　装配图的内容

装配图主要表达机器或零件各部分之间的相对位置、装配关系、连接方式和主要零件的结构形状等内容，如图 16-28 所示。其具体说明如下。

1．一组图形

用一组图形表达机器或部件的传动路线、工作原理、机构特点、零件之间的相对位置、装配关系、连接方式和主要零件的结构形状等。

2．几类尺寸

标注出表示机器或部件的性能、规格、外形以及装配、检验、安装时必须具备的几类尺寸。

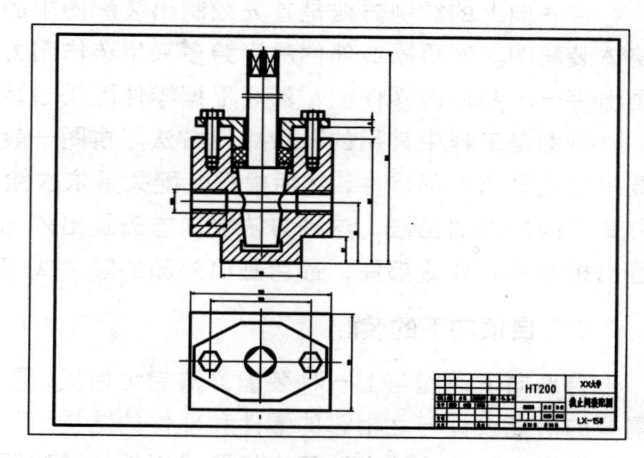

图 16-28　截止阀装配图

3．零件编号、明晰栏和标题栏

在装配图上要对各种不同的零件编写序号，并在明细栏内依次填写零件的序号、名称、数量、材料、标准零件的国际代号等内容。标题栏内填写机器或部件的名称、比例、图号以及设计、制图、校核人员名称等。

16.4.3　绘制装配图的步骤

在绘制装配图之前，首先要了解部件或机器的工作原理和基本结构特征等资料，然后经过拟定方案、绘制装配图和整体校核等一系列的工序，具体步骤介绍如下。

1．了解部件

弄清用途、工作原理、装配关系、传动路线及主要零件的基本结构。

2．确定方案

选择主视图的方向，确定图幅以及绘图比例，合理运用各种表达方法表达图形。

3．画出底稿

先画图框、标题栏以及明细栏外框，再布置视图，画出基准线，然后画出主要零件，最后根据装配关系依次画出其余零件。

4．完成全图

绘制剖面线、标注尺寸、编排序号，并填写标题栏、明细栏、号签以及技术要求，然后按标准加深图线。

5．全面校核

仔细而全面地校核图中的所有内容，改正错、漏处，并在标题栏内签名。

16.4.4 绘制装配图的方法

1. 自底向上装配

自底向上的绘制方法是首先绘制出装配图中的每一个零件图，然后根据零件图的结构，绘制整体装配图。对机器或部件的测绘多采用该作图方法，首先根据测量所得的已知的零件的尺寸，画出每一个零件的零件图，然后根据零件图画出装配图，而这一过程称为拼图。

拼图是工程中常用的一种练习方法。拼图一般可以采用两种方法，一种是由外向内的画法，要求首先画出外部零件，然后根据装配关系依次绘制出相邻的零件或部件，最后完成装配图；一种是由内向外的画法，这种方法要求首先画出内部的零件或部件，然后根据零件间的连接关系，画出相邻的零件或部件，最后画出外部的零件或部件。

2. 自顶向下的装配

自顶向下装配与上一种装配方法完全相反，是直接在装配图中画出重要的零件或部件，根据需要的功能设计与之相邻的零件和部件的结构，直到最后完成装配图。一般在设计的开始阶段都采用自顶向下的设计方法画出机器或部件的装配图，然后根据设计装配图拆画零件图。

16.4.5 绘制芯柱机装配图

芯柱机装配图绘制完成效果如图 16-29 所示。

1. 绘制剖视图

步骤 01 调用“直线”“矩形”和“偏移”等工具，绘制出装配图中剖视图和左视图的中心线和图框轮廓线，如图 16-30 所示。

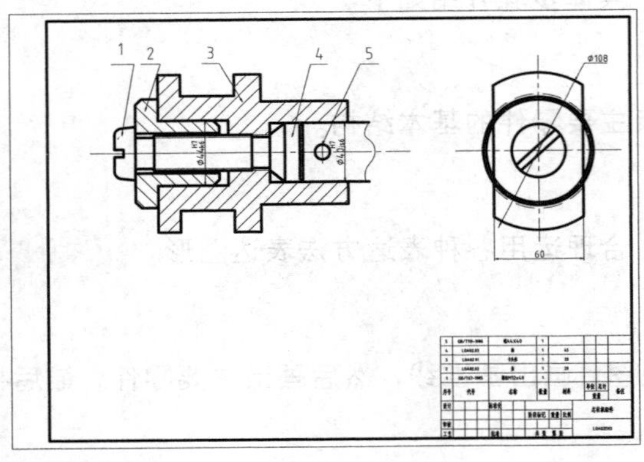

图 16-29 芯柱机装配图

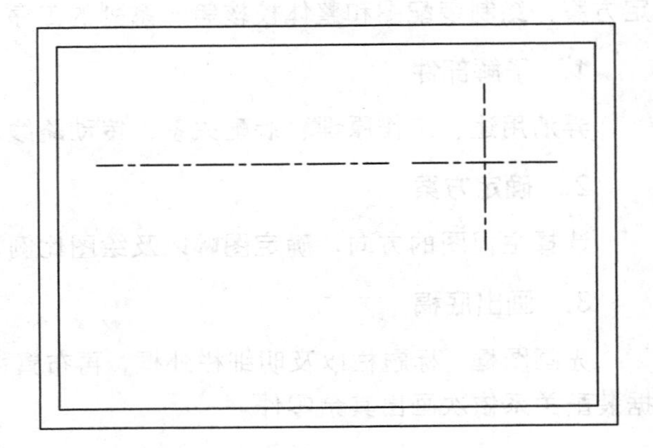

图 16-30 绘制辅助线和图框轮廓

步骤 02 切换“粗实线”图层为当前图层，调用“直线”工具，绘制一个长 127、宽 108 的矩形，结果如图 16-31 所示。

步骤 03 调用“偏移”命令，将左侧边线向右偏移 15、47、51、69，上、下端边线向中间偏移 15、32，结果如图 16-32 所示。

步骤 04 调用“修剪”命令，修剪边线如图 16-33 所示。

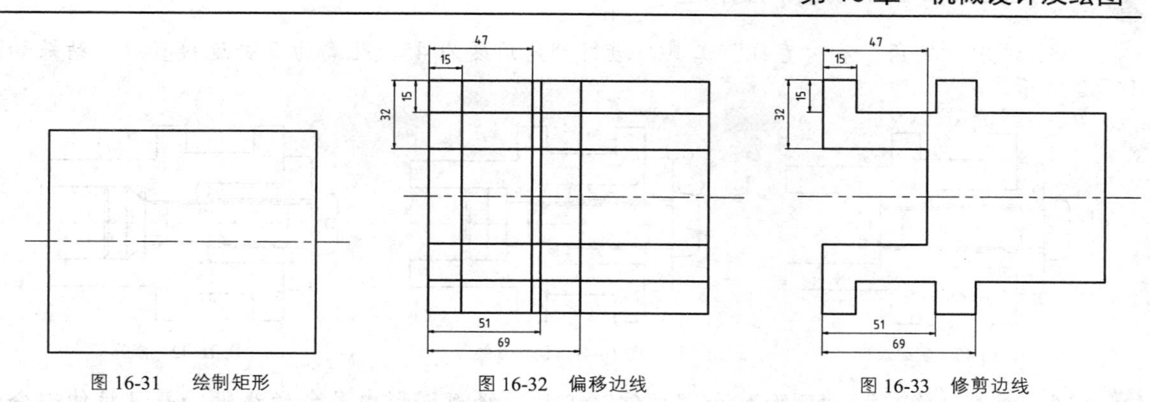

图 16-31　绘制矩形　　图 16-32　偏移边线　　图 16-33　修剪边线

步骤 05　调用"偏移"命令，将卡头体右侧的线段分别偏移 4、19 和 52，如图 16-34 所示。

步骤 06　调用"修剪"和"拉伸"工具，对图形进行修剪和拉伸，结果如图 16-35 所示。

步骤 07　调用"直线"命令，在图框外绘制一个宽为 74、长为 56 的端盖，尺寸如图 16-36 所示。

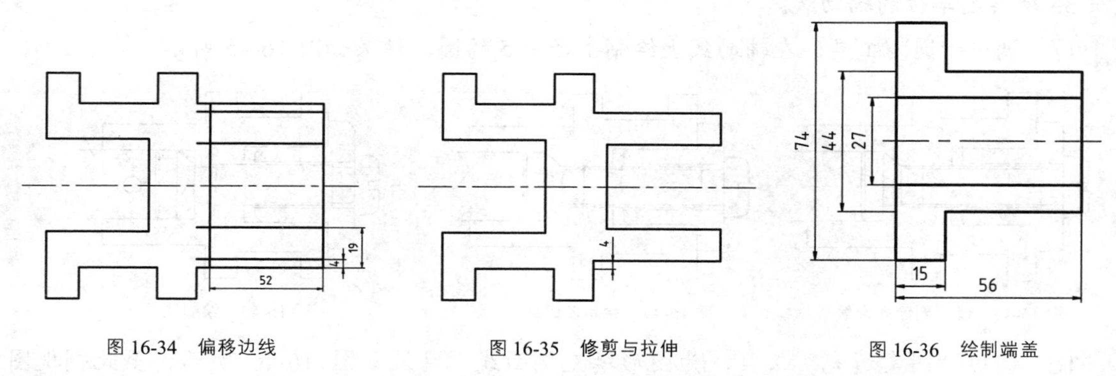

图 16-34　偏移边线　　图 16-35　修剪与拉伸　　图 16-36　绘制端盖

步骤 08　单击"修改"面板中的"倒角"按钮，对盖的两侧进行倒角，长度为 4，角度为 45°，结果如图 16-37 所示。

步骤 09　单击"修改"面板中的"移动"按钮，利用"端点捕捉"捕捉 *A* 点移动到 *B* 点如图 16-38 所示。

步骤 10　单击"直线"按钮，在图框外绘制螺钉如图 16-39 所示，内螺纹部分用细实线绘制。

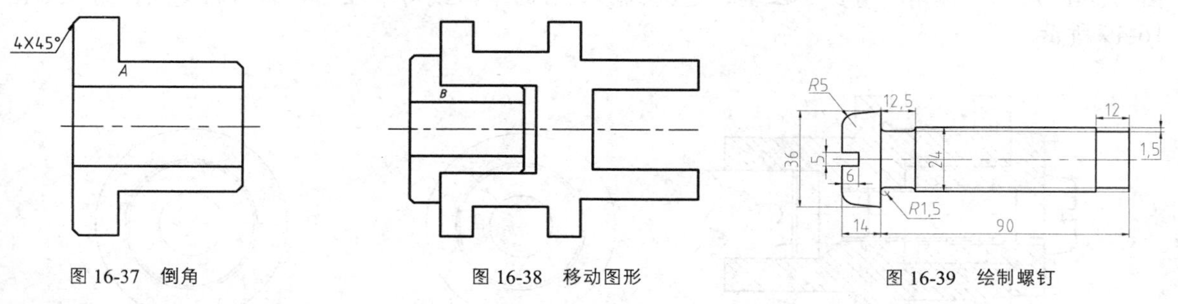

图 16-37　倒角　　图 16-38　移动图形　　图 16-39　绘制螺钉

步骤 11　调用"移动"工具，如图 16-40 所示装配螺钉与卡头体。

步骤 12　调用"偏移"工具，将直径为 40 的线段向右分别偏移 10、20、22，如图 16-41 所示。

步骤13 调用“倒角”和“直线”工具，进行倒角角度为45，距离为2并连接直接，结果如图16-42所示。

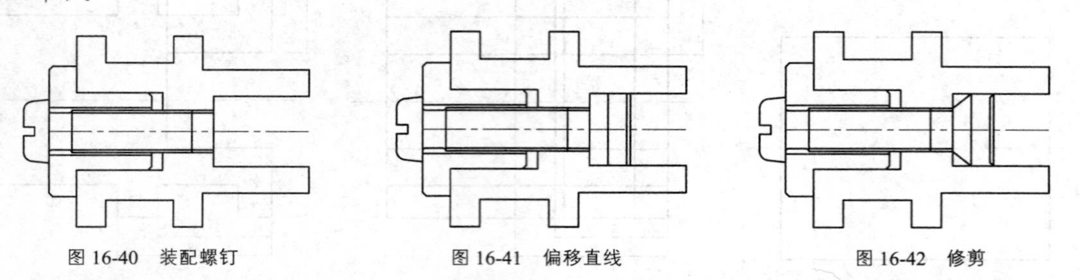

图16-40 装配螺钉　　图16-41 偏移直线　　图16-42 修剪

步骤14 调用“修剪”“删除”和“拉伸”工具，修剪图形中多余的线段，并且拉伸部分线段，结果如图16-43所示。

步骤15 使用“样条曲线”工具，切换“细实线”图层。对拉伸线段的尾部绘制“样条曲线”，结果如图16-44所示。

步骤16 切换“细实线”图层，调用“直线”工具，利用“对象捕捉追踪”绘制离直径为40的线段35个绘图单位的辅助线。

步骤17 调用“圆”工具，在辅助线上绘制半径为5的圆，结果如图16-45所示。

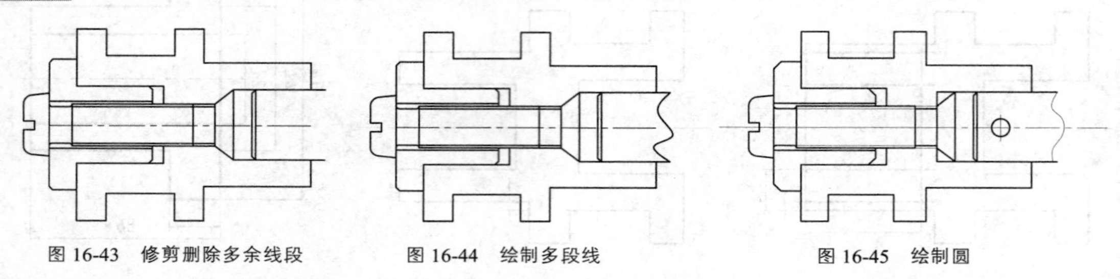

图16-43 修剪删除多余线段　　图16-44 绘制多段线　　图16-45 绘制圆

步骤18 调用“图案填充”工具，为图形填充剖面线，结果如图16-46所示，至此剖视图完成。

2. 绘制左视图

步骤01 调用“圆”工具，用“细实线”绘制半径为54、37、35、18的圆，用“虚线”绘制半径为39、36的圆，结果如图16-47所示。

步骤02 单击“修改”面板中的“偏移”按钮，将竖直中心线分别向左、右偏移30，结果如图16-48所示。调用“直线”工具，连接偏移之后的中心线与半径54的圆的交点，结果如图16-49所示。

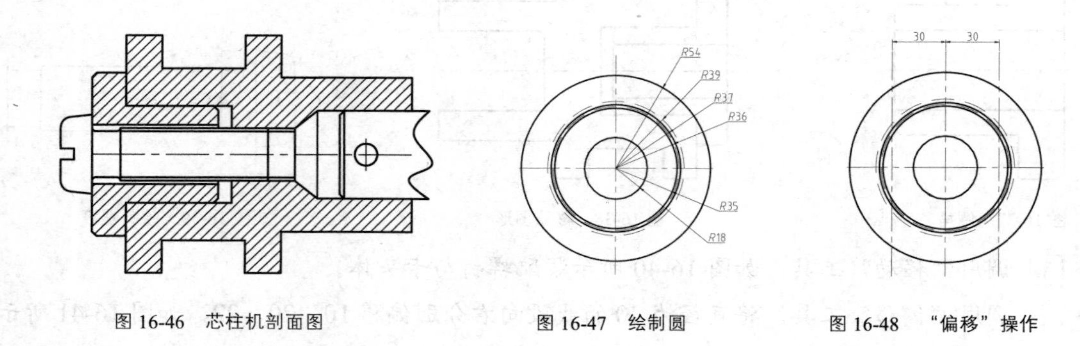

图16-46 芯柱机剖面图　　图16-47 绘制圆　　图16-48 “偏移”操作

步骤03 单击“修改”面板中的“修剪”按钮，修剪虚线多余的线段。调用“直线”命令，在半径为18的圆中绘制两条直线，相距为5，结果如图16-50所示，至此左视图完成。

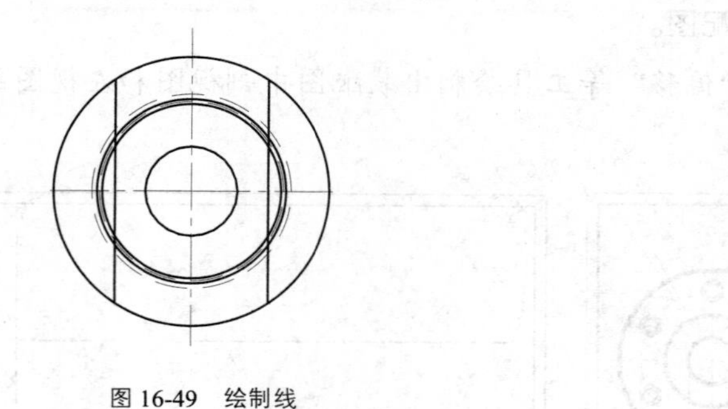

图16-49 绘制线

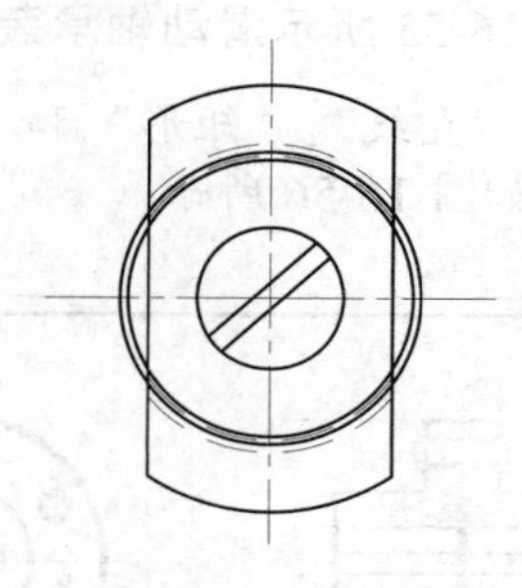

图16-50 左视图

3. 添加标注和标题栏

步骤01 调用“线性标注”和“文字编辑”等工具，标注出图中主要尺寸和装配尺寸，结果如图16-51所示。

步骤02 调用“多重引线”工具，在各零件的合适位置绘制出零件的引出指引线，效果如图16-52所示。

步骤03 调用“单行文字”工具，在引线的合适位置标注出各零件的件号，结果如图16-53所示。

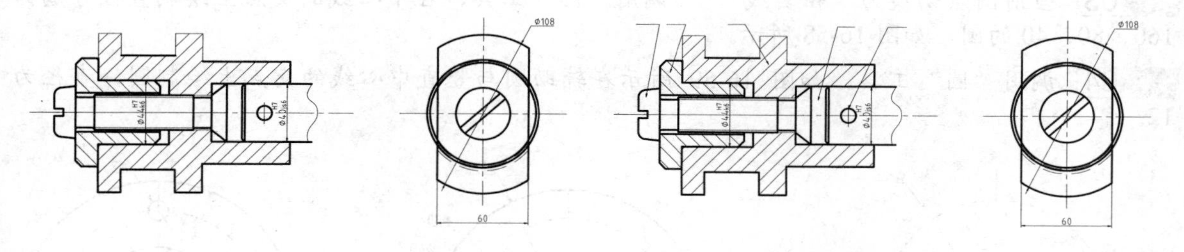

图16-51 标注尺寸

图16-52 绘制引线

步骤04 调用“表格”工具，添加装配图的标题栏和零件明细表；调用“多行文字”工具添加表格内容和相应的技术要求，结果如图16-54所示。该芯柱机装配图绘制完成。

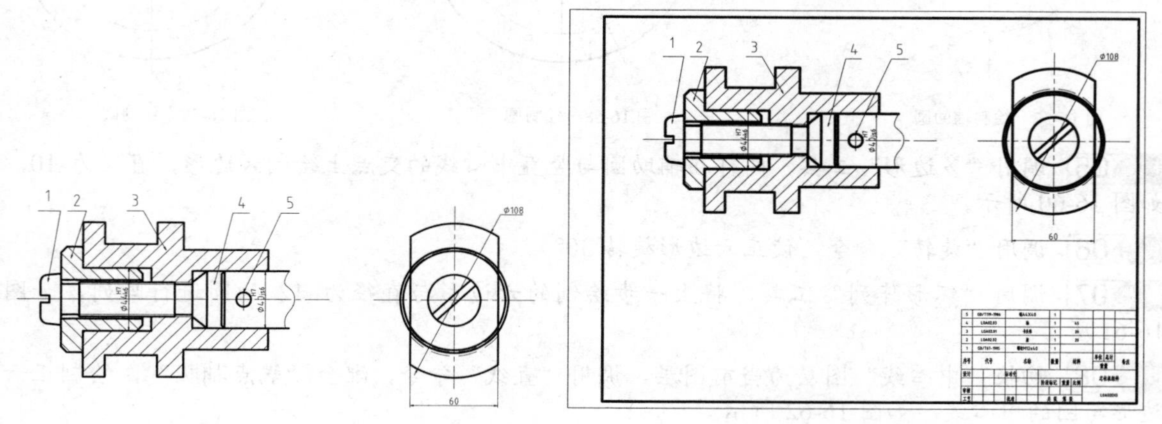

图16-53 标注件号

图16-54 芯柱机装配图

16.4.6 绘制联轴器装配图

绘制如图 16-55 所示滑动轴承装配图。

步骤 01 调用“直线”“矩形”和“偏移”等工具绘制出装配图中剖视图和左视图的中心线和图框轮廓线，如图 16-56 所示。

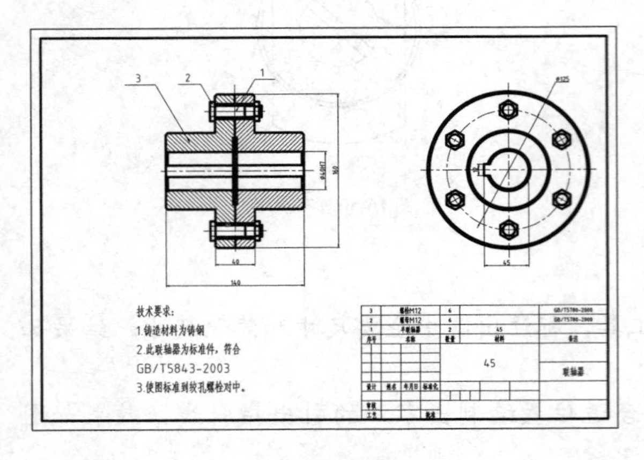

图 16-55 联轴器装配图

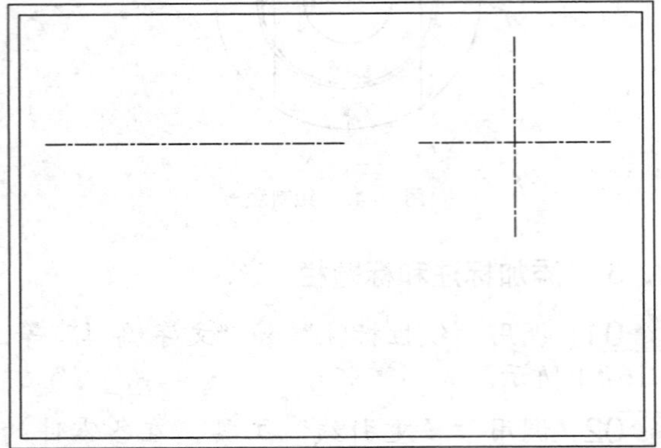

图 16-56 绘制辅助线

步骤 02 调用“圆”工具，绘制直径为 125 的辅助圆，如图 16-57 所示。

步骤 03 当前图层切换为“粗实线”。调用“圆”工具，在中心线的交点上绘制直径分别为 160、80、40 的圆，如图 16-58 所示。

步骤 04 调用“圆”工具，如图 16-59 所示在辅助圆与竖直中心线的交点上绘制圆，直径为 12。

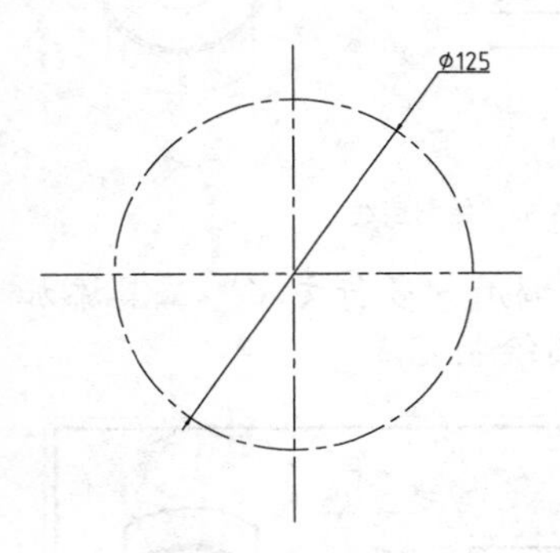

图 16-57 绘制辅助圆

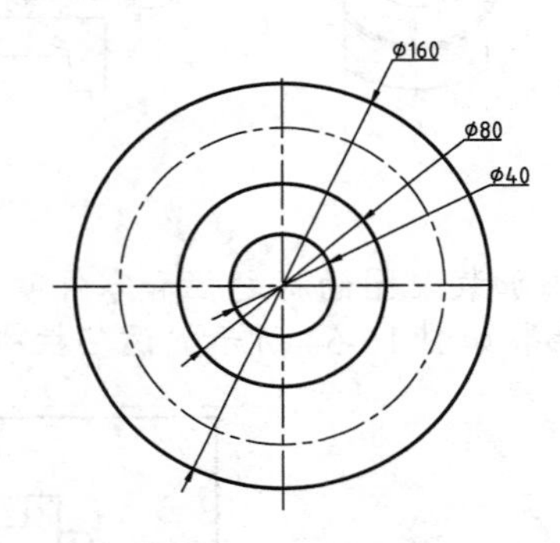

图 16-58 绘制圆

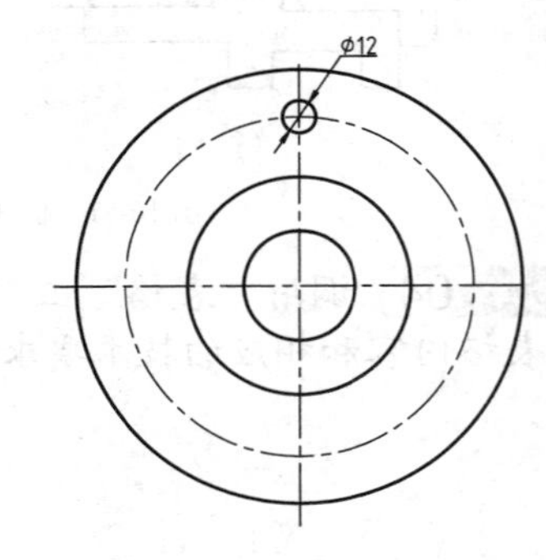

图 16-59 绘制圆

步骤 05 调用“多边形”工具，同样在辅助圆与竖直中心线的交点上绘制六边形，直径为 10，如图 16-60 所示。

步骤 06 调用“旋转”命令，使正六边形旋转 30°。

步骤 07 调用“环形阵列”工具，将上一步绘制的六边形与直径为 12 的圆进行阵列，如图 16-61 所示。

步骤 08 切换“中心线”图层为当前图层，调用“直线”命令，配合“端点捕捉”，绘制正六边形与圆的中心线，如图 16-62 所示。

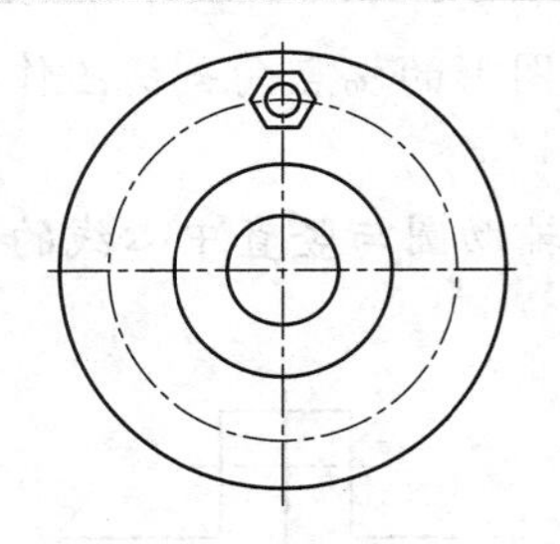

图 16-60 绘制多边形

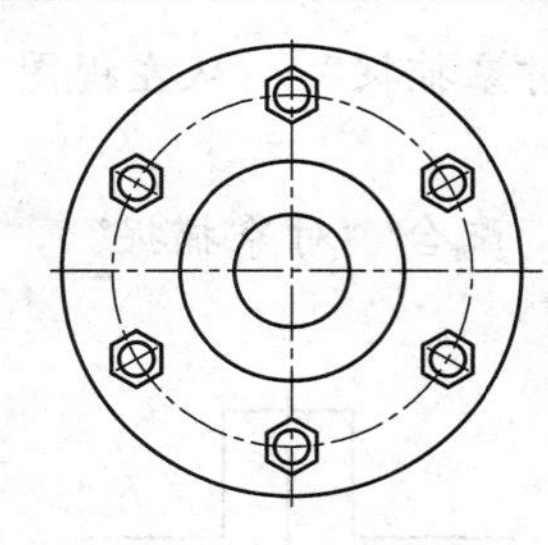

图 16-61 阵列图形

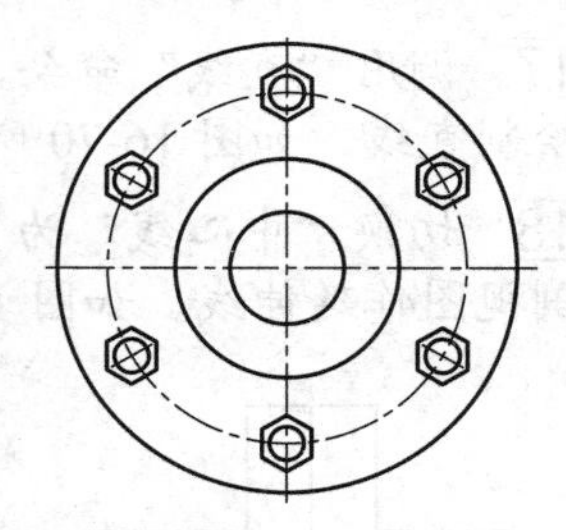

图 16-62 绘制中心线

步骤 09 调用“直线”工具，根据直径40的圆与水平中心线右侧的交点，作一条竖直辅助线并调用“偏移”命令，向左偏移45个绘图单位，如图16-63所示。

步骤 10 调用“偏移”工具，向上、下两侧偏移水平中心线各6个绘图单位，如图16-64所示。

步骤 11 切换“粗实线”图层为当前图层，调用“直线”工具，如图 16-65 所示连接图形，并剪切和删除多余的线段，左视图暂时完成。

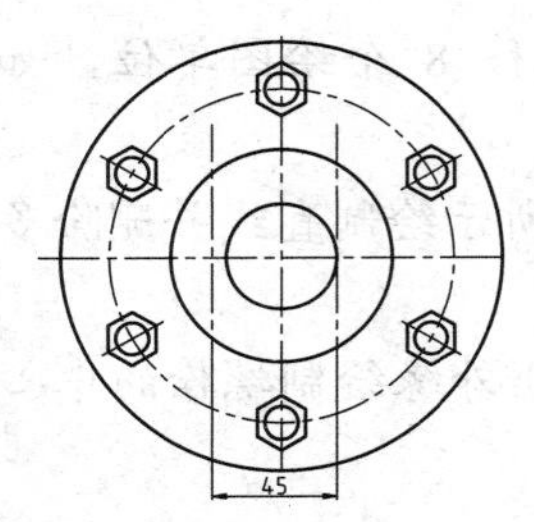

图 16-63 绘制辅助线

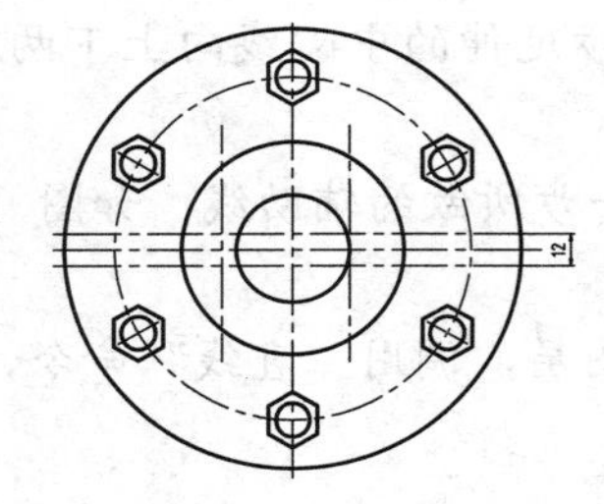

图 16-64 “偏移”操作

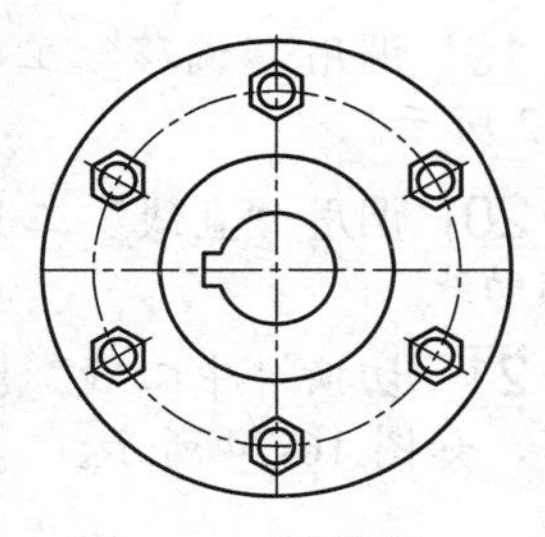

图 16-65 绘制直线

步骤 12 切换“中心线”图层为当前图层，在左侧的水平中心线上利用“中点捕捉”绘制一条竖直中心线，如图 16-66 所示。

步骤 13 调用“偏移”工具，使竖直中心线向左右两侧各偏移20、70个绘图单位，水平中心线向上下两侧各偏移20、40、80个绘图单位，如图16-67所示。

步骤 14 切换“粗实线”为当前图层，调用“直线”工具，根据各交点绘制图形，如图 16-68 所示。

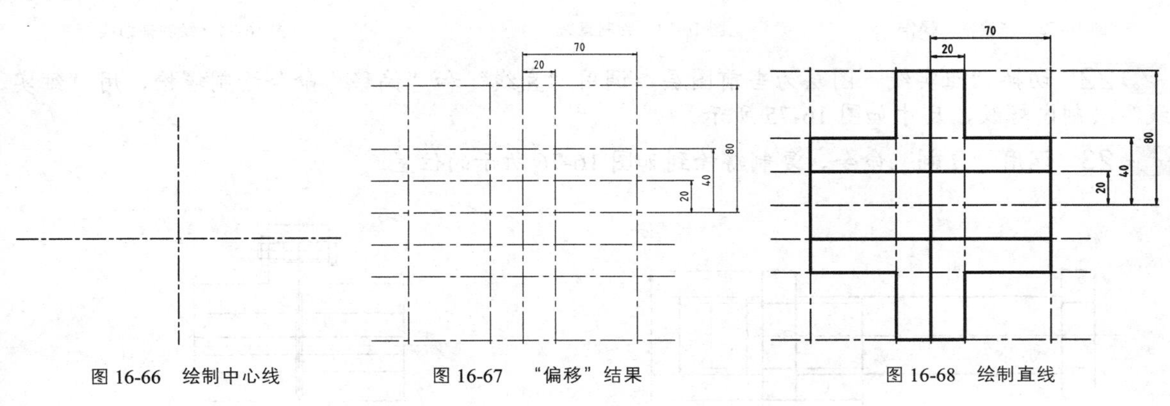

图 16-66 绘制中心线　　图 16-67 “偏移”结果　　图 16-68 绘制直线

步骤 15 调用“删除”工具，删除多余的辅助线。

步骤 16 调用“直线”工具，根据中心交点绘制一个宽为 4 长为 70 的矩形，如图 16-69 所示。

步骤 17 调用“直线”命令，配合“对象捕捉”，从左视图尺寸为12图形的端点向剖视图作延伸，绘制直线，如图16-70所示。

步骤 18 切换“中心线”为当前图层，配合“对象捕捉”，从左视图辅助圆与竖直中心线的交点向剖视图作延伸线，如图16-71所示。

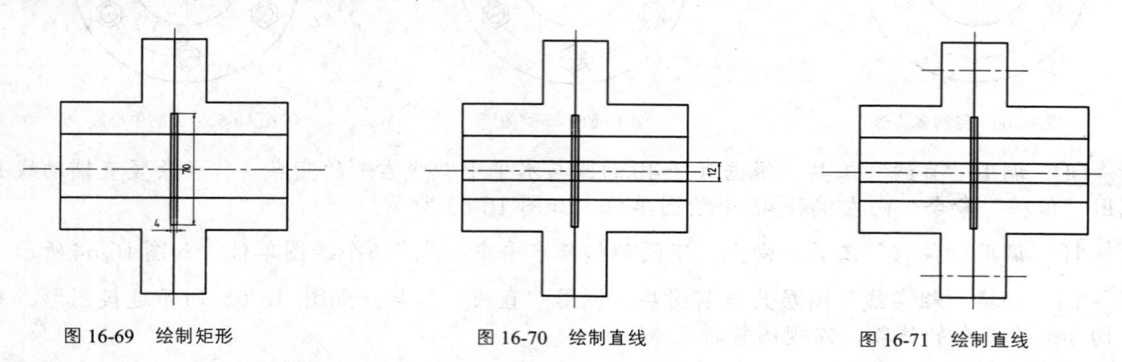

图 16-69　绘制矩形　　图 16-70　绘制直线　　图 16-71　绘制直线

步骤 19 调用“偏移”工具，将上一步延伸的中心线向上下两侧各偏移 8 个绘图单位，如图16-72所示。

步骤 20 调用“直线”工具，利用上一步所做的辅助线，如图 16-73 所示绘制直线并删除多余的辅助线。

步骤 21 切换“中心线”图层为当前图层，调用“直线”命令，在图框外缘绘制螺栓的中心辅助线，如图16-74所示。

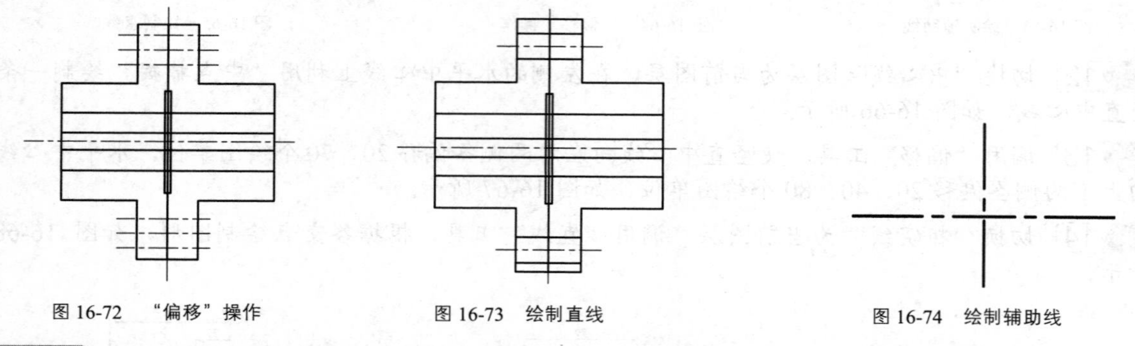

图 16-72　“偏移”操作　　图 16-73　绘制直线　　图 16-74　绘制辅助线

步骤 22 切换“粗实线”图层为当前图层，调用“直线”和“偏移”命令绘制螺栓，用“细实线”绘制内螺纹，尺寸如图16-75所示。

步骤 23 调用“复制”命令，复制螺栓到如图16-76所示的位置。

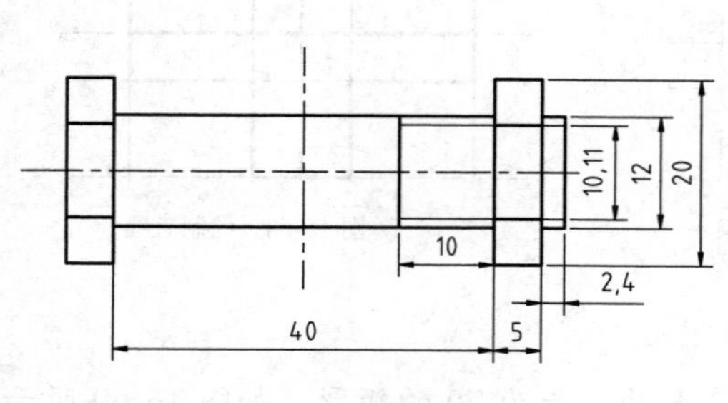

图 16-75　绘制螺栓

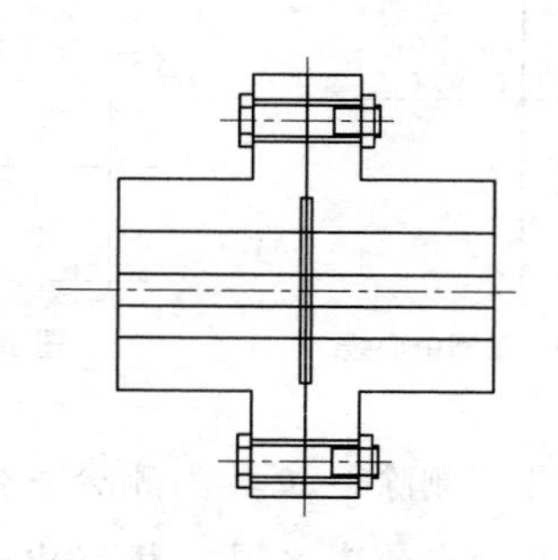

图 16-76　复制图形

步骤24 调用“偏移”命令，使外轮廓线向内各偏移两个绘图单位，如图16-77所示。

步骤25 调用“修剪”工具，如图16-78所示进行修剪。

步骤26 调用“极轴追踪”工具，根据修剪后直线与长度40直线的交点向外轮廓作45°连接线，如图16-79所示。

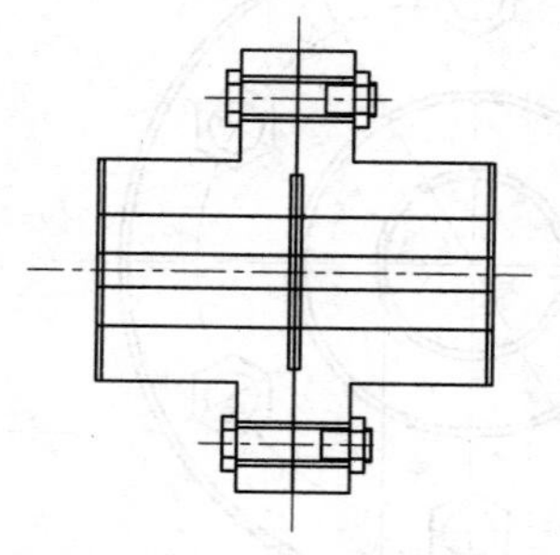
图16-77 “偏移”操作

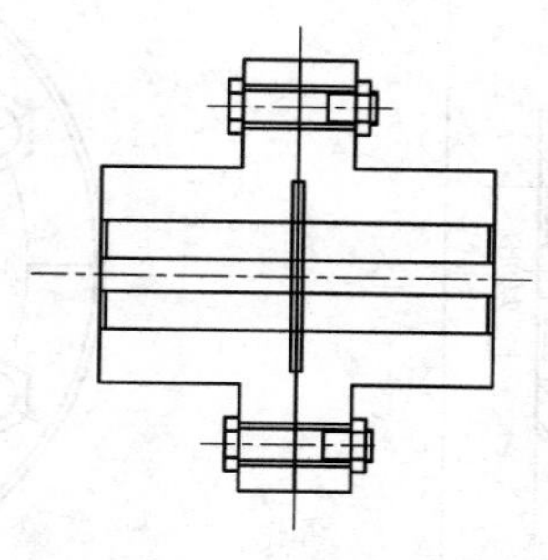
图16-78 “修剪”操作

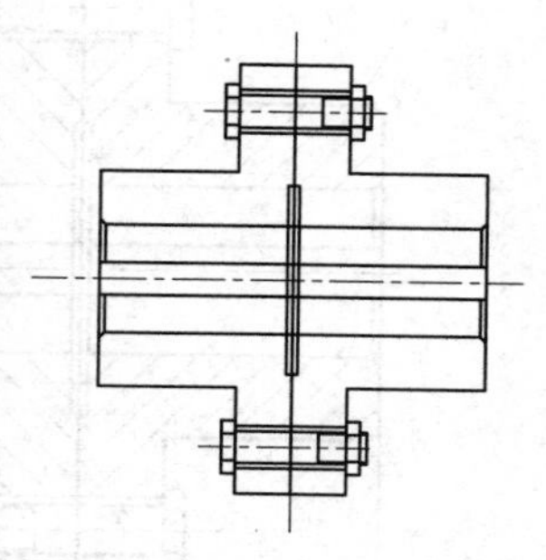
图16-79 连接交点

步骤27 调用“倒角”工具，对外轮廓进行倒角，长度为2角度为45，并修剪多余的线段，如图16-80所示。

步骤28 按照“长对正”的投影关系，调用“圆”工具在左视图上绘制三个投影圆，并修剪多余的线段，如图16-81所示，至此左视图完成。

步骤29 调用“图案填充”工具，填充剖视图，如图16-82所示，至此剖视图完成。

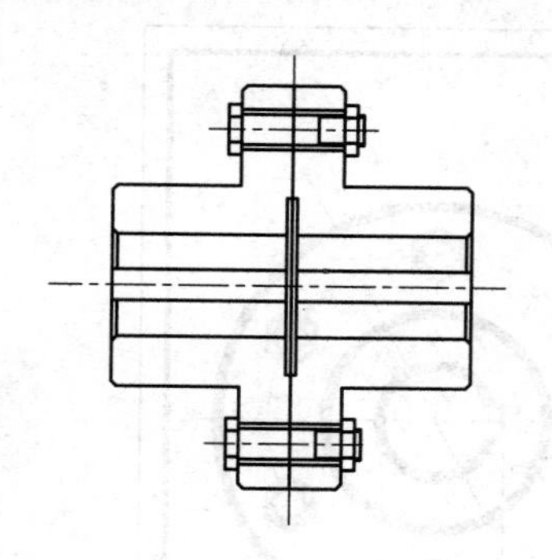
图16-80 “修剪”操作

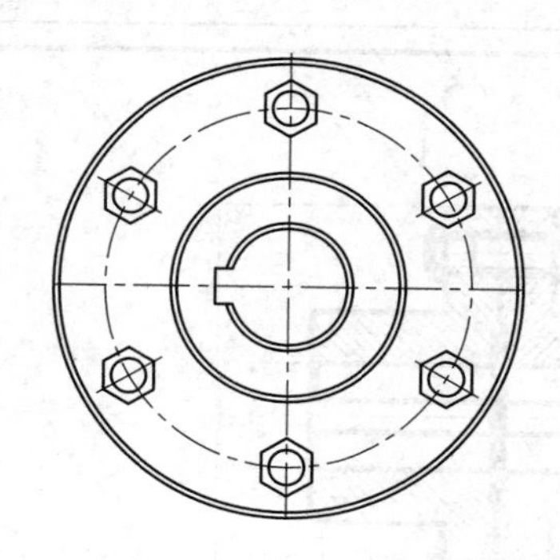
图16-81 绘制投影圆

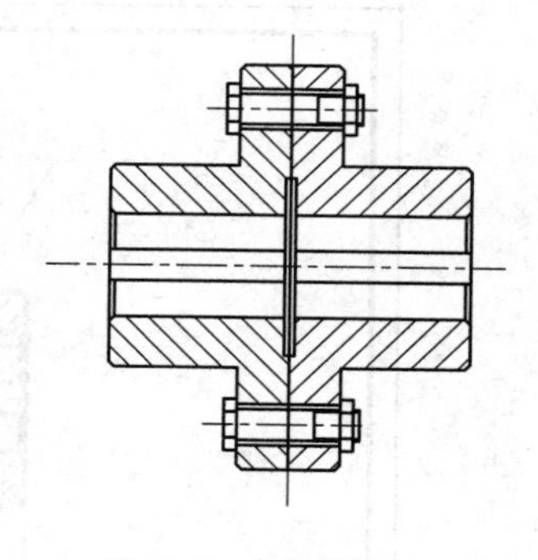
图16-82 填充图形

步骤30 调用“线性标注”工具，绘制装配图的总体尺寸和重要装配尺寸，以及左视图的总体尺寸和重要装配尺寸，如图16-83所示。

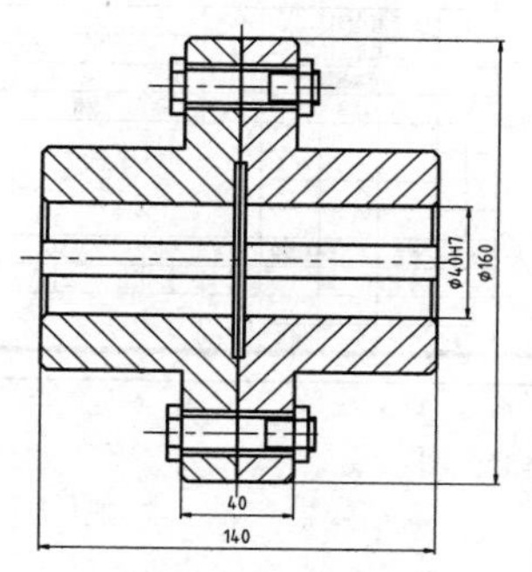

图16-83 标注图形

步骤 31 调用“多重引线”工具，在各零件的合适位置绘制出零件的引出指引线，再调用“多行文字”工具，绘制出各个零件对应的零件号，如图 16-84 所示。

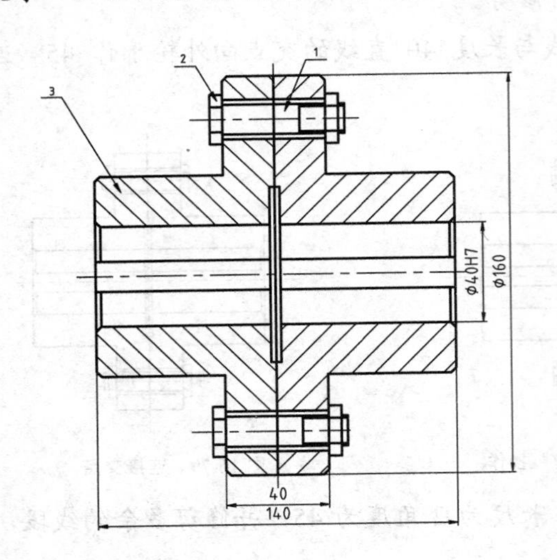

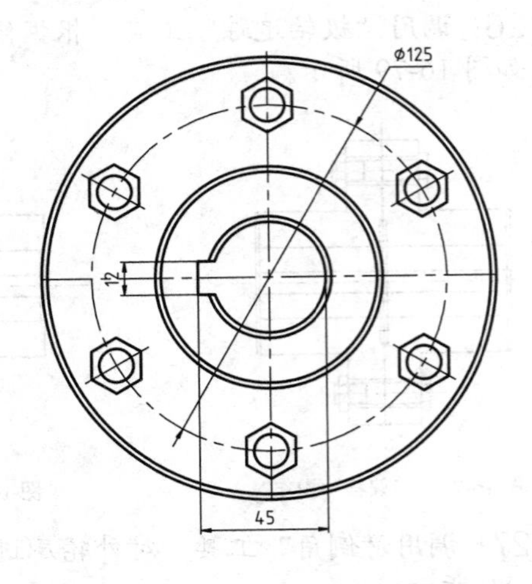

图 16-84 绘制引线

步骤 32 调用“多行文字”工具，输入技术要求。调用“表格”工具添加说明栏并输入相应的文字，结果如图 16-85 所示。整个联轴器装配图绘制完成。

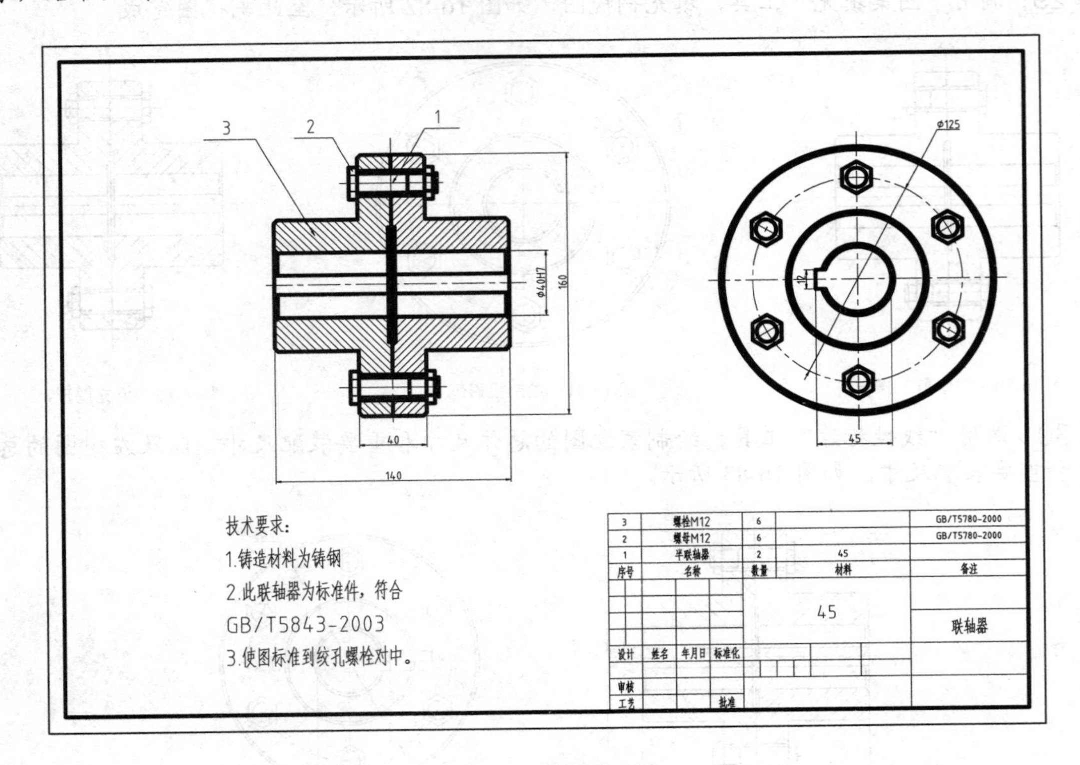

图 16-85 联轴器装配图

第17章

园林设计及绘图

本章主要讲解园林设计的概念及园林设计制图的内容和流程，并通过具体的实例来对各种园林图形绘制进行实战演练。通过本章的学习，我们能够了解园林设计的相关理论知识，并掌握园林制图的流程和实际操作。

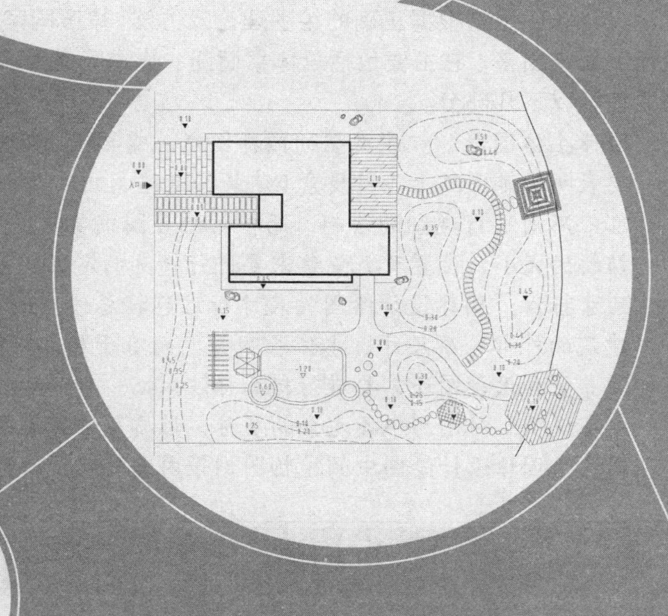

17.1 园林设计与绘图

人与环境的关系是密不可分的。特别是远离自然环境，居住在钢筋水泥的都市的今天，人们更是对青山绿水表现出了无限向往。于是，园林设计就发展成为了一门值得深入学习和研究的学科。而软件、硬件技术的不断发展，也对园林绘图产生了深远的影响。计算机辅助绘图已经是一个显而易见的趋势。

使用 AutoCAD 绘制出来的园林图纸清晰、精确，当熟练掌握软件和一些绘图技巧以后，还可以提高工作效率。

17.1.1 园林设计的概念

园林设计就是园林的筹划策略，具体地讲，就是在一定的地域范围内，运用园林艺术和工程技术手段，通过改造地形（或进一步筑山、叠石、理水）、种植树木花草、营造建筑和布置园路等途径创作出美的自然环境和游憩境域的过程。

园林设计是一门研究如何应用艺术和技术手段处理自然、建筑和人类活动之间的复杂关系，使其达到和谐完美、生态良好、景色如画之境界的学科。它所涉及的知识面非常广，包含文学、艺术、生物、生态、工程、建筑等诸多领域，同时，又要求综合各学科的知识统一于园林艺术之中。

17.1.2 园林设计绘图的内容

园林设计绘图是指根据正确的绘图理论及方法，按照国家统一的园林绘图规范将设计情况在二维图面上表现出来，它主要包括总体平面图、植物配置图、网格定位图及各种详图等。绘制的内容主要包括以下几部分。

- 园林主体图形：相应类型的园林图纸，需要突出表明主体的内容。如：总体平面图需要表明的是图纸上各种要素（建筑、道路、植物及水体）的尺寸大小与空间分布关系，可以不用进行详细的绘制。而植物配置图则要求将重点放在植物的配置与设计上，对植物的大小、位置及数量都需要进行精确的定位，其它园林要素则可以相对弱化。
- 尺寸标注：园林设计绘图的尺寸标注包括总体空间尺寸及主要要素的尺寸标注。如：建筑的外部轮廓尺寸，水体长宽等，而对于局部详图，则要求进行更为精确的尺寸标注。竖向设计图还需要进行标高标注。
- 文字说明：对图形中各元素的名称、性质等进行说明。
- 图块：园林设计绘图中的植物图例等内容多以图块形式插入到图形中。

17.2 绘制常见园林图例

园林设施图在 AutoCAD 园林绘图中非常常见，如植物图例、花架、景石、景观亭等图形。本章我们主要介绍常见园林设施图的绘制方法和技巧及相关的理论知识，包括平面、立面及剖面图的绘制。通过本章的学习，我们在掌握部分园林设施图绘制方法的同时，也能够比较全面地了解其在园林设计中的应用。

17.2.1　绘制植物平面图例

在 AutoCAD 园林绘图中，植物平面图例是植物种植图主要的组成部分。不同的植物需要使用不同的图例，因此，植物种类的多样性就决定了植物图例的样式的多样性。根据植物的种类，我们可以将植物图例分为乔木图例、灌木图例、模纹地被图例等等。图例的使用不是固定的，可以根据自己的喜好为植物选择图例，图例的大小表示树木的大小。在同一张图纸中，不允许对不同的植物使用同一种图例。下面我们就根据其分类，通过几个简单的实例，来了解不同植物图例的绘制方法。

1. 绘制乔木

□ 桂花

本例绘制的桂花图例。其绘制步骤一般为：先绘制外围轮廓，再绘制内部枝叶。

步骤 01　绘制外部轮廓。单击“绘图”面板中的“圆心，半径”按钮，绘制一个半径为 730 的圆。

步骤 02　单击“绘图”面板中的“修订云线”按钮，将绘制的圆转换为修订云线，最小弧长为 221，结果如图 17-1 所示。

步骤 03　绘制内部树叶。调用“圆弧”命令，绘制大致如图 17-2 所示的弧线。

图 17-1　转换线条

图 17-2　绘制弧线

步骤 04　重复调用“圆弧”命令，绘制其它的弧线，如图 17-3 所示。

步骤 05　调用“修订云线”命令，用同样的方法将绘制的弧线转换为云线，结果如图 17-4 所示。

步骤 06　绘制树枝。单击“绘图”面板中的“直线”按钮，在图形中心位置绘制两条相互垂直的直线，结果如图 17-5 所示。至此，桂花图例绘制完成。

图 17-3　绘制弧线

图 17-4　转换线条

图 17-5　绘制直线

□ 湿地松

本例绘制的湿地松图例。其一般绘制方法为：先绘制外部辅助轮廓，再绘制树叶，然后绘制树枝，最后完善修改图例。

步骤 01 绘制辅助轮廓。单击“绘图”面板中的“圆心，半径”按钮，绘制一个半径为 650 的圆。

步骤 02 单击“绘图”面板中的“直线”按钮，过圆心和 90°的象限点，绘制一条直线，并以圆心为中心点，将直线环形阵列 3 条，如图 17-6 所示。

步骤 03 绘制树叶。在命令行中调用 SKETCH 命令，使用徒手画线绘制树叶，在“记录增量”的提示下，输入最小线段长度为 15，按照如图 17-7 所示绘制图形。

步骤 04 绘制树枝。调用“多段线”命令，绘制树枝。删除辅助线及圆，结果如图 17-8 所示。至此，湿地松图例绘制完成。

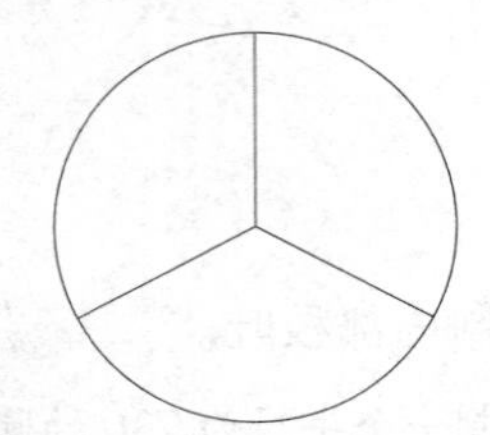
图 17-6 绘制圆形和直线

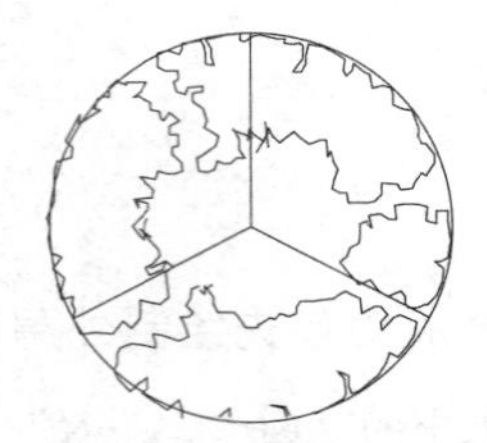
图 17-7 徒手画线绘制树叶

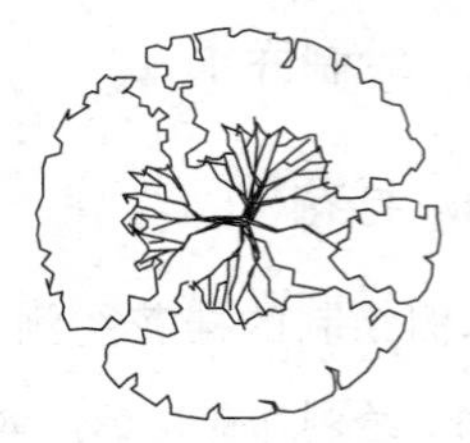
图 17-8 绘制结果

2. 绘制灌木

在园林设计中，灌木分为自然生长的灌木、经过修剪的球形灌木及模纹状灌木和绿篱等等。本节我们以苏铁、杜鹃及绿篱为例，来讲解各种灌木的绘制方法。

❑ 苏铁

苏铁为热带植物，生长速度非常缓慢，因此在园林中，将其作为自然生长的灌木来种植。本例绘制苏铁图例。

步骤 01 绘制外部轮廓。调用“圆”命令，绘制一个半径为 600 的圆。绘制辅助线。使用“直线”工具，过圆心和 90°的象限点，绘制一条直线。如图 17-9 所示。

步骤 02 绘制短线。重复调用“直线”命令，绘制一条过辅助直线与圆相交的直线，并将其以直线为对称轴镜像复制，结果如图 17-10 所示。单击“修改”面板中的“删除”按钮，删除辅助线。

步骤 03 复制短线。单击“修改”面板中的“矩形阵列”按钮，选择绘制的两条短线，将其以圆心为中心点环形阵列，项目总数为 5，结果如图 17-11 所示。

步骤 04 填充图案。单击“绘图”面板中的“图案填充”按钮，选择 ANSI31 填充图案，设置填充比例为 50，用拾取点的方法在圆心位置处单击鼠标，填充结果如图 17-12 所示。

步骤 05 苏铁图例绘制完成。

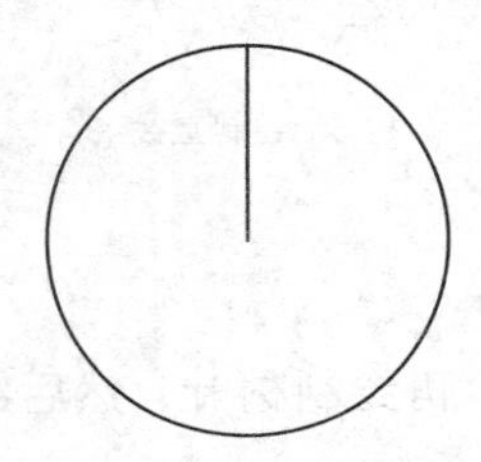
图 17-9 绘制辅助线

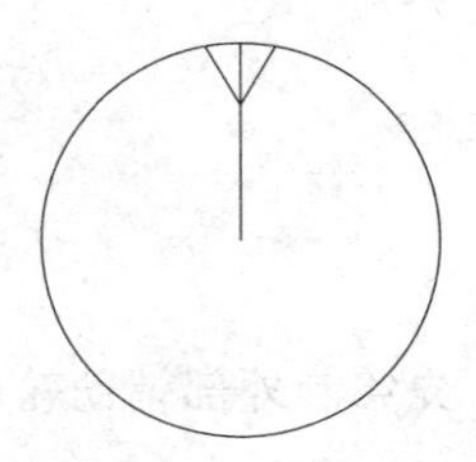
图 17-10 绘制并复制直线

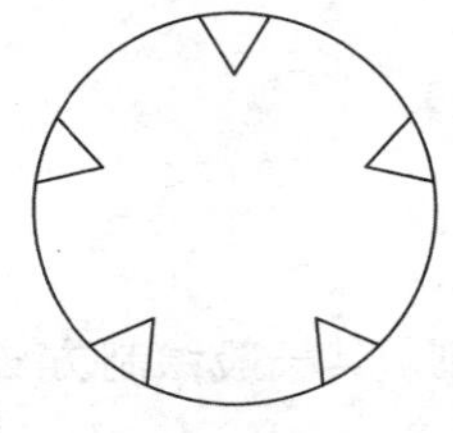
图 17-11 “阵列”结果

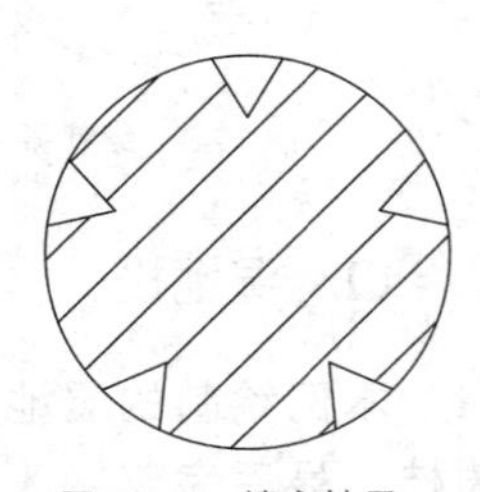
图 17-12 填充结果

3. 绿篱

绿篱一般种植于绿地边缘或建筑墙体下面，起到分隔空间、保护绿地和软化硬质景观的作用。本例绘制的绿离图例。其绘制步骤也是先绘制外部辅助轮廓，然后完善内部图案，最后删除辅助线。

步骤 01 绘制辅助轮廓。单击“绘图”面板中的“矩形”按钮，绘制尺寸为 2340×594 的矩形。

步骤 02 绘制绿篱轮廓。调用“多段线”菜单命令，绘制如图 17-13 所示的绿篱轮廓。

步骤 03 重复调用“多段线”命令，绘制绿篱的内部轮廓。如图 17-14 所示。

步骤 04 调用“删除”菜单命令，删除辅助矩形，结果如图 17-15 所示。至此，绿篱图例绘制完成。

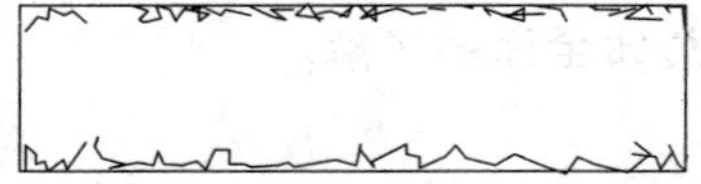

图 17-13　绘制绿篱外部轮廓线

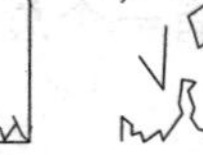

图 17-14　绘制绿篱内部线条

图 17-15　绿篱图例

17.2.2 绘制景石平面图

景石是园林设计中出现频率较高的一种园林设施，它可以散置于林下、池岸周围等，也可以孤置于某个显眼的地方，形成主景，还可以与植物搭配在一起，形成一种独特的景观。本例绘制的是散置于林下的小景石图例，如图 17-16 所示，它是由两块形状不同的景石组合在一起，形成的一组景石。其一般绘制步骤为：先绘制景石外部轮廓，再绘制内部纹理。

步骤 01 绘制外部轮廓。单击“绘图”面板中的“多段线”按钮，设置线宽为 10，绘制大致如图 17-17 所示景石外部轮廓。

步骤 02 重复调用“多段线”命令，设置线宽为 0，绘制景石的内部纹理，结果如图 17-18 所示。至此，景石绘制完成。

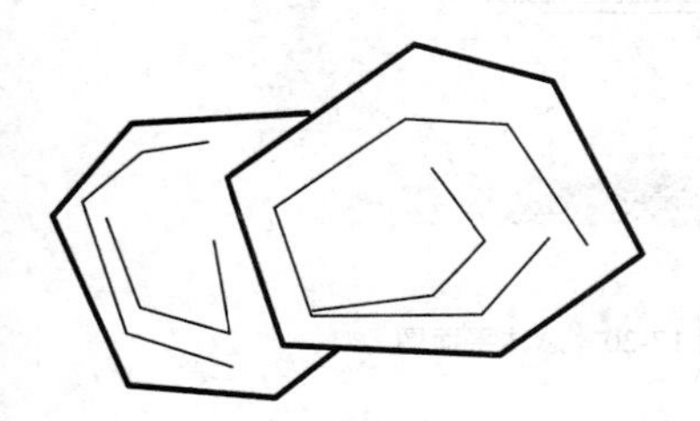

图 17-16　景石图例

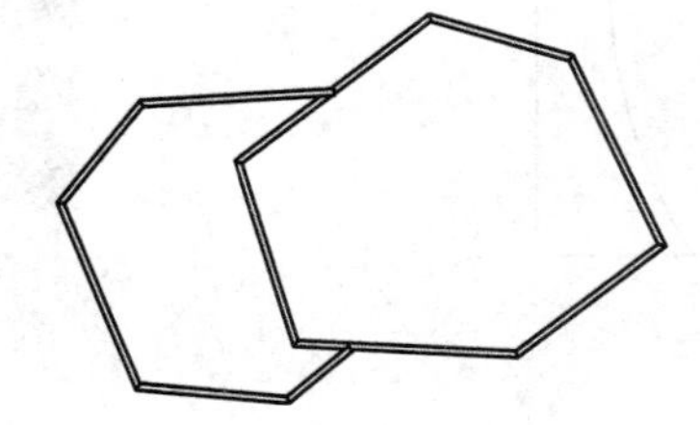

图 17-17　绘制外部轮廓

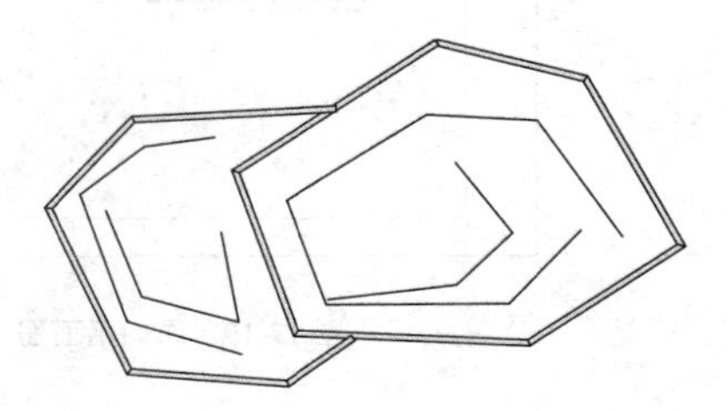

图 17-18　绘制内部纹理

AutoCAD 2016

17.3 绘制园林设计图

园林设计的工作范围包括庭院、宅园、小游园、花园、公园以及城市街区、机关、厂矿、校园、宾馆饭店等，随着园林学科的发展，还包括森林公园、风景名胜区、自然保护区和国家公园的游览区以及休养胜地。

园林可分为两大类：一类是自然园林，它是在原有自然景致的基础上，通过去芜理乱，修整开发，开辟路径，布置园林建筑而形成的。另一类是人工园林，即在一定的地域范围内，为改善生态、美化环境、满足人们游憩和文化生活需要而创造的环境，如私家庭园、小游园、花园、公园等。园林不只是作为游憩之用，同时具有保护和改善环境的功能。园林植物可以净化空气、减轻污染、改善气候、减弱噪声、防风防火等作用。而且，园林中的文化、游乐、体育、科普教育等活动，更可以丰富知识、充实精神生活。

本例绘制的是某别墅的庭院设计，属于人工园林的范畴。首先我们对此处场地进行简要的分析。

此别墅是位于某别墅区的一所独栋别墅，其原始平面图如图 17-19 所示。庭院东面为宽阔的自然湖面，湖水水质优良；西面为别墅主干道，庭院与别墅入口与之相连；南北两面均与其它别墅的庭院相邻。别墅位于庭院的左上方位置，入口道路已经做好，庭院内保留了两棵大树（香樟和枣树）。本节我们将在原始平面图的基础上，通过绘制总体平面图、植物配置图、竖向设计图及网格定位图，来使大家对园林设计图的绘制流程和内容有一个总体全面的了解。

17.3.1 绘制总体平面图

总体平面图又称总平图，它表明了各类园林要素（建筑、道路、植物及水体）在图纸上的尺寸大小与空间分布关系。因此，它是设计者设计思路最直接的反映。在进行绘制时，只要简单的绘制各要素，表明其形式、尺度及在空间中的位置即可，而不需要精确详细的绘制每一个要素。如绘制建筑时，只需要绘制出建筑的大体轮廓；植物的绘制，只需要表明该类植物的种植位置及与其它植物的比例关系，而不需按实数画出。

本例绘制的总体平面图如图 17-20 所示。其一般绘制方法为：先在原始平面图的基础上绘制园路铺装系统，再绘制园林建筑和小品，接下来绘制植物，然后对总平图进行各种标注。

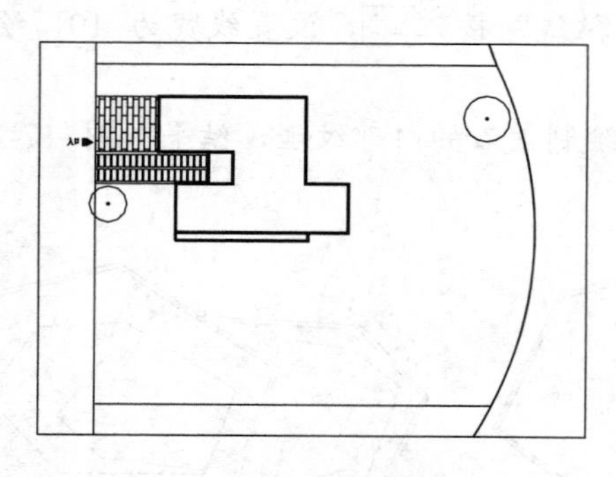

图 17-19　原始平面图

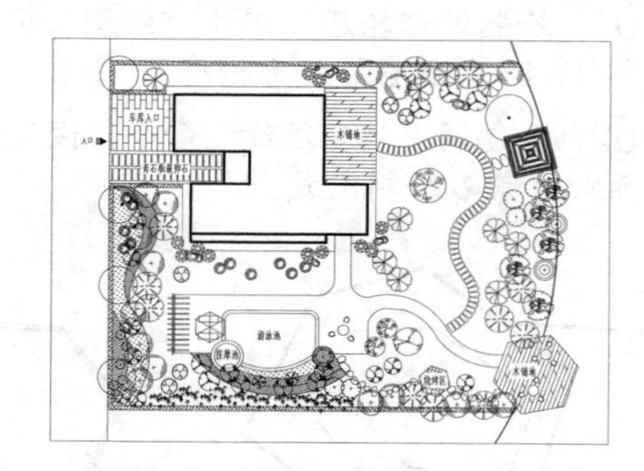

图 17-20　总体平面图

1. 绘制园路铺装

园林道路是园林的组成部分，起着组织空间、引导游览、联系交通并提供散步休息场所的作用。它像人体的脉络一样，把园林的各个景区连成整体。此外，园林道路本身又是园林风景的组成部分，蜿蜒起伏的曲线，丰富的寓意，精美的图案，都给人以美的享受。

本例中需要绘制的园路可分为三类：一是围绕别墅周边的规整小园路；二是延伸至庭院内的主园路；三是分布于草坪中的汀步。

步骤 01　打开随书光盘中的“第 17 章\17.3.1 原始平面图.dwg”文件，如图 17-19 所示。

步骤 02 新建“园路”图层，设置图层颜色为 42 号黄色，并将其置为当前图层。

步骤 03 绘制别墅周边园路。调用“多段线”命令，绘制如图 17-21 所示的多段线，并保证园路最窄处距建筑外墙的距离为 800。

步骤 04 绘制庭院主园路。调用 PLINE / PL 命令，过别墅周边园路下边的右端点，绘制如图 17-22 所示的多段线，并修剪多余的线条。

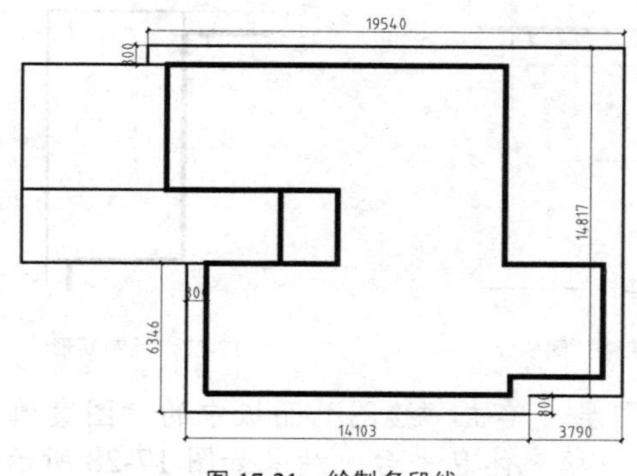

图 17-21　绘制多段线

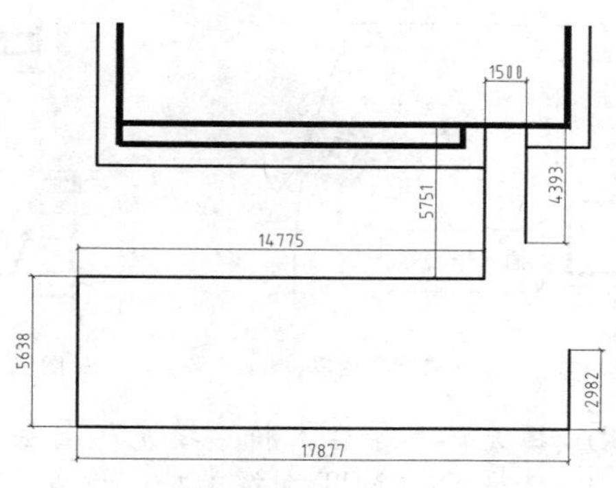

图 17-22　绘制并修剪多段线

步骤 05 圆角操作，调用 FILLET / F 命令，对绘制的园路一角进行半径为 1500 的圆角处理，结果如图 17-23 所示。

步骤 06 完善园路。使用“样条曲线”工具，绘制如图 17-24 所示的两条样条曲线。

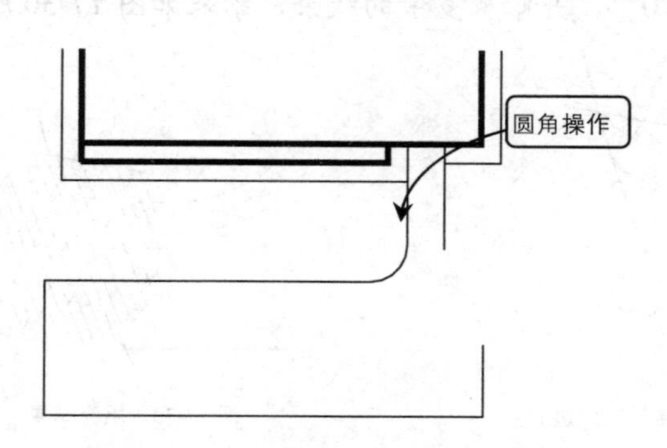

图 17-23　“圆角”结果

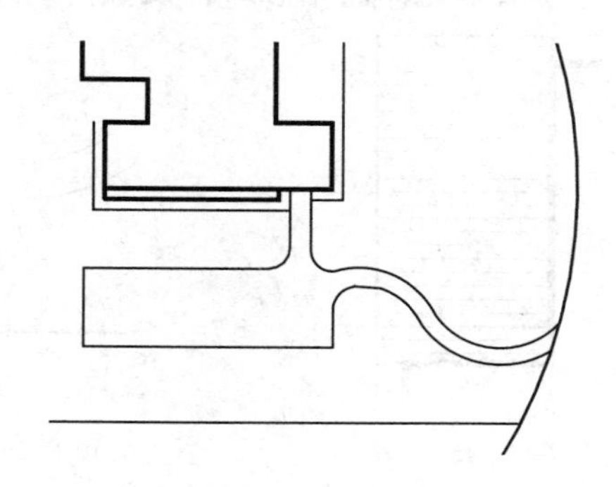

图 17-24　绘制样条曲线

专家提醒

汀步路在园林中的作用一般是联系主园路与景区。为了保证园林绘图的合理性与逻辑性，我们在绘制完成园林建筑后再绘制汀步。

2. 绘制园林建筑

园林建筑是指园林中提供休息、装饰、照明、展示和为园林管理及方便游人之用的小型建筑设施。一般设有内部空间，体量小巧，造型别致，富有特色，并讲究适得其所。园林建筑在园林中既能美化环境，丰富园趣，为游人提供了文化休息和公共活动的场所，又能使游人从中获得美的感受和良好的教益。

本例中的园林建筑包括：景观亭、休息平台、花架、游泳池及烧烤台。

步骤 01 将“建筑”图层置为当前图层。

步骤 02 绘制景观亭。单击“块”面板中的“插入”按钮，插入“第 17 章\原文件”随书光盘中的“亭”图块，并旋转至合适的角度，结果如图 17-25 所示。

步骤 03 绘制花架。单击“块”面板中的“插入”按钮，插入“第 17 章\原文件”随书光盘中的“花架”图块，结果如图 17-26 所示。

步骤 04 绘制休息平台一。单击“绘图”面板中的“矩形”按钮，过别墅周边小园路右上角点。绘制如图 17-27 所示的休息平台，与建筑墙体相接。

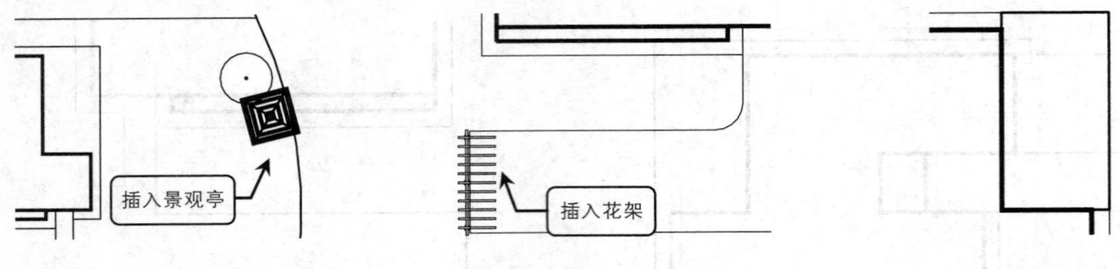

图 17-25 插入景观亭图块　　图 17-26 插入“花架”图块　　图 17-27 绘制矩形

步骤 05 填充休息平台。将“填充”图层置为当前图层。单击“绘图”面板中的“图案填充”按钮，选择 DOLMIT 图案类型，设置比例为 1500，填充休息平台，结果如图 17-28 所示。

步骤 06 绘制休息平台二。将“建筑”图层置为当前图层，调用“正多边形”命令，绘制一个内接圆半径为 4000 的正六边形，并将其移动至如图 17-29 所示的园路与湖面相交的位置。

步骤 07 填充休息平台。将“填充”图层置为当前图层，调用“图案填充”命令，用填充休息平台一的方法填充休息平台二，设置角度为 70°，并修剪多余的线条，结果如图 17-30 所示。

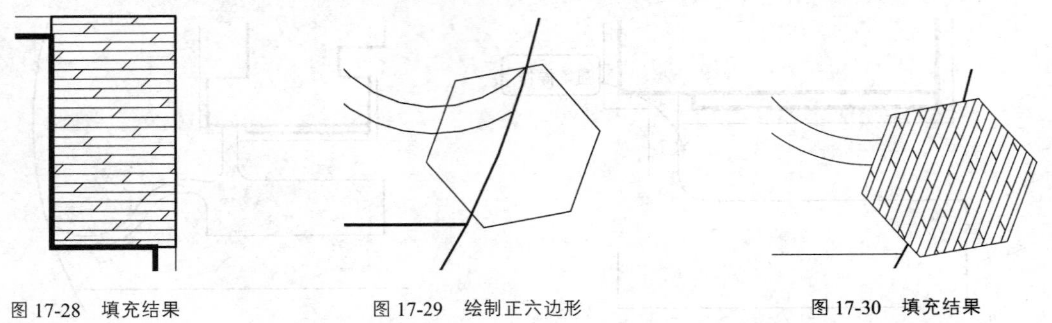

图 17-28 填充结果　　图 17-29 绘制正六边形　　图 17-30 填充结果

步骤 08 绘制游泳池。将“水体”图层置为当前图层，调用“多段线”菜单命令，绘制如图 17-31 所示的多段线。

步骤 09 圆角操作。单击“修改”面板中的“圆角”按钮，将游泳池上面两个端点进行半径为 900 的圆角操作，并将圆角后的线条向内偏移 300，修剪多余的线条，结果如图 17-32 所示。

步骤 10 绘制按摩池。调用“圆”菜单命令，过如图 17-33 所示的位置，绘制一个半径为 1500 的圆，并将其向内偏移 300，修剪多余的线条。

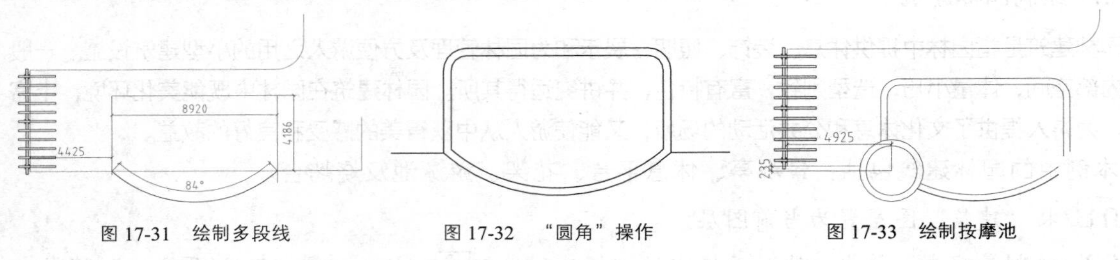

图 17-31 绘制多段线　　图 17-32 “圆角”操作　　图 17-33 绘制按摩池

步骤11 绘制烧烤平台。将“园路”图层置为当前图层，单击“绘图”面板中的“多边形”按钮，绘制一个内接圆半径为1500的正六边形。

步骤12 绘制烧烤台。将“建筑”图层置为当前图层，单击“绘图”面板中的“矩形”按钮，绘制一个尺寸为1500×500的矩形，用直线连接其上下两边的中点，并以其右下角点为基点，以平台右下角点为第二点，进行移动，结果如图17-34所示。

步骤13 填充烧烤台。将“填充”图层置为当前图层，调用“图案填充”命令，选择NET图案类型，设置比例为2500，填充烧烤平台，结果如图17-35所示。

步骤14 移动烧烤台。单击“修改”面板中的“移动”按钮，选择图17-35所示的图形，将其移动至庭院相应的位置，并旋转至合适的角度，结果如图17-36所示。

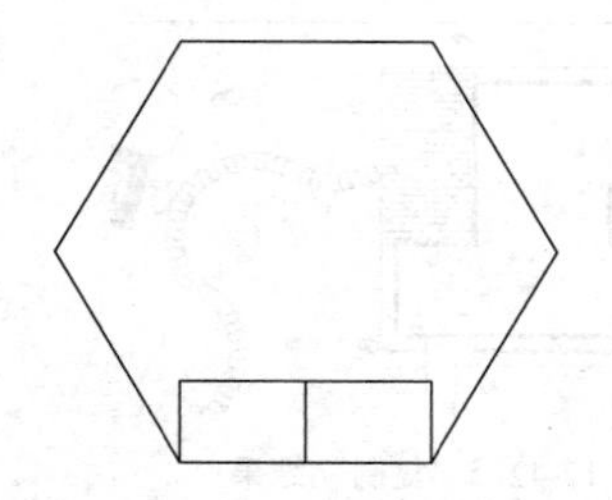

图17-34　绘制烧烤台

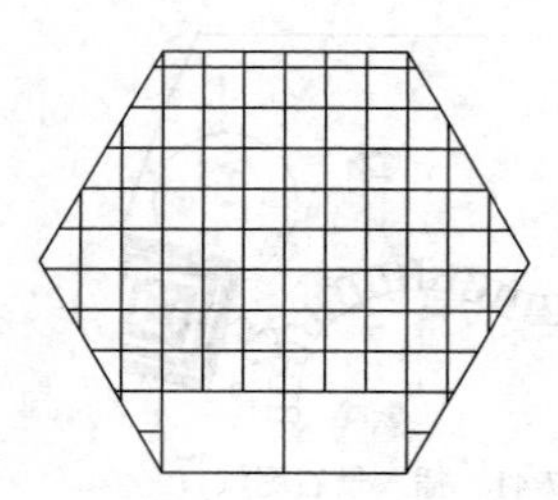

图17-35　填充结果

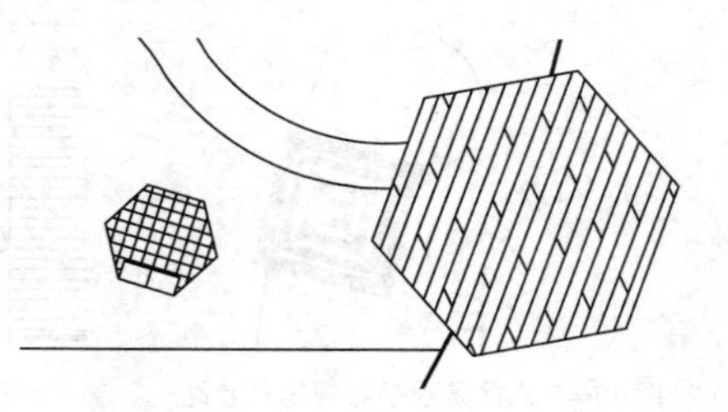

图17-36　“移动”结果

3. 绘制汀步

本例中的汀步包括两类：一是形状规则的曲线型汀步，其绘制方法为：先绘制出一条与汀步走势相似的样条曲线，再绘制其中的一块汀步并将其创建为块，最后将块以定距等分的形式插入到样条曲线中。二是位于烧烤区附近的形状不规则的汀步，其绘制方法比较自由，一般使用“多段线”命令，绘制出形状不同的图形，将其组合好即可。

步骤01 新建“汀步”图层，设置图层颜色为33号黄色，并将其置为当前图层。

步骤02 绘制规则汀步。调用“样条曲线”命令，绘制大致如图17-37所示的样条曲线作为辅助线。

步骤03 绘制一块汀步。调用“矩形”命令，绘制一个尺寸为400×900的矩形，并将其定义为“汀步”图块，指定矩形的中心为拾取基点。

步骤04 插入汀步。调用MEASURE命令，插入汀步，设置等分距离为500，结果如图17-38所示。

步骤05 绘制不规则汀步。调用“多段线”命令，绘制一系列大致如图17-39所示的封闭多段线图形，形成流畅的汀步小路，连接烧烤区、园路和休息平台。

图17-37　绘制样条曲线

图17-38　绘制结果

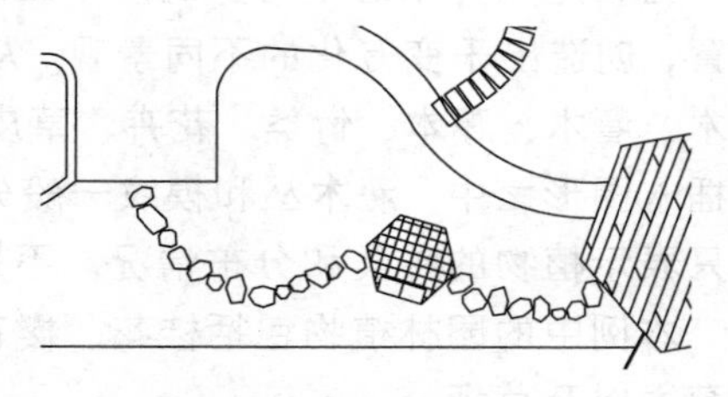

图17-39　绘制多段线

步骤06 用同样的方法连接景观亭与规则汀步路，结果如图17-40所示。

4. 绘制园林小品

本例的小品包括景石、树池及躺椅，休闲桌椅、坐凳等一系列园建设施。其中，园建设施一般以图例的形式插入。

步骤 01 新建“小品”图层，设置颜色为黄色，并将其置为当前图层。

步骤 02 绘制景石。单击“块”面板中的“插入”按钮，插入随书光盘中的“景石”图块，放置于合适的位置，并旋转至合适的角度，结果如图 17-41 所示。

步骤 03 复制景石。单击“修改”面板中的“复制”按钮，将插入的景石复制至其它位置，并调整其大小和方向，结果如图 17-42 所示。

图 17-40 连接景观亭与规则汀步路

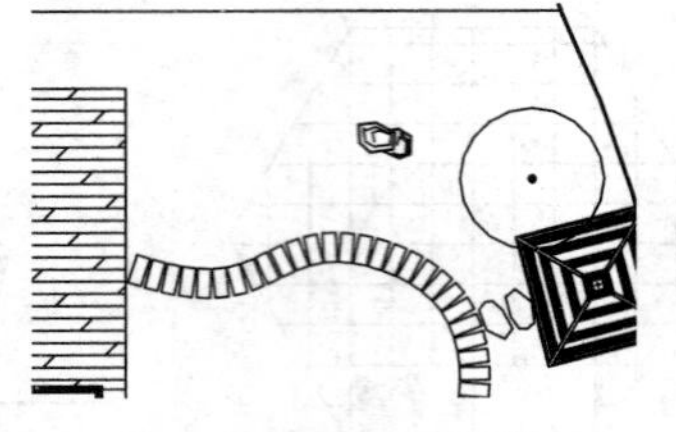

图 17-41 插入景石图块

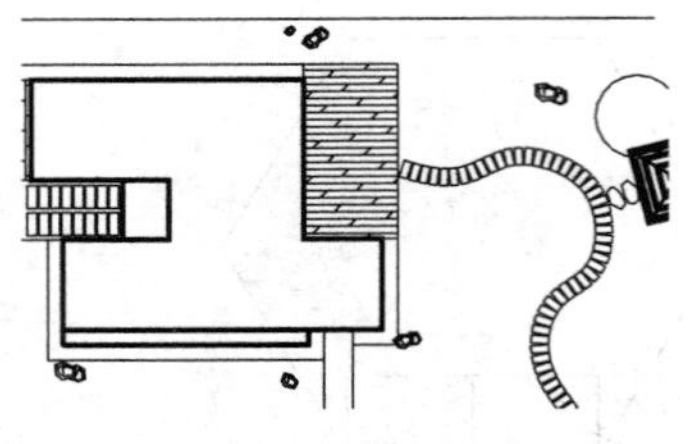

图 17-42 “复制”结果

步骤 04 绘制树池。调用“圆”命令，于如图 17-43 所示位置，绘制一个半径为 1000 的圆，并将其向内偏移 300，修剪多余的图形。

步骤 05 绘制其它园建设施。单击“块”面板中的“插入”按钮，插入“第 17 章\原文件”随书光盘中的“躺椅”、“休闲椅”图块，如图 17-44 所示。

步骤 06 修改填充效果。双击休闲平台二的填充图案，在打开的选项板中单击“选择对象”按钮，在绘图区选择平台上的“休闲椅”图块，按空格键返回对话框，单击“确定”按钮，结果如图 17-45 所示。

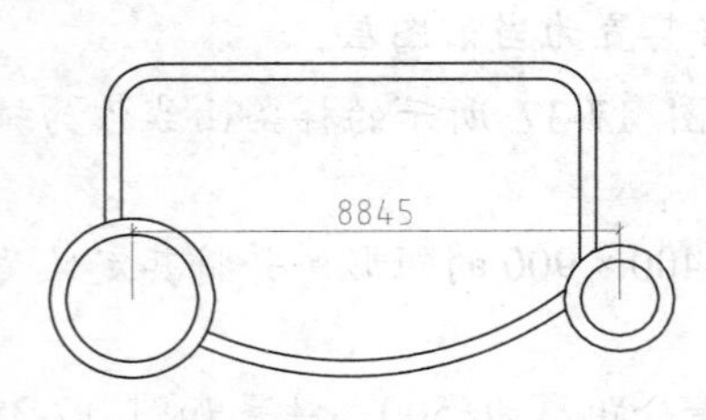

图 17-43 绘制树池

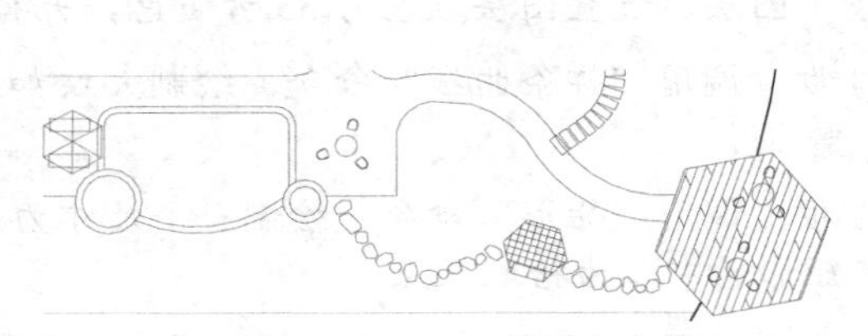

图 17-44 插入园建设施

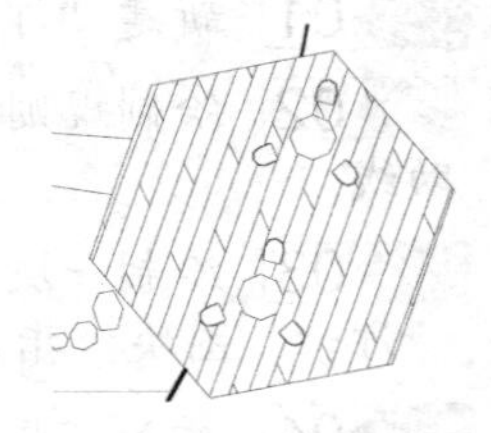

图 17-45 修改效果

5. 绘制植物

植物是园林中必不可少的一个组成部分，在园林设计中，常通过各种不同的植物之间的组合配置，创造出千变万化的不同景观。从园林规划设计的角度出发，根据外部形态，园林植物分为乔木、灌木、藤本、竹类、花卉、草皮六类。绘制植物时，乔木和部分灌木一般以图例的形式直接插入图形之中；灌木丛和模纹一般先绘制出轮廓，然后填充图案以表示其类别。总平图中的植物只表示植物的种类和分布情况，不是植物的最终种植情况。

本例中的园林植物包括桂花、樱花、枇杷、桃树、湿地松等乔木；山茶、石榴、芭蕉、苏铁等灌木以及草坪。

步骤 01 新建“灌木”图层，设置图层颜色为绿色，并将其置为当前图层。

步骤 02　绘制绿篱轮廓。调用“多段线”菜单命令，在庭院周边绘制如图 17-46 所示的宽度为 400 的绿篱轮廓。

步骤 03　新建“描边”图层，设置图层颜色为 8 号灰色，并将其置为当前图层。

步骤 04　描边轮廓。调用“多段线”命令，描边绿篱轮廓。

步骤 05　填充绿篱。将“灌木”图层置为当前图层。调用“图案填充”菜单命令，选择 ANSI38 图案类型，设置比例为 2000，为绿篱填充图案，并隐藏“描边”图层，结果如图 17-47 所示。

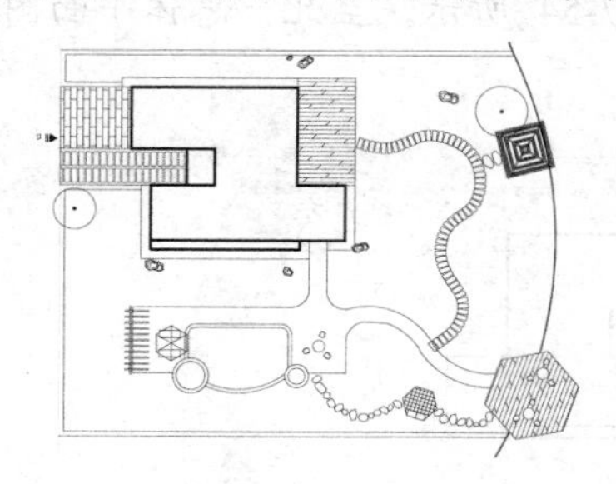

图 17-46　绘制绿篱轮廓

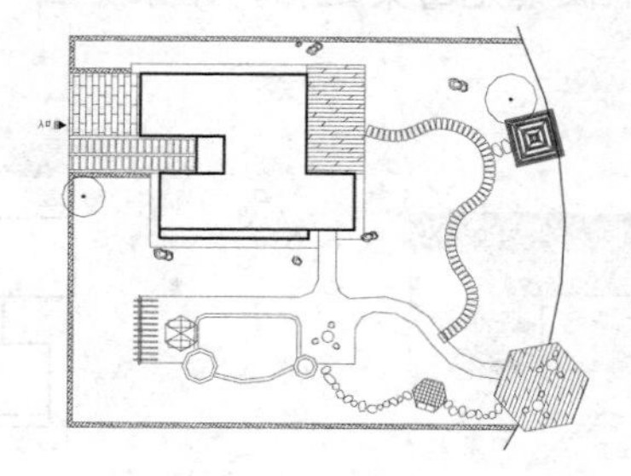

图 17-47　填充结果

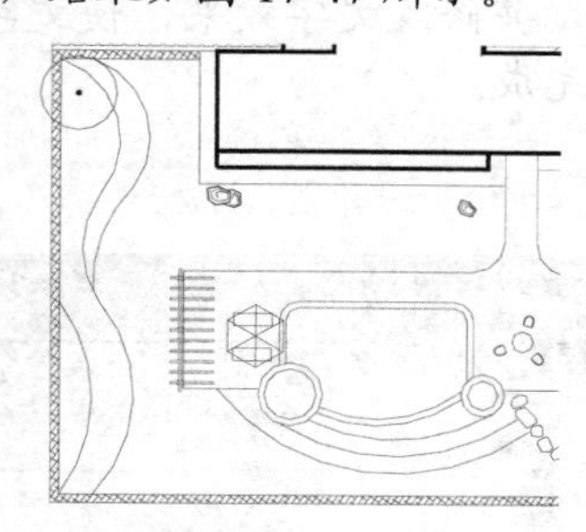

图 17-48　绘制模轮廓线

步骤 06　用同样的方法绘制模纹轮廓，如图 17-48 所示，并对其进行填充，结果如图 17-49 所示。

步骤 07　插入“红花继木”图例。单击“块”面板中的“插入”按钮，插入随书光盘中的“第 17 章\红花继木”图块，结果如图 17-50 所示。

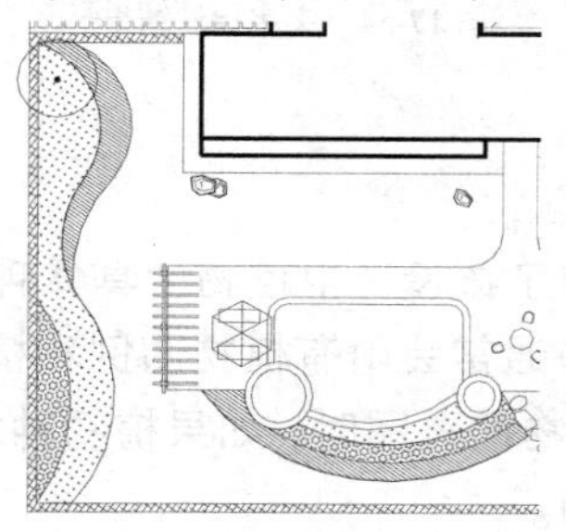

图 17-49　填充结果

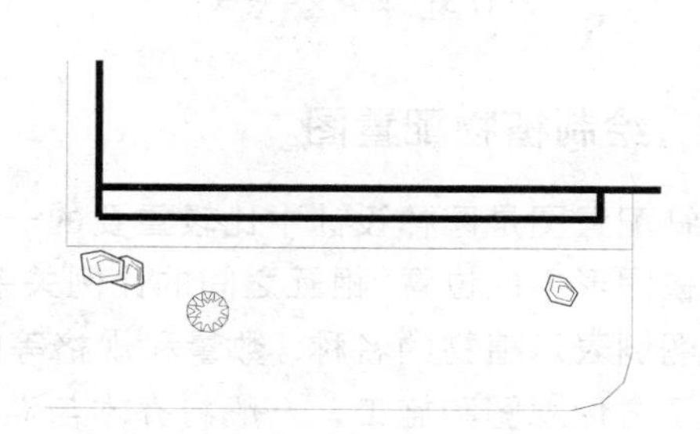

图 17-50　插入图块

步骤 08　复绘图块。调用“复制”命令，将插入的图块复制到相应的位置，结果如图 17-51 所示。

步骤 09　用同样的方法插入随书光盘中的其它植物图例，并调节其大小，结果如图 17-52 所示。

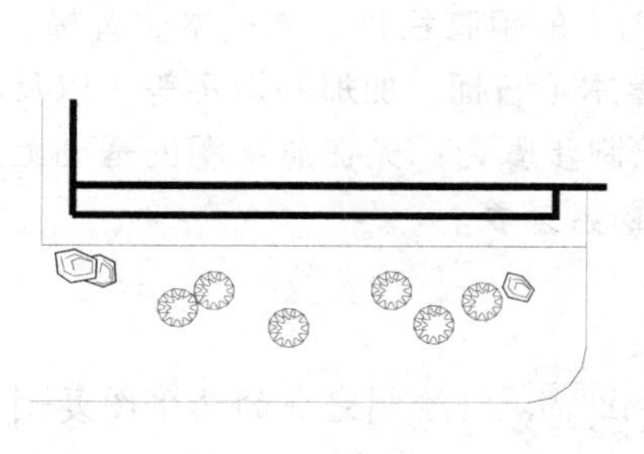

图 17-51　“复制”结果

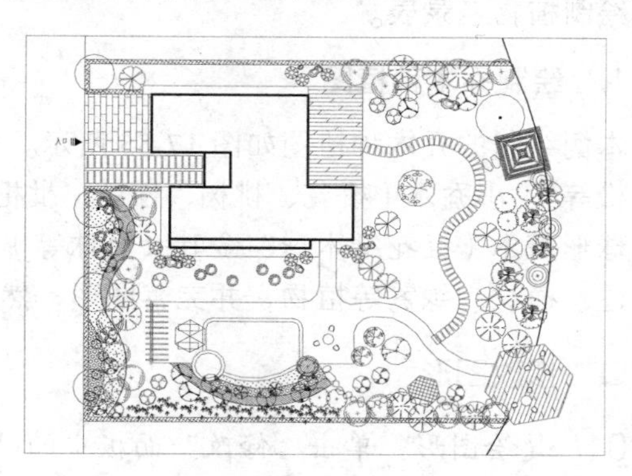

图 17-52　插入结果

6. 文字标注

步骤 01 新建“标注”图层，设置图层颜色为蓝色，并将其置为当前图层。

步骤 02 设置文字标注样式。调用“文字样式”菜单命令，新建“样式 1”，其设置如图 17-53 所示，并将其置为当前。

步骤 03 标注文字。调用 TEXT / DT 命令，设置文字高度为 1000，在图中相应的位置进行文字标注，并修改文字效果，使文字不被填充图案遮挡，结果如图 17-54 所示。至此，总体平面图绘制完成。

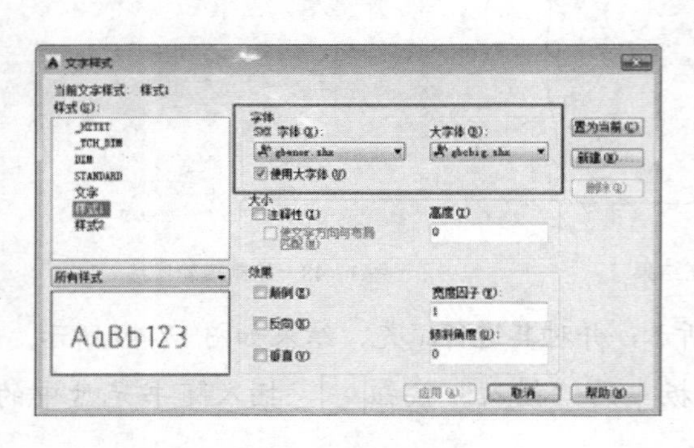

图 17-53 设置文字样式

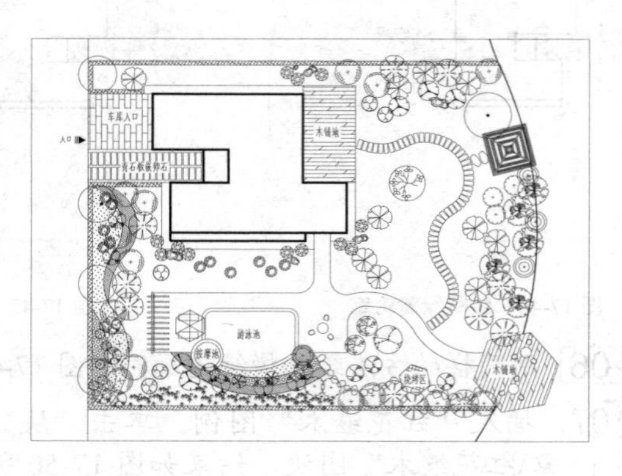

图 17-54 文字标注结果

17.3.2 绘制植物配置图

植物配置图是园林设计中比较重要的一类图形，它表明了该设计中植物的具体种类和数量，以及其在图形中的位置、相互之间的比例关系。植物配置图中通常会附有植物图例和植物名录表，以注明图例表示植物的名称、数量和规格等内容。在绘制植物配置图时，如果植物种植密度比较大，为了方便视图和施工，一般将乔木与灌木分开进行绘制。

本例将植物配置图分成乔木种植图和灌木种植图。在绘制时，可以在总平图的基础上进行植物位置的调整和数量的增减，其方法与总平图中植物的绘制方法相同，然后增加植物名录表即可。为了避免重复，这里就省去植物调整的过程，直接在总平图中植物的基础上进行其它方面的修改，然后绘制植物名录表。

1. 绘制乔木种植图

本例绘制的乔木种植图如图 17-55 所示。乔木种植图中的植物包括：大乔木（香樟、泡桐、湿地松等）、小乔木（樱花、桃树、桂花、枇杷等）、大灌木（石榴、加那利海枣等）以及单株种植的球形灌木（红花继木球、金叶女贞球等）。其一般绘制步骤为：先在总平图的基础上删除文字标注、模纹、绿篱等植物，并完善图形，然后增加植物名录表。

❑ 修改图形

步骤 01 复绘图形。单击“修改”面板中的“复制”按钮，将绘制完成的总平图复制一份到绘图区空白处。

步骤 02 删除文字标注。调用“删除”命令，删除图形中除了“入口”以外的其它文字标注，并将图形中的填充图案补充完整，结果如图 17-56 所示。

步骤 03 删除灌木。调用“删除”命令，删除图形中的模纹、绿篱、竹子等灌木，结果如图 17-57 所示。

图例
植物名录表

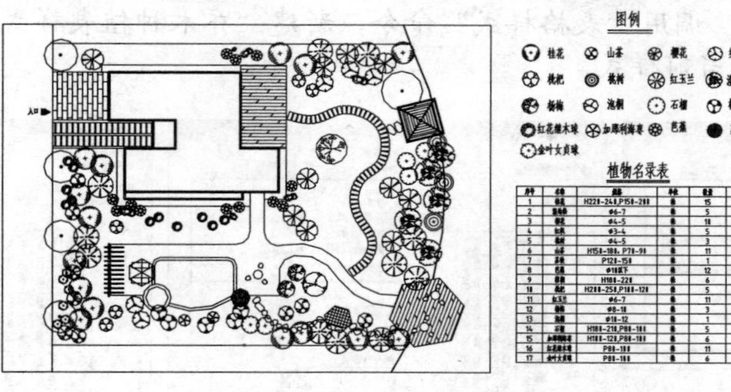

图 17-55　乔木种植图

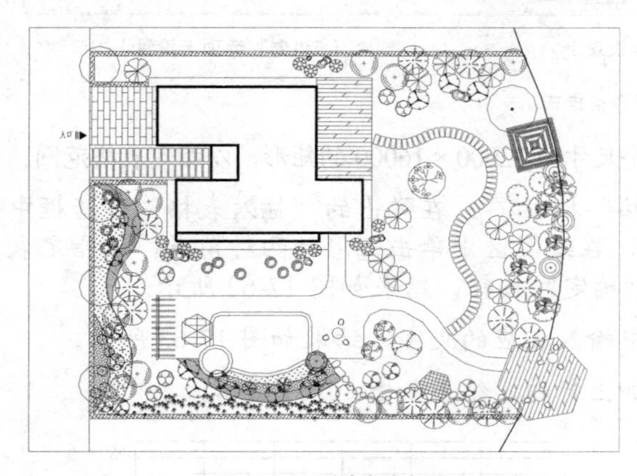

图 17-56　删除文字标注

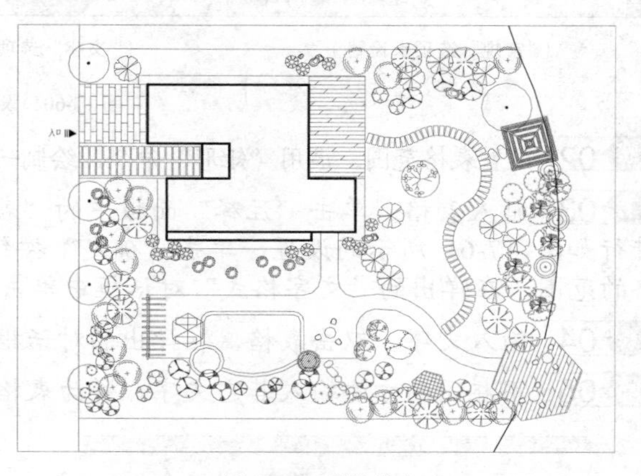

图 17-57　删除灌木

❑ 标注植物图例

步骤 01 标注桂花图例。将“标注”图层置为当前图层，调用“复制”命令，复制一个桂花图例至绘图区空白处。调用 TEXT / DT 命令，在命令行中指定文字高度为 750，输入文字，标注结果如图 17-58 所示。

步骤 02 用同样的方法标注其它乔木图例，并调节图例大小，以排列整齐，并为其加上标题，结果如图 17-59 所示。

桂花

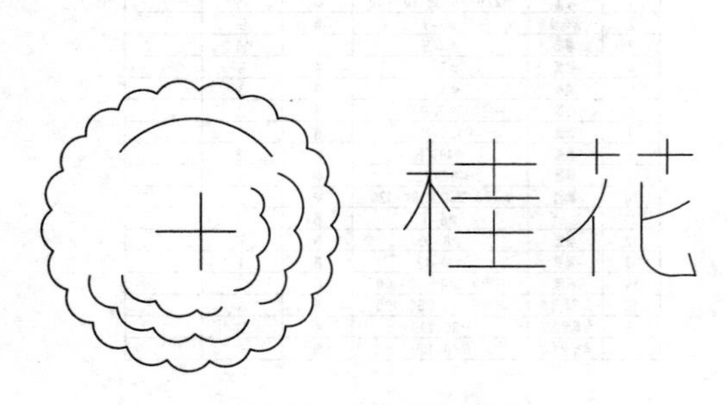

图 17-58　标注注文字

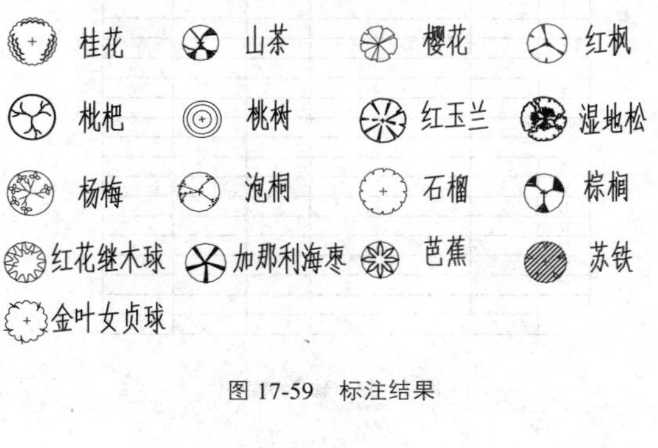

图例
桂花
山茶
樱花
红枫
枇杷
桃树
红玉兰
湿地松
杨梅
泡桐
石榴
棕榈
红花继木球
加那利海枣
芭蕉
苏铁
金叶女贞球

图 17-59　标注结果

❑ 绘制植物名录表

步骤 01 设置表格样式。调用“表格样式”命令，新建“乔木种植表样式”，各参数设置如图17-60 所示，并将其置为当前样式。

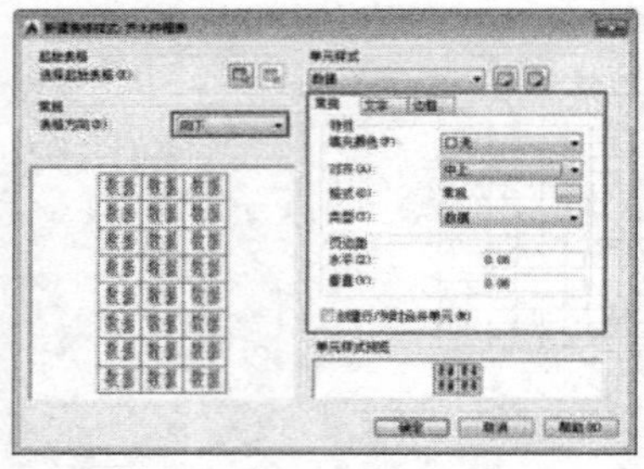
(“常规”选项卡设置)

(“文字”选项卡设置)

(“边框”选项卡设置)

图 17-60　设置表格样式

步骤 02 设置表格范围。调用“矩形”命令，绘制一个尺寸为 22000 × 16000 的矩形，以指定表格范围。

步骤 03 插入表格。单击“注释”面板中的“表格”按钮，在弹出的“插入表格”对话框中进行如图 17-61 所示的设置。单击“确定”按钮，在绘图区中单击矩形的两对角点，以指定表格的范围。在弹出的“文字格式”对话框中单击“确定”按钮，结果如图 17-62 所示。

步骤 04 输入文字。双击表格，在弹出的对话框中输入相应的文字，结果如图 17-63 所示。

步骤 05 用相同的方法输入其它文字，并为表格加上标题，结果如图 17-64 所示。

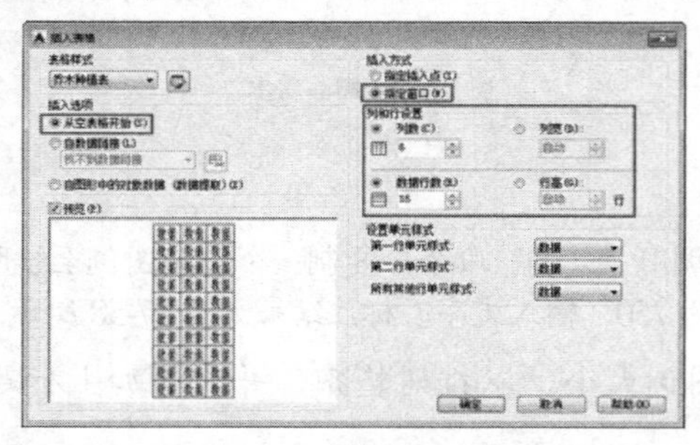

图 17-61　设置表格样式

图 17-62　插入表格

序号	名称	规格	单位	数量	备注
1					
2					
3					
4					
5					
6					
7					
8					
9					
10					
11					
12					
13					
14					
15					
16					
17					

图 17-63　输入文字

序号	名称	规格	单位	数量	备注
1	桂花	H220-240,P150-200	株	15	
2	湿地松	φ6-7	株	5	
3	樱花	φ4-5	株	10	
4	红枫	φ3-4	株	5	
5	桃树	φ4-5	株	3	
6	山茶	H150-180，P70-90	株	11	
7	苏铁	P120-150	株	1	
8	芭蕉	φ10以下	株	12	
9	棕榈	H180-220	株	6	
10	枇杷	H200-250,P100-120	株	5	
11	红玉兰	φ6-7	株	11	
12	杨梅	φ8-10	株	3	
13	泡桐	φ10-12	株	1	
14	石榴	H180-210,P80-100	株	5	
15	加那利海枣	H100-120,P80-100	株	6	
16	红花继木球	P80-100	株	11	
17	金叶女贞球	P80-100	株	6	

图 17-64　输入结果

步骤 06 将标注的植物图例和植物名录表移动至合适的位置，乔木种植图绘制完成，结果如图 17-65 所示。

步骤 07 在乔木种植图中选择一个红枫图例，然后调用“快速选择”命令，弹出“快速选择”对话框。

步骤 08 单击对话框中“应用到”右侧的“选择对象”按钮，在绘图区中框选乔木种植图，对话框中其它设置如图 17-66 所示。

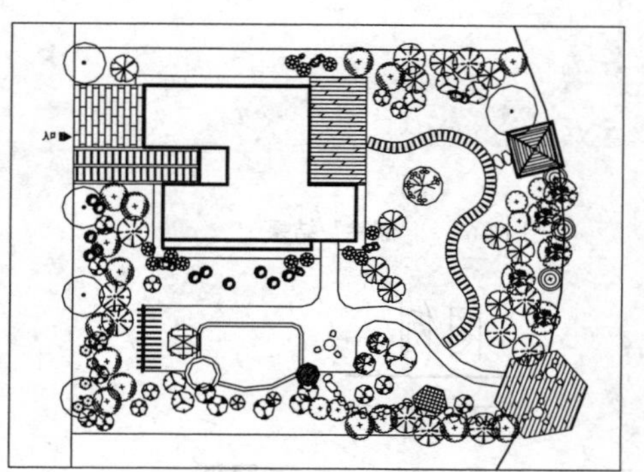

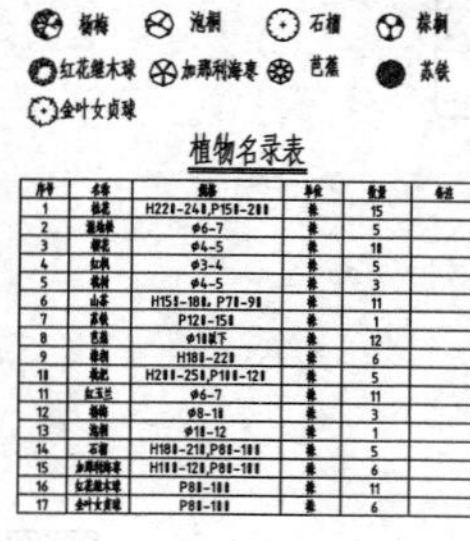

植物名录表

序号	名称	规格	单位	数量	备注
1	桂花	H220-240,P150-200	株	15	
2	湿地松	φ6-7	株	5	
3	樱花	φ4-5	株	10	
4	红枫	φ3-4	株	5	
5	榉树	φ4-5	株	3	
6	山茶	H150-180，P70-90	株	11	
7	苏铁	P120-150	株	1	
8	芭蕉	φ10以下	株	12	
9	棕榈	H180-220	株	6	
10	枇杷	H200-250,P100-120	株	5	
11	红玉兰	φ6-7	株	11	
12	杨梅	φ8-10	株	3	
13	泡桐	φ10-12	株	1	
14	石榴	H180-210,P80-100	株	5	
15	加那利海枣	H100-120,P80-100	株	6	
16	红花继木球	P80-100	株	11	
17	金叶女贞球	P80-100	株	6	

图 17-65　绘制结果

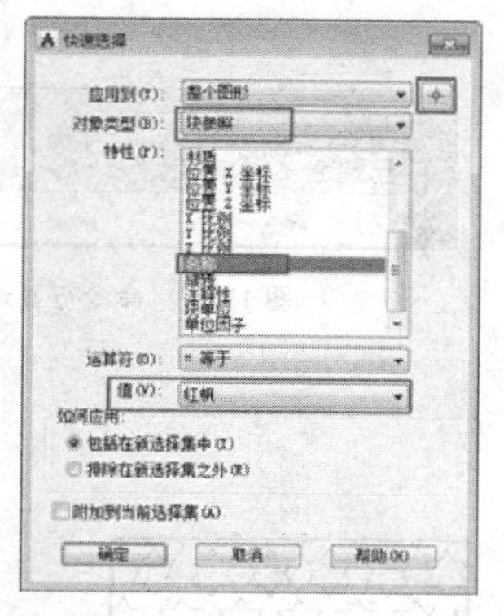

图 17-66　设置快速选择参数

> **专家提醒**
>
> 当植物数量较少时，可以直接在图形中清点来确定，当植物数量较多时，可以通过“快速选择”的方式来确定植物数量。下面我们通过确定“红枫”的数量来介绍此种方法。

步骤 09 单击“确定”按钮，命令行显示选择图形中红枫的数量，如图 17-67 所示，绘图区中红枫图例也将被标记。

2. 绘制灌木种植图

本例绘制的灌木种植图如图 17-55 所示。乔木种植图中的植物包括：绿篱、模纹以及地被（草坪）。其绘制步骤和方法与乔木种植图相似。

❑ 修改备份图形

调用“复制”命令，复制备份的总平修改图，删除乔木，保留绿篱模纹和竹子，结果如图 17-68 所示。

❑ 标注植物图例

步骤 01 标注红叶石楠图例。调用“矩形”命令，绘制一个尺寸为 2700×1800 的矩形。

步骤 02 填充矩形，单击“绘图”面板中的“图案填充”按钮，选择 STARS 填充图案，设置比例为 900。然后调用 TEXT / DT 命令，设置文字高度为 1000，输入文字，结果如图 17-69 所示。

步骤 03 用同样的方法标注其它灌木图例，并调节图例大小，排列整齐，并为其加上标题，结果如图 17-70 所示。

图 17-67 命令行显示

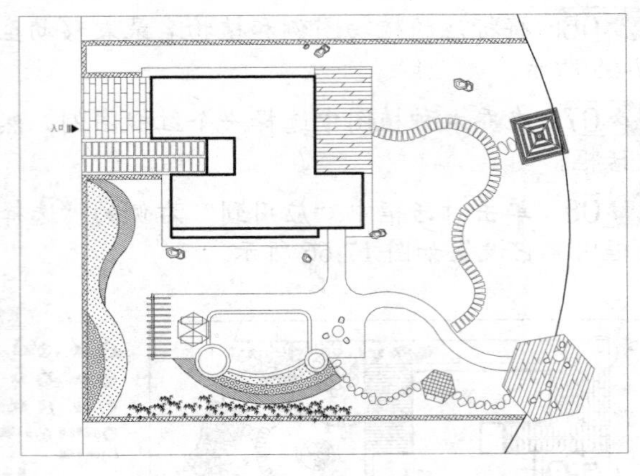

图 17-68 “删除”结果

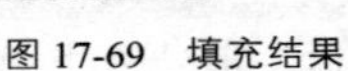

图 17-69 填充结果

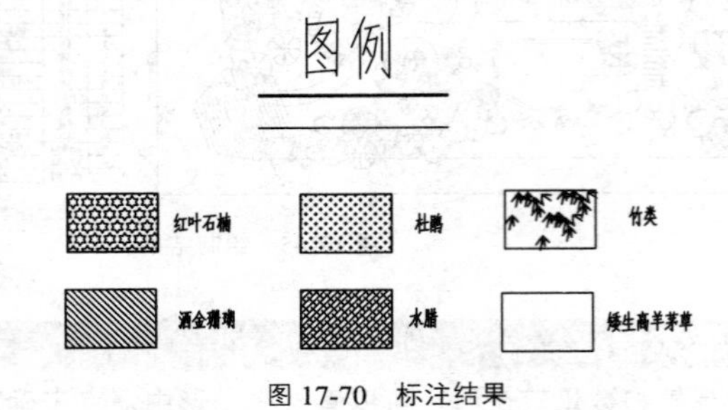

图 17-70 标注结果

❑ 绘制植物名录表

步骤 01 用绘制乔木植物名录表的方法绘制灌木植物名录表，并为其加上标题，结果如图 17-71 所示。

步骤 02 灌木种植图绘制完成。

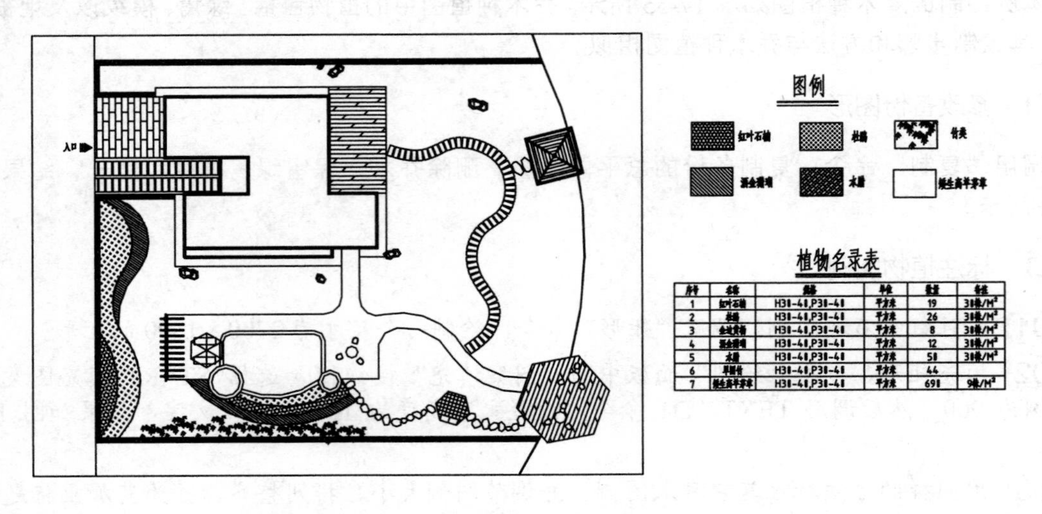

图 17-71 绘制结果

在统计图形中植物的面积时，可以调用 AREA 命令，直接算出相应填充图案的面积。下面以统计红叶石楠的面积为例，来介绍计算灌木面积的方法。

在命令行中调用 AREA 命令，命令行操作过程如下。

```
命令: area↙                                          //调用"查询面积"命令
指定第一个角点或 [对象(O)/加(A)/减(S)]: o↙            //激活"对象"选项
选择对象:                                            //选择红叶石楠的填充图案
面积 = 17971376，周长 = 43620
```

17.3.3　绘制竖向设计图

竖向设计一般指地形在垂直方向上的起伏变化，由等高线、路面坡度方向、标高等要素共同组成。等高线是一组垂直间距相等、平行于水平面的假想面，是与自然地貌相交切所得到的交线在平面上的投影，给这组投影线标注上数值，便可用它在图纸上表示地形的高低陡缓、峰峦位置、坡谷走向及溪池的深度等内容。路面坡度方向是指在地形有起伏的地段，用一根箭头加标注的方式，表示该处的变坡方向和路面标高值，一般箭头方向表示下坡方向。标高可以用相对标高表示，也可以由绝对标高表示。绝对标高指当地的实际标高，即该地相对于黄海海面的高度；而相对标高是指定以该处某一点为相对零点，然后在此基础上进行其它位置的高度标注。

本例绘制的竖向设计图如图 17-72 所示。其路面没有变坡，只在路与路交接的地方有等高线上的变化。而绿地地形比较丰富，但起伏不大，均呈缓坡状。同时，路面与绿地、平台之间有一定的高差。在本例中，我们以入口处路面标高为相对零点。其一般绘制步骤为：先绘制路面标高，再绘制等高线，然后根据路面高度和等高线的分布，来确定绿地标高和等高线的高度变化。

1.　修改备份图形

使用"复制"工具，复制备份的总平修改图，删除所有植物，保留建筑和小品，结果如图 17-73 所示。

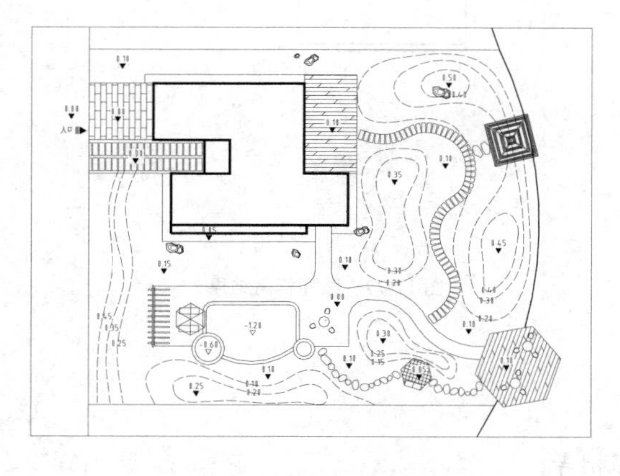

图 17-72　竖向设计图

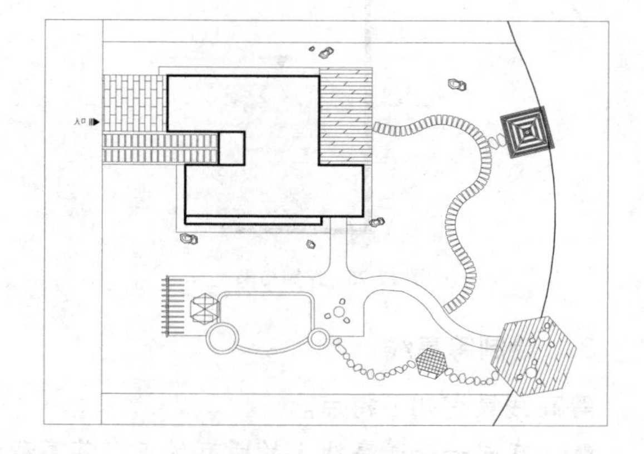

图 17-73　修改结果

2.　路面和水池标高

一般室外绿地、路面等的标高用实心倒三角形表示，而水体标高则用空心倒三角形表示，其方法都一样。

步骤 01 绘制标高符号。调用“多边形”命令，绘制一个外接圆半径为 300 的正三角形，对其填充 SOLID 图案，并将其设置为属性块，其参数设置如图 17-74 所示。

步骤 02 绘制车库入口处的标高。单击“块”面板中的“插入”按钮，将随书光盘中的“第 17 章\标高符号”属性块插入车库入口位置（图块/第 17 章/原始文件），并根据命令行的提示输入高度值。这里保持默认值，并调整填充图案的显示，结果如图 17-75 所示。

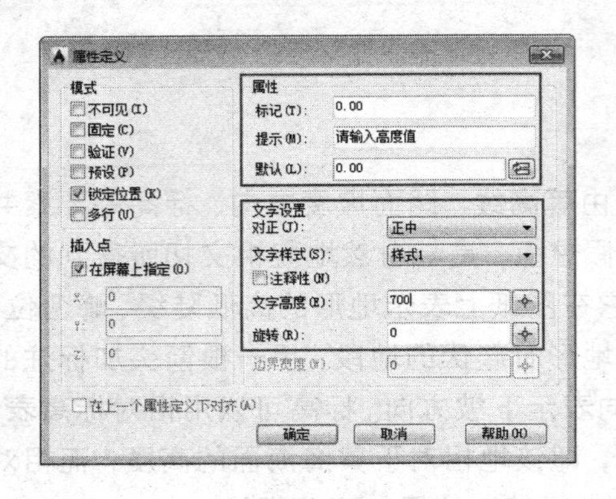

图 17-74 属性设置

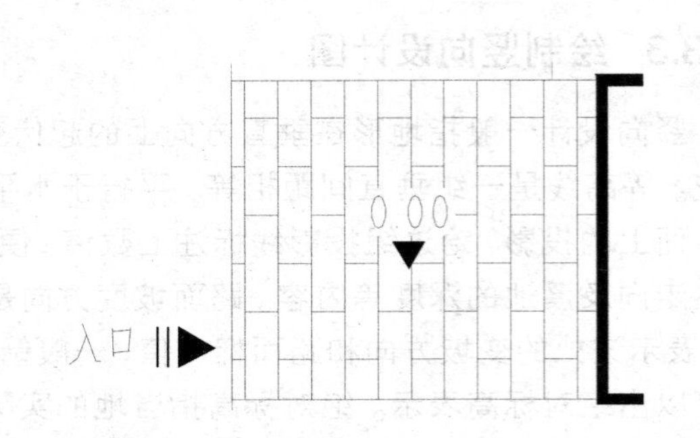

图 17-75 插入标高符号

步骤 03 绘制休闲平台标高。单击“块”面板中的“插入”按钮，将随书光盘中的“第 17 章\标高符号”属性块插入休闲平台位置（图块/第 17 章/原始文件），并根据命令行提示输入高度值为 0.10，并调整填充图案的显示，结果如图 17-76 所示。

步骤 04 用同样的方法插入水池和路面其它位置的标高，结果如图 17-77 所示。

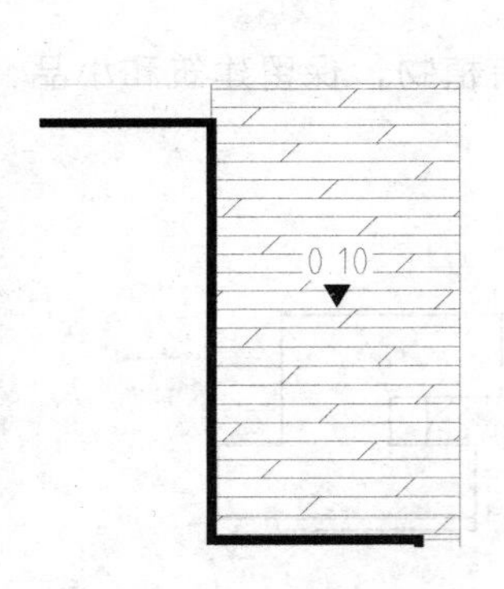

图 17-76 绘制结果

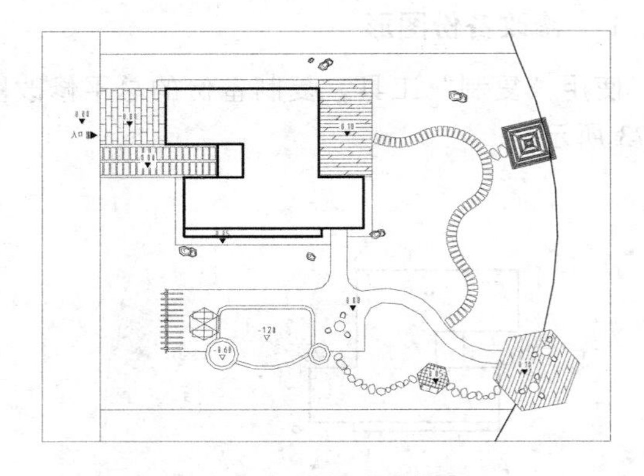

图 17-77 路面标高结果

3. 绘制等高线

等高线具有如下特点。

- 在同一条等高线上的所有的点，其高程都相等；
- 每一条等高线都是闭合的；
- 等高线的水平间距的大小表示地形的缓或陡；
- 等高线一般不相交或重叠，只有在悬崖处等高线才可能出现相交情况；
- 等高线在图纸上不能直穿横过河谷、堤岸和道路等。

绘制等高线具体操作如下。

步骤 01 新建“等高线”图层，设置图层颜色为白色，图层线型设为“ACAD_IS002W100”，并将其置为当前图层。

步骤 02 绘制等高线。使用“样条曲线”工具，绘制如图 17-78 所示的等高线。

步骤 03 重复调用“样条曲线”命令，在绘制的等高线外围再绘制一段如图 17-79 所示的样条曲线。

步骤 04 用同样的方法绘制其它位置的等高线，结果如图 17-80 所示。

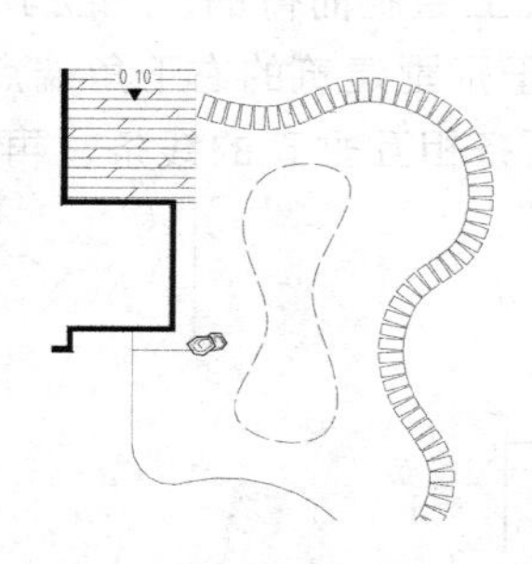

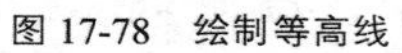

图 17-78　绘制等高线

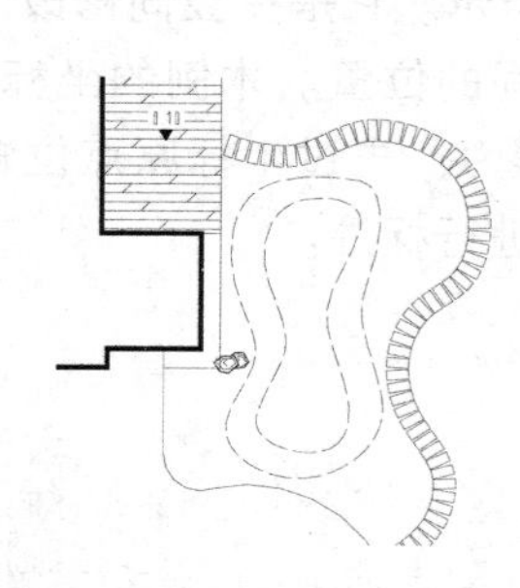

图 17-79　绘制等高线

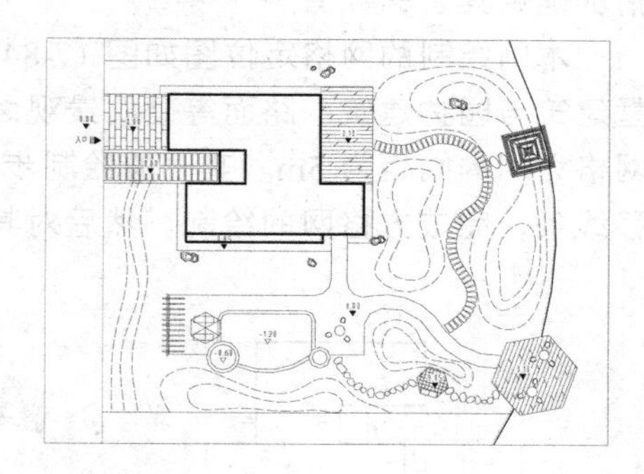

图 17-80　绘制结果

4. 标高

绿地标高的方法与路面标高一样，其标注位置一般在草坪边缘、最高处等位置。等高线标高时不需要绘制标高符号，只要在等高线上标注数值即可。

步骤 01 绘制绿地标高。将“标注”图层置为当前图层，用标注路面标高的方法标注绿地标高，结果如图 17-81 所示。

步骤 02 绘制等高线标高。调用 TEXT / DT 命令，设置文字高度为 700，在等高线位置处标注如图 17-82 所示的数值。

步骤 03 用同样的方法标注其它等高线位置的高度，结果如图 17-83 所示。至此，竖向设计图绘制完成。

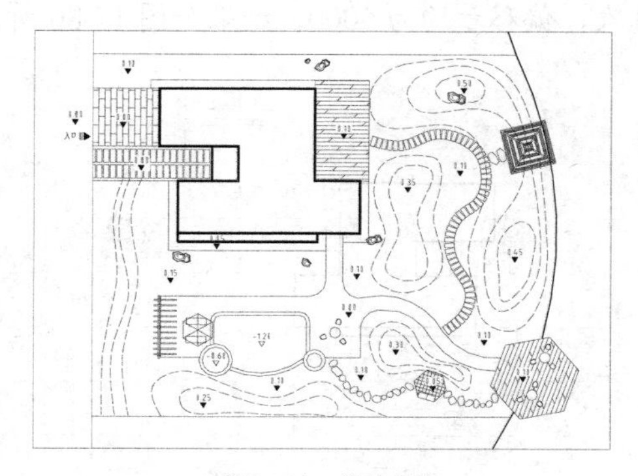

图 17-81　绿地标高

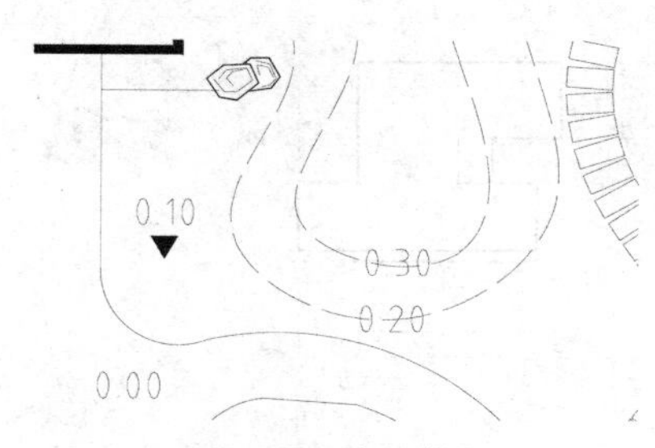

图 17-82　标注结果

17.3.4 绘制网格定位图

网格定位图就是在图纸上绘制的一系列间距相等的垂直和水平的线条。在园林工程中，园林建筑、小品、园路等要素的位置是需要精确定位的，这时就需要借助方格网来增加施工的准确度。在地形改动比较大的施工中，土方量也需要靠方格网来计算。在绘制网格时，一般先找准一个定点，即在现场存在的不会因为施工而发生变化的位置，如建筑的某一个点，将其定为坐标原点。然后在此基础上，绘制间距相等的水平垂直直线，直线间距一般情况下为 20m，也可以根据实际情况确定其它的数值。

本例绘制的网格定位图如图 17-84 所示。它是在竖向修改图的基础上绘制而得的，定位了别墅建筑与园林建筑、路面等硬质景观之间的位置。本例的坐标原点位于别墅建筑的右下角端点，网格之间的间距为 5m。其一般绘制步骤为：先过坐标原点位置绘制两条相互垂直的线条，再偏移线条，完成方格网的绘制，然后对其进行标注。

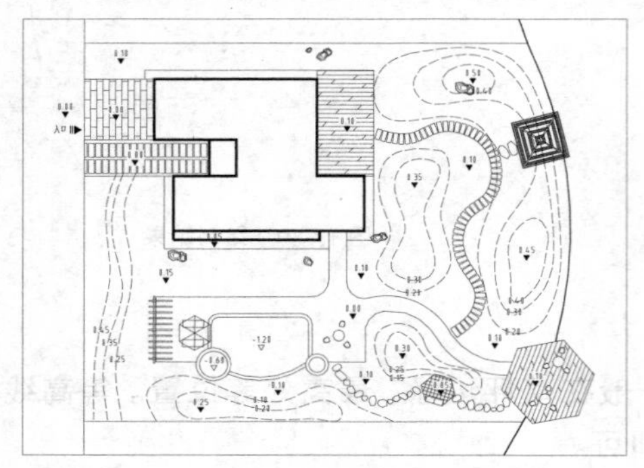

图 17-83　标注结果

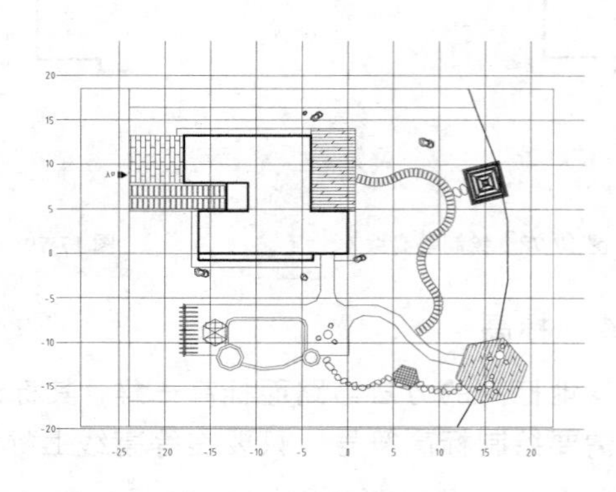

图 17-84　网格定位图

步骤 01 新建“方格网”图层，图层颜色设置为红色，并将其置为当前图层。

步骤 02 使用“复制”工具，复制一份“竖向修改图”至绘图区空白处，在此基础上绘制图形。

步骤 03 使用“直线”工具，过别墅右下角端点绘制如图 17-85 所示的水平和垂直直线。

步骤 04 单击“修改”面板中的“偏移”按钮，将绘制的水平线条分别向上、向下偏移 4 次，偏移量为 5000；垂直线条分别向左偏移 5 次、向右偏移 4 次，偏移量均为 5000，结果如图 17-86 所示。

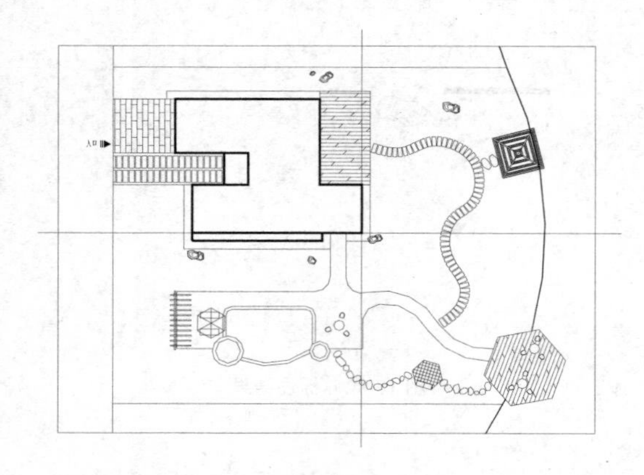

图 17-85　绘制直线

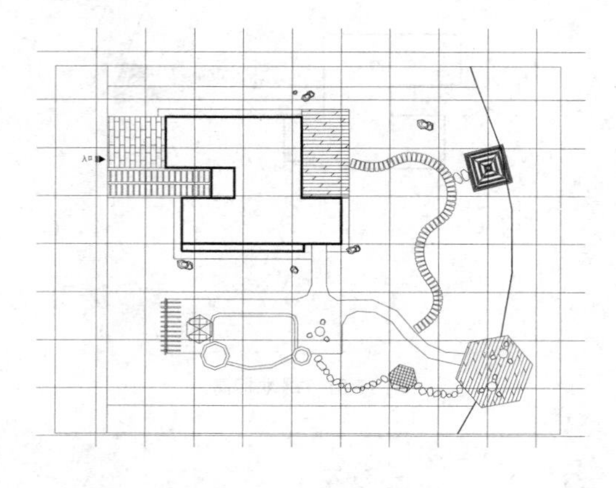

图 17-86　“偏移”结果

步骤 05　坐标标注。调用 TEXT / DT 命令，设置文字高度为 1000，在图形的左边和下方进行原点的标注，结果如图 17-87 所示。

步骤 06　用同样的方法，以 5m 为间距，进行其它位置的标注，结果如图 17-88 所示。网格定位图绘制完成。

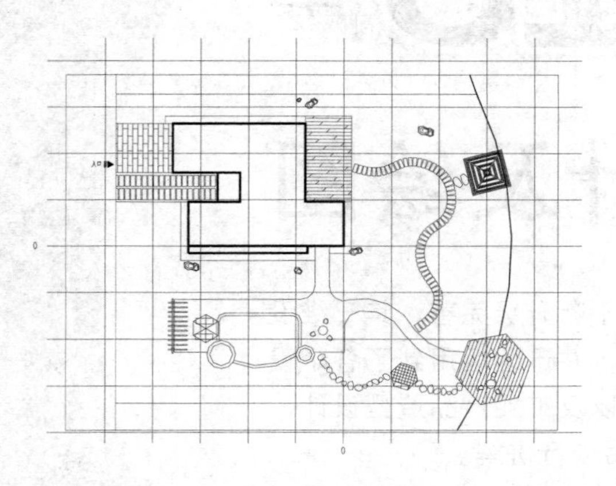

图 17-87　标注坐标原点

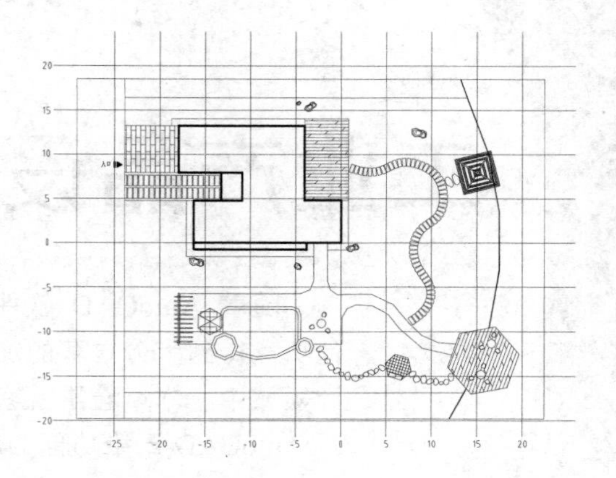

图 17-88　标注结果

第18章

工业产品设计及绘图

随着 AutoCAD 软件的不断升级完善，其三维设计功能得到十分显著的加强，并迅速运用到了各个设计领域中。本章着重就家具以及工业产品造型设计，对 AutoCAD 三维功能的应用进行讲解。

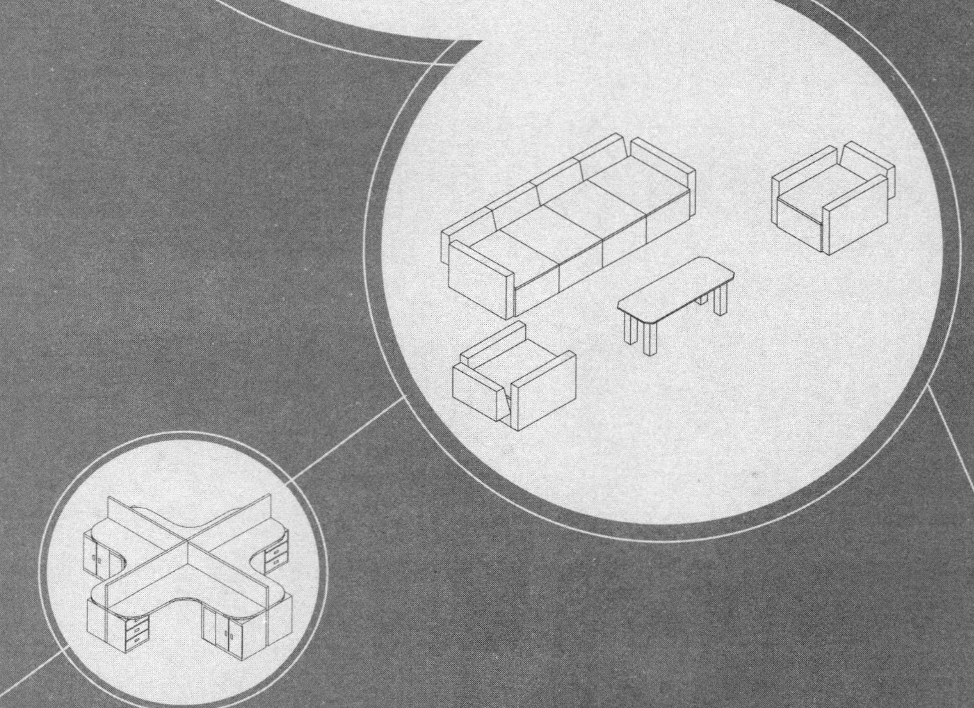

AutoCAD 2016

18.1 室内家具造型设计

家具设计是家具产品研究与开发、设计与制造的首要环节。使用 AutoCAD 的三维功能，可以快速绘制家具的三维造型，直观展示家具的设计效果，并可方便生成可供生产的二维设计图纸。

18.1.1　绘制沙发三维造型图

沙发是客厅的主要家具之一，沙发的材质分为木材、布艺、皮质等类型。绘制沙发三维造型，需要用到的命令有：“复制”“长方体”“矩形”“拉伸”等。案例完成效果如图 18-1 所示。

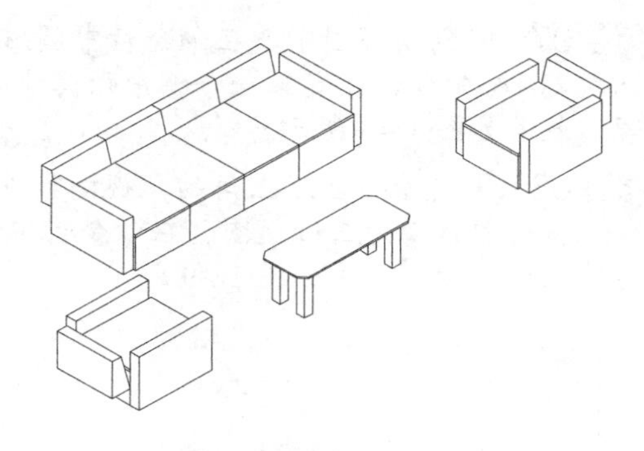

图 18-1　沙发

步骤 01 单击绘图区左上角的“视图控件”，在弹出的快捷功能控件菜单中，选择“西南等轴测”命令，将视图转换为三维视图。使用“长方体”工具，在绘图区域中绘制一个 102 × 813 × 533 的长方体，效果如图 18-2 所示。

步骤 02 重复调用“长方体”命令，再绘制一个 610 × 838 × 330 的长方体；在命令行中调用 CO 命令，将 102 × 813 × 533 的长方体复制一份到右侧，得到单体沙发的基本结构，效果如图 18-3 所示。

步骤 03 在命令行中调用 REC 命令，以沙发的底座为基础，绘制一个同样大的矩形；在命令行中调用 EXT 命令，选择这个矩形，将其向上拉伸 25 的高度，按空格键结束命令，即可绘制一个实体，作为沙发坐垫，效果如图 18-4 所示。

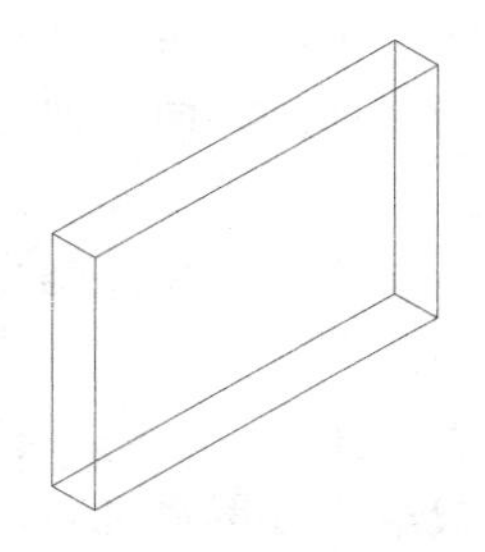

图 18-2　绘制“长方体”

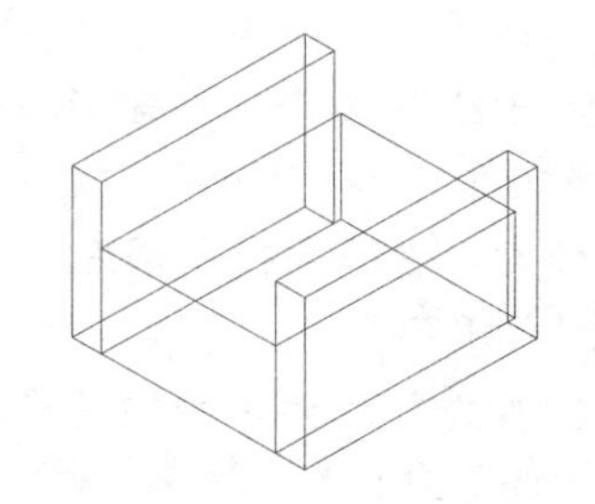

图 18-3　绘制单体沙发基本结构

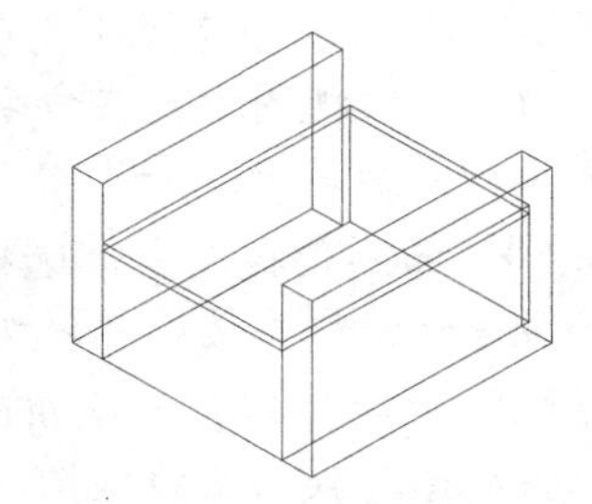

图 18-4　绘制沙发坐垫

步骤 04 单击绘图区左上角的“视图控件”，在弹出的快捷功能控件菜单中，选择“左视”命令，将视图切换到左视图中。在命令行中调用 PL 命令，在沙发坐垫后方绘制一个直角梯形，其上底宽为 102，下底宽为 203，高为 368，效果如图 18-5 所示。

步骤 05 单击绘图区左上角的“视图控件”，弹出快捷功能控件菜单，选择“西南等轴测”命令，将视图转换为三维视图。在命令行中调用 EXT 命令，将梯形向右拉伸 610 的距离，效果如图 18-6 所示。

步骤 06 在命令行中调用 CO 命令，将前面绘制的单体沙发复制一份，并删除其中一侧的扶手。将其底座、坐垫以及靠背一起向侧面复制，共复制 3 组，再将左侧的扶手复制一份到右侧，效果如图 18-7 所示。

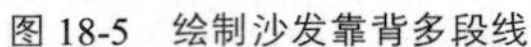

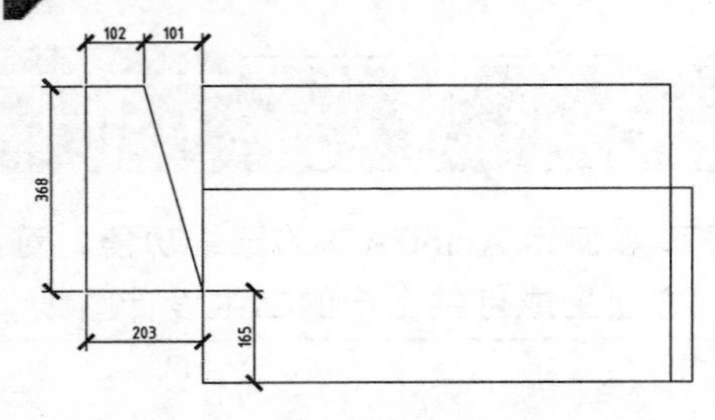

图 18-5　绘制沙发靠背多段线

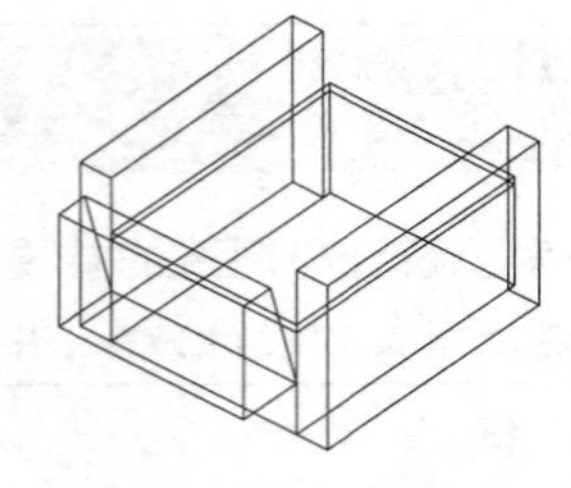

图 18-6　绘制沙发靠背

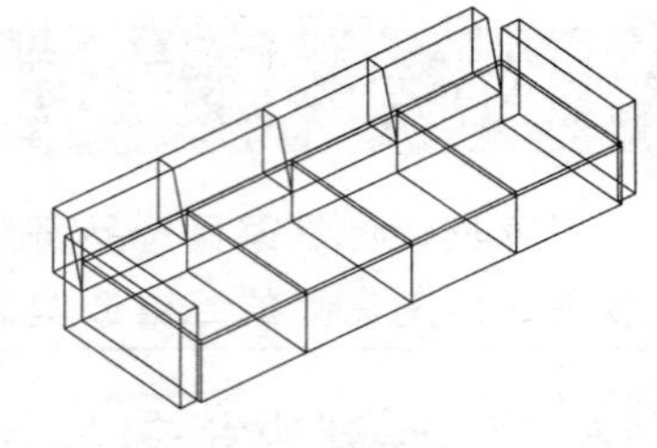

图 18-7　复制沙发

步骤 07　回到俯视图中，在命令行中调用 REC 命令，绘制一个 1252×498 的矩形；在命令行中调用 CHA 命令，指定第一个倒角距离为 60，第二个倒角距离为 72，对矩形 4 个角进行倒角处理，效果如图 18-8 所示。

步骤 08　单击绘图区左上角的“视图控件”，弹出快捷功能控件菜单，选择“西南等轴测”命令，将视图转换为三维视图。在命令行中调用 EXT 命令，将绘制的矩形向上拉伸 18 的高度，作为茶几的几面，效果如图 18-9 所示。

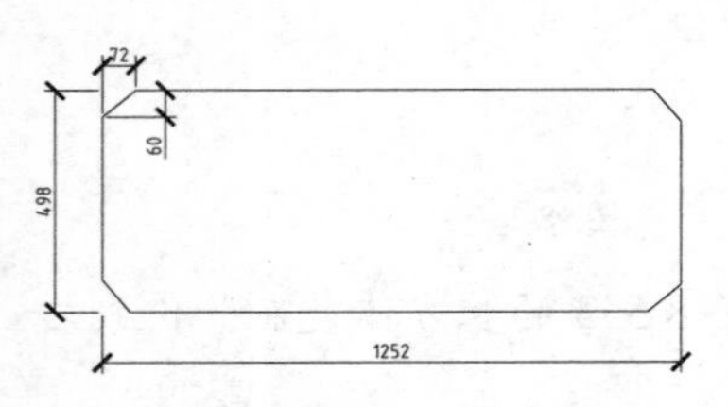

图 18-8　绘制矩形并倒角

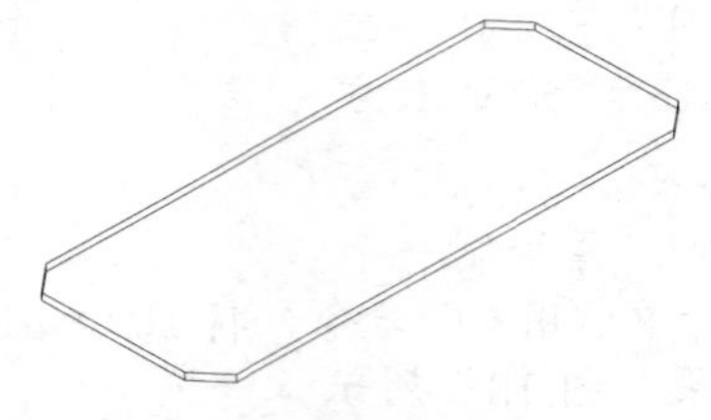

图 18-9　拉伸矩形

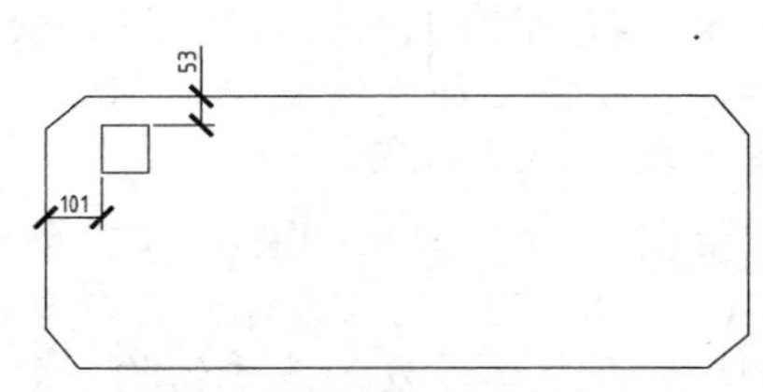

图 18-10　绘制矩形

步骤 09　回到俯视图中，在命令行调用 REC 命令，绘制一个 90×90 的矩形，作为茶几脚，效果如图 18-10 所示。

步骤 10　单击绘图区左上角的“视图控件”，弹出快捷功能控件菜单，选择“西南等轴测”命令，回到三维视图中，在命令行中调用 EXT 命令，将矩形拉伸-450 的高度；再回到俯视图中，将茶几脚复制三份，茶几的绘制效果如图 18-11 所示。

步骤 11　回到俯视图中，选择单体沙发，在命令行中调用 MI 命令，以茶几为镜像轴，将单体沙发镜像一份到右边，效果如图 18-12 所示。

步骤 12　单击绘图区左上角的“视图控件”，弹出快捷功能控件菜单，选择“西南等轴测”命令，将视图转换为三维视图。在命令行中输入 HIDE “消隐”命令并回车，对图形进行消隐，消隐后的最终效果如图 18-13 所示。

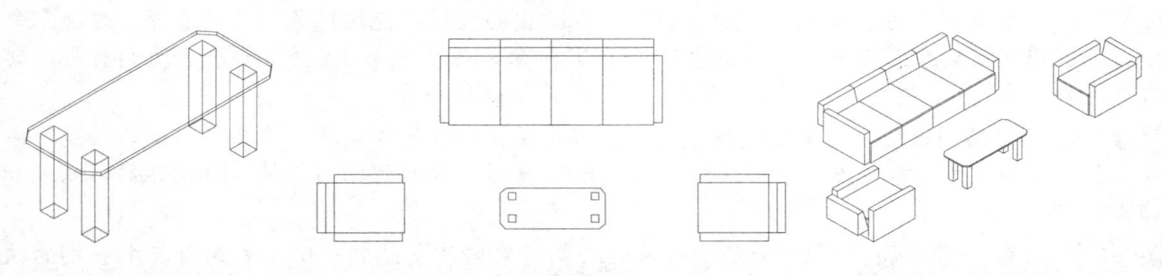

图 18-11　绘制茶几　　图 18-12　“镜像”单体沙发　　图 18-13　沙发绘制效果

18.1.2 绘制落地灯三维造型图

落地灯主要用于室内摆设及照明，通常放置在客厅、卧室、会客室等。从结构上分为灯罩、支架、底座。绘制其三维造型图，可以通过“拉伸”“旋转”等命令，其最终效果如图 18-14 所示。

步骤01 在命令行中调用 C 命令，绘制一个半径为 150 的圆，效果如图 18-15 所示。

步骤02 单击绘图区左上角的“视图控件”，弹出快捷功能控件菜单，选择“西南等轴测”命令，将视图转换为三维视图；在命令行中调用 EXT 命令，选择圆形，按下空格键，将其拉伸 50 的高度，效果如图 18-16 所示。

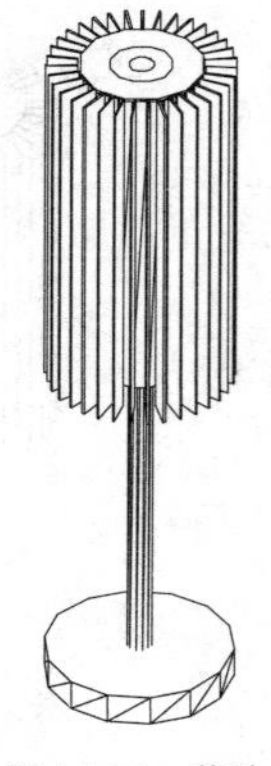

图 18-14　落地灯

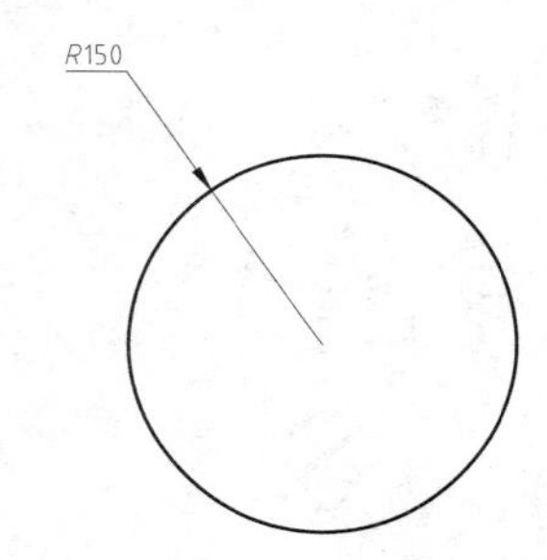

图 18-15　绘制圆

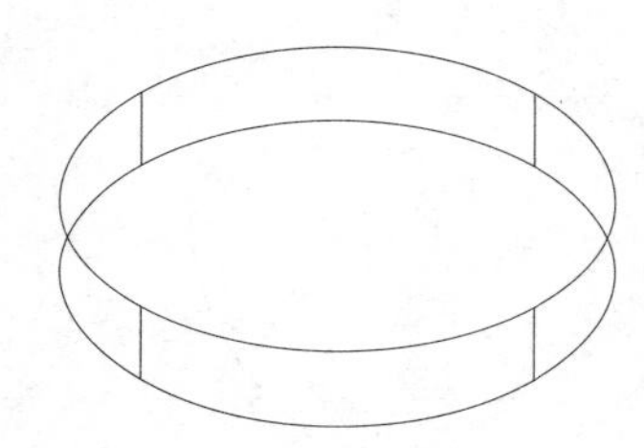

图 18-16　切换视图并拉伸圆

步骤03 重复调用“圆”命令，捕捉大圆的圆心，绘制一个半径为 20 的圆；在命令行中调用 EXT 命令，将其拉伸 1200 的高度，效果如图 18-17 所示。

步骤04 在命令行中调用 C 命令，捕捉最上面圆的圆心，绘制一个半径为 50 的圆，效果如图 18-18 所示。

步骤05 在命令行中调用 EXT 命令，选择圆，将其拉伸-500 的高度，效果如图 18-19 所示。

步骤06 单击绘图区左上角的“视图控件”，弹出快捷功能控件菜单，选择“左视”命令，将视图转换为左视图；在命令行中调用 REC 命令，绘制一个 50×600 的矩形；转换到三维视图中，将其拉伸 3 的高度，效果如图 18-20 所示。

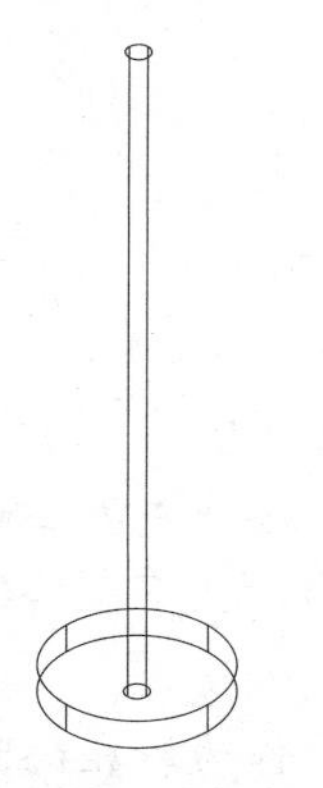

图 18-17　绘制并“拉伸”圆

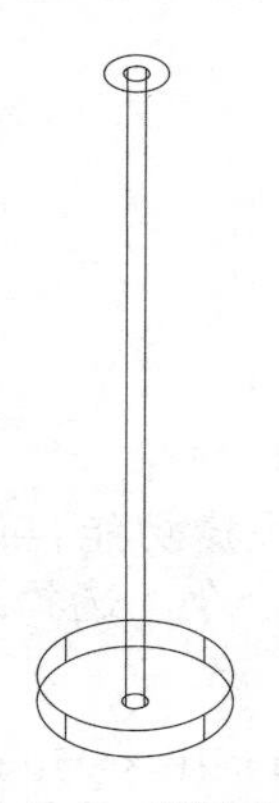

图 18-18　绘制圆

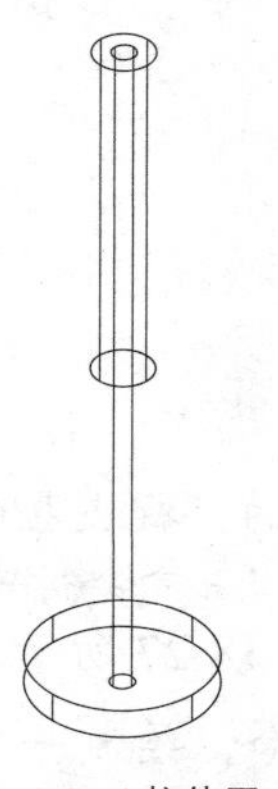

图 18-19　拉伸圆

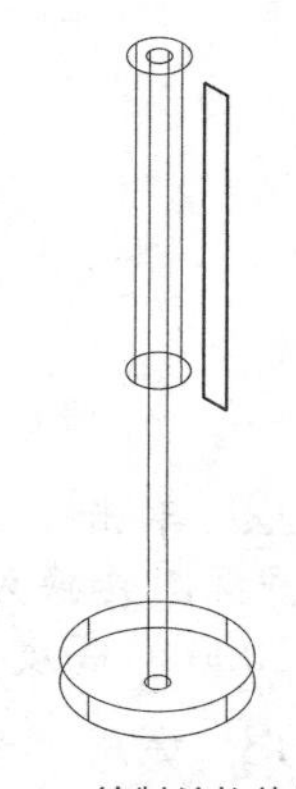

图 18-20　绘制并拉伸矩形

步骤 07 单击绘图区左上角的“视图控件”，弹出快捷功能控件菜单，选择“俯视”命令，将视图转换为俯视图；在命令行中调用 M 命令，将矩形移动对齐到圆的象限点的位置，效果如图 18-21 所示。

步骤 08 在命令行中调用 AR 命令，按下开空格键，输入 PO 命令。按下空格键，以圆心为阵列的中心点，输入项目数为 35，填充角度为 360°，阵列后效果如图 18-22 所示。

步骤 09 单击绘图区左上角的“视图控件”，弹出快捷功能控件菜单，选择“西南等轴测”命令，将视图转换为三维视图；在命令行中调用 C 命令，捕捉最上面圆的圆心，绘制一个半径为 100 的圆；在命令行中调用 EXT 命令，将圆拉伸-5 的高度，得到灯罩的效果，如图 18-23 所示。

步骤 10 在命令行中输入 HIDE “消隐”命令并回车，消隐后的效果如图 18-24 所示。落地灯绘制完成。

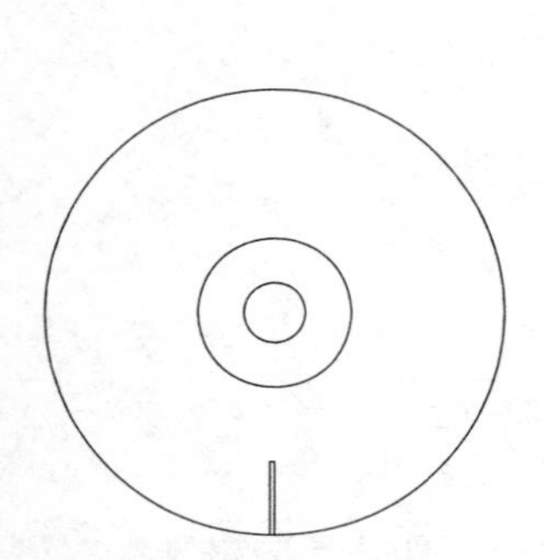
图 18-21 切换视图并对齐位置

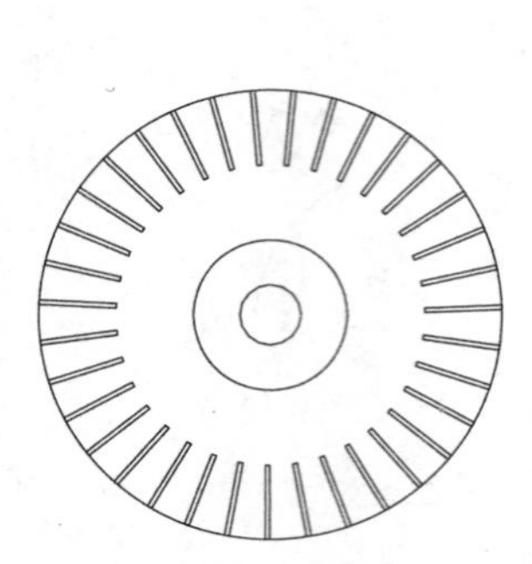
图 18-22 阵列图形

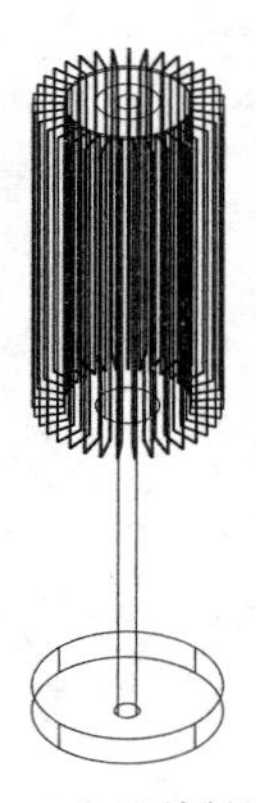
图 18-23 灯罩绘制效果

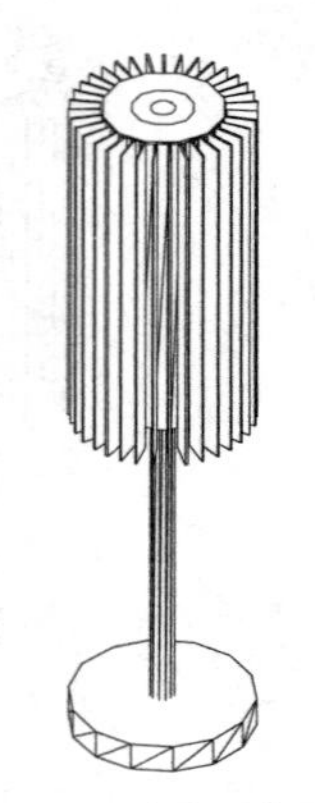
图 18-24 消隐后效果

18.1.3 绘制鞋柜三维造型图

本节主要讲述鞋柜三维造型图的绘制，其案例效果如图 18-25 所示。该鞋柜结构简洁，由不同大小的长方体组合而成，通过“长方体”“拉伸”“旋转”等命令即可绘制完成。

步骤 01 在命令行中调用 REC 命令，绘制一个 1200 × 350 的矩形，效果如图 18-26 所示。

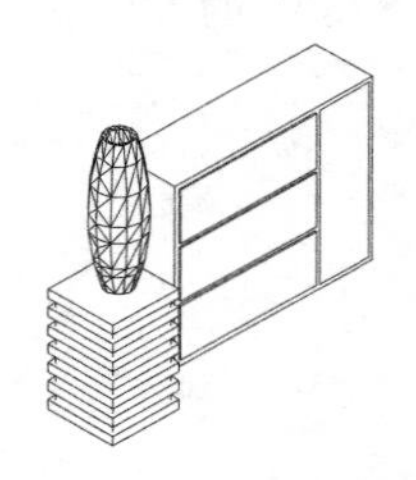
图 18-25 鞋柜三维造型示例

图 18-26 绘制矩形

步骤 02 单击绘图区左上角的“视图控件”，弹出快捷功能控件菜单，选择“西南等轴测”命令，将视图转换为三维视图；在命令行中调用 EXT 命令，选择绘制的矩形，按下空格键，将它拉伸 1000 的高度，效果如图 18-27 所示。

步骤 03 调用“长方体”命令，绘制一个尺寸为 300 × 10 × 950 的长方体，作为鞋柜的面板，并将其放置于鞋柜的适当位置，效果如图 18-28 所示。

步骤 04　重复调用“长方体”命令，绘制一个尺寸为 825 × 10 × 295 的长方体，同样作为鞋柜的面板，效果如图 18-29 所示。

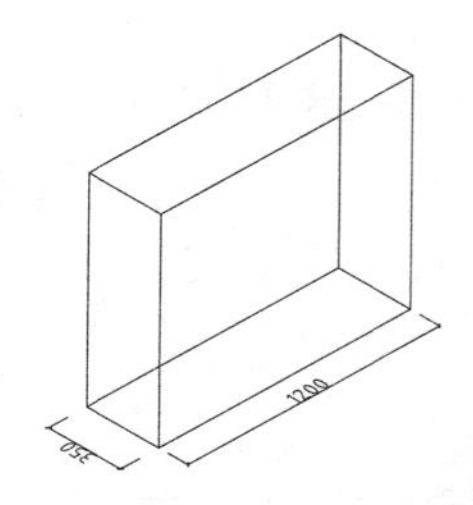

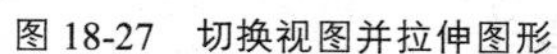

图 18-27　切换视图并拉伸图形

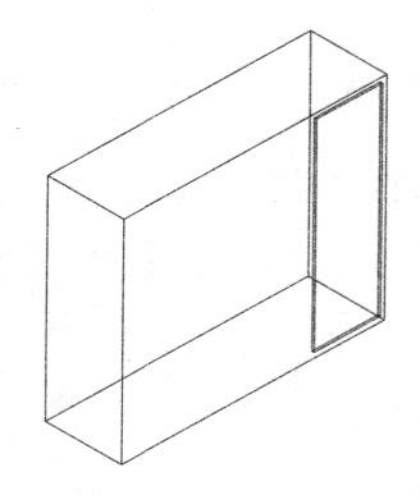

图 18-28　绘制鞋柜面板

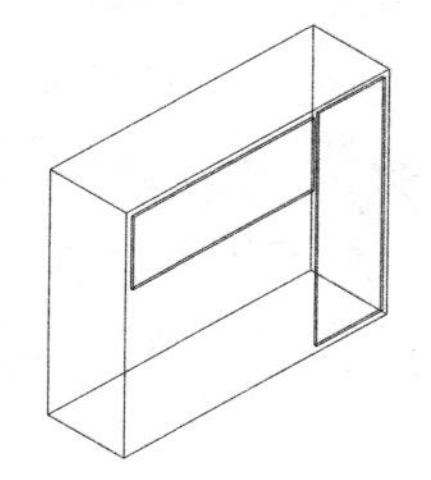

图 18-29　继续绘制鞋柜面板

步骤 05　在命令行中调用 CO 命令，将刚绘制的面板向下复制两份，效果如图 18-30 所示。

步骤 06　调用“长方体”命令，捕捉鞋柜左下方的柜角点，绘制一个尺寸为 350 × 350 × 600 的长方体，作为鞋柜旁边的装饰柜，效果如图 18-31 所示。

步骤 07　在命令行中调用 M 命令，将绘制的长方体垂直向下移动 200 的距离；在命令行中调用 REC 命令，绘制一个尺寸为 400 × 400 的矩形，并将其对齐到长方体底部，效果如图 18-32 所示。

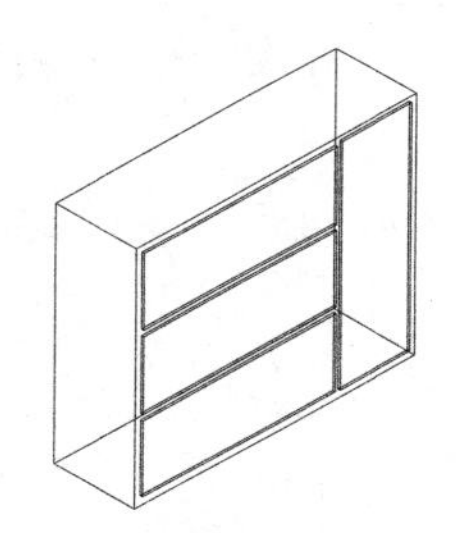

图 18-30　复制鞋柜面板

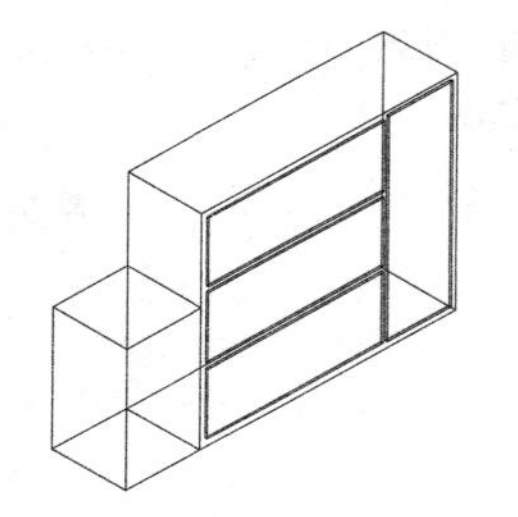

图 18-31　绘制装饰柜

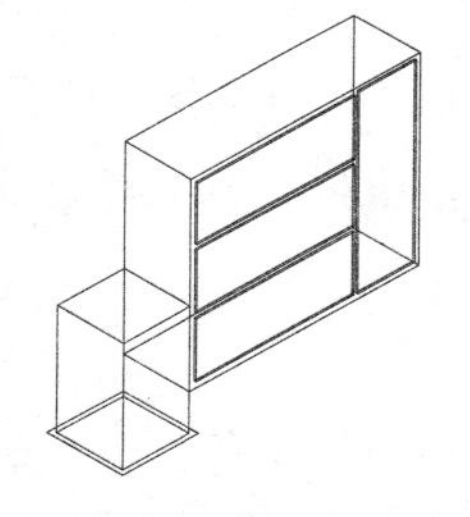

图 18-32　移动图形并绘制矩形

步骤 08　在命令行中调用 EXT 命令，选择绘制的矩形，按下空格键，将其拉伸 50 的高度，作为装饰线条，效果如图 18-33 所示。

步骤 09　选择装饰线条，在命令中调用 CO 命令，按下空格键，以装饰柜下面的边的一点为基点；在命令行中输入 A，输入要进行阵列的项目数为 7 项，距离为 100，将装饰线条复制阵列；在命令行中调用 M 命令，将装饰柜和装饰线条向左下方移动 25 的距离，效果如图 18-34 所示。

步骤 10　调用“并集”命令，选择装饰柜和所有的装饰线条，然后按下空格键，合并装饰柜和装饰线条，效果如图 18-35 所示。

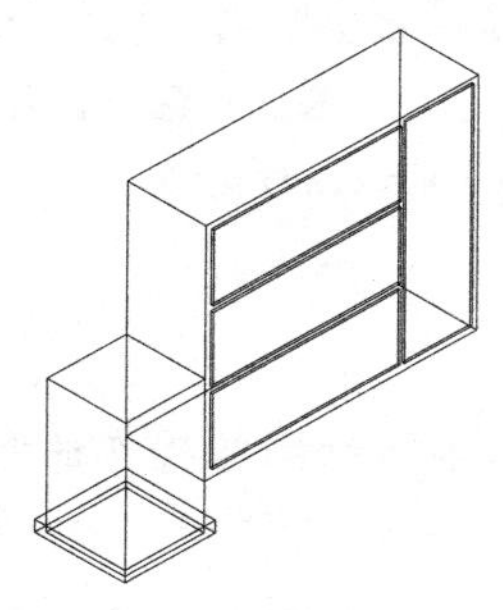

图 18-33　拉伸矩形

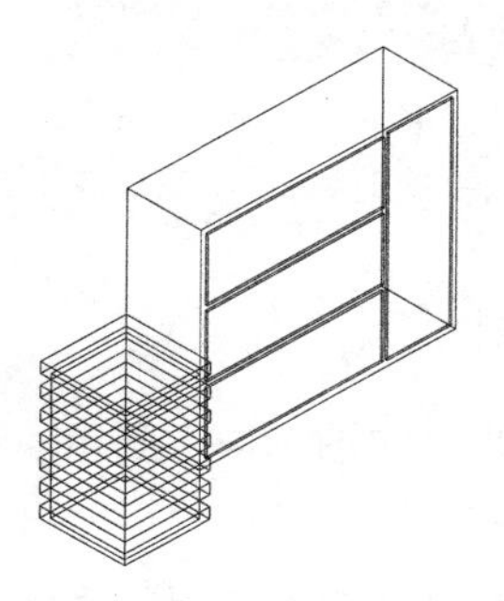

图 18-34　阵列装饰线条

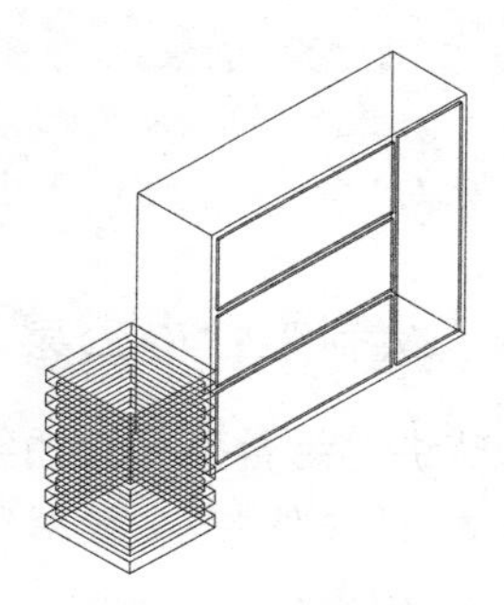

图 18-35　合并装饰柜和装饰线条

步骤 11 绘制装饰花瓶。单击绘图区左上角的“视图控件”，弹出快捷功能控件菜单，选择“前视”命令，将视图转换为前视图；在命令行中调用 PL 命令，绘制出花瓶剖面形状的轮廓线，效果如图 18-36 所示。

步骤 12 在命令行中调用 L 命令，绘制一条垂直线作为旋转轴线，效果如图 18-37 所示。

步骤 13 调用“旋转”命令，在视图中选择多段线后按空格键，并单击直线的两端点来确定轴线；在命令行中输入角度值 360° 后按空格键，即可完成花瓶的绘制，效果如图 18-38 所示。

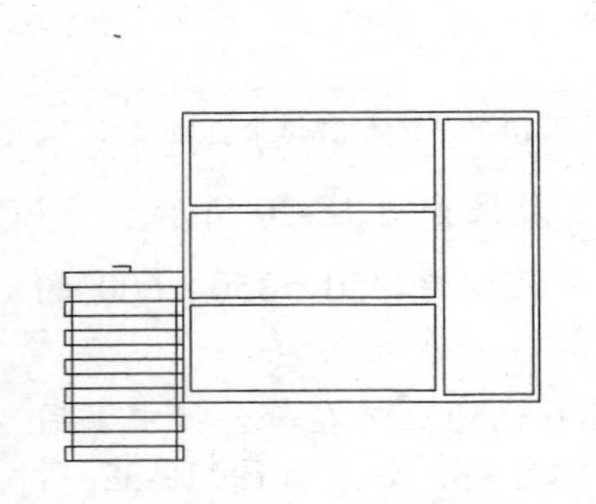
图 18-36 切换视图并绘制花瓶轮廓线

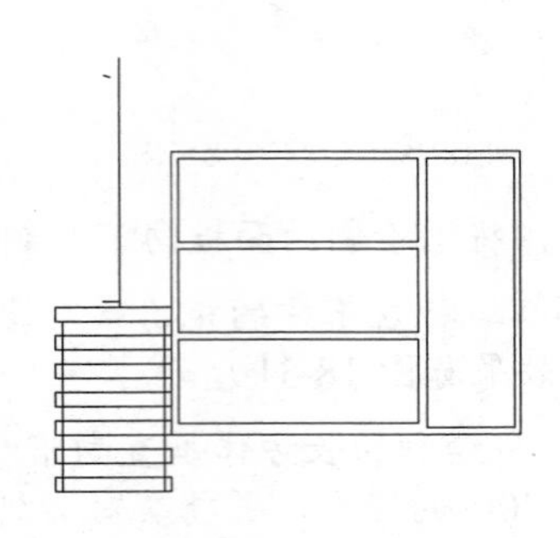
图 18-37 绘制旋转轴

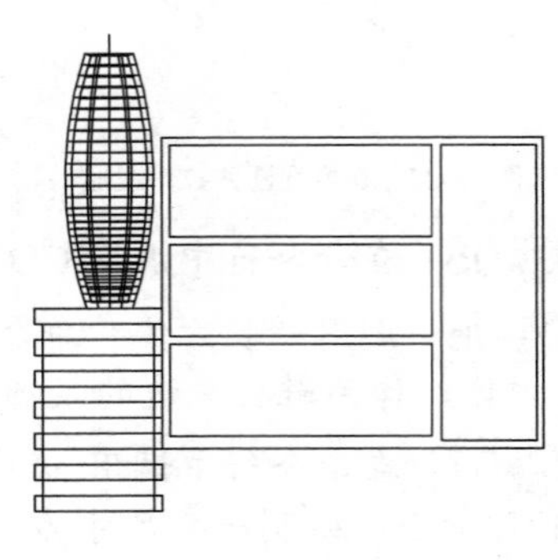
图 18-38 绘制花瓶

步骤 14 切换至三维视图中，在命令行中调用 M 命令，调整好花瓶的位置；在命令行中调用 E 命令，删除辅助直线，效果如图 18-39 所示。

步骤 15 在命令行中输入 HIDE“消隐”命令并回车，消隐后效果如图 18-40 所示。

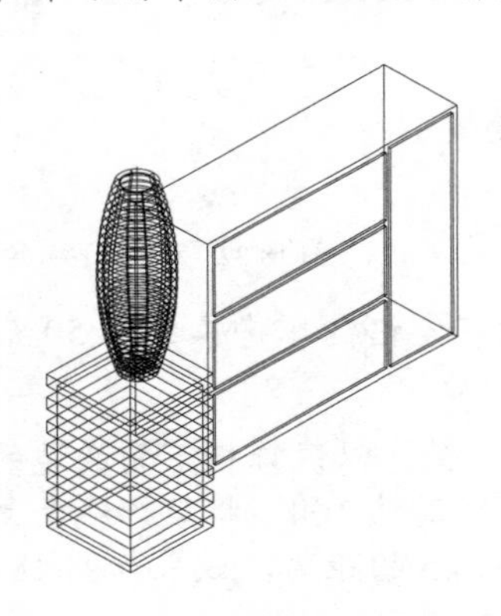
图 18-39 切换视图并调整花瓶位置

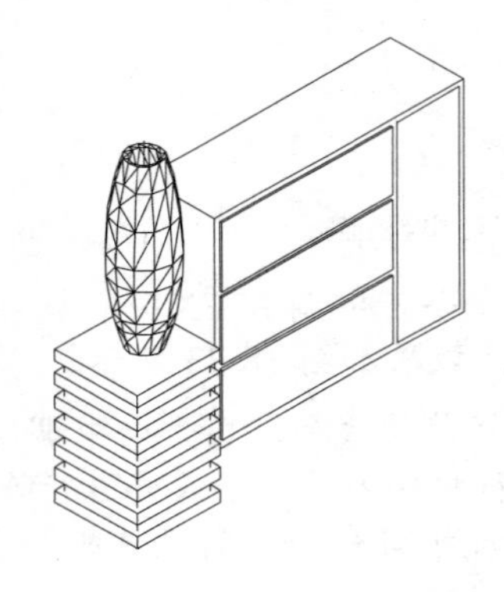
图 18-40 消隐后效果

专家提醒

用于旋转的二维对象可以是封闭的多段线、多边形、圆、椭圆、封闭样条曲线、圆环及封闭区域，且每次只能旋转一个对线。而三维对象、包含在块中的对象、有交叉或自干涉的多段线不能被旋转。

18.1.4 绘制组合办公桌三维造型图

本节讲述组合办公桌的绘制，最终效果如图 18-41 所示。在绘制过程中所运用的操作命令有“长方体”“拉伸”“多段线”“圆角”等。

步骤 01 在命令行中调用 PL 命令，绘制一条多段线，作为办公桌桌面的轮廓线，效果如图 18-42 所示。

步骤 02　在命令行中调用 F 命令，将桌面进行倒圆角，设置圆角半径为 400，效果如图 18-43 所示。

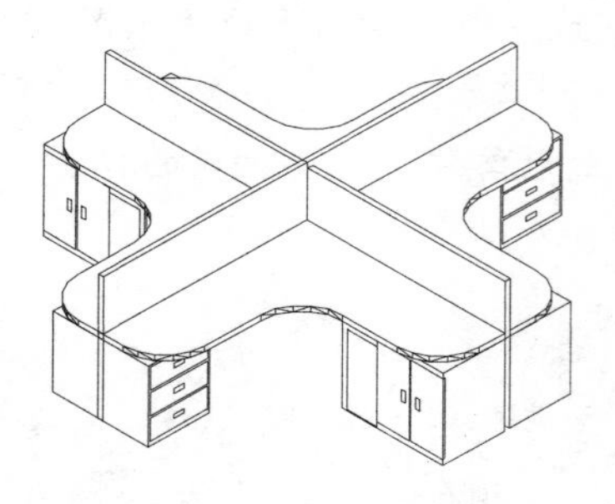

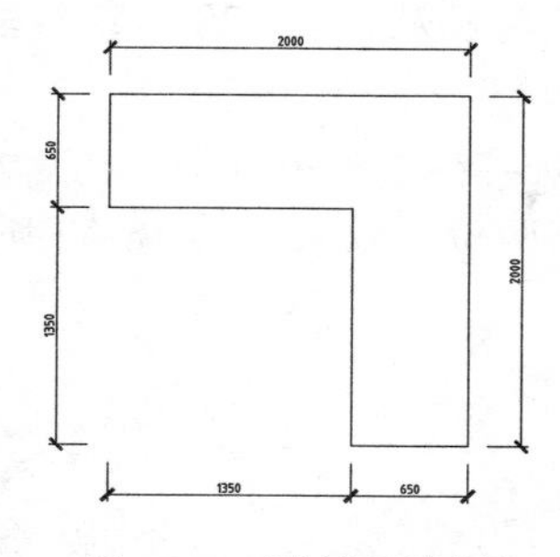

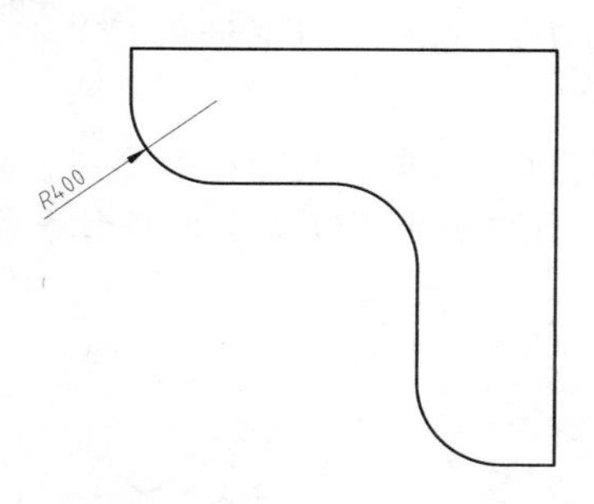

图 18-41　组合办公桌三维造型图示例　　图 18-42　绘制桌面轮廓线　　图 18-43　倒圆角

步骤 03　单击绘图区左上角的“视图控件”，弹出快捷功能控件菜单，选择“西南等轴测”命令，将视图转换为三维视图；在命令行中调用 EXT 命令，拉伸多段线，按下空格键，将其拉伸 50 的高度，效果如图 18-44 所示。

步骤 04　在命令行中调用 REC 命令，绘制一个尺寸为 600×500 的矩形；在命令行中调用 EXT 命令，选择矩形，将其拉伸-700 的高度，并与桌面移动对齐，作为组合办公桌的柜体，效果如图 18-45 所示。

步骤 05　在命令行中调用 C 命令，绘制一个半径为 50 的圆；在命令行中调用 EXT 命令，将圆拉伸-100 的高度，并切换视图，将它移动对齐到桌面，作为孔洞，效果如图 18-46 所示。

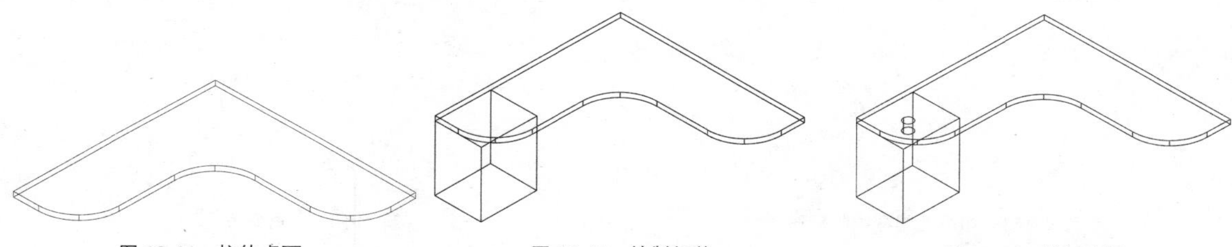

图 18-44　拉伸桌面　　图 18-45　绘制柜体　　图 18-46　绘制孔洞

步骤 06　调用“长方体”命令，绘制一个尺寸为 1000×600×800 的长方体，并放置到图形右侧的位置，作为组合办公桌右侧的柜体，效果如图 18-47 所示。

步骤 07　调用“长方体”命令，绘制一个尺寸为 750×300×700 的长方体，将它放置在右侧柜体中，效果如图 18-48 所示。

步骤 08　调用“差集”命令，在视图中选择右侧柜体后按空格键，并选择柜体的长方体后按回车键，从柜体中减去该长方体，作为电脑主机柜，效果如图 18-49 所示。

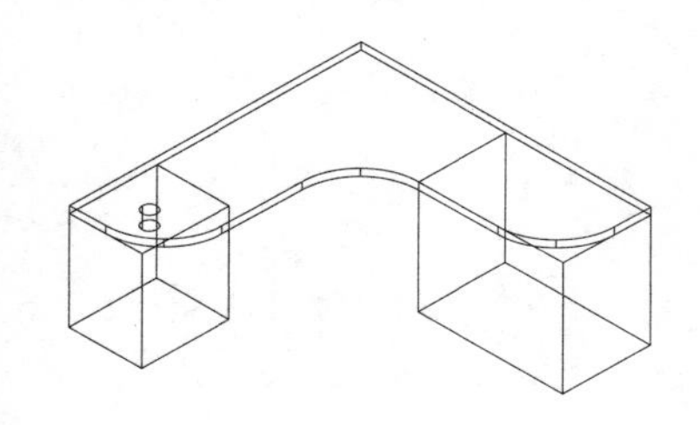

图 18-47　绘制右侧柜体

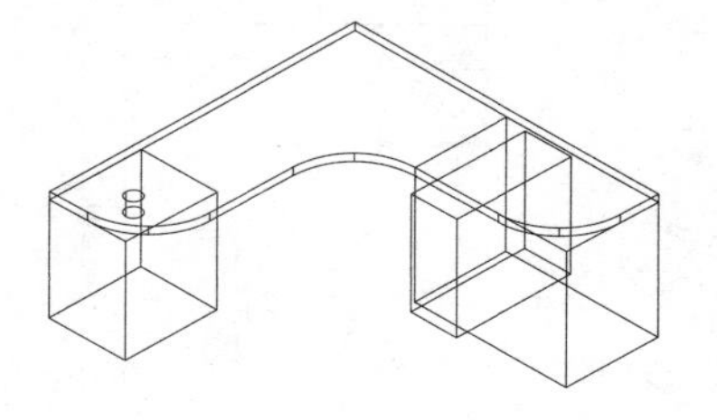

图 18-48　绘制长方体

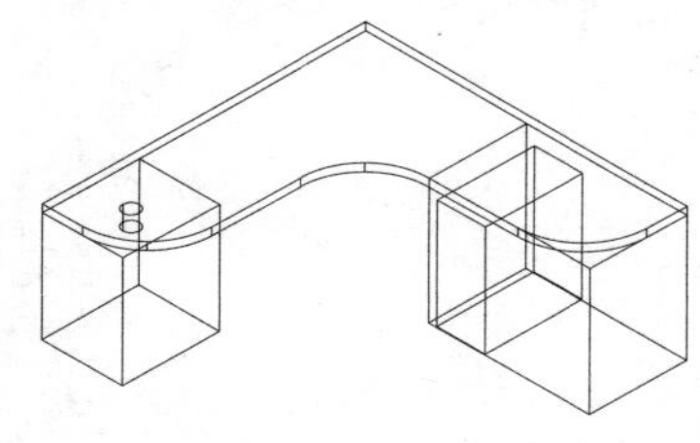

图 18-49　绘制电脑主机柜

步骤09 调用“长方体”命令，绘制一个尺寸为560×200×20的长方体，作为抽屉的面板，效果如图18-50所示。

步骤10 在命令行中调用CO命令，将抽屉板以220的距离垂直向下复制两份，效果如图18-51所示。

步骤11 调用“长方体”命令，绘制一个尺寸为100×40×20的长方体，作为抽屉的拉手；在命令行中调用CO命令，将拉手复制两份，效果如图18-52所示。

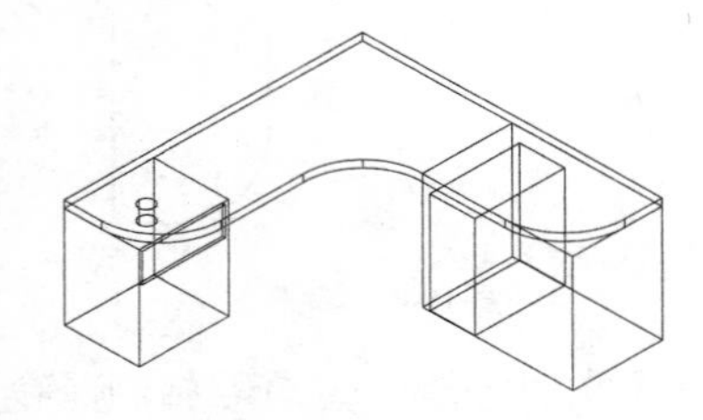

图18-50 绘制抽屉板

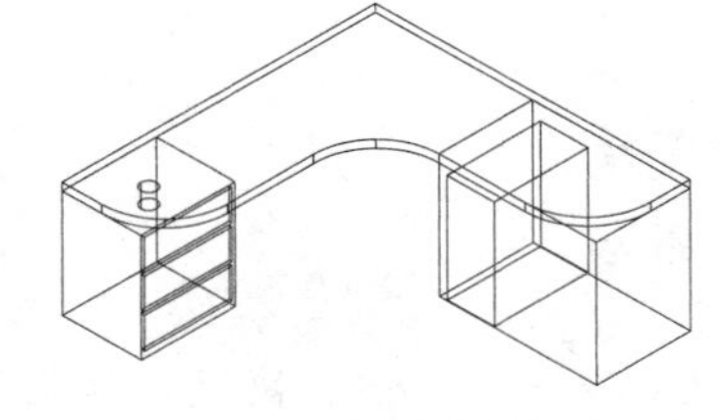

图18-51 向下复制抽屉板

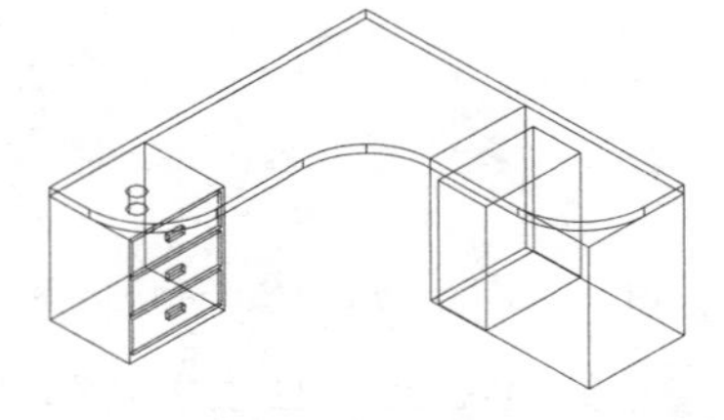

图18-52 绘制抽屉拉手

步骤12 将视图转换为左视图；在命令行中调用REC命令，绘制一个350×800的矩形，作为计算机柜的门板，效果如图18-53所示。

步骤13 重复调用REC命令，再绘制一个320×700的矩形；在命令行中调用CO命令，将矩形复制一份，作为右侧柜体的平开门，效果如图18-54所示。

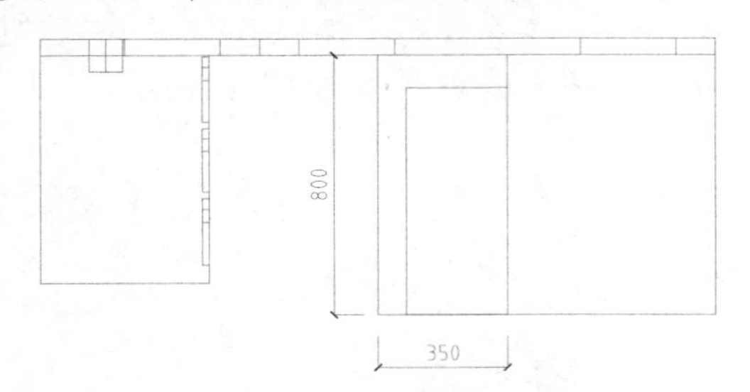

图18-53 切换视图并绘制矩形

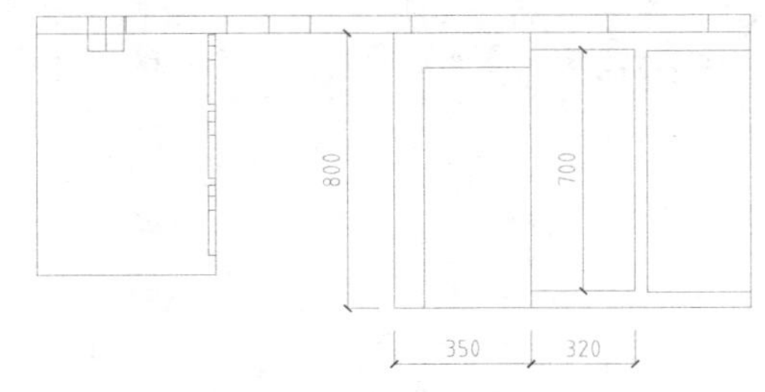

图18-54 绘制矩形

步骤14 将视图转换为西南等轴测视图；在命令行中调用EXT命令，将绘制的三个矩形分别拉伸-20的距离；调用“长方体”命令，绘制一个尺寸为100×40×20的长方体，作为抽屉的拉手，效果如图18-55所示。

步骤15 将视图转换为俯视图；在命令行中调用REC命令，分别绘制尺寸为2000×50和50×2000的矩形，效果如图18-56所示。

步骤16 将视图转为三维视图，在命令行中调用EXT命令，选择绘制的两个矩形，将它们拉伸500的高度，作为组合办公桌的隔板，效果如图18-57所示。

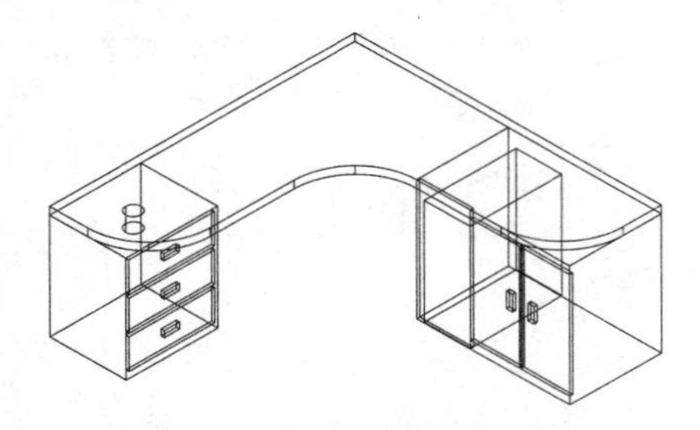

图18-55 绘制柜门和拉手

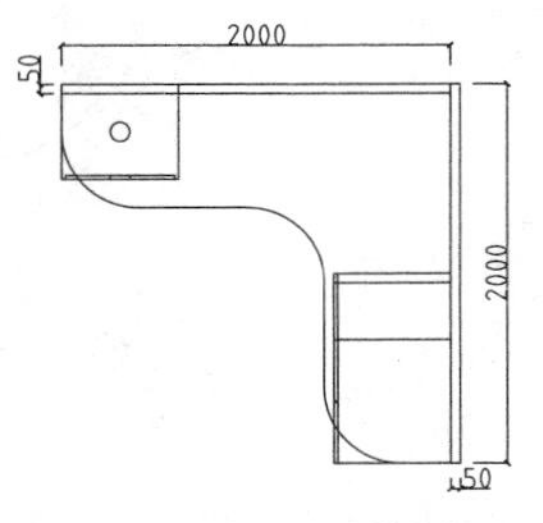

图18-56 切换视图并绘制矩形

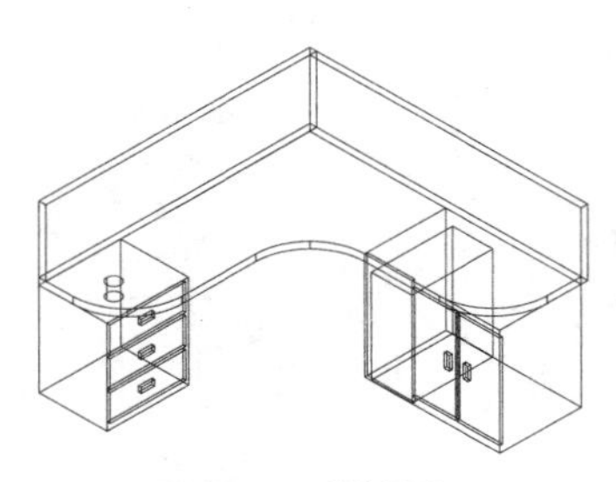

图18-57 绘制隔板

步骤 17　在命令行中调用 MI 命令，将绘制的图形向各个方向镜像一份，效果如图 18-58 所示。

步骤 18　在命令行中输入 HIDE“消隐”命令并回车，消隐后效果如图 18-59 所示。

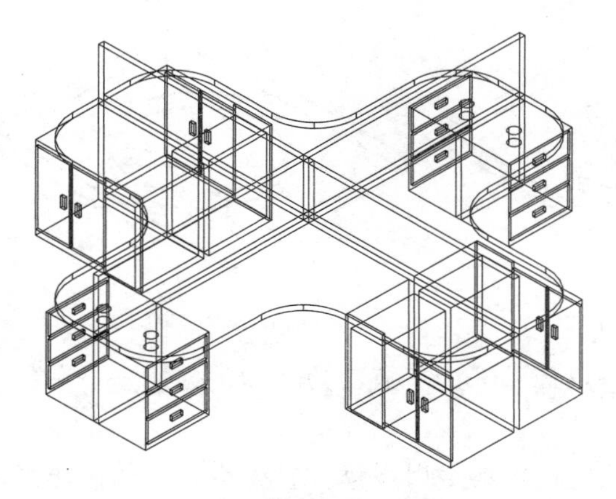

图 18-58　镜像复制图形

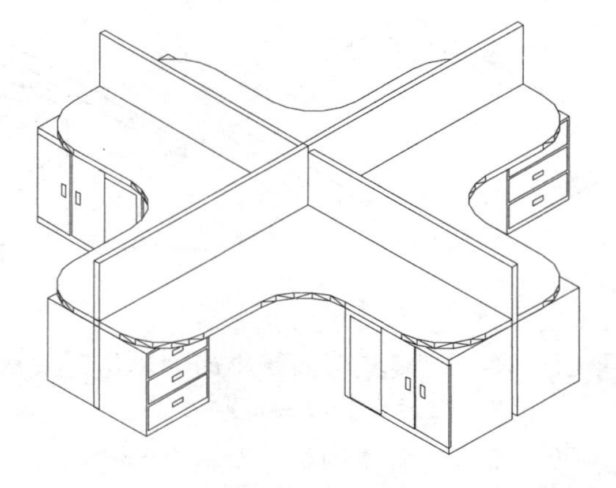

图 18-59　消隐后效果

AutoCAD 2016

18.2 工业产品造型设计

随着 AutoCAD 的普及与发展，其在工业设计领域也取得了重大的发展。在工业设计领域中，使用 AutoCAD 绘图软件，可以快速地创建产品的模型，以达到观察设计效果及改进模型的目的等。

18.2.1 创建洗脸盆模型

洗脸盆又称洗漱池，通常放置在洗漱间，材料多以陶瓷为主。绘制洗脸盆模型需要用到的命令有“圆柱体”“直线”“球体”“移动”等，其效果如图 18-60 所示。

步骤 01　将视图切换至西南等轴测视图，单击“建模”面板中的“长方体”按钮，创建一个 100 × 80 × 6 的长方体，结果如图 18-61 所示。

图 18-60　洗脸盆

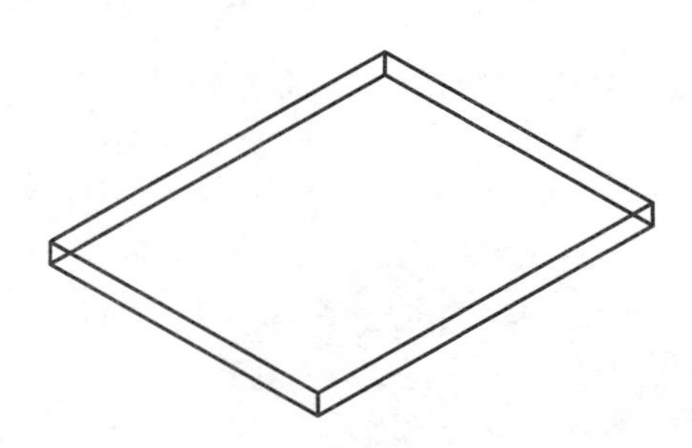

图 18-61　绘制长方体

步骤 02　单击“绘图”面板中的“直线”按钮，过长方体上表面边线中点，绘制一条辅助直线，结果如图 18-62 所示。

步骤 03　单击“建模”面板中的“圆柱体”按钮，创建一个 R27.5 × 6 的圆柱体，结果如图 18-63 所示。

步骤 04 单击“实体编辑”面板中的“差集”按钮，从长方体中去除圆柱体，然后删除辅助直线，结果如图 18-64 所示。

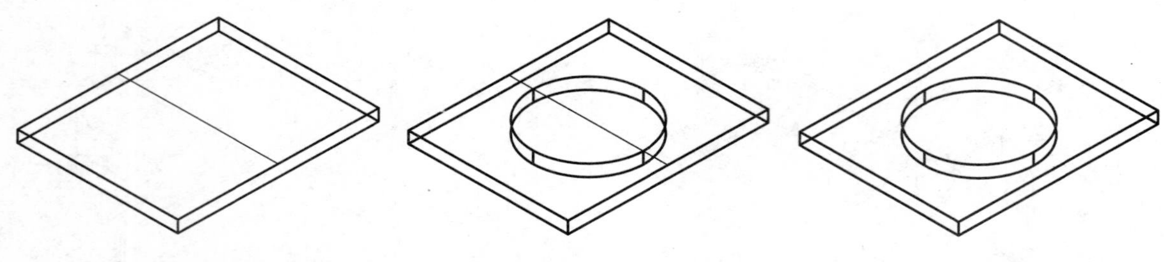

图 18-62 绘制辅助线　图 18-63 创建圆柱体　图 18-64 差集运算

步骤 05 单击“建模”面板中的“球体”按钮，以圆柱孔的下底面为球心，创建一个半径为 30.5 的球体，结果如图 18-65 所示。

步骤 06 单击“实体编辑”面板中的“抽壳”按钮，对球形图形进行抽壳操作，抽壳距离为 3，结果如图 18-66 所示。

步骤 07 单击“实体编辑”面板中的“剖切”按钮，对图形进行抽壳操作，结果如图 18-67 所示。

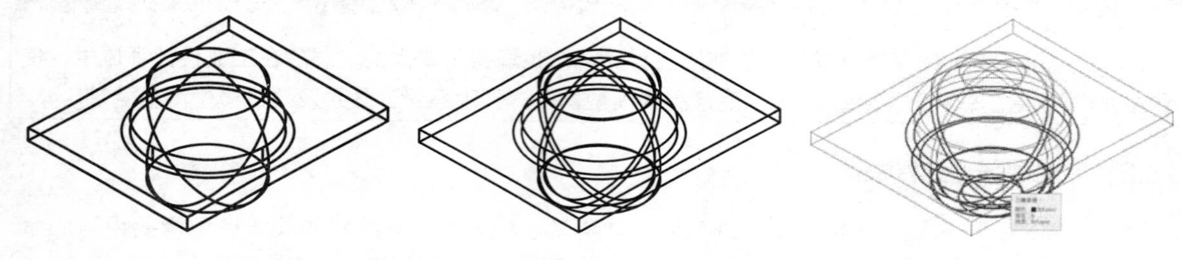

图 18-65 创建球体　图 18-66 抽壳操作　图 18-67 剖切操作

步骤 08 删除球体的上半部分，单击绘图区左上角的“视觉样式控件”，在弹出的快捷功能控件菜单中，选择“概念”命令，结果如图 18-68 所示。

步骤 09 单击“建模”面板中的“圆锥体”按钮，创建一个底面半径为 25、顶面半径为 7.5、高 100 的圆锥体，结果如图 18-69 所示。

步骤 10 单击“修改”面板中的“移动”按钮，移动绘制的支柱到合适位置，结果如图 18-70 所示。

图 18-68 删除上半球体

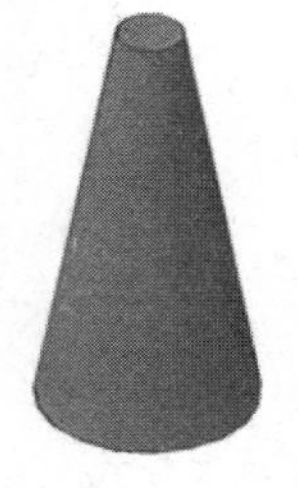

图 18-69 创建支柱

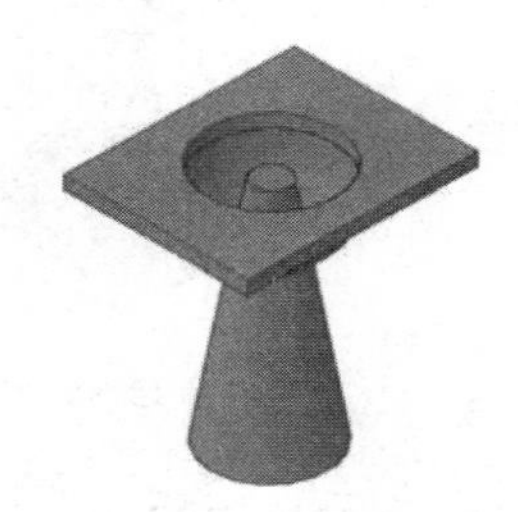

图 18-70 移动支柱

步骤 11 单击“建模”面板中的“球体”按钮，如图 18-71 所示创建一个半径为 27.5 的球体。

步骤 12 单击“建模”面板中的“差集”按钮，对图形进行差集操作，先选择长方体，再选择圆锥体，最后选择球体，结果如图 18-72 所示。

步骤 13 单击“建模”面板中的“圆柱体”按钮，创建一个 R4 × 30 的圆柱体，结果如图 18-73 所示。

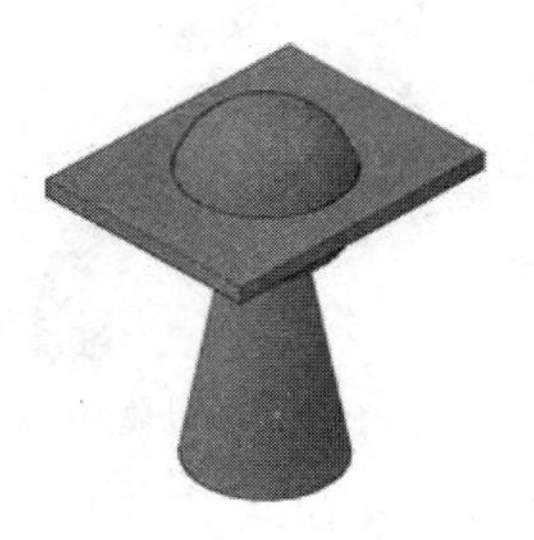
图 18-71　创建球体

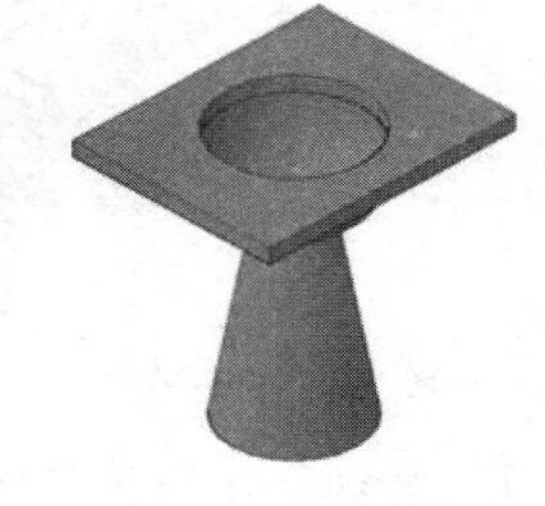
图 18-72　差集操作

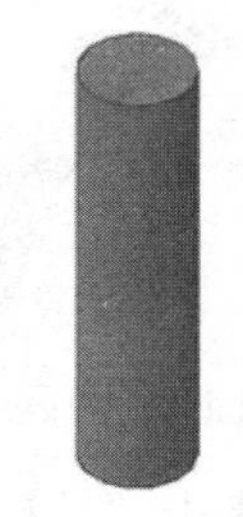
图 18-73　创建圆柱体

步骤 14 单击绘图区左上角的“视图控件”，在弹出的快捷功能控件菜单中，选择“俯视”命令，将视图切换为“俯视”模式，然后利用“圆”“直线”和“修剪”等工具绘制如图 18-74 所示轮廓线。

步骤 15 使用“面域”工具将上步操作绘制的轮廓线创建成面域，然后将视图切换为“西南等轴测”模式，结果如图 18-75 所示。

步骤 16 单击“建模”面板中的“拉伸”按钮，将面域沿 z 轴拉伸 1，结果如图 18-76 所示。

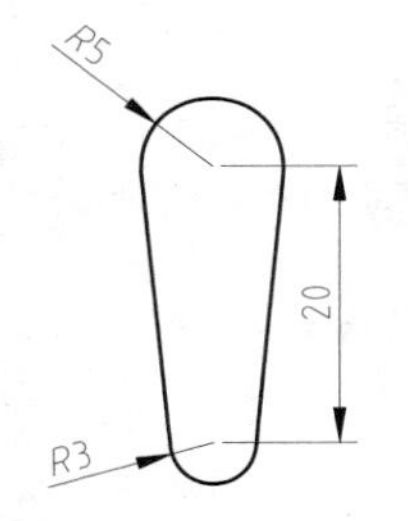

图 18-74　绘制轮廓线

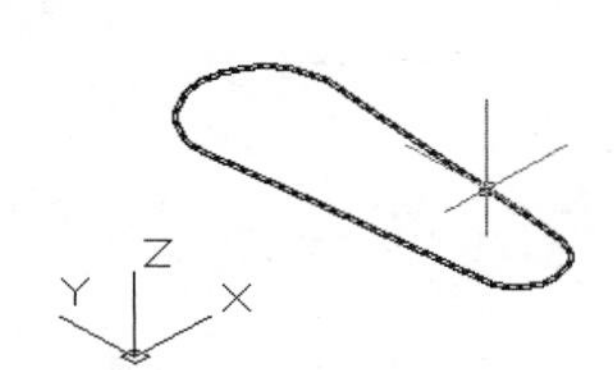

图 18-75　创建面域

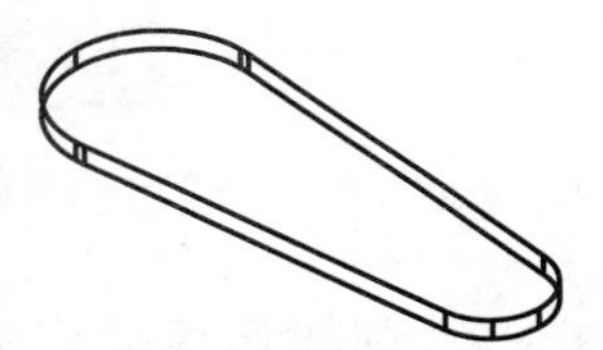
图 18-76　拉伸操作

步骤 17 单击“修改”面板中的“移动”按钮，如图 18-77 所示移动图形。

步骤 18 如图 18-78 所示使用“多段线”工具绘制一条多段线。

步骤 19 在命令行输入 UCS 并回车，将 Y 轴旋转 90° 。单击“绘图”面板中的“圆心，半径”按钮，捕捉多段线的端点绘制一个半径为 3 的圆，结果如图 18-79 所示。

图 18-77　移动图形

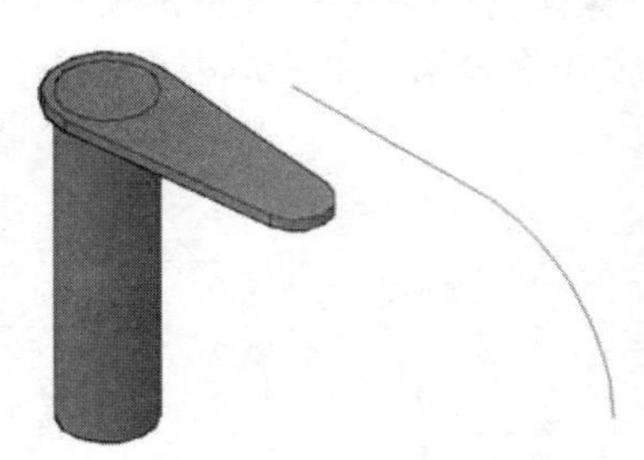
图 18-78　绘制多段线

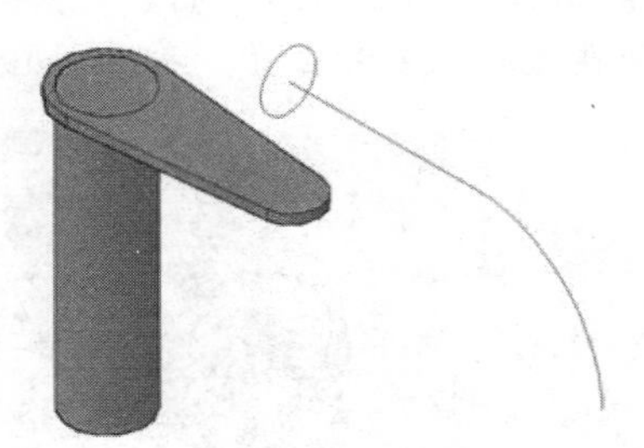
图 18-79　移动图形

步骤 20 单击“建模”面板中的“扫掠”按钮，对图形进行扫掠操作，选择圆轮廓为扫掠路径，选择多段线为扫掠路径，结果如图 18-80 所示。

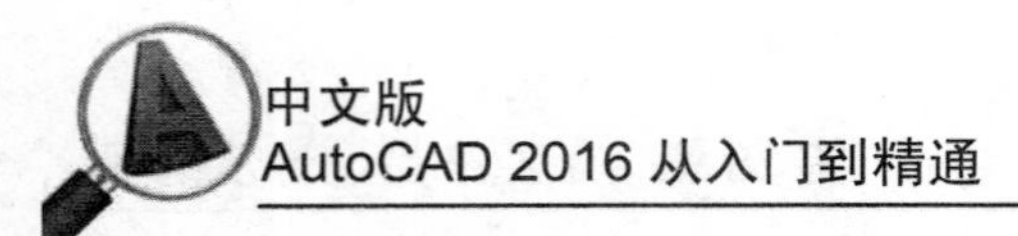

步骤 21 调用“抽壳”命令，对图形进行抽壳操作，结果如图 18-81 所示。

步骤 22 单击“修改”面板中的“移动”按钮，移动图形，结果如图 18-82 所示。

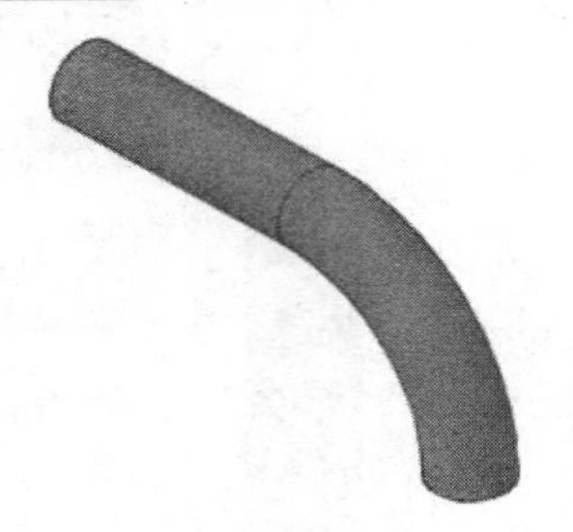
图 18-80 绘制多段线

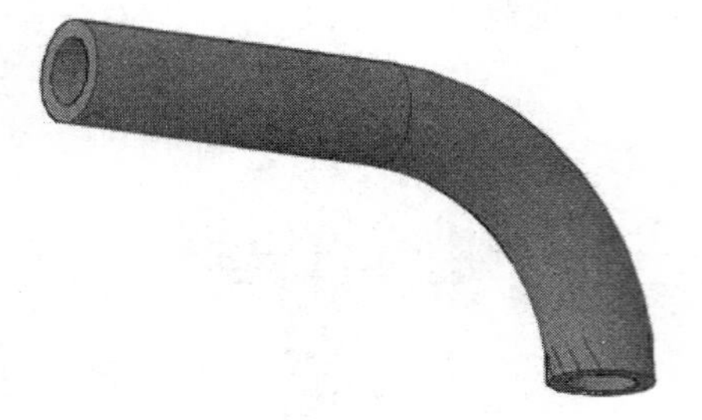
图 18-81 抽壳操作

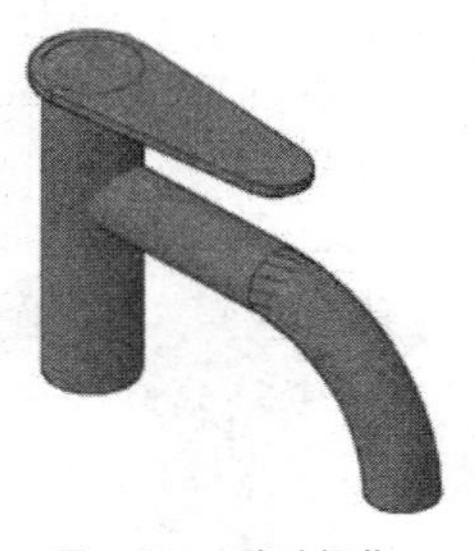
图 18-82 移动操作

步骤 23 单击“修改”面板中的“移动”按钮，移动图形，结果如图 18-83 所示。

步骤 24 单击“修改”面板中的“圆角”按钮，在台面四个角创建半径为 10 的圆角。单击“实体编辑”面板中的“并集”按钮，将所有实体合并为一个整体，结果如图 18-84 所示。至此，整个洗脸池三维实体创建完成。

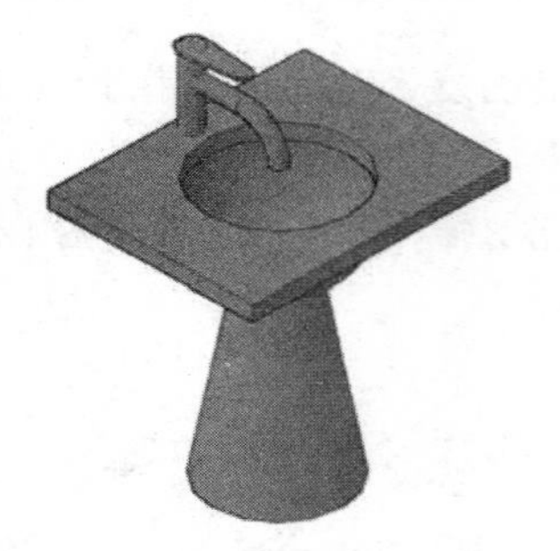
图 18-83 抽壳操作

图 18-84 移动操作

18.2.2 创建相机外壳模型

相机为常见的小型家用电器，大致类型分为单反、单电、卡片、旁轴等。相机外壳的材质一般为金属，本节所绘制的外壳需要用到的命令主要为“直线”“样条曲线”“拉伸”“修剪”，最终效果图如图 18-85 所示。

步骤 01 新建文件，调用“直线”“样条曲线”“标注约束”等命令在 XY 平面上绘制如图 18-86 所示的二维轮廓曲线。绘制方法为：先绘制辅助直线，然后调用“标注约束”命令约束辅助直线的长度和位置，最后调用“样条曲线”命令依次连接各个曲线的端点。

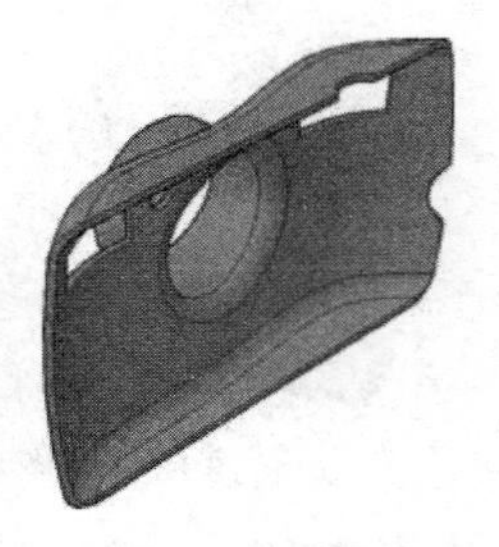
图 18-85 相机外壳

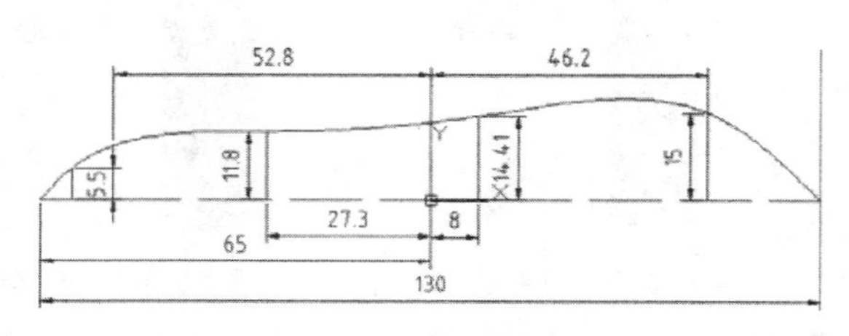

图 18-86 绘制下轮廓曲线

步骤 02　将视图切换到西南等轴测视图，调用“直线”命令，在绘图区中绘制如图 18-87 所示的 3 条直线。

步骤 03　调用“原点”命令，将坐标系沿 Z 轴向上偏移 80，如图 18-88 所示。调用“当前 UCS”命令，将视图切换到当前的 XY 基准平面。

步骤 04　在当前的 XY 基准平面上，调用“直线”“样条曲线”“标注约束”等命令绘制如图 18-89 所示的二维轮廓曲线。绘制方法为：先绘制辅助直线，然后调用“标注约束”命令约束辅助直线的长度和位置，最后调用“样条曲线”命令依次连接各个曲线的端点。

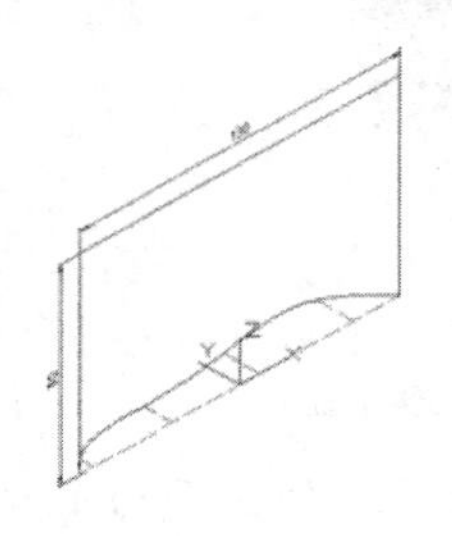
图 18-87　绘制直线

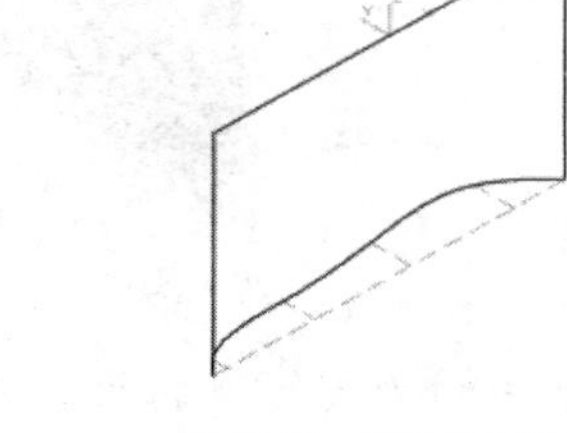
图 18-88　移动坐标系 1

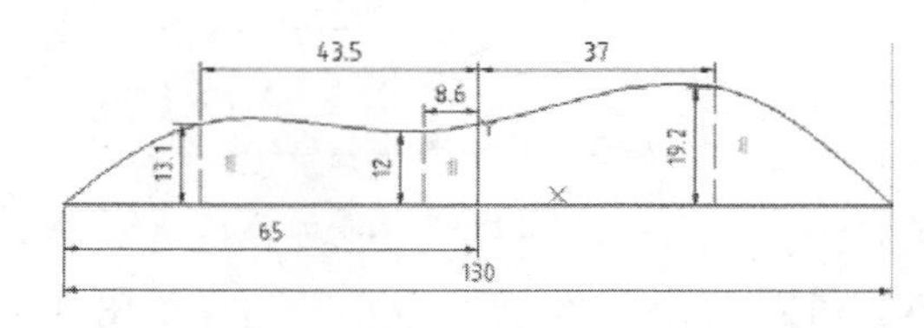

图 18-89　绘制上轮廓曲线

步骤 05　调用“X”命令，将坐标系绕 X 轴旋转 90°。调用“当前 UCS”命令，将视图切换到当前的 XY 基准平面。在当前的 XY 基准平面上，调用“圆弧”命令，绘制如图 18-90 所示的 2 条圆弧。

步骤 06　调用“网络”命令，在绘图区中选择两个圆弧为第一个方向的曲线，选择两个轮廓线为第二个方向的曲线，如图 18-91 所示。

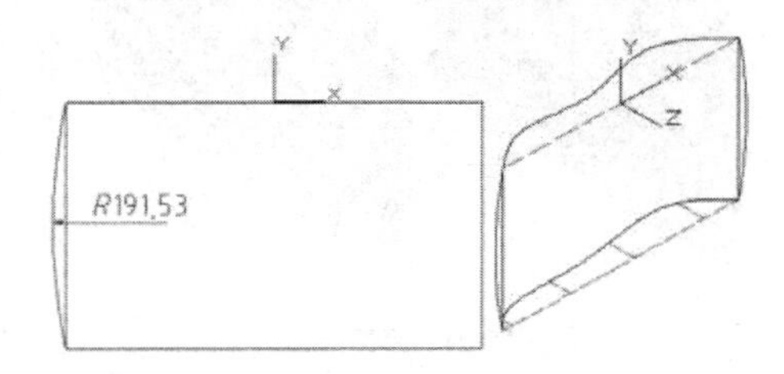

图 18-90　绘制圆弧

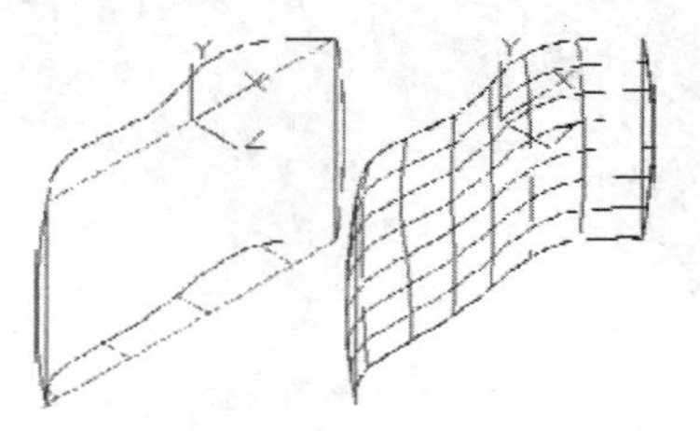
图 18-91　创建网络曲面

步骤 07　调用“平面”命令，在工作区中选择网络曲面两端的封闭线，创建有界平面，如图 18-92 所示。

步骤 08　调用“并集”命令，将绘图区中的全部曲面合并为一个曲面。

步骤 09　调用“圆角边”命令，在工作区中分别选择平面与网络曲面交界处的曲线，创建半径为 5 的圆角，如图 18-93 所示。

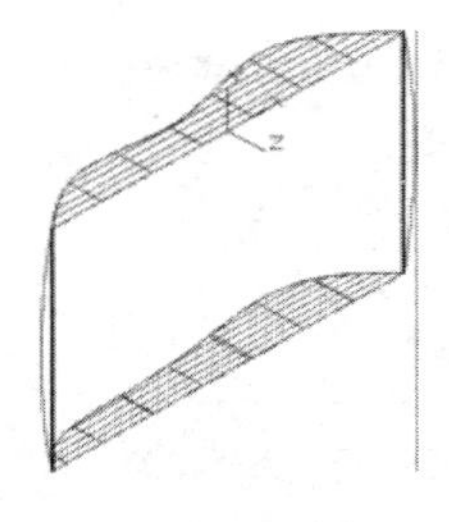
图 18-92　创建平面

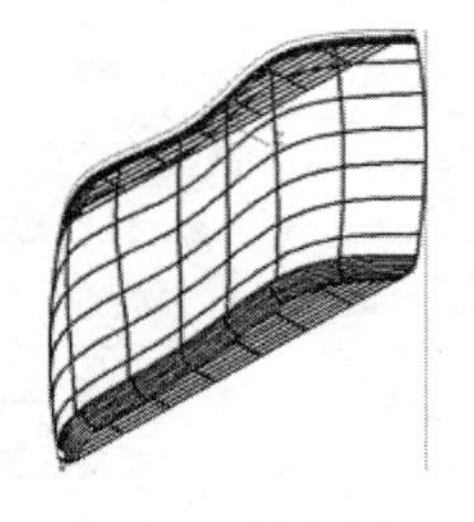
图 18-93　创建圆角 1

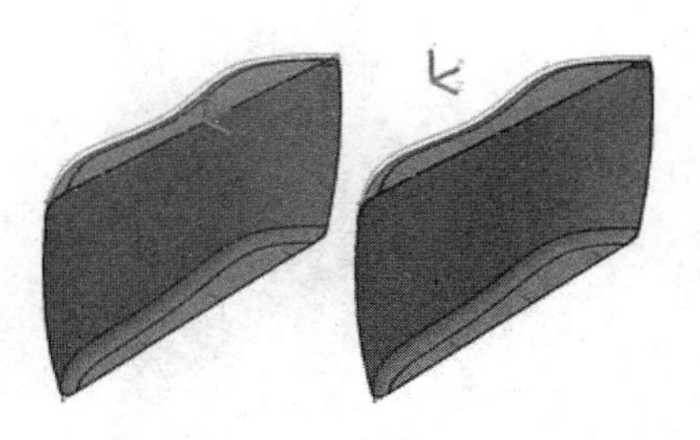
图 18-94　移动坐标系 2

步骤 10 调用“原点”命令，将坐标系沿 Z 轴向偏移-40，如图 18-94 所示。调用“当前 UCS”命令，将视图切换到当前的 XY 基准平面。在当前的 XY 基准平面上，调用“圆弧”“标注约束”等命令绘制如图 18-95 所示的圆。

步骤 11 调用“拉伸”命令，选择上步骤绘制的圆为截面，创建向 Z 轴方向拉伸距离为 50 的曲面，如图 18-96 所示。

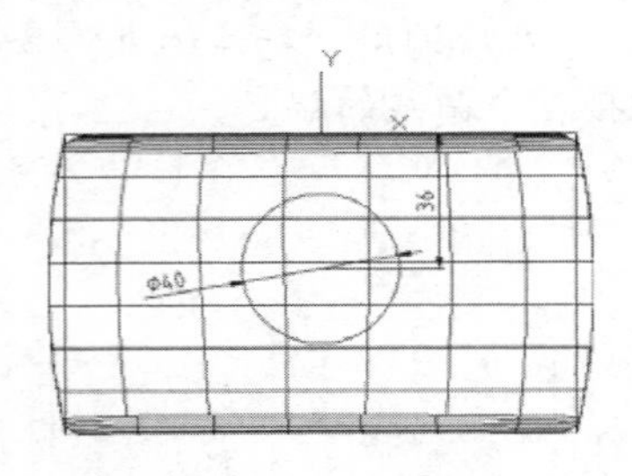

图 18-95　绘制圆

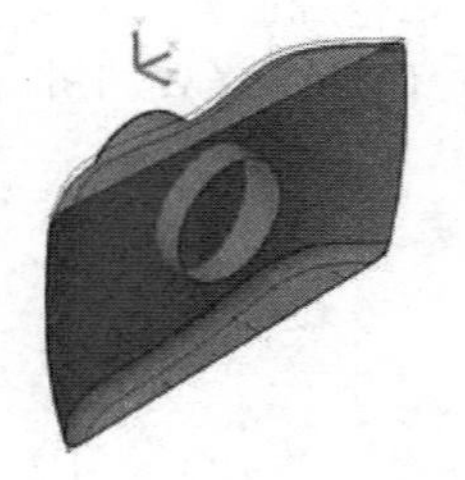

图 18-96　创建拉伸曲面

步骤 12 调用“修剪”命令，选择绘图区中的网络曲面为要修剪的面，选择拉伸曲面为剪切曲面，如图 18-97 所示。

步骤 13 按同样方法选择拉伸曲面为要修剪的曲面，选择网络曲面为剪切曲面，再次修剪曲面，结果如图 18-98 所示。

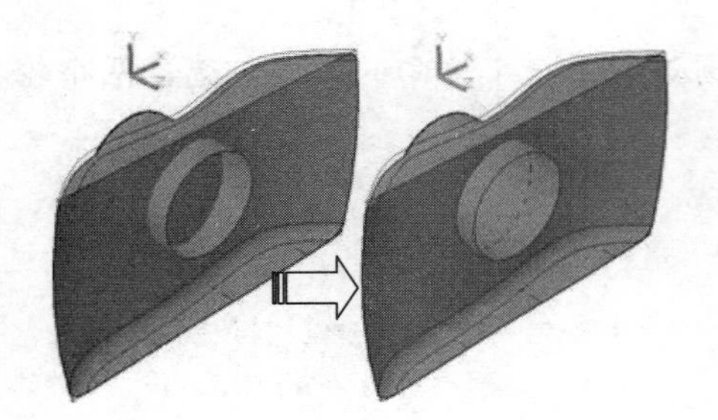

图 18-97　修剪曲面 1

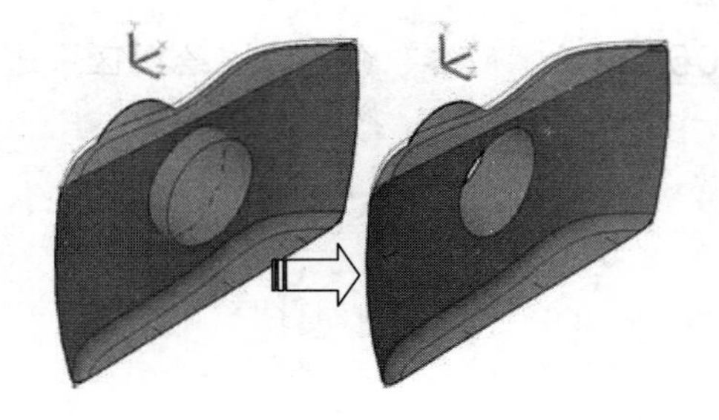

图 18-98　修剪曲面 2

步骤 14 调用“并集”命令，将绘图区中的全部曲面合并为一个曲面。

步骤 15 调用“圆角边”命令，在工作区中分别选择平面与网络曲面交界处的曲线，创建半径为 5 的圆角，如图 18-99 所示。

步骤 16 调用“当前 UCS”命令，调用“矩形”“圆”“标注约束”等命令在当前 XY 平面上绘制如图 18-100 所示的二维轮廓曲线。

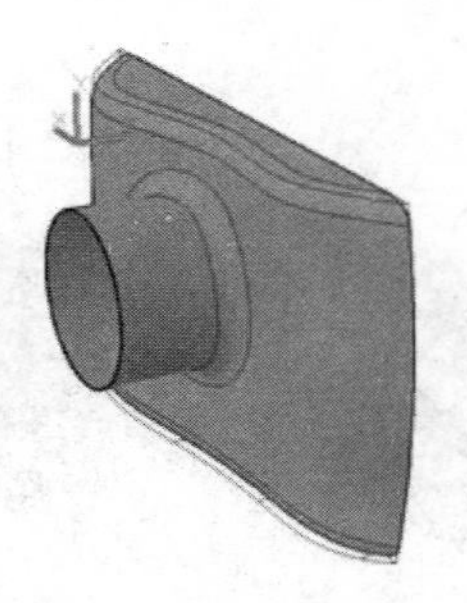

图 18-99　创建圆角 2

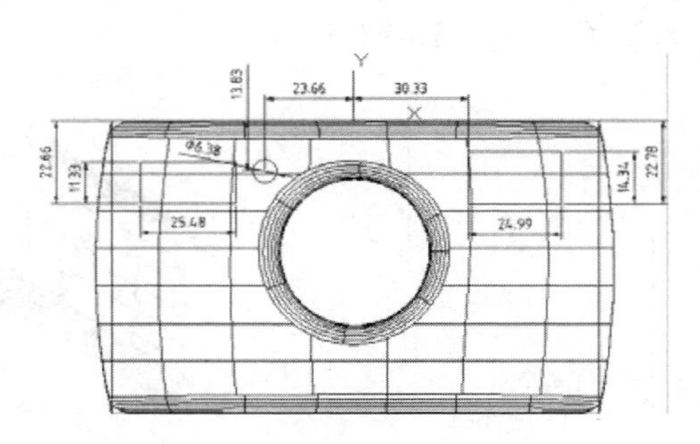

图 18-100　绘制矩形和圆

步骤17 调用"修剪"命令，选择绘图区中的网络曲面为要修剪的面，选择矩形和圆为剪切曲线，修剪出网络曲面上的孔，如图18-101所示。

步骤18 调用"Y"命令，将坐标系绕Y轴旋转-90°。调用"当前UCS"命令，将视图切换到当前的XY基准平面。

步骤19 在当前的XY基准平面上，调用"圆弧""直线""标注约束"等命令绘制如图18-102所示截面。

步骤20 调用"多线段"命令，将绘图区中将上步骤绘制的截面合并为一条曲线。

步骤21 调用"拉伸"命令，选择上步骤合并的曲线为截面，创建向Z轴方向拉伸距离为72的实体，结果如图18-103所示。

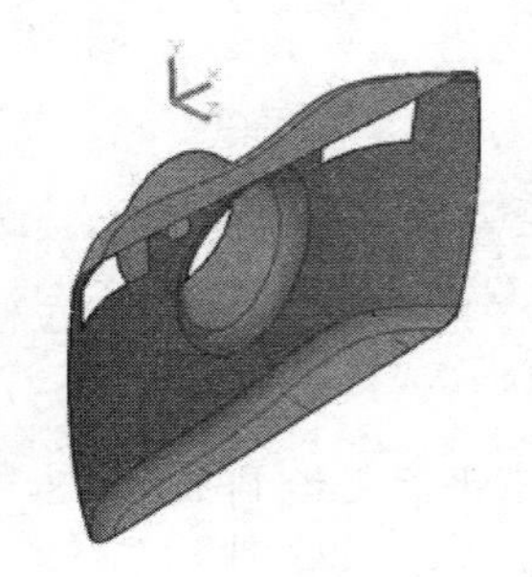

图18-101 修剪曲面3

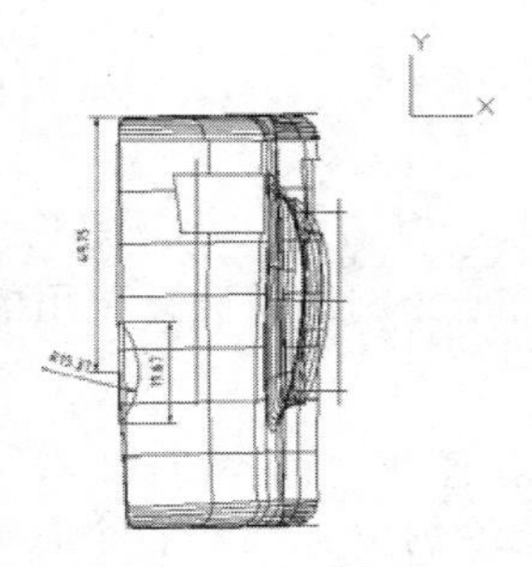

图18-102 绘制圆弧截面

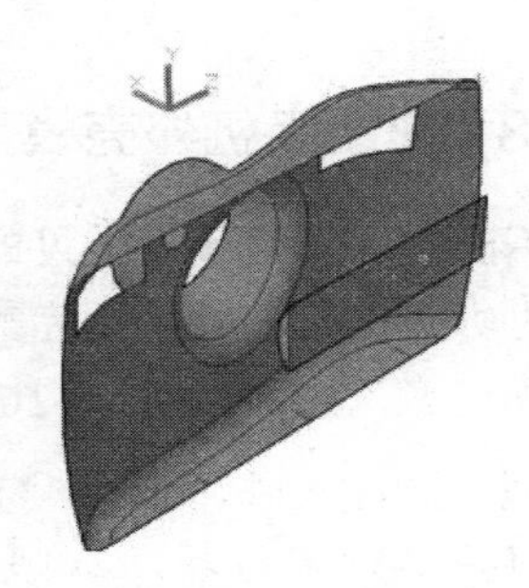

图18-103 创建拉伸体1

步骤22 调用"差集"命令，在绘图区中选网络曲面为要减去的曲面，选择拉伸实体为剪切实体，结果如图18-104所示。

步骤23 调用"X"命令，将坐标系绕X轴旋转90°。调用"当前UCS"命令，将视图切换到当前的XY基准平面。

步骤24 在当前的XY基准平面上，调用"圆弧""直线""标注约束"等命令绘制如图18-105所示的截面。调用"多线段"命令，在绘图区中将上步骤绘制的截面合并为一条曲线。

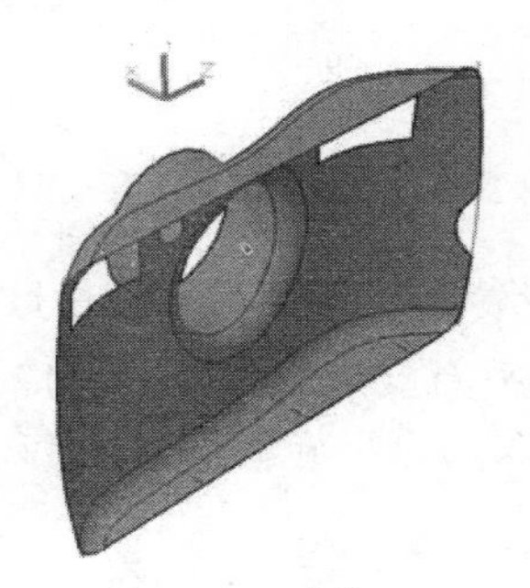

图18-104 差集1

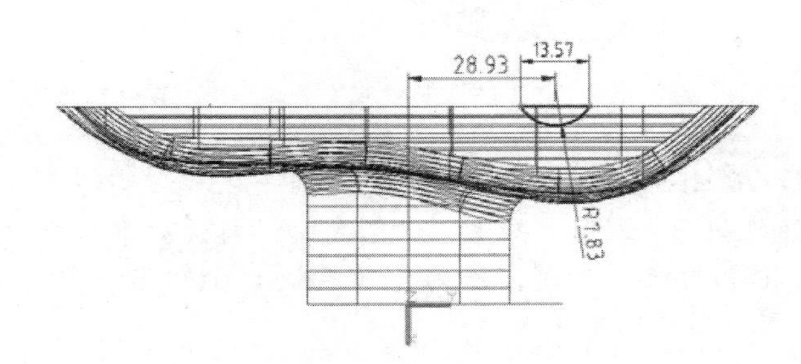

图18-105 绘制截面

步骤25 调用"拉伸"命令，选择上步骤合并的曲线为截面，创建向Z轴方向拉伸距离为30的实体，结果如图18-106所示。

步骤26 调用"差集"命令，选择照相机上表面为要减去的曲面，选择拉伸实体为剪切实体，结果如图18-107所示。

步骤27 调用"加厚"命令，在绘图区中选择网络曲面为要加厚的曲面，创建厚度为2的壳体，结果如图18-108所示。

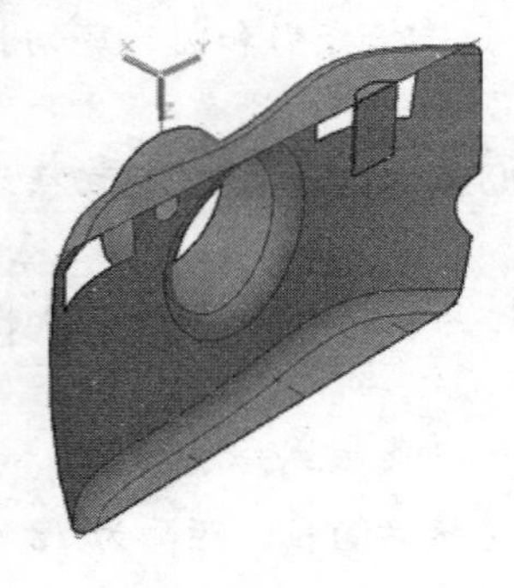

图 18-106 创建拉伸体 2

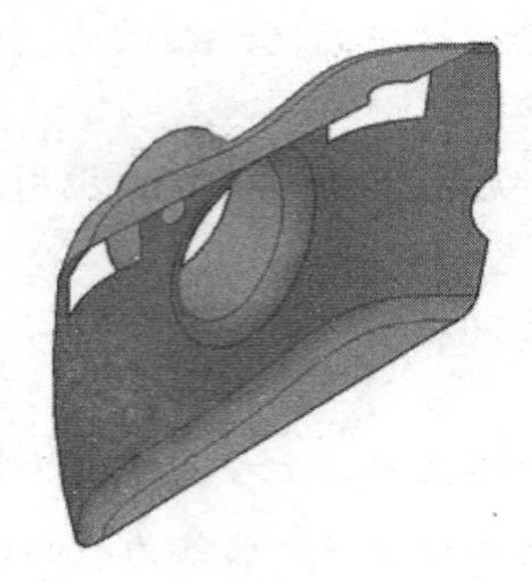

图 18-107 差集 2

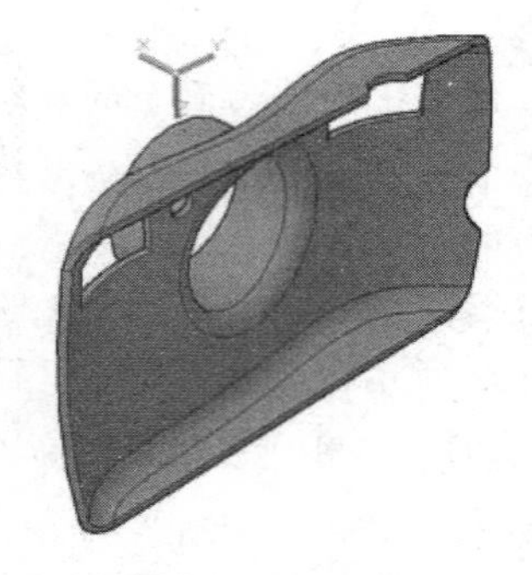

图 18-108 加厚曲面

18.2.3 创建手机外壳模型

手机在现代是最为常见的通讯工具，其方便、小巧等特点被大众所喜爱。随着时代的进步，手机的功能也在日益趋近完美。在本节所绘制的外壳需要用的命令为“样条曲线”“偏移”“拉伸”“修剪”等，效果如图 18-109 所示。

步骤 01 新建文件，调用“直线”“镜像”“样条曲线”等命令在 XY 平面上绘制如图 18-110 所示的二维轮廓曲线。绘制方法为先绘制中心线和各个截面的辅助直线，然后调用“样条曲线”命令，从最右端开始连接各个辅助直线的端点，绘制样条曲线。

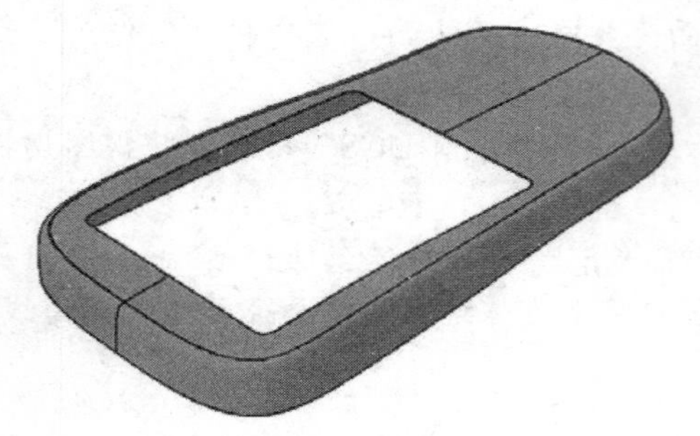

图 18-109 手机外壳

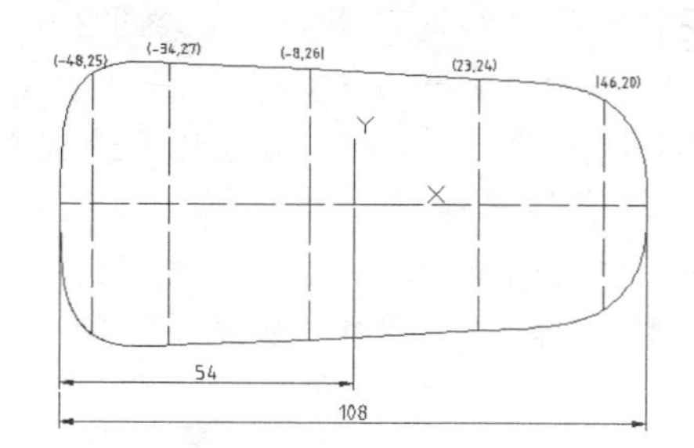

图 18-110 手机外轮廓

步骤 02 调用“偏移”命令，将上步骤绘制的轮廓曲线向内偏移 2，结果如图 18-111 所示。

步骤 03 调用“矩形”“圆角”“标注约束”等命令在 XY 平面上绘制如图 18-112 所示的二维轮廓曲线。绘制方法为：先绘制一个矩形，然后调用“标注约束”命令约束矩形的大小和位置，最后绘制圆角。

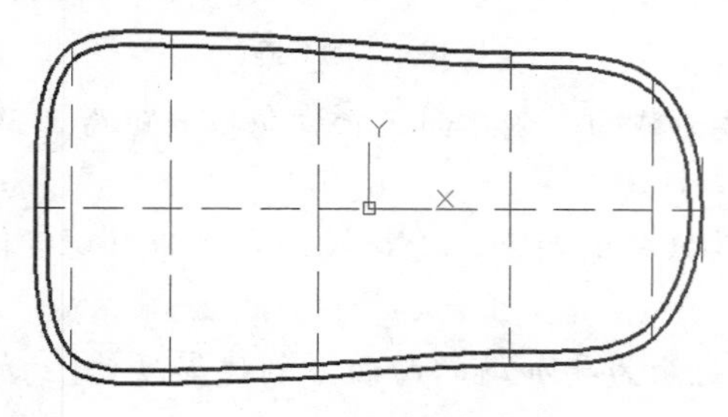

图 18-111 偏移曲线

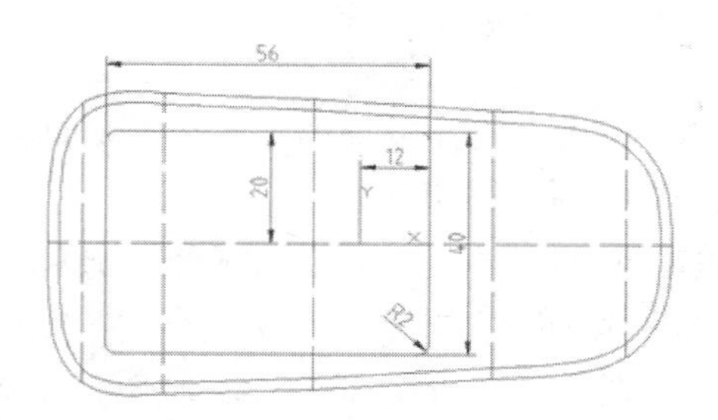

图 18-112 绘制屏幕轮廓

步骤 04 调用“X”命令，将坐标系绕 X 轴旋转 90°，如图 18-113 所示。调用“当前 UCS”命令，将视图切换到当前的 XY 基准平面。

步骤 05 调用“直线”“样条”“标注约束”等命令在 XY 平面上绘制如图 18-114 所示的二维轮廓曲线。绘制方法为先绘制各个截面的辅助直线，并调用“标注约束”工具约束直线的长度和位置，最后绘制样条曲线。

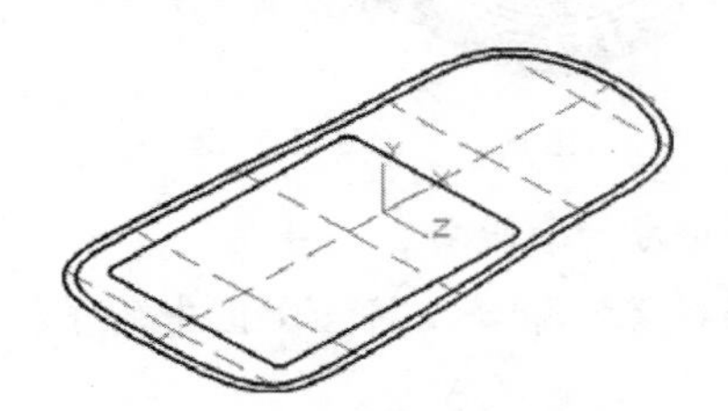

图 18-113　旋转坐标系

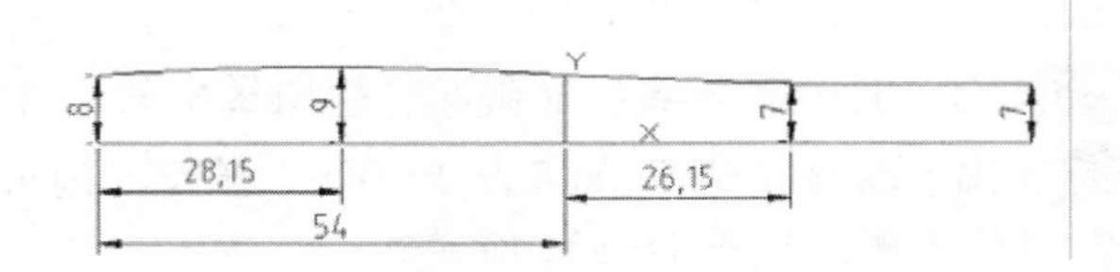

图 18-114　绘制侧面轮廓

步骤 06 调用“拉伸”命令，选择上步骤绘制的轮廓线为截面，创建向 Z 轴方向拉伸距离为 40 的曲面，如图 18-115 所示。

步骤 07 调用“修剪”命令，选择绘图区中的拉伸曲面为要修剪的面，选择偏移曲线为剪切曲线，如图 18-116 所示。

步骤 08 按同样的方法选择拉伸曲面为要修剪的曲面，选择圆角矩形为修剪线，再次修剪曲面，结果如图 18-117 所示。

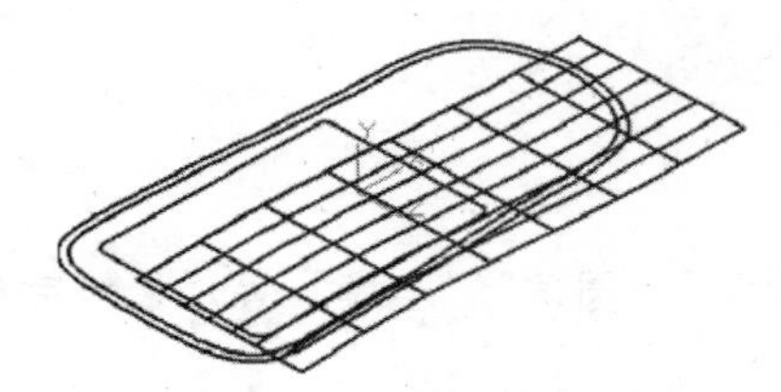

图 18-115　创建拉伸曲面 1

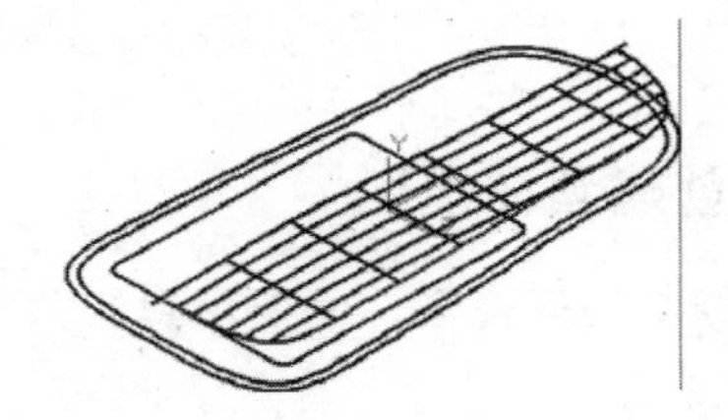

图 18-116　修剪曲面 1

步骤 09 调用“X”命令，将坐标系绕 X 轴旋转-90°。调用“当前 UCS”命令，将视图切换到当前的 XY 基准平面。

步骤 10 使用“修剪”工具，在绘图区中修剪掉轮廓曲线的右侧曲线，结果如图 18-118 所示。

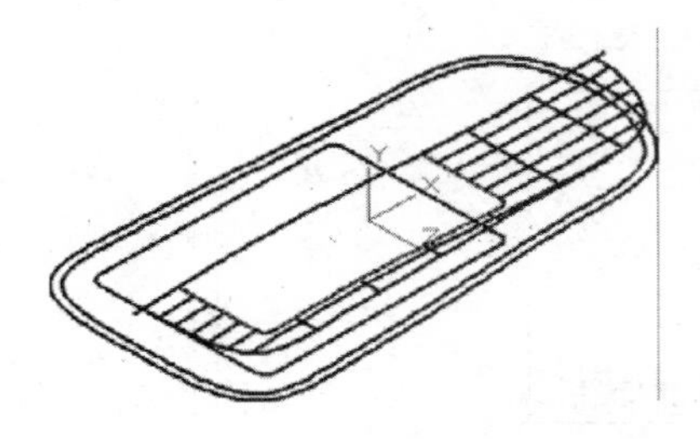

图 18-117　修剪曲面 2

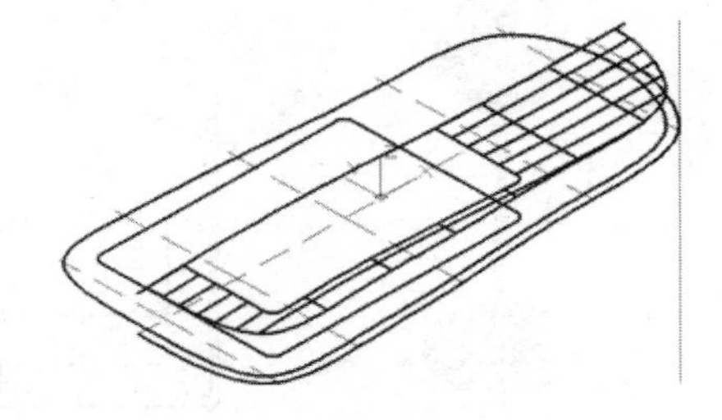

图 18-118　修剪轮廓曲线

步骤 11 调用“拉伸”命令，选择上步骤修剪的轮廓线为截面，创建向-Z 轴方向拉伸距离为 5 的曲面，如图 18-119 所示。

步骤 12 调用“过渡”命令，在绘图区中选择修剪曲面的边缘线，以及在拉伸曲面上选择对应的边缘线，如图 18-120 所示。

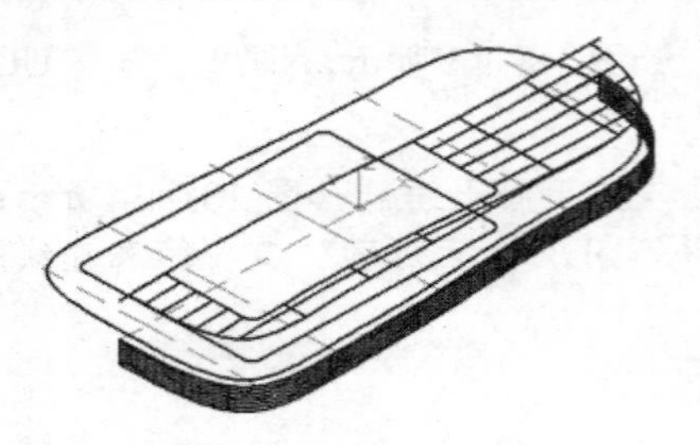

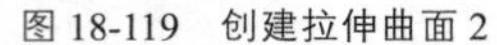

图 18-119 创建拉伸曲面 2

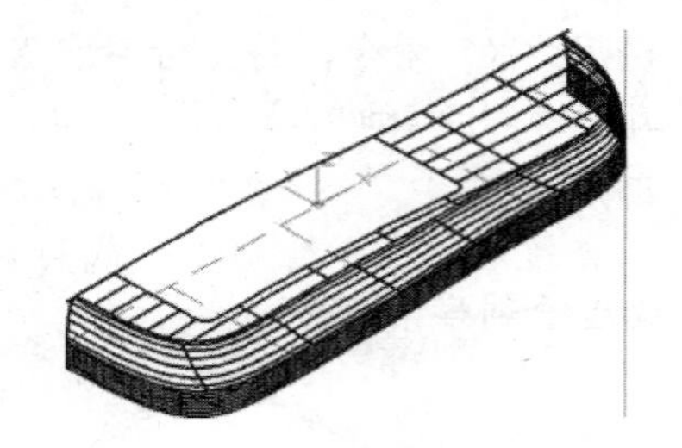

图 18-120 创建过渡曲面

步骤 13 调用“并集”命令，将绘图区中的全部曲面合并为一个曲面。

步骤 14 将显示方式选择为“概念”样式，调用“三维镜像”命令，将绘图区中的手机曲面镜像到另一侧，如图 18-121 所示。

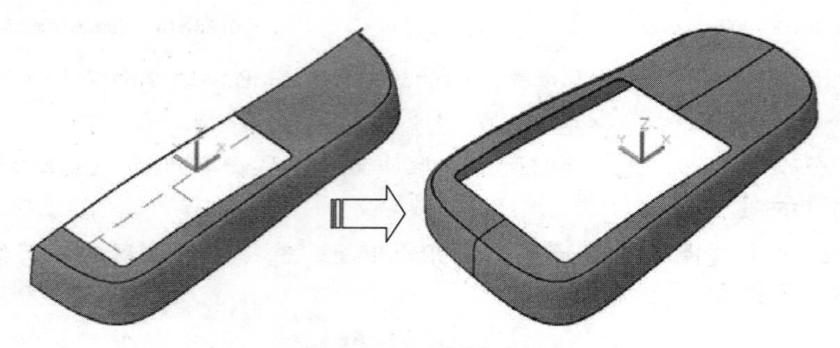

图 18-121 “镜像”曲面

18.2.4 创建酒杯模型

本节绘制酒杯模型，需要用到的命令有“旋转”“偏移”“圆角”“差集”等，最终完成效果如图 18-122 所示。

步骤 01 将当前视图设置为“前视图”，坐标系如图 18-123 所示。

步骤 02 调用 LINE/L 命令及 ARC/A 命令，绘制酒杯的截面，尺寸如图 18-124 所示。

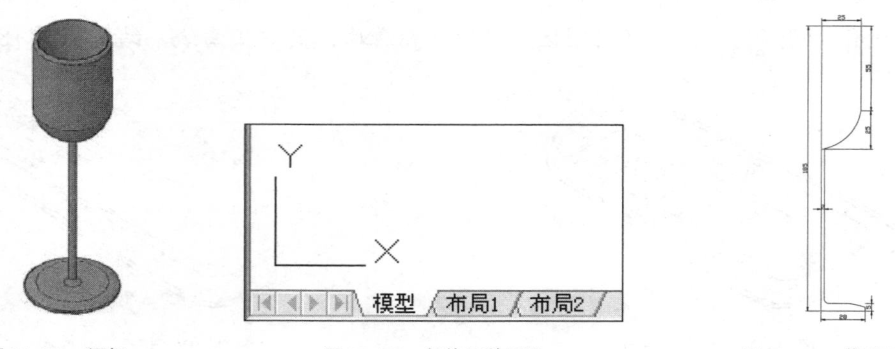

图 18-122 酒杯　　图 18-123 切换至前视图　　图 18-124 截面尺寸

步骤 03 调用 OFFSET/O 命令，设置偏移距离为 2，偏移如图 18-125 所示的线段，并调用 TRIM/TR 命令进行修剪。单击“绘图”面板中的“面域”按钮，将所偏移的线段创建成面域，如图 18-126 所示。

步骤 04 使用相同的方法，将酒杯的外轮廓创建成面域，如图 18-127 所示。

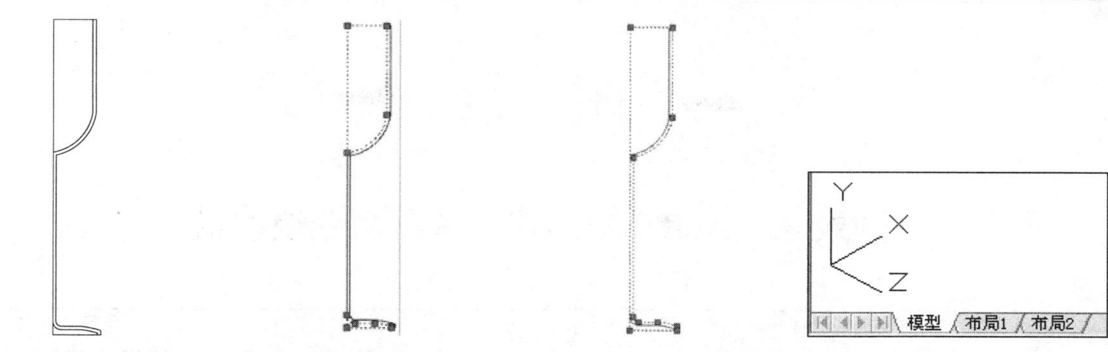

图 18-125　偏移线段　　图 18-126　创建面域　　图 18-127　创建外轮廓面域　　图 18-128　坐标系

步骤 05　将当前视图切换为“西南等轴测视图”，坐标系如图 18-128 所示。调用“旋转”命令，拾取左侧的垂直线段为旋转轴线，对所创建的 3 个面域分别旋转 360°，结果如图 18-129 所示。

步骤 06　调用“差集”命令，选择酒杯的外轮廓，拾取酒杯的内部实体进行差集运算，此时酒杯已成为一个整体，如图 18-130 所示。

步骤 07　调用“概念”命令，切换当前视图，如图 18-131 所示。

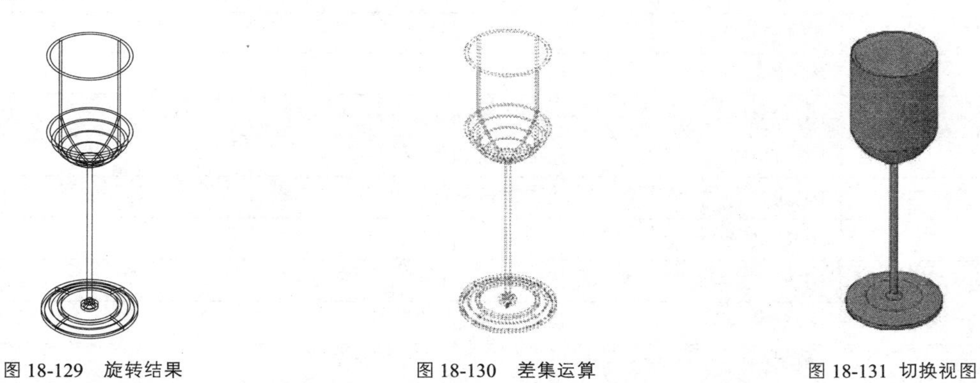

图 18-129　旋转结果　　图 18-130　差集运算　　图 18-131　切换视图

步骤 08　调用 FILLET/F 命令，设置半径值为 2，对杯口进行圆角处理，如图 18-132 所示。

步骤 09　调用 FILLET/F 命令，设置半径值为 1，对杯脚棱边进行圆角处理，如图 18-133 所示。

步骤 10　最终效果如图 18-134 所示，酒杯模型创建完成。

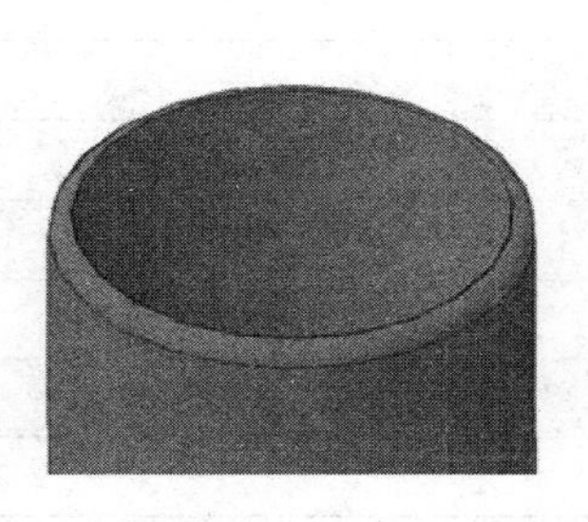

图 18-132　杯口圆角

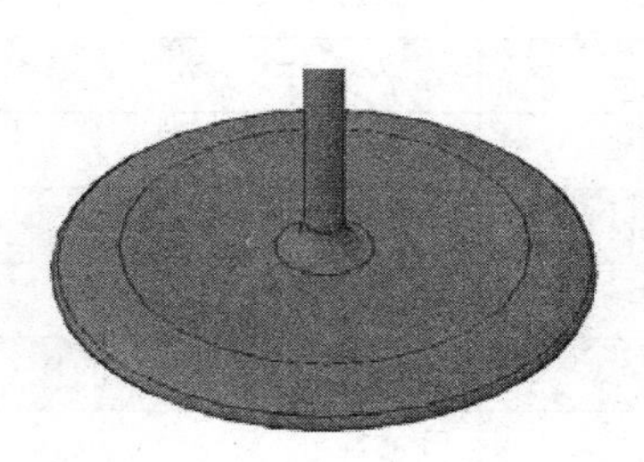

图 18-133　杯角棱边圆角

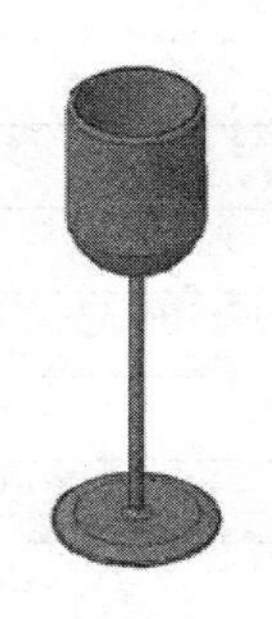

图 18-134　最终效果

附 录

附录 A AutoCAD 2016 常用命令快捷键

快捷键	执行命令	命令说明
A	ARC	圆弧
ADC	ADCENTER	AutoCAD 设计中心
AA	AREA	区域
AR	ARRAY	阵列
AL	ALIGN	对齐对象
ATE	ATTEDIT	改变块的属性信息
ATT	ATTDEF	创建属性定义
ATTE	ATTEDIT	编辑块的属性
B	BLOCK	创建块
BH	BHATCH	绘制填充图案
BC	BCLOSE	关闭块编辑器
BE	BEDIT	块编辑器
BO	BOUNDARY	创建封闭边界
BR	BREAK	打断
BS	BSAVE	保存块编辑
C	CIRCLE	圆
CH	PROPERTIES	修改对象特征
CHA	CHAMFER	倒角
CHK	CHECKSTANDARD	检查图形 CAD 关联标准
CO 或 CP	COPY	复制
COL	COLOR	对话框式颜色设置
D	DIMSTYLE	标注样式设置
DAL	DIMALIGNED	对齐标注
DAN	DIMANGULAR	角度标注
DBA	DIMBASELINE	基线式标注
DBC	DBCONNECT	提供至外部数据库的接口
DCE	DIMCENTER	圆心标记
DCO	DIMCONTINUE	连续式标注
DDA	DIMDISASSOCIATE	解除关联的标注
DDI	DIMDIAMETER	直径标注

快捷键	执行命令	命令说明
DED	DIMEDIT	编辑标注
DI	DIST	求两点之间的距离
DIV	DIVIDE	定数等分
DLI	DIMLINEAR	线性标注
DO	DOUNT	圆环
DOR	DIMORDINATE	坐标式标注
DOV	DIMOVERRIDE	更新标注变量
DR	DRAWORDER	显示顺序
DV	DVIEW	使用相机和目标定义平行投影
DRA	DIMRADIUS	半径标注
DRE	DIMREASSOCIATE	更新关联的标注
DS、SE	DSETTINGS	草图设置
DT	TEXT	单行文字
E	ERASE	删除对象
ED	DDEDIT	编辑单行文字
EL	ELLIPSE	椭圆
EX	EXTEND	延伸
EXP	EXPORT	输出数据
EXIT	QUIT	退出程序
F	FILLET	圆角
FI	FILTER	过滤器
G	GROUP	对象编组
GD	GRADIENT	渐变色
GR	DDGRIPS	夹点控制设置
H	HATCH	图案填充
HE	HATCHEDIT	编修图案填充
HI	HIDE	生成三位模型时不显示隐藏线
I	INSERT	插入块
IMP	IMPORT	将不同格式的文件输入到当前图形中
IN	INTERSECT	采用两个或多个实体或面域的交集创建复合实体或面域并删除交集以外的部分
INF	INTERFERE	采用两个或三个实体的公共部分创建三维复合实体
IO	INSERTOBJ	插入链接或嵌入对象
IAD	IMAGEADJUST	图像调整
IAT	IMAGEATTACH	光栅图像
ICL	IMAGECLIP	图像裁剪
IM	IMAGE	图像管理器

快捷键	执行命令	命令说明
J	JOIN	合并
L	LINE	绘制直线
LA	LAYER	图层特性管理器
LE	LEADER	快速引线
LEN	LENGTHEN	调整长度
LI	LIST	查询对象数据
LO	LAYOUT	布局设置
LS、LI	LIST	查询对象数据
LT	LINETYPE	线型管理器
LTS	LTSCALE	线型比例设置
LW	LWEIGHT	线宽设置
M	MOVE	移动对象
MA	MATCHPROP	线型匹配
ME	MEASURE	定距等分
MI	MIRROR	镜像对象
ML	MLINE	绘制多线
MO	PROPERTIES	对象特性修改
MS	MSPACE	切换至模型空间
MT	MTEXT	多行文字
MV	MVIEW	浮动视口
O	OFFSET	偏移复制
OP	OPTIONS	选项
OS	OSNAP	对象捕捉设置
P	PAN	实时平移
PA	PASTESPEC	选择性粘贴
PE	PEDIT	编辑多段线
PL	PLINE	绘制多段线
PLOT	PRINT	将图形输入到打印设备或文件
PO	POINT	绘制点
POL	POLYGON	绘制正多边形
PR	OPTIONS	对象特征
PRE	PREVIEW	输出预览
PRINT	PLOT	打印
PRCLOSE	PROPERTIESCLOSE	关闭“特性”选项板
PARAM	BPARAMETER	编辑块的参数类型
PS	PSPACE	图纸空间
PU	PURGE	清理无用的空间

快捷键	执行命令	命令说明
QC	QUICKCALC	快速计算器
R	REDRAW	重画
RA	REDRAWALL	所有视口重画
RE	REGEN	重生成
REA	REGENALL	所有视口重生成
REC	RECTANGLE	绘制矩形
REG	REGION	2D 面域
REN	RENAME	重命名
RO	ROTATE	旋转
S	STRETCH	拉伸
SC	SCALE	比例缩放
SE	DSETTINGS	草图设置
SET	SETVAR	设置变量值
SN	SNAP	捕捉控制
SO	SOLID	填充三角形或四边形
SP	SPELL	拼写检查
SPE	SPLINEDIT	编辑样条曲线
SPL	SPLINE	样条曲线
SSM	SHEETSET	打开图纸集管理器
ST	STYLE	文字样式
STA	STANDARDS	配置标准
SU	SUBTRACT	差集运算
T	MTEXT	多行文字输入
TA	TABLET	数字化仪
TB	TABLE	插入表格
TH	THICKNESS	设置当前三维实体的厚度
TI、TM	TILEMODE	图纸空间和模型空间的设置切换
TO	TOOLBAR	工具栏设置
TOL	TOLERANCE	形位公差
TR	TRIM	修剪
TP	TOOLPALETTES	打开工具选项板
TS	TABLESTYLE	表格样式
U	UNDO	撤销命令
UC	UCSMAN	UCS 管理器
UN	UNITS	单位设置
UNI	UNION	并集运算
V	VIEW	视图

快捷键	执行命令	命令说明
VP	DDVPOINT	预设视点
W	WBLOCK	写块
WE	WEDGE	创建楔体
X	EXPLODE	分解
XA	XATTACH	附着外部参照
XB	XBIND	绑定外部参照
XC	XCLIP	剪裁外部参照
XL	XLINE	构造线
XP	XPLODE	将复合对象分解为其组件对象
XR	XREF	外部参照管理器
Z	ZOOM	缩放视口
3A	3DARRAY	创建三维阵列
3F	3DFACE	在三维空间中创建三侧面或四侧面的曲面
3DO	3DORBIT	在三维空间中动态查看对象
3P	3DPOLY	在三维空间中使用“连续”线型创建由直线段构成的多段线

附录 B　AutoCAD 2016 键盘功能键速查

快捷键	命令说明	快捷键	命令说明
Esc	Cancel<取消命令执行>	Ctrl + G	栅格显示<开或关>，功能同 F7
F1	帮助 HELP	Ctrl + H	Pickstyle<开或关>
F2	图形/文本窗口切换	Ctrl + K	超链接
F3	对象捕捉<开或关>	Ctrl + L	正交模式，功能同 F8
F4	三维捕捉开关	Ctrl + M	同【ENTER】功能键
F5	等轴测平面切换<上/右/左>	Ctrl + N	新建
F6	动态 UCS<开或关>	Ctrl + O	打开旧文件
F7	栅格显示<开或关>	Ctrl + P	打印输出
F8	正交模式<开或关>	Ctrl + Q	退出 AutoCAD
F9	捕捉模式<开或关>	Ctrl + S	快速保存
F10	极轴追踪<开或关>	Ctrl + T	数字化仪模式
F11	对象捕捉追踪<开或关>	Ctrl + U	极轴追踪<开或关>，功能同 F10
F12	动态输入<开或关>	Ctrl + V	从剪贴板粘贴
窗口键 + D	Windows 桌面显示	Ctrl + W	选择循环<开或关>
窗口键 + E	Windows 文件管理	Ctrl + X	剪切到剪贴板
窗口键 + F	Windows 查找功能	Ctrl + Y	取消上一次的 Undo 操作
窗口键 + R	Windows 运行功能	Ctrl + Z	Undo 取消上一次的命令操作

Ctrl + 0	全屏显示<开或关>	Ctrl + Shift + C	带基点复制
Ctrl + 1	特性 Propertices<开或关>	Ctrl + Shift + S	另存为
Ctrl + 2	AutoCAD 设计中心<开或关>	Ctrl + Shift + V	粘贴为块
Ctrl + 3	工具选项板窗口<开或关>	Alt + F8	VBA 宏管理器
Ctrl + 4	图纸管理器<开或关>	Alt + F11	AutoCAD 和 VAB 编辑器切换
Ctrl + 5	信息选项板<开或关>	Alt + F	【文件】POP1 下拉菜单
Ctrl + 6	数据库链接<开或关>	Alt + E	【编辑】POP2 下拉菜单
Ctrl + 7	标记集管理器<开或关>	Alt + V	【视图】POP3 下拉菜单
Ctrl + 8	快速计算机<开或关>	Alt + I	【插入】POP4 下拉菜单
Ctrl + 9	命令行<开或关>	Alt + O	【格式】POP5 下拉菜单
Ctrl + A	选择全部对象	Alt + T	【工具】POP6 下拉菜单
Ctrl + B	捕捉模式<开或关>，功能同 F9	Alt + D	【绘图】POP7 下拉菜单
Ctrl + C	复制内容到剪贴板	Alt + N	【标注】POP8 下拉菜单
Ctrl + D	动态 UCS 显示<开或关>，功能同 F6	Alt + M	【修改】POP9 下拉菜单
Ctrl + E	等轴测平面切换<上/左/右>	Alt + W	【窗口】POP10 下拉菜单
Ctrl + F	对象捕捉<开或关>，功能同 F3	Alt + H	【帮助】POP11 下拉菜单

附录 C　平面绘图练习经典 50 例

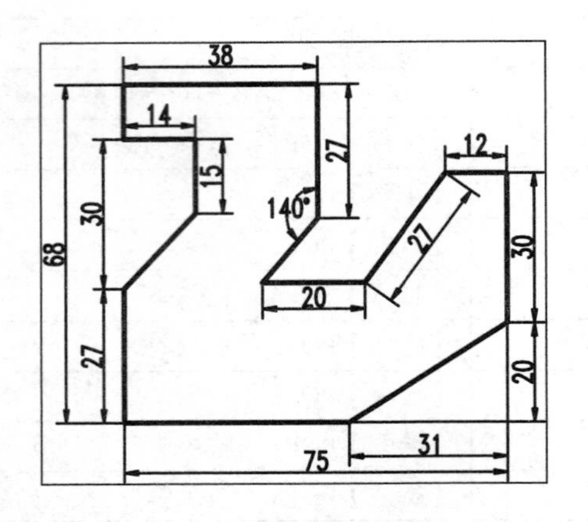

01

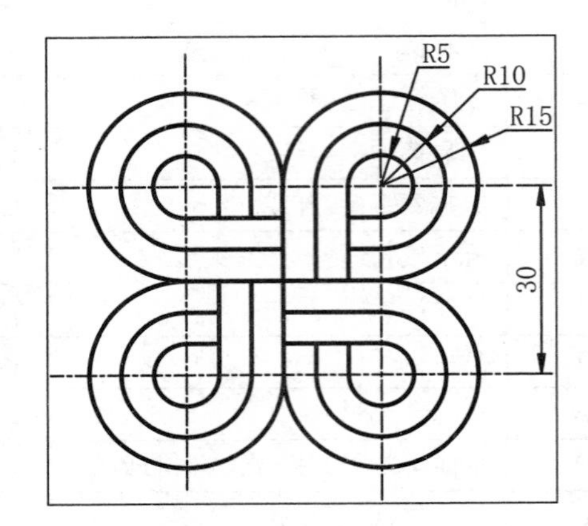

02

17
R5
6°
35
44
R6
R10
20
R10
52
18

03

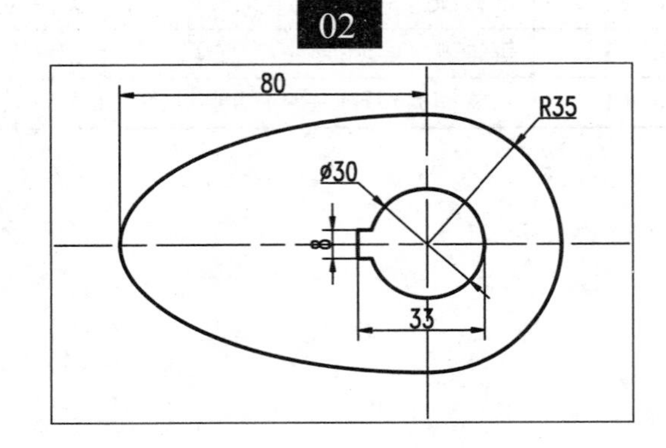

04

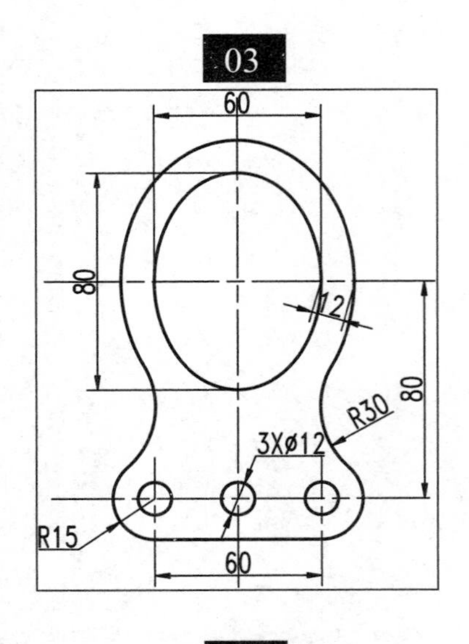

05

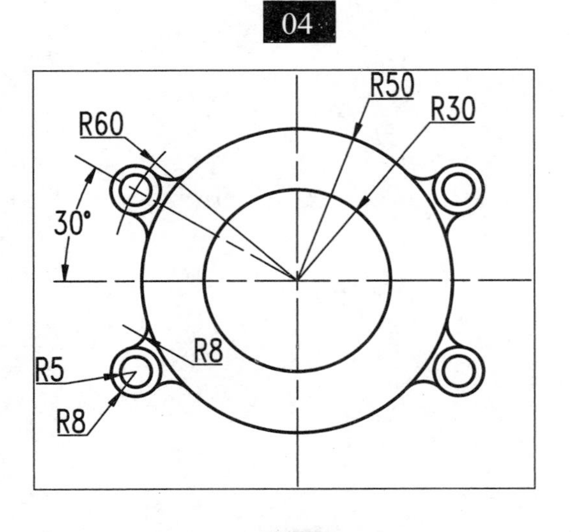

06

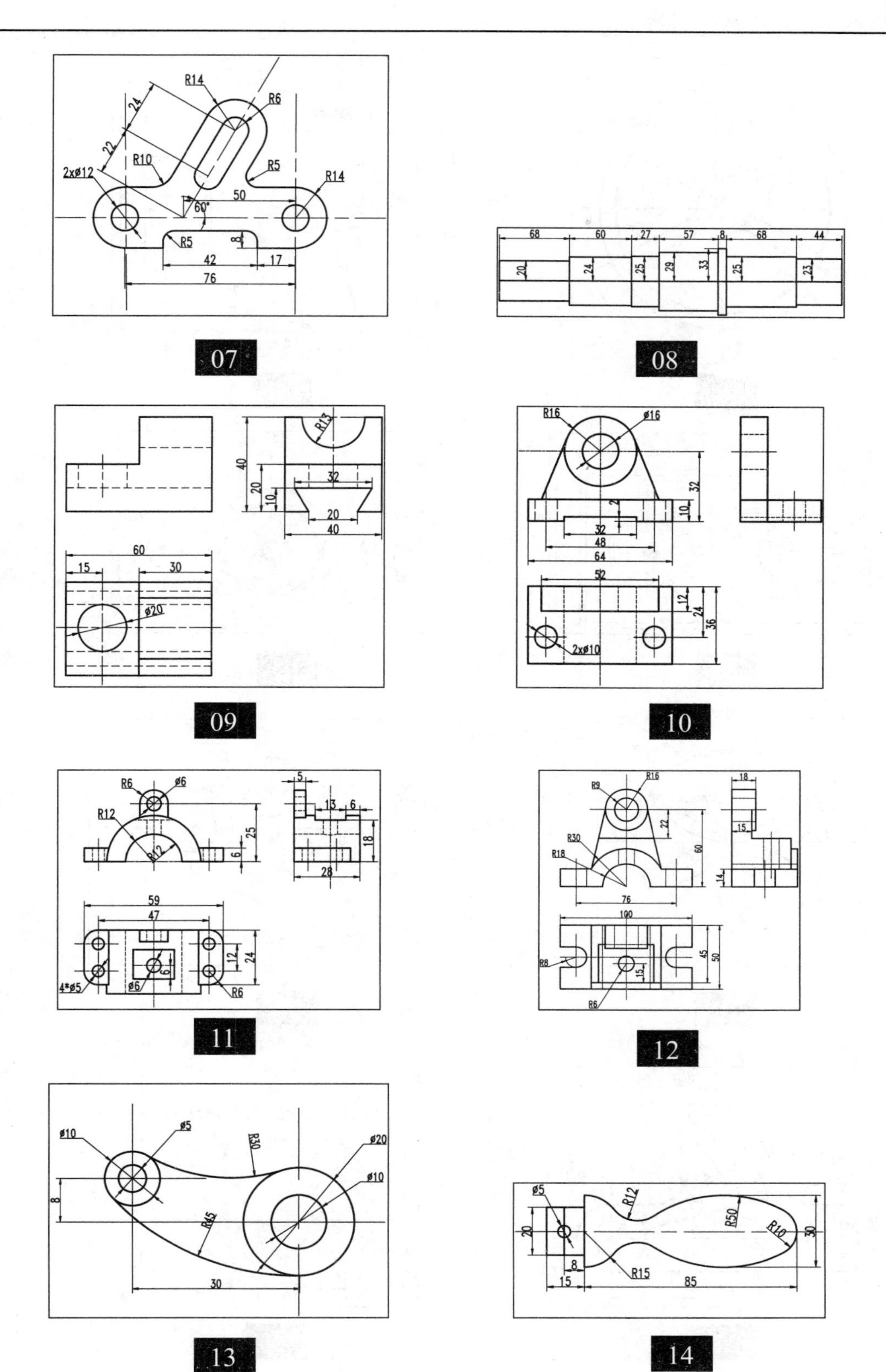
R14
R6
24
22
R10
R5
2xø12
R14
50
60°
R5
8
42
17
76
07
68
60
27
57
8
68
44
20
24
25
29
33
25
23
08
R13
40
20
10
32
20
40
60
15
30
ø20
09
R16
ø16
32
10
2
32
48
64
52
12
24
36
2xø10
10
R6
ø6
R12
25
6
R12
5
13
6
18
28
59
47
12
24
4*ø5
ø6
R6
11
R9
R16
22
R30
60
R18
14
18
15
76
100
45
50
R8
15
R6
12
ø10
ø5
R30
ø20
ø10
8
R45
30
13
ø5
R12
R50
R10
20
30
8
R15
15
85
14

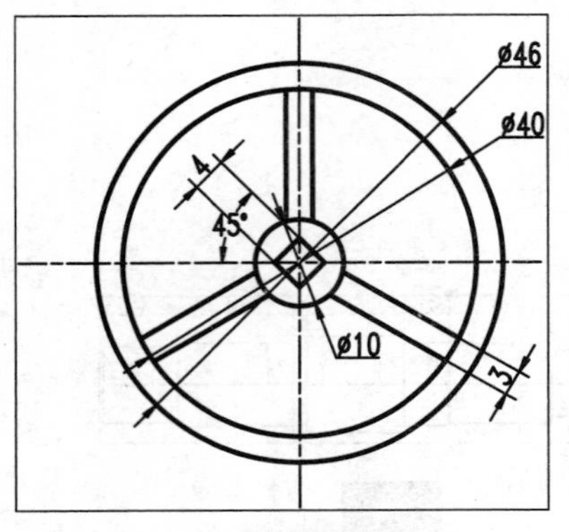

15

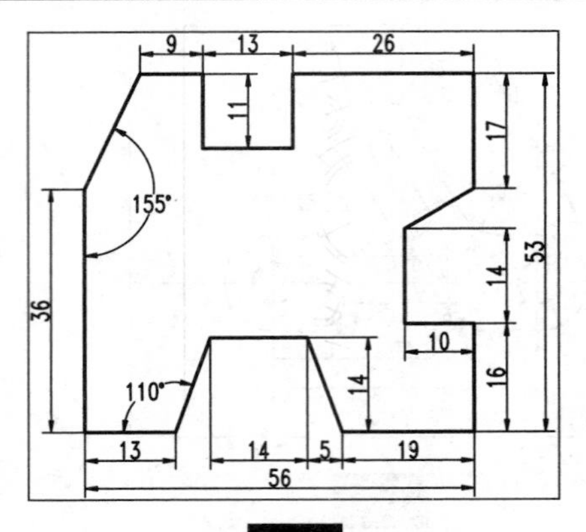

16

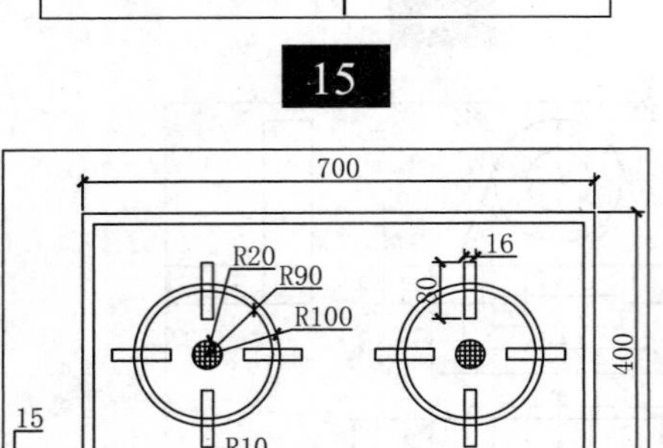

17

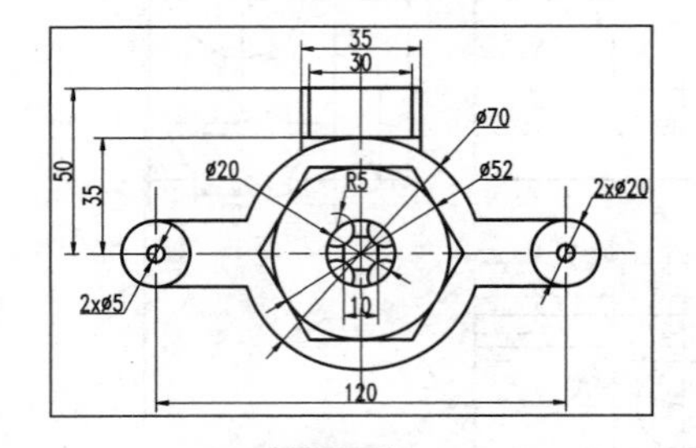

18

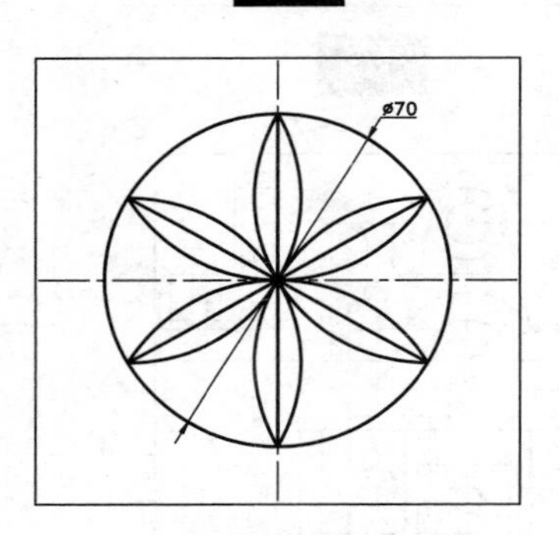

19

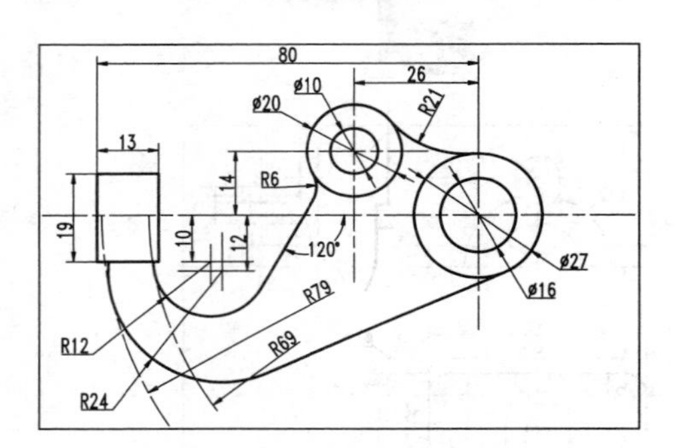

20

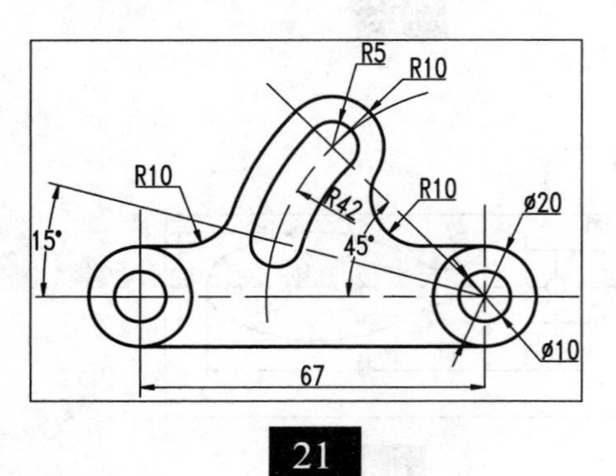

21

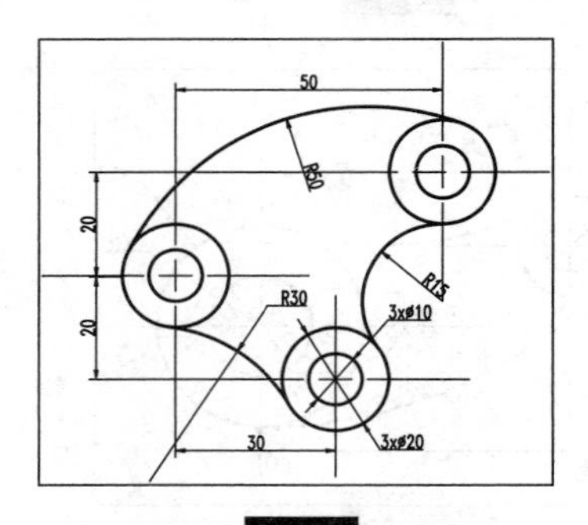

22

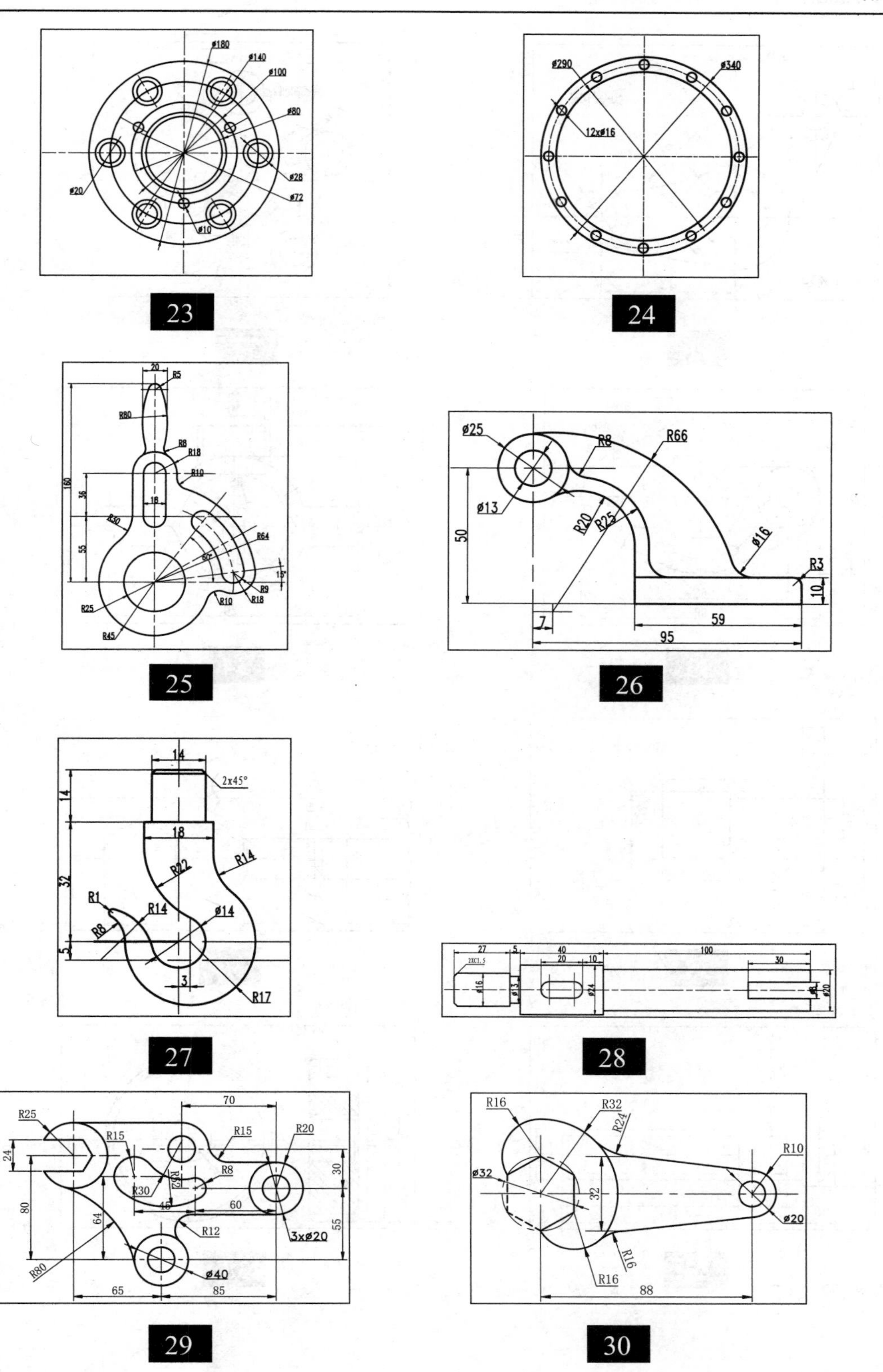

ø180
ø140
ø100
ø80
ø20
ø28
ø72
ø10
23
ø290
ø340
12xø16
24
20
R5
R80
R8
R18
R10
160
36
18
R50
55
R64
60°
15°
R9
R18
R10
R25
R45
25
ø25
R8
R66
ø13
50
R20
R25
ø16
R3
10
7
59
95
26
14
2x45°
14
18
32
R22
R14
R1
R14
ø14
R8
5
3
R17
27
27
5
40
20
10
100
30
28
70
R25
R15
R15
R20
24
R8
R30
R62
30
80
48
60
64
R12
55
3xø20
R80
ø40
65
85
29
R16
R32
R24
R10
ø32
32
ø20
R16
R16
88
30

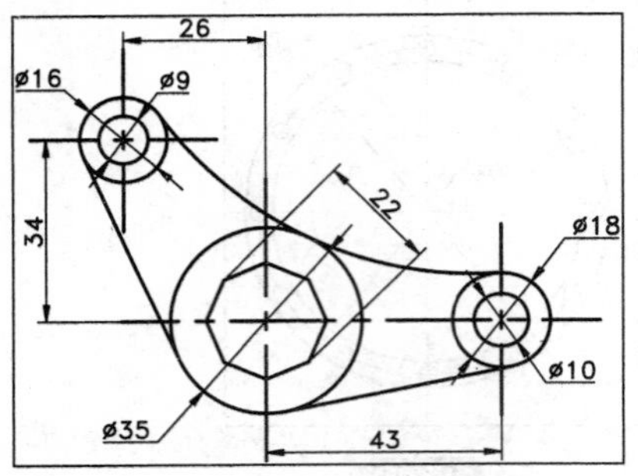

31

32

33

34

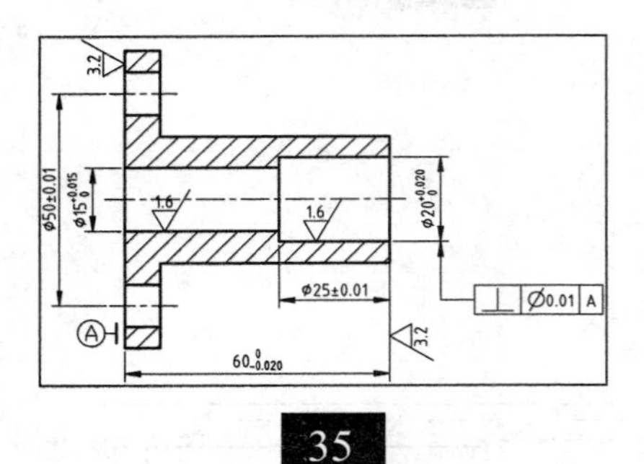

35

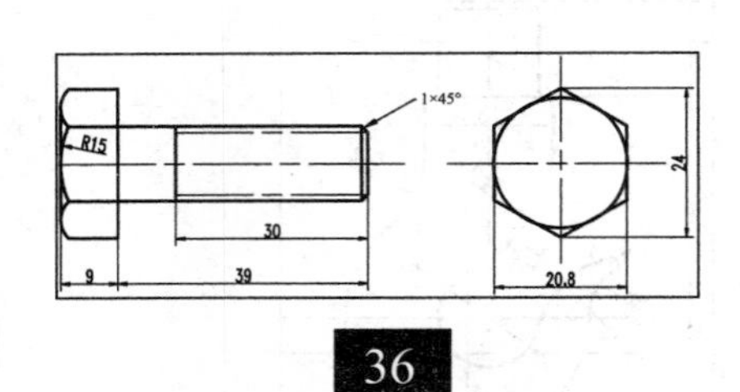

36

技术要求

1、正火处理硬度为180－210HBS

2、未注明倒角C2

37

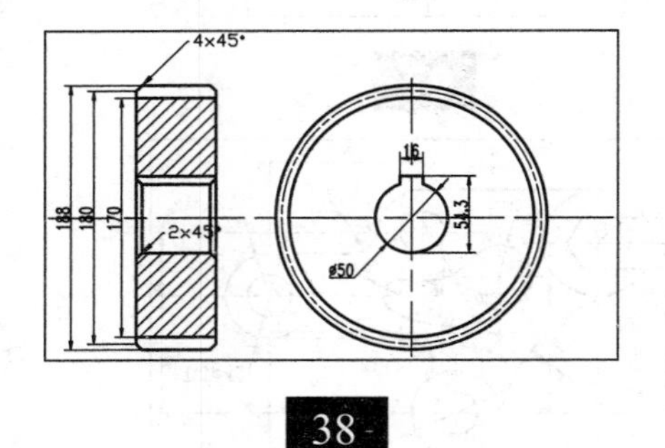

38

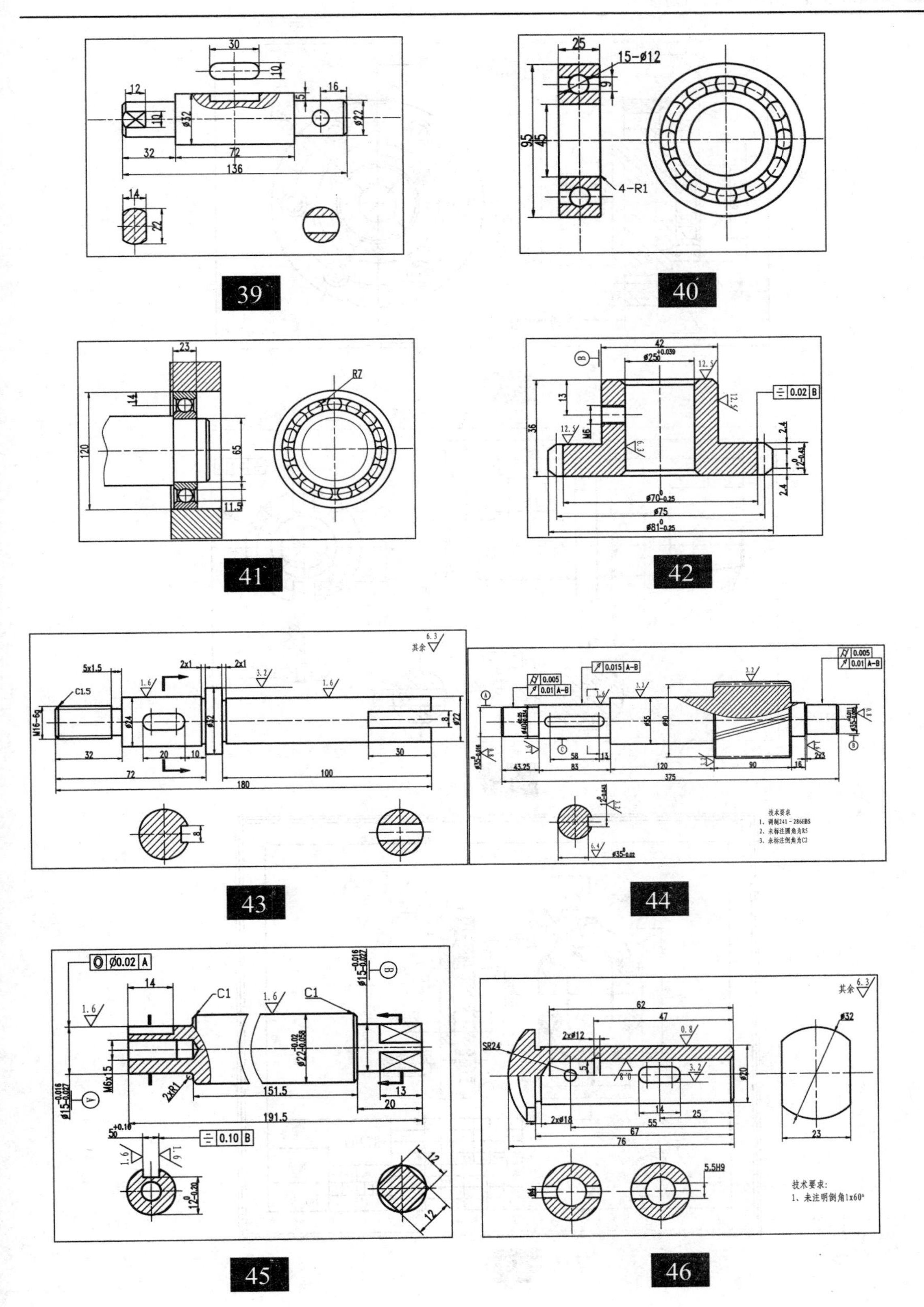

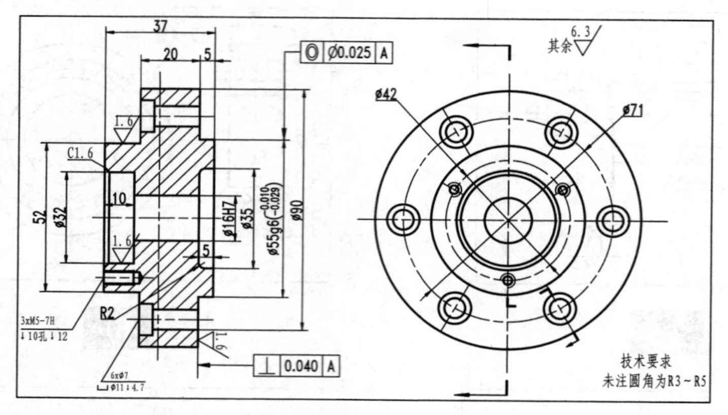
其余
技术要求
未注圆角为R3～R5
3xM5-7H
6xø7

47

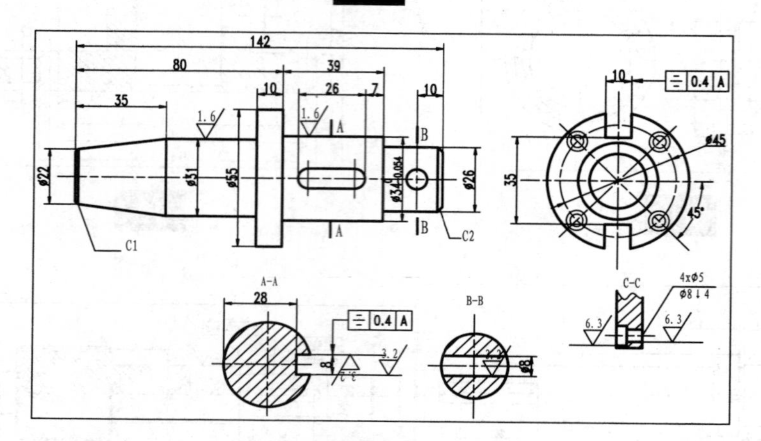
A-A
B-B
C-C
4xø5
ø8↓4

48

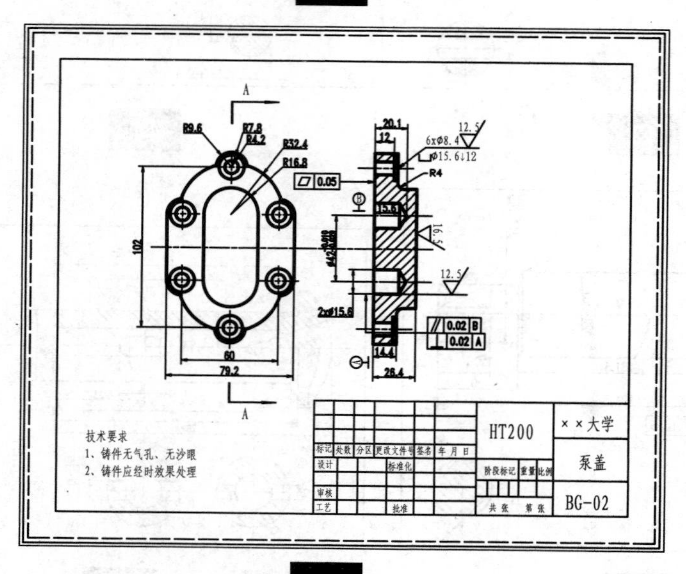
技术要求
1、铸件无气孔、无沙眼
2、铸件应经时效处理
HT200
××大学
泵盖
BG-02

49

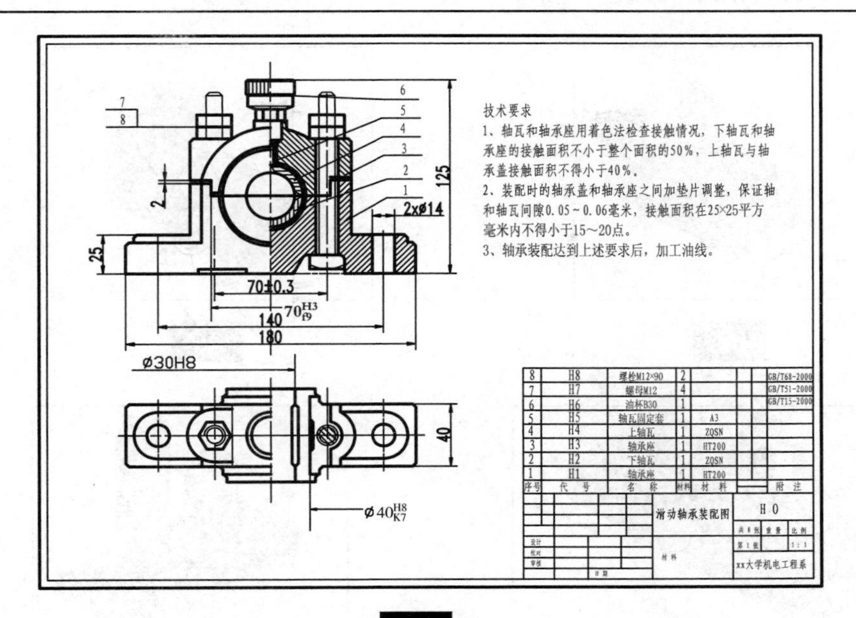

50

附录 D　三维绘图练习经典 20 例

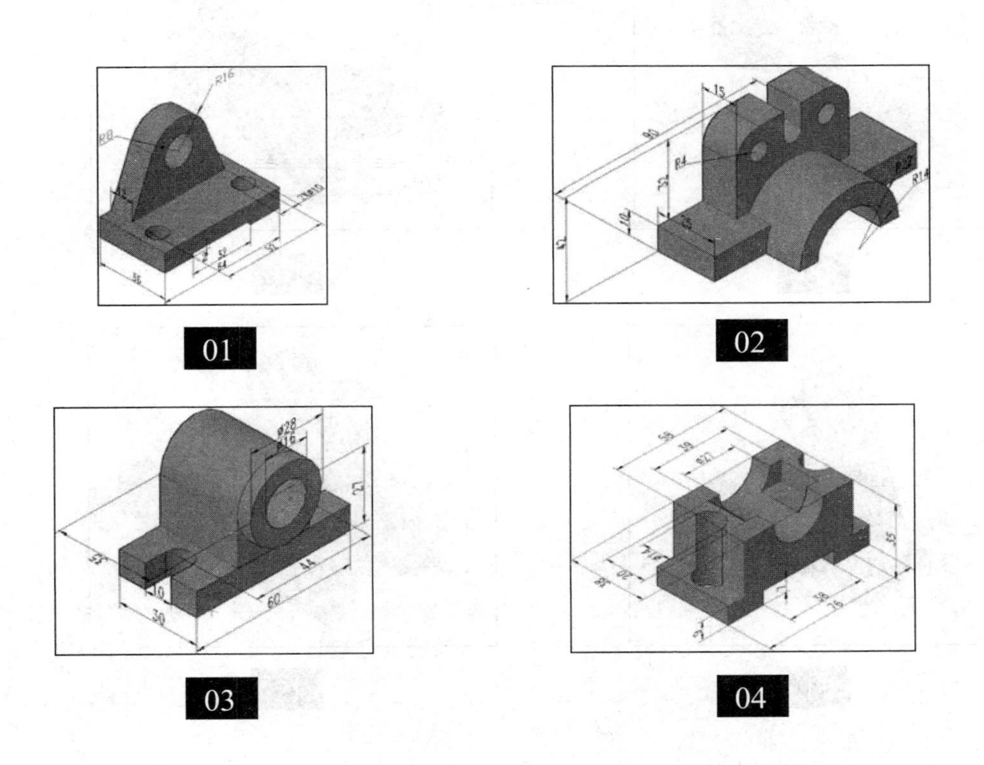

01

02

03

04

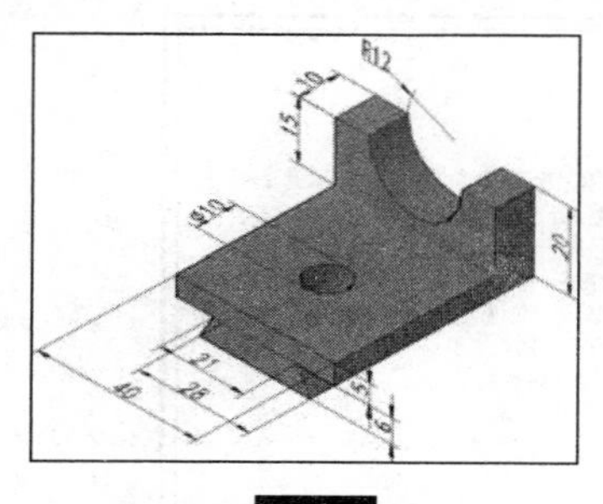

05

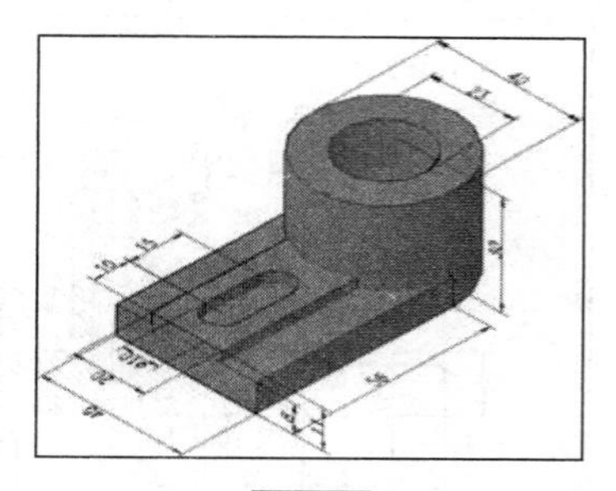

06

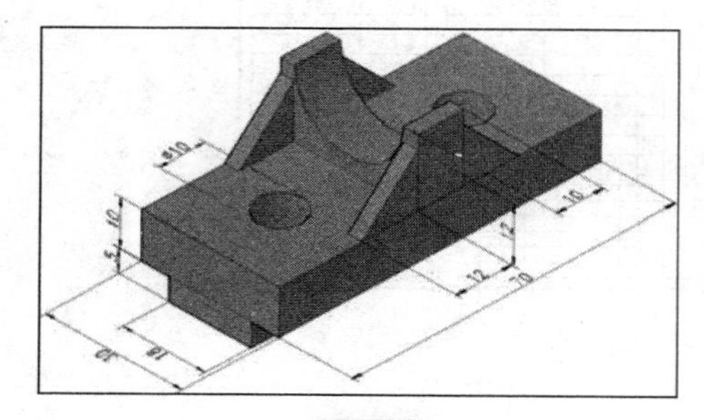

07

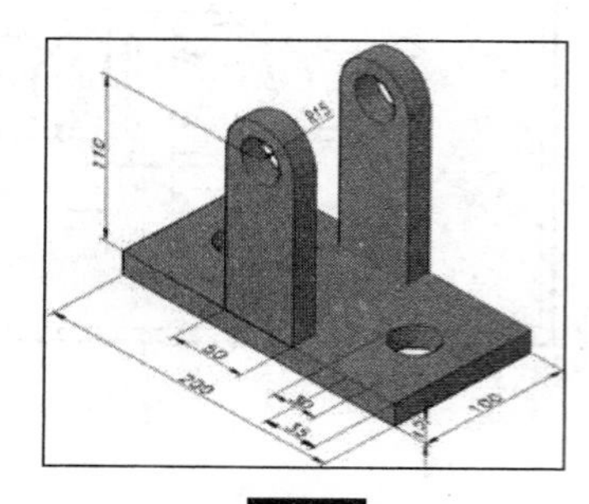

08

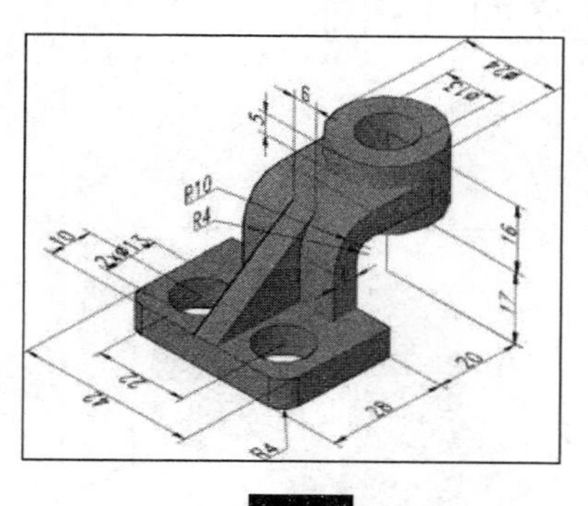

09

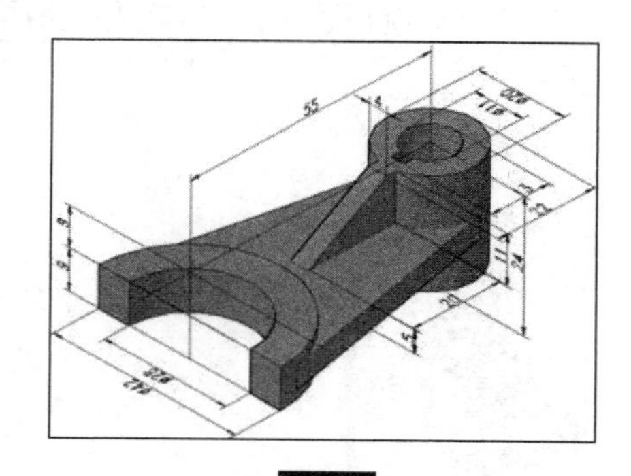

10

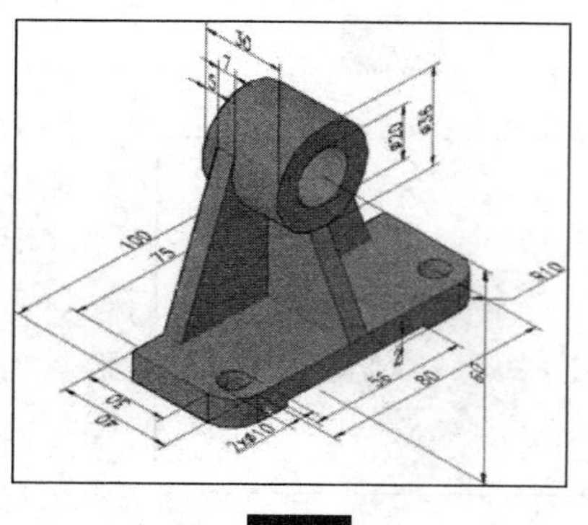

11

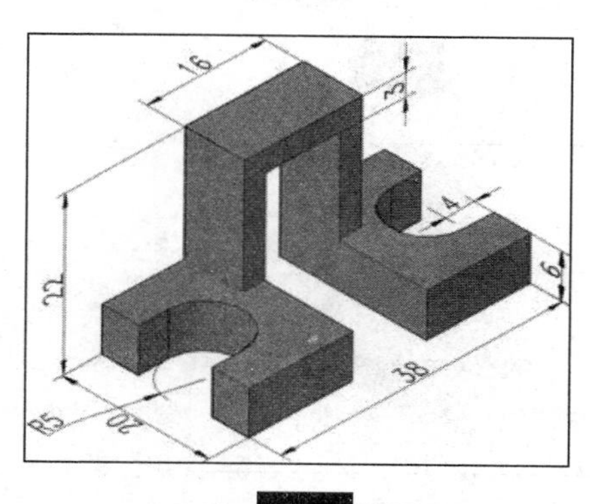

12

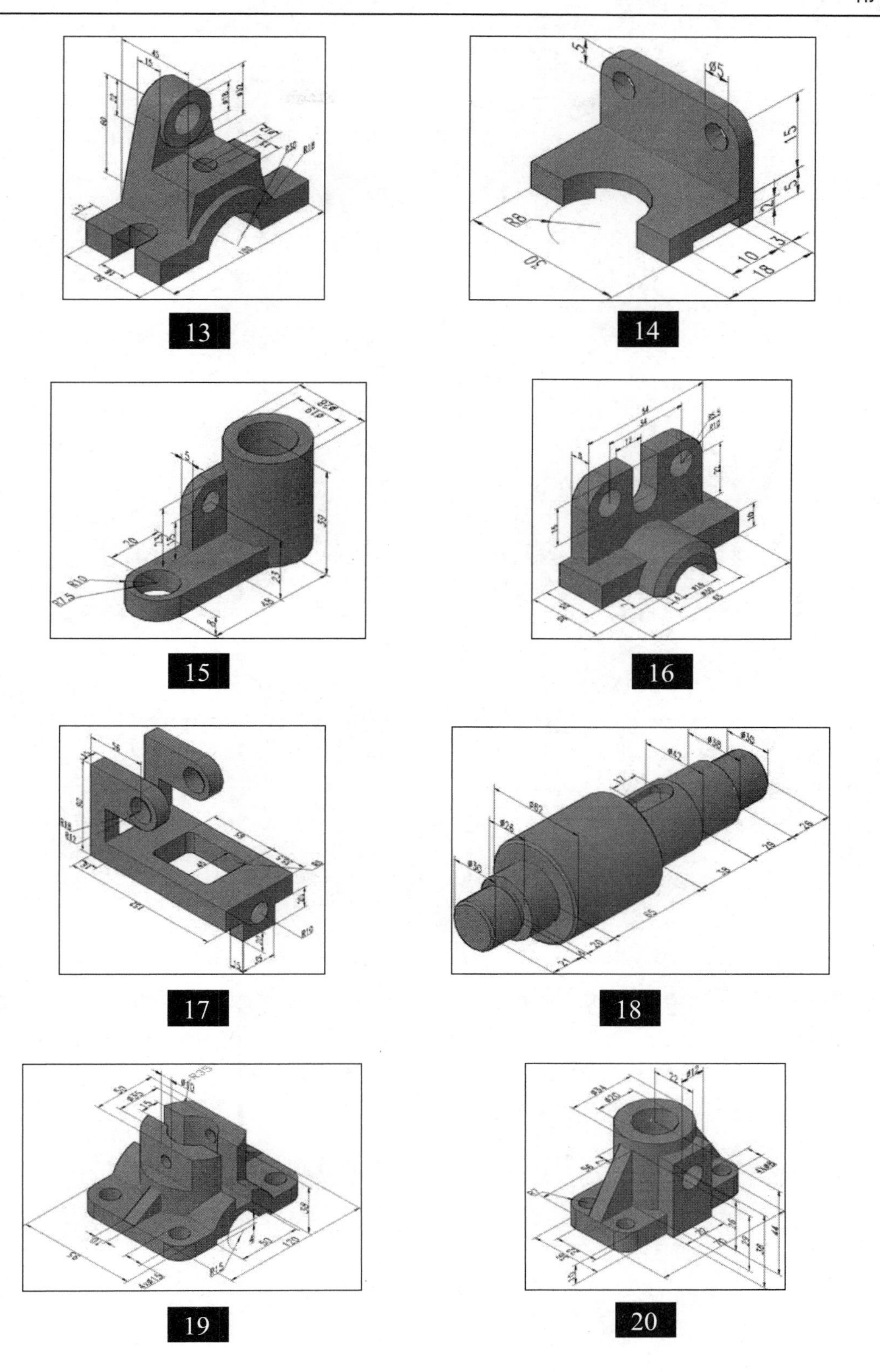